JN430656

KUHMINSA

한 발 앞서나가는 출판사, 구민사
독자분들도 구민사와 함께 한 발 앞서나가길 바랍니다.

전문가를 위한 첫걸음, 구민사는 그 이상을 봅니다!

전국 도서판매처

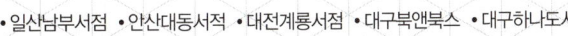
· 일산남부서점 · 안산대동서적 · 대전계룡서점 · 대구북앤북스 · 대구하나도서
· 포항학원사 · 울산처용서림 · 창원그랜드문고 · 순천중앙서점 · 광주조은서림

www.kuhminsa.co.kr

자격증 시험 접수부터 자격증 수령까지!

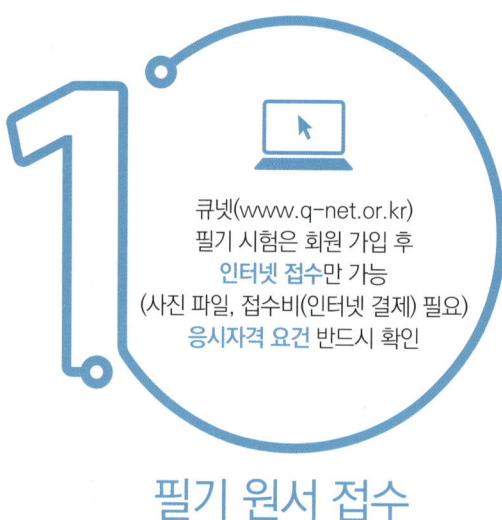

1

큐넷(www.q-net.or.kr)
필기 시험은 회원 가입 후
인터넷 접수만 가능
(사진 파일, 접수비(인터넷 결제) 필요)
응시자격 요건 반드시 확인

필기 원서 접수

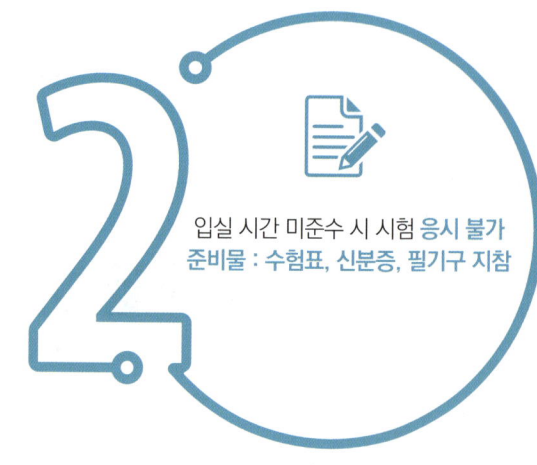

2

입실 시간 미준수 시 시험 응시 불가
준비물 : 수험표, 신분증, 필기구 지참

필기 시험

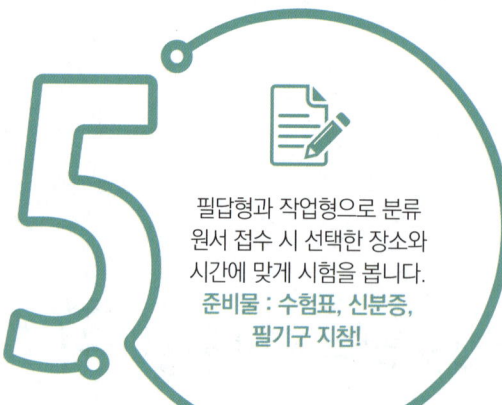

5

필답형과 작업형으로 분류
원서 접수 시 선택한 장소와
시간에 맞게 시험을 봅니다.
준비물 : 수험표, 신분증,
필기구 지참!

실기 시험

6

큐넷(www.q-net.or.kr)
사이트에서 확인

최종합격 확인

전문가를 위한 첫걸음, 구민사는 그 이상을 봅니다!

굴착기운전기능사, 지게차운전기능사, 미용사(일반), 미용사(피부), 미용사(네일)
미용사(메이크업), 조리기능사(양식, 일식, 중식, 한식), 제과 · 제빵기능사

3
큐넷(www.q-net.or.kr)
사이트에서 확인

필기 합격 확인

4
큐넷(www.q-net.or.kr)
응시 자격 서류는
실기시험 접수기간(4일 내)에
제출해야만 접수 가능

실기 원서 접수

7
인터넷으로 신청
(상장형 자격증 발급을 원칙으로 하며,
희망 시 수첩형 자격증 발급 신청
/ 발급 수수료 부과)

자격증 신청

8
인터넷으로 발급(출력)
(수첩형 자격증 등기 수령 시
등기 비용 발생)

자격증 수령

산업 및 물질문명의 발달과 식품공업의 번창 등으로 말미암아 공기조화와 냉동에 관한 쓰임새가 다양하고 많아지게 되면서 앞으로도 건축물의 냉·난방은 공기조화에 더욱 의존하게 될 것이다. 또한 음식물이나 각종 과일 음료수 등의 신선도와 장기저장 시 부식을 방지하기 위한 저온에서의 취급에 의존하면서 냉동장치 등이 하루가 다르게 많이 보급되고 있다. 이러한 시점에서 이 분야에 종사하게 될 많은 인력들이 필요하게 되었고 취업의뢰가 증가하는 것을 주위에서 많이 보고 겪게 된다. 이러한 기회에 공기조화와 냉동분야에 관심이 있거나 지금 현재 이러한 곳에서 종사하시면서 아직까지 자격증 취득을 하시지 못한 분들을 위하여 기출문제를 편집하여 알차게 해설을 함으로서 누구나 단기간에 1차 필기시험에 무난하게 통과할 것을 기대하며 본 저자는 심도 있게 해설을 함으로서 독자들에게 많은 참고가 될 것이며 이 교재가 밑거름이 되어서 자격증 취득에 혜택을 누리시기 바랍니다.

이 책의 출판을 위해 적극적으로 도움주신 도서출판 구민사 조규백 대표님과 직원 여러분께 깊은 감사를 드립니다.

저자 올림

preface

contents

제5장 **냉동장치의 구조와 특성** 131

contents

contents

contests

>>> 제3편 >>> **공조냉동 안전관리**

>>> **부록 1** >>> **과년도 출제문제**

>>> **부록 2** >>> **실기 작업형**

contests

공조냉동기계기능사 시험안내

- 🎓 **자 격 명** : 공조냉동기계기능사
- 🎓 **영 문 명** : Craftsman Air-Conditioning and Refrigerating Machinery
- 🎓 **관련부처** : 산업통상자원부
- 🎓 **시행기관** : 한국산업인력공단
- 🎓 **관련학과** : 실업계 고등학교 및 전문대학의 기계공학 또는 화학공학 관련학과
- 🎓 **시험과목** : – 필기시험 : 1. 공조냉동안전관리
     2. 냉동기계
     3. 공기조화

   – 실기시험 : 공조냉동기계 실무
- 🎓 **검정방법** : – 필기시험 : 전과목 혼합, 객관식 60문항(60분)
   – 실기시험 : 작업형(3시간 20분정도)
- 🎓 **합격기준** : 100점 만점에 60점 이상
- 🎓 **개 요**

   경제성장과 더불어 산업체에서부터 가정에 이르기까지 냉동기 및 공기조화 설비 수요가 큰 폭으로 증가하고 있다. 이에 따라 공조냉동기계와 관련된 생산, 공정, 시설, 기구의 안전관리 등을 담당할 기능 인력이 필요하게 됨

- 🎓 **수행직무**

   공조냉동기계를 설치 운전하고, 냉매를 교환·보충하며 압축기, 응축기, 증발기, 펌프, 모터, 밸브 등과 같은 부속설비를 관리, 보수, 점검하는 업무 수행

공조냉동기계기능사(필기) 출제기준

직무분야	기계		중직무분야	기계장비설비·설치
자격종목	공조냉동기계기능사		적용기간	2025. 1. 1 ~ 2029. 12. 31
직무내용	산업현장, 건축물의 실내 환경을 최적으로 조성하고, 냉동냉장설비 및 기타공작물을 주어진 조건으로 유지하기 위해 공조냉동기계 설비를 설치, 조작 및 유지보수 하는 직무이다.			
필기검정방법	객관식	문제수 60	시험시간	1시간

필기과목명	주요항목	세부항목
공조냉동, 자동제어 및 안전관리	1. 냉동기계	1. 냉동의 기초　　2. 냉매 3. 냉동 사이클　　4. 냉동장치의 종류 5. 냉동장치의 구조　　6. 냉동장치의 응용 7. 냉각탑 점검　　8. 냉동·냉방 설비 설치
	2. 공기조화	1. 공기조화의 기초　　2. 공기조화방식 3. 공기조화기기　　4. 덕트 및 급배기설비
	3. 보일러설비설치	1. 급·배수 통기설비 설치 2. 증기설비 설치 3. 난방설비 설치 4. 급탕설비 설치
	4. 유지보수공사 안전관리	1. 관련법규 파악　　2. 안전작업 3. 안전교육실시　　4. 안전관리
	5. 자재관리	1. 측정기 관리 2. 유지보수자재 및 공구 관리 3. 배관 4. 냉동장치유지 및 운전
	6. 냉동설비설치	1. 냉동·냉방 설비 설치
	7. 공조배관설치	1. 공조배관설치 계획 및 설치
	8. 공조제어설비설치	1. 공조제어설비 설치계획 2. 공조제어설비 제작설치 3. 전기 및 자동제어
	9. 냉동제어설비설치	1. 냉동제어설비 설치계획 2. 냉동제어설비 제작설치
	10. 보일러제어설비설치	1. 보일러제어설비 설치계획 2. 보일러제어설비 제작설치

공조냉동기계기능사

제 1 편

냉동기계

합격의 고된 길,
구민사가 여러분과 함께 하겠습니다.

1-1. 기초 열역학과 가스

1. 온도

(1) 섭씨 온도(centigrade temperature)

섭씨 온도란 표준 대기압(1[atm]) 하에서 물이 어는 온도(빙점)를 0[℃]로 정하고, 끓는 온도(비점)를 100[℃]로 정한 다음 그 사이를 100등분하여 한 눈금을 1[℃]로 규정한다.

(2) 화씨 온도(fahrenheite temperature)

화씨 온도란 표준 대기압(1[atm])인 상태에서 물이 어는 온도(빙점)를 32°, 끓는 온도(비점)를 212°로 정한 다음 그 사이를 180등분하여 한 눈금을 1[℉]로 규정한다.

> **참고**
>
> ■ ℃와 ℉와의 관계
>
> $$℃ = \frac{5}{9} \times (℉ - 32), \quad ℉ = \frac{9}{5} \times ℃ + 32, \quad \frac{t[℃]}{100} = \frac{t[℉] - 32}{100}$$

(3) 절대 온도(absolute temperature)

온도의 시점(始點)을 −273.16[℃]로 한 온도, K로 표시한다.

> **참고**
>
> ■ 섭씨 절대 온도(kelvin 온도)
>
> $K = 273 + ℃, \; 0\,[℃] = 273[K], \; 0\,[K] = -273[℃]$
>
> ■ 화씨 절대 온도(rankine 온도)
>
> $℉R = 460 + ℉, \; F = ℉R - 460$

(4) 건구 온도

온도계로 측정할 수 있는 온도

(5) 습구 온도

봉상 온도계(유리 온도계)의 수은 부분에 명주를 물에 적셔 수분이 대기 중에 증발될 때 측정한 온도

(6) 노점 온도

대기 중에 존재하는 포화증기가 응축하여 이슬이 맺히기 시작할 때의 온도

2. 압력(pressure)

단위면적 $1[cm^2]$에 작용하는 힘(kg 또는 lb)의 크기로 단위는 $[kg/cm^2]$ 또는 $[lb/in^2]$(PSI : pound per spuare inch)

(1) 표준 대기압(atm)

1기압은 위도 45°의 해면에서 $0[℃]$ 760[mmHg]가 매 $[cm^2]$에 주는 힘으로서, $1[atm]$ = $1.0332[kg/cm^2]$ = $760[mmHg]$ = $10.33[mH_2O]$ = $1.01325[bar]$ = $1013.25[mbar]$ = $101325[N/m^2]$ = $101325[pa]$ = $14.7[lb/in^2]$ = $101.325[kPa]$이다.

(2) 공학기압(1[at])

$1[kg/cm^2]$ = $735.6[mmHg]$ = $10[mH_2O]$ = $0.9807[bar]$ = $980.7[mbar]$ = $98070[pa]$ = $0.9679[atm]$ = $14.2[lb/in^2]$ = $98.07[kPa]$이다.

(3) 게이지 압력

표준 대기압을 0으로 하여 측정한 압력, 즉 압력계가 표시하는 압력
※ 단위 : kg/cm^2, kg/cm^2g, lb/in^2g

(4) 절대 압력

완전 진공을 0으로 하여 측정한 압력
※ 단위 : kg/cm^2abs, lb/in^2abs
① 절대 압력(kg/cm^2a) = 게이지 압력(kg/cm^2) + 대기압$(1.033[kg/cm^2])$
② 절대 압력 = 대기압 - 진공압
③ 게이지 압력(kg/cm^2) = 절대 압력(kg/cm^2a) - 대기압$(1.033[kg/cm^2])$
※ $1[MPa]$ = $0.1[kg/cm^2]$

(5) 진공도(vacuum)

대기압보다 낮은 압력을 진공도 또는 진공 압력이라 한다. 단위로는 CmHgV, inHgV로 표시하며, 진공도를 절대 압력으로 환산하면 다음과 같다.

① CmHgV시에 kg/cm²a로 구할 때 : $P = 1.033 \times \left(1 - \dfrac{h}{76}\right)$

② CmHgV시에 lb/in²a로 구할 때 : $P = 14.7 \times \left(1 - \dfrac{h}{76}\right)$

③ inHgV시에 kg/cm²a로 구할 때 : $P = 1.033 \times \left(1 - \dfrac{h}{30}\right)$

④ inHgV시에 lb/in²a로 구할 때 : $P = 14.7 \times \left(1 - \dfrac{h}{30}\right)$

$\begin{bmatrix} P : 절대\ 압력 \\ h : 진공도 \end{bmatrix}$

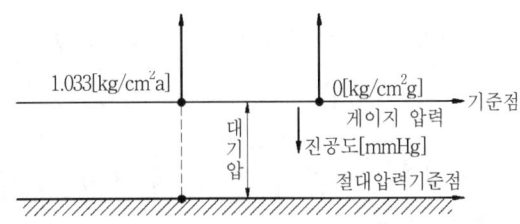

🔺 완전진공상태

(6) 압력계

① 복합 압력계 : 진공과 저압을 측정할 수 있는 압력계
② 고압 압력계 : 대기압 이상의 압력을 측정할 수 있는 압력계
③ 매니폴드 게이지 : 복합 압력계와 고압 압력계가 같이 붙어있는 게이지

3. 열량

(1) 1〔kcal〕

물 1〔kg〕을 1〔℃〕 올리는데 필요한 열량(한국·일본에서 사용되는 단위)

(2) 1〔BTU〕

물 1〔lb〕을 1〔℉〕 올리는데 필요한 열량(미국·영국에서 사용되는 단위)

(3) 1〔PCU(CHU)〕

물 1〔lb〕를 1〔℃〕 올리는데 필요한 열량

> **{참고}**
> ① 1[kcal] = 3.968[BTU(British Thermal Unit)
> ② 1[BTU] = 1/3.968[kcal] = 0.252[kcal] = 252[cal]
> ③ 1[CHU] = 0.4536[kcal]

4. 비열(specific heat)

어떤 물질 1[kg](1[lb])을 1[℃](1[°F]) 높이는데 필요한 열량(kcal/kg·℃), (BTU/LB·°F)

(1) 정압 비열(comstamt pressure C_P)

기체를 압력이 일정한 상태에서 1[℃] 높이는데 필요한 열량

(2) 정적 비열(comstamt volume C_V)

기체를 체적이 일정한 상태에서 1[℃] 높이는데 필요한 열량

(3) 비열비(k)

기체의 정압 비열과 정적 비열과의 비 즉, C_P/C_V 이므로 비열비는 항상 1보다 크다.
다시 말해 $C_P \rangle C_V$ 이므로 $C_P/C_V \rangle 1$ 이다.

> **{참고}**
> ■각 냉매의 비열비(K)의 값
> ① NH₃ : 1.313(토출가스 온도 98[℃])
> ② R-12 : 1.136(토출가스 온도 37.8[℃])
> ③ R-22 : 1.184(토출가스 온도 55[℃])
> ④ 공기 : 1.4

5. 현열(감열)과 잠열 및 열용량

(1) 잠열

온도 변화없이 상태를 변화시키는 데 필요한 열

(2) 감열(현열)

상태 변화없이 온도를 변화시키는 데 필요한 열(현열)

(3) 증발 잠열(기화열)

액체가 일정한 온도에서 증발할 때 필요한 열

(4) 열용량(heat content)

열용량이란 어떤 물질의 온도를 1[℃]만큼 올리는데 필요한 열량이며 그 단위는 kcal/℃ 이다.

$$열용량(Q) = 물질의\ 질량(m) \times 비열(C)$$

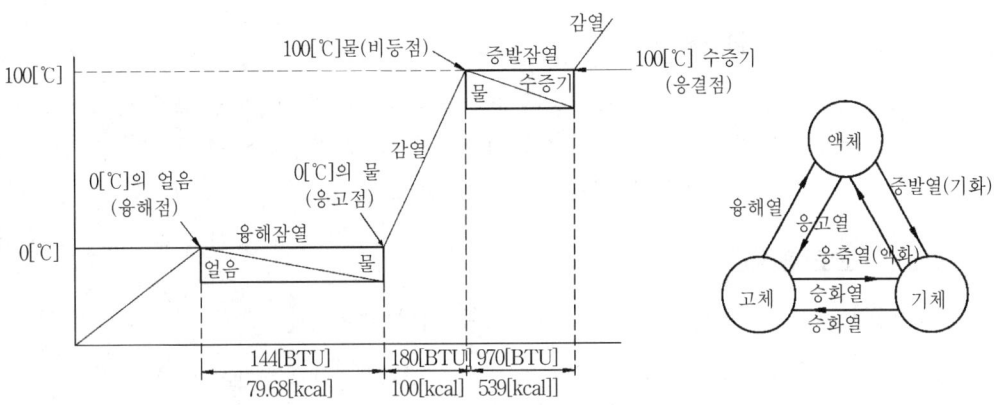

➡ 물의 상태 변화

[참고]
- 물의 증발 잠열 : 539[kcal/kg](970[BTU/lb])
- 얼음의 증발 잠열 : 79.68[kcal/kg](144[BTU/lb])

(4) 열량 계산 방식

① 감열

$$Q = W \times C \times \varDelta t$$

Q : 열량(kcal)
W : 중량(kg)
C : 비열(kcal/kg·℃)(얼음 0.5, 물 1, 공기 0.31, 수증기 0.46)
$\varDelta t$: 온도차(℃)

② 잠열

$$Q = W \times r$$

Q : 열량(kcal)
W : 중량(kg)
r : 잠열(kcal/kg)

6. 증기(steam)

(1) 포화(飽和)

어느 일정한 압력하에서 증발 상태에 있을 때를 포화 상태라 한다.

(2) 과냉액(過冷液)

일정한 압력하에서 포화 온도 이하로 냉각된 액체를 말한다.

(3) 포화액(飽和液)

포화 온도 상태에 있는 액을 열로 가하면 온도는 오르지 않고 증발하는 액을 말한다.

(4) 포화증기(飽和蒸氣)

① 습포화 증기 : 포화 온도 상태에서 수분을 포함하고 있는 증기(건조도 1 이하)
② 건조포화 증기 : 포화 온도 상태에서 수분을 포함하지 않는 증기로 습포화 증기를 계속 가열하여 물방울을 완전히 제거한 증기(건조도가 1)

(5) 건조도(乾燥度)

증기속에 함유되어 있는 액의 혼용율을 나타낸다.

> **[예]** 어느 증기 1[kg] 안에 건조 증기가 x[kg] 있다고 할 때 나머지는 액이므로 액은$(1-x)$[kg]이다. 이 때의 x를 건도 또는 건조도라 한다.

(6) 과열증기(過熱蒸氣)

포화온도보다 높은 온도의 증기로 건조포화 증기에 계속 열을 가하여 얻은 증기이다. 단, 압력은 일정하다.

참고

■ **포화온도와 포화압력**
 · 포화온도 : 어느 압력 밑에서 액을 가열할 때 액의 상태에서는 이 이상의 온도로는 오르지 않는다는 한계의 온도를 말한다.
 · 포화압력 : 포화온도 상태에 있는 압력
■ 포화온도는 압력에 비례한다. 즉 압력이 낮아지면 포화 온도가 낮아지고 압력이 높아지면 포화온도는 상승한다.

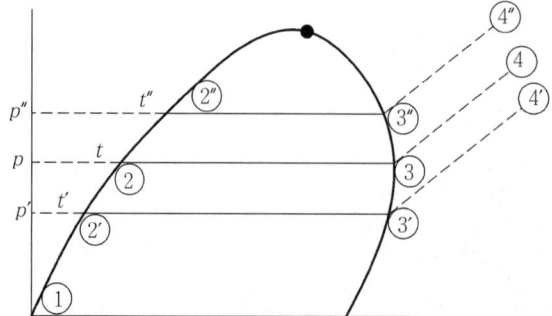

※ 포화액선 : ②′②②″의 연결곡선
건조포화증기선 : ③′③③″의 연결곡선
증발과정 : ②′→③′, ②→③, ②″→③″
응축과정 : ③′→②′, ③→②, ③″→②″

🔼 포화액, 건조포화증기, 증발, 응축과 정선

(7) 과열도(過熱度 ; ℃)

과열증기 온도 - 포화증기 온도

즉 과열증기 온도와 포화증기 온도와의 차를 말한다.

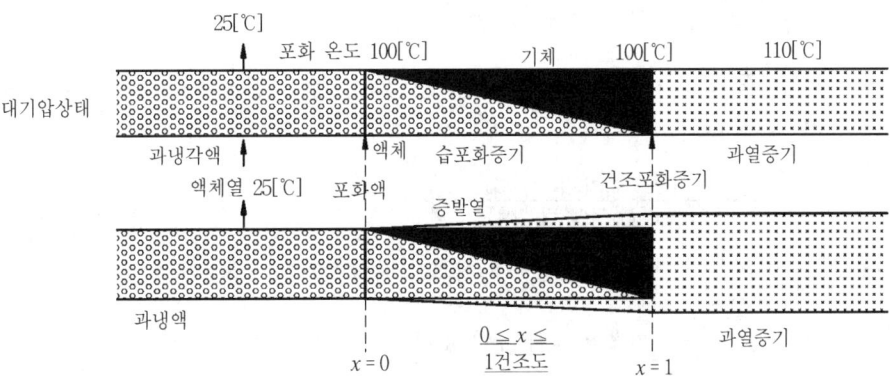

🔼 **열의 흡수에 의한 상태 변화**

(8) 임계점(臨界占)

증발잠열은 압력이 클수록 적어지므로 어느 압력에 도달하면 잠열이 0[kcal/kg]이 되어 액체, 기체의 구분이 없어진다. 이 상태를 임계상태라 하고 이 때의 온도를 임계온도, 이에 대응하는 압력을 임계압력이라 한다.(그 이상의 압력에서는 액체와 증기가 서로 평형으로 존재할 수 없는 상태)

냉매 구분	임계 온도(℃)	임계 압력(kg/cm²abs)
NH₃	133	116.5
R-11	198	44.7
R-12	111.5	40.9
R-22	96	50.3

7. 동력(動力)

단위시간당(sec) 일의 양을 말한다.

- $1[PS] = 75[kg \cdot m/sec] = 632[kcal/hr] = 0.736[kW]$
- $1[kW] = 102[kg \cdot m/sec] = 860[kcal/hr] = 1.36[PS] = 1000[J/sec]$
- $1[HP] = 76[kg \cdot m/sec] = 641[kcal/hr]$

kW	HP	PS	kg·m/sec	kcal/h
1	1.34	1.36	102	860
0.746	1	1.0144	76	641
0.736	0.986	1	75	632

8. 밀도, 비중, 비체적

(1) 가스 밀도 : 가스 단위체적당 질량을 말한다. 단위는 g/l, kg/m^3이다.

$$\frac{분자량}{22.4} = 가스\ 밀도\ [kg/m^3]$$

(2) 가스 비중 : 표준 상태(STP : 0[℃], 1기압)의 공기 일정 부피당 질량과 같은 부피의 가스 질량과 비

$$\frac{가스\ 분자량}{공기의\ 평균\ 분자량(29)} = 가스\ 비중$$

(3) 가스 비체적 : 가스 단위질량당 체적, 단위는 l/g, m^3/kg이다.

$$\frac{22.4}{분자량} = 가스비체적\ [m^3/kg]$$

(4) 액의 밀도 : 단위부피당 질량

$$\rho = \frac{m}{V}$$

$$\begin{cases} \rho\ :\ 밀도 \\ m\ :\ 질량(kg) \\ V\ :\ 부피(m^3) \end{cases}$$

(5) 액비중 : 4[℃]의 순수한 물의 무게와 같은 부피의 액의 무게와의 비

【참고】

■ **질량과 중량의 구별**
- 질량(kg) : 그 물질이 갖는 순수한 고유의 무게로 장소에 따라 변동이 없다.
- 중량(kg 중 또는 kgf) : 그 물질이 갖는 고유의 무게에 중량(9.8[m/sec²]의 가속도)이 가해진 무게로 장소에 따라 변동이 있다.
---

9. 원자와 분자량

(1) 원자량(atomic weight)

질량수 12인 탄소원자 C^{12}의 질량을 12라 정하고 이것과 비교한 각 원소의 원자인 상대적인 질량의 값을 말한다.

한편, 원자량에 g 단위를 붙인 질량을 1[g] 원자 또는 원자 1[mol]이라 하며, 1[g] 원자는 종류에 관계없이 6.02×10^{23}개(아보가드로의 수)의 질량이다.

(2) 분자량(molecular weight)

각 분자를 구성하고 있는 성분 원소의 원자량의 총합. 한편 분자량에 g 단위를 붙인 질량을 1[g] 분자 또는 1[mol]이라 하며, 1[g] 분자는 6.02×10^{23}개의 질량이다.

■ 분자량 구하는 법

표준 상태 이외인 경우 이상기체의 상태 방정식으로 구한다.

$$PV = \frac{W}{M}RT$$ 에서 $$M = \frac{WRT}{PV}$$

P : 압력(atm)
R : 기체상수(0.082[atm·l/mol·°K])
V : 체적(l)
T : 절대 온도(°K)
M : 분자량
W : 질량(g)

■ 공기의 평균 분자량

공기의 평균 조성은 부피(%)로 질소(N_2) 78[%], 산소(O_2) 21[%], 아르곤(Ar) 및 기타 가스가 1[%]로 보아 그 평균 분자량은

$$\frac{(28 \times 78) + (32 \times 21) + (10 \times 1)}{100} ≒ 29 \cdots$$ 공기의 평균 분자량

즉, 공기 22.4[l]가 차지하는 무게는 약 29[g]이라 할 수 있다.

(3) 기체 1[g] 분자가 차지하는 부피(아보가드로의 법칙)

모든 기체 1[g] 분자(1[mol])는 표준상태(STP : 0[℃] 1기압)에서 22.4[l]의 부피를 차지하며, 분자수 6.02×10^{23}개이다.

$$몰수(\text{mol}) = \frac{W}{M} = \frac{l}{22.4} = \frac{분자수}{6.02 \times 10^{23}}$$

■

구 분	O_2	H_2	CO_2	NH_3
g 분자량	32[g]	2[g]	44[g]	17[g]
몰	1몰	1몰	1몰	1몰
체적	22.4[l]	22.4[l]	22.4[l]	22.4[l]
분자수	6.02×10^{23}	6.02×10^{23}	6.02×10^{23}	6.02×10^{23}

즉, 몰(mol)이란 분자, 원자, 전자 이온 6.02×10^{23}개의 모임을 말한다.
단, 원자 전자(이온)란 명시가 없을 때는 분자 몰만을 표시한다.

(4) 프로판가스의 화학반응식이 가지는 뜻

조 건	반 응 물 질		생 성 물 질	
화 학 반 응 식	C_3H_8	+ $5O_2$	$3CO_2$	+ $4H_2O$
몰 비	1	: 5	3	: 4
질 량 비	44[g]	: 5 × 32[g]	3 × 44[g]	: 4 × 18[g]
부 피 비	22.4[l]	: 5 × 22.4[l]	3 × 22.4[l]	: 4 × 22.4[l]

10. 열역학 법칙(熱力學法則)

(1) 열역학 제 0 법칙

온도가 서로 다른 물체를 접촉시키면 높은 온도를 지닌 물체의 온도는 내려가고 낮은 물체는 온도가 올라가서 두 물체의 온도차가 없게 되어 열평형이 이루어지는 현상으로 두 물체가 열평형이 된 상태의 온도는

$$℃ = \frac{G \cdot C \cdot \Delta t + G' \cdot C' \cdot \Delta t'}{G \cdot C + G' \cdot C'}$$

G : 질량(kg)
C : 비열(kcal/kg·℃)
Δt : 온도차(℃)

(2) 열역학 제1법칙(에너지 보존 법칙)

기계적 일을 열로 바꾸고, 또 열이 기계적 일로 즉, 일정 비율로 서로 전환될 수 있는 현상

$$Q = A \cdot w = \frac{1}{J} w$$

$$w = JQ$$

w : 일량(kg·m)
J : 열의 일당량(427[kg·m/kcal]) = (778[ft·lb/BTU])
Q : 열량(kcal)
A : 일의 열당량(1/427[kcal/kg·m]) = (1/778[BTU/ft·lb])

① 엔탈피(enthalpy) : 유체가 가진 열에너지와 일 에너지를 합한 열역학적 총에너지를 엔탈피라 하고 유체 1[kg]이 가진 엔탈피가 비엔탈피이다.

$$엔탈피\,(h) = U + APV$$

U : 내부 에너지(kcal/kg)
A : 일의 열당량
PV : 일에너지(kg·m/kcal)

(3) 열역학 제2법칙(에너지 흐름의 법칙)

일에너지는 열에너지로 쉽게 바뀔 수 있지만 열 에너지를 일 에너지로 바꾸려면 열기관을 통해야 하는데 열기관을 통해도 열의 전부가 일로 바뀌지 않고 일부가 손실된다. 이렇게 일은 쉽게 열로 바뀔 수 있지만 열은 쉽게 일로 바뀔 수 없는 것이다. 즉, 열은 고온에서 저온으로 이동한다는 에너지 변환의 방향성을 표시하는 법칙을 말한다.

① 엔트로피(entropy) : 어떤 단위중량당의 물체가 가지고 있는 열량에 그 유체의 그때 절대온도로 나눈값이다.

$$엔트로피\,(\Delta s) = \frac{\Delta Q}{T}$$

ΔQ : 열량(kcal)
ΔS : 엔트로피(kcal/kg·K)
T : 절대온도(℃ + 273)

(4) 열역학 제3법칙

열적 평형 상태에 있는 모든 결정성 고체의 엔트로피는 절대 0°에서 0이 된다라고 하는

법칙. 즉 어떠한 상태에서도 절대 0도($-273[℃]$)에 이르게 할 수 없다는 법칙

11. 기체(氣體)

(1) 이상기체(완전가스)

이상기체란 보일·샬·돌턴의 법칙. 즉 기체의 압력, 부피, 온도 관계가 어떤 종류의 단순한 법칙에 따라가는 가상적인 기체를 말한다.

> {참고}
> ■ 이상기체는 질량이 있으나, 이상기체 분자 자신은 부피가 없다. 단, 전체로서는 부피를 갖는다.
> ■ 이상기체 분자 사이에는 인력이나 반발력이 작용하지 않는다.
> ■ 이상기체는 응축시켜서 액화할 수 없다.

① 이상기체의 상태식 : 온도, 압력, 부피와의 관계를 나타내는 방정식

㉮ 1[mol]인 경우 : $PV = RT$

㉯ n[mol]인 경우 : $PV = nRT$

$$PV = \frac{W}{M}RT \qquad ※ n = \frac{W}{M}$$

※ $P_1 V_1 = GR_1 T$

※ $PV = nZRT$(보정하고자 할 때)

P : 압력(atm)

V : 부피(l)

R : 기체상수로서 기체 1몰의 경우 $R = \frac{PV}{T}$로서, 0[℃] 1기압일 때 모든 기체는 22.4[l]의 체적을 가지므로 $\frac{1 \times 22.4}{273} ≒ 0.082[l \cdot atm/K \cdot mol]$이 된다.

T : 절대온도(°K)

P_1 : 압력(kg/cm^2 절대$\times 10^4$=kg/m^2)

V_1 : 부피(m^3)

W : 무게(g)

G : 질량(kg)

R_1 : 기체정수 $\left(\frac{848}{M} [kg \cdot m/kg \cdot °K] \right)$

$$R = \frac{1.0332 \times 10^4 [kg/cm^2] \times 22.4 [m^3/kmol]}{273 [K]} = 848 [kg \cdot m/kmol]$$

M : 분자량(kg/kmol)

Z : 보정계수(압축계수)

> {참고}
> ■ **기체상수 R의 값은 다음식에 따라 달라진다.**
> ① $l \cdot atm/K \cdot mol = 0.082$
> ② $erg/K \cdot mol = 8.31 \times 10^7$
> ③ $cal/K \cdot mol = 1.987$

② 보일(Boyle)의 법칙 : 온도가 일정할 때, 일정량의 기체가 차지하는 체적(부피)은 절대 압력에 반비례한다.(보일의 법칙은 1662년 영국 보일에 의하여)

$$PV = P_1 V_1$$

$\qquad P$: 압력($\text{kg/cm}^2 \cdot \text{abs}$)
$\qquad V$: 부피(l)
$\qquad P_1$: 부피가 V_1일 때 가스 압력($\text{kg/cm}^2 \cdot \text{abs}$)
$\qquad V_1$: 압력이 P_1일 때 가스 부피(l)

③ 샬(Charle)의 법칙(게이루삭 ; Gay-Lussac) : 압력이 일정할 때 기체의 부피는 절대 온도에 비례한다.(1782년 프랑스인 샬에 의하여)

$$\frac{V}{T} = \frac{V_1}{T_1}$$

$\qquad V$: 0[℃](절대 온도 273°)일 때의 가스 부피(l)
$\qquad T$: 0[℃](절대 온도 273°)
$\qquad V_1$: t[℃](절대 온도 273 + t°)일 때의 가스 부피(l)
$\qquad T_1$: t[℃](절대 온도 273 + t°)

④ 보일-샬의 법칙 : 일정량의 기체가 갖는 부피는 압력에 반비례하고, 절대 온도에 비례한다.

$$\frac{PV}{T} = \frac{P_1 V_1}{T_1}$$

$$V_2 = V_1 \times \frac{T_2}{T_1} \times \frac{P_1}{P_2}$$

⑤ 달톤(Dalton)의 분압 법칙 : 혼합 기체의 전압은 성분 기체의 분압(부분 압력)의 총합과 같다.

$$P = P_1 + P_2 + P_3 \cdots\cdots$$

$\qquad P$: 전압
$\qquad P_1, P_2, P_3$: 분압

※ 분압 = 전압 × $\dfrac{\text{성분가스 몰수}}{\text{전가스 몰수}}$ = 전압 × $\dfrac{\text{성분가스 부피}}{\text{전가스 부피}}$ = 전압 × $\dfrac{\text{성분가스 분자수}}{\text{전가스 분자수}}$

【참고】
■ 압력비 = 몰비 = 부피비 = 분자수의 비는 같다.

(2) 실제 기체

이상기체는 실제로 존재할 수 없는 것이며, 그러나 실제 기체는 분자 사이에 상호 인력도 존재하고 분자 자체의 부피도 무시할 수 없을 때를 말하며, 압력이 높거나 온도가 낮을 때 이상기체 법칙으로부터 제외된다.

① 반데르 발스의 방정식(Vander waals)

㉮ 1[mol]인 경우

$$\left(P + \frac{a}{V^2} \right)(V - b) = RT \qquad ※ \ P = \frac{RT}{V - b} - \frac{a}{V^2}$$

④ n[mol]인 경우

$$\left(P+\frac{n^2a}{V^2}\right)(V-nb)=nRT \qquad \text{※ } P=\frac{nRT}{V-nb}-\frac{n^2a}{V^2}$$

a : 기체 분자간의 인력
b : 기체 자신이 차지하는 체적
n : 몰수

(3) 혼합가스의 조성

㉮ 몰 % $= \dfrac{\text{어느 성분가스의 몰수}}{\text{가스 전체의 몰수}} \times 100[\%]$

㉯ 부피 %(용량 %) $= \dfrac{\text{어느 성분가스의 부피}}{\text{가스 전체의 부피}} \times 100[\%]$

㉰ 중량 %(무게 %) $= \dfrac{\text{어느 성분가스의 중량}}{\text{가스 전체의 중량}} \times 100[\%]$

$$\frac{100}{L}=\frac{V_1}{L_1}+\frac{V_2}{L_2}+\frac{V_3}{L_3}\cdots\cdots\cdots$$

12. 고압가스의 용기내 용적과 저장능력

(1) 용기의 내용적 산정 기준

① 압축가스

$$V=\frac{M}{P}$$

V : 용기의 내용적(l)
M : 대기압 상태로 고친 가스의 용적(l)
P : 35[℃]에 있어서의 최고 충전 압력(kg/cm^2)

② 액화가스

$$G=\frac{V}{C}$$

G : 액화가스의 질량(kg)
V : 용기의 내용적(l)
C : 가스에 따른 충전 상수

> **[참고]**
>
> ■ $G=\dfrac{V}{C}$ 식에서 C는 가스 정수이다. 예로서 액화 프로판의 C가 2.35라는 것은 액화 프로판을 넣을 수 있는 용기의 체적 2.35[l]당 1[kg]의 액화 프로판을 넣을 수 있다는 뜻이며, 일반적으로 많이 쓰이는 가스의 가스 정수는 기억하는 것이 좋다.

(2) 저장 설비의 저장 능력 산정기준

① 압축가스

$$Q=(P+1)V$$

Q : 저장 설비의 저장 능력(m^3)
P : 35[℃] 온도에서의 저장 설비의 최고 충전 압력(kg/cm^2)
V : 저장 설비의 내용적(m^3)

② 액화가스

$$W = 0.9\,dV$$

W : 저장 설비의 저장 능력(kg)
d : 저장 설비의 상용의 온도에 있어서 액화가스의 비중(kg/l)
V : 저장 설비의 내용적(l)

(3) 가스의 기화 부피

$$d = \frac{M}{V}, \qquad V = \frac{M}{d}, \qquad M = dV$$

V : 액 부피(l)
d : 액 밀도(kg/l)
M : 가스 질량(kg)

또한 STP(표준상태) 상태에서의 액부피

$$V = \frac{G}{m} \times 22.4$$

m : 가스의 분자량
G : 가스 질량(kg)

(4) 구형 탱크의 내용적

$$V = \frac{4}{3}\,\pi\,r^3 = \frac{\pi D^3}{6}$$

V : 내용적(kl = m³=ton)
r : 구의 반지름(m)
D : 구의 지름(m)

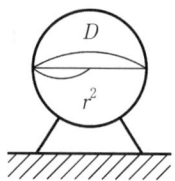

(5) 원통형 탱크의 내용적

$$V = \frac{\pi}{4}\,D^2 \cdot L$$

V : 내용적(kl = m³)
D : 지름(m)
L : 탱크의 길이(m)

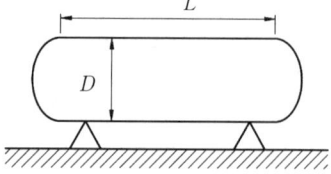

참고

■ 탱크의 표면적 계산

$$A = \pi D \times L + 2 \times \left(\frac{\pi}{4}\,D^2 \right)$$

A = 표면적(m²)
$\pi D \times L$ = 동판의 면적(m²)
$2 \times \left(\frac{\pi}{4}\,D^2 \right)$ = 경판의 면적(m²)

※ 원통형에서 경판부는 $\frac{4}{3}\,\pi\,r^2 h$ 로 구해지나 보통, $\left(\frac{\pi}{4}\,D^2 \right) \times 2$ 평판으로 계산한다.

---

(6) 탱크나 용기의 안전 공간

액화가스를 충전하는 저장 탱크나 용기에서 온도 상승에 따른 액의 부피팽창을 고려하여 약 10[%] 정도 안전공간을 두며, 그 부피(%)는 다음 계산식에 의한다.

$$안전공간 = \frac{V^1}{V} \times 100[\%]$$

V : 전체의 부피
V^1 : 기상부의 부피(전부피-액부피)

13. 가스의 압축

(1) 등온압축

실린더 주위를 냉각하면서 압축에 수반되는 가스의 온도 상승을 완전히 막으면서, 압축의 전후에 있어서 가스의 온도를 같게 하는 압축이다.

$$PV = P_1 V_2 \qquad \therefore \ \frac{P^1}{P} = \frac{V}{V^1}$$

- P : 압축전의 가스압력(kg/cm^2, abs)
- P^1 : 압축 후의 가스압력(kg/cm^2, abs)
- V : 압축 전의 체적(m^3)
- V^1 : 압축 후의 체적(m^3)

(2) 단열압축

실린더를 완전하게 열을 절연하고 가스의 압축 중에 열이 외부로 방출되지 않게 해서 압축하는 방법이다.

단열압축은 압축 후 가스의 온도상승, 소요일량, 압력상승이 가장 크다.

$$PV^K = P_1 V_1^K, \qquad K = C_P / C_V$$

(3) 폴리트로픽 압축

실제적인 압축 방식으로, 등온과 단열의 중간 형태로 열량, 온도상승, 압력상승도 중간 형태인 압축방식이다.

$$PV^n = P_1 V_1^n, \qquad 1 \langle n \langle K$$

- C_P : 정압비열
- C_V : 정적비열
- K : 비열비
- $n = k$(단열변화)
- $n = 1$(등온변화)
- $n = 0$(정압변화)
- $n = \infty$(정적변화)

14. 전열

전열이란 온도가 높은 곳에서 낮은 곳으로 열이 이동하는 것을 전열이라고 하며, 전열은 온도차에 의해서 이루어진다.

$$Q = \frac{\Delta t}{W}$$

- Q : 전열량(kcal/h)
- W : 열이동에 대한 저항(mh℃/kcal)
- Δt : 온도차(℃)

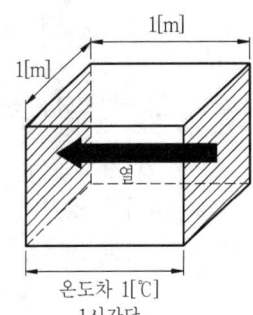

온도차 1[℃]
1시간당

전열량은 온도차에 비례하고 열저항에 반비례한다.

(1) 열전도(Conduction)

고체와 고체간에 열이 이동하는 것.
즉 고체 내에서의 열의 이동을 열전도라 한다.(프리에이의 법칙에 따른다.)

$$Q = \lambda \cdot \frac{F \cdot \Delta t}{l}$$

Q : 한 시간에 이동되는 열량(kcal/h)
λ : 열전도율(kcal/mh℃)
F : 전열면적(m^2)
Δt : 온도차(℃)
l : 두께(m)

※ 열전도율(kcal/mh℃)

1변이 1[m]인 입방체에 4면을 완전히 열절연하여 나머지 2면을 온도차 1[℃]로 유지할 때 1시간에 양면을 흐르는 열량을 열전도율이라 한다.

◘ 각종 재료의 열전도율

재　료	열 전 도 율	재　　료	열 전 도 율
강 (탄 소 강)	31~46	유　막	0.10~0.13
주　철	46	물	0.51
동	300~330	얼　음	2.0
알 루 미 늄	190	스 치 로 폴	0.28
탄 화 코 르 크	0.036~0.04	공　기	0.02
유　리	0.67~0.83	물　때	0.3~1.0
콘 크 리 트	0.7~1.2	적 상 (서 리)	0.1~0.4

(2) 대류(Connection)

열이 액체나 기체의 운동에 의하여 이동하는 것을 말한다. 즉, 가열된 기체나 액체를 팽창시켜, 주위의 기체나 액체보다 밀도가 작아져서, 부력이 작용하여 위로 올라간다. 그 다음 온도가 낮은 밀도가 큰 기체나 액체가 들어가서 유체의 위치가 이동되는 것을 대류라 한다.

① 자연대류 : 유체의 밀도 변화에 의하여 일어나는 대류
② 강제대류 : 팬 또는 펌프 또는 교반기 등 기계적 방법으로 행하는 대류
※ 대류란 뉴턴의 냉각법칙에 의한다.

(3) 복사(Radiation)

태양열은 공기층을 지나 지구표면에 이른다. 이와 같이 열이 통과하는 중간물질을 가열하지 않고 열선(자외선)에 의해서 높은 온도의 물체에서 낮은 온도의 물체로 열이 옮아가는 작용을 복사라 한다.

> **[참고]**
> ■ 검은색은 복사열을 잘 흡수하고 또한 복사열을 잘 방출한다. 가정용 냉장고는 이러한 이유 때문에 응축기를 검은색으로 칠한다. (단, 흰색은 흑색의 반대이다.)

(4) 열전달(Heat transter)

유체와 고체간에 열이 이동하는 것을 말한다.

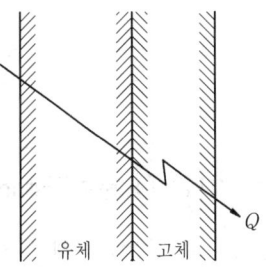

$$Q = \alpha \cdot F \cdot \Delta t$$

Q : 한 시간 동안에 이동된 열량(kcal/h)
α : 열전달율, 표면전열율(kcal/m^{2}h℃)
F : 전열 면적(m^2)
Δt : 유체와 고체간의 온도차(℃)

▷ 유체의 종류 및 상태에 따른 열전달율(kcal/m^{2}h℃)

	유 체	상 태	열전달율		유 체	상 태	열전달율
금속면과 유체	액 체	정 지	70~300	건축벽과 공기	벽	옥외벽	20
		유 동	200~5,000		응축면	NH$_3$	500
	기 체	정 지	2~30			R-12	1,600
		유 동	10~500		증발면	NH$_3$	6,000
	벽	옥내벽	5~7			R-12	1,700

(5) 열관류율(기호 : K)

온도가 다른 유체가 고체벽을 사이에 두고 있을 때 온도가 높은 유체에서 온도가 낮은 유체로 열이 이동하는 것을 열통과 또는 열관류율(kcal/m^{2}h℃)이라 한다.

$$Q = K \cdot F \cdot \Delta t$$

Q : 한 시간 동안에 통과한 열량(kcal/h)
K : 열통과율(kcal/m^{2}h℃ ; 전열계수)
F : 전열 면적(m^2)
Δt : 온도차(℃)

(6) 평판전열벽

열통과 저항은 제반 전열저항의 합이므로

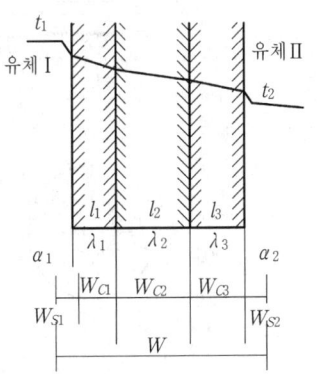

$$W = W_{S_1} + W_{C_1} + W_{C_2} + W_{C_3} + \cdots\cdots + W_{S_2}$$

열전도저항 $W_C = \dfrac{l}{\lambda \cdot F}$

열전달저항 $W_S = \dfrac{1}{\lambda \cdot F}$

이므로

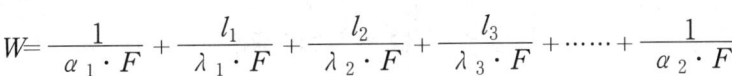

$$W = \frac{1}{\alpha_1 \cdot F} + \frac{l_1}{\lambda_1 \cdot F} + \frac{l_2}{\lambda_2 \cdot F} + \frac{l_3}{\lambda_3 \cdot F} + \cdots\cdots + \frac{1}{\alpha_2 \cdot F}$$

$$K = \frac{1}{F \cdot W} \text{ 에서 } W = \frac{1}{K \cdot F} \text{ 이므로}$$

$$K = \frac{1}{F\left\{ \dfrac{1}{F}\left(\dfrac{1}{\alpha_1} + \dfrac{l_1}{\lambda_1} + \dfrac{l_2}{\lambda_2} + \dfrac{l_3}{\lambda_3} + \cdots\cdots + \dfrac{1}{\alpha_2} \right)\right\}}$$

$$\therefore \quad K = \frac{1}{\dfrac{1}{\alpha_1} + \dfrac{l_1}{\lambda_1} + \dfrac{l_2}{\lambda_2} + \dfrac{l_3}{\lambda_3} + \cdots\cdots + \dfrac{1}{\alpha_2}}$$

(7) 핀 튜브(Finned tube)의 전열

냉동장치에 있어서 냉매와 냉각수, 냉매와 공기간에 전열저항이 큰쪽에 전열면적을 증가시켜 전열을 양호하게 하기 위하여 fin을 부착한 tube를 말한다.

> **│참고│**
> ■ **전열의 순서**
> $NH_3 > H_2O >$ Freon $>$ 공기

① 핀 튜브의 종류

㉮ 로우 핀 튜브(low finned tube) : 튜브 내로 전열이 양호한 유체가 흐르고 튜브 밖에 전열이 불량한 유체가 흐르고 있을 때 전열이 불량한 튜브 밖에 핀을 설치한 튜브를 말한다.

> **│참고│**
> ■ ① 핀을 설치했을 때 내외면적비는 약 3.5이다.
> ② 핀의 재료 : 동, 알루미늄 브라스, 큐포로 니켈
> ③ NH_3는 전열이 양호하기 때문에 fin을 대개 부착시키지 않는다.

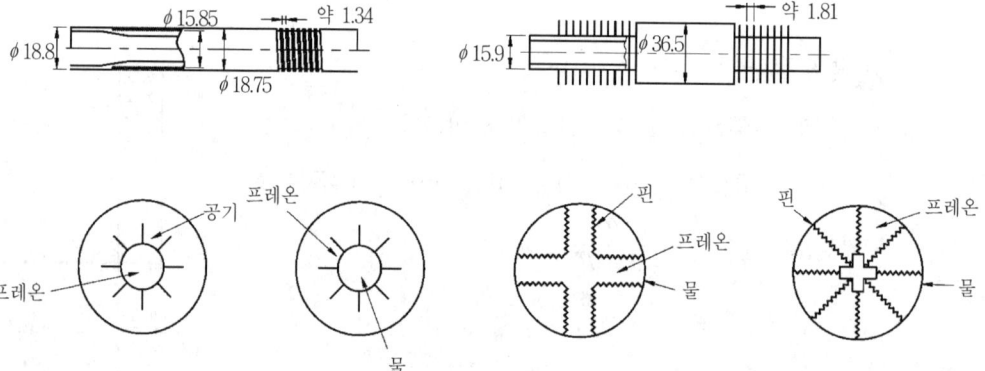

▲ 핀 튜브의 종류

㉔ 인너 핀 튜브(inner finned tube) : 튜브 내로 전열이 불량한 유체가 흐르고 튜브 밖에 전열이 양호한 유체가 흐르고 있을 때 전열이 불량한 튜브 내에 핀을 설치한 튜브를 말한다.

(8) 방열재의 구비조건과 종류

① 방열재의 구비조건
  ㉮ 전열이 불량할 것
  ㉯ 흡습성이 적을 것
  ㉰ 강도가 있을 것
  ㉱ 불연성일 것
  ㉲ 부식성이 없을 것
  ㉳ 시공이 용이할 것
  ㉴ 내구력이 있을 것
  ㉵ 가격이 저렴하고 구입이 용이할 것

② 방열재의 종류 : 유리섬유(glass fiber), 스티로폼(styrofoam), 글라스 파이버(glass fiber), 코르크(cork), 톱밥

> 【참고】
> ■ 방열재 내의 온도가 외기의 노점 온도보다 낮으면 수분이 침입하여 방열재 부식, 방열작용을 저해하게 되므로 경제적인 면과 외벽면에 이슬이 맺히는 것을 방지할 수 있는 두께로 방열해야 한다. 대기 온도차 7~8[℃]에 대해 1인치의 두께로 한다.

제 1 장 냉동의 열역학 기초 예상문제

문제 1 열용량에 대한 설명으로 맞는 것은?

㉮ 어떤 물질 1[kg]의 온도를 1[℃] 올리는데 필요한 열량을 뜻한다.

㉯ 어떤 물질의 온도를 1[℃] 올리는데 필요한 열량을 뜻한다.

㉱ 물 1[kg]의 온도를 1[℃] 올리는데 필요한 열량을 뜻한다.

㉲ 물 1[lb]의 온도를 1[°F] 올리는데 필요한 열량을 뜻한다.

해설 • 열용량[kcal/℃] : 어떤 물질의 온도를 1[℃] 올리는데 필요한 열량

문제 2 1[HP]는 몇 [W]인가?

㉮ 535　　　　　　㉯ 620　　　　　　㉱ 710　　　　　　㉲ 746

해설 1[HP]=76[kg·m/sec]=641[kcal/h]

1[kW]=102[kg·m/sec]=860[kcal/h]이므로

860[kcal/h] : 1[kW]=641[kcal/h] : x[kW]

$x = \dfrac{641}{860} = 0.745$[kW] $= 745.35$[W] $\fallingdotseq 746$[W]

문제 3 다음 설명 중 내용이 맞는 것은?

㉮ 1[BTU]는 물 1[lb]를 1[℃] 높이는데 필요한 열량이다.

㉯ 절대압력은 대기압의 상태를 0으로 기준하여 측정한 압력이다.

㉱ 이상기체를 단열팽창시켰을 때 온도는 내려간다.

㉲ 보일-샬의 법칙이란 기체의 부피는 압력에 반비례하고 절대온도에 반비례한다.

해설 ㉮ 1[BTU]는 물 1[lb]를 1[°F] 올리는데 필요한 열량이다.

㉯ 절대압력은 완전진공을 0으로 기준하여 측정한 압력이다.

㉱ 이상기체를 단열팽창시키면 압력과 온도는 내려가고 엔탈피 변화는 없다.

㉲ 보일-샬의 법칙이란 기체의 부피는 압력에 반비례하고 절대온도에 비례한다.

문제 4 1[psi]는 몇 [g/cm²]인가?

㉮ 64.5[g/cm²]　　㉯ 70.3[g/cm²]　　㉱ 82.5[g/cm²]　　㉲ 98.1[g/cm²]

해설 표준대기압 1[atm]=14.7[lb/in²](psi)=1.033[[kg/cm²]에서

14.7 : 1.033 = 1 : x,　　$x = 1.033 \times (1/14.7)$

$x = 0.0703$[kg/cm²] $= 70.3$[g/cm²]

문제 5 열전도저항에 대한 설명 중 맞는 것은?

㉮ 길이에 반비례한다.　　　　　　㉯ 전도율에 비례한다.

㉱ 전도면적에 반비례한다.　　　　㉲ 온도차에 비례한다.

해설 열전도저항은 길이(두께)에 비례하고 열전도율, 전열면적, 온도차에 반비례한다.

해답 1. ㉯ 2. ㉲ 3. ㉱ 4. ㉯ 5. ㉱

문제 6 3320〔kcal〕의 열량에 가장 가까운 값은?

㉮ 1[USRT] ㉯ 1417640[kg/m] ㉰ 19588[BTU] ㉱ 3.86[kW]

해설 ㉮ 1[USRT] = 3,024[kcal/h]

㉯ $Q = A \cdot W = \dfrac{1}{427} \times 1,417,640 = 3.320$[kcal/h]

㉰ $19,588$[BTU] $\times \dfrac{1\,[\text{kcal}]}{3.968\,[\text{BTU}]} = 4,936.5$[kcal/h]

㉱ 3.86[kW] $\times 860$[kcal/hkW] $= 3,319.6$[kcal/h]

문제 7 열용량의 식을 맞게 기술한 것은?

㉮ 물질의 부피×밀도 ㉯ 물질의 무게×비열

㉰ 물질의 부피×비열 ㉱ 물질의 무게×밀도

해설 • 열용량[kcal/℃] : 어떤 물질의 온도를 1[℃] 올리는데 필요한 열량

열용량 $= G \cdot C$ (무게×비열) $= P \cdot V \cdot C$ (비중×체적×비열)

문제 8 -40〔℃〕얼음 50〔kg〕이 20〔℃〕물로 될 때 열량(kcal)은?

㉮ 5,123 ㉯ 5,984 ㉰ 5,334 ㉱ 5,423

해설 $50 \times 0.5 \times (0 - (-40)) = 1,000$
$50 \times 79.68 = 3,984$
$50 \times 1 \times 20 = 1,000$
$\therefore\ 1,000 + 3,984 + 1,000 = 5,984$[kcal]

문제 9 기체를 액화시키는 방법으로 옳은 것은?

㉮ 임계압력 이하로 압축한 후 냉각시킨다.

㉯ 임계온도 이상으로 가열한 후 압력을 높인다.

㉰ 임계온도 이하로 냉각하고 임계압력 이상으로 가압한다.

㉱ 임계온도 이하로 냉각하고 임계압력 이하로 감압한다.

해설 기체를 액화시키려면 임계온도 이하로 냉각하고 임계압력 이상으로 가압한다.

문제 10 다음의 사항 중에서 잘못된 것은 어느 것인가?

㉮ 1[BTU]란 물 1[lb]를 1[°F] 높이는데 필요한 열량이다.

㉯ 1[kcal]란 물 1[kg]을 1[℃] 높이는데 필요한 열량이다.

㉰ 1[BTU]는 3.968[kcal]에 해당된다.

㉱ 기체에서 정압비열은 정적비열보다 크다.

해설 1[BTU]=0.252[kcal]이다.

문제 11 압력계의 지침이 9.8〔cmHgV〕이라면 절대압력은 몇 〔kg/cm²a〕인가?

㉮ 0.9 ㉯ 1.3 ㉰ 2.1 ㉱ 3.5

해설 • 압력환산식(h[cmHgV] → [kg/cm²a])

$1.033 \times \left(1 - \dfrac{h}{76}\right) = 1.033 \times \left(1 - \dfrac{9.8}{76}\right) = 0.9$[kg/cm²a]

해답 6. ㉯ 7. ㉯ 8. ㉯ 9. ㉰ 10. ㉰ 11. ㉮

문제 12 다음에서 엔트로피(entropy)의 단위는?

    ㉮ kcal/kg   ㉯ kcal/kg°K   ㉰ kcal/m℃h   ㉱ kcal/m²℃h

해설 • 엔트로피(s : kcal/kg°K) : 일정 온도하에서 어떤 물질이 단위 중량당 가지고 있는 열량 (엔탈피)을 그 때의 절대온도로 나눈 것

참고 ① 0[℃] 포화액의 엔트로피는 1[kcal/kg°K]이다.
② 열의 출입이 없는 단열변화(단열압축)에서는 엔트로피 변화가 없다.

문제 13 진공계의 지시가 55[cmHg]인 때의 절대압력은?

    ㉮ 약 0.286[kg/cm²]   ㉯ 약 0.302[kg/cm²]

    ㉰ 약 0.543[kg/cm²]   ㉱ 약 0.680[kg/cm²]

해설 $1.033 \times \left(1 - \dfrac{55}{76}\right) = 0.2854[kg/cm^2]$

문제 14 절대압력이 0.5165[kg/cm²]일 때 복합압력계로 표시되는 진공도는?

    ㉮ 28[cmHgV]   ㉯ 22.8[cmHgV]   ㉰ 38[cmHgV]   ㉱ 32.8[cmHgV]

해설 • 진공압을 절대압력으로 환산(h[hcmHgV]→[kg/cm²a])

$P = 1.033 \times \left(1 - \dfrac{h}{76}\right)$에서

$h = \left(1 - \dfrac{P}{1.033}\right) \times 76 = \left(1 - \dfrac{0.5165}{1.033}\right) \times 76 = 38[cmHgV]$

문제 15 이상기체의 엔탈피가 변하지 않는 과정은?

    ㉮ 가역 단열과정   ㉯ 등온과정

    ㉰ 비가역 단열과정   ㉱ 교축과정

해설 교축과정에서는 압력과 온도는 강하하지만 엔탈피 변화가 없어 등엔탈피 과정이다.

문제 16 열의 이동 3가지 기본 형식이 아닌 것은?

    ㉮ 전도   ㉯ 관류   ㉰ 대류   ㉱ 복사

해설 • 열의 이동 : 전도, 대류, 복사

문제 17 엔탈피에 대한 설명 중 틀린 것은?

    ㉮ 단위는 [kcal/kg]이다.

    ㉯ 0[℃] 포화액의 엔탈피는 100이다.

    ㉰ 온도가 상승하면 엔탈피는 증가한다.

    ㉱ 유체가 가진 열 에너지와 일 에너지를 곱한 총 에너지를 말한다.

해설 엔탈피는 열량의 총합으로써 내부 에너지와 외부 에너지의 합이다.
엔탈피(총열량, 전열량) = 내부 에너지 + 외부 에너지
$i[h] = u + APv = u + Au$

해답 **12.** ㉯ **13.** ㉮ **14.** ㉰ **15.** ㉱ **16.** ㉯ **17.** ㉱

문제 18 어느 열기관이 45〔PS〕를 발생할 때 1시간 마다의 일을 열량으로 환산하면 얼마인가?

㉮ 20,000[kcal]   ㉯ 23,650[kcal]   ㉰ 25,000[kcal]   ㉱ 28,440[kcal]

해설 1[PS](미터마력)＝75[kg·m/sec]＝632[kcal/h]
그러므로 45×632＝28440[kcal/h]

문제 19 1〔PS〕은 몇 W인가?

㉮ 535   ㉯ 620   ㉰ 710   ㉱ 746

해설 1[PS] ＝ 75[kg·m/sec] ＝ 632[kcal/h]
1[kW] ＝ 102[kg·m/sec] ＝ 860[kcal/h]이므로
860[kcal/h] : 1[kW] ＝ 6321[kcal/h] : x[kW]
$x = \dfrac{632}{860}$ ＝ 0.745[kW] ＝ 745.35[W] ≒ 746[W]

문제 20 다음에서 엔트로피(entropy)의 단위는?

㉮ kcal/kg   ㉯ kcal/kg·℃   ㉰ kcal/m·℃·h   ㉱ kcal/m²·℃·h

해설 • 엔트로피(S[kcal/kg·°K]) : 일정온도 하에서 어떤 물질이 단위중량당 가지고 있는 열량(엔탈피)을 그때의 절대온도로 나눈 것
참고 ① 0[℃] 포화액의 엔트로피는 1[kcal/kg°K]이다.
② 열의 출입이 없는 단열변화(단열압축)에서는 엔트로피 변화가 없다.

문제 21 임계점에 대한 설명 중 적당한 것은?

㉮ 모리엘 선도 중에서 과열증기가 발생하는 그 순간의 점
㉯ 액체와 증기가 서로 평형상태로 존재할 수 있는 상태
㉰ 그 이상의 체적에서 액체와 증기가 서로 평형으로 존재할 수 없는 상태
㉱ 그 이상의 온도에서 액체와 증기가 서로 평형으로 존재할 수 없는 상태

해설 • 임계점(천이점) : 증발잠열이 0[kcal/kg]으로 증발현상이 없고 액체와 기체의 구별이 없어져 액체와 증기가 서로 공존할 수 없는 상태의 점

문제 22 1초 동안에 75〔kg·m〕의 일을 할 경우 시간당 발생하는 열량은?

㉮ 623[kcal/hr]   ㉯ 632[kcal/hr]   ㉰ 643[kcal/hr]   ㉱ 685[kcal/hr]

해설 $Q = A \cdot W = \dfrac{1}{427} \times 75 \times 3600 = 632$ [kcal/h]
참고 1[PS](국제, 미터마력) ＝ 75[kg·m/sec] ＝ 632[kcal/h]

문제 23 열전도저항에 대한 설명 중 맞는 것은?

㉮ 길이에 반비례한다.   ㉯ 전도율에 비례한다.
㉰ 전도면적에 반비례한다.   ㉱ 온도차에 비례한다.

해설 열전도저항은 길이(두께)에 비례하고 열전도율, 전열면적, 온도차에 반비례한다.

해답 18. ㉱ 19. ㉱ 20. ㉯ 21. ㉱ 22. ㉯ 23. ㉰

문제 24 2〔ats〕, −73〔℃〕, 5〔m³〕의 이상기체가 있다. 지금 압력을 3〔ata〕, 온도를 27〔℃〕로 할 때 체적은 얼마인가?

㉮ 3.5[m³]　　　　㉯ 4.0[m³]　　　　㉰ 4.5[m³]　　　　㉱ 5.0[m³]

해설 • 보일-샬의 법칙에 의하여

$$\frac{P_1 V_1}{T_1} = \frac{P_2 V_2}{T_2} \text{에서}$$

$$V_2 = \frac{P_1 V_1 T_2}{P_2 T_1} = \frac{2 \times 5 \times (27+273)}{3 \times (-73+273)} = 5.0 \,[\text{m}^3]$$

문제 25 비열의 단위는?

㉮ kcal/h　　　　㉯ kcal/kg　　　　㉰ kcal/kg·m²　　　　㉱ kcal/kg℃

해설 • 비열(C 〔kcal/kg℃〕) : 어떤 물질 1〔kg〕을 1〔℃〕 올리는데 필요한 열량

문제 26 완전진공 상태를 0으로 기준하여 측정한 압력은?

㉮ 대기압　　　　㉯ 진공도　　　　㉰ 계기압력　　　　㉱ 절대압력

문제 27 어떤 기체에 15〔kcal/kg〕의 열량을 가하여 700〔kg·m/kg〕의 일을 하였다. 이 기체의 내부 에너지 증가량은 몇 〔kcal/kg〕인가?

㉮ 3.36　　　　㉯ 7.36　　　　㉰ 13.36　　　　㉱ 16.63

해설 전열량 = 내부 에너지 (u) + 외부 에너지 (APV)

$i = u + APV = u + AW$ 에서

$$u = i - AW = 15 - \left(\frac{1}{427} \times 700\right) = 13.36$$

문제 28 다음 설명 중 옳은 것은?

㉮ 고체에서 기체가 될 때에 필요한 열을 증발열이라 한다.
㉯ 온도의 변화를 일으켜 온도계에 나타나는 열을 잠열이라 한다.
㉰ 기체에서 액체로 될 때 제거해야 하는 열은 응축열 또는 감열이라 한다.
㉱ 기체에서 액체로 될 때 필요한 열은 응축열이며, 이를 잠열이라 한다.

문제 29 kcal/m²h℃의 단위는 무엇인가?

㉮ 열전도율　　　　㉯ 열상승율　　　　㉰ 열통과율　　　　㉱ 열복사율

해설 • 열통과율(열관류율), 열전달율 : kcal/m²h℃

문제 30 다음 중 압력단위가 맞는 것은?

㉮ kg/cm², psi　　㉯ kg-m, lb-ft　　㉰ kcal, Btu　　㉱ erg, joule

해설 ㉮ 압력, ㉯ 일, ㉰ 열량, ㉱ 일

해답　**24.** ㉱　**25.** ㉱　**26.** ㉱　**27.** ㉰　**28.** ㉱　**29.** ㉰　**30.** ㉮

문제 31 다음 중 열용량의 단위에 속하는 것은?

    ㉮ kcal/kg   ㉯ kcal/mh℃

    ㉰ kcal/m²h℃   ㉱ kcal/℃

> **해설** ㉮ 엔탈피, ㉯ 열전도율, ㉰ 열통과율, ㉱ 열용량

문제 32 정압비열 (C_p)이 정적비열 (C_v)보다 큰 이유는?

    ㉮ 압력과 온도는 역비례하기 때문이다.

    ㉯ 분자운동 에너지가 C_p가 C_v보다 크기 때문이다.

    ㉰ 비열은 압력에만 관계가 있기 때문이다.

    ㉱ 열량과 체적은 관계없기 때문이다.

> **해설** 정압비열 (C_p)이 정적비열 (C_v)보다 큰 이유는 분자운동 에너지가 크기 때문이다.

문제 33 엔탈피(enthalpy)에 대한 설명 중 잘못된 것은?

    ㉮ 엔탈피는 kcal/kg으로 표시하며, 물질 1[kg]이 갖는 열량의 출입을 나타낸 것이다.

    ㉯ 냉동에 있어서는 0[℃] 포화액의 열량비를 100[kcal/kg]으로 한다.

    ㉰ 공기에 대해선 0[℃]의 건조 공기의 열량비를 10[kcal/kg]으로 정한다.

    ㉱ 엔탈피란 액체나 기체가 갖는 모든 에너지를 열량 단위로 나타낸 것이며 전열량이다.

> **해설** ① 건구온도 0[℃], 절대습도 0[kg/kg]인 공기 1[kg]의 엔탈피 : 0[kcal/kg]
> ② 건구온도 15[℃], 습구온도 15[℃]일 때 공기 1[kg]의 엔탈피 : 10[kcal/kg]
> ③ 0[℃] 건조공기의 엔탈피는 0[kcal/kg]이다.

문제 34 다음은 열과 온도에 관한 설명이다. 이 중 틀리는 설명은 어떤 것인가?

    ㉮ 물체의 온도를 내리거나 올리는데 그 원인이 되는 것을 열이라 한다.

    ㉯ 물체가 뜨겁고 찬 정도를 나타내는 것을 온도라 하며 단위로는 섭씨 [℃]와 화씨 [°F]가 있다.

    ㉰ 온도가 낮은 물에 손을 담그면 차게 느껴지는 것은 물의 열이 손으로 이동하기 때문이다.

    ㉱ 두 물체 사이의 온도 차이가 클수록 열의 이동이 잘된다.

> **해설** 찬물에 손을 담그면 차게 느껴지는 것은 열역학 제2법칙에 따라 손의 열이 찬물로 이동하기 때문에

문제 35 열의 이동 3가지 기본 형식이 아닌 것은?

    ㉮ 전도   ㉯ 열량   ㉰ 대류   ㉱ 복사

> **해설** • 열의 이동 방법 : 전도, 대류, 복사

해답   **31.** ㉱   **32.** ㉯   **33.** ㉰   **34.** ㉰   **35.** ㉯

문제 36 고형탄산이 기화할 때 필요한 열은?

    ㋑ 융해열   ㋯ 응고열

    ㋒ 승화열   ㋰ 증발열

    해설 드라이아이스는 승화잠열(고체→기체)을 이용하여 냉동을 행한다.

문제 37 압력이 일정한 조건하에서 냉매가 가열, 냉각에 의해 일어나는 상태 변화에 대해 다음 설명 중 틀린 것은?

    ㋑ 과냉각액을 냉각하면 액체의 상태에서 온도만 내려간다.

    ㋯ 건포화증기를 가열하면 온도가 상승하고 과열증기로 된다.

    ㋒ 포화액체를 가열하면 온도가 변하고 일부가 증발하여 습증기로 된다.

    ㋰ 습증기를 냉각하면 온도가 변하지 않고 건조도가 감소한다.

    해설 포화액을 가열하면 온도변화없이 증발이 시작되어 습증기상태가 된다.

문제 38 이상기체의 엔탈피가 변하지 않는 과정은?

    ㋑ 비가역 사이클   ㋯ 등온 압축

    ㋒ 가역 사이클   ㋰ 교축 작용

    해설 • 교축작용 : 엔탈피가 변하지 않는 등엔탈피 과정이다.

1. 냉동의 정의와 용어

냉동이라 함은 어느 특정공간 또는 물체로부터 열을 흡수하여 그 온도를 현재의 온도보다 낮게 하고 그 낮게 한 온도를 계속 유지시켜 나가는 현상을 말한다.

즉 물체가 갖는 열의 결핍을 냉동(冷凍 ; refrigeration)이라 한다.

① 냉각 : 물체의 온도를 필요한 온도로 낮추어 주기 위한 것으로 주위의 온도보다 낮은 온도로 유지하는 상태를 말한다.

② 냉장 : 물체가 동결하지 않을 정도의 상태에서 저장하는 것

③ 제빙 : 상온의 물을 −9[℃] 정도의 얼음으로 만드는 것

④ 냉동 : 물체를 동결온도 이하로 낮추어 동결상태(−15[℃] 이하의 상태)로 유지하는 것

⑤ 공기조화 : 보건용 공기조화, 산업용 공기조화

2. 냉동의 원리

모든 물체는 그 상태가 변화할 때에는 반드시 열의 출입이 따른다. 즉, 여름에 땅위에 물을 뿌리면 더위를 피할 수 있으며 알콜로 피부를 문지르면 시원함을 느낀다. 이것은 땀과 알콜이 액체에서 기체로 될 때 열을 흡수하여 증발하기 때문이다. 이 때의 열을 증발열이라 하며 이 증발열은 주위에서 열을 흡수했기 때문에 주위의 온도가 내려가 시원하게 느끼는 것이다.

따라서, 현재 사용되고 있는 냉동의 원리는 물체가 그 상태를 변화할 때 필요로 하는 잠열(潛熱)을 이용하는 경우가 대부분이다.

이 원리를 이용하여 증발력이 강하고 독성이 없으며 가격이 싼 우리 주위에서 손쉽게 구할 수 있는 조건을 갖춘 물체를 구하여 그 상태변화를 반복시켜 그 흡수열을 사용하는 방법이 고안되었는데 이 때 사용하는 기계를 냉동기계라 하고 상태 변화가 되는 열매개체를 냉매라 한다.

3. 냉동의 방법

(1) 자연적인 방법

① 얼음의 융해 잠열을 이용하는 방법 : 고체의 얼음을 녹여서 저온을 얻는 방법으로 최초 냉동의 시초였으며 현재에도 사용되고 있다. 얼음은 0[℃]에서 녹으며 얼음을 0[℃]보다 높은 공간에 놓으면 열이 얼음으로 흐르고 공간의 온도는 내려간다. 얼음이 열을 흡수하는 용량, 즉 0[℃] 얼음 1[kg]이 고체 상태로부터 액체 상태로 변할 때 주위로부터 79.68[kcal]의 용해잠열을 흡수해서 녹는다.

② 승화열을 이용하는 방법 : 고체 CO_2(dryice)는 대기압에서 액체 상태로 있을 수 없으며 따라서 고체 CO_2가 열을 흡수하면 승화(昇華)해서 고체로부터 직접 기체로 변한다. 표준대기압 하에서 드라이아이스의 승화는 −78.5[℃]에서 일어나며 이 때 흡수열은 137[kcal]이다. 따라서 dry ice는 저온 냉동에 적합하다.

③ 증발열을 이용하는 방법 : 액화 암모니아 등 증발하기 쉬운 액체의 증발열을 냉동에 이용하는 방법으로 물은 대기압 하에서 100[℃]에서 증발하고 538.8[kcal/kg]의 증발열을 흡수한다. 액체 암모니아(NH_3)는 −33.3[℃]에서 증발하고 326.78[kcal/kg]의 열을 흡수한다. 그리고 액체는 어떠한 온도에서나 그 표면에 가해지는 압력을 변화시키면 증발시킬 수 있는데 이 방법은 현재 널리 이용되고 있는 증기압축 냉동기, 흡수식 냉동기에 이용되는 냉동기의 기본이다.

④ 기한제(起寒劑)를 이용하는 방법 : 기한제란 결합력이 강한 두 종류 이상의 물질을 혼합하여 0[℃] 이하의 저온을 얻을 수 있는 혼합물질로 한제(寒劑)라고도 한다. 이것은 두 물질을 혼합하였을 때 결합력이 신속하여 주위로부터 잠열을 흡수할 시간적 여유가 없어 자기자신으로부터 열을 취하여 그 물질 자체의 온도가 저하하는 것이다.(1607년 이탈리아의 사크토리우스는 얼음 3에 소금 1의 비율로 가장 낮은 온도를 얻을 수 있다고 발표하였다.)

⬛ 기한제

기　한　제	혼　합　비　율	강　하　온　도 [℃]
얼음(눈) : 소금	3 : 1	−20
얼음(눈) : 희염산	8 : 5	−32
얼음(눈) : CaCl₂	4 : 5	−40
얼음(눈) : KCO₃	3 : 4	−45

┤참고├
- ■ 자연적인 냉동법의 특징
  ① 초기 설치 비용이 적게 든다.
  ② 취급이 용이하다.
  ③ 연속적인 냉동효과를 얻을 수 없다.
  ④ 온도 조절이 어렵다.
  ⑤ 저온을 얻기가 어렵다.
  ⑥ 냉각제가 소모되는 되로 보충해야 하므로 비경제적이다.

(2) 기계적인 냉동법

자연적인 냉동방법은 그 물질이 상태가 변화할 때 잠열을 이용하는데 대하여 기계적인 냉동법은 에너지 전력, 증기, 연료 등을 공급하여 압력조절과 비등점의 조절을 함으로서 냉매를 계속적으로 사용할 수 있게 한 것이다.

① 증기압축 냉동기 : 증기압축 냉동기는 증기의 잠열을 이용한 것으로 낮은 압력 하에 서 용이하게 증발하여 가스(gas)가 될 수 있는 증발하기 쉬운 액체를 이용하여 증발 과 액화를 반복시킴으로서 냉동 목적을 달성시킨다.

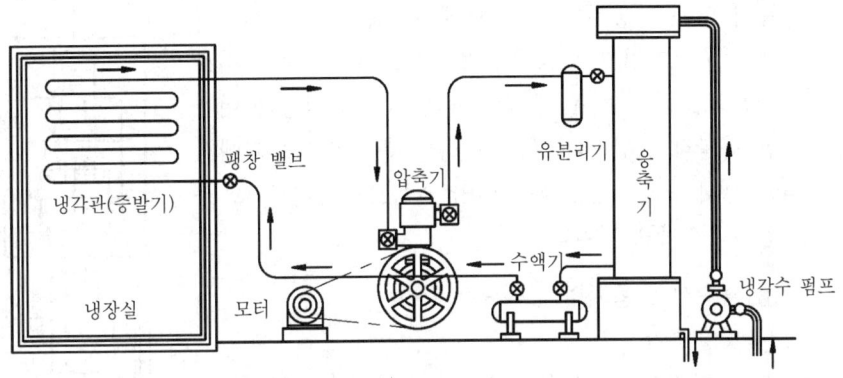

⬆ 증기압축냉동

● 주요 4대 구성요소(기계적인 냉동기)

㉮ 압축기(compressor) : 증발기에서 증발한 저온 저압의 냉매 증기를(증발하면서 흡수한 증발잠열을 제거하여) 응축하기 쉽도록 고온, 고압의 가스로 만드는 기 계를 압축기라고 한다.

※ 종류

㉠ 왕복동식 압축기(reciprocating compressor)

㉡ 회전 압축기(rotary compressor)

㉢ 터보 압축기(turbo compressor)

㉣ 스크루식 압축기(screw compressor)

㉯ 응축기(condenssor) : 압축기에서 배출한 고온, 고압의 가스를 외부에서 물이나 공 기를 가하여 냉각하며 응축 액화시키는 장 치이다.

※ 종류

㉠ 공랭식, ㉡ 수냉식, ㉢ 증발식

㉰ 팽창 밸브(expansion valve) : 응축기 또는 수액기에서 오는 고온 고압의 액화 냉매를

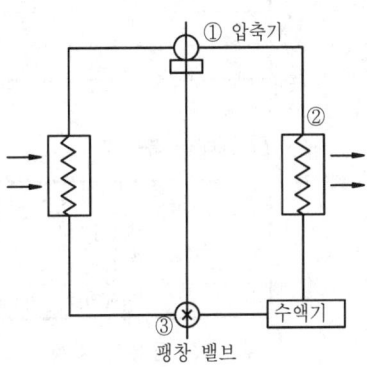

⬆ 냉동장치의 4요소

증발기에서 피냉동 물체에서 쉽게 열을 흡수하도록 좁은 통로를 통과시켜 저압의 상태로 해주는 밸브이다. 이 밸브를 통과한 냉매는 저온, 저압의 습증기로 된다. 즉 냉매량을 공급해주는 역활이다.

   ⑭ 증발기(evaperator) : 팽창 밸브를 거쳐 오는 저온 저압의 습증기는 증발기 내에서 증발하면서 주위로부터 열을 흡수하여 포화증기로 되면서 냉동효과를 달성시키는 장치이다.(증발잠열이 클수록 효과가 크다.)

(3) 흡수식 냉동기(absorption refrigeration machine)

증기 압축 냉동기와 같이 냉매 가스를 압축할 때 기계적인 압축기가 필요없는 방식으로 이 방법은 서로 친화력을 가지는 두 물체의 용해 및 유리작용을 이용한 화학적 방법이다. 우리 나라에 흡수식 냉동기에서는 냉매를 물, 흡수제를 LiBr(리튬브로마이드)로 사용하는 냉동방법이다.

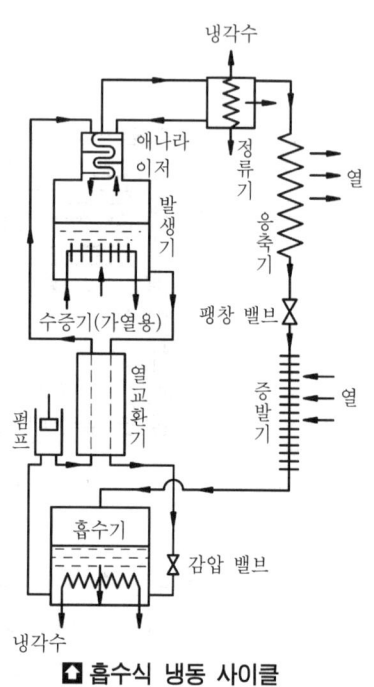

① 흡수식 냉동기의 구성요소

   ㉮ 흡수기

   ㉯ 재생기(1중 효용은 1개, 2중 효용은 2개 설치)

   ㉰ 응축기

   ㉱ 증발기

□ 흡수식 냉동 사이클

▣ 흡수식 냉동장치의 구성요소와 증기 압축 냉동기

흡 수 식	증 기 압 축 식
흡 수 기	압 축 기
고 온 재 생 기	
응 축 기	응 축 기
저 온 재 생 기	팽 창 밸 브
증 발 기	증 발 기

▣ 냉매와 흡수제

냉 매	흡 수 제
물(H$_2$O)	LiBr
물(H$_2$O)	LiCl
암모니아(NH$_3$)	물(H$_2$O)

※ 1중 효용은 재생기가 1개이며, 2중 효용은 저온, 고온 재생기로 분리하여 2개이다.

(4) 증기 분사 냉동기(steam jet refrigeration machine)

증기 압축 냉동기의 압축기나 대규모의 진공 펌프 대신 증기 이젝터(ejector)와 같이 노즐(nozzle)을 쓰고, 이 노즐을 통하여 증기를 고속으로 분사시키면, 분류에 의하여 주위의 가스를 빨아들여서 진공이 된다.

이 때 증발기 내의 물 또는 식염수는 저압 아래에서 증발됨으로써 그 증발잠열로서 물(냉매액) 자신을 냉각하여 냉동 작용을 하게 된다.

※ 이젝터에서 분사된 증기는 복수기의 냉각수에 의하여 냉각되어 응축하게 되는데 이때 복수기 내를 진공으로 유지하기 위해 추기용 이젝터가 사용된다.

※ 구성요소 : 증발기, 이젝터, 복수기, 냉수 및 복수 펌프용

(5) 공기 사이클 냉동기(air cycle refrigeration machine)

할로겐화 탄화수소계의 냉매가 발전되기 전에는 공기 사이클 냉동장치가 그 무독성으로서 가끔 사용되었다.

이 장치는 공기를 단열압축시키면 온도는 상승되고 이 압축 공기를 팽창시키면 공기 자신의 온도가 강하한다. 이 냉각된 공기를 이용하여 직접 또는 간접으로 냉동효과를 얻는다.

※ 특징
① 무독성이다.(냉매 : 공기)
② 냉동톤당 소요마력이 크다.
③ 기계적 증기 액체장치에 비하여 장치가 크고 무겁게 되었다.
④ 초저온 이외는 효율이 나쁘다.
⑤ 개량된 공기 사이클 냉동기는 항공기의 공기 조화용으로 이용된다.

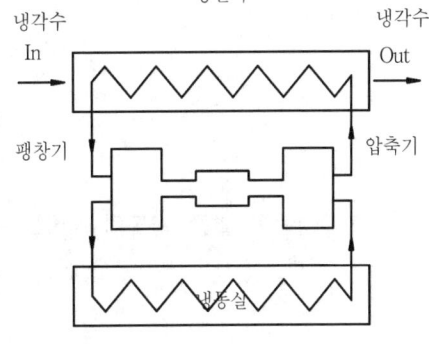

🔼 밀폐식 공기 사이클 냉동기

(6) 전자 냉동법(thermoelectic refrigeration machine)

두 종류 즉 종류가 다른 2개의 금속을 서로 접합시켜 두 접점에 온도차를 두면 이에 비례하여 직류 전류가 발생한다. 이런 현상을 열전 효과라 한다. 이와 반대로 전류를 통하면 양 접점에 온도차가 생겨 열의 흡수 또는 발생이 일어나는데 이것을 펠티어 효과(Peltier effect)라 한다.

이 효과를 이용한 것이 열전 냉동기이다.

그림은 열전 냉동기의 계통도로서 N에서 P로 전류가 흐르는 접합부에서 열을 흡수하고, P에서 N으로 흐르는 접합부에서 발열한다. 열전쌍의 소자(element)로서는 전류가 잘 흐르고 열전도가 나쁜 반도체인(비스무트 텔루르, 안티몬 텔루르, 비스무트 텔루

르 셀렌) 등이 사용된다.

⬆ 열전 냉동기와 증기 압축 냉동기의 비교

증기 압축 냉동기	열전 냉동기
압　　축　　기	발　　전　　기
응　　축　　기	고　온　접　합　부
팽　창　밸　브	저　온　접　합　부
증　　발　　기	저　온　흡　열　부
냉 매 (NH_3, 프 레 온)	전　류　(　전　자　)
냉　매　배　관	도　　　　　선

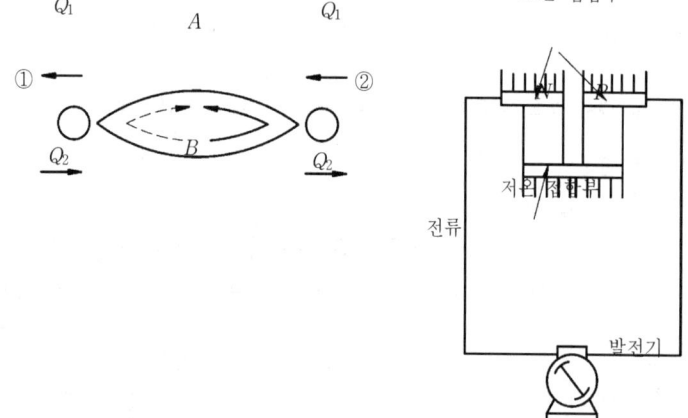

⬆ 펠티어 효과

① 냉동용 열전 반도체 : 비스무트 텔루르, 안티몬 텔루르, 비스무트 텔루르 셀렌 등이 있다.

4. 열 펌프(Heat pump)

히트 펌프라하는 열 펌프는 냉동기의 고온부(응축부)에서의 방열작용을 이용하여 소정의 장소에 열을 보내어 겨울철의 난방에 사용하고 여름에는 그 장소에서 열을 흡수하여 냉방작용을 하도록 마련한 냉, 난방 겸용의 냉동장치이다.
냉동장치도 열 펌프와는 근본적으로 차가 있는 것이 아니며 넓은 의미로는 양자 모두 열 펌프이다.

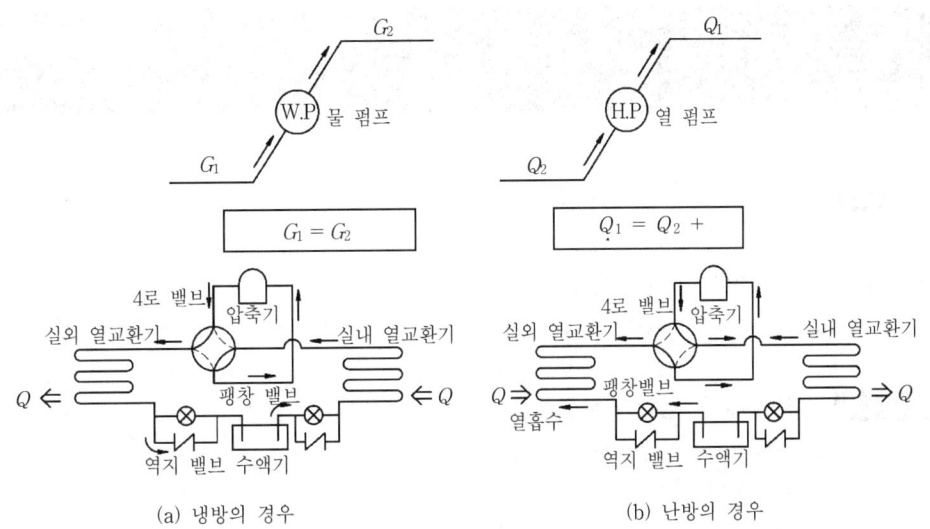

(a) 냉방의 경우　　　　　　　　　(b) 난방의 경우

■ 열(heat) 펌프식 냉동 사이클

5. 기계적인 냉동법에서 사용되는 냉매의 종류와 용도

■ 냉매의 종류와 용도

냉매	비점℃	압축기의 형식	증발온도	응축온도	적 용 예
R-11	23.8	원　심	고(냉방)	보통(수냉·공냉)	터보 냉동기
R-12	-29.8	왕복회전	고~저(냉동·냉방)	보통(수냉·공냉)	에어·컨디셔너 등, 일반냉동, 냉방
		원　심	고~저(냉동·냉방)	보통(수냉·공냉)	대형 저온 터보 냉동기
R-13	-81.4	왕복회전	초저온	(2원냉동)	초저온장치(저온측 사이클)
R-21	8.9	왕복회전	고(냉방)	고(공냉)	크레인의 운전석 냉각장치
R-22	-40.8	왕복회전	고~저(냉동·냉방)	보통(수냉·공냉)	에어·컨디셔너 등, 일반냉동, 냉방 각종 동결장치, 저온장치
		원　심	고저(냉동·냉방)	보통(수냉·공냉)	대형, 저온 터보 냉동기
R-113	47.6	원　심	고(냉방)	보통(수냉·공냉)	소형 터보 냉동기
R-114	3.6	완전회전	고(냉방)	고(공냉)	크레인의 운전석 냉각장치
		원　심	고(냉방)	보통(수냉·공냉)	터보 냉동기
R-500	-33.3	왕복회전	고~저(냉동·냉방)	보통(수냉·공냉)	에어·컨디셔너 등 일반냉동, 냉방
		원　심	고~저(냉동·냉방)	보통(수냉·공냉)	대형, 저온 터보 냉동기
R-502	-45.6	왕복회전	고~저(냉동·냉방)	보통(수냉·공냉)	쇼우·케이스, 저온용 유닛, 일반냉동, 냉방
암모니아	-33.3	왕　복	저(냉동)	보통(수냉)	제빙장치, 냉방장치, 브라인 냉각, 각종 동결장치, 화학 플랜트 냉각장치
		원　심	저(냉동)	보통(수냉)	스케이트장, 브라인 냉각, 화학 플랜트냉각

제 2 장 냉동방법 예상문제

문제 1 브롬화 리튬(LiBr) 수용액이 필요한 장치는?

　　㉮ 증기 압축식 냉동장치　　　　㉯ 흡수식 냉동장치
　　㉰ 증기 분사식 냉동장치　　　　㉱ 전자 냉동장치

　　해설 흡수식 냉동장치에는 물을 냉매로 사용시 흡수제로는 브롬화 리튬(LiBr)을 사용한다.

문제 2 피동결물을 냉각한 부동액을 넣어서 동결시키는 방법은?

　　㉮ 접촉식 동결장치　　　　　　㉯ 진공 동결장치
　　㉰ 침지식 동결장치　　　　　　㉱ 송풍 동결장치

　　해설 침지식 동결장치는 피동결물을 냉각한 부동액 중에 침지시켜 동결시키는 장치이다.

문제 3 증기 압축식 냉동기의 구성요소가 아닌 것은?

　　㉮ 압축기　　　　　　　　　　㉯ 흡수기
　　㉰ 응축기　　　　　　　　　　㉱ 팽창 밸브

　　해설 ● 증기압축식 냉동기의 4대 구성요소 : 압축기, 응축기, 팽창 밸브, 증발기
　　참고 흡수기는 흡수식 냉동기의 구성요소이다.

문제 4 다음은 흡수식 냉동기의 기본회로를 골격만으로 표시한 도표이다. "A"의 위치에 있는 장치의 명칭과 기능상의 설명이 옳은 것은?

　　㉮ 응축기로서 동체 상부에 위치해 있
　　　으며 약간 진공상태를 유지한다.
　　㉯ 증발기이며, 냉수로부터 열을 흡수
　　　하여 냉매가 증발한다.
　　㉰ 흡수기로서 이곳에서 냉매를 흡수
　　　하는 과정에서 진공을 유지한다.
　　㉱ 발생기이며 용액중의 냉매일부를
　　　증발시키는 작용을 한다.

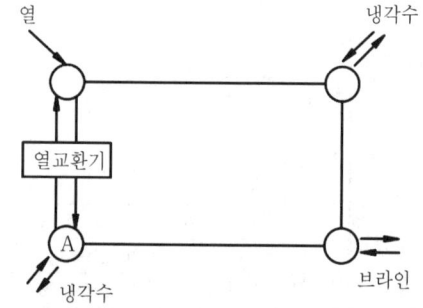

　　해설 A부분은 흡수기로서 브라인에 의해 증발기에서 증발하는 냉매가스가 흡수제에 의해 흡수
　　　되며 진공을 유지한다.
　　　※ 흡수기 → 열교환기 → 발생기 → 응축기 → 증발기

문제 5 냉동의 뜻을 올바르게 설명한 것은?

　　㉮ 인공적으로 주위의 온도보다 낮게 하는 것을 말한다.

　　㉯ 열이 높은데서 낮은 곳으로 흐르는 것을 말한다.

　　㉰ 물체 자체의 열을 이용하여 일정한 온도를 유지하는 것을 말한다.

　　㉱ 기체가 액체로 변화할 때의 기화열에 의한 것을 말한다.

　　해설 ● 냉동 : 일정한 공간이나 물체의 열을 인위적으로 제거하여 주위의 온도보다 낮게 하는 것

문제 6 증기 냉동법 설명으로 가장 옳은 것은?

　　㉮ 융해열을 이용하는 방법　　　　㉯ 승화열을 이용하는 방법

　　㉰ 증발열을 이용하는 방법　　　　㉱ 펠티어 효과를 이용하는 방법

　　해설 ● 증기 압축식 냉동법 : 증발잠열을 이용

문제 7 냉동의 원리에 이용되는 열의 종류가 아닌 것은?

　　㉮ 증발열　　　　㉯ 승화열　　　　㉰ 융해열　　　　㉱ 전기저항열

　　해설 ● 냉동에 응용되는 열 : 고체의 융해잠열, 액체의 증발잠열, 드라이아이스의 승화잠열

문제 8 간접식과 비교한 직접 팽창식 냉동기의 이점이 아닌 것은?

　　㉮ 냉동능력을 저장할 수 없다.

　　㉯ 같은 냉동 온도에 대해서 냉매의 증발 온도가 높다.

　　㉰ 구조가 간단하다.

　　㉱ 냉매량(충전량)이 적어도 된다.

　　해설 냉동능력을 저장할 수 없는 것은 단점에 해당된다.

문제 9 물과 브롬화 리튬(LiBr)을 사용하는 장치는?

　　㉮ 증기 압축식 냉동장치　　　　㉯ 흡수식 냉동장치

　　㉰ 열전 냉동장치　　　　　　　㉱ 보르텍스 튜브

　　해설 냉매로 물과 흡수제로 브롬화 리튬을 사용하는 것은 흡수식 냉동장치이다.

문제 10 체적 압축식 냉동장치에 사용되는 냉동기가 아닌 것은?

　　㉮ 터보 냉동기　　　　　　　　㉯ 회전식 냉동기

　　㉰ 흡수식 냉동기　　　　　　　㉱ 왕복동식 냉동기

　　해설 냉매가스를 일정공간에 넣어 이 공간(체적)을 압축함으로써 가스의 압력을 상승시켜 주는 형식의 압축기로서 흡수식은 이에 해당되지 않는다.

해답 5. ㉮　6. ㉰　7. ㉱　8. ㉮　9. ㉯　10. ㉰

문제 11 간접 팽창식과 비교한 직접 팽창식 냉동장치의 설명이 아닌 것은?

㉮ 소요동력이 적다.　　　　　　　㉯ RT당 냉매 순환량이 적다.

㉰ 감열에 의해 냉각시키는 방법이다.　㉱ 냉매의 증발 온도가 높다.

해설 • 직접 팽창식 : 증발기에 직접 냉매를 순환시켜 물체의 열을 흡수하는 방식으로 냉매의 잠열을 이용한다.

(1) 장점
① 냉매의 증발온도가 높다.
② RT당 냉매순환량이 적다.
③ RT당 소요동력이 적다.
④ 시설이 간단하다.

(2) 단점
① 냉매시설에 의한 냉장품의 오염 우려가 있다.(NH_3 사용시)
② 냉동기 정지와 동시에 냉장실의 온도가 상승한다.
③ 여러 대의 냉장실 운영시 팽창 밸브수가 많아진다.

문제 12 접합점의 온도를 달리하며 전기가 흐르는 현상은?

㉮ 전자효과　　　　　　　　　　㉯ 제벡 효과

㉰ 펠티어 효과　　　　　　　　　㉱ 줄 톰슨 효과

해설 • 제벡 효과(seebeck effect) : 성질이 다른 두 금속에 온도차를 수면 기전력이 발생하는 현상으로 열전대 온도계의 원리이다.

문제 13 반드시 가열원이 있어야 작동되는 냉동기는?

㉮ 터보 냉동기　　　　　　　　　㉯ 흡수식 냉동기

㉰ 회전식 냉동기　　　　　　　　㉱ 왕복동식 냉동기

해설 흡수식 냉동기 중 발생기(재생기)에는 반드시 온수나 증기 등의 가열원이 필요하다.

문제 14 암모니아(NH_3)를 사용하는 흡수식 냉동기의 흡수제는 다음 중 어느 것인가?

㉮ 질소　　　　㉯ 프레온　　　　㉰ 취화 리듐　　　　㉱ 물

해설 • 흡수식 냉동기의 냉매에 따른 흡수제

냉 매	흡 수 제
암모니아	물
물	취화 리튬
염화 메틸	사염화 에틸
톨루엔	파라핀유

문제 15 열전 반도체인 비스무트-텔루르 비스무트, 셀렌이 필요한 냉동장치는?

㉮ 공기 사이클 냉동장치　　　　　㉯ 진공냉각식 냉동장치

㉰ 보르텍스 튜브　　　　　　　　㉱ 전자 냉동기

해설 • 열전 반도체를 이용한 냉동기 : 전자 냉동기

해답 **11.** ㉰　**12.** ㉯　**13.** ㉯　**14.** ㉱　**15.** ㉱

문제 16 흡수식 냉동 설비에 있어 발생기를 1시간 동안에 몇 kcal의 열량으로 가열하였을 때를 1냉동톤으로 보는가?

㉮ 1,660[kcal] ㉯ 3,320[kcal]

㉰ 4,980[kcal] ㉱ 6,640[kcal]

해설 흡수식 냉동기는 발생기를 가열하는 1시간의 입열량 6,640[kcal/h]를 1냉동톤으로 한다.

문제 17 다음 중 반도체를 이용하는 냉동기는?

㉮ 흡수식 냉동기 ㉯ 전자식 냉동기

㉰ 증기분사식 냉동기 ㉱ 스크루식 냉동기

해설 • 열전 반도체를 이용한 냉동기 : 전자 냉동기

3-1. 냉매(Refrigerant)

1. 냉매의 정의

일반적으로 냉매는 증발하기 쉬운 액체로서, 냉동공간 또는 냉동물질로부터 열을 흡수하며 다른 공간 또는 다른 물질로 열을 운반하는 작동 유체이다. 즉, 냉동 사이클(cycle)을 순환하면서 온도 또는 상태변화에 의하여 열을 운반하는 동작유체이다.

(1) 1차 냉매(직접 냉매)

직접 또는 간접 팽창식 냉동장치 내를 순환하면서 온도 또는 상태변화에 의하여 잠열상태로 열을 운반하는 냉매를 말한다.

(2) 2차 냉매(간접 냉매)

간접 팽창식 냉동장치의 브라인 배관을 순환하면서 온도변화에 의한 감열 상태로 열을 운반하는 냉매를 말한다.

2. 냉매의 구비조건

냉매가 냉동 사이클에서 갖추어야 할 조건은 다음과 같다.

(1) 물리적 조건

① 온도가 낮은 경우에도 대기압 이상의 압력에서 증발하고 또한 상온에서도 비교적 저압에서 쉽게 응축액화할 것
  ㉮ 중요 냉매의 대기압에서의 증발온도
    ㉠ NH_3 : $-33.3[℃]$ ㉡ R-11 : $23.7[℃]$
    ㉢ R-12 : $-29.8[℃]$ ㉣ R-13 : $-81.5[℃]$
    ㉤ R-22 : $-40.8[℃]$

제 3 장 냉매의 종류와 특성

55

② 임계 온도가 상온보다 높고 응고 온도가 낮을 것(상온에서 액화될 것)
  ㉮ 중요 냉매의 임계점
    ㉠ NH_3 : 133[℃]　　㉡ R-11 : 198[℃]
    ㉢ R-12 : 111.5[℃]　　㉣ R-13 : 28.8[℃]
    ㉤ R-22 : 96[℃]
  ㉯ 중요 냉매의 응고점
    ㉠ NH_3 : -77.7[℃]　　㉡ R-11 : -111.7[℃]
    ㉢ R-12 : -158.2[℃]　　㉣ R-13 : -181[℃]
    ㉤ R-22 : -160[℃]
③ 증기의 비열 및 증발잠열은 크고, 액체의 비열은 작을 것
  ㉮ 중요 냉매의 증발 잠열(-15[℃] 기준)
    ㉠ NH_3 : 313.5[kcal/kg]　　㉡ R-11 : 45.8[kcal/kg]
    ㉢ R-12 : 38.59[kcal/kg]　　㉣ R-22 : 51.9[kcal/kg]
④ 같은 냉동능력에 대하여 소요 동력이 적을 것 : 냉동기는 동력을 소비하므로 단위 냉동능력당 소비 동력이 적은 것이 요망된다.
⑤ 증기의 비열비가 적을 것(정압비열/정적비열)
  ㉮ NH_3 : 비열비가 크다. 따라서 저온냉동(-35[℃] 이하)을 시키려면 2단 압축으로 할 필요가 있다.
  ㉯ 프레온계 냉매 : 비열비가 적다.
⑥ 증기 및 액체의 밀도가 작을 것 : 배관에서의 압력강하는 다른 조건이 동일할 경우 냉매의 밀도가 클 때 마찰저항이 비례하여 증가하므로 압력 강하를 작게하기 위해서는 냉매의 증기 및 액체의 밀도가 작아야 한다.
⑦ 같은 냉동 능력에 대하여 냉매 가스의 비체적이 작을 것.
⑧ 윤활유와 냉매가 작용하여 냉동작용에 미치는 일이 없을 것(냉매에 윤활유가 용해하면 증발실의 온도 상승)
  ㉮ NH_3 : 윤활유의 용해가 어렵다.
  ㉯ 프레온계 냉매 : 윤활유의 용해가 쉽다.

> **참고**
> ■ 냉매에 윤활유가 용해에 미치는 영향
> ① 증발 온도 상승　　② 윤활작용 저하
> ③ 전열작용 저하　　④ 냉동능력 감소

⑨ 점도가 적고 전열작용이 양호하며 표면 장력이 적을 것
  ㉮ 점도가 클 때 미치는 영향
    ㉮ 배관내의 유동저항 증가
    ㉯ 압축기 체적효율 감소
    ㉰ 냉동능력 감소

  ㉯ NH_3 : 전열이 양호(나관(裸管) 설치)

  ㉰ 프레온계 냉매 : 전열 불량(핀 튜브(finned tube) 설치)

 ⑩ 누설되기 어렵고 누설시 발견이 용이할 것

  ㉮ NH_3 : 악취 등으로 누설시 발견이 용이하다.

  ㉯ 프레온계 냉매 : 누설시 발견이 어렵다.(무색, 무미, 무취, 무독하기 때문이다.)

 ⑪ 수분이 냉매 중에 혼입하여도 냉매의 작용에 지장이 없을 것

  ㉮ NH_3 : 수분에 대한 용해력이 크다.(수분 1[%]가 ½[℃] 증발온도 상승)

  ㉯ 프레온계 냉매 : 수분에 대한 용해력이 적다.

   따라서 팽창 밸브의 동결현상을 초래하고 가수분해(加水分解)하여 HF, HCl 등 산을 생성하여 장치를 부식시킨다.

 ⑫ 전기 절연 내력(電氣絶緣耐力)이 크고 전기 절연물을 부식하지 않을 것

  ㉮ NH_3 : 절연 내력이 작다.(개방형 냉동기 채택)

  ㉯ 프레온계 냉매 : 절연 내력이 크다.(밀폐형 냉동기 제작이 가능)

 ⑬ 패킹(packing) 재료에 대하여 냉매가 영향을 미치지 않을 것

  ㉮ 프레온계 냉매 : 천연 고무 침식

 ⑭ 터보 냉동기의 경우에는 냉매 가스의 비중이 클 것(터보 냉동기에서는 속도 에너지를 압력 에너지로 바꾸어 가스를 압축할 경우에는 가스의 비중이 클수록 큰 압력이 생기게 되므로 냉매 가스의 비중량이 큰 프레온 냉매가 이상적이다.)

3. 화학적 조건

(1) 화학적으로 안정하고 고온에서 분해하여 냉매 가스 외의 다른 가스가 발생되지 않을 것.

(2) 금속을 부식하지 않고, 압축기의 윤활유를 열화시키지 않을 것

  ① NH_3 : 동(銅) 및 그 합금을 부식(강을 사용)

  ② 프레온계 냉매 : 마그네슘(동 및 동합금 사용)과 Mg 2[%] 이상 함유하는 Al 합금을 부식시킨다.

  ③ 메틸크로라이드(CH_3Cl) : 알루미늄, 마그네슘, 아연 및 그 합금 부식

(3) 독성이 없을 것.

  ① NH_3 : 유독성   ② 프레온계 냉매 : 무독

(4) 인화성 및 폭발성이 없을 것.

  ① NH_3 : 인화 및 폭발성이 다소 있다.   ② 프레온계 냉매 : 없다.

(5) 자극성인 냄새가 없을 것

  ① NH_3 : 악취 발생   ② 프레온계 냉매 : 무취

4. 생물학적 조건

(1) 인체에 무해하고 누설하여도 독성이 없고 냉장품에 손상을 주지 않을 것.(NH_3는 공기중 0.5~0.6[%] 이상이면 질식하고 알칼리성으로 식품에 닿으면 떫은 맛이 난다.)

(2) 악취가 없을 것.

5. 경제적 조건

(1) 가격이 저렴하고 구입이 용이할 것.(NH_3는 프레온 가격의 1/10 정도)

(2) 동일 냉동 능력에 대하여 소요동력이 적게 들 것

(3) 동일 냉동 능력에 대하여 압축해야 할 냉매 가스의 체적이 작을 것.(단, 가정용 냉장고 터보 냉동기의 경우는 제외한다.)

(4) 자동 운전이 용이할 것

6. 냉매의 종류

(1) 화학적 분류

① 무기화합물(無機化合物)

② 탄화수소(炭火水素)

③ 할로겐화 탄화수소(halogenated hydrocarbon)

④ 공비 혼합물(共沸混合物)

(2) 무기화합물 냉매의 종류

① NH_3(암모니아)

② CO_2(탄산가스)

③ SO_2(아황산가스)

④ H_2O(물)

(3) 탄화수소계 냉매

① CH_4(methane)

② C_2H_4(ethylene)

③ C_2H_6(ethane)

④ C_3H_8(propane)

(4) 할로겐화 탄화수소

1개 이상의 할로겐 원소(F, Cl, Br, I)을 포함하는 탄화수소로 이 중에 F를 포함하는 냉매의 종류는 대단히 많은 종류가 있으며 상품명에 따라서 프레온(Freon)이라 명명한다.

① 대표적인 프레온계 냉매 : R-11, R-12, R-22, R-113

② F 이외의 할로겐 탄화수소 냉매 : CH_3Cl(염화 메틸, 메틸 크로라이드), CH_2Cl_2(염화 메틸렌)

(5) 공비혼합물(azeotrope)

프레온계 냉매 중 서로 다른 2종의 냉매를 적당한 중량비로 혼합한 혼합물로 액상 또는 기상에서 처음 냉매와 전혀 다른 하나의 새로운 특성을 나타내게 되며 단일 냉매와 같은 작용을 하며 증발이나 응축시 그 비등점이나 조성이 변화하지 않는 성질을 갖는데 이와 같은 냉매를 공비혼합 냉매라 하고 냉매번호는 R-500 단위부터 시작된다.

공 비 냉 매	조 합 냉 매	혼합비(중량)	비 등 점 (℃)		
			냉 매 1	냉 매 2	공 비 냉 매
500	R-152 R-12	26.2 : 78.3	−24.2	−29.8	−33.3
501	R-12 R-22	25 : 75	−29.8	−40.8	−41
502	R-115 R-22	51.2 : 48.8	−38	−40.8	−45
503	R-23 R-13	40.1 : 59.9		−81.5	−53.6

3-2. 냉매의 성질과 특성

1. 암모니아(NH_3 : R-717) 냉매

(1) 일반적 성질

① 표준 대기압 하에서 응고점이 −77.7[℃]로 냉매로서는 비교적 높은 온도이므로 초저온용으로 곤란하다.

② 기준 냉동 사이클(cycle)에서 −15[℃] 기준 증발온도에 대한 포화압력은 2.41[kg/cm^{2}a] 응축 온도 30[℃]에서의 포화압력은 11.895[kg/cm^{2}a]로서, 그다지 높지 않아 냉동기의 제작 및 배관설비가 용이하다.

③ 냉동능력은 기준 온도에서 269[kcal/kg]으로 다른 냉매에 비하여 크다.

④ 증발온도 −15[℃]의 냉매가스 비체적이 0.5087[m^3/kg]으로 다른 냉매에 비하여 크다. 따라서 단위시간당 냉매 순환량이 적으므로 냉동장치의 배관이나 밸브 등이 지름이 적어 경제적이다.

⑤ 표준대기압 하에서 비등점이 −33.3[℃]로서 그 이하의 온도를 얻으려면 증발기의 압력을 진공으로 유지해야 한다.

⑥ 비열비의 값(1.31)이 냉매 중에 가장 크므로, 압축 후 토출가스 온도가 높아져서 윤활유를 변질시키기 쉽다. 따라서 워터 재킷(water jacket)을 설치하여 실린더를 수냉각시킨다. 그리고 저온 냉동(−35[℃] 이하)을 시키려면 2단 압축을 할 필요가 있다.

⑦ 전열 작용이 냉매 중에서 가장 크다.(전열계수는 응축시 5000[kcal/m²h℃], 증발시 3000[kcal/m²h℃])

⑧ 임계온도 : 133[℃], 임계압력 : 116.5[kg/cm²a]으로 상온에서 응축능력이 양호하다.

⑨ 경제적으로 우수하여 공업용 대형 냉동기에 사용한다.

⑩ 가스 및 액의 열전도율도 사용냉매 중 가장 좋다.

⑪ 냉각수의 전열계수는 유속이나 냉각관의 구경에 따라 다르나 약 3200~5000 [kcal/m²h℃] 정도이다.

(2) 금속에 대한 부식성

① 수분을 함유한 암모니아 증기는 아연, 동 및 동합금을 부식시킨다. 단, 순수한 암모니아는 금속에 대한 부식력이 없어 동의 부식도 없다. 그리고 항상 유막이 형성되어 있는 압축기의 베어링 등에는 동 및 그 합금을 사용할 수 있다.(액화 암모니아에는 부식한다.)

② 철 및 강에는 부식성이 없다.

③ 수은과는 폭발적으로 화합하고 염소와도 화합한다.

④ 비금속 재료는 에보나이트(ebonite), 베이클라이트(bakelit), 에나멜(enamel)도 침식하므로 패킹(packing) 재료는 고무·아스베스토스(asbestos)를 사용한다.

⑤ 절연물질을 부식하므로 밀폐형에는 사용이 부적당하다.

(3) 연소성 및 폭발성

① 공기 중에 체적 비율로 13~27[%]면 연소하고 때로는 폭발 위험이 있다.

② 인화점은 850[℃]이고 철의 촉매작용에 의하여 650[℃]로 내려간다.

③ 인화성 때문에 냉동실내의 전구는 글로브(globe)를 씌운다.

④ 냉동기의 설치 또는 수리 후 공기로 기밀시험을 행할 때에는 잔류하고 있는 암모니아 가스를 완전 배제한다.

⑤ 열분해 온도는 490[℃] 정도이다.

(4) 전기적 성질

① 절연 내력이 적고 절연 물질을 약화시키므로 밀폐식 냉동기의 제작이 부적합하다.

② 질소의 절연 내력을 1로 할 때 NH_3 : 0.83, R-12 : 2.4, R-22 : 1.184

(5) 독성

① 법규에 암모니아의 독성 허용농도는 25[ppm]으로 규정하고 있고 독성에 의해 암모니아는 다른 냉매에 비해 최대의 결점으로 표시된다.

② 공기 중에 체적으로 0.5~0.6[%] 정도 함유되면 인체에 유해하다.

③ 암모니아의 특성은 냉매 중 SO_2(아황산가스 : 5[ppm]) 다음으로 독성이 강하다.

(6) 냉장식품에 미치는 영향

암모니아는 알칼리성이므로 산성식품에 닿으면 상하게 한다.

(7) 암모니아 냉매와 윤활유와의 관계

① 윤활유와는 서로 잘 용해하지 않는다.

② 암모니아는 오일(oil)보다 비중이 적어 오일이 하부에 고이게 되므로 배유관을 하부
에 설치한다. 그리고 오일이 장치 내에 넘어가게 되면 하부에 고여 전열작용을 방해
한다. 따라서 압축기의 응축기 사이에 유분리기를 설치하여 오일을 분리한다.(비중 :
프레온 > H_2O > 오일 > 암모니아)

③ 수분이 있으면 오일과 에멀존(emulsion : 유상액(乳狀液)) 현상이 일어나 유분리기에
서 오일이 분리되지 않고 장치내로 흘러 들어가 고이게 된다.

④ 일반적으로 입형은 300번, 고속 다기통은 150번 냉동유가 좋다.

⑤ NH_3 냉동장치에서 크랭크 케이스(crank case) 내에 다량의 수분이 혼입되면 NH_3와
작용하여 수산화 암모늄(NH_4OH)을 생성하게 되고 이 NH_4OH는 오일을 미립자로
시켜 윤활유의 색이 우유빛으로 변하고 윤활유의 점도가 저하된다. 이러한 현상을
유상액 현상 즉, 에멀존(emulsion) 현상이라 한다.

(8) 수분의 영향

① 물은 상온에서 약 800배의 암모니아를 흡수한다.(NH_3 + H_2O → NH_4OH 발생)

② 수분이 전냉매의 1[%] 함유될 경우 증발온도는 1/2[℃] 상승한다.(수분혼입시 증발
압력 저하, 증발온도 상승)

③ 물에 암모니아가 용해되면 동결 온도는 낮아지나 증발하기 어렵다. 즉 비등점이 높아
지고 증발압력은 낮아진다.

④ 장치 내에 수분이 존재하면 금속에 대한 부식력이 증대된다.

> **[참고]**
> ■ 암모니아(NH_3)가 많이 사용되는 이유
> ① NH_3는 프레온보다 동일 냉동능력에 대한 압축기나 기타 기기가 작아도 되므로 규모가 큰 경우
> 경제적이다.(증발잠열(313.5[kcal/kg])이 다른 냉매보다 크다.)
> ② 직접 팽창식에 용이하므로 큰 설비에 이익이 크다.(냉매 순환량이 적다.)
> ③ 가격이 싸다.
> ④ 누설시 검출이 용이하므로 냉매로 인한 손실이 적다.

2. 프레온(Freon) 냉매

Freon 할로겐화 탄화수소계 냉매를 일반적으로 프레온(freon)이라 한다. 프레온계 냉매
는 메탄(CH_4)과 에탄(C_2H_6)의 탄화수소에서 수소(H) 대신에 다른 할로겐 원소(F, Cl)와
치환반응을 시켜 만든 극히 안정성이 있는 냉매로 개발된 것이다.(Kinetic chemical사가
등록한 상품명)

(1) 구성 및 호칭방법

C(Carbon)

H(Hidrogen)

F(Fluorine)

Cl(Chlorine)

① 메탄(Methane)계 : 10자리수로 표시(10~50)

$$H = C = H \quad (\text{R-11, R-12, R-13, R-22 등})$$

② 에탄(Ethane)계 : 100자리수로 표시(100~170)

$$H = C = C = H \quad (\text{R-113, R-114 등})$$

(2) 냉매 표시법

① R 은 냉매(refrigerant)의 첫글자로, 할로겐화 탄화수소계 및 탄화수소 냉매는 다음과 같은 규칙적인 방법으로 표시한다.

프레온은

$$C_m \, H_n \, F_p \, Cl_q$$
$$n + p + q = 2m + 2$$

를 만족하는 화학식을 가지며 R-xyz 에서 R 은 냉매이고, x, y, z 는 $x = m-1$, $y = n+1$, $z = p$ 가 되는 숫자이다.

② 예를 들면 R-12인 CF_2Cl_2 냉매 번호표시는 $m=1$, $n=0$, $p=2$, $q=2$ 이다. 따라서

$$n + p + q = 0 + 2 + 2 = 4, \quad 2m + 2 = 2 \times 1 + 2 = 4$$

가 되어 화학식을 만족시키면

$$x = m - 1 = 0$$
$$y = n + 1 = 0 + 1 = 1$$
$$z = p = 2$$

가 되므로 R-xyz 에 대입하면 R-0 1 2가 되어 R-12로 표시된다.

③ Methane계(CH_4)로 번호가 10 이상 50 이하이면

10자리수 - 1	→ H의 수
1자리수	→ F의 수
4-(H+F)	→ Cl의 수

④ Ethane계(C_2H_6)로 번호가 100 이상 170 이하이면

$\qquad$ 100자리수 $\Rightarrow C_2$

$\qquad$ 10자리수-1 $\qquad \rightarrow$ H의 수

$\qquad$ 1자리수 $\qquad \rightarrow$ F의 수

$\qquad$ 6-(H+F) $\qquad \rightarrow$ Cl의 수

> **[참고]**
>
> ■ **기타 냉매 표시법**
> ① 공비 혼합물 : 500대 번호(예 R-500)
> ② 무기화합물 : 700대 번호(예 R-718(물))
> ③ 불포화화합물 : 1000대 번호(예 R-1150(에틸렌))
>
> ■ **대체 냉매**
> ① CFC-12의 대체 냉매 : HFC-134a($CH_3 FCF_3$)
> ② CFC-11의 대체 냉매 : HCFC-123($CHCl_3 CF_3$)
> ③ 이외에도 HCFC-142b, HCFC-123, 132b, 133a 등이 있다.

⬇ 냉매 일람표

냉매번호	화 학 식	화 학 명
R-10	CCl_4	사염화 탄소(carbon tetrachloride)
R-11	$CFCl_3$	삼염화 플루오로메탄(trichloromono fluoromethane)
R-12	CF_2Cl_2	이염화 이플루오로메탄(dichlorodi fluoromethane)
R-20	$CHCl_3$	클로로포름(chloroform)
R-21	$CHFCl_2$	이염화 플루오로메탄(dichloromono fluoromethane)
R-22	CHF_2Cl	일염화 이플루오로메탄(monochlorodi fluoromethane)
R-30	CH_2Cl_2	이염화 메틸렌(methylene dichloride)
R-31	CH_2FCl	일염화 플루오로메탄(monochlormono fluoromethane)
R-40	CH_3Cl	염화 메틸(methyle chloride)
R-50	CH_4	메탄(methane)
R-110	CCl_3CCl_3	헥사클로로에탄(hexachloroethane)
R-113	$CFCl_2CF_2Cl$	삼염화 삼플루오로에탄(trichlorotri fluoromethane)
R-500	CF_2Cl_2/CH_3CHF_2	리프리게란트(refrigerants)
R-502a	CH_3CHF_2	디플루오로에탄(difluoroethane)
R-600	$CH_3CH_2CH_2CH_3$	부탄(butane)
R-601	$CH(CH_3)_3$	이소부탄(isobutane)
R-1150	$CH_2=CH_2$	에틸렌(ethylene)
R-1270	CH_3CH-CH_2	프로필렌(propylene)

(3) 특성

① 화학적 성질

㉮ 열에 대한 안전성

㉠ 열에 대하여 500[℃]까지는 안정하다.

㉡ 금속이 촉매로 작용하고 냉동기유, 물, 공기 등이 접촉할 경우 200~300[℃]에서 반응한다.

㉢ 800[℃] 이상의 화염에 접촉하면 포스겐($COCl_2$) 가스 및 일산화탄소(CO) 등 독성가스가 발생한다.

ㄹ 냉동기 재료에 대한 허용 최고배출가스 온도는 130~150[℃]이다.

ⓘ 빛깔, 취기, 독성, 산화가 없다.

   ㄱ 무색이므로 누설시 발견이 어렵다.

   ㄴ 무취이나 염소가 많은 것은 에테르의 냄새가 난다.

   ㄷ 독성은 없으나 통풍이 나쁜 실내에 다량 누설되었을 때 산소 결핍으로 질식의 우려가 있다.

   ㄹ 비가연성 물질이다.

ⓓ 절연내력(絶緣耐力)이 크고 전기절연물을 침식하지 않으므로 밀폐형 냉동기 제작이 가능하다.

ⓔ 전열(傳熱)이 NH_3, 물, 브라인 등에 비하여 나쁘다. 전열을 향상시키기 위하여 핀 튜브(finned tube)를 설치한다.

ⓕ 수분에 잘 용해하지 않는다.

  ● 영향

   ㄱ 팽창 밸브의 동결현상 발생(제습기 설치)

   ㄴ 가수분해에 의한 산의 생성으로 장치의 부식 촉진(동관 사용)

ⓖ 비열비가 암모니아보다 작아서 배출가스 온도가 낮으므로 실린더를 공랭식으로 만들 수 있다. 따라서 압축비를 크게 할 수 있으므로 −50[℃] 정도의 저온을 얻을 경우 1단 압축으로 가능하다.

ⓗ 마그네슘(Mg) 및 마그네슘(Mg) 2[%] 이상 함유한 알루미늄(Al) 합금을 부식시킨다.

ⓘ 천연고무나 수지를 용해하므로 패킹 재료는 인조 고무를 사용한다.

ⓙ 금속에 대한 부식력이 적어 냉동기 구성용 금속재료 선택이 자유롭다.

② 물리적 성질

ⓐ 임계온도는 R-12(112.5[℃]), R-22(96[℃]) 등으로 높아 응축능력이 양호하다.

ⓑ 응고온도는 R-12(−158[℃]), R-22(−160[℃])로 낮아 저온용에 사용한다.

ⓒ 윤활유와 잘 용해한다.(유분리기를 압축기와 응축기 ¼지점에서 설치 완료)

   ㄱ R-11, R-12, R-21, R-113 : 용해도가 크다.

   ㄴ R-13, R-22, R-114 : 용해도가 적다. 따라서 특히 저온에서는 분리되는 경향이 있다.

※ 고압 저온에서 윤활유와 잘 용해한다.

③ 윤활유와 냉매가 용해시 장단점

ⓐ 장점

  · 윤활유가 도달하기 힘든 냉동장치의 각부에 급유가 가능하다.

  · 윤활유의 회수가 용이하다.

  · 초저온장치에서 유의 응고점이 낮게 되어 급유가 가능하다.

  · 유막으로 인한 전열면을 저해하는 정도가 NH_3에 비하여 적다.

④ 단점
　• 윤활유의 점도가 낮아져 유압이 오르지 않는다.(유압이 낮으면 윤활이 어렵다.)
　• 만액식에서는 유회수장치가 필요하다.
　• 증발압력이 낮아진다.(냉동능력 감소)
　• 오일 포밍(oil foaming) 현상이 초래된다.
　㉠ 오일 포밍(oil foaming) 현상 : 프레온 냉동장치에서 압축기 정지시 냉매 가스가 크랭크 케이스(crank case) 내의 오일 중에 용해되어 있다가 압축기 가동시 크랭크 케이스 내의 압력이 갑자기 낮아져 오일 중에 용해되어 있던 냉매가 급격히 증발하게 되어 유면이 약동하면서 거품이 발생하는데 이러한 현상을 오일 포밍이라 한다.
　　※ 방지책
　　　• 크랭크 케이스(crank case) 내에 오일 히터(oil heater)를 설치한다.(이 때 크랭크 케이스 내를 미리 30~60분을 예열시켜 35[℃] 이상 유지) 오일 중에 용해되어 있는 냉매를 증발시킨 후 가동한다.
　　　• 터보(turbo) 냉동기의 경우에는 크랭크 케이스 내를 무정전 상태로 60~80[℃]로 항상 유지시킨다.
　　　• 유면을 조절한다.
　　　• 부하를 천천히 올린다.
　㉡ 오일 해머 링(oil hammer ring) : 오일 포밍(oil foaming) 및 피스톤 링(piston ring)의 불량으로 실린더로 다량의 오일이 넘어가 오일이 압축되는 현상을 말하며 비압축성인 오일을 압축하게 되어 밸브 및 밸브 시트의 파손이 되며 또한 크랭크 케이스내의 오일이 장치로 넘어가 활동부의 유부족 현상으로 운전불능의 상태가 된다.
　㉢ 동부착 현상((copper plating) : 프레온계 냉매를 사용하는 냉동장치에서 수분이 침입할 경우 수분과 프레온이 반응하여 산이 생성되고 여기에 침입한 산소와 동이 반응하여 석출된 동가루가 냉매와 함께 냉동장치 내를 순환하면서 온도가 높고 잘 연마된 금속부(압축기의 실린더벽, 피스톤, 밸브 등 활동부)에 도금되는 현상을 말한다.
　　※ 원인
　　　• 윤활유 중에 왁스(wax)분이 많을 때
　　　• 장치 내에 수분이 많고 온도가 높을 때
　　　• 수소 원자가 많은 냉매일 때(R-12 〈 R-22 〈 R-30)
　　　• 냉매와 오일의 용해가 클수록
　　※ 영향
　　　• 활동부의 간극이 적어져 작동 불량이 되거나 동력손실이 크게 되어 장치의 수명이 단축된다.
　　　• 장치가 과열된다.

  ㉣ 임계 용해 온도 : 윤활유와 냉매(프레온)는 저온일수록 잘 용해한다. 그러나 어느
   한계 이상으로 더 낮아지면 오히려 분리되는데 이 때의 온도를 임계용해 온도라
   한다.

④ 암모니아와 비교한 프레온 냉매의 결점
 ㉮ 증발열이 적어서 같은 냉동 능력에 대하여 다량의 액을 증발시켜야 하기 때문에
  냉매 순환량이 많아지고 배관의 치수가 커진다.
 ㉯ 프레온 냉동장치에 철강재를 사용하였을 때 수분과의 가수분해에 의한 산의 생성
  으로 금속의 부식이 촉진된다. 따라서 배관에는 동관을 사용해야 한다.
 ㉰ 물에 용해되지 않으므로 수분이 침입할 경우 팽창 밸브 등에서 동결하여 냉매의
  흐름을 저해한다.
 ㉱ 전열이 암모니아보다 불량하여 같은 냉동능력에 대하여 증발기와 응축기의 전열면
  적을 넓게 해야 하므로 시설비가 많이 든다.
 ㉲ 증기 밀도가 커서 관내를 흐를 때 압력 강하가 크다.
 ㉳ 윤활유에 잘 용해하여 그로 인한 부작용이 많다.

〔참고〕

■ **임계 용해온도**
 프레온 냉매와 오일의 용해 정도는 온도가 낮을수록 많아지는데, 어느 일정온도가 되면 오히려 오일
 과 냉매를 분리하기 시작한다. 이와 같이 냉매와 오일이 분리하기 시작하는 온도를 말한다.

■ **Freon 냉매와 Oil의 용해시 장단점**
 ① 장점
  ㉮ 장치 각부의 윤활이 용이하다.
  ㉯ 저온에서 oil의 동결점을 낮춘다.
  ㉰ 장치 중으로 넘어간 오일을 압축기로 회수할 수 있다.
  ㉱ 유막으로 인한 전열방해 정도가 NH_3에 비해 적다.
 ② 단점
  ㉮ 오일이 압축기로 회수될 수 있도록 배관에 신경을 써야 한다.
  ㉯ 만액식 증발기를 사용하는 경우 유회수장치가 필요하고 유회수에 어려움이 많다.
  ㉰ 오일의 점도가 떨어진다.
  ㉱ 오일 포밍(oil foaming)과 오일 해머 링(oil hammer ring)의 우려가 있다.

---

⑤ 현재 많이 이용되고 있는 프레온 냉매
 ㉮ R-11(CCl_3F)
  ㉠ 1[atm] 하에서 비등점 : 23.7[℃], 응고점 : -111.7[℃]
  ㉡ 임계온도 : 198[℃], 임계압력 : 44.7[kg/cm^2a]
  ㉢ 터보(turbo) 냉동기에 주로 사용(100[RT] 이상의 대용량 공기조화장치(air
   conditioning)에 많이 사용)
 ㉯ R-12(CCl_2F_2)
  ㉠ 1[atm] 하에서 비등점 : -29.8[℃], 응고점 : -158.2[℃]
  ㉡ 임계온도 : 111.5[℃], 임계압력 : 40.9[kg/cm^2a]

ㄷ 냉매 중 가장 최초(1930년)로 나온 것이며 현재 프레온계 냉매 중 가장 널리(소형-대형, 저온-고온) 사용되고 있는 대표적인 냉매이다.

ㄹ 동일 흡입 가스에 대한 냉동능력은 암모니아의 60[%] 정도이다.

ㅁ 용도 : 주로 왕복동식에 사용되나 터보형에도 사용된다.

ⓑ R-13($CCIF_3$)

ㄱ 1[atm] 하에서 비등점 : $-81.5[℃]$, 응고점 : $-181[℃]$

ㄴ 임계온도 : $28.8[℃]$, 임계압력 : $39.4[kg/cm^2a]$

ㄷ $-60[℃]$ 정도에서 R-22을 사용하는 것보다 경제적이나 냉매 가격이 비싸다.

ㄹ 용도 : 2원 냉동방식에 의하여 $-100[℃]$ 정도의 초저온장치에 사용된다.

ⓡ R-21($CHCl_2F$)

ㄱ 1[atm] 하에서 비등점 : $8.9[℃]$, 응고점 : $-135[℃]$

ㄴ 임계온도 : 178.5, 임계압력 : $52.7[kg/cm^2a]$

ㄷ 단위 냉동톤당 배기량이 R-12의 약 3.5배

ㄹ 용도 : 소요량의 공기조화용(실예 : 공장 크레인 조정실)

ⓜ R-22($CHCIF_2$)

ㄱ 1[atm] 하에서 비등점 : $-40.8[℃]$, 응고점 : $-160[℃]$

ㄴ 임계온도 : $96[℃]$, 임계압력 : $50.3[kg/cm^2a]$

ㄷ 프레온계 냉매 중에서 열역학적 성질의 암모니아와 가까워 독성이 없는 암모니아라 불리운다.

ㄹ 응고 온도가 낮아 1단 압축에 $-40[℃]$, 2단 압축에 $-80[℃]$ 정도의 저온도를 얻을 수 있다.

ㅁ 용도 : R-12와 더불어 소형-대형, 저온-고온 등 광범위하게 이용된다.(단, 전기 전연물질(고무, 패킹)에 R-12보다 작용이 크므로 주의)

ⓑ R-113($C_2Cl_3F_3$)

ㄱ 1[atm]하에서 비등점 : $47.6[℃]$, 응고점 : $-31.1[℃]$

ㄴ 임계온도 : $214[℃]$, 임계압력 : $34.8[kg/cm^2a]$

ㄷ 냉매순환량 및 가스비체적이 R-11보다 크므로 피스톤 배출량은 R-11의 2배이다.

ㄹ 용도 : R-11과 같이 터보 냉동기용 저압냉매로 사용

ⓐ R-114($C_2Cl_2F_4$)

ㄱ 1[atm] 하에서 비등점 : $3.6[℃]$, 응고점 : $-93.9[℃]$

ㄴ 임계온도 : $155[℃]$, 임계압력 : $33.33[kg/cm^2a]$

ㄷ 화학적으로 극히 안정되며 독성이 거의 없다.

ㄹ 비등점이 R-21보다 약간 낮으며 압력이 R-21보다 약간 높다.

ㅁ 용도 : 회전식 압축기용 냉매로 사용(소형 냉장고용)

■ NH₃와 Freon의 비교

비교사항 ＼ 냉매	NH₃	Freon
부　식　성	① 동 및 동합금 부식 ② 천연고무 사용(인조고무 부식)	① 마그네슘 및 마그네슘 2[%] 이상 함유 　한 알루미늄 합금 부식 ② 인조고무 사용(생고무 부식)
유 의 용 해 성	① 잘 용해하지 않는다. ② 유분리기 설치 ③ 유막의 전열방해가 프레온보다 크다.	① 잘 용해한다. ② 유회수에 신경을 써야 한다. ③ 오일 포밍(oil foaming) 현상
수 분 의 용 해 성	① 900 : 1 로 용해 ② 유상액 현상 ③ 장치 부식 촉진 ④ 증발온도 상승, 증발압력 저하(수분 　1[%]에 증발온도 1/2[℃]씩 상승)	① 잘 용해하지 않는다. ② 팽창 밸브 동결 폐쇄 ③ 동부착 현상 ④ 산(불화수산, 염산) 생성 ⑤ 절연 내력 저하
열 에 대 한 안 전 성	① 490[℃] 열분해 ② 가연성, 폭발성, 독성 ③ 인화점 850[℃]	① 안전하다. ② 800[℃]고온 접촉시 포스겐이란 독성가 　스 발생
비　열　비	NH₃ : 1.31로 높아 실린더 냉각은 수냉 식(water jacket)	R-12 : 1.13, R-22 : 1.18 실린더 냉각 공랭식

3. 혼합냉매와 공비 혼합냉매

(1) 혼합냉매

프레온 계통의 냉매는 같은 할로겐화 탄화수소게 냉매로서 혼합하여 사용할 수 있는 장점이 있다.

혼합냉매란 서로 다른 두 가지 냉매를 섞어서 사용하면 액상이나 기상에서 각각 사용된 냉매의 특성을 나타내게 된다.

> **[예]** R-22(무게로 30[%]) + R-12의 혼합냉매는 -20[℃], -30[℃]의 온도조건에서 R-12
> 보다 39[%] 상승한 냉동 능력을 갖는다.
> 또한 R-12, +R-13은 1단 압축보다 -60[℃]의 저온을 만들 수 있다.

(2) 공비 혼합냉매

단순 혼합냉매는 혼합비에 따라 액상과 기상의 조성이 다르므로 사용시 항상 조성이 변화하여 냉동 효과가 변동하나 공비혼합 냉매는 액상, 기상에서도 그 조성이 동일하게 나타나 마치 한 성분과 같은 성질을 갖는다.

① R-500(CCl_2F_2 + CH_3CHF_2)

　㉮ R-12에 비해 약 20[%] 정도 냉동능력이 증가한다.

　㉯ Carrene No7의 상품명을 갖는다.

　㉰ 열에 대해 안전성이 좋다.

　㉱ 윤활유에 잘 혼합하며 절연내력이 커서 밀폐형 압축기에 사용한다.

② R-502($CHClF_2$ + $CClF_2CF_3$)

㉮ 1962년에 처음 사용

㉯ 증발온도 $-46[℃]$이며 냉매의 성질은 불연성이고 부식성이 없다.

㉰ R-22보다 저온을 얻고자 할 때 사용한다.

③ R-503(HF_3 + $CClF_3$)

㉮ 비등점은 $-89.2[℃]$이며 R-13보다 낮은 온도를 얻는데 유리하다.

㉯ 2원냉동장치의 저온용 냉매로 이용된다.

종 류	조 합	혼합비율	증발온도
R-500	R-152	26.2[%]	$-33.3[℃]$
	R-12	73.8[%]	
R-501	R-12	25[%]	$-41[℃]$
	R-22	75[%]	
R-502	R-115	51.2[%]	$-46[℃]$
	R-22	48.8[%]	
R-503	R-23	40.1[%]	$-89.1[℃]$
	R-13	59.9[%]	

■ 기타 냉매

(1) 물(H_2O ; 718)

① 특성 : 물은 독성이 없고 안전하므로 냉매로서 좋은 조건을 갖추고 있으나, 극히 낮은(진공 등 비교적 낮은 압력) 압력에서 취급해야 하고, 증기의 체적이 매우 크게 되는 것이 결점이다.

② 용도 : 증기분사 냉동기, 흡수식 냉동기

(2) 공기(O_2 ; 729)

① 특성

㉮ 무색, 무미, 무취, 무독하다.

㉯ 폭발성이 없다.

㉰ 값이 싸다.

㉱ 성적계수가 낮고 소용동력이 크다.

② 용도 : 항공기의 공기조화용 등 공기 사이클 냉동기

(3) 이산화탄소(CO_2 ; Carbon dioxide 744)

① 특성

㉮ 무색, 무미, 무취, 무독하다.

㉯ 부식성이 없다.

㉰ 연소성 및 폭발성이 없다.

㉱ 1[atm] 하에서 비등점 : 31[℃], 액비중 : 1.56

　　㉮ 작동압력이 높아 냉동톤당 소요동력이 크고 성적계수가 작다.

　　㉯ 증발압력이 높아 냉동기 및 그 배관의 강도가 큰 것이 요구된다.

　　㉰ 임계온도가 31[℃]로 낮아 응축이 힘들다.

　② 용도 : 선박용

(4) 아황산가스(SO_2 ; sulfur dioxide)

　① 특성

　　㉮ 무색의 가스로 대단히 유독(5[ppm])하다.

　　㉯ 1[atm] 하에서 비등점 $-10[℃]$, $-15[℃]$에서 증발압력 150[mmHgV](진공압)

　　㉰ 수분의 함유로 황산이 생성되면 금속에 대한 부식력이 크다.

　　㉱ 누출 검지는 26[%]의 암모니아수에 접촉시키면 백색연기(황산 암모니아)를 발생
　　　한다.

　② 용도 : 1930년대 가정용 냉장고로 사용되었으나 CH_3Cl 및 Freon의 발명으로 사용
　　　하지 않는다.

(5) 메틸 클로라이드(R-40 : CH_3Cl) : methyl chloride

　① 특성

　　㉮ 화학적으로 안정하며 금속에 대한 부식성이 없다.

　　㉯ 소량의 수분이 함유될 경우 알루미늄, 마그네슘, 아연 및 그 합금을 침식한다.

　　㉰ NH_3 및 SO_2 에 비하여 독성이 적다.

　　㉱ 가연성 범위는 8.1~17.2[%]이다.

　　㉲ 수분과의 작용 : H_2O + CH_3Cl = HCl(염산) + CH_3OH(메틸알콜)의 생성

　② 용도 : 가정용이나 소형 냉장고용으로 사용되었으나 프레온 냉매의 출현으로 그
　　　용도가 점차 감소되고 있다.(할로겐화 탄화수소계 냉매로 1925년 최초 사용)

☑ 각종 냉매의 특성

특성 \ 냉매명	암모니아	탄산가스	메틸클로라이드	R-11	R-12	R-13	R-21	R-22	R-113	R-114	R-500	R-502	아황산가스
화학식	NH_3	CO_2	CH_3Cl	CCl_3F	CCl_2F_2	$CClF_3$	$CHCl_2F$	$CHClF_2$	$C_2Cl_3F_3$	$C_2Cl_2F_4$	CCl_2F_2 + $C_2H_4F_2$	$HClF_2$ + C_2ClF_5	SO_2
분자량	17.03	44	50.48	137.3	120.9	104.47	102.93	86.48	187.4	170.9	99.3	111.66	64.06
비등점 ℃	-33.3	-78.5 (승화)	-23.8	23.8	-29.8	-81.5	8.9	-40.8	47.57	3.55	-33.3	-45.6	-10.0
응고점 ℃	-77.7	-56.6	-97.8	-111.1	-158.2	-181	-135	-160	-35	-94	-158.9		-75.5
임계온도 ℃	133	31	143	198	112	28.8	178.5	96	214	145.7	105.1	90.1	157.1
임계압력 kg/cm²a	116.5	75.3	68.1	44.65	41.4	39.4	52.7	50.3	34.8	33.2	44.4	42.1	80.26
액의 비중(30℃) g/cc	0.595	0.596	0.901	1.46	1.29	1.29 (-30℃)	1.36	1.177	1.56	1.44	1.14	1.22	1.35
포화증기의 비중(비등점) g/l	0.905		2.55	5.86	6.26	6.9	4.57	4.8	7.4	7.8	5.2	6.1	3.05
액의 비열((30℃)) cal/g℃	1.15	1.56	0.34	0.21	0.24	0.25 (-30℃)	0.26	0.34	0.22	0.24	0.29	0.26	0.32
정압 비열(1[atm], 30℃) cal/g℃	0.52	0.2	0.24	0.135	0.15	0.14 (-30℃)	0.14	0.15	0.61 (60℃)	0.16		0.16	0.15
비열비 (C_P/C_V, 1[atm], 30℃)	1.31	1.3	1.2	1.13	1.136	1.17 (-30℃)	1.17	1.184	1,080 (60℃)	1.08	1.13	1.133	1.29
비등점에서의 증발열 kcal/kg	327		102.4	43.5	39.97	35.8	57.9	55.92	35.07	32.78	49.2	42.5	93.1
-15℃에서의 증발열 kcal/kg	313.5	65.3	100.4	45.8	38.57	25.31	60.75	52.0	39.2	34.4	46.3		94.2
열전도율(액 30℃) kcal/mh℃	0.43	0.075 (20℃)	0.135	0.09	0.073	0.314 (-70℃)	0.104	0.089	0.078	0.067			0.17
절연내력(질소 1기준)(23℃], 1[atm]	0.83	0.88	1.06	3.1	2.4	1.4	1.3	1.3	2.6 (0.4[atm])	2.8			1.90
수분의 냉매에 대한 용해도(℃) g/100[g]	89.9	0.34	0.28	0.0036	0.0026		0.055	0.06	0.0036	0.0026			22.8
가연성 유무	유	무	유	무	무	무	무	무	무	무	무	무	무
독성(숫자가 클수록 독성이 적고, 5[A]는 5보다 독성이 작다)	2	5	4	5[A]	6	6	4~5	5[A]	4~5	6	6	5[A]~6	1
-15℃에서의 증발압력 kg/cm²a	2.41	23.3	1.49	0.21	1.862	13.48	0.37	3.03	0.07	0.476	2.175		0.82
30℃에서의 응축압력 kg/cm²a	11.895	73.34	6.66	1.30	7.58	임계점 이 상	2.19	12.3	0.55	2.58	8.97		4.7
기준 냉동 사이클에서의 압축비	4.936	3.14	4.48	6.19	4.07		5.95	4.046	8.016	5.42	4.124		5.72
기준 냉동 사이클에서의 냉동효과 kcal/kg	269.03	37.9	85.43	38.57	29.52		50.94	40.15	30.9	25.13	34.86		81.31
1[RT]당(한국) 냉매 순환량 kg/h	12.34	87.6	38.86	86.1	112.47		65.2	82.69	107.44	132.09	95.24		40.83
-15℃에서의 포화증기의 비체적 m³/kg	0.509	0.017	0.279	0.766	0.0927	0.1189	0.57	0.078	1.69	0.264	0.095		0.406
기준 냉동 사이클에서의 토출가스온도 ℃	98	66.1	77.8	44.4	37.8		61.1	55	30	30	40		88.3
1[RT]당(한국) 이론적 피스톤 압출량 m³/h(기준 냉동 사이클)	6.278	1.45	10.84	65.9	10.425		37.15	6.43	171.353	34.806			16.57
1[RT]당(한국) 이론적 도시마력 HP	(1.073) 1.058	1.644	1.047	0.99	1.036		1.010	1.045	1.017	1.055	1.064		1.018
성적계수 C.O.P	4.893	3.15	5.32	5.23	4.87		5.13	4.957	5.09	4.9	4.87		5.08
사용온도 범위 ℃	저, 중	저, 중	중, 고	고	저, 고	극, 저	중, 고	저, 고	고	중, 고	중, 고		중, 고

4. 브라인(Brine) 냉매

간접냉매인 브라인은 증발기에서 증발하는 냉매의 냉동력에 의해 냉각된 후 다시 피냉
각 후 다시 피냉각 물질을 냉각하는데 쓰이는 2차 냉매로서 일종의 부동액(不凍液)이다.
상(相)의 변화없이 현열(顯熱)의 형태로 열을 운반하는 냉매로 간접냉매라고 하며 브라
인을 사용하는 냉동장치를 간접팽창식 또는 브라인식이라고 한다.

(1) 브라인의 구비조건

① 비열이 클 것(현열에 의한 열의 전달이므로 열용량(熱容量)이 커야 한다.)
② 열전달율이 크고, 열전달에 대한 특성이 좋을 것
③ 점성이 적고 순환 펌프의 동력 소비가 적을 것
④ 냉동점(공정점)이 낮을 것.(냉매의 증발온도보다 5~6[℃] 낮을 것.)
⑤ 냉동장치의 구성 부분을 부식시키지 않을 것
⑥ 각 온도에서 액체 상태일 것
⑦ 화학적으로 안전성이 있을 것
⑧ 누설시 냉장품에 손상이 없을 것
⑨ pH값이 중성일 것.(pH 7.5~8.2 정도)
⑩ 구입이 용이하고 가격이 쌀 것
⑪ 금속에 대한 부식성이 없을 것(유기질은 부식이 적고 무기질은 부식성이 크다.)

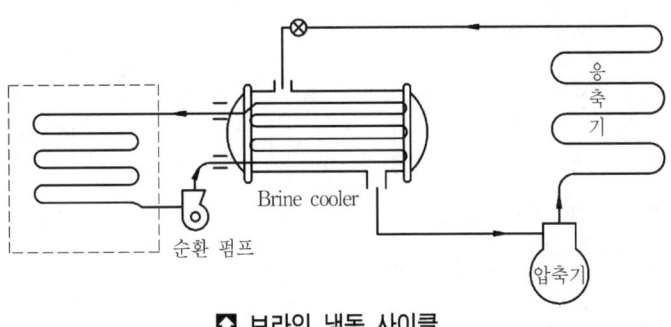

⬛ 브라인 냉동 사이클

⬛ 주요 브라인의 종류 및 용도

브라인의 종류	용 도
염화 칼슘 용액($CaCl_2$)	현재 가장 많이 사용되며 주로 제빙 및 냉장용으로 널리 이용된다.
식염수($NaCl$)	식료품과 직접 접촉하여도 지장이 없는 생선류의 냉동 및 냉장에 사용된다.
염화 마그네슘 용액($MgCl_2$)	때때로 $CaCl_2$ 대용으로 사용할 때가 있으나 대체로 거의 사용되지 않는다.
에틸렌 글리콜($HOCH_2CH_2OH$) 글리세린($C_3H_5O_3$)	소형 냉동기에 사용되며, 저온에 알맞다.
프로필렌 글리콜 ($CH_3CH(OH)CH_2OH$)	부식성이 적으며 식품 냉동용에 사용된다.
물(H_2O)	0[℃] 이상의 고온용에 사용된다.

(2) 브라인의 종류

① 무기질 브라인

㉮ 염화 칼슘($CaCl_2$)

㉠ 제빙용 등 공업용으로 가장 많이 이용된다.

㉡ 공정점($-55[℃]$)이 낮아 저온용으로 이용된다.

㉢ 부식성이 적다.

㉣ 식품에 접촉시킬 경우 떫은 맛이 난다.

㉯ 염화 나트륨($NaCl$)

㉠ 식품 냉장용으로 적당하다.

㉡ 금속에 대한 부식력이 크다.

㉢ 가격이 싸다.

㉣ 공정점 $-21[℃]$(비중 1.17)

㉰ 염화 마그네슘($MgCl_2$)

㉠ 공정점 : $-33.6[℃]$

㉡ 부식성이 $CaCl_2$보다 강하다.

【참고】

■ 공정점(共晶点)

두 물질을 용해시키면 농도가 짙을수록 응고점이 낮아지게 되나 어느 일정한 농도 이상이 되면 다시 응고점은 높아진다. 이 때 최저동결온도(응고점)을 공정점이라 한다.

$NaCl$: $-21[℃]$
$CaCl_2$: $-55[℃]$
$MgCl_2$: $-33.6[℃]$

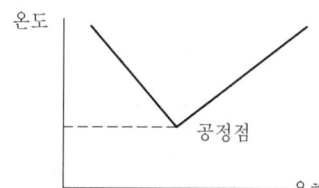

■ 부식성의 크기

$NaCl$ > $MgCl_2$ > $CaCl_2$

---

② 유기질 브라인

㉮ 에틸렌 글리콜 : 유기질 브라인으로 부식성이 거의 없으며 모든 금속에 사용이 가능하다.

㉯ 프로필렌 글리콜 : 부식이 적고 독성이 없으며 냉동식품의 동결용에 사용된다.

㉰ 메틸렌 클로라이드 ─┐
㉱ 염화 에틸렌(R-11) ─┘ 초저온용으로 사용된다.

③ 혼합 브라인 : 무기질이나 유기질 브라인은 어느 것이나 사용상에 제한을 받으므로 이들 브라인들을 혼합하여 단점을 보완해서 사용할 수 있다. 이와 같이 두 가지 이상의 브라인 또는 특수한 물질을 혼합한 것을 혼합 브라인이라 한다.

㉮ 식염수 + 옥수수시럽

㉯ 프로필렌 글리콜 + 에틸 알콜 + 식염수

㉰ 프로필렌 글리콜 + 식염수

〔참고〕

■ 무기질 브라인과 유기질 브라인의 비교

무기질 브라인	유기질 브라인
C(탄소)가 포함되지 않는 브라인	C(탄소)가 포함된 브라인
부식성이 강하다.	부식성이 적다.
가격이 싸다.	가격이 비싸다.

(3) 브라인의 부식방지 처리(브라인의 금속부식성)

① 공기와 접촉하면 부식력이 증대하므로 가능한 범위에서 용해도를 크게 하여 공기와 접촉하지 않는 액순환방식을 채택한다.

② 암모니아가 브라인 중에 누설되면 강알칼리성으로 인하여 국부적인 부식 현상이 발생하므로 주의한다.

③ 브라인의 pH(페하)는 약 7.5~8.2로 유지해야 한다.

　※ pH(수소이온지수) : 수소 이온 농도의 역수를 상용대수로 나타낸 것으로 용액의 액성을 나타내는 방법의 하나이다.

$$\text{pH} = \log \frac{1}{[\text{H}^+]} = - \log [\text{H}^+]$$

④ $CaCl_2$ 브라인 : 브라인 1[l]에 대하여 중크롬산 나트륨($Na_2Cr_2O_7$) 1.6[g]을 용해하고 $Na_2Cr_2O_7$ 100[g]마다 가성소다(NaOH) 27[g]을 첨가한다.

⑤ NaCl 브라인 : 브라인 1[l]에 대하여 중크롬산 나트륨 3.2[g]을 용해시키고 중크롬산 나트륨 100[g]마다 가성소다 27[g]을 첨가한다.

⑥ 방식아연을 사용한다.

(4) 브라인의 동결 방지법

① 동결 방지용 T.C(temperature control : 온도제어)을 사용한다.

② 부동액(不凍液)을 첨가한다.

③ E.P.R(evaporator pressure regulator : 증발압력 조정 밸브)를 사용한다.

④ 단수 릴레이를 설치한다.

⑤ 브라인 펌프(pump)와 압축기 모터(moter)를 인터록(interlock)시킨다.

3-3. 냉매의 누설 검사법

1. NH₃의 누설 검사

(1) 취기(냄새)로 알 수 있다.

(2) 유황초를 누설개소에 대면 백연기가 발생한다.

(3) 붉은 리트머스 시험지가 청색으로 변화한다.

(4) 물에 적신 페놀프탈레인 시험지를 누설개소에 대면 적색으로 변화한다.

(5) 만액식 증발기나 수냉식 응축기의 누설여부는 레슬러시약으로 검출한다.

   ① 소량 누설시 : 황색

   ② 다량 누설시 : 자색

(6) 브라인속에 누설된 NH₃ 누설 감식

   ① 브라인을 소량 채취하여 가열하면 NH₃ 분자가 증발한다. 이 때에 페놀프탈레인 시험지를 대면 적색으로 변화한다.

   ② 브라인을 소량 채취하여 레슬러 시약을 몇 방울 떨어뜨리면 (5)와 같이 변색한다.

2. Freon의 누설검사

(1) 비눗물을 누설개소에 칠하여 기포발생 유무로 확인한다.

(2) 헬라이드 토치(halide torch)를 사용한다.

(3) 토치사용 연료 : 알콜, 프로판, 아세틸렌, 부탄

   ① 정상 : 청색

   ② 소량 누설 : 녹색

   ③ 다량 누설 : 자색

   ④ 과량 누설 : 꺼진다.

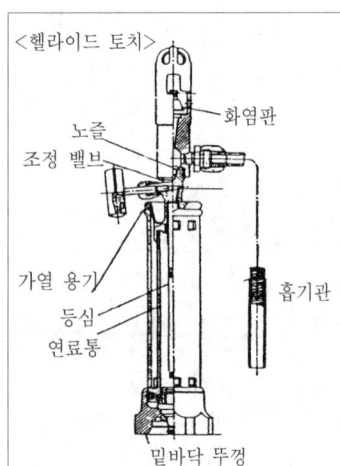

<헬라이드 토치>

화염판
노즐
조정 밸브
가열 용기
등심
연료통
흡기관
밑바닥 뚜껑

※ 헬라이드 토치 사용 순서

① 밑뚜껑을 열어 연료통에 있는 무수 메틸 알콜 등을 심지에 흡입시킨다.

② 가열 용기에 알콜을 반정도 충진하고 점화한다. 알콜의 연소로 인해 생긴 열로 연료통 내의 토치 심지에 침지된 알콜이 따뜻하게 되어 증기압이 상승한다.

③ 가열 용기내의 알콜이 어느 정도 연소하면 조정 밸브의 핸들을 열어 준다. : 밸브를 열어 주면 압력이 높은 연료 용기 내의 알콜의 증기가 공기와 혼합하여 노즐에서 분출된다.

※ 사용상 주의

프레온은 800[℃] 이상의 불꽃에 닿으면 포스겐 가스 발생

※ 헬로겐 원소

F(불소), Cl(염소), Br(취소), I(옥소)

(4) 전자식 가스 검진기(Halogen leak detector : 전자누설 검지기)를 사용

   ※ 누설검지량

   ① 보통 : 1/20oz/year   1oz＝1/16 lb(32[g])

   ② 특수 : 1/100oz/year

[참고]

■ **프레온계 냉매 수분함량 측정**

① 프레온계 냉매에서 수분의 함량을 측정하는 기기로 수분의 함량에 따라서 반응점의 변색 반응으로 수분의 함량을 측정한다.

　㉮ 정상시 : 45[ppm] ┌ R-12 : 녹색
　　　　　　　　　　　 └ R-22 : 연두색

　㉯ 위험신호 : 45~135[ppm] : 황녹색

　　이 때에는 팽창 밸브의 동결폐쇄현상이 자주 일어난다. 따라서 반응점에서 정상으로 나타낼 때까지 제습기(dryer)를 교환한다.

　㉰ 교환신호 : 135[ppm] 이상 : 황색

　　이 때에는 제습기를 교환해주어도 효과가 없다. 따라서 장치의 냉매를 완전히 건조한 냉매로 교환해주어야 한다.

② 냉매의 흐르는 상태를 관찰하는 투시경을 설치한다.

3-4. 몬트리얼 협약

1. 프레온(freon) 냉매의 사용 및 제조의 규제

(1) 프레온 냉매는 자연환경파괴가 알려져 몬트리얼 협약에 의해 그의 사용과 제조가 규제되었다.

(2) 규제되고 있는 냉매

　R-10(CCl_4), R-11, R-12, R-13B_1, R-113, R-114, R-114B_2, R-115 등 앞으로도 더 많은 냉매가 규제될 것이다.

(3) R-12의 대체 냉매로는 R-134a(CH_2FCF_3, tetrafluoroethane)가 현재까지 냉매 중 가장 유력시 되며 여러 가지로 연구가 이루어지고 있다.

(4) 규제대상인 CFC 대체냉매로서 R-22, R-23, R-32, R-123, R-124, R-125, R-141b, R-142b, R-143a, R-152a, R-C270(사이크로판), R-290(프로판), R-502, 암모니아가 규제되고 새로운 대체냉매로 사용이 추후 될 것이다.

제 3 장   냉매의 종류와 특성   예상문제

문제 1 냉매에 대하여 다음 각항 중 맞는 것은?

   ⑦ NH_3는 물과 기름에 잘 녹는다.

   ⑭ R-12는 기름과 잘 용해하나 물에는 잘 녹지 않는다.

   ⑮ R-12는 NH_3보다 전열이 양호하다.

   ⑯ NH_3의 비중은 R-12보다 작지만 R-22보다 크다.

> **해설** ⑦ NH_3는 물에 잘 녹는다.
> ⑭ R-12는 기름과 잘 용해하나 물에는 녹지 않는다.
> ⑮ 전열의 순서 : NH_3 〉 H_2O 〉 Freon 〉 Air
> ⑯ 액비중의 순서 : R-13 〉 R-22 〉 NH_3

문제 2 NH_3와 접촉 시 흰 연기를 발생하는 것은?

   ⑦ 아세트산   ⑭ 수산화 나트륨

   ⑮ 염산   ⑯ 염화 나트륨

> **해설** • NH_3와 접촉시 흰 연기가 발생 : 아황산가스·염산·유황초와 접촉 시 흰 연기 발생

문제 3 냉동장치에 사용하는 브라인(Brine)의 산성도(pH)로 가장 적당한 것은?

   ⑦ 7.5~8.2   ⑭ 8.2~9.5

   ⑮ 6.5~7.0   ⑯ 5.5~6.5

> **해설** • 브라인 적정 pH : 7.5~8.2(약알칼리성)

문제 4 다음 중 독성가스를 냉매가스로 하는 수액기 주위에 방류둑 설치는 내용적이 몇 〔ℓ〕 이상 인가?

   ⑦ 5,000   ⑭ 10,000

   ⑮ 15,000   ⑯ 20,000

> **해설** • 방류둑의 설치 기준
> 냉동제조시설 : 독성가스를 냉매로 하는 수액기의 내용적이 10,000〔ℓ〕이상일 때는 냉류 둑을 설치한다.

문제 5 공정점이 -55〔℃〕이고 저온용 브라인으로서 일반적으로 가장 많이 사용되고 있는 것은?

   ⑦ 염화 칼슘   ⑭ 염화 나트륨

   ⑮ 염화 마그네슘   ⑯ 프로필렌 글리콜

> **해설** • 염화 칼슘($CaCl_2$) 브라인 : 무기질 브라인으로 공정점이 -55〔℃〕이고 저온용 브라인으로 가장 많이 사용된다.

해답 1. ⑭   2. ⑮   3. ⑦   4. ⑭   5. ⑦

문제 6 간접 냉매에 브라인의 구비조건 중 맞는 것은?

㉮ 비열이 작을 것. ㉯ 열전도율이 클 것.

㉰ 응고점이 높을 것. ㉱ 점도가 클 것.

해설 • Brine의 구비조건

① 열용량이 크고 전열(열전도율)이 양호할 것

② 공정점과 점도가 낮을 것

③ 부식성이 없을 것

④ 응고점이 낮을 것

⑤ 냉장품에 누설이 손상이 없을 것

⑥ 가격이 싸고 구입이 용이할 것

⑦ pH 값이 적당할 것(7.5~8.2 정도)

문제 7 냉동장치의 누출 시험에 사용하는 것으로 적합한 것은?

㉮ 물 ㉯ 질소

㉰ 오일 ㉱ 산소

해설 • 냉동장치의 누설시험에 사용하는 가스 : 질소, 이산화탄소

문제 8 다음은 냉매가 구비해야 할 물리적 조건이다. 틀린 것은?

㉮ 증발잠열과 증기, 액체의 비열이 클 것

㉯ 증발압력과 응축압력이 적당할 것

㉰ 표면장력이 적을 것

㉱ 임계온도는 상온보다 될 수 있는대로 높을 것

해설 증발잠열은 크고 비열은 작아야 한다.

문제 9 다음의 내용 중 잘못 설명된 것은?

㉮ 프레온 냉매는 안전하므로 누출되어도 전혀 문제는 없다.

㉯ 물을 냉매로 하면 증발온도를 0[℃] 이하로 운전하는 것은 불가능하다.

㉰ 응축기 내에 들어있는 불응축가스는 전열효과를 저하시킨다.

㉱ 2원 냉동장치는 초저온 냉각에 사용되는 것이다.

해설 프레온 냉매가 불연성이며 무독성가스라 해도 장치에서 냉매누설시 냉동능력이 감소하고
질식사의 우려가 있어 누설되어서는 안 된다.

문제 10 냉동용 장치에 사용되는 냉매로서 갖추어야 할 성질이 아닌 것은?

㉮ 임계온도가 높아야 한다. ㉯ 비열비가 적어야 한다.

㉰ 응고온도가 낮아야 한다. ㉱ 윤활유와 잘 작용해야 한다.

해설 냉매와 윤활유는 잘 작용하지 않아야 한다.

문제 11 기준 냉동 사이클에서 토출가스 온도가 높은 냉매의 순서는?

    ㉮ 암모니아, R-12, R-22   ㉯ R-22, 암모니아, R-12

    ㉰ 암모니아, R-22, R-12   ㉱ R-12, 암모니아, R-22

해설 ① NH_3 : 98[℃], ② R-22 : 55[℃], ③ R-12 : 37.8[℃]

문제 12 브라인의 구비조건으로 해당하지 못한 것은?

    ㉮ 응고점이 낮아야 한다.

    ㉯ 열전도가 커야 한다.

    ㉰ 화학 반응을 일으키지 않아야 한다.

    ㉱ 점성이 커야 한다.

해설 브라인의 점성이 크면 펌프 등의 소요동력이 크게 된다.

문제 13 다음 브라인(brine)에 관한 설명 중 옳은 것은?

    ㉮ 식염수 브라인의 공정점보다 염화 칼슘 브라인의 공정점이 높다.

    ㉯ 브라인의 부식성을 없애기 위해 되도록 공기와 접촉시키지 않는 것이 좋다.

    ㉰ 무기질 브라인보다 유기질 브라인이 부식성이 더 크다.

    ㉱ 브라인의 약한 산성이 좋다.

해설 ① 공정점은 NaCl(식염수) −21.2[℃], $CaCl_2$ −55[℃]로 NaCl(염화나트륨) 브라인이 더 높다.

    ② 무기질 브라인보다 유기질 브라인의 부식성이 더 작다.

    ③ 브라인은 약 알칼리성(pH 7.5~8.2 정도)이 좋다.

문제 14 프레온 가스에 몇 ℃ 정도의 불꽃이 접촉하면 포스겐 가스가 발생하는가?

    ㉮ 500[℃]   ㉯ 600[℃]   ㉰ 700[℃]   ㉱ 800[℃]

해설 프레온 가스는 800[℃]의 화염에 접촉하면 맹독성 가스인 포스겐($COCl_2$) 가스가 발생한다.

문제 15 다음 중 냉매의 물리적 조건이 아닌 것은?

    ㉮ 상온에서 임계온도가 낮을 것(상온 이하)

    ㉯ 응고 온도가 낮을 것

    ㉰ 증발 잠열이 크고, 액체 비열이 적을 것

    ㉱ 누설 발견이 쉽고, 전열 작용이 양호할 것

해설 냉매는 임계온도가 높아 상온에서 반드시 액화하여야 한다.

문제 16 암모니아 누설검지 방법이 아닌 것은?

    ㉮ 유황초 사용   ㉯ 리트머스 시험지 사용

    ㉰ 네슬러 시약 사용   ㉱ 헬라이드 토치 사용

해설 헬라이드 토치는 프레온 냉매 누설검지 방법이다.

해답 **11.** ㉰ **12.** ㉱ **13.** ㉯ **14.** ㉱ **15.** ㉮ **16.** ㉱

문제 17 다음 중 냉매와 화학 분자식이 옳게 짝지어진 것은?

㉮ R-113 → CCl_3F_3 ㉯ R-114 → CCl_2F_4

㉰ R-500 → $CCl_2F_2 + CH_2CHF_2$ ㉱ R-502 → $CHClF_2 + C_2ClF_5$

해설 ㉮ R-113 : $C_2Cl_3F_3$
㉯ R-114 : $C_2Cl_2F_4$
㉰ R-500 : R-12(CCl_2F_2) + R-152($C_2H_4F_2$)
㉱ R-502 : R-22($CHClF_2$) + R-115(C_2ClF_5)

문제 18 암모니아 누설검지법으로 틀린 것은?

㉮ 자극성 있는 냄새가 난다.

㉯ 페놀프탈레인지를 붉은색으로 변화시킨다.

㉰ 황산지를 태우면 흰 연기가 발생한다.

㉱ 헬라이드 토치를 접근시키면 불꽃 색깔이 변한다.

해설 • 헬라이드 토치의 불꽃변화 : 프레온 냉매의 누설 검지법

문제 19 원심 냉동기에 알맞은 냉매는?

㉮ R-11   ㉯ R-12   ㉰ R-22   ㉱ H_2O

해설 원심냉동기에는 가스비중이 큰 R-11 냉매를 사용한다.

문제 20 프레온 냉매 중 오일의 용해도가 가장 큰 냉매는?

㉮ R-11   ㉯ R-12   ㉰ R-22   ㉱ R-13

해설 • 프레온 냉매의 오일과의 용해도가 큰 냉매
R-11 〉 R-12 〉 R-21 〉 R-113

문제 21 독성가스를 냉매로하는 냉동설비에서 수액기에 대한 방류둑 설치기준은 몇 〔l〕 이상인가?

㉮ 내용적 5,000〔l〕   ㉯ 내용적 10,000〔l〕

㉰ 내용적 15,000〔l〕   ㉱ 내용적 20,000〔l〕

해설 • 냉동제조시설의 방류둑 설치기준 : 독성가스를 냉매로 하는 수액기의 내용적이 10,000〔l〕 이상일 것

문제 22 흡수식 냉동장치에서 암모니아가 냉매로 사용될 때 흡수제는 어떤 것인가?

㉮ LiBr   ㉯ $CaCl_2$ ㉰ NH_3 ㉱ H_2O

해설 • 흡수식 냉동기의 냉매에 따른 흡수제

냉 매	흡 수 제
암모니아	물
물	취화 리튬
염화 메틸	사염화 에틸
톨루엔	파라핀유

해답 **17.** ㉱ **18.** ㉱ **19.** ㉮ **20.** ㉮ **21.** ㉯ **22.** ㉱

문제 23 프레온 냉동장치에 압축기 기동시 크랭크 케이스 내의 유면에 약동하고 심하게 거품이 일어나는 현상은?

　㉮ 오일 해머　　　㉯ 동부착　　　㉰ 에멀존　　　㉱ 오일 포밍

해설 • 오일 포밍(Oil foaming) 현상 : 프레온 냉동장치의 압축기 기동시 크랭크 케이스 내에 oil 중에 냉매가 분리되면서 유면이 약동하고 거품이 일어나는 현상으로 크랭크 케이스 내 오일 히터를 설치하여 방지한다.

문제 24 프레온 냉동장치에 대해 다음 설명 중 옳은 것은?

　㉮ 냉매가 누설하는 부위에 헬라이드(helide) 등을 가깝게 되면 불꽃은 흑색으로 변한다.
　㉯ −50~70[℃]의 저온용 배관재료로서 이음매 없는 동관을 사용한다.
　㉰ 브라인 중에 냉매가 누설하였을 경우의 시험약품으로서 네슬러 시약 용액을 사용한다.
　㉱ 포밍(foaming)을 방지하기 위해 압축기에 오일 필터를 사용한다.

해설 ㉮ 누설량에 따라 청색, 녹색, 자색 꺼진다.
　　　 ㉰ 암모니아 브라인 중에 누설시 네슬러 시약을 사용한다.
　　　 ㉱ 오일 포밍 방지를 위해 오일 히터를 설치한다.

문제 25 암모니아의 프레온 냉동장치를 비교 설명한 다음 사항 중 옳은 것은?

　㉮ 압축기의 실린더 과열은 프레온보다 암모니아가 심하다.
　㉯ 냉동장치 내에 수분이 있을 경우 그 정도는 프레온보다 암모니아가 심하다.
　㉰ 냉동장치 내에 윤활유가 많은 경우 프레온보다 암모니아가 문제이다.
　㉱ 위에 사항에 관계없이 동일조건에서는 성능 효율 및 모든 제원이 같다.

해설 압축기 토출 가스 온도는 프레온보다 암모니아가 높으므로 압축기 실린더의 과열은 암모니아가 더 높다.

문제 26 R-113의 분자식은?

　㉮ C_2HClF_3　　　㉯ $C_2Cl_2F_2$　　　㉰ C_2Cl_3F　　　㉱ $C_2Cl_3F_3$

해설 • R-113 : $C_2Cl_3F_3$

문제 27 초저온에 가장 적합한 냉매는?

　㉮ R-11　　　㉯ R-12　　　㉰ R-13　　　㉱ R-114

해설 R-13 냉매는 응고점과 비등점이 낮아 2원 냉동의 초저온 냉매를 사용한다.

문제 28 다음의 냉매 중에서 터보식 냉동기에 가장 알맞은 냉매는 어느 것인가?

　㉮ 프레온 11　　　㉯ 프레온 12　　　㉰ 프레온 22　　　㉱ 브라인

해설 원심식(터보) 냉동기는 가스의 비중이 커야 하므로 R-11 냉매가 적당하다.

해답 23. ㉱ 24. ㉯ 25. ㉮ 26. ㉱ 27. ㉰ 28. ㉮

문제 29 다음 프레온 냉매 중 냉동능력이 가장 좋은 것은?

㉮ R-113 ㉯ R-11

㉰ R-12 ㉱ R-22

해설 • 기준 냉동 사이클에서의 냉동효과 (q_2)

㉮ R-113 : 30.9[kcal/kg]

㉯ R-11 : 38.57[kcal/kg]

㉰ R-12 : 29.52[kcal/kg]

㉱ R-22 : 40.15[kcal/kg]

참고 냉동효과가 클수록 냉동능력이 증가한다.

문제 30 냉매가 갖추어야 할 바람직한 성질이 아닌 것은?

㉮ 증발잠열이 클 것 ㉯ 비열비가 적을 것

㉰ 비체적이 클 것 ㉱ 액체, 기체 상태에서 점성이 적을 것

해설 비체적이 크면 압축기의 소요동력이 증대된다.

문제 31 표준 냉동 사이클에서 동일 냉동능력인 경우 흡입관의 굵기가 큰 것으로부터 작은 순으로 되어 있는 것은?

㉮ R-12, R-717, R-22 ㉯ R-12, R-22, R-717

㉰ R-717, R-12, R-22 ㉱ R-22, R-12, R-717

해설 • 1[RT]당 피스톤 압출량

① R-12 : 10.8[m³/h]

② R-22 : 6.42[m³/h]

③ R-717(NH₃) : 6.28[m³/h]

1[RT]당 피스톤 압출량이 클수록 흡입관의 굵기가 커지므로 R-12 〉 R-22 〉 R-717(NH₃)순이다.

문제 32 브라인(Brine)의 구비 조건 중 틀린 것은?

㉮ 부식력이 적을 것 ㉯ 가격이 쌀 것

㉰ 공정점이 높을 것 ㉱ 열용량이 클 것

해설 • Brine의 구비 조건

① 열용량이 크고 저열(열통과율)이 양호할 것

② 공정점과 점도가 낮을 것

③ 부식성이 없을 것

④ 응고점이 낮을 것

⑤ 냉장품에 누설시 손상이 없을 것

⑥ 가격이 싸고 구입이 용이할 것

⑦ pH 값이 적당할 것(7.5~8.2 정도)

해답 **29.** ㉱ **30.** ㉰ **31.** ㉯ **32.** ㉰

문제 33 다음 중 가장 낮은 온도를 얻을 수 있는 냉동기는?

㉮ 암모니아를 사용한 흡수식 냉동기
㉯ R-13을 사용한 2원 냉동기
㉰ 암모니아를 사용한 2단 압축 냉동기
㉱ R-113을 사용한 터보 냉동기

해설 • 2원 냉동 : 비등점이 각각 다른 2개의 냉동 사이클을 병렬로 형성시켜 고온측 증발기로 저온측 응축기(캐스케이드(cascade) 응축기)를 냉각시켜 −70[℃] 이하의 초저온을 얻기 위한 냉동장치

문제 34 불연성이며 폭발성이 없고 수분을 함유하여 부식을 일으키고, 오일(oil)과 잘 혼합하지 않으며, 재료는 동 및 동합금을 사용할 수 있고 체적은 암모니아의 약 1.5배이며, NH_3와 열역학 성질이 흡사한 냉매는?

㉮ R-22 ㉯ CO_2
㉰ SO_2 ㉱ 메틸 클로라이드

해설 SO_2의 체적은 암모니아보다 1.5배 정도 커 배관이 커야 되며 피스톤 압출량은 NH_3와 비슷하다.

문제 35 냉매의 특성에 관한 다음 사항 중 옳은 것은?

㉮ R-12는 암모니아에 비하여 유분리가 용이하다.
㉯ R-12는 암모니아 보다 냉동력(kcal/kg)이 크다.
㉰ R-22는 R-12에 비하여 저온용에 부적당하다.
㉱ R-22는 암모니아 가스보다 무거우므로 가스의 유동 저항이 크다.

해설 ㉮ R-12는 암모니아에 비하여 oil과의 용해도가 커 유분리가 어렵다.
㉯ 냉동효과(냉동력)는 R-12는 29.52[kcal/kg], 암모니아는 269[kcal/kg]으로 암모니아가 더 크다.
㉰ 비등점이 R-12는 −29.8[℃], R-22는 −40.8[℃]이므로 R-22가 저온용에 적합하다.

문제 36 다음 중 암모니아 냉매의 단점에 속하지 않는 것은?

㉮ 폭발 및 가연성이 있다.
㉯ 독성이 있다.
㉰ 사용되는 냉매 중 증발잠열이 가장 적다.
㉱ 공기조화용으로 사용하지 않는다.

해설 가연성 및 독성가스인 암모니아는 증발잠열이 313.5[kcal/kg]으로 냉매 중 증발잠열이 가장 커 냉매로써 성능이 우수하여 사용한다.

문제 37 암모니아와 프레온 냉동장치를 비교하여 다음 중 옳은 것은?

㉮ 압축기의 실린더의 과열은 프레온보다 암모니아가 심하다.
㉯ 냉동장치 내에 수분이 있을 경우 프레온보다 암모니아가 문제성이 심하다.
㉰ 냉동장치 내에 윤활유가 많은 경우 프레온보다 암모니아가 문제성이 적다.
㉱ 암모니아보다 프레온이 독성이 크다.

해설 암모니아 냉매는 프레온 냉매와 비교하여 비열비가 크기 때문에 압축기의 토출가스 온도가 높아 과열이 심하다.

문제 38 다음 냉매 중 독성이 큰 것부터 나열한 것은?

㉮ SO_2 - CH_3Cl - NH_3 - CO_2 - CCl_2F_2
㉯ SO_2 - NH_3 - CH_3Cl - CO_2 - CCl_2F_2
㉰ NH_3 - SO_2 - CH_3Cl - CO_2 - CCl_2F_2
㉱ NH_3 - CO_2 - SO_2 - CH_3Cl - CCl_2F_2

해설 • 냉매의 독성순위 : SO_2 - NH_3 - CH_3Cl - CO_2 - CCl_2F_2
참고 독성이 가장 큰 것은 1, 가장 약한 것은 6이다.
SO_2 : 1, NH_3 : 2, CH_3Cl : 4, CCl_2F_2 : 6

문제 39 기준 냉동 사이클에서 냉동효과가 큰 순서대로 맞는 것은?

㉮ 암모니아 〉 프레온 12 〉 프레온 22
㉯ 프레온 22 〉 프레온 12 〉 암모니아
㉰ 프레온 12 〉 프레온 22 〉 암모니아
㉱ 암모니아 〉 프레온 22 〉 프레온 12

해설 • 기준 냉동 사이클에서의 냉동효과
① NH_3 : 269[kcal/kg]
② R-22 : 40[kcal/kg]
③ R-12 : 29[kcal/kg]

문제 40 암모니아 냉매 누설 검사법으로 잘못된 것은?

㉮ 불쾌한 냄새로 발견   ㉯ 황을 태우면 흰연기 발생
㉰ 페놀프탈레인을 홍색으로 변화   ㉱ 적색 리트머스 시험지를 갈색으로 변화

해설 • 냉매 누설검사(NH_3)
① 냄새로 알 수 있다.
② 붉은 리트머스 시험지를 물에 적셔 누설개소에 접속시 청색으로 변색된다.
③ 페놀프탈레인 시험지를 물에 적셔 누설개소에 접속시 적색으로 변색된다.
④ 유황초를 태워 연기를 누설개소에 접속시 흰 연기가 난다.
⑤ 물이나 브라인에 용해되었을 경우에는 네슬러 시약을 적하하여 알 수 있다.(소량 누설 : 황색, 다량 누설 : 자색)

해답 **37.** ㉮ **38.** ㉯ **39.** ㉱ **40.** ㉱

문제 41 다음 중 브라인의 부식성을 초래하는 인자가 아닌 것은?

㉮ 공기와의 접촉 ㉯ pH(페하)의 감소

㉰ 수분과의 접촉 ㉱ Mg의 증가

해설 ● 브라인의 부식
① 공기와의 접촉시
② 브라인 수소 이온농도(pH)가 7.5~8.2를 벗어날 때
③ 수분과의 접촉시에 촉진된다.

문제 42 다음 냉매 중 아황산 가스에 접했을 때 흰 연기를 발생하는 가스는?

㉮ R-12 가스 ㉯ 클로로메틸 가스 ㉰ 아황산 가스 ㉱ 암모니아 가스

해설 암모니아는 유황초나 염산, 아황산 가스와 접촉시 백색 연기가 발생한다.

문제 43 마취성 있고, −100〔℃〕정도의 식품, 초저온 동결에 사용되는 것은?

㉮ 에틸 알콜 ㉯ 염화 칼슘

㉰ 에틸렌 글리콜 ㉱ 염화 마그네슘

해설 유기질 브라인인 에틸 알콜은 마취성이 있고 식품의 초저온 동결(−100[℃] 정도)에 사용하며 취급에 주의를 요한다.

문제 44 압축 후의 온도가 너무 높으면 실린더 헤드를 냉각할 필요가 있다. 다음 표를 참고하여 압축 후 냉매의 온도가 가장 높은 냉매는?(단, 모든 냉매는 같은 조건으로 압축한다.)

㉮ R-12

㉯ R-22

㉰ NH_3

㉱ CH_3Cl

냉 매	비 열 비 (k)	정 압 비 열
R-12	1.136	0.147
R-22	1.184	0.152
NH_3	1.31	0.52
CH_3Cl	1.20	0.62

해설 ● 기준 냉동 사이클에서의 압축기 토출가스 온도
㉮ R-12 : 37.8[℃]
㉯ R-22 : 55[℃]
㉰ NH_3 : 98[℃]
㉱ CH_3Cl(R-40) : 77.8[℃]

참고 비열비가 클수록 압축기 토출가스 온도는 높아진다.

문제 45 냉매의 구비조건 중 틀린 것은?

㉮ 응축 압력이 낮을 것
㉯ 증발 압력이 저온에서 대기압보다 높을 것
㉰ 비열이 클 것
㉱ 비체적이 적을 것

해설 냉매액의 비열이 작을수록 과냉각이 잘 되고 단열팽창시 플래시 가스 발생량이 적어지므로 비열은 작아야 한다.

해답 41. ㉱ 42. ㉱ 43. ㉮ 44. ㉰ 45. ㉰

문제 46 냉매의 일반적인 성질로서 맞는 것은?

㉮ 흡입압력이 저하되면 토출가스 온도가 저하된다.

㉯ 냉각수온이 높으면 응축압력이 저하된다.

㉰ 냉매가 부족하면 증발압력이 상승한다.

㉱ 응축압력이 상승되면 소요동력이 증가한다.

해설 응축압력(고압)이 상승하면 압축기의 소요 동력이 증가한다.

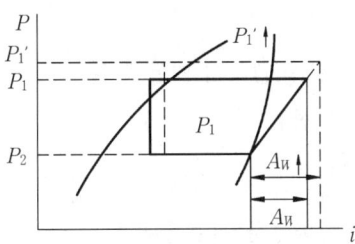

문제 47 프레온 냉매가 누설되어 사고가 발생되었을 때의 응급조치 요령이 바르지 않은 것은?

㉮ 프레온이 눈에 들어갔을 경우 응급조치로 묽은 붕산 용액으로 눈을 씻어준다.

㉯ 프레온은 공기보다 가벼우므로 머리를 아래로 한다.

㉰ 프레온이 피부에 닿으면 동상의 위험이 있으므로 물로 씻고, 피크르산 용액을 얇게 뿌린다.

㉱ 프레온이 불꽃에 닿으면 유독한 포스겐 가스가 발생하여 더 큰 피해가 발생하므로 주의한다.

해설 프레온 냉매 가스는 공기보다 무거우므로 바닥에 체류하므로 누설사고시 머리를 위로 하여야 한다.

문제 48 암모니아 냉매를 취급하던 중 부주의로 인해 피부에 접촉하게 되었다. 올바른 조치방법은?

㉮ 화상 염려가 있으므로 연고를 바른다.

㉯ 물로 세척한다.

㉰ 붕대로 감는다.

㉱ 유동 파라핀을 바른다.

해설 암모니아 냉매가 피부에 접촉시 물로 세척 후 피크린산 용액을 바른다.

문제 49 냉매 R-11의 화학식은?

㉮ CCl_2F_3 ㉯ CCl_3F ㉰ $CHClF_2$ ㉱ CCl_3F_2

해설 ㉯ R-11
     ㉰ R-22

해답 46. ㉱   47. ㉯   48. ㉯   49. ㉯

문제 50 R-500에 관한 다음 사항 중 옳은 것은?

㉮ R-22와 R-112의 혼합물로서 R-22보다 냉동능력이 좋다.

㉯ R-22와 R-152의 혼합물로서 R-22보다 냉동능력이 작다.

㉰ R-12와 R-152의 혼합물로서 R-12보다 냉동능력이 크다.

㉱ R-12와 R-115의 혼합물로서 R-12보다 냉동능력이 크다.

해설 R-500은 공비혼합 냉매로서 R-12와 R-152를 혼합한 냉매로서 R-12의 능력을 개선할 때 사용한다.

문제 51 다음 중 암모니아 냉매가스의 누설검사로 적합하지 않은 것은?

㉮ 붉은 리트머스 시험지가 청색으로 변한다.

㉯ 네슬레 시약을 이용해서 검사한다.

㉰ 헬라이드 토치를 사용해서 검사한다.

㉱ 염화수소와 반응시켜 흰 연기를 발생시켜 검사한다.

해설 헬라이드 토치는 프레온 냉매의 누설검사법이다.

문제 52 암모니아 냉매와 프레온 냉매의 설명 중 맞는 것은?

㉮ R-12는 암모니아보다 냉동력이 커서 일반적으로 많이 사용한다.

㉯ R-22는 암모니아보다 냉동력이 크고 안전하다.

㉰ R-22는 R-12에 비하여 저온용에 적합하다.

㉱ R-12는 암모니아에 비하여 유분리가 용이하다.

해설 비등점이 R-12는 $-29.8[\text{℃}]$, R-22는 $-40.8[\text{℃}]$로 R-22는 R-12에 비하여 비등점이 낮아 저온용으로 적합하다.

문제 53 암모니아 압축기의 운전 중에 암모니아 누설 유무를 검출하는 방법을 다음에 열거하였다. 이 중 틀린 것은?

㉮ 특유한 냄새로 알 수 있다.

㉯ 페놀프탈레인 액이 파랗게 변한다.

㉰ 황을 태우면 누설개소에 흰연기가 일어난다.

㉱ 브라인(brine) 중에 암모니아 새고 있을 때는 네슬러 시약을 쓴다.

해설 암모니아 누설시 페놀프탈레인 시험지를 물에 적셔 누설 개소에 접촉시 적색으로 변한다.

문제 54 냉매의 비열비가 가장 관계가 깊은 것은?

㉮ 플래시 가스 ㉯ 워터 재킷

㉰ 오일 포밍 현상 ㉱ 에멀존 현상

해설 냉매의 비열비가 클수록 압축기 토출가스의 온도가 상승되므로 워터 재킷(water jacket)을 설치하여 냉각시킨다.

해답 50. ㉰ 51. ㉰ 52. ㉰ 53. ㉯ 54. ㉯

문제 55 헬라이드 토치(halide torch)를 사용하여 프레온 누설검사를 할 때 불꽃변화 상태 중 맞는 것은?

㉮ 누설이 없을 때 – 자색   ㉯ 소량 누설할 때 – 녹색
㉰ 다량 누설할 때 – 청색   ㉱ 대량 누설할 때 – 황색

해설 ① 누설이 없을 때 : 청색
② 소량 누설시 : 녹색
③ 다량 누설시 : 자색
④ 대량 누설시 : 꺼진다

문제 56 암모니아 가스는 저장능력이 몇 톤 이상인 경우 방류둑을 설치하는가?

㉮ 500   ㉯ 300   ㉰ 40   ㉱ 5

해설 고압가스 일반제조시설 기준에 의하여 독성 가스는 5톤 이상시 방류둑을 설치한다.

문제 57 프레온계 냉매 중에서 수소원자(H)를 가지고 있지 않는 것은?

㉮ R-21   ㉯ R-22   ㉰ R-502   ㉱ R-114

해설 프레온계 냉매 중 수소원자(H)를 가지고 있지 않는 냉매는 십단위 냉매로 R-114는 분자식 $C_2Cl_2F_4$로 수소원자를 가지고 있지 않다.

문제 58 장치의 저온측에서 윤활유와 가장 잘 용해되는 냉매는 어느 것인가?

㉮ 프레온 12   ㉯ 프레온 22   ㉰ 암모니아   ㉱ 아황산가스

해설 • 윤활유와 용해도가 큰 냉매 : R-11〉R-12〉R-21〉R-113 등

문제 59 냉매의 특성 중 틀린 것은?

㉮ 냉동톤당 소요동력은 증발온도, 응축온도가 변하여도 일정하다.
㉯ 압축비가 클수록 냉매 단위중량당의 압축열이 커진다.
㉰ 냉매 특성상 동일 냉동능력에 대한 소요동력은 적은 것이 좋다.
㉱ 압축기 흡입가스가 과열하였을 때 NH_3는 체적효율이 감소한다.

해설 1냉동톤당 압축기 소요동력은 증발온도 저하 및 응축온도 상승시 증가한다.

문제 60 대기압하에서 비등점이 가장 높은 냉매는?

㉮ R-12   ㉯ R-11   ㉰ R-113   ㉱ R-22

해설 • 각 냉매에 따른 비등점
㉮ R-12 : -81.5[℃]
㉯ R-11 : 23.8[℃]
㉰ R-113 : 47.57[℃]
㉱ R-22 : -40.8[℃]

문제 61 냉매에 대한 것 중 틀린 것은?

㉮ 암모니아는 동 또는 동합금을 사용해도 좋다.
㉯ R-12, R-22에는 강관을 사용해도 좋다.
㉰ 암모니아는 물에 잘 용해한다.
㉱ 암모니아액은 냉동기유보다 가볍다.

해설 암모니아는 동 및 동을 62[%] 이상 함유한 동합금을 부식시킨다.

문제 62 암모니아 냉매 누설 검사법으로 잘못된 것은?

㉮ 불쾌한 냄새로 발견
㉯ 황을 태우면 흰 연기 발생
㉰ 페놀프탈레인을 적색으로 변화
㉱ 적색 리트머스 시험지를 갈색으로 변화

해설 암모니아 냉매 누설시 적색 리트머스 시험지는 청색으로 변한다.

문제 63 다음은 네 가지 냉매 중에서 흡수식 냉동기에 가장 알맞은 냉매는?

㉮ R-502   ㉯ 황산
㉰ 암모니아   ㉱ R-22

해설 흡수식 냉동기에 사용하는 냉매로는 암모니아(NH_3)와 물(H_2O)이 있다.

문제 64 공정점이 −21[℃]이고 저온용 브라인으로서 일반적으로 가장 많이 사용되고 있는 것은?

㉮ 염화 칼슘   ㉯ 염화 나트륨
㉰ 염화 마그네슘   ㉱ 프로필렌 글리콜

해설 • 염화 나트륨(NaCl) 브라인 : 무기질 브라인으로 공정점이 −21[℃]이고 저온용 브라인으로 가장 많이 사용된다.

문제 65 다음 냉매 중 냉매 순환량이 가장 큰 것은?

㉮ R-11   ㉯ R-13   ㉰ NH_3 ㉱ R-22

해설 증발잠열이 작을수록 냉동효과가 감소하여 냉매 순환량은 더욱 증가하여야 한다.

$$G\uparrow = \frac{Q_2}{q_2\downarrow}$$

참고 • 각 냉매에 따른 −15[℃]에서의 증발잠열
① R-11 : 45.8[kcal/kg]
② R-13 : 25.3[kcal/kg]
③ NH_3 : 313.5[kcal/kg]
④ R-22 : 52[kcal/kg]

해답 61. ㉮ 62. ㉱ 63. ㉰ 64. ㉯ 65. ㉯

문제 66 냉매의 누설검사 방법 중 옳은 것은?

㉮ 암모니아는 헬라이드 토치 등의 불꽃색으로 조사한다.

㉯ R-12는 페놀프탈레인지를 사용하여 조사한다.

㉰ R-22는 유황초를 태워 백색 연기로 조사한다.

㉱ 암모니아는 적색 리트머스 시험지를 사용하여 조사한다.

해설 ● 냉매 누설검사(NH_3)
① 냄새로 알 수 있다.
② 적색 리트머스 시험지를 물에 적셔 누설개소에 접속시 청색으로 변색된다.
③ 페놀프탈레인 시험지를 물에 적셔 누설개소에 접촉시 적색으로 변색된다.

문제 67 다음의 냉동장치에 대하여 맞는 것은?

㉮ R-12의 경우는 드라이어를 사용하나 R-22의 경우에는 필요하지 않다.

㉯ 암모니아의 경우에는 유분리기를 쓰지 않는다.

㉰ R-12의 경우에는 압축기의 물자켓이 반드시 필요하다.

㉱ R-22의 자동팽창 밸브는 암모니아에 사용될 수 없다.

문제 68 다음 중 비등점이 가장 높은 것은?

㉮ NH_3 ㉯ CO_2 ㉰ R-502   ㉱ SO_2

해설 ● 각 냉매의 비등점
㉮ NH_3 : $-33.3[℃]$
㉯ CO_2 : $-78.5[℃]$
㉰ R-502 : $-45.6[℃]$
㉱ SO_2 : $-10[℃]$

문제 69 NH_3, R-12, R-22 냉매의 기름과 물에 대한 용해도를 설명한 것 중 옳은 것은?

① 물에 대한 용해도는 R-12가 가장 크다.

② 기름에 대한 용해도는 R-12가 가장 크다.

③ R-22는 물에 대한 용해도와 기름에 대한 용해도가 모두 암모니아보다 크다.

㉮ ①, ②, ③   ㉯ ②, ③   ㉰ ②   ㉱ ③

해설 ① 물과의 용해도는 암모니아가 좋다.
② 윤활유와 용해도가 큰 냉매 : R-11, R-12, R-21, R-113

문제 70 다음 냉매 중 비등점이 가장 낮은 냉매는?(단, 대기압에서)

㉮ NH_3 ㉯ R-11   ㉰ R-22   ㉱ R-12

해설 ㉮ NH_3 : $-33.3[℃]$ ㉯ R-11 : $23.8[℃]$
㉰ R-22 : $-40.8[℃]$ ㉱ R-12 : $-29.8[℃]$

해답 66. ㉱ 67. ㉱ 68. ㉱ 69. ㉰ 70. ㉰

문제 71 다음 설명 중 옳은 것은?

> ① 브라인은 항상 잠열의 형태로 냉력(冷力)을 운반한다.
> ② 염화칼슘 브라인은 −40[℃] 정도까지 사용된다.
> ③ 브라인 중에 산소의 용해량이 많을수록 부식(腐蝕)은 작아진다.
> ④ 염화 칼슘의 방청제로 중크롬산 나트륨을 사용할 수 있다.

㉮ ①, ②   ㉯ ②, ③   ㉰ ③, ④   ㉱ ②, ④

해설 ① 브라인은 항상 현열상태로 열을 운반한다.
② 브라인 중에 산소 용해량이 많을수록 부식 속도가 빠르다.

문제 72 브라인의 성질에 맞지 않는 것은?

㉮ 열용량이 큰 것이 좋다.
㉯ 비열이 작은 것이 좋다.
㉰ 영하에서 동결되지 않는 것이 좋다.
㉱ 유동성이 큰 것이 좋다.

해설 브라인(2차 냉매, 간접 냉매)은 현열을 이용하므로 비열이 커야 한다.

문제 73 냉매(브라인과 같은 간접 냉매는 제외)에 대한 설명 중 옳다고 생각되는 것은?

㉮ 원심냉동기용 냉매에는 압력이 높은 NH_3는 사용할 수 없다.
㉯ 왕복동 냉동기에는 R-502를 사용할 수 없다.
㉰ 흡수식 냉동기에는 물을 냉매로 사용할 수 있다.
㉱ 일반적으로 냉동고용에 사용되는 냉매는 R-22, R-113, 암모니아이다.

해설 흡수식 냉동기는 냉매로써 주로 암모니아와 물을 사용한다.

문제 74 다음 중 브라인으로서의 필요한 조건이 아닌 것은?

㉮ 비열이 클 것   ㉯ 점성이 클 것
㉰ 전열작용이 좋을 것   ㉱ 끓는 점이 높을 것

해설 점성은 적당할 것

문제 75 부식력이 가장 작은 브라인은?

㉮ pH 8인 염화 나트륨   ㉯ pH 7.5인 염화 칼슘
㉰ pH 6.5인 염화 칼슘   ㉱ pH 6.0인 염화 나트륨

해설 브라인 중 부식력은 염화 칼슘($CaCl_2$)이 염화 나트륨($NaCl$)보다 부식력이 작고 브라인의 적정 수소이온농도(pH)는 7.5~8.2 정도이다.

해답 71. ㉱ 72. ㉯ 73. ㉰ 74. ㉯ 75. ㉯

문제 76 냉매의 누설검사 방법 중 옳은 것은?

　㋑ 암모니아는 헬라이드 토치 등의 불꽃색으로 조사한다.

　㋓ R-12는 페놀프탈레인지를 사용하여 조사한다.

　㋔ R-22는 유황초를 태워 백색 연기로 조사한다.

　㋕ 암모니아는 적색 리트머스 시험지를 사용하여 조사한다.

문제 77 프레온 누설검사 중 헤라이드 토치 시험에서 다량으로 누설될 때의 변하는 색깔은?

　㋑ 청색　　　　　　㋓ 녹색　　　　　　㋔ 노랑　　　　　　㋕ 자색

해설 ① 누설이 없을 때 : 청색
② 소량 누설시 : 녹색
③ 다량 누설시 : 자색
④ 과량 누설시 : 꺼진다.

문제 78 암모니아 가스의 제독제는?

　㋑ 물　　　　　　　　　　　　㋓ 가성소다

　㋔ 탄산소다　　　　　　　　　㋕ 소석회

해설 암모니아의 제독제로써 물을 사용한다.

문제 79 헬라이드 토치의 연료로 적합하지 않은 것은?

　㋑ 암모니아　　　　　　　　　㋓ 알콜

　㋔ 프로판　　　　　　　　　　㋕ 아세틸렌

해설 • 헬라이드 토치 : 프레온 냉매의 누설 검사방법
• 사용연료 : 프로판, 부탄, 알콜, 아세틸렌

문제 80 기준 냉동 사이클에서 토출 온도가 제일 높은 냉매는?

　㋑ R-11　　　　　㋓ R-22　　　　　㋔ NH₃　　　　　㋕ CH₃Cl

해설 ㋑ R-11 : 44.4[℃]
㋓ R-22 : 55[℃]
㋔ NH3 : 98[℃]
㋕ CH3Cl(R-40) : 81[℃]

문제 81 다음 중 비등점이 가장 낮은 냉매는?(대기압 하에서)

　㋑ R-500　　　　　㋓ R-22　　　　　㋔ NH₃　　　　　㋕ R-12

해설 • 각 냉매의 비등점
㋑ R-500 : -33.3[℃]
㋓ R-22 : -40.8[℃]
㋔ NH₃ : -33.3[℃]
㋕ R-12 : -29.8[℃]

해답 **76.** ㋕ **77.** ㋕ **78.** ㋑ **79.** ㋑ **80.** ㋔ **81.** ㋓

문제 82　냉매와 윤활유에 대하여 설명한 것 중 옳은 것은?

　　㉮ R-12의 액은 윤활유보다 비중이 크다.

　　㉯ R-12와 윤활유는 혼합이 잘 안 된다.

　　㉰ 암모니아액은 윤활유보다 비중이 크다.

　　㉱ 암모니아액은 R-12보다 비중이 크다.

　　　해설 프레온 냉매액은 윤활유보다 비중이 커 더 무겁다.

문제 83　프레온-12, 프레온-22, 암모니아의 냉매와 윤활유, 물에 대한 용해도에 관한 것 중 옳은 것은?

　　㉮ 윤활유에 대한 용해도는 R-12가 암모니아보다 크다.

　　㉯ 윤활유에 대한 용해도는 암모니아가 R-22보다 크다.

　　㉰ 물의 용해도는 R-2가 가장 크다.

　　㉱ 물의 용해도는 모두 똑같다.

　　　해설 NH_3 냉매는 물과 freon 냉매는 윤활유와 용해도가 크다.

문제 84　다음 냉매 중 표준 냉동 사이클에서 냉동효과가 가장 큰 것은?

　　㉮ R-11　　　　　　　　　　　㉯ R-12

　　㉰ R-22　　　　　　　　　　　㉱ 암모니아

　　　해설 냉매의 증발잠열이 클수록 냉동효과가 커진다.

　　　　　㉮ R-11 : 38.57[kcal/kg]

　　　　　㉯ R-12 : 29.52[kcal/kg]

　　　　　㉰ R-22 : 40.15[kcal/kg]

　　　　　㉱ 암모니아 : 269.03[kcal/kg]

　　　참고　$q_2\uparrow = r\uparrow(1-x)$

문제 85　다음은 냉매가스 중 1[RT] 당 냉매가스 순환량이 제일 큰 것은?(단, 온도조건은 동일하다.)

　　㉮ 암모니아　　　　　　　　　㉯ 프레온 22

　　㉰ 프레온 13　　　　　　　　　㉱ 프레온 11

　　　해설 • 기준 냉동 사이클에서 1[RT]당 냉매 순환량

　　　　　㉮ 암모니아 : 12.34[kg/h]

　　　　　㉯ R-22 : 82.69[kg/h]

　　　　　㉱ R-11 : 86.1[kg/h]

문제 86　다음 중 독성이 가장 강한 냉매는?

　　㉮ 아황산가스　　　　　　　　㉯ 암모니아

　　㉰ 염화 메틸　　　　　　　　　㉱ 프레온

　　　해설 아황산가스(SO_2)가 허용농도 5[ppm]으로 독성이 가장 강하다.

해답　82. ㉮　83. ㉮　84. ㉱　85. ㉰　86. ㉮

문제 87 무기질 브라인 중 부식성이 큰 순서대로 나열되어 있는 것은?

㉮ $MgCl_2$ 〉 $CaCl_2$ 〉 $NaCl$

㉯ $NaCl$ 〉 $MgCl_2$ 〉 $CaCl_2$

㉰ $CaCl_2$ 〉 $MgCl_2$ 〉 $NaCl$

㉱ $MgCl_2$ 〉 $CaCl_2$ 〉 $NaCl$

해설 ● 무기질 브라인의 부식성 순서(나〉마〉카)

$NaCl$(염화 나트륨) 〉 $MgCl_2$(염화 마그네슘) 〉 $CaCl_2$(염화 칼슘)

문제 88 공비 혼합 냉매는 어느 것인가?

㉮ R-11

㉯ C_2H_2

㉰ NH_3

㉱ R-500

해설 공비혼합 냉매는 프레온 냉매를 혼합한 것으로 500번 단위로 시작한다.

참고 ① R-500 : R-12 + R-152
② R-501 : R-12 + R-22
③ R-502 : R-22 + R-115
④ R-503 : R-13 + R-23

문제 89 왕복동 압축기용 냉매중에서 토출가스 온도가 가장 높은 것은?

㉮ R-502

㉯ R-22

㉰ R-12

㉱ R-500

해설 ㉮ R-502 : 39[℃]
㉯ R-22 : 55[℃]
㉰ R-12 : 37.8[℃]
㉱ R-500 : 40[℃]

문제 90 다음 가스 중 보통 냉매로 사용되지 않는 것은?

㉮ 암모니아

㉯ 액화 프로판

㉰ 액화 이소부탄

㉱ 액화산화 에틸렌

해설 산화 에틸렌은 비등점이 10.73[℃]로 냉매로서의 사용이 어렵고 주로 에틸렌 글리콜 제조,
폴리에스테르 섬유 등에 사용된다.

해답 87. ㉯ 88. ㉱ 89. ㉯ 90. ㉱

4-1. 냉동 사이클

1. 사이클(cycle)

열기관이나 냉동기 등에서 어느 물질이 한 일점에서 시작하여 몇 개의 변화를 연속적으로 이루면서 다시 원점으로 다시 오는데 이와 같이 동작이 같은 변화를 반복하는 것을 사이클이라 한다.

2. 카르노 사이클(carnot cycle)

카르노 사이클은 열역학에서 있어서 열기관의 성적을 비교하는 기준으로 이상적인 열기관이 행하는 사이클이다. 이 사이클은 열교환하는 2개의 등온선과 2개의 가역단열선(可逆斷熱線)으로 이루어졌다. 프랑스의 사디카르노란 사람이 제안한 이론적 이상적인 열기관이다.(1824년 고안)

그림에서 나타낸 $P-V$ 선도와 같이 절대온도 T_1과 $T_2(T_1 \rangle T_2)$의 두 열원 사이를 작동하는 사이클로 절대온도 T_1[K]의 고열원으로부터 Q_1[kcal]의 열량을 흡수하여 등온곡선 3-4에서 T_2[K]의 저열원에 Q_2의 열량을 방출하고 있다.

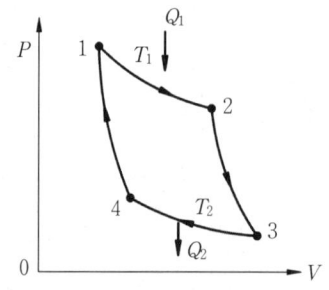

① 상태 1→2 등온팽창
② 상태 2→3 단열팽창
③ 상태 3→4 등온압축
④ 상태 4→1 단열압축

위의 $P-V$ 선도상에 각 상태 변화가 이루는 폐곡선의 면적 12341은 작업 유체가 1사이클 하는 사이에 하는 일의 크기를 표시한다. 이것을 A_w라 하면, 열역학 제1의 법칙에 의해

$$A_w = Q_1 - Q_2 \quad \text{또는} \quad Q_1 = A_w + Q_2$$

카르노 사이클의 열효율 η_c는 다음과 같이 표시된다.

$$\eta_c = \frac{A_w}{Q_1} = \frac{Q_1 - Q_2}{Q_1} = \frac{T_1 - T_2}{T_1} = 1 - \frac{T_2}{T_1}$$

이 사이클은 $T-S$(온도-엔트로피(entropy) 선도로서 편리하게 표시된다. 이 가역(可逆) 과정에서 그 면적은 열교환량을 표시한다. 이 선도에서 열량 Q_1, Q_2와 일량 A_w는

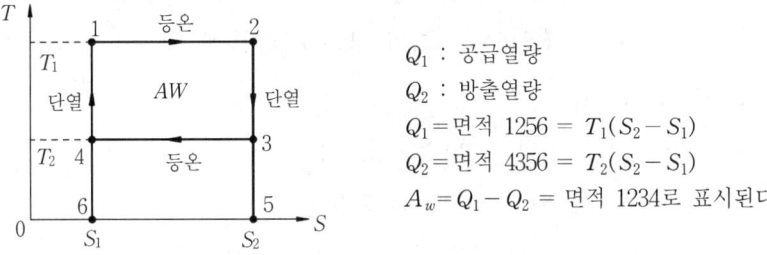

Q_1 : 공급열량
Q_2 : 방출열량
Q_1 = 면적 1256 = $T_1(S_2 - S_1)$
Q_2 = 면적 4356 = $T_2(S_2 - S_1)$
$A_w = Q_1 - Q_2$ = 면적 1234로 표시된다.

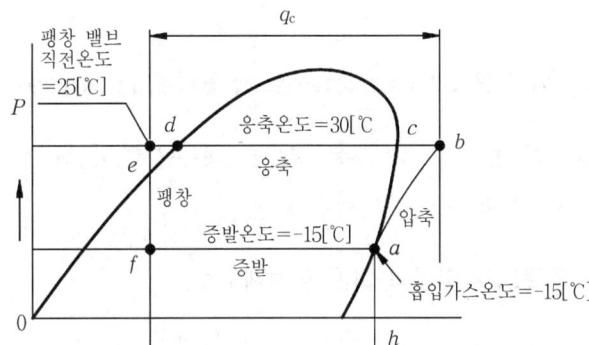

⬆ 표준냉동 사이클의 $P-h$ 선도

3. 냉동 사이클(refrigeration cycle ; 역카르노 사이클)

이상적인 열기관 사이클, 즉 카르노 사이클의 역방향으로 할 수 있는 비가역 사이클이다. 이것이 바로 냉동기 또는 열펌프의 이상적인 사이클이다.

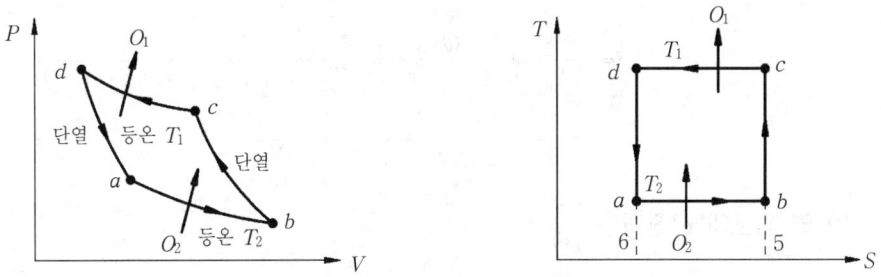

⬆ 역카르노 사이클의 선도

$a \to b$: 등온팽창으로 저열원 T_2에서 Q_2[kcal] 열을 흡수, 냉매는 증발한다.(증발기
해당)

$b \to c$: 단열압축으로 압축기에서 행한 일이 열로 바뀌어 저열원 T_2에서 고열원 T_1
으로 온도가 상승한다.(압축기)

$c \to d$: 등온압축으로 고열원 T_1에서 Q_1[kcal]의 열을 방출하고 냉매는 응축된다.
(응축기)

$d \to a$: 단열팽창으로 고열원 T_1에서 저열원 T_2로 온도는 낮아지나 단열팽창 구간
이므로 엔탈피는 변하지 않는다.(팽창 밸브)

$T-S$ 선도상에서

$$Q_1(\text{방출열량}) = \text{면적} \ c, d, 6, 5$$

$$Q_2(\text{흡수열량}) = \text{면적} \ A, b, 5, 6$$

$$A_w = Q_1 - Q_2 = \text{면적} \ a, b, c, d \ \text{로 표시된다.}$$

4. 성적계수(C·P : Coefficient of Preformance)

냉동기의 효율을 표시하는 척도로 냉동능력 Q_2와 소요일량 A_w와의 비가 사용되는데
이 비를 냉동기의 성적계수라 한다.

(1) 역 카르노 사이클의 이론 성적계수

$$C \cdot P = \frac{Q_2}{A_w} = \frac{T_2}{T_1 - T_2}$$

T_1 : 응축 절대온도(℃)
T_2 : 증발 절대온도(℃)
Q_1 : 응축부하(kcal/kg)
Q_2 : 증발부하(kcal/kg)

$T-S$ 선도에서

$$Q_2 = T_2(S_2 - S_1)$$

$$Q_1 = T_1(S_3 - S_4) = T_1(S_2 - S_1)$$

$$\therefore \ C \cdot P = \frac{Q_2}{A_w} = \frac{Q_2}{Q_1 - Q_2} = \frac{T_2(S_2 - S_1)}{T_1(S_2 - S_1) - T_2(S_2 - S_1)}$$

$$= \frac{T_2(S_2 - S_1)}{(T_1 - T_2)(S_2 - S_1)} = \frac{T_2}{T_1 - T_2}$$

(2) 열 펌프의 성적계수

$$C \cdot P' = \frac{Q_1}{Q_1 - Q_2} = \frac{T_1(S_2 - S - 1)}{(T_1 - T_2)(S_2 - S_1)} = \frac{T_1}{T_1 - T_2}$$

① 열기관의 열효율(η) : $\eta \langle 1$

② 냉동기, 열펌프의 성적계수($C \cdot P$) : $C \cdot P \rangle 1$, 성적계수는 큰 것이 좋으며 항상 1
보다 크다.

(3) 실제적 성적계수(ε_0)

$$\varepsilon_0 = \frac{냉동능력\,(kcal/h)}{압축소요마력 \times 632\,(kcal/h)} = \varepsilon \times \eta_c \times \eta_m$$

$$\begin{cases} 압축효율\,(\eta_c) = \dfrac{기본적\ 마력}{실제적\ 마력} \\ 기계효율\,(\eta_m) = \dfrac{실제적\ 마력}{운전소요\ 마력} \end{cases}$$

5. 냉동력과 냉동능력

(1) 냉동력 : 냉동효과

냉매 1[kg]이 증발기에서 흡수하는 열량을 냉동력이라 한다.(kcal/kg)

① 증발 및 응축압력이 변화하면 냉동효과도 변화한다.

② 냉동효과＝증발기출구 냉매증기 엔탈피-팽창 밸브 직전의 냉매액 엔탈피

냉 매	-15〔℃〕포화냉매 엔탈피	25〔℃〕냉매액 엔탈피	냉동 효과
NH₃	397.12	128.09	269.03
R-12	135.32	105.75	29.57
R-22	147.9	107.7	40.2

(2) 냉동능력

냉동기의 증발기에서 단위시간당 제거하는 열량(kcal/h)

6. 냉동톤(RT)

24시간에 0[℃]의 물 1톤(ton)을 0[℃] 얼음으로 만들 때 제거해야 할 기본적인 열량

$Q = CG\Delta t$

$Q = G \cdot r$

한국 1[RT] = 1000×79.68 = 79,680[kcal/day](24[h]) = 3320[kcal/h] = 55[kcal/min]

参고

■U.S 1[RT](미국 RT)
24시간에 32[°F]의 물 1톤(1[ton] : 2,000[lb])을 32[°F]의 얼음으로 만들 때 제거해야 할 이론적
인 열량
U.S 1[RT] = 2000[lb] × 144[BTU] = 288,000[BTU/day(24[h])]
79.68[kcal/kg] = 144[BTU/lb] = 12,000[BTU/h] = 200[BTU/min]
US 1[RT] = 12,000÷3.968 = 3,024[kcal/h] 또는 12,000×0.252=3,024[kcal/h]
∴ 한국 냉동톤이 미국 냉동톤보다 약 10[%] 크다.

7. 기준 냉동 사이클(표준 냉동 사이클)

냉동기의 능력 즉, 표준톤의 계산에는 사용조건에 따라 다르다. 따라서 어느 일정한 기준이 필요하다. 이 정해진 온도 조건에 의한 사이클을 기준 냉동 사이클이라 하며 다음과 같은 조건하에 발생할 수 있는 표준톤의 수로서 능력을 계산한다.

(1) 응축온도(응축 압력에 대한 포화온도) : 30[℃](86[°F])

(2) 과냉각도 : 5[℃]

(3) 증발온도(흡입 압력에 대한 포화온도) : −15[℃](5[°F])

(4) 압축기 흡입가스 : 건조포화증기(−15[℃])

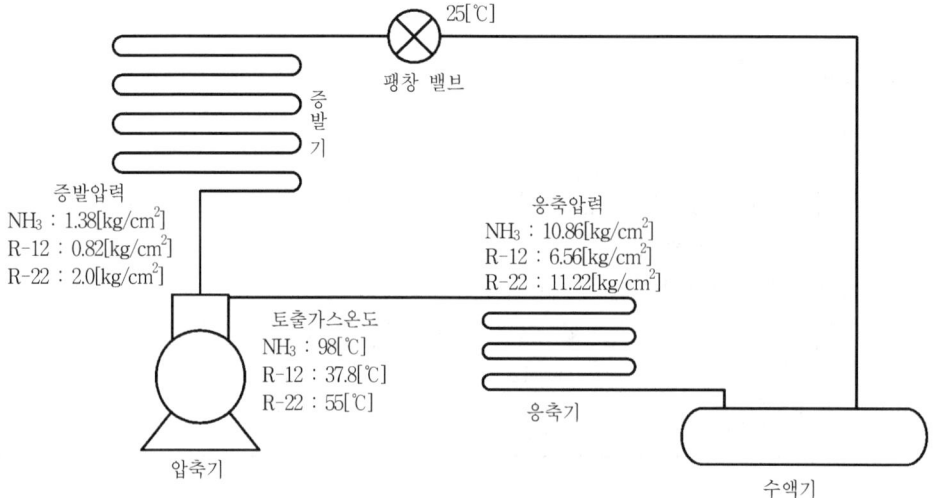

⬛ 냉매의 냉매 사이클 구성도

8. 제빙능력과 제빙톤

24시간 동안에 25[℃] 물 1[ton]을 −9[℃]의 얼음으로 만드는데 제거해야 할 열량을 1 제빙톤이라 한다. (단, 제조과정에서의 열손실 20[%]를 가산한다.)

(1) 25[℃]의 물 1[ton]을 0[℃] 물로 만드는데 제거할 열량

$$Q_1 = CG\varDelta t = 1 \times 1,000 \times 25 = 25,000 \, [\text{kcal}]$$

(2) 0[℃]의 물 1[ton]을 0[℃] 물로 만드는데 제거할 열량

$$Q_2 = G \cdot r = 1,000 \times 79.68 = 79,680 \, [\text{kcal}]$$

(3) 0[℃] 얼음 1[ton]을 -9[℃] 얼음으로 만드는데 제거할 열량

$$Q_3 = CG\varDelta t = 0.5 \times 1,000 \times 9 = 45,000 \, [\text{kcal}]$$

$$Q_1 + Q_2 + Q_3 = 25,000 + 76,680 + 45,000 = 109,180 \, [\text{kcal/h}]$$

따라서 열손실 20[%]를 가산하면,

$$109,180 \times 1.2 = 131,016 \,[kcal/24h] \quad \cdots\cdots\cdots 제 1 제빙톤$$

$$131,016 \div 79,680 = 1.65 \,[RT] \quad \cdots\cdots\cdots\cdots 제 1 제빙톤을 냉동톤으로 환산$$

[참고]

■ 결빙시간 산정

$$결빙시간\,(h) = \frac{0.56 \times t^2}{-(tb)}$$

$\lceil\ t$: 얼음의 두께(cm)
$\ \ \ 0.56$: 결빙계수
$\lfloor\ tb$: 브라인 온도[℃]

■ 결빙시간은 얼음 두께의 2제곱에 비례한다.

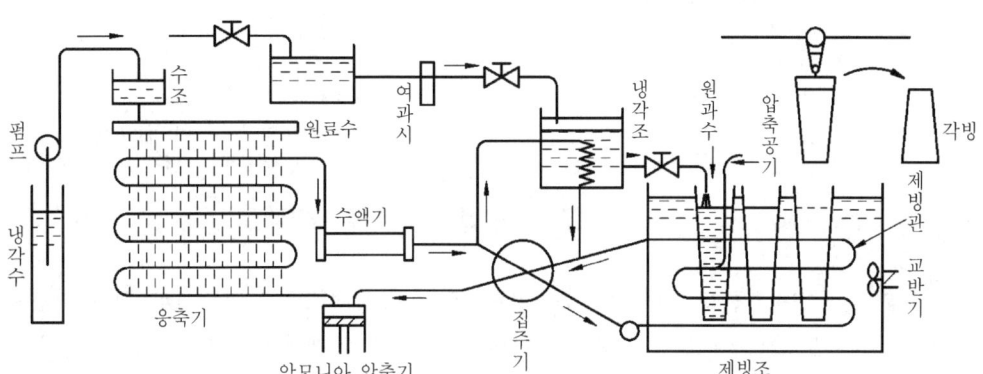

❖ 제빙장치

9. 증기선도

냉매의 성질은 선도(線圖)로서 표시하면 매우 편리하다. 증기선도로서 가장 널리 사용되는 것은 $T-S$(온도-엔트로피)선도, $P-i$(압력-엔탈피)선도이며, $P-V$(압력-체적)선도, $i-S$(엔탈피-엔트로피)선도, $P-T$(압력-온도)선도도 사용되고 있다. 냉동과정에서는 주로 압력-엔탈피($P-i$)선도가 사용되고 있으며, $T-S$선도는 열교환 과정에서 많이 사용된다.

(1) 증기선도의 종류

① $P-V$선도 : 직각좌표의 종축에 절대압력 P, 횡축에 비체적 또는 체적 v를 취하고 이들의 관계를 선도로 표시하여 유체의 상태변화를 나타내는 선도로 열기관의 성적 분석에 사용한다.

② $i-S$선도 : 종축에 엔탈피 i 횡축에 엔트로피 S를 취한 직각 좌표로 이 선도는 교축 작용을 표시하기에 매우 편리하며, 열과 일이 선의 단면으로 나타나 계측이 용이하다.

③ $P - T$ 선도 : 종축에 절대압력 P, 횡축에 절대온도 T를 취한 직각 좌표 NH₃ 수용액의 농도 등 특정 목적에 이용된다.

④ $T - S$ 선도 : 종축에 절대온도 T, 횡축에 엔트로피 S를 취한 직각 좌표. 이 선도에서 곡선으로 이루어진 면적은 외부일로 변화한 열량이다. 열량이 면적으로 나타나므로 냉동 사이클의 변화를 설명하는데 매우 편리하다.

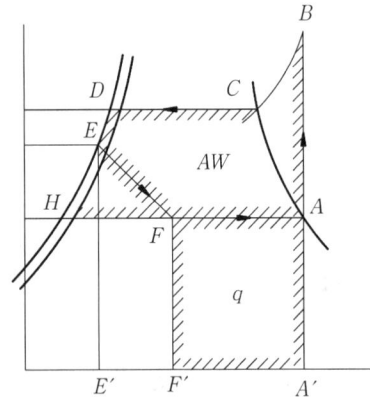

$A - B$: 단열압축
$B - C$: 과열제거
$C - D$: 응축액화
$D - E$: 과냉각
$E - F$: 교축팽창
$F - A$: 증발
냉동효과 = 면적 $FAA'F'$
압축일의 열당량 - 면적 $ABCDH$
응축기 방출열량 = 면적 $BCDEE'A'$

🔼 $T - S$ 선도상의 냉동 사이클

⑤ $P - i$ 선도 : 종축에 절대압력 P, 횡축에 엔탈피 i를 취한 직각 좌표로 이 선도는 냉동계산에 있어서 중요하며, 이 선도로서 「엔탈피」의 변화를 용이하게 읽을 수 있고 이 변화는 즉 가감된 열량을 표시한다. 더구나 냉동 사이클에 있어서는 증발압력과 응축압력 두 가지로 주로 사용되는데 이 두 가지 압력선은 $P - i$ 선도에 용이하게 표시될 수 있다.

(2) 몰리에르 선도(Mollier diagram)

냉동장치를 순환하는 냉매 1[kg]의 사이클 구성과정중 각종 작업과정과 상태식을 나타내는 선도로서 즉 $P - i$ 선도로 $T - S$ 선도와 마찬가지로 포화액선과 포화증기선이 기준이 된다. 이 두 선을 위로 더 연장하면 임계점(臨界點)에서 마주치게 된다. 포화액선과 포화증기선으로 둘러 쌓인 부분은 습증기 구역이다. 포화증기선의 우측은 과열증기 구역이다. 포화액선의 좌측은 과냉각구역(압축액)이다. 액체의 온도가 일정하다면 압력에 따른 엔탈피의 차도 극히 적다.

① 냉매 1[kg]에 대한 작업 과정을 선도로 나타냈다.

② 냉매 순환량, 압축기 흡입량, 응축부하, 압축일량 등 이론적 계산에 많이 쓰인다.

③ 종축에 절대압력 P를 대수(log) 눈금으로 횡축에 엔탈피 i를 취한다.

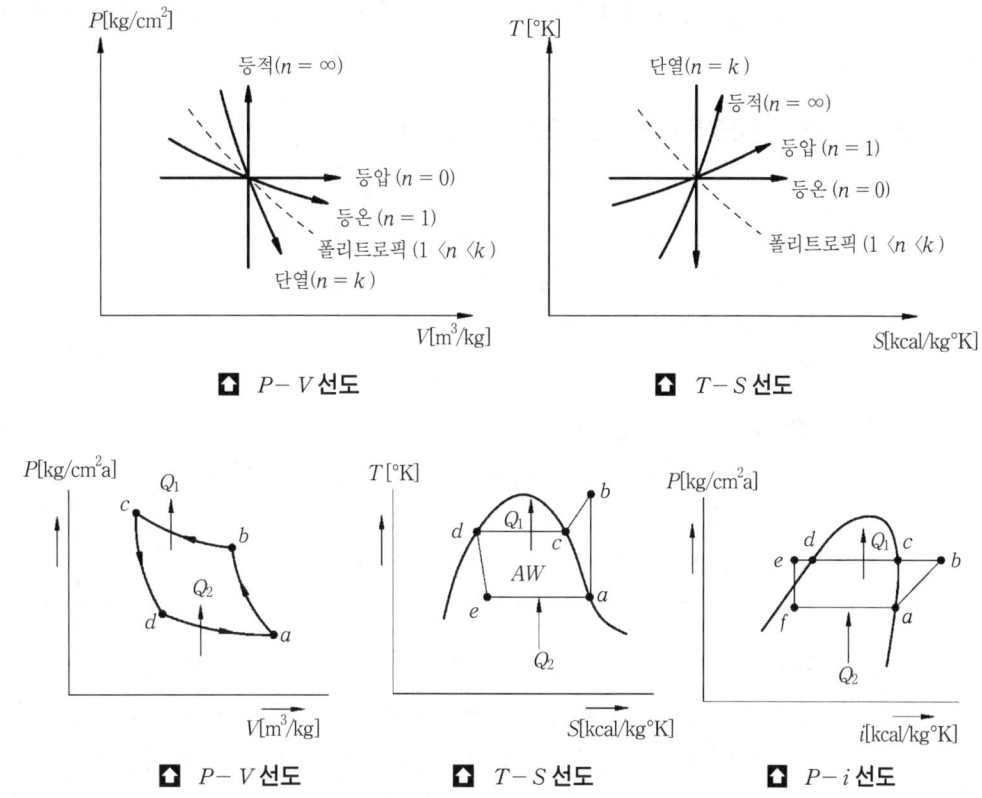

❏ P−V 선도   **❏ T−S 선도**

❏ P−V 선도   **❏ T−S 선도**   **❏ P−i 선도**

(3) 몰리에르 선도(Mollier diagram)의 이용

① 냉동기의 크기 결정
② 전동기의 크기 결정
③ 냉동 능력 판단
④ 냉동장치의 운전상태 양부
⑤ 합리적이고 능률적인 운전에 필요

(4) 몰리에르 선도의 구성

① 포화액선(飽和液線) : 포화온도 및 압력이 일치하는 증발 직전의 냉매 상태를 나타내며 왼쪽 아래에서 오른쪽 위로 그어진 곡선이다.

② 포화증기선(飽和蒸氣線) : 포화액이 증발하여 포화 온도의 가스를 전환한 냉매의 상태를 나타내며 아래에서 오른쪽 위로 그어진 곡선이다.

③ 과냉각구역(過冷却區域) : 포화액선의 왼쪽 부분으로 등압하에서 포화온도 이하로 냉각된 액의 상태를 나타낸다.

④ 습포화증기구역(濕飽和蒸氣區域) : 포화액선과 포화증기선으로 둘러쌓인 부분으로 포화액이 등압하에서 같은 온도의 증기와 공존하는 냉매 상태를 나타낸다.

⑤ 과열증기구역(過熱烝氣區域) : 포화증기선의 오른쪽 부분으로 포화증기를 더욱 가열하여 포화증기 온도보다 온도가 높은 상태를 나타내는 구역이다.

(5) 몰리에르 선도의 6대 구성 요소

① 등압선(P : kg/cm^2 abs)

㉮ 횡축과 나란하며 절대압력이 대수 눈금으로 표시되어 있다.

㉯ 등압선상에서의 압력은 같은 압력을 나타낸다.

㉰ 증발 및 응축압력을 알 수 있다.

㉱ 압축비를 구할 수 있다.

② 등엔탈피선(i : kcal/kg)

㉮ 종축과 평행하며 횡축에 취한 눈금으로 표시되어 있다.

㉯ 이 선상의 엔탈피는 같다.

㉰ 냉매 1[kg]에 대한 엔탈피를 구할 수 있다.

㉱ 냉동효과, 압축열량, 응축열량 및 플래시 가스(flash gas) 발생량을 알 수 있다.

③ 등온선(t : ℃)

㉮ 과냉각 구역에서는 P에 나란하고 습포화 증기 구역에서는 i에 평행하며 과열증기 구역에서는 건조포화 선상에서 오른쪽으로 약간 구부러지면서 급히 하향한다.

㉯ 이 선상의 온도는 모두 같다.

㉰ 습포화 증기 구역에서는 일반적으로 등온선이 그어져 있지 않고 포화액선과 건조포화증기선에 온도가 표시되어 있다.

㉱ 토출가스 온도, 증발온도, 응축온도 및 팽창 밸브 직전의 냉매 온도를 알 수 있다.

④ 등비체적선(v : m^3/kg)

㉮ 습포화 증기구역과 과열증기 구역에서만 존재하는 선으로 수평선에서 오른쪽으로 비스듬이 올라간 선으로 그어져 있다.

㉯ 압축기로 흡입되는 냉매 1[kg]의 체적을 구할 때 쓰인다.

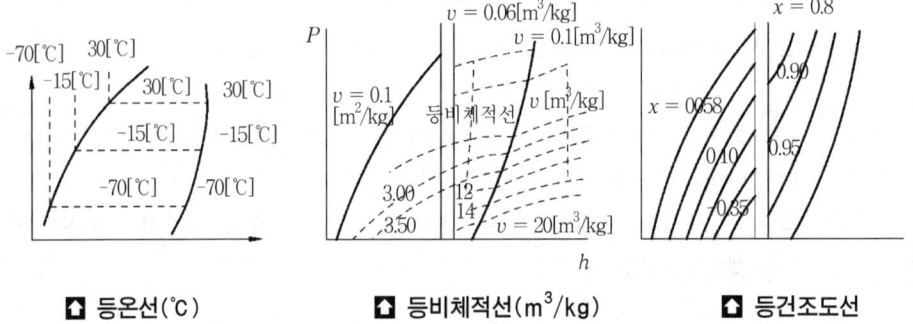

🔼 등온선(℃)　　　🔼 등비체적선(m^3/kg)　　　🔼 등건조도선

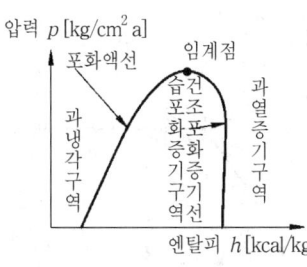

▲ 포화액선과 건포화 증기선

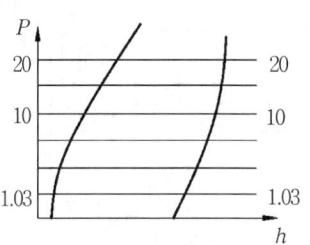

▲ 등압선(kg/cm²a)

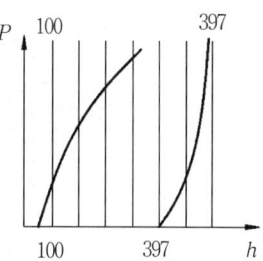

▲ 등 엔탈피선(kcal/kg)

⑤ 등건조도선(x)

㉮ 포화액선과 포화증기선 사이(습포화 증기구역)를 10등분하여 표시하고 있다.

㉯ 포화액의 건조도는 0이며 건조포화 증기의 건조도는 1이다.

㉰ 냉매 1[kg]이 포함하고 있는 증기량을 알 수 있다.

{참고}

■ 건조도(乾燥度)

습포화 증기는 건조포화증기와 냉매액의 혼합물이라고 볼 수 있다. 이 때 그 증기속에 함유된 냉매액의 혼용율(混用率)을 나타내기 위한 것으로 지금 증기 1[kg] 속에 건조 증기가 x[kg] 있다고 하면 이 때 x 를 건조도 또는 건도라 한다.

[예] x = 0.9는 습증기 중 90[%]는 건조포화증기이고 나머지 10[%]는 포화액인 것을 나타낸다.

⑥ 등엔트로피선(S : kcal/kg °K)

㉮ 엔트로피가 같은 점을 이은 선으로 왼쪽 아래에서 급경사를 이루면서 상향한 곡선이다.

㉯ 습증기 구역과 과열증기 구역에만 존재한다.

㉰ 압축기에서의 압축은 단열변화이므로 등 엔트로피선을 따라 압축된다.

(6) $P - i$ 선도와 냉동(冷凍) 사이클 내의 냉매상태 변화

$P - i$ 선도	냉동 사이클	변 화 과 정
$a \rightarrow b$	압 축 과 정	압력 상승, 온도 상승, 비체적 감소, 엔트로피 불변, 엔탈피 증가
$b \rightarrow c$	과 열 제 거 과 정	압력 불변, 온도 강하, 비체적 감소, 엔탈피 감소
$c \rightarrow d$	응 축 과 정	압력 불변, 온도 일정, 엔탈피 감소, 건조도 감소
$d \rightarrow e$	과 냉 각 과 정	압력 불변, 온도 강하, 엔탈피 감소
$e \rightarrow f$	팽 창 과 정	압력 강하, 온도 강하, 엔탈피 불변, 비체적 증대
$f \rightarrow a$	증 발 과 정	압력 불변, 온도 일정, 엔탈피 증가

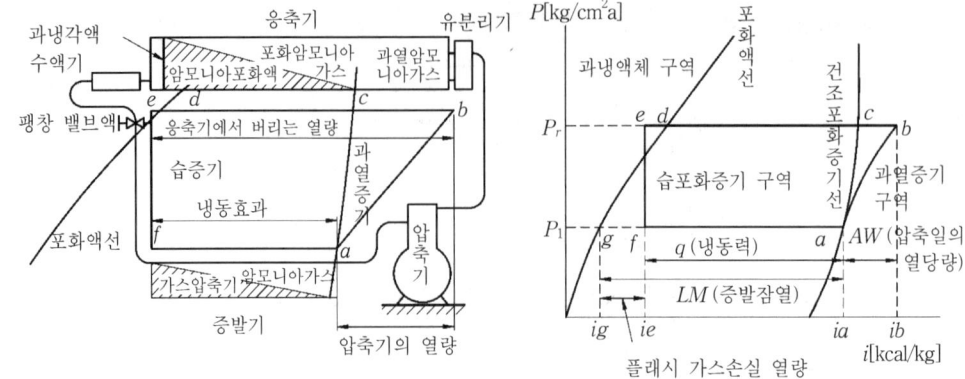

- *a* : 압축기 흡입(증발기 출구) 지점
- *b* : 압축기 토출(응축기 입구) 지점
- *c* : 응축기에서 응축이 시작되는 지점
- *d* : 응축기에서 응축이 끝난(과냉각이 시작되는) 지점
- *e* : 팽창 밸브 입구 지점
- *f* : 팽창 밸브 출구(증발기 입구) 지점

(7) 몰리에르 선도상의 각부 과정 설명

① *a*→*b* 과정(압축과정) : 증발기에서 증발 완료한 증기를 압축기에 흡입하여 고온·고압의 과열 증기로 압축하는 과정이다. 이 과정은 응축기에서 물 또는 공기로 냉각하며 쉽게 액화시키기 위해 필요하다. 압축기를 통해서 나온 가스는 피스톤에 가해진 일에 상당하는 열을 흡수하게 됨으로 냉매의 엔탈피는 증가하게 되는데 이 증가한 엔탈피 즉, 압축일 A_w 는 다음식으로 표시된다.

$$A_w = i_2 - i_1$$

{참고}

■ 흡입 증기에 따른 압축의 분류

①´ (습압축) : ①의 위치가 포화증기선보다 왼쪽에 있을 경우(NH_3)

① (건압축) : ①의 위치가 포화증기선 상에 있을 경우

①″ (과열압축) : ①의 위치가 포화증기선보다 오른쪽에 있을 경우 (R-12)

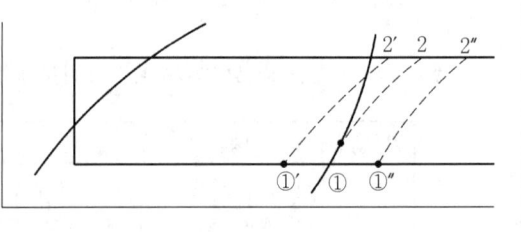

② *b*→*e* 과정(응축과정)

㉮ *b*→*c* (과열제거 과정) : 압축기에서 도출된 고온·고압의 냉매가스가 토출관을 통과하는 동안 감열 상태로 과열이 제거되어 건조포화 증기가 되는 과정이다. 이 때 냉매의 엔탈피는 감소되어 온도는 강하하나 압력 변화는 없다.

④ $c \to d$ (응축과정) : 응축기에서 건조 포화증기가 냉각수 및 공기에 의하여 응축 · 액화하여 포화액이 되는 과정이다.

응축기에서 냉매가 방출하는 열량 Q 는

$$Q = q + A_w = i_2 - i_3$$

응축과정 중 냉매의 엔탈피는 감소하나 온도와 압력은 일정하다.

㉲ $d \to e$ (과냉각 과정) : 응축기에서 액화한 냉매액이 팽창 밸브까지 이르는 동안 포화액이 과냉각되는 과정이다. 이 때 d 에서 e 까지는 $t_3{'} - t_3$ 만큼 과냉각되는데 이를 과냉각도라 하며 팽창 밸브 통과시 플래시 가스 발생량이 감소하게 됨으로 냉동효과가 증대된다.

③ $e \to f$ 과정(팽창과정) : e 의 고온 · 고압의 냉매액이 팽창 밸브를 통과시 교축 팽창을 하여 저온 · 저압의 상태로 된다. 팽창 과정은 이론상 단열 팽창이므로 팽창 전후의 엔탈피는 동일하다.

┌─【참고】─────────────────────────────────────┐
■ 플래시 가스(flash gas) 발생량
① NH_3 : 14~15[%]
② R-12 : 23[%]
③ R-22 : 22[%]
증발잠열에 대한 액체 비열이 클수록 플래시 가스 발생량이 많다.
└──┘

④ $f \to a$ 과정(증발과정) : 팽창 밸브를 나온 저온 · 저압의 냉매가 증발하는 사이에 주위로부터 열량 q 를 흡수하여 증기로 변화하는 과정이며, 이것이 유효한 냉동효과가 된다. 이 사이의 변화는 냉매의 엔탈피는 증가하나 압력과 온도는 일정하다.

$$q = i_1 - i_4 [\text{kcal/kg}]$$

냉동기에서는 q 와 A_w 와 비가 냉동의 성적을 표시하는 척도이며, 이것을 냉동기의 성적 계수(coefficient of performance)라 하고, 성적계수 $C \cdot P$ 는

$$C \cdot P = \frac{q}{A_w} = \frac{i_1 - i_4}{i_2 - i_1} \qquad C \cdot P > 1$$

◎ 교축작용(絞縮作用 ; throttling) : 유체가 밸브(valve) 기타 저항이 큰 곳에 통과할 때에 마찰이나 흐름의 흩어짐으로 인하여 압력과 온도 강하가 일어난다. 이와 같이 좁혀진 부분에 있어서의 압력강하를 교축 작용이라 한다. 이러한 목적으로 사용하는 밸브를 교축 밸브라 하고 냉동장치에서 이런 역할을 하는 장치는 증발기 입구의 팽창 밸브가 있다.

◎ 플래시 가스(flash gas) : 교축 작용시 자체 내에서 증발 잠열에 의해 냉매가 증발되어 발생되는 기체를 말한다. 이는 이미 기화되었으므로 다시 기화되어 냉동 목적을 달성할 수 없다. 따라서 플래시 가스 발생을 억제하기 위하여 팽창 밸브 직전의 냉매를 5[℃] 정도 과냉각 시켜준다.

◎ 플래시 가스 발생원인

㉮ 액관이 직사광선에 노출될 때

㉯ 액관이 방열하지 않고 따뜻한 곳을 통과할 때

㉰ 액관이 현저히 입상하거나 지나치게 길 때

㉱ 액관 액관지지 밸브, 전자 밸브, 드라이어, 스트레이너의 구경이 적은 경우

㉲ 여과기나 드라이어 등의 막힘

◎ 플래시 가스가 장치에 미치는 영향

㉮ 팽창 밸브의 능력 감소로 냉동능력 감소

㉯ 증발 압력이 낮아져 압축비 상승

㉰ 소요동력 증가

㉱ 토출가스 온도 상승, 실린더 과열, 윤활유 열화 및 탄화

㉲ 윤활유 불량으로 활동부의 마모

(8) 냉동 사이클의 변화와 몰리에르 선도

① 흡입가스 상태에 의한 압축 사이클의 종류 : 증발 및 응축온도가 일정하고 과냉각도가 없는 냉동 사이클에 증발 및 응축 온도가 일정하고 과냉각도가 없는 냉동 사이클에 있어서 압축기에 흡입되는 가스의 상태가 변화했을 경우에 대한 사이클의 변화이다.

㉮ 건 압축 : 압축기에 흡입되는 냉매가 증발기에서 증발을 완료하여 건조포화증기 상태로 압축하는 사이클이다. 이론적으로 냉동기는 건압축을 원하나 실제는 불가능하다.(압축기 내에서 과열증기로 만든다.)

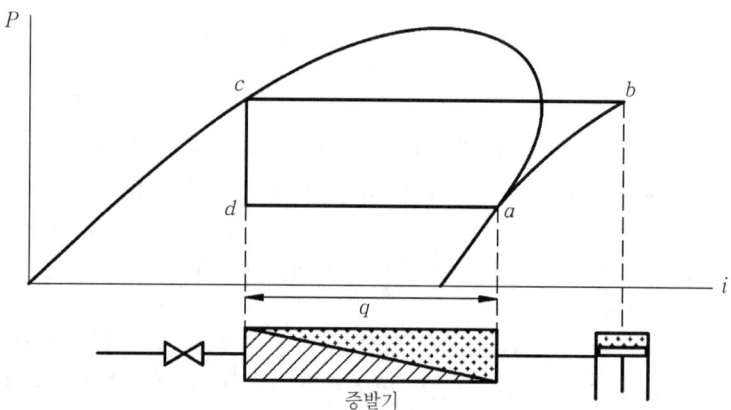

증발기

$$q = i_a - i_d$$

참고

■ 습포화 증기를 흡입할 때 영향

㉠ 액압축(液壓縮) 위험　　　　　㉡ 성적계수 감소

㉢ 냉동 능력 감소　　　　　　　㉣ 소요 동력 증대

④ 습 압축 : 부하의 감소나 냉매 순환량의 증가로 증발기에서 완전히 증발하지 못한 습증기 상태로 압축기에 흡입되는 사이클을 의미한다.(압축기 내에서 건포화증기로 다시 만든다.)

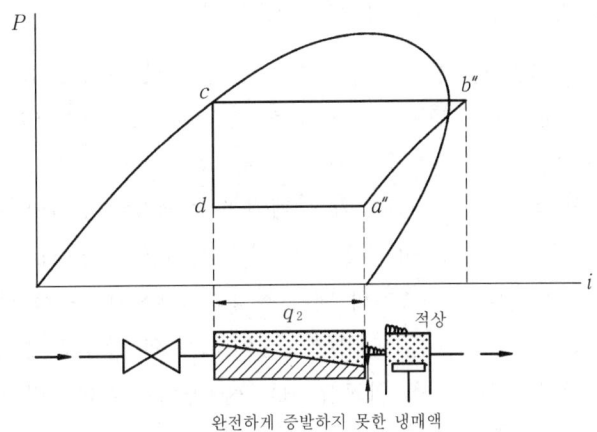

$$q_2 = i_a'' - i_d$$

④ 과열 압축 : 부하가 증대하거나 냉매순환량이 감소되며, 증발기 출구에 이르기 전에 이미 냉매의 증발이 완료되고 계속 열을 흡수하여 등압하에서 온도가 상승된 과열증기 상태로 압축기에 흡입된다. 일반적으로 습 압축을 방지할 목적으로 압축기에 흡입되는 가스를 열교환으로 과열시켜 압축하는 사이클이다. R-12는 5[℃] 정도 과열도(過熱度)를 준다.(압축기에서 과열도가 높은 과열증기 생산)

과열도 = 과열증기온도 - 포화증기온도

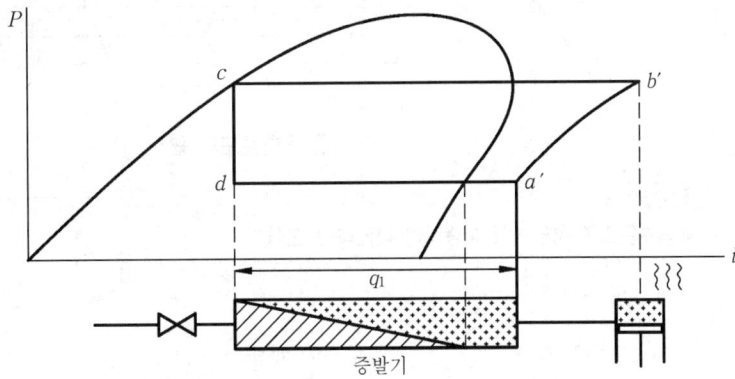

$$q = i_a - i_d$$

◎ 과열증기를 흡입할 때 영향

  ㉠ 냉매 순환량 감소   ㉡ 토출가스 온도 상승
  ㉢ 체적 효율 감소   ㉣ 소요 동력 증대
  ㉤ 실린더 과열   ㉥ 윤활유 탄화

㉆ 냉동 능력 감소

   선도상에서는 $q < q_1$ 가 되지만 냉매 비체적 $v[\mathrm{m^3/kg}]$이 q쪽이 크기 때문에 ㉠ ㉡㉢의 영향을 가져와 q_1의 증가 효과가 없어진다.

◎ 과열도를 주면 성적 계수가 상승한다.

② 응축온도(압력)의 변화 : 압축기의 흡입가스는 건조포화 증기이고, 증발압력이 일정할 때 응축온도가 변화했을 경우에 대한 사이클의 변화이다.(단, 과냉각은 없는 것으로 한다.)

냉동 사이클 $(a \to b \to c \to d)$ 상태에서 응축기의 냉각이 불량하면 응축 압력이 P에서 P'로 높아진다. 이로 인하여 냉동 사이클은 $a \to b' \to c' \to d'$의 상태로 변화한다. 이와 반대로 응축기의 냉각 상태가 좋아지면 응축 압력이 P에서 P''로 낮아진다. 따라서 사이클은 $a \to b'' \to c'' \to d''$의 상태로 변화한다.

이 세 가지의 사이클을 비교할 때 응축 온도가 높아지면 응축 압력의 상승으로 다음과 같은 결과를 초래한다.

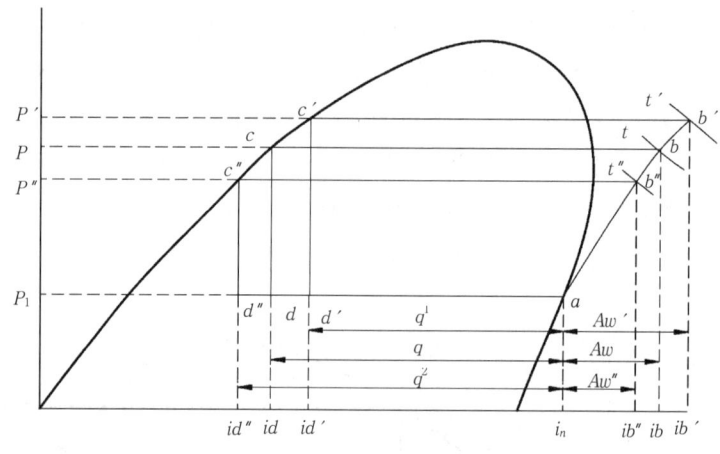

⬆ 응축온도의 변화

{참고}

■ 응축온도 응축압력이 상승하면 나타나는 현상
   ① 압축비의 증대   ② 토출가스 온도 상승
   ③ 냉동 효과 감소   ④ 성적계수 감소
   ⑤ 실린더 과열   ⑥ 윤활유의 탄화
   ⑦ 소요 동력 증대   ⑧ 체적 효율 감소
   ⑨ 피스톤 압출량 감소   ⑩ 냉매 순환량 감소

※ 응축압력은 가능한한 낮게 하는 것이 좋다.

③ 증발 온도(압력)의 변화 : 응축 온도가 일정하고 과냉각이 없을 때, 증발 온도가 변화했을 경우에 대한 몰리에르 선도상의 변화이다. 단, 압축기의 흡입가스 상태는 건조포화증기로 한다.

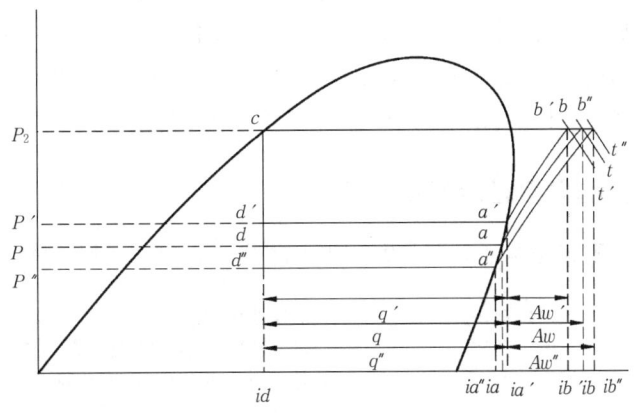

⬆ 증발 압력의 변화

냉동 사이클 ($a \rightarrow b \rightarrow c \rightarrow d$)의 운전 중에 피냉각 물질의 온도저하 등으로 인하여 증발기의 냉각 상태가 변화했을 경우 그에 비례하여 증발 온도가 저하하고, 증발 압력은 P 에서 P' 로 변화한다. 그리하여 냉동 사이클은 $a'' \rightarrow b'' \rightarrow c \rightarrow d''$ 의 상태로 된다. 반대로 피냉각 물질의 온도상승 등으로 인하여 증발기의 냉각상태가 변화했을 경우 그에 비례하여 증발온도도 상승하게 되고, 증발압력도 P 에서 P' 로 변화한다.

〔참고〕

■ 증발 온도가 낮을 때 현상

① 압축비의 증대	② 토출가스 온도 상승
③ 체적 효율 감소	④ 냉매 순환량 감소
⑤ 냉동 효과 저하	⑥ 성적계수 저하
⑦ 피스톤 압출량 감소	⑧ 실린더 과열
⑨ 윤활유 탄화	⑩ 소요 동력 증대

④ **과냉각의 변화** : 응축, 증발 온도가 일정하고, 압축기 흡입 가스는 건조포화 증기일 경우 응축기 출구의 냉매액 상태가 변화했을 경우에 대한 사이클의 변화이다.

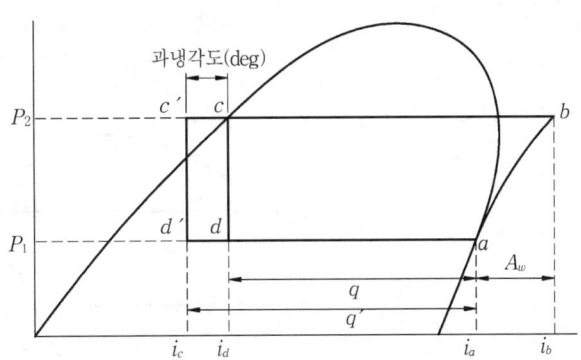

⬆ 과냉각도의 변화

냉동 사이클 $a \rightarrow b \rightarrow c \rightarrow d$ 상태에서 응축기의 냉각 능력이 증가하여 응축기 출구의
냉매액 온도가 저하된 것으로 하면 사이클은 $a \rightarrow b \rightarrow c' \rightarrow d'$ 로 변화한다. 이 두
냉동 사이클을 윗 그림을 비교하면 과냉각도는 냉동 효과의 증가로 성적계수가 증대
하는 것을 알 수 있다.

(9) 냉동 사이클의 계산(計算)

① 냉동효과(냉동력 ; q) : 증발기에서 냉매 1[kg]이 외부로부터 흡수하는 열량

$$q = i_a - i_e$$

> q : 냉동 효과(kcal/kg)
> i_a : 증발기 출구의 냉매증기 엔탈피(kcal/kg)
> i_b : 팽창 밸브 직전의 냉매액 엔탈피(kcal/kg)

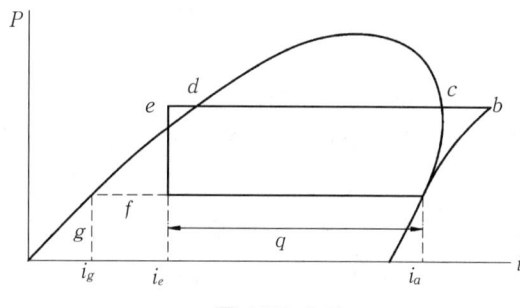

❏ 냉동 효과

※ 증발 잠열(r) : 냉매 1[kg]이 증발할 때 필요한 열(kcal/kg)

$$r = i_a - i_g$$

② 압축일의 열당량(熱當量 ; A_w) : 저압 냉매증기 1[kg]을 압축기에 흡입하여 응축 압
력까지 압축하는 일의 열당량으로 증발기에서 흡수한 열량을 응축기로 이동시키는데
필요한 열량

$$A_w = i_b - i_a$$

> A_w : 압축일의 열당량(kcal/kg)
> i_b : 압축기 토출증기 엔탈피(kcal/kg)
> i_a : 압축기 흡입증기 엔탈피(kcal/kg)

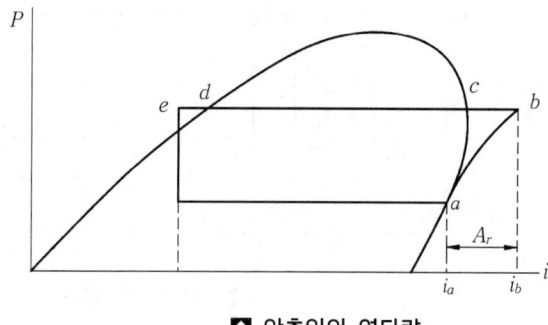

❏ 압축일의 열당량

③ 응축기의 방출(放出) 열량(q_c) : 압축기의 토출증기 1[kg]을 응축하기 위해 냉각수 및 공기에 의해 제거되는 열량

$$q_c = q + A_w$$

$$\begin{cases} q = i_a - i_e \\ A_w = i_b - i_a \\ q_c = (i_a - i_e) + (i_b - i_a) = i_b - i_e \end{cases}$$

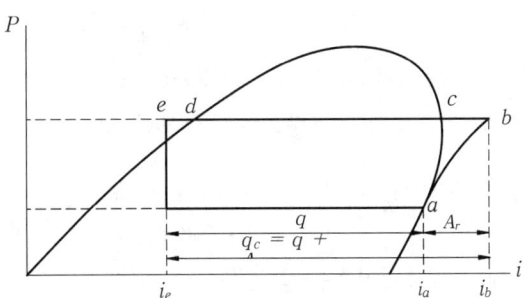

🔼 응축열량

④ 성적계수(COP : Coefficient of Performance) : 냉동능력과 소요동력에 상당하는 열량과의 비(比)

㉮ 이론 성적계수 : $C \cdot P$

$$C \cdot P = \frac{냉동 \ 효과}{압축일의 \ 열당량} = \frac{q}{A_w} = \frac{i_a - i_e}{i_b - i_a} = \frac{Q_2}{Q_1 - Q_2} = \frac{T_1}{T_1 - T_2}$$

$$\begin{cases} Q_1 : 냉동능력(kcal/h) \\ Q_2 : 응축부하(응축기 \ 방출열량)(kcal/h) \\ T_1 : 증발 \ 절대온도(K) \\ T_2 : 응축 \ 절대온도(K) \end{cases}$$

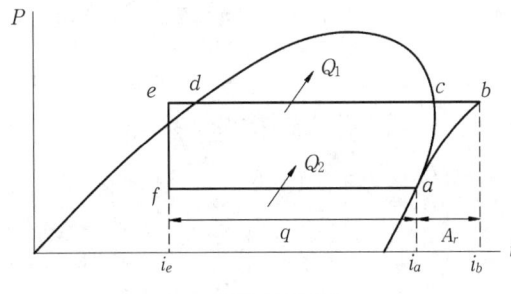

🔼 성적계수

㉯ 실제 성적계수 : COP

$$COP = \frac{냉동 \ 능력}{소요일의 \ 열당량} = \frac{Q_2}{압축기 \ 소요축동력 \ (kW) \times 860}$$

$$= \frac{Q_2}{PS \times 632} = \frac{q}{A_w} \times 압축효율(\eta_{ad}) \times 기계효율(\eta_m)$$

⑤ 냉매 순환량(冷媒循環量) : 요구하는 냉동능력을 얻기 위하여 단위시간당 증발기에 공급하는 냉매량(kg)

$$Q = G \cdot q$$

$$G = \frac{Q}{q}$$

Q : 냉동능력(kcal/H)

q : 냉동효과(kcal/kg)   톤당 냉매 순환량 $G = \frac{3320}{q}$

G : 냉매순환량(kg/h)

⑥ 냉매증기 순환량(압축기 피스톤 압출량) : 압축기의 용량을 결정하기 위하여 냉매순환량 G를 압축기 흡입가스량 V로 환산한 량

$$V = G \cdot v = \frac{Q}{q} \cdot v$$

V : 냉매증기 순환량(m^3/h)

v : 압축기 흡입 가스 비체적(m^3/kg)

⑦ 압축기 크기에 따른 피스톤 압출량

㉮ 왕복동 압축기

$$V_1 = \frac{\pi D^2}{4} \cdot L \cdot N \cdot R \cdot 60$$

V_1, V_2 : 이론적 피스톤 압출량(m^3/h)

D : 피스톤의 지름(m)

L : 피스톤 행정(m)

N : 기통수

R : 분당회전수(rpm)

㉯ 회전식 압축기

$$V_2 = \frac{\pi (D^2 - d^2)}{4} \cdot t \cdot n \cdot 60$$

t : 가스 압축부의 두께(m)

n : 분당 회전수(rpm)

D : 실린더 안지름(m)

d : 피스톤 바깥지름(m)

⑧ 체적효율(ηv) : 피스톤의 토출가스 용적과 흡입가스 용적과의 비

$$\eta v = \frac{V_g}{V_a} = \frac{V_a - V_b}{V_a}$$

V_a : 이론 피스톤 압출량(이론 가스 흡입체적 : m^3/h)

V_g : 실제 피스톤 압출량(실제 가스 흡입체적 : m^3/h)

V_b : 재팽창 체적

$\eta v \langle 1$

ηv 의 값은 항상 1보다 작다. 또한 체적 효율의 변화는 계산상 복잡하여

· 압축기 실린더(cylinder)기통 1개의 체적이 5000[cm^3] 이상인 경우 : 0.8

· 압축기 실린더(cylinder)기통 1개의 체적이 5000[cm^3] 미만인 경우 : 0.75로 한다.

※ 이론 가스 흡입 체적보다 실제 가스 흡입 체적이 적은 이유

  ㉮ 간극(clearance)에 의한 영향

    ㉠ 톱 클리어런스(top clearance) : 압축기 실린더 두부(頭部)와 피스톤의 상사점(上死點) 사이의 공간으로 액 또는 이물(異物)이 유입시 실린더를 보호한다.

    ㉡ 사이드 클리어런스(side clearance) : 실린더 내벽과 피스톤 옆면 사이, 압축 행정의 끝에 이 공간(top clearance)에 토출압력의 냉매 가스가 잔류하게 되고, 이 고압의 잔류 가스는 다음 흡입 행정에 있어 팽창하여 새로운 냉매 가스의 흡입을 방해한다. 따라서 실린더 내의 고압가스가 흡입압력 이하까지 저하해야만 실린더 내의 저압 가스가 흡입하게 되는데 이것을 재팽창 체적이라 한다.

  ㉯ 흡입가스 팽창에 의한 영향 : 실린더에 흡입되는 냉매 가스가 흡입 밸브를 통과할 때의 교축작용(絞縮作用) 및 가열된 실린더 벽과의 접촉으로 인한 체적 팽창으로 체적 효율의 감소를 가져온다.

  ㉰ 밸브(valve) 또는 피스톤 링(piston ring)에서의 누설

  ㉱ 회전수가 증대하면 통로의 마찰 저항이 크게되어 체적 효율이 감소한다.

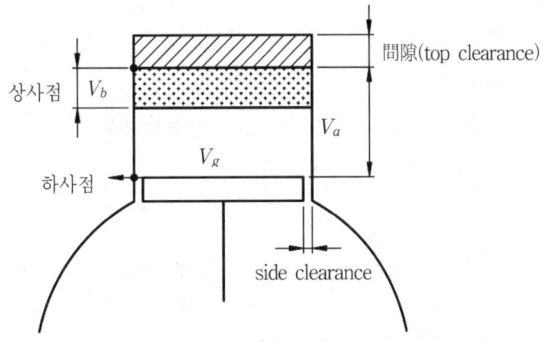

┌ 참고 ┐
■ 체적 효율이 작아지는 이유
  ① 간극(clearance) 클수록
  ② 압축비가 클수록
  ③ 실린더 체적이 적을수록
  ④ 회전수가 많을수록

■ 체적 효율을 좋게하는 방법
  ① 간극(clearance)을 가능한 한 적게 한다.
  ② 실린더의 과열 운전을 피한다.
  ③ 기통 1개의 체적을 크게 한다.

⑨ 압축비(C · R : Comperssion ratio)

$$C \cdot R = \frac{\text{응축 절대압력}}{\text{증발 절대압력}} = \frac{\text{고압 게이지 압력} + \text{대기압}}{\text{저압 게이지 압력} + \text{대기압}}$$

  ㉮ 기준 냉동 사이클의 압축비

$$\text{NH}_3 = \frac{11.89}{2.41} = 4.95 \qquad \text{R-22} = \frac{12.26}{3.03} = 4.046$$

$$\text{R-12} = \frac{5.79}{1.86} = 4.08$$

압축비는 기준 사이클의 한계값을 항상 유지해야 한다. 어느 한계 이상이나 이하에 서는 냉동장치에 미치는 영향이 매우 좋지 않다.

④ 압축비가 증대하는 이유
 ㉠ 저압 강하
 ㉡ 고압 상승
 ㉢ 저압, 고압 동시 발생

㉠ 압축비가 증대하여 장치에 미치는 영향
 ㉠ 체적 효율 감소
 ㉡ 압축 효율 감소
 ㉢ 냉매 순환량 감소
 ㉣ 냉동 능력 감소
 ㉤ 실린더 과열
 ㉥ 윤활유 탄화
 ㉦ 토출 가스 온도 상승
 ㉧ 소요동력 증대

　압축비에 가장 큰 영향을 받는 것은 체적 효율이며 체적효율과 압축비는 서로 반비례한다.

⑩ 압축효율(η_{ad}) : 냉매 가스를 압축할 때 필요로 하는 실제 동력은 이론적인 동력보다 더 많은 동력이 소요된다.

$$\eta_{ad} = \frac{N}{N_{ad}}$$

$\left[\begin{array}{l} N : \text{이론 지시 동력(마력)} \\ N_{ad} : \text{실제 압축 동력(마력)} \end{array}\right.$

⑪ 기계효율(η_m) : 실제로 가스를 압축하는데 소요되는 동력 N_{ad}는 실린더 내의 냉매 가스만을 압축하는데 필요한 동력이므로 압축기를 외부에서 실제로 운전할 때에는 기계적인 마찰 저항 등을 고려해야만 한다. 따라서 압축기를 실제로 운전하는데 소요되는 동력 N_s는 실제로 가스를 압축하는데 소요되는 동력 N_{ad}보다 크다.

$$\eta_m = \frac{N_{ad}}{N_s}$$

⑫ 압축일량(N) : 압축작용을 위하여 가해진 일량은 압축기에 흡입되는 냉매 가스의 엔탈피와 토출되는 냉매 가스 엔탈피와의 차이를 일량으로 환산된 값이다. 따라서
㉮ 이론 소요 동력(N)

$$N = \frac{(i_b - i_a) \cdot V}{860 \cdot v} = \frac{(i_b - i_a) \cdot Q}{860 \cdot q} = \frac{AW \cdot G}{860} \, [\text{kW}]$$

④ 실제 소요 동력(N')

$$N' = \frac{N}{\eta_{ad} \cdot \eta_m} \, [\text{kW}]$$

⑬ 냉동능력(Q, R)

$$Q = G \cdot q \, [\text{kcal/h}]$$

$$R = \frac{V \cdot (i_a - i_e)}{v \cdot 3320} \cdot \eta_v = \frac{Q}{3320} \cdot \eta_v$$

$\left\lceil \begin{array}{l} Q : \text{냉동능력(kcal/h)} \\ V : \text{시간당 피스톤 압출량}(\text{m}^3/\text{h}) \\ q, \, (i_a - i_e) : \text{냉동효과} \\ \eta_v : \text{체적 효율} \\ v : \text{흡입증기 냉매 비체적}(\text{m}^3/\text{kg}) \\ R : \text{냉동능력(R.T)} \\ C : \text{정수} \end{array} \right.$

참고

■ **고압가스 안전관리법에 규정된 냉동능력 산정 기준**

① 원심식 압축기

$$R = \frac{\text{압축기의 원동기 정격 출력 (kW)}}{1.2}$$

② 흡수식 냉동설비

$$R = \frac{\text{발생기를 가열하는 1시간의 입열량 (kcal)}}{6,640}$$

③ 기타 냉동 능력은 산식 $R = \dfrac{V}{C}$ 에서

⑦ 다단 압축방식 또는 다원 냉동방식에 의한 제조 설비

$$R = \frac{VH + 0.08 VL}{C}$$

④ 회전 피스톤형 압축기

$$R = \frac{60 \times 0.785 \cdot t \cdot n(D^2 - d^2)}{C}$$

⑤ 스크루형 압축기

$$R = \frac{K \cdot D^3 \cdot \dfrac{L}{D} \cdot n \cdot 60}{C}$$

$\left\lceil \begin{array}{l} VH : \text{압축기의 표준 회전속도에 있어서 최종단 또는 최종원의 기통의 1시간의 피스톤 압출} \\ \quad \text{량(단위 : m}^3) \\ VL : \text{압축기의 표준 회전속도에 있어서 최종단 또는 최종원 앞의 기통의 1시간의 피스톤 압} \\ \quad \text{출량(단위 : m}^3) \\ t : \text{회전 피스톤의 가스 압축 부분의 두께(단위 : m)} \\ n : \text{회전 피스톤의 1분간의 표준 회전수(스크루형의 것은 로터의 회전수)} \\ D : \text{기통의 안지름(스크루형은 로터의 지름)(단위 : m)} \\ d : \text{회전 피스톤의 바깥지름(단위 : m)} \\ L : \text{로터의 압축에 유효한 부분의 길이(단위 : m)} \\ K : \text{치형의 종류에 따른 계수로서 다음과 같다.} \end{array} \right.$

구 분	대 칭 치 형	비 대 칭 치 형
3[%] 어덴덤	0.476	0.486
2[%] 어덴덤	0.450	0.460

10. 역 카르노 사이클과 표준냉동 사이클

$P-h$ 선도상의 사이클에서 증기압축 냉동 사이클을 $T-S$ 선도상에 나타내면 열량의 수수관계를 면적으로 쉽게 알 수 있는 장점은 있지만 설계에서 수치적으로 수수열량을 계산할 때에는 불편하다. 이와 같은 $T-S$ 선도의 불편을 고려하여 1904년 독일의 R-몰리에르 교수가 고안한 선도가 $P-h$ 선도(Mollier 선도)이다.

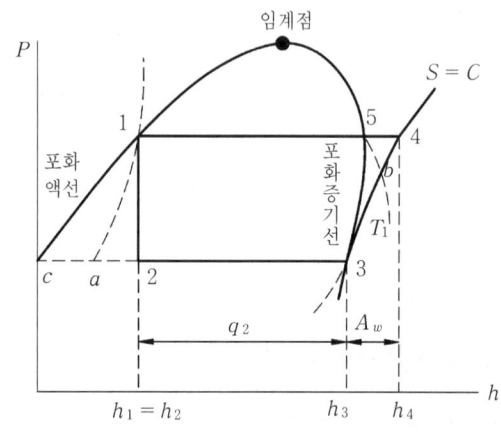

역 카르노 사이클	표준냉동 사이클
팽창기(단열 팽창)	팽창 밸브(교축 팽창)
증발기(등온하에 증발)	증발기(정압하에 증발)
압축기(단열압축)	압축기(단열압축)
응축기(등온하에 응축)	응축기(정압하에 응축)

- 표준 사이클 : 1 - 2 - 3 - 4 - 5
- 역 카르노 사이클 : 1 - a - 3 - b - 5 - 1

■ 기준 냉동 사이클 계산(NH₃, R-12, R-22 냉매의 경우)

냉 매	NH₃	R-12	R-22
기준 냉동 사이클	암모니아 냉매	프레온 12 냉매	프레온 22 냉매
1. 냉동효과 : $q=i_a-i_e$	397-128=269[kcal/kg]	135.3-105.8=29.5	147.9-107.7=40.2
2. 압축일의 열당량 : $A_w=i_b-i_a$	452-397=55[kcal/kg]	141.2-135.3=5.9	156-147.9=8.1
3. 응축부하 : $q_c=A_w+q=i_b-i_e$	55+269=324[kcal/kg] 452-128=324[kcal/kg]	5.9+29,.5=35.4 141.2-105.8=35.4	8.1+40.2=48.3 156-107.7=48.3
4. 플래시 가스 발생량 : i_e-i_g	128-84=44[kcal/kg]	105.8-96.1=9.7	107.7-95.7=12
5. 플래시 가스 발생율(%) : $\dfrac{i_a-i_e}{i_a-i_g}\times100$	$\dfrac{397-128}{397-84}\times100=85.94$[%]	$\dfrac{134.3-105.8}{135.3-96.1}\times100$ $=75.26$[%]	$\dfrac{147.9-107.7}{147.9-95.7}\times100$ $=77$[%]
6. -15[℃]에서의 i_a-i_g 증발잠열	397-84=313[kcal/kg]	135.3-96.1=39.2	147.9-95.7=52.2
7. 건조도(x) = $\dfrac{i_e-i_g}{i_a-i_g}$	$\dfrac{128-84}{397-84}=0.14$[kg/kg]	$\dfrac{105.8-96.1}{135.3-96.1}=0.2474$	$\dfrac{107.7-95.7}{147.9-95.7}=0.2298$
8. 압축비 = $\dfrac{P_2}{P_1}$	$\dfrac{11.895}{2.41}\fallingdotseq4.93$	$\dfrac{7.59}{1.86}\fallingdotseq4.08$	$\dfrac{12.25}{3.03}=4.042$
9.성적계수 $C\cdot P=\dfrac{T_2}{T_1-T_2}$ $COP=\dfrac{q}{A_w}$ 압축기 효율 $=\dfrac{COP}{C\cdot P}\times100$	$\dfrac{258}{303-258}=5.73$ $\dfrac{269}{55}=4.89$ $\dfrac{4.89}{5.73}\times100=85.39$[%]	$\dfrac{258}{303-258}=5.73$ $\dfrac{29.5}{5.9}=5$ $\dfrac{5}{5.73}\times100=87.26$[%]	$\dfrac{258}{303-258}=5.73$ $\dfrac{40.2}{8.1}=4.96$ $\dfrac{4.96}{5.73}=86.56$
10. 1[RT]당 냉매순환량 $G=\dfrac{RT}{q}$	$\dfrac{3320}{269}=12.34$[kg/h]	$\dfrac{3320}{29.5}=112.6$	$\dfrac{3320}{40.2}=82.6$
11. 1[RT]당 압축기 흡입가스 전체적 : $V=G\cdot v$	12.34×0.51=6.28[m³/h]	112.6×0.0927=10.44	82.6×0.0776≒6.41
12. 1[RT]당 압축일의 열량 : $A_w\cdot G$	55×12.34=0.51=6.28[m³/h]	5.9×112.6=664.34	8.1×82.6=669.06
13. 1[RT]당 운전소모마력 : $HP=\dfrac{A_w\cdot G}{632}$	$\dfrac{679}{632}=1.07$[HP]	$\dfrac{664.34}{632}\fallingdotseq1.05$	$\dfrac{669.06}{632}\fallingdotseq1.059$
14. 1[RT]당 운전소요동력 $kW=\dfrac{A_w\cdot G}{860}$	$\dfrac{679}{860}=0.79$[kWh]	$\dfrac{664.34}{860}=0.77$	$\dfrac{669.06}{860}=0.778$
15. 1[RT]당 응축부하 : $qc\cdot G$	324×12.34=3,998[kcal/h]	35.4×112.6=3986.04	48.3×82.6=3989.58

제 4 장 냉동 선도와 냉동 사이클 예상문제

문제 1 가역 사이클인 냉동기의 능력이 20[RT], 증발온도 -10[℃], 응축온도 20[℃]에서 작용하고 있다. 이 냉동기의 이론적인 소요동력은 몇 마력인가?

㉮ 17.74[PS]　　　㉯ 11.98[PS]　　　㉰ 10.70[PS]　　　㉱ 9.57[PS]

해설
$$COP = \frac{Q_2}{AW} = \frac{T_2}{T_1 - T_2}$$
$$AW = \frac{Q_2 \cdot (T_1 - T_2)}{T_2} = \frac{20 \times 3320 \times (293 - 263)}{263} = 7574.14 \,[\text{kcal/h}] = 11.98\,[\text{PS}]$$

참고 1[PS] = 632[kcal/h]이다.

문제 2 다음 그림($P-h$ 선도)에서 응축부하를 구하는 값으로 맞는 것은?

㉮ $h_b - h_d$

㉯ $h_e - h_b$

㉰ $h_b - h_a$

㉱ $h_c - h_d$

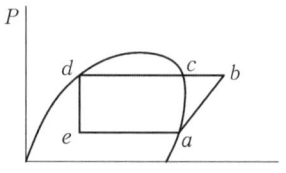

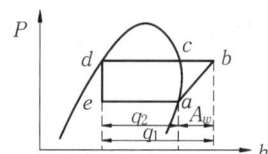

해설 ① 응축부하 : $q_1 = h_b - h_d$
② 냉동효과 : $q_2 = h_a - h_d$
③ 압축열량 : $A_w = h_b - h_a$

문제 3 기준 냉동 사이클을 몰리에르 선도상에 나타내었을 때 온도와 압력이 변하지 않는 과정은?

㉮ 응축과정　　　㉯ 팽창과정　　　㉰ 증발과정　　　㉱ 압축과정

해설 ㉮ 응축과정 : 압력일정, 온도 저하
㉯ 팽창과정 : 압력, 온도 저하
㉰ 증발과정 : 압력, 온도 일정
㉱ 압축과정 : 압력, 온도 상승

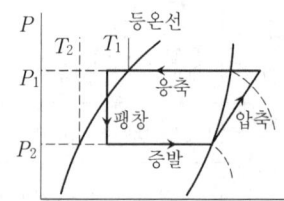

문제 4 NH₃ 냉동장치에서 적당한 토출 가스의 과냉각은 몇 [℃] 인가?

㉮ 5　　　　　　㉯ 11　　　　　　㉰ 14　　　　　　㉱ 21

해설 냉동장치의 과냉각도는 보통 5[℃]이다.

문제 5 다음의 도표는 2단압축 냉동 사이클을 몰리에르 선도로서 표시한 것이다. 맞는 것은 어느 것인가?

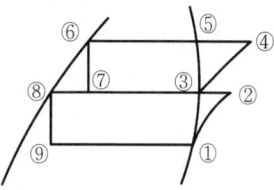

㉮ 중간 냉각기의 냉동효과 : ③~⑦
㉯ 증발기의 냉동효과 : ②~⑨
㉰ 팽창 밸브 통과 직후의 냉매 위치 : ⑦~⑨
㉱ 응축기의 방출 열량 : ⑧~②

해설 ● 각 지점에 따른 냉매의 상태
① 저단압축기 흡입   ② 저단압축기 토출
③ 고단압축기 흡입   ④ 고단압축기 토출
⑤ 응축기 입구   ⑥ 응축기 출구(제1팽창 밸브 입구)
⑦ 제1팽창 밸브 출구   ⑧ 제2팽창 밸브 입구
⑨ 제2팽창 밸브 출구
㉮ 중간 냉각기의 냉동효과 : ③~⑦
㉯ 증발기의 냉동효과 : ①~⑨
㉰ 팽창 밸브 통과 직후의 냉매 위치 : ⑦, ⑨
㉱ 응축기의 방출 열량 : ⑤~⑥

문제 6 2단압축 냉동 사이클에서 저압이 0 $[kg/cm^2]$, 고압이 16 $[kg/cm^2]$이면 가장 적당한 중간압력은 얼마나 되겠는가?

㉮ $1.033 + \dfrac{16}{2}$

㉯ $\sqrt{1.033 \times 17.033}$

㉰ $\dfrac{0+16}{2}$

㉱ $\dfrac{1.033 \times 17.033}{2}$

해설 중간압력 = $\sqrt{고압절대압력 \times 저압절대압력}$
$P_m = \sqrt{P_1 \times P_2} = \sqrt{(16+1.033) \times (0+1.033)} = \sqrt{17.033 \times 1.033} = 4.19\,[kg/cm^2 a]$
절대압력 = 게이지압력 + 그때의 대기압

문제 7 기계효율에 대한 설명으로 옳은 것은?

㉮ 실제로 가스를 압축하는데 필요한 동력을 압축기로 운전하는데 필요한 동력으로 나눈 값이다.
㉯ 이론상 가스를 압축하는데 필요한 동력을 실제로 가스를 압축하는데 필요한 동력으로 나눈 값이다.
㉰ 압축기를 운전하는데 필요한 동력을 실제로 가스를 압축하는데 필요한 동력으로 나눈 값이다.
㉱ 이론상 가스를 압축하는데 필요한 동력을 압축기로 운전하는데 필요한 동력으로 나눈 값이다.

해설 ● 기계효율
$\eta_m = \dfrac{실제로\ 가스를\ 압축하는데\ 필요한\ 동력(지시동력)}{실제\ 압축기를\ 운전하는데\ 필요한\ 동력(축동력)}$

문제 8 증발온도와 응축온도가 일정하고 과냉각도가 없는 냉동 사이클에서 압축기에 흡입되는 상태가 변화했을 때의 $P-h$ 선도 중 건조포화압축 냉동 사이클은?

㉮ A - B - C - D
㉯ A′ - B′ - C - D
㉰ A″ - B″ - C - D
㉱ A′ - B′ - B″ - A″

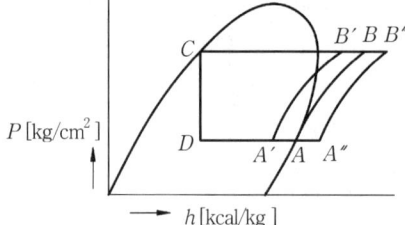

해설 ㉮ 건압축 사이클
㉯ 습압축 사이클
㉰ 과열압축 사이클

문제 9 다음과 같은 $P-h$ 선도에서 온도가 가장 높은 곳은?

㉮ A
㉯ B
㉰ C
㉱ D

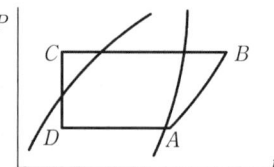

해설 압축기 출구의 토출가스 온도가 가장 높으므로 b가 된다.
㉮ A : 압축기 흡입가스 상태
㉯ B : 압축기 토출가스 상태
㉰ C : 응축기 출구 상태
㉱ D : 팽창 밸브 출구 상태

문제 10 기준 냉동 사이클의 온도 조건과 관계없는 것은?

㉮ 증발온도 : $-15[℃]$
㉯ 응축온도 : $30[℃]$
㉰ 팽창 밸브 직전의 냉매액의 온도 : $25[℃]$
㉱ 압축기 흡입가스 온도 : $0[℃]$

해설 • 기준 냉동 사이클
㉮ 증발온도 : $-15[℃]$
㉯ 응축온도 : $30[℃]$
㉰ 팽창 밸브 직전의 냉매액의 온도 : $25[℃]$(과냉각도 5[℃])
㉱ 압축기 흡입가스 온도 : $-15[℃]$의 건조포화증기

문제 11 다음은 R-22 표준냉동 사이클의 $P-h$ 선도이다. 압축열량은?

㉮ 8[kcal/kg]
㉯ 48[kcal/kg]
㉰ 52[kcal/kg]
㉱ 60[kcal/kg]

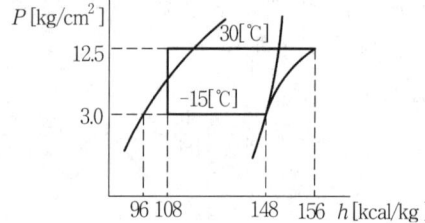

해설 • 압축열량
$AW = 156-148 = 8[kcal/kg]$

해답 8. ㉮ 9. ㉯ 10. ㉱ 11. ㉮

문제 12 냉각수 입구온도 32〔℃〕, 냉각수량 1,000〔ℓ / min〕 응축면적 100〔m²〕, 전열계수가 720〔kcal/m²h ℃〕라고 할 때 응축온도와 냉각수 온도의 평균온도차는 6.5〔℃〕라고 할 때 냉각수 출구 수온은 얼마인가?

    ㉮ 36.8　　　　　　　　　　　　　㉯ 38.5

    ㉰ 39.8　　　　　　　　　　　　　㉱ 40.6

해설 $Q_1 = w \cdot c \cdot (tw_2 - tw_1) = K \cdot F \cdot \Delta t_m$

$$tw_2 = \frac{K \cdot F \cdot \Delta t_m}{w \cdot c} + tw_1 = \frac{720 \times 100 \times 6.5}{1,000 \times 7 \times 60} + 32 = 39.8 [℃]$$

문제 13 기준 냉동 사이클에서 1〔RT〕를 얻기 위하여 시간당 압축하여야 할 가스의 양(m³/h)은? (단, 냉동효과 269[kcal/kg], −15[℃]일 때 흡입가스 비체적은 0.508[m³/kg]이다.)

    ㉮ 6.27[m³/h]　　　　　　　　　㉯ 6.97[m³/h]

    ㉰ 7.52[m³/h]　　　　　　　　　㉱ 7.89[m³/h]

해설 $G = \dfrac{Q_2}{q_2} = \dfrac{1 \times 3320}{269} = 12.34 [kg/h]$

   ● 압축기 피스톤 압출량 (V_a)

    $V_a = G \times v = 12.34 \times 0.508 = 6.2687 ≒ 6.27[m³/h]$

문제 14 2단 압축 냉동장치에 있어서 흡입압력 진공도가 7〔cmHgGage (P_1)〕, 토출압력 13〔kg/cm² Gage (P_2)〕일 때 이상적인 중간압력은 어느 것인가?

    ㉮ 1.5[kg/cm²G]　　　　　　　　㉯ 2.6[kg/cm²G]

    ㉰ 3.6[kg/cm²G]　　　　　　　　㉱ 4.0[kg/cm²G]

해설 ● 중간압력

    $= \sqrt{고압절대압력 \times 저압절대압력} = \sqrt{14.033 \times 0.94} = 3.63 [kg/cm^2 a] = 2.63 [kg/cm^2 G]$

    ① 고압절대압력 = 게이지 압력 + 대기압 = 13 + 1.033 = 14.033[kg/cm²]

    ② 저압절대압력 $= 1.033 \times \left(1 - \dfrac{7}{76}\right) = 0.94[kg/cm^2]$

문제 15 30〔℃〕의 물 2000〔kg〕을 -15〔℃〕의 얼음으로 만들고자 한다. 이 경우 물로부터 빼앗아야 할 열량은 얼마인가? (단, 외부로부터 침입되는 열량은 없는 것으로 한다.)

    ㉮ 234,360[kcal]　　　　　　　　㉯ 281,232[kcal]

    ㉰ 149,400[kcal]　　　　　　　　㉱ 293,400[kcal]

해설

   30[℃] 물 $\xrightarrow{①}$ 0[℃] 물 $\xrightarrow{②}$ 0[℃] 얼음 $\xrightarrow{③}$ -15[℃] 얼음

   $Q_1 = G \cdot C \cdot \Delta t = 2000 \times 1 \times (30-0) = 60,000[kcal]$

   $Q_2 = G \cdot r = 2000 \times 79.68 = 159,360[kcal]$

   $Q_3 = G \cdot C \cdot \Delta t = 2000 \times 0.5 \times (0-(-15)) = 15,000[kcal]$

   $Q_T = Q_1 + Q_2 + Q_3 = 60,000 + 159,360 + 15,000 = 234,360[kcal]$

해답 **12.** ㉰　**13.** ㉮　**14.** ㉯　**15.** ㉮

문제 16 다음의 R-22를 냉매로 하는 냉동장치의 운전상태를 $P-h$ 선도에 나타내었다. 이 선도에 기술한 내용 중 틀린 것은?

㉮ 냉동효과는 39[kcal/kg]이다.

㉯ 0[℃]에서 압축기로 흡입되는 냉매의 압축후의 온도는 40[℃]이다.

㉰ 압축비는 15.8/5.1로서 구할 수 있다.

㉱ 성적계수는 약 5.6이다.

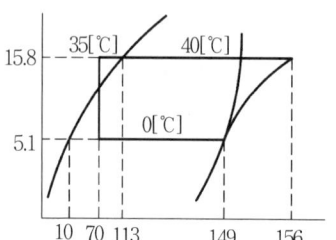

해설 ㉮ 냉동효과 $q_2 = 149 - 110 = 39$[kcal/kg]이다.

㉯ 응축온도가 40[℃]이다.

㉰ 압축비 $P_r = \dfrac{15.8}{5.1} = 3.1$이다.

㉱ 성적계수 $COP = \dfrac{q_2}{A_w} = \dfrac{149 - 110}{156 - 149} = 5.6$이다.

문제 17 냉동능력이 5냉동톤이며 그 압축기의 소요동력이 5마력(PS)일 때 응축기에서 제거하여야 할 열량은 몇 〔kcal/h〕인가?

㉮ 18,790[kal/h]　　　　　　㉯ 21,100[kcal/h]

㉰ 19,760[kcal/h]　　　　　　㉱ 20,900[kcal/h]

해설 • 응축부하

Q_1 = 냉동능력(Q_2) + 압축열량(AW) = $(5 \times 3320) + (5 \times 632) = 19,760$[kcal/h]

문제 18 1분간에 25〔℃〕의 순수한 물 40〔t〕를 5〔℃〕로 냉각하기 위한 냉각기의 냉동능력은 몇 냉동톤인가?

㉮ 0.24[RT]　　　　　　㉯ 14.45[RT]

㉰ 241[RT]　　　　　　㉱ 14,458[RT]

해설 $RT = \dfrac{Q_2}{3320} = \dfrac{G \cdot C \cdot \varDelta t}{3320} = \dfrac{40 \times 60 \times 1 \times (25 - 5)}{3320} = 14.458$[RT]

문제 19 냉동장치의 능력을 나타내는 단위로서 1냉동톤(RT)이란 무엇을 말하는가?

㉮ 0[℃]의 물 1[kg]을 1시간에 0[℃]의 얼음으로 만드는 능력

㉯ 0[℃]의 냉매 1[kg]을 24시간에 −15[℃]까지 내리는 능력

㉰ 0[℃]의 물 1[ton]을 24시간에 0[℃]의 얼음으로 만드는 능력

㉱ 0[℃]의 냉매 1[ton]을 1시간에 −15[℃]까지 내리는 능력

해설 • 1냉동톤(1[RT]) : 0[℃]의 물 1[ton]을 24시간 동안에 0[℃] 얼음으로 만드는데 제거해야 할 열량(1[RT]=3,320[kcal/h])

문제 20 다음의 몰리에르(mollier) 선도를 참고로 했을 때 5냉동톤의 냉동기 냉매 순환량은?

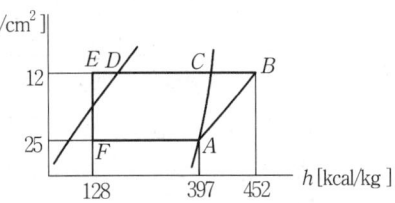

- ㉮ 301.8[kg/h]
- ㉯ 51.3[kg/h]
- ㉲ 61.7[kg/h]
- ㉱ 67.7[kg/h]

해설 $G = \dfrac{Q_2}{q_2} = \dfrac{5 \times 3320}{399 - 128} = 61.7\,[\text{kg/h}]$

문제 21 응축 온도가 13[℃]이고, 증발 온도가 -13[℃]인 카르노 사이클에서 냉동기의 성적계수는 얼마인가?

- ㉮ 0.5
- ㉯ 2
- ㉲ 5
- ㉱ 10

해설 성적계수 $(COP) = \dfrac{T_2}{T_1 - T_2} = \dfrac{(-13 + 273)}{(13 + 273) - (-13 + 273)} = 10$

문제 22 냉매의 단위용적당의 냉동효과 q_v 와 냉매의 단위중량당의 냉동효과 q, 냉매의 비체적 v 와의 관계식은?

- ㉮ $q_v = \dfrac{q}{v}\,[\text{kcal/m}^3]$
- ㉯ $q_v = \dfrac{q}{v}\,[\text{kcal/kg}]$
- ㉲ $q_v = \dfrac{v}{q}\,[\text{kcal/m}^3]$
- ㉱ $q_v = \dfrac{v}{q}\,[\text{kcal/kg}]$

해설 • 단위용적당 냉동효과

$$q_v\,[\text{kcal/m}^3] = \frac{\text{단위 중량당 냉동효과}\,(q\,[\text{kcal/kg}])}{\text{냉매의 비체적}\,(v\,[\text{m}^3/\text{kg}])}$$

문제 23 냉동톤(RT)에 대한 설명 중 맞는 것은?

- ㉮ 한국 1냉동톤은 미국 1냉동톤보다 크다.
- ㉯ 한국 1냉동톤은 3024[kcal/h]이다.
- ㉲ 냉동능력은 응축온도가 낮을수록, 증발온도가 낮을수록 좋다.
- ㉱ 1냉동톤은 0[℃]의 얼음이 1시간에 0[℃]의 물이 되는데 필요한 열량이다.

해설 • 1냉동톤(1RT) : 0[℃] 물 1[ton]은 2시간에 0[℃] 얼음으로 만드는데 필요한 열량으로 1 한국 냉동톤은 3,320[kcal/h]이며 1미국 냉동톤은 3,024[kcal/h]로 한국 1냉동톤이 더 크다.

문제 24 25[℃]의 순수한 물 50[kg]을 10분 동안에 0[℃]까지 냉각하려할 때, 최저 몇 냉동톤의 냉동기를 써야 하겠는가? (단, 손실은 흡수열량의 25[%]이고, 냉동톤은 한국 냉동톤으로 한다.)

- ㉮ 1.53 냉동톤
- ㉯ 1.98 냉동톤
- ㉲ 2.82 냉동톤
- ㉱ 3.13 냉동톤

해설 $RT = \dfrac{Q_2}{3,320} = \dfrac{G \cdot C \cdot \varDelta t}{3,320} = \dfrac{50 \times 1 \times (25 - 0) \times 60 \times 1.25}{3,320 \times 10} = 2.82\,[\text{RT}]$

해답 **20.** ㉲ **21.** ㉱ **22.** ㉮ **23.** ㉮ **24.** ㉲

문제 25 다음의 몰리에르 선도에 나타난 곡선에 대한 설명 중 옳게 설명되어진 것은?

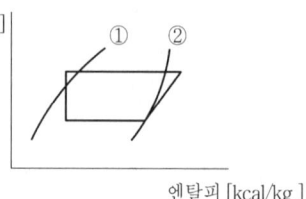

㉮ ① 과냉각액선, ② 과열증기선
㉯ ① 등 엔트로피선, ② 포화증기선
㉰ ① 등 엔탈피선, ② 등온도선
㉱ ① 포화액선, ② 포화증기선

해설 ① 포화액선, ② 건조포화증기선

참고

문제 26 다음 몰리에르 선도에서 압축일량은?

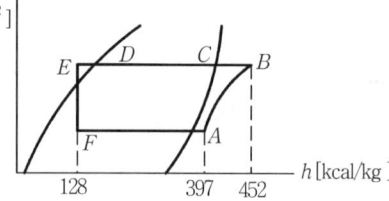

㉮ 14,863[kg·m/kg]
㉯ 19,863[kg·m/kg]
㉰ 21,485[kg·m/kg]
㉱ 23,485[kg·m/kg]

해설
- 압축열량
  압축기 출구 엔탈피 - 압축기 입구 엔탈피 $= h_B - h_A = 452-397 = 55$[kcal/kg]이므로
- 압축일량
  $W = J \cdot Q = 427$[kg·m/kcal]$\times 55$[kcal/kg] $= 23,485$[kg·m/kg]

문제 27 다음 용어 중 단위가 필요한 것은?

㉮ 단열 압축지수   ㉯ 건조도   ㉰ 정압비열   ㉱ 압축비

해설 ㉰ 정압비열 : kcal/kg℃

문제 28 어떤 냉동기를 사용하여 25[℃]의 순수한 물 100[ℓ]를 -10[℃]의 얼음으로 하는데 10 분이 걸렸다고 한다면, 이 냉동기는 약 몇 냉동톤이겠는가? (단, 냉동기의 모든 효율은 100[%]이다.)

㉮ 3 냉동톤   ㉯ 16 냉동톤   ㉰ 20 냉동톤   ㉱ 25 냉동톤

해설
$$\qquad\qquad ① \qquad\qquad ② \qquad\qquad ③$$
$$25[℃] \ 물 \longrightarrow 0[℃] \ 물 \longrightarrow 0[℃] \ 얼음 \longrightarrow 10[℃] \ 얼음$$
$$Q_1 = G \cdot C \cdot \Delta t = 100 \times 1 \times (25-0) = 2,500[\text{kcal}]$$
$$Q_2 = G \cdot r = 100 \times 79.68 = 7,968[\text{kcal}]$$
$$Q_3 = G \cdot C \cdot \Delta t = 100 \times 0.5 \times (0-(-10)) = 500[\text{kcal}]$$
$$Q_T = Q_1 + Q_2 + Q_3 = (2,500 + 7,968 + 500) \times \frac{60}{10} = 65,808[\text{kcal/h}]$$
$$\therefore \ 냉동톤 \ (RT) = \frac{Q_T}{3,320} = \frac{65,808}{3,320} = 19.82\,[\text{RT}]$$

해답 **25.** ㉱ **26.** ㉱ **27.** ㉰ **28.** ㉰

문제 29 냉동능력 산정식인 $R = \dfrac{V}{C}$ 식에서 R 은 냉동능력, V 는 시간당 피스톤 압출량이다. C 는 다음 중 어느 식에 해당되는가?(단, v_a = 흡입가스 비체적(m³/kg), q = 냉동력 (kcal/kg), η_v = 체적효율이다.)

㉮ $C = \dfrac{v \times q}{3,320 \times v_a}$

㉯ $C = \dfrac{v \times q}{3,320 \times v_a} \times \eta_v$

㉰ $C = \dfrac{v \times q}{v_a} \times \eta_v$

㉱ $C = \dfrac{3,320 \times v_a}{q \times \eta_v}$

해설 ● 고압가스 안전관리법에 규정된 호칭 냉동능력

$R = \dfrac{V}{C} = \dfrac{V_a \cdot q_2}{3320 \cdot v} \times \eta_v$ 에서 $C = \dfrac{3320 \cdot v}{q_2 \times \eta_2}$ 이다.

$\begin{bmatrix} R : \text{호칭 냉동능력(RT)} \\ V(V_a) : \text{피스톤 압출량(m}^3\text{/h)} \\ C : \text{냉매 가스정수} \\ q_2 : \text{냉동효과(kcal/kg)} \\ v : \text{흡입가스 비체적(m}^3\text{/kg)} \end{bmatrix}$

문제 30 냉동기의 성적계수를 구하는 공식 중 맞는 것은? (단, T_1 : 고온도 물체의 온도, T_2 : 저온도 물체의 온도)

㉮ $\dfrac{T_1 - T_2}{T_2}$

㉯ $\dfrac{T_1 - T_2}{T_1}$

㉰ $\dfrac{T_1}{T_1 - T_2}$

㉱ $\dfrac{T_2}{T_1 - T_2}$

해설 ● 성적계수

$$COP = \dfrac{Q_2}{AW} = \dfrac{Q_2}{Q_1 - Q_2} = \dfrac{T_2}{T_1 - T_2}$$

문제 31 다음의 몰리에르(mollier) 선도를 참고로 했을 때 5냉동톤의 냉동기 냉매 순환량은?

㉮ 301.8[kg/h]

㉯ 51.3[kg/h]

㉰ 61.7[kg/h]

㉱ 67.7[kg/h]

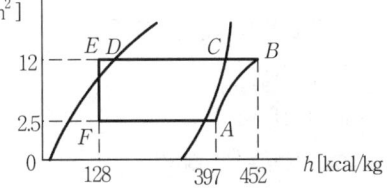

해설 $Q = \dfrac{\text{냉동능력}(Q_2)}{\text{냉동효과}(q_2)}$

$= \dfrac{5 \times 3320}{(397 - 128)} = 61.71\,[\text{kg/h}]$

문제 32 몰리에르 선도에서 팽창 밸브 통과시 발생한 플래시 가스량을 알기 위하여 필요한 선은?

㉮ 건조도선

㉯ 비체적선

㉰ 엔트로피선

㉱ 엔탈피선

해설 플래시 가스량 $(F_g) = $ 건조도 $(x) \times$ 증발잠열 (r)

문제 33 암모니아 냉동기에서 2단 압축을 해야 하는 압축비는?

　　　㉮ 1　　　　　　　㉯ 2　　　　　　　㉰ 4　　　　　　　㉱ 6

　　해설　● 2단 압축의 채용
　　　　① 압축비가 6 이상인 경우
　　　　② 온도
　　　　　㉮ NH₃ : −35[℃] 이하의 증발 온도를 얻고자 할 때
　　　　　㉯ Freon : −50[℃] 이하의 증발 온도를 얻고자 할 때

문제 34 물 40〔ℓ〕를 1분 동안 온도 25〔℃〕에서 5〔℃〕로 냉각시킬 때 필요한 냉동능력은 몇 RT 인가?

　　　㉮ 0.24　　　　　　　　　　　㉯ 14.45
　　　㉰ 241　　　　　　　　　　　㉱ 14,450

　　해설　$RT = \dfrac{Q_2}{3,320} = \dfrac{w \cdot c \cdot \varDelta t}{3,320} = \dfrac{40 \times 60 \times 1 \times (25-5)}{3,320} = 14.45\,[RT]$

문제 35 냉동 사이클에서 증발 온도가 −15〔℃〕이고 과열도가 5〔℃〕일 경우 압축기 흡입 가스 온도는 몇 ℃인가?

　　　㉮ 5[℃]　　　　　㉯ −10[℃]　　　　　㉰ −15[℃]　　　　　㉱ −20[℃]

　　해설　과열도 = 압축기 흡입 가스 온도 − 증발 온도
　　　　압축기 흡입 가스 온도=과열도 + 증발 온도 = 5-15=-10[℃]

문제 36 증기를 단열압축할 때 엔트로피의 변화는?

　　　㉮ 감소한다.　　　　　　　　　㉯ 일정하다.
　　　㉰ 증가한다.　　　　　　　　　㉱ 감소하다가 증가한다.

　　해설　단열압축(압축기)시 엔트로피는 일정한다.

문제 37 1제빙톤은 몇 냉동톤인가?

　　　㉮ 1.25[RT]　　　　　　　　　㉯ 1.45[RT]
　　　㉰ 1.65[RT]　　　　　　　　　㉱ 14.85[RT]

　　해설　1제빙톤=1.65[RT]

문제 38 냉동기의 냉동능력이 24,000〔kcal/h〕, 압축일 5〔kcal/kg〕, 응축열량이 35〔kcal/kg〕일 경우 냉매 순환량은?

　　　㉮ 600[kg/h]　　　　　　　　　㉯ 800[kg/h]
　　　㉰ 700[kg/h]　　　　　　　　　㉱ 4,000[kg/h]

　　해설　● 냉매순환량
　　　　$G = \dfrac{냉동능력(Q_2)}{냉동효과(q_2)} = \dfrac{Q_2}{q_1 - A_w} = \dfrac{24,000}{35-5} = 800\,[kg/h]$

해답　**33.** ㉱　**34.** ㉯　**35.** ㉯　**36.** ㉯　**37.** ㉰　**38.** ㉯

문제 39 표준 사이클을 유지하고 암모니아의 순환량을 188[kg/h]로 운전했을 때의 소요 동력은 몇 kW인가? (단, 1[kW]는 860[kcal/h], NH₃ 1[kg]을 압축하는데 필요한 열량은 몰리에르 선도상에서는 56[kcal/kg]이라 한다.)

　　　㉮ 24.2[kW]　　　　㉯ 12.1[kW]　　　　㉰ 36.4[kW]　　　　㉭ 25.6[kW]

해설　$kW = \dfrac{G \times A_w}{860} = \dfrac{188 \times 56}{860} = 12.24\,[kW]$

문제 40 건조도 $x = 0.14$의 뜻은?

　　　㉮ 포화액 14[%]　　　　　　　　　㉯ 포화액 41[%]
　　　㉰ 포화증기 14[%]　　　　　　　　㉭ 포화증기 86[%]

해설　● 건조도

$$x = \frac{포화증기}{포화액 + 포화증기} = \frac{14}{86 + 14} = 0.14$$

$x = 0.14$는 포화액 86[%], 포화증기 14[%]

문제 41 다음 $P-h$ 선도 중 등온과정은?

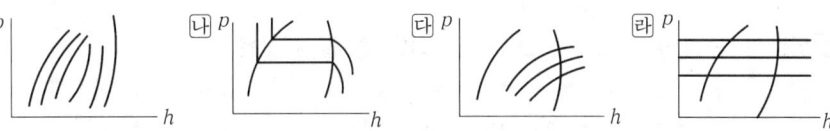

해설　㉮ 등건조도선
　　　㉯ 등온선
　　　㉰ 등엔트로피선
　　　㉭ 등압선

문제 42 암모니아 냉동장치의 $P-h$ 선도에서 압축기 피스톤 토출량을 100[m³/h] 라고 하면 냉동능력은 얼마인가? (단, 체적효율은 0.75이다.)

　　　㉮ 36,260[kcal/h]
　　　㉯ 36,380[kcal/h]
　　　㉰ 40,350[kcal/h]
　　　㉭ 43,560[kcal/h]

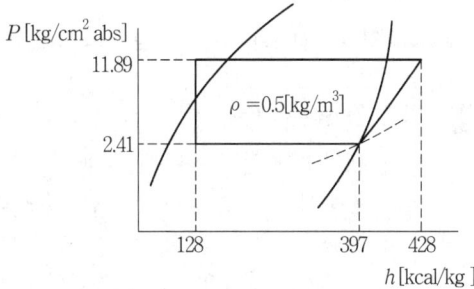

해설
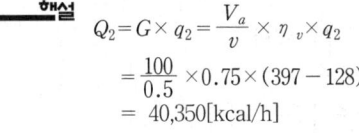

$$Q_2 = G \times q_2 = \frac{V_a}{v} \times \eta_v \times q_2$$
$$= \frac{100}{0.5} \times 0.75 \times (397 - 128)$$
$$= 40,350[kcal/h]$$

문제 43 냉동장치의 압축기에서 가장 이상적인 압축과정은?

㉮ 등온압축

㉯ 등엔트로피압축

㉰ 등적압축

㉹ 등압압축

해설 이상적인 압축과정은 등엔트로피 과정이다.

문제 44 냉동 사이클에서 응축 온도를 일정하게 하고 압축기 흡입 가스 상태를 건포화증기로 할 때 증발 온도를 상승시키면 어떤 결과가 나오는가?

㉮ 압축비 증가   ㉯ 냉동효과 증가   ㉰ 성적계수 감소   ㉹ 압축일량 증가

해설 증발 온도(압력) 상승시 냉동효과는 증대한다.

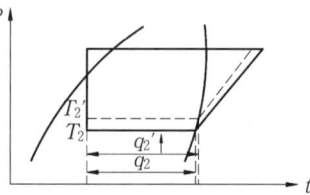

문제 45 다음의 몰리에르 선도에 대한 설명 중 틀린 것은?

㉮ 과열구역에서 등엔탈피선은 등온선과 직교한다.

㉯ 습증기 구역에서 등온선과 등압선은 평행한다.

㉰ 습증기 구역에서만 등건조도선이 존재한다.

㉹ 비체적선은 과열증기구역에서도 존재한다.

해설 • 습증기 구역에서만 등엔탈피선은 등온선과 직교한다.

문제 46 다음 냉동 사이클의 이상적인 사이클은 무엇인가?

㉮ 역 carnot cycle

㉯ Kreb's cycle

㉰ TCA cycle

㉹ Hans adolf cycle

해설 • 이상적인 냉동 사이클 : 역 카르노 사이클(역 carnot cycle)

문제 47 다음 중 옳은 것은?

㉮ 냉각탑의 입구 수온은 출구 수온보다 낮다.

㉯ 응축기 냉각수 출구 온도는 입구 온도보다 낮다.

㉰ 응축기에서의 방출열량은 증발기에서 흡수하는 열량과 같다.

㉹ 증발기의 흡수열량은 응축열량에서 압축열량을 뺀 값과 같다.

해설 ㉮ 냉각탑의 입구 수온은 출구 수온보다 높다.
㉯ 응축기의 냉각수 출구 수온은 입구 온도보다 높다.
㉰ 응축열량 = 증발열량 + 압축열량
㉹ 증발열량 = 응축열량 – 압축열량

해답 **43.** ㉯ **44.** ㉯ **45.** ㉮ **46.** ㉮ **47.** ㉹

문제 48 20〔℃〕 원수 2〔ton〕을 24시간 동안 -12〔℃〕 얼음으로 만드는데 냉동톤 몇 RT인가? (단, 열손실은 20〔%〕이다.)

    ㉮ 2.66〔RT〕   ㉯ 3.19〔RT〕   ㉰ 3.14〔RT〕   ㉱ 4.14〔RT〕

해설
$$2\text{[ton/day]}, \quad 25\text{[℃]} \; 물 \overset{①}{\longrightarrow} 0\text{[℃]} \; 물 \overset{②}{\longrightarrow} 0\text{[℃]} \; 얼음 \overset{③}{\longrightarrow} 10\text{[℃]} \; 얼음$$

$$Q_1 = w \cdot c \cdot \varDelta t = 2000 \times 1 \times (20-0) = 40,500\text{[kcal/day]}$$

$$Q_2 = w \cdot r = 2000 \times 80 = 160,000\text{[kcal/day]}$$

$$Q_3 = w \cdot c \cdot \varDelta t = 2000 \times 0.5 \times (0-(-12)) = 12,000\text{[kcal/day]}$$

$$Q_T = Q_1 + Q_2 + Q_3 = \frac{(40,000+160,000+12,000) \times 1.2}{3320 \times 24} = 3.19\text{[RT]}$$

문제 49 어떤 냉동 사이클에 있어서 증발 온도가 -15〔℃〕일 때 포화액의 엔탈피를 100〔kcal/kg〕, 건조포화 증기의 엔탈피를 150〔kcal/kg〕, 증발기에 유입되는 습증기의 건조도 $X = 0.25$라면, 이 냉동 사이클의 냉동능력은?

    ㉮ 12.5〔kcal/kg〕   ㉯ 25.5〔kcal/kg〕

    ㉰ 37.5〔kcal/kg〕   ㉱ 50.5〔kcal/kg〕

해설 • 냉동효과

$$\begin{aligned} q_2 &= (1-x) \cdot r \\ &= (1-x)(h_2 - h_1) \\ &= (1-0.25) \times (150-100) \\ &= 37.5\text{[kcal/kg]} \end{aligned}$$

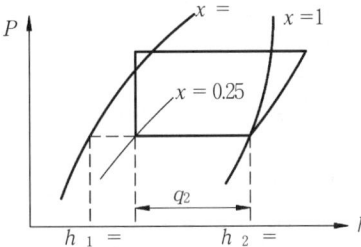

문제 50 0〔℃〕 포화액의 엔탈피(kcal/kg)는 얼마인가?

    ㉮ 0   ㉯ 100   ㉰ 10   ㉱ 1

해설 ① 0〔℃〕 포화액의 엔탈피는 100〔kcal/kg〕
     ② 0〔℃〕 포화액의 엔트로피는 1〔kcal/kg〕

문제 51 브라인 온도 -10〔℃〕, 얼음의 두께는 40〔cm〕일 때 결빙시간은 얼마인가?

    ㉮ 70시간   ㉯ 80시간   ㉰ 90시간   ㉱ 100시간

해설 • 결빙시간

$$H = \frac{0.56t^2}{-t_b} = \frac{0.56 \times 40^2}{-(-10)} = 89.6 = 90시간$$

$$\begin{bmatrix} t : 얼음의 \; 두께(cm) \\ t_b : 브라인의 \; 온도(℃) \end{bmatrix}$$

문제 52 단열압축, 등온압축, 폴리트로픽 압축에 관한 다음 사항 중 틀리는 것은?

㉮ 압축일량은 단열압축이 제일 크다.

㉯ 압축일량은 단열압축이 제일 작다.

㉰ 실제 냉동기의 압축방식은 폴리트로픽 압축이다.

㉱ 압축일량은 폴리트로픽 압축이 제일 작다.

해설 • 가스 압축시 소요되는 일량과 가스의 온도상승에 따른 순서
단열압축 〉 폴리트로픽 압축 〉 등온압축

해답 52. ㉯

5-1. 압축기(Compressor)

1. 압축기의 기능

압력 증대장치로 팽창 밸브를 거쳐서 증발기에서 발생한 저온 저압의 냉매 가스를 흡입하여 응축기에서 쉽게 응축할 수 있도록 그 압력을 응축압력까지 높이는 작용을 하며 또한 냉매를 전장치 내로 순환시켜 주는 역할을 한다. 그리고 크게 나누어서 체적식 압축기와 비용적식인 터보형(원심식) 압축기로 구분된다.

2. 압축기의 종류

(1) 밀폐 구조상의 분류(分類)

① 개방형(open type) : 전동기와 압축기가 별개로 설치되며 벨트(belt)나 커플링(coupling)에 의해서 구동된다.
  ㉮ 벨트 구동식(belt driven)
  ㉯ 직결 구동(direct driven coupling)

② 밀폐형(hermetic type) : 전동기와 압축기가 한 하우징(hausing) 내에 있어 외부와 밀폐되어 있고 직결구동되고 있다. 소형 냉동기의 밀폐형 분류는 다음과 같다.
  ㉮ 반밀폐형(분해 점검수리가 가능)
  ㉯ 전밀폐형(모터는 상부, 압축기는 하부에 있다.)
  ㉰ 완전밀폐형(밀폐형) : 주로 소형 가정용 냉장고용이며 프레온 냉매 사용

③ 개방형 압축기의 장ㆍ단점
  ㉮ 장점
    ㉠ 회전수를 변경할 수 있어 사용조건에 적합한 운전이 가능하다.
    ㉡ 보수, 점검 및 취급이 용이하다.
    ㉢ 전동기와 압축기가 별개로 되어 있어 교환사용이 가능하다.
    ㉣ 전력배선이 불가능한 곳에 엔진 구동이 가능하다.

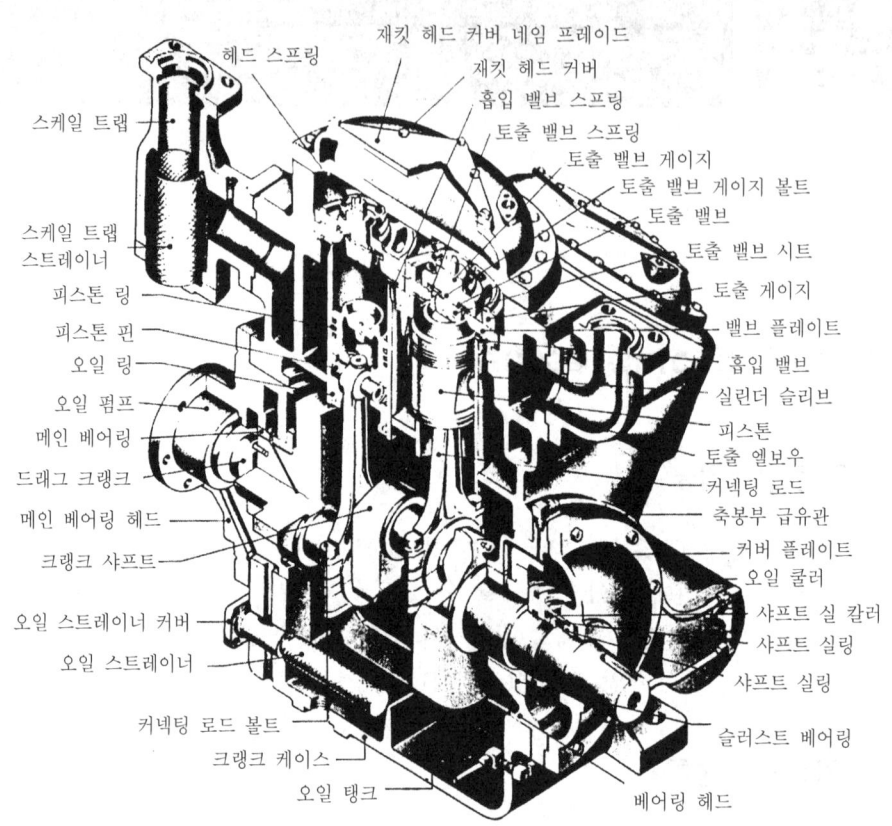

스케일 트랩
헤드 스프링
재킷 헤드 커버 네임 프레이드
재킷 헤드 커버
흡입 밸브 스프링
토출 밸브 스프링
토출 밸브 게이지
토출 밸브 게이지 볼트
토출 밸브
토출 밸브 시트
토출 게이지
밸브 플레이트
흡입 밸브
실린더 슬리브
피스톤
토출 엘보우
커넥팅 로드
축봉부 급유관
커버 플레이트
오일 쿨러
샤프트 실 칼러
샤프트 실링
샤프트 실링
슬러스트 베어링
베어링 헤드

스케일 트랩
스트레이너
피스톤 링
피스톤 핀
오일 링
오일 펌프
메인 베어링
드래그 크랭크
메인 베어링 헤드
크랭크 샤프트
오일 스트레이너 커버
오일 스트레이너
커넥팅 로드 볼트
크랭크 케이스
오일 탱크

🔼 왕복동 압축기의 구조 및 부품

㉯ 단점

　㉠ 유닛(unit)으로 한 경우 외형이 크므로 설치면적이 크다.

　㉡ 축이 외부와 관통하므로 냉매, 오일의 누설 및 외기침입의 우려가 있기 때문에 반드시 축봉장치가 필요하다.

　㉢ 대량 생산일 경우 밀폐, 반밀폐형에 의해 제작비가 많이 든다.

④ 밀폐형 압축기의 장·단점

　㉮ 장점

　　㉠ 소형이며 경량이다.

　　㉡ 냉매의 누설이 없다.

　　㉢ 소음이 적다.

　　㉣ 과부하 운전이 가능하다.

　㉯ 단점

　　㉠ 전동기가 직결식이므로 회전수를 임의로 변경시킬 수 없다.

　　㉡ 전원이 없는 곳에서는 사용할 수 없다.

(2) 압축방법에 의한 분류

① 왕복 압축기(reciprocating compressor) : 용적식

㉮ 입형 압축기

㉯ 횡형 압축기

㉰ 고속다기통 압축기

② 회전 압축기(rotary compressor) : 용적식

㉮ 회전날개형

㉯ 고정날개형

③ 스크루식 압축기

④ 원심 압축기(turbo compressor) : 비용적식

㉮ 단단압축식   ㉯ 다단압축식

(3) 압축 행정의 수에 의한 분류

① 단동(單動) 압축기   ② 복동(複動) 압축기

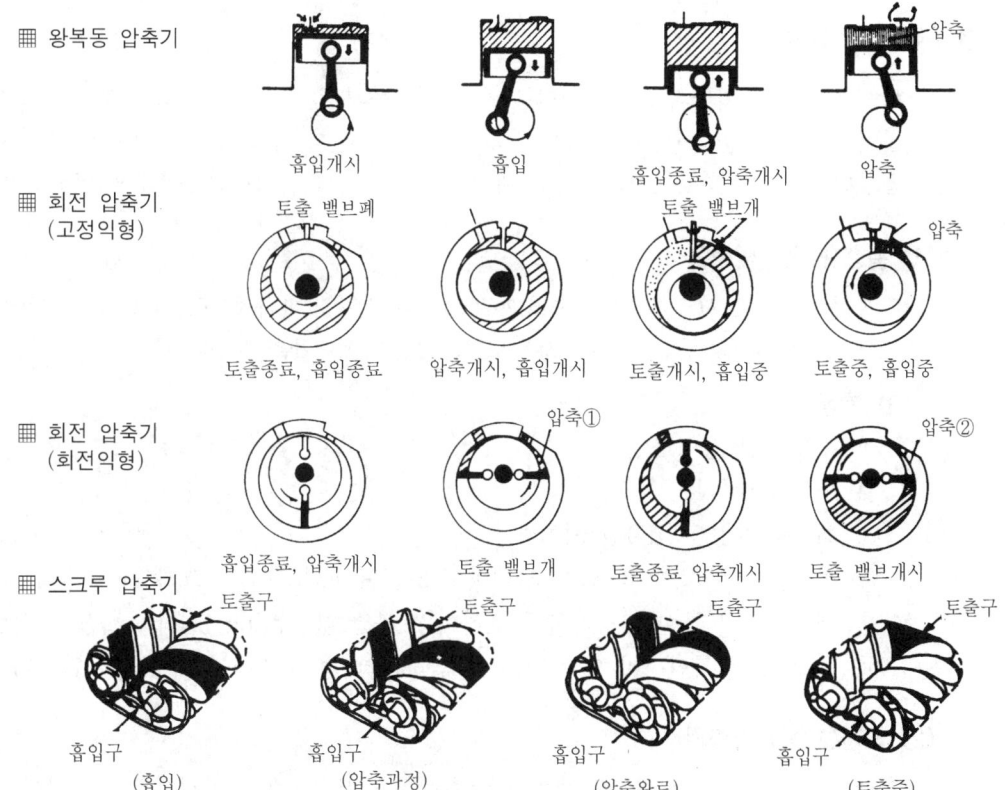

◆ 각종 압축기의 구조

(4) 사용 냉매에 의한 분류

냉 매 의 종 류	압 축 기	
	형 식	용 량
NH_3 SO_2 CO_2 CH_3Cl R-12 R-22	왕복동식	대(大), 중(中), 소(小) 중 대, 중 중 대, 중, 소 대, 중, 소
CH_2Cl_2 R-11 R-113 R-12, R-500	원심식(터보식)	대
CO_2 CH_3Cl R-11 R-12 R-21 R-114	회전식	소

비고 : 위에서 용량은 RT로 구분하여 1[RT] 이하 : 小, 1~50[RT] : 中, 100[RT] 이상 : 大로 한다.

3. 왕복 압축기

왕복 압축기의 압축작용은 실린더 내에서 피스톤의 왕복운동에 의하여 냉매 가스를 흡입하여 압축하고 압축된 냉매 가스는 응축기로 보내진다. 압축능력이 크고 흡입 밸브와 토출 밸브는 얇은 판으로 되어 있고 냉매가 누설하기 쉬운 베어링 부분은 밀폐되어 있다.

(1) 횡형(橫型) 압축기

왕복동 압축기로서 실린더가 수평으로 설치된 압축기이다. 주로 대형 단기통식이며, 피스톤의 양면에서 압축 작용을 하는 복동식(複動式) 압축기이다.

① 특징

㉠ 주로 NH_3 용이다.

㉡ 왕복동식이다.

㉢ 회전수는 100~250[rpm]이다.

㉣ 안전두가 없다. 따라서 톱 클리어런스를 3[mm] 정도로 크게 하고 있다.

㉤ 냉매가스의 누설을 방지하기 위하여 축봉장치(stuffing box type)을 설치한다.

㉥ 중량 및 설치면적이 크고, 진동이 심하여 대형 이외에는 사용되지 않는다.

(2) 입형(立型) 압축기

압축기의 실린더를 직립으로 설치한 압축기로 크랭크실은 일반적으로 밀폐되어 있고 그 내부에 냉매가스가 충만되어 있어서 크랭크축에 따라서 가스의 누설이 생기지 않도록 제작되고 있다. 일반적으로 제빙, 냉장 및 공기 조화용 등에 널리 사용되고 있다.

① NH₃용

㉮ 회전수는 250~400[rpm]으로 저속이다.

㉯ 단동형으로 기통수는 1~4기통이지만 2기통이 많이 사용된다.

㉰ 톱 클리어런스(top clearance)는 0.8~1[mm]로 적다. 따라서 체적효율이 좋다.

㉱ 실린더 상부에 안전두(safaty head)가 설치되어 있다.

㉲ 워터 재킷(water jacket)을 설치하여 실린더를 수냉각시킨다.

㉳ 동일 능력의 횡형압축기보다 몸체가 작다.

㉴ 피스톤은 더블 트렁크형(double trunk type)이 채용된다.

㉵ 흡입 밸브(suction valve)는 플레이트 밸브가 사용되며 피스톤 상부에 설치된다.

② Freon용

㉮ 회전수는 700[rpm] 정도이다.

㉯ 주로 5[HP] 정도의 소형에 사용된다.

㉰ 실린더는 공냉식이다.

㉱ 흡입 및 토출 밸브는 실린더 상부에 설치한다.

㉲ 피스톤은 플러그형(plug type)이 채용된다.

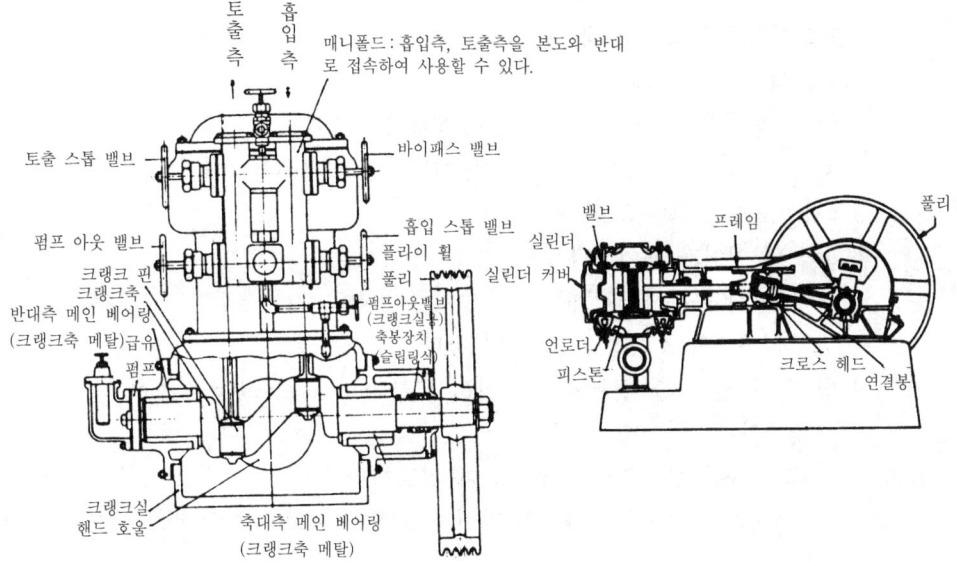

🔺 입형 저속 암모니아 압축기　　　　🔺 횡형 복동 압축기

(3) 고속다기통(高速多氣筒) 압축기(high speed multi-cylinder compressor)

종래의 입형 압축기를 개량하여 그 형상을 작게 하고 중량을 경감시키면서 동시에 용량을 크게 할 수 있도록 제작된 압축기로 흡입, 기통은 동적 밸런스를 잡기 위하여 짝수로 설치하며 또한 토출 밸브의 개량이나 윤활장치, 진동방지장치의 발달로 회전의 고속화 (1000~3500[rpm])와 실린더 수의 증가를 실현시킬 수 있었다. 또한 실린더 지름은 행

정보다 크거나 같다.

① 설계상 특징

㉮ 실린더의 지름이 적다.(95~180[mm])

㉯ 실린더의 수가 많다.(4, 6, 8, 12, 16기통)

㉰ 실린더의 배열방법에는 V형, W형, VV형, 성형 등이 있다.

㉱ RPM(회전수)

㉠ 소형 : 1450~1800

㉡ 중형 : 970~1000

㉢ 대형 암모니아 : 680, 일반 암모니아 : 900~1000[rpm]

㉣ R-22 : 725

㉤ R-12 : 725

㉥ 특수용 : 3500

㉲ 축봉장치는 활윤식(mechanical shaft seal)이 쓰인다.

㉳ 윤활방식은 오일 펌프(oil pump)에 의한 강제윤활 방식이다.

㉴ 실린더 라이너(cylinder liner)를 크랭크실에 끼워 넣는 구조로 되어 있어 흡입가스가 통과하는 구멍이 있다.

② 고속다기통 압축기의 장·단점

㉮ 장점

㉠ 소형이며 경량이고, 동적 밸런스가 양호하다.

㉡ 실린더 지름이 적어서 정적(靜的) 및 동적(動的) 균형이 양호하며 진동이 적다.
(기초가 간단해도 된다.)

㉢ 용량제어가 용이하다.

㉣ 가동시 무부하(無負荷)로 기동이 가능하고 자동운전이 용이하다.

㉤ 각 부품의 호환성(互換性)이 있다.

㉥ 흡입 및 토출 밸브에 플레이트 밸브(plate valve)을 사용하므로 밸브의 작동이 경쾌하다.

㉦ 강제윤활 방식으로 윤활작용이 양호하다.

㉧ 부품의 공동화를 기할 수 있어 생산성이 높고 생산가격을 절감할 수 있다.

㉯ 단점

㉠ 속도가 빠르고 다기통이므로 윤활유의 소비량이 많다.

㉡ 윤활유의 온도가 높아지기 쉬우며(NH_3용) 열화(劣化) 및 탄화(炭化)가 빠르다.

㉢ 클리어런스가 크고(1.5[mm]) 압축비의 증대로 체적효율의 감소가 많아 냉동능력이 감소하고, 동력손실이 많아진다.

㉣ 기계의 소음이 커서 고장 발견이 어렵다.

㉤ 베어링 등 마찰부의 마찰저항이 커서 마모가 빠르다.

㉥ 체적효율이 좋지 않으며 저압측을 고진공으로 하기 어렵다.

4. 왕복 압축기의 부품

(1) 실린더 및 본체

실린더는 치밀한 특수 주철을 사용하여 만든 원통형 용기로 압축기의 중요부이며 실린더의 배치 모양에 따라 입형, 횡형, V형, W형 등이 있고 이 실린더 내를 피스톤이 왕복하며 소요의 일을 한다. 또한 제작시에는 보통 30[kg/cm^2] 이상의 수압시험을 한다.

① 실린더의 설치
  ㉮ 입형 저속 : 실린더와 크랭크 케이스가 동일한 주물
  ㉯ 고속다기통 : 실린더는 단독 주물이며 실린더 라이너(cylinder liner)를 사용하여
    교체가 용이하다.

② 실린더 경(cylinder bore)
  ㉮ 입형 저속 : 300[mm]
  ㉯ 고속다기통 : 180[mm]

③ 실린더와 피스톤의 간격(side clearance)

  ㉮ 입형 저속 : $\dfrac{0.7}{1000} \sim \dfrac{1}{1000}$ [mm]

  ㉯ 고속다기통 : $\dfrac{0.8}{1000}$ [mm]

  ※ Side clearance가 2/1000 이상 마모되면 보링(boring)한다.

④ 실린더 내벽(cylinder wall)은 연마사상(研磨仕上)을 한다.
  ㉮ 연마방법
    ㉠ 호닝(honing)
    ㉡ 보링(boring)
    ㉢ 피니싱(finising)

⑤ 통극(톱 클리어런스)이 클 때의 장해
  ㉮ 토출 가스 온도 상승
  ㉯ 실린더 과열
  ㉰ 오일의 탄화 및 열화
  ㉱ 체적효율 감소
  ㉲ 냉동능력 감소

(2) 실린더 라이너(cylinder liner)

실린더 라이너란 실린더 내벽이 마모했을 때 용이하게 교환하기 위하여 실린더 내에 삽입하는 원통형의 부품으로 강인하고, 내마멸성이 우수한 특수주철로 만든다. 라이너는 안전두(safety head)의 스프링의 힘으로 고정되어 있고 가장 자리에 많은 구멍이 뚫어있고 그 위에 흡입 밸브가 있다.

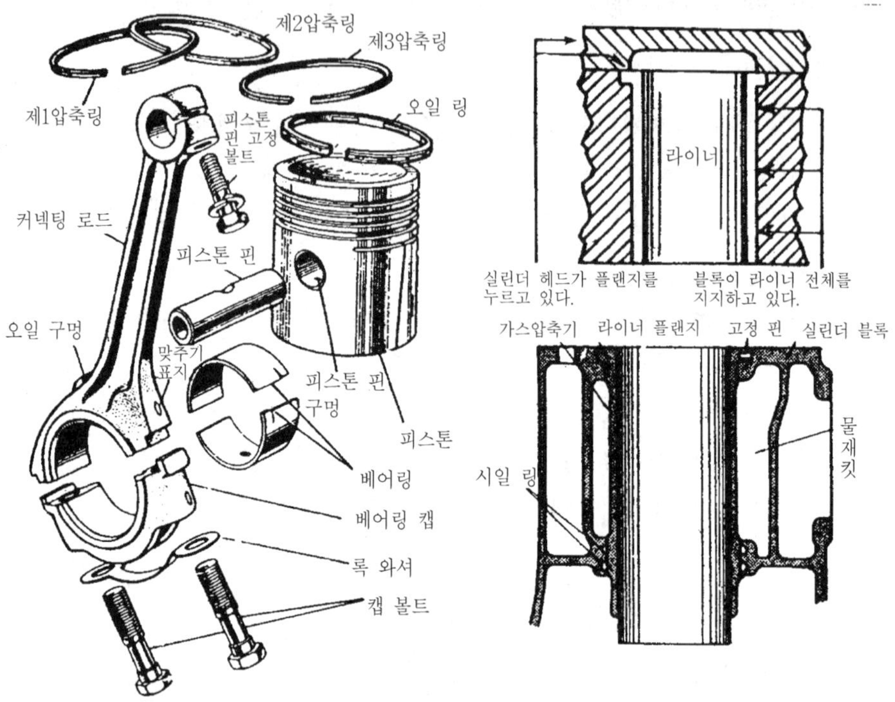

습식 라이너의 시일 링 및 피스톤, 커넥팅 로드

(3) 피스톤(piston)

실린더 내를 내벽에 밀착하면서 왕복운동을 하여 가스를 압축하며 압력을 증가시켜 주는 부품으로 주로 내마멸성의 특수 주철로서, 관성력을 감소시키기 위하여 두께를 얇게 하여 중공(中空) 상태로 경량화로 가볍게 만든다. 단, 프레온 냉매 사용의 중소형에는 알루미늄 합금으로 만든다.

① 종류

㉮ 플러그형(plug type)

㉠ 소형 프레온 냉동기(가정용)에 많이 사용된다.
㉡ 냉매 가스는 위에서 흡입하여 위로 토출된다.
㉢ 실린더 해드는 고압실과 저압실로 나누어진다.
㉣ 흡입 밸브 및 토출 밸브는 밸브 플레이트에 부착한다.
㉤ 피스톤 지름이 50[mm] 이하의 것에는 링을 사용하지 않는다.
㉥ 냉매가 크랭크 케이스 내에 들어가지 않기 때문에 오일 포밍이 일어나지 않는다.
㉦ 피스톤에 흡입 밸브가 없어 피스톤이 적고 경량으로 만들 수 있어 충격에 강하고 소용동력이 적다.

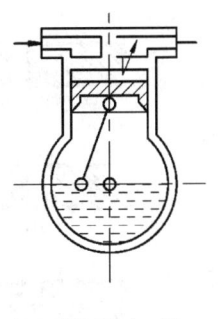 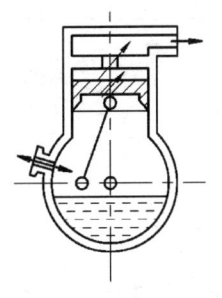 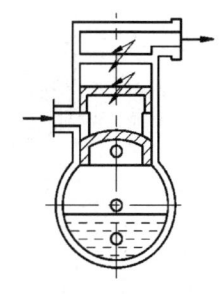

(a) 플러그형   (b) 싱글 트렁크형(개방형)   (c) 더블 트렁크형

♠ 피스톤의 종류

Ⓥ 싱글 트렁크형(single trunk type, open type)

㉠ 주로 NH_3 용에 많이 사용한다.

㉡ 냉매 가스를 피스톤 밑에서 흡입하여 위로 토출한다.

㉢ 실린더 헤드는 고압실로만 되어 있다.

㉣ 흡입 밸브는 피스톤 상부에 토출 밸브는 밸브 플레이트에 부착한다.

㉤ 체적효율이 좋다.

㉥ 오일 포밍 현상이 유발될 우려가 있다.

㉦ 피스톤이 크기 때문에 관성이 크고 충격에 약하다.

㉧ 3~4개의 압축링과 1개의 오일링이 있다.

Ⓦ 더블 트렁크형(double trunk type)

㉠ 주로 행정이 큰 입형저속, 쌍기통의 NH_3 용에 많이 쓰인다.

㉡ 냉매 가스는 옆에서 흡입하여 위로 배출한다.

㉢ 실린더 헤드는 고압실로 되어 있다.

㉣ 흡입 밸브는 피스톤 상부에 토출 밸브는 밸브 플레이트에 부착한다.

㉤ 과열이 적기 때문에 체적 효율이 좋다.

㉥ 피스톤이 행정보다 길어야 한다.

㉦ 피스톤이 무겁고, 관성력이 커서 충격을 많이 받는다.

㉧ 상부 트렁크에 3~4개의 압축링, 하부 트렁크에 2개의 오일 링이 있다.

(4) 피스톤 링(piston ring)

① 역할 : 윤활작용 및 오일과 냉매와의 혼합 방지 및 냉매가스의 누설을 방지하고, 마찰면적을 적게 하여 기계효율 증대 및 흡입행정시 실린더벽의 오일을 긁어내리는 역할이다

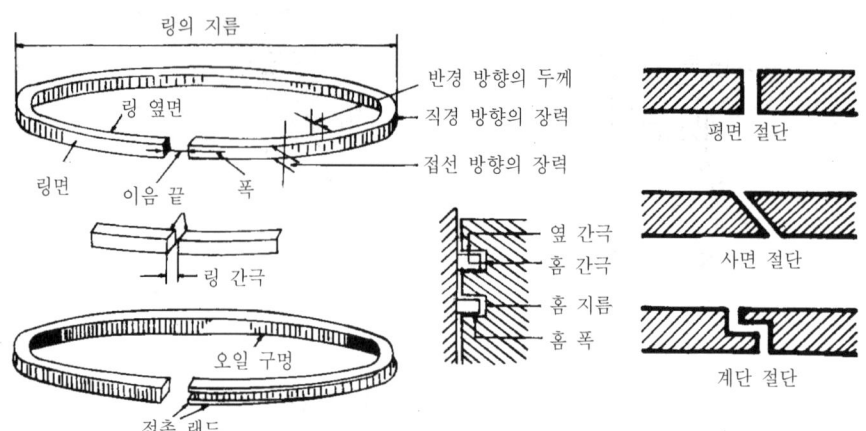

🔻 피스톤 링의 구조

② 재료 : 고급주철, 청동
③ 절단면에 따라
　㉮ 평면절단
　㉯ 사면절단
　㉰ 계단절단
④ 종류
　㉮ 오일 링(oil ring) : 피스톤 하부에 1~2개의 링으로 실린더벽의 오일을 크랭크 케이
　　스내로 회수
　㉯ 압축 링(compression ring) : 피스톤 상부에 2~3개의 링으로 냉매의 누설방지 및
　　압축을 돕는다.
⑤ 설치

		플러그형, 싱글 트렁크형	더블 트렁크형
상	부	2~3개의 압축링	3~4개의 압축링
하	부	1개의 오일링	2개의 오일링

(링은 원통모양으로 제작된다.)

⑥ 피스톤 링이 마모되면
　㉮ 크랭크 케이스 내의 압력 상승
　㉯ 응축기나 수액기 내로 오일이 넘어간다.
　㉰ 체적효율이 감소하며 냉동능력도 감소한다.
　㉱ 냉동능력당 동력소비가 증가한다.
⑦ 링과 피스톤 사이는 0.03[mm](0.05~0.09[mm])의 간극을 둔다.

(5) 피스톤 핀(piston pin)

피스톤과 연결봉(connecting rod)를 이어주는 역할을 한다. 중량 감소를 위해 중공으로 하고 중공(中空)부에 윤활유를 공급하여 윤활한다.

① 종류
 ㉮ 고정식(set screw type) : NH_3 용(스크루에 의한 연결)
 ㉯ 유동식(floating type) : 프레온용(가볍게 박아 넣는다.)
※ 핀(pin)은 밖으로 밀려나와 실린더벽을 긁지 않도록 스냅 링(snap ring)으로 막고 있다.

(6) 연결봉(connecting rod)

크랭크축의 회전운동을 피스톤의 왕복운동으로 바꾸어 주는 역할을 하는 부품으로 내부에 유로가 설치되어 크랭크축으로부터 공급된 윤활유가 피스톤 핀까지 미치도록 되어 있다. 굴곡 및 충격에 강하고 가볍게 하기 위해 단면은 H형 또는 T형으로 한다.

① 재료
 ㉮ 암모니아용 : 고항장력(高抗張力)의 양질탄소강, 주강
 ㉯ 고속다기통 : 경합금의 형단조품
 ㉰ 소형 프레온용 : 연청동(포금)

② 종류
 ㉮ 분할형
  ㉠ 대단부(大端部 ; bigend)가 2개로 분할되어 볼트(bolt)와 너트(nut)로 조여져 있다.
  ㉡ 피스톤 행정(stroke)이 큰 대형에 주로 사용된다.
  ㉢ 연결되는 크랭크축(crank shaft)은 주로 핀 연결형이다.
 ㉯ 일체형
  ㉠ 대단부가 분할되지 않는다.
  ㉡ 피스톤 행정이 짧은 소형에 많이 사용된다.
  ㉢ 연결되는 크랭크축은 편심형이다.
※ 연결봉의 길이는 대략 실린더 안지름의 1.3배 정도이다.

(7) 크랭크축(crank shaft ; 크랭크 샤프트)

전동기의 동력을 피스톤에 전달하는 것으로 일반적으로 단조강으로 제작되며 마모에 견딜 수 있게 표면처리 되어 있고 진동을 작게 하기 위하여 크랭크 암(crank arm) 부분에 밸런스 웨이트(balance weight)를 붙여서 정적, 동적인 균형을 조정한다. 축 내부에 유로가 설치되어 커넥팅 로드의 대단부에 윤활유를 공급한다.

① 종류

  ㉮ 크랭크형(crank type)

    ㉠ 축심 자체가 휘어져 있다.

    ㉡ 피스톤 행정이 큰 대형에 사용한다.

    ㉢ 연결봉은 분할형을 사용한다.

  ㉯ 편심형(eccentric type)

    ㉠ 축심은 휘어져 있지 않다.

    ㉡ 피스톤 행정이 짧은 소형에 주로 사용한다.

    ㉢ 연결봉은 일체형을 사용한다.

    ※ 메인 베어링(main bearing)과 축과의 간격은 지름의 $1/1000 \sim 2/1000$

    ※ 주축수 메탈(metal) : 화이트 메탈(white metal)

  ㉰ 스카치 요크형(scatch york type)

    ㉠ 가정용에 많이 사용된다.(소형 밀폐형)

    ㉡ 재료 : 주강, 주철, 포금

    ㉢ 연결봉이 없어 직접 피스톤에 이어져 있으며 축 내부에 윤활유 통로가 있다.

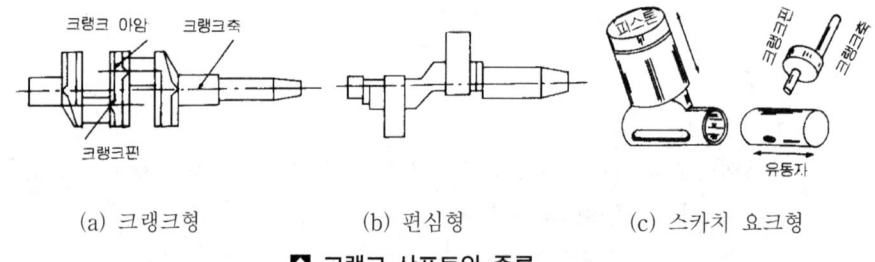

(a) 크랭크형   (b) 편심형   (c) 스카치 요크형

🔼 크랭크 샤프트의 종류

(8) 크랭크 케이스(crank case)

① 케이스 내에 축과 오일이 들어 있고 내부의 유면을 감시할 수 있도록 유면계가 설치된다.

② 유면계에서의 유면의 위치는 압축기 정지시에는 2/3, 운전 중에는 1/2이 적당하다.

③ 크랭크 케이스 내의 압력은 저압과 동일하다. 단, 회전식 압축기(rotary compressor)의 케이스 내의 압력은 고압이다. 재질은 고급주철로서 크랭크 케이스를 만든다.

(9) 축봉장치(shaft seal system)

개방형 압축기에서 크랭크 케이스 내의 압력은 저압(흡입압력) 상태이므로 크랭크축이 크랭크 케이스를 관통하는 곳에서 냉매나 오일의 누설 및 공기 침입을 방지하기 위하여 고안된 장치이다.

① 축상형 축봉장치(stuffing box type shaft seal) : 축상형은 스터핑 박스 안에 패킹 (packing)을 넣어 여기에 오일을 공급하여 유막을 형성시켜 누설을 방지하는 것으로 일명 글랜드 패킹(gland packing)이라고도 한다. 기동시에는 글랜드 패킹 조임 볼트 를 약간 풀어주고 정지시는 다시 조여 주도록 한다.

㉮ 사용하는 패킹의 종류

㉠ 소프트 패킹(soft packing) : 고무, 목면, 야안, 석면

㉡ 금속 패킹(metal packing) : 배빗 메탈(babbitt metal) + 흑연

㉢ 세미메탈릭 패킹(semi-metallic packing) : 배빗 메탈 + 고무 + 목면

㉯ 소프트 패킹의 특징

㉠ 금속 패킹에 비하여 유연성이 좋아 가스누설 방지에 적합하다.

㉡ 마찰저항이 크다.

㉢ 수명이 짧고 600[rpm] 이하에서 사용된다.(저속 압축기용)

㉣ NH_3 용으로 사용된다.(프레온은 부식성으로 인해 사용할 수 없다.)

② 기계적 축봉장치(mechanical shaft seal) : 일명 활윤식이라고도 하며 고속다기통 압 축기나 회전수가 600[rpm] 이상의 입형 압축기에 사용한다.

㉮ 프레온용 : 금속 벨로즈(bellows) 사용

㉯ NH_3 용 : 고무 벨로즈 사용

㉰ 형식

㉠ 주름통식(bellows type) : 회전주름통, 고정주름통(냉매 가스 압력이 걸린다.)

㉡ 고정주름통 : 축만 회전하며 주름통 외측에 냉매 가스 압력이 걸린다.

㉢ 막상형(diaphragm type)

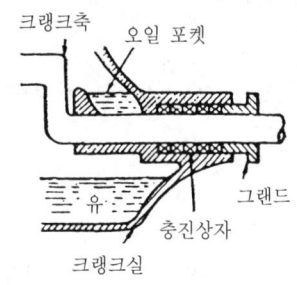

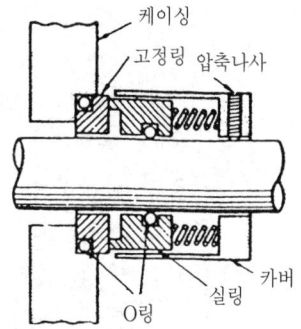

■ 축상형 축봉장치   ■ 기계적 축봉장치

(10) 밸브(valvel ; 변(辨))

장치 또는 관내를 유동하는 유체(流體)의 출입과 조절을 행하는 기기로 흡입 밸브와 토출 밸브로 나눈다. 즉, 고압과 저압 사이로 냉매 가스의 자유이동을 방지하는 역할이다.

① 밸브의 구비 조건

   ㉮ 작동이 확실하고 경쾌할 것

   ㉯ 가스의 흐름에 저항이 적을 것

   ㉰ 밸브가 닫혔을 때 누설이 없을 것

   ㉱ 밸브의 개폐시 압력차 및 관성이 적을 것

   ㉲ 고온에서 변질되지 않을 것

   ㉳ 마모 및 파손에 강할 것. 또한 흠집이 없을 것

   ※ 밸브 어셈블리(valve assembly)는 밸브판, 밸브 시트(valve seat), 밸브 가이드, 밸브 스프링으로 구성되어 있다.

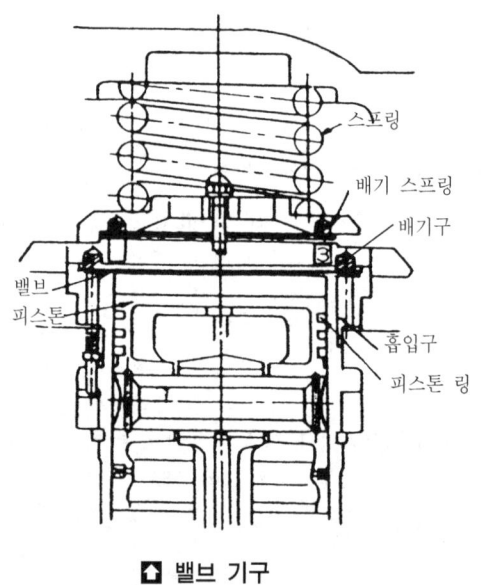

⬆ 밸브 기구

② 종류

   ㉮ 포핏 밸브(poppet valve) : 버섯 모양으로 생겨 피스톤 상부에 장착되어 흡입 밸브로 많이 사용된다.

     ㉠ 구조가 간단하고 파손이 적다.

     ㉡ 중량이 커서 개폐가 확실하며 가스 누설이 적다.

     ㉢ 밸브의 양정(lift)은 3[mm] 정도이며 가스통과 속도는 40[m/sec] 정도이다.

     ㉣ 밸브 시트(valve seat)에 주는 충격과 소음이 크다.

     ㉤ 흡입 밸브는 피스톤 상부에 스프링으로 지지되어 있어 흡입 행정시 피스톤이 하강하면 밸브는 관성에 의해서 열린다.

ⓗ 주로 대형 입형 저속의 NH_3 용으로 사용된다.

ⓢ 회전수가 높아지면 밸브의 관성 때문에 개폐가 자유롭지 못하므로 고속다기통에
  는 사용이 불가능하다.

㈃ 플레이트 밸브(plate valve) : 얇은 원판 또는 윤상(輪狀)의 변판을 변좌에 스프링으
  로 눌러놓은 구조이며 중량이 가볍고 움직임이 경쾌하다. 고속다기통에 사용하는데
  특히 이 변을 링 플레이트 밸브라 한다.

　㉠ 재료 : 스테인리스강, 니켈강, 크롬강 등

　㉡ 양정(lift)

　　ⓐ 대형 : 3[mm]

　　ⓑ 중형 : 2[mm]

　　ⓒ 소형 : 1[mm]

⬇ 밸브의 종류

종류 항목	포핏 밸브	플레이트 밸브	리드 밸브
밸브의 구조	T자형의 밸브로 스템이 붙어 있어 동작을 유도하며 양정은 3[mm] 정도이다.	얇은 원판의 밸브판을 밸브 시트에 스프링으로 눌러 놓은 구조이다.	긴 타원형의 밸브로 자체의 탄성을 이용하여 개폐한다.
사용되는 곳	저속 암모니아 흡입 밸브로 사용한다.	고속다기통 압축기에 주로 사용한다.	1,000[rpm] 이상의 소형 프레온 압축기에 사용한다.
특　징	동작이 확실하며 무거워서 고속에는 부적당하다.	작동은 경쾌하나 내구력이 적다.	중량이 가볍고 신속 경쾌하게 작동한다.

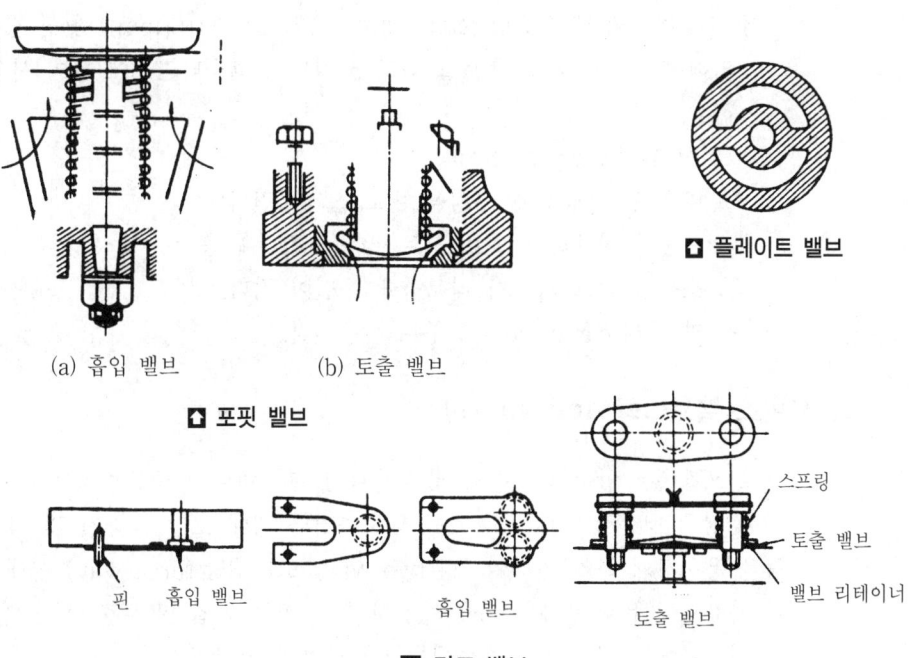

(a) 흡입 밸브　　　　(b) 토출 밸브

⬆ 포핏 밸브

핀　흡입 밸브　　　　흡입 밸브　　　　토출 밸브

스프링
토출 밸브
밸브 리테이너

⬆ 리드 밸브

⬆ 플레이트 밸브

ⓒ 가스의 통과 속도

   ⓐ NH$_3$: 80~100[m/sec]

   ⓑ R-12 : 30~40[m/sec]

   ※ 속도가 NH$_3$의 경우 60[m/sec], 프레온 30[m/sec] 이상이 되면 체적효율의 감
     소와 지시마력에 영향을 준다.

ⓔ 밸브의 중량이 가볍기 때문에 밸브 시트(valve seat)에 큰 충격을 주지 않는다.

ⓜ 고속에 적합하고 소음이 적다.

ⓗ 가스통과 면적을 증가시킬 수 있다.

ⓢ 두께는 1[mm] 정도이며 충격에 약하다.

ⓞ 흡입 및 토출 밸브의 모양은 동일하나 토출 밸브가 약간 작다.

㉡ 리드 밸브(reed valve) : 직사각형의 리번(ribbon) 모양의 강편(鋼片) 밸브로 얇고
유연하여 변 자체의 탄성에 의하여 가스의 통로를 만들도록 되어 있다.

㉠ 플레이트 밸브보다 작용이 경쾌하며 1000[rpm] 이상의 고속용이다.

㉡ 소형 플레온 압축기(가정용 냉장고)에 많이 쓰인다.

㉢ 양정은 1[mm] 이하이다.

㉣ 밸브판의 두께는 0.20~0.35[mm] 정도이다.

㉤ 밸브를 보호하는 밸브 리테이너(retainer)가 있다.

㉥ 일반적으로 흡입 및 토출 밸브가 실린더 상부의 밸브판에 같이 붙어 있다.

※ 기타 페더 밸브(feather valve) 및 플래퍼 밸브(flapper valve)도 리드 밸브와 같
이 밸브판의 변형으로 냉매 가스를 통과시킬 수 있는 구조를 가진다.

㉢ 다이어프램 밸브(diaphragm valve) : 얇은(0.3~0.6[mm]) 원형 강편이 가스 압력에
의해 휘어져서 가스 통로를 만드는 밸브로 고속다기통에 많이 사용한다. 충격에 약
하다.

㉣ 와셔 밸브(washer valve)

㉠ 얇은 원판 중심에 구멍을 뚫고 고정시킨다.

㉡ 운동이 경쾌하고 밸브 시트(valve seat)에 충격을 주지 않는다.

㉢ 소음이 적고 파손시 타부품에 손실이 적다.

㉣ 카 쿨러(car cooler)에 주로 사용된다.

5. 서비스 밸브(service valve)

주로 프레온용 압축기의 흡입 및 토출부에 부착하여서 냉동장치를 새로이 설치 또는 수
리한 경우 냉동장치 내의 공기를 배출하거나 냉매 오일의 충전 및 회수 또는 고장탐사
등을 용이하게 하기 위하여 2방(two way) 또는 3방(three way) 형태로 조작방법에 따
라 자유로이 유로(냉매회로)을 변경시킬 수 있는 흡입 및 토출 스톱 밸브이다. 일반적으
로 가정용에는 없고, 반밀폐형에는 토출측에만 하나가 있는 경우도 있으나 대형에는 모
두 있다.

(1) 밸브의 위치

① 앞자리 : 밸브 스템(valve stem)을 오른쪽으로 하면 주통로는 닫히고 게이지공은 열린다.

② 중간자리 : 밸브 스템(valve stem)을 중간위치(스탬을 전개후 반회전 정도 역방향으로 회전한 위치)에 공정하면 주통로와 게이지공이 모두 열린다.

③ 뒷자리 : 밸브 스템(valve stem)을 왼쪽으로 하면 주통로는 열리고 게이지공은 닫힌다.

▣ 냉매의 충진, 제거, 정상기동시 서비스 밸브의 위치

구 분	충진(charging)		제거(purging)		정 상 기 동	
밸 브	고압측	저압측	고압측	저압측	고압측	저압측
앞 자 리			○			
중간자리	○	○		○		
뒷 자 리					○	○

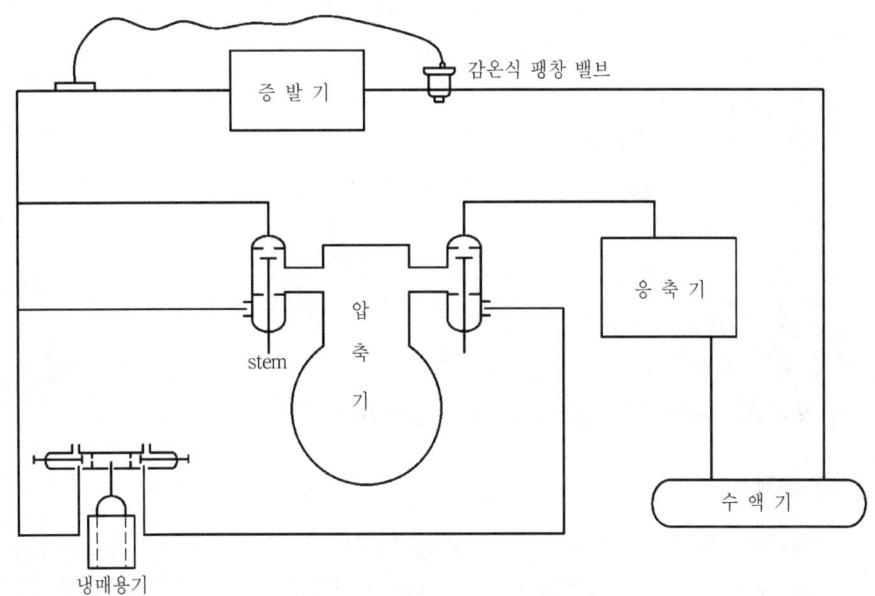

◘ 서비스 밸브와 매니폴드 게이지

(2) 압축기의 실린더 과열과 토출가스 온도 상승 원인과 영향

① 원인

㉠ 고압이 상승했을 때

㉡ 냉매부족으로 흡입 가스의 과열

㉢ 오일 윤활 불량

㉣ 워터 재킷 기능 불량

㉤ 토출 흡입 밸브의 누설

     ⑭ 내장형 안전 밸브의 누설
     ㉑ 피스톤 링에서 누설
     ㉒ 유분리기 자동 반유 밸브 누설
     ㉓ 고압가스 제상용 전자 밸브 누설

② 영향
     ㉮ 체적효율 감소로 냉동능력 감소
     ㉯ 윤활유 열화로 압축기 소손
     ㉰ 냉동능력당 소요동력 증대
     ㉱ 패킹 및 가스킷의 노화 촉진

6. 기타 장치

(1) 물 재킷(water jacket) 설치

실린더를 물로 냉각시키기 위하여 물을 담아 순환시키는 장치이다. 즉, NH_3 냉매를 사용하는 경우 토출가스 온도가 높아서 사용한다.

① 설치시 이점
     ㉮ 토출 가스의 온도상승 정지
     ㉯ 오일의 탄화 및 변질을 방지하여 활동부의 마모를 방지한다.
     ㉰ 압축효율을 도모한다.
     ㉱ 밸브 스프링의 수명 연장
     ㉲ 압축소요일량이 적어진다.

7. 냉동기의 윤활장치(lubrication system)

(1) 목적

냉동장치의 활동부분의 마찰로 인한 마모방지 및 냉동체계 내에서 유막을 형성하여 냉매, 오일 등의 누설방지와 마찰로 인한 동력소모를 적게 해주며 기계효율을 높이고 소손방지 및 패킹 등을 보호해 준다.

(2) 윤활유의 종류

① 광물성유-냉동유로 사용(파라핀성과 나프타성)
② 동물성유
③ 식물성유
※ 광물성유
     ㉮ 파라핀(paraffine)계 오일 : 왁스(wax) 분리가 잘 된다.
     ㉯ 나프탈렌(naphthaline)계 오일 : 왁스(wax) 분리가 잘 안되므로 냉동유로 쓰인다.

(3) 윤활유의 구비조건

① 응고점이 낮고 인화점이 높을 것
② 고온에서 열화하지 않을 것
③ 냉매에 의하여 화학변화가 일어나지 말 것
④ 수분 등 산류의 함량이 적고 전기적 절연 내력이 클 것
⑤ 저온에서 왁스(wax)가 분리하지 않을 것
⑥ 전기 절연 내력이 클 것
⑦ 장기간 사용하여도 변질하지 않을 것
⑧ 장기간 휴지시 방청능력이 있을 것
⑨ 오일 포밍(oil foaming)에 대하여 소포성(消泡性)이 있을 것
⑩ 항유화성이 있을 것

(4) 냉동장치에서 반드시 윤활유가 필요한 부분

① 실린더와 피스톤
② 메인 베어링
③ 피스톤과 핀
④ 크랭크축과 연결봉
⑤ 축봉

(5) 윤활방식(潤滑方式)

① 비말식(飛沫式) : 크랭크 암에 부착된 밸런스 웨이트(balance weight) 및 오일 디퍼
(oil dipper)를 이용하여 축의 회전에 의해 오일을 비산시켜 급유하는 방식으로 주로
피스톤 행정이 짧은 소형에 많이 사용되고 있다. 이 방법에서는 크랭크 케이스 내의
유면이 항상 일정하게 유지되어야 한다.
② 강제 급유식(强制給油式) : 크랭크축의 한 쪽 끝에 장착된 오일 펌프인 기어 펌프(gear
pump)에 의하여 크랭크 케이스 내의 오일을 장치 내로 압송 순환시켜 주는 방식이다. 이
급유법은 중, 대형을 막론하고 입형저속 및 고속다기통 압축기에 많이 사용한다.
※ 오일 펌프 : 기어 펌프, 로터리 펌프, 플랜지 펌프 등이 있다.

(6) 유순환 계통

크랭크 케이스(crank case) → 오일 필터(oil filter) → 기어 펌프(gear pump) → 큐노 필터
(cuno filter) →┌ 유압계, 유온계
　　　　　　　│ 유압보호 스위치
　　　　　　　│ 용량제어기구 → S.V(전자 밸브) → 크랭크 케이스
　　　　　　　└ 오일 쿨러(oil cooler) → 전축봉부 → 크랭크축(crank shaft) 연결용
　　　　　　　　(connecting rod) → 피스톤 후축수부 → 유압조정 밸브 → 크랭크 케이스

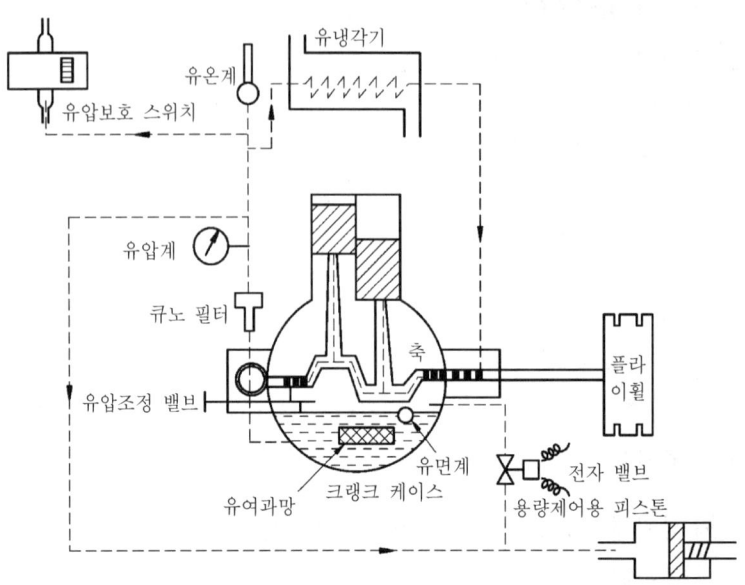

🔼 유순환 계통도

※ 큐노 필터란 오일 펌프 출구에 위치하여 오일을 여과하며 냉동장치 내의 여과망 중
제일 고운 여과망으로서 20여겹 정도의 특수여과망이다. 이곳에서 여과된 오일을 오
일 쿨러, 언로더, OPS(유압보호 스위치) 등에 공급한다. 또한 강제 급유식에서 기어
펌프를 사용하는 이유는 유체의 저항이 적고 저속으로도 일정한 압력을 얻을 수 있고
소형으로도 높은 압력을 얻는다. 그리고 구조가 간단하다.

(7) 압축기의 유압조정

압축기에서 유압을 조정하기 위해서 오일은 각 부분을 순환하고 크랭크축을 통하여 메
인 베어링을 거쳐 크랭크실의 하부로 흘러 들어온다. 따라서 유압조절 밸브 전에 오일의
압력을 측정하기 위하여 유압계를 설치하고 유압조정 밸브를 오른쪽으로 돌려 잠그면
크랭크축 내부 유로가 좁혀져서 유압계의 압력은 상승하고 유압조정 밸브를 왼쪽 방향
으로 열면 유로가 넓혀져 유의 압력은 저하한다.

① 유압상승의 원인과 영향
  ㉮ 원인
    ㉠ 유압 조정 밸브의 개도 과소
    ㉡ 유온이 너무 낮을 때(점도 상승)
    ㉢ 오일의 과충진
    ㉣ 유순환 회로의 폐쇄
    ㉤ 유압계 불량

　　　　㉯ 영향

　　　　　　㉠ 오일 압축

　　　　　　㉡ 오일이 장치 내로 넘어가 전열 방해

　　　　　　㉢ 응축압력 상승

　　　　　　㉣ 냉동능력 감소

　　② 유압저하의 원인과 영향

　　　　㉮ 원인

　　　　　　㉠ 유압 조정 밸브의 개도과대

　　　　　　㉡ 유온이 높을 때

　　　　　　㉢ 송유량 부족

　　　　　　㉣ 오일 중 냉매의 혼입

　　　　　　㉤ 오일 필터가 막혔을 때

　　　　　　㉥ 기어 펌프의 고장

　　　　　　㉦ 유압계 고장

　　　　㉯ 영향

　　　　　　㉠ 활동부의 마모 및 소손

　　　　　　㉡ 실린더 과열

　　　　　　㉢ 토출 가스 온도 상승

【참고】
- **유압계의 정상유압(kg/cm^2)**
  ① 입형 저속 압축기 : 크랭크 케이스 압력(정상 저압) + 0.5 ~ 1.5[kg/cm^2]
  ② 고속다기통 압축기 : 크랭크 케이스 압력(정상 저압) + 1.5 ~ 3[kg/cm^2]
  ③ 터보 압축기 : 정상 저압 + 6[kg/cm^2]

　　③ 오일의 유온이 높은 원인

　　　　㉮ 오일 쿨러의 불량

　　　　㉯ 압축기의 과열 운전

　　　　㉰ 워터 재킷 통수 불량

(8) 크랭크 케이스 내의 윤활유 온도

　　① 암모니아용 고속다기통 : 40[℃] 이하로 유지(오일 쿨러 사용)

　　② 프레온용 압축기 : 30[℃] 이상으로 유지(오일 히터 사용)

　　③ 회전이 빠른 고속다기통 : 45[℃] 정도 유지

　　　　㉮ 특히 축봉장치가 고무류일 때에는 60[℃] 이하로 한다.

　　　　㉯ 오일 탱크(oil tank) 내의 유온은 40~65[℃] 정도로 유지시킨다.

　　④ 터보 냉동기 : 60~70[℃] 정도

(9) 오일의 각종 이상 현상

① 슬러지(sludge) 현상 : 유에 침전물이 생겨 끈적거리는 현상

② 왁스(wax)분리 현상 : 저온에서 오일 중에 있는 왁스가 덩어리 모양으로 석출되어 있는 현상으로 계통 내가 막힐 우려가 있다.

③ 가루(powder) 현상 : 고온에서 오일이 탄화된 현상

※ 위의 세 현상 중 한 현상이 발생할 경우 제거방법은 R-11로 세척을 해준다.

(10) 오일의 인화 및 폭발 위험성

① 냉동기유의 인화점은 $180 \sim 200[℃]$ 발화점은 $300 \sim 400[℃]$이다. $16[℃]$의 공기를 $10[kg/cm^2]$으로 압축하면 유의 온도가 $260[℃]$ 이상이 되어 인화연소된다.

② 유와 산소의 혼합상태에서 압축하면 폭발한다.

(11) 오일 안전 밸브와 오일 쿨러

① 오일 안전 밸브 : 큐노 필터 후방에 나사로 끼워져 있고 이상유압시 작동하여 크랭크 케이스 내로 유출하여 유압상승에 의한 피해를 방지한다.

② 오일 쿨러 : 코일 내에 오일이 순환하며 냉각수에 의해 냉각된다. 냉각수량은 $30[l/min]$ 이상이 필요하다.

(12) 오일의 선택 기준

① 암모니아(NH_3)

㉮ 입형저속 : 300번

㉯ 고속다기통 : 150번

㉰ 제빙, 냉장 : 50번

㉱ 증발온도가 $-10[℃]$ 이상 : 300번

② 프레온(freon)

㉮ 저속 : 300번

㉯ 고속 : 150번

※ 초저온 냉동기($-100[℃]$) : 90번

※ 터보 냉동기 : $300 \sim 350$번

오일에서 몇 번이라는 호칭은 JIS에 정해진 냉동기 규격으로 세이 볼트(say bolt) 호를 말한다.

※ 세이 볼트(Say bolt) : $100[°F](38[℃])$의 온도하에서 관의 지름 $0.125[cm]$, 관의 길이 $1.252[cm]$의 모세관을 $45°$ 경사지게 하고 오일 $60[cc]$가 흘러 내리는데 걸리는 시간(초)을 말한다.

냉 매 명	압 축 기 종 류	점도초(100(℉))
NH₃	왕복식	150~300
R-11	원심식	
R-12	왕복식	
R-22	왕복식	280~300
R-113	원심식	
R-114	회전식	

◘ 각 압축기의 특징 비교

구분 \ 방식	왕 복 식	회 전 식	원 심 식
회 전 수	저 속	중 속	고 속 회 전
밸브의 유무	흡입 및 토출측에 자동 밸브가 필요하다.	흡입 밸브는 필요없고 토출 밸브는 역지 밸브이다.	밸브가 없다.
양정 또는 압축비(1단에 대해) 토출량	고양정, 고압력비에 적합(압력비 2~12) 대용량인 경우는 대형이 되어 적당치 않다.	고양정에 적합 용량은 중간정도, 중·소용량일 때 효율이 좋다.	고양정, 고압력비에 적당치 않다.(압력비 1.3 이하) 대형이라도 비교적 소용량으로 된다.
바닥면적 및 기초	설치장소가 크고, 견고한 기초가 필요하다.	기초는 간단, 바닥면적은 중간 정도이다.	토출량에 비해 바닥면적이 최소이고, 기초가 간단하다.
유체의 흐름	맥동이 있어 불연속, 관성 휠, 공기실, 가스 저류부 필요	거의 균일, 관성 휠 불필요	아주 균일
윤활유	내부 윤활유 필요	내부 윤활유가 필요한 것도 있다.	내부 윤활유가 불필요
고점도 액체에 대한 특성	효율 변화가 없다.	효율 변화가 없다.	고점도일 때 효율이 상당히 저하
이물을 함유한 유체에 대한 특성	격막식을 제외하고, 일반적으로 적당치 않다.	적당치 않다.	유체속에 섞인 고체입자 등에 대해서 비교적 둔감하다.
공작, 수리, 고장 등	밸브 고장이 많으나 수리는 힘들지 않다.	고정밀도가 요구되므로 고장수리가 어렵다.	고장이 적고, 운전이 쉽다.
안전 밸브	압입식이므로 과대한 압력상승을 피하기 위해 필요하다.	왕복식과 동일	필요없음. 토출측 전폐로 운전해도 일정압력 이상 안오름
토출압력의 변화와 토출량의 변동	토출압력이 변해도 토출량은 거의 증감하지 않는다.	토출량의 변동은 비교적 적다.	토출압력의 토출측 전폐로 운전해도 일정압력 이상 안 오름
음향진동	크다.	중간 정도이다.	작다.

8. 압축기 용량 제어장치

용량 제어란 냉동기의 냉동부하는 계절의 변화 및 여러 가지 조건에 의해서 크게 변화한다. 그러므로 부하에 따라서 압축기의 능력을 조절해 주는 것을 말한다.

(1) 용량제어의 목적

① 부하변동에 의해서 조절하므로 경제적인 운전을 할 수 있다.
② 부하변동에 따라서 일어날 수 있는 사고를 미연에 방지하여 안전운전을 행할 수 있다.

③ 부하의 감소로 인하여 흡입 압력이 낮아져 습압축 방지 및 압축비 상승을 막아준다.

④ 기동시 무부하 상태로 기동할 수 있다.

⑤ 일정한 온도를 얻을 수 있다.

⑥ 압축기의 보호 및 기계의 수명 연장

(2) 조절 방법

① 압축기 회전수를 가감하는 방법(speed control system) : 압축기의 동력이 증기원동기 등으로 전달받을 경우에 원동기의 회전수를 가감하여 흡입냉매량을 조절하는 방법이다.

② 격간 체적(클리어런스 포킷)을 증가시키는 법(clearance pocket system) : 실린더 상부에 있는 톱 클리어런스를 넓혀 주든가 실린더벽에 조절가능한 클리어런스 포킷(clearance pocket)을 사용하여 희망하는 용량으로 조절하는 방법이다. 이렇게 하므로 체적효율이 감소한다. 그러나 압축비에 따라 체적변화의 비율이 다르며 압축비가 클 경우 체적감소가 크고 압축비가 적으면 체적감소가 적다.

③ 바이패스(by-pass)법 : 실린더벽의 행정 1/2 위치에 바이패스 밸브를 설치하여 압축 가스의 일부를 바이패스시켜 저압축으로 흘려 나머지 가스만 압축되는 방식이다.

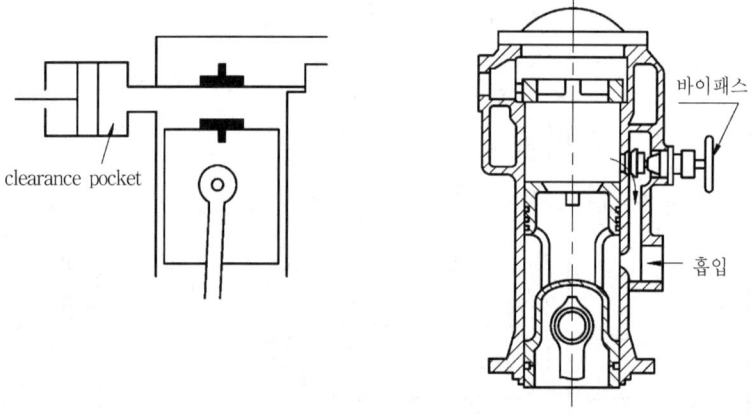

🔼 바이패스식 용량 조절장치

④ 일부 실린더를 놀리는 방법(un-loader system) : 고속다기통 압축기에서 여러 개의 실린더 중에 부하 변동에 따라 유압을 이용하여 압축기의 흡입 밸브를 밸브 시트로부터 유리시켜 흡입 밸브를 개방하므로 압축효과를 없게하는 방법이다.

　㉮ 용량제어의 방법

　　㉠ 왕복동 압축기

　　　ⓐ 회전수 가감법

　　　ⓑ 바이패스법

　　　ⓒ 클리어런스 증대법

　　　ⓓ 일부 실린더를 놀리는 방법(언로드 시스템)

ⓒ 원심식 압축기
 ⓐ 베인 조정법
 ⓑ 회전수가감법
 ⓒ 바이패스법
 ⓓ 흡입 댐퍼 조절법
 ⓔ 냉각수량 조절법

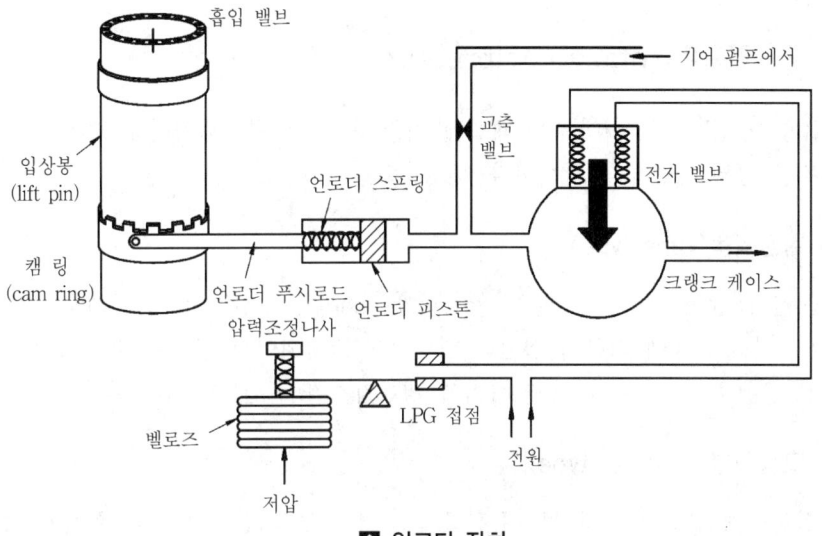

☝ 언로더 장치

(3) 무부하(unload)에서 부하(load)로

① 증발 압력(온도)이 상승하면 L.P.S(용량제어용 저압 스위치)의 접점이 차단되고 전자 밸브가 닫힌다.
② 전자 밸브가 닫히면 윤활유가 크랭크 케이스로 빠지지 못하여 유압이 높아져 언로드 피스톤을 좌측으로 이동시킨다.
③ 이 때 연결봉이 좌로 이동하면서 연결된 캠 링을 좌로 회전시켜 입상봉을 홈으로 떨어뜨린다.
④ 입상봉이 홈으로 떨어지면 흡입 밸브가 정상의 위치에 놓이고 로드(rod) 상태로 된다.

(4) 부하(load)에서 무부하(unload) 상태로

① 증발압력(온도)이 저하하면 용량제어용 저압 스위치의 접점이 연결되고 전자 밸브가 열린다.
② 전자 밸브가 열리면 윤활유가 크랭크 케이스로 빠져나가므로 유압이 낮아져 언로드 피스톤(unload piston)을 우측으로 이동시킨다.
③ 이 때 연결봉이 우로 이동하면서 연결된 캠링을 우로 회전시켜 입상봉을 들어올려 흡입 밸브를 바치므로 언로드(unload) 상태가 된다.

> **[참고]**
>
> ■ 언로드 제어방법(일부 실린더를 놀리는 방법)이란
> 고속다기통에서 채택하는 용량제어방법이다. 유압식과 고압식이 있으며
> ① 기동부하를 감소시켜 경부하 운전이 가능하다.
> ② 자동적인 용량제어가 가능하며 입형저속에 비해 단계적인 용량제어가 가능하며 경제적인 운전이 가능하다.
> ③ 액 해머를 어느 정도 방지할 수 있고 경부하 기동으로 압축기를 보호할 수 있다.

9. 회전식 압축기(rotary compressor)

회전식 압축기는 왕복운동 대신에 회전 운동을 하는 회전자(回轉子 : rotor)에 의해 가스를 흡입 배출하는 형식이다.

(1) 회전익형(vane type)

회전자(rotor)의 홈에 2개 이상의 날개(vane)가 삽입되어 이 날개가 유압, 가스압, 스프링, 원심력 등에 의하여 실린더 내벽면에 밀착되어 회전자에 따라 반지름(半経) 방향으로 운동할 때 날개가 날개 사이에 냉매가스가 흡입되어 압축된다.

(2) 고정익형(squeeze type)

실린더에 편심으로 장착된 회전자에 홈이 없는 대신 편심축의 회전에 의하여 회전자가 실린더 벽면을 밀착하면서 압축하는 형식으로 고압부와 저압부를 차단하는 블레이드(blade)에 의해서 작용한다.

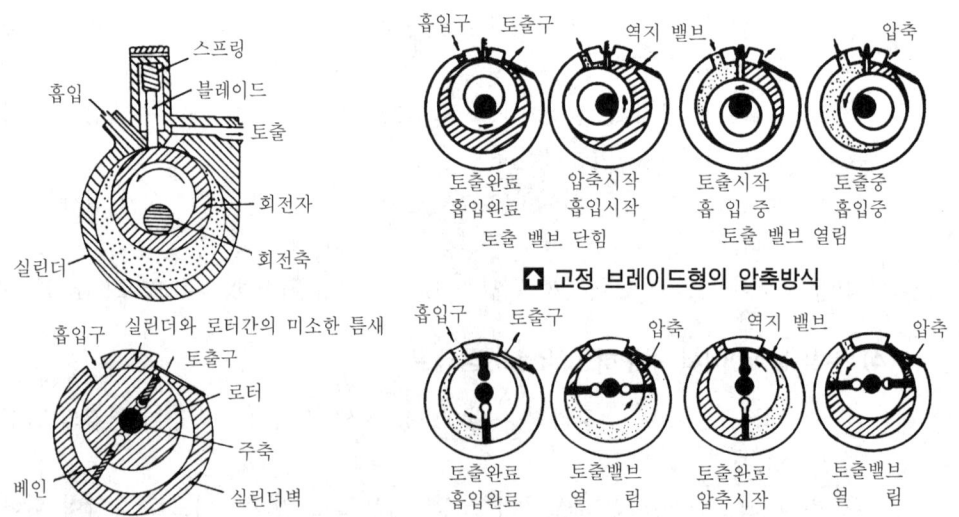

↑ 고정 브레이드형의 압축방식

↑ 회전 블레이드형의 압축방식

(3) 특징

① 왕복동 압축기에 비하여 부품이 적고 구조가 간단하다.

② 가스의 흡입과 배출이 연속적이다. 고로 고진공을 얻을 수 있다.

③ 진동 및 소음이 적다.

④ 잔류 가스의 재팽창에 의한 체적효율 저하가 적다.

⑤ 밀폐형에서 하우징 내부의 압력은 고압이다.

⑥ 기계 용량에 비하여 몸체가 작다.

⑦ 일반적으로 소용량에 많이 쓰이며 흡입 밸브가 없다.

⑧ 기동시 무부하 운전이 가능하며 전력소비가 적다.

(4) 회전식 압축기와 왕복식 압축기의 비교

분　류	회　전　식	왕　복　식
압　　　　　　축	연　　속　　적	단　　속　　적
하우징내압력	고　　　　압	저　　　　압
소　　　　음	적　　　　다	크　　　　다
용량에대한몸체크기	적　　　　다	크　　　　다
용　　　　량	적　　　　다	크　　　　다
극　　저　　온	가　　　　능	불　　가　　능
능력발생시간	30 ～ 60 분	10 ～ 15 분
운　　전　　비	싸　　　　다	비　　싸　　다

10. 원심 압축기(certrifugal compressor)

왕복동 압축기나 회전식 압축기는 피스톤과 회전자에 의하여 가스를 흡입하여 압축하는데 원심식 압축기는 볼류트 펌프(volute pump)가 원심력에 의해 물을 보내는 원리와 같은 형식으로 임펠러(impeller)의 고속회전에 의한 원심력으로 압축하며 일명 터보(turbo) 압축기라고 한다.

(1) 특징

① 왕복동 및 회전식은 용적압축 방식이나 터보 압축기는 임펠러(impeller)에 의하여 냉매 가스에 운동 에너지를 주고 임펠러 주위에 고정된 디퓨저(diffuser)에 의해 속도가 압력으로 압축하는 방식을 취하고 있다. 임펠러수에 따라 1단 또는 2단 압축이라 한다.

② 왕복운동이 아닌 회전운동이므로 동적인 밸런스(balance)를 잡기 쉽고 진동이 적다.

③ 마찰부분이 적어 고장이 적고 수명이 길다.(피스톤, 실린더, 크랭크 샤프트가 없다.)

④ 단위 냉동능력당 중량 및 설치면적이 적어 모든 설비비가 싸다.

⑤ 저압의 냉매를 사용하므로 위험이 적고 운전이 쉽다.

⑥ 용량제어가 쉽고 정밀한 제어를 하기 쉽다.

⑦ 대용량의 공기조화용으로 많이 사용한다.(회전수는 10,000～12,000[rpm])

⑧ 소용량의 것은 제작이 곤란하고 제작비가 많이 든다.(단점)
⑨ 소음이 크다.(단점)

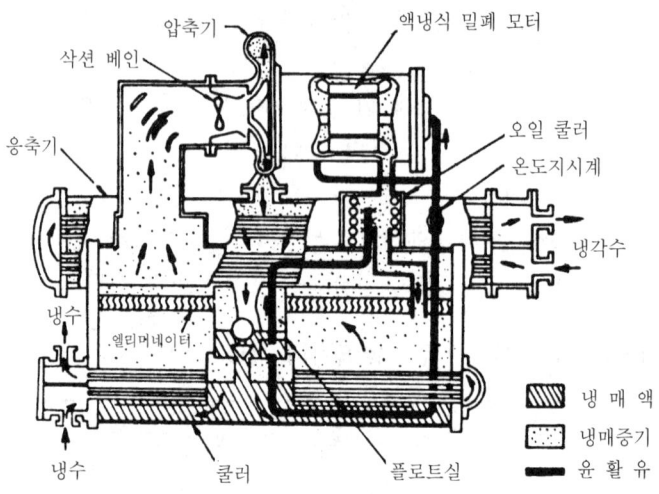

압축기

삭션 베인

액냉식 밀폐 모터

응축기

오일 쿨러

온도지시계

냉각수

냉수

엘리머네이터

냉수   쿨러   플로트실

냉 매 액
냉매증기
윤 활 유

🔺 터보 냉동기 사이클

(2) 터보 압축기 서징(surging) 현상이란?

터보 압축기에서 흡입 가스 유량을 감소시키거나 응축압력을 점차 상승시켜 가스의 유량을 감소시키면 어떤 일정 유량에 이르러 급격히 압력과 흐름에 격심한 맥동(脈動)과 소음, 진동이 일어나 운전이 불안정하게 되는데 이러한 현상을 서징 현상이라 한다.

(3) 터보 압축기의 부속장치

① 임펠러(깃 바퀴)
② 헬리컬 기어(helical gear ; 고속회전을 위한 증속장치용)
③ 흡입 가이드 베인(guide vane)
④ 추기회수장치

※ 원심력에 의하여 가스속도가 증가되어 임펠러에서 나와 임펠러 주위에 고정된 디퓨저(diffuser)에서 속도를 압력으로 바꾼다.

> [참고]
>
> ■ 이코노마이저(economizer)의 기능
> 1단 압축비가 적어서 저단 토출가스 온도가 낮으므로 왕복동식 압축기처럼 저단 토출 가스를 냉각시키지 않고 2단압축 2단 팽창식의 중간 냉각기에 상당하는 이코노마이저를 사용하여 1단 팽창시 발생하는 플래시 가스와 저압 토출 가스를 혼합하여 2단 흡입 가스가 되도록 하므로 냉동능력 및 성적계수를 증대시킨다.
>
> ■ 임펠러의 기능
> 터보 냉동기에서 속도 에너지로 가스를 압축하는 것으로 강력 경합금 주물로 제작되어 정적 및 동적 밸런스가 잡혀있고 저항이 적게 만들어진다.

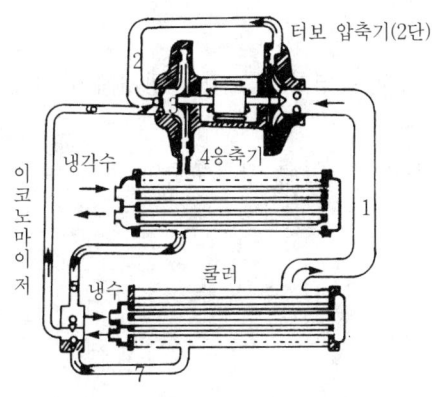

❏ 터보 냉동기의 냉동 사이클

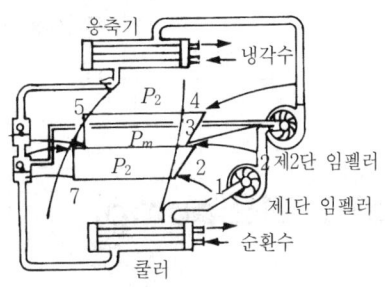

❏ 표준 냉동 사이클과 $P-h$ 선도

11. 스크루식(screw type) 압축기

스크루식은 암(female) 및 수(male) 두 개의 치형(齒形)을 갖는 각각의 로터(rotor)의 맞물림에 의하여 가스를 압축하는 형식으로 냉매 가스를 축방향으로 흡입·압축·토출을 반복한다.

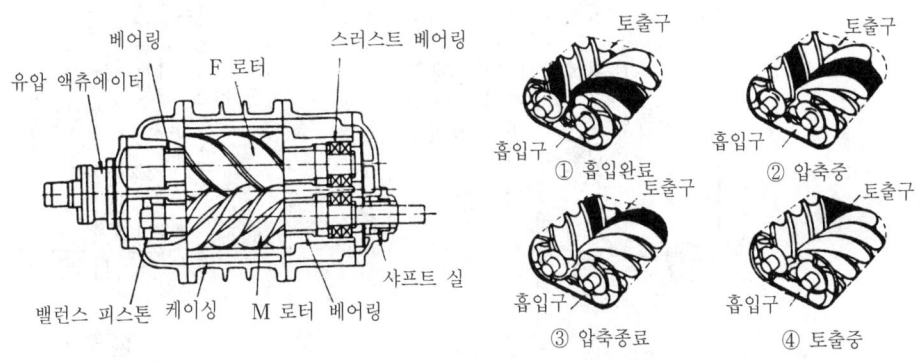

❏ 스크루 압축기의 구조　　　**❏ 스크루 압축기의 압축기구**

(1) 특징

① 소형으로 대용량의 가스를 처리할 수 있다.
② 마모 부분이 적다.
③ 1단의 압축비를 크게 할 수 있고 액압축의 영향도 적다.
④ 흡입 및 토출 밸브가 없다.
⑤ 냉매의 압력손실이 적어 체적효율이 향상된다.
⑥ 무단계, 연속적인 용량제어가 가능하다.
⑦ 고속회전(3500[rpm] 이상)에 의한 소음이 크다.
⑧ 독립된 오일 펌프 및 오일 냉각기가 필요하다.

⑨ 경부하운전시 동력소비가 크다.

⑩ 운전시 유지비가 비싸다.

⑪ 운전 정지 중에 고압가스가 저압측으로 역류하는 것을 방지하기 위해 흡입과 토출측에 체크 밸브를 설치해야 한다.

⑫ 크랭크 샤프트, 피스톤 링, 커넥팅 로드 등의 마모부분이 없어 고장이 적다.

5-2. 펌프(pump)

1. 펌프의 개요 및 분류

펌프란 액체에 에너지를 주어 이것을 저압부(낮은 곳)에서 고압부(높은 곳)로 송출하는 기계로서 작동상 크게 분류하면 다음과 같다.

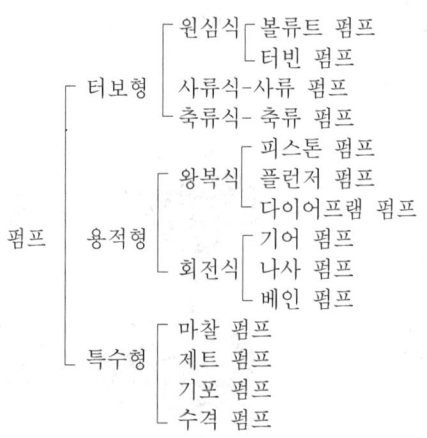

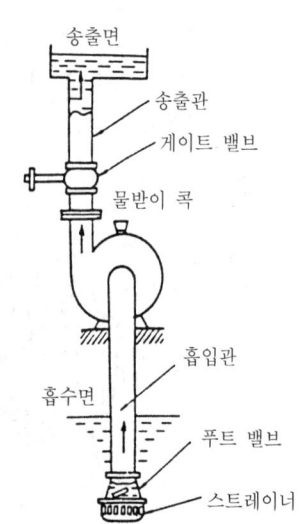

❏ 원심 펌프의 계통도

5-3. 응축기

1. 응축기의 작용

압축기에서 토출된 고온고압의 냉매 가스를 외부에서 공기나 냉각수를 가하여 열을 제거하여 응축액화시키는 장치이다.

2. 냉각방식에 따른 분류(응축방법)

    (1) 수냉식
    (2) 공냉식
    (3) 증발식

3. 응축기의 종류

    응축기(凝縮器 ; condenser)는 냉각유체나 형상에 따라 다음과 같은 구조로 나눈다.

(1) 수냉식 응축기

    ① 입형 셸 앤 튜브식 응축기(vertical shell & tube condenser) : 높이 약 4800[mm] 정도
의 구리판에 51[mm](2인치 정도) 크기, 다수의 냉각관을 설치하며 냉각관 내면에 냉
각수를 흐르게 하여 그 외면에 흐르는 냉매 가스를 응축시키는 형식으로 입형 원통다
관식 응축기라고도 하며 대형 암모니아 냉동기에 사용된다.

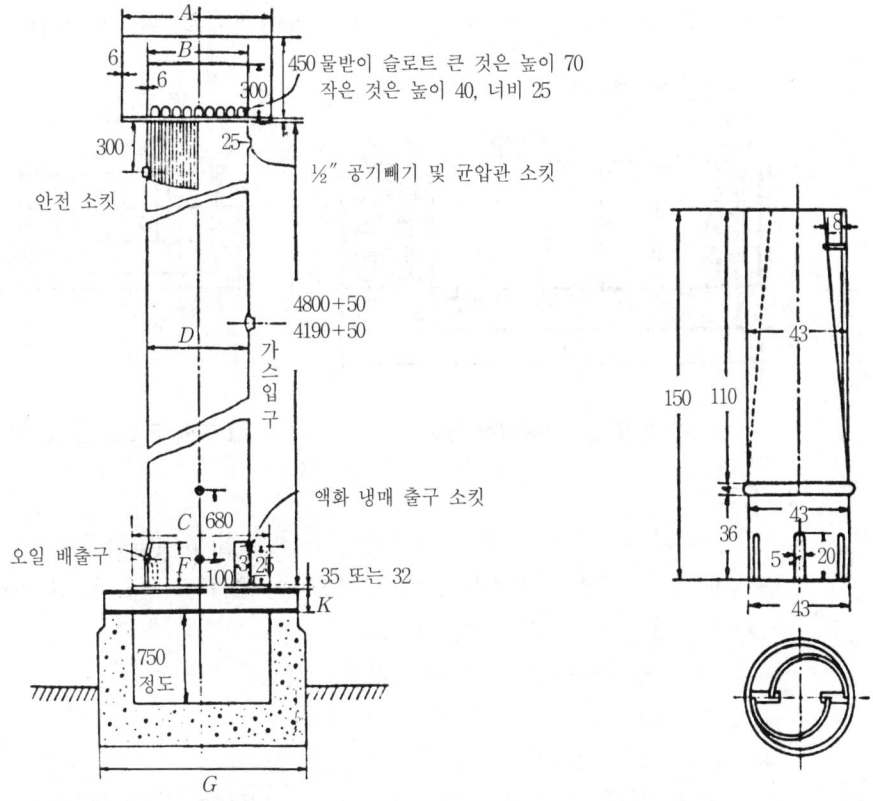

            🔼 입형 셸 튜브식 응축기   🔼 스웰링(swelling)(냉각수 선회기)

※ 특징

㉮ 원통(shell) 내부에는 냉매가 관(tube)에는 냉각수가 흐른다.

㉯ 냉각관 입구에 선회기(旋回器 ; swirl)을 설치하여 냉각수가 냉각관 내벽을 따라 흐르도록 되어 있다.

㉰ 대형 암모니아 냉동기에 사용된다.

㉱ 냉각수 소비량이 커서 충분한 냉각수가 있고 수질이 우수한 곳에서 사용한다.

㉲ 구조가 간단하고 설치면적이 적다.

㉳ 실, 내외 어느 곳이든지 설치가 가능하고 운전 중에 청소 및 보수를 할 수 있다.

㉴ 응축기 상부와 수액기 상부는 균압관으로 연락되어 있다.

　㉠ 열통과율 : 750[kcal/m²h℃]

　㉡ 냉각수량 : 20[l/min.RT]

　㉢ 전열면적 : 1.2[m²/RT]

　㉣ 냉각수 입출구 온도차 : 3~4[℃]

② 횡형 셀 앤 튜브식 응축기(horizontal shell & tube condenser) : 원통을 가로로 설치하고 양쪽 마구리판에 다수의 냉각관을 설치하여 그 내부에 냉각수가 흐르게 하고 외부에 냉매 가스가 흘러 열교환함으로서 냉매 가스가 응축하는 형식이다.

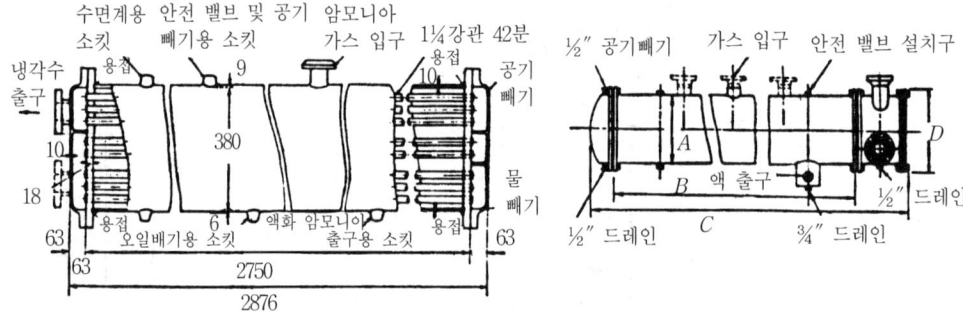

🔺 횡형 셀 앤 튜브식 응축기　　　　🔺 횡형 Freon용 셀 앤 튜브식 응축기

※ 특징

㉮ 수액기와 겸용으로 사용된다.(콘덴싱 유닛 조립에 적합하다.)

㉯ 냉매 가스는 셀 상부에서 들어와 액화되어 하부로 나온다.(셀(shell) 내의 냉매 관내는 냉각수가 흐르게 설계된다.)

㉰ 입구 및 출구에는 각각 수실을 가지고 있다.

㉱ 냉각수 출구와 입구의 온도차는 4~7[℃]이다.

㉲ 냉각관 내의 냉각수 속도는 1.0~1.5[m/sec]이다.

㉳ 일반적으로 쿨링 타워(cooling tower)를 사용한다.

㉴ 암모니아, 프레온용으로 소형에서 대형까지 많이 사용된다.(프레온용에는 전열면적을 증가시키기 위하여 로우핀 튜브를 사용한다.)

   ⑩ 냉각수 소비량이 비교적 적다.(증발식 응축기 다음으로 1RT]당 12[*l*]가 소비된다.)

   ㉫ 냉각관 청소가 곤란하고 청소시 운전을 정지해야 한다.

   ㉬ 과부하 운전이 곤란하고 냉각관의 부식이 잘된다.

     ㉠ 열통과율 : $900[kcal/m^2 h℃]$

     ㉡ 전열면적 : $0.8 \sim 0.9[m^2/RT]$

     ㉢ 냉각수량 : $12[l/min.RT]$

     ㉣ 냉각수의 입출구 온도차 : $6 \sim 8[℃]$

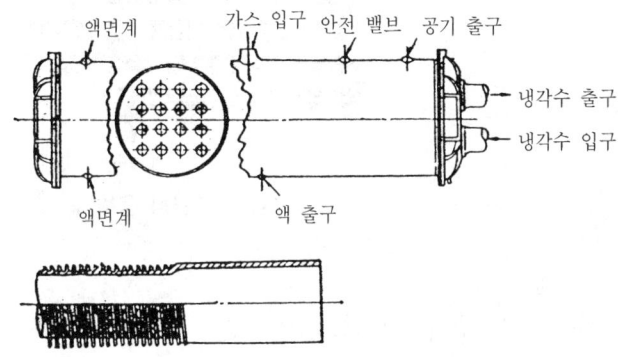

❏ 수냉식 응축기(원통 다관식)

③ 셸 앤 코일식 응축기(shell & coil condenser) : 횡형으로 설치된 셸 안의 코일 형태의 냉각관이 장착된 형식의 응축기이다.

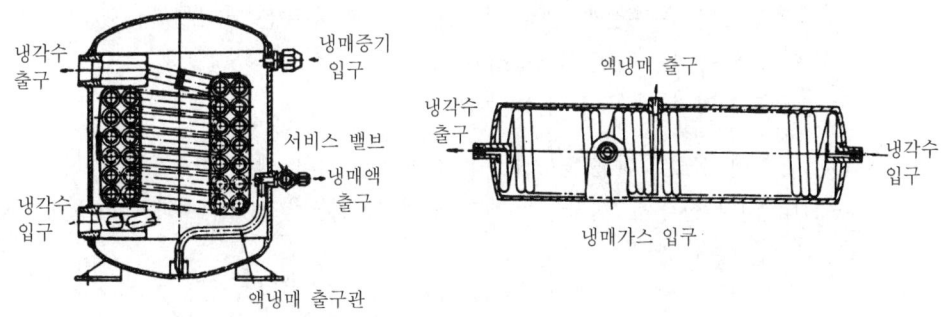

❏ 셸 앤 코일식 응축기

※ 특징

   ㉮ 냉각관 내에는 냉각수가 셸 내에는 냉매가 흐른다.

   ㉯ 냉각관의 청소가 곤란하다.

   ㉰ 소형 프레온용으로 사용된다.(현재는 거의 사용하지 않는다.)

     ㉠ 열통과율 : $500 \sim 900[kcal/m^2 h℃]$

　　　ⓛ 전열면적 : 0.8~1.0[m²/RT]

　　　ⓒ 냉각수량 : 12[l/min.RT]

④ 2중관식 응축기(double-pipe condenser) : 관을 2중으로 설치하고 내관으로 냉각수가 흐르고 외관에는 냉매가 흐르게 하여 서로 향류(向流 : counter flow) 접촉시킴으로서 냉매 가스를 냉각 응축시키는 것이다. 소형 프레온용 중소형, NH₃ 장치용으로 사용하며 유닛화되어 패키지 에어콘 등에 사용된다.

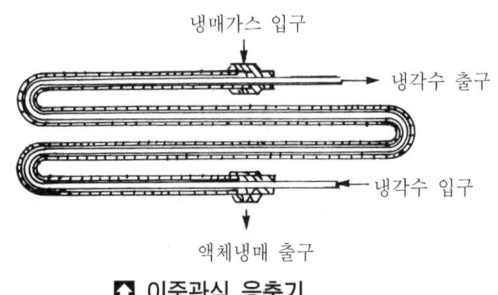

🔼 이중관식 응축기

※ 특징

　㉮ 냉매는 위에서 아래로, 냉각수는 아래에서 위로 흐른다.

　㉯ 냉각수의 입, 출구 온도차는 8~10[℃]이다.

　㉰ 배관의 지름

　　　㉠ NH₃ : 외관 : 2[B], 내관 : $1\frac{1}{4}$[B]

　　　ⓛ 프레온 : 외관 : $\frac{3}{4} \sim \frac{5}{8}$[B], 내관 : $\frac{1}{2} \sim \frac{3}{8}$[B]

　㉱ 관속의 유속은 1~2[m/s], 1톤당 소요 수량은 7~9[l/min-ton]

　　　㉠ 열통과율 : 900[kcal/m²h℃]

　　　ⓛ 전열면적 : 0.8~1.0[m²/RT]

⑤ 7통로식 응축기 : 지름 20[cm], 길이 4.8[m]의 쉘을 가로로 설치하고 그 안에 지름 51[mm]의 냉각관 7본을 삽입하여 냉각관 내를 냉각수가 차례로 흐르게 하는 방식이다.

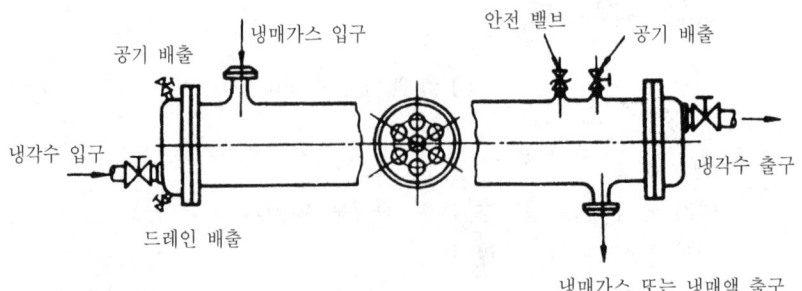

🔼 7통로식 셸 앤 튜브식 응축기

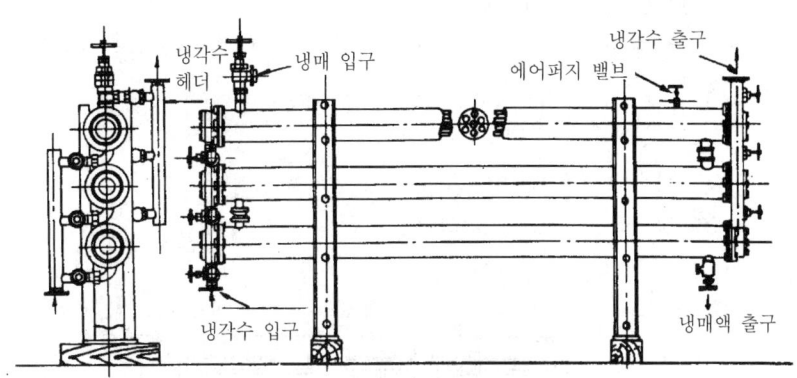

냉각수 헤더　냉매 입구　에어퍼지 밸브　냉각수 출구

냉각수 입구　냉매액 출구

🔼 7통로 응축기 조립도

※ 특징

　㉮ 셸 내로 냉매가 또한 7튜브 내로 냉각수가 흐른다.

　㉯ 설치면적을 적게 할 수 있다.

　㉰ 냉각수량이 적게 든다.(12[l/min/RT])

　㉱ 능력에 따라 조합시켜 사용할 수 있다.(호환성이 있어 수리가 용이하다.)

　㉲ 전열이 양호하다.(1000[kcal/m^2h℃], 냉각수 속도 : 1.3[m/sec])

　㉳ 구조가 복잡하고 설치비가 비싸다.

　㉴ 대용량에 부적당하다.

　㉵ 냉각관 청소가 곤란하다.

　　㉠ 전열면적 : 0.9[m^2/RT]

　　㉡ 냉각수량 : 12[l/min.RT]

　　㉢ 통과속도 : 1.3[m/sec]

⑥ 대기식 응축기(atmospheric condenser) : 냉매 가스가 흐르는 다수의 수평관을 몇 개 단을 겹치고 그 양단을 리턴 벤드(return bend)로 연결하여 상부에 설치한 냉각수통에서 냉각수를 균일하게 전관 길이에 대하여 흐르게 만든 형식이다. 즉, 구조가 냉각관을 헤어 핀(hair pin)형으로 만들어 설치한 것이다.

※ 특징

　㉮ 냉매는 아래에서 위로 흐르고 냉각수는 상부에서 관표면을 따라 흐른다.

　㉯ 블리더형(bleeder type)이 많이 사용되며 액화 냉매는 관의 도중에서 빼어낸다.

　㉰ 겨울에는 공랭식으로 사용된다.

　㉱ 냉각수가 지하수 등 수질이 불량한 곳에서 사용된다.(주로 중대형의 NH_3 냉동용)

　㉲ 냉각관의 청소가 쉽다.

　㉳ 냉각수의 일부가 대기중에 증발된다.

　㉴ 대용량으로 가격이 고가이고, 설치장소가 넓어야 한다.

   ⑨ 냉각관의 부식이 되기 쉽다.

   ⑳ 응축된 냉매액은 냉각관의 중간부를 통해 흘러나와 액 헤드를 통해 수액기에 고

   인다.

      ㉠ 열통과율 : $650[\text{kcal/m}^2\text{h}℃]$

      ㉡ 전열면적 : $1.4[\text{m}^2/\text{RT}]$

      ㉢ 냉각수량 : $15[l/\text{min.RT}]$

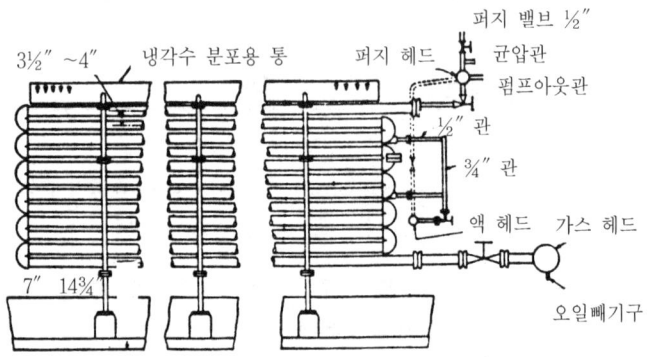

☝ 대기식 응축기

   ⑦ 증발식 응축기(evaporative condenser) : 냉매 가스가 흐르는 냉각관 코일의 외면에

   냉각수를 분무 노즐(nozzle)에 의해 분사시키고 여기에 송풍기를 이용하여 건조한 공

   기를 3[m/sec]의 속도로 보내어 공기의 대류작용 및 물의 증발 잠열로 응축하는 형식

   이다. 주로 NH_3 장치에 사용하며 중형의 프레온 장치에 사용한다.

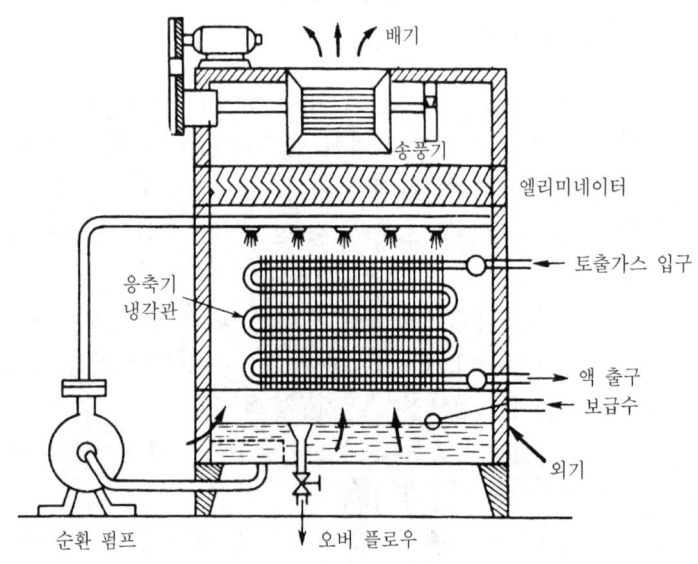

☝ 증발식 응축기의 구조

※ 특징

㉮ 물의 증발잠열 및 공기, 물의 현열에 의한 냉각 방식으로 냉각소비량이 작다.(냉각수가 부족한 곳에서 사용한다.)

㉯ 상부에 엘리미네이터(eliminator)를 설치한다.

㉰ 겨울에는 공랭식으로 사용된다.

㉱ 외기 습구온도 및 풍속에 의하여 능력이 좌우된다.

㉲ 냉각관 내에서 냉매의 압력강하가 크다.

㉳ 냉각탑의 별도 설치가 필요가 없다.

㉴ 팬(fan), 노즐(nozzle), 냉각수 펌프 등 부속설비가 많이 든다.

㉵ 증발식은 냉각수량이 적게 들고 옥외설치가 가능하며 구조가 복잡하고 순환 펌프나 송풍기 등 설비비가 많이 들고 압력강하가 크므로 고압측배관에 주의해야 하며 청소나 보수가 곤란하다.

 ㉠ 열통과율(나관의 경우)

 · NH_3 : $220\sim280[kcal/m^2h℃]$

 · Freon : $200\sim250[kcal/m^2h℃]$

 ㉡ 전열면적 : $1.3\sim1.5[m^2/RT]$

 ㉢ 풍속 : $2\sim3[m/sec]$

 ㉣ 냉각송풍량 : $8\sim13[m^3/min.RT]$

 ㉤ 순환수량 : $8[l/min.RT]$, 보급수량 : $0.1\sim0.16[l/min.RT]$

※ 엘리미네이터(eliminator) : 냉각관에 분무되는 냉각수의 일부가 공기와 같이 외부로 비산(飛散)되는 것을 방지하기 위해서 응축기 상부에 설치하는 장치

※ 공랭식과 수냉식의 비교

 · 수냉식은 공랭식보다 전열효과가 크다.

 · 공랭식은 통풍이 잘되고 신선한 곳에 설치해야 한다.

 · 수냉식은 설치 유지비가 공랭식에 비해 크다.

 · 수냉식은 수리 점검이 곤란하다.

 · 공랭식은 응축온도 및 압력이 높아 동력소비가 크다.

(2) 공랭식 응축기(air cooling type condenser)

공랭식은 바깥지름 $3/8\sim1/2''$의 동관에 핀(fin)을 부착하여 코일을 형성하고 여기에 냉각공기를 $2\sim3[m/sec]$의 속도로 이송하여 냉각시킨다. 이 때 핀은 관의 표면에 밀착시켜야 열전달이 잘되어 전달효과가 크고 간극이 있을 경우에는 효과가 저하된다. 공랭식 응축기는 응축온도가 외기온도보다 $15\sim20[℃]$ 정도 높아 효율이 불량하나 냉각수 사용에 비하여 매우 간편하고 경제적인 잇점이 있어 점차 대용량화되고 있다. 종류는 자연대류식과 강제대류식이 있다. 관내에 냉매증기를 통과시킨다.

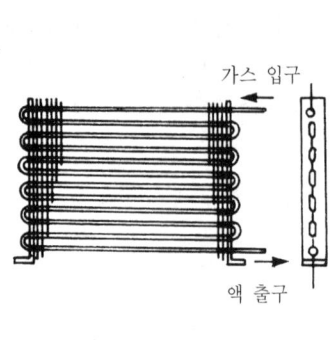

↥ 자연 대류식

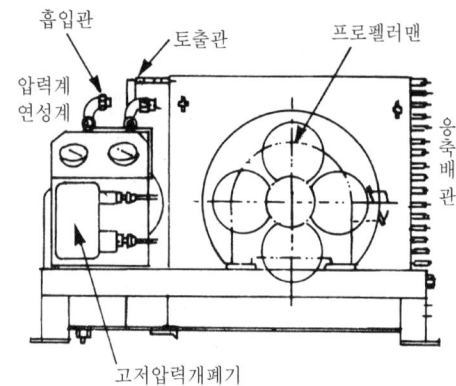

↥ 강제 순환식

※ 특징

① 냉각수를 사용하지 않으므로 여기에 필요한 냉각수 배관, 펌프, 배수시설 등이 불
   필요하다.

② 설치가 간단하고 부식이 잘 되지 않는다.

③ 응축기가 옥외에 설치되어 고압 냉매 배관이 길어진다.(통풍이 잘되는 곳에 설치
   한다. 그리고 압력강하에 주의한다.)

④ 기온에 따라 응축 압력의 변화가 심하므로 응축 압력을 제어해야 한다.

⑤ 송풍 형식에 따라 자연대류식과 강제대류식으로 구분한다.

⑥ 공기는 냉각수에 비해 전열이 불량하여 넓히기 위하여 플레이트 핀 튜브(plate
   finned tube)를 사용한다.

⑦ 최근 소형 프레온 냉동기에서 대형에 까지 널리 이용된다.

⑧ 냉매증기와 공기의 온도차는 15[℃] 정도로 하여 냉각면적을 구하고 있다. 따라서
   외기온도가 30~35[℃]이면 응축온도가 45~50[℃] 정도가 되므로 NH_3 장치는 공
   랭식으로 하기가 어려운 형편이다.

3. 냉각탑(cooling tower)

수냉식 응축기에서 온도가 높아진 냉각수를 공기와 접촉시켜 물의 증발잠열을 이용하여
냉각작용을 하고 나온 출구수온을 공기로 다시 냉각하여 응축기로 보내어 재사용함으로
써 냉각수의 부족해소 및 기타 경제적인 운전을 가능하게 한다.

(1) 원리

① 물과 공기와의 온도차에 의한 냉각작용

② 물의 증발에 의한 냉각작용

(2) 종류

① 대기형

② 자연통풍형

③ 강제통풍형

④ 역류형(counter flow) ┐

⑤ 직교형(cross flow) ┘ 공기와 물의 접촉에 의한 분류

⑥ 흡입식 ┐

⑦ 압입식 ┘ 송풍기 설치 위치에 따른 분류

※ 흡입식은 송풍기가 탑의 출구에서 공기를 흡입하고 압입식은 송풍기가 탑의 입구에서 공기를 압입한다.

(3) 냉각탑의 냉각능력

① 냉각탑 냉각능력(kcal/h) = 냉각수 순환량(l/h)×쿨링 레인지

② 쿨링 레인지(cooling range) = 냉각수 입구온도(℃) − 냉각수 출구온도(℃)

③ 쿨링 어프로치(cooling approach) = 냉각수 출구온도(℃) − 입구 공기의 습구온도(℃)

※ 쿨링 레인지가 클수록 쿨링 어프로치가 작을수록 냉각탑의 능력은 커진다. 그 이유는 냉각탑의 냉각능력은 입구 공기의 습구온도에 영향을 받으므로 쿨링 어프로치가 크다는 것은 냉각탑에서 냉각된 냉각 수온이 그만큼 높아져서 응축기에 유입되므로 냉각탑의 냉각능력은 불량해진다.(냉각탑은 1[RT]당 능력 : 3900[kcal/RT])

(4) 냉각탑의 설치시 유의사항

① 설치 위치는 급수가 용이하고, 공기 유통이 좋을 것

② 고온의 배기 가스에 의한 영향을 받지 않는 장소일 것

③ 취출공기를 재흡입하지 않도록 할 것

④ 냉각탑에서 비산되는 물방울에 의한 주위 환경 및 소음 방지를 고려할 것

⑤ 2대 이상의 냉각탑을 같은 장소에 설치할 경우에는 상호 2[m] 이상의 간격을 유지할 것

⑥ 냉동장치로부터의 거리가 되도록 가까운 장소일 것

⑦ 설치 및 보수 점검이 용이한 장소일 것

(5) 특징

① 수원이 풍부하지 못하거나 냉각수를 절약하고자 할 때 사용한다.

② 증발식 응축기와 비슷한 원리이다.

③ 물의 증발잠열을 이용하므로 외기의 습구온도의 영향을 많이 받는다.

④ 물이 증발하여 냉각수를 냉각시킬 때는 냉각수의 2[%] 정도로 소비하여 수온 1[℃]를 내릴 수 있고 95[%] 정도가 회수 가능하다.

⑤ 외기의 습구온도보다 낮게는 냉각시킬 수 없다. 고로 일반적으로 냉각탑 입구관은 출구관보다 약간 크다.

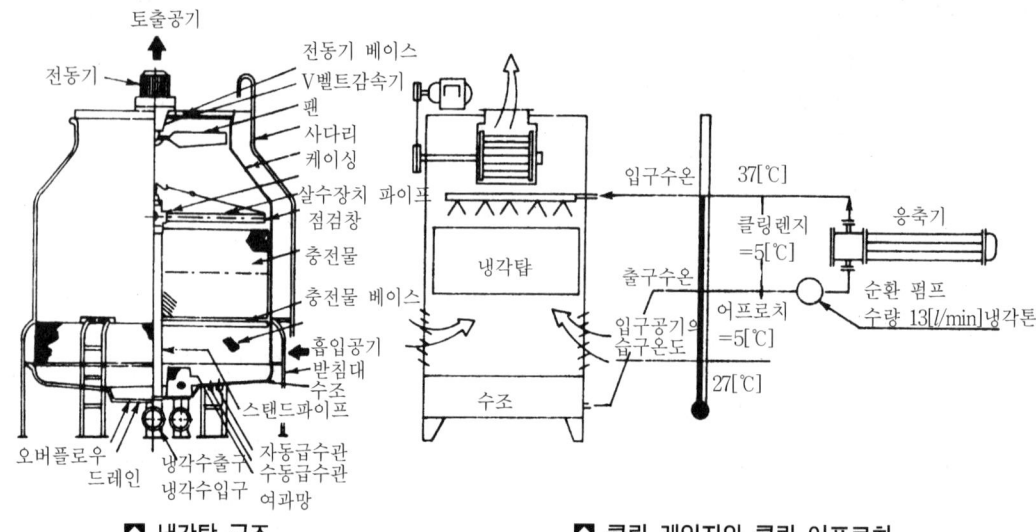

❏ 냉각탑 구조   **❏ 쿨링 레인지와 쿨링 어프로치**

4. 응축기의 응축부하(凝縮負荷)

(1) 냉매 1[kg]으로부터 응축기에서 제거해야 할 열량은 다음 식으로 표시된다.

$$qc = i_b - i_e \ [\text{kcal/kg}]$$

$\quad$ i_b : 응축기 입구에서 냉매증기 엔탈피(kcal/kg)
$\quad$ i_e : 응축기 출구에서 냉매액 엔탈피(kcal/kg)

(2) 여기서 냉매 순환량을 G[kg/h]라 하면 응축부하, 즉 냉매가 응축기에서 버리는 열
$\quad$ 량 Q_1[kcal/h]은

$$Q_1 = G(i_b - i_e) \ [\text{kcal/h}]$$

가 된다. 여기서 응축부하 (Q_1)은 냉동능력 Q_2[kcal/h]와 압축일에 상당하는 열량 A
[kcal/h]의 합이다.

$$Q_1 = Q_2 + A \ [\text{kcal/h}]$$

방열계수(放熱係數)는

$$\frac{Q_1}{Q_2} \ (공기조화 : 1.2, \ 제빙, \ 냉장 : 1.3)$$

(3) 다음에 이것과 같은 열량이 냉각수 또는 공기에 의해 열교환되어 제거되므로

$$Q_1 = C_p G \varDelta t \ [\text{kcal/h}]$$

$\quad$ C_p : 냉각수 또는 공기의 정압비열(kcal/kg℃)
$\quad$ G : 냉각수량 또는 공기유량(kg/h)
$\quad$ $\varDelta t$: 냉각수 및 공기의 입출구 온도차(℃)

(4) 또 전열과정으로부터

$$Q_1 = KF \Delta m$$

$$F = \frac{Q_1}{K \cdot \Delta m}$$

K : 열관류율(熱灌流率(kcal/m²b℃)

F : 전열면적(m²)

Δm : 냉매의 응축온도와 냉각수(또는 공기) 입출구 온도와의 대수평균 온도차(℃)

위의 공식은 응축기 및 기타 모든 열교환기의 설계에서 전열면적을 구하는 기본식이다. 위에서 Δm은 냉매의 응축 온도와 냉각수 입출구의 대수평균 온도차이나 일반적으로 산술평균 온도를 사용하여 응축부하 계산에 사용하기도 한다.

① 대수평균 온도

$$\Delta m = \frac{\Delta_1 - \Delta_2}{\ln \dfrac{\Delta_1}{\Delta_2}} = \frac{\Delta_1 - \Delta_2}{2.3 \log \dfrac{\Delta_1}{\Delta_2}}$$

Δ_1 : 응축온도-냉각수 입구온도

Δ_2 : 응축온도-냉각수 출구온도

② 산술평균 온도

$$응축온도 - \left(\frac{냉각수\ 입구온도 + 냉각수\ 출구온도}{2} \right)$$

※ 응축기에서 방출하는 열량은 증발기에서 흡수하는 열량과 압축기에서 소비하는 동력의 열당량의 합이며 응축기에서 방출하는 열량은 대략 증발기에서 흡수하는 열량의 1.25배 정도이다.

5. 응축기의 열관류율

열역학의 자연법칙에 의하여 열은 고온측에서 저온측으로 흐른다. 이것이 전열(伝熱)현상이다. 냉각관에 있어서의 전열을 평면벽을 통한 전열로 생각하면 그 전열량은 냉각관의 재질 및 두께에 따라 다르며, 또한 냉각수 입출구 온도차 및 유체의 유동에 따라 변한다. 응축부하계산

$$Q_1 = KF \triangle m$$

에서 Q_1는 K에 비례한다. K가 작아지면 열의 이동은 작아진다. 여기서 이 K를 열통과율[kcal/m²h℃]이라 한다.

$$K = \cfrac{1}{\cfrac{1}{a_R} + \cfrac{l_1}{\lambda_1} + \cfrac{l_2}{\lambda_2} + \cfrac{l_3}{\lambda_3} + \cfrac{1}{a_W}}$$

K : 열관류율(kcal/m²h℃)
a_R : 냉매측의 표면 열전달율(kcal/m²h℃)
a_W : 냉각수측의 표면 열전달율(kcal/m²h℃)
λ_1, λ_2, λ_3 : 유막, 관벽, 물때(scale)의 열전도율(kcal/m²h℃)
l_1, l_2, l_3 : 유막, 관벽, 물때의 두께(m)

냉매측 표면 열전달율의 값은 냉매의 종류에 따라 다음과 같다.

① 암모니아 : 5000[kcal/m²h℃]

② 클로르메틸 : 1900[kcal/m²h℃]

③ R-12 : 1600[kcal/m²h℃]

④ R-22 : 1800[kcal/m²h℃]

냉각수측의 표면 열전달율은 수냉의 경우 관지름이 10~30[mm]에서 대략 다음 식에 표시된다.

$$a_W = 3000(1 + 0.015 t_m)0.87 W + 0.13)$$

t_m : 평균온도(℃)
W : 냉각수 유속(m/sec)

6. 증발식 응축기의 전열계산

증발식 응축기(evaporative condenser)는 물에 젖은 냉각관에 냉각공기를 송풍하여 온도에 따른 열대류와 물의 증발에 따라서 냉각 작용을 하는 것으로서 응축기의 전열작용은 다음의 전열과정이 조합되어 이루어진다.

(1) 응축 냉매 가스로부터 냉각관 벽으로의 전열 (Q)

$$Q = a_R Fi(twi - t_R)$$

a_R : 냉매측의 열전달율(kcal/m²h℃)
Fi : 냉각관의 내벽 면적(m²)
twi : 냉각관의 내벽 온도(℃)
t_R : 냉매의 응축 온도(℃)

(2) 냉각관 벽으로부터 냉각관 위의 냉각수로의 전열 (Q_s)

$$Q_s = a_W F_o(t_{W_o} - t_W)$$

a_W : $192 \left(\dfrac{W}{LD}\right)^{\frac{1}{3}}$, W : 길이 L(m), 지름 D(m)의 수평관 위에 살수하는 수량(l/h)
F_o : 관의 외벽 면적(m²)
t_{W_o} : 냉각관의 외벽 온도(℃)
t_W : 냉각수 온도(℃)

(3) 냉각수면으로부터 냉각 공기로의 전열 (Q_a)

$$Q_a = \frac{ai}{CP} \; F_o(iw - ie)$$

a_i : 냉각수면에서 냉각공기로의 전열계수
CP : 정압비열(0.25)
iw : 냉각수 온도에 상당하는 포화공기의 엔탈피(kcal/h)
ie : 냉각공기의 엔탈피(kcal/h)

수냉식 응축기에서는 1[kg]의 냉각수가 감열로 흡수하는 열량은 4~6[kcal]이고 증발식은 580[kcal]의 증발열을 흡수하기 때문에 순환수량은 이론적으로 1[%] 정도의 소비량으로 충분하나 실제로는 분사수분이 수막(water screen)으로 코일관을 적셔야 하고 불순물의 농축(濃縮) 등으로 약 5~10[%] 정도의 더 많은 수량이 소요된다.

① 응축기 냉각관의 오염계수

$$\text{m}^2\,\text{h}\,℃ \; : \; \frac{l_1}{\lambda_1} \; \frac{l_f}{\lambda_f}$$

l_1 : 유막의 두께(m)
λ_1 : 유막의 열전도율(kcal/mh℃)
l_f : 물때의 두께(m)
λ_f : 물때의 열전도율(kcal/mh℃)

② 소요냉각 풍량계산 (G_A)

$$G_A = \frac{Q_C}{0.28 \times (t_2 - t_1)}$$

Q_C : 응축부하(kcal/h)
G_A : 냉각풍량(m³/h)
0.28 : 공기의 비열(kcal/m³ ℃)
$t_2 - t_1$: 냉각공기 출구온도 - 냉각공기 입구온도(℃)

7. 응축 온도 및 압력의 상승원인

(1) 응축기의 냉각수온 및 냉각공기의 온도가 높을 경우

(2) 냉각수량이 부족할 경우

(3) 증발부하가 클 경우

(4) 냉각관에 유막 및 스케일(scale)이 생성되었을 경우

(5) 냉매를 너무 과충전했을 경우

(6) 응축기의 용량이 너무 작을 경우

(7) 증발식 응축기에서 대기습구 온도가 높을 경우

(8) 불응축 가스가 혼입되었을 경우

(9) 공랭식의 경우 송풍량 부족 및 외기온도 상승

(10) 응축기에 액냉매가 퇴적하여 유효전열 면적이 감소한 경우

8. 불응축 가스

불응축 가스란, 공기, 염소, 오일의 증기, 수증기 등의 혼합물로 냉매와 같이 냉동장치내를 순환하다가 응축기 또는 수액기 상부에 모여서 액화되지 않고 남아 있는 가스로 일반적으로 공기를 말한다. 불응축 가스가 발생하며 응축온도와 응축압력이 증가한다.

(1) 발생 원인

① 냉매의 충전시
② 윤활유의 충전시
③ 진공 시험시(저압부의 누설)
④ 오일 포밍 현상의 발생 및 오일의 열화 또는 탄화시
⑤ 장치의 신설이나 휴지후 완전진공을 하지 못하여 남아 있는 공기

(2) 영향

① 응축 압력 상승
② 토출 가스 온도 상승
③ 응축능력 감소
④ 냉매와 냉각관의 열전달의 저해
⑤ 소요동력 증대
⑥ 암모니아 냉매인 경우 폭발 위험 초래
⑦ 실린더 과열로 오일 탄화 및 열화
⑧ 압축비의 증대
⑨ 축수하중 증대
⑩ 성적계수 감소 및 냉동능력 감소

(3) 응축압력 상승시 대책

① 냉각수 배관 점검 및 냉각수량 설계 검토
② 냉각관의 청소 및 오일을 수시로 드레인시킨다.
③ 가스 퍼저, 불응축 가스의 배제
④ 냉매 충전량과 부하정도의 점검
⑤ 균압관의 점검을 하여 냉매가 수액기로 잘 흘러가는가를 점검

9. 응축기의 관리

(1) 공랭식

① 솔로 털어낸다.
② 4~6[kg/cm^2] 증기로 세척
③ 압축기로 불어준다.

(2) 수냉식

① 정치법, 순환법, 세제로 세관한다.(화학세관)
② 화학세관제는 염산, 황산, 쿨민 등이다.
③ 무기산 사용제 : 염산, 황산, 인산, 슬퍼민산 사용
④ 유기산 사용제 : 구연산, 히드록산, 초산, 포름산
⑤ 유기산이 유리하다.

5-4. 증발기

1. 증발기의 작용

팽창 밸브를 통해서 오는 저온저압의 냉매액이 피냉동물체 또는 특정 공간으로부터 증발잠열을 흡수하여 냉동목적을 달성하는 열흡수장치이다.

2. 증발기의 분류

(1) 용도에 의한 분류

① 액체 냉각용
② 공기 냉각용
③ 고체 냉각용

(2) 증발기 내의 냉매상태에 따른 분류

① 건식 증발기(dry expansion type evaporator) : 건식은 팽창 밸브로부터 냉매가 직접 증발기로 들어가 증발관을 순환하는 사이에 냉매 75[%]가 증기로 되어 압축기로 흡입된다.

※ 특징

㉮ 증발기 내의 냉매액 25[%], 냉매가스가 75[%]인 상태이다.(주로 프레온 냉동장치용이다.)
㉯ 전열작용이 없는 냉매 가스가 많아(75[%]) 전열이 불량하다.
㉰ 오일의 회수가 용이하다.
㉱ 냉매량이 적게 소요된다.
㉲ 부하(負荷) 조절이 용이하다.
㉳ 냉각관에 핀(pin)을 붙혀 주고 공기냉각용으로 사용한다.
㉴ 암모니아일 경우 하부로 냉매를 공급하는데 이와 같이 냉매를 하부로 공급하는 방

식을 반만액식 증발기(semiflooded expansion type evaporator)라 하며 증발기 내
에 냉매액이 50[%], 가스가 50[%] 정도이다. 고로 오일 회수가 용이하다.

㉙ 건식증발기는 증발기 관내의 냉매액보다 냉매 가스량이 많아서 전열이 불량하여
주로 공기 냉각용으로 사용하며 액분리기는 필요없다.

㉚ 팽창 밸브 형식은 TEV, AEV, 모세관 등을 사용한다.

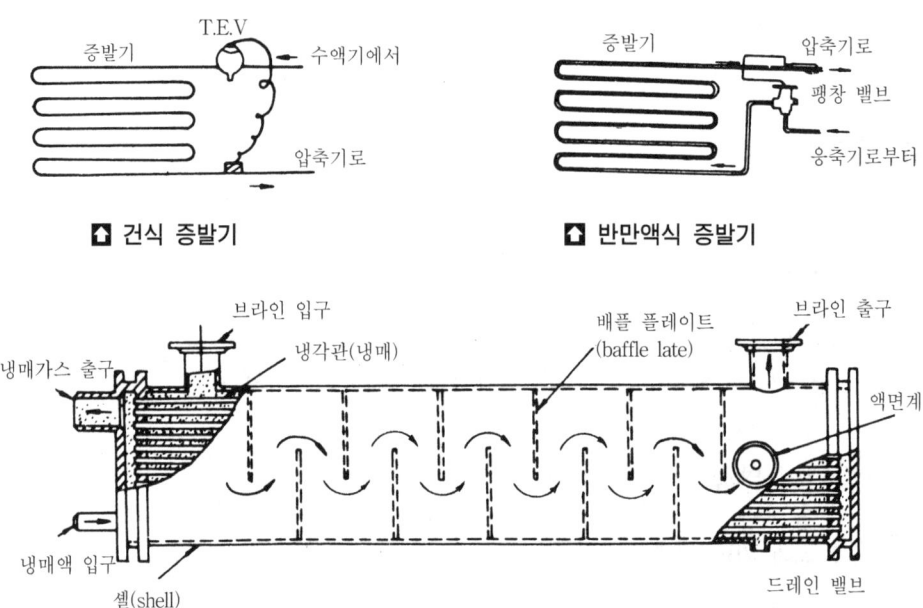

⬆ 건식 증발기   ⬆ 반만액식 증발기

⬆ 건식 셸 앤 튜브식 증발기

② 만액식 증발기(flooded expansion type evaporator) : 만액식은 팽창 밸브와 증발기
사이에 어큐뮬레이터(accumulator)를 설치하여, 팽창 밸브를 나온 습증기 중에서 냉매
액과 가스를 분리시켜 액만을 증발기로 흐르게 하는 형식이다.

※ 특징

㉮ 증발기 내 냉매액이 75[%], 냉매 가스가 25[%] 정도이다.

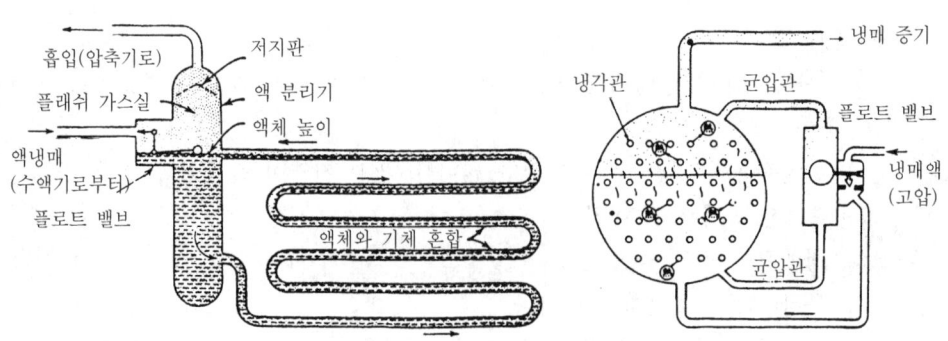

⬆ 만액식 증발기

㈏ 증발기 내에 항상 일정한 액이 충만되어 전열작용이 양호하다.

㈐ 건식에 비하여 냉매량이 많이 소요된다.

㈑ 프레온 냉매일 경우에는 오일 회수 장치가 필요하다.(오일이 증발기 내에 고일 우려가 있다.)

㈒ 주로 액체 냉각용으로 사용된다.

㈓ 증발기 입구에 역지 밸브를 설치하여 가스의 역류를 막는다.

㈔ 리퀴드 백(liquid back)을 방지하기 위하여 액분리기(accumulator)을 설치한다.

> **{참고}**
> ■ 어큐뮬레이터(액분리기)의 설치위치는 증발기보다 높은 위치에 설치해야 하고 그 용량은 증발기용량의 20[%] 정도이어야 한다.

③ 액순환식 증발기(liquid circulating type evaporator) : 액순환식은 냉매액을 펌프를 사용하여 강제적으로 냉각관 액을 순환시키는 방법으로 냉각관 벽은 전부 냉매액으로 차있어 전열이 양호하다.

※ 특징

㈎ 증발기에서 증발하는 냉매량의 4~6배의 냉매액이 펌프로 순환된다.

㈏ 증발기 출구에는 냉매액 80[%], 가스가 20[%] 존재한다.

㈐ 증발기 내에 오일이 고이는 염려가 없어 전열이 양호하다.

㈑ 액 펌프는 저압수액기와 증발기 입구 사이에서 설치한다.

㈒ 많은 냉매가 필요하며 펌프, 수액기 등 부속설비가 필요하다.(저압수액기와 액 펌프 사이에는 부속설비가 필요하다.(저압수액기와 액 펌프 사이에는 1.2[m] 정도의 낙차가 필요하다.)

㈓ 주로 대용량에 많이 사용하며 저온 및 급속동결용으로 쓰인다.

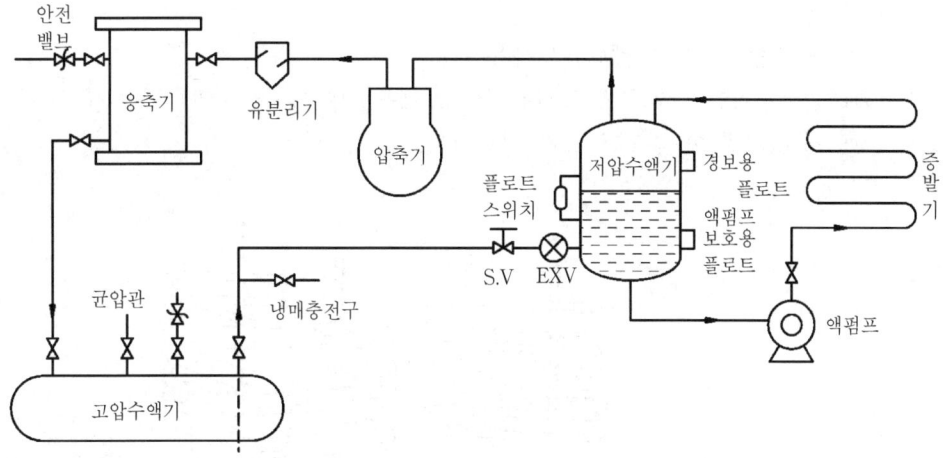

🔺 **액 펌프식 증발기**

㉔ 하나의 팽창 밸브로 여러 대의 증발기를 사용할 수 있다.(고압수액기 및 저압수액
기의 설치로 인하여 고압수액기에서의 액은 팽창 밸브를 통하여 저압수액기로 유
입됨으로 증발기마다 팽창 밸브를 설치할 필요가 없다.)

> **참고**
>
> ■ **액순환방식의 이점**
> ① 액 백(liquid back)이 일어나지 않는다.
> ② 제상(defrost)의 자동화가 가능하다.
> ③ 열전달율이 크다.(kcal/m²h℃)
> ④ 대용량에서 효율이 좋다.
>
> ■ **액 펌프의 설치시 유의점**
> ① 액 펌프는 저압 수액기의 하부에 설치한다.
> ② 흡입배관의 저항을 줄이기 위하여 지름이 큰 관을 사용한다.
> ③ 흡입배관 중 녹, 먼지 등 이물의 침입을 막는다.
> ④ 저압수액기와 1.2~1.5[m] 정도의 낙차를 유지시킨다.

④ 반만액식(습식) 증발기 : 반만액식은 증발기 내에 냉매액이 50[%], 냉매가스가 50[%]
정도로 건식에 비해 냉매량이 많고 전열이 양호하다.

※ **특징**

㉮ 냉매 공급방식은 아래 하부에서 위로 흐르면서 열교환한다.

㉯ 냉각관에 오일이 체류할 가능성이 있다.

㉰ NH₃ 냉동장치에서 직접 팽창식의 경우 많이 채택한다.

(3) 증발기의 구조에 의한 분류

① 관 코일식 증발기(나관식 ; bare type) : 강, 또는 동으로 만든 지름 1/2″~2″의 긴
관을 각종 코일(coil) 모양으로 하여 냉장고, 냉동, 냉장용 진열대의 냉각관 등에 많이
이용된다. 증발기의 기본형이며 공기냉각용으로 널리 쓰인다.

※ **특징**

㉮ 냉각관에는 나관(裸管)이 사용된다.

㉯ 암모니아는 만액식에도 사용되나 프레온이나 메틸클로라이드는 주로 건식이다.

㉰ 제상(除霜)이 쉽고 구조가 간단하다.

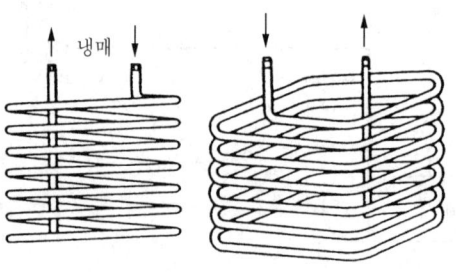

🔼 **관 코일 증발기**

    ㉑ 공기 냉각용에서는 표면적이 적기 때문에 관이 길어져 압력강하를 유발시킨다.

    ㉒ 열전달율이 나쁘다.

    ㉓ NH₃용은 강관, Freon은 동관을 사용한다.

② **판형 증발기(plate type)** : 관 코일식 증발기의 변형으로 알루미늄판 또는 스테인리스 판 등 2매의 금속판을 압접하여 만든 것으로 판 사이의 공간으로 냉매액이 흐르고 그 외면에 접촉하는 공기 또는 물, 브라인 등을 냉각하는 증발기이다.

※ **특징**

    ㉮ 주로 프레온용 건식 증발기로 사용된다.

    ㉯ 알루미늄판 등을 이용하므로 전열은 좋으나 재질이 약하다.

    ㉰ 알루미늄판의 경우 누설시 에폭시 등 화학 접착제로 밀봉한다.

    ㉱ 가정용 냉장고, 쇼 케이스(show case) 등의 냉각관용이며 급속동결장치에도 사용 된다.

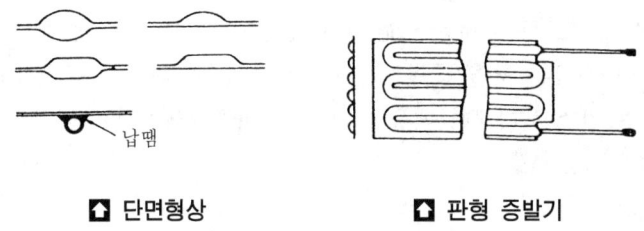

⬆ 단면형상   **⬆ 판형 증발기**

③ **핀 튜브식 증발기(finned tube type)** : 나관의 증발관 표면에 핀(pin)을 부착시켜 그 표면적을 증가시켜 전열량을 증대시킨 증발기이다.

※ **특징**

    ㉮ 건식으로 사용된다.

    ㉯ 자연대류식은 소형 냉장고, 냉장용 진열장, 공기 조화용에 큰 냉각면적을 얻기 위 해 사용된다.

    ㉰ 사용하는 핀(pin)은 암모니아(강 또는 알루미늄), 프레온(동 또는 알루미늄)을 사 용한다.

    ㉱ 자연 대류식과 강제 대류식이 있다.(자연 대류식은 1인치당 2~4열 정도 핀이 사 용된다.)

    ㉲ 소형으로 냉동능력이 크다.

    ㉳ 저온에서 제상이 곤란하다.

    ㉴ 강제 대류식은 증발기에 fan을 설치하여 자연 대류에 비하여 3~5배 정도 열통과 율을 취하고 풍속은 2~3[m/s]이다.

    ㉵ 자연 대류식은 핀의 표면적과 관의 표면적의 비는 6 : 20 정도이다.

    ㉶ 강제 대류식은 부하변동에 신속하게 대응할 수 있어 온도조절이 용이하다.

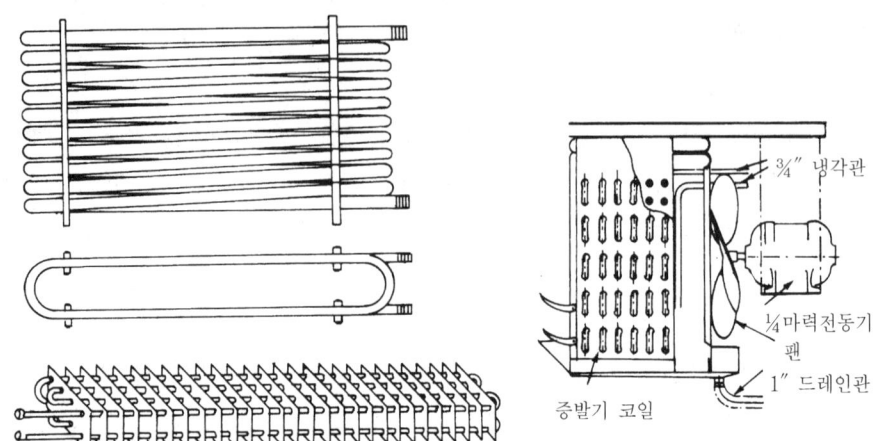

❖ 핀 튜브 증발기 외형   ❖ 강제 대류식 핀 튜브 증발기

④ 캐스케이드 증발기(cascade evaporator) : 이 방식은 액 헤더와 가스 헤더를 설치하고
여기에 냉각관 코일을 연결하여 액냉매를 액 헤더로 공급하고 냉각관 내에서 발생한
가스는 가스 헤더에서 액을 분리한 후 어큐뮬레이터를 통하여 흡입관에 흡입되는 형식
이다.

※ 특징
  ㉮ 암모니아용으로 벽 코일 및 동결선반에 이용한다.
  ㉯ 액냉매를 공급하고 가스를 분리하는 형식이다.
  ㉰ 최하부 냉각관의 액 레벨(level)을 일정하게 유지하기 위해서 플로트 밸브(float
     valve)을 사용한다.
  ㉱ 액 냉매의 순환과정 2→1→4→3→6→5 이다.
  ㉲ 증발관에 냉매가 균일하게 분배되어 전열이 양호하다.
  ㉳ 구조가 복잡하고 다량의 냉매액이 필요하며 헤더에서 액이 되돌아오기 쉽다.
  ㉴ 냉각관 코일은 집중기라 불리는 흡입 헤더에 연락되며 수조의 코일로 분류되어 있다.

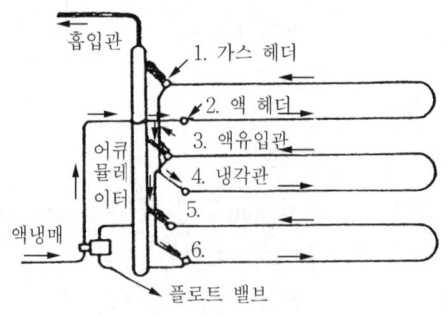

❖ 캐스케이드 증발기

⑤ 멀티 피드 멀티섹션 증발기(multi-feed multi-section evaporator) : 캐스케이드 증발기와 동일한 형식으로 암모니아를 냉매로 사용하며 공기동결실의 동결선반에 이용된다.

⑥ 셸 앤 코일식 증발기 : 입형과 횡형이 있으며 원통(shell) 내부의 1 또는 2중의 코일 관 내에 냉매가 흐르고 관외면에 접촉하는 물 또는 브라인을 냉각하는 형식이다.

※ 특징

㉮ 주로 음료수 냉각장치로 많이 이용된다.

㉯ 프레온용으로 건식 증발기이다.

㉰ 냉매량이 적고 자동팽창 밸브를 사용할 수 있다.

㉱ 열전달율은 만액식의 경우보다 나쁘다.

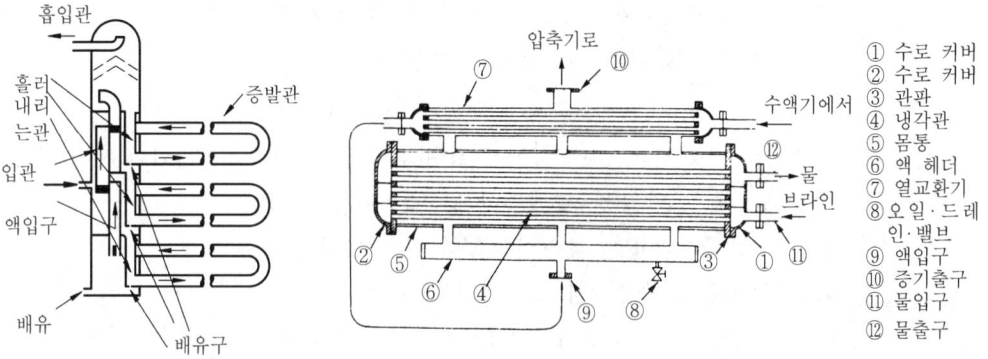

🔲 멀티피드 멀티섹션 증발기   **🔲 만액식 셸 앤 튜브식 증발기**

① 수로 커버
② 수로 커버
③ 관관
④ 냉각관
⑤ 몸통
⑥ 액 헤더
⑦ 열교환기
⑧ 오일 · 드레인 · 밸브
⑨ 액입구
⑩ 증기출구
⑪ 물입구
⑫ 물출구

⑦ 만액식 셸 앤 튜브 냉각기 : 암모니아용과 프레온용이 있으며 횡형 셸 앤 튜브식 응축기와 거의 같은 구조이며 냉각관 내에 물 또는 브라인을 흐르게 하고, 냉매는 냉각관 외부에서 증발하여 브라인을 냉각시키는 형식이다.

㉮ 암모니아 냉각기의 특징

㉠ 냉장용, 제빙용, 화학공업용의 브라인 냉각냉방의 냉수용에 사용된다.

㉡ 열전달율이 양호하다.

㉢ 냉각액의 동결로 냉각관 파손의 우려가 있다.

㉣ 셸(shell) 내는 냉매, 튜브 내는 브라인 냉매가 흐르다.

㉤ 사용되는 팽창 밸브는 플로트 밸브이다.

㉥ 튜브의 동파에 주의한다.

㉯ 프레온 냉각기의 특징

㉠ 공기조화장치, 화학공업, 식품공업 등에서 물, 브라인의 냉각기로 사용된다.

㉡ 냉매측에 핀(pin)을 부착하여 전열율을 상승시켰다.

㉢ 열교환기를 설치하여 냉매의 과냉각 및 리퀴드 백(liquid back)을 방지한다.

㉣ 오일 회수장치가 필요하다.

㉤ 브라인의 동결에 주의한다.

ⓑ 셸(shell) 내에는 냉매가 튜브 내는 브라인 냉매가 흐른다.

ⓢ 팽창 밸브로는 플로트 밸브가 사용된다.

※ 동파방지 대책

　ㄱ 동결방지용 TC를 사용한다.

　ㄴ 브라인 냉매에 부동액 사용

　ㄷ EPR(증발압력 조정 밸브) 사용

　ㄹ 단수 릴레이 사용

　ㅁ 냉각순환 펌프와 압축기와 인터록시킨다.

⑧ 건식 셸 앤 튜브식 냉각기 : 동파의 위험이 적으며 원통(shell) 내에 다수의 냉각관을 U형으로 하여 입구와 출구를 같은 방향으로 하고 원통 내에 물 또는 브라인이 냉각관 내를 냉매가 순환하며 열교환하는 형식이다.

※ 특징

　㉮ 오일이 장치 내에 고이는 일이 없어 유회수장치 및 유분리기의 설치 필요성이 없다.

　㉯ 만액식에 비해 소요 냉매량이 적다.(2~5[kg/RT])

　㉰ 원통 내에 물 또는 브라인이 순환됨으로 동파의 우려가 적다.

　㉱ 온도 조절식 자동팽창 밸브가 사용된다.

　㉲ 배플 플레이트(baffle plate)를 설치하여 열교환이 잘 이뤄지도록 한다.

　㉳ 브라인과 냉매의 온도차는 5~6[℃]로 한다.

　㉴ 열통과율이 나빠 핀 튜브를 사용한다.

　㉵ 프레온 공기조화용 칠링 유닛(chilling unit)에 적당하다.

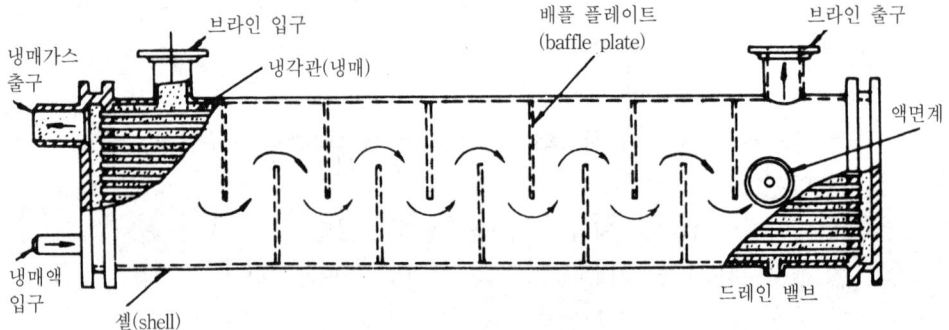

❏ 건식 셸 앤 튜브식 증발기

⑨ 탱크형 냉각기 : 슈퍼 플라이드형이 있으나 일명 헤리본식 증발기라고 하며 상하의 헤드 사이에 〉자형의 $1\frac{1}{4}$ ″ 관(길이 1.5~2.0[m])을 다수 설치한 것으로 한쪽에는 어큐뮬레이터가 부착되어 있다. 이 장치를 제빙조의 구획된 트렁크 내에 설치하고, 여기에 브라인을 0.3~0.75[m/sec]의 속도로 흐르게 한다.

※ 특징

㉮ 주로 암모니아용 제빙장치에 사용한다.(주로 암모니아 빙관식 제빙장치의 브라인 냉각용 증발기로 사용된다.)

㉯ 만액식이다.

㉰ 액순환이 용이하고 기액의 분리가 쉬워 전열이 양호하다.

㉱ 브라인이 동결하여도 파손되지 않는다.

㉲ 브라인의 유속이 떨어지면 냉동능력이 급격히 감소한다.

㉳ 탱크 내에 교반기에 의해 브라인이 순환한다.

㉴ 제빙 1톤당 냉각관의 길이는 15[m] 정도이나 실제는 19~27[m] 정도이다.

㉵ 교반기(프로펠러)는 브라인 탱크 내에 브라인(brine)은 일정한 방향으로 순환시켜 증발기와 브라인, 브라인과 어름통의 열전달을 좋게 하기 위해 브라인 탱크 내에 설치하는 장치로서 1일 제빙 1톤당 CaCl₂ 220~360[l/min] 정도를 움직일 수 있어야 하며 냉각관을 통과하는 유속은 0.3~0.75[m/s] 정도이다.

⑩ 보델로 냉각기(baudelot cooler) : 대기식 응축기와 동일한 구조를 갖는 증발기로 그 작용은 반대이다. 횡형으로 설치된 냉각관 상부통에서 냉각액을 구입하고 냉매는 횡형으로 정치된 냉각관 내를 흐른다.

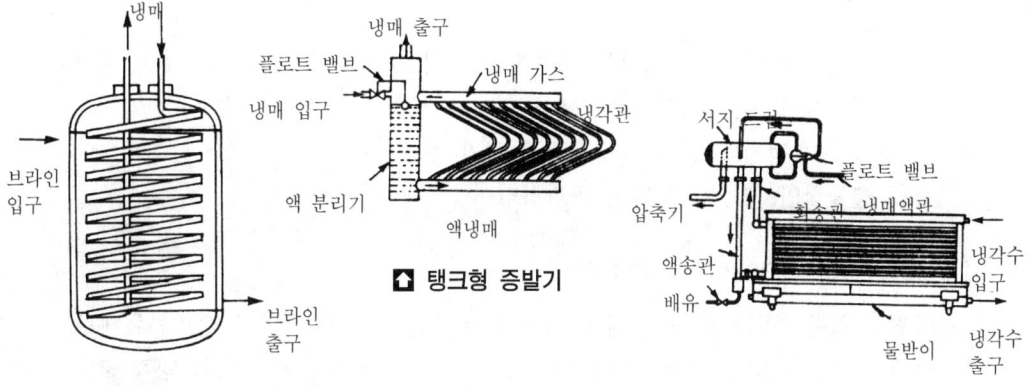

↑ 셸 앤 코일식 증발기   **↑ 탱크형 증발기**   **↑ 보델로 증발기**

참고

■ 프레온 냉동장치에서 2중 입상관

① 증발기가 여러 대이고 언로더 장치가 있는 경우 부하가 감소되었을 때 오일이 트랩에 고여 굵은 관을 막아 A관으로만 가스가 통과하여 오일을 회수한다.

② 최대부하시에는 A 및 B관을 통해 가스가 통과되면서 오일을 회수시킨다.

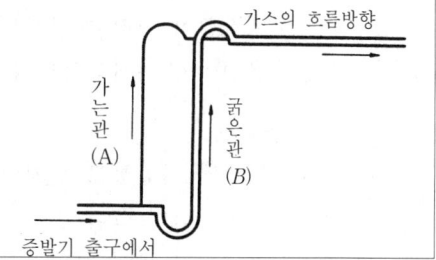

※ 특징

㉮ 물, 식품이나 우유 등의 냉각에 사용된다.

㉯ 냉각액이 동결되어도 장치가 파손하지 않는다.

㉰ 용량에 비하여 그 구조가 크다.

㉱ 냉각관의 청소가 쉽다.

㉲ NH_3는 주로 만액식이나 프레온(freon)은 습식을 사용하나 건식에도 사용된다.

3. 직접 팽창식과 브라인식(간접 팽창식)

(1) 직접 팽창식(direct expansion system)

냉각해야 할 장소, 즉 냉동공간에 냉각관을 설치하여 여기에 냉매를 직접 흐르게 하여 그 냉매의 잠열로서 열을 흡수하여 냉각하는 냉동방식이다.

① 장점

㉮ 동일한 냉동효과를 유지하기 위한 냉매의 증발온도가 높다.

㉯ 시설이 간편하다.

㉰ 소요동력이 적게 든다.

② 단점

㉮ 냉매 누설에 의한 냉장품의 손상을 가져온다.

㉯ 냉장실이 여러 개인 경우 팽창 밸브의 설치개수가 많아진다.

㉰ 압축기 정지와 동시에 냉장실 온도가 상승한다.

㉱ 능률적인 냉동기 운전이 곤란하다.

(2) 간접 팽창식(indirect system)

일명 브라인식이라 하며 냉매에 의하여 냉각된 브라인이 다시 피냉동물체로부터 감열형태로 열을 흡수하는 냉동방식으로 이 때 냉각된 브라인이 통하는 냉각 코일을 냉각기라고 하며 증발기 속의 냉매를 1차 냉매, 냉각기속의 냉매를 2차 냉매라 한다.

① 장점

㉮ 냉매 누설에 의한 냉장품 손실이 적다.

㉯ 냉장실이 여러 개일 경우에도 효율적인 운전이 가능하다.

㉰ 운전이 정지되더라도 온도 상승이 느리다.

② 단점

㉮ 설비가 복잡하고 설치비가 많이 든다.

㉯ 소요동력이 크다.

㉰ 유지비가 많이 든다.

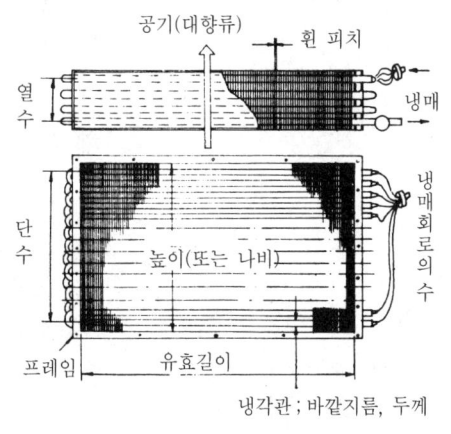
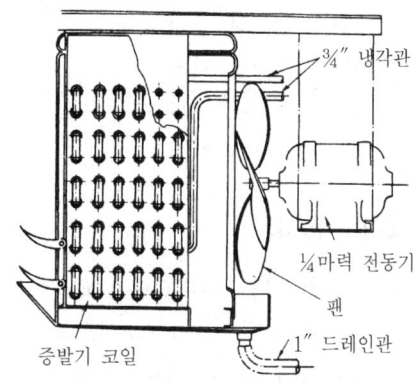

🔼 직접 팽창 플레이트 · 핀 · 코일식 증발기

🔽 직접 팽창식과 간접 팽창식의 비교

동일한 냉동효과를 얻을 경우	직접 팽창식	간접 팽창식
증　발　온　도	고	저
냉　동　능　력	소	대
소　요　능　력	소	대
냉　매　순　환　량	소	대
설　치　비	소	대
냉　매　충　진　량	대	소

4. C·A 냉장고(controlled atmosphere storage room)

보다 좋은 저장성을 얻기 위하여 냉장고 내의 산소농도를 3~5[%] 감소시키거나 탄산가스(CO_2) 농도를 3~5[%] 증가시켜 냉장고 내의 청과물의 호흡을 억제하면서 냉장하는 방법이다.

5. 제상장치(除霜裝置)

증발기는 코일의 표면 온도가 0[℃] 이하가 되면 공기중의 습기가 서리로 되어 냉각관 표면에 부착한다. 이 서리는 매우 가벼우며 공기를 함유하고 있어 열전도율이 나빠 전열이 불량하게 되므로 이 현상을 적상(積霜 ; frosting)이라 한다. 이것이 축척되면 장치에 미치는 영향이 크므로 일정한 시간을 두고 제거하여야 하는데, 이 작업을 제상(除霜 ; defrost)이라 한다.

(1) 적상시 증발기에 미치는 영향

① 공기의 흐름이 저해된다.
② 전열작용이 불량해진다.
③ 냉동효과가 감소된다.

④ 소요동력이 증대된다.

⑤ 습압축의 우려가 있다.(리퀴드백 발생)

⑥ 증발압력 저하

⑦ 토출가스 온도 상승

⑧ 압축비의 상승

(2) 제상시기

① 핀 코일식(fin coil type) : 적상의 두께 $10\sim15$[mm]

② 벽 코일식(wall coil type) : 적상의 두께 $15\sim20$[mm]

③ 헤어 핀 코일식(hair pin coil) : 적상의 두께 $25\sim30$[mm]

(3) 제상방법

제상은 설비비, 경상비, 보수 등을 고려해야 하고 또한 액흡입(liquid back), 응축기의 동결현상, 방열제의 수분 침입, 제상중 냉장실 온도상승, 열손실 기타 여러 가지 상황을 고려하여 가능한한 단시간 내에 가장 적절한 제상을 할 수 있는 방법을 선택한다.

※ 종류

· 고압가스 제상

· 브라인 분무 제상

· 전열식 제상

· 살수식 제상

· 온수 브라인 제상

· 압축기 정지 제상

① 고압가스 제상(hot gas defrost) : 건식 증발기와 같이 냉매 공급량이 적은 증발기에 많이 사용하는 방법으로 고온고압의 토출 가스를 증발기에 보내어 응축시키므로 그 응축열을 이용하여 제상하는 방법이다. 이 경우 제상 중 증발기에 응축 액화한 냉매를 처리하는 방법이 고려되어야 한다. 제상 시간이 짧고 용이하게 설비되어 가장 일반적으로 많이 채택하는 방법이다.

㉮ 증발기가 1대인 경우

㉠ 수액기 출구 ④를 닫아 액관 중의 액을 회수한 후

㉡ 팽창 밸브 ①을 닫아 증발기 내의 냉매를 압축기로 흡입시킨다.

㉢ 고압가스 제상지면 ② 및 ③을 천천히 열어 고온 가스를 증발기로 보낸다.

㉣ 제상이 시작되면 고온 가스는 열을 방출하고 응축액화 한다.

㉤ 제상이 완료되면 제상지면 ③ 및 ②를 닫고

㉥ 수액기 출구지 밸브 ④ 및 팽창 밸브 ①을 열어 정상운전에 들어간다.

㉦ 이 때 증발기에서 제상을 완료한 고압액 냉매는 액분리기에서 분리되어 액회수 장치를 통하여 수액기로 회수된다.

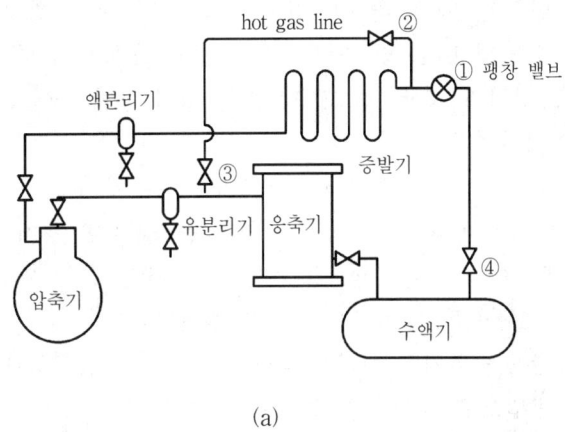

(a)

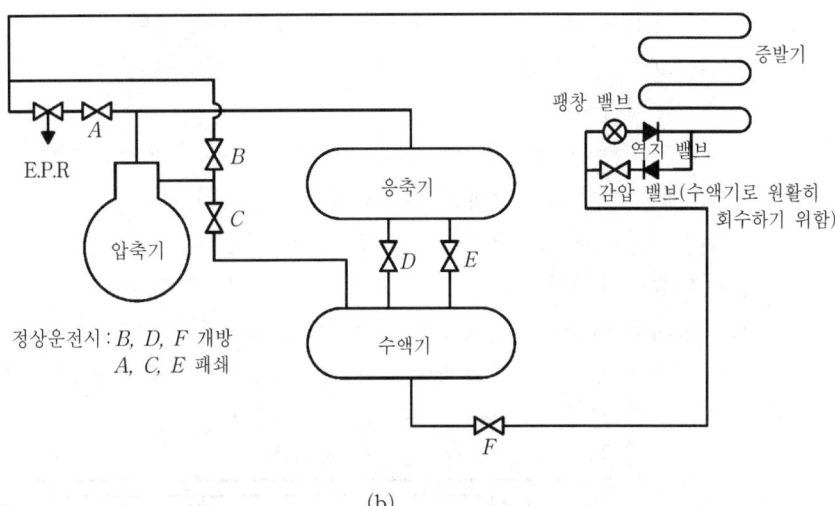

(b)

⬆ 증발기 1대인 경우 제상

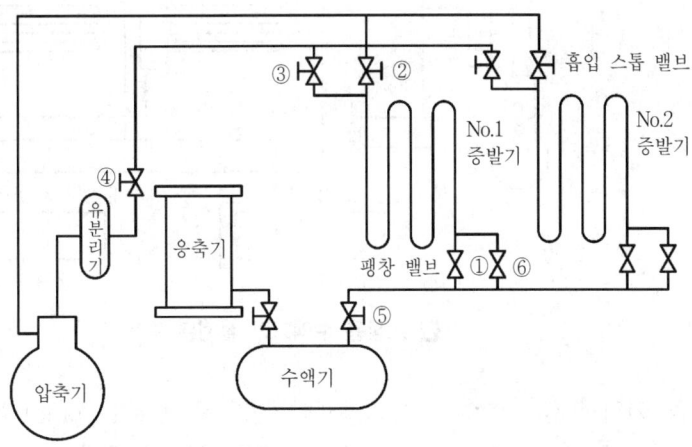

⬆ 증발기를 2대 이상 사용하여 제상하는 경우

㉯ 증발기가 2대인 경우 : 역시 1대의 경우와 그 원리는 같은 것으로

㉠ 팽창 밸브 ① 및 증발기 출구 밸브 ②를 닫는다.

㉡ 고압가스 제상지면 ③ 및 ④를 열어 증발 중에 고온 가스를 유입하여 이곳에서 액화시킨다.

㉢ 제상이 시작되어 액화된 냉매가 냉각관에 충만한 때 수액기 출구지 밸브 ⑤를 닫고 지변 ⑥을 열면 냉각관 중의 응축액화한 냉매는 증발기로 유입된다.

㉣ 제상이 완료되면 ④ 및 ③을 닫고, ⑥을 닫은 후 ⑤를 열고, ②를 연 후 팽창 밸브 ①을 조정하여 정상운전을 행한다.

㉰ 제상용 수액기가 설치된 경우 : 증발기 중의 액화 냉매를 제상용 수액기에 저장하는 방법으로 정상운전 중 열려 있는 밸브 ①②③이다. 먼저 증발기 [Ⅰ]의 제상을 하는 경우

㉠ 팽창 밸브 ① 및 증발기 출구 밸브 ②를 닫는다.

㉡ 고압가스 제상지 밸브 ③ 및 ④를 열어 증발기 중에 고온 가스를 유입시켜 제상을 시작한다.

㉢ 지 밸브(변) ⑤⑥⑦을 연다. 이 때 제상용 수액기로 액이 유입하게 되며 동시에 제상 중에 응축액화한 액화냉매도 유입하게 된다.

㉣ 제상이 완료되면 ③④⑤⑥⑦ 밸브를 닫는다.

㉤ 증발기 출구 밸브 ② 및 팽창 밸브 ①을 연다.

㉥ 지변 ⑧을 열어 제상용 수액기를 고압으로 만든다.

㉦ 액 출구 밸브 ⑨를 열어 제상용 수액기의 액냉매를 각 증발기로 유입시킨다.

㉧ 액이 모두 유입되면 지면 ⑧ 및 ⑨를 닫는다.

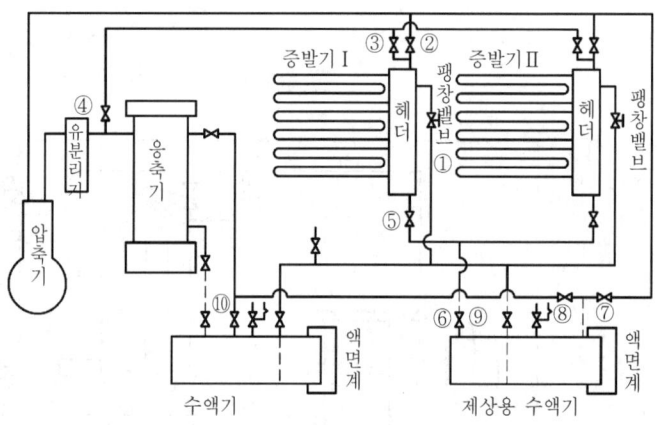

🔷 재상용 수액기가 설치된 경우

㉱ 가역(可逆) 사이클 고온가스제상 : 열 펌프(heat pump)의 원리를 이용하여 가역 사이클(reverse cycle)을 채용함으로서 제상 중 증발기 내의 액화 냉매를 재증발시키기 위하여 응축기를 사용하고 있는 예이다. 이 때 응축기 초의 액의 공급을 위하

여 정압 팽창 밸브가 사용되고 있다.

또한 근래의 자동제상장치에서는 A, B, C, D의 밸브가 1개로 모아진 4로 밸브(四路弁 ; 4way valve)가 사용된다.

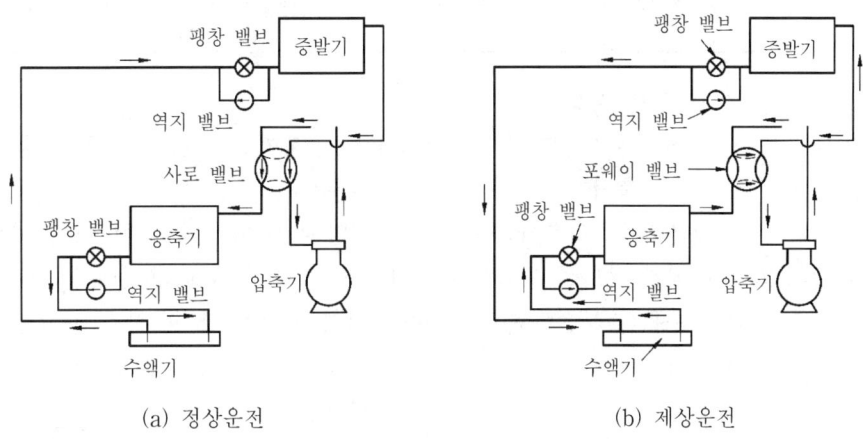

(a) 정상운전   (b) 제상운전

⬆ 가역 사이클 고온가스 제상

㉫ 재증발 코일을 사용한 고압가스 제상

 ㉠ 제상시기가 되면 제상용 타이머(timer)가 작동하여 전자 밸브 ⒠가 열리고 ⒢가 닫혀 제상에 들어간다.

 ㉡ 동시에 증발기 팬(fan)이 멈추고 재증발기의 팬이 작동된다.

 ㉢ 제상 중 응축액화한 냉매는 재증발기에서 증발하여 압축기로 흡입된다.

 ㉣ 제상이 완료되면 증발기의 온도가 상승하여 온도 스위치에 의해 정상 운전이 된다. 이 때 전자 밸브 ⒠가 닫히고 ⒢가 열리면서 증발기의 팬은 다시 작동하고 재증발기의 팬은 정지하게 된다.

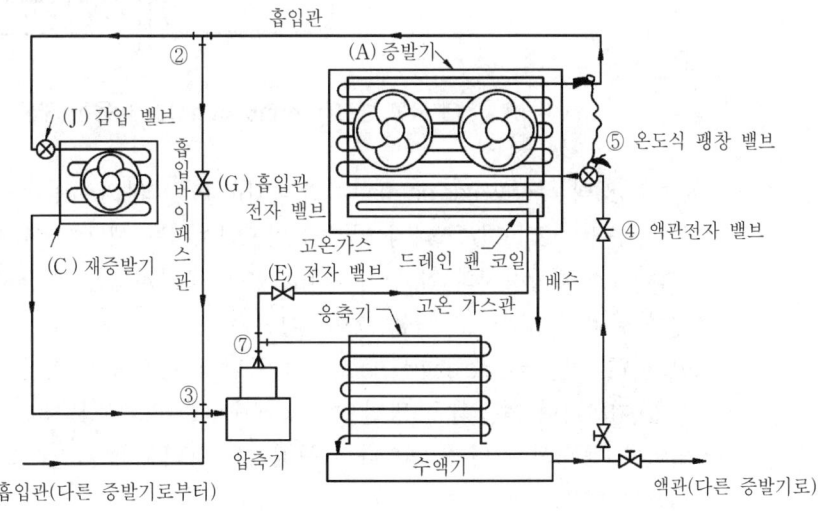

⬆ 재증발 코일을 사용한 고압가스 제상

㉫ 서모 뱅크(thermo-bank)를 이용한 제상

㉠ G, S, H 밸브의 개폐

운전 \ 밸브	G	S	H
정 상 운 전	닫 힘	열 림	닫 힘
제 상 운 전	열 림	닫 힘	열 림

㉡ 냉매 순환 과정

ⓐ 정상운전 : 압축기 → 가열코일 → 응축기 → 수액기 → 온도 팽창 밸브 → 증발
기 → 압축기

ⓑ 제상운전 : 압축기 → 증발기 → 정압 팽창 밸브 → 재증발 코일(축열조) → 압축기

㉢ 바이패스관이 설치된 이유 : 서모 뱅크(축열조) 내의 온도를 일정하게 유지하기
위해 수온이 상승하였을 때 이 바이패스관으로 토출 가스가 직접 바이패스 되도
록 한다.

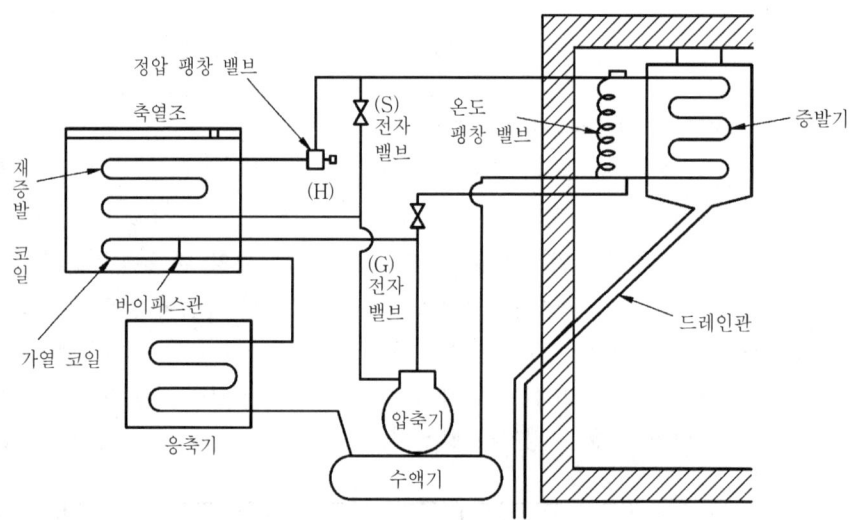

■ 서모 뱅크(thermo bank)를 이용한 제상

② 살수(撒水)식 제상(water defrost) : 면적 $1[m^2]$당 $140[l/min]$ 정도의 증발기 냉각관 표
면에 온수($10 \sim 25[℃]$)을 다량 일시에 살포하여 온수에 의하여 서리를 녹이는 방법으
로 고압가스 제상장치와 함께 사용하고 있다. 제상시에는 팬(fan), 냉동기는 정지하고
가능한 공기의 출입구도 막는 것이 좋다.

③ 전열식(電熱式) 제상(electric defrost) : 증발기 냉각관에 전열기(heater)를 삽입하여
공기를 가열하여 제상하는 방법으로 응결수 배관도 제상수의 동결을 방지하기 위해
가열된다. 동력의 소비가 많으나 자동제어는 용이하지만 열손실 및 제상의 불균형을
초래하는 경우가 많다.

④ 브라인 분무제상(brine spray defrost) : 브라인 및 부동액을 증발기 냉각관 표면에 분

무하여 제상하는 방법으로 저온용 분무 코일과 거의 같은 형식이다. 브라인 탱크가 필요하며 부동액의 사용시 PH의 조정에 주의가 필요하다. 연속 분무시 그 비말(飛沫)이 실내에 누입되어 해로울 때 사용하는 것으로 염의 보급, 농축기, 부식의 고려에 의한 선택이 필요하다.

⑤ 온 브라인 제상(hot brine defrost) : 브라인식 냉각관에 한하여 사용하는 방식으로 순환하고 있는 냉 브라인을 주기적으로 온 브라인으로 교환하여 제상하는 방법이다. 조작이 쉽고 효율적이나 온 브라인 탱크(tank)등 설비비가 많이 들고 열손실이 크다. 브라인은 20[℃] 이상으로 한다.

⑥ 온공기(溫空氣) 제상(warm air defrost) : 냉동기의 운전시간이 1일 16~18 시간인 경우 나머지 시간을 기계를 정지하고 팬을 돌려 코일을 통과하는 공기로 제상하는 방법이다. 이 장치는 냉장실온이 +2[℃] 이상이고 제상 중 온도 상승이 3[℃] 정도까지 되어도 지장이 없는 경우에 사용한다.

⑦ 냉동기를 정지시키는 제상 방법 : 냉장실 내의 온도가 0[℃] 이상인 경우에는 냉동기를 정지시키면 자동적으로 냉각관 표면의 서리가 녹게 된다. 일종의 온공기제상법이다.

6. 증발기의 안전관리

(1) 증발 압력이 저하하는 원인

① 팽창 밸브의 개도 과소로 인한 냉매 부족
② 증발기 냉각관에 유막 및 적상이 끼여 열교환이 불량
③ 냉매 충전량의 부족
④ 부하의 감소
⑤ 팽창 밸브 및 여과망, 제습기 등의 막힘
⑥ 액관에 플래시 가스(flash gas) 발생

(2) 증발 압력 저하시의 영향

① 흡입 가스의 과열
② 토출 가스 온도 상승
③ 실린더 과열로 오일의 탄화 및 열화
④ 윤활유 불량으로 활동부 마모 우려
⑤ 압축비의 증대
⑥ 체적 효율 감소
⑦ 냉매 순환량 감소
⑧ 냉동 능력 감소
⑨ 전동기 구동 전류 감소
⑩ 능력당 소요 동력 증가

5-5. 팽창 밸브

1. 팽창 밸브의 개요

팽창(膨脹) 밸브는 수액기(受液器) 또는 응축기로부터 응축되어 보내진 고온고압의 액 냉매를 교축작용(絞縮作用 : throttling)에 의하여 저온저압의 상태로 단열팽창(斷熱膨脹)시켜 증발기로 유입시키고, 동시에 증발기의 부하에 따라 유량을 적절하게 조절할 수 있는 기능을 한다.

(1) 팽창 밸브의 교축작용

교축작용이란 냉매액이 팽창 밸브를 통과할 때에 마찰저항 및 흐름의 변형으로 온도 및 압력이 강하하게 되는데 이와같이 좁혀진 부분에서의 압력강하를 교축작용이라 한다. 이러한 변화는 흐름의 세기에 의해서 일어나는 것으로 냉동기의 교축작용은 외부와의 열이나 일의 수수(授受)가 없는 단열팽창 현상이다. 따라서 냉매는 팽창 밸브 전후에 있어서 엔탈피의 변화가 없고 압력 및 온도의 강하 현상만이 발생하게 된다.

(2) 팽창 밸브의 개도에 의한 현상

① 팽창 밸브의 개도가 적합한 경우 : 그림과 같이 증발기의 부하에 대하여 팽창 밸브의 개도가 적합할 경우에는 증발기 내에서 냉매가 완전 증발하여 건조포화증기가 압축기에 흡입되어 이상적인 토출가스 온도를 얻을 수 있다.

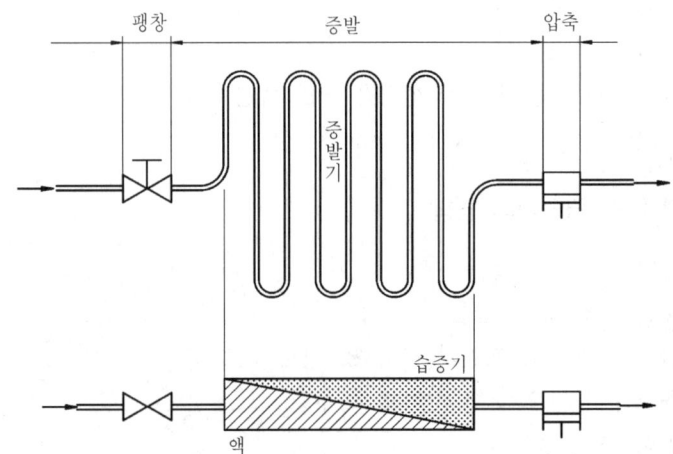

⬆ 건조포화 압축(토출 가스 온도 적정)

② 팽창 밸브의 개도가 과도한 경우 : 그림과 같이 팽창 밸브의 개도가 너무 과대하거나 증발기의 냉각부하가 감소하게 되면, 냉매가 증발기내에서 완전히 증발하지 못하고 액이 그대로 압축기에 흡입되어 액백(liquid back) 및 액압축(liquid hammer)을 일으

켜 흡입배란 및 실린더의 적상현상이 발생하고 압축기 밸브의 손상 및 압축기 파손의 우려가 있다.

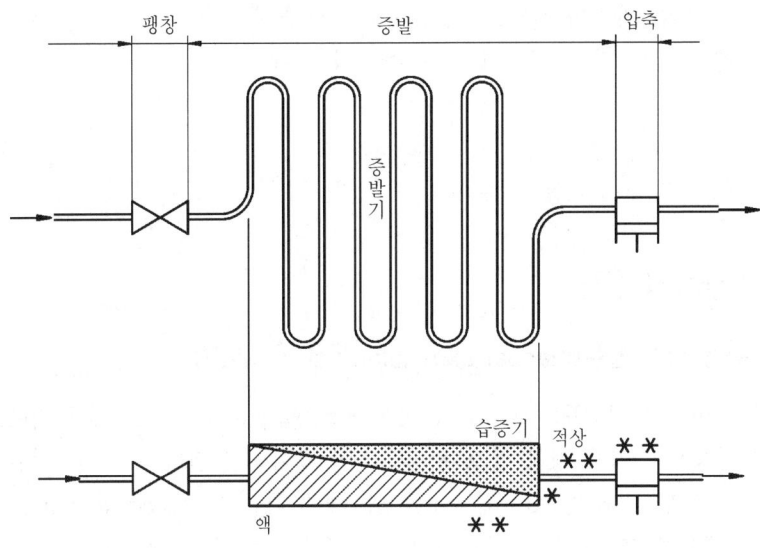

🔼 습압축(토출 가스 온도 저하)

③ 팽창 밸브의 개도가 과소한 경우 : 그림에서 팽창 밸브의 개도가 너무 적거나 증발기의 냉각 부하가 너무 증대된 현상을 나타내는데, 액냉매는 증발기 출구에 이르기 전에 완전히 증발하여 냉매증기는 주위로부터 더 많은 열을 흡수하여 압축기, 흡입증기 상태는 과열증기가 된다. 이 과열의 정도(과열도)가 너무 커지면 압축기의 토출가스 온도 상승, 실린더의 과열 및 윤활유의 열화 및 탄화 소요동력 증대, 냉동능력 감소 등의 영향들이 나타난다.

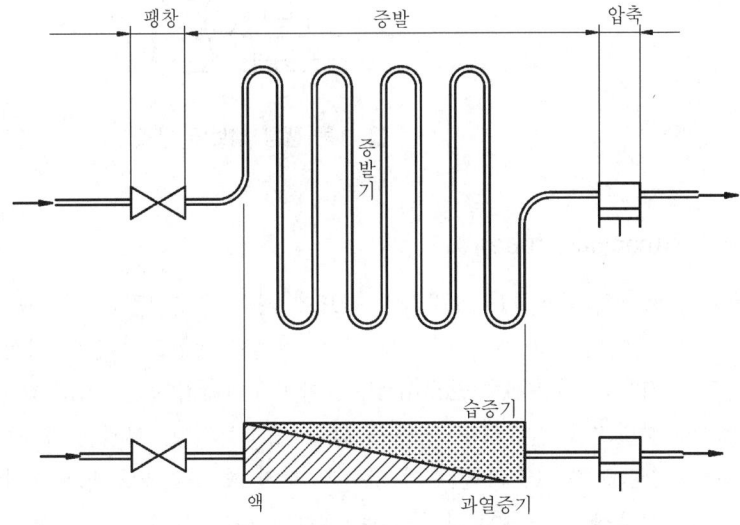

🔼 과열압축(토출 가스 온도 상승)

※ 팽창 밸브를 과도하게 잠글 때 나타나는 현상

㉮ 저압이 저하한다.

㉯ 흡입 가스의 과열로 압축기가 과열한다.

㉰ 오일의 탄화 및 열화로 윤활불량 초래

㉱ 토출 가스의 온도 상승

㉲ 축마력 감소

㉳ 능력당 소요동력 증가

2. 팽창 밸브의 종류

(1) 수동 팽창 밸브(manual expansion valve, MEV)

부하변동이 큰 NH_3 냉동기의 바이패스(by-pass)용 보조 팽창 밸브 등 고장에 대비한 예비용으로 자동 팽창 밸브와 병용되어 많이 사용된다. 수동에 의해 유량이 제어되는 밸브로 일반 스톱 밸브(stop valve)와 다른 니들 밸브(needle valve)가 사용된다. 수동으로 밸브를 조절하므로 유량조절에 신중을 기해야 된다.

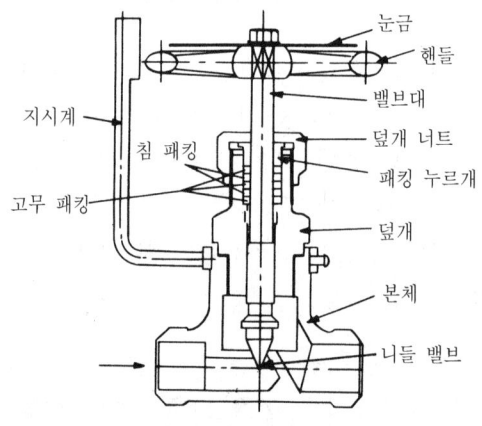

🔷 수동 팽창 밸브의 구조

(2) 모세관(capillary tube)

고압과 저압의 압력차를 캐필러리 튜브에 의해 형성시키는 것으로, 가정용 전기 냉장고, 소형 룸 에어컨 또는 쇼 케이스 등 소형 밀폐형 냉장고와 같이 항상 일정량의 냉매가 통과하는 경우는 지름 0.7~2.5[mm], 길이 0.6~6[m](보통 1[m] 내외) 정도의 관으로 응축기와 증발기를 연결하여 냉매를 감압 팽창시킨다. 이관을 모세관(毛細管)이라 한다. 구조가 간단하고 고장이 없으며 압축기 정지 중 고저압이 밸런스되어 경부하 기동이 가능하나 이물질 또는 수분의 동결로 막힐 우려가 있다.

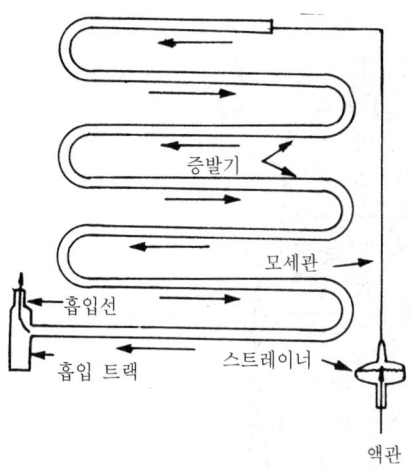

◘ 모세관식 팽창 밸브

※ 특징

① 수액기를 설치하지 않는다.(냉동기 정지중 수액기의 냉매액이 증발기에 유입되어 액백의 우려가 있다.)

② 냉동부하·증발온도, 응축온도가 일정한 경우에 적합하다.

③ 모세관 내부에 먼지 등 이물질의 혼입에 의한 폐쇄 및 변형을 방지할 수 있도록 취급에 유의해야 한다.

④ 수냉식 콘덴싱 유닛에는 모세관을 사용하지 말 것

⑤ 모세관 입구측에 여과망을 부착한다.

⑥ 냉동효과 증대를 위하여 증발기 가까운 흡입관과 응축기 가까운 모세관 부분을 0.7~1[m] 정도 접촉시켜 열교환시킬 필요가 있다.

⑦ 냉매 충진량은 될 수 있는 한 소량으로 한다.

⑧ 저압부의 냉매량은 압축기 정지시 최대량이며, 정상 운전시 최소량이 된다.

⑨ 고압이 상승하면 냉매량이 많아져서 습운전이 된다.

⑩ 모세관은 고저압이 압력차에 의해 유량이 변화하므로 냉동장치에 적합한 것을 선정(選定)하여 사용해야 한다.

　㉮ 안지름이 크거나 길이가 짧을 경우 : 냉매의 과량 순환 및 액백을 일으킨다.

　㉯ 안지름이 작거나 길이가 길 경우 : 냉동능력 감소 및 토출 가스 온도 상승

(3) 정압(定壓) 팽창 밸브(automatic expansion valve ; AEV)

증발압력을 항상 일정하게 하는 작용을 하는 팽창 밸브로 증발온도가 일정한 냉장고와 같은 부하변동이 적은 소용량의 것에 적합하다.

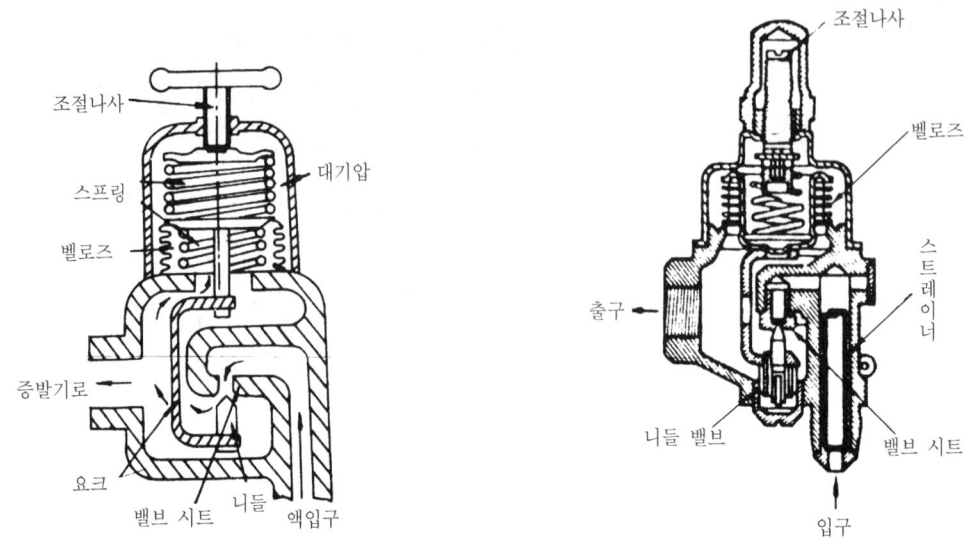

조절나사
스프링
벨로즈
대기압
증발기로
요크
밸브 시트
니들
액입구

조절나사
벨로즈
출구
스트레이너
니들 밸브
밸브 시트
입구

▲ 정압식 자동 팽창 밸브의 작동원리 및 내부구조

(4) 온도식 자동 팽창 밸브(thermostatic expansion valve ; TEV)

온도식 자동 팽창 밸브는 건식 증발기에 사용하여 증발기 출구에 부착한 감온통에 의하여 증발기에서 부하변동이 있을 때 감온통의 부착 위치에서 과열도(過熱度)가 일정하게 되도록 항상 적정(適正)한 밸브의 개도(開度)를 유지하여 일정한 액냉매의 유량을 제어하는 작용을 한다.

감온통 내 충전하는 냉매충진에 따라 가스충전식, 액충전식, 크로스 충전식이 있다.

TEV는 주로 프레온 냉매를 사용하는 냉동용 공기조화용이며 온도 자동 팽창 밸브에는 윗 그림과 같이 내부균압형과 외부균압형의 두 가지가 있어, 내부균압형은 증발기 출구에서의 압력이 입구 압력과 대체로 같은 것으로 하여 일정한 과열도(3~8[℃] 정도)를 얻도록 조정되어 있으나, 냉매가 증발기를 통과할 때 유동저항에 의한 압력 강하가 심할 때에는 증발기 출구의 압력에 대응시키는 편이 과열도를 일정하게 하기 쉽기 때문에 외부균압형이 쓰인다.

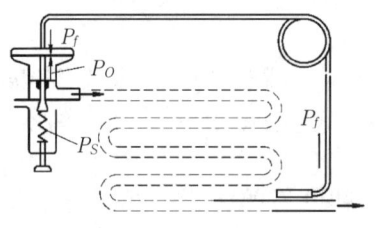

P_f
P_O
P_S
P_f

▲ 내부 균압형

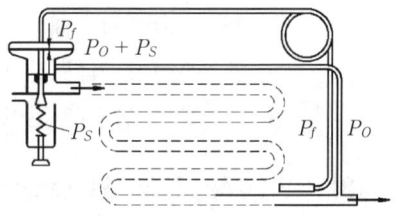

P_f
$P_O + P_S$
P_S
P_f
P_O

▲ 외부 균압형

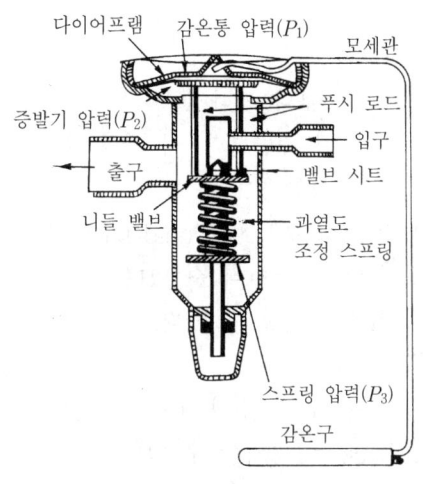

▲ 온도식 자동 팽창 밸브

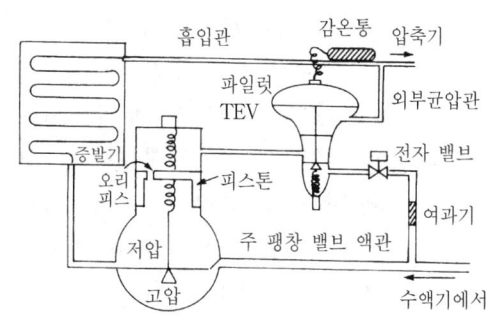

▲ 파일롯 온도식 자동 팽창 밸브(파일럿 TEV)

① 특성(特性)

　㉮ 감온 팽창 밸브는 다음 세가지 힘의 평형상태(平衡狀態)에 대해서 작동된다.

　　㉠ 감온통(感溫筒)에 봉입(封入)된 가스 압력 : Pf

　　㉡ 증발기내의 냉매의 증발압력 : po

　　㉢ 과열도 조절 나사에 의한 스프링 압력 : ps

　　　$Pf = po + ps$

　　　$Pf > po + ps$: 밸브의 개도가 커지는 상태(과열도 감소)

　　　$Pf < po + ps$: 밸브의 개도가 적어지는 상태(과열도 증가)

　㉯ 이 밸브에서의 과열도란 증발온도와 흡입 가스 온도와의 차를 말한다. 일반적인
　　과열도는 3~8[℃] 정도를 유지한다.

　㉰ 증발기 코일 내의 압력강하가 0.14[kg/cm^2] 이상일 때에는 외부균압형을 채택한다.

② 감온통 내의 냉매 충진 방식

　㉮ 액체 봉입 방식(liquid charge type)

　　㉠ 감온통 냉매는 장치 내의 냉매와 동일하다.

　　㉡ 밸브 본체의 온도에 관계없이 감온통 내에는 어떠한 경우에도 다이어프램부와
　　　모세관 체적의 합보다 크게 액체상태의 냉매가 남아있도록 감온통의 내용적이 커
　　　야 하고 충분한 액을 충진한다.

　　㉢ 부하변동이 심하여도 항상 일정한 과열도를 유지하도록 되어 있다.

　　㉣ 감온통과 밸브 본체의 온도 고·저에 관계없이 사용될 수 있다.

　　㉤ 과열도에 민감하므로 압축기 기동시에 장시간 부하가 걸린다.

　　㉥ 압축기 정지시 밸브가 열린 채로 정지되므로 액관에 전자 밸브를 설치하여 냉매
　　　공급을 차단해야 한다.

④ 가스 충진 방식(gas charge type)

  ㉠ 냉동장치의 냉매와 동일한 가스를 충진한다.

  ㉡ 밸브 본체의 온도는 감온통 부착위치의 온도보다 높다.

  ㉢ 어느 온도에 달하면 감온통 내의 액이 완전히 증발한다. 이 때의 압력을 최대작
동압력(M.O.P)이라 한다. 즉 감온통 내의 포화압력이다.

  ㉣ M.O.P를 제한함으로써 전동기의 과부하 및 리퀴드 백(liquid back)을 방지한다.

  ㉤ 과열도가 증가하면 감온통 최대 작동압력을 한정시킬 수 있다.

  ㉥ 전동기의 과부하 및 기동시에 리퀴드 백을 방지할 수 있다.

㉱ 크로스 충진 방식(cross charge type)

  ㉠ 감온통 내에는 냉동장치에서 사용하는 냉매와 다른 액 또는 가스가 충진된다.

  ㉡ 전동기의 과부하 및 리퀴드 백(liquid back)을 방지할 수 있다.

  ㉢ 저온 냉동장치에 잘 이용된다.(고온에서는 과열도가 커야 밸브가 열리게 된다.)

  ㉣ 압축기 기동 정지시 즉시 밸브도 차단된다.

③ 팽창 밸브의 설치

㉮ 될 수 있는 대로 증발기 가까이에 설치한다.

㉯ 팽창 밸브 직전에 여과기(strainer)를 설치하여 먼지 등을 제거한다.

㉰ 가스충진 방식의 경우 정지시 감온통 설치 위치의 온도보다 밸브 본체의 설치 위
치 온도가 높아야 한다.

㉱ 외부 균압관 설치

  ㉠ 감온통을 지나 압축기 가까이에 배관한다.

  ㉡ 관은 흡입관 상부에 연락한다.(오일 침입 방지)

  ㉢ 냉매 분배기(distributor)가 쓰이는 경우에는 외부균압관을 설치한다.

  ㉣ 증발기에서의 압력강하가 R-12의 경우 다음 값을 넘지 않을 경우에는 외부균압
관은 냉매 분배기 중의 한 증발기 입구에 연결한다.

    ⓐ 공기조화용 : 0.2[kg/cm^2]

    ⓑ 냉장고용 : 0.1[kg/cm^2]

    ⓒ 저온용, 동결용 : 0.04[kg/cm^2]

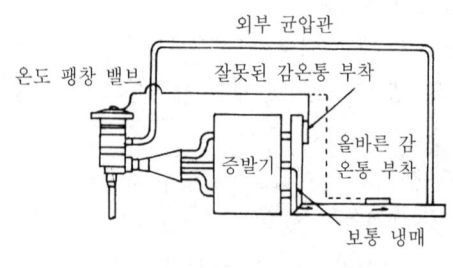 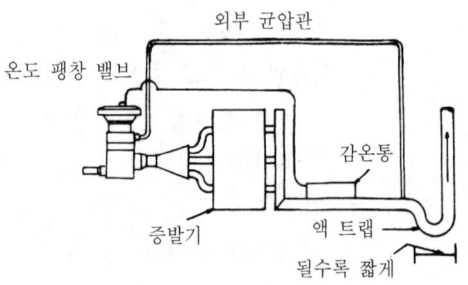

⬆ 냉매가 거침없이 지날 경우의 감온통의 잘못된 부착   **⬆ 흡입관 입상의 감온통 부착**

ⓓ 압력강하가 위의 2배를 초과하지 않을 경우에는 증발기 냉각관 중앙의 곡관부 (曲管部)에 설치한다.

ⓜ 균압관은 공통관에 설치하면 안 된다.

ⓗ 외부균압형 설치가 불필요할 경우에는 내부 균압형으로 바꾸어준다.

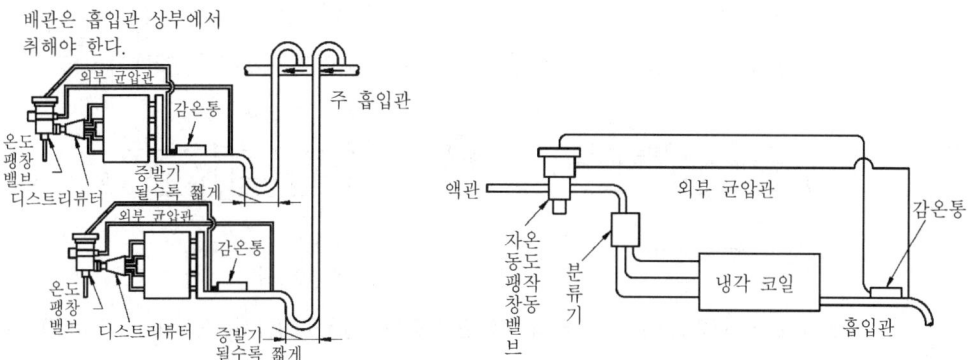

■ 두 대의 증발기에서 공통흡입관으로의 배관   ■ 디스트리뷰터 사용시의 외부균압

④ 분배기(distributor)

㉮ 직접 팽창 증발기에 사용한다.

㉯ 각 냉각관에 냉매를 균등하게 흐르도록 분배해 준다.

㉰ 종류에는 벤튜리형(venturi type), 압력강하형(壓力降下型), 원심형(遠心型)이 있다.

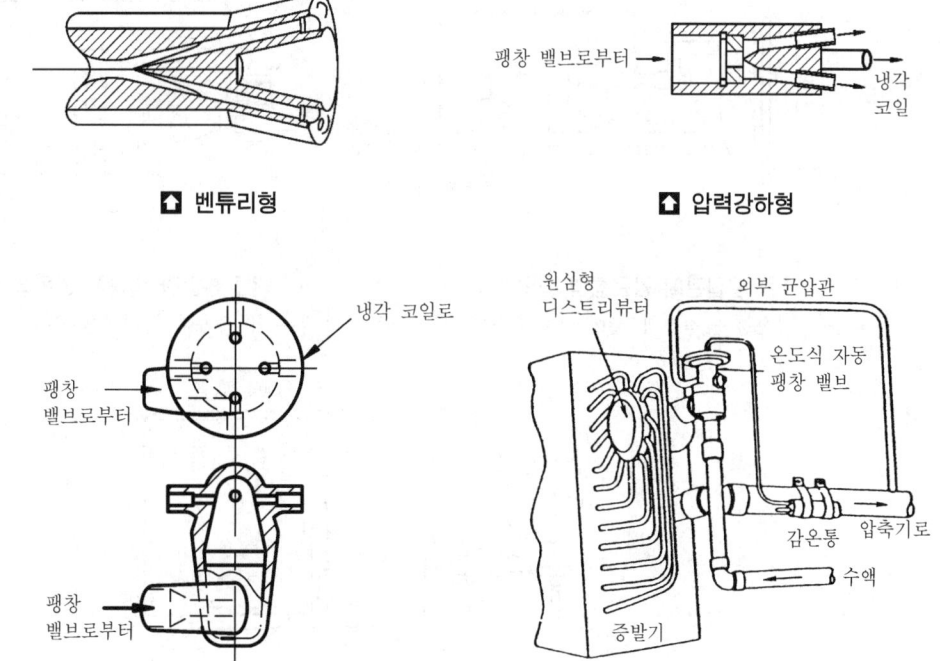

■ 벤튜리형   ■ 압력강하형

■ 원심형

⑤ 감온통(感溫筒)의 설치

㉮ 증발기 출구의 흡입관의 수평부분에 밀착시킨다.

㉯ 감온통과 관의 접촉부분은 잘 닦아내고 요철(凹凸)이 없는 위치에 밴드, 동대(銅帶), 동선(銅線) 등으로 확실하게 접촉시킨다.

㉰ 흡입관의 지름이 7/8인치(20[mm]) 이하인 경우에는 흡입관 상부에 부착시키고, 7/8인치(20[mm]) 이상인 경우에는 수평에서 45° 아래에 장착시킨다.

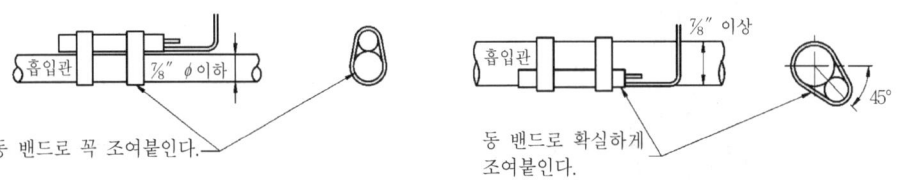

⬆ 7/8인치((20[mm]) 이하의 흡입관인 경우   **⬆ 7/8인치((20[mm]) 이상의 흡입관인 경우**

㉱ 감온통이 공기의 흐름이나 주위 온도에 의한 영향이 있는 경우에는 흡습성이 없는 방열제로 보온해야 한다.(열전도율의 불량을 방지하기 위해 알루미늄칠을 한다.)

㉲ 흡입관 내에 포킷(pocket)을 만들어 감온통을 삽입하여 보다 정확한 감지를 하는 경우도 있다.(안지름 50[mm] 이상의 흡입관에는 대부분 설치한다.)

㉳ 어떤 경우라도 감온통을 부착한 흡입관 내에는 트랩(trap)이 될 것 같은 곳에는 부적당하다.

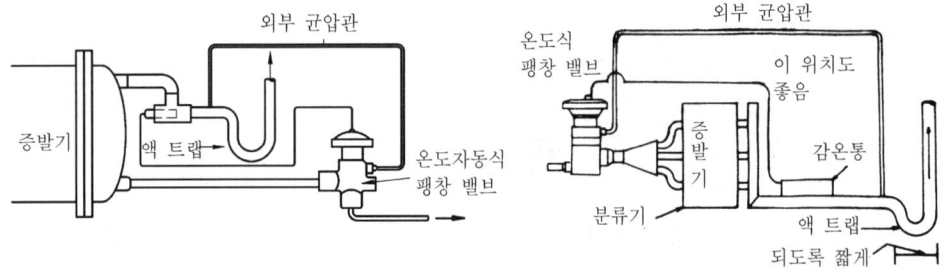

⬆ 흡입관에 감온통의 삽입설치 예   **⬆ 흡입관 입상시 감온통 부착**

(주) 감온통을 점선과 같이 설치할 경우에는 캐필러리 튜브의 접속부가 위쪽을 향하도록 한다.

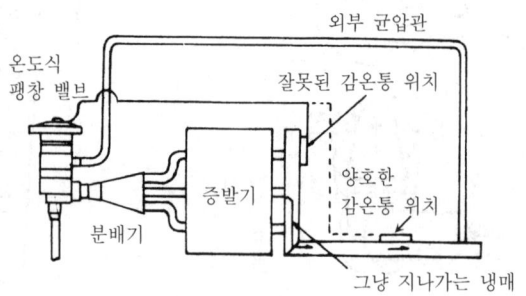

⬆ 냉매가 거침없이 지날 경우의 감온통의 잘못된 부착

ⓐ 흡입관이 증발기 출구에서 입상해야 할 경우에는 그림과 같이 액 트랩을 설치하여
감온통 부착부분의 흡입관 내에 액 냉매나 오일이 고이지 않도록 한다.

ⓗ 증발기에 공기 분배가 일정하지 않으면 그림에서와 같이 냉매액이 충분히 증발하
지 못하고 통과할 경우 증발기의 흡입에서 상부에 감온통을 부착시키면 증발기를
나온 소량의 가스와 냉매액은 감온통에 영향을 주지 못하게 되므로 리퀴드 백의 우
려가 있다. 따라서 감온통의 설치위치를 실선과 같이 설치해야 한다.

ⓣ 각각의 온도식 자동팽창 밸브를 사용한 2대 이상의 증발기의 경우에는 하나의
증발기의 냉매 가스가 다른 증발기의 팽창 밸브의 감온통에 영향이 미치지 않도록
설치해야 한다.

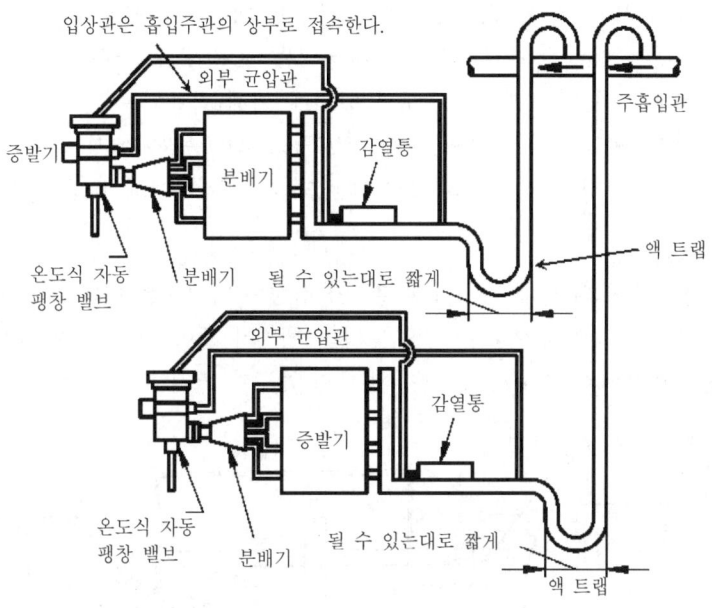

🔼 **두 대의 증발기에서 공통흡입관으로의 배관**

🔹**참고**🔹

■ **감온통 포킷 삽입과 배관내 삽입의 경우**
① 저과열도를 요구하는 경우
② 부하변동에 따라 흡입관 내의 냉매 속도가 크게 변화한다고 생각되는 경우
③ 지름이 큰 흡입관이 교차하는 경우

ⓣ 액이 고이기 쉬운 부분을 피하여 설치한다. 액이 고이기 쉬운 곳에 감온통을 위치
시키면 감온통 부근이 급냉되어 팽창 밸브의 동작이 불안정하게 되어 액백의 위험
성이 있다.

ⓐ 액체 냉각기의 흡입관에 액가스 열교환기가 설치된 경우에는 감온통을 열교환기
출구에 설치한다.

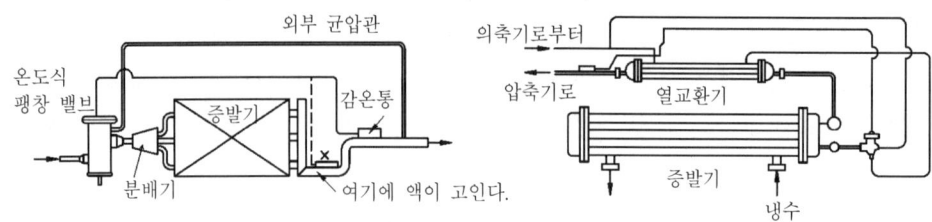

☑ 액체냉각용 증발기에 열교환기가 설치된 경우

(5) 파일럿식 온도자동 팽창 밸브(pilot TEV)

대형 냉동장치에서는 보통의 온도식 자동 팽창 밸브의 단독 용량에는 한계가 있어 냉동 능력이 R-12의 경우 100~270[RT] 정도의 대용량에 사용되는 밸브이다. 이 팽창 밸브를 주 팽창 밸브와 파일럿으로서 사용되는 소형 온도 팽창 밸브의 조합으로 구성된다. 증발기에서 나오는 냉매의 온도와 압력에 의해 작동되는 것으로 파일럿 밸브로서 사용되는 소형 온도 팽창 밸브의 조합으로 구성된다. 증발기에서 나오는 냉매의 온도와 압력에 의해 작동되는 것으로 파일럿 밸브의 개도와 비례해서 주 팽창 밸브가 개폐된다.

※ 작동원리

증발기 출구의 냉매 가스의 과열도가 상승하면 감온통 내의 가스가 팽창하여 파일럿 밸브가 열러 파일럿으로부터 많은 양의 냉매가 들어와 주 팽창 밸브의 피스톤(piston)의 상부에 압력이 가해져 주 팽창 밸브의 개도가 크게 되어 냉매 공급량이 증가하게 된다.

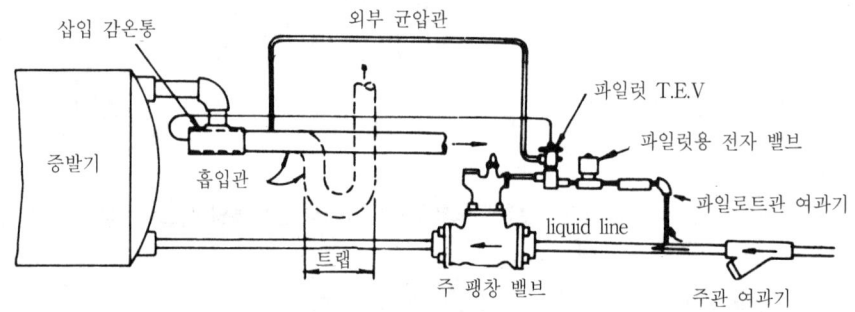

☑ 파일럿 팽창 밸브

(6) 플로트 밸브(float valve)

만액식 증발기, 저압수액기 등의 액면제어에 쓰이며, 증발기와 통해있는 플로트 실내의 부자의 위치에 의해 만액식 증발기 또는 수액기 내의 냉매 액면을 검지하여 부하에 알맞은 공급 냉매의 유량을 제어한다.

① 저압측 플로트 밸브
㉮ 용도 : 부하변동에 대응하여 저압측 냉매, 즉 증발기 속에서 일정한 액면을 유지하는 일을 하며, 주로 만액식 증발기 또는 액 펌프 방식의 저압 수액기에 사용한다.

㉯ 작동 원리 : 플로트의 상하 운동에 따라서 니들 밸브를 개폐하여 조절한다.

㉰ 제어 방법 : 증발기 내에 플로트를 직접 띄우는 방법과 별도로 플로트실을 설치하는 방법이 있다. 그러나 증발기 내에서의 증발로 인하여 액면이 동요되어 불안정하므로 직접식보다 플로트실이 많이 사용된다.

※ 증발기 내 액면의 높이는 일반적으로 셸 지름의 5/8~2/3 정도이다.

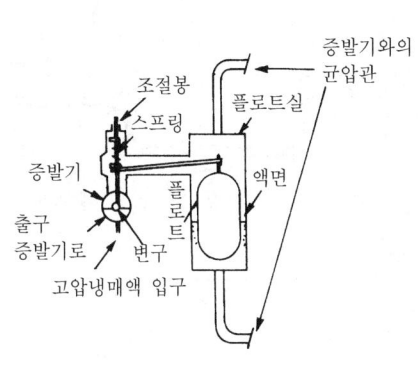 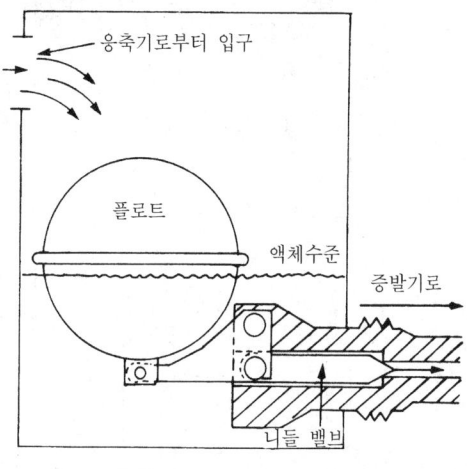

⬆ **저압측 플로트 밸브**　　　　⬆ **고압측 플로트 밸브**

② **고압측 플로트 밸브**

㉮ 용도 : 이 밸브는 증발기에 걸리는 부하변동에 관계없이 플로트가 작동하는 것으로 주로 터보 냉동기의 고압냉매 액관에 설치되어 고압측 냉매량의 높이를 일정하게 하므로 고압측 냉매 액면에 의하여 작동된다. 증발기 부하 변동에 민감하지 못하므로 만액식 증발기와 같이 냉매가 충만되어 흐르는 것에 적당하다.

㉯ 작동 원리 : 응축기 또는 수액기로부터 유입된 액냉매가 일정한 위치까지 되면 부자는 떠오르고 연결된 침 밸브를 들어올려 밸브 시트(valve seat)가 개방되어 노즐을 통과하여 팽창 증발기에 유입된다.

㉰ 특징

　㉠ 고압측 냉매량의 높이 즉 액면에 의해서 작동한다.(부하변동에 의한 유량제어는 할 수 없다.)

　㉡ 증발기 부하변동에 대응하여 유량을 변동시킬 수 없다.

　㉢ 플로트실의 상부에는 불응축 가스를 배출시키기 위해 에어 벤트를 설치한다.

　㉣ 부하 변동에 의한 리퀴드 백(liquid back)을 방지하기 위해 액분리기는 증발기 용량의 25[%] 정도의 크기어야 한다.

　㉤ 변좌는 항상 액냉매 중에 잠겨 있다.

㉱ 에어 벤트(air-vent) 설치 : 플로트실 상부에 불응축 가스가 고이면 압력이 높아 플로트가 뜨지 않아 냉매의 유입이 잘 안되므로 이것을 빠져 나가게 하기 위해 설치한다.

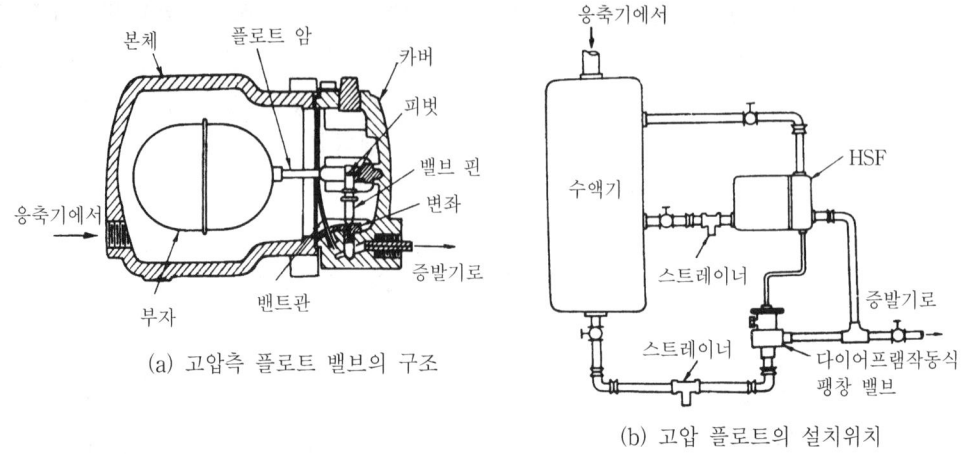

(a) 고압측 플로트 밸브의 구조

(b) 고압 플로트의 설치위치

(c)

⬆ 고압 플로트 밸브

③ 플로트 스위치와 전자 밸브 이용 : 플로트실 내의 냉매 액면에 따라 플로트가 상하로 움직여 전기회로를 개폐하는 스위치로 냉동기의 전기적 액면제어장치로 많이 이용되며

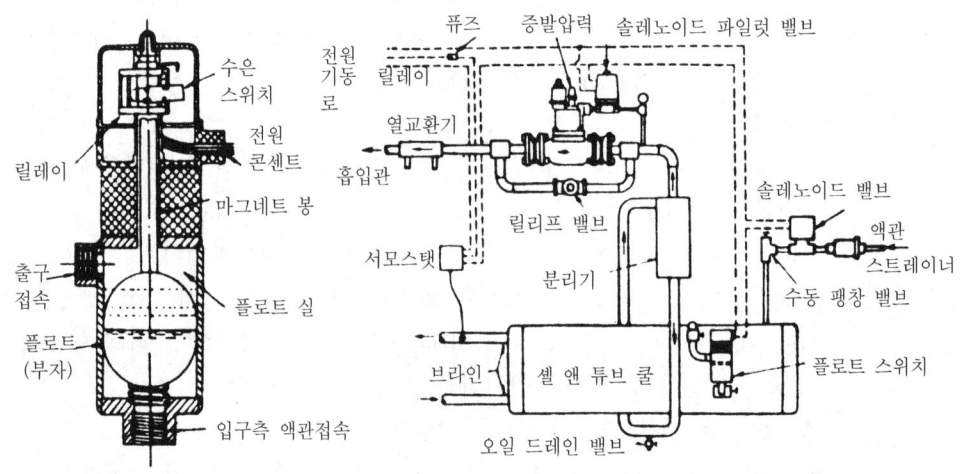

⬆ 플로트 스위치   ⬆ 플로트 스위치로 액면제어를 하는 만액식 쿨러

전자 밸브를 개폐시켜 액냉매를 제어하면서 증발기 내의 액면을 일정하게 유지시킨다. 플로트 스위치는 밀폐된 용기 내에 하부는 플로트실로 상부는 수은 스위치, 영구자석, 릴레이 등이 내장되어 있는 구조이다.

④ 파일럿 플로트 밸브(pilot ploat valve) : 대용량의 만액식 증발기에서는 플로트 밸브의 단독 용량에 한계가 있어 그 자체로서 제어가 곤란하므로 그림과 같이 파일럿 주팽창 밸브를 작동시켜 조절하여 용량제어를 용이하게 한다.

　㉮ 부하가 감소하면 액면이 높아진다.

　㉯ 플로트실의 플로트가 닫히면 오리피스를 통하여 피스톤 상부에 고압이 걸린다.

　㉰ 피스턴 하부에도 고압이 걸리므로 밸런스 상태에서 스프링 압력에 의하여 주 팽창 밸브가 닫히면 증발기로 유입되는 냉매량이 감소한다.

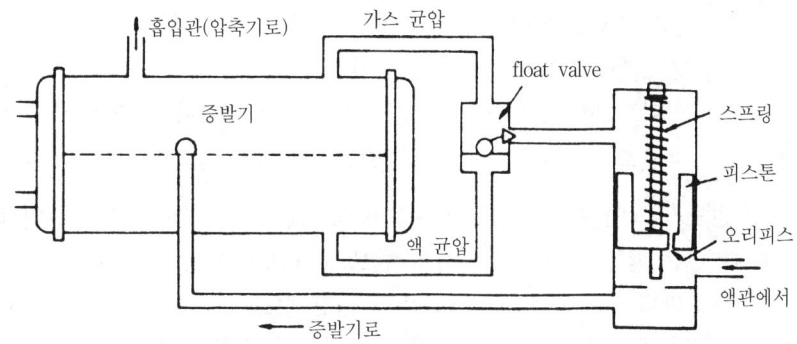

⬆ 파일럿 플로트 밸브의 구조

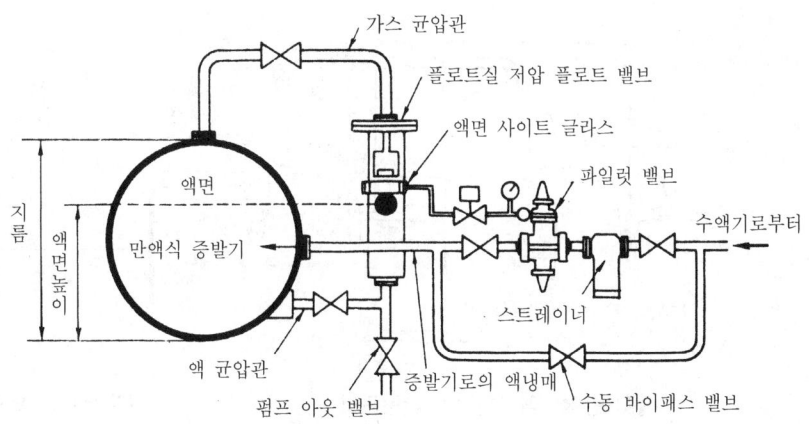

⬆ 만액식 증발기에 설치한 파일럿 플로트 밸브

※ 전자 밸브(solenoid valve)의 이용

전자 밸브는 전자 코일에 흐르는 전류에 의해 발생하는 전자력에 의하여 밸브를 개폐하는 밸브이다.

㉓ 특징

㉠ 전기적인 조작에 의해서 밸브를 자동적으로 개폐한다.

㉡ 냉동장치의 어느 곳에서나 설치가 가능하다.

㉢ 전자 밸브 앞에서 여과기를 설치한다.

㉣ 압력 스위치, 온도 스위치 등과 결합시켜 원격조작이 가능하다.

㉤ 전자 코일은 상부로 설치해야 하며 냉매의 흐름 방향과 전자 밸브의 화살표를 일치시킨다.

㉥ 부하에 따른 용량조절이 어렵다.

㉦ 소형 장치에서는 직접작동식 전자 밸브를 설치하고 대용량의 경우는 파일럿 전자 밸브를 설치한다.

㉔ 용도

㉠ 용량조정(고속다기통 압축기의 부하경감장치용)

㉡ 온도제어(온도조절기와 조합시켜 조정)

㉢ 리퀴드 백(liquid back) 방지(액관에 부착되어 압축기 정지시 액의 공급차단)

㉣ 액면조정(플로트 스위치와 조합하여 조정)

⑤ 온도식 액면(液面)제어 : 감온부는 약 15[W] 정도의 저용량 전열 히터를 감온통에 감아 만든 액면 감지통에 의하여 밸브를 개폐하는 방식의 것으로 만액식 증발기의 액면제어 방법으로서 액면이 저하되면 팽창 밸브가 열려 액이 공급되고 액이 액면 감지통에 접촉하면 감온통 내의 냉매가 냉각되어 닫히게 된다. 이 액면 감지통의 히터는 감온통에 인공적인 과열도를 주기 위한 수단으로 사용되는 것이다.

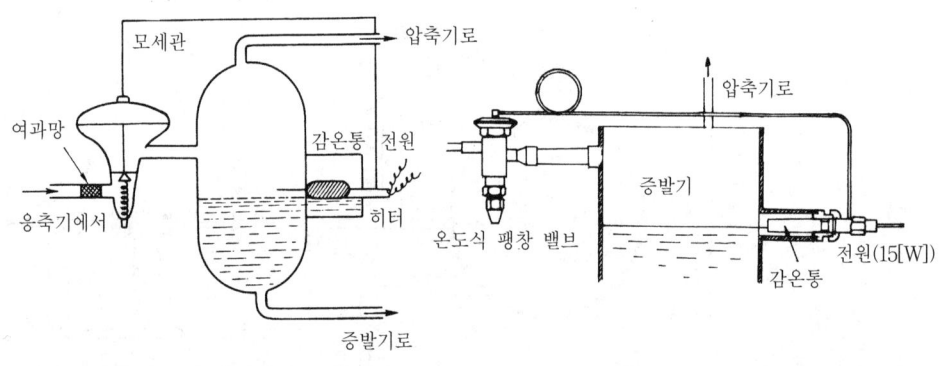

■ 온도식 액면제어의 작동원리　　　　■ 온도식 액면제어 밸브

5-6. 냉동용 자동제어장치 및 부속기기

압축기, 증발기, 응축기, 팽창 밸브 등 냉동장치의 4대요소 이외에도 압축기의 보호, 운전상태의 안정, 적정한 온도, 습도유지 및 경제적인 운전 등 필요에 따른 자동제어와 안전장치가 소요되며 냉동장치가 현대화, 자동화가 될 수록 복잡하게 된다.

1. 압력제어장치(자동제어 유량제어)

(1) 증발 압력 조정 밸브(evaporator pressure regulator ; E.P.R)

이 밸브는 증발기와 압축기 사이의 흡입관에 설치하여 부하의 감소, 응축 압력의 저하에 의한 압축기의 능력 상승 등의 요인이 되어 증발 압력이 떨어졌을 경우에 밸브를 조여서 저항을 증가시켜, 압축기의 흡입압력이 일정압력 이하가 되어도 증발 압력을 일정하게 유지시켜 주는 역할을 한다. 작동은 증발기 출구 밸브 입구측 압력에 의해서 작동한다.

① 특징
  ㉮ 증발 압력이 일정 압력 이하가 되는 것을 방지한다.
  ㉯ 밸브의 입구 압력에 의해 작동한다.
  ㉰ 냉수 브라인, 수냉각기에서 지나치게 냉각되어 동결되는 것을 방지한다.
  ㉱ 피냉각 물체(야채, 과일 등)의 동결을 방지하기 위해 증발온도를 높게 유지한다.
  ㉲ 냉장고 등에서 냉각 코일에 의한 과도한 제습(除濕)을 방지하기 위해 증발온도를 높게 유지한다.
  ㉳ 증발온도가 다른 2대 이상의 증발기가 있을 경우 가장 낮은 증발기를 기준으로 하여 운전됨으로 온도가 높은 고온측 쪽의 증발기를 규정 온도 이하가 되지 않도록 한다.

② 종류
  ㉮ 직동식, 증발 압력 조정 밸브(상부 조정 나사에 의해 조정)
  ㉯ 파일럿식, 작동식, 증발 압력 조정 밸브(직접식보다 정확하게 증발 압력을 조절할 수 있다.)

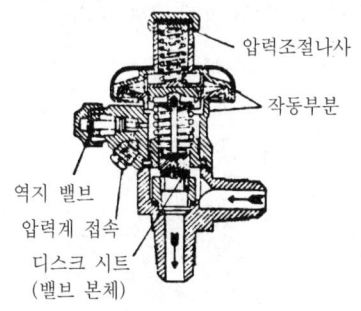

□ 직동식 증발 압력 조정 밸브

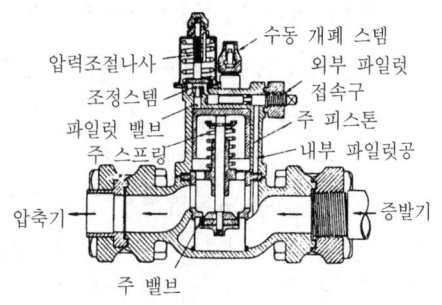

□ 파일럿 작동 증발 압력 조정 밸브

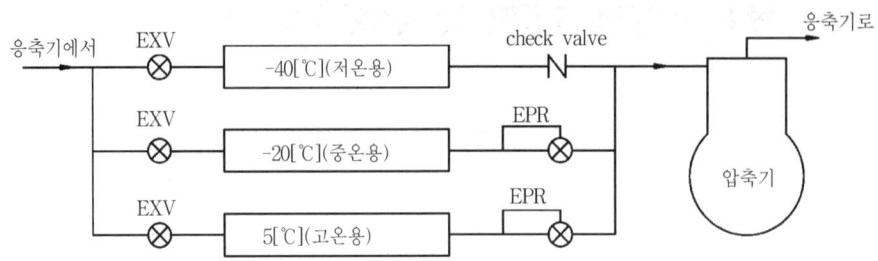

❑ EPR의 설치

※ 부속장치	※ 제어장치
㉮ 수액기	㉮ 증발 압력 조정 밸브
㉯ 유분리기	㉯ 흡입 압력 조정 밸브
㉰ 액분리기	㉰ 전자 밸브
㉱ 액회수장치	㉱ 압력 자동 급수 밸브
㉲ 냉매건조기	㉲ 온도 스위치
㉳ 여과기	㉳ 습도제어기
㉴ 가스 퍼저	㉴ 압력 스위치(고, 저압)
㉵ 열교환기	㉵ 유압보호 스위치
㉶ 사이트 글라스	㉶ 단수 릴레이
	㉷ 안전 밸브

(2) 흡입 압력 조정 밸브(suction pressure regulator ; S.P.R)

냉동장치의 장기간 운전정지나 제상(defroster)을 행한 위와 같이 증발기에 잔존하는 냉매는 주위온도에 상당하는 포화압력이 되고 비체적(比體積)은 작아진다. 따라서 압축기 가동시 압축비는 작아도 흡입 압축하는 냉매의 질량이 크기 때문에, 압축기 부하는 증대하여 과부하(過負荷)가 된다. 이와 같은 현상은 냉동부하가 급격하게 과대해져서 저압이 상승하는 경우에도 일어난다. 종류는 직동식 흡입압력 조정 밸브, 내부 파일럿 흡입압력 조정 밸브, 외부 흡입압력 조정 밸브가 있고, S.P.R은 증발기와 압축기 흡입관 도중에 설치되어 압축기의 흡입압력이 일정한 조정압력의 이상이 되는 것을 방지하며 전동기의 과부하를 방지한다. 또한 밸브 출구의 압력에 의해 작동한다.

※ 흡입 압력 조정 밸브가 필요한 사항
① 높은 흡입 압력으로 기동할 경우
② 고압가스 제상으로 흡입압력이 상승하는 경우
③ 높은 흡입압력으로 장시간 운전되는 경우
④ 압축기로의 리퀴드 백(liquid back)을 방지하기 위해
⑤ 흡입압력의 변동이 심한 경우
⑥ 낮은 전압에서 높은 기동 압력으로 기동할 경우

◘ E.P.R과 S.P.R의 비교

비교사항　　　　　　　　구분	증발 압력 조정 밸브	흡입 압력 조정 밸브
역　　할	증발압력의 일정 이하 방지	흡입압력의 일정 이상 방지
설치위치	흡입관(증발기 출구측)	흡입관(압축기 입구측)
작동압력(밸브 기준)	입구압력(밸브전 압력)	출구압력(밸브후 압력)
작동원리	증발압력 { 상승 → 열림 / 저하 → 닫힘	흡입압력 { 상승 → 닫힘 / 저하 → 열림
보호대상	냉각관 동파 방지	전동기 소손 방지

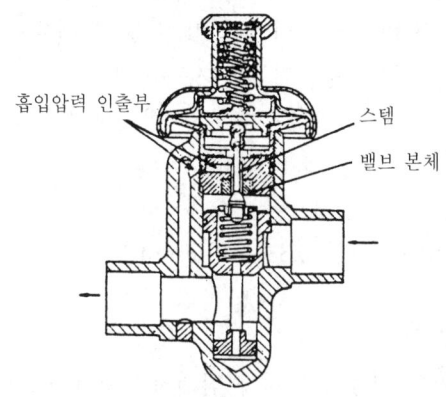

흡입압력 인출부　스템　밸브 본체

◘ 내부 파일럿 작동 흡입 압력 조정 밸브

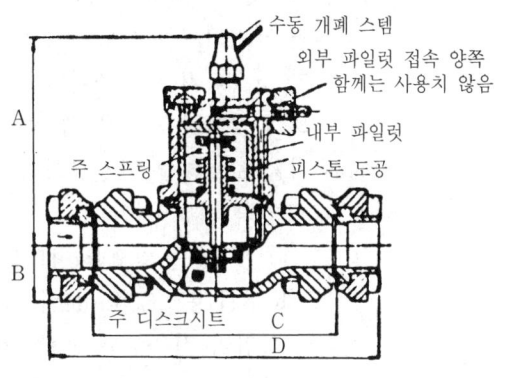

수동 개폐 스템
외부 파일럿 접속 양쪽 함께는 사용치 않음
내부 파일럿
주 스프링　피스톤 도공
주 디스크시트

◘ 외부 파일럿 작동 흡입 압력 조정 밸브

(3) 압력 스위치

냉동장치 운전 중 고압, 저압, 유압, 수압 등을 검지하는 압력 스위치는 규정된 압력에 변화가 생기면 전기회로를 차단하여 압축기의 운전을 정지하거나 또는 압축기 언로드의 작동 및 압축기의 유압 확보 등을 목적으로 냉동장치에서 중요한 안전장치로 많이 사용된다.

① 종류

㉮ 고압 차단 스위치(high pressure cut out switch)

㉯ 저압 차단 스위치(low pressure cut out switch)

㉰ 고저압 차단 스위치(oil protection switch)

㉱ 유압보호 스위치(dual pressure cut out switch)

② 스위치의 특성

㉮ 고압 차단 스위치(H.P.S) : 응축압력 등 고압측 압력의 이상 상승시 전기적인 접점을 차단하여 압축기를 정지시키는 압축기 안전장치로, 고압차단장치라고도 한다. 이 장치의 작동압력은 안전 밸브의 작동압력 이하를 취하여 2중의 안전보호 역할을 행하도록 한다.

㉠ 작동압력＝정상고압＋4$[kg/cm^2]$(안전 밸브의 작동압력＝정상고압＋5$[kg/cm^2]$)

㉡ 압력 인출 위치

ⓐ 압축기가 1대일 경우 : 토출 밸브판과 토출지 밸브 사이

ⓑ 압축기가 2대 이상일 경우 : 고압가스 헤더(공통 토출가스 헤더)

ⓒ 압력 조정 범위

ⓐ 프레온용 : 6~30[kg/cm^2·g](차압 1.5~8[kg/cm^2])

ⓑ NH$_3$용 : 6~22[kg/cm^2·g](차압 2~8[kg/cm^2])

ⓓ HPS는 주로 cut out 압력만 표시되는 경우가 많고 작동 후 복귀형태에 따라 자동복귀형, 수동복귀형이 있다.

㉯ 저압 차단 스위치(L.P.S) : 용도에 따라 압축기 정지용과 언로더(unloader)용(용량제어용)이 있으며 냉동부하 등의 감소로 인하여 압축기 흡입압력이 일정 이하가 되면 전기회로를 차단시켜 압축기의 운전을 정지시키거나, 또한 전자 밸브와 조합시켜 고속다기통 압축기의 언로우더 기구를 작동시키는데 사용된다. 즉 저압이 현저하게 낮아졌을 경우 압축비의 상승으로 인한 압축기 파손을 방지하기 위하여 압축기를 보호하는 안전장치의 일종이다.

㉠ 압력 범위

ⓐ 프레온용 : 10[cmHg]~5[kg/cm^2·g](차압 0.3~0.4[kg/cm^2])

ⓑ NH$_3$용 : 30[cmHg]~7[kg/cm^2·g]

ⓒ 차압이 적을수록 동력소비가 적어진다.

ⓓ 차압을 너무 적게 설정하면 압축기의 시동과 정지가 심해지고 너무 크게 설정하면 압축기 정지시간이 길어져서 차압조정시 적당히 해야 한다.

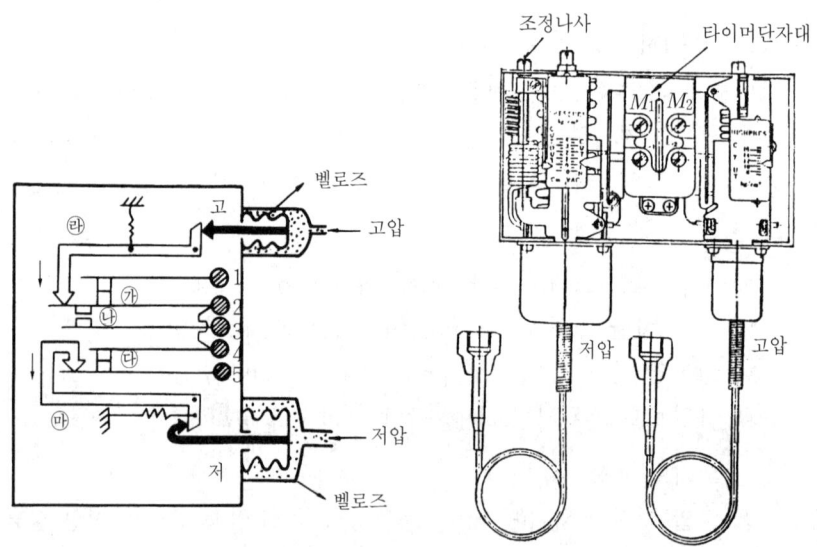

🔹 **고저압 차단 스위치의 원리 및 구조**

㉰ 고저압 차단 스위치(DPS) : HPS와 LPS 즉 고압차단 스위치와 저압차단 스위치를 조합시킨 것으로 냉동기의 고압이 설정값 이상이 되거나 또는 저압이 소정압력 이하로 내려간 경우, 전기회로가 차단되어 압축기를 정지시킨다.

저압측은 압력상승에 의하여 자동적으로 재기동되나 고압측의 경우에는 일반적으로 압력이 강하해도 수동 리셋(reset)하여야 압축기가 재기동된다. 즉, 고압과 저압 중 어느 한 쪽에 이상이 있어도 압축기가 정지된다.

㉑ 유압 보호 스위치(OPS) : 강제윤활방식에서 유압보호 스위치는 압축기의 활동부분에 오일 공급이 부족하든지 또는 급유장치의 고장으로 인하여 압축기의 손상을 방지하는 보호장치로서 주로 고속압축기에 사용한다. 흡입압력과 오일 펌프 출구의 유압과의 차가 일정시간(60~90초) 일정값 이하가 되면 이 유압보호 스위치가 작동하여 압축기의 운전을 정지시킨다. 종류로는 바이메탈식과 가스통식이 있다.

2. 온도제어(temperature control ; T.C)

냉장실 내의 브라인, 냉수의 온도를 일정한 온도로 유지하기 위한 온도변화 검출기인 제어용 장치가 필요하며, 이에 의하여 압축기의 작동으로, 팽창 밸브 앞의 전자 밸브를 개폐시킨다.

(1) 서모스탯(thermostat)

일명 항온기라고 하며 이것에 의하여 전류를 개폐하여 냉각작용을 발정시키는 방법으로 냉동장치에 가장 널리 이용된다. 측온부의 종류에 따라 3가지가 있다.

① 바이메탈(bimetal)식 : 큰 팽창계수가 다른 2종의 금속(니켈＋황동) 박판(薄板)을 접합시킨 것으로 온도 변화에 의해 금속의 신축 변위를 이용하여 스위치를 개폐한다. 그 종류는 와권형, 평판형, 원판형이 있다.

② 증기압력식(감온통식) : 일반적으로 가장 널리 사용하는 방법으로 감온통에 냉매를 봉입(封入)시켜 온도검출부에 접촉 온도에 의한 포화 압력의 변화를 이용해서 스위치를 개폐시킨다.

③ 전기 저항식 : 온도 변화에 따라 전기 저항의 변화가 큰 금속을 이용한 것으로 온도가 상승하면 저항이 커져 전류가 적게 흐르고 저항이 작아지면 전류의 흐름은 커진다. 주로 터보 냉동기의 공기조화 온도제어용으로 많이 이용된다.

3. 습도제어(humidity control)

냉동실 내를 온도의 유지와 함께 습도의 유지가 요구되는 일이 있다. 또한 이것은 공기조화장치에서 항상 요구되는 것이다. 측정가능 범위는 상대습도 20~96[%] 정도이고 차습도(디퍼렌셜(differential))은 상대습도 2[%] 정도이다. 설치시 부식성이 있는 곳은 피하고 평균습도를 검출할 수 있는 곳으로 바닥에서 1.5[m] 정도 위치에 설치한다.

(1) 습도 조절기(humidistate)

① 모발식 : 이것은 모발(毛髮)이 습도에 따라 신축하는 현상을 이용하는 것으로 습도가 증가하면 모발이 늘어나 전기 접점이 연결되어 이에 의하여 전자 밸브 등을 작동시켜

감습장치를 작용시킨다. 일반적으로 공기 조화장치에 사용되며, 냉장실에의 사용은 불가능하다.

② 듀셀(dewcel)식 : 듀셀은 염화 리듐(LiCl)의 흡수성을 응용한 노점계로 염화리듐 포화수용액의 온도와 증기압이 일정한 관계가 있는 것을 이용하며 포화 수용액의 증기압과 주위 공기의 수증기압 등과 같이 될 때의 포화 수용액의 온도에서 노점을 구한다. 가열용 전극선은 교류(交流) 전기를 이용하며 결선하여 수은 스위치를 달면 노점에 의한 습도 조정기로 사용할 수 있다.

③ 전기저항식 : 서로 절연된 2개의 전극간에 흡수성이며 전도성인 얇은 막을 붙여 놓으면 주위의 기체습도가 증가되면 습기를 흡수하여 전기저항이 감소되는 것을 이용한 것이다. 0[℃] 이하의 냉장실에서의 사용은 불가능하다.

4. 냉각수 및 냉수량 제어

(1) 압력 자동급수 밸브(water regulating valve) : 절수 밸브

수냉응축기 냉각수 입구측에 설치하여 압축기의 토출압력에 의해서 응축기에 공급하는 냉각수량을 증감시킨다. 따라서 응축기의 응축압력을 안정시키고 응축압력에 대응한 냉각수량의 조절로 소비수량을 절감한다. 냉동기 정지시 냉각수 공급도 정지된다. 냉각수를 절약하여 경제적인 운전이 가능하다.

① 설치해서는 안 되는 경우
  ㉮ 수압이 낮을 경우
  ㉯ 냉각수 펌프로 왕복식 펌프를 사용할 경우
  ㉰ 사용 냉매가 NH_3인 장치
  ㉱ 대형 에어컨디션 및 heat pump식 에어컨디션

② 사용하면 좋은 경우
  ㉮ 시수나 공업용수 사용시
  ㉯ 2대 이상의 에어컨 사용시

③ 사용하면 안되는 경우
  ㉮ 왕복동 펌프를 냉각수 펌프로 사용하는 경우
  ㉯ 수압이 낮은 경우
  ㉰ 대형 에어컨 및 히트 펌프 에어컨

④ 절수 밸브의 종류
  ㉮ 압력작동형
  ㉯ 압력 역작동형
  ㉰ 온도 작동형
  ㉱ 압력작동 3통로형

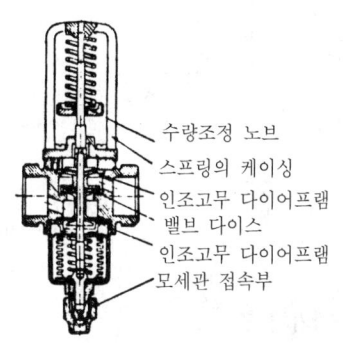 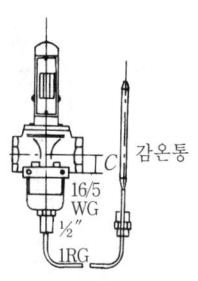

수량조정 노브
스프링의 케이싱
인조고무 다이어프램
밸브 다이스
인조고무 다이어프램
모세관 접속부

C 감온통
16/5
WG
½"
1RG

☗ 압력 자동급수 밸브의 구조도   ☗ 온도 자동수량 조절 밸브의 구조도

(2) 온도 자동수량 조정 밸브

냉수(브라인) 냉각기의 냉수면 또는 브라인 출구에 감온통을 설치하여 냉수, 브라인의 출구온도(냉각온도)에 따라 밸브의 개도를 변화시켜 수량을 조절한다. 즉, 검출부를 응축온도로 한 것이며 전폐와 전개시의 온도차는 8[℃]이다.

(3) 단수 릴레이

브라인 쿨러, 수냉각기에서 수량의 감소로 인한 액체냉각용 동파방지 및 응축기의 냉각 수량의 감소로 인한 응축압력의 상승을 방지하는 역할을 한다. 단수 릴레이의 작동과 동시에 압축기의 기동도 정지한다.

① 단압식 릴레이 : 냉수 또는 냉각수 출입구의 어느 한 쪽의 압력을 감지하므로서 작동하는 것으로 출입구 압력차가 발생하므로 잘 사용하지 않는다.

② 차압식 단수 릴레이(차압 스위치) : 브라인이나, 냉수 또는 냉각수 출입구의 양쪽 압력을 감지하여 작동한다. 즉, 양쪽의 압력차에 의해 작동한다.(유압보호 스위치의 변형으로 생각할 수 있다.)

③ 수류식 단수 릴레이(flow switch) : 냉수 또는 냉각수 배관 내에 설치하여 물이 흐르는 저항에 의해서 작동한다.

④ 플로 스위치

5. 수액기(liquid receiver)

수액기는 응축기에서 응축한 고압액화냉매를 일시 저장하는 고압가스 용기로 소요 냉매량을 팽창 밸브로 공급한다.

냉매순환량은 냉동부하 및 온도에 의하여 변함으로 용기의 크기는 증발기의 냉동부하가 클 때 소요되는 다량의 순환 냉매액이 필요없고 부하가 적어졌을 때는 소량의 순환 냉매액이 필요함으로 잔여 냉매량을 충분히 저장할 수 있어야 한다. 횡형의 것이 많고 NH_3용은 수압 30[kg/cm^2], 공기압시험 20[kg/cm^2] 기밀시험을 한다.

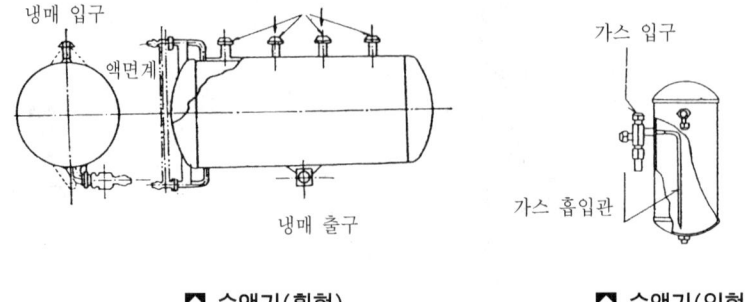

냉매 입구
액면계
냉매 출구

가스 입구
가스 흡입관

⬆ 수액기(횡형)　　　　⬆ 수액기(입형)

(1) 구비조건

① 수액기가 2개 이상으로 그 지름이 서로 다를 때는 수액기의 상단끼리 일치시킨다.

② 수액기의 액면계 파손을 방지하기 위하여 금속제 커버를 사용하며 수액기와 접속하는 배관에는 체크 볼 밸브(check ball valve)를 설치한다.

> **참고**
> **■ 볼 밸브(ball valve)**
> 액면계가 파손되었을 경우 수액기의 액이 볼을 밀어내어 액면계의 관을 막음으로 액의 누설을 막는다.

③ 설치 위치는 응축기 하부에 설치하며 균압관의 설치시 균압관은 충분한 지름의 관을 사용하여야 하며 관의 상부에 에어 퍼저(air purger)를 설치한다.

> **참고**
> **■ 균압관**
> 응축기에서 액화된 냉매액은 자연적으로 수액기에 흘러 내려가게 되어 있다. 만약 어떤 원인에 의해서 수액기 내의 압력이 높아지면 응축기의 액이 수액기에 유입하지 못하므로 수액기 상부와 응축기 상부를 관으로 연락하여 수액기 내의 압력이 상승하여도 응축기와 압력이 상등하게 하여 수액기로의 낙차에 의한 액유입을 원활하게 하는 역할을 하게하는 압력균형관이다.

④ 수액기의 크기는 냉매가 암모니아일 경우 1[RT]당 냉매액량이 15[kg] 소요되는 것으로 하고 수액기는 이 양의 약 1/2을 저장하도록 규정하는 것이 보통이다. 특히 냉동장치를 수리할 때에는 장치내의 냉매를 수액기에 저장할 수 있는 크기를 고려해야 한다.

(2) 수액기 설치시 주의 사항

① 수액기에 직사광선을 닿지 않게 할 것

② 수액기의 냉매량은 3/4(75[%]) 이상 만액시키지 말 것

③ 화기의 접근을 피할 것

④ 안전 밸브의 원변은 항상 열어둘 것

⑤ 용접계수 부분에는 배관 및 기타 기기를 접속하지 말 것

⑥ 인접한 용접부의 상호거리는 판 두께의 10배 이상 떨어져 있을 것

⑦ 수액기의 위치는 응축기보다 낮은 곳에 설치한다.

(3) 저압 수액기

액순환식 증발기를 갖는 냉동장치에서 액 펌프가 각 증발기로 이송하는 저온 저압의 냉매액을 저장하는 용기로 액분리 기능이 있다. 또한 제상시 증발기 내에는 저온 저압의 냉매액을 일시적으로 저압 수액기로 회수 일시 저장하여 제상 시간을 짧고 편리하게 하기 위하여 사용되기도 한다.

아래와 같이 저압수액기는 응축기 또는 고압수액기로부터 냉매액을 유입하고 각 증발기에서 되돌아온 냉매액과 같이 플로트 밸브(float valve) 등에 의해 용기내 액면을 일정하게 유지한다. 용기 내의 냉매액은 흡입관을 통하여 압축기로 흡입되고 액면을 유지하면서 증발되며, 또한 자기 냉각하면서 저온 저압의 상태를 유지한다.

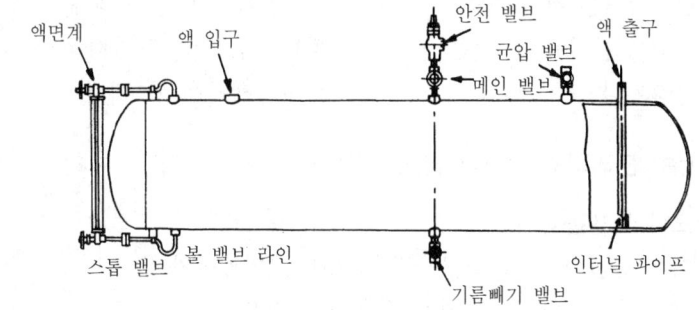

⬆ 수액기의 구조

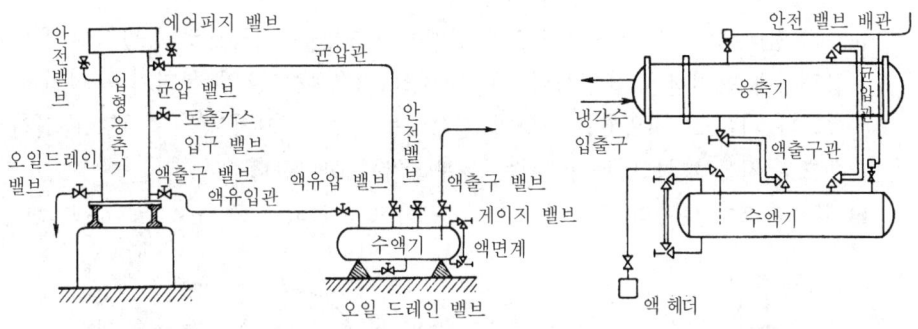

⬆ 균압관의 계통도

6. 유분리기(oil seporator)

유분리기 설치목적은 압축기의 윤활유가 미세한 입자로 되어 토출 가스 중에 함유되어 응축기에 유입되면 전열을 나쁘게 하고 냉매가 암모니아일 경우에는 이 오일이 팽창 밸브에서 동결할 우려가 있다. 또한 증발기에 유입되어 유막을 형성하고 냉매의 순환을 나쁘게 한다. 그러므로 토출 가스 중의 유입자를 분리하기 위하여 유분리기를 설치한다.

> **[참고]**
>
> ■ 압축기의 토출 가스 중 오일의 혼입량이 많아지면 나타나는 장애
>
> ① 압축기의 오일 부족으로 윤활불량 초래
> ② 활동부의 마모
> ③ 증발기 등에서 유막형성으로 전열을 나쁘게 한다.
> ④ 소음 및 토출 가스의 맥동 현상

(1) 오일(油) 분리기의 설치 위치

유분리기는 압축기와 응축기 사이에 설치한다.(NH₃의 경우 압축기에서의 토출 가스 온도는 낮을수록 오일의 점도가 커져서 분리가 용이함으로 분리기는 가능한한 응축기 입구에 접근시키는 것이 좋다. 프레온은 압축기에서 토출된 냉매 가스가 응축이 안되고 윤활유를 쉽게 분리될 수 있는 곳에 설치한다. 즉, 압축기 가까운 곳이 좋다.) 어떠한 경우에도 응축기나 수액기보다는 낮은 곳에 설치해서는 안 된다.

(2) 오일(油) 분리기의 설치가 필요한 경우

① 암모니아 냉동장치
② 만액식 증발기를 사용하는 경우(프레온 냉동장치)
③ 다량의 유를 포함한 냉매가 토출되는 경우
④ 토출 배관이 긴 경우(9[m] 이상)
⑤ 저온용 냉동기의 경우(프레온계 냉매는 오일을 용해하므로 증발기에 운반된 오일도 압축기에 용이하게 흡입시키므로 소형일 경우에는 오일 분리기를 설치하지 않는다. 그러나 저온도(−18[℃]) 이하일 경우에는 점도가 커져서 압축기로 흡입시키기 어려우므로 저온 대형 냉동기에서는 유분리기를 설치한다.)
⑥ 토출가스에 다량의 오일이 섞여 나간다고 생각되는 경우

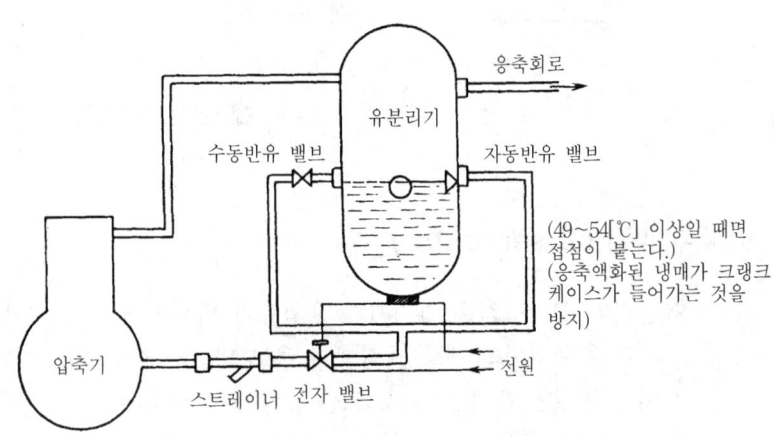

⬆ 프레온 자동반유 계통도

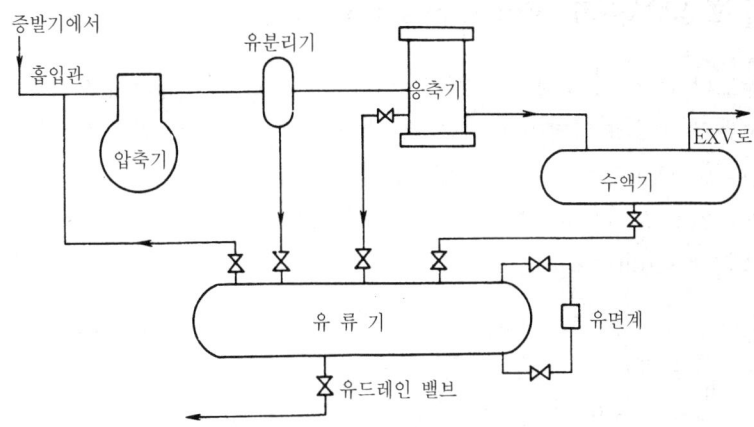

☝ 암모니아 배유 계통도

(3) 분리된 오일의 처리

① 프레온 : 유분리기의 저부에 플로트 밸브를 부착시켜 자동적으로 압축기 크랭크 케이스실에 유입하도록 배관한다.

② 암모니아 : 암모니아는 토출 가스가 고온임으로 오일이 탄화하기 때문에 재사용하지 않고 외부로 배유시킨다.

(4) 오일 분리기의 작동원리

① 냉매 가스의 속도 변화(1[m/sec] 이하로 한다)를 이용한다.(유속감소 분리형)

② 냉매 가스의 방향전환을 이용한다.(가스충돌 분리형)

③ 표면장력을 이용한다.

④ 원심분리형(원심분리기 사용)

(5) 오일 분리기의 종류

① 관성력식 : 오일을 동반한 냉매가 용기 내의 방해판에 충돌하여 급격한 방향 전환을 일으켜 입자의 관성력에 의하여 분리하는 형식이다.

② 배플식 : 용기 내에 다수의 작은 구멍이 있는 배플판(baffle plate)을 부착하고 냉매가 이 판에 의하여 흐름의 방향을 급변시켜 유속을 느리게 하여 그 중력에 의하여 가스에 분리되어 저면에 고이게 된다.

③ 금망식 : 용기 내에 금속망판을 조합하여 설치한 것으로 냉매 가스가 이 금망을 통과시키면 장력에 의해 오일과 분리된다.

④ 서미스터식 : 유체(流體) 중에 포함된 서로 상이한 분자를 서미스터 내의 선망으로 분리하는 여과 형식의 분리기이다.

⑤ 분리재료 삽입식 : 미세한 금속 와이어의 금망이 적층된 분리재료 속을 냉매가 통과할 때 오일과 냉매를 분리하는 형식이다.

7. 오일 회수장치(oil return system)

암모니아는 오일보다 비중이 적기 때문에 오일이 증발기 밑부분에 고이게 된다. 따라서 증발기 내부의 압력이 대기압보다 높아지면 수동으로 외부로 오일을 배출할 수가 있다. 이 때 빼낸 가스는 저압측으로 흡입시킨다.

프레온은 오일보다 비중이 작아 냉매 상부에 고이게 되고 또한 오일을 잘 용해하므로 오일 리턴(oil return) 장치를 설치하여 자동 운전을 할 수 있게 한다.

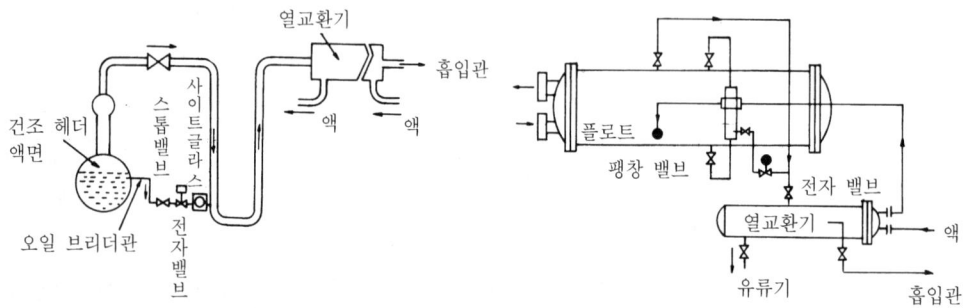

(a) 열교환기 설치 경우 오일 회수장치

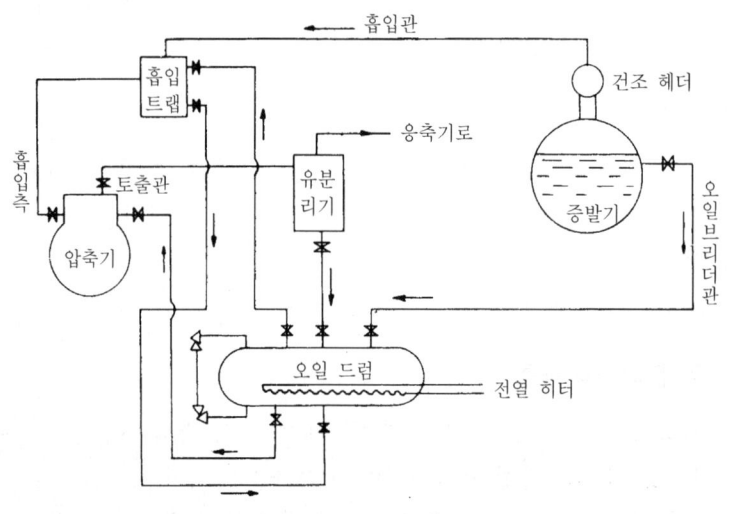

(b) 대형 오일 회수장치

🔷 오일 회수장치

(1) 오일 회수장치의 종류

① 소형 냉동기(소형의 오일 회수장치)

㉮ 증발기에서 흡입관에 가는 액관으로 연락하고 액관이 흐르는 오일의 혼합액은 흡입관에 들어가 액은 증발하고 가스와 함께 오일을 압축기로 회수한다.

㉯ 압축기 정지와 동시에 액관이 차단되도록 전자 밸브를 부착한다.

② 대형 냉동기(대형의 오일 회수장치)

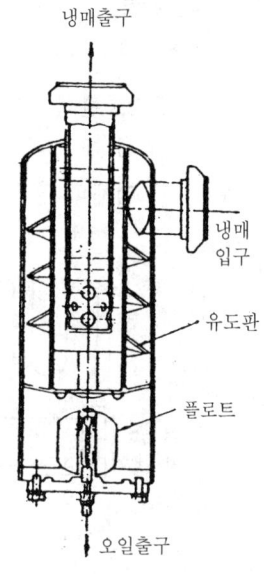

오일 분리기

㉮ 대형에서는 흡입관만으로 액과 오일의 분리가 어려우므로 열교환의 원리를 이용한 오일 회수기를 설치하여 가열함으로 냉매액을 가스상태로 압축기로 흡입시키고 오일은 액상 그대로 별도로 압축기 크랭크 케이스로 돌려보낸다.

㉯ 압축기 정지와 동시에 유회수를 위한 액관이 닫히게 전자 밸브를 설치한다.

㉰ 열교환기를 이용한 오일 회수장치(브라이더관을 통한다.)

㉱ 오일 가열방법

㉠ 토출 가스를 이용하는 방법

㉡ 전열기를 사용하는 방법

㉢ 온수 또는 증기를 이용하는 방법

㉣ 열교환기를 사용하는 방법

(2) 암모니아 냉동장치에서 고압부에 고인 오일 처리

암모니아 냉동장치에서 고압부에 고인 오일을 정기적으로 장치 외부로 유출시킬 경우에 오일과 같이 냉매가 배출되어 위험하므로 유류(oil receiver)를 설치하여 오일을 우선 유류에 이송시킨 후에 유류기의 냉매를 흡입관으로 보내고 유류에 설치된 유면계를 주시하면서 외부로 배출시킨다.

8. 열교환기(heat exchange)

열교환기는 액가스형과 열교환기, 즉 냉매액관과 흡입관을 접촉시키는 열교환기이다.

(1) 열교환기의 기능

① 프레온 냉동장치에서 흡입 가스의 과열과 증발기에 공급하는 액을 과냉각시켜서 냉동사이클의 효율을 상승시킨다.

② 증발기에 공급되는 액을 과냉각시켜 플래시 가스의 발생을 방지한다.

③ 흡입 가스의 과열로 리퀴드 백을 방지한다.

④ 액의 리턴이 있을 경우에 액분리기의 역할과 여기서 액을 증발하는 목적이 있다.

⑤ 만액식 증발기나 저압수액기로부터 오일과 냉매를 분리하는 오일 회수장치 역할을 한다.

⑥ R-12, R-500 등은 5[℃] 과열시 가장 효과가 크다.

(2) 종류

① 관접촉식
② 2중관식
③ 셸 앤 튜브식(shell and tube type)
④ 액체의 흡입 가스의 열교환기

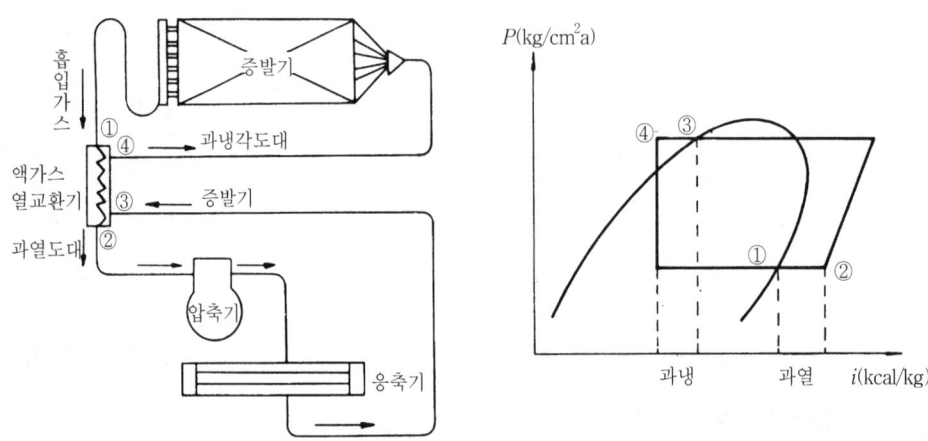

🔼 액 가스 열교환기의 장치도 및 $P-i$ 선도

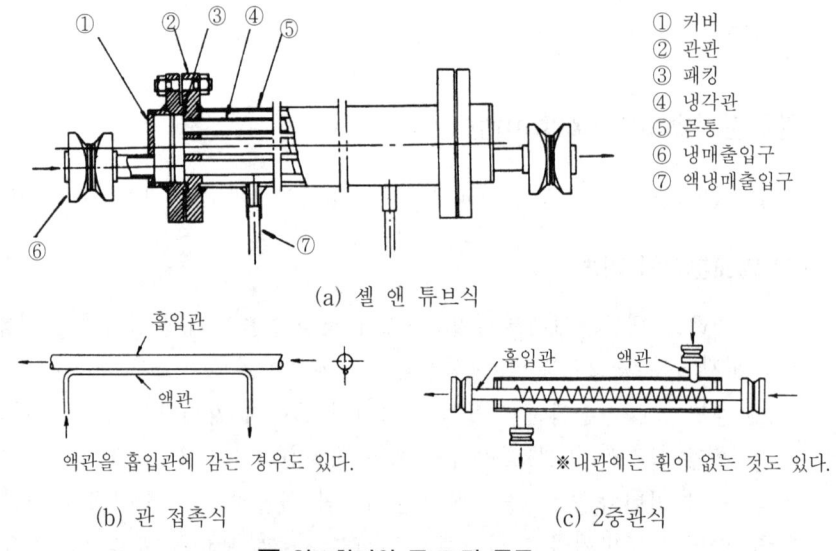

① 커버
② 관판
③ 패킹
④ 냉각관
⑤ 몸통
⑥ 냉매출입구
⑦ 액냉매출입구

(a) 셸 앤 튜브식

액관을 흡입관에 감는 경우도 있다.

(b) 관 접촉식

※내관에는 휜이 없는 것도 있다.

(c) 2중관식

🔼 열교환기의 구조 및 종류

9. 냉매액 분리기(accumulator)

설치이유는 압축기에 액화냉매가 흡입되면 습압축을 함으로 체적효율이 저하되어 효율이 떨어지고 냉매액이 다량 흡입되면 액 해머(liquid hammer)를 일으켜 토출 밸브 및 실린더 헤더 등에 큰 손상을 입힐 우려가 있다. 따라서 액분리기는 흡입 가스 중의 냉매액을 분리하여 압축기에 액이 흡입되는 것을 방지하기 위하여 설치한다. 또한 기동시 증발기 내의 액이 교란되는 것을 방지하기도 한다.

(1) 설치 위치

증발기와 압축기 사이의 흡입관(모든 액분리기는 증발기보다 상부에 위치한다.)

(2) 설치 용량

증발기 내용적의 20~25[%] 이상의 크기

(3) 설치가 필요한 경우

① 만액식 증발기를 갖는 냉동장치 및 부하변동이 심한 장치

② NH_3 냉동장치

③ 만액식 브라인 쿨러 사용 냉동기

(4) 액분리기 내에서의 가스의 유속

1[m/sec] 정도

(5) 분리된 액냉매 처리방법

① 증발기로 재순환시키는 방법

② 가열시켜 액을 증발시키고 압축기로 흡입시키는 방법

　㉮ 열교환 방법 : 액분리기 내에 액관의 코일을 삽입하여 액관의 열로 증발기에서 보내온 냉매액을 증발시켜 흡입시키는 방법

　㉯ 액분리기에 고인 냉매액을 천천히 조금씩 압축기에 지장이 없을 정도로 흡입시키는 방법

　㉰ 액분리기에 고인 냉매액을 전열로 가온되는 용기에 넣어 증발시켜 감온 팽창 밸브를 통하여 흡입시키는 방법

③ 고압측 수액기에 복귀시키는 방법

　㉮ 액 펌프를 사용하여 수액기로 강제 복귀시키는 방법

　㉯ 고압가스를 사용하는 방법

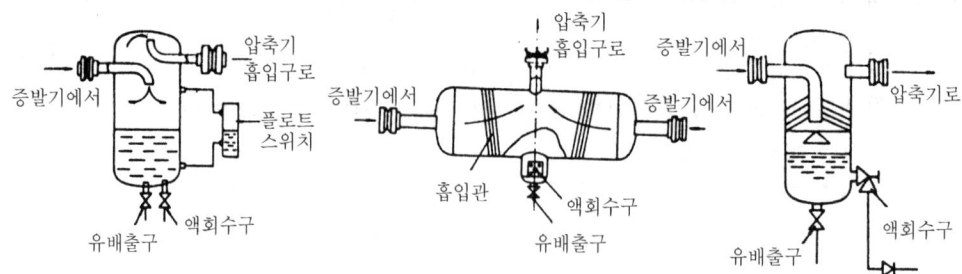

☝ 액분리기의 구조

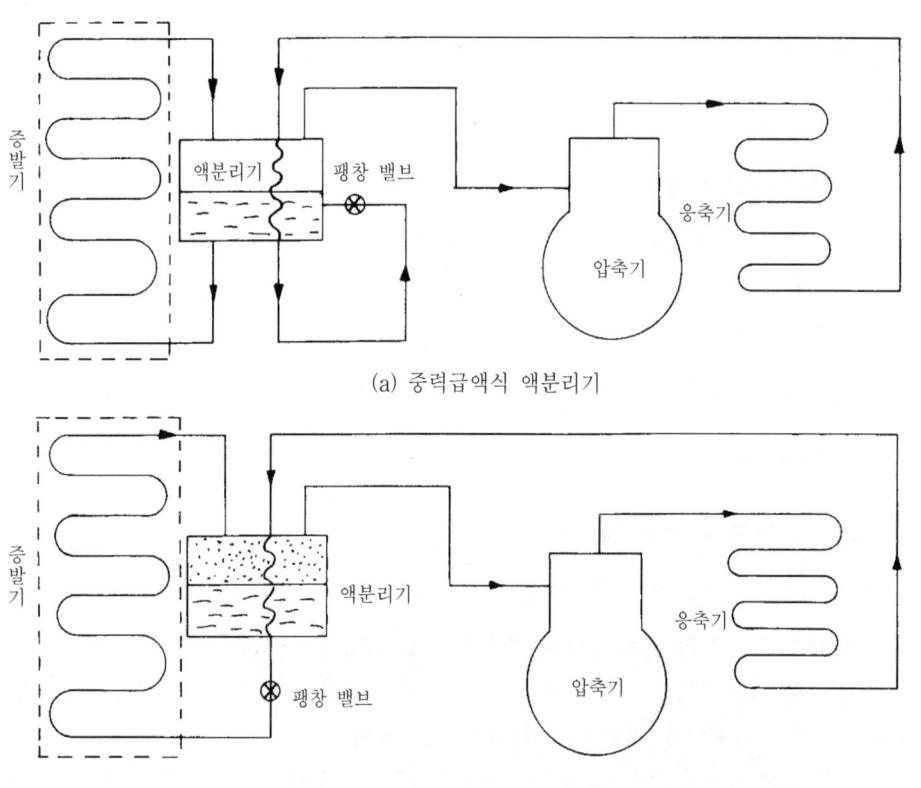

(a) 중력급액식 액분리기

(b) 압력급액식 액분리기

☝ 액분리기

10. 냉매액 회수장치(liquid return system)

액분리기에서 분리된 냉매액을 고압 수액기로 회수하거나 증발기로 재순환시키는 장치
로 분리된 액냉매 처리방법은 위에서 설명하였으며 액회수장치는 수동식과 자동식 액회
수장치가 있다.

(1) 중력에 의한 증발기로 재순환시키는 방법

액분리기에서 분리된 냉매액이 자체의 중력에 의하여 증발기로 재순환될 수 있도록 액분리기와 증발기를 리턴관으로 연결하였다.

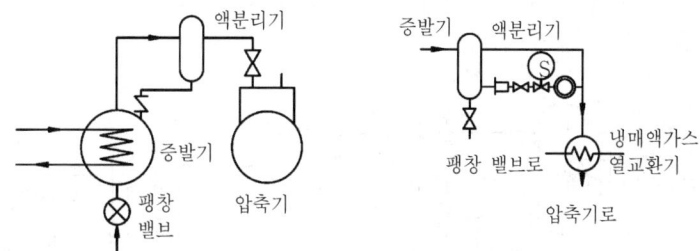

🔼 중력에 의한 증발기로의 재순환   🔼 압축기로 흡입시키는 방법

(2) 압축기로 흡입시키는 방법

액분리기 하부에서 액냉매 및 오일의 혼합액을 배관으로 배출하여 여과기 교축(絞縮) 밸브, 전자 밸브, 사이트 글라스(sight glass)를 설치한 배관을 통해 연속적으로 소량씩 액·가스 열교환기를 지나 압축기로의 흡입배관에 도입시킨다.

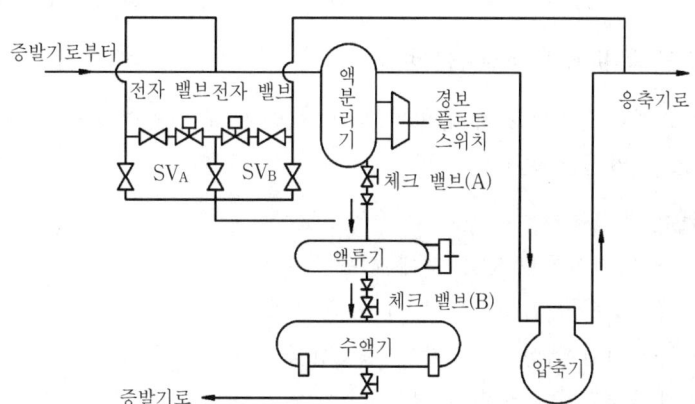

(3) 냉매액 펌프를 사용하는 방법

액분리기 및 액류에 플로트 스위치를 설치하고 액류에 일정한 양의 냉매액이 흡입하면 액 펌프에 의해 수액기로 이송된다. 주로 대형 암모니아 냉동장치에서 사용된다.

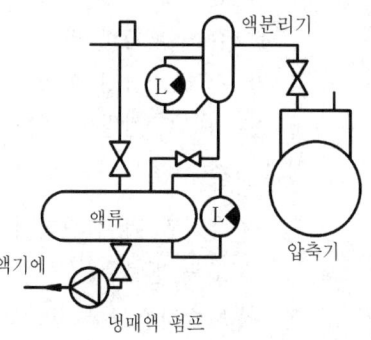

🔼 냉매액 펌프를 사용하는 방법

(4) 수액기로 유입시키는 방법

액류에 적당히 액이 고이면 플로트 스위치가 작동하여 3방(三方) 밸브에서 액분리기의 연락관이 차단되고 고압가스의 연락관이 열려 액류기 내의 압력은 고압이 되고 액류기 내의 액은 수액기로 유입된다. 액면이 낮아지면 플로트 스위치 작동하여 3방 밸브는 원위치(元位置)로 된다.

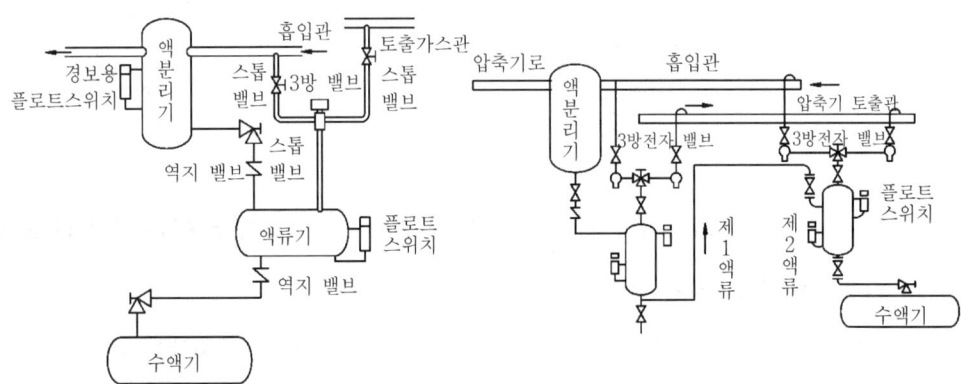

🔼 고압가스를 사용하는 방법(자동 액회수장치)　　**🔼 액분리기와 수액기의 수직거리가 충분치 못할 경우의 자동액 회수장치**

(5) 리퀴드 백(liquid back) 현상

리퀴드 백이란 증발기에 유입된 액냉매 중 일부가 증발하지 못하고 액 그대로 압축기 쪽으로 유입되는 현상을 말한다.

① 원인
　㉮ 팽창 밸브의 개도를 크게 했을 경우
　㉯ 증발부하의 급격한 변동이 있을 경우
　㉰ 증발기에 적상 및 유막이 과대형성이 되었을 경우(열교환 불량)
　㉱ 액분리기의 기능이 불량한 경우
　㉲ 증발기 용량이 작을 경우
　㉳ 감온식 팽창 밸브 사용시 감온통의 부착위치가 부적합한 경우
　㉴ 기동 조작이 잘못이 있을 경우(흡입 밸브를 갑자기 만개할 때)
　㉵ 냉매 충전량의 과다

② 영향
　㉮ 흡입관 및 실린더에 상(霜)이 붙는다.
　㉯ 토출 밸브 및 실린더 헤더의 냉각으로 이슬이 맺히거나 서리가 낀다.
　㉰ 토출가스 온도가 저하된다.
　㉱ 압축기 이상음이 발생한다.

      ㈑ 소요동력 증대

      ㈒ 냉동능력 감소

      ㈓ 윤활유 열화

      ㈔ 전류계 및 압력계의 지침이 떨어진다.

  ③ 대책

    ㉮ 실린더에 상이 붙을 정도의 경우(현상이 미세한 경우)

      ㉠ 흡입 밸브를 조인다.

      ㉡ 팽창 밸브를 조인다.

      ㉢ 흡입 밸브를 천천히 연다.

    ㉯ 현상이 심할 경우(액 해머 링이 일어날 경우)

      ㉠ 전원을 차단한다.(압축기 정지)

      ㉡ 워터 재킷의 냉각수를 드레인시킨다.

      ㉢ 흡입 밸브를 차단한 후 조치한다.

    ㉰ 경미한 경우(실린더에 적상이 심한 정도)

    팽창 밸브를 조정하고 경우에 따라 부하를 조정한다.

11. 건조기(drier ; 제습기)

NH_3 냉매는 수분과 친화력이 있어 용해됨으로 건조기를 설치할 필요가 없지만 프레온계 냉매와 크로르 메틸(CH_3Cl) 냉매는 수분에 대한 용해도가 극히 적어서 유리(遊離)된 수분이 팽창 밸브의 니들 밸브(needle valve) 구멍에서 동결하여 냉매순환을 저해하고 가수분해(加水分解)에 의하여 산성물질을 만들어 금속을 부식시키고 윤활유를 열화시킨다. 따라서 수액기와 팽창 밸브 사이에 건조기를 설치하여 고압냉매액이 건조기를 통과할 때 수분을 흡수시킨다.

(1) 건조기의 설치 위치

액관에서 응축기나 수액기 가까운 곳에 설치한다.

※ 설치의 위치

    수액기 → 투시경(sight glass) → 건조기(drier) → 전자 밸브(solenoild valve) → 팽창 밸브

(2) 건조재의 종류

  ① 실리카겔(silicagel)

  ② 활성 알루미나(activated alumina)

  ③ S/V 소바비드

  ④ 몰리쿨러시브

  ⑤ 리듐 브로마이드(lithium bromide)

(3) 건조재의 구비조건

① 건조효율이 좋을 것
② 냉매 및 오일과의 화학반응이 없을 것
③ 다량의 수분 및 오일을 함유해도 분말화 되지 않을 것
④ 냉매 통과시 저항이 적을 것
⑤ 취급이 편리하고 가격이 저렴할 것
⑥ 큰 흡착력을 장시간 가질 것
⑦ 충분한 강도를 가지고 분해하지 말 것
⑧ 안전하고 취급이 용이할 것

(4) 건조기의 종류

① 오픈 타입(open type)
② 밀폐형
※ 일반적으로 건조기는 여과기와 겸용하는 형식이 많다.

(5) 장치 내에 수분 침입의 원인

① 흡입 압력이 진공상태일 때 누설부분에서의 외기의 침입
② 냉매 및 오일 중에 수분이 함유될 경우
③ 누설시험시 공기압축기를 사용할 경우
④ 냉매 및 오일 충전시 부주의로 공기와 함께 혼입될 경우
⑤ 정비작업시 부주의로 인한 경우
⑥ 진공작업 불충분으로 잔류하는 수분

(6) 수분 침입시 장치에 미치는 영향

① 프레온계 냉매
  ㉮ 팽창 밸브의 동결폐쇄 현상
  ㉯ 염산, 불화수소산 생성으로 인한 장치 부식
  ㉰ 동부착현상 촉진
  ㉱ 흡입 압력 저하

② 암모니아 냉매
  ㉮ 장치의 부식
  ㉯ 유탁액 현상
  ㉰ 증발온도 상승
  ㉱ 흡입 압력 저하

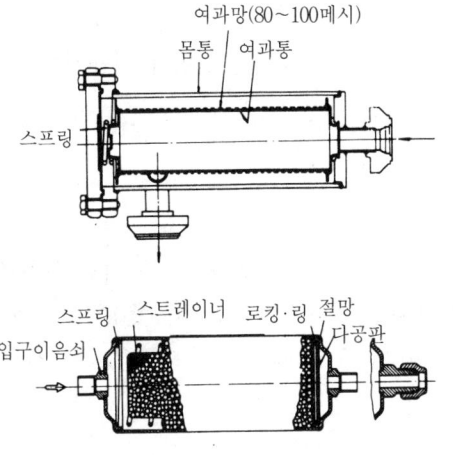

스프링 몸통 여과통 여과망(80~100메시)

입구이음쇠 스프링 스트레이너 로킹·링 절망 다공판

⬛ 드라이어의 구조

⬛ 제습기의 크기

마력(HP)	내부체적(in²)	지름(in)	전체 길이(ir
$\frac{1}{3}$	4	$1\frac{5}{8}$	5
$\frac{1}{3}$	4	$1\frac{5}{8}$	$4\frac{5}{8}$
$\frac{1}{3}$	4	$1\frac{5}{8}$	$4\frac{7}{8}$
$\frac{1}{2}$	6	$1\frac{5}{8}$	6
$\frac{3}{4}$	10	$2\frac{1}{8}$	$6\frac{5}{8}$
$\frac{3}{4}$	10	$2\frac{1}{8}$	$6\frac{7}{8}$
1	14	$2\frac{1}{8}$	$7\frac{7}{8}$
1	14	$2\frac{1}{8}$	$8\frac{1}{8}$
$1\frac{1}{2}$	20	$2\frac{1}{8}$	$9\frac{3}{4}$
$1\frac{1}{2}$	20	$2\frac{1}{8}$	$10\frac{3}{8}$
3	32	$2\frac{1}{8}$	$13\frac{5}{8}$
3	32	$2\frac{1}{8}$	14

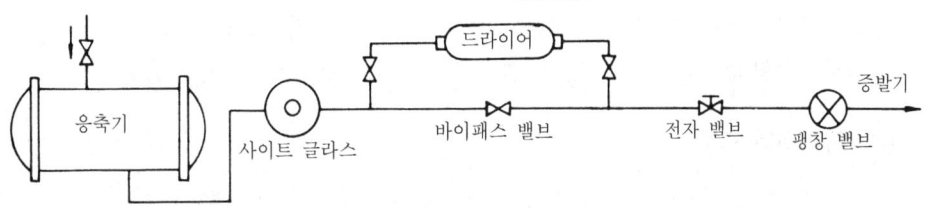

응축기 사이트 글라스 바이패스 밸브 드라이어 전자 밸브 팽창 밸브 증발기

⬇ 건조재의 종류 및 성상

종 류		실리카겔	알루미나겔	S/V소바비드	물리쿨러시브
성 분		SiO_2nH_2O	$Al_2O_3nH_2O$	규소의 일종	합성제 오라제
외 관	흡착전	무색반투명 가스질	백색	반투명구상	미립결정체
	흡착후	변화없음	변화없음	변화없음	변화없음
독성, 연소성, 위험성		없 음	없 음	없 음	없 음
미각		무미/무취	동 좌	동 좌	동 좌
건조강도(공기 중의 성분)		A형 0.3[mg/l]당 B형은 A형보다 약함	실리카겔과 같음	실리카겔과 대략 같음	실리카겔보다 큼
포화흡온량		A형 약 40[%] B형 약 80[%]	실리카겔보다 적음	실리카겔과 대략 같음	실리카겔보다 큼
건조제충진용기		용기의 재질에 제한없음	동 좌	동 좌	동 좌
재 생		약 150~200[℃]로 1~2시간 가열해서 재생한다. 재생 후 성질의 변화 없음	대체적으로 실리카겔과 같음	200[℃]로 8시간 이내에 재생할 것	가열에 의하여 재생 용이 약 200~250[℃]
수 명		반영구적	동 좌	반영구적 액장수에 접촉하면 파괴된다.	반영구적
잘못하여 제품과 섞은 경우		제품과 작용치 않음 분리가능	동 좌	동 좌	동 좌

(7) 냉매 건조기(제습제)의 구조

볼트로 조립되어 제습제와 여과기를 교환할 수 있는 분할형과 제습제를 교환할 수 없는 일체형이 있다.

12. 여과기(strainer or filter)

여과기의 역할은 냉동장치 내에 먼지, 모래, 금속편(金屬片) 등 이물질이 존재하면 팽창 밸브, 전자 밸브 및 압축기 및 기타 밸브 등의 작동에 장해(障害)를 초래함으로 이 장해 방지를 위하여 그 기기들의 전방에 여과기를 설치하여 불순물을 제거시킨다.

(1) 여과기의 구조

① Y형 : 가스 및 액관에 사용(액관이나 가스관에 사용)
② L형(angle type) : 곡관에 사용(앵글 여과기)
③ 라인 여과기 : 관에 설치하며 크기는 관 지름의 20배 정도
④ 핑거형(finger type) : 팽창 밸브 및 압축기 흡입관 등에 사용

(2) 여과재의 종류

금망(金網), 펠트(felt), 글라스 울(glass wool) 등을 사용한다.

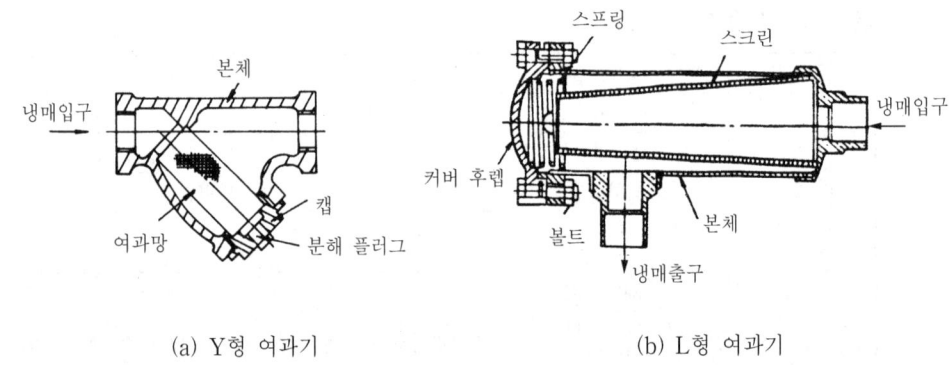

(a) Y형 여과기   (b) L형 여과기

⬥ 여과기의 구조

(3) 용도에 따른 여과기 규격

① 액관여과기(리키드 필터) : 80∼100메시(mesh) 액관의 팽창 밸브 직전에 삽입한다.
② 흡입여과기(섹션 스트레이너) : 40메시(mesh) 흡입관에 설치한다.
※ 팽창 밸브, 플로트 밸브, 전자 밸브 등은 특히 이물질에 의한 영향이 크므로 120∼200[mesh] 정도의 여과재를 사용한다.(mesh(메시) : 1[in^2](square inch) 당의 눈금수)

(4) 여과기 및 건조기가 막혔을 경우 장치에 미치는 영향

① 저압이 낮아진다.(그 정도가 클 경우에는 L.P.S의 작용으로 모터 정지된다.)
② 흡입가스 과열
③ 토출 가스 온도 상승
④ 실린더 과열
⑤ 피스톤 마모
⑥ 윤활유 열화 및 탄화로 인한 윤활불량 초래

13. 사이트 글라스(sight glass)

냉매액이 관내를 흐르는 상태를 알 수 있도록 액관 중 응축기(수액기)쪽에 설치하여 적정 냉매량의 충진확인 및 액중의 거품 발생의 유무를 점검하여 플래시 가스(flush gas) 존재를 확인할 수 있다. 때로는 오일 분리기에서 압축기까지 오일이 회수되는 상태를 점검하기 위해 오일관에 붙이는 투시경이다.

(1) 적정 냉매량 확인방법은 다음과 같다.

① 사이트 글라스 내 기포가 있어도 움직이지 않을 때
② 사이트 글라스 입구측에만 기포가 있고 출구에는 안보일 때
③ 기포가 연속적이 아니고 가끔 보일 때
※ 냉동장치 내에 수분의 함량을 빛의 변화로 그 정도를 판단하는 수분지시기가 있는 투시경이 있다. 일명 dry eye이다.

14. 전자 밸브(solenoid valve)

(1) 설치 목적

전기적인 조작에 의해 밸브를 자동적으로 ON-OFF하여 용량이나 액면 조정, 온도제어, 리퀴드 백 방지 및 냉매나 브라인, 냉각수 흐름제어에 사용된다.

(2) 종류

① 직동식 전자 밸브
② 파일럿 작동식 전자 밸브

(3) 전자 밸브의 설치시 주의 사항

① 코일 부분이 상부로 오도록 수직 설치
② 유체의 방향에 맞추어 설치할 것
③ 파일럿 전자 밸브의 경우 수동 개폐장치의 캡을 풀어낼 수 있는 스페이스가 있을 것

④ 전자 밸브 전에 먼저 여과기를 설치할 것

⑤ 전자 밸브 설치시 120[℃] 이상 본체의 온도가 상승시에는 위험하므로 전자 밸브를 분해한 후 용접할 것

15. 안전 밸브 및 파열판과 가용전

(1) 안전 밸브(safety valve)

① 형식에 따른 분류 : 스프링식, 중추식, 가용전식, 파열판식

② 사용방법에 따른 분류 : 대기개방형, 저압방출형

③ 분출작동압력 : 내압시험압력 8/10 이하에서 작동 조절할 것

④ 고압차단 스위치(HPS) 이상의 압력에서 작동할 것(10/9배)

⑤ 안전 밸브 분출면적 계산

$$d = \frac{w}{230P\sqrt{\dfrac{M}{T}}} \, [\text{cm}^2]$$

d : 분출부의 유효면적(cm^2)
w : 안전 밸브의 분출량(kg/h)
P : 안전 밸브의 작동 절대압력(kg/cm^2)
M : 분출 가스의 분자량
T : 분출 가스의 절대온도(K)

(2) 가용전(fusible plug)

① 설치목적 : 프레온 냉동장치의 응축기나 수액기 등에서 압력용기의 냉매액과 증기가 공존하는 곳의 증기부분에 설치하여 불의의 사고시 일정온도까지 상승할 때 용해하여 고압가스를 외부로 방출하여 이상고압의 사고를 미연에 방지한다.

② 가용전(가용마개) 용융온도 : 68~75[℃] 이하

③ 가용전의 구경(지름) : 안전 밸브 지름의 1/2 이상

④ 설치장소 : 응축기, 수액기의 상부에 토출 가스의 영향을 직접 받지 않는 위치에 설치할 것

⑤ 합금성분 : 비스무트(bismuth), 카드뮴(cadmium), 납, 주석

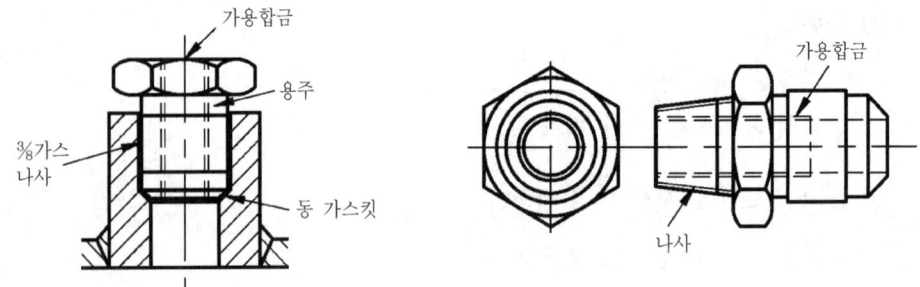

🔼 가용전의 구조

용 융 점	성 분 (%)			
	Bi(비스무트)	Cd(카드뮴)	Pb(납)	Sn(주석)
68[℃]	50	12.5	25	12.5
68[℃]	50.1	10	26.6	13.3
70[℃]	49.5	10.1	27.27	13.13
70[℃]	45.3	12.3	17.9	24.5
70[℃]	27.5	34.5	27.5	10

(3) 파열판(rupture disk)

① 설치목적 : 내부 압력이 높아서 위험한 상태의 고압용기에서 파열되어 이상 고압의
위해를 사전에 방지한다.

② 설치장소 : 주로 터보 냉동기 저압측

③ 지지 형식에 따른 분류 : 대구경 플랜지형, 중구경 유니온형, 소구경 나사형

④ 파열판의 선정시 고려사항

㉮ 정상운전 압력과 파열압력 관계

㉯ 정상운전 온도

㉰ 냉매의 종류

㉱ 구경의 크기

㉲ 정지압력, 맥동압력 고려

> 【참고】
> ■ **안전두** : 정상고압 + **3**[kg/cm^2]에서 분출 조정
> ■ **고압차단스위치** : 정상고압 + 4[kg/cm^2]에서 분출 조정
> ■ **안전 밸브** : 정상고압 + 5[kg/cm^2]에서 분출 조정

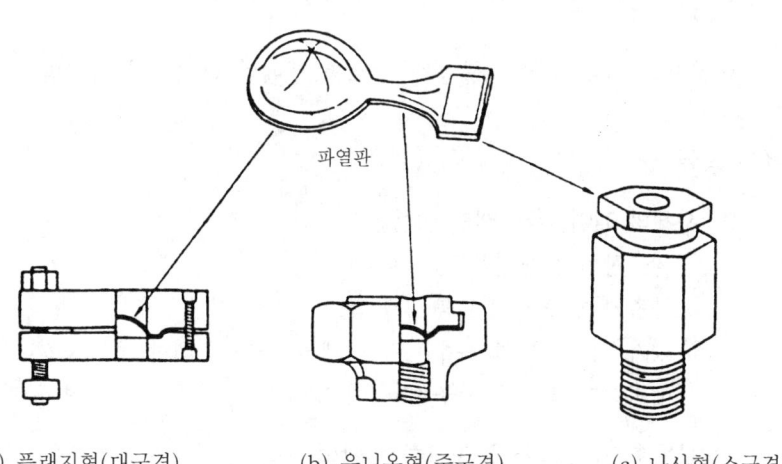

(a) 플랜지형(대구경)　　　(b) 유니온형(중구경)　　　(c) 나사형(소구경)

⬆ 파열판의 구조

16. 오일 냉각기(oil cooler)

(1) 오일의 온도가 상당히 높아지는 경우 오일 펌프에서 나온 오일을 냉각시켜 오일의
    기능을 증대시킬 목적으로 사용
(2) NH₃ 냉동장치에서 일반적으로 사용되며 프레온(freon)장치인 경우 오일의 탄화나
    점도 저하로 오일의 기능이 저해될 우려가 적으므로 사용되지 않는 경우가 많다.
(3) 관판과 함께 냉각관을 떼어낼 수 있는 구조로 되어 있으며 청소작업이 가능하다.

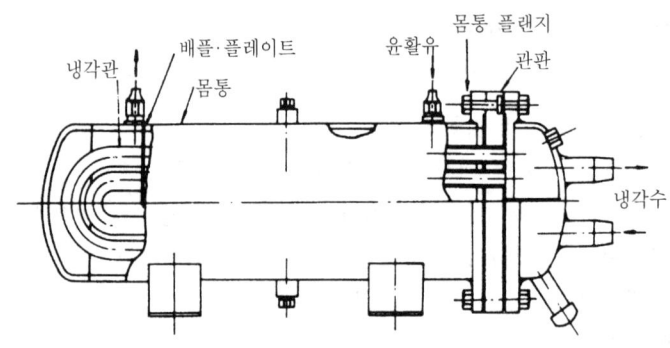

❏ 오일 냉각기의 구조

17. 불응축 가스 퍼저(gas purger)

(1) 불응축 가스

냉동장치를 순환하면서 응축하지 않는 가스로서, 장치 외부에서 침입하는 공기나 윤활
유 탄화에 따른 윤활유 가스 등이 포함되어 있다.

(2) 설치목적

냉동장치 내에 혼입된 불응축 가스를 냉매와 분리시켜 장치밖으로 방출시켜 준다.

(3) 종류

① 자체의 에어 퍼저 밸브 이용법
  ㉮ 냉동장치의 운전을 정지
  ㉯ 응축기 입출구 밸브를 닫는다.
  ㉰ 냉각수를 충분히 통수시켜 냉매 가스를 최대한 응축시킨다.
  ㉱ 에어퍼지 밸브를 천천히 열어 냉매의 손실에 유의하며 공기를 방출시킨다.

② 불응축 가스 퍼저를 이용하는 방법
  ㉮ 스톱 밸브 ①을 열어 고압 액냉매가 팽창 밸브를 통해 냉각 드럼 내를 냉각시키도
    록 한다.

㉯ 불응축 가스 스톱 밸브 ②를 열어 수액기 및 응축기 상부로부터 불응축 가스가 포함된 고압 가스를 드럼 내로 유입한다.

㉰ 드럼 내에서 냉매 가스는 응축되고 불응축 가스만 드럼상부에 모인다.

㉱ 스톱 밸브 ②를 닫고 ③을 열어 응축된 냉매액을 수액기로 회수시키고 ③을 닫는다.

㉲ 드럼 내에는 불응축 가스만 남아있고 흡입 가스 온도까지 냉각시킨다.

㉳ 스톱 밸브 ④를 약간 열어 드럼 내의 불응축 가스를 방출하고 방출이 끝나면 ④를 닫는다.

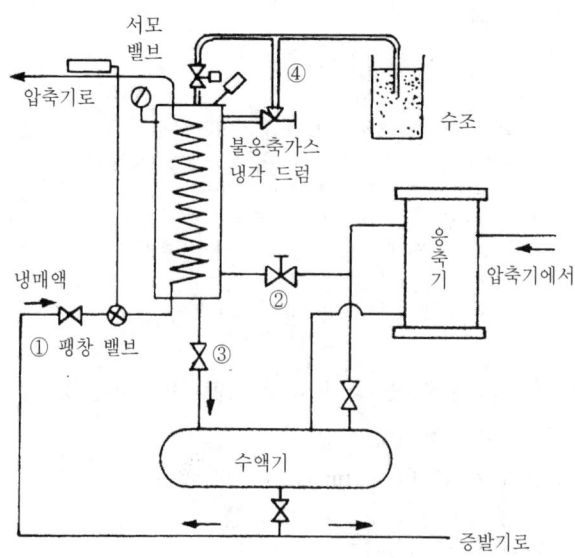

🔼 **불응축 가스 퍼저**

\<증발기\>

문제 1 만액식과 건식 증발기를 비교할 때 건식 증발기의 장점이 아닌 것은?

㉮ 윤활유가 증발기 내에 낄 우려가 적다.

㉯ 소요 냉매량이 적다.

㉰ 전열 효과가 크다.

㉱ 설치가 용이하고 비용이 적다.

해설 • 건식 증발기의 특징
① 증발기 내 냉매액이 25[%], 냉매 가스가 75[%] 존재한다.
② 증발관 내에 냉매액보다 가스가 많으므로 전열효과가 적다.
③ 냉매액의 순환량이 적어 액분리가 불필요하다.
④ 냉매공급이 위에서 아래로 공급되므로 오일 회수가 용이하며 오일 회수장치가 필요없다.
⑤ NH_3 사용시에는 유효 전열면적을 증대시키기 위해 냉매 공급을 아래에서 위로 공급할 수 있다.
⑥ 주로 공기 냉각용으로 많이 사용한다.

문제 2 만액식 증발기의 전열을 좋게 하기 위한 것이 아닌 것은?

㉮ 냉각관이 냉매액에 잠겨 있거나 접촉해 있을 것

㉯ 관면이 거칠거나 핀(fin)을 부착한 것일 것

㉰ 평균 온도차가 작고 유속이 빠를 것

㉱ 유막이 없을 것

해설 • 만액식 증발기에서 냉매측의 전열을 좋게하는 방법
① 관이 냉매액과 접촉하거나 잠겨 있을 것
② 관지름이 작고 관 간격이 좁을 것
③ 관면이 거칠거나 핀(fin)을 부착할 것
④ 평균 온도차가 크고 유속이 적당히 클 것
⑤ 오일(oil)이 체류하지 않을 것

문제 3 액순환식 증발기에서 냉매액 펌프의 설치 위치로 적당한 것은?

㉮ 저압수액기와 고압수액기의 사이   ㉯ 증발기 출구와 압축기 사이

㉰ 팽창 밸브와 수액기 사이   ㉱ 저압수액기와 증발기 입구 사이

해설 냉매액 펌프의 설치는 공동현상 방지를 위하여 저압수액기와 증발기 입구 사이에 설치하여 저압수액기보다 1.2[m] 낮게 설치한다.

해답 1. ㉰ 2. ㉰ 3. ㉱

문제 4 액 펌프 냉각 방식의 이점으로 옳은 것은?

　㉮ 리퀴드 백(liquid back)을 방지할 수 있다.

　㉯ 자동제상이 용이하지 않다.

　㉰ 증발기의 열통과율은 타 증발기보다 양호하지 못하다.

　㉱ 펌프의 캐비테이션 현상 방지를 위해 낙차를 크게 하고 있다.

　해설 ● 액 순환식(펌프식) 증발기
　　① 증발기에서 증발하는 냉매량의 4~6배의 냉매를 펌프로 강제 순환시킨다.
　　② 증발기 출구에 냉매액이 80[%], 가스가 20[%] 정도 존재한다.
　　③ 냉매를 강제 순환시키므로 오일(oil)의 체류 우려가 없고 전열(20[%] 증가)이 가장 우수하다.
　　④ 냉매량이 많이 소요되며 액펌프, 저압수액기 등 설비가 복잡하다.
　　⑤ 급속동결 냉동장치 등에 많이 사용된다.
　　⑥ 저압수액기(액 분리기)의 설치를 액압축이 방지된다.
　　⑦ 제상의 자동화가 용이하다.

　참고 액 펌프가 저압 수액기보다 약 1.2[m] 정도 낮게 설치되어 공동(캐비테이션) 현상을 방지한다.

문제 5 다음 중 증발기로서 요구되는 조건이 아닌 것은?

　㉮ 열전달작용이 좋아야 할 것

　㉯ 냉매량이 많아야 할 것

　㉰ 구조가 간단하고 취급이 용이할 것

　㉱ 증발기 입구의 액체 냉매가 증발기 출구에서 증발을 완료하는 상태일 것

　해설 ● 증발기의 요구조건
　　① 냉매순환량이 적어도 열전달이 양호할 것
　　② 구조가 간단하고 취급이 용이할 것
　　③ 증발기 출구에서 냉매의 증발이 완료될 것

문제 6 액순환식 증발기에 대한 설명 중 알맞은 것은?

　㉮ 오일이 증발기에 고이기 쉽다.

　㉯ 전열이 타 증발기보다 50[%] 정도 양호하다.

　㉰ 증발기 출구에서 액이 80[%] 정도이고 기체가 20[%] 정도 차지한다.

　㉱ 주로 암모니아 냉동기에 많이 사용한다.

　해설 <4번 해설 참고>

문제 7 만액식 냉각기에 있어서 냉매측의 열전달율을 좋게 하는 것이 아닌 것은?

　㉮ 관이 액냉매에 접촉하거나 잠겨 있을 것

　㉯ 관 간격이 좁을 것

　㉰ 유가 존재하지 않을 것

　㉱ 관면이 매끄러울 것

　해설 <2번 해설 참고>

해답 4. ㉮ 5. ㉯ 6. ㉰ 7. ㉱

문제 8 헤링 본(herring bone)식 증발기를 설명한 것 중 잘못된 것은?

㉮ 만액식에 속한다.

㉯ 브라인의 유동속도가 늦어도 능력에는 변화가 없다.

㉰ 상부에는 가스 헤더 하부에는 액 헤더가 존재한다.

㉱ 주로 NH_3용이며, 제빙용 브라인 또는 물의 냉각용에 사용된다.

해설 ● 브라인의 유동속도 저하시 전열이 불량하여 증발기 능력은 감소한다.

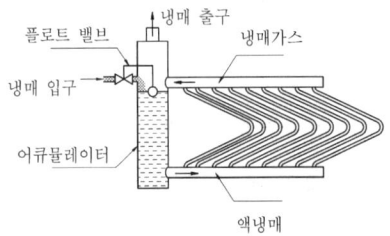

문제 9 다음 증발기중 공기 냉각용 증발기는 어느 것인가?

㉮ 셀 앤 코일형 증발기　　　　　　㉯ 캐스케이드형 증발기

㉰ 보데로 냉각기　　　　　　　　　㉱ 탱크형 냉각기

해설 ● 증발기의 용도에 의한 분류

① 공기 냉각용

　㉮ 관 코일식 증발기

　㉯ 멀티피드 멀티섹션 증발기

　㉰ 캐스케이드 증발기

　㉱ 판형 증발기

　㉲ 핀 코일식 증발기

② 액체 냉각용

　㉮ 셀 앤 튜브식 증발기

　㉯ 보데로형 증발기

　㉰ 셀 앤 코일식 증발기

　㉱ 탱크형(헤링 본식) 증발기

문제 10 만액식과 건식 증발기를 비교할 때 건식 증발기의 장점이 아닌 것은?

㉮ 윤활유가 증발기 내에 괼 우려가 적다.

㉯ 소요 냉매량이 적다.

㉰ 전열 효과가 크다.

㉱ 설치가 용이하고 비용이 적다.

해설 <1번 해설 참고>

문제 11 증발기에 대해서 다음 설명 중 틀린 것은?

㉮ 건식 증발기에서 냉매액 공급을 상부로 하나 하부로 하나 전열효과는 같다.

㉯ 프레온 냉매로 만액식 증발기를 사용할 수 있으나 오일(oil)을 압축기로 보내는 장치가 필요하다.

㉰ 만액식 증발기에서 오일(oil)이 프레온 냉매에 용해하면 냉동능력이 감퇴한다.

㉱ 프레온을 사용하는 건식 증발기에서는 냉매액을 상부로 공급하는 것이 보통이다.

해설 건식 증발기의 냉매공급방식은 상부에서 하부로 공급하는 것이 보통이다.

문제 12 제빙용으로 적당한 증발기는?

㉮ 관 코일 증발기 ㉯ 헤링본식 증발기

㉰ 원통다관식 증발기 ㉱ 멀티피드 멀티섹션식 증발기

해설 헤링 본(탱크형)식 증발기는 NH_3 만액식 증발기로서 제빙장치의 브라인 냉각용 증발기로 사용된다.

문제 13 액순환식 증발기에 대한 설명 중 옳은 것은?

㉮ 주로 소형 냉장고에 많이 사용된다.

㉯ 오일이 증발기에 고이기 쉽다.

㉰ 증발기에서 나온 냉매는 완전 액상태로 압축기에 흡입된다.

㉱ 다른 증발기에 비하여 20[%] 정도 전열이 양호하다.

해설 <4번 해설 참고>

문제 14 정상적으로 운전되고 있는 증발기에 있어서, 냉매상태의 변화에 관한 사항 중 옳은 것은? (단, 증발기는 건식 증발기이다.)

㉮ 증기의 건도가 감소한다. ㉯ 증기의 건도가 증대한다.

㉰ 포화액이 과냉각액으로 된다. ㉱ 과냉각액이 포화액으로 된다.

해설 증발기 내의 냉매액은 포화액에서 건조포화증기 증발하기 때문에 건조도는 증가한다.

문제 15 만액식 냉각기에 있어서 냉매측의 열전달율을 좋게 하는 것이 아닌 것은?

㉮ 관이 액 냉매에 접촉하거나 잠겨 있을 것

㉯ 관 간격이 적을 것

㉰ 유가 존재하지 않을 것

㉱ 관지름이 클 것

해설 <2번 해설 참고>

해답 **11.** ㉱ **12.** ㉯ **13.** ㉱ **14.** ㉯ **15.** ㉱

문제 16 핀 튜브에 관한 설명 중 틀리는 것은?

㉮ 관내에 냉각수 관 외부에 프레온 냉매가 흐를 땐 관 외측에 부착한다.

㉯ 증발기에서 핀 튜브를 사용하는 것은 전열효과를 크게 하기 위함이다.

㉰ 핀은 열전달이 나쁜 측에 부착한다.

㉱ 관내에 냉각수, 관 외부에 프레온 냉매가 흐를 때 관 내측에 부착한다.

해설 핀은 전열시 불량한 측에 설치하므로 프레온 냉매측에 부착한다.

참고 응축기나 증발기 등의 열교환기에서 전열이 불량한 측에 핀을 설치하여 유효전열면적을 증대시켜 전열효과를 증대시키며 유체에 따른 전열의 순서는 다음과 같다.

$NH_3 \rangle H_2O \rangle Freon \rangle Air$

문제 17 증발기의 냉매순환에 액 펌프를 사용할 때 다음 중 옳은 것은?

㉮ 부하가 있을 때에는 증발기 중에는 액뿐이다.

㉯ 증발기에는 기름이 머물지 않도록 함으로써 열전달율의 저하를 방지한다.

㉰ 제상의 경우에는 저압수액기에 액을 보냄으로써 제상시간이 증가된다.

㉱ 증발기 중에 압력손실이 있어도 그 성능은 저하하지 않는다.

해설 액순환식(액 펌프식) 증발기는 오일(oil)이 체류하지 않으므로 전열이 우수하다.(열전달의 저하를 방지한다.)

문제 18 다음은 핀 튜브식 증발기에 대한 설명이다. 옳은 것은?

㉮ 냉동, 냉장, 냉방용으로 주로 액순환식이다.

㉯ 소형 냉장고나 공기조화용으로 주로 건식이다.

㉰ 브라인 냉각용, 제빙용으로 주로 만액식이다.

㉱ 주로 암모니아용에 사용되며 냉장고 냉각용으로 만액식과 건식의 중간이다.

해설 나관에 알루미늄 핀을 부착한 코일에 송풍기를 조합한 구조로 소형 냉장고나 공조형으로 사용되는 건식 증발기이다.

문제 19 증발기 냉각관에서 냉매측의 열전달을 좋게 하기 위한 방법으로 볼 수 없는 것은?

㉮ 냉각관이 냉매액에 잠겨 있거나 접촉해 있을 것

㉯ 적상이나 유막이 존재하지 않을 것

㉰ 관면이 매끄럽고 핀(fin)이 부착되지 않을 것

㉱ 평균온도차가 크고 유속이 적당할 것

해설 <2번 해설 참고>

문제 20 다음의 증발기 중 용량이 크고 액관 중에 플래시 가스의 발생이 많은 곳에 설치되어야 좋은 증발기는?

㉮ 건식 증발기　　　　　　　　　㉯ 냉매액 강제 순환식 증발기

㉰ 반만액식 증발기　　　　　　　　㉱ 만액식 증발기

해설 • 강제 액순환식 증발기 : 증발기 용량이 크고 플래시 가스에 영향이 적다.

문제 21 다음 중 제빙용 냉동장치의 증발기로서 적합한 것은?

㉮ 탱크형 냉각기　　　　　　　　　㉯ 암모니아 만액식 셸 앤 튜브 냉각기

㉰ 건식 냉각기　　　　　　　　　　㉱ 관 코일식 냉각기

해설 <12번 해설 참고>

문제 22 일반적으로 벽 코일 동결실의 선반으로 많이 사용되는 증발기 형식은?

㉮ 헤링본식(herring-bone type) 증발기　㉯ 핀 튜브식(finned tube type) 증발기

㉰ 평판식(plate type) 증발기　　　　　㉱ 캐스케이드식(cascade type) 증발기

해설 • 캐스케이드식 증발기 : 공기동결용 선반 및 벽 코일로 제작 사용

문제 23 증발과정에서 증발 압력과 증발 온도는 어떻게 변화하는가?

㉮ 압력과 온도가 모두 상승한다.　　㉯ 압력과 온도가 모두 일정하다.

㉰ 압력은 상승하고 온도는 일정하다.　㉱ 압력은 일정하고 온도가 상승한다.

해설 증발기에서는 압력과 온도는 일정하고 엔탈피와 건조도는 증가한다.

문제 24 다음 그림 A, B의 증발기에 관한 설명 중 맞는 것은?

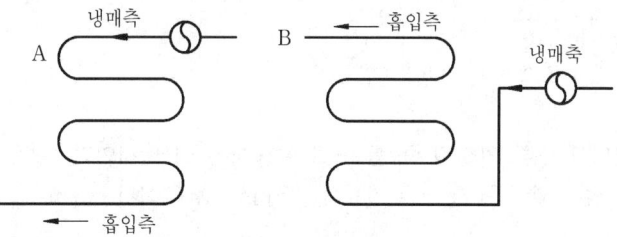

㉮ A 건식, B는 만액식, A가 열통과율이 크다.

㉯ A 건식, B는 만액식, B가 열통과율이 크다.

㉰ A 건식, B는 반만액식, B가 열통과율이 크다.

㉱ A, B 모두 만액식, 열통과율이 크다.

해설 A는 냉매를 상부에서 하부로 공급하는 건식이며, B는 하부에서 상부로 공급하는 반만액식으로 건식(액 25[%], 가스 75[%])보다 냉매액량이 많고 역류하므로 반만액식(액 50[%], 가스 50[%])의 열통과율이 크다.

해답 20. ㉯ 21. ㉯ 22. ㉱ 23. ㉯ 24. ㉰

문제 25   만액식 증발기에서 전열을 좋게 하는 조건 중 틀린 것은?

㉮ 냉각관이 냉매액에 잠겨있거나 접촉해 있을 것

㉯ 관의 지름이 클 것

㉰ 관면이 거칠거나 핀이 부착되어 있을 것

㉱ 평균온도차가 클 것

해설 <2번 해설 참고>

\<압축기\>

문제 1   건포화증기를 압축기에서 압축시킬 경우 토출되는 증기의 양상은 어떻게 되는가?

㉮ 과열증기   ㉯ 과열포화증기   ㉰ 포화액   ㉱ 습증기

해설 건조포화증기를 압축시키면 토출 가스는 과열증기가 된다.

문제 2   압축비에 관한 설명으로 가장 옳은 것은?

㉮ 압축비가 클수록 체적 효율이 커진다.

㉯ 압축비의 값은 1일 초과하지 않는다.

㉰ 압축비가 클수록 냉매 단위중량당의 일량이 커진다.

㉱ 압축비가 클수록 기계일량이 작아지고 냉동능력에는 하등의 영향을 주지 않는다.

해설 ● 압축비가 클 때 장치에 미치는 영향
① 토출 가스 온도 상승
② 실린더 과열
③ 윤활유 열화 및 탄화
④ 피스톤 마모 증대
⑤ 체적 효율, 압축 효율, 기계 효율 감소
⑥ 축수하중 증대
⑦ 냉동능력 감소
⑧ 1[RT]당 소요동력 증대(압축일량 증가)

문제 3   회전식 압축기의 피스톤 압출량 V를 구하는 공식은 어느 것인가? (단, D = 지름(m), d = 회전 피스톤의 바깥지름(m), t = 기통의 두께(m), N = 회전수(rpm), n = 기통수)

㉮ $V=60\times0.785\times(D^2-d^2)tN$ ㉯ $V=60\times0.785\times D^2 \ln N$

㉰ $V=\dfrac{\pi D^2}{4}LN60n$ ㉱ $V=\dfrac{\pi DL}{4}$

해설 ● 회전식 압축기의 피스톤 압출량(m³/h)
$$V_a=\frac{\pi}{4}(D^2-d^2)\cdot t\cdot N\times60=0.785(D^2-d^2)\cdot t\cdot N\times60$$

문제 4 실린더 안지름 20〔cm〕, 피스톤 행정 20〔cm〕, 기통수 2개, 회전수 300〔rpm〕인 냉동기의 피스톤 압출량은?

㉮ 182.1[m³/h]　　　　　　　㉯ 201.4[m³/h]

㉰ 226.1[m³/h]　　　　　　　㉱ 262.7[m³/h]

해설 $V_a = \frac{\pi}{4}D^2 \cdot l \cdot N \cdot R \times 60 = \frac{\pi}{4} \times 0.2^2 \times 0.2 \times 2 \times 300 \times 60 = 226.08\,[\text{m}^3/\text{h}]$

문제 5 냉동기용 윤활유의 필요조건에 해당되지 않는 것은?

㉮ 냉매와 친화반응을 일으키지 않을 것

㉯ 열안전성이 좋을 것

㉰ 응고성이 낮을 것

㉱ 비열이 클 것

해설 ● 윤활유의 구비조건
① 응고점 및 유동점이 낮을 것
② 인화점이 높을 것
③ 점도가 적당할 것
④ 항 유화성이 있을 것
⑤ 불순물이 적고 절연내력이 클 것
⑥ 오일 포밍시 소포성이 클 것
⑦ 왁스 성분이 적고 저온에서 왁스 성분이 분리되지 않을 것
⑧ 방청능력 및 냉매와의 분리성이 좋을 것
⑨ 금속이나 패킹류를 부식시키지 않을 것

문제 6 회전식 압축기의 설명 중 틀린 것은?

㉮ 회전식 압축기는 조립이나 조정에 있어 고도의 공작 정밀도가 요구되지 않는다.

㉯ 회전식 압축기는 체적효율에 미치는 압축비의 영향이 타형식보다 작다.

㉰ 회전식 압축기는 구조가 간단하다.

㉱ 회전식 압축기는 직결구동이 용이하다.

해설 회전식 압축기는 고도의 공작 및 정밀도가 요구된다.

문제 7 고속다기통 압축기의 정상유압은?

㉮ 저압 + 0.5[kg/cm²]　　　　　㉯ 저압 + 2[kg/cm²]

㉰ 저압 + 6[kg/cm²]　　　　　　㉱ 저압 + 8[kg/cm²]

해설 ● 압축기별 적정 유압
① 소형 = 정상저압 + 0.5[kg/cm²]
② 입형저속 = 정상저압 + 0.5~1.5[kg/cm²]
③ 고속다기통 = 정상저압 + 1.5~3[kg/cm²]
④ 터보 = 정상저압 + 6[kg/cm²]
⑤ 스크루 = 토출압력(고압) + 2~3[kg/cm²]

해답 4. ㉰　5. ㉱　6. ㉮　7. ㉯

문제 8 터보 압축기의 능력조정 방법으로 옳지 못한 방법은?

㉮ 흡입 댐퍼(damper)에 의한 조정 ㉯ 흡입 베인(vane)에 의한 조정

㉰ 바이 패스(by-pass)에 의한 조정 ㉱ 클리어런스 체적에 의한 조정

해설 클리어런스 체적에 의한 조정법은 왕복동식 압축기에 해당된다.

문제 9 암모니아 냉동기의 압축기에 공랭식을 채택하지 않는 이유는?

㉮ 토출가스 온도가 높기 때문에 ㉯ 압축비가 작기 때문에

㉰ 냉동능력이 크기 때문에 ㉱ 독성 가스이기 때문에

해설 암모니아 냉매는 비열비가 커 압축기 토출 가스의 온도가 높아 압축기 실린더 상부에 물 재킷(water jacket)을 설치하여 수냉각시킨다.

문제 10 왕복동 압축기의 특징이 아닌 것은?

㉮ 압축이 단속적이다. ㉯ 진동이 크다.

㉰ 내부압력이 저압이다. ㉱ 배기용량이 적다.

해설 왕복동 운동에 따른 배기용량이 크고 고압용이다.

문제 11 고속다기통 압축기에서 언로더용 제어기의 부품이 아닌 것은?

㉮ 리프트편 ㉯ 캠링 ㉰ 기어 펌프 ㉱ 언로더 피스톤

해설 기어 펌프는 오일 이송용으로 주로 사용하는 펌프이다.

문제 12 다음 중 고속다기통 압축기의 장점이 되지 못하는 것은?

㉮ 가볍게 시동되고 자동운전이 가능하다.

㉯ 체적효율과 지시효율이 좋다.

㉰ 형태가 작고 가볍다.

㉱ 대부분의 부속이 같아서 서로 교환할 수 있고 수리가 용이하다.

해설 고속다기통 압축기는 고속이므로 체적효율이 나쁘다.

문제 13 주파수 60 사이클에 풀리의 지름이 20[cm]인 4극 전동기와 회전수 1,000[rpm]으로 운전해야 할 압축기를 사용하고자 하면 압축기 플라이 휠의 지름은 얼마이어야 하는가?

㉮ 36[cm] ㉯ 72[cm] ㉰ 85[cm] ㉱ 96[cm]

해설 • 전동기 회전수

$$N_s = \frac{120 \cdot f}{P} = \frac{120 \times 60}{4} = 1,800 \,[\text{rpm}]$$

회전수와 풀리의 지름은 반비례하므로

$$D = \frac{1800}{1000} \times 20 = 36 \,[\text{cm}]$$

문제 14 회전 날개형 압축기에서 회전 날개의 부착은?

　　㉮ 스프링 힘에 의하여 실린더에 부착한다.

　　㉯ 원심력에 의하여 실린더에 부착한다.

　　㉰ 고압에 의하여 실린더에 부착한다.

　　㉱ 무게에 의하여 실린더에 부착한다.

해설 ● 회전식 압축기 : 왕복운동을 하지 않고 로터가 실린더 내를 회전하면서 가스를 압축하는 형식

　　① 고정익형(고정날개형) : 스프링에 의해 고정된 1개의 블레이드(베인)와 회전축에 의한

　　　　회전자(피스톤)와의 접촉에 의해 냉매를 압축

　　② 회전익형(회전날개형) : 회전 로터와 함께 블레이드(베인)가 실린더 내면에 접촉하면서

　　　　회전하여 원심력에 의해 냉매를 압축

문제 15 수량 2,000〔ℓ/min〕, 양정 50〔m〕, 펌프 효율 65〔%〕의 펌프의 소요 축동력은 몇 〔kW〕인가?

　　㉮ 23[kW]　　　　　　　　　　　　㉯ 24[kW]

　　㉰ 25[kW]　　　　　　　　　　　　㉱ 26[kW]

해설 $$kW = \frac{r \cdot Q \cdot H}{102 \times 60 \times \eta_p} = \frac{1,000 \times 50}{102 \times 0.65 \times 60} = 25.14 \, [kW]$$

$\quad\quad \begin{cases} r : 물의 \ 비중량(kg/m^3) \\ Q : 유량(m^3/min) \\ H : 양정(m) \\ \eta_p : 펌프 \ 효율 \end{cases}$

문제 16 고속다기통 압축기에서 정상 운전상태로서의 유압은 저압보다 얼마나 높아야 하는가?

　　㉮ 0~1.5[kg/cm²]　　　　　　　　㉯ 1.5~3.0[kg/cm²]

　　㉰ 2.5~4.0[kg/cm²]　　　　　　　㉱ 3.5~5.0[kg/cm²]

해설 <7번 해설 참고>

문제 17 다음 중 압축기의 과열 원인이 아닌 것은?

　　㉮ 냉매 부족　　　　　　　　㉯ 밸브 누설

　　㉰ 공기의 혼입　　　　　　　㉱ 부하 감소

해설 냉동부하 감소시 증발기에서 냉매액의 증발이 작아 압축기 흡입관에 서리가 발생하거나 액

　　압축이 일어난다.

문제 18 입형 암모니아 압축기의 설명 중 옳지 않은 것은?

　　㉮ 탑 클리어런스가 1[mm] 정도이고 체적 효율이 좋다.

　　㉯ 실린더를 일반적으로 물로 가열시켜 주기 위한 워터 재킷을 설치한다.

　　㉰ 피스톤이 길어지게 되면 더블 드렁크 타이프를 채용한다.

　　㉱ 회전수는 일반적으로 250~400[rpm]이다.

해설 실린더를 냉각시켜 주기 위하여 워터 재킷(water jacket)에 물을 순환시켜 냉각시킨다.

해답 14. ㉯　15. ㉰　16. ㉯　17. ㉱　18. ㉯

문제 19 압축기에서 흡입 밸브와 토출 밸브가 갖추어야 할 조건은 다음 중 어느 것인가?

㉮ 통과하는 가스에 대한 저항이 작고 밸브의 동작이 확실할 것.

㉯ 밸브의 개폐에 많은 압력차(힘)가 필요할 것.

㉰ 운동이 가벼워야 하므로 밸브의 탄성력이 클 것.

㉱ 가벼운 충격에 쉽게 파손될 것.

해설 ● 압축기 흡입 및 토출 밸브의 구비조건
① 밸브의 작동이 경쾌하고 동작이 확실할 것.
② 냉매가스 통과시 저항이 적을 것.
③ 밸브가 닫혔을 때 누설이 없을 것.
④ 내구성이 크고 변형이 적을 것.

문제 20 포핏(poppet) 밸브의 사용처에 관한 설명으로 가장 옳은 것은?

㉮ 저속 압축기의 흡입 밸브에 사용한다.

㉯ 압축기의 흡입 및 토출 밸브에 공용으로 사용한다.

㉰ 고속 압축기의 흡입 밸브에 사용한다.

㉱ 고속 압축기의 토출 밸브에 사용한다.

해설 ① 포핏 밸브 : 중량이 무겁고 튼튼하여 파손이 적어 NH_3 입형저속에 사용
② 링 플레이트 밸브 : 고속 다기통 압축기의 흡입 및 토출 밸브에 사용
③ 리드 밸브 : 중량이 가벼워 신속 경쾌하게 작동하며 자체 탄성에 의해 개폐되며 밸브 리테이너가 있으며 소형 프레온 냉동장치에 사용
④ 와셔 밸브 : 얇은 원판 중심에 구멍을 뚫고 고정시킨 것으로 주로 카쿨러에 주로 사용

문제 21 피스톤 링이 현저하게 마모되었을 때 일어나는 현상과 관계없는 것은?

㉮ 냉동능력이 감소한다.

㉯ 실린더 내에 윤활유가 쳐 올려진다.

㉰ 단위 냉동능력당 동력소비가 적어진다.

㉱ 크랭크 케이스내 압력이 높아진다.

해설 ● 피스톤 링 마모시 장치에 미치는 영향
① 크랭크 케이스 내 압력이 상승한다.
② 실린더 내 윤활유가 쳐 올려져 압축기에서 오일 부족을 초래한다.
③ 오일로 인하여 응축기 및 증발기에서 전열이 불량해진다.
④ 체적효율 및 냉동능력이 감소한다.
⑤ 단위 냉동능력당 압축기 동력소비가 증가한다.
⑥ 압축기가 과열 운전된다.

문제 22 다음 중 냉동기 윤활유 구비조건으로 적합하지 않은 것은?

㉮ 고점도액일 것   ㉯ 전기적 절연내력이 클 것

㉰ 냉매가스와 용해가 적을 것   ㉱ 인화점이 높을 것

해설 윤활유의 점도는 적당하여야 한다.

해답 **19.** ㉮ **20.** ㉮ **21.** ㉰ **22.** ㉮

문제 23 압축기의 실린더(cylinder)를 냉각수로 냉각시키는 이유 중 해당되지 않는 것은?

㉮ 윤활작용이 양호해진다.　　　　　㉯ 체적효율이 증대한다.

㉰ 실린더의 마모를 방지한다.　　　　㉱ 응축 능력이 향상된다.

해설 ㉮ 윤활유의 열화 및 탄화를 방지하여 윤활작용이 양호해진다.
　　　㉯ 압축기 실린더가 냉각되므로 체적효율이 증대한다.
　　　㉰ 압축기 실린더가 냉각되므로 실린더의 마모가 방지되며 기계효율이 증대된다.
　　　㉱ 압축기의 실린더를 냉각시키는 것은 응축능력 향상과 관계가 없다.

문제 24 원심식 냉동기의 서징(surging) 현상에 대한 설명 중 옳지 않은 것은?

㉮ 응축압력이 한계점 이상으로 계속 상승한다.

㉯ 고저압계 및 전류계의 지침이 심하게 움직인다.

㉰ 냉각수의 감소에도 원인이 있다.

㉱ 소음과 진동을 수반하는 맥동 현상이 일어난다.

해설 원심식 냉동기에서 서징(맥동) 현상이 일어나면 응축압력(고압)이 저하하고 증발압력(저압)
이 상승하면서 고저압계 및 전류계의 지침이 심하게 흔들리고 심한 소음이 발생한다.

문제 25 압축기의 큐노 필터(Kuno filter)에 관한 설명으로 틀린 것은?

㉮ 오일 펌프 출구에 설치한다.

㉯ 오일을 여과한다.

㉰ 냉동장치의 여과망 중 제일 거친 여과망이다.

㉱ 큐노 필터를 통과한 오일을 오일 쿨러, 언로더 OPS 등에 공급한다.

해설 • 큐노 필터 : 오일 펌프를 출구에 설치하여 오일을 여과하는 것으로, 제일 고운 여과망으
로 여과된 오일은 오일 쿨러, 언로더, OPS 등에 공급된다.

문제 26 왕복압축기에 부착되는 흡입, 토출 밸브의 구비조건 중 틀린 것은 어느 것인가?

㉮ 개폐에 지연이 없고 작동이 양호할 것

㉯ 충분한 통로면적을 갖고 유체저항이 적을 것

㉰ 파손이 적을 것

㉱ 운전 중 분해도 가능할 것

해설 압축기 운전 중 밸브가 분해되면 안 된다.

문제 27 압축기 분해시 가장 나중에 분해할 것은?

㉮ 실린더 헤드　　　　　　　　　　㉯ 실린더 세프티 헤드

㉰ 피스톤　　　　　　　　　　　　㉱ 토출 밸브

해설 압축기 분해시 분해순서에 따라 가장 나중에 피스톤이 분해된다.

해답 **23.** ㉱　**24.** ㉮　**25.** ㉰　**26.** ㉱　**27.** ㉰

문제 28 압축기의 축봉장치란?

　카 냉매 및 윤활유의 누설, 외기의 침입 등을 막는다.

　나 축의 베어링 역할을 하며 냉매가 새는 것을 막는다.

　다 축이 빠지는 것을 막아주는 역할을 한다.

　라 윤활유를 봉하고 있는 장치다.

　　해설 ● 축방장치(shaft seal) : 크랭크축이 관통하는 부분에서 냉매나 오일이 누설되거나 외기가 침입되지 않도록 기밀을 유지하는 장치이다.

문제 29 압축기의 상부간격(top clearance)이 크면 냉동장치에 어떤 영향을 주는가?

　카 토출 가스 온도가 낮아진다.　　나 윤활유가 열화되기 쉽다.

　다 체적 효율이 상승한다.　　　　라 냉동능력이 증가한다.

　　해설 ● 상부간격(top clearance)이 크면
　　① 압축기 토출 가스 온도 상승
　　② 압축기 과열에 따른 윤활유의 열화 및 탄화
　　③ 압축기 체적 효율 저하
　　④ 냉매순환량 감소로 냉동능력 저하

문제 30 가스킷의 재료가 갖추어야 할 조건이 아닌 것은?

　카 유체에 의해 변질되지 않을 것　　나 열변형이 용이할 것

　다 충분한 강도를 가질 것　　　　라 유연성을 유지할 수 있을 것

　　해설 가스킷(gasket)은 열변형이 적어야 한다.

문제 31 회전식 압축기에서 회전식 베인의 실린더 부착 방법은?

　카 무게의 힘에 의하여 실린더에 부착한다.

　나 피스톤의 힘에 의하여 실린더에 부착한다.

　다 저압에 의하여 실린더에 부착한다.

　라 원심력에 의하여 실린더에 부착한다.

　　해설 <14번 해설 참고>

문제 32 다음 펌프에 관한 설명 중 부적당한 것은?

　카 양수량은 회전수에 비례한다.

　나 양정은 회전수에 제곱에 비례한다.

　다 축동력은 회전수의 3제곱에 비례한다.

　라 토출속도는 회전수의 제곱에 비례한다.

　　해설 ● 펌프의 상사법칙 : 펌프는 회전수(속도)비에 따라 양수량은 정비례하고 양정에 2제곱에 비례하고 축동력은 3제곱에 비례한다.

해답 28. 카　29. 나　30. 나　31. 라　32. 라

문제 33 왕복동 압축기에서 가스를 위로 흡입하여 위로 배출하는 피스톤의 형은?

<blockquote>

㉮ 연결형   ㉯ 개방형

㉰ 트렁크형   ㉱ 플러그형

</blockquote>

해설 ① 플러그형 : 냉매 가스를 위에서 흡입하여 위로 배출하는 형식
     ② 트렁크형 : 냉매 가스를 측면에서 흡입하여 위로 배출하는 형식
     ③ 더블 트렁크형 : 냉매 가스를 밑에서 흡입하여 위로 배출하는 형식

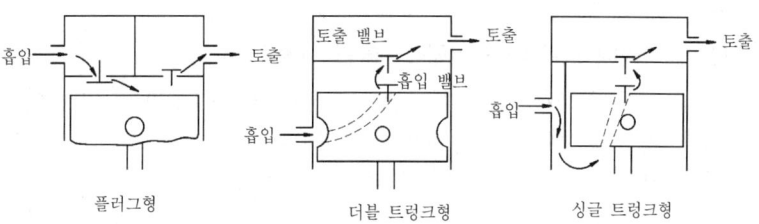

문제 34 고속 다기통 압축기의 장점이 아닌 것은?

<blockquote>

㉮ 체적효율이 높다.   ㉯ 냉동능력을 자동으로 제어할 수 있다.

㉰ 고속회전으로 진동이 적다.   ㉱ 부품교환이 용이하다.

</blockquote>

해설 고속 다기통 압축기는 고속이므로 체적효율이 나쁘다.

문제 35 다음 중 로터의 회전에 의해 가스를 흡입 압축하는 압축기는?

<blockquote>

㉮ 원심식 압축기   ㉯ 회전식 압축기

㉰ 스크루 압축기   ㉱ 왕복동식 압축기

</blockquote>

해설 • 회전석(rotary) 압축기 : 실린더 내를 로터가 회전하면서 가스를 압축

문제 36 고속 다기통 압축기 유압계의 유압으로 옳은 것은?

<blockquote>

㉮ 정상저압 + 2 ~ 4[kg/cm^2]   ㉯ 정상고압 +1.5 ~ 3[kg/cm^2]

㉰ 정상고압 + 2 ~ 4[kg/cm^2]   ㉱ 정상저압 + 1.5 ~ 3[kg/cm^2]

</blockquote>

해설 고속 다기통 압축기의 정상유압 = 정상저압 + 1.5 ~ 3[kg/cm^2] 정도

문제 37 원심식 압축기에 대한 설명 중 틀린 것은?

<blockquote>

㉮ 전동기로 구동되지만 증속장치가 필요하다.

㉯ 부하가 증가하면 서징이 일어난다.

㉰ 기체의 맥동현상이 없다.

㉱ 직접 팽창방식이다.

</blockquote>

해설 직접 팽창방식과 간접 팽창방식은 증발기의 냉매공급방식에 의한 분류이다.

문제 38 입형 암모니아 압축기 설명 중 옳지 않는 것은?

㉮ 탑 클러어런스가 1[mm] 정도이고 체적 효율이 좋다.

㉯ 실린더를 일반적으로 물로 가열시켜 주기 위한 워터 재킷을 설치한다.

㉰ 피스톤이 길어지게 되면 더블 트렁크 타이프를 채용한다.

㉱ 회전수는 일반적으로 250~400[rpm]이다.

해설 실린더의 냉각을 위하여 워터 재킷(water jacket)에 물을 순환시켜 냉각시킨다.

문제 39 원심 압축기에 관한 다음 설명 중 틀린 것은?

㉮ 가스는 축방향으로 회전차(impeller)에 흡입되고 반지름방향으로 나간다.

㉯ 냉매의 유량을 가이드 베인이 제어한다.

㉰ 정지 중에는 윤활유 히터를 켜둘 필요가 없다.

㉱ 서징은 운전상 좋지 않은 현상이다.

해설 압축기가 정지 중이더라도 윤활유 히터는 오일 포밍 방지를 위하여 항상 켜두어야 한다.

문제 40 초저온 냉동기의 냉동유로서 적당한 것은?

㉮ 90번   ㉯ 150번   ㉰ 300번   ㉱ 250번

해설 • 냉동기에 사용하는 오일(냉동기유)의 선택
① 입형저속 압축기 : 300번
② 고속 다기통 압축기 : 150번
③ 초저온 냉동기 : 90번

문제 41 고속 다기통 압축기의 흡입·토출 밸브로 사용하는 것은?

㉮ 포핏 밸브   ㉯ 링 플레이트 밸브

㉰ 리드 밸브   ㉱ 와셔 밸브

해설 ㉮ 포핏 밸브 : 중량이 무겁고 튼튼하여 파손이 적어 NH_3 입형저속에 사용
㉯ 링 플레이트 밸브 : 고속 다기통 압축기의 흡입 및 토출 밸브에 사용
㉰ 리드 밸브 : 중량이 가벼워 신속 경쾌하게 작동하며 자체 탄성에 의해 개폐되며 밸브 리테이너가 있다.
㉱ 와셔 밸브 : 얇은 원판 중심에 구멍을 뚫고 고정시킨 것으로 주로 카쿨러에 주로 사용

문제 42 압축기의 운전 중 이상음이 발생하고 있다. 그 원인에 대한 설명 중 바른 것은?

㉮ 과열증기를 흡입하고 있다.

㉯ 기름이 더럽게 오염되고 있다.

㉰ 팽창 밸브 직전의 액냉매가 과냉각되어 있다.

㉱ 피스톤 상부에 다량의 기름이 고여 있다.

해설 압축기에 액압축이나 액 해머, 오일 해머시 이상 소음이 발생하므로 피스톤 상부에 냉매액이나 오일이 압축시 이상음이 발생한다.

해답 38. ㉯   39. ㉰   40. ㉮   41. ㉯   42. ㉱

문제 43 압축기 용량제어 방법의 채택 목적이 아닌 것은?

　㉮ 냉동능력의 증대　　　　　　　　㉯ 경제적인 운전실현

　㉰ 경부하 가동 및 운전　　　　　　㉱ 압축기 보호

　해설 ● 용량제어의 목적

　　① 부하변동에 따른 용량제어로 경제적인 운전을 도모한다.

　　② 무부하 및 경부하 기동으로 기동시 소비전력이 적고 기동이 쉽다.

　　③ 압축기를 보호하여 기계의 수명을 연장시킬 수 있다.

　　④ 일정한 고내 온도(증발 온도)를 유지할 수 있다.

　참고 용량제어는 최대용량을 부하에 알맞게 줄이는 것으로 냉동능력을 증대시킬 수 없다.

문제 44 압축기의 톱 클리어런스(top clearance)가 크면 어떠한 경향이 나타나는가?

　㉮ 체적효율이 증대한다.　　　　　　㉯ 냉동능력이 감소한다.

　㉰ 압축가스 온도가 저하한다.　　　　㉱ 윤활유가 열화하지 않는다.

　해설 압축기의 클리어런스(틈새)가 크면 냉매순환량이 감소하여 냉동능력이 감소한다.

문제 45 압축기에서 냉매를 압축하는 궁극적인 목적은 무엇인가?

　㉮ 저압으로 하기 위하여　　　　　　㉯ 액화하기 위하여

　㉰ 저열원으로 하기 위하여　　　　　㉱ 팽창하기 위하여

　해설 압축기에서 냉매 가스 압축에 따른 압력상승으로 응축잠열이 적어져 응축액화가 용이하기 때문

문제 46 피스톤의 지름이 150〔mm〕, 행정이 90〔mm〕, 매분 회전수가 1,500이고, 6기통인 암모니아 왕복동 압축기의 피스톤 토출량은 얼마 정도인가?

　㉮ 211.9[m³/h]　　　　　　　　　　㉯ 311.9[m³/h]

　㉰ 658.4[m³/h]　　　　　　　　　　㉱ 858.8[m³/h]

　해설 $V_a = \dfrac{\pi}{4} D^2 \cdot l \cdot N \cdot R \times 60 = \dfrac{\pi}{4} \times 0.15^2 \times 0.09 \times 6 \times 1,500 \times 60 = 858.4 \,[\text{m}^3/\text{h}]$

문제 47 왕복 압축기에서 실린더 수 Z, 지름 D, 실린더 행정 L, 매분 회전수 N일 때 이론적 피스톤 압출량의 산출식으로 옳은 것은? (단, 압출량의 단위는 m³/h이다.)

　㉮ $V = D^2 \cdot L \cdot Z \cdot N \cdot 60$　　　　　㉯ $V = 15\pi \cdot Z \cdot D^2 \cdot L \cdot N$

　㉰ $V = \dfrac{\pi D^2}{4} \cdot L^3 \cdot Z \cdot N \cdot 60$　　　㉱ $V = \dfrac{\pi D^2}{4} \cdot L \cdot Z \cdot N$

　해설 ● 왕복동 압축기의 이론적 피스톤 압출량

　　$V_a = \dfrac{\pi}{4} D^2 \cdot L \cdot Z \cdot N \times 60 = \dfrac{60}{4} \pi \cdot D^2 \cdot L \cdot Z \cdot N = 15\pi \cdot Z \cdot D^2 \cdot L \cdot N$

해답 43. ㉮　44. ㉯　45. ㉯　46. ㉱　47. ㉯

문제 48 피스톤 링의 마모로 일어나는 사항이 아닌 것은?

㉮ 냉매 순환량이 감소한다.

㉯ 냉동능력당의 동력소비가 증가한다.

㉰ 크랭크 케이스내 압력이 상승한다.

㉱ 불응축 가스의 흡입량이 증가한다.

해설 <21번 해설 참고>

문제 49 건포화 증기를 흡입하는 압축기가 있다. 고압이 일정한 상태에서 저압이 내려가면 이 압축기의 냉동능력은?

㉮ 증대한다.   ㉯ 변하지 않는다.

㉰ 감소한다.   ㉱ 감소하다가 점차 증대

해설 증발압력(P_2 : 저압)이 저하하면 냉동효과가 감소하여 냉동능력이 감소한다.

$$Q_2 \downarrow = G \times q_2 \downarrow$$

$\begin{cases} Q_2 : \text{냉동능력(kcal/h)} \\ G : \text{냉매순환량(kg/h)} \\ q_2 : \text{냉동효과(kcal/kg)} \end{cases}$

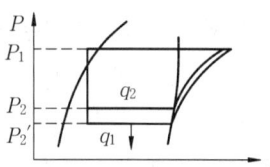

문제 50 터보 냉동기의 용량제어와 관계없는 것은?

㉮ 베인 조정법   ㉯ 회전수 가감법

㉰ 클리어런스 조정법   ㉱ 냉각수량 조정법

해설 ㉰ 클리어런스 증대법은 왕복동식 압축기의 용량제어법이다.

문제 51 냉동기에 사용하는 윤활유로서 적당하지 않은 것은?

㉮ 점도가 낮을 것   ㉯ 응고점이 낮을 것

㉰ 인화점이 상당히 높을 것   ㉱ 불순물을 함유하지 않을 것

해설 <5번 해설 참고>

문제 52 암모니아 냉동장치에서 워터 재킷(water jacket)을 설치하는 주 이유는?

㉮ 다른 냉매에 비해 압축비가 크기 때문

㉯ 다른 냉매에 비해 비열비가 크기 때문

㉰ 체적효율을 양호하게 하기 위해

㉱ 냉동능력을 증가시키기 위해

해설 암모니아 냉매는 비열비가 커 압축기 토출 가스의 온도가 높아 압축기 실린더 상부에 물주머니(water jacket)를 설치하여 냉각시킨다.

해답 48. ㉱ 49. ㉰ 50. ㉰ 51. ㉮ 52. ㉯

문제 53 왕복동 압축기의 내부 압력은?

㉮ 저압 　　　　㉯ 고압 　　　　㉰ 대기압력 　　　　㉱ 진공압력

해설 ① 왕복동 압축기의 내부압력 : 저압
② 회전식 압축기의 내부압력 : 고압

문제 54 다음 문장의 ( ) 안에 알맞은 말이 맞게 짝지어진 것은?

"체적 효율은 클리어런스 증대에 의하여 ( )한다. 또한 압축비가 클수록 ( )하게 되며 $\dfrac{C_p}{C_v}$ 가 적은 냉매일수록 그 정도가 ( ). 단, 여기서 C_p 는 ( )비열, C_v 는 ( )비열 이다."

㉮ 감소, 감소, 크다, 정압, 정적 　　　㉯ 증가, 감소, 적다, 정압, 정적
㉰ 감소, 증가, 크다, 정압, 정적 　　　㉱ 증가, 증가, 적다, 정압, 정적

해설 ● 체적 효율이 감소하는 원인
① 압축비가 클수록
② 클리어런스가 클수록
③ 흡입 가스가 과열될수록(비체적이 클수록)
④ 비열비(정압비열/정적비열, $\dfrac{C_p}{C_v}$) 가 클수록
⑤ 압축기가 작을수록

문제 55 압축기의 용량제어의 목적이 아닌 것은?

㉮ 가동시 경부하 기동으로 동력을 증대시킬 수 있다.
㉯ 압축기를 보호할 수 있고 기계의 수명이 연장된다.
㉰ 부하변동에 대응한 용량제어로 경제적인 운전이 가능하다.
㉱ 일정한 온도를 유지할 수 있다.

해설 <43번 해설 참고>

문제 56 다음 중 용량제어의 목적이 아닌 것은?

㉮ 부하변동에 대응한 용량제어로 경제적인 운전을 한다.
㉯ 경부하 기동으로 기동이 용이하게 기동시 전력을 크게 한다.
㉰ 고내 온도를 일정하게 유지할 수 있다.
㉱ 압축기를 보호하여 수명을 연장한다.

해설 <43번 해설 참고>

해답 53. ㉮ 54. ㉮ 55. ㉮ 56. ㉯

문제 57 스크루 압축기의 장점이 아닌 것은?

㉮ 흡입 및 토출 밸브가 없다.

㉯ 크랭크 샤프트, 피스톤 링 등의 마모 부분이 없어 고장이 적다.

㉰ 냉매의 압력손실이 없어 체적효율이 향상된다.

㉱ 고속회전으로 인하여 소음이 작다.

해설 암·수 로터의 고속회전으로 소음이 크다.

문제 58 입형 단동 압축기로 지름 300[mm], 행정 330[mm], 회전수 300[rpm], 실린더수 2개의 이론적인 피스톤 배제량은 얼마인가?

㉮ 525[m³/h]   ㉯ 467[m³/h]

㉰ 321[m³/h]   ㉱ 839[m³/h]

해설
$$= \frac{\pi \times (0.3m)^2}{4} \times 0.33m \times 300 회전수/분 \times 60분/h \times 2개 = 839.699(m^3/h)$$

문제 59 다음 중 왕복 압축기와 회전식 압축기의 특징 중 틀린 것은?

㉮ 회전식 압축기는 가공 정밀성을 요한다.

㉯ 회전식 압축기는 1단 압축비가 높아 진공 펌프로 사용한다.

㉰ 회전식 압축기는 왕복동식에 비해 마모가 크다.

㉱ 왕복동 압축기가 회전식보다 체적효율이 높다.

해설 회전식 압축기는 틈새(클리어런스)가 거의 없어 체적효율이 왕복동식 압축기보다 좋다.

문제 60 회전식 압축기의 특징에 해당되지 않는 것은?

㉮ 조립이나 조정에 있어서 고도의 정밀도가 요구된다.

㉯ 체적 효율에 미치는 압축비가 왕복동보다 크다.

㉰ 왕복동보다 마모에 의한 능력저하가 현저하다.

㉱ 제작상 어려운 점이 많고 진공 펌프로 많이 사용된다.

해설 회전식 압축기는 클리어런스가 없어 잔류 가스의 재팽창이 없으므로 체적효율에 미치는 영향이 왕복동식 압축기보다 적다.

<응축기>

문제 1 응축기에서 제거되는 열량은?

　　㉮ 증발기에서 흡수한 열량

　　㉯ 압축기에서 가하는 열량

　　㉰ 증발기에서 흡수한 열량과 압축기에서 가해진 열량

　　㉱ 압축기에서 가해진 열량과 기계실에서 가해진 열량

해설 응축부하 (Q_1) = 증발기 열량 (Q_2) + 압축열량 (AW)

문제 2 수냉 응축기의 능력은 냉각수 온도의 냉각수량에 의해 결정되는데, 응축기의 능력을 증대시키는 방법에 관한 사항 중 틀린 것은?

　　㉮ 냉각수온을 낮춘다.　　　　　㉯ 응축기의 냉각관을 세척한다.

　　㉰ 냉각수량을 늘린다.　　　　　㉱ 냉각수 유속을 줄인다.

해설 응축기의 능력을 증대시키려면 냉각수의 유속을 크게 한다.

문제 3 증발식 응축기에 대한 설명 중 맞는 것은?

　　㉮ 냉각수 증발속도는 팬에 의한 풍속에 비례한다.

　　㉯ 응축능력은 냉각관 표면의 온도와 외기 건구 온도차에 비례한다.

　　㉰ 응축기 통과하는 공기의 엔탈피가 증가한다.

　　㉱ 엘리미네이터의 공기와 수증기의 비중차를 이용한다.

해설 증발식 응축기를 통과하는 공기의 엔탈피는 증가한다.

문제 4 다음 중 응축압력이 높을 때의 대책이 아닌 것은?

　　㉮ 가스 퍼저를 점검하고 공기를 안전하게 배출시킬 것

　　㉯ 설계수량을 검토하고 막힌 곳이 없는가를 조사 후 수리할 것

　　㉰ 설계에 의한 냉각면적보다 추가하여 설치할 것

　　㉱ 소음이 발생하면 냉각수량을 보충할 것

해설 장치의 응축압력 상승시 불응축 가스를 퍼지하거나 냉각수관의 막힘 유무를 점검하여야 하며 냉각수 부족시 보충하여야 한다.

문제 5 에바콘(eva-con) 내부에 설치된 엘리미네이터의 역할은?

　　㉮ 물의 증발을 양호하게 한다.

　　㉯ 공기를 제거해 주는 역할을 한다.

　　㉰ 바람으로 인한 수분의 비산을 방지한다.

　　㉱ 물의 과냉각을 방지한다.

해설 증발식 응축기(Evaporative-condenser ; Eva-con)의 공기 배출구에 설치하여 냉각수 살수관에서 분무되는 냉각수의 일부가 배기와 함께 외부로 비산되는 것을 방지하여 냉각수를 절약한다.

해답 1. ㉰ 2. ㉱ 3. ㉰ 4. ㉱ 5. ㉰

문제 6 응축기에 관한 설명 중 옳은 것은?

㉮ 횡형 셀 앤 튜브 응축기와 입형 셀 앤 튜브 응축기 중에서 횡형 셀 앤 튜브 응축기가 다량의 냉각수를 필요로 한다.

㉯ 증발식 응축기는 다량의 물을 필요로 하기 때문에 널리 사용되지 않는다.

㉰ 프레온형 횡형 셀 앤 튜브식 응축기에 핀을 붙일 때는 물속에 붙이는 것보다 냉매측에 붙이는 것이 보통이다.

㉱ 응축기는 수액기 밑에 설치하는 것이 좋다.

해설 핀 튜브는 전열이 불량한 측에 설치하여야 하므로 프레온 냉매측에 붙인다.

참고 ● 전열이 양호한 순서 : NH_3 〉 H_2O 〉 Freon 〉 Air

문제 7 공랭식 응축기의 특징이 아닌 것은?

㉮ 응축압력의 변동은 수냉식에 비해 심하다.

㉯ 대기오염 지역에서도 냉각관의 부식은 적다.

㉰ 설치 및 고장 수리가 간단하다.

㉱ 냉각수 배관, 펌프, 배수시설 등이 필요없다.

해설 ● 공랭식 응축기의 특징
① 프레온용으로 주로 소형에서 사용한다.
② 통풍이 좋은 곳에 설치해야 한다.
③ 냉각수가 필요 없으므로 냉각수 배관 및 배수시설이 필요없다.
④ 대기오염 지역에서의 냉각관의 부식우려가 있다.
⑤ 설치 및 고장수리가 간단하다.

문제 8 다음은 증발식 응축기에 관한 설명이다. 이 중에서 옳은 것은?

㉮ 수냉 응축기보다 일반적으로 물의 소비량이 현저하게 적다.

㉯ 대기의 습기온도가 낮아지면 응축온도가 높아진다.

㉰ 송풍량이 적어지면 응축능력이 증가한다.

㉱ 상부의 살포수온보다 하부 물 탱크의 수온이 3~4[℃] 높다.

해설 증발식 응축기는 물의 증발잠열을 이용하므로 냉각수 소비량이 적다.

문제 9 다음 중 "응축기"와 관계가 없는 것은?

㉮ 스월 　　　　　　　　　　　㉯ 에어핀 코일

㉰ 로핀 튜브 　　　　　　　　　㉱ 어프로치

해설 ㉮ 스월 : 입형 셀 앤 튜브식 응축기의 수실에 설치되어 선회력을 부여한다.
㉰ 로핀 튜브 : 튜브 밖의 전열이 불량한 유체에 설치하여 전열을 증대시킨다.
㉱ 어프로치 : 증발식 응축기에서 냉각수가 최저 온도에 어느 정도 접근하는가의 정도(냉각수 출구 온도 - 외기 습구 온도)

해답 6. ㉰ 7. ㉯ 8. ㉮ 9. ㉯

문제 10 냉각탑 부속품 중 엘리미네이터(eliminator)가 있는데 그 사용목적은?

㉮ 물의 증발을 양호하게 한다.

㉯ 공기를 흡수하는 장치다.

㉰ 물이 과냉각되는 것을 방지한다.

㉱ 수분이 대기중에 방출하는 것을 막아주는 장치다.

해설 냉각관에서 산포되는 냉각수의 일부가 배기와 함께 대기중으로 비산되는 것을 방지하여 냉각수 소비량은 최소화하기 위하여 냉각탑 배기중에 설치한다.

문제 11 응축기에서 응축된 냉매가 수액기측으로 원활히 회수되지 않는 이유로 적당한 것은?

㉮ 액유입관 지름이 크다.　　　　㉯ 액유출관 지름이 크다.

㉰ 안전 밸브의 지름이 작다.　　　㉱ 균압관 지름이 작다.

해설 응축기에서 응축액화된 냉매액을 수액기로 자연유입시키기 위해서는 균압관을 설치하여야 하는데 이 때 균압관의 지름은 충분한 것으로 하여야 한다.

문제 12 응축 압력이 지나치게 내려가는 것을 방지하기 위한 방법 중 틀린 것은?

㉮ 송풍기를 on-off시켜 풍량을 조절한다.

㉯ 송풍기의 출구에 댐퍼를 설치하여 풍량을 조절한다.

㉰ 수냉식일 경우 물의 공급을 증가시킨다.

㉱ 수냉식을 경우 물의 공급을 감소시킨다.

해설 수냉식 응축기의 냉각수를 감소시키면 응축압력이 상승하고, 물의 공급을 증가시키면 응축압력이 하강한다.

문제 13 수냉식 응축기의 응축 압력에 관한 사항 중 옳은 것은?

㉮ 수온이 일정한 경우 유막 물때가 두껍게 부착하여도 수분을 첨가하면 응축압력에는 영향이 없다.

㉯ 냉각관 내의 냉각수 속도가 빨라지면 횡형 셸 앤 튜브식 응축기의 열통과율은 커지고 응축압력에 영향을 준다.

㉰ 냉각수량이 풍부한 경우에는 불응축 가스의 혼입 영향은 없다.

㉱ 냉각수량이 일정한 경우에는 수온에 의한 영향은 없다.

해설 냉각수의 속도가 빨라지면 열통과율은 커지고 응축 압력은 낮아진다.

참고 응축기의 응축 압력은 물때나 유막에 의한 전열불량, 불응축 가스 존재, 냉각수온 상승, 냉각수량 감소 등이 영향을 미친다.

문제 14 암모니아 냉동기에 사용하는 수냉식 응축기의 전열계수가 900〔kcal/m²h℃〕이며 냉각수와 응축 냉매의 평균 온도차가 5〔℃〕일 때 냉동톤당 응축기의 전열면적은?

㉮ 1.24[m²] ㉯ 0.96[m²] ㉰ 0.84[m²] ㉱ 0.74[m²]

해설 $Q_1 = Q_2 \cdot C = K \cdot F \cdot \Delta t_m$

$$F = \frac{Q_2 \cdot C}{K \cdot \Delta t_m} = \frac{3320 \times 1.3}{900 \times 5} = 0.96 \, [\text{m}^2]$$

$\begin{cases} Q_1 : \text{응축열량(kcal/h)} \\ Q_2 : \text{냉동능력(kcal/h)} \\ C : \text{방열계수(공조, 냉장시 1.2, 냉동, 지벵시 1.3)} \\ K : \text{열통과율(kcal/m}^2\text{h℃)} \\ F : \text{전열면적(m}^2) \\ \Delta t_m : \text{산술평균 온도차(℃)} \end{cases}$

문제 15 냉각수 입구온도 32〔℃〕, 냉각수량 1,000〔ℓ/min〕, 응축면적 100〔m²〕, 전열계수가 720〔kcal/m²·h·℃〕라고 할 때 응축 온도와 냉각수 온도의 평균 온도차는 6.5〔℃〕라고 할 때 냉각수 출구 수온은 얼마인가?

㉮ 36.8[℃] ㉯ 38.5[℃]
㉰ 39.8[℃] ㉱ 40.6[℃]

해설 $W \cdot C \cdot (tw_2(\text{냉각수 출구수온}) - tw_1(\text{냉각수 입구수온}))$

$= K \cdot F \cdot \Delta t_m$ 에서

$$tw_2 = \frac{K \cdot F \cdot \Delta t_m}{w \cdot c} + tw_1 \qquad \therefore \left(\frac{720 \times 100 \times 6.5}{1,000 \times 1 \times 60}\right) + 32 = 39.8[℃]$$

문제 16 암모니아 수냉식 응축기에서 다음과 같은 조건일 때 열관류율은?

- 냉각관 두께 = 3.0[mm]
- 재질의 열전도율 = 40[kcal/mh℃]
- 표면 열전도율 = 3,000[kcal/m²h℃](양측 같음)
- 부착물 물때 두께 = 0.2[mm]
- 물때의 열전도율 = 0.8[kcal/mh℃]

㉮ 1,008[kcal/m²h℃] ㉯ 988[kcal/m²h℃]
㉰ 998[kcal/m²h℃] ㉱ 978[kcal/m²h℃]

해설 $K = \dfrac{1}{\dfrac{1}{a_1} + \dfrac{l_1}{\lambda_1} + \dfrac{l_2}{\lambda_2} + \dfrac{1}{a_2}}$

$$= \frac{1}{\dfrac{1}{3000} + \dfrac{0.003}{40} + \dfrac{0.0002}{0.8} + \dfrac{1}{3000}} = 1008.4 \, [\text{kcal/m}^2\text{h℃}]$$

해답 14. ㉯ 15. ㉰ 16. ㉮

문제 17 다음 쿨링 타워에 대한 설명 중 옳은 것은?

㉮ 냉동장치에서 쿨링 타워를 설치하면 응축기는 필요없다.

㉯ 쿨링 타워에서 냉각된 물의 온도는 대기의 습구 온도보다 높다.

㉰ 타워의 설치장소는 습기가 많고 통풍이 잘되는 곳이 적합하다.

㉱ 송풍량을 많게 하면 수온이 내려가고 대기의 건구·습구 온도보다 낮아진다.

> **해설** ㉮ 수냉식 응축기의 냉각수 절약을 위하여 냉각탑(cooling tower)을 설치한다.
> ㉯ 냉각탑(cooling tower)의 냉각수 출구 온도는 대기의 습구 온도보다 높다.
> ㉰ 냉각탑(cooling tower)의 설치장소는 습기가 없고 통풍이 잘되는 곳이 적합하다.
> ㉱ 냉각수의 수온은 대기의 습구 온도보다는 낮아지지 않는다.

문제 18 응축기에서 냉매 가스의 열이 제거되는 방법은?

㉮ 응축과 복사 ㉯ 승화와 휘발

㉰ 대류와 전도 ㉱ 복사와 기화

> **해설** 응축기에서 냉매 가스 열이 제거되는 방법은 전도와 대류로서 제거된다.

문제 19 다음 응축기에 대한 설명 중 옳은 것은?

㉮ 수냉식 응축기에서는 냉각수의 흐르는 속도가 클수록 열통과율이 크지만 부식할 염려가 있다.

㉯ 냉각관 내의 물때가 많이 끼어도 냉각수량은 변하지 않는다.

㉰ 응축기의 안전 밸브의 최소 구경은 응축기의 동경에 의해서 산출된다.

㉱ 해수를 냉각수로 사용하는 응축기에서는 동합금의 부식을 일으키기 때문에 일반적으로 스테인리스 강관을 사용한다.

> **해설** 해수를 냉각수로 사용할 경우 부식을 고려하여 스테인리스 강관을 사용한다.

문제 20 수냉응축기의 전열계수가 600〔kcal/m²h℃〕이며 냉각수와 응축 냉매와의 평균 온도차가 5〔℃〕일 때 1냉동톤당의 응축기의 냉각면적(전열면적)은 대략 얼마나 되는가?

㉮ 0.67[m²] ㉯ 1.1[m²] ㉰ 2.14[m²] ㉱ 2.79[m²]

> **해설** 응축부하 $(Q_1)=Q_2 \cdot c=K \cdot F \cdot \Delta t_m$
> $$F=\frac{Q_2 \cdot c}{K \cdot \Delta t_m}=\frac{1 \times 3320 \times 1.3}{600 \times 5}=1.44\,[m^2]$$

문제 21 증발식 응축기에 대하여 틀리게 설명한 것은?

㉮ NH₃ 장치에 주로 사용한다.

㉯ 냉각탑을 사용하는 것보다 응축 압력이 높다.

㉰ 물의 증발열을 이용한다.

㉱ 소비 냉각수의 양이 적다.

> **해설** 증발식 응축기는 지상이나 옥탑에 주로 설치하므로 배관이 길어져 압력강하가 커 응축압력이 낮다.

문제 22 프레온계 냉매용 횡형 셸 앤 튜브(shell and tube)식 응축기에서 냉각관의 설명으로 맞는 것은?

  ㉮ 재료는 강이고 냉각관의 전열면적을 증대시키기 위해 바깥쪽에 핀이 부착되어 있다.

  ㉯ 재료는 동이고 냉각관의 전열면적을 증대시키기 위해 바깥쪽에 핀이 부착되어 있다.

  ㉰ 재료는 강이고 냉각관의 전열면적을 증대시키기 위해 안쪽에 핀이 부착되어 있다.

  ㉱ 재료는 동이고 냉각관의 전열면적을 증대시키기 위해 안쪽에 핀이 부착되어 있다.

  해설 횡형 셸 앤드 튜브식 응축기의 셸 내에는 냉매, 튜브 내에는 냉각수가 역류되어 흐르도록 되어 있으므로 전열이 불량한 냉각수쪽 튜브 바깥쪽에 핀(fin)을 부착하여 전열면적을 증대 시킨다.

  참고 • 전열이 양호한 순서 : NH_3 〉 H_2O 〉 Freon 〉 Air

문제 23 증발식 응축기에 관한 사항 중 옳은 것은?

  ㉮ 응축 온도는 외기의 건구 온도보다 습구 온도의 영향을 더 많이 받는다.

  ㉯ 증발기에서 증기가 일어나는 것은 냉각이 충분히 되지 않고 있기 때문이다.

  ㉰ 응축기 냉각관을 통과하여 나오는 공기의 엔탈피는 감소한다.

  ㉱ 냉각관내 냉매의 압력강하가 셸 앤 튜브식(shell and tube type)에 비해 작다.

  해설 ㉯ 증발기에서 냉매 증기가 발생하는 것은 냉각이 충분히 되고 있는 것이다.

  ㉰ 응축기 냉각관을 통과하여 나오는 공기의 엔탈피는 증가한다.

  ㉱ 증발식 응축기는 지상에 설치되므로 냉각관이 길어져 압력강하가 크다.

문제 24 아래와 같은 조건하에서 횡형 응축기를 설계하고자 한다. 1〔RT〕당 응축기 면적은 얼마인가? (단, 방열계수 1.3, 응축 온도 35〔℃〕, 냉각수 입구 온도 28〔℃〕, 냉각수 출구 온도 32〔℃〕, 응축 온도와 냉각수 평균 온도의 차 5〔℃〕, $K = 900$〔kcal/m²h℃〕이다.)

  ㉮ 약 0.42〔m²〕   ㉯ 약 0.62〔m²〕   ㉰ 약 0.95〔m²〕   ㉱ 약 1.25〔m²〕

  해설 〈14번 해설 참고〉

  $$Q_1 = Q_2 \cdot C = K \cdot F \cdot \Delta t_m$$

  $$F = \frac{Q_2 \cdot C}{K \cdot F \cdot \Delta t_m} = \frac{1 \times 3320 \times 1.3}{900 \times \left(35 - \frac{28+32}{2}\right)} = 0.959 \,[\text{m}^2]$$

문제 25 응축기 입구의 냉매 가스 엔탈피 480〔kcal/kg〕, 응축기 출구의 냉매액의 엔탈피 220〔kcal/kg〕, 응축 냉매량(냉매순환량) 200〔kg/h〕, 응축 온도 40〔℃〕, 냉각수 평균 온도 30.5〔℃〕, 응축기의 전열면적 10〔m²〕일 때, 응축기의 열통과율(K)은 몇 kcal/m²h℃〕 정도인가?

  ㉮ 956   ㉯ 800   ㉰ 547   ㉱ 258

  해설 $Q_1 = G(i_b - i_e) = K \cdot F \cdot \Delta t_m$ 에서

  $$K = \frac{G(i_b - i_e)}{F \cdot \Delta t_m}$$

  $$= \frac{200 \times (480 - 220)}{10 \times (40 - 30.5)} = 547.37 [\text{kcal/m}^2\text{h℃}]$$

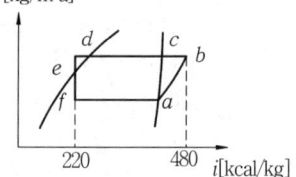

문제 26 암모니아 냉동기에 사용되는 수냉응축기의 전열계수(열통과율)가 800〔kcal/m²h℃〕이며, 응축 온도와 냉각수 입출구의 평균 온도차가 8〔℃〕할 때 1냉동톤당의 응축기 전열면적은?

㉮ 0.52[m²]　　　　㉯ 0.67[m²]　　　　㉰ 1.49[m²]　　　　㉱ 3.7[m²]

해설 $Q_1 = Q_2 \cdot C = K \cdot F \cdot \Delta t_m$

$F = \dfrac{Q_2 \cdot C}{K \cdot \Delta t_m} = \dfrac{1 \times 3320 \times 1.3}{800 \times 8} = 0.67\,[\mathrm{m}^2]$

문제 27 다음 응축기 중 열통과율이 가장 좋은 것은?

㉮ 공랭식　　　　　　　　　　㉯ 횡형 셸 앤 튜브식
㉰ 입형 셸 앤 튜브식　　　　　㉱ 증발식

해설 횡형 셸 앤 튜브식 〉 입형 셸 앤 튜브식 〉 증발식 〉 공랭식

문제 28 증발식 응축기에 대하여 틀리게 설명한 것은?

㉮ 암모니아장치에 주로 사용한다.
㉯ 냉각탑을 사용하는 것보다 응축압력이 높다.
㉰ 물의 증발열을 이용한다.
㉱ 소비냉각수의 양이 적다.

해설 증발식 응축기는 지상이나 건물의 옥탑에 설치하므로 냉매의 배관이 길어져 압력강하가 커 응축압력이 낮다.

문제 29 증발식 응축기에서 불응축 가스의 인출 위치는?

㉮ 가스 헤더
㉯ 액 헤더
㉰ 수액기와 가스 헤더를 연결하는 균압관
㉱ 액 헤더, 가스 헤더 모두 가능

해설 ● 증발식 응축기의 불응축 가스 인출 위치 : 액 헤더 상부

문제 30 응축 압력이 저하되는 것을 방지하기 위한 방법이 아닌 것은?

㉮ on-off 조정으로 송풍량을 조절한다.
㉯ 팬(fan)의 회전수를 조절한다.
㉰ 냉각수량을 증가시킨다.
㉱ 냉각수량을 감소시킨다.

해설 냉각수량을 증가시키면 응축 압력이 상승되는 것을 방지할 수 있다. 냉각수량을 감소시키면 응축압력은 상승한다.

해답 **26.** ㉯ **27.** ㉯ **28.** ㉯ **29.** ㉯ **30.** ㉰

문제 31 수직형 셸 앤 튜브 응축기의 설명이 잘못된 것은?

가 설치면적이 적어도 되며 옥외 설치가 가능하다.

나 유분리기의 응축기 사이는 균압관을 설치하는 것이 좋다.

다 대형 NH_3 냉동장치에 사용된다.

라 응축열량은 증발기에서 흡수한 열량과 압축기의 일량의 합과 같다.

해설 균압관의 설치위치는 응축기와 수액기 상부에 설치한다.

문제 32 수냉식 응축기에서 시간당 12,000〔kcal〕의 일을 제거하고 있을 때 18〔℃〕의 물을 매분 40〔ℓ〕 사용했다면 냉각수 출구 온도는 몇 〔℃〕인가?

가 21 나 23 다 25 라 27

해설 $Q = w \cdot c \cdot (tw_2 - tw_1)$

$$tw_2 = \frac{Q}{w \cdot c} + tw_1 = \frac{12,000}{40 \times 60 \times 1} + 18 = 23 \,[\,℃\,]$$

문제 33 다음 응축기 중 열통과율이 가장 좋은 것은?

가 공랭식 나 횡형 셸 앤 튜브식

다 입형 셸 앤 튜비식 라 증발식

해설 ● 열통과율이 좋은 순서
횡형 셸 앤 튜브식 〉 입형 셸 앤 튜브식 〉 증발식 응축기 〉 공랭식

문제 34 다음 쿨링 타워에 대한 설명 중 옳은 것은?

가 냉동장치에서 쿨링 타워를 설치하면 응축기는 필요없다.

나 쿨링 타워에서 냉각된 물의 온도는 대기의 습구 온도보다 높다.

다 타워의 설치장소는 습기가 많고 통풍이 잘되는 곳이 적합하다.

라 송풍량을 많게 하면 수온이 내려가고 대기의 건구 습도 온도보다 낮아진다.

해설 가 수냉식 응축기에 사용한 냉각수를 재사용하기 위하여 냉각탑(cooling tower)을 설치하므로 응축기는 있어야 한다.

나 쿨링 타워에서 냉각된 물의 온도는 대기의 습구 온도보다 높다.

다 쿨링 타워의 설치장소는 습기가 적고 통풍이 잘되는 곳이 적합하다.

라 쿨링 타워의 송풍량을 많이하면 수온이 내려가나 대기의 습구 온도보다 낮아지지 않는다.

문제 35 다음 중 응축기와 관계가 없는 것은?

가 헤어핀 코일 나 스월

다 로핀 튜브 라 감온통

해설 감온통은 자동온도식 팽창 밸브에서 증발기 출구의 과열도 감지를 위하여 설치한다.

해답 31. 나 32. 나 33. 나 34. 나 35. 라

문제 36 열통과율이 가장 좋은 응축기는?

㉮ 증발식

㉯ 입형 셸 앤 튜브식

㉰ 공랭식

㉱ 7통로식

해설 • 열통과율이 가장 좋은 응축기 : 7통로식

문제 37 응축 압력이 현저하게 상승되는 원인으로 옳은 것은?

㉮ 유분리기 기능 불량

㉯ 부하의 급격한 감소

㉰ 전동기 벨트 이완

㉱ 냉각수량 과대

해설 유분리기의 기능 불량으로 윤활유가 응축기에 넘어가 전열을 방해하므로 응축 압력은 상승한다.

문제 38 소요 냉각수량이 120[ℓ/min], 냉각수 입·출구 온도차가 6[℃]의 수냉 응축기의 응축 부하는?

㉮ 43,200[kcal/h]

㉯ 14,400[kcal/h]

㉰ 12,000[kcal/h]

㉱ 66,400[kcal/h]

해설 $Q_1 = w \cdot c \cdot \varDelta t = 120 \times 60 \times 1 \times 6 = 43,200$ [kcal/h]

문제 39 냉동능력이 5냉동톤이며 그 압축기의 소요동력이 5마력(PS)일 때 응축기에서 제거해야 할 열량은 몇 kcal/h인가?

㉮ 18,700[kcal/h]

㉯ 21,100[kcal/h]

㉰ 19,760[kcal/h]

㉱ 20,000[kcal/h]

해설 응축열량(Q_1) = 냉동능력(Q_2) + 압축열량(AW)
$$= (5 \times 3320) + (5 \times 632) = 19,760[kcal/h]$$

문제 40 횡형 셸 앤 튜브식 응축기에 부착하지 않는 것은?

㉮ 역지 밸브

㉯ 에어벤트

㉰ 물 드레인 밸브

㉱ 냉각수 배관 출입구

해설 응축기에는 역지 밸브(check valve)를 설치하지 않는다.

문제 41 셸 앤 튜브 응축기는?

㉮ 공랭식 응축기이다.

㉯ 수냉식 응축기이다.

㉰ 역류식 응축기이다.

㉱ 강제 대류식 응축기이다.

해설 셸 앤 튜브식 응축기는 셸 내에 냉매, 튜브 내에 냉각수가 흐르는 수냉식 응축기이다.

해답 **36.** ㉱ **37.** ㉮ **38.** ㉮ **39.** ㉰ **40.** ㉮ **41.** ㉯

문제 42 입형 셸 앤 튜브식 응축기의 장점이 아닌 것은?

카 과부하게 잘 견딘다.   나 냉각관 청소가 용이하다.

다 과냉각이 양호하다.   라 옥외 설치가 가능하다.

해설 ● 입형 셸 앤 튜브식 응축기의 장단점
① 장점
㉠ 대용량이므로 과부하에 잘 견딘다.
㉡ 운전 중 냉각관 청소가 용이하다.
㉢ 설치면적이 적게 들고 옥외 설치가 가능하다.
② 단점
㉠ 수냉식 응축기 중에서 냉각수 소비량이 가장 많다.
㉡ 냉매와 냉각수가 평형으로 흐르므로 과냉각이 어렵다.
㉢ 냉각관의 부식이 쉽다.

문제 43 프레온 응축기(수냉식)에서 냉각수량이 시간당 18,000〔ℓ〕응축기 냉각관의 전열면적이 20〔m²〕, 냉각수 입구 온도 30〔℃〕, 출구 온도 34〔℃〕인 응축기의 열통과율이 900〔kcal/m²h℃〕라고 할 때 응축 온도는 몇 〔℃〕인가? (단, 냉매와 냉각수와의 평균 온도차는 산술 평균값으로 하고 열손실은 없는 것으로 한다.)

카 32[℃]   나 34[℃]   다 36[℃]   라 38[℃]

해설 $w \cdot c \cdot (tw_2 - tw_1) = K \cdot F \cdot \Delta t_m$ 에서

18,000×1×(34-30) = 900×20×(응축온도-[(30+34) / 2])

∴ 응축온도 = [(576,000+72,000)/18000] = 36℃

문제 44 증발식 응축기(Eva-con) 설계시 1〔RT〕당 전열면적은?

카 1.3 ~ 1.5[m²/RT]   나 3.5 ~ 4[m²/RT]

다 5 ~ 6.5[m²/RT]   라 7.5 ~ 9[m²/RT]

해설 증발식 응축기의 전열면적은 1[RT]당 1.3~1.5[m²] 정도이다.

문제 45 냉동능력이 29,980〔kcal/h〕인 냉동장치에서 응축기의 냉각수 온도를 측정한 바 입구 온도 32〔℃〕, 출구 온도 37〔℃〕이고 이 때 냉각수 수량을 120〔ℓ/min〕이라고 하면 이 냉동기의 축동력은 몇 〔kW〕가 되는가?(단, 열손실은 없는 것으로 한다.)

카 5[kW]   나 6[kW]   다 7[kW]   라 8[kW]

해설 $\dfrac{[120 \times 60 \times 1 \times (37-32)] - 29980}{860} = 7$

문제 46 다음 그림은 증기 압축식 냉동기의 구조를 도시한 것이다. A는 무엇인가?

카 증발기
나 응축기
다 감온통
라 액분리기

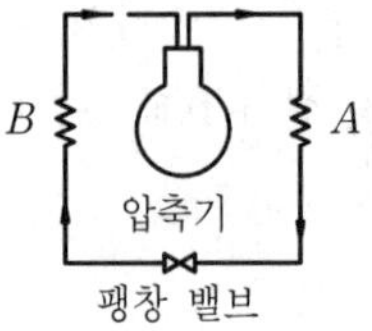

해설 ● 증기 압축식 냉동기의 4대 사이클 : 압축기 → 응축기 → 팽창 밸브 → 증발기

해답 **42.** 다 **43.** 다 **44.** 카 **45.** 다 **46.** 나

문제 47 냉동능력이 45냉동톤인 냉동장치의 수냉 셸 앤 튜브(shell and tube) 응축기에 필요한 냉각수량은? (단, 응축기 입구 온도는 23[℃]이며, 응축기 출구 온도는 28[℃]라고 한다. 압축부하는 냉동부하의 0.3이다.)

    ㉮ 38,844[l/h]   ㉯ 33,200[l/h]   ㉰ 31,870[l/h]   ㉱ 30,250[l/h]

해설 $Q_1 = Q_2 + AW = w \cdot c \cdot \varDelta t$ 에서

$$w = \frac{Q_2 \cdot AW}{c \cdot \varDelta t} = \frac{45 \times 3,320 \times 1.3}{1 \times (28-23)} = 38,844[\,l/h\,]$$

<팽창 밸브>

문제 1 만액식 증발기에 사용되는 팽창 밸브는?

    ㉮ 저압식 플로트 밸브   ㉯ 온도식 자동 팽창 밸브
    ㉰ 정압식 자동 팽창 밸브   ㉱ 모세관 팽창 밸브

해설 저압측 플로트(부자) 팽창 밸브는 만액식 증발기에 사용하여 부하변동에 따른 증발기 저압 측의 액면을 항상 일정하게 유지한다.

문제 2 정압식 팽창 밸브의 설명 중 틀린 것은?

    ㉮ 부하변동에 따라 자동적으로 냉매 유량을 조절한다.
    ㉯ 증발기 내의 압력을 일정하게 유지시켜주는 냉매 유량조절 밸브이다.
    ㉰ 단일 냉동장치에서 냉동부하의 변동이 적을 때 사용한다.
    ㉱ 냉수, 브라인 등의 동결을 방지할 때 사용한다.

해설 ● 정압식 팽창 밸브(AEV)
    ① 증발기 내의 압력을 일정하게 유지시킨다.
    ② 부하변동에 따른 냉매유량제어가 불가능하다.(부하변동과 반대로 작동)
    ③ 냉동부하가 적을 때 사용한다.
    ④ 냉수, 브라인 등의 동결 방지용으로 사용한다.

문제 3 온도식 자동 팽창 밸브(T.E.V) 동력부에 압력을 공급하는 것은?

    ㉮ 고압측 압력   ㉯ T.E.V 감온통
    ㉰ 외부 균압관   ㉱ 팽창 밸브 직전의 압력

해설 온도식 자동 팽창 밸브(T.E.V)는 증발기 출구에 부착된 감온통내 액이나 기체에 의해 개 도가 조절된다.

문제 4 팽창 밸브의 용량을 표시하는 것은?

    ㉮ 팽창 밸브 입구의 지름   ㉯ 팽창 밸브 출구의 지름
    ㉰ 침변좌의 오리피스 지름   ㉱ 니들 밸브의 크기

해설 팽창 밸브 용량은 침변좌(니들 밸브 시트)의 오리피스 지름으로 표시한다.

해답 **47.** ㉮   **1.** ㉮ **2.** ㉮ **3.** ㉯ **4.** ㉰

문제 5 암모니아 포화액을 교축시키면 어떤 상태가 되는가?

   ㉮ 습포화증기   ㉯ 과냉각액   ㉰ 과열증기   ㉱ 건포화증기

   해설 포화액을 교축하여 압력을
   강하시키면 습포화 증기가 된다.

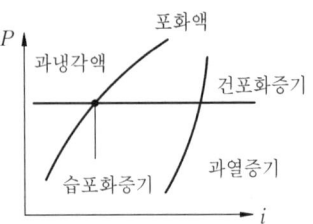

문제 6 암모니아 과열증기를 교축팽창시키면 팽창 후의 증기 온도는 어떻게 되는가?

   ㉮ 상승한다.   ㉯ 낮아진다.
   ㉰ 변화없다.   ㉱ 2[℃] 정도 상승한다.

   해설 교축 팽창시 압력과 온도는 낮아진다.
   ┌ T_1 : 팽창 전 온도
   └ T_2 : 팽창 후 온도

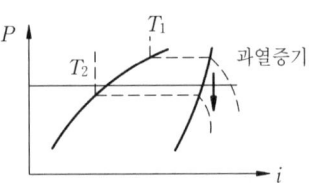

문제 7 팽창 밸브에서 냉매액이 팽창할 때 냉매의 상태변화에 관한 사항으로 옳은 것은?

   ㉮ 압력과 온도는 내려가나 엔탈피는 변하지 않는다.
   ㉯ 압력은 내려가나 온도와 엔탈피는 변하지 않는다.
   ㉰ 온도는 변하지 않으나 압력, 엔탈피가 감소한다.
   ㉱ 엔탈피만 감소하고 압력과 온도는 변하지 않는다.

   해설 팽창 밸브 교축시 줄-톰슨 효과(Joule-Thomson effect)에 의하여 압력과 온도는 내려가지
   만 엔탈피 변화가 없어 등엔탈피 과정이다.

문제 8 냉동장치의 계통도에서 팽창 밸브에 대하여 옳은 것은?

   ㉮ 압축 증대장치로 압력을 높이고 냉각시킨다.
   ㉯ 액봉이 쉽게 일어나고 있는 곳이다.
   ㉰ 고온도의 액이 저온도의 증발기로 흘러들어가서 냉각시키려는 교축작용이다.
   ㉱ 플래시 가스가 발생하지 않는 곳이며 일명 냉각 장치라 부른다.

   해설 • 팽창 밸브(expansion valve) : 응축기에서 나온 고온고압의 냉매액을 교축팽창시켜 저온
   저압의 냉매를 증발기로 유입시키며 증발기 부하변동에 따라 냉매공급량을 조절한다.

문제 9 온도작동식 자동 팽창 밸브에 대한 설명이다. 옳은 것은?

㉮ 실온을 서모스탯에 의하여 감지하고, 밸브의 개도를 조절한다.

㉯ 팽창 밸브 직전의 냉매 온도에 의하여 자동적으로 개도를 조절한다.

㉰ 증발기 출구의 냉매 온도에 의하여 자동적으로 개도를 조절한다.

㉱ 팽창 밸브를 통하는 냉매 온도에 의하여 자동적으로 개도를 조절한다.

해설 • 온도작동식 자동 팽창 밸브(TEV) : 증발기 출구의 과열도에 의하여 자동적으로 냉매량을 조절한다.

문제 10 온도식 자동 팽창 밸브에 대하여 옳은 것은?

㉮ 증발기가 너무 길어 증발기의 출구에서 압력강하가 커지는 경우에는 내부 균압형을 사용한다.

㉯ R-12를 사용하는 냉동기를 R-22 냉동기에 그대로 사용해도 된다.

㉰ 팽창 밸브가 지나치게 적으면 압축기 흡입가스의 과열도는 크게 된다.

㉱ 냉매의 유량은 증발기의 입구 냉매가스 과열도에 제어된다.

해설 ㉮ 증발기의 압력강하(0.14[kg/cm^2] 이상)가 크면 외부 균압형을 설치한다.
㉯ 사용냉매의 특성에 따라 사용한다.
㉰ 팽창 밸브의 개도가 지나치게 작으면 냉매 공급량이 감소하며 압축기 흡입가스의 과열도는 크게 된다.
㉱ 냉매의 유량은 증발기 출구 과열도에 의해 제어된다.

문제 11 팽창 밸브를 적게 열었을 때 일어나는 현상으로 옳은 것은?

㉮ 증발 압력 상승 ㉯ 토출 온도 상승 ㉰ 증발 온도 상승 ㉱ 냉동 능력 상승

해설 • 팽창 밸브 개도 과소시 발생 현상
① 증발 압력, 증발 온도 저하
② 압축비 증가
③ 냉매 순환량 감소
④ 압축기 과열, 윤활유 열화 및 탄화
⑤ 토출가스 온도 상승
⑥ 냉동 능력 감소

문제 12 팽창 밸브 직후의 냉매의 건조도 $X = 0.14$이고, 증발 잠열이 400[kcal/kg]이라면 냉동 효과는?

㉮ 56[kcal/kg] ㉯ 213[kcal/kg] ㉰ 344[kcal/kg] ㉱ 566[kcal/kg]

해설 • 냉동효과
$$q_2 = (1-x)r = (1-0.14) \times 400 = 344 \, [\text{kcal/kg}]$$

문제 13 -15[℃]에서 건조도 0인 암모니아 가스를 교축 팽창시켰을 때 변화가 없는 것은?

㉮ 비체적 ㉯ 압력 ㉰ 엔탈피 ㉱ 온도

해설 교축 팽창시에는 엔탈피 변화가 없다.

해답 9. ㉰ 10. ㉰ 11. ㉯ 12. ㉰ 13. ㉰

문제 14 교축 팽창시 변하지 않는 것은?

    ㉮ 온도　　　　　　㉯ 압력　　　　　　㉰ 엔트로피　　　　　　㉱ 엔탈피

　해설 팽창 밸브 교축시 줄-톰슨 효과에 의하여 압력과 온도는 강하하지만 엔탈피 변화가 없으므로 등엔탈피 과정이다.

문제 15 모세관의 압력 강하가 가장 큰 것은?

    ㉮ 지름이 가늘고 길이가 길수록　　　　㉯ 지름이 굵고 길이가 짧을수록

    ㉰ 지름은 상관없고 길이가 길수록　　　㉱ 지름은 상관없고 길이가 짧을수록

　해설 모세관의 압력강하는 지름이 가늘고 길이가 길수록 크다.

문제 16 온도 작동식 자동 팽창 밸브에 대한 설명이다. 옳은 것은?

    ㉮ 실온을 서모스탯에 의하여 감지하고 밸브의 개도를 조정한다.

    ㉯ 팽창 밸브 직전의 냉매의 온도에 의하여 자동적으로 밸브의 개도를 조정한다.

    ㉰ 증발기 출구의 냉매 온도에 의하여 자동적으로 밸브의 개도를 조정한다.

    ㉱ 팽창 밸브를 통하는 냉매 온도에 의하여 자동적으로 밸브의 개도를 조정한다.

　해설 ● 온도 작동식 팽창 밸브(TEV) : 증발기 출구의 냉매 과열도에 의하여 밸브 개도가 조정되며 냉매량을 조절한다.

문제 17 냉동장치 팽창 밸브의 용량을 결정하는데 해당하는 것은?

    ㉮ 밸브 시트의 오리피스 지름　　　　　㉯ 팽창 밸브의 입구 지름

    ㉰ 니들 밸브의 크기　　　　　　　　　㉱ 팽창 밸브의 출구 지름

　해설 팽창 밸브 용량은 침변좌(니들 밸브 시트)의 오리피스 지름으로 표시한다.

문제 18 다음 그림 중 정압식 자동 팽창 밸브를 나타내는 것은?

    ㉮ 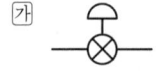　　㉯ 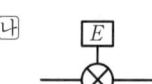　　㉰ 　　㉱

　해설 ㉮ 정압식 자동 팽창 밸브

    ㉯ 전자식 자동 팽창 밸브

    ㉰ 일반 자동 팽창 밸브

    ㉱ 수동 팽창 밸브

문제 19 정압식 자동 팽창 밸브(AEV)는 무엇에 의해 작동되는가?

    ㉮ 증발기의 압력　　　　　　　㉯ 증발기의 온도

    ㉰ 냉매의 응축 온도　　　　　　㉱ 냉동부하

　해설 ● 정압식 자동 팽창 밸브(automatic expansion valve : AEV)의 동작원 : 증발기의 압력

해답　14. ㉱　15. ㉮　16. ㉰　17. ㉮　18. ㉮　19. ㉮

문제 20 팽창 밸브에 관한 설명 중 틀린 것은?

㉮ 팽창 밸브의 조절이 양호하면 증발기를 나올 때 가스상태를 건조포화 증기로 할 수 있다.

㉯ 팽창 밸브에 될 수 있는 대로 낮은 온도의 냉매액을 보내도록 하면 냉동능력이 증대한다.

㉰ 팽창 밸브를 과도하게 조이면 증발기 내부가 저압, 저온이 되어 증발기 출구의 가스가 과열되므로 압축기는 과열압축이 된다.

㉱ 팽창 밸브를 조절할 때는 천천히 개폐하는 것보다 급히 개폐하는 것이 빨리 안정된 운전상태로 들어갈 수 있으므로 좋다.

해설 팽창 밸브의 개도 조절시에는 천천히 개폐하는 것이 좋다.

문제 21 팽창 밸브 선정시 고려할 사항 중 관계없는 것은?

㉮ 응축기, 증발기 종류　　　　　㉯ 냉동 능력

㉰ 사용 냉매 종류　　　　　　　㉱ 고저압의 압력차

해설 • 팽창 밸브 선정시 주의 사항
① 냉동능력, ② 사용냉매의 종류, ③ 고·저압의 압력차

참고 팽창 밸브 선정시에는 응축기와 증발기의 종류와의 관계가 없다.

문제 22 냉동장치를 운전할 때 팽창 밸브를 조이면 어떤 현상이 생기는가?

㉮ 냉동능력은 증가한다.　　　　　㉯ 증발기의 온도는 상승한다.

㉰ 압축기의 토출 온도는 상승한다.　㉱ 압축기의 흡입 압력은 상승한다.

해설 팽창 밸브를 조이게 되면 냉매 공급관이 감소하여 압축기 흡입 가스가 과열되어 토출 가스 온도가 승상하게 된다.

문제 23 온도 자동 팽창 밸브에서 감온통의 부착위치는?

㉮ 팽창 밸브 출구　㉯ 증발기 입구　㉰ 증발기 출구　㉱ 수액기 출구

해설 온도조절식 팽창 밸브(TEV)의 감온통은 증발기 출구의 과열도를 감지하여 작동되므로 증발기 출구에 설치한다.

문제 24 팽창 밸브와 관련이 있는 것까지 짝지은 것은?

㉮ 등온 팽창, 부압작용　　　　　㉯ 단열 팽창, 부압작용

㉰ 등온 팽창, 교축작용　　　　　㉱ 단열 팽창, 교축작용

해설 • 팽창 밸브 : 단열 팽창, 교축 팽창, 등 엔탈피 과정

문제 25 냉매가 팽창 밸브를 통과할 때 변하는 것은? (단, 이론상의 표준 냉동 사이클)

㉮ 엔탈피와 압력　㉯ 온도와 엔탈피　㉰ 압력과 온도　㉱ 엔탈피와 비체적

해설 냉매가 팽창시 압력과 온도가 저하되며 엔탈피는 변화가 없으며 비체적은 증가한다.

해답 **20.** ㉱ **21.** ㉮ **22.** ㉰ **23.** ㉰ **24.** ㉱ **25.** ㉰

<부속장치와 안전장치>

문제 1 액순환식 증발기와 액 펌프 사이에 반드시 부착해야 하는 것은 어느 것인가?

㉮ 여과기 ㉯ 전자 밸브 ㉰ 역지 밸브 ㉱ 건조기

해설 액 펌프 정지시 증발기에서 액 펌프로의 역류방지를 위하여 역지 밸브(check valve)를 설치한다.

문제 2 수액기를 설치할 때 두 개의 수액기 지름이 서로 다를 경우 어떻게 설치해야 안정성이 있는가?

㉮ 상단을 일치시킨다. ㉯ 하단을 일치시킨다.

㉰ 중단을 일치시킨다. ㉱ 어느 쪽이든 관계없다.

해설 지름이 다른 수액기를 2대 이상 설치시 수액기의 상단을 일치시켜 액봉현상을 방지한다.

문제 3 수액기 취급시 주의사항 중 옳은 것은?

㉮ 저장 냉매액을 3/4 이상 채우지 말아야 한다.

㉯ 직사광선을 받아도 무방하다.

㉰ 안전 밸브를 설치할 필요가 없다.

㉱ 균압관은 지름이 작은 것을 사용한다.

해설 ㉮ 수액기의 냉매액 저장량은 3/4(75[%]) 이상을 채우지 않아야 한다.
㉯ 직사광선을 피해서 설치할 것
㉰ 안전 밸브의 원변은 항상 열어둘 것
㉱ 균압관의 지름은 충분한 것으로 한다.

문제 4 다음 냉각탑 부속품 중 엘리미네이터의 목적은?

㉮ 물의 증발을 양호하게 한다.

㉯ 공기를 흡수한다.

㉰ 물이 과냉각되는 것을 방지한다.

㉱ 수분이 대기 중에 방출하는 것을 방지한다.

해설 냉각관에서 산포되는 냉각수의 일부가 배기와 함께 대기 중으로 비산되는 것을 방지하여 냉각수 소비량은 최소화하기 위하여 냉각탑 배기 중에 설치한다.

문제 5 고압 수액기에 부착되지 않는 것은?

㉮ 액면계 ㉯ 안전 밸브

㉰ 전자 밸브 ㉱ 오일 드레인 밸브

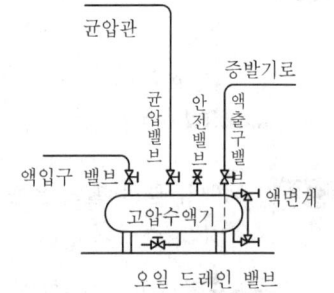

해설 • 고압수액기에 연결된 기기
① 안전 밸브 ② 균압관
③ 냉매 입출구관 ④ 액면계
⑤ 오일 드레인 밸브

참고 전자 밸브는 팽창 밸브 전에 액배관에 설치한다.

해답 1. ㉰ 2. ㉮ 3. ㉮ 4. ㉱ 5. ㉰

문제 6 다음 중 부속기기에 대한 설명 중 틀린 것은?

㉮ 액분리기는 냉매 중의 윤활유를 분리시켜준다.

㉯ 건조기는 냉매 중의 수분을 제거시켜 준다.

㉰ 여과기는 냉동장치 중의 이물질을 제거시켜 준다.

㉱ 가스 퍼저는 냉동장치의 불응축 가스를 분리시킨다.

해설 액분리기는 압축기 흡입관 중에 설치하여 압축기로 액이 유입되는 것을 방지한다.
㉮ 유분리기 : 압축기 토출 가스 중의 윤활유를 분리시켜 준다.

문제 7 다음 중 절수 밸브를 사용하여야 하는 경우는?

㉮ 냉각수 펌프로 왕복동 펌프를 사용할 때

㉯ 수압이 낮을 때

㉰ 부하변동에 대응하여 냉각수량을 제어할 때

㉱ 일반적인 대형 에어콘디션에

해설 ● 자동급수 조절 밸브(절수 밸브) : 수냉식 응축기의 부하변동에 따른 냉각수량을 제어하여
응축압력이 일정하게 유지되며 냉각수가 절약된다.

문제 8 고압차단 스위치(HPS)의 압력인출 위치는 어디가 좋은가?

㉮ 토출 스톱 밸브 직후

㉯ 토출 밸브 직전

㉰ 토출 밸브 직후와 토출 스톱 밸브 직전 사이

㉱ 고압부 어디라도 관계없다.

해설 ● 고압차단 스위치(HPS)의 설치 위치
① 1대의 압축기 제어시 : 압축기와 토출 밸브 사이
② 여러 대의 압축기 제어시 : 토출가스 공동 헤더

문제 9 다음 중 절수 밸브를 사용하여야 하는 경우는?

㉮ 냉각수 펌프로서 왕복동 펌프를 사용할 때

㉯ 수압이 낮을 때

㉰ 부하변동에 대응하여 냉각수량을 제어할 때

㉱ 일반적인 대형 에어컨디션에 사용할 때

해설 ● 자동급수 조절 밸브(절수 밸브) : 수냉식 응축기의 부하변동에 따른 냉각수량을 제어하며
응축압력은 일정하게 유지하며 냉각수를 절약한다.

해답 6. ㉮ 7. ㉰ 8. ㉰ 9. ㉰

문제 10 드라이어(dryer)에 관한 사항 중 맞는 것은?

㉮ 암모니아 액관에 설치하여 수분을 제거한다.

㉯ 냉동장치 내에 수분이 존재하는 것은 좋지 않으므로 냉매 종류에 관계없이 설치하여야 한다.

㉰ 프레온은 수분과 잘 용해하지 않으므로 팽창 밸브에서의 동결을 방지하기 위하여 설치한다.

㉱ 건조제로는 황산, 염화칼슘 등의 물질을 사용한다.

해설 프레온 냉동장치의 액관에 설치하여 수분을 제거하고 팽창 밸브, 동결폐쇄를 방지하기 위하여 설치하며, 건조제로는 실리카겔, 소바비드, 활성 알루미나, 몰리큘리시브 등이 있다.

문제 11 보통 안전판의 분출 압력은 고압 스위치 작동 압력에 비하여 어떻게 조정하면 좋은가?

㉮ 고압 스위치 작동 압력보다 다소 낮게 한다.

㉯ 고압 스위치 작동 압력보다 다소 높게 한다.

㉰ 고압 스위치 작동 압력과 같게 한다.

㉱ 고압 스위치 작동 압력보다 다소 낮거나 높아도 무방하다.

해설 안전 밸브의 작동 압력은 고압차단 스위치보다 다소 높게 설정한다.

참고 • 압축기 안전장치의 작동 압력
① 안전두 = 정상고압 + 3[kg/cm^2]
② 고압차단 스위치 = 정상고압 + 4[kg/cm^2]
③ 안전 밸브 = 정상고압 + 5[kg/cm^2]

문제 12 냉매의 흐름에 따라서 액관에 설치되는 부속기기의 순서는?

㉮ 드라이어 – 사이트글라스 – 팽창 밸브 – 전자 밸브

㉯ 사이트글라스 – 드라이어 – 전자 밸브 – 팽창 밸브

㉰ 팽창 밸브 – 전자 밸브 – 드라이어 – 사이트글라스

㉱ 드라이어 – 전자 밸브 – 팽창 밸브 – 사이트글라스

해설 • 응축기와 팽창 밸브 사이의 액관에 설치되는 순서
응축기 → 수액기 → 사이트 글라스 → 드라이어 → 전자 밸브 → 팽창 밸브

문제 13 냉동장치에서는 자동제어를 위하여 전자 밸브가 많이 쓰이고 있는데 그 사용예가 아닌 것은?

㉮ 액압축 방지를 위한 액관 전자 밸브

㉯ 제상용 전자 밸브

㉰ 용량제어용 전자 밸브

㉱ 고수위 경보용 전자 밸브

해설 고수위 경보용은 보일러 장치에서 사용된다.

해답 10. ㉰ 11. ㉯ 12. ㉯ 13. ㉱

문제 14 흡입압력 조정 밸브 설치 경우가 아닌 것은?

㉮ 흡입압력의 변동이 많은 경우

㉯ 헤리본 증발기를 사용하는 경우

㉰ 과도하게 높은 압력으로 장시간 운전하여야 할 경우

㉱ 저전압에서 높은 흡입압력 상태인 경우

해설 ● 흡입압력 조정 밸브(SPR)의 설치 경우
① 흡입압력의 변동이 심한 경우(압축기 안정을 위해)
② 압축기가 높은 흡입 압력으로 기동되는 경우(과부하 방지)
③ 높은 흡입 압력으로 장시간 운전되는 경우(과부하 방지)
④ 저전압에서 높은 흡입 압력으로 기동되는 경우(과부하 방지)
⑤ 고압가스 제상으로 인하여 흡입압력이 높아지는 경우(과부하 방지)
⑥ 흡입압력이 과도하게 높아 액압축이 일어날 경우(액압축 방지)

문제 15 냉동장치에서 전자 밸브를 사용하는데 그 사용목적 중 가장 거리가 먼 것은?

㉮ 리퀴드 백 방지　　　　　㉯ 냉매 브라인의 흐름제어

㉰ 습도제어　　　　　　　　㉱ 온도제어

해설 ● 전자 밸브의 사용목적
① 액 압축(liquid back) 방지
② 냉매 브라인의 흐름제어
③ 온도제어

문제 16 암모니아 냉동장치 중 냉매를 모을 수 있는 수액기의 보편적 크기는?

㉮ 순환 냉매량의 1/5　　　　㉯ 순환 냉매량의 1/2

㉰ 순환 냉매량의 1/3　　　　㉱ 순환 냉매량의 1/4

해설 ● 수액기의 용량
① 암모니아 냉동장치 : 순환냉매량의 1/2 회수
② 프레온 냉동장치 : 순환냉매량의 전부를 회수

문제 17 다음 중 터보 냉동기 저압측에 설치하는 밸브는?

㉮ fusible plug　　　　　　㉯ relief valve

㉰ safety valve　　　　　　㉱ rupture disc

해설 ● 파열판(rupture disk)
① 압력용기 등에 설치하여 내부압력의 이상 상승시 박판이 파열되어 가스를 분출한다.
② 1회용으로 한번 파열되면 새로운 것으로 교체해야 한다.
③ 스프링식 안전 밸브보다 가스 분출량이 많다.
④ 주로 터보 냉동기 저압측에 설치한다.
⑤ 구조가 간단하고 취급이 용이하다.
⑥ 지지방식에 따라 플랜지형, 유니온형, 나사형이 있다.

문제 18 냉동설비에 부착하는 압력계의 기준에 대한 설명 중 압력계의 최소눈금에 대해 타당한 것은?

㉮ 기밀시험 압력 이상이고 그 압력에 2배 이하일 것

㉯ 최고 사용압력의 2배 이상일 것

㉰ 20[kg/cm²] 이상, 30[kg/cm²] 이하일 것

㉱ 내압실험 압력의 1.5배 이상 3배 이하일 것

해설 ● 압력계의 지시범위 : 기밀시험 압력 이상이고 그 압력에 2배 이하일 것

참고 ① 냉동능력 20[ton] 이상의 냉동설비의 압력계는 다음 각호의 기준에 의하여 부착할 것.
  ㉮ 냉내설비에는 압축기의 토출 압력 및 흡입 압력을 표시하는 압력계를 보기쉬운 위치에 부착할 것
  ㉯ 압축기가 강제운활방식인 경우에는 윤활유 압력을 표시하는 압력계를 부착할 것. 다만, 윤활유 압력에 대한 보호장치가 있는 경우에는 그러하지 아니하다.
  ㉰ 발생기에는 냉매 가스의 압력을 표시하는 압력계를 부착할 것

② 압력계는 다음 각호의 기준에 적합할 것
  ㉮ 압력계는 KS B 5305(부르돈관 압력계) 또는 이와 동등 이상의 성능을 갖는 것을 사용하고 냉매가스, 흡수용액 및 윤활유의 화학작용에 견디는 것일 것
  ㉯ 압력계 눈금판의 최고눈금 수치는 당해 압력계의 설치장소에 따른 시설의 기밀시험압력 이상이고 그 압력의 2배 이하(다만, 정밀한 측정 범위를 갖춘 압력계에 대하여는 그러하지 아니한다)일 것. 또한 진공부의 눈금이 있는 경우에는 그 최저 눈금이 76[cmHg]일 것
  ㉰ 이동식 냉동설비에 사용하는 압력계는 진동에 견디는 것일 것
  ㉱ 압력계는 현저한 맥동, 진동 등에 의하여 눈금을 읽는데 지장이 발생하지 아니하도록 부착할 것

문제 19 다음 설명 중 틀리는 것은?

㉮ 프레온 만액식 증발기에 열교환기를 설치할 경우 액분리기를 설치할 필요가 없다.

㉯ 만액식 증발기에서 증발기가 액분리기 하부에 위치한다.

㉰ 액순환식 증발기를 설치할 경우 액펌프와 액분리기가 필요하다.

㉱ 만액식 증발기의 경우 액분리기는 방열장치를 해줄 필요가 없다.

해설 액분리기에는 냉매액이 존재하므로 열손실 방지를 위해 방열(단열)처리를 하여야 한다.

문제 20 저압 수액기와 액 펌프의 설치 위치로 가장 적당한 것은?

㉮ 저압 수액기 위치를 액 펌프보다 약 1.2[m] 정도 높게 한다.

㉯ 응축기 높이와 일정하게 한다.

㉰ 액 펌프와 저압 수액기 위치를 같게 한다.

㉱ 저압 수액기를 액 펌프보다 최소한 5[m] 낮게 한다.

해설 액순환식 증발기에는 저압 수액기가 액 펌프보다 약 1.2[m] 정도 높게 설치되어야 펌프에서의 공동현상이 방지된다.

해답 18. ㉮ 19. ㉱ 20. ㉮

문제 21 온도식 액면 제어 밸브에 설치된 전열 히터의 용도는?

㉮ 감온통의 동파를 방지하기 위해 설치하는 것이다.

㉯ 냉매와 히터가 직접 접속하여 저항에 의해 작동한다.

㉰ 주로 소형 냉동기에 사용되는 팽창 밸브이다.

㉱ 감온통 내에 충전된 가스를 민감하게 작동토록 하기 위해 설치하는 것이다.

해설 만액식 증발기의 액면제어용으로 전열 히터를 감온통에 감아 액면이 낮아지면 감온통이 가열되어 팽창 밸브의 개도를 조정한다.

문제 22 프레온 냉동장치에서 유분리기를 설치하는 경우로 틀린 것은?

㉮ 만액식 증발기를 사용하는 장치의 경우

㉯ 증발온도가 높은 저온장치의 경우

㉰ 토출 가스 배관이 길어진다고 생각되는 경우

㉱ 토출 가스에 다량의 오일이 섞여 나간다고 생각되는 경우

해설 ● 유분리기를 반드시 설치해야 할 경우
① 만액식 증발기를 사용하는 경우
② 운전 중 다량의 오일이 토출 가스와 함께 섞여 나간다고 여겨지는 경우
③ 토출배관이 길어진다고 생각되는 경우
④ 증발온도가 낮은 저온장치인 경우

문제 23 다음 사항 중 옳은 것은?

㉮ 고압 차단 스위치 작동 압력은 안전 밸브 작동 압력보다 조금 높게 한다.

㉯ 온도식 자동 팽창 밸브의 감온통은 증발기의 입구측에 붙인다.

㉰ 가용전은 응축기의 보호를 위하여 사용된다.

㉱ 가용전, 파열판은 암모니아 냉동장치에만 사용된다.

해설 ㉮ 고압 차단 스위치(HPS) 작동 압력은 안전 밸브 작동 압력보다 낮다.
㉯ 온도식 자동 팽창 밸브(TEV)의 감온통은 증발기 출구에 붙인다.
㉰ 가용전은 응축기나 수액기를 보호한다.
㉱ 가용전, 파열판은 프레온 냉동장치에만 사용된다.

문제 24 고압차단 스위치의 설치 위치로 옳은 것은?

㉮ 압축기 흡입 밸브 직전　　㉯ 토출 밸브 직전

㉰ 팽창 밸브 직전　　㉱ 응축기 직전

해설 <8번 해설 참고>

문제 25 다음 중 브라인 동결방지의 목적으로 사용되는 기기가 아닌 것은?

㉮ 서모스탯　　㉯ 단수 릴레이

㉰ 흡입압력 조정 밸브　　㉱ 증발압력 조정 밸브

해설 ● 증발압력 조정 밸브(EPR) : 운전 중 증발 압력이 일정 이하가 되어 압축비 상승 및 냉수나 브라인 등의 동결을 방지하는 것으로 증발기 출구에 설치한다.

해답 21. ㉱　22. ㉯　23. ㉰　24. ㉯　25. ㉱

문제 26 가용전(fusible plug)에 대한 설명으로 틀린 것은?

㉮ 프레온 장치의 수액기, 응축기 등에 사용한다.

㉯ 용융점은 냉동기에서 75[℃] 이하로 한다.

㉰ 구성 성분은 주석, 구리, 납으로 되어 있다.

㉱ 토출 가스의 영향을 직접 받지 않는 곳에 설치해야 한다.

해설 • 가용전(fusible plug)
① Freon용 수액기나 냉매 용기의 증기부에 설치하여 화재 등으로 인한 온도상승시 가용 합금이 용융되어 가스를 분출한다.
② 합금의 성분은 납(Pb), 주석(Sn), 안티몬(Sb), 카드뮴(Cd), 비스무트(Bi) 등이다.
③ 용융 온도는 68~75[℃]이다.
④ 압축기 토출 가스의 영향을 받지 않는 곳에 설치한다.
⑤ 가용전의 지름은 최소 안전 밸브 지름의 1/2 이상으로 한다.
⑥ 주로 Freon용 응축기나 수액기의 상부에 설치한다.
⑦ NH₃ 냉동장치에서는 가용합금이 침식되므로 사용하지 않는다.

문제 27 가용전에 대한 설명 중 틀린 것은?

㉮ 용전 지름은 안전 밸브 지름의 약 1/2 정도이다.

㉯ 주로 프레온 냉동장치에서 고압측에 설치한다.

㉰ 주성분은 비수무트, 주석, 납 등이다.

㉱ 토출 밸브 직후, 토출 밸브 직전에 설치한다.

해설 <26번 해설 참고>

문제 28 유분리기의 설치 위치로서 알맞은 것은?

㉮ 압축기와 응축기 사이 ㉯ 응축기와 수액기 사이

㉰ 수액기와 증발기 사이 ㉱ 증발기와 압축기 사이

해설 • 설치위치 : 압축기와 응축기 사이
참고 • 유분리기 : 압축기 출구 냉매가스 중의 oil을 분리해서 응축기에서 전열불량을 방지

문제 29 냉동장치에서 디스트리뷰터의 역할로서 맞는 것은?

㉮ 냉매의 분배 ㉯ 흡입 가스 과열장치

㉰ 증발온도 저하방지 ㉱ 플래시 가스 발생방지

해설 • 냉매 분배기(distributor : 냉매 분류기) : 직접 팽창식 증발기 입구에 설치하여 증발기로의 냉매 공급을 균등히 하여 압력 강하를 최소화하기 위하여 설치한다.

문제 30 냉동장치에서는 자동제어를 위하여 전자 밸브가 많이 쓰이고 있는데 그 사용 예가 아닌 것은?

㉮ 액압축 방지를 위한 액관 전자 밸브 ㉯ 제상용 전자 밸브

㉰ 용량제어의 전자 밸브 ㉱ 저수위 경보용 전자 밸브

해설 저수위 경보용은 보일러 장치에서 사용된다.

해답 **26.** ㉰ **27.** ㉱ **28.** ㉮ **29.** ㉮ **30.** ㉱

문제 31 프레온 냉동장치에서 건조기(dryer)의 설치 위치는?

㉮ 수액기와 팽창 밸브 사이　　　　㉯ 팽창 밸브와 증발기 사이

㉰ 증발기와 압축기 사이　　　　　　㉱ 압축기와 응축기 사이

해설 프레온 냉동장치 중 건조기를 수액기와 팽창 밸브 사이에 설치하여 침입된 수분에 따른 팽창 밸브의 동결폐쇄를 방지하여야 한다.

문제 32 고압측 액관에 설치한 여과기의 매시(mash)는 어느 정도인가?

㉮ 40~60[mash]　　　　　　　　㉯ 80~100[mash]

㉰ 120~140[mash]　　　　　　　㉱ 160~180[mash]

해설 ● 여과기의 규격(매시 : 1[inch]당 눈금수)
　　① 액관인 경우 : 80~100[mash]
　　② 가스관인 경우 : 40[mash]

문제 33 냉동기 운전 중 토출압력이 높아져 안전장치가 작동하거나 냉매가 응축되는 사고시 점검하지 않아도 되는 것은?

㉮ 계통 내에 공기흡입 유무

㉯ 응축기의 냉각수량, 풍량의 감소 여부

㉰ 응축기와 수액기 사이 균압관의 이상 여부

㉱ 유분리기의 이상 여부

해설 유분리기는 압축기 출구에 설치하여 oil이 응축기나 증발기로 유입되는 것을 방지하여 압축기의 윤활유 부족 및 응축기나 증발기에서의 전열불량을 방지하는 기기이다.

문제 34 다음 냉동장치에 제어장치 중 온도제어 장치에 해당되는 것은?

㉮ E.P.R　　　　　㉯ T.C　　　　　㉰ L.P.S　　　　　㉱ O.P.S

해설 ㉮ 증발압력 조절 밸브
　　㉯ 온도제어 조절기
　　㉰ 저압보호 스위치
　　㉱ 유압보호 스위치

문제 35 프레온 냉동장치에서 반드시 필요한 것은?

㉮ 워터 재킷　　　㉯ 드라이어　　　㉰ 액분리기　　　㉱ 유분리기

해설 프레온 냉동장치에 수분 존재시 팽창 밸브의 동결폐쇄가 일어나므로 반드시 팽창 밸브 전에 건조기(드라이어)를 설치하여야 한다.

문제 36 전자 밸브는 다음 어느 동작에 해당되는가?

㉮ 비례동작　　　㉯ 적분동작　　　㉰ 미분동작　　　㉱ 2위치동작

해설 ● 전자 밸브(solenoid valve) : 전자석의 원리를 이용하여 밸브를 개폐시키는 on-off 동작으로 2위치 동작이다.

해답 **31.** ㉮　**32.** ㉯　**33.** ㉱　**34.** ㉯　**35.** ㉯　**36.** ㉱

문제 37 냉동기 운전 중 수냉식 응축기의 파열을 방지하기 위한 조치 중 해당이 없는 것은?

㉮ 냉각수 flow 스위치(온도)   ㉯ 냉각수 flow 스위치(압력)
㉲ 차압 스위치(differential switch)   ㉱ 유압보호차

해설 • 유압보조 스위치(oil pressure switch : OPS) : 압축기 가동시나 운전 중 일정시간(60~90초) 내에 유압이 형성되지 않거나 유압이 일정 이하로 떨어질 경우 압축기를 정지시켜 윤활불량에 따른 압축기의 파손을 방지하는 것으로 응축기 파열과는 관계가 없다.

문제 38 흡입압력 조정 밸브(SPR)에 대한 설명 중 틀린 것은?

㉮ 흡입 압력이 일정 압력 이하가 될 때 작동한다.
㉯ 저전압에서 고전압으로 운전되는 경우에 설치
㉲ 종류에는 직동식, 외부 파일럿식, 내부 파일럿식이 있다.
㉱ 흡입 압력의 변동이 심할 경우에 사용한다.

해설 흡입 압력 조정 밸브(SPR)은 압축기의 흡입 압력이 일정 이상이 되면 작동한다.

문제 39 증발관에 냉매액의 균등한 공급을 위해 필요한 것은?

㉮ 수액기(receiver)   ㉯ 분배기(distributor)
㉲ 액분리기(accumulator)   ㉱ 중간냉각기(inter cooler)

해설 • 냉매 분배기(distributor ; 냉매 분류기) : 직접 팽창식 증발기 입구에 설치하여 증발기로의 냉매 공급을 균등히 하여 압력 강하를 최소화하기 위하여 설치한다.

문제 40 냉동 사이클에서 액관 여과기(liquid filter) 매시는 보통 어느 정도인가?

㉮ 40   ㉯ 80~100
㉲ 150   ㉱ 60~70

해설 <32번 해설 참고>

문제 41 유압 압력 조정 밸브는 냉동장치의 어느 부분에 설치되는가?

㉮ 오일 펌프 출구   ㉯ 크랭크 케이스 내부
㉲ 유\여과망과 오일 펌프 사이   ㉱ 오일 쿨러 내부

해설 유압조정 밸브는 오일 펌프 출구에 설치한다.

문제 42 냉동장치의 고압측에 안전장치로 사용되는 것 중 부적당한 것은?

㉮ 스프링식 안전 밸브   ㉯ 플로트 스위치
㉲ 고압차단 스위치   ㉱ 가용전

해설 • 플로트 스위치 : 액면을 일정하게 유지하기 위한 스위치

문제 43 NH₃ 냉매를 사용하는 냉동장치에서는 열교환기를 설치하지 않는다. 그 이유는?

㉮ 응축 압력이 낮기 때문에　　　　㉯ 증발 압력이 낮기 때문에

㉰ 비열비 값이 크기 때문에　　　　㉱ 임계점이 높기 때문에

> **해설** NH₃는 비열비가 커 열교환기 설치시 과열 압축의 우려가 있다.

문제 44 다음 중 냉동장치에 관한 설명이 옳지 않은 것은?

㉮ 안전 밸브가 작동하기 전에 고압차단 스위치가 작동하도록 조정한다.

㉯ 온도식 자동 팽창 밸브의 감온통은 증발기의 입구측에 붙인다.

㉰ 가용전은 응축기의 보호를 위하여 사용한다.

㉱ 파열판은 주로 터보 냉동기의 저압측에 사용한다.

> **해설** ㉮ 안전 밸브가 작동하기 전에 고압차단 스위치가 먼저 작동하도록 조정한다.
> ㉯ 온도식 자동 팽창 밸브의 감온통은 증발기 출구에 설치하여 냉매의 과열도에 의해 작동된다.
> ㉰ 가용전은 프레온용 응축기나 수액기 상부에 설치하여 장치의 온도 상승에 따른 파열을 방지한다.
> ㉱ 압력용기 등에 설치하여 내부 압력이 이상 상승시 박판이 파열되어 가스를 분출하는 1회용으로 주로 터보 냉동기의 저압측에 설치한다.

문제 45 고압측 플로트 밸브에 관한 사항 중 잘못된 것은?

㉮ 주로 터보 냉동기에 사용한다.

㉯ 고압측 냉매량에 따라 작용한다.

㉰ 증발기에 걸리는 부하에 따라 유량을 공급한다.

㉱ 충전되는 냉매량이 정확할 때 작동이 잘 된다.

> **해설** 고압측 플로트 밸브는 응축기에 걸리는 부하에 따라 응축기나 수액기의 액면을 일정하게 유지하기 위하여 유량을 조절한다.

문제 46 압력 자동 급수 밸브에 대한 설명 중 옳은 것은?

㉮ 냉각수량을 감소시켜 토출가스의 온도 상승을 방지한다.

㉯ 압축기 흡입 압력의 증감에 따라 밸브 출구의 압력에 의해 작동된다.

㉰ 응축 압력을 항상 일정하게 유지시킨다.

㉱ 증발기의 과열도를 일정하게 해준다.

> **해설** • 자동급수 조절 밸브(절수 밸브) : 수냉식 응축기의 부하변동에 따른 냉각수량을 제어하여 응축압력이 일정하게 유지되며 냉각수가 절약된다.

문제 47 다음 냉동장치의 안전장치 중 전기적인 접점을 차단하는 것은?

㉮ 안전 밸브　　　　　　　　　㉯ 파열판

㉰ 유압보호 스위치　　　　　　㉱ 가용전

> **해설** • 유압보호 스위치(OPS) : 압축기의 유압이 정상 이하일 때 전기적인 접점에 의해 압축기를 정지시키는 압축기를 보호하는 안전장치이다.

해답 43. ㉰ 44. ㉯ 45. ㉰ 46. ㉰ 47. ㉰

문제 48 증발기에서 나오는 저온의 냉매 증기와 수액기 또는 응축기에서 팽창 밸브에 이르는 고온의 냉매액과의 사이에 열교환을 시키는 것 중 틀리는 것은?

㉮ 압축기로 흡입되는 액냉매를 방지하기 위함이다.

㉯ 고압응축액을 냉각시켜 냉동능력을 증대시킨다.

㉰ 흡입가스를 과열시켜 성적계수를 높인다.

㉱ 냉매액을 냉각하여 그 중에 포함되어 있는 수분을 동결시킨다.

해설 ● 열교환기의 설치 목적
① 압축기 흡입 가스를 과열시켜 압축기에서의 액압축 방지
② 응축기 출구의 고압의 액냉매를 과냉각시켜 플래시 가스 감소 및 냉동효과 증대
③ 압축기 흡입 가스를 과열시켜 성적계수 및 냉동능력 증대

문제 49 냉동장치에서 전자 밸브를 사용하는데 그 사용 목적 중 가장 거리가 먼 것은?

㉮ 리퀴드 백(liquid back) 방지 ㉯ 냉매, 브라인의 흐름제어

㉰ 습도제어 ㉱ 온도제어

해설 ● 전자 밸브의 사용목적
① 액압축(liquid back) 방지
② 냉매 브라인의 흐름제어
③ 온도제어

<증발기의 제상>

문제 1 다음 중 증발기에 대한 제상 방식의 종류에 속하지 않는 것은?

㉮ 전열 제상 ㉯ 핫가스 제상 ㉰ 온수살포 제상 ㉱ 피복제제거 제상

해설 ● 제상(defrost) : 증발기에서 대기중의 수분이 응축, 동결되어 서리상태로 냉각관 표면에 부착하는데 이를 제거하는 작업
① 압축기 정지 제상 : 1일 6~8시간 정도 냉동기를 정지시키는 제상
② 온공기 제상 : 압축기 정지 후 팬을 가동시켜 실내공기로 6~8시간 정도 제상한다.
③ 전열 제상 : 증발기에 히터를 설치하여 제상
④ 온수살포 제상 : 10~25[℃]의 온수를 살수시켜 제상한다.
⑤ 브라인 살포 제상 : 냉각관 표면에 브라인을 살포한다.
⑥ 온브라인 제상 : 순환중인 브라인을 주기적으로 따뜻한 브라인으로 바꾸어 순환시켜 제상한다.
⑦ 핫 가스 제상 : 압축기에서 토출된 고온고압의 냉매 가스(hot gas)를 증발기로 유입시켜 제상한다.

문제 2 제상시 고온 가스를 보내기 위한 적절한 위치는?

㉮ 압축기와 액분리기 사이 ㉯ 압축기와 유분리기 사이

㉰ 유분리기와 응축기 사이 ㉱ 응축기 상단

해설 제상을 위한 핫 가스(hot gas)의 인출 위치는 압축기 출구의 유분리기와 응축기 사이에서 인출한다.

해답 48. ㉱ 49. ㉰ 1. ㉱ 2. ㉰

문제 3 소형 냉동장치에 가장 많이 사용되는 건조제는?

㉠ SiO_2　　　　㉡ Al_2O_3　　　　㉢ 소바비드　　　　㉣ 몰리쿠러시브

해설 • 소형 냉동장치에 주로 사용하는 건조제 : 실리카겔(SiO_2)

<불응축가스와 퍼져>

문제 1 다음 중 암모니아 불응축 가스 분리기의 작용에 대한 설명에서 맞다고 생각되는 것은?

㉠ 분리되어진 공기는 장치 밖으로 방출된다.

㉡ 암모니아 가스는 냉각되어 응축액으로 되어 유분리기로 되돌아간다.

㉢ 분리기 내에서 분리되어진 공기는 온도가 상승한다.

㉣ 분리되어진 암모니아 가스는 압축기로 흡입되어 진다.

해설 ㉠ 분리되어진 불응축 가스는 장치 밖(수조)으로 방출된다.

㉡ 분리되어진 암모니아 가스는 냉각되어 응축액으로 되어 수액기로 되돌아간다.

㉢ 가스대에서 분리된 불응축 가스(공기)의 온도는 냉각 드럼에 의해 온도가 내려간다.

㉣ 분리되어진 암모니아액은 수액기로 회수된다.

문제 2 냉동장치 내의 불응축 가스가 체류하는 원인 중 틀린 것은?

㉠ 냉동능력이 감소한다.

㉡ 냉매 윤활유 등의 열분해에 의한 가스가 발생한다.

㉢ 장치를 분해, 조립하였을 때의 공기가 잔류한다.

㉣ 냉동장치의 압력이 대기압 이하로 운전될 경우 저압부로부터 공기가 침입한다.

해설 (1) 불응축 가스 혼입 및 발생 원인

① 냉동장치의 신설 및 보수 후 진공작업 불충분으로 잔류하는 공기

② 냉매 및 윤활유 충전시 부주의로 침입하는 공기

③ 저압측의 진공운전으로 침입하는 공기(개방형)

④ 오일 탄화시 발생하는 오일 증기

⑤ 냉매의 화학분해시 발생하는 산 증기(염산, 불화수소산 등)

(2) 영향

① 침입한 불응축 가스의 분압만큼 고압 상승

② 압축비 증대로 소요동력 증대

③ 실린더 과열 및 윤활유 열화·탄화

④ 윤활불량으로 활동부 마모

⑤ 체적효율 감소로 냉동능력 감소

⑥ 축수하중 증대 및 성적계수 감소

문제 3 불응축 가스가 냉동장치에 미치는 영향 중 설명이 옳지 않은 것은?

㉠ 열교환작용을 방해하여 응축압력이 낮아진다.

㉡ 냉동능력이 감소한다.

㉢ 소비전력이 증가한다.

㉣ 응축압력은 상승한다.

해설 응축기에 불응축 가스 존재시 열교환을 방해하여 응축압력이 상승한다.

해답 3. ㉠ 1. ㉠ 2. ㉠ 3. ㉠

문제 4 냉동장치를 능률적으로 운전하기 위한 대책이 아닌 것은?

㉮ 이상고압이 되지 않도록 주의한다.　㉯ 냉매부족이 없도록 한다.

㉰ 습압축이 되도록 한다.　㉱ 각부의 가스 누설이 없도록 유의한다.

해설 압축기에서의 습압축은 액 해머에 따른 압축기의 파손의 우려가 있다.

문제 5 터보 냉동기에서 불응축 가스 퍼지, 진공작업, 냉매 충전, 냉매 재생 등에 이용되는 장치는?

㉮ 플로트 챔버 장치　㉯ 전동장치

㉰ 엘리미네이터 장치　㉱ 추기회수장치

해설 • 터보 냉동기의 추가회수장치의 기능
　① 불응축 가스 퍼저
　② 진공작업
　③ 냉매충전
　④ 불응축 가스 중 냉매재생

문제 6 암모니아 냉동기에서 불응축 가스 분리기(gas purger) 작동에 대한 설명 중 틀린 것은?

㉮ 냉각할 때 침입한 공기와 냉매를 분리시킨다.

㉯ 분리된 냉매 가스는 압축기에 흡입된다.

㉰ 분리된 액체 냉매는 수액기로 들어간다.

㉱ 분리된 공기는 대기로 방출된다.

해설 분리된 냉매액은 수액기를 거쳐 증발기로 유입되며 분리된 불응축 가스(공기)는 대기(수조)로 방출된다.

문제 7 냉동장치 내에 불응축 가스가 침입되었을 때 미치는 영향 중 틀린 것은?

㉮ 압축비 증대　㉯ 응축압력 상승

㉰ 소요동력 증대　㉱ 토출 가스 온도저하

해설 • 불응축 가스 존재시 장치에 미치는 영향
　① 응축 능력 감소
　② 응축 압력 상승으로 압축비 증대
　③ 압축기 과열로 토출 가스 온도 상승
　④ 압축기 소요동력 증대 등

1. 2단 압축

냉동장치의 증발 온도는 피냉동 물체에 의해서 응축온도는 냉각수 및 공기 등에 의해서 결정된다. 1대의 압축기로 $-30[℃]$ 이하의 저온을 얻기 위해서는 증발기에서 냉매의 증발압력이 낮아지게 된다. 따라서 1대의 압축기로 이 낮은 증발 압력으로부터 고압인 응축압력까지 냉매를 압축하려면 압축비가 매우 커진다. 1대의 압축기에서 압축비가 저하되므로 단위 능력당 동력의 증가를 가져와 비경제적이다. 이 결점을 제거하기 위하여 냉매를 2단 또는 3단으로 압축하는 것을 다단 압축방식이라고 한다.(압축비가 6 이상이면 2단 압축을 실시한다. 압축비가 10을 넘으면 3단, 온도가 더 낮으면 다원냉동 사이클을 채택한다.)

(1) 2단 압축 적정한계

① 압축비에 의한 2단 압축

$$\frac{P_e}{P_c} > 6일 때$$

$\begin{bmatrix} P_c : 증발압력(kg/mm^2\ abs) \\ P_e : 응축압력(kg/cm^2\ abs) \end{bmatrix}$

② 증발온도에 의한 2단 압축

$\left.\begin{array}{l} NH_3 : -35[℃] \\ 프레온 : -50[℃] \end{array}\right\}$ 이하일 때

⬆ **2단 압축 1단 팽창**

※ 냉동장치내 냉매의 순환 과정

→저압 압축기 → 중간 냉각기 → 고압 압축기 → 응축기 → 수액기 → 보조 팽창 밸브 → 중간 냉각기(증발)
　　　　　　　　(토출 가스의 과열제거)

→ 중간 냉각기 → 팽창 밸브 → 증발기
　　(냉매액 과냉각)

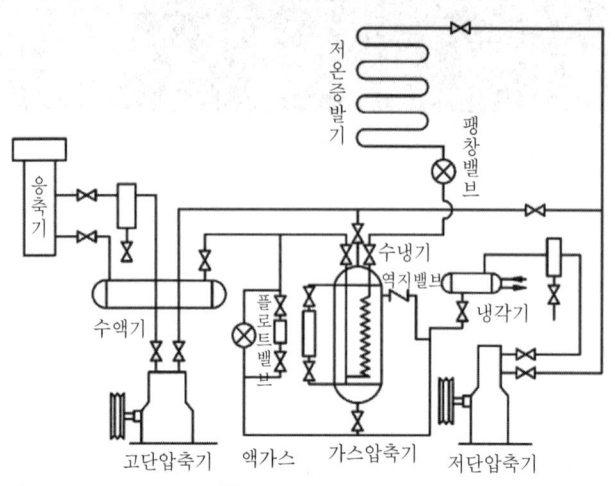

🔼 2단 압축기 운전방법

(2) 중간 압력 선정 (P_t)

$$P_i = \sqrt{P_c \cdot P_e}$$

※ 중간 압력이란 저단압축기의 토출압력과 고단 압축기의 흡입압력을 말한다.

(3) 2단 압축 사이클

① 2단 압축 1단 팽창 사이클 : 2단 압축 1단 팽창은 그림에서와 같이 응축기를 나온 액
냉매 중의 일부의 냉매가 저압 압축기에서 나오는 토출 가스와 증발기로 가는 나머지
냉매를 과냉각시키기 위해 중간 냉각기에서 증발하여 팽창 밸브로 보내지는 액의 온
도를 낮추어 냉동효과를 증대시키는 것이다.

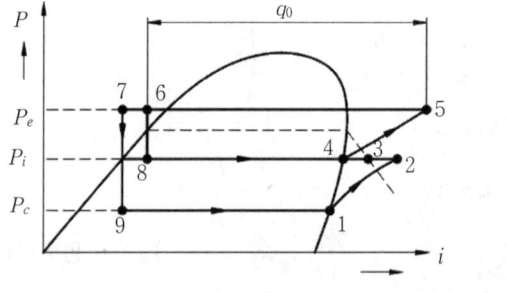

[사이클의 개요]
· 1~2 : 저압 압축
· 2~3 : 물에 의한 중간 냉각
· 3~4 : 액 가스로 중간 냉각
· 4~5 : 고압 압축
· 5~6 : 응축
· 6~7 : 냉매액의 냉각
· 6~8 : 제1팽창 밸브 통과
· 7~9 : 제2팽창 밸브 통과
· 9~1 : 증발

🔼 중간 냉각이 완전한 2단 압축 1단 팽창식($P-i$ 선도)

> **[참고]**
>
> ■ **2단 압축기의 구성기기**
>
> ① 고단 압축기   ② 부스터 저단 압축기
> ③ 중간 냉각기 인터 쿨러   ④ 증발기
> ⑤ 팽창 밸브

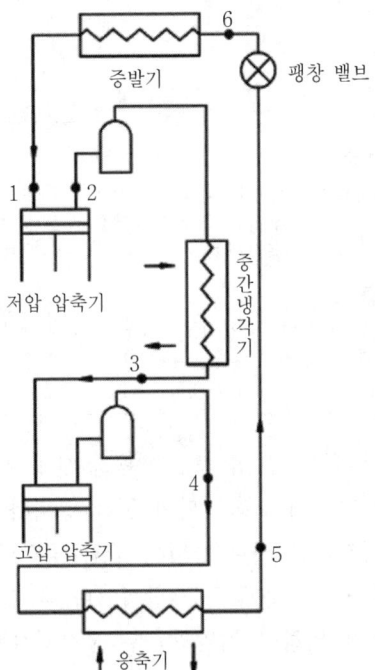

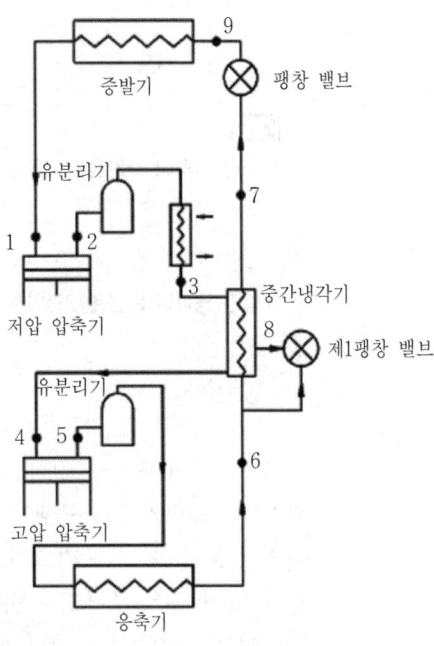

🔼 2단 압축 1단 팽창 사이클(중간냉각이 불안전한 사이클)

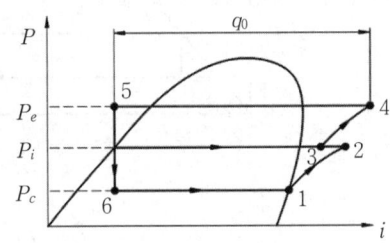

· 1~2 : 저압 압축
· 2~3 : 물에 의한 중간 냉각
· 3~4 : 고압 압축
· 4~5 : 응축
· 5~6 : 팽창 밸브 통과
· 6~1 : 증발

🔼 중간 냉각을 물로하는 경우($P-i$ 선도)

㉮ 그림에서 냉동 효과

$$q = i_1 - i_5 = i_1 - i_6$$

㉯ 소요일

$$A_w = A_{w1} + A_{u2} = (i_2 - i_1) + (i_4 - i_3)$$

$$\begin{cases} Aw_1 : 저압 \ 압축기의 \ 소요일 \\ Aw_2 : 고압 \ 압축기의 \ 소요일 \end{cases}$$

㉰ 성적계수

$$C \cdot P = \frac{q}{A_w} = \frac{i_1 - i_5}{(i_2 - i_1) + (i_4 - i_3)}$$

㉣ 응축기 방출열량

$$qc = i_4 - i_5$$

참고

■ **중간 냉각이 불완전한 2단압축 1단 팽창 사이클**

증발기에서 증발한 냉매 증기를 저압 압축기에서 압축한 과열증기를 중간 냉각기에서 냉각시킨다. 냉각된 증기는 건포화 증기가 아닌 과열증기이며 고압 압축기로 유입되어 다시 2단 압축된다. 중간 냉각후의 상태가 아직도 과열증기이므로 중간 냉각이 불완전하다.

■ **중간 냉각이 완전한 2단압축 1단 팽창 사이클**

냉각수로만 중간 냉각을 하면 중간 냉각후의 냉매는 과열증기이므로 고압 압축후 냉매증기의 온도가 높아진다. 따라서 고압압축후 증기의 온도를 낮게 하려면 중간 냉각후 냉매상태를 건포화증기로 만드는 것이다.

② 중간 압력이 완전한 2단압축 2단 팽창 사이클 : 2단압축 2단 팽창 사이클은 그림에서와 같이 증발기에서 증발된 냉매가 저압 압축기에 흡입되어 중간 압력까지 압축되고 여기서 토출된 냉매 가스가 수냉 중간 냉각기를 지나 등압의 중간 냉각기의 밑에 고인 냉매액 속을 통하도록 하여 중간 냉각을 완전하게 하는 방식이다. 즉 고압압축기로 유입되는 냉매증기를 건포화증기로 만들기 위하여 저압압축후 중간냉각된 과열증기를 분리기로 유입시키는 사이클이다.

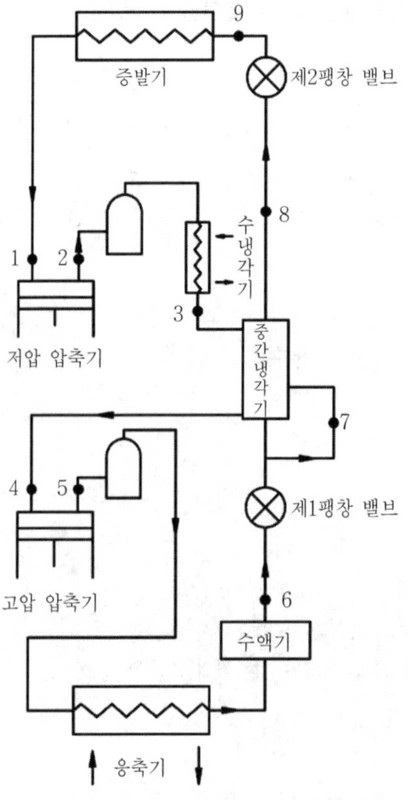

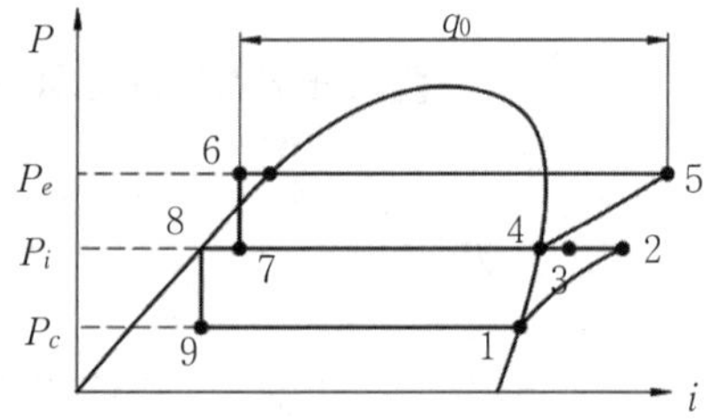

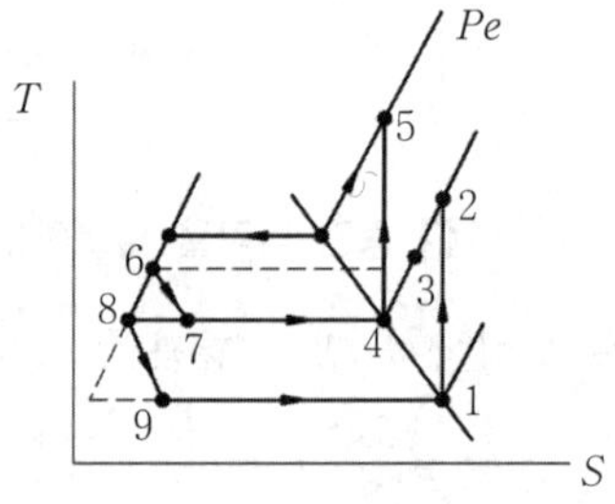

1~2 : 저압 압축
2~3 : 물에 의한 냉각
3~4 : 중간 냉각
4~5 : 고압 압축
5~6 : 응축
6~7 : 제1팽창 밸브 통과
7~8 : 냉매가스를 제외한 냉매액
7~4 : 제1팽창 밸브에서 분리된 냉매 가스
8~9 : 제2팽창 밸브 통과
9~1 : 증발

2단 압축 2단 팽창

┌─ **참고** ───┐

 ■ **중간 냉각기의 기능**

  ① 저압 압축기의 토출 가스 온도를 강하시킨다.
  ② 증발기에 공급되는 냉매액을 과냉각시켜 냉동효과를 증대시킨다.
  ③ 고압 압축기에 흡입되는 냉매 가스와 액을 분리시킨다.(리퀴드 백 방지)

 ■ **중간 냉각기의 종류**

  ① 개방식
  ② 밀폐식
  ③ 직접 팽창식

└──┘

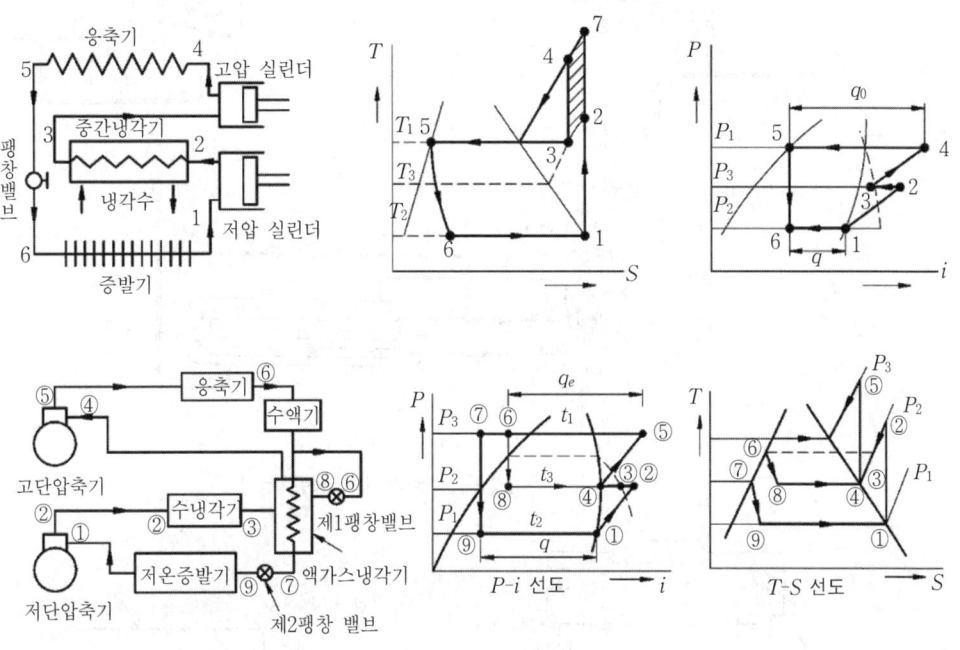

(a) 2단 압축 1단 팽창(close type)

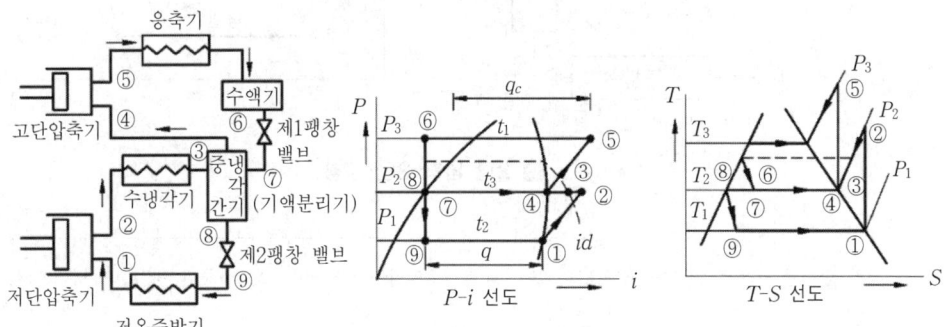

(b) 2단 압축 2단 팽창(open type)

🔼 **중간 냉각을 물과 냉매로 하는 경우**

(4) 콤파운드 압축기

1대의 압축기 기통을 저단측과 고단측의 두 그룹으로 기통을 나누어 2단 압축을 채용하는 방식이다.(일명 단기 2단 압축기)

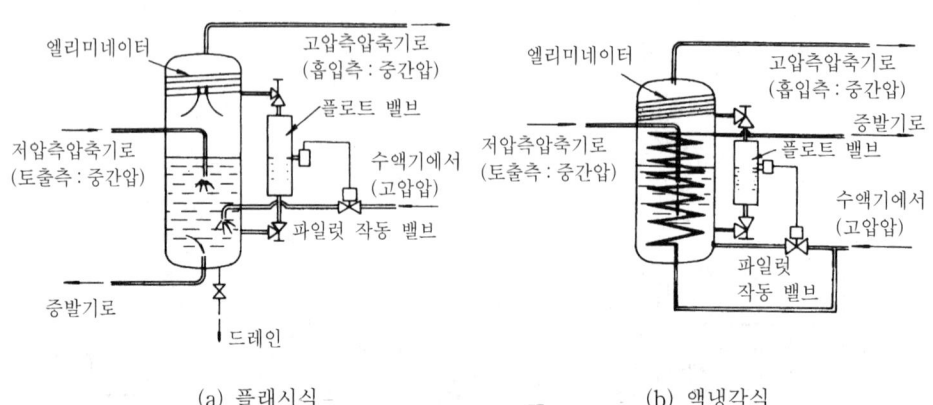

(a) 플래시식   (b) 액냉각식

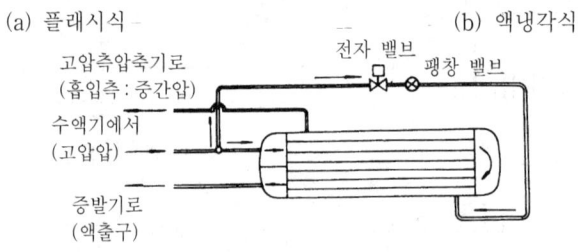

(c) 직접팽창식

🔼 중간 냉각기의 종류

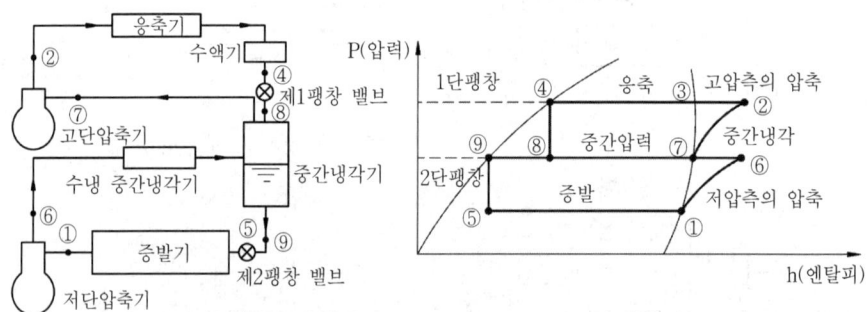

🔼 2단 압축 2단 팽창

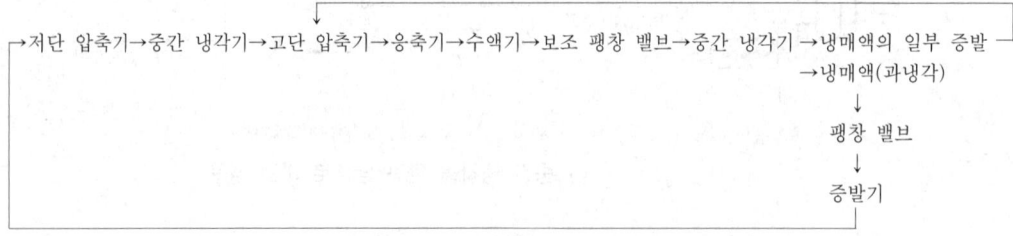

🔼 냉동장치내 냉매의 순환 과정

(5) 부스터(booster compression) 압축기

로터리 베인식 압축기 등을 사용하여 냉동장치에서 저압측이 현저하게 낮아지거나 응축 온도가 높아 저압 가스를 응축 압력까지 압축하기 힘들 경우에 저압 압축기를 일반 냉동기의 보조로 사용하도록 한 것이다. 즉 보조적인 압축기를 가지고 1단 압축 사이클 냉동장치에서 증발온도 및 압력을 낮추기 위하여 저압 압축기를 설치하여 증발기에서 나온 냉매 가스를 주압축기에 흡입되기 전에 중간압력까지 압축하는 압축기를 부스터라고 한다.

2. 2원 냉동

(1) 2원 냉동의 설치 목적

2원 냉동 방식은 극히 낮은 저온($-70[℃]$ 이하) 또는 $-100[℃]$를 얻고자 할 경우 2단 또는 다단, 압축냉동방법으로는 한계가 있어서 냉동기를 저온용, 고온용으로 나눈 2개의 독립된 냉동기로 되어 있다. 이 방식에는 고온쪽과 저온쪽은 서로 다른 종류의 냉매가 사용되는 것이 보통인데, 이것은 저온 특성을 갖는 냉매를 사용하여 초저온 장치의 증발기 냉매를 적당한 압력하에 용이하게 증발시키기 위한 것이다. 이러한 냉매는 초저온에서는 열역학적 특성은 좋으나 상온에서는 고압이 되거나, 임계온도 이상이 되기 때문에 상온의 냉각수나 공기에 의해 응축이 곤란하다. 따라서, 저온측 냉동기의 응축기와 고온측의 증발기(캐스케이드 콘덴서)를 조합시켜 열교환을 하게 함으로써 고온 냉동기의 증발기에 의해 저온쪽 냉동기의 응축기를 냉각시키도록 한 것이다.(고온쪽에는 응축 압력이 낮은 R-12 또는 R-22, 저온쪽에는 비등점이 낮고 저온에서 우수한 R-13, R-14, 에틸렌, 메탄, 에탄, 프로판 등을 사용한다.)

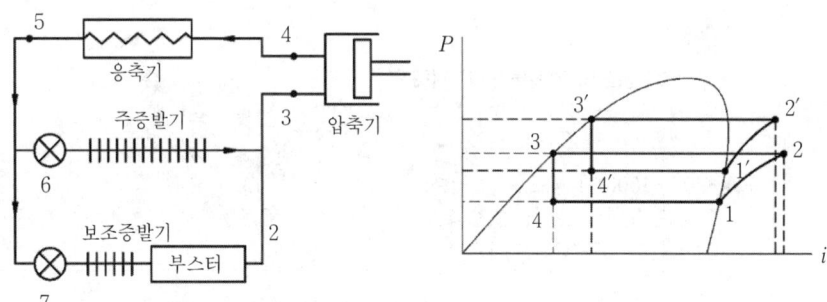

🔼 2원 냉동 사이클

① 2원 냉동방식의 특징
  ㉮ 냉매의 선택이 자유롭다.(단, 고온측과 저온측의 냉매 선택은 다르다.)
  ㉯ 다단 압축방식보다 저온에서 효율이 좋다.
  ㉰ $-70[℃]$ 이하의 초저온을 얻을 수 있다.($-100[℃]$ 이하일 경우에는 3원 냉동방식이 채용)

ⓐ 저온측 응축부하는 고온측 증발부하가 된다.

ⓜ 사용 윤활유가 다르다.

ⓗ 팽창 탱크가 필요하다.

② 사이클의 개요

ⓖ 저온 냉동기

　㉠ 1~2 : 저온측 압축

　㉡ 2~3 : 저온측 응축 측

　㉢ 3~4 : 저온측의 팽창

　㉣ 4~1 : 저온측의 증발

ⓗ 고온 냉동기

　㉠ 1´~2´ : 고온측의 압축

　㉡ 2´~3´ : 고온측의 응축

　㉢ 3´~4´ : 고온측의 팽창

　㉣ 4´~1´ : 고온측의 증발

ⓒ 고온 냉동기의 흡열량=저온 냉동기의 방열량이므로 열량 (Q_0) 계산은 다음과 같다.

$$Q_0 = G_1(i_1{}' - i_3{}') = G_2(i_2 - i_3)$$

$$\therefore \quad \frac{G_1}{G_2} = \frac{i_2 - i_3}{i_1{}' - i_3{}'}$$

ⓓ 냉동열량(저온 냉동기의 흡열량) Q_2는

$$Q_2 = G_2(i_1 - i_3)$$

【참고】

■ -70[℃] 정도의 저온을 얻기 위해
　① 고온측 : R-12(-29.8[℃])
　② 저온측 : R-22(-40.8[℃])

■ -70~-100[℃] 정도
　① 고온측 : R-22(-40.8[℃])
　② 저온측 : R-13(-81.5[℃])

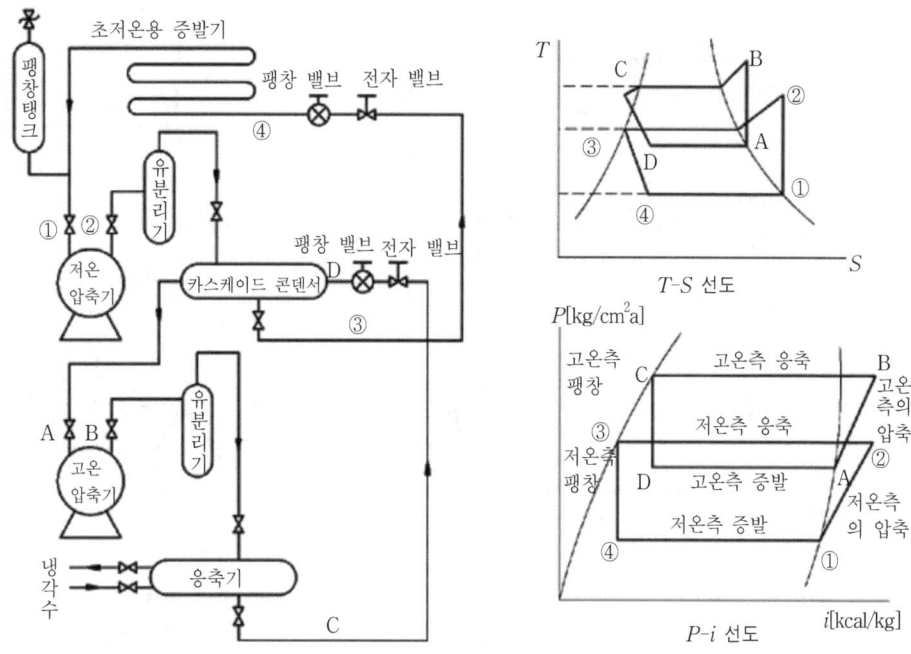

❏ 이원 냉동 사이클의 선도

3. 다효(多効) 압축방식

(1) 설치 목적

다효 압축방식(multiple effect compression method)은 일명 Voorhees cycle이라고도 하며 하나의 압축기로 압력이 서로 다른 두 가지 가스를 동시에 압축하는 방식이다. 이 냉동 사이클은 그림과 같이 응축기(또는 수액기)와 증발기 사이에 다효 분리기를 설치하고, 응축기에서 액화된 냉매를 제1팽창 밸브에서 중간 압력까지 압력을 낮추면, 온도가 저하함과 동시에 냉매의 일부가 증발하여 발생한다. 플래시 가스가 여기서 분리된 액체는 제2팽창 밸브를 통하여 증발기로 들어가 증발되어 압축기로 들어가고, 분리기에서 증발분리된 증기는 중간 압력으로 압축기에 흡입되어 행정 끝 부분에서 실린더에 뚫린 구멍으로 흡입된다. 동일 증발 온도에서 1단 냉동 사이클보다 50~60[%] 정도 냉동능력이 우수하다.

(2) 다효 압축방식의 사용용도

브라인 냉각과 원료수의 예냉에 사용하며 흡입압력의 조건에 따라 압축기의 용량이 결정되어 용량조절은 어려우나 1대의 압축기가 사용되므로 소요동력이 적게 든다.

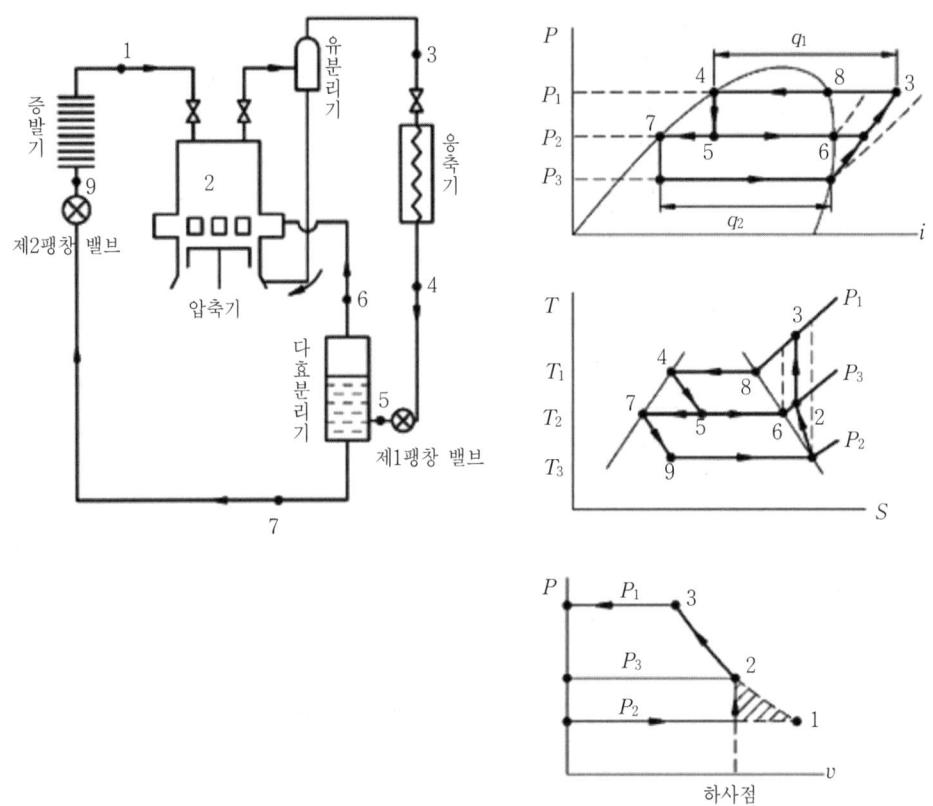

☝ 다효 압축 사이클

4. 3원 냉동 사이클(three-stage cascade refrigeration cycle)

서로 다른 냉매로 작동되는 저온부 중온부 및 고온부의 냉동 사이클을 조합한 것이다. −130[℃] 이하의 초저온 냉동기에 사용된다. 저온부의 응축기는 중온부의 증발기로 냉각 응축시키며 중온부의 응축기는 고온부의 증발기로 냉각시킨다.

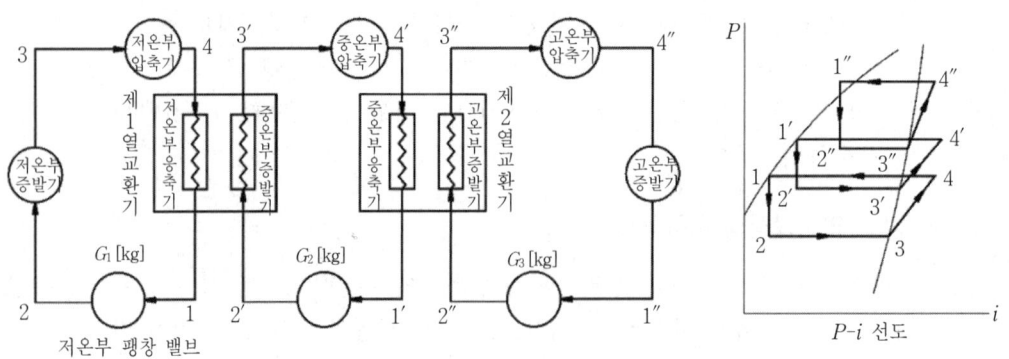

☝ 3원 냉동 사이클

제 6 장 2단 압축과 2원 냉동 예상문제

문제 1 2원 냉동장치의 설명으로 볼 수가 없는 것은?

㉮ -70[℃] 이하의 저온을 얻는데 사용된다.

㉯ 비등점이 높은 냉매는 고온측 냉동기에 사용된다.

㉰ 저온측 압축기의 흡입관에는 팽창 탱크가 설치되어 있다.

㉱ 중간냉각기를 설치하여 고온측과 저온측을 열교환시킨다.

해설 2원 냉동장치에서는 캐스케이드(cascade) 응축기를 설치하여 고온측의 증발기와 저온측 응축기를 열교환시킨다.

참고 중간 냉각기는 2단 압축에 설치한다.

문제 2 2단 압축 냉동장치에 있어서 다음 사항 중 옳은 것은?

㉮ 고단측 압축기와 저단측 압축기의 피스톤 압출량을 비교하면 저단측이 크다.

㉯ 냉매순환량은 저단측 압축기 쪽이 많다.

㉰ 2단 압축은 압축비와는 관계없으며 단단압축에 비해 유리하다.

㉱ 2단 압축은 R-22 및 R-12에는 사용되지 않는다.

해설 ㉮ 저단측 압축기의 흡입 가스 비체적이 커 피스톤 압출량이 고단측보다 크다.

㉯ 냉매순환량은 고단측 압축기 쪽이 많다.(고단측 압축기 냉매=저단측 압축기 냉매+중간 냉각기 냉매)

㉰ 압축비가 6 이상이 되면 단단압축에 비해 2단 압축이 유리하다.

㉱ 2단 압축은 프레온 냉매를 사용할 수 있다.

문제 3 압축기의 압축비가 커지면 어떤 현상이 일어나겠는가?

㉮ 압축비가 커지면 체적효율이 증가한다.

㉯ 압축비가 커지면 체적효율이 저하한다.

㉰ 압축비가 커지면 소요동력이 작아진다.

㉱ 압축비와 체적효율은 아무런 관계가 없다.

해설 압축비 증가시 압축기 소요동력 증가로 실린더가 과열되어 흡입 가스의 비체적이 증가되어 체적효율이 저하된다.

문제 4 2단 압축장치의 구성기기가 아닌 것은?

㉮ 고단 압축기 ㉯ 증발기

㉰ 팽창 밸브 ㉱ 캐스케이드 응축기(콘덴서)

해설 캐스케이드 응축기는 2원 냉동장치의 구성기기이다.

해답 1. ㉱ 2. ㉮ 3. ㉯ 4. ㉱

문제 5 2단 압축을 채용하는 목적이 아닌 것은?

㉮ 냉동능력을 증대시키기 위해   ㉯ 압축비가 2 이상일 때 채택

㉰ 압축비를 감소시키기 위해   ㉱ 체적효율을 증가시키기 위해

> **해설** ● 2단 압축의 채용
> ① 압축비가 6 이상인 경우
> ② 온도
>   ㉮ NH_3 : $-35[℃]$ 이하의 증발 온도를 얻고자 할 때
>   ㉯ Freon : $-50[℃]$ 이하의 증발 온도를 얻고자 할 때

문제 6 2단 압축 냉동장치에 있어서 중간냉각기의 역할에 관한 사항 중 틀린 것은?

㉮ 증발기에 공급하는 액을 과냉각시켜 냉동효과를 증대시킨다.

㉯ 고압 압축기의 흡입 가스 압력을 저하시키고 압축비를 감소시킨다.

㉰ 저압 압축기의 과열도를 저하시킨다.

㉱ 고압 압축기를 흡입 가스의 온도를 내리고 냉동장치의 성적계수를 향상시킨다.

> **해설** ● 중간 냉각기의 역할
> ① 저단측 압축기(booster) 토출 가스의 과열을 제거하여 고단측 압축기에서의 과열방지
> ② 증발기로 공급되는 냉매액을 과냉각시켜 냉동효과 및 성적계수 증대
> ③ 고단측 압축기 흡입 가스 중의 액을 분리시켜 액압축을 방지

문제 7 다단 압축시 중간 냉각기를 사용하는 가장 큰 이유는?

㉮ 냉각 효과를 낮춘다.   ㉯ 압축기의 크기 및 중량을 크게 한다.

㉰ 압축일을 감소시킨다.   ㉱ 압축비를 증가시킨다.

> **해설** <6번 해설 참고>

7-1. 냉동장치의 운전

1. 운전

(1) 운전 전의 준비 점검 사항

① 압축기, 전동기의 유면 점검(오일의 오염 및 누설, 드레인, 유면의 점검)

② 냉매량 점검 및 누설개소 점검

③ 응축기, 워터 재킷(water jacket)의 냉각수 통수상태 점검

④ 관계기기 및 기구 등의 밸브 개폐 상태 점검

⑤ 운동부의 급유상태 점검(유면 점검)

⑥ 벨트 장력 및 커플링 점검

⑦ 제어장치의 전기결선, 조작회로, 절연저항 점검

⑧ 축봉장치가 축상형(stuffing box type)일 경우에는 랜턴(lantern)에 급유를 하고 축봉장치의 그랜드 너트를 운전 정지시 조인만큼 풀어준다.

⑨ 냉각수량, 수온, 누수, 통수상태를 점검한다.

> **참고**
> ■ 냉동기의 운전
> ① 냉각수 펌프를 기동하고 응축기, 워터 재킷에 통수하고 수배관 내의 공기를 퍼지한다.
> ② 쿨링 타워, 쿨러 등의 송풍기 및 브라인 펌프 운전
> ③ LPS, OPS, 언로우드를 수동으로 하고 기종에 따른 밸브 조작 후 압축기를 기동
> ④ 흡입 밸브를 천천히 열고 팽창 밸브를 조정한다.(수동장치인 경우)
> ⑤ 운전이 안정된 후 전류나 전압, 유면, 흡입압력, 토출압력을 확인한다.
> ⑥ 냉각상태 부속 및 자동기기의 점검

(2) 압축기 시동 방법

① 바이패스(by-pass) 시동

㉮ 저압측 바이패스(by-pass) 시동

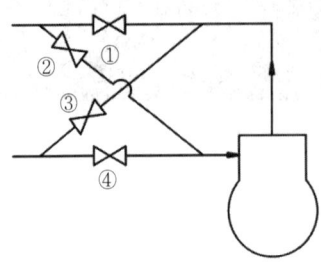

① 토출 밸브(dischange valve)
② 고압측 바이패스 밸브(by-pass valve)
③ 저압측 바이패스 밸브
④ 흡입 밸브(suction valve)

ⓐ ③밸브를 열고
ⓑ ④밸브를 열었다 닫는다.
ⓒ 압축기를 기동
ⓓ 정규회전수에 도달하면 ①을 열면서 ③을 닫는다.
ⓔ ④를 천천히 완전히 열고 정상운전에 들어간다.

④ 고압측 바이패스(by-pass) 시동
ⓐ ①을 연다.
ⓑ ③을 연다.
ⓒ 압축기를 기동
ⓓ 정규 회전수에 도달하면 ③을 닫으면서 ④를 천천히 열어 정상운전에 들어간다.

② 풀 바이패스(full by-pass) 시동
㉮ 시동법
ⓐ ⑤을 연다.
ⓑ ②를 열었다 닫는다.
ⓒ 모터 기동(압축기 기동)
ⓓ ①을 연다.
ⓔ ⑤를 닫는다.
ⓕ ②를 천천히 연다.

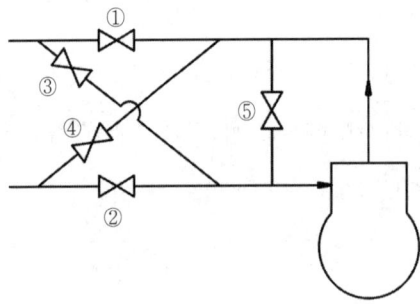

① 토출 밸브
② 흡입 밸브
③ 고압측 바이패스 밸브
④ 저압측 바이패스 밸브
⑤ 바이패스 밸브

⑤ 펌프 아웃(pump out ; 역운전)

〇 ①, ②, ⑤번을 닫는다.

〈 ③, ④를 연다.

〉 압축기를 기동한다.

《 고압측(응축기) 압력이 대기압 정도이면 ③을 닫고 압축기를 정지한다.

》 회전이 정지하면 ④를 닫는다.

「 응축기 입구지 밸브를 닫고 수리작업을 행한다.

③ 매니폴드 밸브(manifold valve)형 시동

㉮ 시동법

〇 바이패스(by-pass) 밸브를 연다.

〈 흡입 밸브(suction vlave)를 열었다 닫는다.

〉 압축기를 기동한다.(전동기 스위치 기동)

《 토출 밸브를 열면서 바이-패스(by-pass) 밸브를 닫는다.

》 흡입 밸브를 천천히 열면서 정상운전에 들어간다.

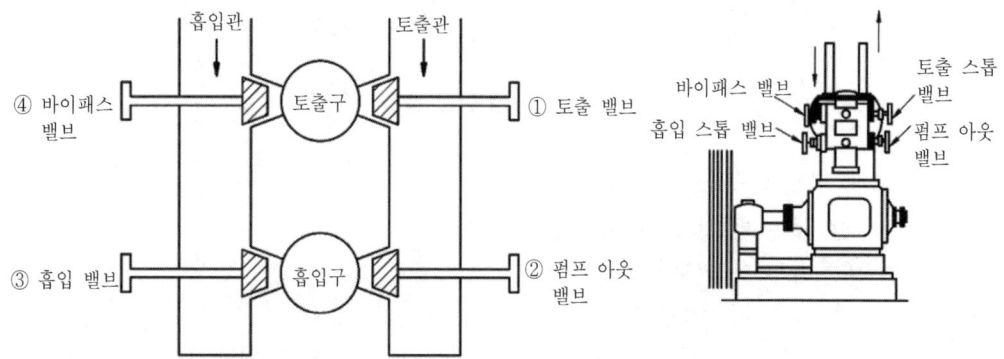

🔼 매니폴드 밸브 기동법

㉯ 펌프 아웃(pump out ; 역운전)

〇 압축기를 정지시킨다.

〈 응축기 출구(수액기 입구) 밸브를 닫는다.

〉 토출 밸브와 바이패스 밸브를 열어 고저압을 균압시킨 후

《 토출 밸브를 닫는다.

》 압축기를 가동한다.

「 펌프 아웃(pump out) 밸브를 천천히 연다.

」 고압이 대기압 정도이면 펌프 아웃 밸브를 닫는다.

『 압축기 정지 바이패스 밸브를 닫는다.

』 응축기 입구 밸브를 닫고 점검 및 수리를 한다.

④ 싱글 밸브(single valve) 시동
  ㉮ 시동법
    ㉠ 흡입 밸브 및 토출 밸브가 닫힌 상태에서(바이패스 밸브는 열려 있다.)
    ㉡ 압축기를 기동한다.
    ㉢ 정규회전속도에 달하면 토출 밸브를 닫는다.(이 때 바이패스 밸브는 닫힌다.)
    ㉣ 흡입 밸브를 천천히 열면서 정상 운전에 들어간다.

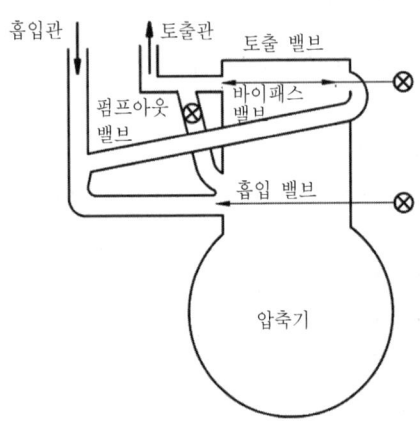

싱글 밸브 기동법

  ㉯ 펌프 아웃(pump out ; 역운전)
    ㉠ 토출 밸브, 흡입 밸브를 닫는다.
    ㉡ 펌프 아웃 밸브를 연다.
    ㉢ 압축기를 기동한다.
    ㉣ 고압이 대기압 정도이면 펌프 아웃 밸브를 닫고 압축기를 정지한다.
    ㉤ 응축기 입구 밸브를 닫고 점검 및 수리를 한다.
  ㉰ 정지법
    ㉠ 압축기 흡입 밸브를 닫는다.
    ㉡ 압축기를 정지시킨다.
    ㉢ 관상차가 정지하면 토출 밸브를 닫는다.

⑤ 고속 다기통 압축기의 시동 : 부하경감장치(unload system)가 설치되어 있으므로 기동시 경부하 운전을 할 수 있으므로 고저압을 균압시킬 필요가 없으므로 다른 조작은 행하지 않고
  ㉮ 토출 밸브를 연다.
  ㉯ 압축기를 기동한다.
  ㉰ 흡입 밸브를 천천히 열면서 정상운전에 들어간다.

> **[참고]**
>
> ■ **펌프 아웃(pump out)**
>   냉동장치에서 고압측(응축기, 수액기 등)에 이상이 생겼을 때 점검 및 수리를 위해서 고압측 냉매를 저압측으로 회수하는 작업
>
> ■ **펌프 다운(pump down)**
>   냉동장치에서 저압측(증발기) 등에 이상이 생겼을 때 저압측 냉매를 고압측으로 회수하는 작업(액백 방지, 기동시 과부하 방지, 브라인 및 냉수의 동결방지)

2. 기동과 정지시 주의사항

(1) 기동시 주의사항

① 토출 밸브는 반드시 열려 있을 것
② 흡입 밸브를 조작시에는 신중을 기할 것
③ 팽창 밸브 조정에 신중을 기할 것
④ 안전 밸브의 원 밸브가 열려 있는가 확인
⑤ 이상 작동음에 주의요망

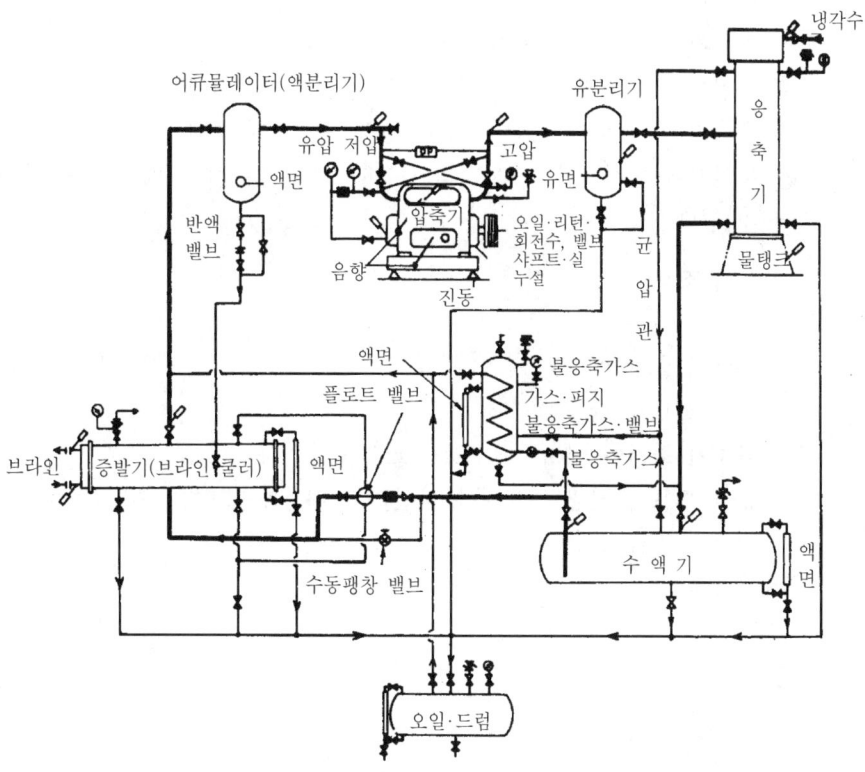

⬆ 암모니아 냉동장치의 배관계통도

(2) 운전 중 주의 사항

① 액백을 주의한다.

② 압력계 및 전류계 등의 지시도를 점검한다.

③ 극단적인 과열 압축이 되지 않게 한다.

④ 각부의 냉매 및 윤활유의 누설 상태를 점검한다.

⑤ 각종 부속기기 및 제어기기의 작동상태를 점검한다.

⑥ 윤활 상태 및 유면의 점검

⑦ 불응축 가스 배출을 배출한다.

⑧ 유분리기의 응축기, 수액기의 배유

⑨ 암모니아 냉매 토출 가스 온도가 120[℃] 이상 되지 않게 할 것

(3) 운전정지

① 장기 정지시 조치

㉮ 수액기 출구 밸브를 닫는다.

㉯ 팽창 밸브를 닫는다.

㉰ 저압(흡입 가스 압력)이 대기압 정도일 때 흡입 밸브를 닫는다.(0.1[kg/cm^2] 정도
일 때)

㉱ 압축기를 정지시킨다.(전동기 모터 스위치 차단)

㉲ 회전이 정지되면 토출 밸브 및 오일 리턴 밸브를 닫는다.

㉳ 응축기 및 실린더 워터 재킷의 냉각수를 정지시킨다.

㉴ 동절기에 수배관 등의 동파의 우려가 있을 경우에는 배관 내의 냉각수를 완전 배
출시킨다.

② 정전시 조치

㉮ 전원 스위치를 차단한다.(전동기 및 냉각수 펌프)

㉯ 수액기 출구 밸브를 닫는다.

㉰ 흡입 밸브를 닫는다.

㉱ 압축기 회전이 정지되면 토출 밸브를 닫는다.

㉲ 순환 펌프의 전원 스위치를 차단하고 배관계통의 밸브를 조작한다.

㉳ 냉각수 공급 중단

7-2. 각종 시험

1. 냉동장치의 시험

(1) 시험을 실시하는 이유

냉동장치의 제작 및 설치가 완료되면 각 계통의 누설 또는 변형이나 파손 공작상태, 방열 상태 등 이상 유무를 확인하여 냉동장치 운전 중 발생하는 사고발생이나 재해 및 경제적 인 운전을 위하여 시험을 실시한다.

(2) 시험의 종류

① 내압시험

㉮ 목적 : 제작 회사에서 행하는 시험으로 제작완료한 피시험품의 각 부분의 누설, 변형, 파손 등 이상유무를 확인하여 기기의 내압성능, 즉 강도를 확인한다.

㉯ 대상 : 압축기, 부스터(booster), 냉매 펌프, 윤활유 펌프, 압력용기 및 그 부품

㉰ 시험 압력 : 누설시험 압력의 15/8배 이상, 설계 압력의 1.5배 이상

㉱ 방법 : 피시험품에 액체(물 또는 오일)을 충만시키고 공기를 완전히 배제한 후 액압을 천천히 가하여 최고 압력을 1분 이상 유지한 후 압력을 내압시험의 8/10까지 내린 후 용접계수 등의 전장에 걸쳐 연강 또는 플라스틱 해머(0.5[kg])로 두드리면서 각부의 누설 이상 변형, 파손 등을 확인한다.

■ 내압 및 기밀시험 압력

냉 매	내 압 시 험		기 밀 시 험	
	고 압	저 압	고 압	저 압
NH₃	$30[kg/cm^2]$	$15[kg/cm^2]$	$20[kg/cm^2]$	$10[kg/cm^2]$
R-22	$30[kg/cm^2]$	$15[kg/cm^2]$	$20[kg/cm^2]$	$10[kg/cm^2]$
R-12	$24.75[kg/cm^2]$	$15[kg/cm^2]$	$16.5[kg/cm^2]$	$10[kg/cm^2]$

최대 눈금 = 시험압력 × (1.5~2.0)

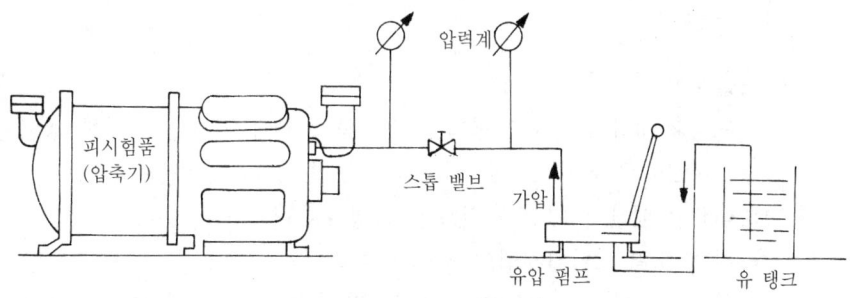

■ 내압시험의 요령

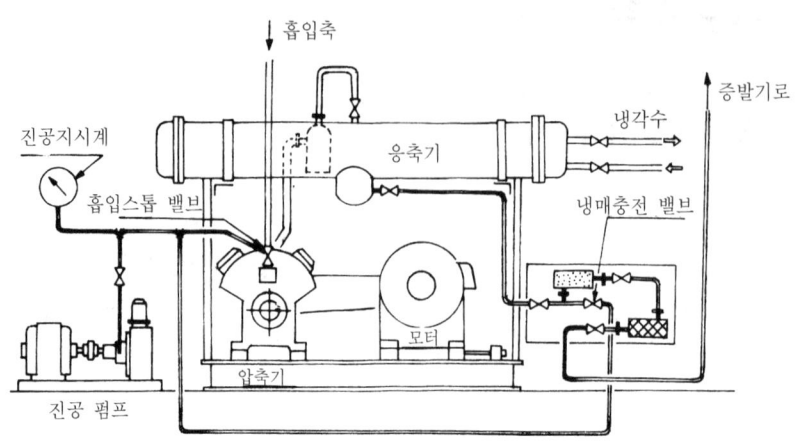

흡입축

진공지시계

흡입스톱 밸브

응축기

냉각수

증발기로

냉매충전 밸브

모터

압축기

진공 펌프

↥ 진공시험 요령

② 기밀 시험

㉮ 목적 : 내압시험에 합격한 피시험품 및 현장에 설치된 기기의 완전 기밀 여부를 확인하여 기밀성능을 확인하는 시험이다.

㉯ 대상 : 압축기, 부스터, 냉매 펌프, 윤활유 펌프, 압력용기 및 그 부품

㉰ 시험 압력 : 누설시험의 5/4배 이상

㉱ 방법

㉠ 공기흡입 밸브 또는 흡입 여과기(suction strainer)를 열어 사용 기체를 흡입시킨다.

※ 사용기체 : 건조 공기, 질소, CO_2(NH_3에서는 사용 불가)

㉡ 저압측이 규정압력이 되면 팽창 밸브를 닫아 저압부와 고압부를 분리시키고 고압부를 규정 압력까지 상승시킨다.

㉢ 규정 압력(기밀시험 압력)에 도달하면 압축기를 정지시켜 플레어, 플랜지, 용접가스 등의 검수 부분을 비눗물을 사용하여 누설 여부를 확인한다.

㉣ 누설이 없으면 규정 압력으로 24시간 방치하여 압력계 지침의 변동여부를 확인한다.

㉤ 이상이 없으면 시험에 이용된 장치 내의 기체를 방출하고 분해된 기기를 접속시킨다.

③ 누설시험

㉮ 목적 : 내압시험, 기밀시험에 합격한 기기에 배관을 연결한 냉매설비에 대하여 공기, 질소, 탄산가스 등을 이용하여 누설 유무를 확인한다.

㉯ 대상 : 배관의 연결을 완료한 전냉매계통

㉰ 시험 압력 : 기밀시험의 8/10배 이하

㉱ 방법 : 누설시험 압력으로 유지시킨 후 비눗물 등의 발포성 액체를 발라서 기포발생 유무로 누설 검사를 한다.

④ 진공시험
  ㉮ 목적 : 누설시험 후 냉매 충전전에 장치를 진공 건조하여 수분 및 불응축 가스를 제거하기 위한 시험이다.(300[mm] 정도의 대형 진공계 사용)
  ㉯ 대상 : 장치 내의 전계통
  ㉰ 시험 압력 : 진공 700~750[mmHg]
  ㉱ 방법
    ㉠ 충분한 용량의 진공 펌프를 압축기의 흡입, 토출측에 연결하여 장치 내를 진공으로 한다.
    ㉡ 진공 펌프를 가동한 후 운전을 행하면서 흡입, 토출 밸브를 잠그고 진공 펌프를 정자 분리한다.

⑤ 진공방치 시험
  ㉮ 목적 : 진공시험(진공 건조작업)이 끝난 후 수분 및 불응축 가스의 잔류 여부를 최종 확인 점검하는 시험이다.
  ㉯ 방법 : 진공시험 후 10~24시간 방치하여 압력의 변화가 5~7[mmHg] 이하이면 기밀 및 건조에 이상이 없다.

> **[참고]**
> ■ 진공 펌프를 장시간 운전하여도 고진공을 얻을 수 없는 원인
>   ① 장치 내의 다량의 수분 혼입
>   ② 진공 펌프의 효율 저하
>   ③ 계통과 진공 펌프 및 연락관의 누설
>   ④ 진공계의 고장

2. 냉매 충전

(1) 충전 방법

① 고압측(수액기)으로 직접 액냉매를 충전하는 방법(최초의 냉매 충전시)
② 액관으로 액냉매를 충전하는 방법
③ 저압측으로 가스를 충전하는 방법

(2) 충전

① 대형 냉동기 진공시험을 한 후 수액기로 직접 충전하는 경우
  ㉮ 봄베(bombe) : 냉매용기를 저울 위에 놓고 용기하부를 30° 이상 위로하여 설치한다.
  ㉯ 봄베와 냉매충전 밸브를 충전 호스로 연결한다.
  ㉰ 응축기(또는 수액기)의 냉매 출구 밸브를 닫고 냉각수를 통수시킨다.
  ㉱ 제습기 바이패스 밸브를 닫고 제습기 입출구 밸브를 열어 놓는다.
  ㉲ 냉매 충전 밸브에 연결된 충전 호스의 플레어 너트를 약간 풀어 놓고 냉매용기 밸브를 열어 충전 호스 내의 공기를 방출시킨 후 플레어 너트를 조인다.

㉑ 압력계를 바라보며 천천히 냉매를 충전한다.

㉒ 압축기를 기동하며 저압이 0[kg/cm^2] 이하가 되지 않도록 주의하며 무게를 계량하며 규정량의 냉매를 충진한다.

㉓ 운전이 완료되면 운전을 정지하고 충전 밸브 및 용기 밸브를 닫고 충전 호스를 제거한다.

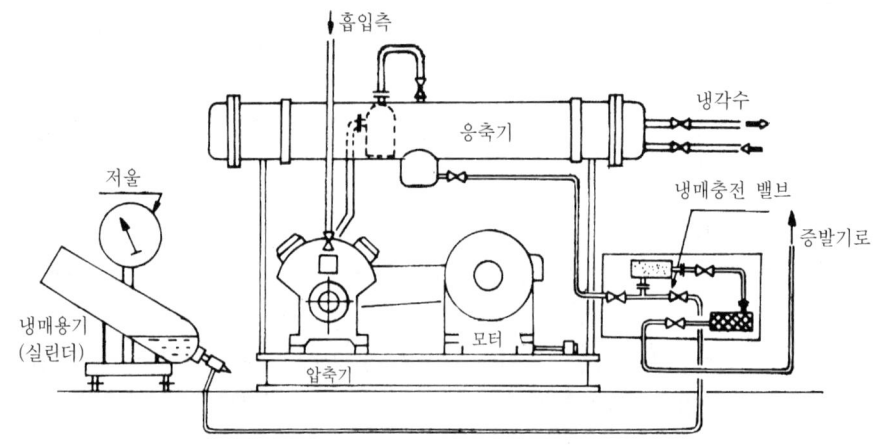

🔼 냉매의 충전 요령

[참고]

■ **냉매회수(purging)방법**
① 빈 용기와 냉매 충전 밸브를 호스와 연결
② 호스 내의 공기를 퍼지시킨 다음
③ 빈 냉매 용기의 압력을 냉매 계통 내의 고압측 압력보다 낮게 유지시킨다.
④ 압축기를 기동하여 용기의 밸브 및 충전 밸브를 천천히 연다.
⑤ 액량을 확인하면서 퍼지한 후 충전 밸브 및 용기 밸브를 닫고 압축기를 정지
⑥ 이 때 용기 내의 가스가 쉽게 액화할 수 있도록 물통 속에 넣어 냉각시켜 주고 과충전되지 않도록 주의를 요한다.

■ **냉매로 인한 상해시 구급방법**
① 암모니아의 경우
 ㉮ 눈에 들어갔을 때 : 물로 세척한 후 2[%]의 붕산액으로 세척하고 유동 파라핀을 2~3방울 점안한다.
 ㉯ 피부에 묻었을 때 : 물로 세척 후 피크린산 용액을 바른다.
② 프레온의 경우
 ㉮ 눈에 들어갔을 때 : 살균광물유로 세척한다.(2[%]의 살균광물유로 세척하거나 5[%]의 붕산액으로 세척한다.)
 ㉯ 피부에 묻었을 때 : 물로 세척 후 피크린산 용액을 바른다.

---

② **소형 냉장고(가정용 냉장고)의 냉매 충전**

㉮ 진공작업을 마친 다음 매니폴드 게이지의 충전 호스와 냉매 용기를 연결한다.

㉯ 매니폴드 게이지의 고압계 밸브를 열고 냉매 용기의 밸브를 열어서 충전 호스 내의 공기를 퍼지시킨 후 고압계 밸브를 닫는다.

    ㉡ 매니폴드 게이지의 저압계 밸브를 열어 진공상태의 압축기 내로 냉매의 충전을 시작한다.

    ㉣ 대기압 부근에서는 압력차가 적어 충전시간이 지연되므로 압축기를 기동하여 충전한다.

    ㉤ 충전 중 저압계 밸브를 닫아 실제 충전 냉매의 압력을 확인한다.

    ㉥ 규정 압력까지 도달하면 냉매 용기 밸브를 닫은 후 매니폴드 게이지의 저압계 밸브를 닫는다.

    ㉦ 압축기 충전 플러그와 호스를 제거하고 캡을 씌운다.

    ㉧ 충진 완료후 흡입관의 적상상태, 저압, 전류를 측정하여 이상 여부를 확인한다.

(3) 냉각시험

냉매충전 후 무부하 상태에서 냉동기를 시운전하여 소정의 설계온도까지 내려가는지 여부를 조사하여 성능을 시험한다.

(4) 방열시험

냉각시험으로 온도가 설계온도까지 강하되면 냉동기의 운전을 정지시키고 온도 상승상태를 보아 방열상태를 조사한다.

  ① 방열재의 구비조건

    ㉮ 열전도율이 적을 것

    ㉯ 방습성이 좋을 것

    ㉰ 내압강도가 클 것

    ㉱ 장시간 사용온도에 견디며 변질되지 않을 것

    ㉲ 취급 및 시공이 용이할 것

    ㉳ 불연성이고 내화성이 클 것

    ㉴ 방충성이 클 것

    ㉵ 흡습성 및 흡수성이 적을 것

    ㉶ 가격이 저렴하고 구입이 용이할 것

  ② 냉장실의 방습층을 방열벽의 외측에 설치하는 이유 : 공기 중의 수분은 수분의 분압이 높은쪽에서 낮은쪽으로 이동하게 된다. 따라서 수증기 분압이 높은 외측에서 분압이 낮은 냉장실 내로 수분이 침입하게 된다. 침입한 수분은 방열벽 내에서 노점 온도 이하가 되면 응축결로 되어 방열제의 성능을 저하시키므로 외측에 방습층을 설치하여 사전에 외기의 침입을 방지한다.

(5) 마지막 확인 시험

상기의 각종 시험이 완료된 후 각부를 해체하여 활동부분의 마모 정도 및 재질의 구조 공작 이상유무 등을 확인하는 시험이다.

7-3. 냉동장치의 이상 현상 원인

⬇ 1단 흡입 압력 이상 상승의 원인과 이상 저하의 원인

상 승 원 인	저 하 원 인
① 1단 흡입, 토출 밸브 불량 ② 흡입관계에 의한 고압의 유입	① 흡입관로의 저항 과대 ② 발생량과의 밸런스

상 승 원 인	저 하 원 인
① 냉동부하 증가 ② 팽창 밸브 개도 과대 ③ 압축기 능력 감퇴 ④ 흡입 밸브, 피스톤 링의 파손 ⑤ 유분리기의 반유장치 누설	① 냉매 충전량 부족 ② 팽창 밸브 개도 과소 ③ 증발기 내의 유막 형성 ④ 흡입 여과망의 폐쇄 ⑤ 액관에서 다량의 flash gas 발생

⬇ 토출 압력 이상 상승 원인과 이상 저하 원인

상 승 원 인	저 하 원 인
① 냉매중의 공기 혼입 ② 냉각수 온도 상승 및 냉각수량 부족 ③ 응축기 냉각관에 스케일 및 유막 형성 ④ 냉매의 과충전 및 유효 전열면적 감소 ⑤ 습증기의 혼입	① 냉각수량 과다 및 냉각수온 저하 ② 토출 밸브 누설 ③ 냉매량 부족 ④ 팽창 밸브 개도 과대

⬇ 중간 압력 이상 상승의 원인과 토출 압력 저하의 원인

상 승 원 인	저 하 원 인
① 다음단의 흡입·토출 밸브 불량 ② 중간단에의 바이패스의 순환 ③ 중간단 냉각기의 능력 저하 ④ 다음단의 클리어런스 밸브의 불완전 폐쇄 ⑤ 다음단의 피스톤 링 마모 ⑥ 피스톤의 고압 피스톤 링 마모 ⑦ 토출 배관의 저항 증대 ⑧ 다음단의 흡입 밸브 언로더 복귀 불량	① 흡입·토출 밸브의 불량 ② 흡입측의 바이패스의 순환 ③ 전단의 냉각기의 과냉 ④ 전단의 클리어런스 밸브 불완전 폐쇄 ⑤ 전단의 피스톤 링 마모 ⑥ 흡입관 저항 증대 ⑦ 흡입관로의 누설 ⑧ 흡입 밸브 언로더의 복귀 부량

⬇ 흡입 온도의 이상 상승 원인과 이상 저하의 원인

상 승 원 인	저 하 원 인
① 흡입 밸브 불량에 의한 역류 ② 전단 냉각기의 능력 저하 ③ 관로에 수열이 있다.	① 전단의 쿨러 과냉 ② 바이패스 순환량이 많다.

⬇ 토출 온도의 이상 상승 원인과 이상 저하의 원인

상 승 원 인	저 하 원 인
① 토출 밸브 불량에 의한 역류 ② 흡입 밸브 불량에 의한 고온 가스 흡입 ③ 압축비 증가 ④ 전단 쿨러 불량에 의한 고온 가스의 흡입	① 흡입 가스 온도의 저하 ② 압축비의 저하 ③ 실린더의 과냉각

⬇ 흡입 가스 온도의 이상 상승 및 이상 저하 원인

상 승 원 인	저 하 원 인
① 팽창 밸브의 개도 과소 ② 냉매순환량 부족 및 냉매의 누설 ③ 흡입 여과망의 폐쇄 ④ 흡입관의 방열상태 불량 ⑤ 액관 중의 flash gas 발생 과다	① 팽창 밸브 개도 과대 ② 냉매순환량 과대 ③ 중간 냉각기의 과냉각

⬇ 토출 온도의 이상 상승 및 이상 저하 원인

상 승 원 인	저 하 원 인
① 압축비 증대 ② 팽창 밸브 개도 과소 ③ 냉매 순환량 부족 ④ 실린더 워터 재킷 불량 ⑤ 냉동부하 증대 ⑥ 압축기의 간극이 너무 클 때	① 압축비 감소 ② 팽창 밸브 개도 과대 ③ 냉매 순환량 과대 ④ 흡입가스 온도 저하 ⑤ 냉동부하 감소

⬇ 유압 상승 및 유압 저하 원인

상 승 원 인	저 하 원 인
① 유압 조정 밸브의 개도 과소 ② 유온 저하(점도 상승) ③ 오일의 과충전 ④ 유순환 회로 폐쇄 ⑤ 릴리프 밸브 작동 불량 ⑥ 유압계 불량	① 유압 조정 밸브 개도 과대 ② 유온이 높다. ③ 송유량 부족 ④ 오일 중의 냉매 혼입 ⑤ 유펌프 고장 ⑥ 유여과기 폐쇄

⬇ 유압 이상 상승의 원인과 이상 저하의 원인

상 승 원 인	저 하 원 인
① 유여과기의 오손 ② 릴리프 밸브의 작동 불량 ③ 유온이 낮기 때문 ④ 관로의 오손	① 기어 펌프 불량 ② 릴리프 밸브의 작동 불량 ③ 유온이 높기 때문 ④ 관로의 오손 때문 ⑤ 관로 기밀 불량에 의한 공기 흡입

⬇ 유온의 이상 상승 원인과 이상 저하의 원인

상 승 원 인	저 하 원 인
① 기어 펌프의 불량 ② 오일 쿨러의 불량 ③ 습동부의 발열 과대 ④ 냉각수량의 감소, 수온의 상승	① 오일 쿨러의 과냉각 ② 냉각수량의 증대 및 수온의 저하시

⬇ 베어링 온도 이상 상승의 원인과 쿨러 · 세퍼레이터 내부에 이상음 발생 원인

베어링 온도 이상 상승 원인	쿨러 · 세퍼레이터 내부에 이상음 발생 원인
① 베어링이 소착하고 있다. ② 베어링의 간극이 과소 ③ 유온이 높다. ④ 유량이 부족하다. ⑤ 운전법이 비정규적이며 중하중을 받고 있다.	① 내부 부품이 이완되고 있다. ② 내부에 이물질이 개입하고 있다. ③ 기주의 공진

⬇ 베어링 온도 이상 상승의 원인과 쿨러 · 세퍼레이터 내부에 이상음 발생 원인

베어링 온도 이상 상승 원인	쿨러 · 세퍼레이터 내부에 이상음 발생 원인
① 베어링이 소착하고 있다. ② 베어링의 간극이 과소 ③ 유온이 높다. ④ 유량이 부족하다. ⑤ 운전이 비정상적이며 중하중을 받고 있다.	① 내부 부품이 이완되고 있다. ② 내부에 이물질이 개입하고 있다. ③ 기주의 공진

⬇ 크로스 헤드 및 각 습동부의 온도 상승 원인과 주유 배관의 온도 상승 원인

크로스 헤드 및 각 습동부의 온도 상승 원인	주유 배관의 온도 상승 원인
① 습동부가 소착되었기 때문 ② 피스톤 로드에서 가스 누설이 있기 때문	① 배관속의 논리 턴 밸브의 작동 불량 ② 주유기 불량에 의해 급유가 불량하다.

⬇ 압축기 기동 불능 원인 및 용량제어장치 작동 불능 원인

압축기 기동 불능 원인	용량 제어장치 작동 불능 원인
① 전압저하 ② 과부하 릴레이 작동 ③ 냉매액 전자 밸브 차단 ④ 고저압차단 스위치 작동 ⑤ 유압보호 스위치 작동	① 용량제어용 전자 밸브 작동 불량 ② 언로드 기구 불량 ③ 유배관 폐쇄 ④ 압력 스위치 불량

▣ 운전 중 이상음 발생 원인 및 전동기(mortor) 과열 원인

운전 중 이상음 발생 원인	전동기 과열 원인
① 압축기 내에 이물질 혼입 ② 액 해머 ③ 기초 볼트의 이완 ④ 밸브 플레이트 마모 ⑤ 벨트 풀리 이완 ⑥ 커플링의 중심이 맞지 않았다. ⑦ 피스톤 핀, 연결봉, 베어링 파손	① 오일 부족 ② 과부하 ③ 전압강하 ④ 전동기 고장 ⑤ 흡입가스 온도 상승

▣ 기동후 60~90초 내에 정지 원인 및 기동 후 부하가 걸리지 않는 원인

기동 후 60~90초 내에 정지 원인	기동 후 부하가 걸리지 않는 원인
① 유압보호 스위치(O.P.S) 작동 ※ O.P.S 작동은 유압이 저하했기 때문이므로 　(3) 참조	① 유압 저하 ② 전자 밸브 작동 불능

▣ 프레임에 이상음 발생 원인과 실린더에서의 이상음 발생 원인

프레임의 이상음 발생 원인	실린더에서의 이상음 발생 원인
① 주 베어링 메탈 간극 과대 ② 크랭크 메탈 간극 과대 ③ 가드존 핀(gudgeon pin) 간극 과대 ④ 크로스 헤드 간극 과대 ⑤ 빅 엔드 볼트의 이완 ⑥ 크로스 헤드, 피스톤 로드 장치 여부의 이완 ⑦ 피스톤 결합 너트의 이완 ⑧ 실린더와 피스톤이 접촉한다. ⑨ 실린더 내에 이물질이 개입하고 있다. ⑩ 실린더 내에 다량의 드레인 기름의 혼입에 　의해 리퀴드 해머를 일으키고 있다. ⑪ 실린더 라이너에 편감 또는 손상이 있다.	① 실린더와 피스톤이 닿는다. ② 실린더 내에 이물이 혼입하고 있다. ③ 실린더 내에 다량의 드레인, 기름의 혼입에 　의해 리퀴드 해머를 일으키고 있다. ④ 피스톤 링이 마모하고 가스의 분출 ⑤ 실린더 라이너가 덜컹거린다. ⑥ 시린더 라이너에 편감 또는 홈이 있다.

▣ 클리어런스 밸브 내에 이상음 발생 원인과 체크 밸브 내에 이상음 발생 원인

클리어런스 밸브 내의 이상음 발생 원인	체크 밸브 내의 이상음 발생 원인
① 밸브 시트가 이완 ② 완전히 폐쇄되지 않았으므로 시트를 두드린다. ③ 타이트면에서의 가스 누설	① 밸브 시트가 이완 ② 내부에 이물질이 혼입하고 있다. ③ 타이트면에서의 가스 누설

◘ 고압차단 스위치 및 저압차단 스위치 작동 원인

H.P.S 작동 원인	L.P.S 작동 원인
① H.P.S 설정 압력 조정 불량 ② 토출압력 상승(2) 참조	① L.P.S 설정 압력 조정 불량 ② 냉매의 부족 및 냉매의 누설 ③ 팽창 밸브 개도 과소 ④ 흡입 여과망 폐쇄 ⑤ 증발기 냉각관의 적상 및 유막 형성 ⑥ 액관에서의 flash gas 발생 과대

◘ 압축기의 점검주기

점검시간	점 검 부 분	내 용
1시간마다	1. 각단 압력계 2. 유압력계 3. 각단 온도계 4. 유, 수온도계 5. 전력, 전압, 전류계 6. 처리 가스량 7. 드레인 밸브	기록한다. 기록한다. 기록한다. 기록한다. 기록한다. 기록한다. 드레인을 배출한다.
8시간마다	1. 외부유의 유조의 유면 2. 기동주유기의 유면 3. 주유용 오일 사이트	유량은 적정한가, 필요하면 추가한다. 유량은 적정한가, 필요하면 추가한다. 주유기의 작동은 정상인가
1500~2000 시간마다	1. 흡입, 토출 밸브 2. 실린더 내면 3. 프레임 윤활유 4. 프레임 윤활유 오일 필터 5. 흡입 필터	1. 분해접점, 파손품 또는 소모품의 교환 2. 시트면 점검, 필요하면 접합 또는 수정 1. 라이너 내부의 마진을 조사한다. 2. 윤활상태를 조사한다. 윤활유의 유성과 오손의 점검, 필요하면 교환 청소 청소
3500~4500 시간마다	1. 메탈릭 패킹 및 오일 드라 워 링 2. 피스톤 로드	1. 패킹의 분해 청소 2. 마모상태 점검, 습동부에 손상 또는 편감이 없는가
8000~9000 시간마다	1. 프레임 가) 크로스 가이드 나) 프레임 오일 드라워 2. 커넥팅 로드 가) 크랭크 핀 메탈 나) 가드존 핀 메탈 다) 본체 및 빅 엔드 볼트 3. 크로스 헤드 가) 크로스 슈 나) 가드존 핀 다) 본체 4. 크랭크 샤프트 가) 크랭크 핀 나) 크랭크 암 다) 주 베어링 저널부	습동부 마모상태 점검 마모상태 점검, 필요하면 접합 또는 교환 마모상태 점검, 필요하면 교환 마모상태 점검, 필요하면 교환 심상시험(자기심상) 1. 마모상태 점검 2. 간극조정(이동 슈) 1. 마모상태 점검, 필요하면 교환 2. 심상시험(자기심상) 1. 마모상태 점검 2. 심상시험(자기 심상) 데플렉션의 측정 마모상태 점검

점검시간	점 검 부 분	내 용
	5. 주 베어링	
	가) 주 베어링 메탈	마모상태 점검, 필요하면 교환
	6. 실린더	
	가) 내면	부식은 없는가, 두께 검사
	나) 타이트면	손상은 없는가, 있으면 수정
	다) 재킷 커버	물 때 청소
	7. 실린더 라이너	
	습동면	마모상태 점검, 필요하면 교환
	8. 피스톤	
	가) 피스톤 링	마모상태 점검, 필요하면 교환
	나) 피스톤 슈	마모상태 점검
	다) 피스톤 본체	링홈 점검, 필요하면 수정
	라) 피스톤 결합 너트	마모상태 점검
	9. 피스톤 로드	1. 습동부 마모상태 점검
		2. 심상시험(초음파, 자기심상)
		3. 스웡의 측정
	10. 실린더 헤드	설치상태 점검, 필요하면 조정
	11. 각종 스톱 밸브, 바이패스	1. 분해 점검
	밸브	2. 밸브 시트 및 밸브 타이트면 점검, 필요하면
		접합 또는 분해 점검
	12. 드레인 밸브	1. 분해 점검
		2. 시트면의 점검, 필요하면 밸브 요부의 교환
	13. 안전 밸브	1. 분해 점검
		2. 밸브 시트 및 밸브 타이트면 점검, 필요하면
		접합 또는 분해 점검
		3. 작동 시험
	14. 체크 밸브	1. 분해 점검, 파손품 또는 마모부품 교환
		2. 시트면 점검, 분해 점검
	15. 가스, 오일 쿨러	1. 물 때 청소
		2. 부식의 유무 조사, 두께 검사
		방식아연판이 있는 것에서는 아연판의 소모 정도 및 교환
	16. 세퍼레이터	내면 점검, 두께 검사
	17. 가스 배관	필요하면 배관의 보수, 두께 검사
	18. 유배관	플레시 시행
	19. 주유배관	논리턴 밸브의 분해 점검, 필요하면 교환
	20. 급유장치	
	가) 기어 펌프	분해 점검
	나) 여과기	내부 청소
	21. 계기	표준계기에 의한 검사
	22. 계장품	작동 확인
5~6년 마다	1. 크랭크축	크랭크축의 재기반가공
	2. 실린더 라이너	실린더 라이너 내경 보링
	3. 실린더 심	실린더 재심출
	4. 프레임과 크로스 가이드심	평행도 수정
	5. 기초 콘크리트	크랙 등 콘크리트 재타

제 7 장 냉동장치의 운전과 시험 예상문제

문제 1 냉동장치의 기밀시험에 사용되는 것은?

㉮ 공기를 사용한다. ㉯ 산소를 사용한다.

㉱ 질소를 사용한다. ㉲ 물을 사용한다.

해설 냉동장치 기밀시험에는 불활성 가스인 질소나 이산화탄소(CO_2)를 사용한다.

문제 2 압축기의 흡입 압력이 너무 낮다. 원인으로 옳지 않은 것은?

㉮ 흡입 여과기가 막혀 있다. ㉯ 냉매 충전량이 부족하다.

㉱ 액관에 플래시 가스가 발생한다. ㉲ 팽창 밸브가 많이 열려 있다.

해설 액관에서 플래시 가스 발생시 응축 압력이 상승한다.

문제 3 냉동장치 설치 후 먼저하는 시험은?

㉮ 진공시험 ㉯ 내압시험 ㉱ 누설시험 ㉲ 냉각시험

해설 냉동장치의 설치 후에는 배관의 누설시험을 가장 먼저 시험한다.

문제 4 냉동장치를 능률적으로 운전하기 위한 대책이 아닌 것은?

㉮ 이상고압이 되지 않도록 주의한다. ㉯ 냉매 부족이 없도록 한다.

㉱ 습압축이 되도록 한다. ㉲ 각부의 가스 누설이 없도록 유의한다.

해설 압축기에서의 습압축은 액해머에 따른 압축기의 파손의 우려가 있다.

문제 5 다음 중 압축기와 관계없는 효율은?

㉮ 체적효율 ㉯ 기계효율 ㉱ 압축효율 ㉲ 슬립효율

해설 슬립율(미끄럼율)은 전동기와 회전기기(압축기, 펌프, 송풍기 등) 사이 연결시 발생하며 압축기 자체 효율과는 관계가 없다.

문제 6 공조냉동기능사 자격증 취득자를 채용하지 않아도 되는 것은?

㉮ R-11을 냉매로 사용하는 원심증기 냉동기 300[RT]

㉯ R-12를 냉매로 사용하는 왕복동 냉동기 300[RT]

㉱ NH_3를 냉매로 사용하는 스크루식 냉동기 300[RT]

㉲ H_2O를 냉매로 사용하는 흡수식 냉동기 300[RT]

해설 안전관리원의 최소 선임기준은 고압가스 안전관리법 시행령 별표 3에 의해 암모니아 냉매 사용시 냉동능력 50톤 초과 110톤 이하(프레온을 냉매로 사용하는 것은 냉동능력 100톤 초과 200톤 이하)시에는 1인 이상을 두어야 하므로 물을 냉매로 사용하는 흡수식 냉동기는 채용하지 않아도 된다.

해답 1. ㉱ 2. ㉱ 3. ㉱ 4. ㉱ 5. ㉲ 6. ㉲

문제 7 다음 중 독성 가스를 냉매로 하는 수액기 주위에 방류둑 설치는 내용적이 몇 〔ℓ〕이상인가?

㉮ 5,000 　　　　　　　㉯ 10,000

㉰ 15,000 　　　　　　　㉭ 20,000

해설 • 방류둑의 설치기준

① 고압가스 일반제조시설 : 가연성 및 산소의 액화 가스 저장능력이 1,000톤 이상일 때 (독성 가스는 5톤 이상)

② 냉동제조시설 : 독성 가스를 냉매로 하는 수액기의 내용적이 10,000[l] 이상인 것

③ 액화석유가스 저장시설 : LPG의 저장능력이 1,000톤 이상일 때(충전사업에서)

④ 도시가스시설 중 LPG 용량이 다음과 같을 때

　㉮ 가스도매사업 : 저장능력이 500톤 이상

　㉯ 일반도시가스사업 : 저장능력이 1,000톤 이상

문제 8 냉동장치 기동시 주의사항으로 옳지 않은 것은?

㉮ 토출 밸브는 반드시 열려 있을 것

㉯ 팽창 밸브 조정은 신중을 기할 것

㉰ 안전 밸브 원 밸브는 반드시 닫을 것

㉭ 흡입 밸브는 천천히 조작할 것

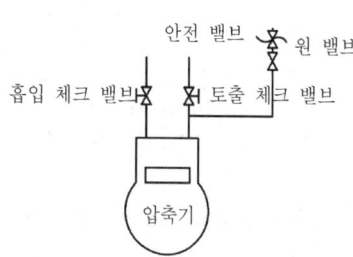

해설 압축기에 설치되어 있는 안전 밸브 원 밸브는 반드시 열려 있어야 한다.

문제 9 암모니아 냉매를 취급하던 중 부주의로 인해 피부에 접촉하게 되었다. 올바른 조치방법은?

㉮ 화상 염려가 있으므로 연고를 바른다.

㉯ 물로 세척한다.

㉰ 붕대로 감는다.

㉭ 유동 파라핀을 바른다.

해설 • 암모니아 냉매가 피부에 묻은 경우 구급법 : 물로 세정한 후 피크린산 용액을 바른다.

문제 10 다음의 내용 중 잘못 설명된 것은 어느 것인가?

㉮ 프레온 냉매는 안전하므로 누설되어도 큰 문제는 없다.

㉯ 물을 냉매로 하면 증발 온도를 0[℃] 이하로 운전하는 것은 불가능하다.

㉰ 응축기 내에 들어있는 불응축 가스는 전열효과를 저하시킨다.

㉭ 2원 냉동장치는 초저온 냉각에 사용되는 것이다.

해설 프레온 가스가 불연성이며 무독성 가스라 해도 장치에서 냉매누설시 냉동능력이 감소하고 질식사의 우려가 있어 누설되어서는 안 된다.

해답 7. ㉯ 8. ㉰ 9. ㉯ 10. ㉮

문제 11 암모니아 냉동설비를 실내에 설치한 경우 냉동능력이 100〔RT〕라고 하면 직접 외기에 닿는 통풍구의 최소면적은 몇 〔m²〕 이상인가?

    ㉮ 5   ㉯ 6   ㉰ 8   ㉱ 10

해설 ● 냉동설비의 통풍기준
    ① 통풍구(창 또는 문) 설치시 : 1[ton]당 0.05[m²] 이상
    ② 기계통풍장치 설치시 : 1[ton]당 2[m³/분] 이상

참고 100냉동톤(RT)×0.05＝5[m²]

문제 12 냉동장치의 고압측 압력이 높아지는 원인이 바르게 설명된 것은?

  ㉮ 응축기 냉각관의 오염이 심하다.   ㉯ 응축기의 냉각수량이 지나치게 많다.
  ㉰ 증발기의 능력이 저하하였다.   ㉱ 실린더 워터 재킷의 냉각수가 부족하다.

해설 ● 응축 압력의 상승 원인
    ① 수냉식일 경우 냉각수량 부족 및 수온 상승시
    ② 공랭식일 경우 송풍량 부족 및 외기온도 상승시
    ③ 응축기 냉각관에 스케일(물 때 및 유막) 등의 부착시
    ④ 불응축 가스의 장치내 존재시
    ⑤ 냉매의 과충전이나 응축부하 과대시
    ⑥ 응축기 하부에 액이나 오일이 고여 유효냉각면적 감소시

문제 13 냉동제조시설 기준에 대한 설명으로 잘못된 것은?

  ㉮ 가연성 가스를 냉매로 사용하는 설비의 수액기에 설치하는 액면계는 환형 유리관 액면계를 사용할 것
  ㉯ 독성 가스를 냉매로 사용하는 냉동 설비에는 독성 가스 누출검지 경보기를 설치할 것.
  ㉰ 냉매설비에는 자동제어장치를 설치할 것
  ㉱ 냉매설비에는 안전장치를 설치할 것

해설 가연성 가스를 냉매로 사용하는 설비의 수액기에는 평행반사식이나 평형투시식 액면계를 설치하며 보호 커버를 씌워 외부 충격에 견디도록 한다.

문제 14 냉동장치의 누설시험에 사용하는 것으로 적합한 것은?

  ㉮ 물   ㉯ 질소   ㉰ 오일   ㉱ 산소

해설 냉동장치나 배관의 누설시험은 불연성 가스인 질소를 사용하여 기포발생 유무로 확인한다.

문제 15 냉동제조 시설기준에 대한 설명에서 잘못된 것은?

  ㉮ 제조시설 외부에는 보기쉬운 곳에 경제표지를 설치할 것
  ㉯ 냉매가 독성 가스일 때는 흡수장치 또는 중화설비를 갖출 것
  ㉰ 냉매설비에는 압력계를 설치할 것
  ㉱ 안전 밸브는 떼고 붙일 수 없는 구조로 확실하게 고정 설치할 것

해설 안전 밸브 고장시를 대비하여 교체할 수 있는 구조로 하여야 한다.

해답 11. ㉮   12. ㉮   13. ㉮   14. ㉯   15. ㉱

문제 16 냉동기 검사에 합격한 냉동기에는 다음 사항을 명확히 각인한 금속박판을 부착하여야 한다. 각인할 내용에 해당되지 않는 것은?

㉮ 냉매 가스의 종류 　　　　　㉯ 냉동능력

㉰ 제조자의 명칭 또는 약호 　　㉱ 냉동기 운전조건(주위 온도)

해설 ● 냉동기의 각인 또는 표시 방법 : 다른 금속 박판에 다음 사항을 각인하여 보기쉬운 곳에 견고하게 부착
① 냉동기 제조업자의 명칭 및 약호 　② 냉매 가스의 종류
③ 냉동능력(RT) 　　　　　　　　　④ 원동기 소요전력 및 전류(kW, A)
⑤ 제조번호 　　　　　　　　　　　⑥ 내압시험에 합격한 연월일
⑦ 내압시험 압력 $TP[\text{kg/cm}^2]$ 　　⑧ 최고사용압력 $DP[\text{kg/cm}^2]$

문제 17 공조설비에 사용되는 프레온 냉매에 의해 인체에 피해를 입는 경우가 있다. 이 때 프레온 냉매액이 눈이나 피부에 닿았을 경우 조치방법으로 옳은 것은?

㉮ 레몬쥬스 또는 20[%]의 식초를 바른다.

㉯ 약한 붕산수 또는 2[%]의 식염수로 씻어낸다.

㉰ 차아황산 나트륨 포화용액으로 씻어낸다.

㉱ 암모니아수로 상해부를 씻는다.

해설 ● 프레온 냉매에 따른 구급법
① 눈에 들어갈 경우 : 살균된 광물유로 세안한다.
② 피부에 붙은 경우 : 물로 세척 후 피크린산 용액을 바른다.

문제 18 냉동기를 운전하기 전에 준비해야 할 사항 중 틀린 것은?

㉮ 압축기 유면 및 냉매량을 확인한다.

㉯ 응축기, 유냉각기의 냉각수 입, 출구 밸브를 연다.

㉰ 냉각수 펌프를 운전하여 응축기 및 실린더 재킷의 통수를 확인한다.

㉱ 암모니아 냉동기의 경우는 오일 히터를 기동 30~60분 전에 통전한다.

해설 프레온 냉동장치의 경우 오일 포밍을 방지하기 위하여 오일 히터를 기동 30~60분 전에 통전한다.

참고 ● 냉동기 운전 준비사항
① 압축기의 유면을 점검한다. 모터는 필요에 따라 그 베어링의 유면을 점검한다.
② 냉매량을 확인한다.
③ 응축기, 유냉각기의 냉각수 출구 밸브를 연다.
④ 압축기의 흡입측 스톱 밸브 및 토출측 스톱 밸브를 완전히 연다.(단, 저압측에 액냉매가 고여있을 경우 흡입측 스톱 밸브를 닫아 둔다.)
⑤ 압축기를 여러 번 손으로 돌려서 자유롭게 움직이는가를 확인한다.
⑥ 운전 중에 열어두어야 할 밸브는 전부 열어 놓는다.
⑦ 액관 중에 있는 전자 밸브의 작동을 확인한다.
⑧ 벨트 장력의 상태를 점검한다.(직선과 장력) : 직결인 경우 커플링을 점검한다.
⑨ 전기결선, 조작회로를 점검하여 절연 사항을 측정해 둔다.
⑩ 냉각수 펌프를 운전하여 응축기 및 실린더 재킷의 통수를 확인한다.
⑪ 각 전동기에 대하여 수초 간격으로 2~3회 전동기를 기동, 정지시켜 보아 기동상태(전류와 압력), 회전방향을 확인해 둔다.

해답 **16.** ㉱ **17.** ㉯ **18.** ㉱

문제 19 압축기의 실린더(cylinder)를 냉각수로 냉각시키는 이유 중 해당되지 않는 것은?

㉮ 윤활 작용이 양호해진다.　　　　㉯ 체적 효율이 증대한다.

㉰ 실린더의 마모를 방지한다.　　　　㉱ 응축 능력이 향상된다.

해설 비열비가 큰 냉매를 압축시 토출 가스 온도상승을 막기 위하여 압축기 실린더 상부에 워터 재킷을 설치하여 냉각수로 냉각시키면 윤활작용과 체적효율이 증가하고 실린더 마모 및 압축기 과열이 감소된다.

문제 20 부하가 감소되면 서징(surging) 현상이 일어나는 압축기는?

㉮ 터보 압축기　　　　㉯ 왕복동 압축기

㉰ 회전 압축기　　　　㉱ 스크루 압축기

해설 원심식 압축기인 터보 압축기는 일정 한계 이하의 유량으로 운전시 서징(surging) 현상이 발생한다.

문제 21 냉동설비의 설치공사 완료 후에는 시운전 또는 기밀시험을 실시하여 정상인 것을 확인한 후 고압가스를 제조하여야 한다. 시운전이나 기밀시험에 사용할 수 없는 것은?

㉮ 공기　　　　㉯ 산소

㉰ 질소　　　　㉱ 탄산가스

해설 기밀시험에 사용되는 가스는 불연성 가스로 공기, 질소, 이산화탄소 등을 사용한다.

문제 22 가연성 및 독성의 냉매설비에서 냉동능력 1[RT]당 강제 통풍능력으로 옳은 것은?

㉮ 냉동능력 1[RT]당 0.5[m^3/min]　　　㉯ 냉동능력 1[RT]당 1[m^3/min]

㉰ 냉동능력 1[RT]당 1.5[m^3/min]　　　㉱ 냉동능력 1[RT]당 2[m^3/min]

해설　● 가연성 및 독성 가스를 냉매로 사용하는 냉매설비에서의 통풍능력
① 통풍구 : 냉동능력 1[RT]당 0.05[m^2] 이상
② 기계통풍장치 : 냉동능력 1[RT]당 2[m^3/분] 이상

문제 23 냉동제조시설 중 압축기 최종단에 설치한 안전장치의 작동 점검 기준으로 옳은 것은?

㉮ 3월에 1회 이상　　　　㉯ 6월에 1회 이상

㉰ 1년에 1회 이상　　　　㉱ 2년에 1회 이상

해설　● 안전장치 작동점검 기준
① 압축기 최종단위 안전 밸브 : 1년 1회 이상
② 기타 : 2년에 1회
③ 냉동설비에 쓰이는 압축기 최종단의 안전 밸브 : 6개월에 1회 이상

해답　**19.** ㉱　**20.** ㉮　**21.** ㉯　**22.** ㉱　**23.** ㉰

8-1. 배관재료

1. 배관재료

(1) 관의 종류와 용도

① 관용 재료 : 관은 재료의 종류에 따라 다음과 같이 분류할 수 있다.
  ㉮ 강관 : 탄소강관, 합금강관, 스테인리스 강관, 특수관
  ㉯ 주철관 : 수도용관, 배수용관
  ㉰ 비철금속관 : 동관, 구리 합금관, 납관, 알루미늄관
  ㉱ 비금속관 : 합성수지관, 석면시멘트관, 철근 콘크리트관, 도관

② 강관 : 배관용 강관에는 탄소강관, 수도용 아연 도금강관, 압력배관용 탄소강관 등이 있다. K·S 규격에는 강관의 호칭을 mm(A) 또는 inch(B)로 나타낸다.
  ㉮ 탄소강관 : C 0.25[%] 이하, S과 P 0.04[%] 이하 함유. 인장강도 22[kg/mm^2] 이상 이다.
  ㉯ 합금강관 : 재질은 C 0.1~0.15[%] 정도이고 Mo강, Cr-Mo강으로서 Cr의 함유량 이 많을수록 내식성이 좋아진다. 인장강도 39~42[kg/mm^2]이다.
  ㉰ 스테인리스강관 : 27종~32종까지 6종이 있고 페라이트계(표준 Cr 13[%])와 오스 테나이트계(표준 Cr : N = 18[%] : 8[%])가 있으며 인장강도 52[kg/mm^2]이다.
  ㉱ 특수관
    ㉠ 모르타르 라이닝 강관 : 부식 방지를 위해 강관의 내면에 시멘트 모르타르를 얇 게 바르고 외면에 아스팔트를 바른 관
    ㉡ 합성수지 라이닝 강관 : 내식, 내한, 내약품성을 높이기 위해 강관의 외면에 폴리 에틸렌 등의 합성수지 피막을 입힌 강관으로 석유, 제약 등의 화학공장과 상하수 도, 공업용수 등의 수송관에 이용
    ㉢ 알루미늄 도금 강관 : 관의 표면에 Al종 또 철, Al 합금 종을 형성시켜 만든 관으

　　　　로 내열 내유화성이 우수하여 열교환기, 응축기 등에 사용

　　㉯ 관의 두께 : 강관의 두께는 스케줄 번호(schedule mumber)로 나타내며 스케줄 번호
　　　에는 SCH 10, 20, 30, 40, 60, 80 등이 있고 번호가 클수록 관의 두께가 두꺼워진다.

$$스케줄\ 번호\ (SCH) = \frac{P(사용압력\ kg/cm^2)}{S(허용응력\ kg/mm^2)} \times 10 = 10 \times \frac{P}{S}$$

$$관두께\ t = \left(10 \times \frac{P}{S} \times \frac{P}{1750} \right) + 25.4$$

❑ KS 규격에 의한 강관의 종류와 용도

종　　류		KS 규격 기호	용　　도
수 도 용	수도용 아연 도금 강관	SPPW	정수두 100[m] 이하의 수도로서 주로 급수배관용. 호칭 지름 10~300[A]
	수도용 도복장 강관	STPW-A SPPW-C	정수두 100[m] 이하의 수두로서 주로 급수 배관용. 호칭 지름 80~1,500[A]
배 관 용	배관용 탄소강 강관	SPP	사용 압력이 낮은 증기, 물, 기름, 가스 및 공기 등의 배관용. 호칭 지름 15~500[A]
	압력 배관용 탄소강 강관	SPPS	350[℃] 이하에서 사용하는 압력 배관용. 관의 호칭은 호칭 지름과 두께(스케줄 번호)에 의하여 호칭 지름 6~500[A]
	고압 배관용 탄소강 강관	SPPH	350[℃] 이하에서 사용 압력이 높은 고압 배관용. 관지름 6~168.3[mm] 정도이나 특별한 규정이 없다.
	배관용 아크 용접 탄소강 강관	SPPY	사용 압력 10[kg/cm²]의 낮은 증기, 물, 기름, 가스 및 공기 등의 배관용. 호칭 지름 350~1,500[A]
	고온 배관용 탄소강 강관	SPHT	350[℃] 이상 온도의 배관용(350~450[℃]). 관의 호칭은 호칭 지름과 스케줄 번호에 의한다. 호칭 지름 6~500[A]
	저온 배관용 강관	SPLT	빙점 이하 특히 저온도 배관용. 호칭 지름 6~500[A]. 두께는 스케줄 번호로 표시
	배관용 합금강 강관	SPA	주로 고온도의 배관용. 호칭 지름 6~500[A]. 두께는 스케줄 번호로 표시
	배관용 스테인리스 강관	STS×TP	내식용, 내열용 및 고온 배관용. 저온 배관용에도 사용된다. 호칭 지름 6~300[A]. 두께는 스케줄 번호로 표시
열 전 달 용	보일러·열교환기용 탄소강 강관	STH	관의 내외에서 열의 수수를 행함을 목적으로 하는 장소에 사용된다. 보일러의 수관, 연관, 과열관, 공기 예열관, 화학 공업, 석유 공업의 열교환기, 가열로 관 등을 사용
	보일러·열교환기용 합금강 강관	STHA	
	보일러·열교환기용 스테인리스 강관	STS×TB	
	저온 열교환기용 강관	STLT	빙점하의 특히 낮은 온도에서 관의 내외에서 열의 수수를 행하는 열교환기관, 콘덴서관
구 조 용	일반 구조용 탄소강관	SPS	토목, 건축, 철탑, 지주와 기타의 구조물 용
	기계 구조용 탄소강 강관	STM	기계, 항공기, 자동차, 자전거 등의 기계 부분품용
	구조용 합금강 강관	STA	항공기, 자동차, 가타의 구조물용

③ 주철관 : 주철관은 내식성, 내마모성이 우수하고 다른 금속관에 비해 내구성이 우수해 급수관, 배수관, 도시가스 공급관, 통신용 케이블 매설관, 화학공업용관, 광산용 양수관 등 주로 매설관으로 사용. 재질에 따라 보통 주철관과 고급 주철관으로 분류된다.

㉠ 수도용 수직 주철관 : 주조할 때 관의 중심선이 수직으로 되게 주형을 세워 선철을 용해, 주입하여 만든 것으로 보통 압관(최대 사용수두 75[m] 이하)과 저압관(45[m] 이하)이 있다.

㉡ 수도용 원심력 모래형 주철관 : 주물사로 만든 주형을 회전시키면서 용융 선철을 원심력을 이용하여 만든 관으로 재질이 치밀하고 두께가 균일하며 강도가 크다. 고압관(최대사용 정수도 100[m] 이하), 보통 압관(75[m] 이하), 저압관(45[m] 이하)의 세 종류가 있다.

㉢ 수도용 원심력 금형 주철관 : 수냉식 금형을 주형으로 사용. 모래형 원심력 주철관과 같은 방법으로 원심력을 이용하여 주조한 관으로 급속 냉각이 되므로 표면에 칠(chill) 현상이 생겨 경도와 강도가 커진다.

㉣ 원심력 모르타르 라이닝 주철관 : 관의 내면에 원심력을 이용하여 모르타르를 균일하게 바른 관으로 녹의 발생을 방지한다.

㉤ 배수용 주철관 : 오물의 배수용으로 사용되며 내식성을 높이기 위해 관의 내외에 콜타르를 바르기도 한다. 내압은 받지 않으므로 두께가 얇다.(1종과 2종이 있다.)

㉥ 주철관은 접합부의 모양에 따라 플랜지관, 소켓관, 메커니컬 조인트관 등으로 구분된다.

④ 동관 및 동합금관
㉠ 동 및 동합금관의 특성
  ㉠ 담수에는 내식성이 크나 연수에 침식
  ㉡ 경수에는 아연화동, 탄산칼슘 보호막이 생겨 부식 방지
  ㉢ 건조한 대기 중에서는 변하지 않으나 탄산가스가 있는 대기 중에서 청녹색의 산화막 생성
  ㉣ 유기약품, 알칼리성에는 내식성 우수
  ㉤ 암모니아수, 암모니아 습증기, 초산, 황산, 염산 등에 침식

㉡ 종류
  ㉠ 이음매 없는 터프 피치 동관(TCuP) : 열전도율이 좋고 내식성이 우수하여 열교환기, 급수관, 압력계관, 제당공장, 화학공장의 배관에 사용
  ㉡ 이음매 없는 탈산 동관(DCuP) : 산소량이 많은 전기동을 인(P)으로 탈산하여 냉간인발하여 제조, 전기 냉장고, 급수관, 가솔린관, 송유관 등에 사용
  ㉢ 구리 합금관 : 황동관(BsSTx), 복수기용 청동관(BsPF), 단동관(RBsPxS), 규소청동관(BiBP, Si 2.5~3.5[%] 함유), 니켈동합금관(N-CuP) 등이 있으며 복수기, 가열기, 증류기, 냉각기 등의 열교환기용으로 사용

⑤ 납(Pb)관 : 초산, 염산, 질산 등에 침식되나 그 밖의 산에 강하며 알칼리성에 약하다.
   ㉮ 수도용 납관 : 정수두 75[m] 이하의 수도에 사용하는 납관은 안지름 10~15[mm] 정도의 가는 수도인 입관에 사용되며 1종(Pb : 99.8[%] 이상), 2종(안티몬, 동, 주석 합금관) 2가지 종류가 있다.
   ㉯ 배수용 납관 : 상온에서 가공성이 크므로 세면기의 트랩과 배수관 화장실 변기에 배수관으로 사용되며 특히 좁은 장소에서 복잡한 가공이 많이 사용된다.

⑥ 알루미늄관 : 물, 공기, 증기에 강하며 아세톤, 아세틸렌, 기름에 침식되지 않으나 알 칼리, 염산, 황산 등에 약하다. 이음매 없는 알루미늄 합금관 알루미늄 합금 용접관 등이 있으며 열교환기, 선박, 차량 등의 특수용에 사용

⑦ 비금속관
   ㉮ 석면 시멘트관 : 이터닛관(eternit pipe)라고도 하며 아스베스트(석면 섬유)와 보통 시멘트를 중량비 1:5로 혼합, 물로 반죽하여 성형하고 수중에서 7일 이상 담가서 경 화시킨 후 대기 중에서 완전 경화시킨다. 내식성, 내알칼리성이 우수하고 강하며 고 압(항장력 250~300[kg/cm^2])에 잘 견딘다. 수도용관, 가스관, 배수관 등으로 사용
   ㉯ 철근 콘크리트관
      ㉠ 보통 철근 콘크리트관 : 형틀에 철근을 넣고 콘크리트를 다져서 만든 관으로 조 직이 거칠고 기공이 많아 강도가 약하나 보통 배수관으로 사용
      ㉡ 원심력 철근 콘크리트관 : 흄관(hume pipe)이라고도 하며 원심력을 이용하여 만 들므로 조직이 치밀하고 강도가 높다. 압력을 필요로 하는 배수관에 사용
   ㉰ 도관 : 점토를 주원료로 하여 성형, 소성하여 만들며 보통관, 후관, 특후관이 있다.
      ㉠ 보통관 : 가정의 배수관, 농업관계용 수관으로 사용
      ㉡ 후관 : 도시의 하수관으로 이용
      ㉢ 특후관 : 철도용 배수관으로서 주로 매설용으로 사용
   ㉱ 합성수지관 : 석유, 석탄, 천연가스 등으로부터 얻어지는 에틸렌, 프로필렌, 아세틸 렌, 벤젠 등을 주원료로 하여 제조
      ㉠ 합성수지의 종류
         ⓐ 열경화성 수지 : 페놀수지, 요소수지, 멜라닌수지, 폴리에스테르수지, 규소수지 등
         ⓑ 열가소성 수지 : 스티롤수지, 염화비닐, 폴리에틸렌, 초산비닐, 아크릴수지
      ㉡ 합성수지의 특징
         ⓐ 가볍고 튼튼하며 가공성이 크고 성형이 간단하다.
         ⓑ 전기 절연성이 좋고 산·알칼리 유류, 약품 등에 강하나 열에 약하다.
         ⓒ 투명한 것이 많고 착색이 자유로우며 비중 강도비가 높다.
      ㉢ 합성수지관의 종류
         ⓐ 경질 염화 비닐관 : 일반관(VP), 박관(VU), 수도관(VW) 등이 있고 일반관은 해 수용관 약액수송관으로 사용. 박관은 배수관, 통기관으로 사용하며 특히 모든 산

과 알칼리에 강하나 50[℃] 이상의 고온이나 낮은 온도(−18[℃]에서 취화)에서 사용하기 곤란하며 온도의 변화가 심한 곳에서 노출시켜 직선배관할 때 30~40[m]마다 신축 이음을 해야 한다.

　ⓑ 폴리에틸렌관 : 에틸렌을 주원료로 하여 만든 관으로 우유색이 난다. 광선에 약하므로 장시간 직사광선을 받으면 산화되어 황색으로 변하기 때문에 카본 블랙을 첨가하여 흑색관으로 만든다. 비중(0.92~0.96)이 작고 연화 온도가 90[℃] 정도이며 충격에도 잘 견디며 −60[℃]에서도 잘 견디므로 추운 지방의 배관에 적당하다.

(2) 관 이음 재료

① 관이음 재료의 용도

　㉮ 배관 통로의 방향을 바꿀 때 : 엘보, 벤드 …

　㉯ 분기관을 마련할 때 : 티, 크로스, 와이 …

　㉰ 지름이 같은 관을 직선으로 연결시킬 때 : 소켓, 유니언, 플랜지 …

　㉱ 지름이 서로 다른 관을 접속시킬 때 : 이경 소켓(레듀서), 이경 티, 부싱 …

　㉲ 관의 끝을 폐쇄할 때 : 플러그, 캡 …

② 관 이음 재료의 크기 표시 방법 : 일반적으로 관용 테이퍼가 깎여 있으므로 그 크기를 나타낼 때는 관용테이퍼 나사의 표시 방법을 따른다.

　㉮ 구경이 2개인 경우 : 큰 것을 ①, 작은 것을 ②의 순서로 나타낸다.

　　[예] 3/4×1/2 엘보, 3×2 레듀서

　㉯ 구경이 3개인 경우 : 동일 중심선상 또는 평행한 중심선 위에서 지름 큰 것을 ①, 조금 작은 것을 ②, 나머지를 ③의 순서로 나타낸다.

　　[예] 1/2×3/4×3/8 티, 2×2×3/4 티

　㉰ 구경이 4개인 경우 : 지름이 가장 큰 것을 ①, 이것과 동일한 중심선 위에 있는 것을 ②, 나머지 2개 중 지름이 큰 것을 ③, 작은 것을 ④의 차례로 나타낸다.

　㉱ 90° 와이의 경우에는 지름이 큰 것을 먼저 나타내고 작은 것을 차례로 나타낸다.

③ 강관용 이음쇠 : 강관용 이음쇠는 이음 방법에 따라 나사식, 용접식, 플랜지식, 이음쇠가 있다.

　㉮ 용접식 이음쇠 : 접속부의 모양에 따라 맞대기 용접식과 슬리브 용접식이 있고 재질에 따라 일반 배관용과 특수 배관용이 있다.

　　㉠ 일반 배관용 이음쇠 : 탄소강관을 맞대기 용접할 때 사용

　　㉡ 특수 배관용 이음쇠 : 압력 배관, 고온·고압 배관, 저온 배관 스테인리스 강관 등 합금 강관을 용접으로 접속할 때 사용

　　㉢ 맞대기 용접식 이음쇠 : 45° 엘보(L), 90° 엘보(L 및 S), 180° 엘보(L 및 S)의 호칭 지름과 같은 경우이고, L : 굽힘 반지름이 호칭 지름의 1.5배 됨을 뜻한다.)

　　ⓛ 슬리브 용접식 이음쇠 : 이음쇠에 마련된 구멍에 접속관을 끼운 후 용접한다.
　ⓝ 나사식 이음쇠 : 50[A] 이하의 관이음에 사용하며 다음과 같은 것이 있다.
　　㉠ 가단 주철제 이음쇠 : 흑심 가단 주철로 복잡한 모양을 쉽게 만들 수 있으며 $25[kg/cm^2]$의 수압과 $5[kg/cm^2]$ 공기압 시험에 합격된 것만 사용하도록 규정되어 있다.
　　㉡ 강관제 이음쇠 : 탄소강관과 같은 재질로 만들며, 물, 기름, 증기 등의 일반 배관용에 사용한다.
　　㉢ 배수관용 이음쇠 : 탄소강관을 배수관으로 사용할 때 이용하는 이음쇠로 주철제와 가단 주철제가 있고 이음부의 유체 저항을 줄이고 오물이 쌓이지 않게 관의 안지름과 이음쇠의 안지름이 일치되도록 만들어졌다.
　ⓓ 플랜지식 이음쇠 : 고압 파이프 라인 또는 밸브, 펌프, 열교환기 및 각종 기기를 접속시킬 때 관을 자주 해체하거나 교환할 필요가 있을 때 사용
　　㉠ 재질 : 강관, 주철, 주강, 청동, 황동 등으로 만든다.
　　㉡ 종류
　　　ⓐ 전면 접촉(시트) 플랜지 : 호칭 압력 $16[kg/cm^2]$ 이하에 사용
　　　ⓑ 대면 접촉(시트) 플랜지 : 호칭 압력 $63[kg/cm^2]$ 이하에 사용되며 패킹재는 연질을 사용하는 것이 좋다.
　　　ⓒ 소면 접촉(시트) 플랜지 : 호칭 압력 $16[kg/cm^2]$ 이상에 사용되며 패킹재는 경질을 사용하는 것이 좋다.
　　　ⓓ 끼워맞춤 접촉(시트) 플랜지 : 호칭 압력 $16[kg/cm^2]$ 이상, 기밀을 요하는 곳에 사용
　　　ⓔ 홈 접촉(시트) 플랜지 : 호칭 압력 $16[kg/cm^2]$ 이상이고, 위험성이 큰 유체의 배관, 큰 기밀을 필요로 하는 배관에 사용

구 분	종　　　　　　　　류
엘보	엘보, 암·수 엘보, 45° 엘보, 46° 암·수 엘보, 리듀서 엘보, 리듀서 암·수 엘보
T	T, 암·수 T, 리듀서 T, 리듀서 암·수 T, 편심 리듀서 T
Y	45°Y, 90°Y, 리듀서 소켓, 편심 리듀서 소켓
밴 드	밴드, 암·수 밴드, 45° 암·수 밴드, 리턴·밴드
니 플	니플, 리듀서·니플
기 타	유니온, 스톱·너트, 푸시, 플러그, 캡

④ 주철관용 이형관(이음쇠)
　㉮ 수도용 주철관 이음쇠 : 접합부의 모양에 따라 소켓관·플랜지관이 있으며 직선배관, 굴곡배관, 유량계 등의 계기를 접속시킬 부분에 사용
　㉯ 배수용 주철관 이음쇠 : 배수의 흐름을 원활하게 하고 접합부에 오물이 쌓이지 않도록 만들어야 하며 주로 소켓관으로 만들어져 있으나 배수용 납관과 연결할 때에는 플랜지관으로 만든 것을 사용해야 한다.

⑤ 동관용 이음쇠 : 동관용 이음쇠에는 동관과 같은 재질로 만든 것과 동합금 주물로 만든 것이 있고 접속 방법에 따라 땜 접합(납땜, 황동납땜, 은납땜)에 쓰이는 슬리브식과 관 끝을 나팔 끝 모양으로 넓혀 플레어 너트로 죄어서 접속하는 플레어식 이음쇠가 있다.

⑥ 비금속관 이음용 재료

  ㉮ 석면 시멘트관용 이음관

    ㉠ 심플렉스 접합 : 주철재 칼러의 홈에 고무링을 끼운 다음 관을 링 안에 넣어 수밀을 유지토록 한 것

    ㉡ 기 볼트 이음관 : 주철제의 슬리브와 고무링 및 플랜지를 사용하여 볼트로 조여 접합한다. 약간의 탄력성을 갖는다.

  ㉯ 도관용 이음관 : 도관과 같이 점토를 주원료로 만들며 보통관용과 후관용이 있다.

  ㉰ 합성 수지관용 이음관 : 경질 염화 비닐관용과 폴리에틸렌관용이 있고 경질 염화 비닐관에는 수도용과 배수용으로 나눈다.

(3) 관의지지 재료

관의 신축, 동요, 하중 등에 의하여 과도한 변형 및 응력이 생기지 않도록 하기 위해 사용하며 간단한 구조로서 충분한 강도를 유지해야 한다.

① 행거(hanger) : 관을 천장에 걸어 지지하게 하는 장치로 리지드식, 스프링식, 콘스탄스식 등이 있다.

  ㉮ 리지드 행거 : I(아이) 빔에 턴 버클을 연결하여 관을 매다는 방법

  ㉯ 스프링 행거 : 턴 버클 대신 스프링을 사용한 것으로 충격, 진동 등을 흡수할 수 있다.

  ㉰ 콘스탄트 행거 : 배관의 상하 운동을 어느 정도 허용하는 구조로 만들어 관의 지지력을 일정하게 한 것

② 서포트(support) : 관을 밑에서 떠받쳐 지지하는 장치

  ㉮ 리지드 서포트(rigid support) : 강도가 높은 재료로 만든 빔으로 여러 개의 관을 동시에 지지할 수 있다.

  ㉯ 파이프 슈(pipe sheo) : 관에 직접 접속하여 지지하는 것으로 배관의 수평부와 곡관부를 지지

  ㉰ 롤러 서포트(roller support) : 관의 축 방향의 운동을 자유롭게 하기 위해 롤러지지

  ㉱ 스프링 서포트(spring support) : 스프링에 의해 관의 하중에 따라 상하 운동을 다소 허용하는 지지대

③ 리스트레인트(restraint) : 관을 지지하며 열팽창에 의한 배관의 운동을 구속 또는 제한하는 관 지지물

  ㉮ 앵커 : 볼트를 콘크리트에 매설하여 관이 완전히 고정하는 장치로 진동이 심한 곳에 사용

　　㉯ 스톱 : 관을 일정한 방향으로 운동하게 하고 회전을 구속하는데 사용

　　㉰ 가이드 : 관을 축 방향으로만 운동을 하고 직가 방향의 운동을 구속하는데 사용. 파이프 랙(pipe rack) 위 배관의 곡관 부분과 신축 이음부분에 설치한다.

④ 브레이스(brace : 방진 이음) : 펌프, 압축기 등에서 발생하는 기계의 진동을 흡수하는 방진기와 수격작용, 지진 등에서 일어나는 충격을 완화하는 완충기가 있으며 종류에는 스프링식과 유압식이 있다.

(4) 단열 재료 피킹 및 도료

① 단열재료 : 냉동기계 및 열기관(보일러의 배관) 등의 열손실을 방지하기 위해 단열재(보온재)를 사용하며 유기질 단열재와 무기질 단열재로 나눈다.

　㉮ 유기질 단열재

　　㉠ 펠트(felt) : 양털, 쇠털 등의 동물성 섬유로 만든 것과 삼베, 면 그밖의 식물성 섬유를 혼합하여 만든 것이 있다.

　　　ⓐ 쇠털을 사용하여 펠트 모양으로 만든 것은 곡면 부분의 단열에 편리하며 노출된 관의 보온용으로 사용

　　　ⓑ 아스팔트 또는 아스팔트천으로 방습 가공한 것은 $-60[℃]$ 정도의 보냉용으로 사용

　　㉡ 코르크(cork) : 액체나 기체를 잘 통과시키지 않으므로 보냉이나 보온 재료로서 효과가 우수하므로 냉수, 냉매 배관, 냉각기, 펌프 등의 보냉용으로 사용

　　　ⓐ 탄화 코르크는 판형, 원통형의 금속 모형으로 압축한 다음 $300[℃]$로 가열하여 만든다.

　　　ⓑ 재질이 연하고 굽힘성이 없으므로 곡면에 사용하면 균열이 생기기 쉽다.

　　㉢ 기포성 수지 : 합성수지 도는 고물질 재료를 사용하여 다공질로 만든 것으로 열전도율이 낮고 가벼우며 부드럽고 불연성이기 때문에 보온, 보냉 재료로서 효과가 높다.

　㉯ 무기질 단열재료

　　㉠ 석면 : 아스베스토스를 주원료로 하여 만든다.

　　　ⓐ 장점 : 균열이 생기거나 부숴지는 일이 없어 선박과 같은 진동이 심한 곳에서 사용할 수 있다.

　　　ⓑ 용도 : $400[℃]$ 이하의 관, 탱크, 노벽 등의 보온재료 적당하다.

　　㉡ 암면 : 암산암, 현무암 등에 석회석을 섞어 용해하여 섬유 모양으로 만든다.

　　　ⓐ 단점 : 석면에 비해 섬유가 거칠고 굳어서 부숴지기 쉽다.

　　　ⓑ 용도 : 식물성, 동물성, 합성수지 등의 접착제를 써서 띠, 관, 원통형으로 가공하여 $400[℃]$ 이하의 관, 덕트, 탱크 등의 보온재료 사용

　　㉢ 규조토 : 광물질의 잔해 퇴적물로 좋은 것은 순백색이고 부드럽고 불순물을 함유하고 있는 것은 황색, 회록색을 띠고 있으며 보통 불순물이 많이 함유된 것이 사용되고 있다.

ⓐ 단점 : 다른 보온재에 비해 단열 효과가 나쁘므로 두껍게 시공해야 한다.

ⓑ 500[℃] 이하의 관, 탱크, 노벽 등의 보온에 사용

㉣ 탄산마그네슘 : 염기성 탄산마그네슘 85[%], 석면 15[%]를 배합하여 물에 개어서 사용하는 보온재이다.

ⓐ 장단점 : 가볍고 보온성이 우수하나 300~320[℃]에서 열분해된다.

ⓑ 용도 : 방습 가공하여 옥외 배관, 습기가 많은 지하 덕트의 배관에 사용하며 250[℃] 이하의 관, 탱크 등의 보온재로 사용

② 패킹 재료

㉮ 플랜지 패킹

㉠ 고무 패킹 : 탄성이 크고 약품에 침식되지 않으므로 기름, 증기, 온수, 냉매 배관에 사용

㉡ 석면 조인트 시트 : 석면은 천연섬유로 강인한 특징이 있다. 석면 조인트 시트의 내열도가 450[℃]로 높아 고온·고압 증기용으로 사용

㉢ 합성수지 패킹 : 불소(F)를 함유한 탄화물은 패킹 재료로 우수하다. 테프론(teflon : 테트라불화 에틸렌을 기체로 한 수지)은 약품이나 기름 및 강한 산에도 침식되지 않으며 내열 범위는 −260~260[℃]이나 탄성이 부족하여 석면, 고무와 같이 사용

㉣ 오일 실 패킹 : 한지나 질긴 성질의 종이를 일정한 두께로 겹쳐 내유가공한 것으로 열에 약하다. 펌프, 기어 박스 등에 사용

㉤ 금속 패킹 : 철, 구리, 황동, 알루미늄, 납, 모넬 메탈 등의 연질 금속이 사용되나 탄성이 적어 높은 온도에서 팽창이나 진동으로 유체가 새는 단점이 있다.

㉯ 나사용 패킹 : 나사용 패킹은 페인트, 1산화납(litharge), 액상 합성 수지 등이 사용된다.

㉰ 글랜드 패킹 : 글랜드 패킹은 밸브의 회전 부분에 사용하며 석면 각형, 석면 야안, 아마존, 몰드 패킹 등이 있다.

㉱ 가죽 패킹 : 쇠가죽, 말가죽, 돼지가죽이 사용되며 유연성, 강인성, 방수성 및 통기성을 주기 위해 타닌 처리나 크롬 처리를 한다.

㉠ 타닌 처리한 쇠가죽 : 치밀하고 딴딴하여 잘 늘어나지 않는다. 내열성이 약하다.

㉡ 크롬 처리한 쇠가죽 : 연하고 늘어나기 쉬우며 내열성이 좋다.

③ 도료

㉮ 페인트 : 아연화 연백 등의 안료를 액체로 된 접착제로 반죽하여 만든 것으로 도장막은 은폐력이 커서 소재 금소이 보이지 않는다. 종류는 다음과 같다.

㉠ 사용하는 접착제(물, 기름, 니스 등)의 종류에 따라 수성 페인트, 유성 페인트, 에나멜 등이 있다.

㉡ 물결 모양 페인트 : 되게 갠 풀처럼 생긴 페인트로 보일유로 녹여서 사용

④ 니스 : 수지 또는 합성 수지를 용제로 용해한 정제 니스와 정제 니스에 건성유를 융합한 유성 니스가 있다. 또한 정제 니스에 질산 셀룰로이드를 첨가한 것을 래커 (lacquer)라 한다.

④ 녹막이 도료(방청도료 또는 내식 도료)

㉠ 연단 도료(광명단) : 과산화납(Pb_3O_4)을 아마인유에 혼합한 것으로 밀착력이 크고 풍화에 대한 저항력이 강하여 다른 도료의 밑 바탕 도장에 사용

㉡ 아연화납 도료 : 납가루를 기름으로 갠 것으로 치밀한 막을 만들며 녹막이 효과가 크다.

㉢ 산화철 도료 : 산화철의 양이 적을수록 빨갛고 많을수록 짙은 자색을 나타내며 값이 싸서 많이 사용한다.

㉣ 크롬산납 도료 : 붉은색의 크롬산납을 안료로 하는 유성 페인트로 소량의 산화납을 가하여 사용

㉤ 알루미늄 분말 도료 : 산화 알루미늄(Al_2O_3) 분말을 유성 니스에 혼합한 것으로 녹막이 효과가 크며 밑바탕 도장 후에 유성 페인트를 사용하면 녹막이 효과가 더욱 커진다.

④ 내산 도료 : 산이나 알칼리에 관의 표면을 보호하기 위해 사용

㉠ 아스팔트 : 산이나 알칼리에 대한 저항력이 커서 화학공업용으로 많이 사용

㉡ 합성수지계 도료 : 내산성이 강한 비닐계 수지, 페놀계 수지, 프탈계 수지 등을 액체로 하고 가소제 용제 등을 배합한 도료로서 모든 약품에 저항이 강하다.

㉢ 염화고무계 도료 : 염화 고무에 안료, 가소제, 용제 등을 배합한 것으로 내산, 내알칼리성이 강하다.

④ 내열 도료

㉠ 소부 니스 : 100~120[℃] 정도 소부하는 투명니스와 180[℃] 이상 소부하는 흑색 니스가 있다.

㉡ 멜라닌 도료 : 내열도 150[℃] 정도

㉢ 실리콘 도료 : 내열도 약 200[℃] 정도로서 내열 도료 중에서 가장 내열도가 높다.

8-2. 배관공작

1. 배관공구와 공작

① 수공구에 의한 절단

㉮ 쇠톱 : 크기는 피팅 홀의 간격으로 나타내며 200[mm], 250[mm], 300[mm]의 것이 있고 피치는 1인치(inch)당 산수로 나타내며 피삭재의 종류에 따라 같은 것이 있다.

❏ 쇠톱의 톱니 모양과 용도

톱니 모양	톱니수(25.4(mm))당	용 도
크다	14~16	연한 재료(알루미늄 등)
중간	18~25	일반 구조용 철재, 단단한 재료
작다	25~32	단단한 재료, 두께가 얇은 철판, 파이프 등의 재료

    ㉠ 절단 방법 : 절단할 부분을 날 끝으로 가볍게 왕복시켜 표시한 후 전체의 길이를
    이용하여 절단
    ㉡ 절단시 유의점
      ⓐ 톱날이 관축에 직각으로 유지할 것
      ⓑ 절단이 끝날 무렵 가볍고 짧은 행동으로 절단
  ㉯ 파이프 커터 : 1매날과 3매날이 있는데 1매날은 주로 6-75[A]까지, 3매날은
  15-150[A] 정도의 대구경 파이프의 절단에 사용
    ㉠ 절단 방법 : 날과 직각으로 관을 끼운 다음 조정나사 핸들을 돌리면서 관 둘레를
    회전시켜 절단한다.
    ㉡ 절단시 유의점 : 절단면에 턱이 생겨 유체의 흐름을 방해하므로 리머 가공으로
    턱과 거스러미를 제거해야 한다.

② 동력 전달기에 의한 절단
  ㉮ 포터블 소잉 머신 : 쇠톱을 전동화한 것으로 고정된 프레임이 크랭크 기구 또는 편
  심기구에 의해 왕복운동을 하며 절단한다. 이동시켜 쓸 수 있다.
  ㉯ 고정식 소잉 머신 : 지름이 큰 관이나 공장에서 대량 절단할 때 사용
  ㉰ 커팅 휠 절단기 : 두께 0.5~3[mm] 정도의 얇은 원판 휠을 사용하며 이 때 휠이
  깨지지 않도록 절단 속도 가압피드를 일정하게 유지해야 한다.
  ㉱ 관 전용 절단기 : 공장에 설치하여 지름이 큰 관을 절단하는데 사용한다.

③ 가스에 의한 절단 : 일반적으로 산소-아세틸렌을 사용하여 수동 또는 자동으로 절단
하여 절단면이 깨끗하지 못한 단점이 있다.

(2) 동 및 그밖의 관의 절단

① 동관의 절단 : 20[A] 이하의 관은 커터를 20[A] 이상의 관은 주로 쇠톱을 사용하여
절단하며 단면에 변형이 생겼을 때는 사이징 툴을 사용하여 교정한다.
② 납관의 절단(연관 절단) : 연관 톱을 이용하여 전달하며 재질이 연하여 톱날이 걸리
거나 찢어지고 변형이 생기므로 관지름에 맞는 나무봉을 끼워 전달한다.
③ 스테인리스 강관의 절단 : 쇠톱이나 소잉 머신 커팅 휠 절단기를 사용하여 절단하며
톱날은 1인치에 대해 32산의 것이 적당하다.
  ㉮ 절단 속도가 너무 빠르면 톱날이 과열되어 절단이 잘 안된다.
  ㉯ 커팅 휠로 절단할 때는 스테인리스용을 사용, 고속회전으로 절단한다.

④ 주철관의 절단 : 지름이 작은 주철관은 쇠톱이나 소잉 머신으로 절단하거나 정으로 깎아 절단하고 지름이 큰 관은 체인식 파이프 커터를 사용하여 절단한다.

⊡ 주철관의 지름과 커터수

호칭 번호	절단할 수 있는 관의 지름	커터수
	주철관	
No. 1	75[mm](3[B]) ~ 150[mm](6[B])	8
N0. 2	75[mm](3[B]) ~ 200[mm](8[B])	10

⑤ 합성 수지관의 절단 : 강관용 쇠톱이나 파이프 커터를 이용하여 절단하고 거스러미 (burr)를 제거하여 배관시공 후 각종 기기의 고장 원인을 없애야 한다.

(3) 강관에 나사내기

① 관용 나사 : 관용 나사는 휘트워드 나사(whitworth screw thread)를 기본으로 하여 관용 평행 나사와 테이퍼 나사(테이퍼 1/16 ″[inch]=1.5883[mm])가 깎여 있다.

② 강관에 나사내기

㉑ 수공구에 의한 나사내기 : 수공구에 의한 나사내기는 25[A] 이하는 한 사람이 50[A] 이하는 두 사람이 100[A] 이하는 세 사람이 작업한다.

⊡ 나사내기 공구와 관의 지름

형 식	번 호	사용관의 지름
오스터형	102	8[A] ~ 32[A]
	104	15[A] ~ 50[A]
	105	40[A] ~ 100[A]
	107	65[A] ~ 100[A]
래 칫 식 오스터형	112R	8[A] ~ 32[A]
	114R	15[A] ~ 50[A]
	115R	40[A] ~ 80[A]
	117R	65[A] ~ 100[A]
리 드 형	5RC	40[A] ~ 65[A]
베 이 비 리 드 형	2R3	15[A] ~ 25[A]
	2R4	15[A] ~ 32[A]
	2R5	8[A] ~ 5[A]

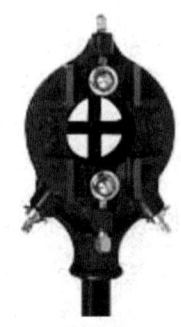

⊡ 리드형 나사 절삭기

㉠ 오스터형 나사 절삭기 : 4개의 날이 1조로 되어 있고 15~20[A]는 나사산이 14 산, 25~250[A]는 나사산이 11산으로 되어 있다.

㉡ 리드형 나사 절삭기 : 2개의 날이 1조로 되어 있는데 날의 뒤쪽에는 4개의 조로 파이프의 중심을 맞출 수 있는 스크롤이 있다.

㉯ 동력 나사 절삭기 : 동력을 이용하여 나사를 절삭하는 기계는 오스터를 이용한 것. 다이 헤드(die head), 호브(hob) 등을 이용한 것이 있으며 파이프의 절단, 나사절삭 리머 작업도 할 수 있게 되어 있다.

(4) 관의 접합

① 강관 접합

㉮ 나사 이음용 공구

㉠ 바이스(vice)

ⓐ 수평 파이프 바이스 : 수평 바이스와 파이프 바이스를 겸용할 수 있는 것으로 20~75[mm]의 파이프를 고정할 수 있고 수평 바이스의 조(jaw) 폭은 100~125[mm]의 공작물을 고정할 수 있다.

ⓑ 파이프 바이스 : 파이프를 절단하거나 나사를 절삭할 때, 배관 시공할 때 고정해 주는 바이스

·파이프 바이스의 크기 : 고정할 수 있는 관지름의 최대 크기로 나타내며 규격에 따라 6~150[A]의 파이프를 고정할 수 있다.

·체인 바이스 : 체인을 이용, 파이프를 고정

㉡ 파이프 렌치(pipe wrench) : 관이음에서 나사를 조이거나 파이프를 회전시킬 때 쓰이는 공구로 크기는 전체의 길이로 나타내며 체인 파이프 렌치는 200[A] 이상의 강관작업에 사용

㉯ 강관의 접합

㉠ 나사 접합 : 규정된 나사 산수로 절삭하여 나사의 조임이 바르게 되어 있으면 관내의 유체가 새지 않는다.

ⓐ 액체 패킹 : 시일, 광명단, 삼 등을 사용하여 나사를 조이면 수밀성이 높아진다.

ⓑ 나사 결합시 유의점 : 파이프의 크기에 알맞은 파이프 렌치를 사용할 것. 필요 이상의 큰 파이프 렌치를 사용하면 나사가 파괴되고 응력이 생겨 후일 파손의 원인이 된다.

■ 나사의 크기와 삽입 길이(길이의 단위는 mm)

(A)	(B)	인치당 산수	유효나사 길이	삽입 길이	관의 외경
15	½	14	15	13	21.7
20	¾	14	17	15	27.2
25	1	11	19	17	34.0
32	1¼	11	22	20	42.7
40	1½	11	22	20	48.6
50	2	11	26	24	60.5

㉡ 용접 접합 : 가스 용접과 아크 용접을 하며 용접 방법에는 맞대기 용접, 슬리브 용접, 플랜지 용접이 있다.

ⓐ 맞대기 용접

·용접할 부분의 관 끝을 V형으로 가공

·접합할 때에는 롤러가 달린 받침대에 올려놓고 양쪽의 접합부를 맞대어 놓는다.

· 접합부가 받침대의 중앙에 오도록 하고 관축이 일직선이 되도록 조정한 후 3~4개소 가접한다.

· 관을 회전시키면서 하향 용접한다.

ⓑ 슬리브 용접 : 한 쪽관의 슬리브를 미리 용접하고 다른 쪽 관을 끼운 다음 용접한다. 이 때 슬리브와 관 사이에 틈이 어느 한 쪽으로 생기지 않도록 주의한다.

ⓒ 플랜지 용접 : 한 곳을 가접한 다음 플랜지 각자를 이용하여 플랜지면이 직각이 되도록 3~4곳 가접한 다음 하향 모서리 용접을 한다.

ⓓ 용접의 장점

· 접합부의 용접이 완전하며 배관의 유지 보수비가 절감된다.

· 배관 후 단열, 피복 등을 할 때 접합부에 턱이 생기지 않으므로 피복재료, 작업시간이 절약되고 외관도 좋다.

· 접합의 강도가 크다.

② 동관 접합

㉮ 동관용 공구

㉠ 토치 램프 : 납땜, 벤딩 등의 부분 가열에 이용되며 가솔린을 사용하는 것과 등유를 사용하는 것이 있다.

㉡ 플레어링 툴 : 동관을 고정하는 공구

㉢ 익스팬더 : 동관의 끝을 확관(스웨징) 또는 나팔 끝 모양으로 넓힌 공구는 플레어링 툴이다.

㉣ 튜브 벤더 : 동관 벤딩용 공구

㉤ 사이징 툴 : 동관의 끝을 진원으로 교정하는 공구

㉯ 플레어 접합 : 구경이 20[mm] 이하의 동관을 배관할 때 기계의 점검, 보수 등을 위해 분해할 필요가 있을 때 이용하며 관 끝을 나팔끝 모양으로 넓혀 플레어 너트로 접합한다.(강관의 유니언에 의한 접합 방법과 같다.)

㉰ 납땜 접합

㉠ 연납땜 접합 : Pb+Sn(납+주석) 합금으로 비교적 용융점이 낮아 황동관, 동관, 연관의 접합에 쓰인다.

㉡ 경납땜 : 은납땜, 황동납 땜이 있으며 주로 은납 땜이 많이 쓰인다. 은납 땜 순서는 다음과 같다.

ⓐ 관의 표면을 깨끗이 닦아내고 두 관의 끝을 맞춘다.

ⓑ 용제를 바른다.(용제 : 가열에 의한 접합면의 산화를 막고 녹은 은납이 잘 흘러 들어가게 돕는다. 용제는 염화 리튬(lithium)이나 붕사를 사용)

ⓒ 접합부를 700[℃] 전후로 고르게 가열한다.

ⓓ 은납 땜을 한다.(은납은 용제가 가열에 의해 묽은 크림 상태로 되었을 때 붙인다.)

ⓔ 은납 땜 후 젖은 천으로 냉각하고 깨끗이 닦아낸다.

㉝ 플랜지 접합

　㉠ 냉매 배관용은 단조에 의해 만든 끼워맞춤 플랜지, 홈 플랜지를 사용

　㉡ 물, 증기, 공기, 배관용은 황동, 청동(포금)으로 만든 평면형 플랜지 또 철판제의 유합 플랜지를 사용

　㉢ 동관의 플랜지 접합은 유합 플랜지를 제외하고는 납땜 접합을 한다.

㉞ 가지관의 접합 : 본관에서 이음쇠를 사용하지 않고 가지관을 만들 때 가지관 끝을 나팔끝 모양으로 넓혀 본관의 표면에 밀착하도록 가공하고 본관에는 가지관의 안지름보다 1~2[mm] 정도 큰 구멍을 뚫어 거스러미를 제거하고 접촉면을 깨끗이 닦고 은납 땜을 한다.

　㉠ 가지관의 턱부분은 얇아지나 상용 압력은 20[kg/cm^2] 정도이다.

　㉡ 왕복동식 냉동기 주변의 동관 배관에 응용된다.

③ 연관의 접합

　㉮ 연관용 공구

　　㉠ 연관용 톱 : 연관 절단에 사용

　　㉡ 봄 볼 : 주관에 구멍을 뚫을 때 사용

　　㉢ 드레서 : 연관 표면의 산화막 제거에 사용

　　㉣ 벤드 벤 : 연관 굽힘 작업에 사용

　　㉤ 턴 핀 : 접합하려는 관 끝을 넓히는데 사용

　　㉥ 맬릿 : 턴 핀을 때려 박든가 접합부 주위를 오므리는데 사용하는 나무 해머

　㉯ 플라스턴 접합 : 연납으로 사용되는 납과 주석의 합금은 납 38[%], 주석 62[%] 정도에서 용융점(183[℃])이 제일 낮은 공정 반응이 일어나며 모재인 연관의 용융점(327[℃])보다 낮으므로 연관의 납땜이 가능하다. 그러므로 납 60[%], 주석 40[%]의 연납(용융점 : 238[℃])을 만들어 연관 접합에 사용한다. 접합 방법에는 맞대기 접합과 슬리브 접합이 있다.

　　㉠ 맞대기 접합

　　　ⓐ 접합할 면을 관축에 직각으로 절단하고 거스러미를 제거한 후 두 관을 직선으로 고정

　　　ⓑ 접합면에 용제(플라스턴)를 바르고 토치 램프로 가열하여 크림 플라스턴이 은빛으로 변하면(납땜 온도 : 240[℃]) 와이어 플라스턴을 공급한다.

　　　ⓒ 밀착된 접합면이 열로 인해 모세관 현상이 일어나 용융된 와이어 플라스턴이 스며들어간다.

　　　ⓓ 와이어 플라스턴이 완전히 스며든 후 물로 냉각시키고 접합부를 닦아낸다. 이와 같은 방법은 다른 연관 접합에서도 동일하다.

　　㉡ 슬리브 접합

　　　ⓐ 연관을 관축에 직각으로 절단하고 절단면을 다듬어 거스러미를 제거하고 삽입관의 바깥면을 줄로 모따기 한다.

　　　ⓑ 수입관의 단면을 토치 램프로 가열하면서 터빈 핀으로 벌려나간다.

ⓒ 두 관을 서로 끼우고 둘레를 고르게 다듬고 삽입관의 바깥면에 크림 플라스턴을 바르고 앞에서 설명한 요령으로 접합한다.

ⓒ 가지관 접합

ⓐ 주관을 가열하여 봄 볼로 타원형의 구멍을 뚫는다.

ⓑ 가지관의 접합부를 가열하여 턴 핀으로 나팔 모양을 만든다.

ⓒ 주관과 가지관의 접합부를 와이어 브러시로 닦아내고 크림 플라스턴을 바른다.

ⓓ 주관과 가지관을 접속시키고 크림 플라스턴이 은빛으로 변할 때까지 토치 램프로 가열하면서 와이어 플라스턴을 녹여 접합한다.

ⓔ 참블 접합 : 관구를 폐쇄하는데 쓰이며 관끝을 오무려 폐쇄하고 와이어 브러시로 닦아내고 크림 플라스턴을 바르고 와이어 플라스턴을 녹여 접합한다.

㉰ 살붙임 납땜 접합 : 살붙임 납땜 접합은 급·배수관 접합시에 사용했으나 최근에는 배수용연관 접합에 수로 사용하며 직선 접합과 분기접합 방법이 있다.

ⓒ 직선 접합

ⓐ 관축에 직각으로 연관을 절단하고 줄로 다듬는다.

ⓑ 삽입관의 겉면을 줄로 경사지게 관 두께의 2/3 정도 깎아낸다.

ⓒ 수입관의 끝을 턴 핀으로 넓혀 삽입관이 끼워지도록 한다.

ⓓ 양쪽관의 접촉면을 와이어 브러시로 닦아내고 용제를 바른다.

ⓔ 양쪽관의 둘레를 토치 램프로 균일하게 가열하고 봉납을 녹여 관둘레에 용착시킨 후 몰스킨(면양털로 짠 천)으로 감싸서 돌려 구슬 모양으로 만들어 접합한다.

ⓕ 살붙임이 끝나면 접합 부분에 용제를 바르고 냉각시킨다.

ⓒ 연관의 분기점 접합 : 분기점 접합에는 T형, Y형 분기가 있고 접합 순서는 다음과 같다.

ⓐ 본관에 분기관보다 약간 작은 구멍을 뚫는다.

ⓑ 구멍에 벤드 벤을 놓어 해머로 타출하여 분기관의 구멍이 밀착되도록 가공한다.

ⓒ 분기관이 본관 속으로 깊이 들어가지 않도록 접합부를 고정하고 앞에서 설명한 요령으로 접합한다.

④ 합성 수지관의 접합

㉮ 경질 염화 비닐관의 접합

ⓒ 나사 접합 : 재질이 연하여 오스터의 무게에 의한 편심 가공되기 쉽고 나사 부분의 두께가 얇아져 강도가 약하므로 보강하고 관에 맞는 환봉을 끼워 나사 절삭을 한다. 최근 이음관이 생산되어 나사 접합은 거의 사용하지 않는다.

ⓒ 냉간 접합 : 이음관을 접착제를 사용하여 접합하는 방법으로 접합제가 관 및 이음관의 표면을 녹여 붙이는 역할을 한다.

ⓐ 냉간 접합의 장점

· 한냉기 강풍이 불 때 : 옥내외 작업, 화기 엄금 장소 등에서도 접합이 가능하다.

· 접합 강도가 개인의 숙련도에 따라 차이가 나지 않는다.

· 접합 시간이 빠르며 접합 경비가 절약된다.

ⓑ 냉간 접착 요령

· 관축의 직각으로 절단해야 되며 특히 지름이 큰 관은 절단면이 직각을 이루지 않으면 접합 강도가 낮아진다.

· 절단면의 거스러미를 완전히 제거하고 관 및 이음관을 깨끗이 닦아낸다.

· 접착제를 바르고 단번에 끼워 맞춘다.

ⓒ 냉간 접합시 유의사항

· 이음과 내면이 테이퍼져 있으므로 접착제가 접착 작용을 시작하기 전에 삽입한 힘을 풀면 관이 밀려 나온다.

· 지름이 큰 관은 삽입기를 이용하여 삽입한다.

ⓒ 열간 접합

ⓐ 1단 열간 접합 : 주로 50[mm] 이하의 관 접합에 사용되며 수입관의 관구를 약 120[℃]로 가열하여 접착제를 바른 삽입관을 단번에 끼우고 냉각한다.

ⓑ 2단 열간 접합 : 수입관을 가열하여 삽입관을 끼우고 냉각시킨 후 삽입관을 뽑아서 수입관을 소켓 모양으로 만들어 삽입관에 접착제를 바르고 다시 끼워서 가열하여 접합하며 구경이 큰 관의 접합에 쓰인다.

ⓔ 플랜지 접합

ⓐ 관축에 직각으로 관을 절단하고 거스러미를 제거한다.

ⓑ 플랜지 성형용 금형을 미리 약 90[℃]로 가열해 둔다.

ⓒ 플랜지를 성형할 부분은 약 140[℃]로 가열, 플랜지 성형용 금형을 끼운다.

ⓓ 금형 A를 죄어 성형한 후 물로 냉각한다.

ⓔ 플랜지 성형시 열원은 전열기, 토치, 램프, 숯불 등이 사용되며 뜨거운 기름 속에서 가열하는 것이 좋다.

⬢ 플랜지 부분의 표준 치수

호 칭	D[mm]	R[mm]	L[mm]
⅜	38	3	10
½	46	3	12
¾	54	3	14
1	64	4	15
1¼	72	4	15
1½	80	4	16
2	96	4	18
2½	112	4	18
3	130	4	20
4	155	5	20

ⓜ 용접 접합 : 경질 염화 비닐관의 가소성을 이용하여 용접 접합한다. 가열방법에 따라 용접법을 분류하면 열풍 용접, 직접 용접, 고주파 용접, 마찰 용접이 있으며, 열풍 용접을 가장 많이 사용한다. 열풍 용접 순서는 다음과 같다.

ⓐ 용접 부분은 가공하여 관을 일직선으로 고정시킨다.

ⓑ 열풍압을 0.25~0.4[kg/cm²]로 조절하여 접합부로부터 5[mm] 정도 떨어져서 가열하고 용접봉을 밀어 모재에 압착시킨다.

ⓒ 용접봉의 용융 온도(175~180[℃])와 경질 염화 비닐관의 열분해 온도(181[℃])와의 차이가 아주 작으므로 가열시 주의해야 한다.

ⓗ 테이퍼 코어 접합 : 테이퍼 코어 접합은 지름이 큰 관(50[A] 이상)의 접합에 알맞으며 작업 순서는 다음과 같다.

ⓐ 테이퍼 플랜지를 미리 관에 끼우고 관 끝을 모따기하고, 테이퍼 코어의 길이보다 길게 가열한다.

ⓑ 가열된 관 끝 내면과 테이퍼 코어 외면에 접착제를 바르고 테이퍼 코어를 관속에 끼운다.

ⓒ 양쪽 테이퍼 플랜지는 반드시 스프링 와셔를 사용하여 볼트를 조인다.

ⓝ 폴리에틸렌관의 접합

㉠ 나사 접합 : 플로에틸렌관은 강도가 약하여 진원의 나사를 깎기 위해서 환봉을 관에 끼우고 강관의 나사 산수보다 1~2산 정도 적게 하여 한번에 균일한 나사를 깎아야 한다. 나사산으로 인하여 강도가 떨어지며 나사가 깎여 있는 폴리에틸렌 이음관이 생산, 시판되고 있다.

㉡ 인서트 접합

ⓐ 관을 가열하여 연화시키고 턱이 있는 인서트를 끼운 다음 물로 급속 냉각한다.

ⓑ 금속 밴드를 끼워 조이는 나사부가 서로 90°되는 위치에 오도록 끼우고 고정한다.

ⓒ 가열 방법 : 끓는 글리세린 수용액(물 : 글리세린=3 : 2) 또는 토치 램프 등을 사용하여 가열

㉢ 고무링 접합 : 지름이 75[mm] 이상되는 관을 접합할 때 사용한다. 변형을 방지하기 위해 폴리에틸렌관의 외측 리브를 붙이든가 접합부의 관속에 코어를 넣는다.

㉣ 용착 슬리브 접합

ⓐ 접합부의 관 끝을 경사지게 깎고 120[℃] 정도 가열한다.

ⓑ 가열부가 녹으면 관 끝을 맞대어 접합부가 편심이 되지 않도록 약간 비트는 듯한 힘을 주어 접합한다.

ⓒ 가열 방법 : 토치 램프에 철판을 붙인 것이나 전열기에 철판을 올려놓은 것을 사용하며 이 때의 철판 가열 온도는 170~220[℃]가 알맞다.

⑤ 주철관의 접합

㉮ 에폭시 수지 접합 : 납 대신 에폭시 수지를 삽입시키고 코킹을 하면 작업 능률이 매우 높다.

㉯ 메카니컬 접합 : 메카니컬 접합은 지름이 큰 관에 사용되며 수입관에만 플랜지가 붙어 있다.

㉠ 삽입관에 푸시 링과 고무 링을 끼운다.

    ⓒ 수입관에 삽입관을 끼운 후 볼트를 조인다.

    ⓒ 볼트를 조일 때는 손으로 안돌아 갈 때까지 조인 후 교대로 조금씩 조여야 한다.

   ⓓ 소켓 접합 : 접착제로 납과 야안(마사)를 이용, 다음과 같은 순서로 접합한다.

    ㉠ 접합할 두 관을 끼워 둘레의 틈이 균일하게 한다.

    ㉡ 야안(마사)를 한 가닥이 3[mm] 정도로 조아서 이것이 다시 10줄 내외로 합해 조아 이음관 틈새에 비틀어 끼워 넣으면 물이 접합부로 들어오는 것을 막아 준다.

    ㉢ 야안(마사)을 채운 후 납을 녹여 붓는다.(납은 마사를 눌러주고 물이 새는 것을 방지)

    ㉣ 용입한 납이 굳은 후 코킹용 정으로 납을 때려 넣는다.

    ㉤ 녹인 납을 용입할 때 유의 사항

      ⓐ 가로 방향으로 누워 있는 관은 크기에 알맞은 클립을 사용하여 용융납의 유출을 방지한다.

      ⓑ 용융납이 부족하지 않게 준비하여 한 번에 붓는다.(용융 납을 여러 번 나누어 부으면 이음매에 블로홀(blowhole)이 생겨 누수의 원인이 된다.)

      ⓒ 접합부에 수분이 있으면 용융납이 비산하여 위험하므로 완전히 건조한 후 용해된 납을 붓는다.

      ⓓ 급수관은 접합부에 야안(마사)을 1/3, 납을 2/3, 배수관은 야안(마사)을 2/3, 납을 1/3 정도 채운다.

   ⓔ 빅토리 접합 : 관을 서로 맞대고 특수 고무 패킹을 끼운 후 흑심가단주철제의 링으로 패킹이 압착되도록 볼트를 조인다.

    ㉠ 가단주철제 링은 관지름이 350[mm] 이하일 때는 분할구가 두 곳, 400[mm] 이상일 때는 네 곳으로 되어 있다.

    ㉡ 이 접합은 관 속의 압력이 높아질수록 고무 링이 관벽에 밀착되어 누설을 방지한다.

    ㉢ 접합할 때 관을 중심에 맞추어야 하고 접합부에 가요성이 있으므로 진동이 있는 곳의 접합에 적당하다.

   ⓕ 플랜지 접합 : 배관 도중에 밸브 등을 설치할 때 사용되고 비교적 지름이 큰 관에 사용된다.

    ㉠ 관의 접합면에 패킹(고무, 납, 석면 등)을 넣고 볼트를 메카니컬 접합에서와 같은 방법으로 조인다.

    ㉡ 급수용은 고무 패킹, 배수용은 석면 패킹이 많이 쓰이며 패킹의 두께는 3[mm] 정도가 알맞다.

⑥ 비금속관의 접합

   ⓐ 석면 시멘트관의 접합

    ㉠ 기이 볼트 접합 : 기이 볼트 접합은 약간의 신축성과 굴절성을 가지며 석면 시멘트관의 칼라 접합에 5~10개소마다 1개의 기이 볼트 접합을 한다. 양쪽관 끝에 플랜지, 고무 링, 슬리브를 차례로 끼우고 관과 관 사이의 간격을 5~10[mm] 정도

되게 놓고 관의 중심을 맞춘 후 슬리브로 고무 링을 압착시키고 플랜지로 슬리브를 압착시키도록 볼트를 조인다.

ⓛ 칼라 접합 : 기이 볼트 접합보다 간단하나 탄력이 없기 때문에 매설할 때에 관밑의 지반이 단단하지 않으면 상층의 압력에 의해 파손될 우려가 있다. 1종과 2종이 있으며 1종은 7.5[kg/cm²], 2종은 4.5[kg/cm²]의 압력에 사용하며 작업 순서는 다음과 같다.

ⓐ 한쪽관 끝에 이터닛 칼라를 끼운 후 양쪽관 끝을 일직선으로 맞대어 놓는다.

ⓑ 이터닛 칼라가 중앙에 오도록 하고 관 둘레의 틈이 균일하도록 쐐기를 박은 다음 시멘트 모르타르를 다져 놓는다.

ⓒ 심플렉스 접합 : 칼라 접합과 같이 칼라를 사용하며 모르타르 대신 고무 링을 사용하므로 탄력을 갖는다. 다른 관의 접합과 마찬가지로 관의 중심선이 일치되어야 하고 관과 칼라의 틈새가 균일해야 한다. 사용 압력은 10.5[kg/cm²] 이상이고 굽힘성과 내식성이 우수하다.

ⓣ 콘크리트관의 접합 : 보통 콘크리트관은 소켓 접합을 하며 소켓 틈에 시멘트 모르타르를 채워 막대 등으로 충분히 다져야 파손이 일어나지 않으며 모르타르가 완전히 굳은 후 흙을 메워야 한다.

ⓤ 도관의 접합 : 접합제로 시멘트 모르타르를 사용하며 배관 후 즉시 통수할 필요가 있을 때에는 급결제를 사용하나 시공 후 진동이나 충격을 주어서는 안 된다.

(5) 관의 굽힘

① 굽힘형의 제작 : 굽힘형은 9~12[mm] 정도의 연강판 또는 환봉으로 굽힘용 공구를 사용하여 제작한다.

㉮ 현도 굽힘형 : 복잡한 모양의 굽힘관이나 가열 굽힘관인 경우에도 현도 굽힘형을 제작한다.

㉯ 현장 굽힘형

ⓛ 배관 관통도에서 특히 복잡한 관이나 최종 연결관은 일반적으로 현장에서 굽힘형을 만든다.

ⓛ 현장 굽힘형을 만들 때는 양끝의 길이를 목록하여 실제의 길이보다 300[mm] 정도 긴 형봉을 준비한다.

ⓒ 현장 굽힘형을 만들 때의 주의 사항

ⓐ 한 개의 형봉에 굽힘 부분이 많아서는 안 된다.

ⓑ 가능한 한 평면굽힘이 되게 한다.

ⓒ 다른 관 또는 구조물과의 접촉을 피하고 적당한 간격을 유지하고 보온관의 경우 보온재의 두께를 고려해야 한다.

ⓓ 이음관의 위치는 분해가 용이한 곳에 설치한다.

ⓔ 전선이나 전기기기 근처에는 가급적 배관하지 않는 것이 좋다.

ⓕ 통행에 불편하지 않도록 배관한다.

② 강관 굽힘형 기계 및 공구

　⑦ 파이프 벤딩 머신 : 동력 파이프 벤딩 머신은 유압식, 로터리식, 램식이 있으며 일 반적으로 유압식이 많이 사용된다.

　　㉠ 로터리식 유압 벤딩 머신

　　　ⓐ 벤딩 다이 : 굽힘 반지름에 따라 갈아끼울 수 있도록 되어 있으며 관을 굽히는 역할을 한다.

　　　ⓑ 클램프 다이 : 관을 벤딩 다이에 고정시킨다.

　　　ⓒ 센터링 다이 : 관속에 압입하여 주름과 관 다면이 타원으로 되는 것을 방지하 며 관의 안지름보다 0.5~3.5[mm] 정도 작은 것을 선택하는 것이 좋다.

　　　ⓓ 프레셔 다이 : 관을 굽힐 때 생기는 반력을 지탱해 준다.

　　　ⓔ 두께가 얇은 관 : 굽힘 반지름이 작은 관은 주름 방지기를 사용한다.

　　　ⓕ 로터리식 유압 파이프 벤딩 머신의 장점

　　　　· 시간이 절약되고 단면 변화율이 작다.

　　　　· 5~180°까지 굽힐 수 있으며 200[A] 정도의 관을 상온에서 굽힐 수 있다.

　　　　· 굽힘 가공면이 깨끗하며 대량 생산에 적합하다.

　　㉡ 램식 유압 파이프 벤딩 머신

　　　ⓐ 50[A] 이하의 관은 수동 램식 유압 파이프 벤딩 머신으로 굽히는 경우가 많다.

　　　ⓑ 벤딩 방법 : 센터 포머를 램의 끝에 고정하고 앤드 포머를 관으로 지지한 다음 램을 밀어 관을 굽힌다.

　　　ⓒ 장단점 : 두께가 얇은 관이나 굽힘 반지름이 작으면 가공면이 깨끗하지 않으나 같은 다이를 사용하여 굽힘 반지름이 다른 관을 굽힐 수 있고 특히 굽힘 반지름 이 큰 관을 굽힐 수 있다.

　　㉢ 수동 롤러 벤더 : 롤러의 끝에 관을 고정하고 핸들을 돌려 관을 굽힌다. 지름이 큰 관은 굽힐 수 없고 굽힘 반지름이 작은 것은 단면이 타원으로 되는 결점이 있다.

　⑭ 가열 굽힘 장치 : 모래 채우는 장치, 가열로, 윈치 등이 있으며 100[A] 이상의 관에 는 수동 또는 동력 윈치, 캡 스턴 등의 설비가 필요하다.

　⑮ 관 굽힘용 공구 : 구멍정반, 펀치, 받침대, 외면 성형 공구, 각도기, 수평기 등이 사 용된다.

③ 관 굽힘 작업

　⑦ 가열 굽힘

　　㉠ 모래 채우기 : 관을 굽힐 때에 주름이 생기거나 관의 단면이 타원으로 되는 것을 방지하기 위해 모래를 채운다.

　　　ⓐ 모래알의 크기는 1~5[mm] 정도로 가급적 내열성이 큰 것을 건조하여 사용한다.

　　　ⓑ 관에 모래가 채워진 정도는 해머로 때렸을 때의 소리로 판별한다.

　　㉡ 가열

　　　ⓐ 일반적으로 중유로를 사용하나 지름이 작은 관은 가스 용접기의 토치, 산소,

프로판 가스의 토치 또는 토치 램프를 사용한다.

ⓑ 가열 온도는 강관 800~1,000[℃], 동관 600~700[℃] 정도이며 그 온도는 색깔로 판별하는데 색깔로 판별하기 어려운 합금강관이나 알루미늄관 등은 복사 온도계 또는 템프레스틱을 사용하여 온도를 측정한다.

ⓒ 관 굽힘 작업

ⓐ 굽힘 반지름은 관지름의 3~4배 정도가 알맞고 유체의 저항을 적게 하려면 6배 이상 굽힌다.

ⓑ 굽힘 형판(R 게이지)은 굽힘 반지름에서 관 바깥지름의 1/2를 빼고 제작한다.

$$\left(R - \frac{D}{2} \right)$$

ⓒ 관의 굽힘면은 한 평면이 되게 굽혀야 한다.

ⓓ 용접선을 위쪽으로 향하여 바이스에 고정하고 굽힘 형판을 맞추어 가며 굽힌다.

ⓔ 가열은 휘어지는 반대 방향, 즉 인장되는 부분을 가열한다.

ⓕ 굽힘이 끝나면 관속의 모래를 완전히 빼내며 관 벽에 늘어 붙은 모래는 해머, 튜브 클리너 또는 샌드 블라스트로 털어 낸다.

㉴ 로터리식 유압 파이프 벤딩 머신에 의한 굽힘 : 클램프 다이로 관을 고정하고 프레셔 다이를 죄어 벤딩 다이를 회전시켜 일정한 각도로 굽히게 되면 자동으로 정지된다. 굽힘 각도는 스프링 백을 고려하여 결정한다. 로터리식 유압 벤더로 관을 굽힐 때의 주의 사항은 다음과 같다.

㉠ 벤더로 굽힘 부분을 펼 수 없으므로 필요 이상으로 관을 굽히지 말 것

㉡ 굽힘 부분이 많을 때에는 굽힘 순서를 미리 결정할 것

▣ 로터리식 유압 벤딩 머신에 의한 관 굽힘의 결함과 원인

결 함	원 인
관이 미끄러진다.	관의 고정 불량 클램프 또는 관의 표면에 기름이 묻어 있다. 프레셔 다이가 지나치게 조정되어 있다.
관이 파손된다.	프레셔 다이가 지나치게 조정되어 저항이 크다. 센터링 다이가 지나치게 나와 있다. 굽힘 반지름이 지나치게 작다. 재료에 결함이 있다.
주름이 생긴다.	관이 미끄러진다. 센터링 다이가 너무 내려와 있다. 벤딩 다이의 홈이 관의 지름보다 작다. 벤딩 다이의 홈의 지름이 지나치게 크다. 바깥지름에 비하여 두께가 얇다. 굽힘 형이 주축에 대하여 편심되어 있다.
관 단면이 타원형으로 된다.	센터링 다이가 너무 내려와 있다. 센터링 다이와 관 내측 사이의 틈이 크다. 센터링 다이의 모양이 적합하지 않다. 재질이 연하고 두께가 얇다.

ⓒ 용접관을 굽힐 때에는 용접부가 중립 선상에 오도록 할 것

㉓ 동관의 굽힘

㉠ 관의 지름이 클 때에는 가열하여 굽히거나 동력 벤더로 굽히며 작은 것은 수동 롤러식 동관 벤더로 굽힌다.(동관 가열시 온도는 600~700[℃])

㉡ 동관의 가열 온도가 낮으므로 색깔에 의한 판별이 곤란하므로 과열되지 않도록 주의한다.

㉔ 연관의 굽힘

㉠ 지름이 작은 관은 상온에서도 굽힐수도 있지만 일반적으로 100[℃] 정도 가열하여 굽힌다.

㉡ 배수용 연관과 같이 지름이 큰 관은 모래를 채워 굽히기도 하지만 일반적으로 모래를 채우지 않고 봄볼, 벤드벤을 사용하여 굽힌다.

㉕ 합성 수지관의 굽힘

㉠ 경질 염화 비닐관의 굽힘

ⓐ 20[mm] 이하의 관은 굽힘부를 토치 램프 또는 가열기로 가열하여 모래를 채우지 않고 굽힐 수 잇으나 25~30[mm] 관은 상온의 보통 모래를 채우고 그 이상의 관은 120~130[℃]로 예밀한 모래를 채운다.

ⓑ 가열 온도는 120~130[℃]가 알맞고 온도가 너무 높으면 굽힘 등부분에 균열이 생기기 쉽다.

ⓒ 굽힘 반지름은 관 지름의 3~6배 정도가 적당하다.

㉡ 폴리에틸렌관의 굽힘

ⓐ 굽힘 반지름이 관지름의 8배 이상일 때는 상온 가공이 가능하나 굽힘 반지름이 작을 때에는 가열해야 한다.

ⓑ 가열은 끓는 물을 사용하거나 가열기를 사용하고 불꽃이 직접 관에 닿지 않도록 한다.(용착슬리브 접합의 용착 온도는 180~240[℃])

(6) 관의 길이 산출

배관에서 모든 치수는 관의 중심에서 중심까지의 거리를 mm로 나타내면 정확한 치수로 배관 시공을 하려면 이음쇠 및 부속의 중심에서 단면 중심가지의 길이와 관의 유효 나사 길이 및 삽입 길이를 정확히 알아야 한다.

① 관의 직선 길이 산출

$$l = L - 2(A - a)$$

A : 부속의 중심에서 단면 중심까지의 길이
a : 관의 삽입 길이
l : 관의 실제 길이
L : 관의 전체 길이
$(A - a)$: 여유 치수라고도 한다.

🔽 관 지름에 따른 나사가 물리는 최소 길이

관지름(A)	15	20	25	32	40	50	65	80	100	125	150
나사가 물리는 최소 길이(a)	11	13	15	17	18	20	23	25	28	30	33

호칭 지름	중심에서 단면까지의 거리(mm)		90° 엘보	45° 엘보
	A(90°)	A(45°)	A-a(mm)	A-a(mm)
15	27	21	15	12
20	32	25	20	15
25	38	29	25	20
32	46	34	30	25
40	48	37	35	30
50	57	42	40	35

🔽 이경 엘보의 여유 치수

호칭 지름(mm)	중심에서 단면까지의 거리(mm)		여유 치수(mm)	
	A	B	A-a	B-b
20×15	29	30	16	19
25×15	32	33	17	22
25×20	34	35	19	22
32×20	38	40	21	27
23×25	41	45	23	30
40×25	41	45	23	30
40×32	45	48	27	31

🔽 소켓의 여유 치수

호칭 지름(mm)	L(mm)	여유 치수(mm)
		L-2a
15	35	13
20	40	14
25	45	15
32	50	16
40	55	19
50	60	20

호칭 지름(mm)	L(mm)	여유 치수(mm)		
		A-a	B-b	L-(a+b)
20×15	38	7	7	14
25×20	42	7	7	14
32×20	48	9	9	18
32×25	48	8	8	16
40×25	52	10	9	19
40×32	52	9	8	17
50×32	58	11	10	21
50×40	58	10	10	20

▶ 티의 여유 치수

호칭 지름	중심에서 단면까지의 거리 A(mm)	여유 치수 A-a(mm)
15	27	16
20	32	19
25	38	23
32	46	29
40	48	30
50	57	37

▶ 이경 티의 여유 치수

호칭지름(mm)	중심에서 단면까지의 거리(mm)		여유 치수(mm)	
	A	B	A-a	B-b
20×15	29	30	16	19
25×15	32	33	17	22
20×20	34	35	19	22
32×20	38	40	21	27
32×25	40	42	23	27
40×20	38	43	20	30
40×25	41	45	23	30
40×32	45	48	27	31
50×20	41	49	21	36
50×25	44	51	24	36
50×32	48	54	28	37
50×40	52	55	32	37

② 관의 빗변 길이 산출 : 피타고라스의 정리에 의해서

$$L = \sqrt{l_1^2 + l_2^2}$$
$$L = \sqrt{l_1^2 + l_2^2} - 2(A - a)$$

③ 곡관의 길이 산출

$$l = 2\pi R \times \frac{Q}{360} = R \times Q \times \frac{2\pi}{360} = R \times Q \times 0.01745$$
$$\therefore \ L = l + (l_1 - R) + (l_2 - R) - 2(A - a)$$

l_1, l_2 : 직선 부분의 길이
l : 곡관 부분의 길이
R : 곡률 반지름
Q : 각도

8-3. 배관제도

1. 배관제도와 KS도시기호

(1) 배관도

① 관 계통도 : 복잡한 관 장치를 알기 쉽도록 계통적으로 간략화하여 그린 도면으로서 관의 지름, 부속품, 흐름방향 등이 명시되어 있고 관장치 속에 들어있는 계기 등의 계통을 알기 쉽게 평면적으로 나타낸다. 관의 지름에 관계없이 모두 하나의 선으로 나타내고 여기에 흐름방향과 관의 호칭 지름을 기입한다.

② 관 장치도 : 관계통도를 바탕으로 하여 관의 실제 배치를 나타내는 도면으로 관 장치도는 1/25~1/50의 축적으로 그리는데 관의 지름은 일반적으로 크기에 관계없이 한 줄의 실선으로 나타낸다.

두 줄의 실선으로 나타내는 관 $\left[\begin{array}{l} 축적\ 1/25에서\ 50[A]\ 이상의\ 관 \\ 축적\ 1/50에서\ 80[A]\ 이상의\ 관 \end{array}\right.$

관 장치도에는 관을 도시하고 밸브, 콕 기타 부속품의 설치 위치를 명시하고 관 지지물은 관 장치도에 기입하지 않는다.

③ 관 제작도 : 관 장치도를 세분화하여 관 하나 하나를 보다 자세히 나타낸 것.

(2) 관

관은 하나의 실선으로 도시하고 같은 도면에서는 관을 표시하는 선의 굵기는 같은 굵기로 나타냄을 원칙으로 하며, 기기의 뒷면에 가려진 배관은 파선으로 표시하고 앞으로 배관을 계획할 필요가 있는 경우에는 쇄선으로 표시한다.

① 유체의 종류 상태 및 목적 표시

㉮ 유체의 종류 도시 : 관 속을 흐르는 유체의 종류·상태·목적을 표시할 때에는 인출선을 긋고 그 위에 문자 기호로 도시하는 것을 원칙으로 한다. 그러나 유체의 종류를 표시하는 문자 기호는 필요에 따라 관을 표시하는 선을 끊고 표시할 수도 있다.

㉠ 관에 흐르는 유체의 종류, 상태 및 목적을 나타낼 때는 주기 및 글자 기호로 그림 아래의 것과 같이 나타내는 것을 원칙으로 한다.

㉡ 유체의 종류 중 공기, 가스, 유류, 수증기 및 물의 기호는 아래의 표를 이용한다.

㉯ 유체의 종류 표시

유체의 종류	기 호	유체의 종류	기 호
공기	A	냉수	C
가스	G	오일	O
유류	O	냉매	R
수증기	S	온수	H
물	W	응결액	W′
진공	V		

㉰ 유체의 흐름 방향 : 화살표로 나타낸다.

㉴ 관의 굵기와 재질 표시

　㉠ 관을 나타내는 선위에 표시하는 것이 원칙이며 관의 굵기를 표시하는 숫자 다음
　에 관의 종류를 표시하는 글자 또는 기호를 기입한다.

　㉡ 복잡한 도면에서 혼돈을 피하기 위해 지시선을 써서 표시한다.

　㉢ 이음쇠는 주류 방향을 따라 기입하고 지류는 굵은 쪽을 먼저 기입한다.

㉤ 관의 접속 상태 표시

◪ 관의 접속 상태 표시

관의 접속 상태	도 시 기 호
접속되어 있지 않을 때	┼
접속되어 있을 때	┿
분기되어 있을 때	┬

㉥ 관의 입체적 표시

　㉠ 관이 도면에 직각으로 앞쪽을 향해 구부러져 있을 때

　㉡ 관이 도면에 직각으로 뒤쪽을 향해 구부러져 있을 때

　㉢ 관 A가 도면에 직각으로 뒤쪽을 향해 굽혀 관 B와 접속되었을 때

㉦ 관 이음쇠의 표시

◪ 밸브·콕 및 계기의 표시

종 류	기 호	종 류	기 호
글로브 밸브		일반 조작 밸브	
슬루스 밸브		전자 밸브	
앵글 밸브		전동 밸브	
체크 밸브		도출 밸브	
안전 밸브(스프링)		공기빼기 밸브	
안전 밸브(추식)		닫혀 있는 일반 밸브	
일반 콕		닫혀 있는 일반 콕	
삼방 콕		온도계·압력계	

㉺ 유체의 종류 중 공기, 가스, 유류, 수증기 및 물의 글자 기호는 다음 것을 사용한다.

유체의 종류	공기	가스	유류	수증기	물
글자 기호	A	G	O	S	W

㉻ 유체의 흐름방향 : 유체의 흐름 방향을 나타낼 때는 화살표로서 나타낸다.
㉼ 관의 굵기, 종류 : 관의 굵기 또는 종류를 표시하는 경우에는 관의 굵기를 나타내는 숫자 또는 관의 종류를 나타내는 글자 또는 기호를 관을 표시하는 선 위에 표시함을 원칙으로 한다. 관의 굵기와 종류를 동시에 표시할 때는 관의 굵기를 표시하는 숫자 다음에 관의 종류 표시 글자 또는 기호를 기입한다. 다만, 복잡한 도면에서 혼돈 우려가 있을 때는 지시선을 써서 표시한다. 또 관 이음쇠의 종류도 지시선으로 표시하며, 이음쇠는 주류 방향을 따라 기입하고 지류는 굵은 쪽을 먼저 기입한다. 특히, 관 속을 흐르는 유체의 종류, 상태, 목적 또는 관의 굵기, 종류를 구분하여 표시할 필요가 있을 때는 관을 나타내는 선의 종류(점선, 쇄선, 두 줄의 평행선 등) 또는 굵기를 달리할 수 있다.
② 관의 접속상태 표시 : 관의 접속 상태는 다음과 같이 표시한다.

◘ 파이프관의 접속 상태 및 입체적 표시

접속 상태	실제 모양	도시 기호	굽은 상태	실제 모양	도시 기호
접속하지 않을 때			파이프 A가 앞쪽으로 수직하게 구부러질 때		
접속하고 있을 때			파이프 B가 뒤쪽으로 수직하게 구부러질 때		
분기하고 있을 때			파이프 C가 뒤쪽으로 구부러져서 D에 접속될 때		

③ 치수 기입 : 배관 도면의 평면도에는 가로, 세로를 표시하는 치수만 치수선에 기입하고 입면도와 입체도에는 높이를 표시하는 치수만 기입한다.
㉮ 치수 표시 : 치수는 mm를 단위로 하여 표시하며, 치수선에는 숫자만 기입을 한다.
㉯ 높이 표시 : 배관 도면을 작성할 때 사용하는 높이의 표시는 기준선(base line)을 정하여 이 기준선으로부터의 높이를 표시하는데 이 표시법을 EL 표시법이라 한다. 표시방법은 EL이라는 약호를 먼저 적고 그 뒤 기준선으로부터의 높이를 기입한다.

관의 높이 표시 기호

기 호	뜻	예	비 고
EL(elevation)	지상에서 200~500[mm]의 높이를 기준 수평면으로 한 것.	EL	
B.O.P (bottom of pipe)	관외경의 아랫면까지의 높이를 기준으로 표시	BOP.EL 1,500	지름이 다른 관의 높음을 표시할 때 관의 중심까지의 높이를 기준으로 할 때 측정과 치수기입이 복잡하므로 사용
T.O.P (top of pipe)	관외경의 윗면을 기준으로 표시하는 방법	TOP.EL 1,500	가구류 건물의 빔 밑변을 이용하여 관지지 또는 지하에 매설시 윗면까지 높이 산출위해 사용
G.L(ground line)	포장된 지표면을 기준으로 하여 장치의 높이 표시	GL.EL-400	
FL(floor line)	1층 바닥면을 기준으로 한 높이로서 장치의 높이를 표시하는데 편리하다.	FL.EL-4000	
CL(center line)	관, 기타의 중심선까지의 높이	CL.EL-2000	
T.O.B (top of bean)	가대 윗면까지의 높이	TOB.EL-1500	

(3) 배관 도시 기호(KS발췌)

관 이음 방법에는 나사 이음, 플랜지 이음, 턱걸이 이음, 용접 이음, 땜 이음 등이 있으며 표시 기호는 표와 같다.

> **[참고]**
>
> ■ 파이프 도색 상태
>
> | 유체의 종류 | 도 색 | 유체의 종류 | 도 색 |
> |---|---|---|---|
> | 공   기 | 백   색 | 수   증   기 | 적   색 |
> | 가   스 | 황   색 | 물 | 청   색 |
> | 유   류 | 암, 황 적 색 | 증   기 | 암   적   색 |
> | 산 · 알 칼 리 | 회   자   색 | 전   기 | 미   황   적   색 |

관의 접속상태 표시

접 속 상 태	실 제 모 양	도 시 기 호
접속하지 않을 때		
접속하고 있을 때		
분기하고 있을 때		

☑ 관의 입체적 표시

접 속 상 태	실 제 모 양	도 시 기 호
파이프 A가 앞쪽으로 수직하게 구부러질 때	A	A
파이프 B가 뒤쪽으로 수직하게 구부러질 때	B	B
파이프 C가 뒤쪽으로 구부러져서 D에 접속될 때	C D	C D

☑ 관 이음의 표시

이음 종류	연결 방법	도시 기호	예	이음 종류	연결 방식	도시 기호
관 이 음	나 사 형			신 축 이 음	루 프 형	
	용 접 형				슬리브형	
	플랜지형				벨로즈형	
	턱걸이형				스위블형	
	납 땜 형					

☑ 밸브 및 계기의 도시 기호

종 류	기 호	종 류	기 호
옥형변(글로브 밸브)		일반조작 밸브	
사절변(슬루스 밸브)		전자 밸브	
앵글 밸브 역지변(체크 밸브) 역지변(체크 밸브)		전동 밸브	
		도출 밸브	
안전 밸브(스프링식)		공기빼기 밸브	
안전 밸브(추식)		닫혀 있는 일반 밸브	
일반 콕		닫혀 있는 일반 콕	
삼방 콕		온도계·압력계	

☑ 배관의 말단표시 기호

막힘 플랜지		캡		플러그	

◘ 밸브, 기구, 조정기 등의 표시 방법

구 분	도 시 기 호	구 분	도 시 기 호
고 압 집 합 관		고 압 호 스	
1 구 콕		플 렉 시 블 호 스	
2 구 콕		스 트 레 이 너	
가 스 미 터		중 간 콕 크	
압 력 계		용 기 와 밸 브	
1 구 곤 로		단단감압식저압조정기	
2 구 곤 로		2단 감압식 1차 조정기	
가 스 렌 지		2단 감압식 2차 조정기	
히 터 기		자 동 절 환 식 조 정 기	
일 반 (고 무) 호 스		저 압 집 합 관	

◘ 일반배관 및 관지지 기호

명 칭		기 호	관 지 지 기 호		
			관 지 지	설 치 예	기 호
분 리 가 능 관			앵 커		
원 추 형 여 과 막			가 이 드		
평 면 형 여 과 막			슈		
증 기 가 열 관			행 거		
Y 형 여 과 기	맞 대 기 용 접		스 프 링 행 거		
	소 켓 용 품				
	플 랜 지		바 닥 지 지		
	나 사 식		스 프 링 지 지		

명 칭	기 호	명 칭	기 호
절 연	X[mm]	트 랩	
보 온 관	X[mm]	벤 트	
인체 안전용 보온관	X[mm] PP	탱 크 용 벤 트	

❖ 관의 두께별 도시

관의 종류	선의 굵기(mm)	도 시	
		적 관 도	단 면 도
신 설 관	14[B] 이하 0.5~0.8		
구 설 관	14[B] 이하 0.3~0.4		
중설 예정관	14[B] 이하 0.3~0.4		
온 수 관	14[B] 이하 0.5~0.8		
지름이 큰 관	64[B] 이하 0.2 이하		
포 관	포관 0.2 이하의 점선		
2 중 관	외관 0.2 이하		
보온 · 보냉 하는 관	보온 · 보냉의 외관 지름 0.2 이하↑		

◆ 이음법의 도시 기호⟨관 부속 이음⟩

[KS배관도시기호]

구 분	플랜지 이음 (flanged)	나사 이음 (sorewed)	턱걸이 이음 (bell & spigo	용접 이음 (welded)	땜 이음 (soldered)
1. 부싱 (bushing)					
2. 캡(cap)					
3. 크로스(cross) ① 줄임 크로스 (reducing)					
② 크로스 (straight size)					
4. 엘보(elbow) ① 45°엘보 (45-degree)					
② 90°엘보 (90-degree)					
③ 가는 엘보 (turned. down)					
④ 오는 엘보 (turned up)					
⑤ 받침 엘보 (base)					
⑥ 쌍가지 엘보 (double branch)					
⑦ 긴 반지름 엘보 (long radius)					
⑧ 줄임 엘보 (reducing)					
⑨ 옆가기 엘보 (가는 것) (side outlet) (outlet down)					
⑩ 옆가지 엘보 (오는 것) (sied outlet) (outlet up)					

구　　분	플랜지 이음 (flanged)	나사 이음 (sorewed)	턱걸이 이음 (bell & spigo)	용접 이음 (welded)	땜 이음 (soldered)
5. 조인트 ① 조인트 (connecting pipe)					
② 팽창 조인트 (expansion)					
6. 와이(Y) 타이 (lateral)					
7. 오리피스 플랜지 (orifice flange)					
8. 줄임 플랜지 (reducing flange)					
9. 플러그(plugs)					
① 벌 플러그 (bull plug)					
② 파이프 플러그 (pipe flug)					
10. 줄이개 (reducer) ① 줄이개 (concentric)					
② 편심 줄이개 (eccenitric)					
11. 슬리브 (sleeve)					
12. 티(tee) ① 티 (straight size)					
② 오는 티 (outlet up)					
③ 가는 티 (outlet down)					
④ 쌍 스위프 티 (double sweep)					
⑤ 줄임 티 (reducing)					

구 분	플랜지 이음 (flanged)	나사 이음 (sorewed)	턱걸이 이음 (bell & spigo	용접 이음 (welded)	땜 이음 (soldered)
⑥ 스위프 티 (single sweep)					
⑦ 옆가지 티 (가는 것) (side out let) (out let down)					
⑧ 옆가지 티 (오는 것) (side out let) (out let up)					
13. 유니온(union)					

⬇ 밸브 이음

구 분	플랜지 이음 (flanged)	나사 이음 (sorewed)	턱걸이 이음 (bell & spigo	용접 이음 (welded)	땜 이음 (soldered)
14. 앵글 밸브 (angle valve) ① 앵글 체크 밸브 (check)					
② 슬루스 앵글 밸브(수직) gate (elevation)					
③ 슬루스 앵글 밸브(수평) gate(plan)					
④ 글로브 밸브 (수직) globe (elevation)					
⑤ 글로브 밸브 (수평) globe(plan)					
⑥ 호스 앵글 밸브 (hose angle)	기호22.1과 같다.				
15. 자동 밸브 (automatic valve) ① 바이패스 자 동 밸브 (by pass)					

구　분	플랜지 이음 (flanged)	나사 이음 (sorewed)	턱걸이 이음 (bell & spig)	용접 이음 (welded)	땜 이음 (soldered)
② 거버너 자동 밸브 (governoroperated)					
③ 줄임 자동 밸브 (reducing)					
16. 체크 밸브 (check valve) ① 앵글 체크 밸브 (angle check)					
② 체크 밸브 (straight way)					
17. 콕 (cock)					
18. 다이어프램 밸브 (diaphragm valve)					
19. 플로트 밸브 (float valve)					
20. 슬루스 밸브 (gate valve) ① 슬루스 밸브 ② 앵글 슬루스 밸브 (angle gate) ③ 호스 슬루스 밸브 (hose gate) ④ 전동 슬루스 밸브 (motor operated)	기호 14.1 및 14.3과 같다. 기호 22.2와 같다.				
21. 글로브 밸브 (globe valve) ① 글로브 밸브 ② 앵글 글로브 밸브 (angle globe) ③ 호스 글로브 밸브 (hose globe)	기호 14.4 및 14.5와 같다. 기호 22.3과 같다.				

구 분	플랜지 이음 (flanged)	나사 이음 (sorewed)	턱걸이 이음 (bell & spig	용접 이음 (welded)	땜 이음 (soldered)
④ 전동 글로브 밸브 (motor operated)					
22. 호스 밸브 (hose valve) ① 앵글 호스 밸브 (angle) ② 글로브 호스 밸브(gate) 글로브 호스 밸브 (globe)					
23. 봉함 밸브 (lockshield valve)					
24. 지렛대 밸브 (quick opening valve)					
25. 안전 밸브 (safety valve)					
26. 스톱 밸브 (stop valve)	기호20.1과 같다.				
27. 슬루스 밸브 (gate valve)	기호20.1과 같다.				

냉난방 및 환기의 도시기호

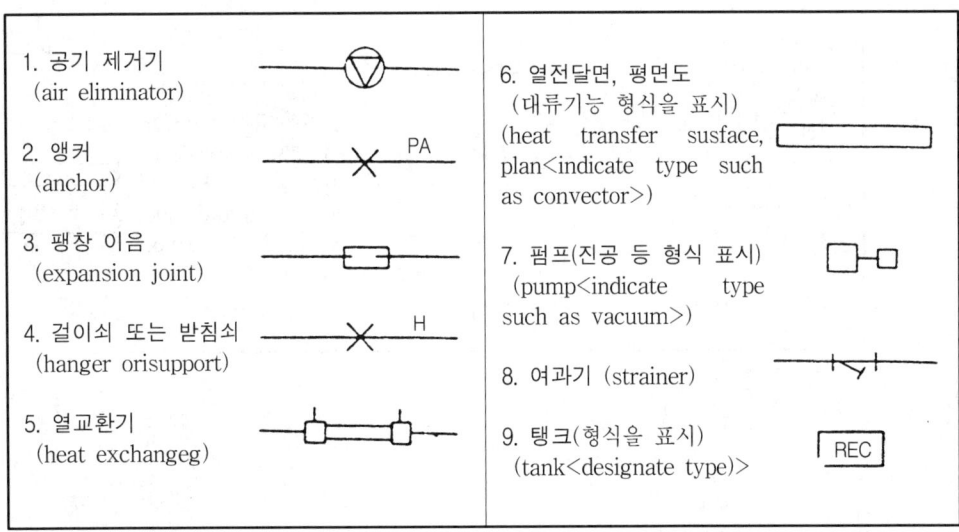

1. 공기 제거기 (air eliminator)
2. 앵커 (anchor) PA
3. 팽창 이음 (expansion joint)
4. 걸이쇠 또는 받침쇠 (hanger orisupport) H
5. 열교환기 (heat exchangeg)
6. 열전달면, 평면도 (대류기능 형식을 표시) (heat transfer susface, plan<indicate type such as convector>)
7. 펌프(진공 등 형식 표시) (pump<indicate type such as vacuum>)
8. 여과기 (strainer)
9. 탱크(형식을 표시) (tank<designate type)> REC

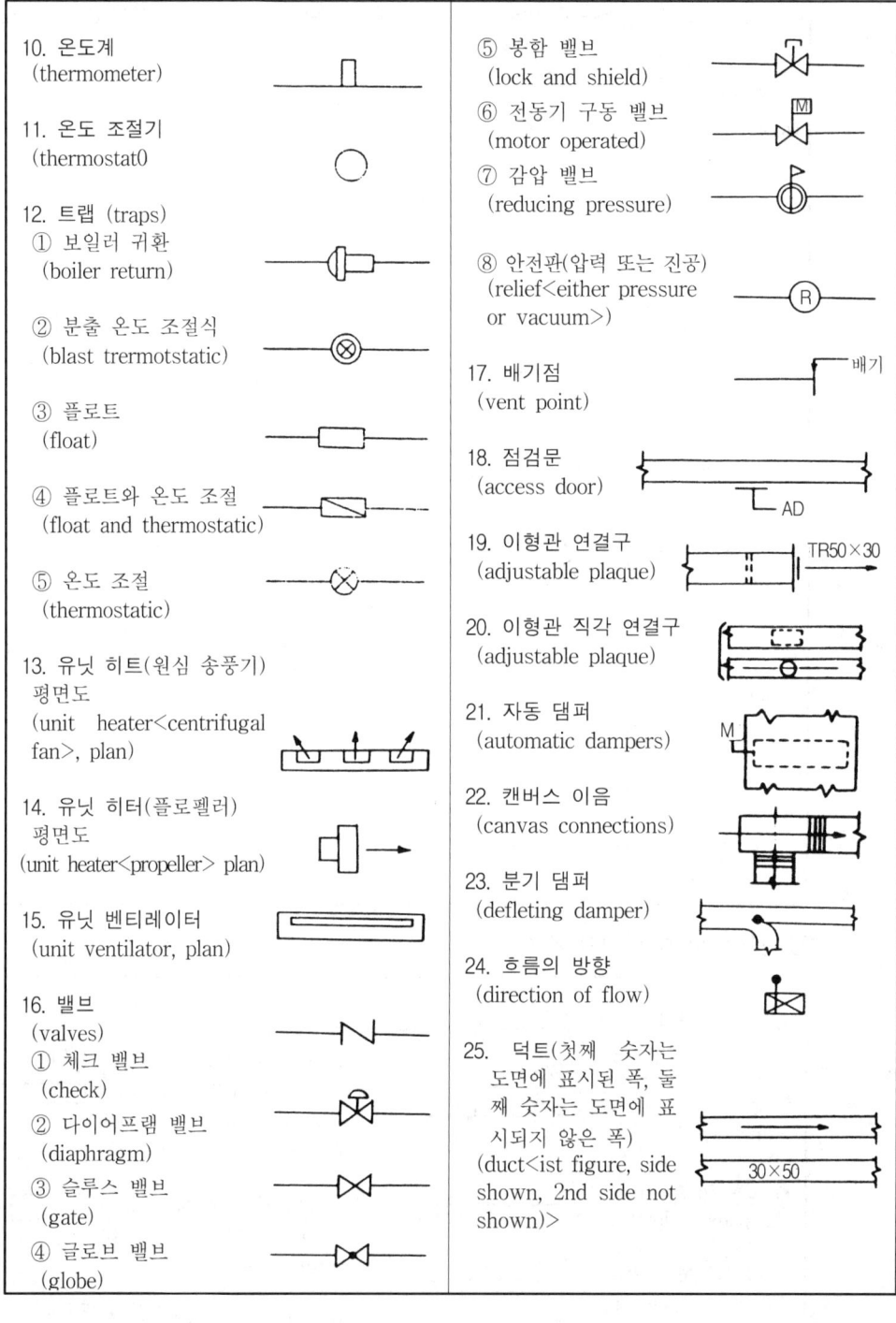

10. 온도계
 (thermometer)

11. 온도 조절기
 (thermostat0

12. 트랩 (traps)
 ① 보일러 귀환
  (boiler return)

 ② 분출 온도 조절식
  (blast trermotstatic)

 ③ 플로트
  (float)

 ④ 플로트와 온도 조절
  (float and thermostatic)

 ⑤ 온도 조절
  (thermostatic)

13. 유닛 히트(원심 송풍기)
 평면도
 (unit   heater<centrifugal
 fan>, plan)

14. 유닛 히터(플로펠러)
 평면도
 (unit heater<propeller> plan)

15. 유닛 벤티레이터
 (unit ventilator, plan)

16. 밸브
 (valves)
 ① 체크 밸브
  (check)

 ② 다이어프램 밸브
  (diaphragm)

 ③ 슬루스 밸브
  (gate)

 ④ 글로브 밸브
  (globe)

⑤ 봉함 밸브
 (lock and shield)

⑥ 전동기 구동 밸브
 (motor operated)

⑦ 감압 밸브
 (reducing pressure)

⑧ 안전판(압력 또는 진공)
 (relief<either pressure
 or vacuum>)

17. 배기점
 (vent point)   배기

18. 점검문
 (access door)   AD

19. 이형관 연결구
 (adjustable plaque)   TR50×30

20. 이형관 직각 연결구
 (adjustable plaque)

21. 자동 댐퍼
 (automatic dampers)   M

22. 캔버스 이음
 (canvas connections)

23. 분기 댐퍼
 (defleting damper)

24. 흐름의 방향
 (direction of flow)

25. 덕트(첫째 숫자는
  도면에 표시된 폭, 둘
  째 숫자는 도면에 표
  시되지 않은 폭)
 (duct<ist figure, side
 shown, 2nd side not
 shown)>   30×50

◘ 열동력 장치의 도시기호

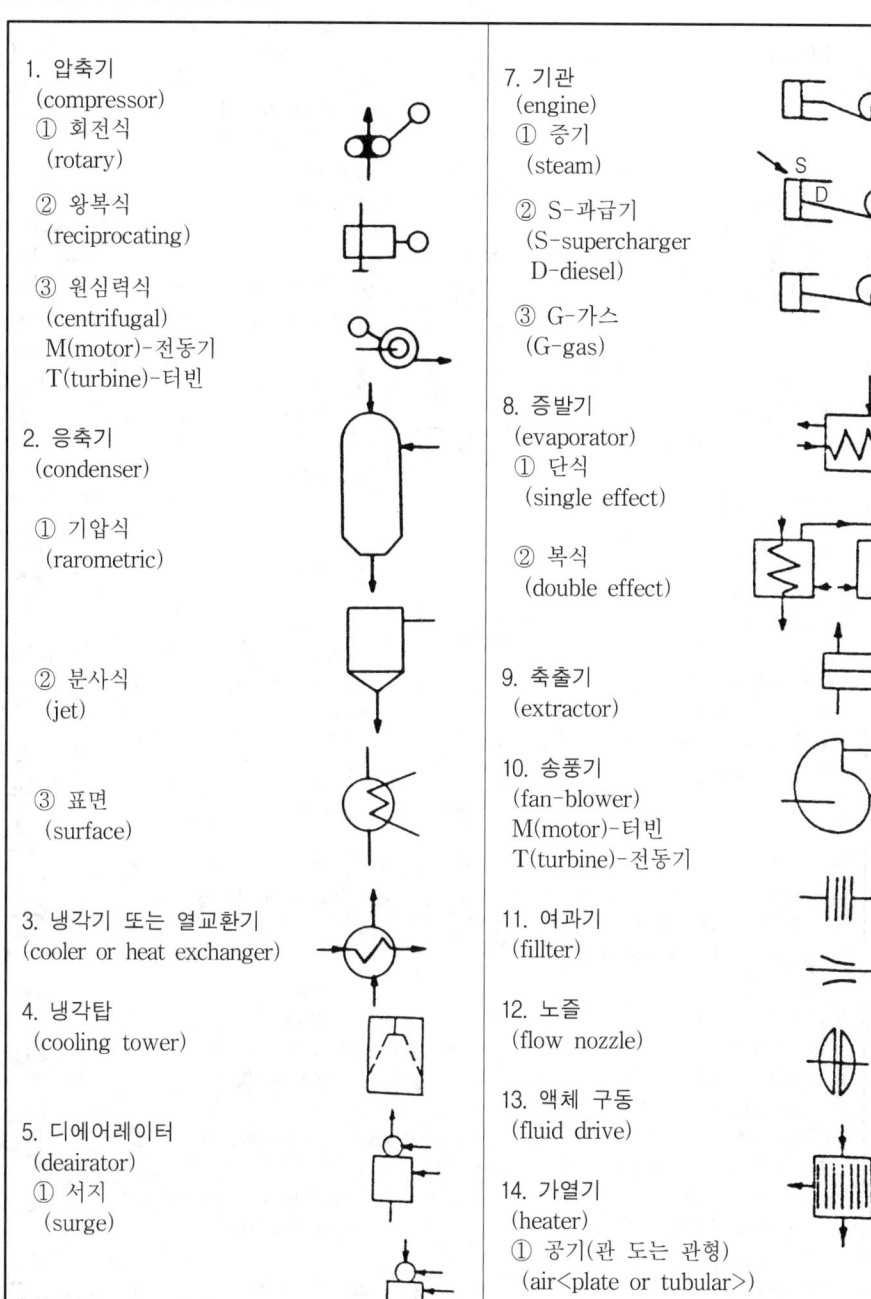

1. 압축기
   (compressor)
   ① 회전식
     (rotary)
   ② 왕복식
     (reciprocating)
   ③ 원심력식
     (centrifugal)
     M(motor)-전동기
     T(turbine)-터빈

2. 응축기
   (condenser)
   ① 기압식
     (rarometric)
   ② 분사식
     (jet)
   ③ 표면
     (surface)

3. 냉각기 또는 열교환기
   (cooler or heat exchanger)

4. 냉각탑
   (cooling tower)

5. 디에어레이터
   (deairator)
   ① 서지
     (surge)
   ② 서지 탱크 붙이
     (with surge tank)

6. 드레인 또는 액면 조절기
   (drainer or lir lid level
   controller)

7. 기관
   (engine)
   ① 증기
     (steam)
   ② S-과급기
     (S-supercharger
     D-diesel)
   ③ G-가스
     (G-gas)

8. 증발기
   (evaporator)
   ① 단식
     (single effect)
   ② 복식
     (double effect)

9. 축출기
   (extractor)

10. 송풍기
    (fan-blower)
    M(motor)-터빈
    T(turbine)-전동기

11. 여과기
    (fillter)

12. 노즐
    (flow nozzle)

13. 액체 구동
    (fluid drive)

14. 가열기
    (heater)
    ① 공기(관 도는 관형)
      (air<plate or tubular>)
    ② 공기(회전식)
      (air<rotating type>)
    ③ 과열 방지기
      (desuperheater)

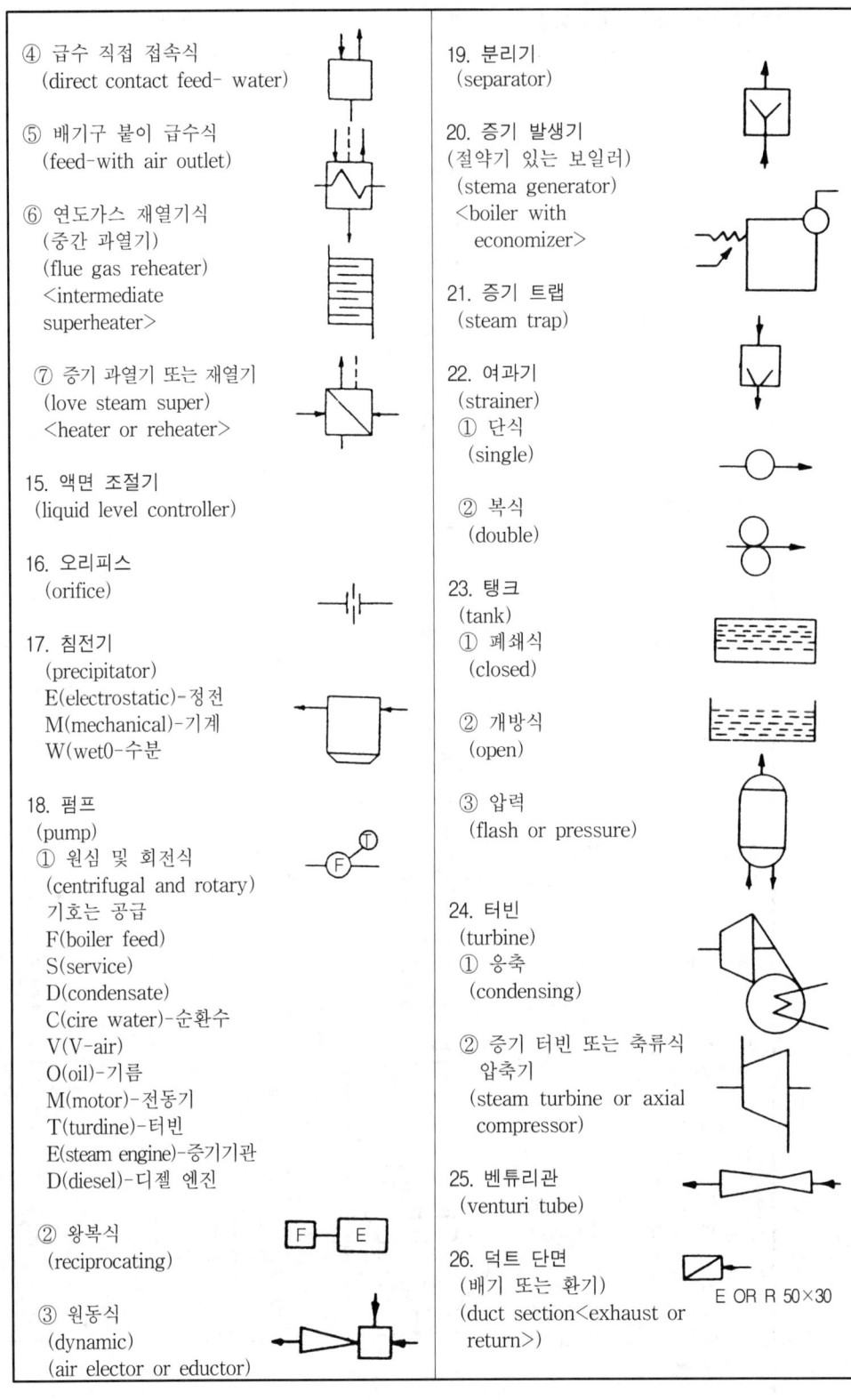

④ 급수 직접 접속식
  (direct contact feed- water)

⑤ 배기구 붙이 급수식
  (feed-with air outlet)

⑥ 연도가스 재열기식
  (중간 과열기)
  (flue gas reheater)
  <intermediate
  superheater>

⑦ 증기 과열기 또는 재열기
  (love steam super)
  <heater or reheater>

15. 액면 조절기
  (liquid level controller)

16. 오리피스
  (orifice)

17. 침전기
  (precipitator)
  E(electrostatic)-정전
  M(mechanical)-기계
  W(wet0-수분

18. 펌프
  (pump)
  ① 원심 및 회전식
  (centrifugal and rotary)
  기호는 공급
  F(boiler feed)
  S(service)
  D(condensate)
  C(cire water)-순환수
  V(V-air)
  O(oil)-기름
  M(motor)-전동기
  T(turdine)-터빈
  E(steam engine)-증기기관
  D(diesel)-디젤 엔진

  ② 왕복식
  (reciprocating)

  ③ 원동식
  (dynamic)
  (air elector or eductor)

19. 분리기
  (separator)

20. 증기 발생기
  (절약기 있는 보일러)
  (stema generator)
  <boiler with
  economizer>

21. 증기 트랩
  (steam trap)

22. 여과기
  (strainer)
  ① 단식
  (single)

  ② 복식
  (double)

23. 탱크
  (tank)
  ① 폐쇄식
  (closed)

  ② 개방식
  (open)

  ③ 압력
  (flash or pressure)

24. 터빈
  (turbine)
  ① 응축
  (condensing)

  ② 증기 터빈 또는 축류식
  압축기
  (steam turbine or axial
  compressor)

25. 벤튜리관
  (venturi tube)

26. 덕트 단면
  (배기 또는 환기)
  (duct section<exhaust or
  return>)

E OR R 50×30

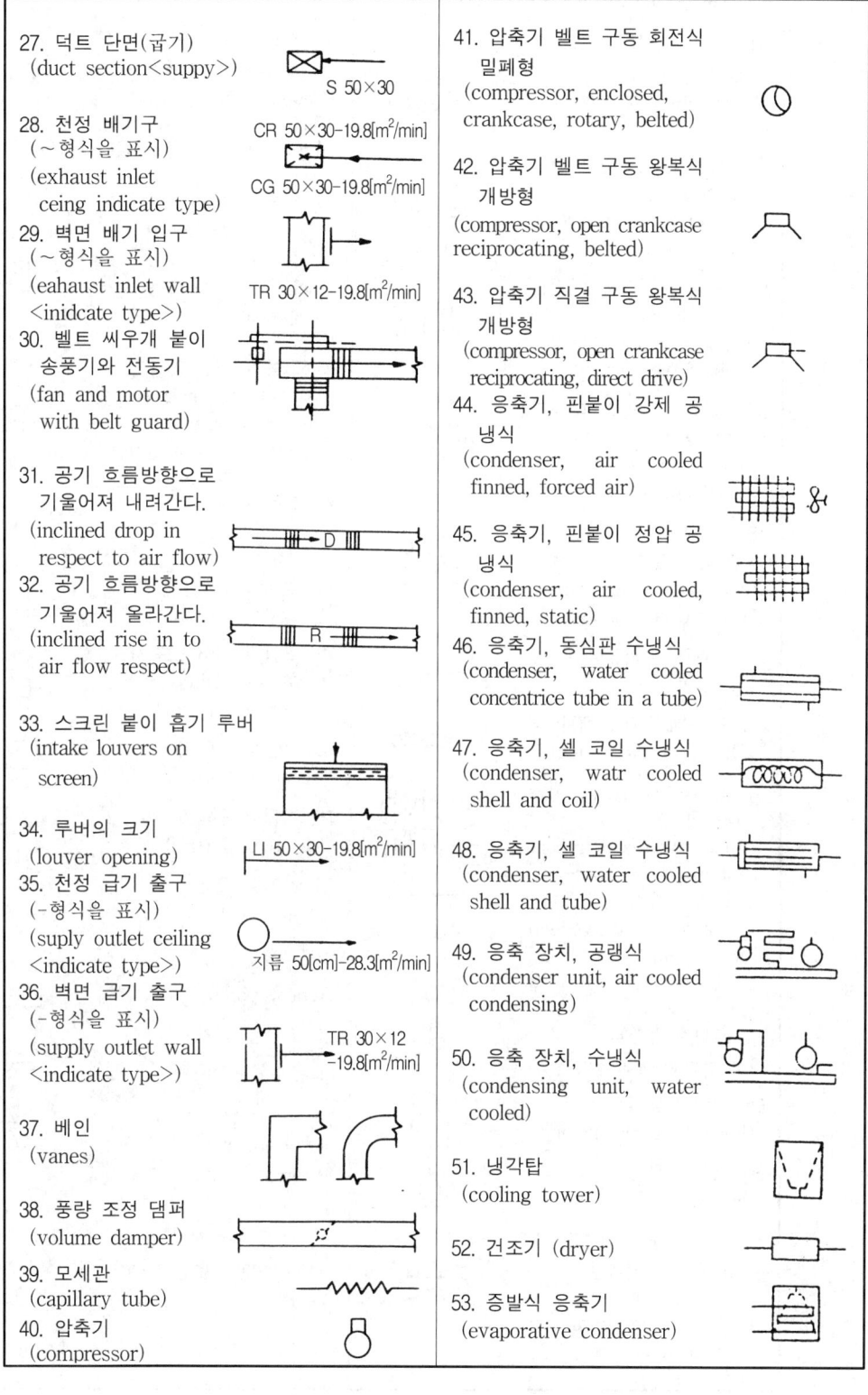

27. 덕트 단면(급기)
  (duct section<suppy>)
  S 50×30

28. 천정 배기구
  (~형식을 표시)
  (exhaust inlet
  ceing indicate type)
  CR 50×30-19.8[m²/min]
  CG 50×30-19.8[m²/min]

29. 벽면 배기 입구
  (~형식을 표시)
  (eahaust inlet wall
  <inidcate type>)
  TR 30×12-19.8[m²/min]

30. 벨트 씨우개 붙이
  송풍기와 전동기
  (fan and motor
  with belt guard)

31. 공기 흐름방향으로
  기울어져 내려간다.
  (inclined drop in
  respect to air flow)
  D

32. 공기 흐름방향으로
  기울어져 올라간다.
  (inclined rise in to
  air flow respect)
  R

33. 스크린 붙이 흡기 루버
  (intake louvers on
  screen)

34. 루버의 크기
  (louver opening)
  LI 50×30-19.8[m²/min]

35. 천정 급기 출구
  (-형식을 표시)
  (suply outlet ceiling
  <indicate type>)
  지름 50[cm]-28.3[m²/min]

36. 벽면 급기 출구
  (-형식을 표시)
  (supply outlet wall
  <indicate type>)
  TR 30×12 -19.8[m²/min]

37. 베인
  (vanes)

38. 풍량 조정 댐퍼
  (volume damper)

39. 모세관
  (capillary tube)

40. 압축기
  (compressor)

41. 압축기 벨트 구동 회전식 밀폐형
  (compressor, enclosed, crankcase, rotary, belted)

42. 압축기 벨트 구동 왕복식 개방형
  (compressor, open crankcase reciprocating, belted)

43. 압축기 직결 구동 왕복식 개방형
  (compressor, open crankcase reciprocating, direct drive)

44. 응축기, 핀붙이 강제 공냉식
  (condenser, air cooled finned, forced air)

45. 응축기, 핀붙이 정압 공냉식
  (condenser, air cooled, finned, static)

46. 응축기, 동심판 수냉식
  (condenser, water cooled concentrice tube in a tube)

47. 응축기, 셀 코일 수냉식
  (condenser, watr cooled shell and coil)

48. 응축기, 셀 코일 수냉식
  (condenser, water cooled shell and tube)

49. 응축 장치, 공랭식
  (condenser unit, air cooled condensing)

50. 응축 장치, 수냉식
  (condensing unit, water cooled)

51. 냉각탑
  (cooling tower)

52. 건조기 (dryer)

53. 증발식 응축기
  (evaporative condenser)

54. 증발기, 핀붙이 원형 천정식
(evaporator, circular, ceiling type, finned)

55. 증발기, 다기관형 중력 공기식
(evaporator, manifolded, bare tube gravity air)

56. 증발기, 핀붙이 다기관 강제 송풍식
(evaporator, manifolded, finne forced air)

57. 증발기, 핀붙이 다디관 중력 공기식
(evaporator, manifolded, finned gravity air)

58. 증발기, 헤더 또는 다기관 판 코일식
(evaporator, plate coils headered or manifold)

59. 여과기, 배관선상
(filter, line)

60. 여과기와 제거기, 배관선상
(filter & strainer, line)

61. 핀붙이 냉각장치, 자연 대류식
(finned type cooling unit natural convection)

62. 강제 대류식 냉각장치
(forced convection coolinf unit)

63. 게이지
(gauge)

64. 고압측 플로트
(high side float)

65. 침입식 냉각장치
(immersion cooling unit)

66. 저압측 플로트
(low side float)

67. 전동기 구동 압추기, 직결 왕복식 밀폐형
(motor-compressor, enclosed crank case, reciprocating, direct connected)

68. 전동기 구동 압축기, 직결 회전식 밀폐형
(motor-compressor, enclosed crankcase, rotary, direct connected)

69. 전동기 구동 압축기, 왕복식 완전 밀폐형
(motor-compressor, secled crankcase, reciprocating)

70. 전동기 구동 압축기, 회전식 완전 밀폐형
(motor-compressor, sealed crankcase, rotary)

71. 압력 조절기
(pressurestat)

72. 압력 스위치
(pressure switch)

73. 고압력 제어 스위치
(prossure switch with pressure cut-out)

74. 수평식 수액기
(receiver, horizonal)

75. 직립식 수액기
(receiver, vertical)

76. 스케일 트랩
(scale trap)

77. 분무조
(spray pond)

78. 감온통
(thermal bulb)

79. 온도 조절기(원거리 조절)
(thermostat <remote bulb>)

80. 밸브(valves)
① 자동 팽창식
(automatic expansion)

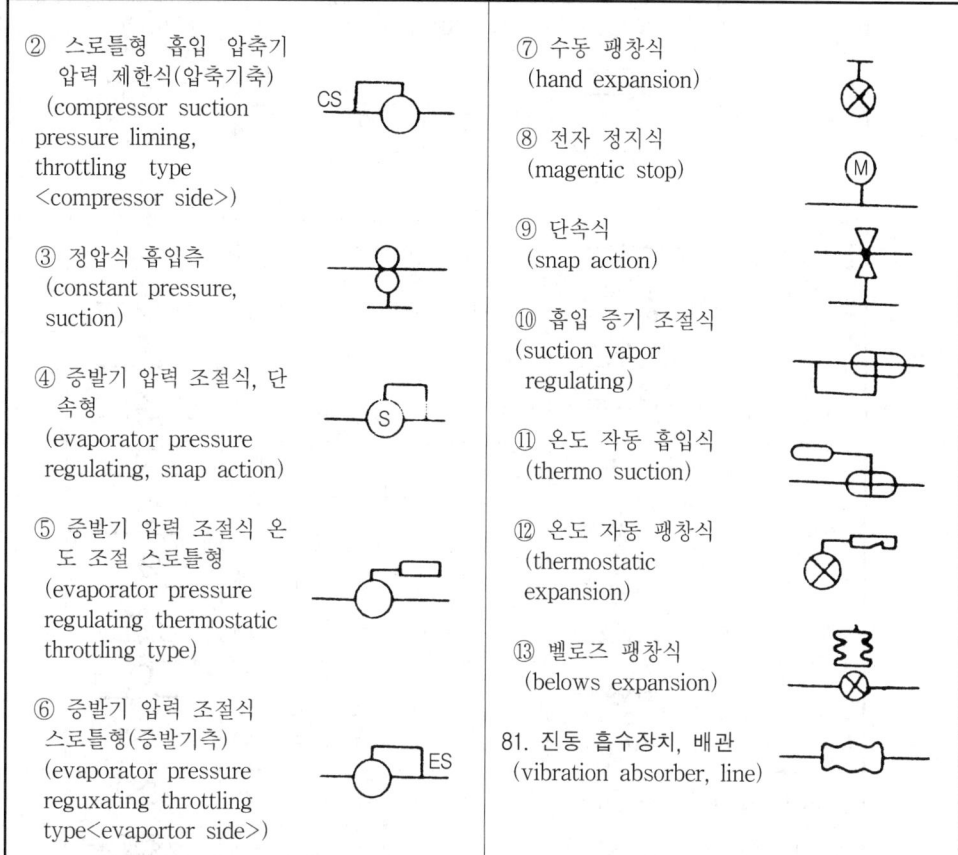

② 스로틀형 흡입 압축기 압력 제한식(압축기측)
(compressor suction pressure liming, throttling type <compressor side>)

③ 정압식 흡입측
(constant pressure, suction)

④ 증발기 압력 조절식, 단속형
(evaporator pressure regulating, snap action)

⑤ 증발기 압력 조절식 온도 조절 스로틀형
(evaporator pressure regulating thermostatic throttling type)

⑥ 증발기 압력 조절식 스로틀형(증발기측)
(evaporator pressure reguxating throttling type<evaportor side>)

⑦ 수동 팽창식
(hand expansion)

⑧ 전자 정지식
(magentic stop)

⑨ 단속식
(snap action)

⑩ 흡입 증기 조절식
(suction vapor regulating)

⑪ 온도 작동 흡입식
(thermo suction)

⑫ 온도 자동 팽창식
(thermostatic expansion)

⑬ 벨로즈 팽창식
(belows expansion)

81. 진동 흡수장치, 배관
(vibration absorber, line)

⬇ 배관에 사용되는 일반기호

명 칭	기 호	비 고	명 칭	기 호	비 고
송 기 관	——————	증기 및 온수	Y 자 관		
복 귀 관	--------	증기 및 온수	공 관		주 철 이 향 관
증 기 관	—/—	증 기	T 자 관		주 철 이 향 관
응 축 수 관	----/----		Y 자 관		주 철 이 향 관
기 타 관	═══		90° Y 자 관		주 철 이 향 관
급 수 관	— · — ·		편 심 조 인 트		주 철 이 향 관
상 수 도 관	— · · — · ·		팽 창 곡 관		
우 물 급 수 관	— · · · —		팽 창 조 인 트		
급 탕 관	—⊢—		배 관 고 정 법		
탕 복 귀 관	—⊩—		스 톱 밸 브		
배 수 관	---------		슬 루 스 밸 브		
통 기 관	—✕—		앵 글 밸 브		

명 칭		기 호	비 고	명 칭		기 호	비 고
소 화 관				체크밸브	리프트형		
주철관	급수 배수		관지름 75[mm] 관지름100[mm]		스 윙 형		
연 관	급수 배수		관지름 13[mm] 관지름100[mm]	콕			
콘크리 트 관	급수 배수		관지름150[mm]	삼 방 콕			
도 관			관지름100[mm]	안 전 밸 브			
수 직 관				배 압 밸 브			
수직상향·하향부				배 압 밸 브			
곡 관				온 도 조 정 밸 브			
플 랜 지				공 기 밸 브			
유 니 온				압 력 계			
엘 보				연 성 계			
티				온 도 계			
증 기 트 랩				송 기 도 단 면			
스 트 레 이 너				배 기 도 단 면			
바 닥 박 스				송 기 템 퍼 단 면			
기 름 분 리 기				배 기 템 퍼 단 면			
기 수 분 리 기				송 기 구			
리 프 트 피 팅				배 기 구			
분 기 가 열 기				양 수 기			
주 형 방 열 기				청 소 구			
벽 걸 이 방 열 기				하 우 스 트 랩			
				그 리 스 트 랩			
핀 방 열 기				기 구 배 수 구			
대 류 방 열 기				바 닥 배 수 구			

■ HASS에 의한 도시 기호

종 류	도 시 기 호	종 류	도 시 기 호
1. 난방·급기		① 급수관	
① 공압증기 공급관		② 급수 주철관	
② 고압증기 환수관		③ 급수 연관	
③ 중기증압 공급관		④ 급수 동관	
④ 중기증압 환수관		⑤ 급수 황동관	
⑤ 저압증기 공급관		⑥ 급수 콘크리트관	
⑥ 저압증기 환수관		⑦ 급수 석면 시멘트관	
⑦ 공기 배출관		⑧ 급수 비닐관	
⑧ 연료 공급관		⑨ 상수도관	
⑨ 연료 저탕관		⑩ 우물수관	
⑩ 기름 저장탱크 통기관		⑪ 급탕 공급관	
⑪ 압축 공기관		⑫ 급탕 환수관	
⑫ 온수난방 공급관		**4. 배 수**	
⑬ 온수난방 환수관		① 배수관	
		② 통기관	
2. 공기조화		③ 배수 주철관	
① 냉매 토출관		④ 배수 연관	
② 냉매액관		⑤ 배수 콘크리트관	
③ 냉매 흡입관		⑥ 배수 비닐관	
④ 냉각수 공급관		⑦ 도 관	
⑤ 냉각수 환수관		**5. 소 화**	
⑥ 냉수 및 냉온수공급관		① 소화 수관	
⑦ 냉수 및 냉온수환수관		② 스프링클러 주관	
⑧ 브라인 공급관		③ 스프링클러 헤드지관	
⑨ 브라인 환수관		④ 스프링클러 드레인관	
3. 급수·급탕			

8-4. 배관의 단열보온

1. 단열재 및 보온재

(1) 단열재

① 단열재의 개요 : 단열재란 열전도율이 작은 재료로서 고열공업 등 공업요로에서 방산되는 열량을 적게 하기 위하여 사용되는 재료를 의미하는, 즉 열손실 차단재이다.

⑦ 단열재의 구비조건

㉠ 열전도율이 작을 것

㉡ 세포조직이 다공질층일 것

㉢ 기공의 크기가 균일할 것

④ 단열재의 사용 효과

㉠ 축열용량이 작아진다.

㉡ 열전도가 작아진다.

㉢ 로내 온도가 균일하여진다.

㉣ 로내외의 온도 구배가 완만하여 스폴링이 방지된다.

㉤ 내화물의 수명이 길어진다.

㉰ 내화물, 단열재, 보온재의 구분

구 분		내 용
내 화 재		SK 26(1580[℃] 이상 SK 42까지
내 화 단 열 재		SK 10(1300[℃] 이상의 물질
단 열 재		800~1200[℃]에 사용
보 온 재	유 기 질	100~500[℃]에 사용
	무 기 질	500~800[℃]에 사용
보 냉 재		100[℃] 이하에 사용

㉴ 단열재의 원료

㉠ 규조토

㉡ 석면

㉢ 질석

㉣ 팽창혈 암

㉤ 펄라이트

㉵ 다공질 방법

㉠ 톱밥이나 코크스와 같은 가연성 물질을 혼합한다.

㉡ 팽창질석이나 펄라이트 이외의 경랍립을 이용한다.

㉶ 단열재의 사용처

㉠ 단열 벽돌 : 노벽의 배면용으로 사용

㉡ 내화단열 벽돌 : 노의 고온면용으로 사용

② 단열재의 종류

㉮ 저온용 단열벽돌

㉠ 규조토질 단열 벽돌 : 천연에 퇴적한 규조토 괴로부터 형상을 잘라내어서 분말시킨 다음 소량의 가소성 점토 및 톱밥 등을 가하여 혼련 성형한 다음 800~850[℃]로 소성한 벽돌이다.

ⓐ 안전사용온도 : 800~1200[℃]

ⓑ 특징

· 압축강도 및 내마모성이 작다.

· 재가열시 수축이 크다.

- 스폴링 저항에 약하다.
- 열전도율이 $0.12 \sim 0.2[\text{kcal/mh℃}]$
- 압축강도가 $5 \sim 30[\text{kg/cm}^2]$
- 기공율이 $70 \sim 80[\%]$
- 비중이 $0.45 \sim 0.7$ 정도이다.

ⓛ 적벽돌(보통 벽돌) : 점토에 흙이나 강가의 모래 등을 배합하고 5[%] 정도의 산화철을 첨가하여 기계로 혼련 성형하며 $900 \sim 1000[℃]$ 정도의 건조 소성하여 만든다.

ⓐ 안전사용온도 : $800 \sim 1000[℃]$

ⓑ 특성
- 노벽외측에 사용된다.
- 압축강도가 $100 \sim 300[\text{kg/cm}^2]$
- 겉보기 비중이 $1.60 \sim 1.87$이다.
- 흡수율이 $4 \sim 23[\%]$이다.

㉴ 고온용 단열벽돌

㉠ 점토질 단열벽돌 : 점토질이나 고알루미나질에 톱밥이나 발포제에 넣어서 고온 소성($1200 \sim 1500[℃]$)하여 만든다.

ⓐ 안전사용온도 : $1200 \sim 1500[℃]$

ⓑ 특성
- 벽돌이 가벼워서 중량이 가볍다.
- 고온용에 적합하다.
- 스폴링 저항이 크다.
- 노벽의 내면 외면에 모두 사용된다.
- 열전도율이 $0.15 \sim 0.45[\text{kcal/mh℃}]$이다.
- 벽돌이 가벼워서 벽돌의 열용량이 적다.
- 물체의 가열시간이 $25 \sim 30[\%]$ 정도 단축된다.

(2) 보온재

보온재란 열전도율이 $0.1[\text{kcal/mh℃}]$ 이하의 작은 재료로서 보일러나 요로, 난방배관에서 유체의 방열손실을 방지하여 유체의 온도를 보호한다.

㉮ 보온재의 열전도율을 작게 하려면 재질 내의 독립기포로 된 다공질층이어야 한다.

㉯ 열전도율에 영향을 미치는 요소

㉠ 재질 자체의 기공의 크기가 작을수록 열전도율이 작아진다.

㉡ 재료의 두께가 두꺼울수록 열전도율은 작아진다.

㉢ 유체의 온도가 높을수록 열전도율은 증가한다.

㉣ 재질 내의 흡수성이 클수록 열전도율은 증가한다.

ⓜ 재질 자체의 밀도가 작으면 열전도율은 작아진다.

ⓗ 재질 내의 기공이 균일하면 열전도율은 작아진다.

㉯ 보온재의 종류

㉠ 유기질 보온재

㉡ 무기질 보온재

㉢ 금속질 보온재

㉰ 안전사용온도에 따른 보온재의 구분

㉠ 저온용 보온재

㉡ 중온용 보온재

㉢ 고온용 보온재

㉱ 경제적인 보온 방법

㉠ 보온재의 두께가 두꺼우면 보온 효율이 좋다.

㉡ 보온재가 80[mm] 정도 두께일 때 경제적이다.

㉢ 보온재 두께가 열손실 감소비율이 작아져서 경제적이지 못하다.

[참고]

■ 보온재의 경제적인 두께

① 평면일 때

$$x + \frac{\lambda}{\alpha} = 10^{-3} \sqrt{\frac{b}{a}} \sqrt{N \cdot h \cdot \lambda (\theta_0 - \theta_r)}$$

② 통일 때

$$\frac{(d_1 - d_0)}{2} \ln \frac{\lambda}{\alpha} + \frac{\lambda}{\alpha} = 10^{-3} \sqrt{\frac{b}{a}} \sqrt{N \cdot h \cdot \lambda (\theta_0 - \theta_r)}$$

x : 평면일 때 보온재의 경제적인 두께(m)
α : 표면의 열전달율(kcal/m²·h·℃)
λ : 보온재 열전도율(kcal/m·h·℃)
a : 보온시공가격(1000원/m³)
b : 열량가격(원/1000[kcal])
N : $(1+n)m-1, n(1+n)m$ (m : 감가상각연수(Y^r, n : 연이율)
h : 연간사용시간(h_r)
θ_0 : 내부온도(℃)
θ_r : 실내온도(℃)

㉲ 보온효율 계산

$$\frac{Q_0 - Q}{Q_0} \times 100[\%]$$

Q_0 : 나면에서 손실되는 열량(kcal/h)
Q : 보온면에서 손실되는 열량(kcal/h)

◘ 유기질 보온재의 종류

	보온재 종류	최고 안전사용온도 ℃	열전도율(kcal/mh℃)
식물성	탄 화 콜 크	-200~130[℃]	0.035
	텍 스 류	120 이하	0.057~0.058
	면 화	160	0.1~0.2
동물성	우 모 펠 트	130	0.042~0.046
	양 모 펠 트	130	0.042~0.046
	닭 털	130	0.042~0.046
인공품	플 라 스 틱 폼	100~140	0.03
	고 무 폼	-50~-50	0.03
	염 화 비 닐 폼	60~200	0.03
	폴 리 스 틸 렌 폼	-50~-70	0.03
	폴 리 우 렌 탄 폼	-200~130	0.03

◘ 무기질 보온재의 종류

	보온재 종류	최고 안전사용온도 ℃	열전도율(kcal/mh℃)
천연품	석 면 (아 스 베 스 토)	350~550	0.048~0.065
	규 조 토	500	0.08~0.095
	질 석 팽 창	650	0.1~0.2
	펄 라 이 트	650	0.055~0.067
	암 면 (록 울)	400~600	0.039~0.048
	규 산 칼 슘	650	0.053
	탄 산 마 그 네 슘	250	0.05~0.07
	글 라 스 울	300	0.036~0.057
	폼 글 라 스	300	0.05~0.06
	실 리 카 파 이 버	50~1100	0.05
	세 라 믹 파 이 버	30~1300	0.036~0.06

① 보온재의 구비조건

㉮ 열전도율이 작고 보온능력이 클 것

㉯ 장시간 사용하여도 사용온도에 충분히 견딜 것

㉰ 장기간 사용하여도 변질되지 말 것

㉱ 어느 정도의 기계적 강도를 가질 것

㉲ 가볍고 비중이 작을 것

㉳ 흡습성이나 흡수성이 작을 것

㉴ 시공이 용이할 것

○아 가격이 저렴할 것

○자 열전도율이 0.07[kcal/mh℃] 이하일 것

┤참고├

■ 보온 효율(η)

$$\eta = \frac{Q_0 - Q}{Q_0} \times 100 \qquad 방산열량(Q) = \frac{\lambda \, \Delta t}{b}$$

Q_0 : 나면에서 손실되는 열량(kcal/h)

Q : 보온면에서 손실되는 열량(kcal/h)

λ : 보온재 열전도율(kcal/m·h·℃)

b : 보온재 두께(m)

Δt : 보온재 내외면의 온도차

---

② 열전도율에 영향을 미치는 요소

○가 독립기포의 다공질층이 적으면 열전도율은 빨라진다.

○나 기공의 크기가 작을수록 열전도율은 늦어진다.

○다 재료의 두께가 두터울수록 열전도율은 작아진다.

○라 재료의 온도가 높을수록 열전도율이 커진다.

○마 재질 내의 흡습성이 클수록 열전도율이 커진다.

○바 재질 자체의 밀도가 클수록 열전도율이 커진다.

○사 재질 내의 기공이 균일할수록 열전도율이 작아진다.

③ 보온재의 종류

○가 유기질 보온재

  ㉠ 펠트(felt)류 : 양모, 우모, 마모 등의 재료를 사용하여 만든 보온재이다.

   ⓐ 안전사용온도 : 100[℃] 이하

   ⓑ 특징

    · 우모 펠트는 곡면의 시공에는 매우 편리하다.

    · 주로 방로 보온용이다.

    · 아스팔트와 아스팔트 천을 가지고 방습가공한 것은 −60[℃]까지 보냉이 가능하다.

  ㉡ 텍스류 : 톱밥, 목재, 펄프를 주원료로 해서 압축판 모양으로 만들었다.

   ⓐ 안전사용온도 : 120[℃]

   ⓑ 특징과 용도

    · 불연재이다.

    · 시공이 간편하다.

    · 실내벽의 보온 및 방음용이다.

    · 방습, 흡음, 단열의 효과가 있다.

  ㉢ 코르크(cork)

ⓐ 안전사용온도 : 130[℃] 이하

ⓑ 특징

　　• 보냉 보온재로서 우수하다.

　　• 냉수 냉매배관 및 냉각기 펌프 등의 보냉용에 사용된다.

　　• 탄화 코르크는 무르고 가용성이 없으므로 시공면에 틈이 생기기 쉽다.

※ 단열보온재의 분류

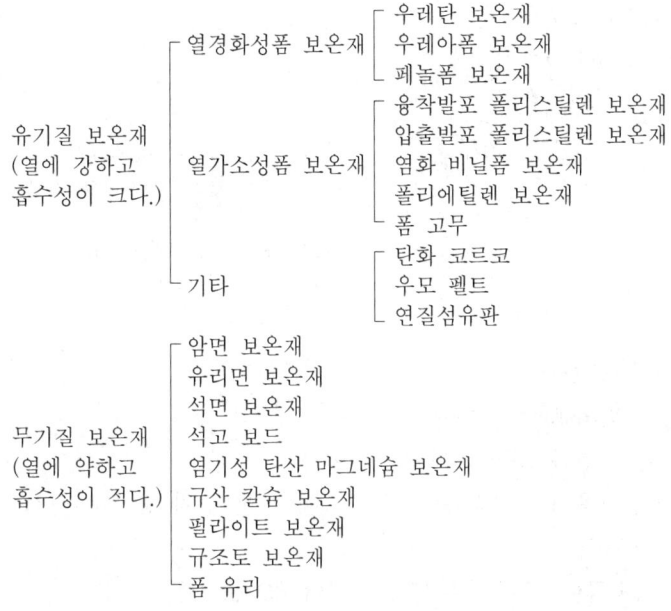

◘ 단열재의 열전도율

구　분	종　류	열전도율(kcal/m·h℃)
무기 단열재	암면	0.027~0.034
	유리면	0.027~0.037
유기 단열재	아소 핑크	0.023~0.025
	폴리우레탄폼	0.022~0.025
	우레아폼(요소수지발포 보온재)	0.030~0.031
	스티로폴(보통 압출한 것)	0.029~0.035

㉣ 기포성 수지(스폰지)

ⓐ 사용온도 : 80[℃] 이하

ⓑ 특징

　　• 열전도율이 낮고 가볍다.

　　• 부드럽고 불연성이다.

　　• 보온 보냉효과가 있다.

· 흡수성이 좋지 않다.

· 굽힘성이 풍부하다.

ⓒ 원리 : 합성수지, 고무 등으로 다공질 제품으로 만든 폼류이다.

ⓓ 종류 : 경질 우레탄폼, 폴리스틸렌폼, 염화 비닐폼 등

[참고]

■ **보온재의 표면온도(t)**

① 평면인 경우

$$t_0 (℃) = \frac{Q}{\alpha} + t_a$$

② 원통관인 경우

$$t(℃) = \frac{Q}{\pi D l \alpha} + t_a$$

Q : 보온면의 단위면적에서 손실되는 열량($kcal/m^2 \cdot h$)

α : 대기 열전달율($kcal/m^2 \cdot h \cdot ℃$)

t_a : 대기 온도(℃)

D : 원통관의 바깥지름(m)

l : 원통관의 길이(m)

④ 무기질 보온재

㉠ 석면(asbestos ; 아스베스토)

ⓐ 안전사용온도 : 450[℃] 이하

ⓑ 사용처 : 선박과 같이 진동이 심한 장치 등에 이상적이다.

ⓒ 특징

· 금이 가거나 부서지는 일이 없다.

· 파이프, 탱크, 노벽 등의 보온용이다.

· 400[℃] 이상에서는 탈수분해되고 800[℃] 이상에서는 강도와 보온성이 상실된다.

· 곡관부나 플랜지부의 배관에 사용된다.

㉡ 암면(rock wool ; 岩綿)

ⓐ 안전사용온도 : 400[℃] 이하

ⓑ 사용처 : 파이프, 덕트, 탱크 등의 보온용으로 사용된다. 또한 열설비의 보온, 보냉, 단열용이다.

ⓒ 특징

· 석면에 비하여 거칠고 부서지기 쉽다.

· 보냉용의 것은 방습을 위하여 아스팔트 가공을 한다.

· 식물성 접착제를 사용한 것은 습기에 약하다.

ⓓ 원리 : 안삼암이나, 현무암 등에 석회석을 썩어서 용해하여 보온재를 만든다.

㉢ 규조토(광물질의 잔해 퇴적물)

ⓐ 안전사용온도 : 500[℃] 이하

ⓑ 사용처 : 500[℃] 이하의 파이프, 탱크, 노벽에 사용

ⓒ 특징
- 열전도율이 커서 단열효과가 낮아서 두껍게 시공한다.
- 시공 후 건조시간이 길다.
- 진동이 있는 곳에는 사용이 불가능하다.
- 접착성은 좋은 편이다.
- 시공시에 철사망 등의 보강재가 필요하다.

㉣ 탄산 마그네슘 : 염기성의 탄산 마그네슘 85[%]에 15[%]의 석면을 혼합하여 만든다.
  ⓐ 안전사용온도 : 250[℃] 이하
  ⓑ 사용처 : 관, 탱크 등의 보온재로 사용된다.
  ⓒ 특징
- 열전도율이 낮다.
- 가볍고 보온성이 우수하다.
- 300[℃] 이상에서 열분해된다.
- 방습가공한 것은 옥외배관이나 습기가 많은 지하 덕트 내의 배관에 적합하다.

㉤ 유리면(glass wool ; 글라스 울) : 유리를 용융하여 섬유화한 보온재이다.
  ⓐ 안전사용온도 : 일반용 300[℃] 이하, 방수처리용 600[℃] 이하
  ⓑ 사용처 : 건축물의 벽이나 천장 바닥 등의 보온, 보냉 단열용이며 파이프나 덕트에도 사용이 가능하다.
  ⓒ 특징
- 열전도율이 낮아서 보온효과가 크다.
- 불연성이며 유독 가스가 발생되지 않는다.
- 시공이 간편하다.
- 흡음 효과가 크다.
- 외관이 아름답다.

㉥ 광재면(slag wool ; 슬래그 울) : 용광로에서 발생된 슬래그를 이용하여 만든다. 그 특징은 암면과 동일한 면이 많다.
  ⓐ 안전사용온도 : 400~600[℃]

㉦ 규산 칼슘 보온재 : 규산질 분말에 소석회 및 3~15[%]의 석면섬유를 가해서 수증기를 이용하여 경화시킨 보온재이다.
  ⓐ 안전사용온도 : 650[℃] 이하
  ⓑ 사용처 : 제철소, 발전소, 선박 등의 고온배관용이다.
  ⓒ 특징
- 압축강도가 크다.
- 내수성이 크다.
- 내구성이 우수하다.
- 시공이 용이하다.
- 반영구적으로 사용이 가능하다.

◎ 펄라이트(pearlite ; 팽창질석) : 흑요석이나 진주암 등을 1000[℃]로 가열하여 체적을 8~20배 정도로 팽창시켜 만든다. 또한 접착제와 3~15[%]의 석면이 첨가된다.

ⓐ 안전사용온도 : 650[℃] 이하

ⓑ 특징은 가볍고 단열성이 우수하다.

㉓ 고온용 보온재(내화단열재)

㉠ 실리카 파이버 : 규산 칼슘계 광물을 수열반응시켜 고온용 결정구조를 갖게 한 보온재이다.

ⓐ 안전사용온도 : 1100[℃]

ⓑ 사용처 : 섬유공업 파이프나 탱크 보일러 등

㉡ 세라믹 파이버(내화단열재) : 고순도의 실리카 알루미나를 2000[℃]에서 용융 섬유화한 보온재로서 고온용이다.

ⓐ 안전사용온도 : 1300[℃]

ⓑ 사용처 : 열설비 및 석유화학 공업에 쓰이며 우주선의 외표피 등에 사용된다.

㉢ 실리카와 세라믹의 특징

ⓐ 고온에서 열전도율이 낮아서 단열효과가 크다.

ⓑ 가볍고 유연성이 크다.

ⓒ 강도가 강하다.

ⓓ 시공성이 좋다.

㉔ 금속질 보온재 : 금속 특유의 복사열에 대한 반사 특성을 이용하여 보온효과를 얻는 것으로서 만든 보온재이다. 대표적으로 알루미늄박 등이 있다.

㉠ 알루미늄 박(泊) : 알루미늄판 또는 박(泊)을 사용하여 공기층을 만들어서 그 표면은 열복사에 대한 방사능을 이용한 금속질 보온재이다. 특히 두께가 10[mm] 이하일 때가 효과가 크다.

(3) 단열 보온재 및 내화물에서 열의 이동(傳熱)

① 열전도(熱傳導) : 물체에서 온도 구배(온도차)가 있을 때는 높은 온도에서 낮은 온도로 즉 물체는 움직이지 않고 열만 이동되는 푸리에이의 법칙에 따르는 열의 이동이나 열전도에 의한 열전달은 평판의 열전도가 있으며 또한 원통관의 열전도가 있다. 그리고 열전도계수(열전도율)의 단위는 kcal/mh℃이다.

㉮ 열전도율 : 넓이가 1[m^2]인 물체에서 길이가 1[m]일 때 양쪽 온도 차이가 1[℃]를 유지할 때 1시간 동안에 이동한 열량이다.

{참고}

■ 물체의 인접한 두 부분 사이의 온도차에 의해서 생기는 에너지의 이동현상이 열전도라고 한다. 열량이 단면을 통하여 이동할 때 시간에 대한 이동율을 열전도율 K 이라 하며, 온도차에 물체의 두께를 dt/dx 온도 기울기로 정의된다. 여기서 K 는 열전도율이라는 비례상수이다. 그리고 열전도의 현상은 또한 결과 온도의 개념이 분명히 다르다는 것을 알려준다. 어떤 막대의 양단 온도차가 같다 하여도 막대의 종류가 다르면 같은 시간 내에 막대를 흐르는 열량도 다르다.

② **열대류(熱對流)** : 고체벽이 온도가 다른 유체와 접촉하고 있을 때 유체내 유동이 생기면서 열이 이동하는 현상이다. 즉, 유체는 열을 받으면 밀도가 작아져서 부력이 생기기 때문에 상승현상이 생겨 유체 스스로 자연적인 대류의 현상이 생긴다. 그러나, 송풍기나 그밖의 장치로 대류를 촉진시키는 대류는 강제대류이다.

㉮ 대류에 의한 전열량 계산(Q)

$$Q=\text{열전달율}\times\text{고체표면적 } (\text{m}^2)\times(\text{고체표면온도}-\text{유체온도})[\text{kcal/h}]$$

※ 열전달율(α)=kcal/m²h℃]

-|참고|-
■ 대류현상은 서로 다른 온도를 유지하고 있는 2개의 물체가 어떤 유체와 접촉하고 있을 때 일어난다. 따뜻한 물체와 접촉하여 있는 유체는 에너지를 흡수하여 대부분의 경우 팽창한다. 그러면 이 유체는 주위의 차가운 유체 때문에 밀도가 작아지고 부력을 받고 상승한다. 공허한 부분은 차가운 유체에 의해 채워지며 이것 역시 따뜻한 물체로부터 에너지를 얻고 같은 방법으로 상승한다. 이와 동시에 차가운 물체에 접하여 있는 유체는 에너지를 잃고 밀도가 커져서 가라앉게 된다. 이런 현상이 대류현상이다.

③ **열복사** : 열에너지는 전도나 대류와 같이 물질을 매체로 하여 열전달 될 뿐 아니라 두 개의 물체 사이가 진공(vacuum)일 경우라도 빛과 같이 열에너지가 전자파 형태의 물체로부터 복사되며 이것이 다른 물체에 도달하여 흡수되면 열로 변하는데 이러한 것을 복사열전달 또는 열복사라고 한다. 또 열복사가 에너지로 물체에 도달하면 그 일부는 표면에서 반사되고 일부는 흡수되며 나머지는 투과된다.

-|참고|-
■ 복사현상은 모든 물질들은 전자기적인 복사로 일어나는데 그 양과 복사의 성질은 그 구성 물질과 물체의 표면적 그리고 온도에 의해서 결정된다. 일반적으로, 에너지 방출율은 물체의 온도 T의 4제곱에 비례하여 증가한다. 따라서, 뜨거운 물체는 에너지를 방출하면 그 중 일부는 근접하여 있는 다른 물체에 흡수된다. 차가운 물체도 역시 복사를 하지만 그 자신이 흡수하는 양보다는 적다. 왜냐하면, 주위보다 저온이기 때문이다. 그 결과 따뜻한 물체에서 차가운 물체로 에너지가 전달된다. 전자기복사는 진공층을 전파하기 때문에 에너지 전달을 위한 물질적인 접촉을 필요로 한다. 따라서 태양으로부터 지구로 그 사이에 사실상 아무런 물질이 없어도 복사에 의해서 에너지는 전달된다.

㉮ **스테판-볼쯔만(Stefan-Boltzmann)의 법칙** : 흑체(黑體) 열복사력 E는 온도에 의해서 구해진다는 원리로서 다음과 같은 관계식을 가진다.

$$E=4.88\times10^{-8}\times\text{흑체표면의 절대온도}=4.88\times\left(\frac{T}{100}\right)^4[\text{kcal/m}^2\text{h}]$$

$$E=4.88\times\varepsilon\left[\left(\frac{T}{100}\right)^4-\left(\frac{T}{100}\right)^4\right][\text{kcal/m}^2\text{h}]$$

※ 스테판-볼쯔만의 정수=4.88×10⁻⁸ [kcal/m²h°K]

흑체표면의 절대온도 T = (℃ + 273.15)

방사능(흑도) = ε

④ 열관류(熱灌流) : 열이 한 유체에서 벽을 통하여 다른 유체로 전달되는 현상이며 열
   통과라고도 한다.

   ㉮ 열관류율(K)

$$k = \cfrac{1}{\cfrac{1}{실내벽의\ 열전달율} + \cfrac{벽의\ 두께}{열전도율} + \cfrac{1}{실외벽의\ 열전달율}} = [kcal/m^2h℃]$$

$$\left[\begin{array}{l} 열전달율(alpha) = kcal/m^2h℃ \\ 열전도율(lambda) = kcal/mh℃ \end{array}\right.$$

벽의 두께(b) $= m$

$$K = \cfrac{1}{\cfrac{1}{\alpha_1} + \cfrac{b}{\lambda} + \cfrac{1}{\alpha_2}} = kcal/m^2h℃$$

$$\left[\begin{array}{l} \alpha_1 : 실내측\ 열전달율(kcal/m^2h℃) \\ \lambda : 벽체의\ 열전도율(kcal/mh℃) \\ \alpha_2 : 실외측\ 열전달율(kcal/m^2h℃) \end{array}\right.$$

8-5. 냉매 배관

1. 냉매 배관재료

① 냉매나 윤활유 또는 이 두가지의 화학적, 물리적인 작용에 의하여 열화(劣化)되지 않
   는 것일 것
② 냉매의 종류에 따라 재료를 선택 사용할 것
   다음 냉매에 대해서는 아래에 명시한 금속을 사용해서는 안 된다.
   ㉮ 암모니아 : 동 및 동합금
   ㉯ 염화메틸 : 알루미늄, 및 알루미늄합금
   ㉰ 프레온 : 2[%] 이상의 마그네슘을 함유한 알루미늄합금
③ 가요관(flexible tube)은 충분한 내압강도를 가져야 하고 특히 고무관은 팽윤 또는 열
   화되었을 때 교환할 수 있고 정기적으로 교환하는 것이 좋다.(R-22는 고무관을 열화
   시키므로 주의)
④ 냉매의 압력이 10[kg/cm²g]를 초과하는 배관은 주철관을 사용해서는 안 된다.
⑤ 온도가 −50[℃] 이하의 저온에 노출되는 배관은 2~4[%]의 니켈을 함유한 강파이프
   또는 이음매 없는 동파이프와 같은 저온에서도 충격값이 큰 재료를 사용할 것
⑥ 동파이프, 동합금관, 알루미늄관 등은 이음매 없는 파이프를 사용할 것
⑦ 가스관(배관용 탄소강 강관)은 저압측에 사용하여도 좋으나, 고압측에는 사용할 수
   없는 냉매도 있다.

⑧ 파이프의 외면이 물에 접촉되는 부분의 배관(공기냉각기 등)에는 순도가 99.8[%] 미만의 알루미늄을 사용하지 않는 것이 좋으며, 사용할 때는 적당한 내식(耐蝕) 처리를 할 것

2. 배관의 신축

모든 배관은 상온과 유체 사이에 온도차가 생기면 팽창 및 수축 현상이 생긴다. 그래서 배관의 신축은 사전에 고려되어야 하며 일반적으로 루프(loop) 또는 오프셋(off set)과 같이 한다.

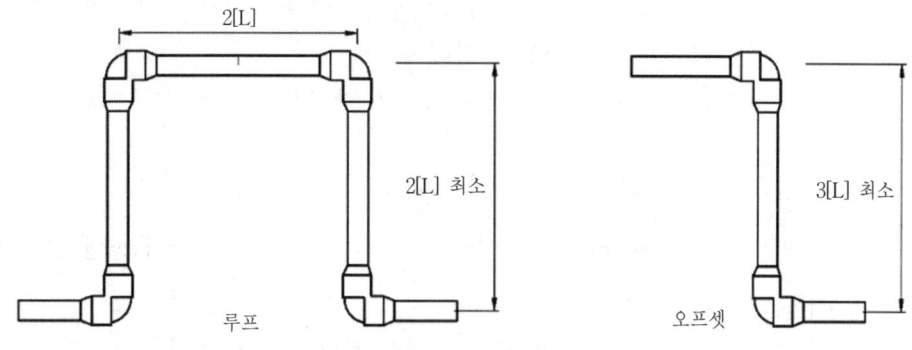

🔹 루프 및 오프셋

🔹 배관 직관길이 10〔m〕에 대한 열팽창 길이

온 도 차 (℃)	동 관 (mm)	강 관 (mm)
0	0	0
25	4.21	2.78
50	8.42	5.72
75	12.75	8.64
100	10.07	11.66
125	21.34	14.76
150	25.94	17.91
175	30.40	21.19
200	34.89	24.43

🔹 각종 냉매의 유속 및 압력강하 기준

냉 매	흡 입 관			토 출 관			액관
	유속(m/s)	포화온도강하(℃)	압력강하(kg/cm²)	유속(m/s)	포화온도강하(℃)	압력강하(kg/cm²)	유속(m/s)
R-12 R-22	6~20	1	R-12 0.3 R-22 0.2 } 5[℃]	10~17.5	0.5~1	R-12, 0.15~0.3 R-22, 0.2~0.5	0.5~1
암모니아	10~25	0.5	0.05(+5[℃]) 0.03(-30[℃])	15~30	0.5	0.2	0.5~1
염화메틸	6~20	1	0.1(5[℃])	10~20	0.5~1	0.2	0.5~1

3. 냉매배관 시공상의 기본사항

① 장치의 기기, 배관은 완전히 기밀되어야 하며 충분한 내압강도를 가질 것

② 사용재료는 각각의 용도, 냉매의 종류, 온도에 따라 선택된 것일 것

③ 냉매 배관내의 냉매가스의 유속은 적당해야 할 것

④ 냉동 사이클의 모든 운전상태(전부하, 경부하, 기동, 정지)에 대하여 충분한 기능을 발휘할 수 있도록 배관방법의 원칙을 따라야 할 것

⑤ 기기 상호간의 연결배관 길이는 될 수록 짧게 한다.

⑥ 배관의 굴곡부분은 될수록 적게하고, 곡률반지름을 크게 잡아서 저항을 작게 한다.

⑦ 스톱 밸브는 일반적인 관에 비하여 압력손실이 크고, 냉매누설의 원인이 되기 쉬우므로 될 수 있는 한 그 개소를 줄인다.

⑧ 배관은 이음 또는 용접 등에 의해 누설될 우려가 있는 곳을 줄이고 누설되지 않도록 시공할 것

⑨ 배관은 될 수 있는 한 온도변화를 피할 것.(흡입가스관, 액관)

⑩ 수평으로 뻗은 배관은 모든 냉매의 흐르는 방향으로 $\frac{1}{250}$ [mm] 정도의 하향구배 (下向句配)를 둘 것

⑪ 불필요한 트랩(trap : U자 모양의 배관)은 피할 것(오일이 고이므로)

⑫ 압축기, 응축기, 증발기 등 2대 이상을 1조로 하여 운전할 때는 득히 냉매, 냉동유, 압력 등이 균일하게 되도록 주의할 것

⑬ 온도변화에 의한 배관의 신축을 고려한 루프 배관 또는 지지방법을 채용하여, 진동방지와 배관의 견고한 고정을 위하여, 적당한 간격마다 행거(hanger)를 설치할 것

⑭ 배관에 상처가 나기 쉬운 곳에는 보호커버를 붙인다. 또 통로 등을 가로지를 때를 바닥 위에서 2[m] 이상의 높이로 하거나 견고한 보호를 시공한 바닥 밑에 매설한다.

4. 흡입가스 배관

(1) 흡입관의 지름

① 냉매가스 중 용해되어 있는 오일이 확실하게 운반될 수 있을 정도의 속도(수평관 3.5[m/s] 이상, 수직관 6[m/s] 이상)가 확보되어야 한다.

② 과도한 압력손실 및 소음이 나지 않을 정도의 속도로 억제할 것(일반적으로 20[m/s] 이하가 좋다.)

③ 흡입관에 의하여 생기는 총 마찰손실압력이 흡입온도로 1[℃]의 강하에 상당하는 압력을 넘지 않도록 할 것

(2) 흡입관의 시공상 주의

① 운전 중, 최대, 최소부하에 관계없이 소량의 기름이 항상 일정하게 압축기로 반송될 것

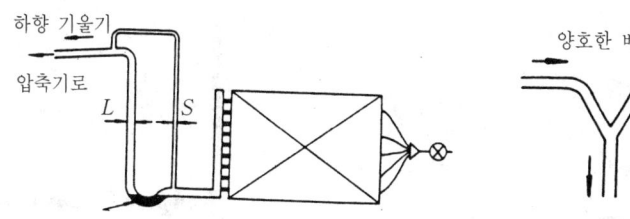

용량제어시켰을 때, 가스의 속도가 떨어져 윤활
유를 운반하지 못하고, 여기에 트랩 부분에 고
이게 되는데 가스는 관 S를 통한다. 전부하로
되돌아가면, 가스는 관 L과 S의 양쪽을 통한다.

◘ 관의 합류

◘ 2중 수직상승관

② 두 갈래의 흐름이 합류하는 곳은 "T" 이음을 하지 말고 "Y" 이음을 할 것
③ 압축기가 증발기 아래 있을 경우, 정자 중에 액화된 냉매가 압축기에 떨어지지 않도
록 시공할 것
④ 흡입관의 수직상승 길이가 대단히 길 때는 약 10[m] 마다 중간 trap을 설치한다.(유
회수를 쉽게 하기 위해)

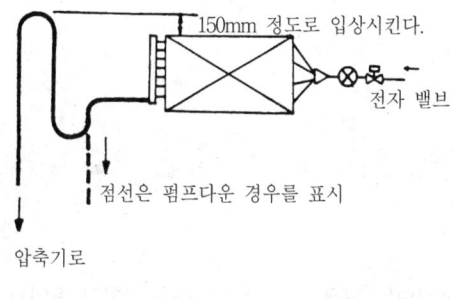

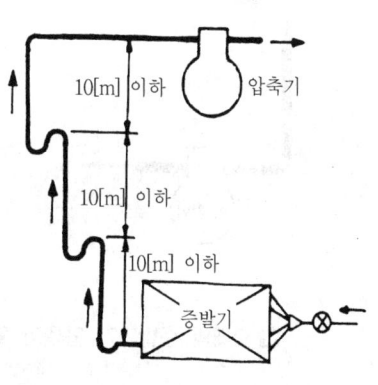

◘ 증발기 출구관의 입상　　　　　　**◘ 흡입관의 긴입상**

⑤ 각 증발기에서 흡입주관으로 들어가는 관은 반드시 주관의 위로 접속할 것(액냉매나
오일이 흘러내리는 것을 방지하기 위해)
⑥ 압축기의 입구 근처에는 trap을 설치하지 말 것(재기동시 액압축 방지)
⑦ 2대 이상의 증발기가 서로 다른 수준으로 되어 있고, 압축기가 증발기 아래에 있을
경우 흡입관은 작은 trap을 만들어 증발기 윗부분보다 150[mm] 이상까지 올린 다음
압축기로 향한다.
⑧ 2대 이상의 증발기가 있어도 부하 변동이 심하지 않을 경우에는 1개의 수직상승관으
로 연결한다.

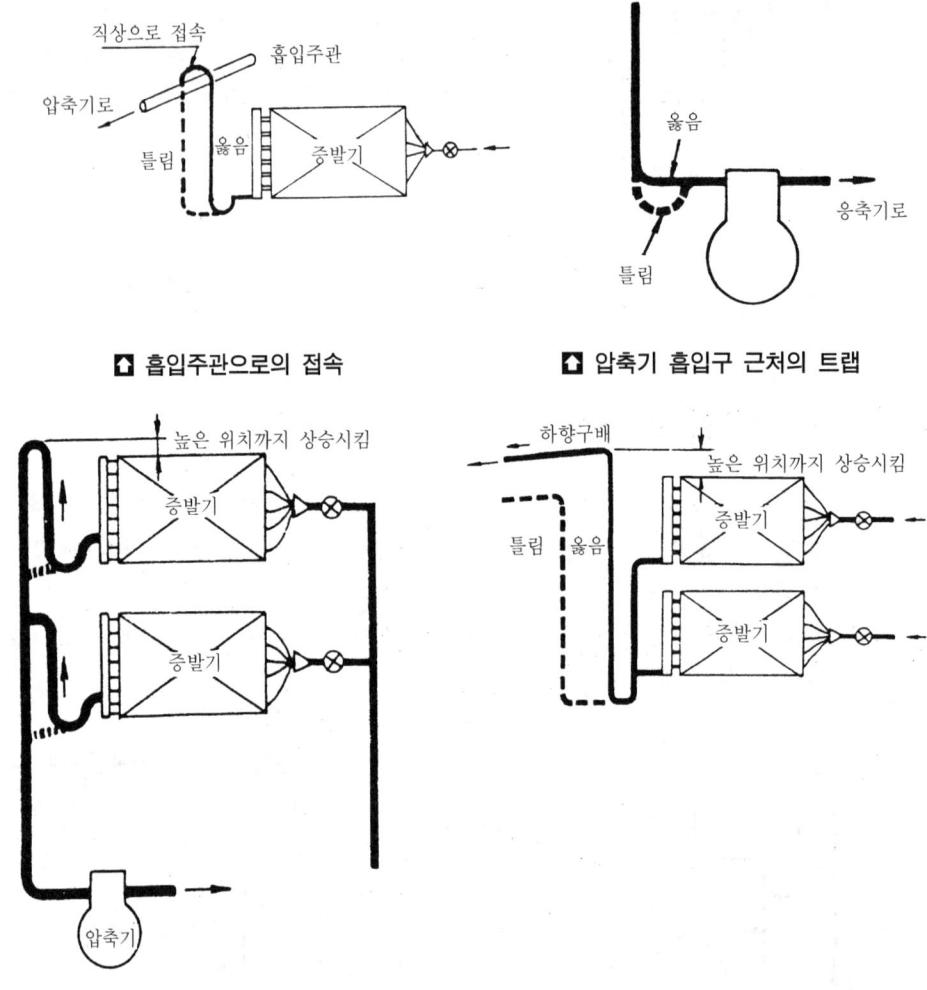

직상으로 접속 흡입주관
압축기로
틀림 옳음 증발기

⬆ 흡입주관으로의 접속

옳음
응축기로
틀림

⬆ 압축기 흡입구 근처의 트랩

높은 위치까지 상승시킴
증발기
증발기
압축기

⬆ 2대의 증발기가 압축기 윗부분에 설치되는 경우

하향구배
높은 위치까지 상승시킴
증발기
틀림 옳음
증발기

⬆ 2대의 증발기의 흡입관

5. 토출가스 배관

(1) 토출관의 지름

① 냉매가스 중에 용해되어 있는 오일이 확실하게 운반될 수 있을 정도의 속도(수평관 3.5[m/s, 수직관 6[m/s] 이상)가 확보될 것

② 관, 관이음부분, 스톱 밸브 등은 배관저항, 누설 등을 고려하여 될 수 있는 한 그 수를 적게 하는 것이 좋다.

③ 과도의 압력 손실 및 소음을 발생하지 않을 정도로 속도를 억제할 것(일반적으로 20[m/s] 이하)

④ 토출관에 의하여 생기는 전 마찰손실압력은 $0.2[kg/cm^2]$을 넘지 않는 것이 좋다.

(2) 토출관 시공상의 주의사항

① 압축기와 응축기가 같은 위치에 있을 경우에는 일단 수직상승관을 설비한 다음 하향 구배한다.

② 휴지 중 배관속의 오일이 압축기에 역류하는 것을 방지하기 위하여, 수직상승 토출관의 아래에 오일트랩을 설치한다.(수직상승길이 2.5[m] 이상의 경우)

③ 압축기가 응축기보다 아래에 있을 경우 토출관의 수직상승 길이가 길어질 때는 약 10[m]마다 중간 트랩을 설치한다.(정지중 압축기로 오일 역류 방지)

④ 압축기에 광범위한 용량조절장치가 있을 경우, 수직상승관 속의 유속을 확보하기 위하여 2중 수직상승관을 사용한다.

⑤ 소음기(消音器)는 수직상승관에 부착하되, 될 수 있는 한 압축기 근처에 부착한다.

⑥ 2대 이상의 압축기가 각각 독립된 응축기를 갖고 있을 경우에는 토출관 중에 균압관 (equalizer)을 설치하되 응축기 입구의 가까운 곳에 설치하고 될수록 짧게, 토출관과 같거나 그 이상의 굵기로 한다.

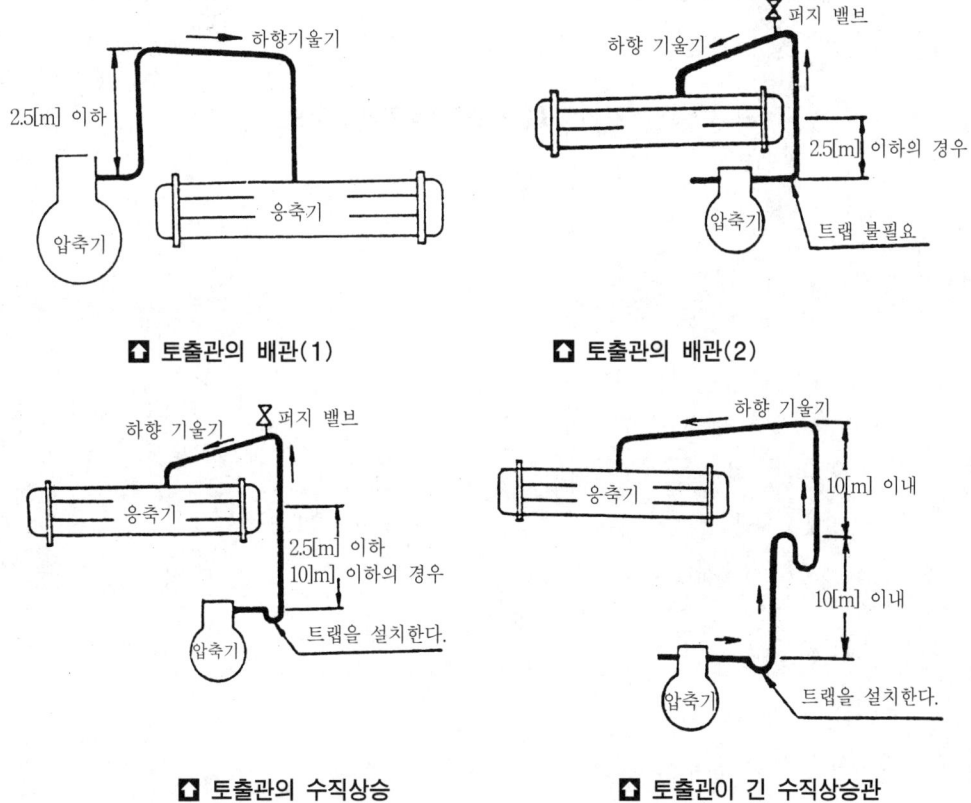

🔼 토출관의 배관(1)　　　🔼 토출관의 배관(2)

🔼 토출관의 수직상승　　　🔼 토출관이 긴 수직상승관

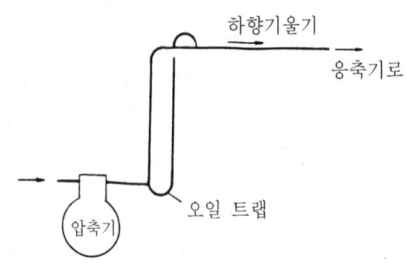

☝ 토출관의 2중 수직상승관

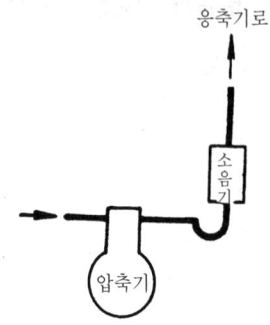

☝ 소음기(消音器)의 설치 위치

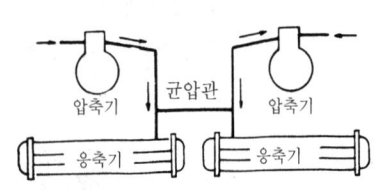

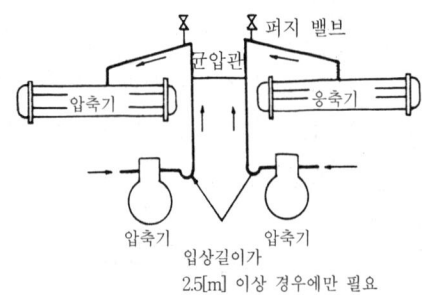

☝ 2대의 압축기의 균압관

제1편 냉동기계
공조냉동기계기능사

제 8 장 배관 예상문제

문제 1 다음 중 동관에 관한 설명으로 틀린 것은?

㉮ 전기 및 열전도율이 좋다.

㉯ 전연성이 풍부하고 마찰저항이 적다.

㉰ 내식성이 뛰어나 산성에 강하다.

㉱ 가볍고 시공이 용이하며 동파되지 않는다.

해설 동관은 알칼리에 강하고 산성에는 약하다.

문제 2 25〔A〕 강관의 관용나사산수는 길이 25.4〔mm〕에 대하여 몇 산이 표준인가?

㉮ 19산　　　　㉯ 14산　　　　㉰ 11산　　　　㉱ 8산

해설 ① 15[A]~20[A] : 14산

② 25[A] 이상 : 11산

문제 3 다음은 동관의 용도에 대하여 쓴 것이다. 틀린 것은?

㉮ 열교환기 튜브　　㉯ 압력계　　　　㉰ 급수관　　　　㉱ 배수관

해설 배수관으로는 주로 주철관, PVC관 등이 사용된다.

문제 4 보온재의 구비조건이 아닌 것은?

㉮ 보온 능력이 커야 한다.　　　　㉯ 비중이 적어야 한다.

㉰ 열전도율이 커야 한다.　　　　㉱ 기계적 강도가 있어야 한다.

해설 보온재는 열전도율이 작아야 한다.

문제 5 암면에 대한 설명 중 옳지 않은 것은?

㉮ 안산암, 현무암 등의 석회석에 점토를 섞어서 용융시켜 섬유모양으로 만든 것이다.

㉯ 400[℃] 이하의 관, 덕트, 탱크 등의 보온에 사용한다.

㉰ 석면에 비하여 섬유가 곱다.

㉱ 저온에서 사용할 경우 아스팔트를 첨가해 성형한다.

해설 암면은 석면에 비하여 섬유가 거칠다.

문제 6 주철관의 직선으로 연결하는데 사용하는 것은?

㉮ 티(tee)　　　㉯ 소켓(socket)　　㉰ 크로스(cross)　　㉱ 유니온(union)

해설 ●주철관의 직선 연결 ; 소켓 이음

참고 티, 크로스, 유니온은 강관이음 부속이다.

해답 1. ㉰　2. ㉰　3. ㉱　4. ㉰　5. ㉰　6. ㉯

문제 7 다음 중 나사용 패킹에 가장 적합한 것은?

㉮ 페인트 ㉯ 고무 ㉰ 석면 ㉱ 규조토

해설 ● 나사용 패킹 : 페인트, 일산화염, 액상합성수지

문제 8 다음 중 구리관 이음용 공구와 관계없는 것은?

㉮ 사이징 툴 ㉯ 익스펜더 ㉰ 오스터 ㉱ 플레어 공구

해설 오스터는 수동형 강관 나사 절삭기이다.

문제 9 동관에 플랜지를 고정하는 방식이다. 적합지 못한 것은?

㉮ 경납땜 ㉯ 코킹 ㉰ 유압접합 ㉱ 플랜지

해설 코킹은 주철관의 소켓 이음시 납을 다지는 작업이다.

문제 10 250〔A〕 강관을 B〔inch〕 호칭으로 지름을 표시하면?

㉮ 2B ㉯ 5B ㉰ 10B ㉱ 12B

해설 250A[mm]=10B[inch]이다.

참고 1[inch]=25.4[mm]

문제 11 가스배관 재료 선정시 고려사항이 아닌 것은?

㉮ 유체의 성질 ㉯ 유체의 압력 ㉰ 관의 길이 ㉱ 관의 접합방법

해설 ● 배관재료 선정시 고려사항
① 관내 유체의 성질
② 유체의 압력과 관이 받는 외압
③ 유체의 온도
④ 관의 접합방법

참고 배관의 길이는 1본(本)당 강관 6[m], 동관 및 PVC관은 4[m]로 제조된다.

문제 12 밸브를 지나는 유체의 흐름방향을 직각으로 바꿔주는 밸브는?

㉮ 체크 밸브 ㉯ 앵글 밸브 ㉰ 슬루스 밸브 ㉱ 조정 밸브

해설 ㉮ 체크 밸브 : 유체가 역류하지 못하도록 한 밸브
㉯ 앵글 밸브 : 유체의 흐름을 직각으로 바꾸어주며 유량을 조절하는 밸브로 보일러 주증기 밸브나 방열기 밸브 등에 사용
㉰ 슬루스 밸브 : 일명 게이트 밸브라고 하며 유체의 흐름을 단속하는 대표적인 밸브
㉱ 조정 밸브 : 유량이나 액면을 조정하는 밸브

문제 13 다음 곡률지름 $D = 200$〔mm〕일 때 $180°$ 곡선 길이는 얼마인가?

㉮ 630[mm] ㉯ 315[mm]
㉰ 275[mm] ㉱ 157[mm]

해설 ● 곡선 배관의 길이
$$l = \pi D \frac{\theta}{360} = 3.14 \times 200 \times \frac{180}{360} = 314 \,[\text{mm}]$$

해답 7. ㉮ 8. ㉰ 9. ㉯ 10. ㉰ 11. ㉰ 12. ㉯ 13. ㉯

문제 14 가스관의 플랜지 접합 시공시 주의사항으로 맞지 않는 것은?

㉮ 고정후 나사산이 1~2산 남는 것이 좋다.

㉯ 플랜지 볼트 구멍을 맞추기 위해 먼저 구멍위치를 정한다.

㉰ 스패너로 대각선 방향으로 천천히 조인다.

㉱ 어느 하나를 완전히 조인 후 차례로 조인다.

해설 플랜지 볼트는 대각선 방향으로 천천히 조인다.

문제 15 로터리 벤더에 의한 강관 구부리기에서 관이 타원형으로 될 때 원인이 아닌 것은?

㉮ 받침쇠가 너무 들어가 있다.　　　㉯ 받침쇠와 안지름의 간격이 작다.

㉰ 받침쇠의 모양이 나쁘다.　　　　㉱ 재질이 부드럽고 두께가 얇다.

해설 ● 벤딩시 관이 타원형으로 되는 원인
① 받침쇠가 너무 들어가 있을 때
② 받침쇠와 관의 안지름과의 간격이 클 때
③ 받침쇠의 형상이 나쁠 때
④ 재질이 무르고 두께가 얇을 때

문제 16 구리관의 이음방식이 아닌 것은?

㉮ 플레어 이음　　㉯ 소켓 이음　　㉰ 납땜 이음　　㉱ 플랜지 이음

해설 ● 동관의 이음방법 : 납땜 이음, 용접 이음, 플레어 이음(압축 이음), 플랜지 이음

참고 소켓(HUB) 이음은 얀과 납을 이용한 주철관의 이음 방법이다.

문제 17 다음 동파이프에 대한 설명으로 틀린 것은?

㉮ 가공이 쉽고 얼어도 다른 금속보다 파열이 쉽게 되지 않는다.

㉯ 내식성이 좋으며 수명이 길다.

㉰ 연관이나 철관보다 운반이 쉽다.

㉱ 마찰저항이 크다.

해설 동 파이프는 내면이 매끄러워 마찰저항이 적다.

문제 18 냉수·냉매의 배관, 냉각기 펌프 등의 보냉용으로 쓰이는 보온 재료는?

㉮ 펠트　　　　　㉯ 석면　　　　　㉰ 규조토　　　　　㉱ 코르크

해설 ● 코르크 : 유기질 저온용 보온재(보냉재)로 냉수, 냉매배관, 냉각기 펌프 등의 보냉재로 사용한다.

문제 19 다음 중 사용중에 부서지거나 뭉클어지지 않아서 진동이 있는 장치의 보온재로서 적합한 것은?

㉮ 석면　　　　　㉯ 암면　　　　　㉰ 규조토　　　　　㉱ 탄산 마그네슘

해설 무기질 보온재인 석면은 석면질 섬유로 되어 있으며 사용 중 부서지거나 뭉그러지지 않아서 진동이 있는 400[℃] 이하의 파이프, 탱크, 노벽 등의 보온재로 적합하며 400[℃] 이상에서는 탈수, 분해하고 800[℃]에서는 강도와 보온성을 잃게 된다.

해답 14. ㉱　15. ㉯　16. ㉯　17. ㉱　18. ㉱　19. ㉮

문제 20 다음은 동관에 관한 설명이다. 틀린 것은?

㉮ 전기 및 열전도율이 좋다.

㉯ 가볍고 가공이 용이하며 동파되지 않는다.

㉰ 산성에는 내식성이 강하고 알칼리성에는 심하게 침식된다.

㉱ 전연성이 풍부하고 마찰저항이 적다.

해설 동관은 알칼리에 강하고 산성에는 약하다.

문제 21 다음에서 분리조립이나 가능한 배관 연결 부속은?

㉮ 부싱, 티   ㉯ 플러그, 캡   ㉰ 소켓, 엘보   ㉱ 플랜지, 유니온

해설 ● 관이음 부속
① 배관의 방향을 바꿀 때 : 엘보, 밴드
② 배관을 도중에 분기할 때 : 티, 와이, 크로스
③ 동일 지름의 관을 직선 연결할 때 : 소켓, 니플, 유니온, 플랜지
④ 지름이 다른 관을 연결할 때 : 레듀셔(이경 소켓), 이경 엘보, 이경 티
⑤ 지름이 다른 부속을 연결할 때 : 부싱
⑥ 배관의 끝을 막을 때 : 캡, 막힘(맹) 플랜지
⑦ 부속의 끝을 막을 때 : 플러그
⑧ 관을 분해, 수리, 교체하고자 할 때 : 유니온, 플랜지

문제 22 유체를 일정 방향으로만 흐르게 하고 역류하는 것을 방지하는데 사용하는 밸브는?

㉮ 슬루스 밸브   ㉯ 체크 밸브   ㉰ 콕   ㉱ 글로브 밸브

해설 ● 역류방지 밸브(check valve) : 유체의 흐름이 역류하는 것을 방지하는 것으로 스윙식과
리프트식이 있다.

문제 23 동관을 열간 벤딩하고자 할 경우 가장 적절한 가열 온도는 몇 〔℃〕인가?

㉮ 200~300   ㉯ 600~700   ㉰ 900~1,200   ㉱ 1,500~1,800

해설 ① 동관 열간 벤딩시 적정가열 온도 : 600~700[℃]
② 강관 열간 벤딩시 적정가열 온도 : 800~900[℃]

문제 24 관 절단 후 절단부에 생기는 버트(거스러미)를 제거하는 공구는?

㉮ 클립   ㉯ 사이징 툴   ㉰ 파이프 리머   ㉱ 쇠톱

해설 ㉮ 클립 : 주철관용 공구로써 소켓(hub) 접합시 용해된 납물의 비산 방지
㉯ 사이징 툴 : 동관의 끝을 정확하게 원형으로 정형하는 공구
㉰ 파이프 리머 : 파이프 커터를 사용하여 강관 절단시 관 내부에 생기는 버트(거스러미)를
제거하는 공구
㉱ 쇠톱 : 관 및 공작물의 절단용 공구

문제 25 나사용 패킹의 종류가 아닌 것은?

㉮ 페인트   ㉯ 고무 패킹   ㉰ 일산화연   ㉱ 액상합성수지

해설 ① 나사용 패킹 : 페인트, 일산화연, 액상 합성수지
② 플랜지 패킹 : 고무 패킹, 석면 패킹, 금속 패킹

해답 **20.** ㉰ **21.** ㉱ **22.** ㉯ **23.** ㉯ **24.** ㉰ **25.** ㉯

문제 26 파이프 호칭법에서 SPPS 38로 표시될 때 아래 설명 중 맞는 것은?

　㉮ 호칭 지름이 38[mm]인 배관용 강관

　㉯ 최저 인장강도 38[kg/mm²]인 배관용 강관

　㉰ 최저 인장강도 38[kg/mm²]인 압력 배관용 강관

　㉱ 호칭 지름이 38[mm]인 압력 배관용 강관

해설　① SPPS : 압력 배관용 탄소강관
　　　② 38 : 최저 인장강도(kg/mm²)

문제 27 주철 합금강 파이프 절단시 사용되는 쇠톱의 1인치당 잇수로 가장 알맞은 것은?

　㉮ 11산　　　　　㉯ 12산　　　　　㉰ 13산　　　　　㉱ 14산

해설　● 재질별 톱날의 1인치당 산 수
　　　① 14산 : 동합금, 주철, 경합금
　　　② 18산 : 경강, 동, 납, 탄소강
　　　③ 24산 : 강관, 합금강, 형강
　　　④ 34산 : 박판, 구조용 강관, 소경 합금관

문제 28 비교적 사용압력이 낮은 증기, 물, 기름, 가스 공기 등의 수송에 적합하며 호칭 지름이 350~1,500〔A〕까지 17종이 있는 관은?

　㉮ 고온 배관용 강관　　　　　　　㉯ 배관용 아크 용접 탄소강 강관

　㉰ 압력 배관용 탄소강 강관　　　　㉱ 배관용 탄소강 강관

해설　● 배관용 아크 용접 탄소강 강관(SPW) : 사용압력 10[kg/cm²] 이하의 증기, 물, 기름, 가스, 공기 등의 배관용으로 호칭지름 350~1,500[A]까지 17종이 있다.

문제 29 배관의 중량을 천장이나 기타 위에서 메다는 방법으로 배관을 지지하는 장치는?

　㉮ 서포트　　　　㉯ 앵커　　　　㉰ 행거　　　　㉱ 브레이스

해설　㉮ 서포트 : 배관의 하중을 밑에서 떠 받쳐 지지하는 장치
　　　㉯ 앵커 : 리스트레인트로서 열팽창에 의한 배관의 상하좌우 이동을 구속 또는 제한하는 장치
　　　㉰ 행거 : 배관의 하중을 위에서 잡아주는 장치
　　　㉱ 브레이스 : 펌프, 압축기 등에서 발생하는 진동, 서징, 수격작용 등에 의한 진동 및 충격을 완화해주는 완충기

문제 30 강관용 이음쇠를 이음방법에 따라 분류한 것이 아닌 것은 어느 것인가?

　㉮ 용접식　　　　㉯ 압축식　　　　㉰ 플랜지식　　　　㉱ 나사식

해설　강관의 이음방법에는 나사이음, 용접이음, 플랜지 이음이 있으며 압축식은 20[mm] 이하의 동관 이음 방법으로 플레어 이음이 해당된다.

문제 31 유체의 저항이 적어서 대형 배관용으로 사용되는 밸브는?

　㉮ 글로브 밸브　　　㉯ 슬루스 밸브　　　㉰ 체크 밸브　　　㉱ 안전 밸브

해설　● 슬루스(게이트) 밸브 : 유체의 마찰저항이 적다.

해답　26. ㉰　27. ㉱　28. ㉯　29. ㉰　30. ㉯　31. ㉯

문제 32 동관 굽힘가공에 대한 설명으로 옳지 않은 것은?

㉮ 굽힘부의 진원도가 다른 관에 비해 우수하다.

㉯ 가열굽힘시 가열온도는 300~400[℃]로 한다.

㉰ 가공성이 다른 관에 비해 좋다.

㉱ 연질관은 핸드 벤더를 사용하여 가공한다.

해설 ① 동관 열간 벤딩시 적정 가열온도 : 600~700[℃]
② 강관 열간 벤딩시 적정 가열온도 : 800~900[℃]

문제 33 관 접합부의 수밀, 기밀유지와 기계적 성질향상, 작업공정 감소의 효과를 얻을 수 있는 접합법은?

㉮ 용접 접합   ㉯ 플랜지 접합   ㉰ 리벳 접합   ㉱ 소켓 접합

해설 • 용접이음(접합)의 장점
① 접합부의 강도가 크며 누수의 우려가 적다.
② 부속이 적게들어 배관의 하중과 재료비가 감소한다.
③ 보온(피복)작업이 쉽다.
④ 가공이 쉬워 공정이 단축된다.
⑤ 관내 돌출부가 없어 마찰저항이 적다.

문제 34 곡면 부분의 단열에 편리하며, 양털, 쇠털을 가공하여 만든 단열재는?

㉮ 석면   ㉯ 규조토   ㉰ 코르크   ㉱ 펠트

해설 • 펠트 : 유기질 보온재로 양모 펠트와 우모 펠트가 있으며 주로 보냉용이나 곡면 시공에 용이하다.

문제 35 사용압력 120[kg/cm^2], 허용응력 30[kg/mm^2]인 압력 배관용 탄소강 강관의 스케줄(schadule) 번호는?

㉮ 30   ㉯ 40   ㉰ 100   ㉱ 120

해설 • 스케줄 번호
$$Sch-No = \frac{P}{S} \times 10 = \frac{120}{30} \times 10 = 40$$

문제 36 강관 25[A] 나사 산수는 길이 25.4[mm]에 대하여 몇 산인가?

㉮ 19산   ㉯ 14산   ㉰ 11산   ㉱ 8산

해설 ① 15[A]~20[A] : 14산
② 25[A] 이상 : 11산

문제 37 탄성이 크고 약품에 침식되지 않으며 냉매, 온수, 기름, 증기 배관에 사용되는 패킹은?

㉮ 합성수지 패킹   ㉯ 석면 조인트 시트

㉰ 금속 패킹   ㉱ 고무 패킹

해답 **32.** ㉯ **33.** ㉮ **34.** ㉱ **35.** ㉯ **36.** ㉰ **37.** ㉯

문제 38 배관 작업에서 관끝의 폐쇄에 이용되는 부속은?

㉮ 소켓(socket)　　㉯ 부싱(bushing)　　㉰ 플러그(plug)　　㉱ 니플(nipple)

> **해설** ㉮ 소켓 : 배관과 배관을 연결할 때
> ㉯ 부싱 : 배관의 관지름을 축소, 확대하고자 할 때(지름이 다른 부속과 부속을 연결시킬 때)
> ㉰ 플러그 : 배관의 말단부의 부속을 막을 때
> ㉱ 니플 : 배관의 직선 연결시 부속과 부속을 숫나사로 연결시킬 때

문제 39 다음 중 보온재를 선정할 때의 유의사항이 아닌 것은 어느 것인가?

㉮ 물리적, 화학적 성질　　　　㉯ 열전도율

㉰ 전기전도율　　　　　　　㉱ 사용온도범위

> **해설** 보온재는 부도체로서 전기전도율과는 관련이 없다.

문제 40 내식성이 우수하고 열전도율이 높으며 굽힘, 절단, 변형, 용접 등의 가공이 쉬워 위생기기나 난방용 온수관 등에 널리 이용되는 관은?

㉮ 구리관　　　　㉯ 납관　　　　㉰ 합성수지관　　　　㉱ 합금강강관

> **해설** ● 동관(구리관)의 특징
> ① 유연성이 커서 가공이 쉽다.
> ② 내식이 우수하고 열전도율이 크다.
> ③ 가벼워서 시공이 용이하다.
> ④ 관이 매끄러워 마찰손실이 적다.
> ⑤ 알칼리에는 강하나 산에는 약하다.
> ⑥ 외부 충격에 약하다.
> ⑦ 가격이 비싸다.

문제 41 용접은 다음 어느 접합법에 속하는가?

㉮ 기계적 접합법　　　　　㉯ 야금적 접합법

㉰ 화학적 접합법　　　　　㉱ 역학적 접합법

> **해설** ① 기계적 접합법 : 볼트, 너트, 리벳, 심(seam) 등
> ② 야금적 접합법 : 용접

문제 42 배관의 부식방지를 위하여 사용되어지는 도료가 아닌 것은?

㉮ 광명단　　　　㉯ 알루미늄　　　　㉰ 산화철　　　　㉱ 석면

> **해설** 석면은 도료가 아니고 무기질 보온재이다.

문제 43 다음 동관접합 방법 중 플레어 접합은 몇 [mm]이하 파이프에 사용하는가?

㉮ 16[mm]　　　　㉯ 20[mm]　　　　㉰ 25[mm]　　　　㉱ 12[mm]

> **해설** ● 플레어 접합 : 동관 끝을 넓혀 압축 이음쇠(플레어)로 접합하는 방식으로 일명 압축접합
> 이라고 하며 20[mm] 이하의 동관의 점검 및 보수를 위한 해체할 곳에 사용한다.

해답 **38.** ㉰　**39.** ㉰　**40.** ㉮　**41.** ㉯　**42.** ㉱　**43.** ㉯

문제 44 배관의 방향을 바꿀 때 필요한 관이음 재료는?

㉠ 유니온　　　　㉡ 니플　　　　㉢ 플러그　　　　㉣ 벤드

해설 ㉠ 유니온 : 배관의 분해조립을 하고자 할 때
㉡ 니플 : 배관과 배관의 부속을 직선으로 연결하고자 할 때
㉢ 플러그 : 배관의 밀단(부속)을 막을 때
㉣ 벤드 : 배관의 방향을 바꾸고자 할 때

문제 45 끝부분을 암, 수 형태로 만든 후 동관을 이을 때에 삽입부의 길이는 관지름의 몇 배가 적당한가?

㉠ 1배　　　　㉡ 1.5배　　　　㉢ 2배　　　　㉣ 2.5배

해설 동관의 스웨이징 이음시 삽입부의 길이는 관지름의 1.5배 정도이며 접합부 틈새간격은 0.1[mm]이다.

문제 46 용접 강관을 벤딩할 때 구부리고자 하는 관을 바이스에 어떻게 물려야 되나?

㉠ 용접선을 안쪽으로 향하게 한다.　　㉡ 용접선을 바깥쪽으로 향하게 한다.
㉢ 용접선을 중간에 놓는다.　　　　　㉣ 용접선은 방향에 관계없이 물린다.

해설 강관 벤딩시 용접선을 바이스(롤러) 중간에 걸리게 하여야 관의 파손이나 변형을 줄일 수 있다.

문제 47 가스관의 맞대기 용접을 할 때 유의 사항 중 틀린 것은?

㉠ 관 단면을 30~90°V형으로 가공한다.
㉡ 관을 지지대에 올려 놓고 편심이 되지 않게 고정한다.
㉢ 관, 축을 맞춘 후 3~4개소에 가접을 한다.
㉣ 가접 후 본용접은 하향 용접보다 상향 용접을 하는 것이 좋다.

해설 • 맞대기 용접 : 관 끝을 베벨 가공한 다음 롤러나 V블록 위에 관 끝이 편심이 되지 않도록 고정한 후 돌려가며 3~4개소를 가용접하고 본용접은 관을 회전시켜가며 아래보기 자세로 용접한다.

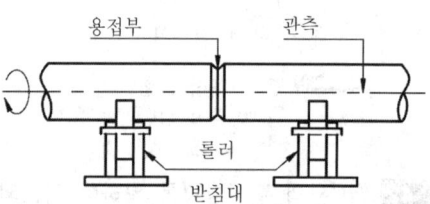

문제 48 배관용 탄소강관의 기호로 맞는 것은?

㉠ SPP　　　　㉡ SPPS　　　　㉢ SPPH　　　　㉣ SPHT

해설 ㉠ SPP : 배관용 탄소강관
㉡ SPPS : 압력배관용 탄소강관
㉢ SPPH : 고압배관용 탄소강관
㉣ SPHT : 고온배관용 탄소강관

해답 44. ㉣　45. ㉡　46. ㉢　47. ㉣　48. ㉠

문제 49 리드형 나사 절삭기의 날(체이서)은 몇 개로 1조가 되어 있는가?

㉮ 2개　　　　　㉯ 3개　　　　　㉰ 4개　　　　　㉱ 5개

해설 • 나사절삭 공구
① 리드형 나사 절삭기 : 2개의 체이서(날)가 1조로 구성
② 오스터형 나사 절삭기 : 4개의 체이서(날)가 1조로 구성

문제 50 압력이 10~100〔kg/cm²〕이고 350〔℃〕 이하에서 유압관, 수압관, 보일러 증기관에 사용하는 KS 배관 기호는?

㉮ SPPH　　　　㉯ SPA　　　　㉰ SPW　　　　㉱ SPPS

해설 • 압력배관용 탄소강관(SPPS) : 350[℃] 이하, 사용압력이 10~100[kg/cm²]의 배관

문제 51 다음 중 강관용 연결 부속 자재로서 한쪽이 암나사, 다른 한쪽이 수나사로 되어 있으며, 지름이 다른 소켓과 같이 관지름을 달리할 때 쓰이는 것은?

㉮ 캡　　　　　㉯ 니플　　　　　㉰ 플러그　　　　　㉱ 부싱

해설 ㉮ 캡 : 배관의 말단부를 막을 때
㉯ 니플 : 배관의 직선 연결시 부속과 부속을 숫나사로 연결시킬 때
㉰ 플러그 : 배관의 말단부의 부속을 막을 때
㉱ 부싱 : 배관의 관지름을 축소, 확대하고자 할 때(지름이 다른 부속과 부속을 연결시킬 때)

문제 52 다음 보온재 중 최고사용 온도가 가장 큰 것은?

㉮ 탄산 마그네슘　　㉯ 규조토　　　　㉰ 암면　　　　㉱ 규산 칼슘 보온재

해설 ㉮ 탄산 마그네슘 : 250[℃] 이하
㉯ 규조토 : 500[℃] 이하
㉰ 암면 : 400[℃] 이하
㉱ 규산 칼슘 : 650[℃]

문제 53 다음 중 유기질 피복제가 아닌 것은?

㉮ 펠트　　　　　㉯ 코르크　　　　　㉰ 기포성 수지　　　　㉱ 규조토

해설 ① 유기질 보온재 : 펠트, 코르크, 기포성 수지, 텍스류
② 무기질 보온재 : 석면, 암면, 규조토, 탄산 마그네슘, 규산 칼슘, 유리섬유 등

문제 54 동관 작업용 공구에서 사이징 툴(sizing tool)을 사용하는 작업은?

㉮ 동관 끝을 원형으로 교정한다.　　　　㉯ 관을 구부린다.
㉰ 동관의 관끝을 오므린다.　　　　　　㉱ 동관의 관끝을 넓힌다.

해설 • 사이징 툴 : 동관 끝을 원형으로 정형하는 공구

스웨이징 작업

해답 **49.** ㉮　**50.** ㉱　**51.** ㉱　**52.** ㉱　**53.** ㉱　**54.** ㉮

문제 55 다음 중 고압배관용 탄소강관에 대한 설명이다. 잘못된 것은?

㉮ KS 규격기호로 SPPH라고 표기한다.

㉯ 사용압력은 100[kg/cm²] 이상의 고압이다.

㉰ 이음매 없는 관으로만 제조되며 4종으로 규정되어 있다.

㉱ 350[℃] 이하에서는 내연기관용 연료분사관 화학공업의 고압배관용으로 사용된다.

해설 • 고압배관용 탄소강관 : SPPH

문제 56 로터리 벤더에 의한 강관 구부리기에서 관이 타원형으로 될 때 원인이 아닌 것은?

㉮ 받침쇠가 너무 들어가 있다.   ㉯ 받침쇠와 안지름의 간격이 작다.

㉰ 받침쇠의 모양이 나쁘다.   ㉱ 재질이 부드럽고 두께가 얇다.

해설 • 강관 벤딩시 관이 타원형으로 되는 원인
① 받침쇠가 너무 들어가 있을 때
② 받침쇠와 관의 안지름과의 간격이 클 때
③ 받침쇠의 형상이 나쁠 때
④ 재질이 부드럽고 두께가 얇을 때

문제 57 대구경관의 점검이나 보수를 위해 배관을 해체할 경우에 사용하는 이음방법은?

㉮ 플랜지 이음   ㉯ 플레어 이음

㉰ 압축 이음   ㉱ 슬리브 이음

해설 ① 유니온 이음 : 50[A] 이하(소구형)의 배관의 보수, 점검시 이음 방법
② 플랜지 이음 : 65[A] 이상(대구형)의 배관의 보수, 점검시 이음 방법

문제 58 강관을 용접하려고 한다. 접속 방법으로 분류할 때 속하지 않는 것은?

㉮ 맞대기 용접 이음   ㉯ 슬리브 용접 이음

㉰ 플랜지 용접 이음   ㉱ 심 용접 이음

해설 • 강관의 용접 이음 방법 : 맞대기 용접 이음, 슬리브 용접 이음, 플랜지 용접 이음

문제 59 유로를 급속히 여닫이 할 때 쓰이는 밸브는?

㉮ 글로브 밸브   ㉯ 콕

㉰ 슬루스 밸브   ㉱ 체크 밸브

해설 • 콕(cock) : 핸들의 1/4 (90[℃]) 회전으로 급속한 개폐를 하고자 할 때 사용한다.

문제 60 강관 신축 이음은 직관 몇 m마다 설치하는가?

㉮ 10[m]   ㉯ 20[m]   ㉰ 30[m]   ㉱ 40[m]

해설 신축 이음(expansionjoint)은 배관에서 발생하는 수축 및 팽창을 흡수하는 것으로써 일반적으로 강관은 30[m]마다 동관은 20[m]마다 1개씩 설치한다.

해답 55. ㉮ 56. ㉯ 57. ㉮ 58. ㉱ 59. ㉯ 60. ㉰

문제 61 동관의 납땜 이음시 이음쇠와 동관의 틈새는 몇 〔mm〕 정도가 적당한가?

⑦ 0.1[mm] ⓝ 1.0[mm] ⓓ 2.0[mm] ⓔ 3.5[mm]

해설 동관을 스웨이징 작업 후 땜 접합시에는 틈새간격이 0.1[mm] 정도가 적당하다.

문제 62 아스팔트로 방습한 것은 -60〔℃〕까지 유지할 수 있어 보냉용으로 사용되는 보온재는?

⑦ 펠트 ⓝ 석면 ⓓ 규조토 ⓔ 글라스 울

해설 • 펠트 : 유기질로서 우모와 양모가 있으며 아스팔트를 방습한 것은 -60〔℃〕까지의 보냉용
으로 사용할 수 있으며 곡면 시공에 적합하다.

문제 63 루프형 신축 이음의 곡률 반지름은 관지름의 몇 배 이상이 가장 적당한가?

⑦ 1배 ⓝ 2배 ⓓ 4배 ⓔ 6배

해설 루프형 신축 이음의 곡률 반지름은 관지름의 6배가 적당하다.

문제 64 다음의 신축 이음쇠 중에서 신축량이 가장 작은 것은?

⑦ 슬리브형 ⓝ 스위블형
ⓓ 루프형 ⓔ 벨로즈형

해설 • 신축 이음의 신축량이 큰 순서(루슬벨스) : **루프형**〉슬리브형〉**벨로즈형**〉스위블형

문제 65 지름이 서로 다른 관을 연결할 때 사용하는 부품이 아닌 것은?

⑦ 편심 이경 소켓 ⓝ 리듀샤
ⓓ 리턴 밴드 ⓔ 부싱

문제 66 다음 방열기 도면 기호 중 상단 "25"는 무엇을 뜻하는가?

⑦ 섹션수
ⓝ 높이
ⓓ 형식
ⓔ 유입관과 유출관의 관지름

해설 • 방열기 도시기호

종 별	기 호
2주형	II
3주형	III
3세주형	3, 3c
5세주형	5, 5c
벽걸이형(횡형)	W-H
벽걸이형(종형)	W-V

참고 방열기는 벽에서 50~60[mm], 바닥에서 150[mm] 정도의 거리를 유지한다.

해답 61. ⑦ 62. ⑦ 63. ⓔ 64. ⓝ 65. ⓓ 66. ⑦

문제 67 연관에서 가스용으로 쓰이는 것은?

  ㉮ PbP₁   ㉯ PbP₂   ㉰ PbP₃   ㉱ PbP₄

해설

종 류	기 호
연관 1종 (화학공업용)	PbP₁
연관 2종 (일반용)	PbP₂
연관 3종 (가스용)	PbP₃

문제 68 주철제 및 동합금제 플랜지를 사용하는 시트는?

  ㉮ 대평면 시트   ㉯ 전면 시트   ㉰ 소평면 시트   ㉱ 삽입형 시트

해설 • 플랜지 시트 모양에 따른 종류 및 용도

플랜지 종류	호칭 압력(kg/cm²)	용 도
전 면 시 트	16 이하	주철제 및 구리합금제 플랜지
대 평 면 시 트	63 이하	부드러운 패킹을 사용하는 플랜지
소 평 면 시 트	16 이상	경질의 패킹을 사용하는 플랜지
삽 입 형 시 트	16 이상	기밀을 요하는 경우
홈 꼴 형 시 트	16 이상	위험성 유체 배관 및 기밀유지

참고 • 플랜지 이음 : 관 끝에 용접 이음 또는 나사 이음을 하고, 양 플랜지 사이에 패킹 (packing)을 넣어 볼트로 쉽게 결합시킬 수 있으므로 배관의 중간이나 밸브, 펌프, 열교 환기 등의 각종 기기의 접속 및 기타 보수 점검을 위하여 해체 및 교환을 필요로 하는 곳 에 많이 사용된다.

문제 69 다음 기호 중 안전 밸브는 어느 것인가?

  ㉮ 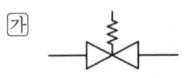   ㉯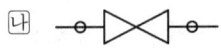

  ㉰ 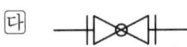   ㉱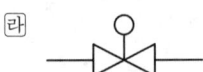

해설 ㉮ 스프링식 안전 밸브

문제 70 다음 그림과 같은 배관 기호는?

  ㉮ 감압 밸브
  ㉯ 안전 밸브
  ㉰ 볼 밸브
  ㉱ 전동기 구동 밸브

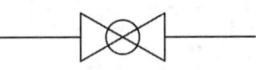

해설 ㉮ 감압 밸브 :   ㉯ 안전 밸브 : ㉱ 전동 밸브 :

문제 71 다음 도시기호 중 용접 이음 티는?

⑦    ④

④    ㉺

> **해설** ㉮ 가는 티(턱걸이 이음)
> ㉯ 용접 엘보(용접 이음)
> ㉰ 티(용접 이음)
> ㉱ 가는 엘보(플랜지 이음)

문제 72 다음 도시기호는 무엇을 뜻하는가?

㉮ 파이프 C가 앞으로 구부러져 D에 접속했을 때
㉯ 파이프 C가 뒤로 구부러져 D에 접속했을 때
㉰ 파이프 C가 위로 구부러져 D에 접속했을 때
㉱ 파이프 C가 아래로 구부러져 D에 접속했을 때

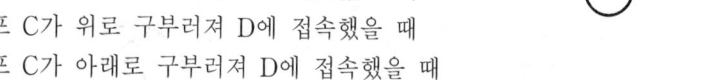

> **해설** 파이프 C가 뒤로 구부러져 D에 접속할 때의 입체적 표시를 평면으로 표시

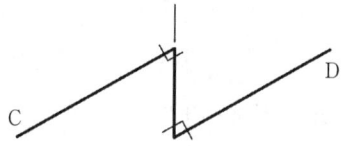

문제 73 냉동장치의 배관에서 진동이 심한 곳에 설치하는 것은?

㉮ 동관   ㉯ 강관
㉰ 금속가용관   ㉱ 스테인리스관

> **해설** 장치의 진동이 배관에 전달되는 곳에는 금속가용관(플렉시블관)을 설치한다.

문제 74 파이프 호칭법에서 SPPS 38로 표시될 때 아래 설명 중 맞는 것은?

㉮ 호칭 지름 38[mm]인 배관용 강관
㉯ 최저 인장강도 38[kg/mm^2]인 배관용 강관
㉰ 최저 인장강도 38[kg/mm^2]인 압력 배관용 탄소강관
㉱ 호칭 지름 38[mm]인 압력 배관용 강관

> **해설** ① SPPS : 압력 배관용 탄소강관
> ② 38 : 최저 인장강도(kg/mm^2)

문제 75 다음 그림과 같이 15〔A〕 강관을 45° 엘보 나사 연결할 때 연결부분의 실제 소요 길이는 얼마인가? (단, 엘보 중심 길이 21[mm], 나사물림 길이 13[mm] 이다.)

⑦ 255.8[mm]

⑭ 266.8[mm]

⑮ 274.8[mm]

⑯ 282.8[mm]

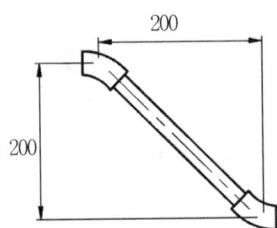

해설 ① 45° 배관의 전체(중심)길이
$$L = 200 \times \sqrt{2} = 200 \times 1.414 = 282.84[mm]$$

② 배관의 실제 길이
$$l = L - 2(A-a) = 282.84 - [2 \times (21-13)] = 266.84[mm]$$

문제 76 종형 벽걸이 23쪽짜리 방열기를 설치하려고 할 때의 도면 표시기호로 맞는 것은? (단, 유입측 관지름 25[A], 유출측 관지름 20[A]로 한다.)

⑦ 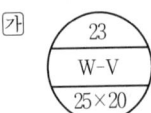   ⑭ 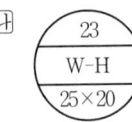   ⑮ 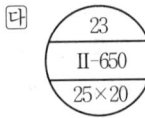   ⑯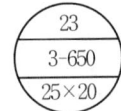

해설 <66번 해설 참고>

문제 77 다음 그림 기호는 관의 어떤 결합방식을 표시하는가?

⑦ 용접식

⑭ 플랜지식

⑮ 유니언식

⑯ 턱걸이식

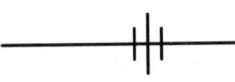

해설 ⑦ 용접식 :

⑭ 플랜지식 :

⑮ 유니언식 :

⑯ 턱걸이식 :

문제 78 다음 용접 이음용 콕의 도시 기호로 옳은 것은?

⑦ 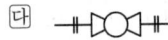   ⑭   ⑮   ⑯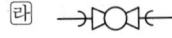

해설 ⑦ 용접 이음(땜 이음)
⑭ 나사 이음
⑮ 플랜지 이음
⑯ 턱걸이 이음

해답 75. ⑭ 76. ⑦ 77. ⑮ 78. ⑦

문제 79 오는 엘보를 나사 이음으로 표시한 것은?

가 ⊙——| 나 ⊙——| 다 ◯——|| 라 ⊙——✕

> **해설** 가 오는 엘보 나사 이음
> 나 오는 엘보 나사 이음
> 다 가는 엘보 플랜지 이음
> 라 오는 엘보 용접 이음

문제 80 배관에 설치되는 밸브, 기기 등의 앞에 설치하여 관속의 유체에 혼입된 불순물을 제거하는 것은?

가 부싱(bushing)   나 트랩(trap)
다 스트레이너(strainer)   라 패킹(packing)

> **해설** 가 부싱 : 배관의 부속과 부속의 지름을 변경시킬 때
> 나 배수트랩 : 하수배관에서의 악취나 해충의 유입을 방지
>   증기트랩 : 증기 중의 응축수를 배출하여 수격작용 방지
> 다 스트레이너(여과기) : 밸브나 기기 등의 전에 설치하여 불순물을 제거
> 라 패킹 : 유체의 누설방지

문제 81 배관용 탄소강관의 사용압력은 몇 kg/cm^2 이하인가?

가 $10[kg/cm^2]$ 나 $15[kg/cm^2]$ 다 $20[kg/cm^2]$ 라 $25[kg/cm^2]$

> **해설** ● 압력에 따른 배관의 구분
> ① 배관용 탄소강관(SPP) : 350[℃] 이하, 최고사용압력 $10[kg/cm^2]$ 이하
> ② 압력배관용 탄소강관(SPPS) : 350[℃] 이하, 최고사용압력 $10\sim100[kg/cm^2]$ 이하
> ③ 고압배관용 탄소강관(SPPH) : 350[℃] 이하, 최고사용압력 $100[kg/cm^2]$ 이상

문제 82 다음 중 무기질 단열재에 속하지 않는 것은?

가 석면   나 코르크   다 규조토   라 암면

> **해설** ● 유기질 보온재 : 펠트, 코르크, 텍스류, 기포성 수지가 있다.

문제 83 다음의 그림 기호가 나타내는 밸브는?

가 게이트 밸브
나 글로브 밸브
다 체크 밸브
라 앵글 밸브

> **해설** 가 게이트 밸브 : ▷◁   나 글로브 밸브 : ▷●◁
>
> 다 체크 밸브 :    라 앵글 밸브 :

문제 84 다음 그림 기호가 나타내는 관 조인트의 종류는?

㉮ 엘보   ㉯ 디스트리뷰터
㉰ 리듀서   ㉱ 휨관 조인트

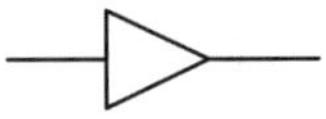

> **해설** ① 동심 레듀서 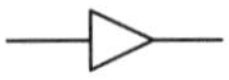 : ——▷   ② 편심 레듀서 : ——▷

문제 85 일반접합의 티(tee)를 나타내는 것은?

㉮ 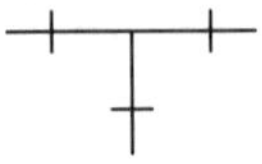   ㉯ 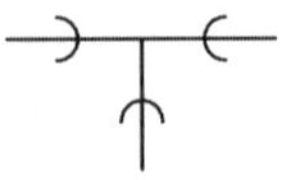   ㉰ 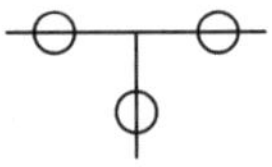   ㉱

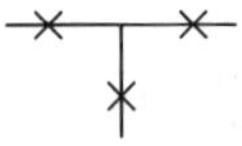

> **해설** ㉮ 나사 이음
> ㉯ 턱걸이 이음
> ㉰ 땜 이음
> ㉱ 용접 이음

문제 86 다음 배관 도시법에서 파이프의 접속상태를 나타낸 것이다. 이 중에서 설명이 틀린 것은 어느 것인가?

㉮ ——⦿ 의 기호는 파이프 A가 자기 앞쪽으로 수직하게 구부러져 이어진 것이다.

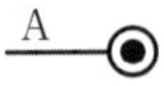

㉯ ——◯ 의 기호는 파이프 B가 뒤쪽으로 수직하게 구부러져 이어진 것이다.

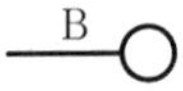

㉰ ——◯—— 의 기호는 파이프 C가 뒤쪽으로 구부러져 D에 접속되어 있다.

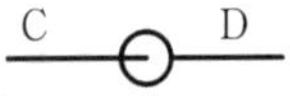

㉱ ——●—— 의 기호는 파이프가 서로 접속되어 있지 않다.

> **해설** ㉱ 파이프와 파이프가 접속되어 있다.

문제 87 다음의 기호는 어떤 밸브인가?

㉮ 볼 밸브
㉯ 글로브 밸브
㉰ 수동 밸브
㉱ 앵글 밸브

문제 88 다음 그림 기호가 나타내는 관의 끝부분 표시방법은?

㉮ 막힘 플랜지   ㉯ 용접식 캡
㉰ 체크 포인트   ㉱ 앵글 밸브

> **해설** ㉮ 막힘 플랜지 : ———‖ 
> ㉯ 용접식 캡 : ———◗ 
> ㉱ 나사 캡 : ———⊐

해답 84. ㉰ 85. ㉮ 86. ㉱ 87. ㉱ 88. ㉰

문제 89 다음 중 용접 이음 콕은?

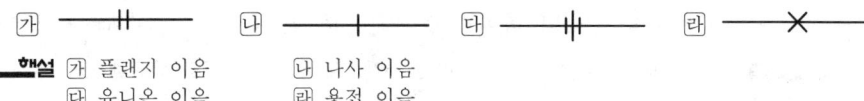

> **해설** ㉮ 용접 이음 ㉯ 나사 이음
> ㉰ 플랜지 이음 ㉱ 턱걸이 이음

문제 90 다음은 파이프 이음의 도시법이나 유니온 나사 이음 표시는?

> **해설** ㉮ 플랜지 이음 ㉯ 나사 이음
> ㉰ 유니온 이음 ㉱ 용접 이음

문제 91 다음 보기와 같은 도시기호는 무엇을 나타내는가?

㉮ 슬루스 밸브

㉯ 글로브 밸브

㉰ 다이어프램 밸브

㉱ 감압 밸브

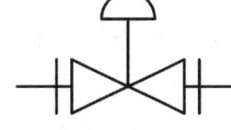

> **해설** 플랜지 이음형 다이어프램 밸브

문제 92 다음 KS 규정 배관도시 기호 중 유체의 종류에 따른 문자 기호가 서로 잘못 짝지어진 것은?

㉮ 공기-A ㉯ 가스-G ㉰ 유류-O ㉱ 물-S

> **해설** • 배관내 유체에 따른 문자기호 : 공기-A, 가스-G, 유류(오일)-O, 물-W, 수증기-S, 증기-V

문제 93 다음 중 신축 조인트의 도시기호가 맞지 않는 것은?

㉮ 루프형 : ㉯ 벨로즈형 :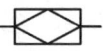

㉰ 스위블형 : ㉱ 슬리브형 :

> **해설** • 슬리브형 신축이음 :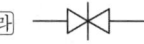

문제 94 다음 그림 기호 중 게이트 밸브를 나타내는 것은?

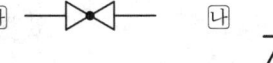

> **해설** ㉮ 글로브 밸브 ㉯ 풋(foot) 밸브
> ㉰ 버터플라이 밸브 ㉱ 게이트(슬루스) 밸브

문제 95 플랜지 이음용 글로브 밸브의 배관 도시기호로 옳은 것은?

가 ─┤⊗├─   나 ─┤⊗├─   다 ─╳⊗╳─   라 ─╳⊗╳─

> **해설** 가 플랜지 이음 글로브 밸브   나 플랜지 이음 게이트 밸브
> 다 용접 이음 글로브 밸브   라 용접 이음 게이트 밸브

문제 96 다이헤드를 이용한 동력나사 절삭기로 할 수 없는 작업은?

가 파이프 벤딩   나 파이프 절단   다 나사 절삭   라 리머 작업

> **해설** 파이프 벤딩은 파이프를 구부리는 작업으로 파이프 벤더를 이용한다.

> **참고** ● 동력나사 절삭기(파이프 머신)의 기능
> ① 나사 절삭
> ② 파이프 절단
> ③ 리머 작업(거스러미 제거)

문제 97 유체가 흐르고 있는 배관 중에 설치하여 압력을 항상 일정하게 유지하는 밸브는?

가 릴리프 밸브   나 체크 밸브   다 감압 밸브   라 온도조절 밸브

> **해설** 고압을 저압으로 강하시키며 항상 밸브 출구측 압력을 일정하게 유지하는 밸브는 감압 밸브이다.

문제 98 스케줄 번호를 옳게 나타낸 공식은? (단, 사용압력 $P\,[\text{kg/cm}^2]$, 허용압력 $S\,[\text{kg/mm}^2]$)

가 $10 \times \dfrac{S}{P}$ 나 $100 \times \dfrac{P}{S}$ 다 $10 \times \dfrac{P}{S}$ 라 $\dfrac{P}{10 \times S}$

> **해설** ● 스케줄 번호
> $$Sch - No = \frac{P(\text{사용압력})}{S(\text{허용응력})} \times 10$$

> **참고** 스케줄 번호가 클수록 관의 두께가 두껍다.

문제 99 보온재의 구비조건이 아닌 것은?

가 열전도가 적을 것   나 비중이 크고 강도가 있을 것
다 내구력이 있을 것   라 시공이 용이할 것

> **해설** 비중이 작아야 보온 능력이 우수하고 시공이 용이하다.

문제 100 ─╳─ 의 도시기호 밸브 명칭은?

가 볼 밸브   나 게이트 밸브   다 풋 밸브   라 안전 밸브

> **해설** 가 볼 밸브 : 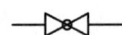   나 게이트 밸브 :
> 다 풋 밸브 :   라 안전 밸브 :

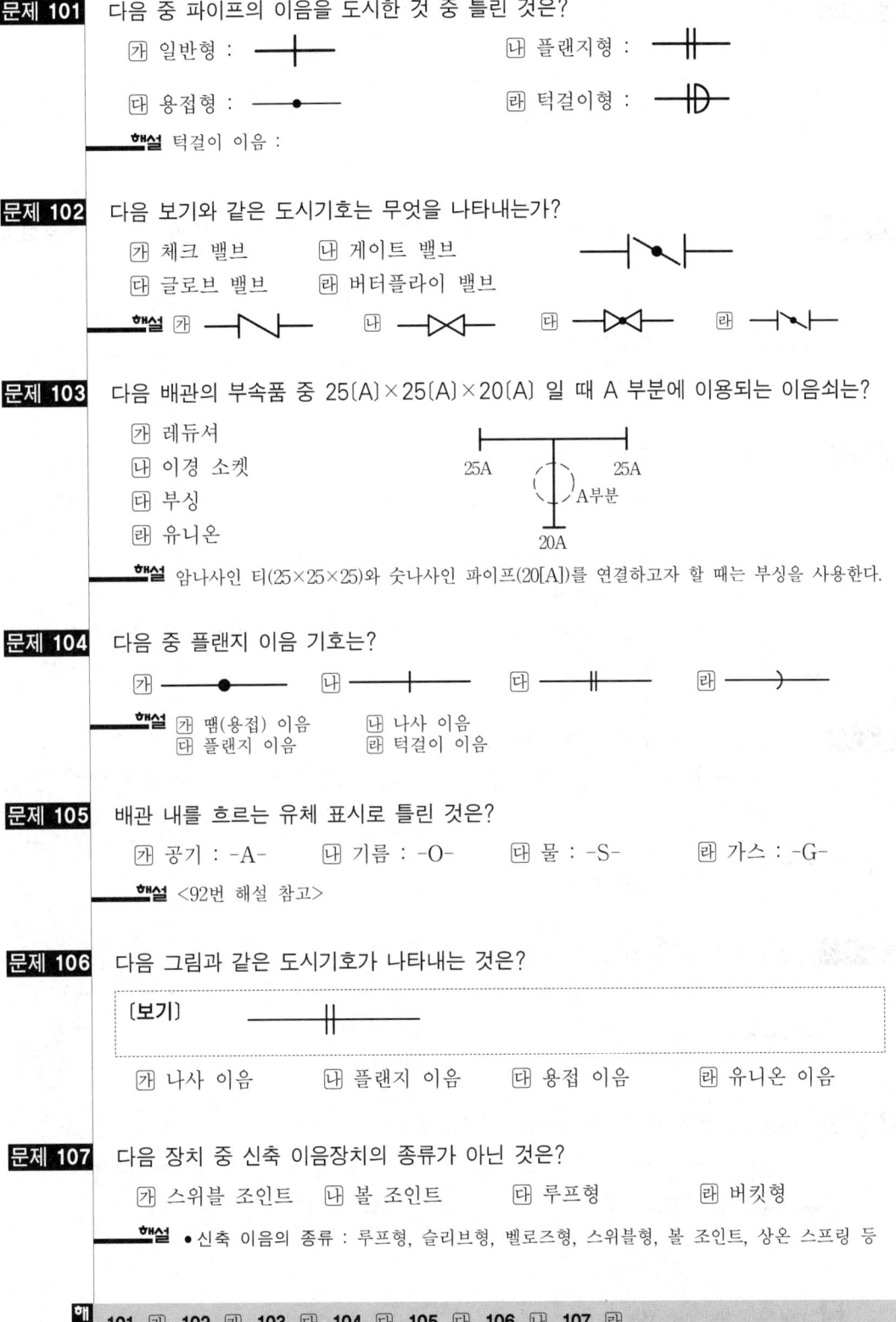

문제 101 다음 중 파이프의 이음을 도시한 것 중 틀린 것은?

㉮ 일반형 :　㉯ 플랜지형 :

㉰ 용접형 :　㉱ 턱걸이형 :

해설 턱걸이 이음 :

문제 102 다음 보기와 같은 도시기호는 무엇을 나타내는가?

㉮ 체크 밸브　㉯ 게이트 밸브

㉰ 글로브 밸브　㉱ 버터플라이 밸브

해설 ㉮　㉯　㉰　㉱

문제 103 다음 배관의 부속품 중 25〔A〕×25〔A〕×20〔A〕일 때 A 부분에 이용되는 이음쇠는?

㉮ 레듀셔

㉯ 이경 소켓

㉰ 부싱

㉱ 유니온

해설 암나사인 티(25×25×25)와 숫나사인 파이프(20[A])를 연결하고자 할 때는 부싱을 사용한다.

문제 104 다음 중 플랜지 이음 기호는?

㉮　㉯　㉰　㉱

해설 ㉮ 땜(용접) 이음　㉯ 나사 이음
㉰ 플랜지 이음　㉱ 턱걸이 이음

문제 105 배관 내를 흐르는 유체 표시로 틀린 것은?

㉮ 공기 : -A-　㉯ 기름 : -O-　㉰ 물 : -S-　㉱ 가스 : -G-

해설 <92번 해설 참고>

문제 106 다음 그림과 같은 도시기호가 나타내는 것은?

〔보기〕

㉮ 나사 이음　㉯ 플랜지 이음　㉰ 용접 이음　㉱ 유니온 이음

문제 107 다음 장치 중 신축 이음장치의 종류가 아닌 것은?

㉮ 스위블 조인트　㉯ 볼 조인트　㉰ 루프형　㉱ 버킷형

해설 ●신축 이음의 종류 : 루프형, 슬리브형, 벨로즈형, 스위블형, 볼 조인트, 상온 스프링 등

문제 108 다음 배관 도시 기호는 무엇을 나타내는가?

㉮ 글로브 밸브   ㉯ 콕
㉰ 체크 밸브   ㉱ 안전 밸브

> **해설** ㉮ 글로브 밸브 : ──▷◁──   ㉯ 콕 : ──◇──
> ㉰ 체크 밸브 : ──▷|──   ㉱ 안전 밸브 : ──▷◁|──

문제 109 호칭 지름 20〔A〕의 강관을 곡률 반지름 200〔mm〕로서 120°의 각도로 구부릴 때 곡선의 길이는?

㉮ 420[mm]   ㉯ 405[mm]   ㉰ 390[mm]   ㉱ 363[mm]

> **해설** • 곡관의 길이
> $$l = 2\pi R \frac{\theta}{360} = 2 \times 3.14 \times 200 \times \frac{120}{360} = 418.67\,[mm]$$

문제 110 관작업 공구 사용시의 사항 중 맞지 않는 것은?

㉮ 파이프 리머(pipe reamer) 사용시 관 안쪽에 생기는 거스러미 제거시 손가락에 주의해야 한다.
㉯ 스패너 사용시 볼트에 적합한 것을 사용해야 한다.
㉰ 쇠톱 절단시 당기면서 절단한다.
㉱ 리드형 나사절삭기 사용시 조(jaw) 부분을 렌치로 고정시킨 다음 작업에 임한다.

> **해설** 쇠톱을 이용한 강관절단시 밀면서 절단한다.

문제 111 다음 중 리듀셔를 나타내는 배관 도시기호는?

㉮ ──▷──   ㉯ ──||──   ㉰ ──[==]──   ㉱ ──|──

> **해설** ㉮ 레듀셔   ㉯ 오리피스
> ㉰ 신축(슬리브) 이음   ㉱ 소켓

문제 112 관 끝부분 표시방법 중 용접식 캡을 나타낸 것은?

㉮ ───| ㉯ ───)   ㉰ ───○   ㉱ ───▷

> **해설** ㉮ 막힘(맹) 플랜지   ㉯ 나사 캡
> ㉰ 가는 엘보   ㉱ 용접 캡

문제 113 다음 KS 배관 도시기호 중 팽창 이음을 표시하는 기호는?

㉮ ───|| ㉯ ──[==]──   ㉰ ──|◇|──   ㉱ ──▷──

> **해설** ㉮ 막힘(맹) 플랜지   ㉯ 슬리브(신축) 이음
> ㉰ 콕 나사 이음   ㉱ 부싱

해답 108. ㉮   109. ㉮   110. ㉰   111. ㉮   112. ㉱   113. ㉯

1. 직류회로

(1) 전기의 발생

양자는 전기량이 즉 전하량이 1.60219×10^{-19}[C] 쿨롱인 양전기를 가지고 있으며 전자는 전기량이 -1.60219×10^{-19}[C]인 음전기를 가지고 있지만 원자는 보통 상태에서 양전기를 가진 양자의 수와 음전기를 가진 전자의 수가 같기 때문에 전체적으로는 전기적으로 중성을 띠고 있다.

원자핵 주위를 돌고 있는 전자 중에서도 가장 바깥쪽 궤도를 돌고 있는 전자는 원자핵과의 결합력이 약하기 때문에 자극을 받으면 외부로 쉽게 이탈하여 자유롭게 움직일 수 있다. 이와 같은 전자를 자유전자라 하며 전기의 발생은 이와 같은 자유전자의 이동 또는 증감에 의해 일어나게 된다.

자유전자(free electron)의 이동으로 인하여 전기가 발생하는 원리는 아래 그림과 같다. 먼저 그림 (a)는 양전하를 가진 원자핵과 음전하를 가진 전자가 견고하게 결합하여 중성상태에 있는 것을 나타낸 것이다. 그러나 물질 중의 자유전자는 쉽게 움직일 수 있는 성질이 있으므로 어떤 원인으로 인하여 그림 (b)와 같이 자유전자가 물질밖으로 나가면 물질속에는 양전하가 음전하보다 많아져서 이 물질은 양전기를 가지게 되고 마지막으로 그림 (c)와 같이 밖에서 자유전자가 들어오면 양전하보다 음전하가 많아져서 물질은 음전기를 가지게 된다.

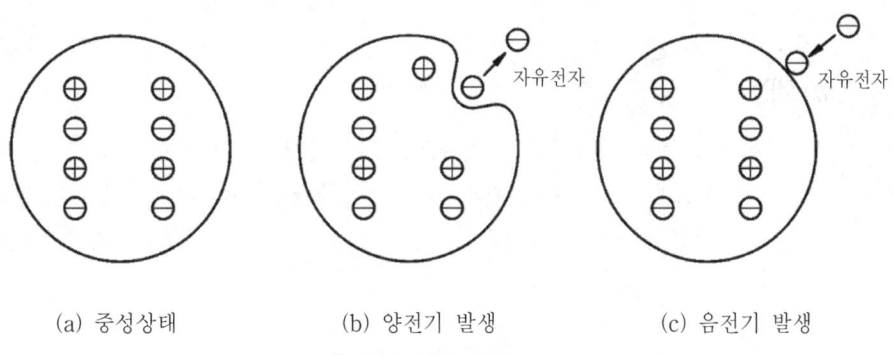

(a) 중성상태   (b) 양전기 발생   (c) 음전기 발생

⬆ 전기 발생 원리

(2) 전기 기본회로

아래의 그림에서 보는 바와 같이 건전지와 스위치 그리고 작은 전구를 전선으로 연결한 후 스위치를 닫으면 전기회로가 구성되어 전류가 흐르고 작은 전구에 불이 들어온다. 이 때 건전지의 양(+)극에서 일정한 크기의 전류가 흘러나와 꼬마전구를 거친 후 건전지의 음(-)극으로 흘러들어가게 된다. 이와 같이 일정 크기의 전류가 한 방향으로만 흐르는 전기회로를 직류회로(DC circuit)라 한다.

건전지와 같이 전기회로에 전류를 흐르게 하는 것을 전원(electric source)이라 하며 작은 전구와 같이 전원으로부터 전류를 공급받아 빛을 내는 것을 부하(load)라 한다.

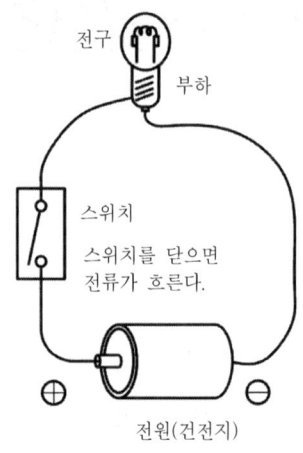

🔺 전기회로 형성

(3) 전류

전기회로에 직류전류가 흐르게 되는 것은 위의 전기회로 형성의 그림에서 보는 바와 같이 건전지의 음(-)극에서 일정한 양의 전자가 흘러나와 전기회로를 통해서 작은 꼬마전구를 거친 후 건전지의 양(+)극으로 흘러 들어가기 때문이다. 이와 같은 전자의 흐름을 전류(electric current)라 한다.

전류의 방향은 전자 흐름의 반대방향으로 정한다.

① 전류의 크기는 전기회로의 어떤 단면을 1초 동안에 통과하는 전기량(전하)으로 나타낸다.

② 1초 동안에 1쿨롱[C]의 전하가 이동하였을 때의 전류의 크기를 1 암페어(ampere)라 하고 기호는 [A]로 정한다.

따라서 t초 동안에 Q[C]의 전하가 이동하였다면 전류 1 암페어[A]는 다음과 같이 나타낼 수 있다.

$$전류(I) = \frac{Q}{t} \, [\text{A}]$$

(4) 전압

전기회로를 통해서 부하에는 전원으로부터 전기적 압력으로 인하여 전하가 이동하게 되어 전류가 흐른다. 이 때 전원의 전기적 압력을 전압(voltage)이라 하며 그 크기는 볼트(volt) 기호는 [V]로 나타낸다.

(5) 옴(ohm)의 법칙

전기회로의 부하에 흐르는 전류는 부하에 가해진 전압의 크기에 비례하여 흐르고 부하가 가지고 있는 저항값의 크기에는 반비례하여 흐른다.

이와 같은 전기적 법칙을 옴의 법칙(ohm's law)이라 하며 여기에서 저항의 크기는 옴(ohm) 기호는 [Ω]으로 나타낸다.

직류회로에서는 그림과 같이 이 회로에 흐르는 전류(I)는 직류전압(V)에 비례하고 저항(R)에는 반비례한다.

$$I(전류) = \frac{전압}{저항} = \frac{V}{R} \, [\text{A}]$$

$$R(저항) = \frac{전압}{전류} = \frac{V}{A} \, [\Omega]$$

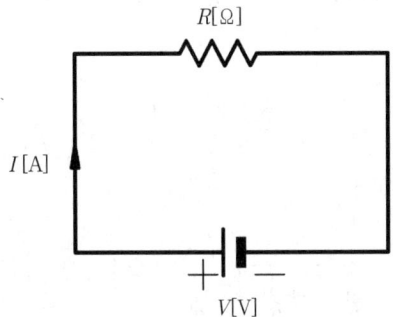

저항의 역수 $(G) = \dfrac{1}{R}$ 을 컨덕턴스(conductance)

단위 : 지멘스(siemens), 기호 S, 또는(℧ 모(mho) 또는 Ω^{-1})

(6) 저항의 접속

① 직렬접속

그림에서 보는 바와 같이 저항 R_1, R_2, R_3을 직렬로 접속한 회로는 이 때 합성저항 R은 각 저항의 합이다.

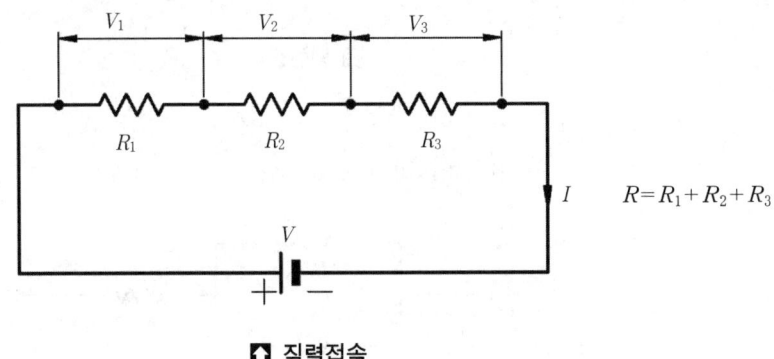

$$R = R_1 + R_2 + R_3$$

⬆ 직렬접속

이 회로에서 저항 R_1, R_2, R_3 에 흐르는 전류 $I[A]$는

$$I = \frac{V}{R} = \frac{V}{R_1 + R_2 + R_3} \, [A]$$

전체전압 (V)

$$V[V] = IR = IR_1 + IR_2 + IR_3 = V_1 + V_2 + V_3 \, [V]$$

② 병렬접속

다음 그림에서 보는 바와 같이 3개의 저항 R_1, R_2, R_3 을 병렬 접속한 회로는 각 저항에는 동일한 직류전압 V가 걸리므로 각 저항에 흐르는 전류 I_1, I_2, I_3 는

$$I_1 = \frac{V}{R} \, [A], \qquad I_2 = \frac{V}{R_2} \, [A], \qquad I_3 = \frac{V}{R_3} \, [A]$$

전체전류

$$I = I_1 + I_2 + I_3 = \frac{V}{R_1} + \frac{V}{R_2} + \frac{V}{R_3} = V\left(\frac{1}{R_1} + \frac{1}{R_2} + \frac{1}{R_3}\right)[A]$$

합성저항

$$R = \frac{V}{I} = \frac{1}{\dfrac{1}{R_1} + \dfrac{1}{R_2} + \dfrac{1}{R_3}} \, [\Omega]$$

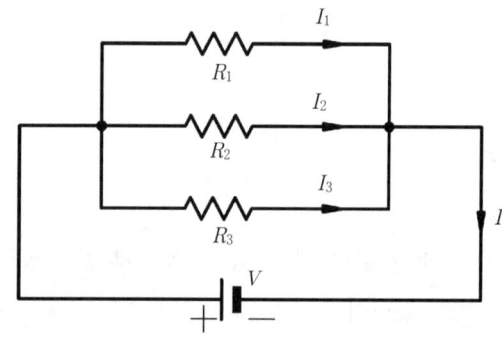

🔼 병렬접속

③ 직 · 병렬접속

직 · 병렬접속이란 직렬접속과 병렬접속을 조합한 것이다.

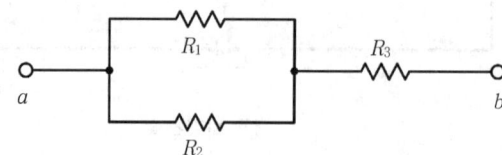

$$R_{12} = \frac{1}{\dfrac{1}{R_1} + \dfrac{1}{R_2}} = \frac{R_1 R_2}{R_1 + R_2}\,[\,\Omega\,]$$

합성저항 (R)은

$$R = R_{12} + R_3 = = \frac{R_1 R_2}{R_1 + R_2} + R_3[\,\Omega\,]$$

위의 그림은 R_1과 R_2를 병렬로 접속한 다음 이것에 R_3를 직렬로 접속한 것이다.

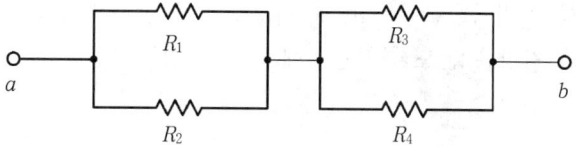

위의 그림은 R_1과 R_2, R_3 와 R_4 를 각각 병렬로 접속한 후 이것을 직렬로 접속한 것이다.

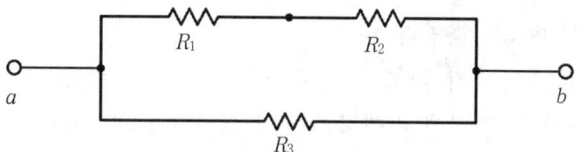

위의 그림은 R_1과 R_2를 직렬로 접속한 것을 R_3와 병렬로 접속한 것이다.

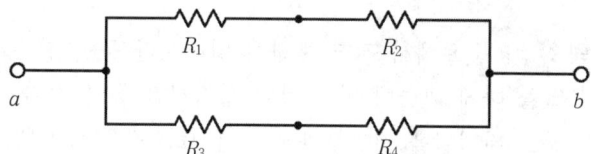

위의 그림은 R_1 과 R_2 를 직렬로 접속하고 R_3 과 R_4 를 직렬로 접속한 다음 이것을 병렬로 다시 접속한 상태다.

(7) 도체(conductor)와 부도체(nonconductor)

물질 중에는 전기가 잘 흐를 수 있는 것과 전기가 잘 흐르지 않는 것이 있다. 일반적으로 금속 및 전해질 용액과 같이 전기가 잘 흐르는 물질을 도체라 한다.
그러나 운모나 도자기, 에보나이트, 합성수지 등은 전기가 잘 흐르지 않기 때문에 이러한 물질을 부도체 또는 절연체(insulator)라고 한다.

(8) 전기저항

도체는 전기를 잘 흐르게 하는 물체이지만 어떤 도체라도 어느 정도의 저항은 가지고 있다. 도체(구리선 등)의 전기저항은 그 도체의 재질, 길이, 단면적, 온도 등에 의해 결정된다.

① 어떤 일정 온도에서 같은 재질의 도체를 생각할 때 도체의 전기 저항은 그 도체의 길이에 비례하고 단면적에는 반비례한다.

$$도체의\ 저항\ (R) = \rho\,\frac{1}{A}\,[\,\Omega\,]$$

ρ : 도체의 재질에 따라 정해지는 고유저항(Ω.m)
A : 단면적(m^2)
l : 길이(m)

② 도체의 전기저항은 온도에 따라 그 값이 변하게 된다.

③ 금속의 저항은 온도가 상승함에 따라 증가하지만 전해질 용액의 저항은 반대로 감소한다.

(9) 전력(electric power)

① 전력 : 전기회로에서 작은 꼬마전구에 불이 켜지는 것은 저항에 전류가 흘러서 어떤 일을 하고 있기 때문이다. 이 때 전기회로의 전구에 불이 켜지는 불의 밝기는 전류의 크기에 따라 달라진다.

이와 같이 전기가 하는 일의 능률을 전력이라 한다.

전력은 어떤 부하에 가해지는 전압 $V[V]$과 그 부하에 흐르는 전류 $I[A]$의 곱으로 나타내며 그 단위는 와트(watt)이며 기호는[W]이다.

$$전력\ (P) = VI = I^2R = \frac{V^2}{R}\ [W]$$

② 전력량 : 전기회로에서 저항 부하에 일정시간 동안 전류가 흐르면 전기 에너지가 발생하여 일을 하게 되는데 이와 같이 일정시간 동안 전기 에너지가 한 일의 양을 전력량이라 하고 전력량을 저항부하에서 발생하는 전력 $P[W]$와 시간 $t[s]$의 곱으로 나타낸다. 그리고 단위는 줄(joule), 기호는 [J]이다.

$$전력량\ (W) = Pt\,[J]$$

그러나 전력량의 단위는 1[kW]의 전력을 1시간 사용했을 때의 전력량을 나타내는 [kWh]를 많이 사용한다.

※ $1[kWh] = 10^3[Wh] = 3.6 \times 10^6[Ws] = 3.6 \times 10^6[J]$

(10) 전류의 발열

전열기에 전압을 가하여 전류를 흘리면 열이 발생하는데 이것을 전류의 발열작용이라고 한다.

이런 현상은 전열기 내에 있는 전열선이나 도체가 비교적 큰 저항을 가지고 있어서 전류를 흘리면 열이 발생된다.

I[A]의 전류가 저항값이 R[Ω]인 도체를 t(s)동안 흐를 때 그 도체에는 발열 $(H)=I^2Rt$[J]의 열이 발생한다.

이것을 줄의 법칙이라 하며 발생하는 열을 줄열이라 한다.

$$1[cal]=4.186[J]$$

발열 (H)를 cal로 표시하면

$$H=\frac{I^2Rt}{4.186} ≒0.24I^2Rt[cal]$$

① 전선의 온도상승 : 전선은 구리, 알루미늄 등의 저항이 작은 도체로 만드나 어느 정도의 저항은 가진다. 따라서 전선에 전류가 흐르면 줄의 법칙에 의해 열이 발생하고 그 열 때문에 전선의 온도가 상승한다. 온도가 상승한 경우 전선은 기계적인 강도가 변하고 온도가 매우 높으면 전선이 녹아서 끊어지게 된다.

② 허용전류(allowable current) : 전선 중 절연전선에서는 온도가 높게되면 절연물이 열화되어 절연전선으로는 기능이 상실된다. 절연전선의 온도상승은 전류의 증가에 따라 발생하므로 각각의 전선에 안전하게 흘릴 수 있는 전류의 크기는 허용된 온도상승으로부터 결정된다. 그렇기 때문에 전선에다가 안전하게 흘릴 수 있는 최대전류가 허용전류라고 한다.

※ 전선에 전류가 흐를 때 온도상승은 전선이 놓여있는 주위의 온도에도 영향을 받기 때문에 전선의 허용전류는 주위온도를 30[℃] 이하로 하여야 한다.

(11) 전하(electric charge)

유리막대와 명주 등의 절연체를 서로 마찰시키면 이들 물체는 전기를 띠게 되고 가벼운 물체를 끌어당긴다. 이와 같이 물체가 전기를 띠는 현상을 대전이라 하고 대전된 물체를 대전체라 하며 대전체가 가지는 전기량을 전하라 한다.

　㉮ 전하의 단위 : 쿨롱(coulomb)

　㉯ 전하의 기호 : C

① 전기력(electricforce)이란 전하에는 양전하와 음전하 두 종류가 있으며 동일한 부호의 전하는 서로 반발하며 다른 부호의 전하는 서로 끌어당기는 성질이 있다. 이와 같이 두 전하 사이에 작용하는 힘을 전기력 또는 정전기력이라 한다.

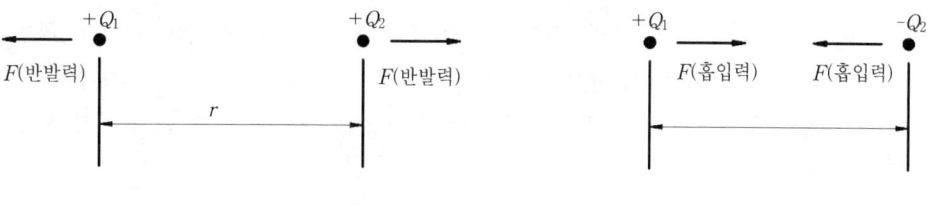

　　　(a) 같은 부호의 전하　　　　　　　　　(b) 다른 부호의 전하

⬧ 두 전하 사이의 전기력

② 쿨롱의 법칙이란 두 전하 사이에 작용하는 전기력은 두 전하 사이의 크기의 곱에 비례하고 두 전하 사이의 거리의 제곱에 반비례한다. 이것을 정전기에 관한 쿨롱의 법칙이라 한다.

Q_1[C]과 Q_2[C]의 전하가 진공중에서 γ(m)의 거리에 있을 때 이들 사이에 작용하는 전기력 (F)는

$$F = 9 \times 10^9 \times \frac{Q_1 \, Q_2}{\gamma^2} \, [\text{N}]$$

(12) 전기장(electric field)

전기장이란 전기력이 작용하는 공간이다. 전기장의 크기와 방향을 선으로 나타낸 것을 전기력선이라 한다.

(13) 정전유도(electrostatic induction)

대전되지 않는 도체(B) 근처에 대전체(A)를 가까이 하면 도체(B)는 대전체(A)에 가까운 쪽에는 다른 종류의 전하가 유도되고 먼쪽에는 같은 종류의 전하가 유도된다. 이와 같은 현상을 정전유도라 한다. 그러나 대전체를 멀리하면 도체는 원래의 중성상태로 되돌아간다.

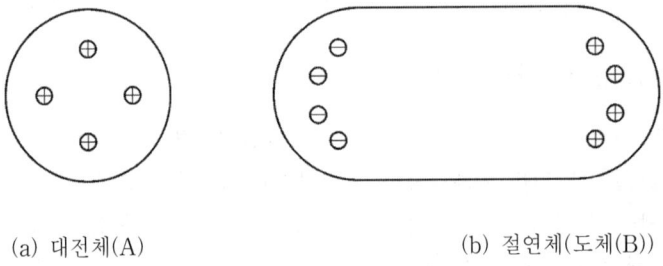

(a) 대전체(A)   (b) 절연체(도체(B))

(14) 정전용량(electrostatic capacity)

두 장의 도체판(전극)을 서로 마주보게 하여 직류전원에 접속하면 전원의 양(+)극으로부터 (A)전극에는 양전하가 이동되고 음(-)극으로부터는 (B)전극에는 음전하가 이동하여 축적된다.

이 때 전원전압 V(V)에 의해 두 전극에 축적된 전하를 Q(C)이라고 하면 전압 V와 전하 Q 사이에는 $Q = CV$(C)의 관계가 성립된다. 이 때 (C)는 전극이 전하를 축적하는 능력의 정도를 나타내는 상수로서 정전용량이라 하며 그 단위는 패럿(farad) 기호는 (F)이다.

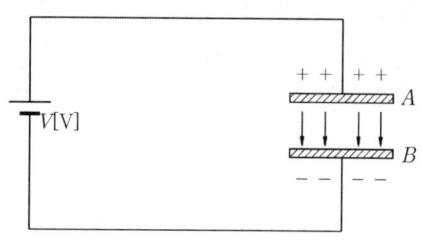

🔺 정전용량

(15) 콘덴서(condenser)

콘덴서란 정전 용량을 이용하기 위하여 만들어진 전기소자이다. 큰 정전 용량을 얻기 위해서는 전극판의 면적을 넓게 하거나 간격을 작게 또는 극판간에 넣는 절연물을 비유전율이 큰 것으로 사용하는 방법 등을 이용하고 있다.

① 사용목적에 따른 콘덴서(커패시터, capacitor)

  ㉮ 고정 콘덴서

    ㉠ 종이 콘덴서

    ㉡ 마이카 콘덴서

    ㉢ 세라믹 콘덴서

    ㉣ 전해 콘덴서

  ㉯ 가변 콘덴서 : 공기 가변 콘덴서

(16) 자기(magnetism)

① 자기 : 자석은 철조각이나 철가루를 끌어당기는 성질이 있다. 이와 같은 자기력이 생기는 근원이며 자석이 철조각을 끌어당기는 힘은 자석의 양 끝에서 가장 강하다. 이 양 끝단을 자극이라 한다.

② 자하(magnetic charge) : 자석에는 항상 2종류의 극성이 있으며 양 자극이 가지는 자기량 또는 자하는 서로 같다. 자하량의 단위는 웨버(weber)이며 그 기호는 Wb이다.

③ 자기에 관한 쿨롱의 법칙(자석의 성질) : 막대자석의 중앙을 실로 매어 천장에 수평으로 매달았을 때 자석의 N극은 북쪽을 가리키고 S극은 남쪽을 가리킨다. 그리고 같은 극성의 자석은 서로 반발하고 다른 극성의 자석은 서로 끌어당긴다.

2개의 자석 사이에 작용하는 자기력의 크기는 두 자극의 자하의 곱에 비례하고 두 자극 사이의 거리의 제곱에 반비례한다. 이것을 자기에 관한 쿨롱의 법칙이라 한다.

두 자극 사이에 작용하는 자기력 (F)

$$F = 6.33 \times 10^4 \times \frac{m_1 \, m_2}{r^2} \; [\text{N}]$$

    m_1, m_2 : 자하(Wb)
    r : 떨어진 거리(m)

④ 자기장(magnetic field)과 자기력선(line of magnetic force) : 자기장은 자기력이 작용하는 공간이며 자기장의 크기와 방향을 선으로 나타낸 것을 자기력선이라 한다. 자기력선은 자석의 N극에서 시작하여 S극에서 끝나고 자기력선은 서로 교차하지 않는다.

⑤ 자기유도 : 자석의 자극 가까이에 철편을 접근시키면 철편에 자극이 생기고 자석이 된다. 이와 같은 현상을 자기유도 또는 철의 자화라 한다.

(17) 전자력(electromagnetic force)

전자력이란 자기장 내에 있는 도체에 전류를 흘릴 때 작용하는 힘

① 플레밍의 왼손법칙 : 왼손의 엄지, 검지, 중지를 각각 직각으로 하여 검지방향이 자기장의 방향과 일치하도록 하고 전류방향과 중지방향을 일치시키면 전류가 흐르는 도체에 작용하는 힘은 엄지방향과 일치하게 된다.

(18) 전자유도

① 전자유도작용 : 코일 부근에 영구자속을 코일 L과 쇄교하는 수를 시간적으로 변화시키면 코일 L에 기전력이 유기되어 전류가 흐른다.
자속의 시간적 변화가 전류를 유도하게 되고 코일과 쇄교하는 자속이 변화하면 이 변화를 방해하는 방향으로 기전력이 유기된다. 이와 같은 현상을 전자유도라고 한다.

② 페러데이의 전자유도법칙(유도기전력의 크기) : 유도기전력의 크기는 코일을 지나는 자속의 매초 변화량과 코일의 권수에 비례한다.

③ 렌쯔의 법칙(유도기전력의 방향) : 전자 유도에 의하여 생긴 기전력 방향은 그 유도전류가 만드는 자속이 원래 자속의 증가 또는 감소를 방해하는 방향으로 생긴다.
즉, 코일을 지나는 자속이 증가될 때는 자속을 감소시키는 방향으로 또 감소될 때는 자속을 증가시키는 방향으로 유도기전력이 발생된다.

④ 플레밍의 오른손 법칙 : 자장 내를 운동하는 도체에 유도되는 기전력의 크기는 그 도체가 단위시간에 끊는 자속수에 비례하고 그 방향은 운동하는 도체가 폐회로일 경우 이에 흐르는 전류에 의해서 생기는 자속이 쇄교작용을 상쇄하는 방향으로 유도된다.

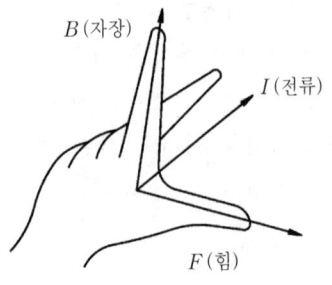

■ 플레밍의 왼손 법칙

■ 플레밍의 오른손 법칙

(19) 암페어의 오른나사 법칙

도선에 전류가 흐르면 그 주위에 자장이 생기는데 그 방향은 오른나사 법칙에 의해 결정된다.

오른나사가 진행하는 방향으로 전류가 흐르면 나사가 회전하는 방향으로 자장이 생기고 반대로 나사가 회전하는 방향으로 전류가 흐르면 진행하는 방향으로 자장이 생긴다.

(20) 자기회로

① 자속과 자속밀도 : 매질에 관계없이 $+ m$[Wb]의 자극에서는 m개의 가상선이 나오고 있는 것으로 생각하여 이것을 자속이라 하고 기호는 ϕ 로 나타낸다.

즉, 자력선들의 전체의 집합을 말한다.

㉮ 자속의 단위 : 웨버(Wb)

㉯ 자속의 밀도(B) $= \dfrac{\phi}{A}$ [Wb/m^2]

철심에 코일을 감고 이것에 전류를 흘리면 철심 내에 자속이 발생한다. 자속은 코일의 권수(N)가 많을수록 흐르는 전류 I 가 클수록 크다.

이와 같이 자속을 만드는 원동력이 되는 것을 기자력이라 한다.

㉮ 기자력 기호 : F, NI

㉯ 기자력의 단위 : AT(암페어 턴)

(21) 키르히호프의 법칙

① 제1법칙 : 회로망 중의 임의의 1접속점에 유입하는 전류의 총합과 유출하는 전류의 총합은 같다.

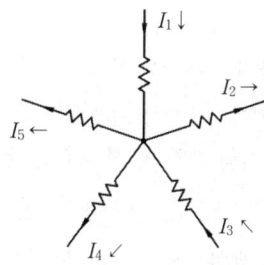

$\Sigma I = 0$

I_1, I_3 를 (+), I_2, I_4, I_5 를 (−)라 하면

$$I_1 + I_3 = I_2 + I_4 + I_5$$
$$I_1 + I_3 - I_2 - I_4 - I_5 = 0$$

② 제2법칙 : 회로망 중의 임의의 한 폐회로의 각부를 흐르는 전류와 저항과의 곱의 대수합은 그 폐회로 내에 있는 모든 기전력의 대수합과 같다.

$$\Sigma V = \Sigma IR$$

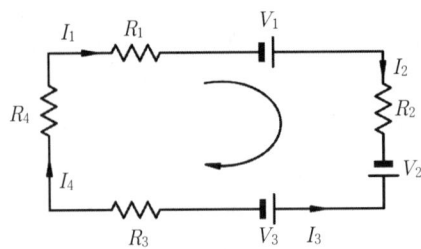

전류의 방향을 화살표방향으로 가정하고 이 방향과 일치하는 전압 강하와 기전력은 (+)이나 반대로 되는 것은 (-)로 하면

$$R_1 I_1 + R_2 I_2 - R_3 I_3 + R_4 I_4 = V_1 + V_2 - V_3$$

가 된다.

(22) 전압과 전류의 측정

① 전류계와 전압계 : 전류의 세기를 측정하는 전류계와 전압의 크기를 측정하는 전압계는 그 계기 내부에 전류가 흘러서 동작하게 되므로 그 동작원리는 같으나 전류계는 내부 저항이 작고 전압계는 내부 저항이 큰 점이 다르다.

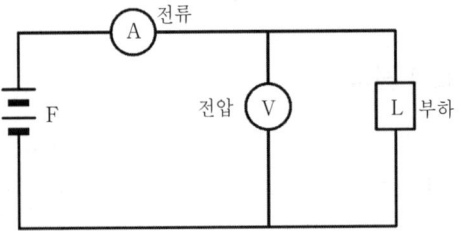

    ㉮ 전류계 Ⓐ는 부하가 직렬로 설치

    ㉯ 전압계 Ⓥ는 부하에 병렬로 접속

② 배율기(multiplier) : 전압계의 측정범위를 넓히기 위하여 내부저항 $r_v [\Omega]$의 전압계에 직렬로 $R_m [\Omega]$의 저항을 접속해야 한다. 이 저항을 배율기라 한다.

③ 분류기(shunt) : 전류계의 측정 범위를 넓히기 위하여 전류계와 병렬로 $R_s [\Omega]$의 저항을 접속해야 한다. 이 저항을 분류기라 한다.

(23) 전지(battery)

전지란 화학 변화에 의해서 생기는 에너지 또는 광, 열 등의 물리적인 에너지를 전기에너지로 변환하는 장치이다.

방전 후 충전이 불가능한 전지를 1차전지라 하며 방전 후 충전에 의해 재사용할 수 있는 전지를 2차 전지라 한다.

① 전지의 원리

㉮ 볼타전지(voltaic cell)

㉯ 망간 건전지(dry cell) : 전해액은 염화 암모늄 용액($NH_4Cl + H_2O$)

㉰ 납축전지(lead storage battery) : 전해액은 묽은 황산

② 전지의 접속

㉮ 직렬접속 : 기전력 V[V], 내부저항 r[Ω]의 전지를 n개 직렬로 접속하면 기전력은 $V_0 = nV$로 n배가 되지만 전류용량은 전지 1개인 경우와 같게 되며 내부저항은 n배로 된다.

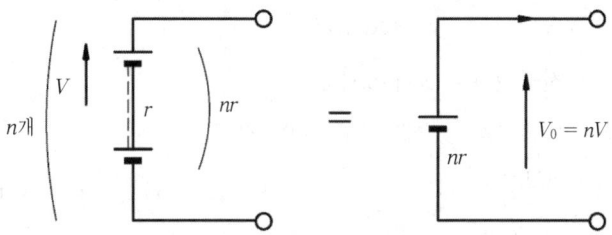

㉯ 병렬접속 : 다음의 전지를 m개 병렬로 접속하면 기전력은 1개 때와 같지만 전류용량 m배로 내부저항 $\dfrac{r}{m}$배로 된다.

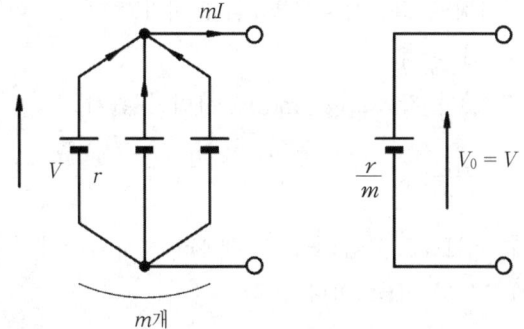

2. 교류회로

(1) 사인파 교류(sinuous wave AC)

사인파 교류는 시간의 흐름에 따라 크기와 방향이 사인파 모양으로 주기적으로 변하는 교류이며 사인파 교류는 평등 자기장에서 도체를 일정속도로 회전시킬 때 발생한다.

① 파형(wave form) : 교류의 크기와 방향이 시간에 대해 어떻게 변화하는가를 그린 것을 파형이라 한다.

② 각속도(angular velocity) : 1초 동안에 회전한 각도 t초 동안에 θ (rad)만큼 회전하면

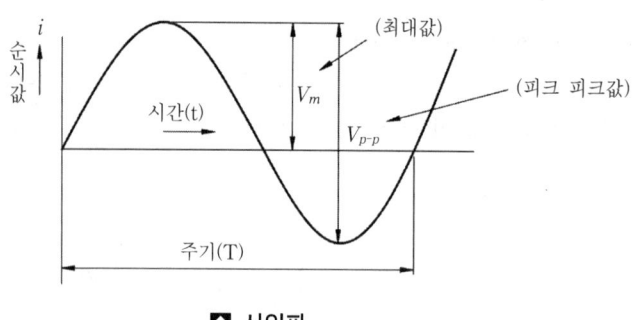

❑ 사인파

$$각속도 \ \omega = \frac{\theta}{t} \ [\text{rad/s}]$$

$$회전각(\theta) = \omega t \, [\text{rad}]$$

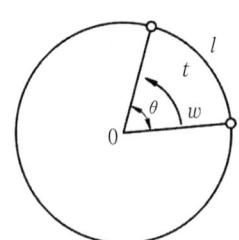

※ 반원의 중심각은 180°이고 호의 길이는

   $l = \pi r$ 이므로

$$\theta = \frac{l}{r} = \frac{\pi r}{r} = \pi \ [\text{rad}]$$

따라서 $180° = \pi \,[\text{rad}]$이고 $360° = 2\pi \,[\text{rad}]$이다.

③ 주기와 주파수

   ㉮ 교류의 1회 변화를 1사이클(cycle)이라 하며 1사이클의 변화에 요하는 시간을 주기 T(s)라 한다.

       주기 T(s)와 각속도 ω[rad/s] 사이의 관계

$$T = \frac{2\pi}{\omega} \,(\text{s})$$

   ㉯ 주파수 f[Hz]는 1[s] 동안에 반복하는 사이클의 수를 나타내며 그 단위는 헤르츠(hertz), 기호는 (Hz)이다.

$$T = \frac{1}{f}, \qquad f = \frac{1}{T}$$

       주파수 F[Hz]와 각속도 ω[rad/s] 와의 관계

$$f = \frac{1}{T} = \frac{1}{\left(\dfrac{2\pi}{\omega}\right)} = \frac{\omega}{2\pi}$$

$$\therefore \ \omega = 2\pi f \,[\text{rad/s}]$$

   ㉰ 사인파 교류의 전압 표시

$$V = V_m \sin \theta = V_m \sin \omega t = V_m \sin 2\pi ft \,[\text{V}]$$

④ 위상(phase)과 위상차

㉮ 주파수가 동일한 2개 이상의 교류 사이의 시간적인 차이를 나타내는데는 위상을 사용한다.

㉯ 2개의 교류 사이의 시간적인 차이(위상차)는 시간으로 표시하기도 하나 보통은 각도로 표시한다.

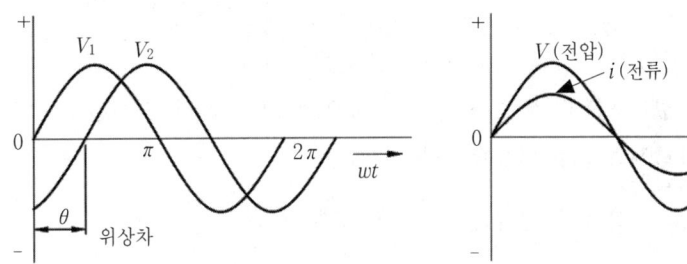

V_2는 V_1에 비해 위상이 뒤진다.　　　동상의 전압과 전류

㉠ V_1보다 위상이 θ_1만큼 뒤진 교류 V_2는

$$V_2 = V_{m2} \sin(wt - \theta_1) [\text{V}]$$

㉡ V_1보다 위상이 θ_2만큼 앞선 교류 V_3은

$$V_3 = V_{m3} \sin(wt + \theta_2) [\text{V}]$$

㉢ 교류 V_1의 최대값을 V_{m1}이라 하면 교류 V_1은

$$V_1 = V_{m1} \sin wt [\text{V}]$$

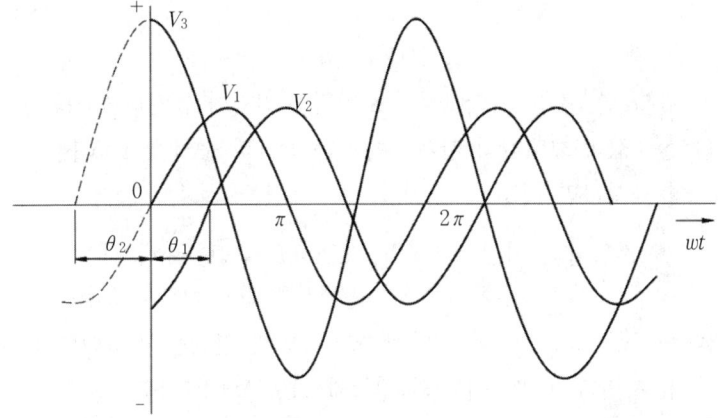

↑ 위상차의 교류 표시

⑤ 교류의 표시

㉮ 순시값 : 사인파 교류는 $V = V_m \sin wt$ [V]로 표시한다. 이 식에서 전압 V는 순간 순간 변하므로 이것을 전압의 순시값이라 하며 이 순시값 중에서 가장 큰 값 V_m을 최대값 또는 진폭이라 한다.

$$순시값 \; (v) = V_m \sin wt \; [V]$$

$\begin{bmatrix} V_m \; : \; 전압의 \; 최대값(V) \\ \omega \; : \; 각속도(rad/s) \\ t \; : \; 주기(s) \end{bmatrix}$

㉯ 실효값 : 일반적으로 사용되는 값으로 교류의 각 순시값의 제곱에 대한 1주기의 평균의 제곱근을 실효값이라 한다.

사인파 교류에서 실효값은 $I^2 R = \dfrac{I_m^2}{R} R$ 에서

$$I = \sqrt{\dfrac{I_m^2}{2}} = \dfrac{I_m}{\sqrt{2}} = 0.707 \, I_m \, [A]$$

$\begin{bmatrix} I \; : \; 전류의 \; 실효값(A) \\ I_m \; : \; 전류의 \; 최대값(A) \end{bmatrix}$

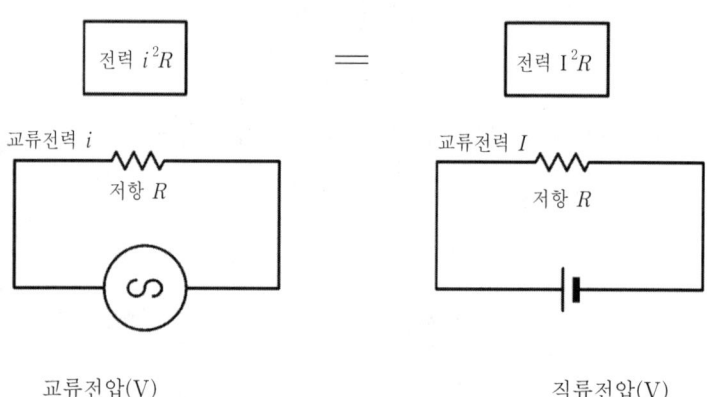

교류전압(V)   직류전압(V)

교류의 실효값은 저항내에서 소비되는 전력이 동일하게 되는 직류의 값으로 나타낸다.

㉰ 실효값과 최대값의 한계 : 사인파 전압의 순시값 ν[V]를 실효값 V[V]를 사용하여 표시하면

$$전압의 \; 순시값(\nu) = V_m \sin wt = \sqrt{2} \, V \sin wt [V]$$

여기서, V : 전압의 실효값(V)

㉱ 평균값 : 교류 순시값의 반주기 동안의 평균을 취하여 나타낸 값을 평균값이라 한다. 사인파 전압 v[V]의 평균값 V_a[V]라 하면

$$V_a = \dfrac{2}{\pi} V_m \fallingdotseq 0.637 \, V_m \, [V]$$

실효값 V와 평균값 V_a 의 관계는

$$\frac{V}{V_a} = \frac{\dfrac{V_m}{\sqrt{2}}}{\dfrac{2V_m}{\pi}} = \frac{\pi}{2\sqrt{2}} \fallingdotseq 1.11$$

⑥ 사인파 교류의 벡터

㉮ 스칼라양 : 길이나 온도 등과 같이 크기라는 하나의 양만으로 표시되는 물리량을 스칼라양이라 한다.

㉯ 벡터량 : 힘과 속도와 같이 크기와 방향 등으로 2개 이상의 양이 표시되는 물리량을 벡터량이라 한다.

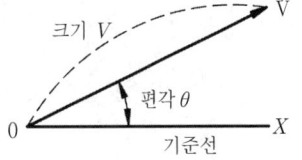

🔺 벡터의 표시

● 벡터의 표시

㉠ 벡터의 크기 : 선분의 길이

㉡ 벡터의 방향 : 화살표와 편각

㉢ 벡터의 표시 : $\dot{V}$, $\dot{I}$

벡터를 문자로 표시할 때에는 $\dot{V}$, $\dot{I}$와 같이 문자위에 점(dot)을 찍어서 V도트 또는 벡터 V라고 읽으며 점은 찍지 않고 V, I 라고 쓰는 경우는 크기만을 표시한다.

㉰ 회전 벡터 : $I = I_m \sin wt$ 의 사인파 교류는 회전하는 벡터 I_m으로 나타낼 수 있는데 이 벡터 I_m을 회전 벡터라 한다.

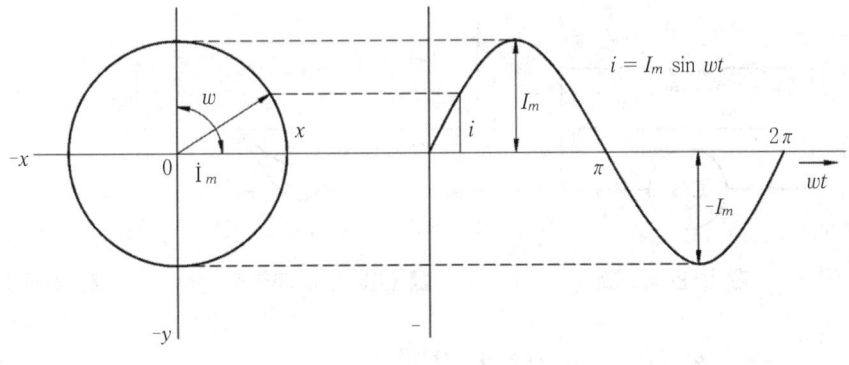

(a) 순시값 표시   (b) 벡터의 표시

🔺 회전 벡터와 사인파 교류

㉱ 정지 벡터 : 실효값이 I이고 위상각이 θ인 사인파 교류에서 동일한 주파수의 사인파 교류를 취급할 때는 회전 벡터 대신에 정지 벡터로 나타낼 수 있다.

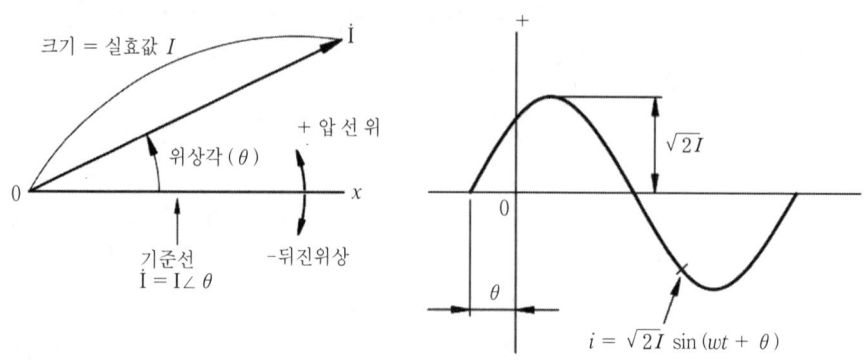

🔼 사인파 교류의 정지 벡터

(2) 단상 교류회로

① 기본회로

㉮ 저항 R 만의 회로 : 저항 $R[\Omega]$ 만의 회로에 교류전압 $v = V_m \sin wt[\text{V}]$ 를 가해주면 회로에 흐르는 전류 $i[\text{A}]$ 는

$$i = \frac{v}{R} = \frac{V_m}{R} \sin wt = I_m \sin wt \, [\text{A}]$$

이 때 전압 v 와 전류 i 는 다음과 같이 나타낼 수 있으며 회로에 흐르는 전류 i 는 회로에 가해 준 전압 v 와 시작하는 원점 및 최대가 되는 시각이 같은 모양으로 전압과 전류는 위상이 같다라고 한다.

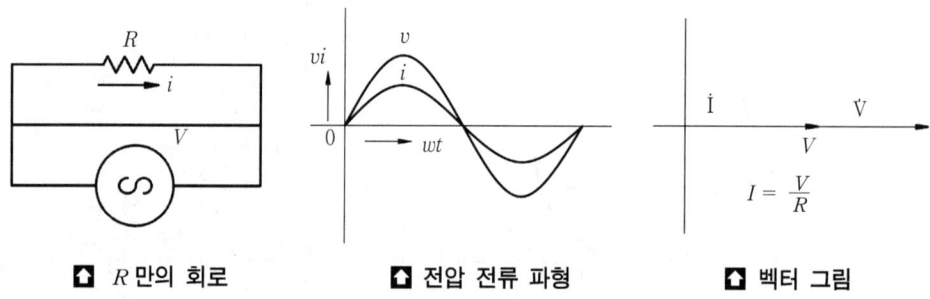

🔼 R 만의 회로   🔼 전압 전류 파형   🔼 벡터 그림

전압 v 와 전류 i 의 실효값 V 와 I 는

$$V = \frac{V_m}{\sqrt{2}} \, [\text{V}]$$

$$I = I_m \sqrt{2} = \frac{V_m}{\sqrt{2} R} \, [\text{A}]$$

전압 v 와 전류 i 벡터량은

$$\dot{V} = V \angle 0 \, [\text{V}]$$
$$\dot{I} = I \angle 0 \, [\text{A}]$$

㉯ 인덕턴스 L(H)만의 회로 : 인덕턴스 L(H)만의 회로에 교류전압

$v = V_m \sin wt$[V]를 가해주면 회로에 흐르는 전류

$$i(\text{A})는 \quad i = \frac{V_m}{wL} \sin\left(wt - \frac{\pi}{2}\right) = I_m \sin\left(wt - \frac{\pi}{2}\right)[\text{A}]$$

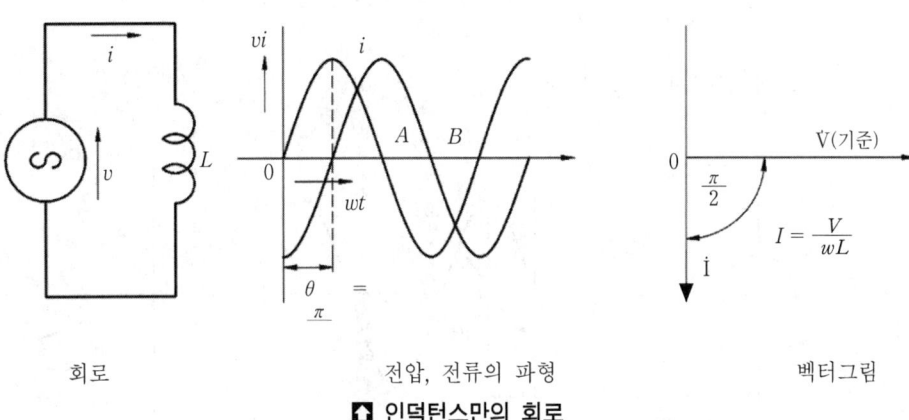

| 회로 | 전압, 전류의 파형 | 벡터그림 |

🔷 **인덕턴스만의 회로**

전압 v와 전류 i는 회로에 흐르는 전류 i는 회로에 가해준 전압 v보다 위상이

90° 즉 $\frac{\pi}{2}$[rad]만큼 늦는다.

※ 인덕턴스란 코일의 권수, 형태 및 철심의 재질 등에 의해 결정되는 상수이다.

㉰ 커패시턴스 C만의 회로 : 커패시턴스 C(F)만의 회로에 교류전압

$v = V_m \sin wt$[V]를 가해주면 회로에 흐르는 전류 i는

$$i = wCV_m \sin\left(wt + \frac{\pi}{2}\right) = I_m \sin\left(wt + \frac{\pi}{2}\right)[\text{A}]$$

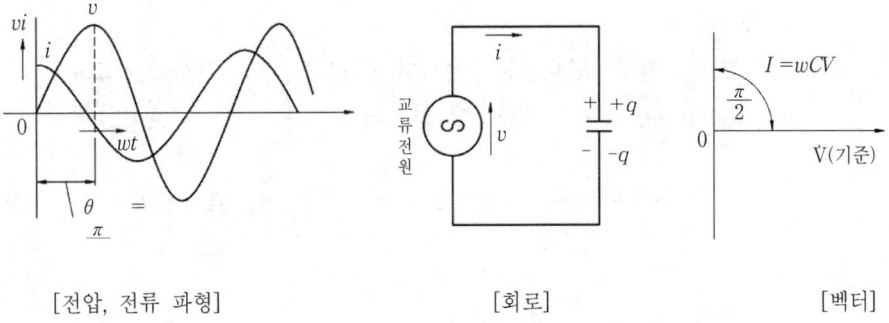

[전압, 전류 파형]   [회로]   [벡터]

이 때 전압 v와 전류 i는 회로에 흐르는 전류 i는 회로에 가해 준 전압 v보다

위상이 90° 즉 $\frac{\pi}{2}$[rad]만큼 빠른 것을 알 수 있다.

② RLC 직렬회로

㉮ RL 직렬회로 : 저항 $R[\Omega]$과 인덕턴스 $L(H)$의 직렬회로에 교류전압 $v = V_m \sin wt [V]$를 가해주면 회로에 흐르는 전류 $i(A)$는

$$i = \frac{V_m}{\sqrt{R^2 + (wL)^2}} \sin(wt - \theta) = I_m \sin(wt - \theta)$$

위의 식에서 위상각$(\theta) = \tan^{-1} \frac{wL}{R}$ 이다.

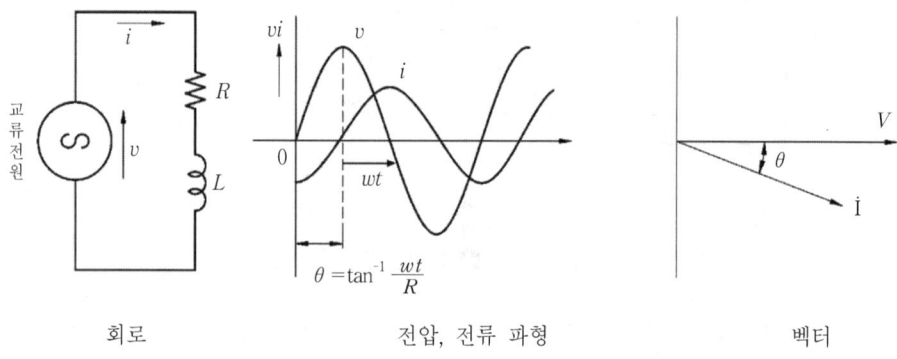

회로   전압, 전류 파형   벡터

이 때 전압 v와 전류 i는 회로에 가해 준 전압 v보다 전류 i는 위상이

$\theta = \tan^{-1} \frac{wL}{R}$ 만큼 늦어진다.

이와 같은 작용을 하는 $\sqrt{R^2 + (wL)^2}$을 임피던스라 하며

임피던스 $(Z) = \sqrt{R^2 + (wL)^2} = \sqrt{R^2 + (2\pi f L)^2} [\Omega]$

※ 임피던스란 교류에서 전류가 흐를 때의 전류의 흐름을 방해하는 R.L.C의 벡터 합이다.

㉯ RC회로 : 저항 $R[\Omega]$과 커패시턴스 $C(F)$의 직렬회로에 교류전압 $v = V_m \sin wt[V]$를 가해주면 회로에 흐르는 전류 $i(A)$는

$$i = \frac{V_m}{\sqrt{R^2 + \left(\frac{1}{wc}\right)^2}} \sin(wt + \theta)[A] = I_m \sin(wt + \theta)$$

위상각$(\theta) = \tan^{-1} \frac{1}{wCR}$ 이다.

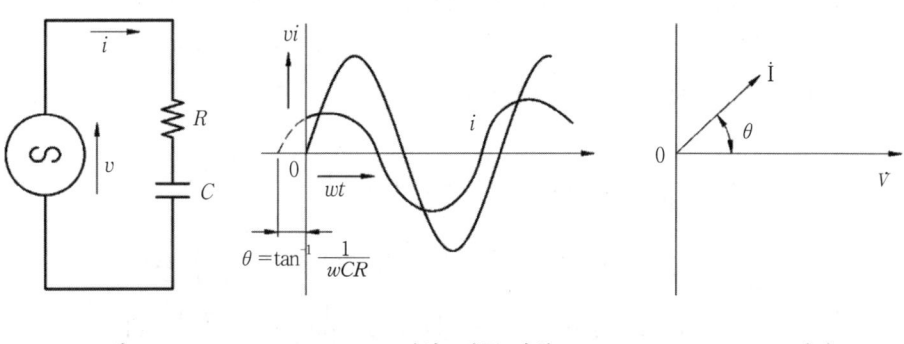

회로   전압, 전류 파형   벡터

⬆ RC 직렬회로

회로에 흐르는 전류 i 는 회로에 가해 준 전압 v 보다 위상이 $\theta = \tan^{-1}\dfrac{1}{wCR}$ 만큼 빠르다.

여기에서 전압 v 와 전류 i 의 최대값인 V_m 과 I_m 사이에는 $\dfrac{V_m}{I_m} = \sqrt{R^2 + \left(\dfrac{1}{wc}\right)^2}$ 의 관계식이 성립되며 실효값 V 와 I 사이에도 $\dfrac{V}{I} = \sqrt{R^2 + \left(\dfrac{1}{wc}\right)^2}$ 의 관계식이 성립한다.

㉓ RLC 직렬회로 : 저항 $R[\Omega]$과 인덕턴스 $L(\mathrm{H})$ 및 커패시턴스 $C(\mathrm{F})$는 직렬회로에 교류전압 $v = V_m \sin wt[\mathrm{V}]$를 가해주면 회로에 흐르는 전류 $i(\mathrm{A})$는

$$i = \frac{V_m}{\sqrt{R^2 + \left(wL - \dfrac{1}{wc}\right)^2}} \sin(wt - \theta) = I_m \sin(wt - \theta)$$

위의 식에서 위상각은

$$\theta = \tan^{-1}\frac{wL - \dfrac{1}{wC}}{R} = \tan^{-1}\frac{X_L - X_C}{R}$$

이다.

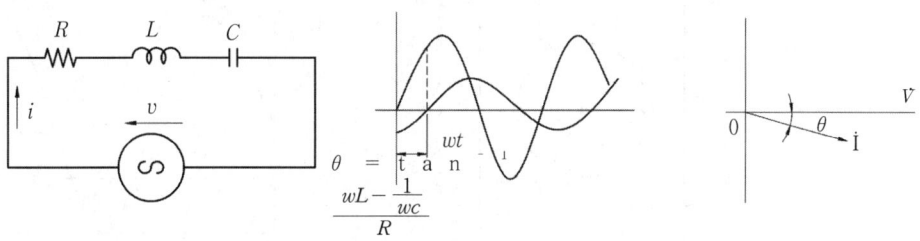

회로   전압 : 전류파형   벡터

⬆ RLC 직렬회로

③ RLC 병렬회로 : 저항 $R[\Omega]$과 인덕턴스 $L(\text{H})$ 및 커패시턴스 $C(\text{F})$의 병렬회로에 교류전압 $v = V_m \sin wt[\text{V}]$를 가해주면 저항 R과 인덕턴스 (L) 및 커패시턴스 C 에 흐르는 전류 i_R, i_L, i_C는

$$i_R = \frac{V_m}{R} \sin wt = \sqrt{2} I_R \sin wt[\text{A}]$$

$$i_L = \frac{V_m}{wL} \sin\left(wt - \frac{\pi}{2}\right) = \sqrt{2} I_L \sin\left(wt - \frac{\pi}{2}\right)[\text{A}]$$

$$i_C = wCV_m \sin\left(wt - \frac{\pi}{2}\right) = \sqrt{2} I_C \sin\left(wt + \frac{\pi}{2}\right)[\text{A}]$$

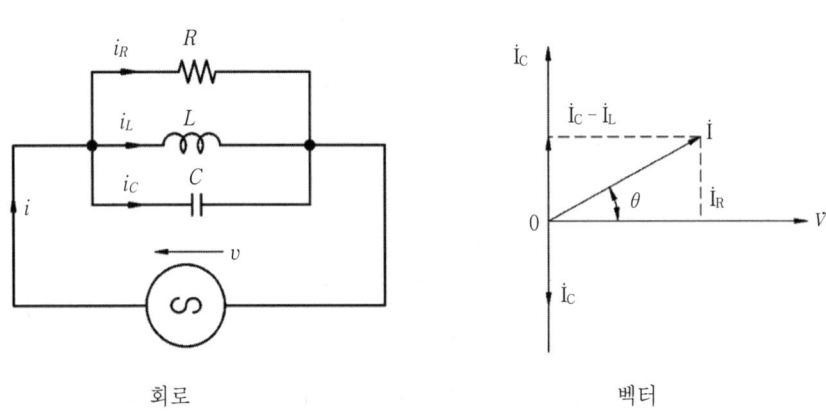

회로   벡터

⬆ RLC 병렬회로

(3) 3상 교류 회로

① 3상 교류 전압의 발생 : 코일 A에 대해서 기하학적으로 $\frac{2}{3}\pi[\text{rad}]$ 만큼씩의 간격을 두어 코일 B와 코일 C를 배치시키고 이들을 동시에 자기장 내에서 반시계 방향으로 회전시켜보면 서로 $\frac{2}{3}\pi[\text{rad}]$만큼씩의 위상차를 가진다. 크기가 같은 3개의 사인파 교류의 전압이 발생한다. 이와 같은 3개의 사인파 교류·전압을 3상 교류전압이라 한다.

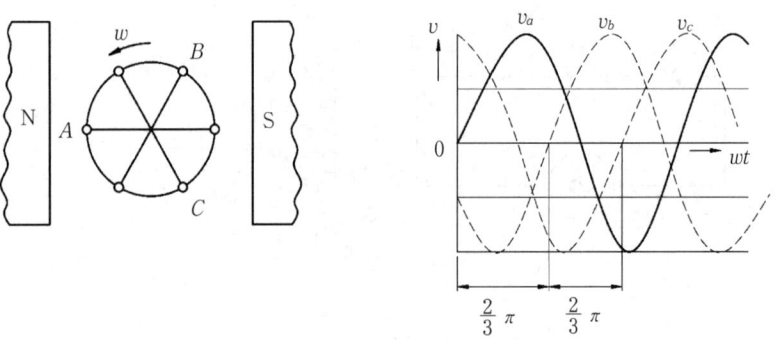

⬆ 3상 교류 전압의 발생

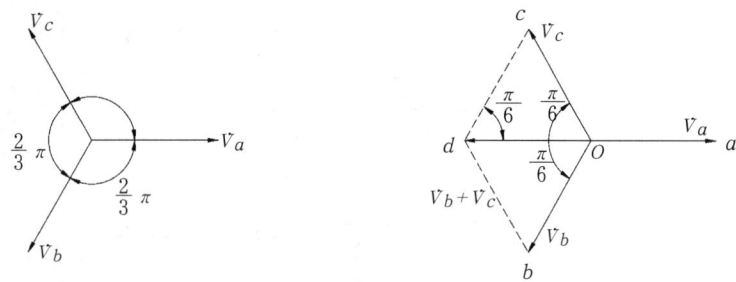

🔼 3상 교류의 벡터 표시 및 벡터의 합

② 3상 교류의 결선법

㉮ Y결선 : 3개의 코일 한 끝을 한 점 0에 접속하고 다른 끝을 각각 단자 a, b, c에
접속한 결선을 3상 Y결선 또는 성형결선이라 한다.

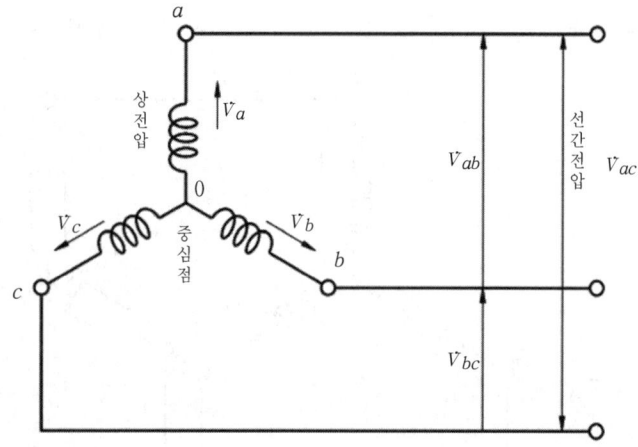

상 전압 : V_a , V_b , V_c 선간전압 : V_{ab} , V_{bc} , V_{ca}

㉯ △결선 : 각 코일을 삼각형의 형태로 접속하고, 각 접속점을 단자로 하여 외부 회
로에 3상 3선식으로 전류를 흐르게 하는 결선을 3상 △결선 또는 삼각결선이라 한
다. △결선에서 선간전압은 상전압과 동일하다.

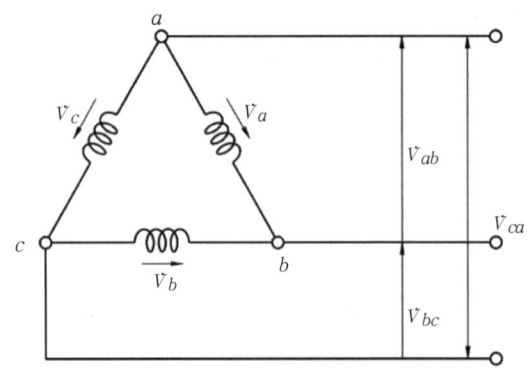

상전압＝선간전압

대칭 3상 전압 : V_a , V_b , V_c 선간전압 : V_{ab} , V_{bc} , V_{ca} (대칭 3상 전압)

(4) 평형 3상 회로

① Y-Y회로 : 전원의 접속 및 부하의 접속이 모두 Y결선인 회로가 Y-Y회로이다.

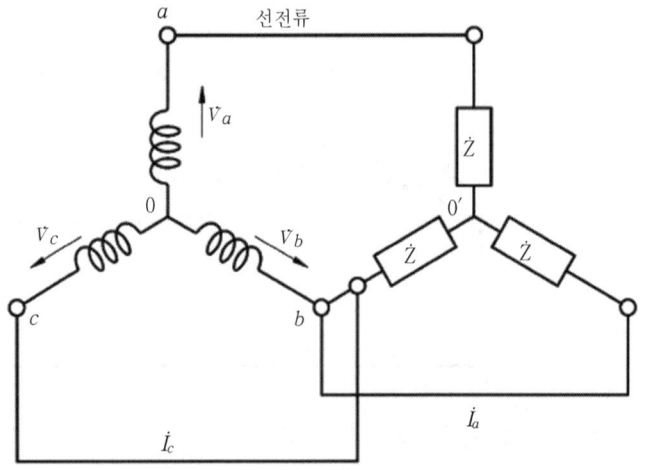

⬆ Y-Y회로

선전류 I_a, I_b, I_c 그 크기는 $I=I_a=I_b=I_c$ 로 모두 같으며 상전압 $V=V_a=V_b$ $=V_c$로 임피던스 Z로 나눈값이 된다. 각 부하에 흐르는 상전류는 그대로 선전류가 되므로 선전류의 크기와 같다.

② △-△회로 : 전원의 접속 및 부하의 접속이 모두 △결선인 회로가 △-△회로라 한다. 대칭 △형 전원에 동일한 임피던스 $\dot{Z}$를 △결선으로 한 3상 평형부하를 접속하는 경우 각 선에 흐르는 선전류 I_a, I_b, I_c는 $I=I_a$, $I_b=I_c$로 모두 같으며 $V=V_a=V_b$ $=V_c$ 를 임피던스 Z로 나눈값이 된다.

각 부하에 흐르는 상전류 I_A, I_B, I_C는 선전류 I_a, I_b, I_c의 $\dfrac{1}{\sqrt{3}}$ 배가 된다.

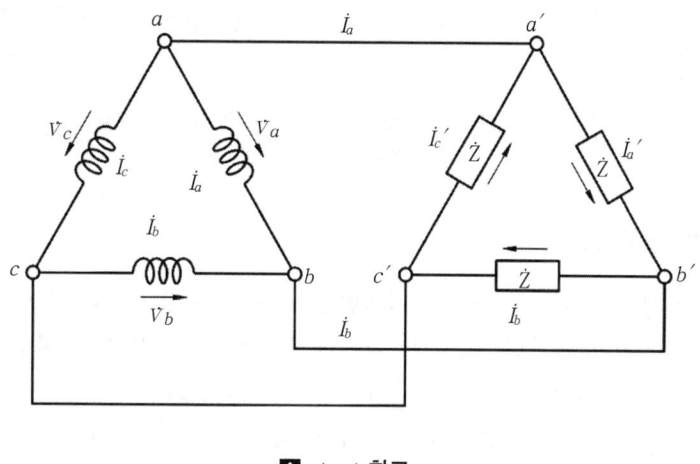

△-△회로

3. 비사인파 교류

사인파 교류는 대용량으로 발전이 가능하기 때문에 상용주파수의 교류로서 대부분의 전기장치에 이용된다.

또한 전기통신용의 전원으로도 많이 사용되고 있다. 그러나 사인파 교류는 부하의 성질에 따라 파형이 일그러지는 비사인파형으로 되는 경우가 있으며 전자공학의 응용분야에 펄스파와 같은 비사인파가 많이 사용된다.

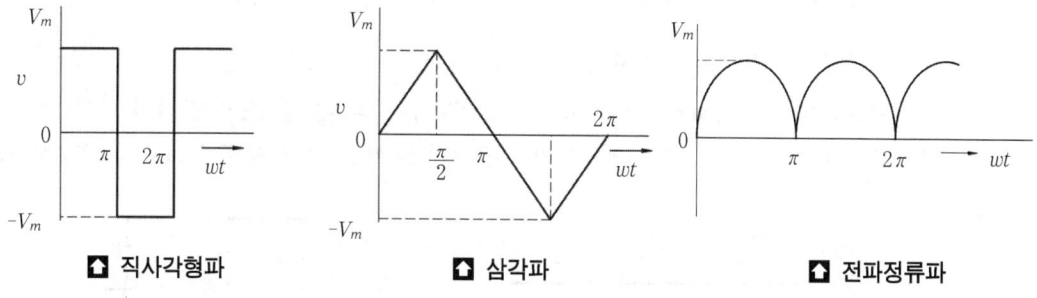

직사각형파　　　　**삼각파**　　　　**전파정류파**

4. 교류전력

(1) 역률

교류 회로의 전력은 평균 전력 $P = VI \cos\theta$ 로 나타내며 θ 는 회로에 가한 전압 v 와 전류 i 의 위상차이다. 이 때 저항 R 만의 회로에서는 전압과 전류가 동상이기 때문에 전력은 $\cos\theta = 1$ 이 되어 VI 가 되고 직류회로인 경우와 똑같이 취급할 수 있다.

그러나 RL 회로나 RC 회로와 같이 리액턴스 성분이 있으면 전압 v 와 전류 i 사이에는 위차차 θ 가 생겨 저항 R 만이 회로에 비해 $\cos\theta$ 배의 전력이 소비된다. 이 $\cos\theta$ 가 역률이다.

① 역률계산($\cos\theta$) : 부하 임피던스의 저항 성분이 $R[\Omega]$ 리액턴스 성분이 $X[\Omega]$일 경우

$$\cos\theta = \frac{R}{Z} = \frac{R}{\sqrt{R^2+X^2}} = \frac{\text{유효전력}}{\text{피상전력}} = \frac{VI\cos\theta}{VI} = \cos\theta$$

(2) 피상전력 (P_a)

각종 부하들은 보통 저항과 리액턴스 성분을 함께 가지고 있으므로 전압과 전류 사이에는 위상차가 생긴다. 이 경우 부하에서 소비되는 전력은 단순히 전압과 전류와의 곱인 VI만으로 되지 않고 $P = VI\cos\theta\,(W)$와 같이 된다.

여기에서 전압과 전류와의 곱 VI를 피상전력이라 한다.

단위 VA(볼트암페어), kVA(킬로볼트 암페어)

(3) 유효전력(전력)

평균전력 $P = VI\cos\theta\,(W)$는 피상전력 VI 중에서 부하에 유효하게 이용되는 전력이 유효전력이다.

(4) 무효전력 (P_r)

회로에 흐르는 전류 $I(A)$ 중에서 전압 $V[V]$와 직각으로 되는 성분 $I\sin\theta\,(A)$와 전압 $V[V]$와의 곱은 부하에서는 전력으로 이용될 수 없다. 이것이 무효전력이다.

$$P_r = VI\sin\theta\ [\text{Var}]$$

무효전력단위 : Var(바르) 또는 1000배인 kVar(킬로바르), $\sin\theta$ 무효율

전압과 전류의 위상차(θ)가 크게되면 무효율은 커지고 그 결과 무효전력은 커지게 된다.

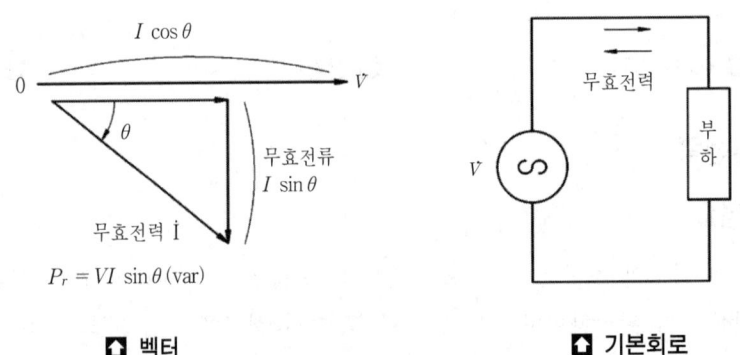

🔼 벡터   🔼 기본회로

유효전력 $P[W]$와 무효전력 $P_r[\text{var}]$ 및 피상전력 $P_a\,[VA]$ 사이에는 $P^2 + P_r^2 = P_a^2$ 가 성립된다.

5. 전기의 측정(전기, 전자의 측정)

(1) 전류의 측정

영구자석 가동 코일형 계기 : 전류의 크기를 가르킨다. 대부분의 직류 지시 계기에 응용된다.

(2) 전압계

가동 코일에 흐르는 전류는 가동 코일에 가해지는 전압에 비례하므로 가동 코일형 계기는 직접 전압계로 사용이 가능하다.

코일의 내부 저항은 작고 가동 코일에 흘릴 수 있는 전류로 작기 때문에 높은 전압의 측정을 위해서는 가동 코일과 직렬로 배율기 저항 R_m 을 접속하여 직류전압계를 사용하게 된다. 그러나 교류 전압을 측정하기 위해서는 직류전압계에 정류회로를 포함시켜 만든 교류 전압계를 사용한다.

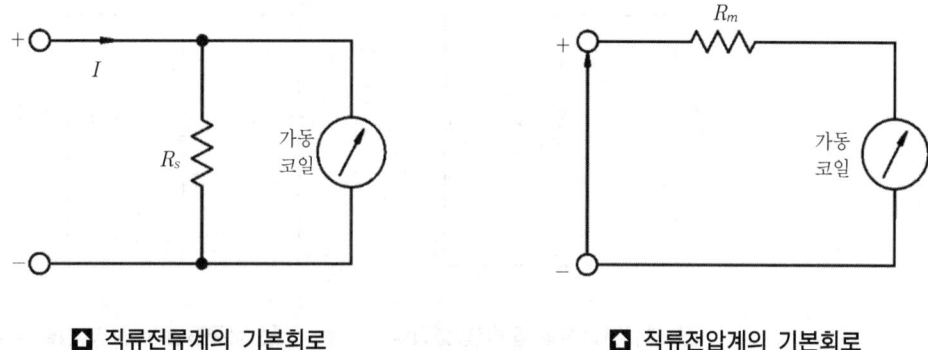

⬆ 직류전류계의 기본회로　　　　　⬆ 직류전압계의 기본회로

⬆ 영구자석 가동 코일형계기

(3) 전류계

가동 코일형 계기는 원리상 그 자체를 전류계로 사용할 수 있으나 가동 코일에 직접 흘릴 수 있는 전류는 50[mA] 정도로서 이보다 큰 전류를 측정하고자 하는 경우에는 가동 코일과 병렬로 분류기 저항 (R_s)를 접속시켜 직류전류의 측정범위를 확대시켜 만든 직류전류계를 사용한다. 그러나 교류전류의 측정을 위해서는 직류전류계에 정류회로를 포함하여 만든 교류전류계를 사용한다.

(4) 전압계와 전류계의 접속법

① 직류전압 측정시에는 극성에 유의하여 접속하여야 한다.
② 직류전류계는 단자에 극성 표시가 있으므로 전류의 흐르는 방향을 생각하여 전류가 전류계의 (+)단자를 거쳐 전류계 내부를 지난 다음 전류계의 (−)단자를 통하여 밖으로 흘러나오게 접속하여야 한다.

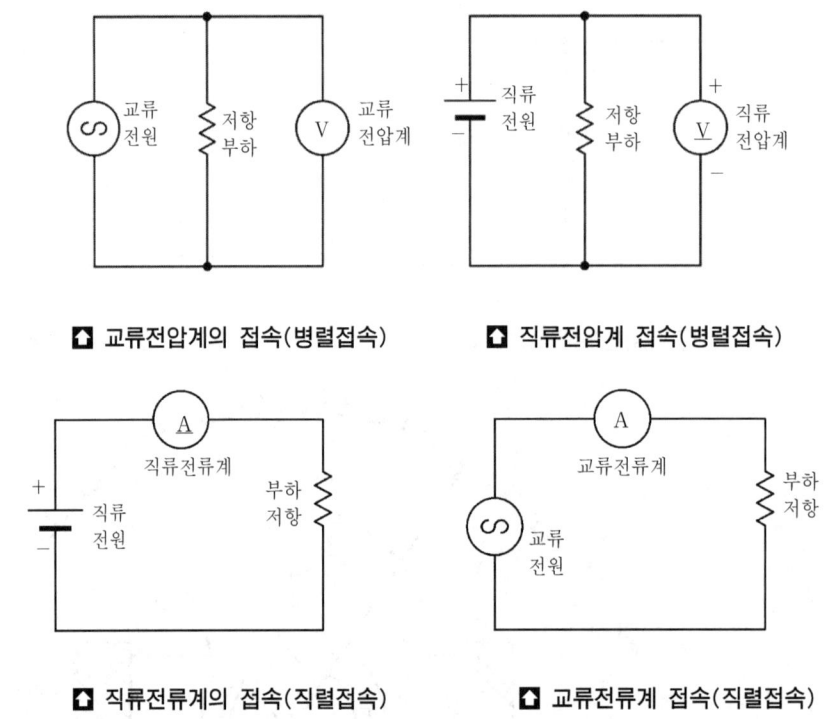

⬆ 교류전압계의 접속(병렬접속)　　⬆ 직류전압계 접속(병렬접속)

⬆ 직류전류계의 접속(직렬접속)　　⬆ 교류전류계 접속(직렬접속)

(5) 회로시험기의 사용

회로시험기는 전압, 전류 및 저항 등을 쉽게 측정할 수 있기 때문에 여러 가지 전기 기구와 전자제품의 고장·수리 및 점검에 편리하게 이용이 가능한 전기전자 계측기로서
① 직류전압의 측정이 가능하다.
② 교류전압의 측정이 가능하다.

③ 직류전류의 측정이 가능하다.

④ 저항의 측정이 가능하다.

6. 시퀀스 제어(정성적제어)

(1) 제어(control)

① 수동제어

② 자동제어
- ㉮ 시퀀스 제어(sequence control)
- ㉯ 피드백 제어(feedback control)

③ 시퀀스 제어
- ㉮ 현상이 일어나는 순서이다.
- ㉯ 미리 정해진 순서 또는 일정한 논리에 의하여 정해진 순서에 따라 제어의 각 단계를 순서대로 진행시키는 제어이다.
- ㉰ 다음 단계에서 일어나야 할 제어 동작 논리가 미리 정해져 있어서 전단계의 제어 동작 논리가 완료된 후 다음 동작과 논리로 이행하는 제어이다.
- ㉱ 자동판매기, 교통신호, 공중전화, 컴퓨터, 승강기, 전기세탁기, 전기압력밥솥 등이 있다.
- ㉲ 유접점 릴레이(전자릴레이), 무접점 릴레이(다이오드, 트랜지스터, IC 등의 반도체 논리소자)가 있다. 또한 논리(logic)회로에 의하여 구성되는 로직 시퀀스 제어가 있다.
- ㉳ 개회로로서 각 동작이 1 아니면 0으로 결정된다. 고로 상태진행 중의 과도현상이나 어떤 상태에서의 편차 등은 문제삼지 않는다.

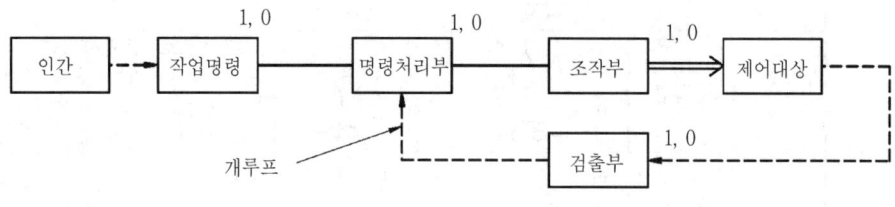

◆ 시퀀스 제어

❏ 접점의 도시기호

a접점 : 열려있는 접점(arbeit contact, make contact)
b접점 : 닫혀있는 접점(break contact)
c접점 : 전환 접점(change-over contact)

명 칭	그 림 기 호		적 요
	a 접 점	b 접 점	
접점(일반) 또는 수동 조작	(a) (b)	(a) (b)	a접점 : 평시에 열려있는 접점(NO) b접점 : 평시에 닫혀있는 접점(NC) c접점 : 전환 접점
수동 조작 자동복귀 접점	(a) (b)	(a) (b)	손을 떼면 복귀하는 접점이며, 누름형, 당김형, 비틀형으로 공통이고, 버튼 스위치, 조작 스위치 등의 접점에 사용된다.
기계적 접점	(a) (b)	(a) (b)	리밋 스위치 같이 접점의 개폐가 전기적 이외의 원인에 의하여 이루어지는 것에 사용된다.
조작 스위치 잔류 접점	(a) (b)	(a) (b)	
전기 접점 또는 보조 스위치 접점	(a) (b)	(a) (b)	
한시 동작 접점	(a) (b)	(a) (b)	특히 한시 접점이라는 것을 표시할 필요가 있는 경우에 사용한다.
한시 복귀 접점	(a) (b)	(a) (b)	
수동 복귀 접점	(a) (b)	(a) (b)	인위적으로 복귀시키는 것인데, 전자식으로 복귀시키는 것도 포함한다. 예를들면, 수동 복귀의 열전계전기 접점, 전자 복귀식 벨계전기 접점 등
전자 접촉기 접점	(a) (b)	(a) (b)	잘못이 생길 염려가 없을 때는 계전 접점 또는 보조 스위치 접점과 똑같은 그림 기호를 사용해도 된다.
제어기 접점 (드럼형 또는 캠형)			그림은 하나의 접점을 가리킨다.

(2) 시퀀스 제어 소자

① 나이프 스위치(knife switch) : 나이프 스위치는 핸들을 수동으로 조작함으로써 전도를
개로 또는 폐로하고 조작하는 손을 놓아도 그대로의 개폐 상태를 유지하는 조작스위
치이다.

🔼 나이프 스위치

② 푸시 버튼 스위치(명령 스위치 : push button switch) : 푸시 버튼을 수동으로 조작함으
로써 개폐동작이 이루어져서 전로를 개로 또는 폐로하며 조작하는 손을 떼면 자동적으
로 용수철의 힘에 의하여 원래의 상태로 되돌아가는 제어용 조작 스위치이다. 푸시버
튼 스위치의 접점은 수동으로 조작하면 상태가 변하지만 조작하는 손을 떼면 자동적으
로 복귀해서 원래의 상태로 되돌아가는 접점이며 그 동작상태에 따라 두 가지가 있다.

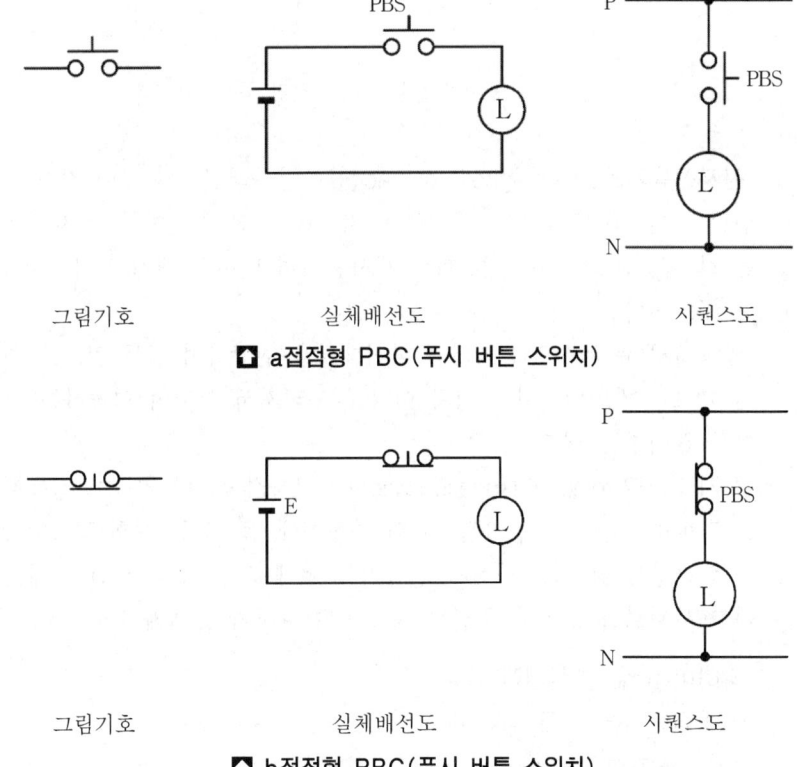

그림기호　　　　실체배선도　　　　시퀀스도
🔼 a접점형 PBC(푸시 버튼 스위치)

그림기호　　　　실체배선도　　　　시퀀스도
🔼 b접점형 PBC(푸시 버튼 스위치)

㉮ a접점[a contact, 메이크 접점(make contact)] : 일반적으로 조작하고 있을 때만 닫히는 접점이다.

㉯ b접점[b contact, 브레이크 접점(break contact)] : 조작시에만 열리는 접점이다.

③ 보존 유지형 스위치 : 한 번 조작하면 반대조작을 할 때까지 그 접점의 개폐상태를 그대로 유지하는 보존유지형 명령 스위치이다.

④ 검출 스위치 : 위치, 액면, 속도, 온도, 압력, 전압 등의 양을 검출하는 스위치이다. 대표적으로 리밋 스위치가 있다. 그 외에도 광전스위치, 근접 스위치가 있다.

⑤ 전자계전기(electromagnetic relay)

㉮ a접점 : 전자 코일에 전류가 흐르지 않는 상태에서는 가동접점과 고정접점이 떨어져 있어서 열린 상태이지만 전자코일에 전류가 흐르면 접점이 고정접점에 접촉해서 닫힌 상태가 된다.

㉯ b접점 : 전자 코일에 전류가 흐르지 않은 상태에서는 닫힌 상태이지만 전자 코일에 전류가 흐르면 가동접점이 고정접점으로부터 떨어져서 열린 상태가 되는 접점이다.

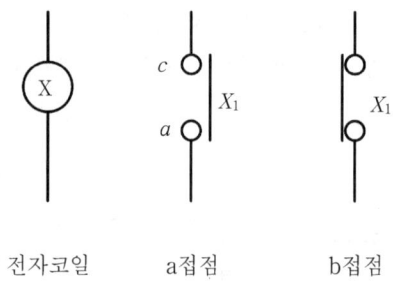

전자코일   a접점   b접점

⑥ 전자접촉기(electromagnetic contactor) : 전자계전기와 같이 전자석에 의한 철편의 흡인력을 이용해서 접점을 개폐하는 기능을 가진 기기이다. 전자계전기에 비해 개폐하는 회로의 전력이 매우 큰 회로에 사용되며 빈번한 개폐 조작에도 충분히 견딜 수 있는 구조이다.

⑦ 열동 과전류 계전기 : 히터와 바이메탈을 결합하여 만든 것으로 히터 부분에 과전류가 흐르면 바이메탈이 일정량 이상 구부러져서 이것에 연동하는 접점이 동작하여 회로를 끊어주는 역할을 한다.

⑧ 전자 개폐기(electromagnetic switch) : 전자접촉기와 열동 과전류계기를 하나의 구조로 결합하는 것으로 전자접촉기의 주접점에 접촉되는 주회로에 열동 과전류 계전기의 설정값(정상 전류값) 이상의 전류가 흐르게 되면 열동 과전류 계전기가 동작하고 전자코일 회로를 끊어서 주접점 회로를 개로시키는 개폐기이다.

⑨ 타이머(time 한시계전기)

㉮ 동작원리에 따른 타이머

㉠ 전동기식 타이머

ⓛ 전자식 타이머

④ 동작상태에 따른 타이머

㉠ 한시동작형 타이머 : 입력신호가 주어지면 미리 설정한 시간이 경과한 후 타이머 의 a접점을 닫히고 b접점은 열리게 된다. 또한, 입력신호가 없어지면 두 접점은 원래의 상태로 복귀한다.

㉡ 한시복귀형 타이머 : 입력신호가 주어지면 순시 동작하여 타이머의 a접점은 닫히 고 b접점은 열리게 된다. 또한 입력신호가 없어지면 미리 설정한 시간이 경과한 후 두 접점은 원래의 상태로 복귀한다.

㉢ 한시동작 한시복귀 타이머(뒤진 회로) : 어느 때나 출력 신호의 변화가 뒤지는 타이머

⑩ 조작기기 : 조작기기는 제어대상에 직접조작을 가하는 기계이다.

㉮ 전동기(motor)

㉯ 솔레노이드(solenoid)

⑪ 과부하 계전기 : 전류가 일정값을 넘어 일정시간 이상 회로를 흐르는 경우 과부하로 서 회로를 끊는 계전기이다.

⑫ 스테핑 릴레이 : 일정시간 계속하는 펄스 전류에 의해서 복수의 접점을 순차적으로 바꾸는 일종의 계전기이다.

(3) 기본 시퀀스 제어회로

① 논리대수와 논리회로 : 시퀀스제어의 기본 논리 단위는 1이나 0, on이나 off로 일반 의 디지털 컴퓨터와 완전히 같은 2값 신호를 취하고 있다. 이 2값 신호를 사용하여 연 산 및 제어를 하는 것이 논리조작(logical operation)이라고 한다.

㉮ 그 논리조작을 수식으로 나타낸 것이 논리대수

㉯ 논리조작을 하기 위한 논리소자로 구성된 회로를 논리회로(logical circuit)라 한다.

◪ 논리공식

접 점 회 로		논 리 도	논 리 공 식
			$A \cdot A = A$
			$A + A = A$
			$A \cdot A = 0$
			$A + A = 1$
			$A(A + B) = A$
			$A \cdot B + A = A$

② 논리회로

㉮ AND회로(논리곱회로, AND gate) : 두 개의 입력 A와 B가 모두 1일 때만 출력이 1이 되는 회로로서 입력 스위치나 접점이 직렬로 연결되어 모두 닫힌 경우에만 출력이 닫힌 상태로 동작하는 회로이다.(직렬회로이다.)

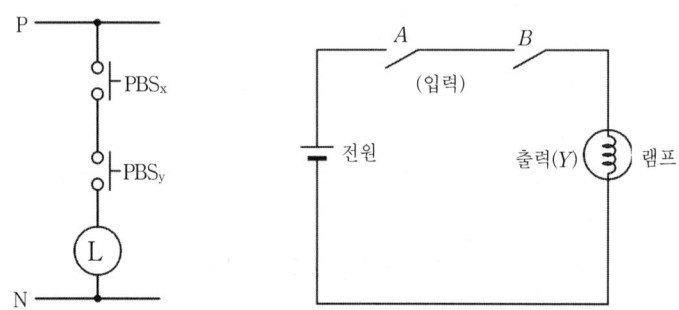

🔼 AND 회로와 기호

· 스위치가 ON(도통) → 1로 나타난다.
· 스위치가 OFF(비도통) → 0으로 나타난다.
· 램프가 점등 상태 → 1로 나타난다.
· 램프가 소등 상태 → 0으로 나타난다.

㉠ 논리식 : $X = A \cdot B$

㉡ A, B 둘 다 연결된 후 램프가 점등된다.

㉢ 논리기호 $A \circ\!\!-\!\!\boxed{}\!\!\!)\!\!-\!\!\circ X$ (논리소자 기호 logic symbol)

㉣ 진리표값

입	력	출력
A	B	X
0	0	0
0	1	0
1	0	0
1	1	1

입	력	출력
X_1	X_2	Y
0	0	0
0	1	0
1	0	0
1	1	1

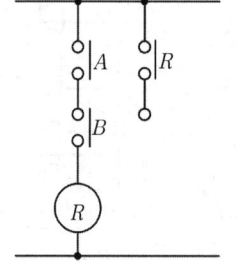

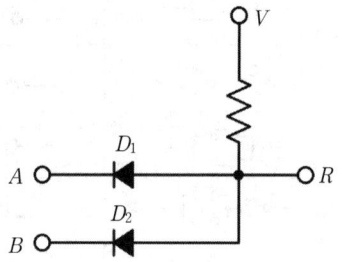

🔼 AND회로 유접점 기호, 무접점 기호

④ OR회로(논리합, OR gate) : 입력 A 또는 B의 어느 한 쪽이든가 양자가 1일 때 출력이 1이 되는 회로로서 OR회로이다.(병렬접속이다.)

㉠ 논리식 $X = A + B$: 입력 스위치나 접점이 병렬로 연결되어 둘 중에서 한 개만 닫혀도 출력이 닫힌 상태로 동작하는 회로이다.

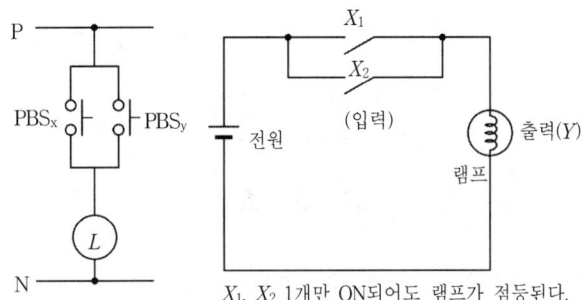

🔼 OR기호   🔼 OR회로

㉡ 논리소자기호 $\begin{matrix} A \\ B \end{matrix}$ ▷○─○ X

㉢ 진리표값

입	력	출력
A	B	X
0	0	0
0	1	1
1	0	1
1	1	1

입	력	출력
X_1	X_2	Y
0	0	0
0	1	1
1	0	1
1	1	1

㉣ 접점

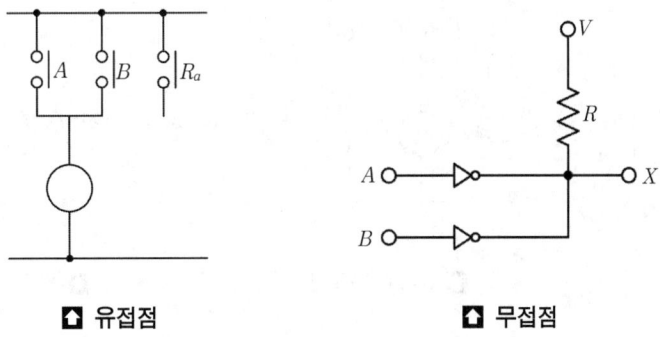

🔼 유접점   🔼 무접점

⑤ NOT회로(논리부정 NOT gate) : 입력이 0일 때 출력은 1, 입력이 1일 때 출력은 0 이 되는 회로이다. 회로도 입력신호에 대해서 부정(NOT)의 출력이 나오는 것이다. 입력 스위치나 접점이 닫히면 출력은 열린 상태가 되고 이와는 반대로 입력 스위치 나 접점이 열리면 출력은 닫힌 상태가 되는 회로이다.

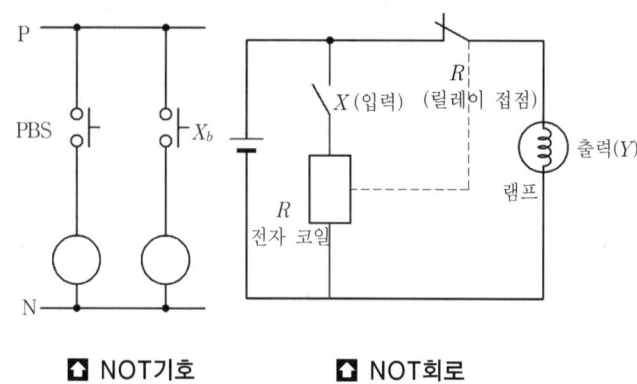

▲ NOT기호　　　　**▲ NOT회로**

㉠ 논리기호 : $A \circ \!\!\!-\!\!\!\!\rhd \!\!\!-\!\!\! \circ X$

㉡ 논리식 : $Y = \overline{X}$ (X ba라고 한다.) 또는 $X = \overline{A}$

㉢ 진리표값

입　　력	출　력
A	X
0	1
1	0

입　　력	출　력
X	Y
0	1
1	0

스위치		릴레이 접점		램프	
OFF	0	$\longrightarrow$	1	$\longrightarrow$	1 (점등)
ON	1	$\longrightarrow$	0	$\longrightarrow$	0 (소멸)

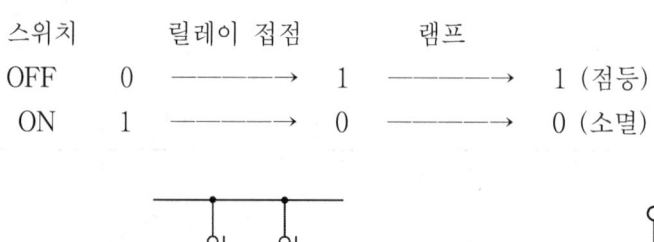

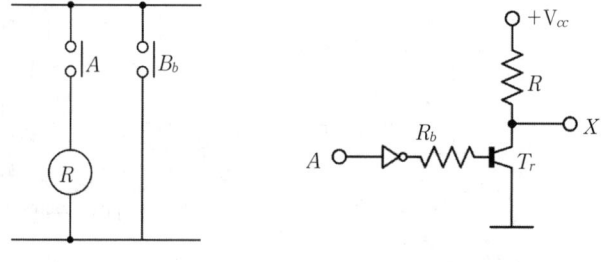

▲ NOT 유접점　　　　**▲ NOT 무접점**

㉣ NAND(논리곱부정)회로 : AND회로에 NOT회로를 접속한 AND-NOT회로이다.

　　㉠ 논리식 : $X = \overline{A \cdot B}$ 또는 $Y = \overline{X_1 \cdot X_2}$ 이다.

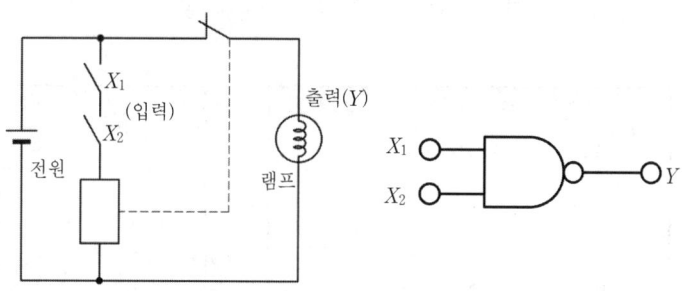

☝ NAND회로　　　　　**☝ NAND기호**

ⓒ 진리표값

입	력	출 력
A	B	X
0	0	1
0	1	1
1	0	1
1	1	0

입	력	출 력
X_1	X_2	Y
0	0	1
0	1	1
1	0	1
1	1	0

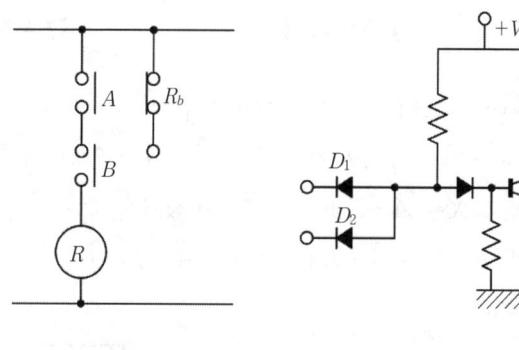

☝ 유접점회로　　　　　**☝ 무접점기호**

㉮ NOR(논리합 부정, NOR gate)회로 : OR 회로에 NOT 회로를 접속한 OR-NOT회로이다.

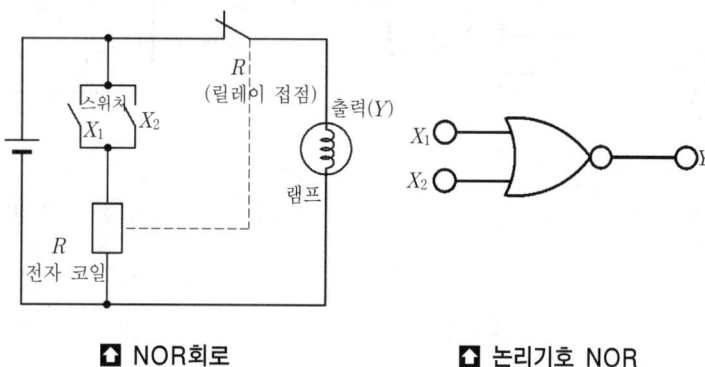

☝ NOR회로　　　　　**☝ 논리기호 NOR**

㉠ 논리식 : $X=\overline{A+B}$ 또는 $Y=\overline{X_1+X_2}$

㉡ 진리표값

입 력		출 력
A	B	X
0	0	1
0	1	0
1	0	0
1	1	0

입 력		출 력
X_1	X_2	Y
0	0	1
0	1	0
1	0	0
1	1	0

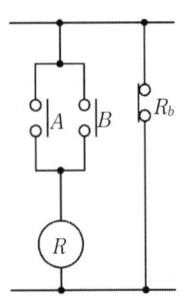

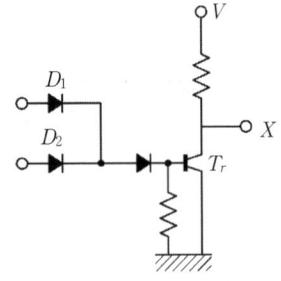

⬆ 유접점기호   **⬆ 무접점기호**

㉻ exclusive-OR(배타적 논리합)회로 : 입력 A, B가 서로 같지 않을 때만 출력이 1
이 되는 회로이며 A, B가 모두 1이어서는 안된다는 의미가 있다.

㉠ 논리식 : $X=\overline{A} \cdot B + B \cdot \overline{A} = A \oplus B$

㉡ 논리기호 : $X=\overline{A} \cdot B + A \cdot \overline{B} = A \oplus B$

㉢ 진리표값

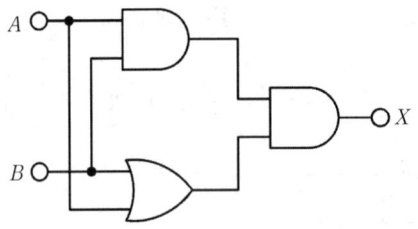

입 력		출 력
A	B	X
0	0	1
0	1	1
1	0	1
1	1	0

제 9 장 전기의 자동제어 예상문제

문제 1 주어진 입력신호가 동시에 가해질 때만 출력이 나오는 회로를 무슨 회로라 하는가?

㉮ AND ㉯ OR ㉰ NOT ㉱ NAND

해설 ● AND 회로 : 입력 신호가 동시에 가해졌을 때만 출력이 나온다.

문제 2 유접점 시퀀스의 특징으로 틀리는 것은?

㉮ 수명이 길다. ㉯ 소비전력이 많다.
㉰ 작동 속도가 늦다. ㉱ 장치 외형이 크다.

해설 전기적인 접점을 갖는 것으로 수명이 짧다.

문제 3 다음 중 고압선과 저압 가공선이 병기된 경우 접촉으로 인해 발생하는 것과 1, 2차 코일의 절연파괴로 인하여 발생하는 현상과 관계 있는 것은?

㉮ 단락 ㉯ 지락 ㉰ 혼촉 ㉱ 누전

해설 ① 단락 : 2개 이상의 전선이 서로 접촉하여 열이 발생하여 녹아 버리는 현상
② 지락 : 누전전류의 일부가 대기로 흐르게 되는 것
③ 혼촉 : 고압선과 저압 가공선이 병가된 경우 접촉으로 발생되는 것과 1, 2차 코일의 절연파괴로 발생
④ 누전 : 전류가 설계된 부분 이외의 곳에 흐르는 현상

문제 4 그림의 사인파 기전력을 나타낸 식은?

㉮ $e = E_m \sin(wt - \phi)$
㉯ $e = E_m \sin(wt + \phi)$
㉰ $e = E_0 \sin(wt - \phi)$
㉱ $e = E_0 \sin(wt + \phi)$

해설 사인파 기전력은 ϕ 만큼 위상이 앞서므로 $e = E_m \sin(wt + \phi)$

문제 5 "회로 내의 임의의 점에서 들어오는 전류와 나가는 전류의 총합은 0이다."이것은 무슨 법칙에 해당하는가?

㉮ 키르히호프의 제1법칙 ㉯ 키르히호프의 제2법칙
㉰ 줄의 법칙 ㉱ 앙페르의 오른나사법칙

해설 ● 키르히호프의 제1법칙(전류 평형의 법칙) : 회로 내의 임의의 점에서 들어오는 전류와 나가는 전류의 총합은 0이다.

해답 1. ㉮ 2. ㉮ 3. ㉰ 4. ㉯ 5. ㉮

문제 6 전력의 단위는?

㉮ C　　　　　　　㉯ A　　　　　　　㉰ V　　　　　　　㉱ W

해설　㉮ C : 전기량　　　㉯ A : 전류　　　㉰ V : 전압　　　㉱ W : 전력

문제 7 접점 종류가 아닌 것은?

㉮ a 접점　　　　㉯ b 접점　　　　㉰ c 접점　　　　㉱ d 접점

해설　● 각종 접점의 구분
① a 접점 : 버튼을 누르면 전기가 통하는 접점(NO 접점)
② b 접점 : 버튼을 누르면 전기가 통하지 않는 접점(NC 접점)
③ c 접점 : 가동접점부를 공유하는 a+b 접점을 조합한 접점

문제 8 정현파 교류에서 최대값은 실효값의 몇 배인가?

㉮ 2　　　　　　　㉯ $\sqrt{2}$　　　　　　　㉰ $\sqrt{4}$　　　　　　　㉱ $\frac{1}{2}$

해설　최대값 $= \sqrt{2} \times$ 실효값

문제 9 어떤 도체의 저항이 4〔Ω〕이라 할 때 이 도체의 컨덕턴스 G는 몇 〔℧〕인가?

㉮ 0.25　　　　　㉯ 0.5　　　　　㉰ 1　　　　　㉱ 4

해설　컨덕턴스 $(G) = \dfrac{1}{저항(R)} = \dfrac{1}{4} = 0.25 [℧]$

문제 10 20〔Ω〕의 저항에 100〔V〕의 전압을 가하면 몇 A의 전류가 흐르겠는가?

㉮ 0.3　　　　　㉯ 5　　　　　㉰ 2　　　　　㉱ 50

해설　● 옴의 법칙 : $I = \dfrac{V}{R} = \dfrac{100}{20} = 5 [A]$

문제 11 최대값이 1〔m〕인 사인파 교류 전류가 있다. 이 전류의 파고율은 얼마인가?

㉮ 1.14　　　　　㉯ 1.414　　　　　㉰ 1.71　　　　　㉱ 3.14

해설　● 파고율 $= \dfrac{최대값}{실효값} = \sqrt{2} = 1.414$

문제 12 전압을 측정하는 계기의 명칭은 무엇인가?

㉮ ampere meter　　㉯ volt meter　　㉰ watt meter　　㉱ clamp meter

해설　전압계(volt meter)

문제 13 가정용 백열전등의 점등 스위치는 어떤 스위치인가?

㉮ 복귀형 스위치　　㉯ 검출 스위치　　㉰ 리밋 스위치　　㉱ 유지형 스위치

해설　● 유지형 스위치 : 사람이 일단 수동조작을 하면 반대로 조작할 때까지 접점이 개폐 상태가
그대로 유지되는 접점으로 가정용 백열 전등 스위치에 사용한다.

해답　**6.** ㉱　**7.** ㉱　**8.** ㉯　**9.** ㉮　**10.** ㉯　**11.** ㉯　**12.** ㉯　**13.** ㉱

문제 14 다음 그림에서 전류 I 값은 몇 A인가?

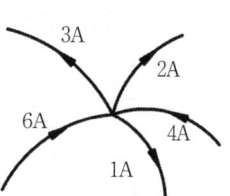

㉮ 5

㉯ 10

㉰ 15

㉱ 20

해설 $I=(6+4)-(3+2)=5\,[\mathrm{A}]$

문제 15 다음 중 계전기 b접점을 나타낸 것은?

㉮ ㉯ 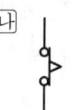 ㉰ 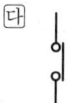 ㉱

해설 ㉮ 타이머 b접점　　　　　　㉯ 타이머 a접점

　　　㉰ 계전기(릴레이) a접점　　㉱ 계전기(릴레이) b접점

문제 16 다음 파형 중 펄스파를 나타내는 것은?

㉮  ㉯  ㉰ 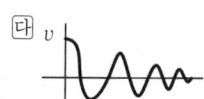 ㉱

해설 ● 펄스파형 : 파형의 지속시간이 반주기의 일부분일 것

문제 17 주파수 60〔Hz〕의 각속도(rad/sec)는?

㉮ 60　　　　　　㉯ 120　　　　　　㉰ 377　　　　　　㉱ 628

해설 $w=2\pi f=2\times3.14\times60=376.8\,[\mathrm{rad/sec}]$

문제 18 상용주파수 60〔Hz〕인 교류주기(sec)는?

㉮ 0.017　　　　　　㉯ 0.02　　　　　　㉰ 0.04　　　　　　㉱ 0.08

해설 $주기(T)=\dfrac{1}{주파수(f)}=\dfrac{1}{60}=0.017$

문제 19 기전력이 1.5〔V〕이고 내부 저항이 6〔Ω〕인 건전지에 9〔Ω〕의 부하저항을 접속할 때 부하저항 양단의 전압강하는 몇 V인가?

㉮ 0.9　　　　　　㉯ 1.5　　　　　　㉰ 3　　　　　　㉱ 4.5

해설 직렬연결시 전류는 일정하므로

$$I_0=\frac{V_0}{R_0}=\frac{1.5}{6+9}=0.1\,[\mathrm{A}]$$

$$V_1=I_0\times R_1=0.1\times6=0.6\,[\mathrm{V}]$$

$$V_2=I_0\times R_2=0.1\times9=0.9\,[\mathrm{V}]$$

해답 **14.** ㉮ **15.** ㉱ **16.** ㉮ **17.** ㉰ **18.** ㉮ **19.** ㉮

문제 20 다음 논리 기호의 논리식으로 적절한 것은?

　㉮　$A \cdot B$

　㉯　$A+B$

　㉰　$\overline{A \cdot B}$

　㉱　$\overline{A+B}$

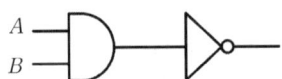

해설

명 칭	논 리 기 호	설 명
AND 회로	$X=A \cdot B$	2개의 입력 A와 B가 모두 1일 때만 출력이 1이 되는 회로
OR 회로	$X=A+B$	입력 A 또는 B의 어느 한 쪽이든가 양자가 1일 때 출력이 1인 회로
NOT 회로	$X=\overline{A}$	입력이 1일 때 출력은 0, 입력이 0일 때 출력이 1인 회로
NAND 회로	$X=\overline{A \cdot B}$	AND 회로에 NOT 회로를 접속한 회로
NOR 회로	$X=\overline{A+B}$	OR 회로에 NOT 회로를 접속한 회로

문제 21 저항 5〔Ω〕이 고체에 2〔A〕 전류가 1분간 흘렀을 때 발생하는 열량은 몇 J인가?

　㉮ 50　　　　　㉯ 100　　　　　㉰ 600　　　　　㉱ 1,200

해설 $H=I^2RT=2^2 \times 5 \times 60=1,200\,[\mathrm{J}]$

문제 22 주어진 입력신호가 동시에 가해질 때만 출력이 나오는 회로를 무슨 회로라 하는가?

　㉮ AND　　　　㉯ OR　　　　　㉰ NOT　　　　　㉱ NAND

해설 <20번 해설 참고>

문제 23 변압기를 V 결선했을 때의 전용량은 변압기 1대의 용량의 몇 배인가?

　㉮ $\sqrt{2}$　　　　　㉯ $\sqrt{3}$　　　　　㉰ $2\sqrt{2}$　　　　　㉱ $2\sqrt{3}$

해설 단상 변압기 2대를 V 결선했을 때의 전용량은 1대의 용량의 $\sqrt{3}$이다.

해답 20. ㉰ 21. ㉱ 22. ㉮ 23. ㉯

문제 24 다음 중 합선 위험의 요소에 해당되지 않는 것은?

㉮ 방전 전류의 크기　　　　　　㉯ 통전 경로

㉰ 통전시 전선의 굵기　　　　　㉱ 통전 전류의 종류

해설 ① 전격(감전) : 인체에 전류가 흘렀을 때 일어나는 생리적 현상

② 전격(감전)에 영향을 주는 요인

㉮ 통전 전류의 세기　　　　㉯ 통전 경로

㉰ 통전시간　　　　　　　　㉱ 전원의 종류

㉲ 인체저항　　　　　　　　㉳ 통전 전압의 크기, 주파수, 파형

㉴ 전격시 심장박동 주기의 위상

문제 25 시퀀스도의 설명으로 가장 적합한 것은?

㉮ 부품의 배치 배선 상태를 구성에 맞게 그린 것이다.

㉯ 동작 순서대로 알기 쉽게 그린 접속도를 말한다.

㉰ 기기 상호간 및 외부와의 전기적인 접속 관계를 나타낸 접속도를 말한다.

㉱ 전기 전반에 관한 계통과 전기적인 접속 관계를 단선으로나타낸 접속도이다.

해설 시퀀스도란 배전반 및 그 배전반에 관련되는 전기기기의 동작을 그 동작순서에 따라 표시
하기 위하여 각 기기의 상호간의 동작을 용이하게 파악하도록 한 회로도이다.

문제 26 그림은 8핀 타이머의 내부 회로도이다. 5, 8접점을 표시한 것은 무엇인가?

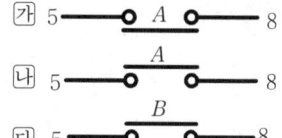

해설 ● 타이머(8핀)의 내부 회로

① 2~7 : coil 접점　　　　② 1~3 : a 접점

③ 5~8 : b 접점　　　　　④ 6~8 : a 접점

문제 27 실효값이 141.4〔V〕이고, 위상이 30° 앞선 전압을 복소수 기호법으로 표시하면?

㉮ 100 /30　　　㉯ 100 /-30　　　㉰ 141.4 /-30　　　㉱ 141.4 /30

해설 ● 실효값 : 직류의 크기와 같은 일을 하는 교류의 크기값으로 전압이 앞서면 +, 뒤지면 -
로 표시한다.

문제 28 60〔Hz〕, 6극인 교류발전기의 회전수는 몇 〔rpm〕인가?

㉮ 1,200　　　㉯ 1,500　　　㉰ 1,800　　　㉱ 3,500

해설 ● 동기속도

$$N = \frac{120 \cdot f}{P} = \frac{120 \times 60}{6} = 1,200 \,[rpm]$$

해답 24. ㉰　25. ㉯　26. ㉱　27. ㉱　28. ㉮

문제 29 다음 그림과 같은 회로는 무슨 회로인가?

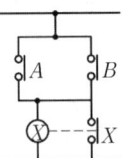

> 캐 AND 회로
> 냬 OR 회로
> 대 NOT 회로
> 랜 NAND 회로

해설 A 스위치 또는 B 스위치를 누르면 동작되므로 OR 회로이다.

문제 30 자속밀도 0.5[wb/m²]인 평등 자장 속에 길이 10[cm]인 도체를 직각으로 놓고 10[A]의 전류를 흘릴 때 도체에 작용하는 힘은 몇 N인가?

> 캐 0.2   냬 0.3   대 0.4   랜 0.5

해설 ● 전자력의 크기
$$F = BIl\,\sin\theta = 0.5 \times 10 \times 0.1 \times \sin 90° = 0.5\,\frac{Wb \cdot A}{m} = 0.5\,[\text{N}]$$

문제 31 최대값이 20[A]인 정현파 전류의 평균값을 구하면?

> 캐 약 20   냬 약 17   대 약 15   랜 약 13

해설 $\dfrac{2}{\pi} \times 20 = \dfrac{40}{\pi} = 12.7 \fallingdotseq 13$

문제 32 다음 중 계절적으로 전기감전 사고가 가장 많은 계절은?

> 캐 봄   냬 여름   대 가을   랜 겨울

해설 전기 감전 사고는 습도가 높은 여름에 많이 발생한다.

문제 33 다음 중 L(코일)만의 회로의 전압, 전류 벡터는?

 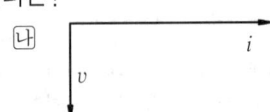
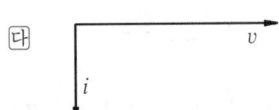 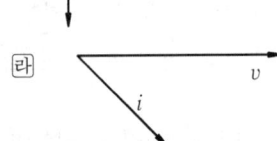

해설 ① 인덕턴스(코일)만의 회로 : 전류가 전압보다 90° 뒤진다.
② 캐피시턴스(콘덴서)만의 회로 : 전류가 전압보다 90° 앞선다.
③ 저항만의 회로 : 전류와 전압은 동상이다.

문제 34 전기 기구에 사용하는 퓨즈(fuse)의 재료로 부적당한 것은?

> 캐 납   냬 주석   대 아연   랜 구리

해설 구리의 용융점은 1,083[℃]로 높아 퓨즈의 재료로는 부적당하다.

문제 35 전동기의 회전 방향과 관계있는 법칙은?

㉮ 렌쯔의 법칙 ㉯ 페러데이의 법칙

㉰ 플레밍의 왼손법칙 ㉱ 키르히호프의 법칙

해설 ㉮ 렌쯔의 법칙 : 유도 기전력

㉯ 패러데이의 법칙 : 발전기 원리

㉰ 플레밍의 왼손 법칙 : 전동기의 회전방향

㉱ 키르히호프의 법칙 : 1법칙(전류평형), 2법칙(전압평형)

문제 36 교류 아크 용접기의 감전방지를 위해 설치하는 방호장치는?

㉮ 리밋 스위치 ㉯ 누전 차단기

㉰ 자동전격 방지장치 ㉱ 교류 접지기

해설 • 자동전격 방지기 : 교류 아크 용접기를 이용한 용접작업시 높은 전압이 걸려 작업자가 감전되지 않도록 단시간내 전압을 내려주는 전기적 방호장치이다.

문제 37 납축전지의 전해액에는 어떤 것이 사용되는가?

㉮ 염산 ㉯ 묽은 황산 ㉰ 질산 ㉱ 물

해설

양극	전해액	음극		양극	물	음극
PbO_2	$+ \quad 2H_2SO_4$	$+ \quad Pb$	$\xrightleftharpoons{\quad \text{충전} \quad}$	$PbSO_4$	$+ \quad 2H_2O$	$+ \quad PbSO_4$
(이산화납)	(황산)	(납)		(황산납)	(물)	(황산납)

참고 • 납축전지 : 양극-이산화납, 음극-납, 전해액-묽은 황산(초산)

문제 38 그림과 같은 회로에서 저항 R_1에 흐르는 전류 I_1은 몇 (A)인가?

㉮ $I_1 + I_2$

㉯ $\dfrac{R_2}{R_1 + R_2} \times I$

㉰ $\dfrac{R_1}{R_1 + R_2} \times I$

㉱ $\dfrac{R_1 R_2}{R_1 + R_2} \times I$

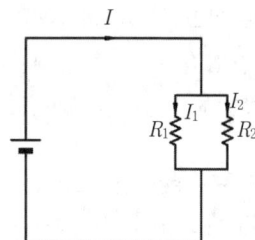

해설 $I_1 = \dfrac{R_2}{R_1 + R_2} \times I, \qquad I_2 = \dfrac{R_2}{R_1 + R_2} \times I$

문제 39 출력이 5[kW]인 전동기의 효율이 80[%]이다. 이 전동기의 손실은 몇 W인가?

㉮ 500 ㉯ 750 ㉰ 1,000 ㉱ 1,250

해설 • 손실동력

$(1 - \eta) \times 출력 = (1 - 0.8) \times 5,000 = 1,000[W]$

문제 40 다음 중 프로세스 제어에 속하는 것은?

㉮ 전압　　　　㉯ 전류　　　　㉰ 유량　　　　㉱ 속도

해설 • 프로세스(process) 제어 : 온도, 압력, 유량, 습도 등의 상태량을 제어

문제 41 교류회로의 역률은?

㉮ (전류×전압)/유효전력　　　　㉯ 유효전력/(전압×전류)

㉰ 피상전력/(전압×전류)　　　　㉱ 무효전력/(전류×전압)

해설 역률 $= \dfrac{소비전력}{전원입력} = \dfrac{유효전력}{피상전력} = \dfrac{유효전력}{전압 \times 전류}$

문제 42 1[kW]의 전열기를 정격 상태에서 1시간 동안 사용한 경우 발열량(kcal)은 얼마인가?

㉮ 754　　　　㉯ 785　　　　㉰ 835　　　　㉱ 864

해설 전열기 1[kW] 발열량=864[kcal/h]

문제 43 교류회로의 3정수가 아닌 것은?

㉮ 저항　　　　㉯ 인덕턴스　　　　㉰ 캐피시턴스　　　　㉱ 컨덕턴스

해설 • 교류회로의 3정수
① 저항(R) : 소비소자
② 인덕턴스(L) : 코일
③ 캐피시턴스(C) : 콘덴서(축적소자)

참고 컨덕턴스는 저항의 역수이다.

문제 44 교류 아크 용접기의 감전방지장치로 옳은 것은?

㉮ 접지　　　　㉯ 리밋 스위치　　　　㉰ 누전 차단기　　　　㉱ 자동 전격방지기

해설 교류 아크 용접기의 감전 방지를 위해 자동전격 방지기를 설치하여야 한다.

문제 45 자기유지(self holding)란 무엇인가?

㉮ 계전기 코일에 전류를 흘려서 여자시키는 것
㉯ 계전기 코일에 전류를 차단하여 자화 성질을 읽게되는 것
㉰ 기기의 미소 시간 동작을 위해 동작되는 것
㉱ 계전기가 여과된 후에도 동작 기능이 계속해서 유지되는 것

해설 • 자기유지 회로 : 입력신호에 의해 얻어진 출력신호 자체에 의하여 동작회로를 만든 후 입력신호를 제거해도 계속해서 동작을 계속함과 동시에 리셋 신호는 부여함으로써 복귀하는 회로

문제 46 전류계의 측정범위를 넓히는데 사용되는 것은?

㉮ 배율기　　　　㉯ 분류기　　　　㉰ 역률기　　　　㉱ 용량분압기

해설 ① 분류기 : 전류계의 측정범위를 넓히기 위하여 사용
② 배율기 : 전압계의 측정범위를 넓히기 위하여 사용

해답 **40.** ㉰　**41.** ㉯　**42.** ㉱　**43.** ㉱　**44.** ㉱　**45.** ㉱　**46.** ㉯

문제 47 옴의 법칙에 대한 설명 중 옳은 것은?

㉠ 전류는 전압에 비례한다.   ㉡ 전류는 저항에 비례한다.

㉢ 전류는 전압의 2제곱에 비례한다.   ㉣ 전류는 저항의 2제곱에 비례한다.

해설 • 옴의 법칙 $\left(I = \dfrac{V}{R}\right)$: 도체에 흐르는 전류 I 는 전압 V 에 비례하고 저항 R 에 반비례한다.

문제 48 전기저항에 관한 설명 중 틀린 것은?

㉠ 전류가 흐르기 힘든 정도를 저항이라 한다.

㉡ 도체의 길이가 길수록 저항이 커진다.

㉢ 저항은 도체의 단면적에 반비례한다.

㉣ 금속의 저항은 온도가 상승하면 감소한다.

해설 금속의 저항은 온도가 상승하면 증가한다.

문제 49 멀티테스터기로 측정할 수 없는 사항은?

㉠ 교류전압(AC V)   ㉡ 직류전압(DC V)

㉢ 교류전류(VC A)   ㉣ 직류전류(DC A)

해설 • 멀티테스터기의 기능
① 직류전압(DC)
② 교류전압(AC)
③ 직류전류
④ 저항

문제 50 M.K.S 단위계에서 고유저항의 단위는?

㉠ Ω/cm ㉡ $\Omega \cdot \text{m}$

㉢ $\mu \Omega \cdot \text{cm}^2$ ㉣ $\Omega \cdot \text{m}/\text{m}^2$

해설 • 고유저항(ρ : $\Omega \cdot \text{m}$) : 길이 1[m], 단면적 1[cm^2]인 물체의 저항

문제 51 인덕턴스 L만을 가진 교류회로에서 전압과 전류의 위상관계는?

㉠ 전압이 전류보다 90° 앞선다.   ㉡ 전압이 전류보다 90° 뒤진다.

㉢ 동상이다.   ㉣ 전압이 전류보다 60° 뒤진다.

해설 인덕턴스 L만을 가진 교류회로에서는 전압이 전류보다 90° 앞선다.

문제 52 불연속제어에 속하는 것은?

㉠ ON-OFF 제어   ㉡ 서보 제어   ㉢ 폐회로 제어   ㉣ 시퀀스 제어

해설 • 불연속제어
① 2위치 동작(ON-OFF 동작)
② 다위치 동작
③ 불연속 속도 동작

해답 47. ㉠ 48. ㉣ 49. ㉣ 50. ㉡ 51. ㉠ 52. ㉠

문제 53 다음 중 저항 2[Ω]의 양단에 걸리는 전압강하 V는?

가 2

나 4

다 6

라 10

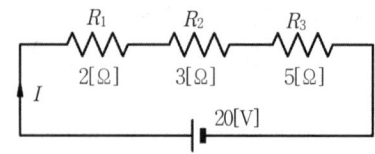

해설 $R = R_1 + R_2 + R_3 = 2 + 3 + 5 = 10[Ω]$

$20 = I_0 R$ 에서 $I_0 = \dfrac{20}{R} = \dfrac{20}{10} = 2[A]$

$V_1 = I_0 R_1 = 2 \times 2 = 4[V]$

문제 54 옥내배선 안전대책이 아닌 것은?

가 부하의 종류 및 용량에 따라 분기회로 설치할 것

나 각 회로마다 개폐기 또는 자동차단기 설치할 것

다 누전 경보기의 작동여부를 정기 점검할 것

라 충전 우려가 있는 금속제는 접지하지 말 것

해설 충전될 우려가 있는 금속체는 접지할 것

문제 55 고유저항에 대한 설명 중 맞는 것은?

가 저항(R)은 길이(l)에 비례하고 단면적(A)에 반비례한다.

나 저항(R)은 단면적(A)에 비례하고 길이(l)에 반비례한다.

다 저항(R)은 길이(l)에 비례하고 단면적(A)에 비례한다.

라 저항(R)은 단면적(A)에 반비례하고 길이(l)에 반비례한다.

해설 도체의 저항(R)은 물체의 고유저항(ρ)과 길이(l)에 비례하고 단면적(A)에 반비례한다.

$R = \rho \cdot \dfrac{l}{A}$

$\begin{cases} R : 도체저항(Ω) \\ \rho : 고유저항(Ω.m) \\ l : 도체길이(m) \\ A : 단면적(m^2) \end{cases}$

문제 56 시퀀스 제어가 아닌 것은?

가 자동 세탁기 　　　　나 가정용 전기 냉장고

다 자동 전기 밥솥 　　　　라 네온사인

해설 가정용 전기 냉장고는 피드백(feed-back) 제어이다.

공조냉동기계기능사

제2편

공기조화

합격의 고된 길,
구민사가 여러분과 함께 하겠습니다.

공기조화의 개요

1. 공기조화

(1) 정의

인위적으로 실내 또는 일정한 공간의 공기를 사용 목적에 적합하도록 적당한 상태로 조정하는 것을 공기조화라 한다.

(2) 공기조화의 4대 요소

온도, 습도, 기류, 청정도가 바람직한 상태

(3) 공기조화의 분류

① 보건용 공기조화 : 쾌적한 주거환경을 유지하여 보건, 위생 및 근무환경을 향상시키기 위한 공기조화
② 산업용 공기조화 : 생산과정에 있는 물질을 대상으로하여 물질의 온도, 습도의 변화 및 유지와 환경의 청정화로 생산성 향상이 목적이다.

(4) 공기조화의 열원장치

① 열운반장치 : 송풍기, 펌프, 덕트, 배관 등이다.
② 공기조화기 : 외기와 환기의 혼합실, 난방가열 코일, 냉방용 공기의 냉각, 감습을 위한 냉각 코일, 가습을 위한 가습 노즐 등의 조합기기
③ 자동제어장치
④ 열원장치 : 보일러, 냉동기 등의 기기이다.

(5) 보건용 공기의 실내환경

① 유효온도 : 실내환경을 평가하는 척도로서(ET(effective temperature)) 온도, 습도, 기류를 하나로 조합한 상태의 온도감각을 상대습도 100[%], 풍속 0[m/s]일 때 느껴지는 온도감각이다.

(6) 공업용 공조의 실내조건

① 실험 및 측정실은 건구온도 20[℃], 상대습도 65[%]로 유지시킨다.

② 클린 룸(clean room)

㉮ 공업용 클린 룸(ICR : industrial clean room)

㉯ 바이오 클린 룸(BCR : bio clean room)

㉰ 클란 룸 등급은 미연방 규격에 의하면 공기 1[ft^3] 체적 내에 0.5[μm] 크기의 유해 가스 크기의 입자수로 나타낸다.

(7) 냉난방 설계시 외기조건

① 상당외기온도 (t_e)

$$t_e = \frac{a}{a_0} \times I + t_0$$

$$q = a \times I + a_0(t_0 - t_s) = a_0\left[\left(\frac{a}{a_0} \times I + t_0\right) - t_s\right]$$

a : 벽체 표면의 일사흡수율(%)
I : 벽체 표면이 받는 전일사량(kcal/m^{2}h)
a_0 : 표면 열전달율(kcal/m^{2}h℃)
t_0 : 외기온도(℃)
t_s : 벽체의 표면온도(℃)
q : 표면의 공기층으로부터 벽체에 전달되는 열량(kcal/m^{2}h)

② 상당외기온도차(실효온도차 ETD : equivalent temperature difference)

ETD = 상당외기온도 - 실내온도(℃) = $t_e - t_r$

(8) 도일(度日 ; degree day)

실내온도를 t_r, 냉·난방개시 및 종료 온도를 t_p 라고 하면 표시된 면적과 같은 양이 기간 냉·난방부하의 총량이 된다. 이를 도일이라 한다.

$$도일\ (D) = \varDelta d \times (t_r - t_0)\ [\deg℃ \cdot day]$$

t_r : 설정한 실내온도(℃)
t_o : 냉난방기간 동안의 매일평균 외기온도(℃)
$\varDelta d$: 냉, 난방기간(day)
도일 (D) : 난방도일이면 HD, 냉방도일이면 CD

2. 공기

(1) 습공기의 조성

체적비율로서 질소 78[%], 산소 21[%], 아르곤 0.6[%], 탄산가스 0.03[%] 정도와 약 1[%]의 수증기로 조성된다.

(2) 건구온도 (t)

기온을 측정할 때 온도계의 감열부가 건조된 상태에서 측정한 온도(℃)

(3) 습구온도 (t')

기온측정시 감열부를 천으로 싸고 모세관 현상으로 물을 빨아올려 감열부가 젖게 한 뒤 측정한 온도(℃)

(4) 포화공기

습공기 중에 수증기 (x)가 점차 증가하여 더 이상 수증기를 포함시킬 수 없을 때의 공기

(5) 노점온도

공기 중에 포함된 수증기가 작은 물방울로 변화하여 이슬이 맺히는 현상과 같으며 이 현상이 결로이며 이 때의 온도가 노점온도이다.

(6) 노입공기(무입공기)

수증기가 미세한 안개(물방울)로 존재하는 공기

(7) 절대습도 (x)

습공기중에 함유되어 있는 수증기의 중량, 즉 습공기를 구성하고 있는 건공기 1[kg] 중에 포함된 수증기의 중량 x[kg]을 말하며 절대습도 x[kg/kg']로 표시하고 여기서 kg'는 습공기 중에 건조공기의 중량이다.(kg´ 또는 DA로 표시하는 경우가 많다.)

$$습공기의 \ 포화도 \ (\varphi_s) = \frac{x}{x_s} \times 100[\%]$$

$\begin{cases} \varphi_s : 포화도(\%) \\ x : 어떤 \ 공기의 \ 절대습도 \ DA(kg/kg') \\ x_s : 포화공기의 \ 절대습도(kg/kg') \end{cases}$

(8) 습공기의 엔탈피(건공기의 엔탈피 + 수증기의 엔탈피)

습공기의 엔탈피 (hw)

$$hw = ha + x \cdot hv \,[\text{kcal/kg}] = C_p \cdot t + x(r + C_{vp} \cdot t)$$
$$= 0.24t + x(597.5 + 0.44t)$$

① 건조공기의 엔탈피 (ha)

$$ha = C_p \cdot t = 0.25\,t\,[\text{kcal/kg}]$$

② 수증기의 엔탈피 (hv)

$$hv = r \cdot C_{vp} \cdot t = 597.5 + 0.44\,t\,[\text{kcal/kg}]$$

$$\begin{bmatrix} C_p : \text{건조공기의 정압비열(약 0.24[kcal/kg℃])} \\ t : \text{건구온도} \\ r : \text{0[℃]에서 포화수의 증발잠열(약 597.5[kcal/kg])} \\ C_{vp} : \text{수증기의 정압비열(약 0.44[kcal/kg℃])} \end{bmatrix}$$

3. 습공기의 선도

(1) $h-x$ 선도(molier chart)

엔탈피 h를 경사측으로 절대습도 x를 종축으로 구성한 선도이다.

(2) $t-x$ 선도(carrier chart)

건구온도 t를 횡측에 절대습도 x를 종축으로 한 선도

(3) 습공기의 상태변화

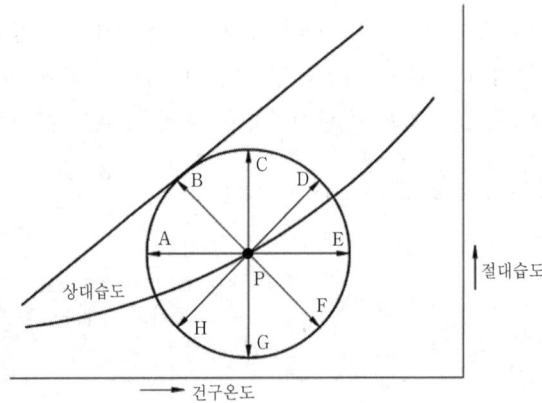

🔷 습공기의 상태변화

4. 결로(結露)현상

(1) 표면결로

결로현상이 물체의 표면에서 발생되는 결로

(2) 내부결로

벽체 내의 어떤 층의 온도가 습공기의 노점온도보다 낮으면 그 층 부근에서 결로현상이 발생하는 것

(3) 결로

습공기가 차가운 벽이나 천장 바닥 등에 닿으면 공기 중에 함유된 수분이 응축되어 그 표면에 이슬이 맺히는 현상

(4) 결상(빙결)

결로현상은 공기와 접한 물체의 온도가 그 공기의 노점온도보다 낮을 때 일어나며, 온도가 0[℃] 이하가 되면 결상(結霜), 또는 결빙(結氷)이라 한다.

(5) 표면결로의 방지온도

벽체 표면의 온도 (t_s)가 실내공기의 노점온도 (t_r'')보다 높으면 방지된다.

5. 습도계

(1) 모발 습도계

모발의 신축을 이용해서 상대 습도를 측정한다.
정밀도가 낮다.

(2) 전기저항 습도계

다공질의 유리면에 염화 리듐을 도포한 것으로 상대습도가 증가하면 전기저항이 감소한다. 따라서 이 저항을 측정하므로 상대습도를 측정한다.

제1장 공기조화의 개요 예상문제

문제 1 습공기의 상태를 나타내는 단위중 비체적이란 무엇인가?

㉮ 단위중량당의 습공기 체적　　　　㉯ 습공기의 보유 열량

㉰ 포화 공기의 절대습도와의 비　　　㉱ 건공기 중의 수증기 중량

> **해설** • 비체적(v : m³/kg) : 단위중량당 습공기의 체적

문제 2 절대습도와 관계있는 온도는?

㉮ 습구온도　　　　㉯ 건구온도　　　　㉰ 노점온도　　　　㉱ 절대온도

> **해설** 절대습도의 감소는 공기가 노점온도 이하로 내려갔을 때 감소하므로 노점온도와 관계가 있다.

문제 3 공기 중의 수증기가 응축하기 시작하는 온도는?

㉮ 건구온도　　　　㉯ 노점온도　　　　㉰ 습구온도　　　　㉱ 감각온도

> **해설** • 노점(결로온도) : 공기 중의 수증기가 응축되기 시작하는 온도

문제 4 보건용 공기조화에서 난방부하 계산용 표준 실내기준 온습도는?

㉮ 18[℃ dB], 40[%] RH　　　　㉯ 20[℃ dB], 45[%] RH

㉰ 18[℃ dB], 35[%] RH　　　　㉱ 27[℃ dB], 40[%] RH

> **해설** • 공조부하 계산시 표준 실내의 일반조건
> ① 냉방시 : 26[℃], 50[%]
> ② 난방시 : 20[℃], 50[%]

문제 5 다음 중 상대습도에 대한 설명 중 맞는 것은?

㉮ 습공기에 포함되는 수증기의 양과 건조공기 양과의 중량비

㉯ 습공기의 수증기압과 동일 온도에 있어서 포화공기의 수증기압과의 비

㉰ 포화상태의 수증기의 분량과의 비

㉱ 습공기의 절대습도와 그와 동일 온도의 포화 습공기의 절대습도의 비

> **해설**
> $$\text{상대습도} = \frac{\text{습공기중 수증기분압}(P_w)}{\text{동일온도의 포화수증기압}(P_s)} = \frac{\text{습공기 1[m}^3\text{] 중 수분의 중량}}{\text{포화습공기 1[m}^3\text{] 중 수분의 중량}}$$

문제 6 습도 표시방법 중 건공기 1[kg]을 함유하고 있는 습공기 속의 수증기 중량을 무엇이라고 하는가?

㉮ 상대습도　　　　㉯ 비교습도　　　　㉰ 절대습도　　　　㉱ 수증기습도

> **해설** • 절대습도(x : kg/kg′) : 건조공기 1[kg]을 포함하는 습공기 중의 수증기량

해답 1. ㉮　2. ㉰　3. ㉯　4. ㉯　5. ㉯　6. ㉰

문제 7 습공기의 정압비열은 $C_p = 0.24 + 0.44x$ 로 나타낸다. 여기서 x 는 무엇을 가리키는가?

  ㉮ 상대습도   ㉯ 습구온도   ㉰ 건구온도   ㉱ 절대습도

  해설 ① 0.24 : 건조공기의 정압비열
  ② 0.44 : 수증기의 정압비열
  ③ x : 절대습도

문제 8 겨울 난방에 적당한 건구온도는 몇 〔℃〕인가? (단, 재실자가 보통 옷차림 상태에서 가벼운 작업을 할 경우이다.)

  ㉮ 10~15   ㉯ 15~17   ㉰ 20~22   ㉱ 27~30

  해설 • 겨울철 적정 실내온도 : 18~22〔℃〕

문제 9 상대습도(ϕ)가 100〔%〕인 상태는 무엇을 의미하는가?

  ㉮ 노점온도   ㉯ 건구온도가 100〔℃〕
  ㉰ 습구온도가 100〔℃〕   ㉱ 절대습도가 0〔℃〕

  해설 상대습도가 100〔%〕 상태에서는 결로가 발생하므로 노점온도를 의미한다.

문제 10 클린 룸의 청정도 조건을 나타내는 class는 어느 크기(μm)의 입자를 기준으로 나타내는가?

  ㉮ 0.1   ㉯ 0.3   ㉰ 0.5   ㉱ 1

  해설 클린 룸의 청정도(class)는 1〔ft^3〕속의 0.5〔μm〕크기의 미립자수를 기준한다.

문제 11 공기조화의 기본 4요소가 아닌 것은?

  ㉮ 온도   ㉯ 습도   ㉰ 청정도   ㉱ 환기

  해설 • 공기조화의 4대 요소 : 온도, 습도, 기류속도(공기의 유동과 분포), 청정도

문제 12 쾌감용 공기조화에 해당하는 것은?

  ㉮ 제품창고   ㉯ 전자 계산실   ㉰ 전화국   ㉱ 학교

  해설 • 공기조화의 분류
  ① 산업용 공조 : 생산물품이나 기계 등을 대상으로 한 공조
  ② 쾌감용 공조 : 인간을 대상으로 쾌적한 상태를 유지하기 위한 공조

문제 13 건조공기의 표준상태에서 비중량은 몇 (kg/Nm^3) 인가?

  ㉮ 1.2931   ㉯ 0.7733   ㉰ 0.171   ㉱ 0.74

  해설 비중량 $(r) = \dfrac{중량 (kg)}{체적 (m^3)} = \dfrac{기체분자량}{체적} = \dfrac{29}{22.4} = 1.29\,[kg/Nm^3]$

  참고 공기의 평균분자량 $(M) = 29[kg]$

해답 7. ㉱ 8. ㉰ 9. ㉮ 10. ㉰ 11. ㉱ 12. ㉱ 13. ㉮

문제 14 실내공기가 갖는 열환경의 조건을 실내대상의 요구에 맞도록 인위적으로 맞추는 것을 공기조화라 한다. 이 때 맞추어야 되는 열환경의 기본 조건이 아닌 것은?

㉮ 온도 ㉯ 기류 ㉰ 청정도 ㉱ 열관류율

해설 <11번 해설 참고>

문제 15 일상생활에서 적당한 실온과 상대습도는?

㉮ 20~26[℃], 70~30[%] ㉯ 25~30[℃], 10~30[%]
㉰ 20~26[℃], 10~30[%] ㉱ 27~30[℃], 70~30[%]

해설 • 일상생활의 적정실온과 상대습도 : 20~26[℃], 70~30[%]

문제 16 공기를 가열하였을 때 감소하는 것은?

㉮ 엔탈피 ㉯ 절대습도 ㉰ 상대습도 ㉱ 비체적

해설 공기 가열시 엔탈피는 증가, 절대습도 일정, 상대습도 감소, 비체적은 증가한다.

문제 17 사무실의 난방에 있어서 가장 적합하다고 보는 상대습도와 실내 기류의 값은?

㉮ 30[%], 0.05[m/s] ㉯ 50[%], 0.25[m/s]
㉰ 30[%], 0.25[m/s] ㉱ 50[%], 0.05[m/s]

해설 난방시 적정 상대습도는 50[%], 기류속도는 0.25[m/s] 정도이다.

문제 18 쾌적한 공기조화의 요소로서 고려되지 않는 사항은?

㉮ 온도 ㉯ 습도 ㉰ 열량 ㉱ 공기의 유동과 분포

해설 <11번 해설 참고>

문제 19 장시간 재실자에 대한 쾌감조건 중 가장 영향이 큰 것은?

㉮ 실내 건구온도 ㉯ 실내 습구온도 ㉰ 상대습도 ㉱ 유효온도

해설 • 재실자에 대하여 가장 큰 영향을 주는 쾌감 조건 : 건구온도

문제 20 유효온도에 관한 것 중 옳지 않은 것은?

㉮ 감각온도라고 한다.
㉯ 온도, 습도, 기류의 3가지 요소를 1개의 지수로 나타낸 것이다.
㉰ 습도 100[%], 기류 0[m/sec]인 경우의 값을 말한다.
㉱ 온습도, 오염도가 적당한 조합을 이룬 상태의 기온값을 말한다.

해설 ① 유효 온도(ET) : 어떤 온·습도하에서 방에서 느끼는 쾌감과 동일한 쾌감을 얻을 수 있는 바람이 없고(0[m/s]), 포화상태(100[%])인 실내의 온도를 감각온도라고도 한다.
② 결정조건 : 온도, 습도, 기류속도

해답 **14.** ㉱ **15.** ㉮ **16.** ㉰ **17.** ㉯ **18.** ㉰ **19.** ㉮ **20.** ㉱

문제 21 다음 설명 중 틀린 것은?

㉮ 불포화 상태에서의 건구온도는 습구온도보다 높게 나타난다.

㉯ 공기에 가습, 감습이 없어도 온도가 변하면 상대습도는 변한다.

㉰ 습공기 절대습도와 포화습공기 절대습도와의 비를 포화도라 한다.

㉱ 습공기 중에 함유되어 있는 건조공기의 중량을 절대습도라 한다.

해설 • 절대습도 : 건조공기 중에 함유되어 있는 수증기 중량

문제 22 다음 설명 중 옳지 않은 것은?

㉮ 건공기는 수증기가 전혀 포함되어 있지 않는 공기이다.

㉯ 습공기는 건공기와 수증기의 혼합물이다.

㉰ 포화공기는 습공기 중의 절대습도가 점점 증가하여 최후에 수증기로 포화된 상태
이다.

㉱ 지구상의 공기는 건공기로 되어 있다.

해설 지구상에 존재하는 공기는 건공기에 수증기가 포함되어 있는 습공기이다.

문제 23 겨울에 공기조화장치를 난방운전할 때 가장 알맞은 실내의 건구온도 및 상대습도는 어느
것인가?

㉮ 26[℃], 50[%]   ㉯ 22[℃], 50[%]

㉰ 29[℃], 65[%]   ㉱ 25[℃], 65[%]

해설 • 겨울철 적정 실내 유지상태 : 건구온도 22[℃], 상대습도 50[%]

문제 24 공기조화 설비의 4대 구성요소 중 옳지 않은 것은?

㉮ 공기조화기   ㉯ 열원장치

㉰ 자동제어장치   ㉱ 공기가열기

해설 • 공기조화 설비 4대 구성요소 : 열원장치, 공기조화장치, 열운반장치, 자동제어장치
참고 공기가열기는 공기조화장치에 해당한다.

문제 25 다음 중 유효 온도와 관계가 없는 것은?

㉮ 온도   ㉯ 습도   ㉰ 기류   ㉱ 압력

해설 <20번 해설 참고>

문제 26 일사를 받는 벽의 전열계산과 관계가 있는 것은?

㉮ 대수평균 온도차   ㉯ 상당외기 온도차

㉰ 벽면양쪽공기 온도차   ㉱ 유효 온도차

해설 냉방부하 계산시 일사를 받는 벽체의 경우 상당외기 온도차(Δte)을 적용한다.
$$q = K \cdot A \cdot \Delta te$$

해답 21. ㉱ 22. ㉱ 23. ㉯ 24. ㉱ 25. ㉱ 26. ㉯

문제 27 습공기선도에서 알 수 없는 것은?

㉮ 습구온도　　　　㉯ 절대습도　　　　㉰ 엔트로피　　　　㉱ 비체적

> **해설** ● 습공기선도 : 건구온도, 습구온도, 노점온도, 상대습도, 절대습도, 엔탈피, 비체적, 현열비, 열수분비, 수증기 분압

문제 28 공기를 냉각하였을 때 증가되는 것은?

㉮ 습구온도　　　　㉯ 상대습도　　　　㉰ 건구온도　　　　㉱ 엔탈피

> **해설** 공기 냉각시 습구온도, 건구온도, 엔탈피, 비체적 등이 저하하고 상대습도는 증가하며 절대습도는 일정하다.

문제 29 다음 설명 중 옳지 않은 것은?

㉮ 전자 계산실의 공기조화는 산업공조라고 할 수 있다.
㉯ 극장의 공기조화는 쾌감공조라고 할 수 있다.
㉰ 공기조화란 공기의 온도를 조절하는 것이다.
㉱ 겨울철의 공기조화에 있어서 실내 조건은 22[℃]가 일반적이다.

> **해설** ● 공기조화 : 공기의 온도, 습도, 기류속도, 청정도를 가장 적합한 상태로 유지하는 것

문제 30 실내에 있는 사람이 느끼는 더위, 추위의 체감에 영향을 미치는 주요 요소는?

㉮ 기온, 습도, 기류, 복사열　　　　　㉯ 기온, 기류, 불쾌지수, 복사열
㉰ 기온, 사람의 체온, 기류, 복사열　　㉱ 기온, 주위의 벽면온도, 기류, 복사열

> **해설** ● 사람의 쾌감에 영향을 주는 요소 : 온도, 습도, 기류속도, 복사열

문제 31 상대습도 60[%], 건구온도 25[℃]인 습공기의 수증기 분압은 얼마인가? (단, 25[℃] 포화 수증기 압력은 29.8[mmHg]이다.)

㉮ 14.28[mmHg]　㉯ 9.52[mmHg]　㉰ 0.02[kg/cm^2]　㉱ 0.013[kg/cm^2]

> **해설** ● 상대습도
> $$\phi = \frac{\text{어떤 상대공기의 수증기 분압}(P_w)}{\text{동일 온도의 포화 수증기압}(P_s)}$$
> $$P_w = \phi \cdot P_s = 0.6 \times 29.8 = 17.88\,[\text{mmHg}]$$
> $$P_s = 1.033 \times \frac{17.88}{760} = 0.024\,[\text{kg/cm}^2]$$

문제 32 공기조화의 목적에 대하여 바르게 설명한 것은?

㉮ 공기의 습도, 온도만을 조절한다.
㉯ 공기의 습도, 청정도, 압력을 조절한다.
㉰ 공기의 청정도, 기류, 음향을 조절한다.
㉱ 공기의 청정도, 습도, 기류, 온도를 조절한다.

> **해설** <14번 해설 참고>

해답 27. ㉰　28. ㉯　29. ㉰　30. ㉮　31. ㉰　32. ㉱

문제 33 습포화 증기에 관한 사항 중 올바른 것은?

㉮ 가열하면 과열증기, 포화증기 순으로 된다.

㉯ 냉각하면 건조포화증기가 된다.

㉰ 습포화증기 중 액체가 차지하는 질량비를 습도라 한다.

㉱ 대기압하에서 습포화증기의 온도는 98[℃] 정도이다.

해설 ㉮ 습포화증기를 가열하면 포화증기, 과열증기 순으로 된다.

㉯ 습포화증기를 냉각하면 포화액이 된다.

㉱ 표준대기압하에서 포화액, 습포화증기, 건조포화증기는 포화상태로 온도는 100[℃]이다.
(단, 물일 경우)

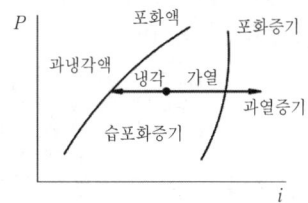

문제 34 가습하지 않고 온도만 냉각시킬 때 이슬이 발생하는 온도는?

㉮ 노점온도   ㉯ 습구온도   ㉰ 절대온도   ㉱ 상대습도

해설 ㉮ 노점온도 : 공기 중의 수증기가 공기로부터 분리되어 결로되기 시작하면서 이슬이 발생하는 온도

㉯ 습구온도 : 온도계의 감온부를 젖은 헝겊으로 감싸고 바람이 부는 상태에서 측정한 온도

㉰ 절대온도 : 분자운동이 정지하는 온도 즉, 자연계에서 가장 낮은 온도(-273.15[℃])를 0으로 기준한 온도로 켈빈 온도와 랭킨 온도가 있다.

㉱ 상대습도 : 습공기의 수증기 분압과 그 온도와 같은 온도의 포화증기의 수증기압과의 비를 백분율로 표시한 것

문제 35 우리 나라 사람의 체감으로 약간 덥다고 느끼는 불쾌지수는?

㉮ 65 이상   ㉯ 75 이상   ㉰ 80 이상   ㉱ 85 이상

해설 ● 불쾌지수에 따른 사람의 체감상태

불쾌지수	상 태
86 이상	심한 더위를 느끼고 견디기 어려운 상태
80 이상	재실자 모두 불쾌
75 이상	재실자 중 절반 이상 불쾌(약간 더운 정도)
70 이상	재실자 등 일부 불쾌
70 미만	쾌적 상태

문제 36 병원 건물의 공기조화시 가장 중요시 해야 할 사항은?

㉮ 공기의 청정도   ㉯ 공기, 소음   ㉰ 기류 속도   ㉱ 온도, 압력조건

해설 ● 병원 건물 공조기 가장 중요시되는 요소 : 공기의 청정도

해답 33. ㉰ 34. ㉮ 35. ㉯ 36. ㉮

문제 37 공기조화에서 "ET"는 무엇을 의미하는가?

    ㉮ 인체가 느끼는 쾌적 온도의 지표   ㉯ 유효 습도

    ㉰ 적정 공기 속도   ㉱ 적정 냉난방 부하

해설 ● 유효온도(ET ; effective temperature) : 인체가 느끼는 춥고 더움의 감각에 대한 온도, 습도, 기류의 영향을 하나로 모아서 만든 쾌적 온도의 지표

문제 38 불쾌지수가 커지는 경우의 공기변화 중 직접적인 관계가 없는 것은?

    ㉮ 건구온도의 상승   ㉯ 습구온도의 상승

    ㉰ 절대습도의 상승   ㉱ 비체적의 상승

해설 불쾌지수는 건구온도, 습구온도, 절대습도가 상승하면 커진다.

참고 ● 불쾌지수

$$D = 0.72(t + t') + 40.6$$

문제 39 다음 기기 중 공기의 온도와 습도를 변화시킬 수 없는 것은?

    ㉮ 공기 예열기   ㉯ 공기 필터   ㉰ 공기 가습기   ㉱ 공기 예냉기

해설 ● 공기 여과기(air fillter) : 공기 중의 먼지를 제거하는 장치

문제 40 상대습도(ψ)를 구하는 식으로 올바른 것은? (단, P_w : 수증기 분압, P_s : 습공기 온도에 상당하는 수증기의 포화압력)

    ㉮ $\psi = P_w \times P_s$ ㉯ $\psi = P_w / P_s$ ㉰ $\psi = P_w - P_s$ ㉱ $\psi = P_w + P_s$

해설 <5번 해설 참고>

문제 41 공기에서 수분을 제거하여 습도를 조정하기 위해서는 어떻게 해야 하는가?

    ㉮ 공기의 유로 중에 가열 코일을 설치한다.

    ㉯ 공기의 유로 중에 공기의 노점온도보다 높은 온도의 코일을 설치한다.

    ㉰ 공기의 유로 중에 공기의 노점온도와 같은 온도의 코일을 설치한다.

    ㉱ 공기의 유로 중에 공기의 노점온도보다 낮은 온도의 코일을 설치한다.

해설 공기의 습도를 낮게 하려면 공기의 노점온도보다 낮은 습코일을 설치하여 제습한다.

해답 **37.** ㉮ **38.** ㉱ **39.** ㉯ **40.** ㉯ **41.** ㉱

1. 습공기의 가열에 따른 상태변화(현열만의 가열)

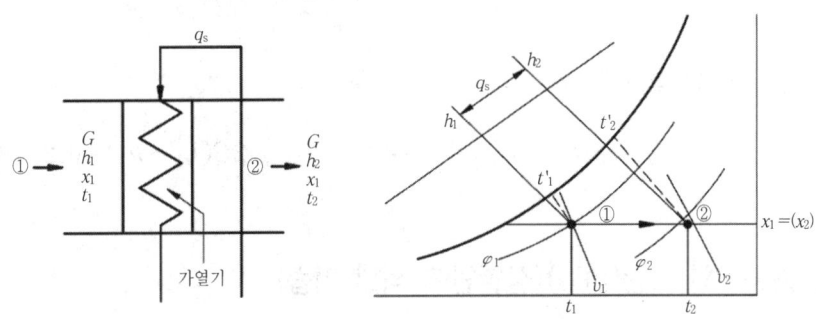

장치의 구성   상태변화과정

⬆ 현열만에 의한 공기의 가열

(1) 가열기 가열량 (q_s)

$$q_s = h_2 - h_1 = G(h_2 - h_1) = 0.24G(t_2 - t_1)$$
$$= 1.2Q(h_2 - h_1) = 0.29Q(t_2 - t_1) \, [\text{kcal/h}]$$

$$
\begin{array}{l}
0.24 : 공기의\ 정압비열(\text{kcal/kg℃}) \\
0.29 : 공기의\ 1[\text{m}^3]당\ 정압비열(\text{kcal/m}^3\text{℃}) \\
h_2 - h_1 : ①과\ ②\ 상태의\ 습공기의\ 엔탈피(\text{kcal/kg}) \\
t_1 - t_2 : ①과\ ②\ 상태의\ 공기의\ 건구온도(℃) \\
G : 가열기로\ 들어오는\ 습공기의\ 중량(\text{kg/h}) \\
Q : 가열기로\ 들어오는\ 습공기의\ 체적(\text{m}^3\text{/h})
\end{array}
$$

2. 습공기의 냉각(현열만에 의한 냉각)

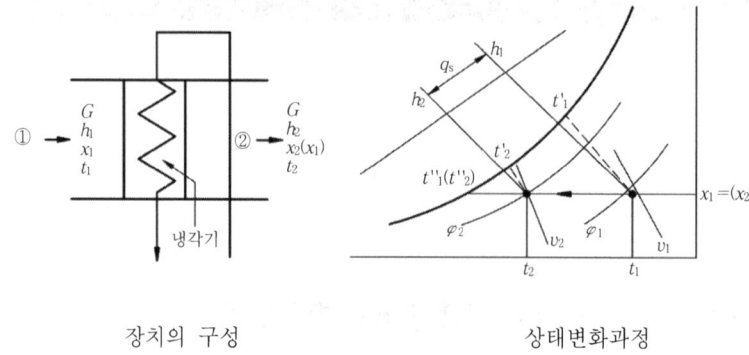

장치의 구성 상태변화과정

⬆ 현열만에 의한 냉각

(1) 냉각기 열량 (q_s)

$$q_s = G(h_1 - h_2) = 0.24G(t_1 - t_2) = 1.2Q(h_1 - h_2) = 0.29Q(t_1 - t_2)$$

3. 습공기의 가습(加濕)(잠열만에 의한 가습)

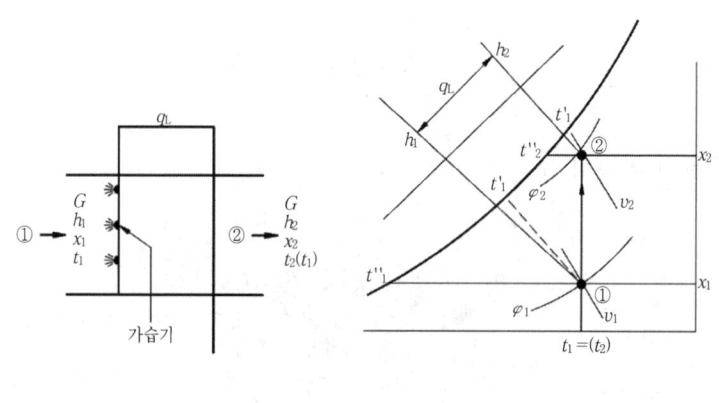

장치의 구성 상태변화과정

⬆ 잠열만에 의한 가습

(1) 가습으로 공기에 가해진 열량 (q_L)

$$q_L = G(h_2 - h_1) = 597.5G(x_2 - x_1)$$
$$= 1.2Q(h_2 - h_1) = 717Q(x_2 - x_1) \, [\text{kcal/h}]$$

(2) 가습증기량 (L)

$$L = G(x_2 - x_1) = 1.2Q(x_2 - x_1)$$

4. 가열과 가습

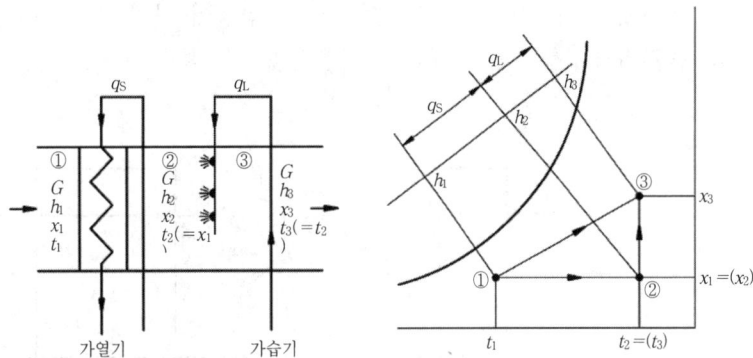

① 가열기의 가열에 의한 현열 (q_s)

$$q_s = G(h_2 - h_1) = 0.24\,G(t_2 - t_1)$$
$$= 1.2\,Q(h_2 - h_1) = 0.29\,Q(t_2 - t_1)\,[\mathrm{kcal/h}]$$

② 가습증기로 인한 가열된 잠열량 (q_L)

$$q_L = G(h_3 - h_2) = 597.5\,G(x_3 - x_2)$$
$$= 1.2\,Q(h_3 - h_2) = 717\,Q(x_3 - x_2)\,[\mathrm{kcal/h}]$$

③ 가습증기량 $L\,[\mathrm{kg/h}]$

$$L = G(x_3 - x_2)$$

④ 장치 전체의 가열량 (q_T)

$$q_T = q_S + q_L = G(h_3 - h_1)\,[\mathrm{kcal/h}]$$

(1) 현열비(SHF : sensible heat factor)

$$SHF = \frac{q_S}{q_S + q_L} = \frac{\text{공기에 가해지는 현열량}}{\text{공기에 가해지는 현열량} + \text{잠열량}}$$

(2) 열수분비(수분비)

열수분비란 습공기의 상태변화량 중 수분의 변화량과 엔탈피 변화량의 비율을 수분비 (μ ; moisture ratio)라 한다.

$$\mu = \frac{엔탈피의\ 변화량}{수분의\ 변화량} = \frac{h_3 - h_1}{x_3 - x_{2=1}} = \frac{q_s + L \times h_L}{L} = \frac{q_s}{L} + h_L\,[\text{kcal/kg}]$$

(3) 각종 가습방법

① 순환수에 의한 가습 : 펌프로 노즐을 통하여 공기중에 분무하여 가습하는 방법이다.

② 온수에 의한 가습 : 순환수를 온수로 만들어 가열하여 분무시킨다.

③ 증기가습 : 증기를 분무하여 가습하며

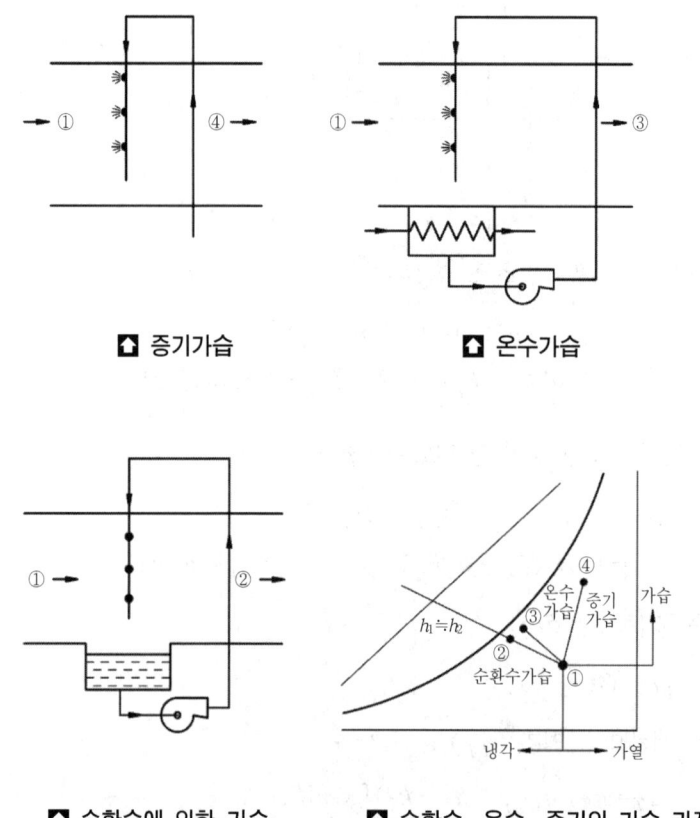

⬆ 증기가습   **⬆ 온수가습**

⬆ 순환수에 의한 가습   **⬆ 순환수, 온수, 증기의 가습 과정**

5. 단열혼합과정

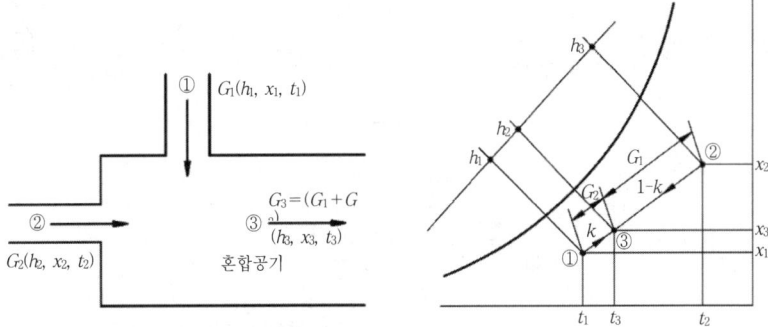

이 혼합과정에서 외부로부터 열을 공급받거나 방출되지 않는다면 단열혼합이라 한다.

① $h_3 = \dfrac{G_1 h_1 + G_2 h_2}{G_3} = h_1 + (h_2 - h_1)\dfrac{①\sim③}{①\sim②}$

$\qquad = h_1 + (h_2 - h_1)\dfrac{G_2}{G_3} = h_1 + (h_2 - h_1)\,k$

② $t_3 = \dfrac{G_1 t_1 + G_2 t_2}{G_3} = t_1 + (t_2 - t_1)\dfrac{①\sim③}{①\sim②}$

$\qquad = t_1 + (t_2 - t_1)\dfrac{G_2}{G_3} = t_1 + (t_2 - t_1)\,k$

③ $x_3 = \dfrac{G_1 x_1 + G_2 x_2}{G_3} = x_1 + (x_2 - x_1)\dfrac{①\sim③}{①\sim②}$

$\qquad = x_1 + (x_2 - x_1)\dfrac{G_2}{G_3} = x_1 + (x_2 - x_1)\,k$

※그림에서 ①의 공기에 ②상태의 공기를 K의 비율(G_2[kg])으로 혼합하면 ①상태의
공기비율은 $(1-K)$인 G_1[kg]이 된다.

6. 습 코일과 건 코일

① 건코일 : 그림 (a)에서 냉각 코일에서 입구공기 ①(건구 온도 t_1, 노점 온도 t_1'')이 냉
각되는 과정은 이 때 코일의 표면온도가 입구공기의 노점온도인 t_1''보다 높은 t_2라
면 (b)에서 보는 바와 같이 ①→②의 수평선상으로 즉 현열변화만 한다. 따라서 습공
기는 온도만 내려가고 절대습도의 변화는 가져오지 않으므로 코일의 표면은 건조한
상태의 냉각이다. 이러한 코일을 건 코일(dry coil)이라 한다.

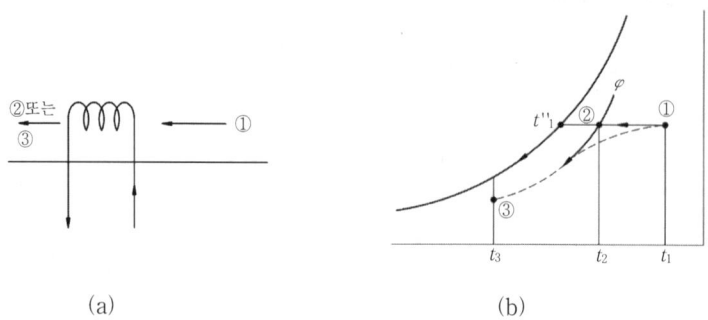

(a)   (b)

② 습 코일 : 코일의 표면온도가 통과공기의 노점온도보다 낮은 t_3이라 하면 ①의 공기
는 t_1'' 까지는 수평선상으로 냉각하고(현열량 감소) 계속하여 포화 공기선을 따라 t_3
까지(현열 및 잠열 감소)내려본다. 따라서 포화공기선을 따라 내려오는 과정에서 습공
기중에 있는 수분이 코일 표면에 응축되는 습 코일(wet coil)이 된다.

7. 바이패스 팩터(by-pass factor)

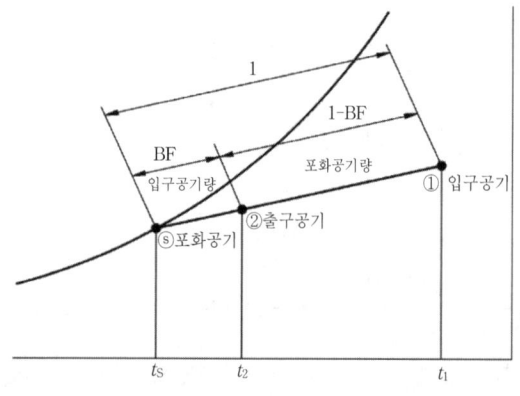

🔼 냉각 코일에서 바이패스

(1) 바이패스 팩터(BF)

냉각 코일이 습 코일이며 코일 역수가 무한히 많고 통과공기의 속도가 무한히 느리다면
그림에서 ①의 공기는 냉각 감습되어 최종적으로 장치의 노점온도인 ⓢ점 즉 포화공기
의 온도 t_s에 달한다.

그러나 실제적으로는 코일의 열수는 4~8열 정도이며 풍속도 2~3[m/s] 정도로 되어 대
부분의 공기는 코일에 접촉되어 열교환이 된 t_s의 상태 ⓢ점이 되나 일부의 공기는 코
일과 접촉하지 못하고 ①의 상태로 그대로 빠져나간다. 그러므로 출구공기는 ⓢ상태의
공기와 ①의 상태인 공기가 혼합된 ②의 공기상태가 된다. 이 때 공기가 코일을 통과해
도 코일과 접촉하지 못하고 지나가는 공기의 비율을 바이패스 팩터라 한다.

(2) 콘택트 팩터(CF : contact factor)

전공기에 비해 코일과 접촉한 후의 공기비율을 콘택트 팩터라 한다.

ⓢ② : ②① = BF : (1 − BF)

ⓢ② : ⓢ① = BF : 1

1−BF = CF

$$BF = \frac{바이패스한\ 공기량}{코일을\ 통과한\ 공기량} = \frac{t_2 - t_s}{t_1 - t_s} = \frac{h_2 - h_s}{h_1 - h_s} = \frac{x_2 - x_s}{x_1 - x_s}$$

8. 습공기의 혼합과 냉각

(a)와 같은 공조장치는 ①의 상태 (h_1, t_1, x_1)인 환기량 G_R[kg/h]과 ②의 상태 (h_2, t_2, x_2)인 외기량 G_0[kg/h]가 혼합되어 ③의 상태 (h_3, t_3, x_3)인 혼합공기로 된 후 혼합공기량 G[kg/h]는 냉각 코일을 거치는 동안 상태변화를 하여 ④의 상태 (h_4, t_4, x_4)로 되어 송풍기에 의해 실내로 취출된다.

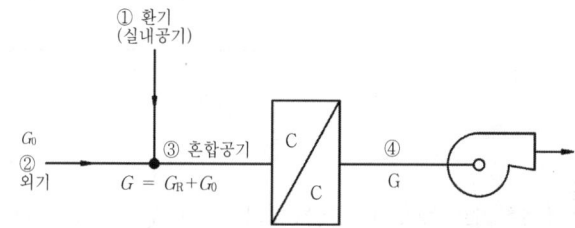

(a) 공조장치

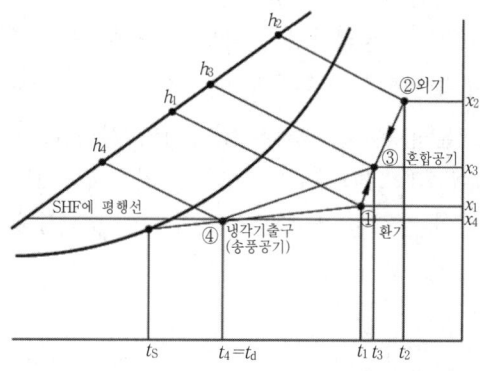

(b) 상태변화 과정

※냉각선은 ③과 ④를 연결한 선이 된다.

9. 혼합, 냉각, 재열

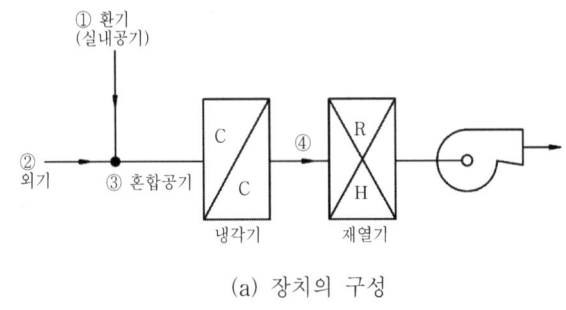

(a) 장치의 구성

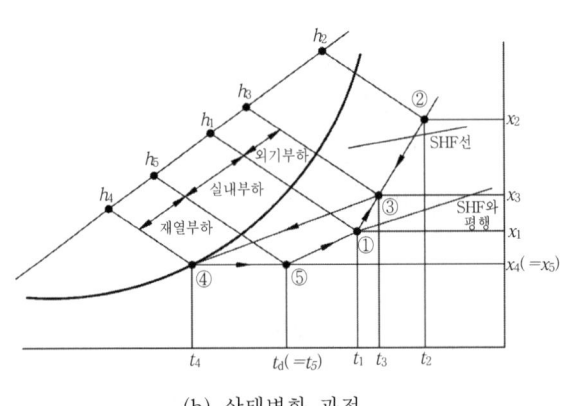

(b) 상태변화 과정

냉방시에 실내공기의 오염이 심하여 취출공기량을 증가시킬 필요가 있을 때나 흐린날씨 장마철 등의 영향으로 일사량이 감소되거나 외기온도가 낮아져 실내 취득 열량 중 현열량이 현저하게 감소하는 경우, 식당, 사람이 많이 모이는 장소와 같이 실내취득 잠열부하가 매우 커지면 현열비(SHF) 값이 작아진다.

따라서 실내공기의 상태점에서 SHF와 평행선을 그었을 때 포화공기선과 교차하지 않기 때문에 냉각 코일의 표면온도 (t_s)를 구할 수 없다. 이러한 경우에는 이와 같이 장치의 냉각기로 혼합냉매를 냉각후 감습시켜 절대습도를 낮춘 후에 재열기(RH)로 재열하여 SHF 평행선과 교차하도록 한다. 재열시에는 보일러 증기나 온수를 이용하는 외에 응축기로부터의 냉각수 또는 냉동기의 hot gas 등을 사용할 수 있다.

10. 혼합, 가열, 가습

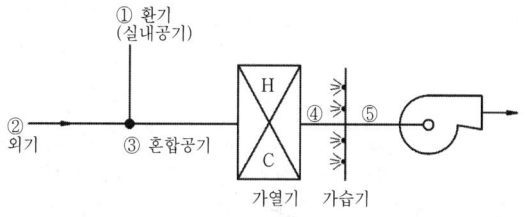

(a) 장치의 구성

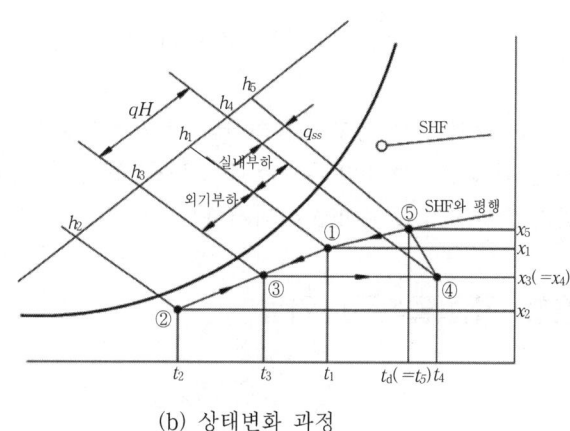

(b) 상태변화 과정

실내의 환기와 외기를 혼합하여 가열한 후 가습기에 가습을 하고 송풍기로 실내를 취출 (⑤의 공기)하는 냉방장치이며 가습방식은 여러 가지 방식이 있다.

11. 예냉, 혼합, 냉각 감습

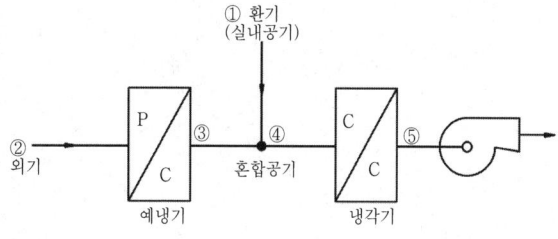

(a) 장치의 구성

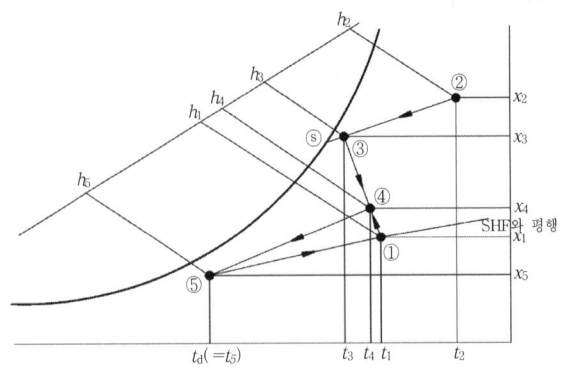

(b) 상태변화 과정

공조장치는 외기 ②를 냉수 코일이나 지하수를 이용한 에어워셔 등을 이용하여 예냉기로 냉각시킨 후 감습하여 ③의 공기상태로 만든 후 환기(실내공기)와 즉 ①과 혼합하여 ④의 혼합공기로 냉각기로 들어가서 다시 냉각 감습되어 ⑤의 공기상태로 실내로 취출된다.

12. 예열 혼합, 가습(물분무), 가열

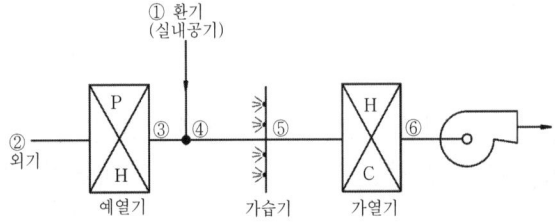

(a) 장치의 구성

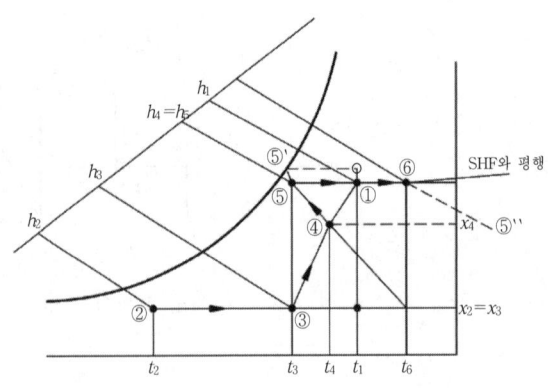

(b) 상태변화 과정

외기온도가 극히 낮은 한냉지방에서 가습효과를 높이고 가열기의 용량을 줄일 수 있는 방법의 공조장치이다.

외기 ②를 예열기로 ③의 상태로 예열한 후 실내 환기 ①과 혼합하여 혼합공기 ④를 만들고 여기에 순환 물(水)을 분무하여 ⑤의 상태로 가습시킨다. 다시 가습 후 가열기로 ⑥의 상태로 만든 후 실내로 송풍기로 송풍한다.

그런데 혼합공기 ④를 순환수로 가습하는 경우 가습량의 한계가 낮아서 현열비(SHF)가 작은 때에는 이 방식이 부적당하다. 그러므로 현열비가 작은 경우에는 가열기와 가습기의 위치를 바꾸어 놓으면 ④→⑤″→⑥의 과정은 거치게 되므로 가습기 효율이 낮더라도 응용이 가능하다.

13. 혼합, 냉각, 바이패스

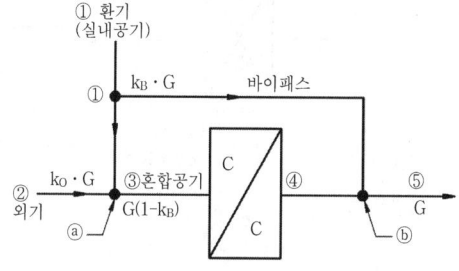

(a) 장치의 구성

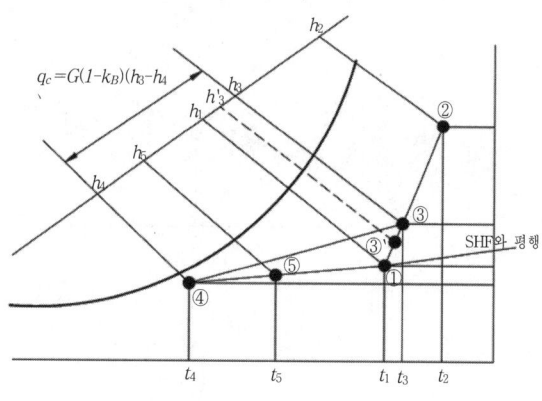

(b) 상태변화 과정

취출공기와 실내공기의 온도차가 너무 크면 불쾌감을 느끼게 된다. 따라서 온도차를 줄이기 위하여 실내로 오는 환기의 일부를 바이패스하여 바이패스 공기 ①과 혼합하여 냉각기를 거쳐 나오는 공기와 혼합하여 실내로 급기하는 ⑤의 공기 구조로 만든다.

14. 팬 부하를 고려한 상태변화

실내로 공급되는 실제 공기는 송풍기와 덕트를 거쳐서 실내로 취출된다. 그림에서 냉각 코일을 통과한 ⓓ′ 상태의 공기는 팬(송풍기)에 의해 압축되고 팬 모터로부터 열을 받게되며 또한 급기 덕트를 통해 취출구까지 오는 도중 덕트 표면을 통해 외부로부터 열을 받아 ⓓ의 공기로 실내에 급기된다.

이 과정에서 공기가 받은 열은 모두 현열로서 이를 팬 부하(팬 부하+덕트 부하)라 한다.

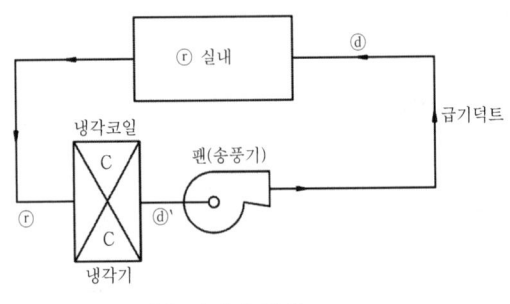

(a) 장치의 구성

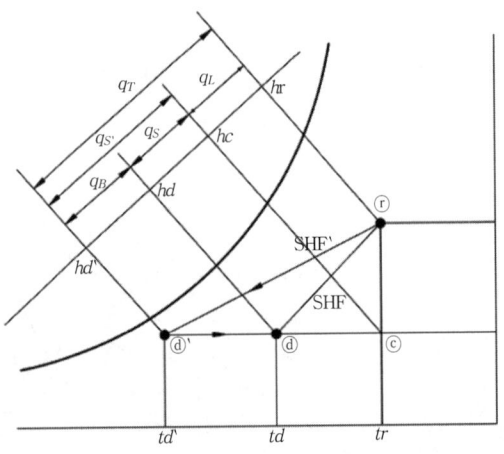

(b) 상태변화 과정

제2편 공기조화
제 2 장 습공기의 상태변화 예상문제
공조냉동기계기능사

문제 1 공기조화기에 있어 바이패스 팩터(by-pass factor)가 작아지는 경우에 해당되는 것이 아닌 것은?

㉮ 전열면적이 클 때 ㉯ ADP가 높아질 때
㉰ 송풍량이 클 경우 ㉱ 냉수량이 적을 경우

해설 ● 바이패스 팩터(by-pass factor ; BF) : 냉각 또는 가열 코일과 접촉하지 않고 그대로 통과하는 공기의 비율로 BF가 작을수록 코일 성능이 우수하다.

문제 2 실내의 현열부하가 4,500〔kcal/h〕이고, 잠열부하가 13,000〔kcal/h〕일 때 현열비(SHF)는?

㉮ 0.75 ㉯ 0.67
㉰ 0.33 ㉱ 0.25

해설 ● 현열비
$$SHF = \frac{현열부하}{현열부하+잠열부하} = \frac{4500}{4,500+13,000} = 0.257$$

문제 3 실내냉방부하 중에서 현열부하 2,500〔kcal/h〕, 잠열부하가 500〔kcal/h〕일 때 현열비는?

㉮ 0.2 ㉯ 083
㉰ 0.90 ㉱ 0.93

해설 <2번 해설 참고>

문제 4 외기 온도 30〔℃〕, 환기 온도 25〔℃〕인 공기를 각각의 비율이 1 : 3으로 혼합해서 냉각 코일 통과시 바이패스 팩터가 0.2이다. 이 때 출구의 공기온도는? (단, 코일 표면의 온도는 12〔℃〕이다.)

㉮ 18.85[℃] ㉯ 16.85[℃]
㉰ 14.85[℃] ㉱ 12.85[℃]

해설 ① 혼합공기온도
$$t_3 = \frac{(30\times1)+(25\times3)}{1+3} = 26.25\,[℃]$$
② 바이패스 팩터
$$B_F = \frac{코일\ 출구온도 - 코일\ 표면온도}{혼합\ 공기온도 - 코일\ 표면온도} = \frac{t_4'-t_4}{t_3-t_4}$$
③ 코일 출구온도
$$t_4' = [BF\times(t_3-t_4)]+t_4$$
$$= [0.2\times(26.25-1.2)]+12 = 14.85\,[℃]$$

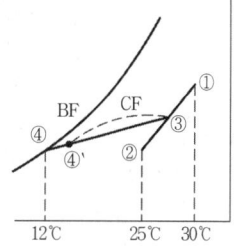

해답 1. ㉮ 2. ㉱ 3. ㉯ 4. ㉰

문제 5 그림과 같이 공기가 상태변화를 하였을 때 바르게 설명한 것은?

㉮ 절대습도 증가
㉯ 상대습도 감소
㉰ 수증기 분압 감소
㉱ 현열량 감소

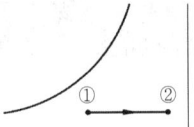

해설 가열과정으로서 절대습도 일정, 상대습도 감소, 수증기 분압 일정, 현열량이 증가한다.

문제 6 다음 그림에서 A점의 상대습도는 몇 [%]인가?

㉮ 53
㉯ 58
㉰ 63
㉱ 58

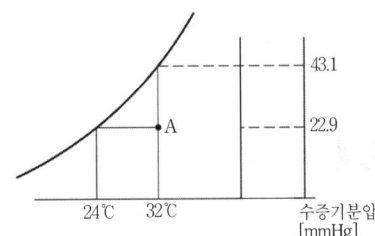

해설 ● 상대습도(%)

$$\frac{\text{수증기 분압}(P_w)}{\text{포화수증기 압력}P_s)} \times 100 = \frac{22.9}{43.1} \times 100 = 53.13[\%]$$

문제 7 다음 중 습증기 선도의 종류에 속하지 않는 것은? (단, i는 엔탈피, x는 절대습도, t는 건구온도, P는 압력을 각각 나타낸다.)

㉮ $i-x$ 선도   ㉯ $t-x$ 선도   ㉰ $t-i$ 선도   ㉱ $P-i$ 선도

해설 ● 공기선도의 종류
① $i-x$ 선도 : 엔탈피 (i)와 절대습도 (x)를 기준으로 한 좌표로 이론적인 각종 계산에 사용
② $t-x$ 선도 : 건구온도 (t)와 절대습도 (x)를 기준으로 한 좌표로 실용적인 계산에 사용

문제 8 공기선도의 도표 설명 중 맞는 것은?

㉮ 도표 중 f점은 습공기의 습구온도를 표시한다.
㉯ 도표 중 c점을 습공기의 노점온도를 표시한다.
㉰ 도표 중 곡선 x는 습공기의 절대습도를 읽는 점이다.
㉱ 도표 중 직선 b는 습공기의 비체적을 읽는 선이다.

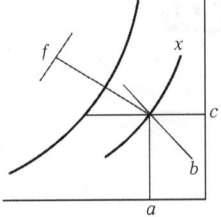

해설 a : 건구온도
b : 비체적
c : 절대습도
x : 상대습도
f : 엔탈피

문제 9 다음 현열비에 대한 설명 중 옳은 것은?

㉮ 공기선도상에서 기울기가 클수록 현열비 값은 크다.

㉯ 잠열이 없이 현열만으로 이루어져 있는 부하의 현열비는 0이다.

㉰ 잠열이 클수록 현열비는 커진다.

㉱ 현열비의 단위는 kcal/kg이다.

해설 공기선도에서 기울기가 클수록 현열비는 커진다.

문제 10 바이패스 팩터(by-pass factor)란?

㉮ 냉각 또는 가열코일과 접촉하지 않고 그대로 통과하는 공기의 비율

㉯ 신선한 공기와 순환공기의 비율

㉰ 송풍공기 중에 있는 습기의 비율

㉱ 흡입공기 중에 있는 습기의 비율

해설 <1번 해설 참고>

문제 11 15〔℃〕 공기 15〔kg〕과 30〔℃〕 공기 5〔kg〕을 혼합할 때 혼합 후의 온도는 몇 〔℃〕인가?

㉮ 22.5 ㉯ 20 ㉰ 19.25 ㉱ 18.75

해설 • 혼합공기온도

$$t_3 = \frac{G_1 t_1 + G_2 t_2}{G_1 + G_2} = \frac{(15 \times 15) + (5 \times 30)}{15 + 5} = 18.75 \, [\,℃\,]$$

문제 12 실내의 취득열량을 구했더니 현열이 28,000〔kcal/h〕, 잠열이 12,000〔kcal/h〕였다. 실내를 60〔%〕 (RH)로 유지해 취출 온도차 10〔℃〕로 송풍할 때 이 때 현열비를 구하면?

㉮ 0.7 ㉯ 1.8 ㉰ 1.4 ㉱ 0.4

해설 <2번 해설 참고>

문제 13 습구온도 30〔℃〕인 공기 20〔kg〕과 습구온도 15〔℃〕인 공기 40〔kg〕을 혼합하면 몇 도인가?

㉮ 27[℃] ㉯ 23[℃] ㉰ 25[℃] ㉱ 20[℃]

해설 <11번 해설 참고>

문제 14 건구온도 $t_1 = 39$〔℃〕, 엔탈피 $h_1 = 13.9$〔kcal/kg〕의 공기 40〔kg〕과 건구온도 $t_2 = 37$〔℃〕, 엔탈피 $h_2 = 23.7$〔kcal/kg〕의 공기 10〔kg〕을 혼합하였을 때 혼합공기의 엔탈피는 몇 〔kcal/kg〕인가?

㉮ 11.6 ㉯ 14.1 ㉰ 15.9 ㉱ 16.3

해설 • 혼합공기 엔탈피

$$h_3 = \frac{G_1 h_1 + G_2 h_2}{G_1 + G_2} = \frac{(40 \times 13.9) + (10 \times 23.7)}{40 + 10} = 15.86 \, [\text{kcal/kg}]$$

해답 **9.** ㉮ **10.** ㉮ **11.** ㉱ **12.** ㉮ **13.** ㉱ **14.** ㉰

문제 15 다음 중 습공기 선도에 표시되어 있지 않는 것은?

 ㉮ 엔탈피   ㉯ 포화도   ㉰ 상대습도   ㉱ 비체적

 해설 ● 습공기 선도 : 건구온도, 습구온도, 노점온도, 상대습도, 절대습도, 엔탈피, 비체적, 현열
   비, 열수분비, 수증기 분압

   <습공기 선도의 구성>

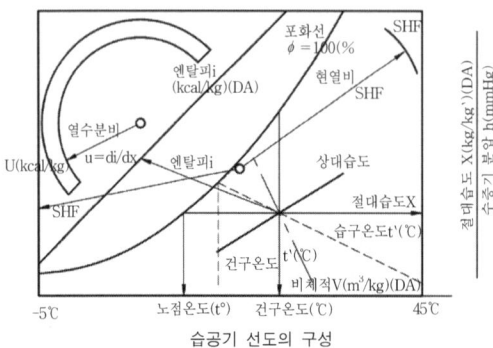

습공기 선도의 구성

문제 16 습공기 선도에 없는 선은?

 ㉮ 건구온도   ㉯ 엔탈피
 ㉰ 수증기 포화압력   ㉱ 상대습도

 해설 <15번 해설 참고>

문제 17 건구온도 20〔℃〕, 절대습도 0.008〔kg/kg〕(DA)인 공기의 비엔탈피를 구하면 몇 〔kcal/kg〕(DA)
인가?

 ㉮ 4.848   ㉯ 6.646   ㉰ 9.648   ㉱ 12.446

 해설 습공기 엔탈피＝건공기 엔탈피 + 수증기 엔탈피

   $h = h_a + x \cdot h_v = c_p \cdot t + x \cdot (r + c_{vp} \cdot t)$

    $= 0.24 \cdot t + x(597.3 + 0.441\,t) = (0.24 \times 20) + [0.008 \times (597 + 0.44 \times 20)]$

    $= 9.648 [\text{kcal/kg}]$

문제 18 건구온도가 20〔℃〕이고 절대습도가 0.005〔kg/kg′〕일 때의 습공기 엔탈피는 몇 〔kcal/kg〕인
가? $[h = 0.24t + (597.3 + 0.441t)x]$

 ㉮ 3.78   ㉯ 5.37   ㉰ 7.83   ㉱ 8.73

 해설 <17번 해설 참고>

문제 19 어떤 실내의 취득열량을 구했더니 감열이 30,000〔kcal/h〕, 잠열이 8,000〔kcal/h〕이었
다. 실내온도 25〔℃〕, 상대습도 50〔％〕로 유지하기 위해 취출온도차 10〔℃〕로 송풍하고
자 한다. 이 때의 현열비는?

 ㉮ 0.6   ㉯ 0.5   ㉰ 0.7   ㉱ 0.8

 해설 <2번 해설 참고>

해답 **15.** ㉯ **16.** ㉰ **17.** ㉰ **18.** ㉰ **19.** ㉱

문제 20 가열기에서 증기온수 등의 분무가 없고, 냉각기에서 물의 응결이 없을 경우 아래 그림과 같은 상태변화를 할 때 상대습도는 변화하지만 절대습도는 일정하다. 이때의 가열량 또는 냉각을 나타내는 것 중 틀린 것은? (단, h 는 엔탈피, C_v 는 공기의 정적비열, t 는 건구온도, x 는 절대습도, q 는 가열량, C_p 는 공기의 정압비열이다.)

카 $q = h_2 - h_1$

나 $q = C_v(t_2 - t_1)$

다 $q = C_p(t_2 - t_1)$

라 $q = 0.24(t_2 - t_1)$

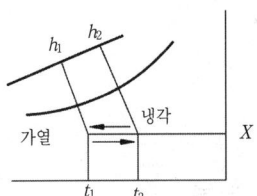

해설 $q = G(h_2 - h_1) = G \cdot C_p \cdot (t_2 - t_1) = G \times 0.24 \times (t_2 - t_1) = Q_A \times r \times 0.24 \times (t_1 - t_2)$
$= Q_A \times 1.2 \times 0.24 \times (t_2 - t_1) = 0.29 \times Q_A \times (t_2 - t_1)$

$\begin{bmatrix} G & : 송풍량(\text{kg/h}) \\ Q_A & : 송풍량(\text{m}^3\text{/h}) \\ r & : 공기의 비중량(\text{kg/m}^3) \end{bmatrix}$

문제 21 실내의 현열부하를 3,200[kcal/h], 잠열부하를 600[kcal/h]라 하면 현열비는 얼마인가?

카 0.16   나 6.25   다 1.20   라 0.84

해설 <2번 해설 참고>

문제 22 수분량(절대습도)의 변화량에 따른 전열량의 변화량으로서 맞는 것은?

카 현열비   나 열수분비   다 포화도   라 상대습도

해설 ● 열수분비(μ) : 습공기의 상태변화량 중 수분의 변화량과 엔탈피의 변화량의 비율

문제 23 다음의 공기선도에서 (2)에서 (1)로 냉각, 감습을 할 때 현열비(S.H.F)의 값을 구하면 어떻게 표시되는가?

카 $S.H.F = \dfrac{i_2 - i_3}{i_2 - i_1}$

나 $S.H.F = \dfrac{i_3 - i_1}{i_2 - i_1}$

다 $S.H.F = \dfrac{i_2 - i_1}{i_3 - i_1}$

라 $S.H.F = \dfrac{i_3 - i_1}{i_2 - i_1}$

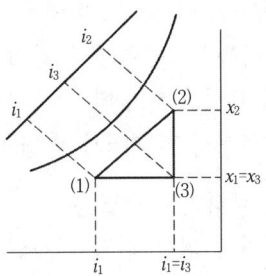

해설 <2번 해설 참고>

해답 **20.** 나 **21.** 라 **22.** 나 **23.** 나

1. 부하의 분류

(1) 냉방부하

냉각 감습하는 열 및 수분의 양을 냉방부하라 한다.

(2) 난방부하

가열 가습하는 양을 난방부하라 한다.
① 냉방시에는 실내의 온·습도를 일정한 상태로 유지시키기 위해서는 외부로부터 들어
오거나 또는 실내에서 발생되는 열량과 수분을 제거해야 한다.
② 난방시에는 외부로 손실되는 열량과 수분을 보충해야 한다.

2. 냉방부하

(1) 냉방부하 발생원인

① 실내 취득열량
㉮ 벽체로부터의 취득 현열량
㉯ 유리로부터의 취득 현열량(직달일사 + 전도대류)
㉰ 극간풍에 의한 현열과 잠열량의 발생열량
㉱ 인체의 현열과 잠열 발생열량
㉲ 기구로부터의 현열과 잠열의 발생열량

② 기기로 부터의 취득열량
㉮ 송풍기에 의한 현열 취득열량
㉯ 덕트로부터의 취득 현열량

③ 재열부하 : 재열기의 가열에 의한 현열 취득열량
④ 외기부하 : 외기의 도입으로 인한 현열과 잠열의 취득열량

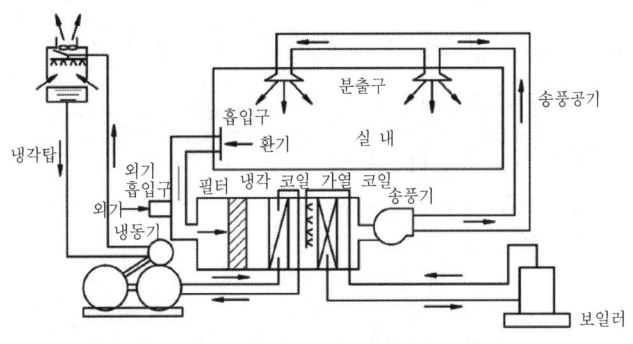

△ 공기조화설비의 구성

(2) 냉방부하 계산

① 벽체로 부터의 취득열량 (q_w)

㉮ 햇빛을 받는 외벽 및 지붕

$$q_w = k \cdot A \cdot ETD \, [\text{kcal/h}]$$

> k : 구조체의 열관류율(kcal/m²h℃)
> A : 구조체의 면적(m²) (벽체 중심간 또는 기둥중심간 거리×층고)
> ETD : 상당온도차(℃) (실내온도와 상당외기 온도차)

※ 외기에 접하고 있는 벽이나 지붕의 취득열량

㉯ 칸막이, 천장, 바닥으로부터의 취득열량

$$q_w = k \cdot A \cdot \varDelta t \, [\text{kcal/h}]$$

> k : 칸막이, 천장, 바닥 등의 열관류율(kcal/m²h℃)
> A : 칸막이, 천장, 바닥 등의 면적(m²) (벽체 중심간 또는 기둥중심간 거리×천장고)
> $\varDelta t$: 인접실과의 온도차(℃)

※ 외기에 접하지 않은 칸막이, 천장, 벽, 바닥 등의 관류되는 열량

② 유리로 부터의 일사에 의한 취득열량 (q_{GR})

㉮ 유리로부터 열관류의 형식으로 전해지는 열량 (q_{GT})

$$q_{GT} = k \cdot A_g \cdot \varDelta t \, [\text{kcal/h}]$$

> k : 유리의 열관류율(kcal/m²h℃)
> Ag : 유리창의 면적(m²)(새시 포함)
> $\varDelta t$: 실내, 외 온도차(℃)

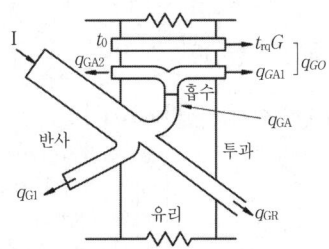

△ 유리창에 들어온 태양 복사량의 열팽창

㉯ 유리로부터의 일사(日射) 취득열량 (q_{GR})

㉠ 표준일사 취득법에 의한 취득 열량 (q_{GR})

$$q_{GR} = SSG \cdot K_S \cdot Ag \, [\text{kcal/h}]$$

SSG : 유리를 통해 투과 및 흡수의 형식으로 취득되는 표준일사 취득열량($\text{kcal/m}^2\text{h}$)
K_S : 전 차폐계수
A_g : 유리의 면적(m^2) (새시 포함)

㉡ 축열계수(畜熱係數)를 고려하는 경우의 취득열량 (q_{GRS})

$$q_{GRS} = SSG_{\max} \cdot K_S \cdot A_g \cdot SLF_g \, [\text{kcal/h}]$$

$SSG_{\max}$: 방위마다 최대 취득일사량($\text{kcal/m}^2\text{h}$)
K_S : 전 차폐계수
A_g : 유리의 면적(m^2)
SLF_g : 축열부하계수

㉢ 일사흡열수정법(修正法)에 의한 취득열량 (q'_{GR})

$$q'_{GR} = \text{표준일사 취득법에 의한 취득열량} + A_g \cdot K_R \cdot AMF \, [\text{kcal/h}]$$

A_g : 유리창의 면적(m^2)
K_R : 유리의 복사 차폐계수
AMF : 벽체의 일사 흡열 수정계수($\text{kcal/m}^2\text{h}$)

③ 극간풍(틈새바람)에 의한 취득열량 (q_1)

$$q_I = q_{IS} + q_{IL} \, [\text{kcal/h}]$$

$$q_{IS} = 0.24 \, G_1 (t_0 - t_r)$$

$$q_{IL} = r \cdot G_1 (x_0 - x_r) = 717 \, Q_1 (x_0 - x_r)$$

q_{IS} : 틈새바람에 의한 현열 취득량(kcal/h)
q_{IL} : 틈새바람에 의한 잠열 취득량(kcal/h)
t_0, t_r : 외기온도 및 실내온도(℃)
G_1 : 틈새바람의 양(kg/h)
Q_1 : 틈새바람의 양(m^3/h)
x_0 : 외기의 절대습도(kg/kg′)
x_r : 실내의 절대습도(kg/kg′)
r : 0[℃]에서 물의 증발잠열(597.5[kcal/kg], 717[kcal/m^3])
0.24 : 건조공기의 정압비열(kcal/kg℃)
0.29 : 건조공기의 정압비열(kcal/m^3℃)
Q_1 : 틈새바람의 양(시간당 환기횟수×실의 체적)

④ 인체로 부터의 취득열량 (q_M)

$$q_M = q_C + q_R + q_E + q_S \, [\text{kcal/h}]$$

q_M : 신진대사에 의해 발생하는 열량(kcal/h)
q_C : 인체의 피부면에서 대류에 의해 방출하는 열량(kcal/h)
q_R : 인체의 피부면에서 복사에 의해 방출하는 열량(kcal/h)
q_E : 호흡, 땀의 증발에 의해 방출하는 열량(kcal/h)
q_S : 체내에 축열되는 열량(kcal/h)

실내에 여러명(n명)이 있는 경우 인체로부터 현열량(q_{HS})과 잠열량(q_{HL})

$$q_{HS} = n \cdot H_S \, [\text{kcal/h}]$$

$$q_{HL} = n \cdot H_L \, [\text{kcal/h}]$$

> n : 실내 총인원수(명)
> H_S : 1인당 인체발생 현열량(kcal/h·인)
> H_L : 1인당 인체발생 잠열량(kcal/h·인)

⑤ 기기로 부터의 취득열량(q_E)

㉮ 조명기구(총 와트(W) 수가 알려져 있을 때)

㉠ 백열등일 경우(kcal/h)

$$q_E = 0.86 \times w \cdot f$$

㉡ 형광등일 때(안정기가 실내에 있을 때)(kcal/h)

$$q_E = 0.86 \times w \cdot f \times 1.2$$

> w : 조명기구의 총 와트(watt)
> f : 조명 점등율
> 0.86 : 1[w]당 발열량(1[watt]=0.86[kcal/h])
> 1.2 : 형광등의 안정기가 실내에 있을 때에 발열량의 20[%]를 가산한 경우

[참고]
- **기구발생부하(조명기구 발생열량)**
  백열등 : 0.86[kcal/h.w]   형광등 : 1.00[kcal/h.w]

㉯ 조명기구의 총 와트(w)수를 모를 때

㉠ 백열등일 경우(kcal/h)

$$q_E = 0.86 \times w \cdot A \cdot f$$

㉡ 형광등일 경우(kcal/h)

$$q_E = 0.86 \times w \cdot A \cdot f \times 1.2$$

> w : 단위면적당 와트 수(watt/m^2)
> A : 실 면적(m^2)

㉰ 축열부하를 고려하는 경우(q_E)

$$q_E = q_E \cdot SLP_E \, [\text{kcal/h}]$$

> q_E : 조명기구의 발생열량(kcal/h)
> SLF_E : 축열부하계수

[참고]
- **축열부하**
  조명기구에서 실내로 방출하는 열은 대류성분과 복사성분으로 구분되며 복사성분은 벽이나 바닥에 흡수된 후 시간 지연과 함께 실내부하로 된다.

㉣ 동력으로부터의 취득열량 (q_E)

전동기 및 기계로부터 발생되는 열

$$q_E = 860 \times p \times f_e \times f_o \times f_k \, [\text{kcal/h}]$$

p : 전동기 정격출력(kW)
f_e : 전동기에 대한 부하율(0.8~0.9)(실제 모터 출력/모터 정격출력)
f_o : 전동기의 가동율
f_k : 전동기의 사용상태 계수

㉤ 기구로 부터의 취득열량 (q_E)

$$q_E = q_e \cdot k_1 \cdot k_2 \, [\text{kcal/h}]$$

q_e : 기구의 열원용량(발열량)(kcal/h)
k_1 : 기구의 사용율
k_2 : 후두가 달린 기구의 발열 중 실내로 복사되는 비율

⑥ 송풍기와 덕트로 부터의 취득열량 (q_B)

㉮ 송풍기로부터의 취득열량 (q_B)

$$q_B = 860 \times kW \, [\text{kcal/h}]$$

1[kW-h]=860[kcal/h]
kW : 소요동력

㉯ 덕트로 부터의 취득열량 (q_B) : 실내취득 현열량의 약 2[%] 정도이다. 또한 송풍기와 덕트로 부터의 취득되는 현열량을 합하여 개략적으로 산출할 때에는 실내 취득열량의 15[%] 정도로 보아도 큰 차이가 없다.

⑦ 재열부하 (q_R)과 외기부하 (q_F)

㉮ 재열부하 (q_R)

$$q_R = 0.24 \, G(t_2 - t_1) = 0.29 \, Q(t_2 - t_1) \, [\text{kcal/h}]$$

G : 송풍공기량(kg/h)
Q : 송풍공기량(m^3/h)
0.24 : 공기의 정압비열(0.24[kcal/kg℃])
0.29 : 공기 1[m^3]당 정압비열(kcal/m^3℃)
※ 0.24×1.2[kg/m^3]≒0.29[kcal/m^3℃]

-{참고}-

■ 재열부하란 공조기에 의해 온도 t[℃]까지 냉각된 공기를 재열기로 온도 t_2[℃]까지 가열하여 실내로 보내질 때 이 경우 재열기에서 가열한 만큼 냉각기에서 더 냉각해야 되므로 냉방부하에 첨가시킨다.

㉯ 외기부하 (q_F)

$$q_F = q_{FS} + q_{FL} = G_F(h_0 - h_r) \, [\text{kcal/h}]$$
$$q_{FS} = 0.24 \, G_F(t_0 - t_r) = 0.29 \, Q_F(t_0 - t_r)$$
$$q_{FL} = 597.5 \, G_F(x_0 - x_r) = 717 \, Q_F(x_0 - x_r)$$

q_{FS} : 외기부하의 현열(kcal/h)

q_{FL} : 외기부하에 의한 잠열(kcal/h)

G_F : 외기량(kg/h)

Q_F : 외기량(m^3/h)

h_o : 외기의 엔탈피(kcal/kg)

h_r : 실내공기의 엔탈피(kcal/kg)

t_o, t_r : 외기 및 실내공기의 건구온도(℃)

x_o, x_r : 외기 및 실내공기의 절대습도(kg/kg′)

597.5 : 0[℃]에서 물의 증발잠열(kcal/kg)

[참고]

■ 실내의 공기는 담배연기나 호흡 및 여러 가지의 원인 등에 의해 오염이 되므로 일정한 양의 외기도 입이 필요하다.

이 때 도입되는 외기의 온도나 습도는 실내공기와 차이가 있다. 따라서 온도차이에 의한 현열부하와 습도 차이에 의한 잠열부하가 되며 이 두 가지를 합하여 외기부하라 한다.

3. 난방부하

(1) 난방부하의 발생원인

① 실내 손실열량

㉮ 외벽, 창유리, 지붕내벽, 바닥의 현열 발생량

㉯ 극간풍의 현열과 잠열

② 기기 손실열량 : 덕트의 현열

③ 외기 부하 : 환기의 극간풍, 현열과 잠열

(2) 난방부하 계산

① 벽체로 부터의 손실열량 (q_w)

㉮ 외벽, 창유리, 지붕에서의 열손실 (q_w)

$$q_w = k \cdot A \cdot K(t_r - t_0 - \Delta t_a) \, [\text{kcal/h}]$$

k : 구조체의 열관류율(kcal/m^2h℃)

A : 구조체의 면적(m^2)

K : 방위에 따른 부가계수

t_r, t_o : 실내, 실외의 공기온도(℃)

Δt_a : 대기복사에 의하는 외기온도에 대한 보정온도(℃)

㉯ 내벽, 내창, 천장에서의 열손실 (q_w)

$$q_w = k \cdot A \cdot \Delta t \, [\text{kcal/h}]$$

k : 구조체의 열관류율(kcal/m^2h℃)

Δt : 인접실과의 온도차(℃)

A : 구조체의 면적(m^2)

㉓ 지면에 접하는 바닥 콘크리트 또는 지하층 벽의 손실열량 (q_w)

  ㉠ 지상 0.6[m]~지하 2.4[m]까지의 경우

$$q_w = k_p \cdot l_p (t_r - t_0) \, [\text{kcal/h}]$$

$$\begin{array}{l} k_p : \text{열손실량(kcal/mh℃)} \\ l_p : \text{지하 벽체의 길이(m)} \\ t_r, \ t_0 : \text{실내외의 온도(℃)} \end{array}$$

  ㉡ 지하 2.4[m] 이하인 경우

$$q_w = k \cdot A (t_r - t_g) \, [\text{kcal/h}]$$

$$\begin{array}{l} k : \text{바닥 및 지하 2.4[m] 이하의 벽에 대한 열관류율(kcal/m}^2\text{h℃)} \\ A : \text{벽체 및 바닥의 면적(m}^2) \\ t_r : \text{실내외의 온도(℃)} \\ t_g : \text{지중온도(℃)} \end{array}$$

② 극간풍에 의한 손실열량 (q_1)

$$q_1 = q_{IS} + q_{IL} = \text{현열량 + 잠열량} \, [\text{kcal/h}]$$
$$q_{IS}(\text{현열부하}) = 0.24 \, G_1 (t_r - t_0) = 0.29 \, Q_1 (t_r - t_0)$$
$$q_{IL}(\text{잠열부하}) = 597.5 \, G_1 (x_r - x_0) = 717 \, Q_1 (x_r - x_0)$$

$$\begin{array}{l} G_1, \ Q_1 : \text{극간풍량(kg/h, m}^3\text{/h)} \\ t_r, \ t_0 : \text{실내 및 실외 온도(℃)} \\ x_r, \ x_0 : \text{실내 및 실외공기의 절대습도(kg/kg}') \end{array}$$

③ 외기부하에 의한 손실열량 (q_F)

$$q_F = q_{FS} + q_{FL} \, [\text{kcal/h}]$$
$$q_{FS}(\text{현열부하}) = 0.24 \, G_F (t_r - t_0) = 0.29 \, Q_F (t_r - t_0)$$
$$q_{FL}(\text{잠열부하}) = 597.5 \, G_F (x_r - x_0) = 717 \, Q_F (x_r - x_0)$$

$$G_F, \ Q_F : \text{도입 외기량(kg/h, m}^3\text{/h)}$$

  ※ 외기부하란 외기의 도입으로 인한 손실열량(kcal/h)이다.

④ 기기(器機)에서의 손실열량 (q_B) : 공조기의 챔버나 덕트의 외면으로부터의 손실부하와 여유 등을 총괄해서 일어나는 손실열량(kcal/h)이다.

제2편 공기조화
공조냉동기계기능사

제 3 장 공조부하 예상문제

문제 1 다음 중 부하의 양이 가장 큰 것은?

㉮ 실내부하 ㉯ 냉각 코일부하

㉰ 냉동기부하 ㉱ 외기부하

해설 ● 각 부하의 크기 : 냉동기부하〉냉각코일부하〉실내부하〉외기부하

문제 2 다음의 냉방부하 중에서 현열 부하만 발생하는 것은 어떤 것인가?

㉮ 극간풍에 의한 열량 ㉯ 인체의 발생 열량

㉰ 벽체로부터의 열량 ㉱ 기구의 발생 열량

해설 벽체로부터의 열량은 실내의 온도차에 의한 열의 침입으로서 현열부하만 발생한다.

문제 3 냉방부하가 여러 가지 요소를 고려할 때 에너지 절약을 목표로 해서 실내온도(설계온도)를 1~2[℃] 높게 계획한다고 하면 부하계산상 커다란 부하 경감이 되지 않는 것은?

㉮ 건물 구조체를 통하는 침입열 ㉯ 틈새바람(극간풍)의 부하

㉰ 환기를 위한 부하 ㉱ 인체의 부하

해설 인체부하는 실내의 온도에 큰 영향을 주지 않는다.

문제 4 사무실 건물의 공기조화를 행할 경우 전체 열부하에서 제일 큰 비중을 차지하는 항목은?

㉮ 벽, 창, 천장 등에서 침입하는 열과 일사에 의해 유리창을 투과하여 침입하는 열

㉯ 재실자로 부터의 발생 열과 조명기구로 부터의 발생열

㉰ 일사에 의해 유리창을 투과하여 침입하는 열과 재실자로 부터의 발생열

㉱ 문을 열 때 들어오는 열과 문틈으로 들어오는 열

해설 ● 공조부하 중 가장 큰 부하
① 벽, 천장, 바닥, 창을 통한 열량
② 유리창을 통한 일사열량

문제 5 냉동부하 계산시 실내에서 취득하는 열량이 아닌 것은?

㉮ 기구, 조명 등의 발생열량 ㉯ 유리에서의 침입열량

㉰ 인체 발생열량 ㉱ 송풍기로부터 발생한 열량

해설 ● 실내 취득부하
① 벽체를 통한 부하
② 유리창을 통한 부하
③ 틈새바람에 통한 부하
④ 인체 발생 부하
⑤ 기기 및 조명발생 부하(기구발생부하)

해답 1. ㉰ 2. ㉰ 3. ㉱ 4. ㉮ 5. ㉱

문제 6 은행의 실내 체적이 730[m³]이고 공기가 1시간에 40회 비율로 틈새바람에 의해 자연 환기될 때 풍량(m³/min)을 구한 것 중 옳은 것은?

㉮ 310 ㉯ 325 ㉰ 450 ㉱ 486

해설 • 환기량

환기횟수 × 실내체적 = $\dfrac{40 \times 730}{60}$ = 486.67[m³/min]

문제 7 부하계산에서 $q = KA(t_1 - t_2)$의 계산식이 일반적으로 적용되는 것은?

㉮ 벽체의 전도에 의한 열손실 ㉯ 틈새바람에 의한 열손실

㉰ 덕트에서의 열손실 ㉱ 환기용 도입외기에 의한 손실

해설 • 난방부하 중 벽체를 통한 열손실

$q = K \cdot A \cdot (t_1 - t_2)$

$\begin{cases} q : \text{벽체부하(kcal/h)} \\ K : \text{열통과율(kcal/m}^2\text{h℃)} \\ A : \text{벽체면적(m}^2) \\ t_1 : \text{실내온도(℃)} \\ t_2 : \text{실외온도(℃)} \end{cases}$

문제 8 극간풍 풍량을 산출하는 방법 중 옳지 않은 것은?

㉮ 환기 회수에 의한 방법 ㉯ 창문 면적에 의한 방법

㉰ 창문 둘레의 극간 길이에 의한 방법 ㉱ 창문의 대각선 길이에 의한 방법

해설 • 극간풍(틈새바람)의 산출 방법

① 클랙(극간길이)법 : 창문틈새 1[m]당 침입외기량 × 틈새길이(창문 둘레간극 길이)

② 면적법 : 창면적 1[m²]당 침입외기량 × 창면적

③ 환기횟수법 : 환기횟수 × 실내 체적

문제 9 틈새바람량을 줄이기 위한 방안으로 가장 우선적으로 고려되어야 할 사항은?

㉮ 외부 풍량을 고려하여 건물의 방향을 조정한다.

㉯ 개구부의 기밀성을 증가시킨다.

㉰ 중성대의 위치를 조정한다.

㉱ 건물의 높이를 낮게 조정한다.

해설 틈새바람(극간풍)의 양을 줄이기 위하여는 개구부의 기밀성을 증가시킨다.

문제 10 송풍 공기량을 Q[m³/h], 외기 및 실내 온도를 각각 t_0, t_i[℃]라 할 때 침입 외기에 의한 취득 열량 중 현열부하를 구한 공식은?

㉮ $Q = 600\,Q(t_0 - t_i)$ ㉯ $Q = 715\,Q(t_0 - t_i)$

㉰ $Q = 0.28\,Q(t_0 - t_i)$ ㉱ $Q = 0.24\,Q(t_0 - t_i)$

해설 ① 현열부하 : $q_s = 0.28\,Q(t_0 - t_i)$

② 잠열부하 : $q_c = 715\,Q(t_0 - t_i)$

해답 6. ㉱ 7. ㉮ 8. ㉱ 9. ㉯ 10. ㉰

문제 11 난방부하 설명 중 옳지 않은 것은?

㉮ 건물의 난방시에 실내의 인원 또는 기구의 발생열은 난방 개시 시간을 고려하여 무시해도 좋다.

㉯ 외기부하는 난방부하 계산과 마찬가지로 현열부하와 잠열부하로 나누어 계산해야 한다.

㉰ 난로면의 열통과에 의한 손실열량은 적으므로 무시해도 좋다.

㉱ 건물의 벽체는 바람을 통하지 못하게 하므로 건물 벽체에 의한 손실열량은 무시해도 좋다.

해설 벽체를 통한 열손실은 실내의 온도차에 의하여 발생하며 난방부하 중 가장 큰 부하로 계산 시 고려하여야 한다.

문제 12 냉방부하의 취득열량에는 현열부하와 잠열부하가 있다. 잠열부하를 포함하는 것은?

㉮ 덕트로 부터의 취득열량　　　　㉯ 인체로 부터의 취득열량
㉰ 벽체의 전도에 의해 침입하는 열량　㉱ 일사에 의한 취득열량

해설 인체의 발생부하는 현열부하와 잠열부하로 구분한다.

참고 ● 냉방부하의 종류

구　　분		내　　용	열의 종류
실내부하	태양복사열	유리를 통과하는 복사열	현열
		외기에 면한 벽체(지붕)를 통과하는 복사열	현열
	온도차에 의한 전도율	유리를 통과하는 전도열	현열
		외기에 면한 벽체(지붕)를 통과하는 전도열	현열
		간벽, 바닥, 천장을 통과하는 전도열	현열
	내부 발생열	조명에서의 발생열	현열
		인체에서의 발생열	현열, 잠열
		실내 기구에서의 발생열	현열, 잠열
	침입 외기	외창 새시, 문틈에서의 틈새바람	현열, 잠열
	기타(실내부하에 준하는 것)	급기 덕트에서의 손실	현열
		송풍기의 동력열	현열
외기부하	도입 외기	외기를 실내 온습도로 냉각감습시키는 열량	현열, 잠열
기 타	기 타	환기덕트, 배관에서의 손실, 펌프의 동력열	현열

문제 13 건축적 측면에서 에너지 절약방법이 아닌 것은?

㉮ 외벽부분의 단열화　　　　㉯ 창유리 면적의 증대
㉰ 틈새바람의 기밀화　　　　㉱ 건물표면의 축소

해설 유리창의 면적증대시 일사부하가 증대하여 냉방부하가 증가하게 된다.

문제 14 전력 500〔W〕 전등의 발열량은 몇 〔kcal/h〕인가?

　㉮ 860　　　　　　　　　　　㉯ 670

　㉰ 550　　　　　　　　　　　㉱ 430

해설 ● 백열등의 발열량
　　1〔kW〕=860〔kcal/h〕이므로 0.5×860=430〔kcal/h〕

문제 15 1.5〔kW〕 송풍기 3대를 장치한 냉장실내에서 5명이 1시간동안 100〔W〕 백열전등 8개를 점등한 상태에서 작업을 했다고 하면 그 시간내에 발생한 총열량(kcal/h)은 얼마인가? (단, 환기 등 기타 손실은 고려치 않고 인체잠열 252〔kcal/h·인〕, 인체현열 113〔kcal/h·인〕이다.)

　㉮ 6,060〔kcal/h〕　　　　　　　㉯ 6,383〔kcal/h〕

　㉰ 6,720〔kcal/h〕　　　　　　　㉱ 7,016〔kcal/h〕

해설 ① 발생열량 :
　　송풍기에 의한 열량+인체의 발생열량+조명발생열량=3,870+(565+1,260)+688=6,383〔kcal/h〕
　② 송풍기에 의한 열량 : 1.5×3×860=3,870
　③ 인체의 발생 열량 : 현열=5×113=565, 잠열=5×252=1,260
　④ 조명 발생 열량 : 0.1×8×860=688

문제 16 틈새바람에 의한 열손실을 방지하기 위한 방법으로 틀린 것은?

　㉮ 회전문을 설치한다.

　㉯ 2중문을 설치한다.

　㉰ 2중문의 중간에 강제 대류 컨벡터를 설치한다.

　㉱ 환기장치를 설치한다.

해설 ● 틈새바람(극간풍)을 줄이기 위한 방법
　① 회전문을 설치한다.
　② 2중문을 설치한다.(내측문은 수동식)
　③ 2중문의 중간에 컨벡터를 설치한다.
　④ 에어 커튼을 설치한다.

문제 17 냉동기의 용량 결정에 있어서 실내취득 열량이 아닌 것은?

　㉮ 벽체로 부터의 열량　　　　　　㉯ 인체발생 열량

　㉰ 기구발생 열량　　　　　　　　㉱ 덕트로부터의 열량

해설 ① 실내 취득부하
　　㉮ 벽체를 통한 부하
　　㉯ 유리창을 통한 부하
　　㉰ 틈새바람을 통한 부하
　　㉱ 인체 발생부하
　　㉲ 기기 및 조명 발생부하
　② 기기내 취득부하
　　㉮ 송풍기에 의한 부하
　　㉯ 덕트를 통한 부하
　③ 재열부하
　④ 외기부하

해답 **14.** ㉱ **15.** ㉯ **16.** ㉱ **17.** ㉱

문제 18 방열벽을 통한 열통과율을 구하는 식과 단위가 옳은 것은?

㉮ $K = \dfrac{\text{보냉재의 열전도율 (kcal/m}^2\text{h℃)}}{\text{보냉재의 두께 (m)}}$

㉯ $K = \dfrac{\text{보냉재의 열전도율 (kcal/mh℃)}}{\text{보냉재의 두께 (m)}}$

㉰ $K = \dfrac{\text{보냉재의 두께 (m)}}{\text{보냉재의 열전도율 (kcal/m}^2\text{h℃)}}$

㉱ $K = \dfrac{\text{보냉재의 두께 (m)}}{\text{보냉재의 열전도율 (kcal/mh℃)}}$

해설 • 열통과율

$K\,[\text{kcal/m}^2\text{h℃}] = \dfrac{\text{보냉재의 열전도율 (kcal/mh℃)}}{\text{보냉재의 두께 (m)}}$

참고 • 열저항

$R\,[\text{m}^2\text{h℃/kcal}] = \dfrac{\text{두께}\,(l:\text{m})}{\text{열전도율}\,(\lambda:\text{kcal/mh℃})}$

문제 19 난방부하로 포함되지 않는 것은?

㉮ 벽체를 통한 부하   ㉯ 외기부하

㉰ 틈새부하   ㉱ 인체 발생부하

해설 인체 발생 부하는 난방부하에서 여유로 계산하므로 포함되지 않는다.

문제 20 5〔℃〕인 450〔kg/h〕의 공기를 65〔℃〕가 될 때까지 가열기로 가열할 때 필요한 열량은 몇 〔kcal/h〕인가? (단, 공기의 비열은 0.24〔kcal/kg℃〕)

㉮ 6,480   ㉯ 6, 490   ㉰ 6,580   ㉱ 6,590

해설 $Q = G \cdot C \cdot \varDelta t = 450 \times 0.24 \times (65-5) = 6,480\,[\text{kcal/h}]$

문제 21 벽체로부터 취득열량을 산출하는 식으로 옳은 것은?

㉮ $q = K \cdot (1/\varDelta te \cdot A)$ ㉯ $q = K \cdot \varDelta te \cdot A$

㉰ $q = K \cdot A \cdot (1/\varDelta te)$ ㉱ $q = K \cdot \varDelta te \cdot (1/A)$

해설 • 냉방부하 계산시 벽체(외벽) 취득열량 계산식

$q = K \cdot \varDelta te \cdot A$ $\begin{cases} q : \text{벽체 취득열량(kcal/h)} \\ K : \text{벽체 열통과율(kcal/m}^2\text{h℃)} \\ A : \text{벽체 면적(m}^2) \\ \varDelta te : \text{상당외기온도차(℃)} \end{cases}$

문제 22 다음 중 난방부하의 원인이 아닌 것은?

㉮ 외벽에 의한 손실   ㉯ 옥외에서 끌어들인 환기

㉰ 옥내에 설치된 냉장고   ㉱ 창문으로 들어온 공기

해설 난방부하 중 실내 재실 인원에 의한 열량과 실내기구에 의하여 발생하는 열은 고려하지 않고 여유로 본다.

해답 18. ㉯ 19. ㉱ 20. ㉮ 21. ㉯ 22. ㉰

문제 23 인체에 소비되는 열량이 많아져서 추위를 느끼게 되는 현상을 콜드 드래프트라 한다. 다음 중 콜드 드래프트 원인이라 볼 수 없는 것은?

⑦ 인체 주위의 공기온도가 너무 낮을 때
㉯ 기류 속도가 작고 습도가 높을 때
㉰ 주위 벽면의 온도가 낮을 때
㉭ 겨울에 창문의 극간풍이 많을 때

해설 ● 콜드 드래프트의 원인
① 인체 주위의 공기온도가 너무 낮을 때
② 기류 속도가 너무 빠를 때
③ 습도가 낮을 때
④ 벽면의 온도가 너무 낮을 때
⑤ 극간풍이 많을 때

문제 24 틈새바람량 $Q[\text{m}^3/\text{h}]$, 실내온도 t_r , 외기온도 t_0 라 할 때 틈새바람에 의한 현열부하를 구하는 식은?

⑦ $0.25\,Q(t_r - t_0)$ ㉯ $597\,Q(t_r - t_0)$
㉰ $717\,Q(t_r - t_0)$ ㉭ $0.29\,Q(t_r - t_0)$

해설 ① 틈새바람에 의한 현열부하 : $q_S = 0.29\,Q(t_r - t_0)$
② 틈새바람에 의한 잠열부하 : $q_L = 717\,Q(t_r - t_0)$

문제 25 난방부하 계산에서 송풍량을 구하는 공식은?

⑦ 송풍량 = 실내 취득열량 + 기기내 취득열량
㉯ 송풍량 = 실내 취득열량 + 재열량
㉰ 송풍량 = 실내 취득열량 + 외기부하
㉭ 송풍량 = 재열부하 + 외기부하

해설 ● 송풍량 산정식 : $Q_A = \dfrac{q_S}{0.29\,\Delta t}$ 에서 실내 현열부하 (q_S)는 실내취득 현열부하 + 기기 내 취득 현열부하를 고려하여 송풍량을 산정한다.

문제 26 냉방부하 계산시 형광등 용량 1[kWh]당 계산하여야 할 열량은 몇 kcal인가?

⑦ 860   ㉯ 1,500   ㉰ 1,000   ㉭ 1,920

해설 조명부하는 백열등의 경우 1[kW]당 860[kcal/h], 형광등은 안정기의 발열량을 포함하여 1[kW]당 1,000[kcal/h]로 한다.

문제 27 여름철 냉방에 필요로 하는 사항은?

⑦ 외기 온도의 변화   ㉯ 외기 압력의 변화
㉰ 외기 탄산가스량   ㉭ 외기 비체적의 변화

해설 외기의 온도가 상승하므로 실내의 적정온도를 유지하기 위하여

해답 **23.** ㉯ **24.** ㉭ **25.** ⑦ **26.** ㉰ **27.** ⑦

문제 28 외기온도 –5〔℃〕일 때 공급 공기를 18〔℃〕로 유지하는 히트 펌프로 난방을 한다. 방의 총 열손실이 50,000〔kcal/h〕일 때의 외기로부터 얻은 열량은 몇 〔kcal/h〕인가?

    ㉮ 43,500   ㉯ 46,048

    ㉰ 50,000   ㉱ 53,255

해설 ● 히트 펌프의 성적계수

$$COP = \frac{Q_1}{AW} = \frac{Q_1}{Q_1 - Q_2} = \frac{T_1}{T_1 - T_2} \text{에서}$$

$$Q_2 = Q_1 - \frac{Q_1(T_1 - T_2)}{T_1} = 50,000 - \frac{50,000 \times (291 - 268)}{291} = 46,048 \,[\text{kcal/h}]$$

문제 29 다음은 난방부하의 원인이다. 이 중 해당되지 않는 것은?

    ㉮ 외벽을 통한 열손실

    ㉯ 옥외에서 끌어들인 환기

    ㉰ 옥내에서 작동하는 냉장고

    ㉱ 창문 등 틈을 통해서 들어오는 침입공기

해설 ● 난방부하
    ① 전열에 의한 부하(벽체, 지붕, 바닥, 유리창)
    ② 극간풍(틈새바람)에 의한 부하
    ③ 외기부하

참고 난방부하 계산시 조명 및 기구, 인체에 의한 부하는 여유로 본다.

문제 30 실내의 취득열량을 구했더니 현열이 28,000〔kcal/h〕, 잠열이 12,000〔kcal/h〕였다. 실내를 21〔℃〕, 60〔%〕(RH)로 유지하기 위해 취출 온도차 10〔℃〕로 송풍할 때 이 때의 현열비를 구하면?

    ㉮ 0.7   ㉯ 1.8

    ㉰ 1.4   ㉱ 0.4

해설 현열비 $(SHF) = \dfrac{\text{현열}}{\text{현열} + \text{잠열}} = \dfrac{28,000}{28,000 + 12,000} = 0.7$

문제 31 사무실 서쪽벽의 면적이 50〔m²〕, 벽의 열통과율이 2.5〔kcal/m²h℃〕, 실내의 온도가 10〔℃〕이고 외기의 온도가 30〔℃〕일 때 이 서쪽벽을 통하여 시간당 몇 〔kcal〕의 열이 침입했는가?

    ㉮ 1,000   ㉯ 1,500

    ㉰ 2,000   ㉱ 2,500

해설 ● 난방부하 중 벽체를 통한 부하
$$Q = K \cdot A \cdot \Delta t = 2.5 \times 50 \times (30 - 10) = 2,500 [\text{kcal/h}]$$

해답 **28.** ㉯   **29.** ㉰   **30.** ㉮   **31.** ㉱

1. 공기조화방식의 분류

(1) 중앙방식

각 실이나 존(zone)에 공급해야 할 공조용 열매체인 냉수, 온수 또는 냉풍, 온풍을 만드는 장소를 중앙기계실이라고 하며 중앙방식의 공조 시스템은 중앙기계실로부터 조화된 공기나 냉, 온수를 각 실로 공급하는 방식이다.

① 열을 운반하는 매체의 종류에 따른 분류
  ㉮ 전공기 방식
  ㉯ 공기-수방식
  ㉰ 전수방식

② 중앙방식의 특징
  ㉮ 덕트 스페이스나 파이프 스페이스 및 샤프트가 필요하다.
  ㉯ 열원기기가 중앙기계실에 집중되어 있으므로 유지관리가 편리하다.
  ㉰ 주로 규모가 큰 건물에 필요하다.

(2) 개별방식

개별방식은 각 층 또는 각 존(zone)에 별도로 공기조화 유닛(unit)을 분산시켜 설치한 것으로서 개별제어 및 국소운전이 가능한 방식이다.

① 냉매방식에 따른 분류
  ㉮ 패키지 방식
  ㉯ 룸 쿨러 방식
  ㉰ 멀티 유닛 방식

② 개별방식의 특징
  ㉮ 각 유닛마다 냉동기가 필요하다.
  ㉯ 소음과 진동이 크다.
  ㉰ 외기냉방은 할 수 없다.
  ㉱ 유닛이 여러 곳에 분산되어 있어 관리가 불편하다.

■ 공조방식의 분류

분　　　　　류				명　　　칭
중앙방식	전공기방식	단일덕트방식	전풍량방식	• 말단에 재열기가 없는 방식 • 말단에 재열기가 있는 방식
			변풍량방식	• 재열기가 없는 방식 • 재열기가 있는 방식
		2중덕트방식		• 정풍량 2중 덕트 방식 • 변풍량 2중 덕트 방식 • 멀티존 유닛 방식
				• 덕트 병용의 패키지 방식 • 각 층 유닛 방식
	공기수방식 (유닛병용방식)			• 덕트 병용 팬 코일 유닛 방식 • 유인 유닛 방식 • 복사 냉난방 방식
	전　수　방　식			• 팬 코일 유닛 방식
개별방식	냉　매　방　식			• 패키지 방식 • 룸 쿨러 방식 • 멀티 유닛 방식

(3) 운반되는 열매체의 의한 분류

① 전공기 방식

㉮ 중앙공조기로부터 덕트를 통해 냉, 온풍을 공급받는다.

㉯ 송풍량이 많아서 실내의 공기 오염이 적다.

㉰ 중간기에 외기냉방이 가능하다.

㉱ 실내 유효면적을 넓힐 수 있다.

㉲ 실내에 배관으로 인한 누수의 염려가 없다.

㉳ 대형 덕트로 인한 덕트 스페이스가 필요하다.

㉴ 열매체인 냉, 온풍의 운반에 필요한 팬의 소요동력이 크다.

㉵ 넓은 공조실이 필요하고 많은 풍량이 필요하다.

㉶ 클린 룸(clean room)과 같이 청정을 필요로 한 곳에 필요하다.

㉷ 10000[m^2] 이하의 소규모에 필요하다.

※ 전공기 방식은 중앙공조기로부터 덕트를 통해 냉, 온풍을 공급 받는다.

② 전수방식(全水方式) : 전수방식은 보일러로부터 증기나 또는 온수나 냉동기로부터 냉수를 각실에 있는 팬 코일 유닛(FCU)으로 공급시켜 냉난방을 하는 방식이다. 배관에 의해 공조공간 즉 실내로 냉, 온수를 공급한다.

㉮ 장점

㉠ 덕트 스페이스가 필요없다.

㉡ 열의 운송동력이 공기에 비해 적게 소요된다.

㉢ 각 실의 제어가 용이하다.

　　⑭ 단점
　　　㉠ 송풍공기가 없어서 실내 공기의 오염이 심하다.
　　　㉡ 실내의 배관에 의해 누수될 염려가 있다.
　　⑮ 사용처
　　　㉠ 극간풍이 비교적 많은 주택, 여관, 요정 등에 적당하다.
　　　㉡ 재실 인원이 적은 방에 적당하다.

③ 공기-수방식 : 공기-수방식은 전공기방식과 수방식을 병용한 방식이다. 이 방식들은
　전 공기방식과 전수방식의 장점을 갖고 있으며 서로의 단점을 보완시킨 방식이다.
　㉮ 장점
　　㉠ 덕트 스페이스가 작아도 된다.
　　㉡ 유닛 1대로 극소의 존을 만들 수 있다.
　　㉢ 수동으로 각 실의 온도제어를 쉽게 할 수 있다.
　　㉣ 열 운반 동력이 전 공기방식에 비해 적게 든다.
　㉯ 단점
　　㉠ 유닛 내의 필터(filter)가 저성능이므로 공기의 청정에 도움이 되지 못한다.
　　㉡ 실내에 수(水) 배관에 있어서 누수의 염려가 있다.
　　㉢ 유닛의 소음이 있다.
　　㉣ 유닛의 설치 스페이스가 필요하다.
　㉰ 사용처 : 사무소 건축, 병원, 호텔 등에서 외부 존은 수방식으로 내부 존은 공기방
　　식이 좋다.

④ 냉매방식(개별방식) : 이 방식은 냉동기 또는 히트 펌프 등의 열원을 갖춘 패키지 유
　닛을 사용하는 방식이다.
　㉮ 종류
　　㉠ 룸 쿨러 방식
　　㉡ 멀티 유닛형 룸 쿨러 방식
　　㉢ 패키지형 방식
　㉯ 사용목적에 따라
　　㉠ 냉방용
　　㉡ 냉, 난방용
　㉰ 설치 위치에 따라
　　㉠ 벽걸이형
　　㉡ 바닥설치형
　　㉢ 천장매립형

(4) 제어방식에 의한 분류

① 전체 제어 방식

② 존별 제어 방식

③ 개별 제어 방식

(5) 공급열원에 의한 분류

① 단열원 방식 : 냉, 난방시 냉동기 또는 보일러만 갖춘 방식

② 복열원 방식 : 보일러나 냉동기를 동시에 갖춰서 실내의 부하변동시 즉시 대응이 가능한 방식이다.

(6) 조닝(zoning)과 존(zone)

① 조닝 : 건물 전체를 몇 개의 구획으로 분할하고 각각의 구획은 덕트나 냉, 온수에 의해 냉, 난방 부하를 처리하게 되는 것을 말한다.

② 존

㉮ 내부 존 : 용도에 따른 시간별 조닝 등

㉯ 외부 존 : 방위별, 층별 조닝

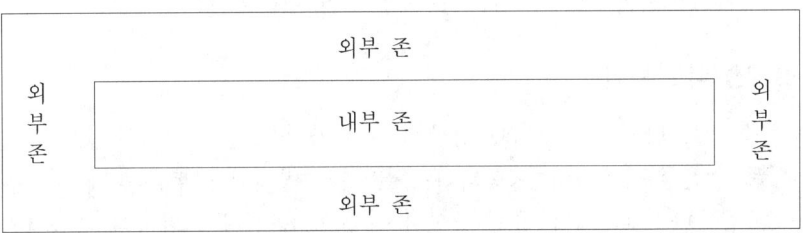

◆ 건물의 내부 존과 외부 존

2. 공기조화 방식의 특성

(1) 단일 덕트 방식

공조기(AHU : air handing unit)에서 조화된 냉풍 또는 온풍을 하나의 덕트를 통해 각 취출구로 송풍하는 방식이다.

① 장점

㉮ 덕트가 1계통이라서 시설비가 적게 들고 덕트 스페이스가 적게 차지한다.

㉯ 냉풍과 온풍을 혼합하는 혼합상자가 필요없어서 소음 진동도 적다.

㉰ 에너지가 절약적이다.

② 단점

㉮ 각 실이나 존의 부하변동에 즉시 대응할 수 없다.

　　ⓝ 부하특성이 다른 여러 개의 실이나 존이 있는 건물에 적용하기 곤란하다.

　　ⓓ 실내부하가 감소될 경우에 송풍량을 줄이면 실내 공기의 오염이 심하다.

(2) 단일 덕트 재열 방식

냉방부하가 감소될 경우 냉각기 출구 공기를 재열기(reheater)로 가열시켜 송풍하므로 덕트 내의 공기를 말단 재열기(terminal reheater) 또는 존별 재열기를 설치하고 증기 또는 온수로 송풍공기를 가열하는 방식이 단일 덕트 재열방식이다.

① 장점

　　ⓖ 부하 특성이 다른 여러 개의 실이나 존(zone)이 있는 건물에 적합하다.

　　ⓝ 잠열부하가 많은 경우나 장마철 등의 공조에 적합하다.

　　ⓓ 설비비는 2중 덕트 방식보다는 적게 든다.

② 단점

　　ⓖ 재열기의 설치로 설비비 및 유지관리비가 든다.

　　ⓝ 재열기의 설치 스페이스가 필요하다.

　　ⓓ 냉각기에 재열부하가 첨가된다.

　　ⓡ 여름에도 보일러의 운전이 필요하다.

　　ⓜ 재열기가 실내에 있는 경우 누수의 염려가 있다.

(3) 2중 덕트 방식

2중 덕트 방식은 공조기에 냉각 코일과 가열 코일이 있어서 냉방, 난방시를 불문하고 냉풍 및 온풍을 만든다. 냉풍과 온풍은 각각 별개의 덕트를 통해 각 실이나 존으로 송풍하고 냉, 난방부하에 따라 혼합상자(mixing box)에 혼합하여 취출시킨다.

① 종류

　　ⓖ 2중 덕트 방식

　　ⓝ 멀티존 방식

② 장점

　　ⓖ 부하의 특성이 다른 다수의 실이나 존에도 적용할 수 있다.

　　ⓝ 각 실이나 존의 부하변동이 생기면 즉시 냉, 온풍을 혼합하여 취출하기 때문에 적응속도가 빠르다.

　　ⓓ 방의 설계변경이나 완성 후에 용도 변경에도 쉽게 대처가 가능하다.

　　ⓡ 실의 냉, 난방 부하가 감소되어도 취출공기의 부족현상이 없다.

③ 단점

　　ⓖ 덕트가 2계통이므로 설비비가 많이 든다.

　　ⓝ 혼합상자에서 소음과 진동이 생긴다.

ⓒ 냉, 온풍의 혼합으로 인한 혼합손실이 있어서 에너지 소비량이 많다.

ⓓ 덕트의 샤프트 및 덕트의 스페이스가 크게 된다.

(4) 변풍량 방식

① 단일 덕트 변풍량 방식 : 취출구 1개 또는 여러 개에 변풍량 유닛(VAN unit)을 설치하여 실의 온도에 따라 취출풍량을 제어한다.

　㉮ 특징

　　㉠ 실내부하가 감소되면 송풍량이 감소된다.

　　㉡ 부하가 극히 감소되면 실내의 공기오염이 심해진다.

② 2중 덕트 변풍량 방식 : 단일 덕트의 변풍량 방식의 단점을 보완하여 만든 방식이다. 2중 덕트의 혼합상자와 변풍량 유닛을 조합한 2중 덕트 변풍량 유닛을 사용하거나 또는 혼합상자와 변풍량 유닛이 별개로 분리된 것을 사용하기도 한다.

③ 단일 덕트 변풍량 재열 방식 : 단일 덕트 변풍량 방식은 실의 냉방부하가 최소값에 달해도 일정량의 최소 냉풍량이 취출되므로 추위를 느끼게 된다. 따라서 재열형 변풍량 유닛으로 공급 공기를 재열시킨 후 취출하는 방식이다.

■ 변풍량 방식의 특성 비교표

단일 덕트 변풍량 방식	단일 덕트 변풍량 재열방식	2중 덕트 변풍량 방식
① 에너지 절감 효과가 크다. ② 일사량 변화가 심한 페리미터 존에 적합하다. ③ 각실이나 존의 온도를 개별 제어가 쉽다. ④ 설비비가 많이 든다.	① 각실 및 존의 개별제어가 쉽다. ② 외기 풍량의 요구가 필요로 하는 곳에 좋다. ③ 설치비가 많이 든다. ④ 여름에도 보일러 가동이 필요하다. ⑤ 누수의 염려가 있다.	① 에너지 절감 효과가 있다. ② 외기 풍량을 많이 필요한 곳에 좋다. ③ 까다로운 실내조건을 만족시킨다. ④ 설비비가 많이 든다. ⑤ 혼합 손실이 있다.

(5) 덕트 병용 패키지 방식

덕트 병용 패키지 방식은 각 층에 있는 패키지 공조기(PAC : package type air conditioner)로 냉, 온풍을 만들어 덕트를 통해 각 실로 송풍한다. 패키지 내에는 직접 팽창 코일 즉 증발기가 있어서 냉풍을 만들 수 있고 응축기에는 옥상에 있는 냉각탑으로부터 공급되는 냉각수에 의해 냉각된다. 또 패키지 내에 있는 가열 코일로는 지하실에 있는 보일러로부터 온수 또는 증기가 공급된다. 그러나 난방부하가 적은 경우에는 전열기를 설치하므로 보일러가 냉각되는 경우도 있다.

① 장점

　㉮ 중앙기계실에 냉동기를 설치하는 방식에 비하여 설비비가 적게 든다.

　㉯ 특별한 기술이 없어도 된다.

　㉰ 중앙기계실의 면적이 작다.

　㉱ 냉방시에는 각 층은 독립적으로 운전이 가능하므로 에너지 절감효과가 크다.

　㉲ 급기를 위한 덕트 샤프트가 필요없다.

② 단점

　㉮ 패키지형 공조기가 각 층에 분산 배치되므로 유지관리가 번거롭다.

　㉯ 실내 온도제어가 2위치 제어이므로 편차가 크고 또한 습도제어가 불충분하다.

　㉰ 15[RT] 이하의 소형은 송풍기 정압이 낮고 고급의 필터를 설치할 때 부스터 팬 (booster fan)이 필요하다.

　㉱ 공조기로 외기의 도입이 곤란한 것도 있다.

③ 사용처 : 중, 소규모의 건물, 호텔 등

(6) 각층 유닛 방식

각층 유닛 방식은 각 층마다 독립된 유닛(2차 공조기)을 설치하고 이 공조기의 냉각 코일 및 가열 코일에는 중앙기계실로부터 냉수 및 온수나 증기를 공급받는다. 이 방법은 대규모 건물이고 다층인 경우에 적용된다.

① 장점

　㉮ 외기용 공조기가 있는 경우에는 습도제어가 용이하다.

　㉯ 외기도입이 용이하다.

　㉰ 1차 공기용 중앙장치나 또한 덕트가 작아도 된다.

　㉱ 중앙기계실의 면적을 작게 차지하고 송풍기의 동력도 작게든다.

　㉲ 각 층마다 부하변동에 대응할 수 있다.

　㉳ 각 층마다 부분운전이 가능하다.

　㉴ 환기 덕트가 작거나 필요없어도 된다.

② 단점

　㉮ 공조기가 각 층에 분산되므로 관리가 불편하다.

　㉯ 각 층마다 공조기를 설치해야 할 장소가 필요하다.

　㉰ 각 층의 공조기로부터 소음 및 진동이 있다.

　㉱ 각 층마다 수(水) 배관을 해야하므로 누수의 우려가 있다.

(7) 팬 코일 유닛 방식

팬 코일 유닛(fan-coil unit)은 수(水)방식으로서 중앙기계실의 냉, 열원기기(냉동기나 보일러 열교환기 및 축열조)로부터 냉수 또는 온수나 증기를 배관을 통해 각 실에 있는 팬 코일 유닛(FCU)에 공급하여 실내공기와 열교환을 시킨다. 이 방식은 외기를 도입하지 않는 방식, 외기를 실내 유닛인 팬 코일 유닛으로 직접 도입하는 방식, 덕트 병용의 팬 코일 유닛 방식이 있다.

① 장점

㉠ 각 실의 유닛은 수동으로도 제어가 가능하고 개별제어가 용이하다.

㉡ 유닛을 창문 밑에 설치하면 콜드 드래프트(cold draft)를 줄일 수 있다.

㉢ 덕트 방식에 비해 유닛의 위치 변경이 용이하다.

㉣ 펌프에 의해 냉수, 온수가 이송되므로 송풍기에 의한 공기의 이송동력보다 적게 든다.

㉤ 덕트 샤프트나 스페이스가 필요없거나 작아도 된다.

㉥ 중앙기계실의 면적이 작아도 된다.

② 단점

㉠ 각 실에 수배관에 의해 누수의 염려가 있다.

㉡ 외기량이 부족하여 실내공기의 오염이 심하다.

㉢ 팬 코일 유닛 내에 있는 팬으로부터 소음이 있다.

㉣ 유닛 내에 설치된 필터는 주기적으로 청소가 필요하다.

(8) 유인 유닛 방식

유인 유닛 방식(IDU : induction unit system) 방식은 1차공기를 처리하는 중앙공조기, 고속 덕트와 각 실에는 유인 유닛 및 냉, 온수나 증기를 공급하는 배관에 의해 구성된다. 1차 공기는 보통 외기만 통과하지만 때로는 실내환기와 외기를 혼합하여 통과하는 경우도 있다.

이 방식은 건물 내부 존을 단일 덕트 정풍량 방식 또는 단일 덕트 변풍량 방식으로 하고 외부 존에는 유인 유닛을 혼용하여 설치하기도 한다.

유인 유닛에는 1차 공조기에서 냉각, 감습 또는 가열, 가습한 1차 공기를 고압, 고속으로 유닛 내로 보내면 유닛 내에 있는 노즐을 통해 분출될 때 유인작용으로 실내공기인 2차 공기를 혼합하여 분출한다. 이 때 2차 공기는 흡입구와 노즐 사이에 설치된 냉수, 온수 코일에 의해 냉각 또는 가열된다.

㉠ 유인 유닛으로 들어오는 1차 공기를 PA(primary air) 2차 공기가 SA(secondary air)

㉡ 1차 공기와 2차 공기가 혼합된 합계공기를 TA(total air)

㉢ 유인비 $(k) = \dfrac{\text{합계공기}}{\text{1차공기}} = \dfrac{TA}{PA} = 3 \sim 4$

① 장점

㉮ 각 유닛마다 제어가 가능하므로 개별제어가 가능하다.

㉯ 고속 덕트를 사용하므로 덕트 스페이스를 작게 할 수 있다.

㉰ 중앙공조기는 1차공기만 처리하므로 규모가 작아도 된다.

㉱ 유인 유닛에는 전기배선이 필요없다.

㉲ 실내 부하의 종류에 따라 조닝을 쉽게 할 수 있다.

㉳ 부하변동에 따른 적응성이 좋다.

② 단점

㉮ 각 유닛마다 수배관이 필요하여 누수의 염려가 있다.

㉯ 유닛은 소음이 있고 가격은 비싸다.

㉰ 유닛 내의 필터 청소는 자주해야 한다.

㉱ 외기냉방의 효과가 적다.

㉲ 유닛 내에 있는 노즐이 막히기 쉽다.

③ 사용처 : 고층사무소 빌딩, 호텔, 회관 등의 외부 존

최근의 건물은 유리창이 많아서 태양의 일사량이 많아 방위에 따라 변화가 심하며 겨울철에도 냉방이 필요할 때가 있어서 냉, 온수를 준비하여 부하의 변동에 대응이 가능하도록 한 방식이다.

(9) 복사 냉난방 방식

이 방식은 바닥, 천장 또는 벽면을 복사면으로 하여 실내 현열부하의 50~70[%]를 처리하도록 하고 나머지의 현열부하와 잠열부하는 중앙공조기를 통해 덕트로 공급처리하는 방식이다.

복사면은 냉수, 온수를 통하게 하는 패널(panel)을 사용하거나 파이프를 바닥이나 벽 등에 매설하는 경우와 전기 히터를 사용하는 경우 또는 연소 가스가 구조체의 온돌을 통하게 하는 경우가 있다.

일반적으로 공기조화에서의 복사냉난방은 냉, 온수가 패널에 공급되고 덕트를 통해 공기가 실내로 공급되는 공기, 수방식을 말한다.

① 장점

㉮ 현열 부하가 큰 곳에 설치가 효과적이다.

㉯ 쾌감도가 높고 외기의 부족현상이 적다.

㉰ 냉방시에 조명부하나 일사에 의한 부하가 쉽게 처리된다.

㉱ 바닥에 기기를 배치하지 않아도 되므로 공간이용이 넓다.

㉲ 건물의 축열을 기대할 수 있다.

㉳ 덕트 스페이스가 필요없고 열운반 동력을 줄일 수 있다.

② 단점

㉮ 단열시공이 필요하다.

㉯ 시설비가 많이 든다.

㉰ 방의 내부 구조나 모양의 변경시 융통성이 적다.

㉱ 냉방시에는 패널에 결로의 염려가 있다.

㉲ 풍량이 적어서 풍량이 많이 필요한 곳에는 부적당하다.

(10) 개별 방식

① 종류

㉮ 패키지 공조기 방식(packaged airconditioner)

㉯ 룸 쿨러 방식(room cooler)

㉰ 멀티 유닛 방식(multi-unit)

② 개별방식의 특징

㉮ 장점

㉠ 설치나 철거가 용이하다.

㉡ 운전조작이 쉽고 유지관리가 수월하다.

㉢ 제품이 규격화되어 있고 용도나 용량에 따라 선택이 자유롭다.

㉣ 히트 펌프(heat pump)식은 냉, 난방을 겸할 수 있다.

㉤ 개별제어가 용이하다.

㉯ 단점

㉠ 설치장소에 제한이 따른다.

㉡ 실내에 설치하므로 설치공간이 필요하다.

㉢ 실내 유닛이 분리되지 않는 경우에는 소음이나 진동이 발생된다.

㉣ 응축기의 열풍으로 주위에 피해가 우려된다.

㉤ 외기량이 부족하다.

제 4 장   공기조화방식 예상문제

문제 1 보통의 유닛형 공기조화기(에어 핸드링 유닛)내의 구성을 공기의 흐름방향 순서에 따라 연결한 것 중 옳게 조합된 것은?

㉮ 냉온수 코일 → 에어필터 → 팬 → 가습기
㉯ 에어필터 → 냉온수 코일 → 가습기 → 팬
㉰ 팬 → 가습기 → 에어필터 → 냉온수 코일
㉱ 냉온수 코일 → 가습기 → 에어필터 → 팬

해설 에어필터 → 냉수 코일 → 온수 코일 → 가습기 → 팬

문제 2 공기조화설비의 구성요소가 아닌 것은?

㉮ 공기조화기   ㉯ 연료가열기
㉰ 열원장치   ㉱ 자동제어장치

해설 ●공기조화설비의 구성 : 열원장치, 열운반장치, 공기조화기, 자동제어장치

문제 3 다음 공조설비 중 열반송 설비와 거리가 먼 것은?

㉮ 송풍기   ㉯ 덕트
㉰ 증기배관   ㉱ 냉각수 펌프

해설 냉각수 펌프는 열원장치 중 냉각탑에 부속되는 설비이다.

문제 4 냉방을 하는 경우 일반적으로 거실의 실내온도는 몇 〔℃〕로 하는가?

㉮ 29~32   ㉯ 25~28   ㉰ 23~25   ㉱ 18~22

해설 ●실내 적정 유지온도
① 냉방시 : 25~28[℃]
② 난방시 : 18~22[℃]

문제 5 공조기의 구성요소가 아닌 것은?

㉮ 에어 필터 : AF   ㉯ 공기예냉기 ; PC
㉰ 공기재생기 : AR   ㉱ 공기재열기 : RH

해설 ●공조기의 구성요소
① 에어 필터(air filter ; AF)
② 공기냉각기(cooling coil ; CC)
③ 공기가열기(heating coil ; HC)
④ 가습기(air washer ; AW)
⑤ 공기재열기(reheater ; RH)
⑥ 공기예냉기(pre cooling ; PC)
⑦ 송풍기

해답 1. ㉯ 2. ㉯ 3. ㉱ 4. ㉯ 5. ㉰

문제 6 공기조화를 위한 배관 시스템 중 개방회로로 구성된 계통은?

㉮ 난방용 온수 순환계통 ㉯ 저압 진공 환수계통

㉰ 터보 냉동기 냉수 순환계통 ㉱ 냉각수 순환계통

해설 •개방회로 : 외기와 개방되어 있는 회로로 냉각탑이 해당되므로 냉각수 순환계통

문제 7 단일 덕트 공기조화방식에 대한 설명으로 옳지 않은 것은?

㉮ 각실 각 존의 개별 온습도의 제어가 가능하다.

㉯ 공기조화기가 중앙기계실에 설치되어 있으므로 보수 관리가 용이하다.

㉰ 단일 덕트 방식에는 큰 덕트 스페이스를 필요로 한다.

㉱ 극장, 백화점, 공장 등 큰방에 널리 이용된다.

해설 중앙기계실에 설치되어 있는 공기조화기에 조정된 공기를 하나의 덕트를 통해 각 실로 공급하는 온습도를 유지하는 방식으로 각 실의 개별 온습도 제어가 어렵다.

문제 8 공기조화설비의 4대 구성요소 중 옳지 않는 것은?

㉮ 공기조화기 ㉯ 열원장치

㉰ 자동제어장치 ㉱ 공기가열기

해설 공기가열기는 공기조화장치에 해당된다.

참고 •공기조화설비의 구성

① 열원장치 : 냉동기, 보일러, 냉각탑 등으로 증기(온수), 냉수를 만드는 장치이다.

② 공기조화기 : 공기 여과기, 공기 냉각기(제습기), 공기가열기, 공기세정제(가습기) 등으로 공기를 처리하는 장치이다.

③ 열운반장치 : 송풍기, 덕트, 펌프, 배관 등으로 공조기에서 실내까지 열을 운반한다.

④ 자동제어장치 : 실내의 온도, 습도 등을 일정한 값으로 유지하고, 운전을 경제적이고 안전하게 하도록 한다.

문제 9 다음 공기조화설비의 구성을 나타낸 것 중 직접적인 관계가 없는 것은?

㉮ 열원장치 : 가열기, 가습기

㉯ 공기처리장치 : 냉각기, 감습기

㉰ 열운반장치 : 송풍기, 덕트

㉱ 자동제어장치 : 온도조절장치, 습도조절장치

해설 <8번 참고>

문제 10 공기조화설비에 없는 장치는?

㉮ 온도 및 습도 조절장치 ㉯ 공기제조장치

㉰ 공기이동과 순환장치 ㉱ 공기여과장치

해설 <8번 참고>

해답 6. ㉱ 7. ㉮ 8. ㉱ 9. ㉮ 10. ㉯

문제 11 중앙기계실에서 온수 또는 냉수를 파이프로 보내어 겨울에는 복사난방, 여름에는 복사냉방을 행하는 공기조화방식은?

㉮ 단일 덕트 방식　　　　　　㉯ 이중 덕트식

㉰ 패널식　　　　　　　　　　㉱ 이차 송풍식

해설 ● 복사냉난방방식(패널식) : 중앙기계실에서 온수 또는 냉수를 배관으로 공급하여 바닥이나 벽 패널을 통해 겨울에는 복사난방, 여름에는 복사냉방을 행하는 방식

문제 12 다음 중 개별식 공조방식의 장점이 아닌 것은?

㉮ 소규모의 공기조화에서는 설비비가 적게 든다.

㉯ 덕트 스페이스를 요하지 않는다.

㉰ 대부분의 공조기가 소형이므로 소음이 적다.

㉱ 설치 이동이 용이하므로 이미 건축된 건물에 적합하다.

해설 기기가 실내에 설치되므로 소음이 크다.

문제 13 2중 덕트 방식에 대한 설명 중 잘못된 것은?

㉮ 개별 조절이 가능하다.

㉯ 습도의 완전한 조절이 가능하다.

㉰ 동시에 냉방, 난방을 행하기가 용이하다.

㉱ 설비비, 운전비가 많이 든다.

해설 중앙기계실의 공기조화기로부터 냉풍과 온풍을 동시에 만들어 각각 별개의 덕트로 공급되어 각 실에 설치된 혼합상자(mixing box)에 의해 혼합한 후 송풍하는 방식으로 습도의 완벽한 조절은 어렵다.

문제 14 다음의 공기조화방식 중에서 개별방식이 아닌 것은?

㉮ 룸 쿨러　　　　　　　　　　㉯ 멀티 유닛형 룸 클러

㉰ 패키지 방식　　　　　　　　㉱ 팬 코일 유닛 방식

해설 팬 코일 유닛 방식은 수방식으로서 중앙공조방식이다.

문제 15 다음 중 팬 코일 유닛 방식의 특징이 아닌 것은?

㉮ 수배관을 각실에 행하여야 한다.　　㉯ 고성능 필터 사용에 곤란하다.

㉰ 고도의 공기처리를 할 수 없다.　　㉱ 보수관리가 용이하다.

해설 팬 코일 유닛 방식은 각 층에 분산배치되어 있어 보수관리 및 점검이 불편하다.

문제 16 다음 공조방식 중에서 개별식 공기조화 방식은?

㉮ 팬 코일 유닛 방식　　　　　㉯ 2중 덕트 방식

㉰ 복사 냉난방방식　　　　　　㉱ 패키지 유닛 방식

해설 팬 코일 유닛 방식은 수방식으로 중앙기계실에서 냉온수를 공급하여 공조하는 방식이다.

해답 11. ㉰　12. ㉰　13. ㉯　14. ㉱　15. ㉱　16. ㉱

문제 17 다음 중 개별 유닛 방식에 속하지 않는 것은?

㉮ Multi Zone식   ㉯ 자납식(自納式)

㉰ fan-coil식   ㉱ induction unit식

해설 멀티 존(multi zone) 방식은 중앙식이다.

문제 18 다음 공기조화방식 중에서 개별식 공기방식에 속하는 것은?

㉮ 단일 덕트 방식   ㉯ 유인 유닛 방식

㉰ 패키지 유닛 방식   ㉱ 복사 냉·난방식

해설 개별식 공조방식에는 패키지 방식과 룸 에어컨(룸 쿨러)식이 있다.

문제 19 다음의 공조방식 중 전공기방식이 아닌 것은?

㉮ 전풍량 단일 덕트 방식   ㉯ 유인 유닛 방식

㉰ 변풍량 단일 덕트 방식   ㉱ 이중 덕트 방식

해설 • 전공기방식 : 공조기에서의 냉, 온풍을 송풍기에 의해 덕트를 통해 실내의 냉난방 부하처리를 위해 실내로 공급하는 방식

장 점	단 점
① 송풍량이 많아서 실내공기의 오염이 적다.	① 덕트의 설치 스페이스가 필요하다.
② 중간기(봄, 가을)에 외기냉방이 가능하다.	② 냉·온풍의 운반에 소요되는 동력이 냉·온수를 운반하는 동력보다 크다.
③ 취출구를 천장에 설치하므로 실의 유효면적이 넓다.	③ 공조기의 설치면적이 넓다.
④ 실에 수배관이 없어서 누수의 염려가 없다.	

문제 20 다음 중 팬 코일 유닛 방식의 특징이 아닌 것은?

㉮ 외기 송풍량을 크게 할 수 없다.

㉯ 각 실에 수배관을 해야 한다.

㉰ 유닛별로 단독 운전이 불가능하므로 개별 제어도 곤란하다.

㉱ 부분적인 팬 코일 유닛만의 운전으로 에너지 소비가 적은 운전이 가능하다.

해설 • 팬 코일 유닛 방식의 특징

(1) 장점

① 각 실의 유닛은 수동으로도 제어할 수 있고 개별제어가 용이하다.

② 유닛을 창문 밑에 설치하면 콜드 드래프트(cold draft)를 방지할 수 있다.

③ 덕트 방식에 비해 유닛의 위치 변경이 쉽다.

④ 펌프에 의해 냉온수를 이송하므로 송풍기에 의한 공기의 이송 동력보다 적게 든다.

⑤ 덕트 샤프트나 스페이스가 필요없거나 작아도 된다.

⑥ 중앙기계실의 면적이 작아도 된다.

(2) 단점

① 각 실에 수배관으로 인한 누수의 염려가 있다.

② 외기량이 부족하여 실내공기의 오염이 심하다.

③ 팬 코일 유닛 내에 있는 팬으로부터의 소음이 발생한다.

④ 유닛 내에 있는 필터를 주기적으로 청소해야 한다.

해답 17. ㉮ 18. ㉰ 19. ㉯ 20. ㉰

문제 21 일반적으로 냉동기를 내장하고 있는 공기조화기를 실내에 직접 설치하는 공기조화방식은?

㉮ 단일 덕트 방식 ㉯ 2중 덕트 방식 ㉰ 유인 유닛 방식 ㉱ 패키지 방식

> **해설** ● 패키지 방식 : 냉동기 및 냉각 코일, 송풍기 등이 내장되어 있는 공조기를 실내에 설치하여 공조하는 방식

문제 22 팬 코일 유닛 방식에 대한 설명 중 옳은 것은?

㉮ 전공기방식에 비해 덕트 면적이 작다.
㉯ 각 유닛마다 조절할 수 없으므로 각실 조절이 부적합하다.
㉰ 외기 송풍량을 크게 할 수 있다.
㉱ 고성능 필터를 사용하기가 쉽다.

> **해설** 덕트 병용 팬 코일 유닛 방식은 전공기방식에 비해 덕트 스페이스가 작다.

문제 23 1차 공조기로부터 보내온 고속공기가 노즐 속을 통과할 때의 유인력에 의하여 2차 공기를 유인하여 냉각 또는 가열하는 방식을 무엇이라고 하는가?

㉮ 패키지 방식 ㉯ FCU 방식 ㉰ 유인 유닛 방식 ㉱ 바이패스 방식

> **해설** ● 유인 유닛(induction unit)방식 : 1차공조기에서 나온 1차공기를 고속 덕트로 각 실에 설치된 유인 유닛으로 보내어 노즐로부터 분출하는 1차공기의 유인 작용에 의해 2차 공기인 실내공기를 유인하여 공급하는 방식

문제 24 코일, 팬, 필터를 내장하는 유닛으로써, 여름에는 코일에 냉수를 통과시켜 공기를 냉각 감습하고, 겨울에는 온수를 통과시켜 공기를 가열하는 공기조화방식은?

㉮ 덕트 병용의 패키지 공조기방식   ㉯ 각층 유닛 방식
㉰ 유인 유닛 방식   ㉱ 팬 코일 유닛 방식

> **해설** ● 팬 코일 유닛(fan coil unit)방식 : 냉온수 코일, 팬, 에어 필터를 내장한 유닛으로 여름에는 코일에 냉수를 통과시켜 공기를 냉각, 감습하고, 겨울에는 온수를 통과시켜 공기를 가열하는 방식

문제 25 냉·난방에 필요한 전 송풍량을 하나의 주 덕트만으로 분배하는 방식은?

㉮ 단일 덕트 방식   ㉯ 이중 덕트 방식
㉰ 멀티 존 유닛 방식   ㉱ 팬 코일 유닛 방식

> **해설** ● 단일 덕트 방식 : 공기조화기에서 소정의 온습도로 조화된 공기를 하나의 주 덕트로 공급하여 분배하는 방식

문제 26 부하변동이 적고 엄밀한 온습도를 요구하지 않는 극장 등의 대규모 공간에 채용하는 공기조화방식은?

㉮ 단일 덕트 방식   ㉯ 이중 덕트 방식
㉰ 단일 덕트 변풍량 방식   ㉱ 이중 덕트 변풍량방식

해답 21. ㉱ 22. ㉮ 23. ㉰ 24. ㉱ 25. ㉮ 26. ㉮

문제 27 다음 중 공기조화방식 중에서 보일러로부터 증기 또는 온수나 냉동기로부터 냉수를 객실에 있는 유닛으로 공급시켜 냉·난방을 하는 것으로 덕트 스페이스가 필요없고, 각 실의 제어가 쉬워서 주택, 여관 등과 같이 재실 인원이 적은 방에 적용한 방식은?

㉮ 전공기방식　　　　　　　　　㉯ 전수방식
㉰ 공기수방식　　　　　　　　　㉱ 냉매방식

해설 팬 코일 : 유닛 방식은 전수방식으로 덕트 스페이스가 필요없다.

문제 28 공조방식의 설치위치에 따른 분류 중 개별식 공기조화방식이 아닌 것은?

㉮ 유닛 병용의 경우를 제외하고는 방마다 조정이 곤란하다.
㉯ 대량 생산이 가능하므로 설비비와 운전비가 싸진다.
㉰ 이동, 보관이 용이하다.
㉱ 공장에서 조립, 완성하므로 현장 냉매배관이 필요없다.

해설 개별식 공조방식은 방마다 개별 조정이 가능하다.

문제 29 다음은 공기조화방식의 개별방식에 대한 설명으로서 옳지 않은 것은?

㉮ 개별방식은 냉동기용의 압축기를 본체에 내장하는 공조기이다.
㉯ 주택, 공동주택, 소점포 등의 소규모 건축에 다소 사용된다.
㉰ 서모스탯이 없어 개별제어가 자유롭지 못하다.
㉱ 히트(heat) 펌프 이외의 것은 난방용으로서 전열을 필요로 하며 운전비가 높다.

해설 실내에 온도조절기(서모스탯)를 설치하여 개별제어가 가능하다.

문제 30 공조방식 중 팬 코일 유닛 방식의 장점이 아닌 것은?

㉮ 공조기 크기를 작게 할 수 있다.　　㉯ 개별제어가 가능하다.
㉰ 보수관리가 용이하다.　　　　　　㉱ 외기 송풍량을 크게 할 수 있다.

해설 수방식으로서 외기송풍량의 공급이 없어 실내 공기의 오염이 심하다.

문제 31 개별 공조방식과 관계가 먼 것은?

㉮ 패키지 에어컨　　　　　　　　㉯ 룸 에어컨
㉰ 멀티 에어컨　　　　　　　　　㉱ 팬 코일 유닛

해설 팬 코일 유닛 방식은 수방식으로 중앙기계실에서 냉온수를 공급하여 공조하는 방식이다.

문제 32 중앙식 공기조화인 전 덕트 방식의 장점이 아닌 것은?

㉮ 시설비의 저렴　　　　　　　　㉯ 유지관리 용이
㉰ 유지비의 저렴　　　　　　　　㉱ 덕트 공간 불필요

해설 전 덕트 방식이므로 타 방식에 비하여 덕트 공간이 많이 필요하다.

해답 27. ㉯　28. ㉮　29. ㉰　30. ㉱　31. ㉱　32. ㉱

문제 33 공기조화에서 건물을 내주부와 외주부로 나누어 별개의 송풍 계통으로 하는 방식은?

㉮ 복사 패널 방식　　　　　　　　　㉯ 듀널 콘듀트 방식

㉰ 조닝 방식　　　　　　　　　　　㉱ 멀티 존 유닛 방식

　해설 ● 조닝(zonning) : 건물의 내부와 외부로 나누어 별개의 송풍계통으로 공조하는 방식

문제 34 다음 공조방식 중 개별식에 해당되는 것은?

㉮ 덕트 병용 패키지 방식　　　　　　㉯ 유인 유닛 방식

㉰ 단일 덕트 방식　　　　　　　　　㉱ 패키지 방식

　해설 ● 개별공조방식 : 패키지 방식, 룸 쿨러 방식 등

문제 35 다음 공기조화방식 중 각 실내의 온도조절이 가장 잘 되는 방식은?

㉮ 멀티 존 유닛 방식　　　　　　　　㉯ 패키지 방식

㉰ 팬 코일 유닛 방식　　　　　　　　㉱ 단일 덕트 방식

　해설 개별공조방식이 각 실의 온도조절에 가장 유리하므로 패키지 방식이다.

문제 36 개별식 공조방식의 특징이 아닌 것은?

㉮ 각 실의 온도제어가 용이하다.　　　㉯ 성에너지가 증가된다.

㉰ 외기 냉방이 가능하다.　　　　　　㉱ 소규모 건물에 적당하다.

　해설 개별식은 외기(대기) 냉방이 불가능하다.

문제 37 수-공기방식인 팬 코일 유닛(fan coil unit) 방식의 장점으로 옳지 않은 것은?

㉮ 개별 제어가 가능하다.

㉯ 증설이 비교적 간단하다.

㉰ 전공기 방식에 비해 반송동력이나 열의 반송을 위한 공간이 작아도 된다.

㉱ 팬 코일 유닛의 송풍기 압력이 높기 때문에 성능이 좋은 필터를 사용할 수 있다.

　해설 덕트 병용 팬 코일 유닛 방식(수공기방식)에서 팬 코일 유닛에 내장된 송풍기 압력이 낮아
　　　고성능 필터를 사용하기 어렵다.

문제 38 다음 난방방식 중에서 중앙식 공조방식(전공기방식)에 속하는 것은?

㉮ 패키지 유닛(package unit) 방식　　㉯ 유인 유닛 방식

㉰ 팬 코일 유닛 방식　　　　　　　　㉱ 이중 덕트 방식

　해설 ㉮ 개별식
　　　㉯ 수공기방식
　　　㉰ 수방식
　　　㉱ 전공기방식

　참고 전공기방식에는 단일 덕트 방식, 이중 덕트 방식, 각층 유닛 방식, 멀티 존 유닛 방식이 있다.

해답 33. ㉰ 34. ㉱ 35. ㉯ 36. ㉰ 37. ㉱ 38. ㉱

문제 39 다음의 공기조화방식 중에서 개별방식이 아닌 것은?

㉮ 룸 쿨러
㉯ 멀티 유닛형 룸 쿨러
㉰ 패키지 방식
㉱ 팬 코일 유닛 방식

해설 팬 코일 유닛 방식은 중앙공조방식으로 전수방식이며 덕트와 병용하여 공조하는 수-공기 방식이 있다.

문제 40 다음의 공기조화방식은 단일 덕트 변풍량방식에 대한 설명이다. 이 방식과 거리가 먼 것은?

㉮ 정풍량방식에 비해서 설비비가 적다.
㉯ 다른 방식에 비해 에너지 효과가 좋다.
㉰ 각 실의 실온을 개별적으로 제어할 수 있다.
㉱ 대규모일 때 덕트와 공조기의 용량은 동시 사용률을 고려해서 정풍량 방식의 80[%] 정도 적게 할 수 있다.

해설 단일 덕트 방식에서 변풍량(VAN) 방식이 정풍량(CAV) 방식에 비하여 설비비가 많이 든다.

문제 41 다음과 같은 공기조화방식의 분류 중 공기-물 방식이 아닌 것은?

㉮ 인덕션 유닛 방식
㉯ 팬 코일 유닛 방식
㉰ 복사 냉난방방식
㉱ 멀티 존 유닛 방식

해설 멀티 존 유닛 방식은 전공기방식에 해당된다.

참고

구 분	열매체에 의한 분류	방 식	분 류
중앙식	전공기방식	단일 덕트 방식(정풍량, 변풍량)	(존재열, 단말재열)
		이중 덕트 방식	멀티 존 방식
		각층 유닛 방식	
	수-공기방식	덕트 병용 팬 코일 유닛 방식	2관식, 3관식, 4관식
		유인(인덕션) 유닛 방식	2관식, 3관식, 4관식
		복사 냉난방방식	
	수방식	팬 코일 유닛 방식	2관식, 3관식, 4관식
개별식	냉매방식	룸 쿨러	
		패키지 유닛 방식	

문제 42 다음 공기조화방식에서 전수방식은?

㉮ 단일 덕트 방식
㉯ 유인 유닛 방식
㉰ 팬 코일 유닛 방식
㉱ 복사 냉난방 방식

해설 ● 전수방식 : 팬 코일 유닛(FCU) 방식

해답 39. ㉱ 40. ㉮ 41. ㉱ 42. ㉰

문제 43 다음 공조방식 중 공기-수방식이 아닌 것은?

㉠ 팬 코일 유닛 방식   ㉡ 멀티 존식

㉢ 유인 유닛 방식   ㉣ 이중 덕트식

해설 이중 덕트 방식은 전공기방식이다.

문제 44 개별 공조방식의 특징이 아닌 것은?

㉠ 국소적인 운전이 자유롭다.   ㉡ 성에너지가 된다.

㉢ 외기냉방을 할 수 있다.   ㉣ 취급이 간단하다.

해설 개별 공조방식은 외기의 도입이 어려워 중간계(봄, 겨울)에 외기를 이용한 냉방이 어렵다.

문제 45 다음 공기조화방식 중에서 중앙식의 공기방식에 속하는 것은?

㉠ 패키지 방식   ㉡ 복사   ㉢ 팬 코일   ㉣ 이중 덕트

해설 ㉠ 개별식   ㉡ 수-공기방식

       ㉢ 수방식   ㉣ 전공기방식

문제 46 공기조화방식을 분류하면 중앙방식과 개별방식으로 분류할 수 있다. 또한 중앙방식은 전공기방식, 공기-수방식 및 수방식으로 분류할 수 있는데 공기-수방식이 아닌 것은?

㉠ 각층 유닛 방식   ㉡ 팬 코일 유닛 방식(덕트 병용)

㉢ 유인 유닛 방식   ㉣ 복사 냉난방식

해설 각층 유닛 방식은 전공기방식이다.

문제 47 극장 등 대용적인 실에 적합한 공조방식은?

㉠ 단일 덕트 방식   ㉡ 이중 덕트 방식

㉢ 팬 코일 유닛 방식   ㉣ 유인 유닛 방식

해설 극장의 대규모 인원이 이용하기 때문에 환기 등의 문제를 고려하여 전공기방식인 단일 덕트 방식을 채택한다.

문제 48 전공기 공조방식의 장점이 아닌 것은?

㉠ 외기냉방이 가능하다.   ㉡ 청정도 제어가 용이하다.

㉢ 동절기 가습이 용이하다.   ㉣ 개별 제어가 가능하다.

해설 <19번 해설 참고>

문제 49 다음과 같은 공기조화방식의 분류 중 공기물방식이 아닌 것은?

㉠ 인덕션 유닛 방식   ㉡ 팬 코일 유닛 방식

㉢ 복사 냉난방방식   ㉣ 멀티 존 유닛 방식

해설 멀티 존 유닛 방식은 전공기방식이며 팬 코일 유닛 방식은 덕트 병용방식으로 본다.

해답 43. ㉣   44. ㉢   45. ㉣   46. ㉠   47. ㉠   48. ㉣   49. ㉣

문제 50 대규모 빌딩으로 존(zone) 수가 많을 때 공조방식으로 적당한 것은?

㉮ 단일 덕트 방식   ㉯ 이중 덕트 방식

㉰ 패키지 방식   ㉱ 팬 코일 유닛 방식

> **해설** 공기조화기에서 나온 냉풍관 온풍을 각각 별개의 덕트를 통해 실내로 공급하여 부하의 특성에 따라 혼합상자에 혼합된 후 취출되므로 부하 특성이 다른 다수의 실이나 존(zone)에 적용한다.

문제 51 다음은 이중 덕트 방식에 대한 설명이다. 옳지 않은 것은?

㉮ 중앙식 공조방식으로 운전 보수관리가 용이하다.

㉯ 실내 부하에 따라 각 실 제어나 존(zone)별 제어에 가능하다.

㉰ 열매가 공기이므로 실온의 응답이 아주 빠르다.

㉱ 단일 덕트 방식에 비해 에너지 소비량이 적다.

> **해설** 이중 덕트 방식은 단일 덕트 방식에 비해 동력소비가 크다.

문제 52 1개의 덕트로 냉·온풍을 공급하는 방식은?

㉮ 단일 덕트   ㉯ 이중 덕트   ㉰ 멀티 존 유닛식 ㉱ 유인 유닛식

> **해설** • 단일 덕트 방식 : 공조기에서 나오는 냉·온풍을 1개의 덕트를 이용하여 실내로 공급하는 방식으로 덕트의 설치공간이 커야 한다.

문제 53 팬 코일 유닛 방식에 대한 설명 중 틀린 것은?

㉮ 외기 송풍량을 크게 할 수 있다.

㉯ 개별제어에 적합하다.

㉰ 기존 설치된 건물에 비교적 용이하게 설치할 수 있다.

㉱ 덕트는 외기 덕트만으로 된다.

> **해설** 팬 코일 유닛 방식은 전수방식으로 외기 송풍량과는 무관하다.

문제 54 다음 중 전수방식인 것은?

㉮ 유인 유닛 방식   ㉯ 룸 에어컨

㉰ 팬 코일 유닛 방식   ㉱ 멀티 존 유닛 방식

> **해설** ㉮ 수-공기방식
> ㉯ 개별식
> ㉰ 전수방식
> ㉱ 전공기방식

문제 55 공기조화의 계획을 수립함에 있어서 중앙식 공기조화장치에 고려하지 않아도 되는 것은?

㉮ 온도   ㉯ 습도   ㉰ 청정도   ㉱ 환기

> **해설** • 공기조화의 4대 요소 : 온도, 습도, 기류속도, 청정도

해답 **50.** ㉯ **51.** ㉱ **52.** ㉮ **53.** ㉮ **54.** ㉰ **55.** ㉱

문제 56 공기조화 설비비 중 차지하는 비율(%)이 가장 큰 것은?

　　㉮ 냉동기 설비　　　　　　　　㉯ 공기조화기 및 덕트
　　㉱ 보일러 설비　　　　　　　　㉰ 냉각탑 설비

　　해설 공기조화설비 중 공사비의 비중을 가장 많이 차지하는 설비는 덕트 설비이다.

문제 57 공기조화 방식 중 혼합 체임버(chamber)를 설치해서 냉풍과 온풍을 자동적으로 혼합하여 공급하는 것은?

　　㉮ 멀티 존 덕트 방식　　　　　　㉯ 재열방식
　　㉱ 팬 코일 유닛 방식　　　　　　㉰ 이중 덕트 방식

　　해설 ● 이중 덕트 방식 : 중앙기계실의 공기조화기로부터 냉풍과 온풍을 동시에 만들어 각각 별
　　　　　개의 덕트로 공급되어 각 실에 설치된 혼합상자(mixing chamber)에 의해 혼합한 후 송
　　　　　풍하는 방식으로 습도의 완벽한 조절이 어렵다.

문제 58 파이프 코일을 바닥이나 천장에 설치하고 냉수 또는 온수를 보내어 냉·난방을 하는 방식을 무엇이라고 하는가?

　　㉮ 전공기방식　　　　　　　　　㉯ 패키지 유닛 방식
　　㉱ 유인 유닛 방식　　　　　　　㉰ 복사 냉난방방식

　　해설 ● 복사 냉난방방식 : 천장, 벽, 바닥에 배관 코일을 매립하여 온수 또는 냉수를 공급하며 천
　　　　　장에서 공기는 송기하여 냉난방하는 방식

1. 공기여과기

(1) 에어 필터(air filter)

① 에어 필터의 효율 측정법

㉮ 중량식 : 필터의 상류측과 하류측의 분진 중량(mg/m^3)을 측정한다.

㉯ 변색도법(비색법 : NBS법) : 필터 상류 및 하류의 분진을 각각 여과지로 채집하여 광 투과량이 같도록 상하류에 통과되는 공기량을 조절하여 계산식을 이용하여 효율을 구한다.

㉰ 계수법(DOP법) : 광산란식 입자계수기를 사용하여 필터의 상류 및 하류의 미립자에 의한 산란광에서 그 입경과 개수를 계측하여 농도를 측정하여 포집률을 구한다.

② 에어 필터의 분류

분 류	종 류	특 성	비 고
여과작용에 의한 분류	충돌점착식	여과재 교환형, 유닛 교환형	수동 청소형
		자동식 충돌 점착식	자동 청소형
	건성여과식	폐기 또는 유닛 교환형	수동 청소형
		자동 이동형	
		고성능 필터	
	전기식	이동전하식 정기 청소형, 2단하단식 여과재 집진형, 1단하전식 여과재 誘電形	
	활성탄 흡착식	원통형, 지그재그형, 바이패스형	
보수관리상의 분류	자동 청소형	연속해서 여과재가 청소용 기름 탱크를 통과하면서 청소된다.	재사용 가능
	자동 재생형	더러워진 오염 mat는 자동적으로 감겨져 새로운 부분이 나온다.	
	정기 청소법	여과재가 오염되면 청소한다.	재사용한다.
	여과재 교환형	오염된 여과재는 새 것으로 교환한다.	
	유닛 교환형	여과재가 오염되면 유닛 자체를 새것으로 교체한다.	

③ 에어 필터의 설치 위치

   ㉮ 송풍기의 흡입측이면서 코일의 앞쪽

   ㉯ 예냉 코일이 있으면 예냉 코일과 냉각 코일 사이

   ㉰ 고성능 HEPA 필터나 ULPA 필터, 전기식 필터의 경우 송풍기의 출구측

2. 공조기용 코일

(1) 설치목적에 따른 코일

① 에열 코일

② 예냉 코일

③ 가열 코일

④ 냉각 코일

⑤ 온수 코일

⑥ 증기 코일

⑦ 직접팽창 코일(직팽 코일)

(2) 관 외주에 부착된 핀의 종류에 따른 코일

① 나선형 핀 코일

② 플레이트 핀 코일

③ 슬릿 핀 코일

(3) 코일의 배열방식에 따른 코일

① 풀 서킷 코일

② 더블 서킷 코일

③ 하프 서킷 코일

(4) 코일의 표면 상태에 따른 코일

① 건 코일(dry coil)

② 습 코일(wet coil)

(5) 냉, 온수 코일 선정

① 냉수 코일의 정면 풍속은 2.0~3.0[m/s] 범위 내이나 일반적으로는 2.5[m/s]이다.(단, 온수 코일은 2.0~3.5[m/s])

② 풍속이 2.5[m/s]를 초과하면 코일에 부착된 응축수가 날려서 송풍기의 흡입구 측으로 들어오기 때문에 이를 막기 위해 코일 출구측에 엘리미네이터를 설치한다.

③ 튜브 내의 물의 유속은 1.0[m/s] 전후로 이상적이나 단수에 비해 수량이 많으면 코일

내에 물(水)속이 커지고 따라서 마찰저항이 증가하므로 더블 서킷 코일을 택한다.

④ 공기의 흐름방향과 코일 내에 있는 냉, 온수의 흐름방향이 동일한 병류보다는 반대인 역류(대향류)로 하는 것이 냉수, 온수와 공기의 평균 온도차가 크게 되므로 전열효과 가 훨씬 크다.

⑤ 코일을 통과하는 수온의 변화는 5[℃] 전후로 한다. 그러나 펌프 동력을 절약하기 위 해서 8~10[℃]로 하는 경우가 많다.

(6) 대수평균 온도차(MTD)

코일 내에서 공기와 냉수, 온수가 열교환하는 형식에서 병류(평행류)와 향류(대향류)의 방식에 의해 물과 공기의 온도차는 위치마다 다르므로 코일 전체를 대표할 수 있는 온도 차, 즉 대수평균온도차(LMTD ; Logarithmic Mean Temperature Difference)로 계산된다.

$$LMTD = \frac{\Delta_1 - \Delta_2}{\ln\left(\dfrac{\Delta_1}{\Delta_2}\right)} = \frac{\Delta_1 - \Delta_2}{2.3\log\left(\dfrac{\Delta_1}{\Delta_2}\right)}$$

Δ_1 : 공기 입구측에서 공기와 물의 온도차(deg℃)
Δ_2 : 공기 출구측에서 공기와 물의 온도차(deg℃)

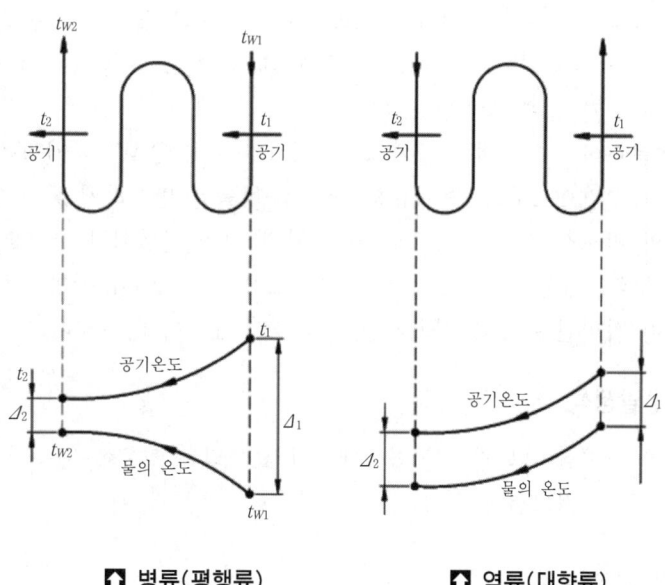

🔺 병류(평행류)   🔺 역류(대향류)

(7) 코일의 필요열수 (N)계산

$$N = \frac{\text{전열부하}}{\text{코일의전면적} \times \text{열관류율} \times \text{습면보정계수} \times \text{대수평균온도차}} \, [\,\text{열}\,]$$

> **[참고]**
>
> ■ **습면보정계수**
> 입구공기의 노점온도와 입구수온과의 온도차 및 입구공기의 건구온도와 입구 수온과의 온도차에 따라 열관류율을 보정하는 계수이다.

(8) 증기 코일의 열수계수 (N)

$$N = \frac{\text{코일의 현열부하}}{\text{정면면적} \times \text{열관류율} \times \dfrac{\text{튜브의 표면적}}{\text{정면면적}} \left(\text{증기온도} - \dfrac{\text{코일입구 공기온도} + \text{코일출구 공기온도}}{2} \right)}$$

3. 가습장치(加濕裝置)

(1) 수분무식

물을 공기중에 직접 분무하는 방식
① 원심식 : 전동기로 원반을 고속회전하면 물은 흡수관을 통해 흡상되어 원반의 회전에 의한 원심력으로 미세화된 무화상태로 되고 전동기에 직렬된 송풍기의 송풍력에 의해 공기 중에 방출된다.
② 초음파식 : 수조내의 물에 전기 입력 120~320[W]의 전력을 사용하여 초음파를 가하면 수면으로부터 수 μm의 작은 물방울을 발생하게 된다. 용량은 1.3~4.0[l/h] 정도의 비교적 작은 용량으로 일반 가정 및 전산실이나 소규모 사무실에 사용된다.
③ 분무식 : 물을 공기 중에 가압 펌프로 2.5~7[kg/cm^{2}g]의 압력으로 노즐을 통해 분무하며 가열된 온수를 사용하면 분무 가습효율이 향상된다.

(2) 증기 발생식

무균의 청정실이나 정밀한 습도제어가 요구되는 경우에는 증기발생식 가습기에는 전열식, 전극식, 적외선식이 있다.

(3) 증기 공급식

증기를 쉽게 얻을 수 있는 경우에 증기를 가습용으로 사용하는 것으로 과열증기식과 분무식이 있다.

(4) 증발식

높은 습도를 요구하는 경우에는 증발식 가습이 적당하며 그 종류는 회전식, 모세관식, 적하식이 있다.

(5) 에어 와셔(ait washer)에 의한 가습

① 에어 와셔는 공기에 분무수를 접촉시킴으로써 물과 공기의 열교환과 동시에 수분의
교환에 의해 공기의 습도조절(가습, 감습)과 먼지나 냄새를 제거하기도 한다.

② 에어 와셔에 의한 가습에서 공기 입구 부분에 공기의 흐름을 일정하게 하는 루버
(louver)를 출구측에는 물방울이 급기와 함께 혼입되지 않도록 엘리미네이터를 두고
또한 엘리미네이터의 오염을 방지하기 위해 상부에 있는 플러딩 노즐(flooding
nozzle)로 물을 분무하여 청소를 한다. 또, 분무수와 공기를 접촉시키는 세정실(spray
chamber)에는 몇 개의 스탠드 파이프(stand pipe)를 세우고 분무 노즐로 분무한다.
스탠드 파이프 및 분무 노즐의 배치 방식은 1열로 되어 있는 것을 1뱅크(bank), 2열
로 되어 있는 것을 2뱅크라 하며 공기의 흐름 방향과 분무수의 방향에 따라 동일방향
이면 평행류 반대방향이면 역류, 역류 분무수가 서로 마주 바라보면 대향류이다.

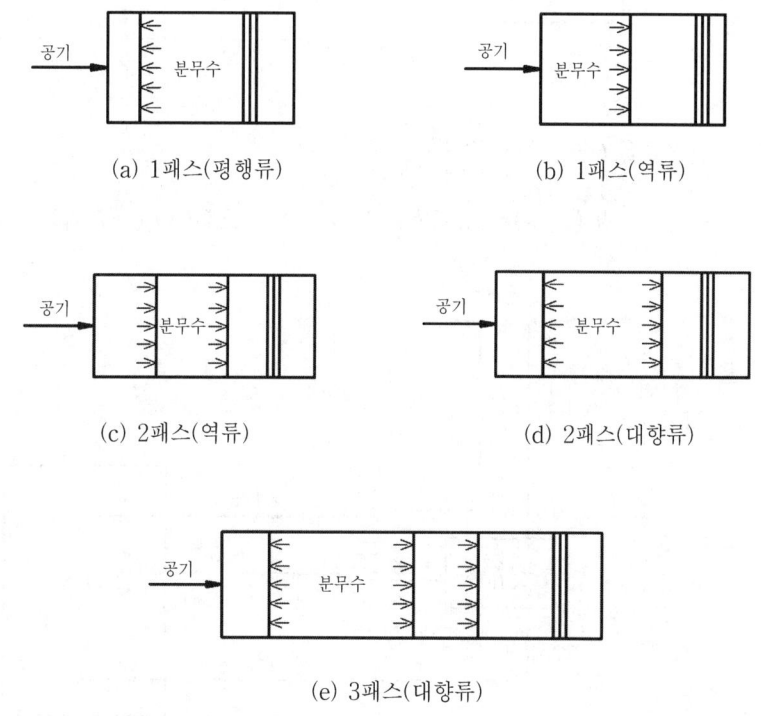

(a) 1패스(평행류)   (b) 1패스(역류)

(c) 2패스(역류)   (d) 2패스(대향류)

(e) 3패스(대향류)

4. 열교환기

(1) 전열 열교환기의 구조와 원리

전열 열교환기는 공기대 공기의 열교환기로서 엔탈피의 교환장치이다.(현열과 잠열이
교환된다.) 공조기 시스템에서 배기와 도입되는 외기와의 전열교환으로서 공조기는 물
론 보일러, 냉동기 등의 용량을 줄일 수 있고 연료비가 절약되는 기기이다.

(2) 전열 열교환기 효율 및 열회수량

① 난방 : 환기(RA)상태는 로터에 현열과 잠열을 축적시키고 배기(EA)로 되어 나간다. 한편 외기(OA)는 로터를 통해 통과되는 동안 배기가 축적시킨 현열과 잠열을 얻어 실내로 급기(SA) 상태로 들어온다.

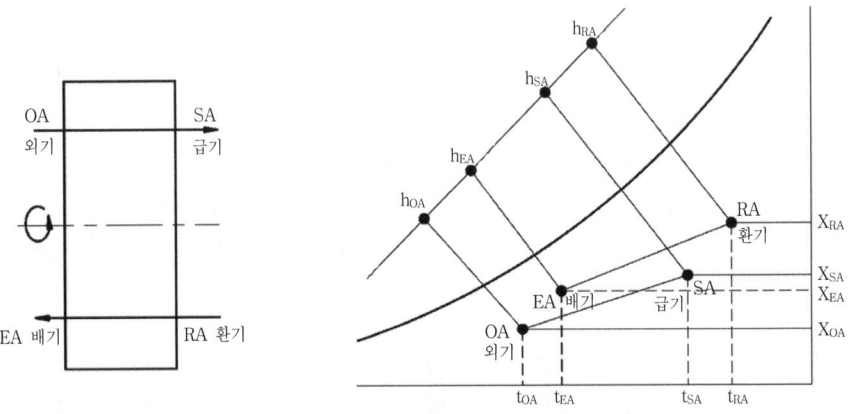

⑦ 전열효율 $\left(\eta_{HT} \right) = \dfrac{h_{SA} - h_{OA}}{h_{RA} - h_{OA}}$

⑭ 전열회수량 $\left(q_{HT} \right) = 1.2\,Q(h_{SA} - h_{OA}) = 1.2\,Q(h_{RA} - h_{OA})\,\eta_{HT}\,[\text{kcal/h}]$

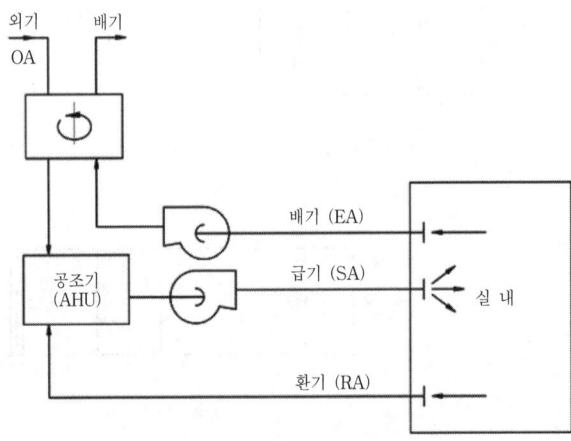

☝ 공조기의 전열 열교환기 설치 일례

② 냉방

⑦ 전열효율 $\left(\eta_{CT} \right) = \dfrac{h_{OA} - h_{SA}}{h_{OA} - h_{RA}}$

⑭ 방출되는 전열량 $\left(q_{CT} \right) = 1.2\,Q(h_{OA} - h_{SA}) = 1.2\,Q(h_{OA} - h_{RA})\,\eta_{CT}\,[\text{kcal/h}]$

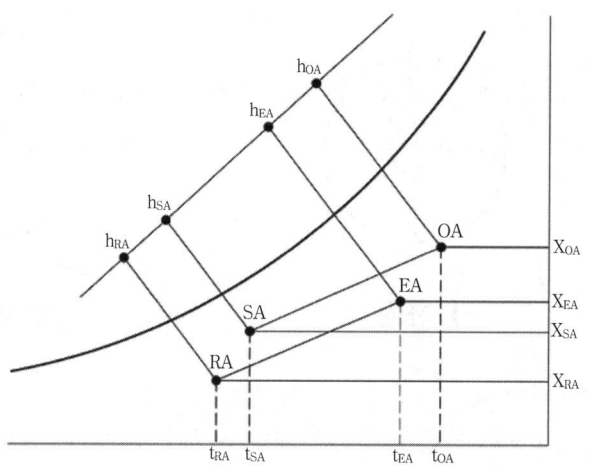

5. 송풍기(送風機)

(1) 송풍기의 분류

송풍기는 기체를 수송하기 위한 목적으로 설치하며 그 압력에 따라 팬(fan)과 블로워 (blower)로 분류하나 공기조화의 목적으로 사용되는 송풍기는 팬이 사용된다.

① 팬 : $0.1[\text{kg/cm}^2]$ 미만에 사용

② 블로워 : $0.1 \sim 1.0[\text{kg/cm}^2]$ 정도에 사용

(2) 송풍기의 분류

① 원심식 송풍기

㉮ 다익형 송풍기

㉯ 터보형 송풍기

㉰ 리밋 로드형 송풍기

㉱ 익형 송풍기

② 축류식 송풍기

㉮ 베인형 송풍기

㉯ 튜브형 송풍기

㉰ 프로펠러형 송풍기

③ 관류식 송풍기

(3) 원심식 송풍기 및 축류식 송풍기 특성

① 터보형 송풍기 : 블레이드(blade)의 끝부분이 회전방향의 뒤쪽으로 굽은 후곡형(後曲 形)이며 효율이 높고 풍량 증가에 따라 소요동력의 급상승이 없다. 또한 고속에서도 비교적 정숙한 운전이 이루어진다.

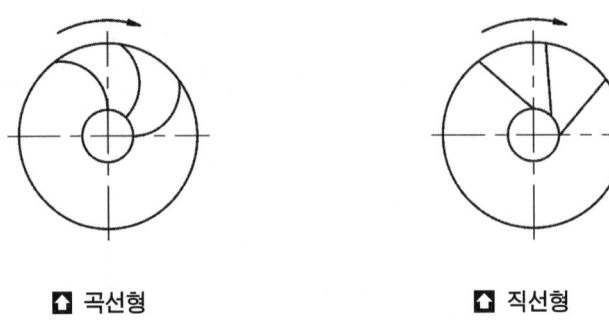

⬆ 곡선형   ⬆ 직선형

② 플레이트형 송풍기 : 방사형 날개로서 자기청소의 특성이 있다. 따라서 분진의 누적
이 심하고 이로인해 송풍기 날개의 손상이 우려되는 공장용 송풍기에 이상적이다. 효
율이 낮고 소음이 크다.

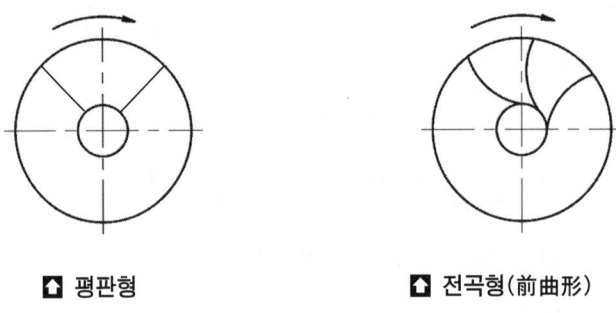

⬆ 평판형   ⬆ 전곡형(前曲形)

③ 시로코형 송풍기 : 다익형(多翼形)이며 날개의 끝부분이 회전방향으로 굽은 전곡형
으로 동일 용량에 대해서 다른 형식에 비해 회전수가 상당히 적다. 동일 용량에 비해
송풍기 용량이 적고 특히 팬 코일 유닛(FCU)에 적합한 송풍기이다. 저속 덕트용으로
활용된다.

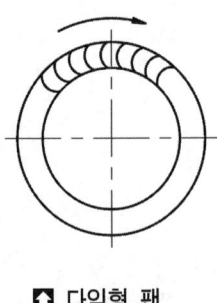

⬆ 다익형 팬

④ 익형 송풍기 : 후곡형(터보형)과 다익형의 개량형이다. 고속회전이 가능하며 소음이
적고 고속회전이 가능하다. 다익형은 풍량이 증가하면 축동력이 급격히 증가하여 오
버 로드(over load)가 된다. 이것을 보완한 송풍기이다.

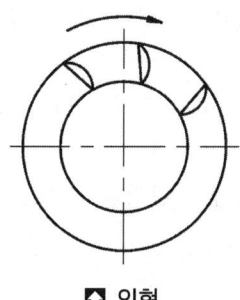
☝ 익형

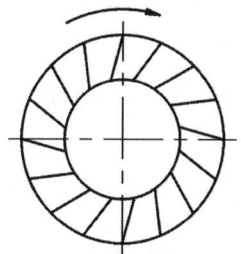
☝ 리밋트 로드 팬(limit load fan)

⑤ 축류형 송풍기 : 프로펠러형의 블레이드가 기체를 축방향으로 송풍한다. 낮은 풍압에 많은 풍량이 요구되는데 사용된다.

(4) 송풍기의 크기 및 소요동력

① 송풍기의 크기는 송풍기의 번호(No)로 나타낸다.

$$원심식(No) = \frac{회전날개의 \ 지름 \ [mm]}{150 \ [mm]}$$

$$축류식(No) = \frac{회전날개의 \ 지름 \ [mm]}{100 \ [mm]}$$

② 동력(축동력)

$$축동력 \ (L_s) = \frac{Q \cdot \Delta P}{102 \times 60 \times \eta_f} \ [kW]$$

$$축동력 \ (L_s) = \frac{Q \cdot \Delta P}{75 \times 60 \times \eta_f} \ [PS]$$

Q : 송풍량(m³/min)
N : 임펠러의 회전수(rpm)
P : 송풍기에 의해 생긴 정압(mmAq)
L_S : 송풍기 소요동력(kW, PS)
D : 송풍기의 날개 지름(mm)

③ 송풍기의 상사법칙

㉮ 풍량은 회전속도비에 비례하여 변화한다. : $Q_2 = Q_1 \left(\dfrac{N_2}{N_1} \right)$

㉯ 압력은 회전속도비의 2제곱에 비례하여 변화한다. : $P_2 = P_1 \left(\dfrac{N_2}{N_1} \right)^2$

㉰ 동력은 회전속도비의 3제곱에 비례하여 변화한다. : $L_2 = L_1 \left(\dfrac{N_2}{N_1} \right)^3$

㉑ 풍량은 송풍기 크기비의 3제곱에 비례하여 변화한다. : $Q_2 = Q_1 \left(\dfrac{D_2}{D_1} \right)^3$

㉒ 압력은 송풍기의 크기비의 2제곱에 비례하여 변화한다. : $P_2 = P_1 \left(\dfrac{D_2}{D_1} \right)^2$

㉓ 동력은 송풍기 크기비의 5제곱에 비례하여 변화한다. : $L_2 = L_1 \left(\dfrac{D_2}{D_1} \right)^5$

$\begin{cases} N_1 {\rightarrow} N_2 : \text{회전속도} \\ D_1 {\rightarrow} D_2 : \text{송풍기의 크기} \end{cases}$

(5) 송풍기의 풍량제어법

① 토출 댐퍼에 의한 제어 : 익형 송풍기, 소형 송풍기의 댐퍼 조절 변화
② 흡입 댐퍼에 의한 제어 : 송풍기 흡입측 댐퍼 조절 변화
③ 흡입 베인(vane)에 의한 제어 : 가동날개의 열림 정도의 변화
④ 회전수에 의한 제어 : 전동기의 회전수 변화
⑤ 가변 피치(variable pitch) 제어 : 날개각도 변화

제2편 공기조화
제 5 장 중앙식 공조기의 구성요소 예상문제
공조냉동기계기능사

문제 1 송풍기의 회전수가 $N \rightarrow N_1$ 으로 변할 때 송풍기의 상사법칙에 의한 정압의 변화를 나타낸 식은? (여기서, N : 회전수, P : 정압)

㉮ $P_1 = \left(\dfrac{N_1}{N}\right) P$ ㉯ $P_1 = \left(\dfrac{N_1}{N}\right)^2 P$ ㉰ $P_1 = \left(\dfrac{N}{N_1}\right) P$ ㉱ $P_1 = \left(\dfrac{N}{N_1}\right)^2 P$

해설 ● 송풍기의 상사법칙

$$Q_1 = Q\left(\dfrac{N_1}{N}\right) \qquad P_1 = P\left(\dfrac{N_1}{N}\right)^2 \qquad KW_1 = KW\left(\dfrac{N_1}{N}\right)^3$$

┌ N : 변경전 회전수
│ N_1 : 변경후 회전수
│ Q, P, KW : 변경전 송풍량, 정압, 소요동력
└ Q_1, P_1, KW_1 : 변경후 송풍량, 정압, 소요동력

문제 2 다음 중 원심식 송풍기의 종류가 아닌 것은?

㉮ 다익 송풍기 ㉯ 터보형 ㉰ 익형 송풍기 ㉱ 프로펠러형

해설 ● 송풍기
① 원심식 : 다익형(시로코형), 터보형, 리밋 로드형, 익형
② 축류식 : 프로펠러형

문제 3 일반적으로 원심 송풍기에 사용되는 풍량제어방법이 아닌 것은?

㉮ 회전수제어 ㉯ 베인 제어 ㉰ 댐퍼 제어 ㉱ on-off 제어

해설 ● 송풍기의 풍량제어 방법
① 흡입, 토출 댐퍼 개도조절 제어
② 흡입 베인 제어
③ 회전수제어
④ 가변 피치 제어(날개 각도 변화)

문제 4 원심 송풍기의 번호가 No.2일 때 깃의 지름은 얼마인가? (단, 단위는 [mm])

㉮ 150 ㉯ 200 ㉰ 250 ㉱ 300

해설 원심(시로코) 송풍기의 번호 $= \dfrac{\text{임펠러(깃)의 지름 [mm]}}{150}$
깃의 지름＝송풍기 번호×150＝2×150＝300번

문제 5 송풍기 오버 로드(over load)가 일어나는 요인은?

㉮ 송풍량이 과잉될 때 ㉯ 송풍량이 과소
㉰ 송풍량이 적당할 때 ㉱ 부하감소

해설 송풍기의 송풍량이 과잉될 때는 과부하에 따른 오버 로드(THR)가 작동한다.

해답 1. ㉯ 2. ㉱ 3. ㉱ 4. ㉱ 5. ㉮

문제 6 냉방시 공조기의 송풍량 계산과 관계있는 것은?

㉮ 송풍기와 덕트로부터 취득열량　　㉯ 외기부하
㉰ 펌프 및 배관부하　　㉲ 재열부하

해설 송풍량 계산시 실내 현열 취득부하와 기기내 취득부하인 송풍기와 덕트로 부터의 취득열량
에 의해 계산한다.

참고 ① 냉각 코일 부하=실내취득부하+기기취득부하+재열부하+외기부하
② 냉동기부하=냉각 코일 부하+배관부하

문제 7 다음 송풍기의 종류 중 축류형 송풍기는?

㉮ 다익형　　㉯ 터보형
㉰ 프로펠러형　　㉲ 리밋 로드형

해설 프로펠러형 송풍기는 축류형으로 배기, 환기, 냉각탑에 주로 사용된다.

문제 8 지름 50〔cm〕인 덕트 내의 풍속이 7.5〔m/s〕일 때 풍량은 몇 〔m³/h〕인가?

㉮ 3,750　　㉯ 5,300　　㉰ 8,960　　㉲ 9,650

해설 $Q = A \cdot V = \frac{\pi}{4} D^2 \cdot V = \frac{\pi}{4} \times 0.5^2 \times 7.5 = 1.47 \,[\text{m}^3/\text{sec}] = 5,298.75 [\text{m}^3/\text{sec}]$

$\begin{bmatrix} Q : \text{풍량}(\text{m}^3/\text{sec}) \\ A : \text{단면적}(\text{m}^2) \\ D : \text{지름}(\text{m}) \\ V : \text{속도}(\text{m/sec}) \end{bmatrix}$

문제 9 공기조화기의 송풍기의 축동력을 산출할 때 필요한 값과 거리가 먼 것은?

㉮ 송풍량　　㉯ 현열비
㉰ 송풍기 전압효율　　㉲ 송풍기 전압

해설 • 송풍기 축동력 공식

$kW = \frac{Q \cdot P_T}{102 \times 60 \times n_T}$ 이므로 현열비(SHP)는 무관하다.

$\begin{bmatrix} Q : \text{풍량}(\text{m}^3/\text{sec}) \\ P_T : \text{전압}(\text{mmAq}) \\ n_T : \text{전압효율}(\%) \end{bmatrix}$

문제 10 송풍기의 풍량을 증가하기 위해 회전속도를 변경시킬 때 다음 상사법칙에 대한 설명 중
옳은 것은?

㉮ 소요동력은 회전수의 제곱에 비례한다.
㉯ 소요동력은 회전수의 3제곱에 비례한다.
㉰ 정압은 회전수의 3제곱에 비례한다.
㉲ 정압은 회전수의 제곱에 비례한다.

해설 • 상사법칙 : 임펠러 회전수의 변화비에 따라 풍량 (Q)은 정비례하고 정압 (P)은 2제곱에
비례하고 소요동력(KW)은 3제곱에 비례한다.

해답 6. ㉮　7. ㉰　8. ㉯　9. ㉯　10. ㉯

문제 11 원심 송풍기에 사용되는 일반적인 풍량제어 방법이라고 할 수 없는 것은 어느 것인가?

㉮ 송풍기의 회전수 변화에 의한 방법

㉯ 흡입구에 설치한 베인에 의한 방법

㉰ 스크롤 댐퍼에 의한 방법

㉱ 토출 덕트에 설치한 베인에 의한 방법

해설 ● 송풍기의 풍량제어 방법
① 흡입, 토출 댐퍼 개도 조절 제어
② 흡입 베인 제어
③ 회전수 제어
④ 가변 피치 제어(날개 각도 변화)

문제 12 공기냉각, 가열기의 설계상 주의사항이 아닌 것은?

㉮ 코일 내의 물의 속도는 1[m/s] 전후로 한다.

㉯ 코일 통과 풍속은 7~8[m/s]로 한다.

㉰ 물이나 공기의 흐르는 방향은 대향류가 되게 한다.

㉱ 코일 출·입구 온도차는 일반적으로 5[℃]로 한다.

해설 ● 냉온수 코일 선정시 주의사항
① 코일의 정면통과 풍속은 2.0~3.0[m/s]의 범위가 적당하다.
② 코일내 물의 유속은 1.0[m/s] 전후가 배관 및 펌프의 설비비, 코일의 효율상 적당하다.
③ 물이나 공기의 흐름 방향은 대향류로 한다.
④ 코일 출구 수온의 온도차는 일반적으로 5[℃]로 한다.

문제 13 다음 중 공기가열 코일의 종류가 아닌 것은?

㉮ 전열 코일　　　　　　　　㉯ 건 코일

㉰ 증기 코일　　　　　　　　㉱ 직접팽창 코일(DX코일)

해설 ● 코일의 종류
① 공기가열 코일 : 온수 코일, 증기 코일, 전열 코일
② 공기냉각 코일 : 냉수 코일, 직접팽창식(DX) 코일

문제 14 공기조화기의 냉각 코일 용량을 구할 경우 필요한 값과 거리가 먼 것은?

㉮ 송풍량(m^3/min)　　　　　㉯ 혼합점의 온도, 습도

㉰ 실내의 현열비　　　　　　㉱ 절대습도

해설 ● 냉각 코일의 용량을 산정시 필요값
① 송풍량
② 혼합점의 온도, 습도
③ 절대습도
④ 엔탈피

해답 11. ㉰　12. ㉯　13. ㉱　14. ㉰

문제 15 냉각 코일에서 기류로 인해 비산하는 물방울 또는 에어 와셔에서 분무된 물방울을 기류에서 제거하는 기기는?

    ㉮ 엘리미네이터(eliminator)   ㉯ 에어 필터(air filter)

    ㉰ 레지스터(register)   ㉱ 멀티 패널(multi panel)

> **해설** • 엘리미네이터 : 냉각 코일이나 에어 와셔(가습기)에서 발생되는 물방울이 기류에 의해 비산되는 것을 방지

문제 16 공기 세정기에서 출구 공기에 섞여 나가는 비산방지 장치는?

    ㉮ 루버   ㉯ 분무 노즐

    ㉰ 플러싱 노즐   ㉱ 엘리미네이터

> **해설** <15번 해설 참고>

문제 17 Air washer 끝에 설치하여 공기 중에 물방울의 혼입을 방지하는 것은?

    ㉮ 댐퍼   ㉯ 플러싱 노즐

    ㉰ 루버   ㉱ 엘리메네이터

> **해설** <15번 해설 참고>

문제 18 공기조화장치 중에서 온도의 습도를 조절하는 것은?

    ㉮ 공기여과기   ㉯ 공기세척기

    ㉰ 제습기   ㉱ 공기가압기

> **해설** 공기냉각기(cooling coil)는 온도 및 습도를 떨어뜨릴 수 있으므로 공기의 냉각 및 제습이 가능하다.

문제 19 흡수식 감습장치에서 수분을 제거하는데 주로 사용하는 제습제는?

    ㉮ 아드소올   ㉯ 염화 리듐

    ㉰ 실리카겔   ㉱ 활성 알루미나

> **해설** ① 흡수식 감습장치(액체 제습제) : 염화 리듐, 트리에틸렌 글리콜
> ② 흡수식 감습장치(고체 제습제) : 실리카겔, 활성 알루미나, 아드소올

문제 20 다음 중 가습효율이 가장 좋은 방법은?

    ㉮ 온수 분무   ㉯ 증기 분무

    ㉰ 가습 팬(pan)   ㉱ 초음파 분무

> **해설** 공기를 가습하는 효율은 증기분무가 가장 좋다.

해답 15. ㉮ 16. ㉱ 17. ㉱ 18. ㉰ 19. ㉯ 20. ㉯

문제 21 공기여과기의 분류에 해당하지 않는 것은?

㉮ 건식공기 여과기 ㉯ 습식공기 여과기

㉰ 점착식 공기여과기 ㉱ 가스 충격 집진기

해설 ● 공기여과기(air fillter)의 종류
① 유닛형 : 건식, 점착식, 면필터, HEPA 필터
② 연속형(자동회전식) : 건식 권취형, 습식 회전형
③ 전기집진기 : 세정식, 응집식, 유전체식

문제 22 공조기에 사용되는 에어 필터의 여과 효율을 검사하는데 사용되는 방법과 거리가 먼 것은?

㉮ 중량법 ㉯ DOP법

㉰ 변색도법 ㉱ 체적법

해설 ● 여과효율 측정방법 : 중량법, 비색법(변색도법), 계수법(DOP법)

문제 23 연도나 굴뚝으로 배출되는 배기가스에 선회력을 부여함으로써 원심력에 의해 연소가스 중에 있던 입자를 제거하는 집진기는?

㉮ 세정식 집진기 ㉯ 사이클론 집진기

㉰ 전기 집진기 ㉱ 원통다관형 집진기

해설 ● 사이클론 집진장치 : 배기가스에 선회력을 주어 입자에 작용하는 원심력에 의해 입자를 분리하는 방식의 집진기이다.

참고 ● 집진장치 : 보일러의 배기가스 중 분진, 회분, 유해가스 등을 처리하는 장치

해답 21. ㉱ 22. ㉱ 23. ㉯

1. 덕트

(1) 덕트의 재료

① 아연도금 강판(함석 KSD 3506)

㉮ 가격이 싸고 가공이 쉽다.

㉯ 강도가 높고 부식성이 적다.

㉰ 일반공조용 및 환기 덕트(duct), 공조기의 케이싱, 풍량조절 댐퍼, 급배기용 루버, 덕트 행거 등에 사용된다.

② 열간 압연 강판(KSD 3501)

③ 냉간 압연 강판(KSD 3512)

④ 알루미늄판

※ 덕트의 단열재 및 흡음재 : 글라스 울

(2) 덕트의 확대 및 축소

덕트의 단면을 변화시킬 필요가 있을 때 단면변화를 급격히 하면 기류의 와류현상이 생기므로 완만하게 하여야 한다. 즉, 단면적의 비가 75[%] 이하의 확대 및 축소를 하는 경우 정압손실을 줄이기 위해

① 확대의 경우

㉮ 저속 덕트시 15° 이하

㉯ 고속 덕트시 8° 이하

② 축소의 경우

㉮ 저속 덕트시 30° 이하

㉯ 고속 덕트시 15° 이하

부득이 이 각도를 넘을 경우에는 가이드 베인이 설치된다. 그러나 단면적비가 75[%] 이상의 경우에는 점차 확대 및 축소관을 사용하지 않아도 된다.

(3) 덕트의 굴곡

엘보는 덕트 폭 W 에 대한 내측 반지름 R 의 비율 (R/W) 가 적을수록 굴곡부의 국부
손실이 커지므로 내측의 곡률 반지름이 $R \geq W$ 가 되도록 한다.

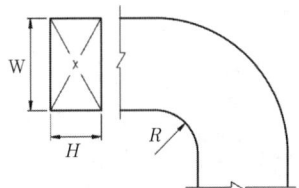

(4) 덕트의 분기

$$\frac{Q_1}{Q_2} = \frac{W_5}{W_4}, \qquad \frac{W_5}{W_1} \geq 0.3 \text{으로 제한한다.}$$

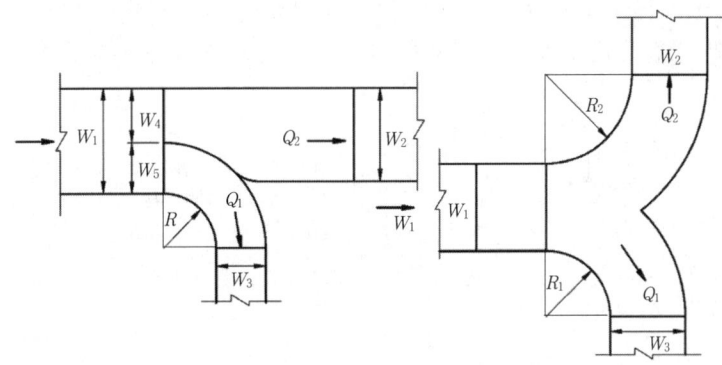

(a) 1방향 분기   (b) 2방향 분기

⬆ 덕트의 벤드형 분기

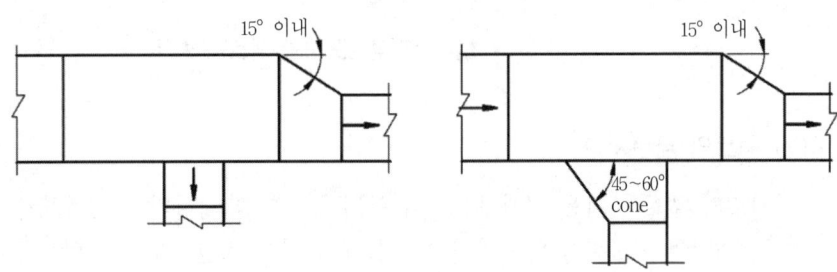

⬆ 직사각형 덕트의 직각 분기

(5) 덕트의 마찰저항

① 직관부의 마찰저항 (ΔP) : 직관부의 마찰저항은 덕트 내의 공기가 흐를 때 생기는
직관부에서의 마찰저항과 덕트의 변형부에서 생기는 국부저항의 합이 된다.

$$\Delta P = \lambda \cdot \frac{l}{d} \cdot \frac{V^2}{2g} \cdot r \, [\text{mmAq}]$$

λ : 관의 마찰저항계수
l : 덕트의 길이(m)
d : 덕트의 지름(m)
r : 공기의 평균비중량($\fallingdotseq 1.2 [\text{kg/m}^3]$)
g : 중력의 가속도($\fallingdotseq 9.8 [\text{m/s}^2]$)
V : 공기의 평균속도(m/s)

(6) 원형 덕트에서 직사각형(長方形) 덕트의 환산

① 동일한 풍량을 송풍할 때 덕트의 마찰손실은 단면이 원형인 원형 덕트가 가장 작다.
② 원형 덕트를 4각 덕트로 변형시키기 위하여 폭 a를 늘이면 높이 b를 줄여도 같은
효과를 올릴 수 있다.
③ 원형 덕트를 4각 덕트로 변형시킬 때 원형 덕트의 지름과 변형시킬 수 있는 4각 덕
트의 장변치수 a와 단변치수 b와의 관계식은 아래와 같다.

$$d = 1.3 \left[\frac{(a \cdot b)^5}{(a + b)^2} \right]^{\frac{1}{8}}$$

d : 원형 덕트의 지름 또는 상단 지름
a : 4각 덕트의 장변 길이
b : 4각 덕트의 단변 길이

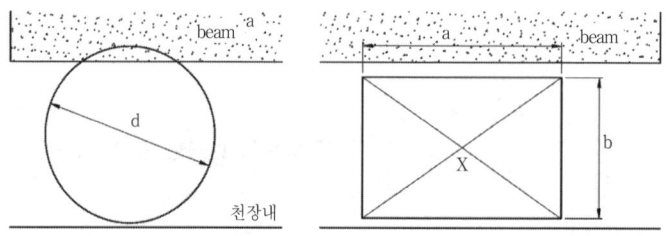

⬆ 원형 덕트를 4각 덕트로 변화

(7) 덕트의 국부저항

덕트의 엘보와 같은 곡관부분이나 분기관 합류관 기타의 단면변화가 있는 곳 등은 흐르
는 증기의 와류현상과 관마찰손실 등에 의하여 직관부보다는 압력손실이 크다. 이와 같
은 곳에서의 압력손실을 국부저항이라 한다.

국부저항 손실계수 ζ을 이용한 덕트의 국부저항 (ΔP_L)

$$\Delta P_L = \zeta \frac{V^2}{2g} r$$

$\left[\begin{array}{l} V : \text{풍속(m/s)} \\ g : \text{중력의 가속도}(\fallingdotseq 9.8[\text{m/s}^2]) \\ r : \text{공기의 비중량}(\fallingdotseq 1.2[\text{kg/m}^3]) \end{array}\right.$

(8) 덕트의 풍속

① 저속 덕트 : $15[\text{m/s}]$ 이하

② 고속 덕트 : $15 \sim 20[\text{m/s}]$

※ 같은 양의 공기가 덕트를 통해 송풍될 때 풍속을 높게 하면 덕트의 단면 치수가 작아도 되므로 설치 스페이스가 적게 차지한다.

(9) 덕트의 치수결정법

① 등속법 : 이 방식은 덕트 내의 풍속을 일정하게 유지할 수 있도록 덕트 치수를 결정하는 방법이다.

② 등마찰저항법 : 이 방법은 덕트의 단위길이당 마찰저항이 일정한 상태가 되도록 덕트마찰 선도에서 지름을 구하는 방법으로 쾌적용 공조의 경우에 흔히 적용된다.

③ 정압 재취득법 : 1개의 급기 덕트에 몇 개의 취출구가 순차적으로 있을 때 1구간에서 말단으로 가면서 덕트 저항 ΔP는 점차로 증가하고 각 취출구에서의 취출로 인하여 전압 (P_T)은 감소된다.

취출 후에도 덕트 내의 풍속 즉 동압 (P_V)을 일정하게 유지한다면 다음 구간의 정압 (P_S)이 감소되어 취출압력이 낮아지므로 취출풍량도 적어지게 된다.

전압 = 동압 + 정압

따라서 지난 구간에서 취출된 후에도 일정한 정압을 유지시키기 위해서는 취출 후에 덕트 내의 풍속(동압 : P_V)을 감소시켜 정압을 올리는 방법을 택한다. 즉, 앞의 구간에서 동압 감소(풍속 감소)로 인해 얻은 정압을 다음 구간에 있는 취출구의 취출압력 손실을 이용하는 설계법을 정압재취득법이라 한다.

$$\text{정압재취득법} \ (\Delta P_S) = k\left(\frac{V_1^2}{2g} - \frac{V_2^2}{2g}\right) r\,[\text{mmAq}]$$

$\left[\begin{array}{l} k : \text{정압재취득계수}(0.75 \sim 0.9) \\ V_1, \ V_2 : \text{상류 및 하류의 취출구의 풍속(m/s)} \\ g : \text{중력의 가속도}(\fallingdotseq 9.8[\text{m/s}^2]) \\ r : \text{공기의 비중량}(\fallingdotseq 1.2[\text{kg/m}^3]) \end{array}\right.$

(10) 덕트의 종류

① 급기 덕트 : 공조기에서의 조화된 공기를 실내로 보내는 덕트
② 환기 덕트 : 실내 공기를 공조기로 되돌려 보내는 덕트
③ 배기 덕트 : 실내의 공기를 외부로 버리는 덕트
④ 외기 덕트 : 외기를 공조기로 도입하는 덕트

(11) 덕트의 배치

① 간선 덕트 방식 : 주 덕트인 입상 덕트로부터 각 층에서 분기되어 각 취출구로 취출관을 연결한다.
② 개별 덕트 방식 : 입상 주 덕트에서 각 개의 취출구로 각개의 덕트를 통해 분산하여 송풍하는 방식
③ 각개 입상 덕트 방식 : 호텔, 오피스빌딩 등에서 공기-수방식인 덕트 병용 팬 코일 유닛 방식이나 유인 유닛 방식 또는 고속 덕트의 입상 덕트용으로 사용된다.
④ 환상 덕트 방식 : 2개의 덕트 말단을 루프(loop) 상태로 연결함으로써 양쪽 덕트의 정압이 균일하게 된다.

2. 덕트의 부속기기

(1) 댐퍼

① 풍량조절 댐퍼(VD ; volume damper) : 주 덕트의 주요 분기점, 송풍기 출구측에 설치되며 날개의 열림 정도에 따라 풍량을 조절 또는 폐쇄의 역할을 한다.
 ㉮ 종류
  ㉠ 버터플라이 댐퍼 : 소형 덕트 개폐용
  ㉡ 루버 댐퍼 : 평형익형은 대형 덕트 개폐용, 대향익형은 풍량조절용
  ㉢ 스프릿 댐퍼 : 분기부에 설치하여 풍량조절용

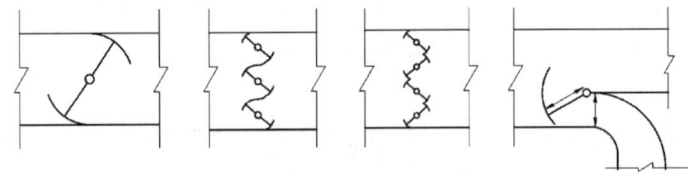

🔼 버터플라이 댐퍼   🔼 루버 댐퍼   🔼 루버 댑퍼   🔼 스프릿 댐퍼

② 방화 댐퍼(FD ; fire damper) : 화재발생시 덕트를 통해 다른 곳으로 화재가 번지는 것을 방지하기 위하여 방화구역을 관통하는 덕트 내에 설치된 차단장치이다.
 ㉮ 종류
  ㉠ 루버형 방화 댐퍼 : 대형의 4각 덕트용으로 퓨즈 이용 72[℃] 용융)

       ⓛ 피벗(pivot)형 방화 댐퍼 : 퓨즈 이용

       ⓒ 슬라이드형 방화 댐퍼 : 퓨즈 이용

       ⓔ 스윙형 방화 댐퍼 : 퓨즈 이용

③ 방연 댐퍼(SD ; smoke damper) : 연기감지기와의 연동으로 된 댐퍼이며 실내에 설치
  된 연기감지기로 화재의 초기에 발생된 연기를 탈지하여 덕트를 폐쇄시킨다.

제 6 장 덕트와 부속기기 예상문제

문제 1 다음 덕트 재료 중에서 고온의 증기 및 가스가 통과하는 덕트 및 방화 댐퍼, 보일러 연도 등에 사용되는 것은?

㉮ 열간압연강판 ㉯ 동관
㉰ 알루미늄관 ㉱ 염화 비닐

해설 • 고온의 증기 및 가스 등이 통과하는 방화 댐퍼, 보일러 연도 등의 재료 : 열간압연강판

문제 2 공기조화용 덕트 부속기기 덕트 내의 풍속(풍량) 온도, 압력, 먼지 등을 측정하기 위하여 측정구를 설치한다. 이와 같은 측정구는 엘보와 같은 곡관부에서 덕트 폭의 몇 배 이상 떨어진 장소에서 실시하는가?

㉮ 7.5배 이상 ㉯ 8.5배 이상
㉰ 9.5배 이상 ㉱ 6.5배 이상

해설 곡관부에서의 측정구 설치는 덕트 폭의 7.5배 이상 떨어진 장소에 설치한다.

문제 3 다음 댐퍼 중 대형 덕트에 사용하는 것은?

㉮ 루버 댐퍼 ㉯ 다익 댐퍼 ㉰ 베인 댐퍼 ㉱ 볼륨 댐퍼

해설 ① 대형 덕트 : 다익 댐퍼
② 소형 덕트 : 버터플라이 댐퍼
③ 분기 덕트 : 스플릿 댐퍼

문제 4 공조용 덕트 제작에 가장 많이 사용되는 것은?

㉮ 스테인리스 ㉯ 알루미늄 ㉰ 아연철판 ㉱ 염화비닐

해설 공조용 덕트의 일반적인 재료는 아연도금철판, 아연도금, 강판(함석)이며 고온가스나 공기가 통과하는 연도 등에는 압연강판을 사용한다.

문제 5 다음 중 저속 덕트 방식의 풍속은?

㉮ 35~43[m/s] ㉯ 26~30[m/s] ㉰ 16~23[m/s] ㉱ 8~12[m/s]

해설 ① 저속 덕트 : 풍속이 15[m/s] 이하
② 고속 덕트 : 풍속이 15[m/s] 이상

문제 6 공조용 덕트 제작에 가장 많이 사용되는 것은?

㉮ 스테인리스 ㉯ 마그네슘
㉰ 아연철판 ㉱ 동관

해설 공조용 덕트의 일반적인 재료는 아연도금철판, 야연도금강판(함석)이며 고온가스나 공기가 통과하는 연도 덕트 등에는 압연강판을 사용한다.

해답 1. ㉮ 2. ㉮ 3. ㉯ 4. ㉰ 5. ㉱ 6. ㉰

문제 7 덕트 내를 흐르는 풍량을 조절 또는 폐쇄하기 위해 쓰이는 댐퍼로써 특히 분기되는 곳에 설치되는 풍량 조절 댐퍼는?

㉮ 루버   ㉯ 볼륨   ㉰ 스플릿   ㉱ 방화

해설 ㉮ 루버 댐퍼(louver damper) : 다익 댐퍼라고도 하며 2개 이상의 날개를 가진 것으로 대형 덕트에 주로 사용한다.
㉯ 볼륨 댐퍼(volume damper) : 풍량 조절용 댐퍼이다.
㉰ 스플릿 댐퍼(split damper) : 주 덕트에서 분기되는 덕트에 설치하여 풍량조절이나 폐쇄용으로 사용한다.
㉱ 방화 댐퍼(fire damper FD) : 방화구역의 관통부분에 설치하여 화재시 화염이 덕트 내를 침입하였을 때 용융 퓨즈가 녹아 자동적으로 댐퍼를 폐쇄시켜 화염이 다른 실로 전달되지 않도록 한 댐퍼이다.

문제 8 덕트 설계시 고려하지 않아도 되는 것은?

㉮ 덕트로 부터의 소음   ㉯ 덕트로 부터의 열손실
㉰ 덕트 내를 흐르는 공기의 엔탈피   ㉱ 공기의 흐름에 따른 마찰저항

해설 덕트 설계시 덕트내 공기의 엔탈피는 고려하지 않는다.

문제 9 송풍기의 진동이 덕트에 전달되지 않도록 사용하는 이음은 무엇인가?

㉮ 캔버스 이음   ㉯ 슬립 이음
㉰ 스팬딩 이음   ㉱ 벤드 이음

해설 송풍기와 덕트의 접속은 송풍기의 진동이 덕트에 전달되지 않도록 길이 150~300[mm] 정도의 이중 석면포와 같은 플렉시블 덕트를 사이에 삽입하는 것을 캔버스 이음이라 한다.

문제 10 다음 덕트의 부속품 중에서 풍량 조절용 댐퍼가 아닌 것은?

㉮ 버터플라이 댐퍼   ㉯ 루버 댐퍼
㉰ 베인 댐퍼   ㉱ 방화 댐퍼

해설 <7번 해설 참고>

문제 11 저속 덕트의 시공시 확대할 경우 각도를 몇 도 이내로 하여야 하는가?

㉮ 45   ㉯ 10   ㉰ 20   ㉱ 30

해설 덕트의 확대부 20° 이하, 축소부에서는 40° 이하의 각도로 한다.

문제 12 덕트 내의 통과 풍량을 조절 또는 폐쇄에 쓰이는 기구는?

㉮ 댐퍼   ㉯ 그릴   ㉰ 에어 와셔   ㉱ 엘리미네이터

해설 • 댐퍼(damper) : 덕트 내의 풍량을 조절하거나 폐쇄하는 기구

문제 13 저속 덕트와 고속 덕트가 구별되는 주 덕트 풍속의 값은 얼마인가?

㉮ 5[m/s]   ㉯ 10[m/s]   ㉰ 15[m/s]   ㉱ 30[m/s]

해설 <5번 해설 참고>

해답 7. ㉰ 8. ㉰ 9. ㉮ 10. ㉱ 11. ㉰ 12. ㉮ 13. ㉰

문제 14 덕트에서의 마찰손실에 대한 설명 중 잘못된 것은?

㉮ 덕트의 지름에 반비례한다.

㉯ 덕트의 길이가 길면 커진다.

㉰ 덕트 속에 공기의 속도가 커지면 증가한다.

㉱ 공기의 비중량이 클수록 작아진다.

해설 마찰손실은 공기 비중량이 커지면 증가한다.

문제 15 덕트의 설계시 주의할 사항 중 틀린 것은?

㉮ 곡부분은 될 수 있는 대로 큰 곡률반지름을 취한다.

㉯ 덕트의 확대 부분의 각도는 될 수 있으면 20° 이하로 한다.

㉰ 덕트의 축소 부분의 각도는 될 수 있으면 45° 이내로 한다.

㉱ 덕트 단면의 정방비(aspect ratio)는 될 수 있는대로 10 이상으로 한다.

해설 ● 덕트의 설계, 시공시 주의 사항
① 덕트의 종횡비(aspect ratio)는 4 이내로 한다.
② 국부 부분은 되도록 큰 곡률 반지름을 취한다.
③ 덕트의 확대각도는 20° 이하, 축소 각도는 45° 이내로 한다.

문제 16 덕트 장변의 길이가 120〔cm〕일 때 아연판의 두께는 몇 〔mm〕인가?

㉮ 0.5[mm]　　　㉯ 0.6[mm]　　　㉰ 0.8[mm]　　　㉱ 1.0[mm]

해설 ● 아연도금철판 덕트의 적정 두께

철판두께 (mm)	저속 덕트 (15〔m/s〕 이하)			고속 덕트 (15〔m/s〕 이상)		
	직사각형 덕트 장변치수(mm)	원형 덕트 지름(mm)	나선형 덕트 지름(mm)	직사각형 덕트 장변치수(mm)	원형 덕트 지름(mm)	나선형 덕트 지름(mm)
0.5	450 이하	450 이하	450 이하	–	200 이하	200 이하
0.6	450~750	450~750	450~750	–	200~600	200~600
0.8	750~1,500	750~1,000	750~1,000	450 이하	600~800	600~800
1.0	1,500~2,250	1,000 이상	1,000 이상	450~1,200	800~1,000	800~1,000
1.2	2,250 이상	–	–	1,200~2,250	–	–

문제 17 가장 일반적인 덕트 재료로 사용하는 것은?

㉮ 염화 비닐관　　　　　　　㉯ 아연도금철판

㉰ 염화주석판　　　　　　　㉱ 주석판

해설 공조용 덕트의 일반적인 재료는 아연도금철판, 아연도금강판(함석)이며 고온의 가스나 공기가 통과하는 연도 등에는 압연강판을 사용한다.

문제 18 격자형 취출구에서 풍량을 조절하기 위한 댐퍼나 셔터가 있는 것을 무엇이라 하는가?

㉮ 그릴　　　　㉯ 루버　　　　㉰ 레지스터　　　　㉱ 그리드

해설 ㉮ 그릴 : 격자형으로써 셔터가 없는 것
㉯ 루버 : 격자형으로써 눈, 비의 침입을 방지하기 위해 물막이가 붙어 있는 것
㉰ 레지스터 : 격자형으로써 셔터가 붙어 있는 것

해답 14. ㉱ 15. ㉱ 16. ㉰ 17. ㉯ 18. ㉰

문제 19 덕트 내의 소음방지법이 아닌 것은?

㉮ 송풍기 출구 부근에 플리넘 챔버를 장치한다.

㉯ 덕트의 접속에 심 대신 다이어몬드 브레이크를 만든다.

㉰ 댐퍼와 분출구에 코르크판을 부착한다.

㉱ 덕트의 도중에 흡음재를 내장한다.

해설 다이어몬드 브레이크는 덕트의 강도를 보강하여 진동을 흡수하는 방법이다.

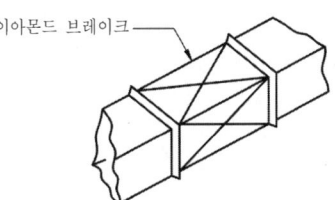

다이아몬드 브레이크

문제 20 다음 댐퍼 중 기본적인 기능이 다른 하나는?

㉮ 버터플라이 댐퍼 ㉯ 루버 댐퍼

㉰ 대향익형 루버 댐퍼 ㉱ 스플릿 댐퍼

해설 ① 풍량조절 댐퍼 : 버터플라이 댐퍼, 루버 댐퍼, 다익 댐퍼 등
② 풍량분기 댐퍼 : 스플릿 댐퍼

해답 **19.** ㉯ **20.** ㉱

1. 취출구

(1) 개요

취출구란 실내에 공기를 공급하는 기구이다.

① 취출구의 분류방식

㉮ 설치위치에 따른 분류

㉠ 천장 취출구 : 천장에 설치하여 하향으로 취출한다.

㉡ 벽면 취출구 : 벽면에 설치하여 수평방향으로 취출한다.

㉢ 라인형 취출구 : 창틀 밑이나 창위쪽에 설치하여 상향 또는 하향으로 취출한다.

㉯ 취출공기의 흐름 형식에 따른 분류

㉠ 확산형 취출구

㉡ 축류형 취출구

방 식	종 류
천 장 취 출 구	• 아네모스탯형 • 웨이형 • 팬형 • 라이트 트로피형 • 다공판형
라 인 형 취 출 구	• 브리즈 라인형 • 캄 라인형 • T-라인형 • 슬롯 라인 형 • T-바형
축 류 형 취 출 구	• 노즐형 • 펑커형
베 인 격 자 형 취 출 구	• 베인 격자형

(2) 흡출공기의 이동

취출구에서 실내로 취출되어 나온 공기는 1차 공기, 실내에 있던 공기 중에서 취출 공기와 혼합되는 공기를 2차공기라 한다.

취출구에서 불어내는 1차공기는 주위로부터 2차공기를 유인하여 1차공기와 혼합한다. 이 혼합된 공기가 전공기이다.

$$\text{유인비 } (R) = \frac{1\text{차공기량} + 2\text{차공기량}}{1\text{차공기량}} = \frac{\text{전 공기량}}{1\text{차공기량}}$$

① 취출공기는 유인작용에 의해 주위 공기를 끌어들이므로 취출구로 멀어질수록 공기량은 증가하고 속도는 감소하여 기류는 원뿔형태로 퍼져나간다. 그러나 어느 한계를 지나면 기류의 속도가 낮아져서 유인작용을 하지 못하고 주위로 확산된다.

② 동일한 풍량이 동일한 압력 상태에서 실내로 취출되는 경우에 원형단면을 갖는 취출구보다는 단면의 둘레가 긴 직사각형으로 된 취출구에서 유인작용이 더욱 잘 일어난다.

③ 벽면에서 공기를 수평으로 취출하는 경우에 취출공기와 실내공기의 온도가 동일하면 공기의 비중도 동일하므로 수평방향으로 퍼져나갈 것이다. 그러나 취출공기의 온도가 실내공기의 온도보다 높으면 취출공기가 가벼워서 천장쪽으로 뜨면서 퍼져나가고 또 취출공기의 온도가 낮으면 바닥으로 가라 앉으면서 퍼져나간다.

④ 취출구로부터 기류의 중심속도가 0.25[m/s]로 되는 곳까지의 수평거리를 최대 도달거리라 한다.

⑤ 취출구로부터 기류의 중심속도가 0.5[m/s]로 되는 곳까지의 수평거리를 최소 도달거리라 한다.

2. 취출구의 종류

(1) 천장 취출구

① 아네모스탯 : 확산형 취출구의 일종으로 몇 개의 콘(cone)이 있어서 1차 공기에 의한 2차 공기의 유인성능이 좋다. 확산반지름이 크고 도달거리가 짧기 때문에 천장취출구로 가장 많이 사용된다. 외형상으로는 원형과 각형이 있고 콘을 고정시킨 것과 상하로 이동할 수 있는 것이 있다.

② 웨이형 취출구 : 방의 구조가 복잡하여 취출기류를 특정방향으로 취출해야 할 필요성이 있는 경우에는 디플렉터를 취출구의 출구쪽에 부착한다. 디플렉터의 방향수에 따라 1~4way로 구분된다.

③ 팬형 취출구 : 원형과 각형이 있으며 아네모스탯형의 콘 대신에 중앙에 원판 모양의 팬을 붙인 것으로 취출기류는 pan의 상면을 따라 확산되어 가므로 유인비 및 소음발생이 심하다. 또한 팬의 위치를 상하로 이동시키므로 기류의 확산범위를 조절할 수 있다.

④ 라이트-트로피형 취출구 : 라이트-트로피(light troffer)의 양쪽에 취출구를 갖고 있으며 중앙에는 조명등을 갖추고 있다. 따라서 인테리어 디자인의 측면으로 볼 때 조명등의 외관으로 취출구의 역할까지 겸하므로 호평을 받고 있다. 취출구 내에서는 풍량조절 댐퍼가 있어서 풍량을 조절하고 풍량조절용 블레이드에 의해 난방시에는 수직취

출을 냉방시에는 수평취출을 하도록 한다.

⑤ 다공판형 취출구 : 취출구의 프레임(frame)에 다공판(perforated face)을 부착시킨
것으로 천장 설치용으로 적당하며 취출구의 두께가 얇아서 천장 내의 덕트 스페이스
가 작은 경우에 적합하다. 다공판은 확산 효과가 크기 때문에 도달거리는 짧고 또한
통풍력(draft)이 적다.

(2) 라인형 취출구

① 브리즈 라인형 취출구 : 이 취출구의 취출부분에는 홈(slot)이 있다. 따라서 선의 개
념을 통하여 인테리어 디자인면에서 미적인 감각이 있다. 출입구의 에어 커튼 역할 및
외부 존(zone)의 냉난방부하를 처리하고 또 취출구 내에 있는 블레이드(blade)의 조
정으로 취출기류를 내측으로 바꾸면 내부 존의 부하를 처리할 수 있다.

② 캄 라인형 취출구 : 가느다란 선형 취출구가 있으며 그 뒤쪽에는 디플렉터(deflector)가
있어서 정류작용을 한다. 그러나 흡입용으로 사용하는 경우에는 디플렉터가 필요없다.
이 취출구는 외부 존이나 내부 존에 모두 사용이 가능하며 출입구의 부근에 에어 커튼
(air curtain)용으로도 적합하며 선형이므로 interior design의 일환으로도 적당하다.

③ T-라인(T-line)형 취출구 : 천장이나 건축물의 구조체에 바-프레임(bar frame)인 T-
바(T-bar)를 고정하고 그 틈 사이에 취출구를 끼운다. 취출구 내에 있는 베인의 고정
방향에 따라 다양하게 바꿀 수 있으며 댐퍼의 기능도 갖고 있다. 내부 존이나 외부 존
모두 사용되며 베인을 제거하면 흡입구로도 사용이 가능하다.

④ 슬롯-라인형 취출구 : 챔버(chamber)의 하단에 슬롯(slot)형의 취출구를 부착시킨
것으로 일명 모듈 라인형 취출구(module line diffuser)라고도 한다. 용도는 T-라인형
과 유사하다. 필요한 취출풍량에 따라 슬롯수를 1~3개 범위에서 선정이 가능하다. 취
출구인 슬롯 내에는 베인이 있어서 댐퍼 및 풍량조절의 기능을 갖고 있다. 한편 베인
을 제거하면 흡입구로도 사용된다.

⑤ T-바(T-bar)형 취출구 : 챔버 하단에 슬롯(slot)형의 취출구가 접속되어 있으며 슬롯은
풍량에 따라 1개 및 2개의 것을 선택할 수 있으며 용도로는 일반적으로 천장 취출 및
창틀 취출을 위해 설치한다. 슬롯 내에는 베인이나 댐퍼가 있어 취출기류의 방향 및 풍
량을 조절한다. 베인이나 댐퍼를 제거하면 흡입구로도 사용이 가능한 취출구이다.

(3) 축류형(軸流形) 취출구

① 노즐형 취출구 : 이 취출구는 노즐을 덕트에 접속시켜 취출한다. 도달거리가 길기 때
문에 실내공간이 넓은 경우에 벽면에 부착하여 횡방향으로 취출하는 예가 많지만 천장
이 높은 경우에 천장에 부착하여 하향취출하는 경우도 있다. 소음이 적기 때문에 풍속
을 5[m/s] 이상으로도 사용되며 소음규제가 심한 곳에서는 저속취출을 하기도 한다.

② 펑커형 취출구 : 천장이나 벽쪽의 덕트에 접속시키며 기류의 방향도 자유자재로 변
경이 가능한 일종의 노즐형 취출구가 펑커 취출구(panka diffuser)이다. 이 취출구는

제한된 활동영역만을 대상으로 한다. 일반적인 공조방식은 거주영역을 대상으로 하지만 열기가 다량으로 발생되는 실내온도가 높은 또한 작업자가 많은 시간동안 체류하는 곳에 소형의 펑커형 취출구가 사용된다.

(4) 베인(vane) 격자형 취출구

베인 격자형은 각형의 프레임에 베인을 조립한 것으로 이 베인이 고정된 것을 고정 베인형 취출구, 가동할 수 있는 것을 가동 베인형 취출구라 한다.

가동 베인형 취출구(유니버설형 취출구)는 도달거리와 강하 및 상승거리를 실내 조건에 맞도록 가동 베인을 조정함으로써 수정할 수 있다.

이들 취출구는 주로 벽 설치용으로 사용한다.

취출풍량의 조절은 베인 뒤쪽에 있는 댐퍼(또는 shutter)로 하는 것도 있고 댐퍼로 하는 것은 레지스터(register)라 하며 댐퍼나 셔터(shutter)가 없는 것을 그릴(grille)이라 한다.

❏ 취출구의 종류

방 식	분 류	종 류	설 치 예	냉방시 최고 취출 온도차
천장취출 (하향)	광산형 (ceiling diffuser)	원 형	아네모스탯형, 팬형, 노드라프트형	11~14[℃]
		선 상	천장 슬롯형, 브리즈라인형, T라인형, 트로퍼형	10~12[℃]
		각 형	TCSX형, TMDC형, 아네모스탯형	11~14[℃]
	축류형	노 즐	천장 노즐형, 판카루버	4~8[℃]
	다공판넬		전면전장취출, 멀티벤트 취출구	4~8[℃]
측벽취출 (횡향)	광산형(wall diffuser)	각 형	유니버설형	8~10[℃]
		반원형	아네모스탯형	10~12[℃]
	축류형	노 즐	벽설치 노즐	7~10[℃]
		가변방향노즐	판카루비	7~10[℃]
	선 상		슬롯형	7~10[℃]
상면 또는 취대 취출구 (상향)	광산형		슬롯형, 유니버설형	7~10[℃]

❏ 취출속도

실 용 도	분출 속도(m/s)
방 송 실	1.5~2.5
주 택, 아 파 트	2.5~3.75
극 장, 호 텔 침 실	
개 인 사 무 실	2.5~4.0
영 화 관	5.0
일 반 사 무 실	5.0~6.25
상 점	7.5
백 화 점	10.0

3. 흡입구

(1) 개요

실내공기의 흡입구는 공조에서 실내공기를 환기시키는 환기용 흡입구, 공장이나 주방 등에서 오염공기를 부분적으로 배출시키기 위한 후두(hood), 화재시에 연기를 배출시키기 위한 배출구 등을 말하나 공조용 흡입구는 아래 도표와 같다.

⬇ 흡입구의 분류

설 치 위 치	종 류
천 장 쪽	• 라인형 흡입구 • 라이트 트로퍼형 흡입구 • 격자형 흡입구 • 화장실 배기용 흡입구
벽 쪽	• 격자용 흡입구 • 펀칭메탈형 흡입구
바 닥 쪽	• 머시룸형 흡입구

(2) 종류

① 격자(slit)형 취출구 : 사각의 프레임에 루버(louver)나 그리드(grid)를 부착시킨 것이며 벽에 설치하나 때로는 천장에도 설치된다. 내부에는 댐퍼나 셔터가 있는 것이 있는데 이것을 레지스터형 흡입구라 하고 레지스터(register)가 없는 것은 그릴(grill)형 흡입구라 한다. 배기용은 필터가 없으나 흡입용은 흡입구 내에 필터가 있어 정기적 청소가 필요하다.

② 펀칭 메탈(punching metal)형 흡입구 : 4각의 프레임에 펀칭 메탈을 부착시킨 것이다. 댐퍼의 유무에 따라 레지스터형과 그릴형으로 구분된다. 펀칭 메탈의 관통된 구멍의 총면적을 자유면적이라 하며 전체면적과의 비율을 자유면적비라 한다.(자유면적비가 적으면 흡입저항이 크다.)

$$\text{자유면적비} = \frac{\text{펀칭 메탈의 관통된 구멍의 총면적(자유면적)}}{\text{전체면적}}$$

③ 머시룸(mushroom)형 흡입구 : 바닥면에 설치되는 흡입구는 버섯모양으로 되어 있어 바닥면의 공기를 흡입한다. 바닥의 먼지를 빨아들이게 되므로 필터나 냉각 코일을 심하게 더럽힌다. 먼지를 제거하는 세틀링 챔버(settling chamber)를 부착시킨 후 저속으로 흡입한다.

④ 화장실용 배기용 흡입구 : 천장설치용 흡입구를 배기용 덕트에 접속시키는 방식의 흡입구이다.

4. 취출구와 흡입구의 허용풍속과 콜드 드래프트

(1) 콜드 드래프트(cold draft)

인체는 생산된 열량보다 소비되는 열량이 많아지면 추위를 느끼게 된다. 이와 같이 소비되는 열량이 많아져서 추위를 느끼게 되는 현상을 콜드 드래프트라 한다.

① 콜드 드래프트(cold draft)의 원인

  ㉮ 인체 주위의 공기 온도가 너무 낮을 때

  ㉯ 기류의 속도가 클 때

  ㉰ 습도가 낮을 때

  ㉱ 주위 벽면의 온도가 낮을 때

  ㉲ 동절기 창문의 극간풍이 많을 때

  ※ 풍속은 너무 높으면 드래프트(draft)를 느끼게 하고 너무 낮으면 공기가 침체되어 불쾌감을 준다. 장소나 활동에 따라 적당한 범위의 값이 요구된다. 실내의 온도분포를 균일하게 하고 기류의 풍속이 어느 제한값 내에 있으면 cold draft가 최소가 된다.

(2) 취출구와 흡입구의 허용풍속

① 취출구의 허용풍속

건 물 의 종 류	취 출 허 용 풍 속 (m/s)
방 송 국	1.5~2.5
주 택, 아 파 트, 교 회, 극 장	2.5~3.75
개 인 사 무 실	2.5~4.0
영 화 관	5.0
일 반 사 무 실	5.0~6.25
백 화 점	7.5
1 층 백 화 점	10

② 흡입구의 허용풍속

건 물 의 종 류	흡 입 허 용 풍 속 (m/s)
• 거주구역의 상부에 있을 때	4.0 이상
• 거주영역 내에 있고 좌석에서 멀 때	3.0~4.0
• 거주영역 내에 있고 좌석에서 가까울 때	2.0~3.0
• 도어 그릴 또는 벽설치용 그릴	3.0
• 주 택	2.0
• 공 장	4.0 이상

제 7 장 취출구와 흡입구 예상문제

문제 1 공기조화용 흡입구의 일반 공장 내에서의 허용 풍속은 얼마인가?

㉮ 2[m/s] 이상   ㉯ 3[m/s] 이상   ㉰ 4[m/s] 이상   ㉱ 5[m/s] 이상

해설 ● 공장의 흡입구의 허용 풍속 : 4[m/s] 이상

문제 2 온수 베이스 보드 난방에서 가열면의 공기 유동을 조절하기 위한 장치는?

㉮ 라지에터   ㉯ 드레인 밸브   ㉰ 댐퍼   ㉱ 서모스탯

해설 ● 댐퍼(dampr) : 공기의 흐름(유동)을 조절하기 위한 기구

문제 3 냉난방시 인체에 적당한 공기의 속도는?

㉮ 냉방 : 0.12~0.18[m/s], 난방 : 0.18~0.25[m/s]

㉯ 냉방 : 1.12~0.18[m/s], 난방 : 1.18~1.25[m/s]

㉰ 난방 : 0.12~0.18[m/s], 냉방 : 0.18~0.25[m/s]

㉱ 난방 : 1.12~0.18[m/min], 냉방 : 1.18~1.25[m/min]

해설 ● 기류속도
① 냉방시 : 0.12~0.18[m/s]
② 난방시 : 0.18~0.25[m/s]
난방시보다 냉방시 기류속도가 적다.

문제 4 다음의 취출구 중에서 천장 취출구가 아닌 것은?

㉮ 아네모스탯형   ㉯ 팬형   ㉰ 유니버설형   ㉱ 펑커 루버

해설 유니버설형 일반적으로 벽에 설치하는 취출구이다.

① 원형 아네모스탯형
② 각형 아네모스탯형
③ 도어그릴
④ 유니버설형
⑤ 펑커 루버
⑥ 라인형
⑦ 노즐형
⑧ 루버

취출구의 설치 예

문제 5 실내에 설치하여 난방환기 및 냉방의 공기를 토출하는 기구는?

㉮ 디퓨저(difuser)   ㉯ 레지스터(register)

㉰ 댐퍼(damper)   ㉱ 후드(hood)

해설 ● 디퓨저(diffuser) : 공기 취출구 설치하여 공기를 실내로 토출하는 기구

해답 1. ㉰   2. ㉰   3. ㉮   4. ㉰   5. ㉮

문제 6 건물의 종류에 따른 취출구의 허용 풍속을 나타낸 것 중 틀린 것은?

㉮ 방송국 : 1.5~2.5[m/s] ㉯ 영화관 : 5.0[m/s]

㉰ 일반사무실 : 9.5[m/s] ㉭ 백화점 : 7.5[m/s]

해설 ● 건물 종류에 따른 취출구의 허용풍속

① 방송국 : 1.5~2.5[m/s]
② 영화관 : 5.0[m/s]
③ 일반사무실 : 4~6[m/s]
④ 백화점 : 7.0~10[m/s]

문제 7 취출구에 설치하여 취출풍량에 조절하는 기기 명칭은?

㉮ 덕트 ㉯ 송풍기

㉰ 밸브 ㉭ 댐퍼

해설 ● 댐퍼(damper) : 공기 취출구에 설치하여 중량을 조절하거나 폐쇄시키는 기구

문제 8 취출구 공기 도달거리가 3/4 지점에 이르렀을 때 공기속도로 적당한 것은?

㉮ 0.25[m/s] ㉯ 0.5[m/s]

㉰ 1.2[m/s] ㉭ 1.5[m/s]

해설 취출구에서의 도달거리는 3/4 지점에서 0.25[m/s]의 풍속이 적정하다.

해답 6. ㉰ 7. ㉭ 8. ㉮

1. 환기

(1) 개요

환기란 일정 공간에 있는 공기의 오염을 막기 위하여 실외로부터 청정한 공기를 공급하여 실내의 오염된 공기를 실외로 배출시키고 실내의 오염된 공기를 교환 또는 희석시켜 실내의 공기를 쾌적한 공기로 만드는 것이다.

(2) 환기의 분류

① 인간환기 : 재실자의 불쾌감이나 위생적 위험성 증대의 방지를 위한 환기
② 물질환기 : 품질관리에 있어서 원료나 제품의 보존을 위한 주변환경의 악화로부터 보호하는 환기

(3) 환기방식

① 자연환기 : 실내외의 온도차에 의한 부력과 외기의 풍압에 의한 실내외의 압력차에 의해 이루어지는 중력환기이다.
  ㉮ 특징
    ㉠ 동력이 필요없다.
    ㉡ 일정한 환기량을 얻기가 곤란하다.
    ㉢ 일정량 이상의 환기량을 기대할 수 없다.

② 기계환기
  ㉮ 특징
    ㉠ 기계적 에너지가 많이 필요하다.
    ㉡ 급기 팬, 배기 팬이 필요하고 동력이 필요하다.
    ㉢ 용도와 목적에 따라 환기량이나 실내압의 조정이 가능하다.

(4) 환기의 종류

① 제1종 환기 : 급기 팬과 배기 팬의 조합이다.(실내압은 임의)

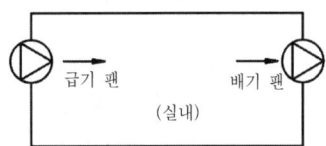

② 제2종 환기 : 급기 팬과 자연배기의 조합(실내압은 정압)

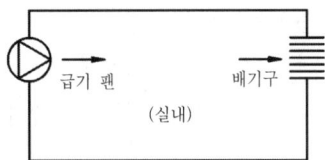

③ 제3종 환기 : 자연급기와 배기 팬의 조합(실내압은 부압)

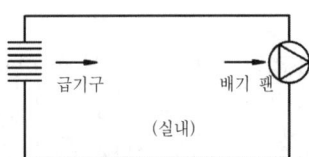

④ 제4종 환기 : 자연급기와 자연배기의 조합(자연 중력환기, 실내압은 부압)

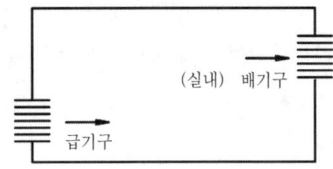

제 8 장 환기설비 예상문제

문제 1 적당한 배기구를 가지고 급기 송풍기만을 사용하는 환기방식은?

    ㉮ 제1종 환기   ㉯ 제2종 환기

    ㉰ 제3종 환기   ㉴ 제5종 환기

해설 ● 강제 환기방식
    ① 제1종 환기 : 급기 송풍기 + 배기 송풍기(보일러실, 병원수술실 등)
    ② 제2종 환기 : 급기 송풍기 + 배기구(반도체 무균실, 소규모 변전실, 창고 등)
    ③ 제3종 환기 : 흡기구 + 배기 송풍기(화장실, 조리장, 차고 등)

문제 2 환기의 필요성으로 볼 수 없는 것은?

    ㉮ 체취   ㉯ 습도증가

    ㉰ 탄산가스 증가   ㉴ 외기 온도 증가

해설 ● 환기의 필요성
    ① 체취
    ② 습도 증가
    ③ 탄산가스 증가
    ④ 독성가스 누설
    ⑤ 가연성가스 누설

문제 3 건물의 화장실, 탕비실, 소규모 조리장의 환기 설비에 적당한 기계환기 방식은?

    ㉮ 제1종 환기   ㉯ 제2종 환기

    ㉰ 제3종 환기   ㉴ 제4종 환기

해설 <1번 해설 참고>

문제 4 기계 환기는 팬의 위치와 송기, 배기 형식에 따른 다음 종류가 있다. 해당되지 않는 것은?

    ㉮ 병용식   ㉯ 압입식

    ㉰ 흡출식   ㉴ 압출식

해설 기계식 환기에는 병용식(제1종), 압입식(제2종), 흡출식(제3종)이 있다.

해답 1. ㉯ 2. ㉴ 3. ㉰ 4. ㉴

1. 보일러

보일러란 밀폐된 용기에서 온수나 증기를 발생시키는 열원장치이다.

(1) 보일러의 3대구성요소

① 보일러 본체

② 보일러 부속장치

③ 연소장치

(2) 보일러의 분류

① 원통형 보일러

㉮ 입형 보일러 : 입형 횡관식, 입형 연관식, 코크란식

㉯ 횡형 보일러

㉠ 노통 보일러 : 코르니시 보일러, 랭커셔 보일러

㉡ 연관 보일러 : 횡연관 외분식 보일러, 기관차 보일러, 케와니 보일러

㉢ 노통 연관식 패키지 보일러 : 육용, 선박용

② 수관식 보일러

㉮ 자연순환식 보일러 : 배브콕 윌콕 보일러(babcok and wilcox boiler), 쓰네기지 보
일러, 다쿠마 보일러, 야로 보일러, 2동 D형 팩케이지 보일러

㉯ 강제순환식 보일러 : 라몽 보일러, 베록스 보일러

㉰ 관류 보일러 : 벤숀 보일러, 슬러지 보일러, 엣모스 보일러

③ 주철제 보일러(섹션 보일러)

㉮ 주철제 증기 보일러

㉯ 주철제 온수 보일러

④ 특수 보일러

㉮ 폐열 보일러 : 하이네 보일러, 리 보일러

ⓝ 열매체 보일러 : 다우섬 등 사용

ⓓ 간접가열 보일러 ; 슈밋 하트만 보일러, 레플러 보일러

(3) 보일러 부속장치

① 안전장치

㉮ 안전 밸브

㉯ 방출 밸브(릴리프 밸브)

㉰ 방폭문

㉱ 저수위 경보장치

㉲ 화염검출기

㉳ 압력제한기

② 송기장치

㉮ 비수방지관

㉯ 기수분리기

㉰ 주증기 밸브

㉱ 증기 헤더

㉲ 어큐뮬레이터(증기 축열기)

㉳ 증기 트랩

㉴ 감압 밸브

㉵ 신축 조인트

③ 분출장치(수저, 수면분출)

㉮ 분출관

㉯ 분출 밸브

㉰ 분출 콕

④ 폐열회수장치

㉮ 과열기

㉯ 재열기

㉰ 절탄기(급수가열기)

㉱ 공기예열기

⑤ 급수장치

㉮ 급수 펌프

㉯ 인젝터

㉰ 급수 탱크

⑥ 집진장치

⑦ 건식

㉠ 여과식

㉡ 원심력식

㉢ 중력식

㉣ 음파식

⑭ 습식

㉠ 유수식

㉡ 가압수식(사이클론 스크러버, 벤튜리 스크러버, 제트 스크러버, 충진탑)

㉢ 회전식

㉰ 전기식 : 코트렐식

⑦ 통풍장치와 연돌

㉮ 자연통풍

㉯ 강제통풍

㉠ 압입통풍 : 터보형 송풍기

㉡ 흡입통풍 : 플레이트형 송풍기

㉢ 평형통풍 : 압입 송풍기＋흡입 송풍기

㉰ 연도와 굴뚝

(4) 연소장치

① 고체연료의 연소장치

㉮ 수분식

㉯ 기계식

㉠ 산포식 스토커

㉡ 체인크레이트 스토커

㉢ 하입식 스토커

㉣ 계단식 스토커

㉰ 미분탄 연소장치

㉠ 선회식 버너

㉡ 편평류 버너

② 액체연료의 연소장치

㉮ 기화연소방식

㉯ 무화연소방식

㉠ 유압분사식 버너

㉡ 회전분무식 버너

ⓒ 기류식 버너(고압, 저압)

ⓡ 건타입 버너

{참고}

■ 에어 레지스터(착화안전장치)
  ① 윈드 박스(바람상자)
  ② 보염기
  ③ 버너타일
  ④ 콤버스터
---

③ 기체연료의 연소장치

  ㉮ 확산연소방식

    ㉠ 포트형

    ⓒ 버너형(선회형, 방사형)

  ㉯ 예열혼합식

    ㉠ 저압 버너

    ⓒ 고압 버너

    ⓒ 송풍 버너

2. 보일러의 특징

(1) 원통형 보일러의 장단점

① 장점

  ㉮ 구조가 간단하고 설비비가 싸다.

  ㉯ 취급이 용이하다.

  ㉰ 청소 및 보수가 용이하다.

  ㉱ 부하변동에 비해 압력변화가 적다.

② 단점

  ㉮ 고압이나 대용량에 부적당하다.

  ㉯ 보유수량이 많아 증기발생의 소요시간이 길다.

  ㉰ 보유수량이 많아 파열시 피해가 크다.

  ㉱ 열효율이 낮다.

(2) 수관식 보일러의 장단점

① 장점

  ㉮ 드럼의 지름이 같아서 고압에 잘 견딘다.

  ㉯ 수관군의 배치에 따라 전열면적이 크고 열효율이 크다.

  ㉰ 전열면적당 보유수가 적어서 증발속도가 빠르다.

　　㉣ 파열시 피해가 적다.

　　㉤ 보일러수의 순환력이 크다.

　② 단점

　　㉮ 부하변동시 압력변화가 크고 수위변동이 심하다.

　　㉯ 스케일의 생성이 커서 급수처리가 요망된다.

　　㉰ 취급상 기술적인 문제가 따른다.

(3) 관류 보일러의 장단점(단관식, 다관식)

　① 장점

　　㉮ 단관식은 순환비가 1이라서 드럼이 필요없다.

　　㉯ 보유수가 적어 증발이 극심하다.

　　㉰ 구조가 컴팩트하다.

　　㉣ 열효율이 매우 높다.

　② 단점

　　㉮ 스케일의 생성이 빨라서 급수처리가 요망된다.

　　㉯ 부하변동시 압력변화가 크다.

　　㉰ 자동제어장치가 반드시 필요하다.

(4) 주철제 보일러의 장단점

　① 장점

　　㉮ 분해나 조립, 운반이 편리하다.

　　㉯ 섹션수의 증감에 따라 보일러 용량을 자유롭게 조절할 수 있다.

　　㉰ 내식성이 좋다.

　　㉣ 급수처리가 까다롭지 않다.

　　㉤ 전열면적에 비해 설치면적이 작다.

　② 단점

　　㉮ 고압 및 대용량에 부적당하다.

　　㉯ 균열이 발생하기 쉽다.

　　㉰ 인장이나 충격에 약하다.

　　㉣ 구조상 내부청소나 검사가 불편하다.

3. 난방

(1) 증기난방

① 장점

㉮ 증발잠열을 이용하므로 열의 운반능력이 크다.

㉯ 방열면적이 적어도 되고 관의 지름이 작아도 된다.

㉰ 예열시간이 짧다.

② 단점

㉮ 난방부하에 따라 방열량 조절이 곤란하다.

㉯ 응축수의 생성으로 수격작용(워터 해머)의 발생이 심하다.

㉰ 보일러 취급이 까다롭다.

⬛ **증기난방법의 분류**

분　류	종　류	비　고
응 축 수 환 수 방 식	중력환수식 증기난방	소규모 난방법
	기계환수식 증기난방	펌프 사용
	진공환수식 증기난방	환수관의 진공도 $100 \sim 250$[mmHg]
증 기 압 력	저압증기 난방	$0.15 \sim 0.35$[kg/cm^2] 이하
	고압증기 난방	1[kg/cm^2] 이상
증 기 공 급 방 식	상향식 공급	
	하향식 공급	
배 관 방 식	단관식 배관	증기와 응축수가 동일배관
	복관식 배관	증기와 응축수가 다른배관
환 수 배 관 방 식	습식 환수관	환수주관이 수면보다 낮다.
	건식 환수관	환수주관이 수면보다 높다.

※ **하트포드 연결법**

저압증기 난방장치에서 환수주관을 보일러 하단에 직접 접속하면 보일러 내의 증기압력에 의해 보일러 내의 수면이 안전저수위 이하로 내려간다.

또, 환수관의 일부가 파손되어 물이 샐 때는 보일러 내의 물이 유출하여 안전수위 이하가 되고 보일러는 빈 상태로 된다.

이런 위험을 막기 위하여 밸런스관을 달고 안전저수면보다 높은 위치에 환수관을 설치하는데 이런 배관을 하트포트(hartford) 접속법이라 한다.

※ **리프트 이음(lift fittings)배관**

진공환수식 난방장치에 있어서 부득이 방열기보다 높은 곳에 환수관을 배관하지 않으면 안될 때 또는 환수주관보다 높은 위치에 진공 펌프를 설치할 때는 리프트 이음을 사용하면 환수관의 응축수를 끌어올릴 수 있다. 이것은 리프트 이음까지는 환수가 구배(기울기)에 따라서 자연유하하여 리프트 이음의 하부에 고이며 따라서 환수관의 통기가 막힌다. 그러나 진공 펌프의 작동으로 이 리프트 이음 전후에서 압력차가 생겨 물을 끌어 올리게 된다.

이 수직관은 주관보다 한 치수 가느다란 관으로 하는 것이 보통이며 빨아올리는 높이는 1.5[m] 이내이고 2, 3단 직렬 연속으로 접속하여 빨아올리는 경우도 있다.

(2) 온수난방

① 장점

㉮ 난방부하의 변동에 따른 온도조절이 용이하다.

㉯ 현열을 이용하므로 쾌감도가 높다.

㉰ 방열기의 표면온도가 낮아 화상을 당할 염려가 없다.

㉱ 보일러 취급이 용이하고 안전하다.

㉲ 응축손실이 없다.

㉳ 워터 해머((water hammer), 수격작용)가 생기지 않아 소음이 없다.

② 단점

㉮ 증기난방에 비해 배관의 관지름이 커야 한다.

㉯ 증기난방에 비해 설비비가 더 비싸다.

㉰ 공기의 정체로 순환의 장애가 따른다.

㉱ 열용량이 크기 때문에 온수의 순환시간이 길다.

㉲ 야간 난방시에는 동결의 위험이 있다.

⬇ 온수난방법

분 류	종 류	비 고
온 수 온 도	저온수 난방	85~90° (개방식 팽창 탱크 사용)
	고온수 난방	100[℃] 이상 (밀폐식 팽창 탱크 사용)
온 수 순 환 방 법	중력 환수식	자연순환방식
	강제 순환식	순환 펌프 사용
배 관 방 법	단 관 식	송탕관과 복귀탕관이 동일 배관
	복 관 식	송탕관과 복귀탕관이 서로 다르다.
온 수 공 급 방 법	상향 공급식	송탕주관이 최하층 배관에서 수직관으로 상향 분기
	하향 공급식	송탕주관을 최상층 배관에 수직관을 하향 분기

(3) 복사난방(방사난방)

벽이나 벽, 바닥 속에 온수가열 코일을 묻어 온수를 공급하여 그 코일 표면의 복사열로 난방하는 방식이다.

① 장점

㉮ 실내 온도가 균등하며 쾌감도가 높다.

㉯ 방열기의 설치가 불필요하므로 바닥면의 이용도가 높다.

㉰ 동일방열량에 비해 열손실이 대체로 적다.

㉱ 공기의 대류가 적어 실내공기의 오염도가 적다.

㉲ 환기의 열손실이 적은 편이다.

② 단점

㉮ 외기 온도의 급변화에 대해 온도 조절이 곤란하다.

㉯ 벽속에 매입 배관이므로 시공 수리가 불편하며 설비비가 많이 든다.

㉰ 누설의 발견이 어렵고 시멘 모르타르 등에 균열발생이 일어난다.

㉱ 열손실은 대류난방에 비해 크므로 단열재 시공이 많이 든다.

③ 방열 패널

㉮ 바닥 패널(panel)

㉯ 천정 패널(panel)

㉰ 벽 패널(panel)

(4) 지역난방

지역난방은 1개소 또는 수개소의 보일러실에서 어떤 대규모 특정지역 내의 건물, 아파트 등에 증기나 온수를 공급하는 방식이다.

① 장점

㉮ 열효율이 좋고 연료비가 절감된다.

㉯ 각 건물에 보일러실, 연돌이 필요없으므로 건물의 유효면적이 증대된다.

㉰ 설비의 고도화에 따라 도시 매연이 감소한다.

(5) 온풍난방

① 난방원리 : 더운 공기를 방안에 보내어 난방하는 방법으로, 공기를 가열하는 방법에는 온풍로에 의한 직접 가열식과 열교환기를 사용하는 간접 가열식이 있다.

② 온풍 난방의 특징

㉮ 장점

㉠ 설비비가 적다.

㉡ 장치의 열용량이 극히 적으므로 예열시간이 짧고 연료비가 적다.

㉢ 온기로의 효율이 크다.

㉣ 온기차가 크므로 보통의 공조방식에 비해 덕트는 소형으로 할 수 있다.

㉯ 단점

㉠ 취출풍량이 적으므로 실내 상하의 온도차가 크다.

ⓛ 덕트 보온에 주의하지 않으면 온도강하 때문에 난방이 불충분하다.

ⓒ 소음이 생기기 쉽다.

③ 적용 : 공장, 주택 등의 소규모 건축물

제 9 장 보일러와 난방설비 예상문제

문제 1 보일러의 상당증발량이 3,000〔kg/h〕이고, 급수 온도가 30〔℃〕, 발생증기 엔탈피 635.2 〔kcal/kg〕일 때 실제 증발량은 몇 〔kg/h〕인가?

㉮ 2,048 ㉯ 2,200

㉰ 2,671 ㉱ 2,800

해설
$$G_e = \frac{G_a(h_2 - h_1)}{539}$$
$$G_a = \frac{G_e \times 539}{h_2 - h_1} = \frac{3,000 \times 539}{635.2 - 30} = 2671.84\,[\text{kg/h}]$$

G_e : 상당(환산) 증발량(kg/h)
G_a : 실제 증발량(kg/h)
h_2 : 발생증기 엔탈피(kcal/kg)
h_1 : 급수의 엔탈피, 온도(kcal/kg)

문제 2 증기 방열기의 표준 발열량 값은?

㉮ 450[kcal/h] ㉯ 650[kcal/h] ㉰ 760[kcal/h] ㉱ 850[kcal/h]

해설 ● 증기 방열기의 표준 방열량
① 증기 : 650[kcal/m²h]
② 온수 : 450[kcal/m²h]

문제 3 증기의 유량제어에 적합한 밸브는?

㉮ 팽창 밸브 ㉯ 3방 밸브 ㉰ 2방 밸브 ㉱ 감압 밸브

해설 ㉮ 팽창(expansion) 밸브 : 냉매의 유량제어
㉯ 3방(three-way) 밸브 : 냉온수 등 액체의 유량제어
㉰ 2방(two-way) 밸브 : 증기, 냉온수, 냉매의 유량제어

문제 4 온수난방에 관한 설명 중 틀린 것은?

㉮ 상향공급식만 사용된다.
㉯ 중력식 순환방식도 사용된다.
㉰ 고온식은 밀폐 팽창 탱크 시스템을 사용한다.
㉱ 단관식에는 주관과 방열기는 병렬로 이어져 있다.

해설 온수의 공급방식에 따라 상향공급방식과 하향공급방식이 있다.

문제 5 온풍난방을 사용할 수 있는 가장 알맞은 건물은?

㉮ 학교 ㉯ 아파트 ㉰ 극장 ㉱ 주택

해설 온풍난방은 극장에 적합하다.

해답 1. ㉰ 2. ㉯ 3. ㉱ 4. ㉮ 5. ㉰

문제 6 겨울난방에 적당한 건구 온도는 몇 〔℃〕인가?(단, 재실자가 보통 옷차림 상태에서 가벼운 작업을 할 경우이다.)

㉮ 7~10 ㉯ 12~15
㉰ 20~22 ㉱ 27~30

해설 • 재실자가 상쾌함을 느끼는 범위(쾌감대)
① 하계 : 유효온도 20~25[℃], 상대습도 60~70[%]
② 중간계 : 유효온도 16~21[℃], 상대습도 50~60[%]
③ 동계 : 유효온도 17~22[℃], 상대습도 60~65[%]

문제 7 난방부하의 변동에 따라 온도 조절이 용이하고 열용량이 크므로 실내 온도가 급격하게 변하지 않을 뿐 아니라 위험성이 적으며 배관 기울기가 작아도 되는 난방방식은?

㉮ 복사 난방방식 ㉯ 온풍 난방방식
㉰ 온수 난방방식 ㉱ 증기 난방방식

해설 • 증기난방과 비교한 온수난방의 특징
① 열용량이 커 예열시간이 길다.
② 난방부하에 따른 방열량의 조절이 쉽다.
③ 동결의 위험과 부식이 적다.
④ 방열기 면적이 크고 높이에 제한을 받는다.
⑤ 취급은 용이하거나 방열면적이 커야 한다.
⑥ 보유열량이 적어 관지름이 크다.
⑦ 건축물의 높이에 제한을 받는다.

문제 8 다음 중 복사 냉·난방 방식의 장점이 아닌 것은?

㉮ 쾌감도가 높고 외기 부족현상이 적다.
㉯ 바닥 이용도가 높다.
㉰ 덕트 스페이스 및 물 운반 동력을 줄일 수 있다.
㉱ 시설비가 적게 든다.

해설 • 복사난방의 장점 : 쾌감도가 좋다. 실내공간의 이용률이 높다(방열기 설치 불필요). 동일 발열량에 대한 열손실이 적다.
• 복사난방의 단점 : 매입배관이므로 시공/수리가 곤란, 외기온도 변화에 대한 조절이 곤란, 고장발견이 곤란하고 시설비가 비싸다.

문제 9 증기난방의 환수관 배관방식에서 환수주관을 보일러의 수면보다 높은 위치에 배관하는 것은?

㉮ 진공 환수식 ㉯ 강제 환수식
㉰ 습식 환수식 ㉱ 건식 환수식

해설 ① 건식 환수방식 : 보일러의 환수주관이 보일러 수면보다 높은 위치
② 습식 환수방식 : 보일러의 환수주관이 보일러 수면보다 낮은 위치

문제 10 밀폐식 온수난방의 온도는 몇 〔℃〕가 적당한가?

㉮ 55~75 ㉯ 65~85
㉰ 80~100 ㉱ 100~150

해설 • 밀폐식 온수난방의 온도 : 100~150[℃]

해답 6. ㉰ 7. ㉰ 8. ㉱ 9. ㉱ 10. ㉱

문제 11 증기난방에 대한 설명 중 거리가 먼 것은?

　　㉮ 방열기의 방열면적이 적어진다.

　　㉯ 열용량이 적어 공급 정지시 바로 냉각된다.

　　㉰ 부식이 적다.

　　㉱ 동결 파손 위험이 적다.

　　해설 온수난방과 비교한 증기난방의 특징인데, ㉮ 온수에 비해 증기온도가 높기 때문에 같은 방
　　열기 열량에서 방열기 면적이 적어지고, ㉯ 온수는 서서히 냉각되고, 증기는 방열기에 증기
　　공급이 중단되면 온수보다 빨리 냉각된다는 의미입니다.

문제 12 일반적인 거실의 난방 실내온도 중에서 가장 알맞은 것은 몇 ℃인가?

　　㉮ 27~30　　　　　　　　　　　　㉯ 25~27

　　㉰ 18~22　　　　　　　　　　　　㉱ 13~17

　　해설 ● 실내온도
　　　　① 난방시(겨울) : 18~22[℃]
　　　　② 냉방시(여름) : 25~28[℃]

문제 13 다음 중 직접 난방방식이 아닌 것은?

　　㉮ 온풍 난방　　　　　　　　　　㉯ 온수 난방

　　㉰ 복사 난방　　　　　　　　　　㉱ 열 펌프 난방

　　해설 열펌프 난방은 간접 난방 방식이다.

문제 14 복사 난방에 관한 설명 중 맞지 않는 것은?

　　㉮ 복사 난방은 주야를 계속 난방해야 하는 곳에 유리하다.

　　㉯ 단열층 공사비가 많이 들고 배관의 고장발견이 어렵다.

　　㉰ 대류 난방에 비하여 설비비가 많이 든다.

　　㉱ 방열재의 열용량이 적으므로 외기 온도에 따라 방열량의 조절이 쉽다.

　　해설 복사 난방은 실재온도 변화에 따른 방열량 조절이 어렵다.

문제 15 온수 난방법에서의 특징을 설명한 것 중 잘못된 것은?

　　㉮ 예열시간이 걸리지만 쉽게 식지 않는다.

　　㉯ 건축물의 높이에 따라 설치에 제한을 받지 않는다.

　　㉰ 설비비가 다소 많이 드나 보일러의 취급이 쉽다.

　　㉱ 난방부하의 변동에 따라 방열량의 조절이 쉽다.

　　해설 <7번 해설 참고>

해답 11. ㉯　12. ㉰　13. ㉱　14. ㉱　15. ㉯

문제 16 온수난방의 단점이 아닌 것은?

  ㉮ 장치의 열용량이 크므로 예열에 장시간이 필요하다.
  ㉯ 연료의 소비량이 많다.
  ㉰ 온수용 주철 보일러는 수두제한 때문에 고층에서는 사용할 수 없다.
  ㉱ 증기 환기의 냉각으로 열손실이 많다.

문제 17 증기압력에 따라 분류한 증기난방 방식에 속하는 것은?

  ㉮ 고압식   ㉯ 중력식   ㉰ 진공식   ㉱ 습식

해설 증기압력에 따라 고압식과 저압식이 있다.
참고 환수관의 배관방식에 의하여 건식환수와 습식환수가 있다.

문제 18 다음에서 고온수 난방방식의 온수 온도는 몇 [℃]인가?

  ㉮ 50~70   ㉯ 70~90   ㉰ 100~150   ㉱ 160~200

해설 ① 저온수식 : 65~85[℃]의 온수 사용
② 보통 온수식 : 85~95[℃]의 온수 사용
③ 고온수식 : 100~150[℃]의 온수 사용

문제 19 다음 중에서 중앙식 난방법이 아닌 것은?

  ㉮ 개별 난방법   ㉯ 직접 난방법
  ㉰ 간접 난방법   ㉱ 복사 난방법

해설 ● 중앙난방방식
① 직접난방
  ㉮ 자연대류식 : 증기방열기, 온수방열기
  ㉯ 강제대류식 : 콘 벡터
② 간접난방 : 온풍기, 공조기 가열 코일
③ 복사난방 : 패널 난방

문제 20 일명 패널(pnnel) 난방이라고 하는 난방 방식은?

  ㉮ 진공환수식 난방법   ㉯ 강제순환식 난방법
  ㉰ 방사 난방법   ㉱ 온수 난방법

해설 ● 복사(방사)난방 : 실내의 천장, 바닥, 벽 등에 가열 코일(패널)을 묻어 코일 내에 온수를
공급하여 순환 열매체의 복사열에 의해 난방하는 방식으로 패널 난방(pannel heating)이
라고도 한다.

문제 21 보통 실내온도는 방바닥에서 몇 m의 높이에서 측정하는가?

  ㉮ 1   ㉯ 1.5   ㉰ 2   ㉱ 2.5

해설 실내온도의 적정 유지를 위해 실내온도 검출기(thermostat)는 사람의 호흡선인 바닥에서
1.5[m] 높이에 설치하여 온도를 검출한다.

해답 16. ㉱ 17. ㉮ 18. ㉰ 19. ㉮ 20. ㉰ 21. ㉯

문제 22 방열기의 입구온도 75〔℃〕, 출구온도 65〔℃〕, 실내(방)의 온도 20〔℃〕, 온수 순환량이 20〔ℓ/h〕일 때 방열기의 방열량은 몇 〔kcal/h〕인가?

갸 200　　　　　나 400　　　　　댜 1400　　　　　랴 2800

해설 온수방열기로서 온수의 현열을 이용하므로

$$Q = G \cdot C \cdot \Delta t = 20 \times 1 \times (75 - 65) = 200 \, [\text{kcal/h}]$$

문제 23 주택, 아파트 등에 적당한 난방방법은?

갸 저압증기난방　　나 복사난방　　　댜 온기난방　　　랴 열풍난방

해설 주택, 아파트 등에는 바닥 패널에 온수를 공급하여 난방하는 복사난방이 가장 적당하다.

문제 24 저온 복사난방의 장점이 아닌 것은?

갸 쾌적도가 좋다.　　　　　　　　나 시공이 용이하다.

댜 위, 아래의 온도차가 적다.　　　랴 방열기가 불필요하다.

해설 ● 복사난방의 장점
　① 난방의 쾌감도가 좋다.
　② 실내 상·하의 온도차가 적다.
　③ 실내 방열기가 없어 바닥면적의 이용도가 좋다.

문제 25 온수난방설비에서 고온수식과 저온수식의 기준 온도는?

갸 80　　　　　　나 90　　　　　　댜 100　　　　　　랴 110

해설 <18번 해설 참고>

문제 26 다음 중 증기난방 설비와 관계 없는 것은?

갸 신축곡관　　　　　　　　　　나 에어벤트

댜 인라인 펌프　　　　　　　　　랴 감압 밸브

해설 인라인 펌프(inline pump)는 온수 순환을 위하여 배관상에 설치하는 순환 펌프이다.

문제 27 복사난방의 바닥 매설 배관으로 가장 옳은 재료는?

갸 PVC관　　　　　　　　　　　나 강관

댜 동관　　　　　　　　　　　　랴 스테인리스관

해설 복사난방의 바닥 매설 배관으로는 열전도율이 좋은 동관이 가장 좋다.

문제 28 보일러의 구성하는 3대 요소가 아닌 것은?

갸 전기장치　　　　　　　　　　나 보일러 본체

댜 연소장치　　　　　　　　　　랴 부속장치

해설 ● 보일러의 3대 구성요소 : 보일러 본체+연소장치+부속장치

해답 22. 갸　23. 나　24. 나　25. 댜　26. 댜　27. 댜　28. 갸

문제 29 증기난방에 공기 가열기를 설치하고자 할 경우에 증기관과 환수관 사이에 설치하기가 알맞은 트랩은?

　㉮ 열동증기 트랩　　　　　　　㉯ 플로트 트랩
　㉰ 충동용 트랩　　　　　　　　㉭ 벨 트랩

해설 방열기를 이용하여 난방할 때에는 방열기 출구에 주로 열동식(방열기) 트랩을 설치한다.

문제 30 보일러의 종류 중 원통식 보일러에 해당하지 않는 것은?

　㉮ 직립식 보일러　　　　　　　㉯ 노통식 보일러
　㉰ 관류식 보일러　　　　　　　㉭ 연관식 보일러

해설 관류식 보일러는 수관 보일러에 해당한다.

문제 31 보일러의 열출력이 150,000〔kcal/h〕, 연료소비율이 20〔kg/h〕이며 연료의 저위 발열량이 10,000〔kcal/kg〕이라면 보일러의 효율은 얼마인가?

　㉮ 0.65　　　　　㉯ 0.70　　　　　㉰ 0.75　　　　　㉭ 0.80

해설 • 열효율

$$\frac{유효열}{입열} = \frac{열출력}{입열} = \frac{열출력}{연료의 연소열}$$

$$\eta = \frac{Q}{G_f \cdot H_l} = \frac{150,000}{20 \times 10,000} = 0.75$$

문제 32 다음의 온수난방에 대한 설명으로 잘못된 것은?

　㉮ 예열부하가 증기난방에 비해 작다.
　㉯ 한냉지에서는 동결의 위험성이 있다.
　㉰ 증기난방보다 방열면적이 커지고 설비비가 증가한다.
　㉭ 난방부하에 따라 온도 조절이 용이하다.

해설 온수난방 방식은 열용량이 커 예열부하가 크다.

문제 33 난방부하 3,600〔kcal/h〕인 실에 온수를 열매로 하는 방열기를 설치하는 경우 소요방열면적은 몇 m² 인가? (단, 표준상태로 가정)

　㉮ 2.0　　　　　㉯ 4.0　　　　　㉰ 6.0　　　　　㉭ 8.0

해설 난방부하(kcal/h) = 방열기 면적(m²) × 방열기 표준방열량(kcal/m²h)

방열기 면적 $= \dfrac{난방부하}{온수방열기 방열량} = \dfrac{3,600}{450} = 8 \,[\text{m}^2]$

문제 34 열매가 증기의 경우 표준 발열량(kcal/m²h)은?

　㉮ 450　　　　　㉯ 550　　　　　㉰ 500　　　　　㉭ 650

해설 <2번 해설 참고>

해답　29. ㉮　30. ㉰　31. ㉰　32. ㉮　33. ㉭　34. ㉭

문제 35 다음 보일러 중 효율이 가장 큰 것은?

⑦ 입형 보일러

㉯ 노통 보일러

㉰ 연관 보일러

㉱ 노통 연관 보일러

해설 • 보일러 효율이 가장 좋은 보일러
수관 보일러 〉 노통연관 보일러 〉 연관 보일러 〉 노통 보일러

문제 36 보일러의 배기가스 여열을 이용하여 보일러 급수를 가열하며 연탄이나 기타 연료를 절약하여 보일러 효율을 높이는 폐열회수 이용기구는?

⑦ 과열기

㉯ 재열기

㉰ 절탄기

㉱ 공기예열기

해설 • 급수예열기(절탄기, 이코노마이저) : 보일러에서 배출되는 배기가스의 여열을 이용하여 급수를 예열하는 장치로 보일러의 열효율을 상승시키는 폐열회수장치이다.

문제 37 난방효율이 가장 높은 난방방식은?

⑦ 온수난방

㉯ 열 펌프 난방

㉰ 온풍 난방

㉱ 복사 난방

해설 열 펌프 난방은 난방방식 중 가장 효율이 높다. 이는 압축기에서의 압축열량과 증발기에서의 증발열을 모두 응축기에서 난방열원으로 사용하기 때문이다.

문제 38 실내온도 측정용 서모스탯의 설치 위치는 어디가 좋은가?

⑦ 냉 · 난방기 설치위치

㉯ 호흡선

㉰ 창문 옆

㉱ 무릎선

해설 실내온도 측정기(서모스탯)의 설치 위치는 사람의 호흡선인 1.5[m]가 적당하다.

문제 39 다음 중 원통 보일러의 장점에 속하지 않는 것은?

⑦ 공기나 물을 저장하는 비율이 크며, 압력변화가 없다.

㉯ 구조가 간단하다.

㉰ 고장이 적고, 취급이 용이하다.

㉱ 지름이 크며, 압력에는 영향을 받지 않는다.

해설 • 원통형 보일러의 특징
① 구조가 간단하여 고장이 적고 취급이 용이하다.
② 보유수량이 많아 증기의 압력변화가 적다.
③ 보유수량이 많아 파열시 피해가 크다.
④ 보유수량이 많아 증기 발생 시간이 길다.
⑤ 급수처리가 까다롭지 않다.
⑥ 지름이 커 고압, 대용량에는 부적당하다.

문제 40 온풍난방을 하고 있는 사무실 내의 거주환경에서 적합한 건구온도는 몇 ℃인가?

⑦ 18

㉯ 22

㉰ 26

㉱ 30

해설 • 사무실의 적정 난방 온도 : 20~22[℃] 정도

해답 35. ㉱ 36. ㉰ 37. ㉯ 38. ㉯ 39. ㉱ 40. ㉯

문제 41 다음 중 노통 연관 보일러에 대한 설명으로 옳지 않은 것은?

㉮ 노통 보일러와 연관 보일러의 장점을 혼합한 보일러이다.

㉯ 보일러 중 효율이 80∼85[%]로 가장 높다.

㉰ 형체에 비해 전열면적이 크다.

㉱ 수관식 보일러보다는 가격이 비싸다.

해설 노통 연관 보일러는 수관식 보일러보다 가격이 싸다.

문제 42 보일러에서 절탄기(economizer)를 사용하였을 때 얻을 수 있는 이점이 아닌 것은?

㉮ 보일러의 열효율이 향상된다.　　　㉯ 보일러의 증발 능력이 증가된다.

㉰ 보일러 판의 열응력을 감소시킨다.　㉱ 저온부식 방지 및 통풍력이 증대된다.

해설
- 절탄기(급수예열기, economizer) : 보일러에서 배출되는 배기가스의 여열을 이용하여 급수를 예열하는 장치
  (1) 장점
  ① 보일러의 열효율 증가
  ② 보일러의 증발능력 증가
  ③ 급수와 보일러수의 온도차를 적게하여 열응력 방지
  ④ 급수 중에 포함된 일부 불순물은 제거
  (2) 단점
  ① 저온 부식의 발생
  ② 연소가스의 통풍력 감소
  ③ 청소 및 점검이 어렵다.

문제 43 온수 베이스 보드 난방(hot water base board heating)에서 가열면의 공기유동을 조절하기 위한 장치는?

㉮ 라지에터　　　㉯ 드레인 밸브　　　㉰ 댐퍼　　　㉱ 서모스탯

해설
- 공기 유동을 조절하기 위한 기구 : 댐퍼

문제 44 패널 난방에서 실내 주변의 온도 $t_w = 25[\text{℃}]$, 실내공기의 온도 $t_0 = 15[\text{℃}]$라고 하면 실내에 있는 사람이 받는 감각온도는?

㉮ 15　　　　　㉯ 20　　　　　㉰ 25　　　　　㉱ 10

해설 $\dfrac{25+15}{2} = 20[\text{℃}]$

문제 45 보일러의 연소장치 중 오일 버너의 기름소비량으로 틀린 것은?

㉮ 증발식 강제 통풍식 : 3∼10[l/h]　　㉯ 회전식 : 10∼60[l/h]

㉰ 자연통풍 증발식 : 2∼7[l/h]　　　㉱ 압력 분무식 : 5∼70[l/h]

해설
- 오일 버너에서의 연료 소비량
  ① 증발식 강제통풍방식 : 3∼10[l/h]
  ② 압력 분무식 : 5∼70[l/h]
  ③ 회전식 : 10∼60[l/h]

해답 **41.** ㉱ **42.** ㉰ **43.** ㉰ **44.** ㉯ **45.** ㉰

문제 46 보일러수를 탈 산소할 목적으로 사용하는 약제로 묶어진 것은?

〔보기〕
① 탄닌, ② 리그닌, ③ 히드라진, ④ 탄산소다, ⑤ 아황산소다

㉮ ①-②-③   ㉯ ①-④-⑤   ㉰ ①-③-⑤   ㉱ ①-③-④

해설 보일러의 관내 처리법에 따른 탄산소다는 보일러수 중에 용존 산소를 제거하여 점식을 방지하여 약제로는 탄닌, 아황산소다 등이 사용되며 고압 보일러의 경우 히드라진을 사용한다.

문제 47 상당증발량이 2,500〔kg/h〕이고 급수 온도가 30〔℃〕, 발생증기 엔탈피가 635.2〔kcal/kg〕일 때 실제 증발량은 얼마인가?

㉮ 2,048   ㉯ 2,149   ㉰ 2,249   ㉱ 2,226

해설 <1번 해설 참고>

문제 48 다음은 온수난방과 증기난방을 비교한 것 중 온수난방의 특징이 아닌 것은?

㉮ 예열시간이 길다.
㉯ 난방부하에 따른 온도조절이 용이하다.
㉰ 냉각시간이 길다.
㉱ 동일 방열량에서는 관지름을 적게 할 수 있다.

해설 <15번 해설 참고>

문제 49 증기난방의 장점이 아닌 것은?

㉮ 열매체 온도가 높아 실내 온도의 변화가 작다.
㉯ 온수난방에 비하여 배관 지름이 작아 설비비가 적다.
㉰ 가열시간이 빠르고 난방개시 시간이 짧다.
㉱ 증기가 필요한 건물은 난방과 급기가 병용되어 장치를 단순화시킬 수 있다.

해설 <10번 해설 참고>

문제 50 다음은 증기난방과 온수난방을 비교한 것이다. 틀린 것은?

㉮ 온수난방의 쾌적도가 더 좋다.   ㉯ 온수난방의 취급이 더 용이하다.
㉰ 증기난방의 가열 시간이 더 빠르다.   ㉱ 증기난방의 설비비가 더 많이 든다.

문제 51 온풍난방의 특징을 바르게 설명한 것은?

㉮ 예열시간이 짧다.   ㉯ 조작이 복잡하다.
㉰ 설비비가 많이 든다.   ㉱ 소음이 생기지 않는다.

해설 열용량이 적으므로 예열시간이 짧다.

해답 46. ㉰ 47. ㉱ 48. ㉱ 49. ㉮ 50. ㉱ 51. ㉮

공조냉동기계기능사

제3편

공조냉동
안전관리

제 1 장 공조냉동 안전관리

합격의 고된 길,
구민사가 여러분과 함께 하겠습니다.

1. 재해율

$$연천인율 = \frac{재해발생\ 건수}{연평균\ 근로자수} \times 1,000$$

$$빈도율 = \frac{재해발생\ 건수}{연평균\ 근로자수} \times 1,000,000$$

$$강도율 = \frac{근로\ 손실일수}{근로\ 총시간수} \times 1,000$$

2. 안전점검

안전점검이란 안전확보를 위해 실태를 파악하여 설비의 불안전한 상태나 인간의 불안전한 행동에서 생기는 결함을 발견하고 안전대책의 이행상태를 확인하는 행동을 뜻한다.

(1) 목적

① 설비의 안전확보
② 설비의 안전상태 확보
③ 인적(人的)인 안전행동상태 유지
④ 합리적인 생산관리

(2) 종류

① 정기점검 : 정해진 시간, 즉 주, 월, 분기 등 정기적으로 실시하는 점검으로 자체검사를 포함
② 수시점검(일상점검) : 작업 전, 작업 중, 작업 후에 수시로 실시하는 점검
③ 임시점검 : 일상 발견시 또는 재해 발생시 임시로 실시하는 점검
④ 특별점검 : 기계기구 등의 신설, 변경시 및 고장 수리 등에 의해 부정기적으로 실시하는 점검

> **[참고]**
> ■ **안전 표식**
> ① 적색 : 방화 금지, 방향 표식
> ② 오렌지색 : 위험 표식
> ③ 황색 : 주의 표식
> ④ 녹색 : 안전지도 표식
> ⑤ 청색 : 주의, 수리 중, 송전 중 표식
> ⑥ 진한 보라색 : 방사능 위험 표시
> ⑦ 백색 : 주의 표식
> ⑧ 흑색 : 방향 표식

3. 보호구

작업자는 작업의 종류에 따라 차광 안경, 방독 마스크, 내열 보호복, 작업모, 안전화, 귀마개 등을 착용해야 한다.

① 방진 안경 : 철분, 모래 등이 날리는 작업에 착용(연삭 작업, 선반, 밀링, 셰이퍼, 목공 기계작업 등)

② 차광 안경 : 용접작업과 같이 불티나 유해 광선이 나오는 작업에 착용

③ 보호 마스크 : 먼지가 많은 장소나 해로운 가스(납, 비소, 기타 유독물이 발생되는 작업)가 발생되는 작업에 사용한다. 만일 산소가 18[%] 이하로 결핍되었을 때는 산소 마스크를 착용할 것

④ 장갑 : 장갑은 작업시 감겨들 위험이 있는 작업에는 착용을 금한다. 예를 들면 선반 작업, 드릴 작업, 목공 기계 작업, 연삭 작업, 해머 작업, 정밀 기계 작업 등이다.

⑤ 귀마개 : 소음이 발생하는 작업장에서는 난청질환에 걸릴 뿐 아니라 신호 전달이 어렵기 때문에 재해가 자주 일어나므로 귀마개를 사용한다. 귀마개 외에 소음을 방지하기 위해서 귀덮개가 있다. 직업성 귀머거리가 발생하기 쉬운 직종은 제관공, 조선공, 단조공, 직포공 등이다.

(1) 안전모

① 모자를 쓸 때 모자와 머리 끝부분과의 간격은 25[mm] 이상되도록 헤모크를 조정한다.

② 올바른 착용 방법에 따라 쓴다.

③ 턱끈은 반드시 조여맨다.

④ 작업에 알맞은 것을 사용하며 전기 공사 등을 할 때에는 폴리에틸렌제와 같은 절연성이 있는 것을 선택한다.

⑤ 내장(內裝)이 땀이나 기름으로 더러워지므로 적어도 월 1회 정도는 세척하도록 한다.

⑥ 낡았거나 손상된 것은 교체한다.

⑦ 되도록 각 개인별 전용으로 한다.

⑧ 화기를 취급하는 곳에서 모자의 몸체와 차양이 셀룰로이드로 된 것을 사용하여서는 안 된다.

⑨ 산이나 알칼리를 취급하는 곳에서는 펠트나 파이버 모자를 사용해야 한다.

⑩ 통풍이 잘되어야 한다.

(2) 작업복

① 옷에 끈이 있는 것을 기계 작업을 할 때에 착용하지 않는 것이 좋다.

② 주머니는 가급적 수가 적은 것이 좋다.

③ 정전기가 발생하기 쉬운 섬유질 옷의 착용을 금한다.

④ 상의의 옷자락이 밖으로 나오지 않도록 한다.

⑤ 화학적 성질에 대해 작업에는 화학 약품에 내성이 강한 것을 착용한다.

⑥ 자주 세탁하여 입도록 한다.

⑦ 작업 의욕을 돋구기 위하여 외관이 좋은 디자인으로 만든다.

⑧ 직종에 따라 여러 색채로 나누는 것도 효과적이다.

(3) 보호 장갑

① 회전하는 기계 작업, 목공 작업 등을 할 때에는 장갑을 착용하지 않도록 한다.

② 화학 물질 등을 취급할 때는 화학 약품에 대한 내성이 강한 것을 사용해야 한다.

③ 손이나 손가락이 상하기 쉬운 작업을 할 때에는 작업에 적당한 토시, 장갑, 벙어리 장갑을 사용하도록 한다.

(4) 안전화

① 스크랩(scrap)이나 파쇄철 때문에 갑피(甲皮)가 상하기 쉬운 작업장에서는 신 끝에 강철에 끝심이 들어있어야 한다.

② 파쇄철 또는 고열물을 취급하는 작업장에서는 갑피와 고무 바닥을 압착시킨 내구력 이 큰 것을 사용한다.

③ 부식성 약품 사용시에는 고무 제품 장화를 착용한다.

④ 가죽에 해로운 분진이나 약품이 묻기 쉬우므로 일반화보다 자주 손질해야 한다.

⑤ 용접공은 구두창에 쇠붙이가 없는 부도체의 안전화를 신어야 한다.

⑥ 작거나 헐거운 구두를 신지 말아야 하며 튼튼한 신발을 신도록 한다.

⑦ 미끄럼 방지가 되어 있는 것을 신도록 한다.

⑧ 중량물을 취급하는 작업장에서는 앞축이 강철로 된 신발을 착용한다.

(5) 귀마개

① 휴대하기에 편리하고 귓구멍에 알맞은 것을 사용한다.

② 손질이 쉽고 깨끗하여야 한다.

③ 내열, 내습, 내한, 내유성이 있어야 한다.

④ 오랜시간 착용해도 압박감이 없어야 한다.

⑤ 피부를 자극하지 않고 쉽게 파손되지 말아야 한다.

⑥ 반차음(半遮音)된 것을 사용한다.

(6) 마스크

① 방진 마스크

㉮ 방진 마스크에는 직결식과 격리식이 있다.

㉯ 광물성 먼지 등을 흡입함으로써 인체에 해로울 때 사용한다.

㉰ 취급이 간편하고 쉽게 파손되지 않는다.

㉱ 오랜시간 사용하여도 고통과 압박이 없어야 한다.

㉲ 방진 마스크가 갖추어야 할 조건

㉠ 여과 효율이 좋아야 한다.

㉡ 사용적(死容積)이 적어야 한다.

㉢ 흡기・배기 저항이 적어야 한다.

㉣ 중량이 가벼워야 한다.(직결식은 120[g] 이하)

㉤ 시야가 넓어야 한다.(아래쪽 시야 50° 이상)

㉥ 안면에 밀착성이 좋아야 한다.

㉦ 피부와 접촉하는 고무의 질이 좋아야 한다.

㉧ 사용 후 손질이 간단해야 한다.

② 방독 마스크

㉮ 방독 마스크에는 격리식, 직결식, 직결식 소형으로 구분되어 있다.

㉯ 산소가 결핍(약 16[%])되어 있는 곳에서 쓰면 질식한다.

㉰ 기본 지식은 알고 사용한다.

㉱ 딱딱하게 변화된 흡수관은 사용하지 않는다.

㉲ 맨홀이나 기관, 가스 탱크에서는 사용하지 않는다.

㉳ 흡수관의 제독 능력도 한도가 있어서 가스의 농도가 짙은 곳에서는 사용하지 않는다.

③ 송풍 마스크

㉮ 산소가 결핍된 곳이나 유해물의 농도가 짙은 곳에서 사용한다.

㉯ 호스 마스크와 에어 라인 마스크가 있다.

(7) 보호 안경

① 차광 안경

㉮ 광선은 가스 광선(400~700[mμ]의 파장), 자외선(400[mμ]보다 짧은 파장), 적외선(700[mμ] 긴 장파장)이 있다.

㉯ 작업에 적당한 것을 사용한다.

㉰ 용접 및 평로 작업 등의 작업에는 가시광선을 약하게 하여 고열발광을 관측할 수 있게 한다.

㉛ 차광 안경의 농도

$$D= \log \frac{1}{T}$$

$$D= \frac{3}{7}(S-1)$$

$$\left[\begin{array}{l} T : 투과율 \\ S : 차광율 \end{array} \right.$$

② 보안용 안경 : 칩이 날아 튀기 쉬운 공작기계 및 먼지가 많은 곳에서는 보안경 안경을 꼭 착용하여야 한다.

4. 공구 취급 안전

(1) 드라이버

① 드라이버의 날 끝이 홈의 나비와 길이에 맞는 것을 사용한다.
② 드라이버의 날 끝은 평편한 것이라야 하며, 이가 빠지거나, 둥글게 된 것은 사용치 않는다.
③ 나사를 조일 때, 날 끝이 미끄러지지 않게 나사나 탭(tap) 구멍에 수직으로 대고 한 손으로 가볍게 잡고서 작업한다.

(2) 쇠톱

① 톱날을 틀에 장치하고 두세번 사용한 후에 다시 한번 조정하고서 본 작업에 들어간다.
② 쇠톱의 손잡이와 틀의 선단을 각각 손으로 확실히 잡고 좌우로 흔들지 말고 침착하게 작업한다.
③ 모가난 쇠붙이를 자를 때는 톱날을 기울이고 모서리로부터 자르기 시작하며, 둥근 강이나 파이프는 삼각줄로 안내홈을 파고서 그 위를 자르기 시작한다.
④ 절단이 끝날 무렵에 힘을 알맞게 줄여야 한다.

(3) 해머 작업

① 손잡이에 금이 갔거나 해머 머리가 손상된 것, 쐐기가 없는 것, 낡은 것, 모양이 찌그러진 것을 쓰지 않는다.
② 해머를 휘두르기 전에 반드시 주위를 살핀다.
③ 장갑을 끼어서는 안 된다.
④ 사용 중에도 자주 조사한다.
⑤ 불꽃이 생기거나 파편이 생길 수 있는 작업에서는 반드시 보호 안경을 써야 한다.
⑥ 좁은 곳이나 발판이 불안한 곳에서 해머 작업을 하여서는 아니된다.

(4) 스패너나 렌치 작업

① 스패너는 너트에 꼭 맞는 것을 사용한다.

② 스패너, 렌치는 올바르게 끼우고 손 안쪽으로 사용한다.

③ 스패너에 파이프를 끼던가 해머로 두들겨서 사용하지 않는다.

④ 스패너, 렌치를 사용할 때는 그것이 벗어지더라도 넘어지지 않도록 몸가짐에 주의한다.

⑤ 스패너와 너트 사이에는 절대로 쐐기를 넣지 않는다.

⑥ 스패너 등을 해머 대신에 써서는 아니된다.

(5) 줄, 바이스 작업

① 줄은 그 손잡이가 확실한 것만을 사용한다.

② 땜질한 줄은 부러지기 쉬우므로 사용치 않는다.

③ 줄은 두들기지 않는다.

④ 줄질에서 생긴 가루는 입으로 불지 않는다.

⑤ 손잡이가 빠졌을 때는 주의해서 잘 꽂는다.

⑥ 줄을 다른 용도에 사용하지 않는다.

⑦ 바이스대는 언제든지 정돈해 두며 바이스대에 재료나 공구를 놓아두는 것은 위험하다.

⑧ 바이스는 특히 물림 이가 완전한 것을 사용하고 확실히 조인다.

⑨ 사용중에 바이스가 풀어지는 경우가 있으므로 자주 죄어가면서 일한다.

(6) 그라인더 작업

① 숫돌의 교체 및 시운전은 담당자만이 해야 한다.

② 숫돌의 받침대는 3[mm] 이상 열렸을 때에는 사용치 않는다.

③ 숫돌 작업은 정면을 피해서 작업을 한다.

④ 안전덮개를 떼어서는 안 된다.

⑤ 그라인더 작업에는 반드시 보호 안경을 써야 한다.

⑥ 숫돌은 옆면 압력이 약하기 때문에 측면을 사용치 않는다.

⑦ 이동식 그라인더를 고정식으로 대용해서는 아니된다.

⑧ 이동식 그라인더를 가동시킨대로 방치해서는 아니된다.

5. 용접작업 및 전기설비

(1) 작업상의 화재

① 용접

㉮ 용접작업은 원칙으로 가연물에서 격리된 곳에서 한다.

㉯ 인화성 물질이나 가연물의 곁에서는 절대로 하지 않는다.

㉰ 마루 바닥이나 벽, 창 등의 갈라진 틈에 불꽃이 튀어 들어가는 경우가 있으므로 막을 수 있는 방법을 취해야 한다.

㉱ 실내에서 할 때는 가연물에서 가급적 떨어져서 가연물에 불연성의 커버를 덮고 물

을 뿌리는 등의 방법을 취한다.

 ㉕ 작업 중에는 완전한 소화기를 준비하는 등의 대책이 필요하다.

② 전기 설비 : 전기 설비에 의한 화재는 누전, 과열, 스파크, 전열기 등이 원인이 되기
쉽다.

 ㉮ 전기로, 건조기, 전열기 등의 전열기를 사용할 때는 앞에서 설명한 용접에 준하여
취급하며 관리한다. 그리고 가연물과의 접촉이나 근접을 피해서 적당한 불연물 등
으로 막는다. 특히, 코드의 절연, 열화가 생기기 쉬우므로 잘 점검한다.

 ㉯ 기타의 전기 설비 배선 기구에 대해서는 기구 장치류의 청소 점검을 하고, 발열이
나 과열, 스파크 등이 일어나지 않게 주의한다.

(2) 아크 용접의 안전작업

① 용접 작업자는 용접기 내부에 손을 대지 않도록 한다.
② 용접기의 리드 단차와 케이블의 접속부는 반드시 절연물로 보호한다.
③ 홀더(holder)는 항상 파손이 없는 완전한 것을 사용한다.
④ 작업을 중단할 경우에는 반드시 전원 스위치를 끄거나 커넥터(connecter)를 풀어 두
며, 전압이 걸려 있는 홀더를 버려두지 않도록 한다.
⑤ 용접봉을 갈아 끼울 경우에는 홀더에 몸이 닿지 않도록 조심스럽게 한다.
⑥ 작업장을 이동할 경우에는 홀더와 홀더선을 바닥에 끌지 않도록 한다.
⑦ 용접봉이 홀더(holder)의 크램프로부터 빠지지 않도록 정확하게 끼운다.
⑧ 특히 위험한 장소에서는 반드시 절연용 홀더를 사용한다.
⑨ 캡 타이어 케이블을 사용전에 점검하여 피복 부분에 상처가 있는지 살펴본다.
⑩ 캡 타이어 케이블을 바닥 위에 배선할 경우나 통로를 횡단함으로써 케이블이 손상될
위험성이 있는 경우에는 철판으로 보호하거나 통로에 발판을 만들어 그 위에 배선한다.
⑪ 피용접물 또는 작업대에 접속된 접지선이 완전한지 점검하고 작업에 착수한다.
⑫ 차광 유리는 아크 전류의 크기에 적당한 번호를 사용한다.
⑬ 용접 작업장의 주변은 차광막을 세워서 아크가 밖으로 새지 않도록 한다.
⑭ 용접 작업장은 항상 청결하게 유지하고, 충분한 통풍 환기를 해서 유해 가스를 호흡
하지 않도록 한다.
⑮ 가스가 많이 발생하여 통풍 환기가 충분하지 못할 경우에는 보호 호흡기를 사용한다.
⑯ 아연 도금 강판의 용접에는 유해 가스가 발생하기 때문에 통풍 환기를 충분히 한다.
⑰ 용접 작업시는 반드시 보호 장갑을 끼고 필요하면 에이프런, 팔목 커버, 무릎 받이,
발 커버를 사용한다.
⑱ 용접 작업장의 주위에는 기름, 나무 조각, 도료, 헝겊 등의 타기 쉬운 물건을 두지 않
는다.

(3) 가스 용접작업의 안전사항

① 용접 착수 전에는 소화기 및 방화사 등을 준비하도록 한다.

② 작업하기 전에 안전기와 산소 조정기의 상태를 점검한다.

③ 기름 묻은 옷은 인화의 위험이 있으므로 절대 입지 않도록 한다.

④ 역화(逆火)하였을 때는 산소 밸브를 잠그도록 한다.

⑤ 역화의 위험을 방지하기 위하여 안전기를 사용하도록 한다.

⑥ 밸브를 열 때에는 용기 앞에서 몸을 피하도록 한다.

⑦ 아세틸렌의 사용 압력을 $1[\text{kg/cm}^2]$ 이하로 한다.

⑧ 호스는 아세틸렌에 대하여 $2[\text{kg/cm}^2]$, 산소는 절단용이 $15[\text{kg/cm}^2]$의 내압에 합격한 것을 사용하여야 한다.

⑨ 발생기에서 5[m] 이내 또는 발생기실에서 3[m] 이내의 장소에서 담배를 피우거나 불꽃이 일어난 행위는 엄금하도록 한다.

⑩ 산소 용기는 산소가 $150[\text{kg/cm}^2]$의 고압으로 충전되어 있는 것이므로 용기가 파열되거나 폭발되지 않도록, 용기에 심한 충격·마찰을 주지 않도록 한다.

⑪ 토치 점화시는 조정기의 압력을 조정하고 먼저 토치의 아세틸렌 밸브를 먼저 열고 점화한 후 산소 밸브를 열며, 작업 완료 후에는 아세틸렌 밸브를 먼저 닫고나서 산소를 닫도록 한다.

⑫ 가스의 누설 검사는 비눗물을 사용하도록 하며, 작업후 화기나 가스의 누설 여부를 살핀다.

⑬ 유해 가스·연기·분진 발생이 심할 때에는 방진 마스크를 착용하도록 한다.

⑭ 이동 작업이나 출장 작업시에는 용기에 충격을 주지 않도록 주의한다.

⑮ 작업하기 전에 주위에 가연물 등 위험물이 없는지 살펴보도록 한다.

⑯ 압력 조정기를 산소 용기에 바꾸어 달 경우에는 반드시 조정 핸들을 풀도록 한다.

⑰ 작업장은 환기가 잘 되게 한다.

⑱ 용접 이외의 목적 즉 통풍, 조연(助燃) 등에 산소를 사용해서는 안 된다.

⑲ 충전된 산소병에 햇빛이 직사되면 압력이 상승되어 위험하므로, 산소병은 햇빛이 들지 않는 장소에 두도록 한다.

⑳ 산소병을 뉘어 놓지 않도록 하며, 부득이한 경우에는 강압 밸브에 나무를 받쳐 놓도록 한다.

㉑ 토치는 작업의 규모와 성질에 따라서 선택한다.

㉒ 용기의 밸브는 천천히 열고 닫도록 한다.

㉓ 토치 내에서, 소리가 날 때나 과열했을 때는 역화에 주의하도록 한다.

㉔ 충전 용기는 빈 용기와 구별하여 안전한 장소에 저장하도록 한다.

㉕ 고무 호스와 아세틸렌병의 죔쇠는 황동 재료를 사용하고, 구리는 절대로 사용하지 말도록 한다.

㉖ 산소용 호스와 아세틸렌 호스는 색이 구별된 것을 사용하도록 하며 고무 호스를 사

람이 밟거나 차가 그 위를 지나지 않도록 한다.

⑦ 토치(torch)

　　㉠ 분해를 자주하면 나사산이 마모되어 가스가 새든지 고장이 나므로 특별한 경우를 제외하고는 분해하지 않는다.

　　㉡ 기름이나 그리스를 바르지 않는다.

　　㉢ 팁의 점화는 용접용 라이터를 사용한다.

　　㉣ 토치가 가열되었을 때는 아세틸렌 가스를 멈추고 산소 가스만을 분출시킨 상태로 물 속에서 식힌다.

　　㉤ 팁을 청소할 경우에는 반드시 팁 클리너(tip cleaner)를 사용한다.

　　㉥ 가스가 분출되는 상태로 토치를 방치하지 않도록 한다.

　　㉦ 팁을 바꿀 때에는 반드시 가스 밸브를 잠그고 한다.

　　㉧ 점화가 불량할 때는 고장난 곳을 점검하고 수리한 다음 사용한다.

　　㉨ 토치나 팁을 작업대 등 지정된 장소에 놓으며 땅 위에 직접 놓아서는 안 된다.

⑭ 산소용기

　　㉠ 운반할 경우에는 반드시 캡을 씌운다.

　　㉡ 산소병의 표면 온도가 40[℃] 이상되지 않도록 하며 직사광선을 쬐지 않게 한다.

　　㉢ 겨울철에 용기가 동결시는 불로 녹이지 말고 더운물로 녹인다.

　　㉣ 조정기의 나사는 홈을 7개 이상 완전히 막아 넣는다.

　　㉤ 밸브 개폐시 용기 앞에서 열지 말고 옆에서 열도록 한다.

　　㉥ 산소가 새는 것을 조사할 경우는 비눗물을 사용한다.

　　㉦ 기름 묻은 손으로 용기를 만져서는 안 된다.

　　㉧ 사용이 끝났을 때는 밸브를 닫고 규정된 위치에 놓는다.

　　㉨ 운반 중 굴리거나 넘어뜨리거나 또는 던지거나 해서는 안 된다.

⑮ 아세틸렌 용기

　　㉠ 용기의 스핀들 부분에서 가스가 샐 때에는 용기의 밸브를 조심스레 꼭 잠가야 한다.

　　㉡ 용기는 주의 깊게 취급하며, 충돌이나 충격을 주지 않는다.

6. 보일러 안전관리

(1) 보일러 사고의 구분

① 파열사고 : 압력초과, 저수위, 과열부식 등의 취급상의 원인과 제작상의 원인은 파열사고의 원인이 될 수 있다.

② 미연소 가스 폭발사고 : 연소 계통에 미연소 가스가 충만 상태로 점화했을 경우 순간적인 연소에 의하여 큰사고를 발생시킬 수 있다.

(2) 보일러 사고의 원인

① 제작상의 원인 : 재료불량, 강도 부족, 설계불량, 구조불량, 부속기기 설비의 미비, 용접불량 등
② 취급상의 원인 : 압력초과, 저수위, 급수처리불량, 부식, 과열, 미연소 가스폭발사고, 부속기기의 정비불량 등

(3) 보일러사고 발생이 쉬운 시기

① 무인 운전시에
② 조종자의 교대 전후에
③ 증기부하의 변동이 심할 때
④ 정전 또는 정전 후 재통전시에
⑤ 노후된 보일러
⑥ 무허가 제품을 사용할 때
⑦ 점화 소화 후의 30분 사이에
⑧ 야간(특히 새벽)에
⑨ 다른 임무가 과중할 때
⑩ 음주 작업한 후에
⑪ 취급자 이외의 보조자가 조종할 때
⑫ 단속 운전을 자주할 때

(4) 각종 사고의 원인

① 취급자 조작상의 원인
   ㉮ 수위유지(수면계 감시)
   ㉯ 점화 및 소화(화염 감시 등)
   ㉰ 댐퍼의 조정 및 개폐도
   ㉱ 버너의 조정(화염 조정, 역화방지)
   ㉲ 관수의 분출(실시 시간, 회수, 분출량)
   ㉳ 각종 밸브의 조작
   ㉴ 급수관리
   ㉵ 급유관리(예열, 여과, 배수)
   ㉶ 무인운전

② 취급자 사전 점검상의 원인
   ㉮ 급수계통(용수 펌프, 인젝트 밸브)
   ㉯ 급유계통(연료유, 급수 펌프 밸브)
   ㉰ 송풍기 및 댐퍼

  ㉣ 화염 상태 및 버너

  ㉤ 연소실 및 전열면(부식 변형, 변질, 그을음 부착, 노내압)

  ㉥ 수면계

  ㉦ 저수위 안전장치, 압력제한 스위치

  ㉧ 자동연소 차단장치

  ㉨ 안전 밸브 및 각종 밸브

  ㉩ 온도계, 압력계

  ㉪ 효율

(5) 각종 보일러 사고 원인 및 대책

 ① 보일러 과열의 원인

  ㉮ 보일러 이상 감수시

  ㉯ 동내면에 스케일 생성시

  ㉰ 보일러수가 농축되어 있을 때

  ㉱ 보일러수의 순환이 불량할 때

  ㉲ 전열면에 국부적인 열을 받았을 때

 ② 보일러 과열 방지책

  ㉮ 보일러수위를 너무 낮게하지 말 것

  ㉯ 보일러 동내면에 스케일 생성을 방지할 것

  ㉰ 보일러수를 농축시키지 말 것

  ㉱ 보일러수의 순환을 좋게할 것

 ㉲ 전열면에 국부적인 과열을 피할 것

 ③ 이상 감수의 원인

  ㉮ 수면계 수위를 오판했을 경우

  ㉯ 수면계 주시를 태만히 했을 경우

  ㉰ 분출장치 계통에서 누수가 발생했을 경우

  ㉱ 급수 펌프가 고장일 경우

  ㉲ 수면계 연락관이 막혔을 경우

 ④ 이상 감수시 응급 조치

  ㉮ 연료의 공급을 중지하고 댐퍼를 닫는다.

  ㉯ 공기의 공급을 중단한다.

  ㉰ 수위의 확인을 실시한다.

  ㉱ 증기 밸브, 안전 밸브를 수동으로 주의깊게 열고 보일러 압력을 점차로 내린다.

  ㉲ 다른 보일러와의 연락을 차단한다.

  ㉳ 과열면의 이상 유무를 확인한다.

   ㉗ 감수의 원인을 확인한다.

⑤ 포밍, 프라이밍 발생 원인과 방지대책

	발 생 원 인	방 지 대 책
1	주증기 밸브를 급히 열 때	주증기 밸브를 천천히 개방할 것.
2	고수위로 운전할 때	정상수위로 운전할 것.
3	증기부하가 과대할 때	과부하가 되지 않도록 운전할 것.
4	보일러수가 농축되었을 때	보일러수의 농축을 방지할 것.
5	보일러수 중에 부유물 유지분 불순물이 많이 함유되어 있을 때	보일러수 처리를 철저히 하여 부유물, 유지분, 불순물을 제거할 것.

7. 냉동기 안전관리

(1) 냉매 용기 취급

① 충전용기에는 넘어짐 및 충격을 방지하는 조치를 할 것

② 충전용기는 항상 40[℃] 이하의 온도를 유지할 것

③ 가연성 가스를 저장하는 곳에는 휴대용 손전등 외의 등화를 휴대하지 아니할 것

④ 용기를 운반할 때에는 반드시 캡을 씌울 것

⑤ 충전 용기의 표시는 지워지면 즉시 다시 도색할 것

제3편 공조냉동 안전관리 제 1 장 공조냉동 안전관리 **예상문제**

공조냉동기계기능사

① 산업안전

문제 1 안전관리자를 위한 교육 내용이 아닌 것은?

㉮ 안전관계법규　　　　　　㉯ 화재나 비상시의 임무
㉰ 보호구 수선방법　　　　　㉱ 직업병과 환경

해설 보호구 수선방법은 안전관리자를 위한 교육내용에 해당되지 않는다.

문제 2 안전사고의 연쇄성에서 안전교육을 통해서 사고를 주로 예방할 수 있는 것은?

㉮ 사회적 환경과 유전적 요소　　㉯ 성격상의 결함
㉰ 불안전한 행위와 불안전한 조건　㉱ 고의적인 사고

해설 불안전한 행위와 불안전한 조건은 안전교육을 통해서 사고를 예방할 수 있다.

문제 3 공구 사용할 때 물적 안전대책이 아닌 것은?

㉮ 공구상자의 준비　　　　　㉯ 공구의 준비
㉰ 작업자의 피로경감　　　　㉱ 작업장의 정비

문제 4 다음 중 재해 조사시 유의할 사항이 아닌 것은?

㉮ 조사자는 주관적이고 공정한 입장을 취한다.
㉯ 조사 목적에 무관한 조사는 피한다.
㉰ 목격자나 현장 책임자의 진술을 듣는다.
㉱ 조사는 현장이 변경되기 전에 실시한다.

해설 재해 조사자는 객관적이고 공정한 입장을 취해야 한다.

문제 5 다음 중 연천인율을 구하는 식은?

㉮ (재해자수 ÷ 연평균 근로자수) × 1,000
㉯ (근로손실일수 ÷ 연평균 근로자수) × 1,000
㉰ (재해발생건수 ÷ 연평균 총시간수) × 1,000
㉱ (근로 총손실일수 ÷ 연근로 총시간수) × 1,000

해설 ● 연천인율 : 연 근로자 1,000명당 발생하는 재해로 인한 재해자 수

$$연천인율 = \frac{재해자수}{연평균\ 근로자수} \times 1,000$$

해답 1. ㉰　2. ㉰　3. ㉰　4. ㉮　5. ㉮

| 문제 6 | 사업장에서 안전사고 발생시 안전사고를 조사하는 목적은?

㉮ 안전사고를 분석자료로 물적 증거를 수집하기 위함이다.
㉯ 사고의 원인을 파악하여 책임을 규명하기 위함이다.
㉰ 불안전한 행동과 상태의 사실을 알고 시정책을 강구하기 위함이다.
㉱ 관계자들의 활동을 조사하여 상·벌을 주기 위함이다.

| 문제 7 | 다음 중 안전사고 규정에 포함되어야 할 사항이 아닌 것은?

㉮ 사고 및 재해에 대한 조치   ㉯ 안전표지
㉰ 재해 cost 분석방법   ㉱ 보호구 관리

해설 ● 안전관리 규정
① 사고 및 재해에 대한 조치
② 안전표지
③ 보호구 관리

| 문제 8 | 다음 중 안전사항에 위배되는 것은?

㉮ 가스용기는 전기가 잘 통하는 근처에 놓지 않는다.
㉯ 가스용기 운반시에는 전자석을 이용한다.
㉰ 가스용기는 캡을 씌워서 운반한다.
㉱ 가스용기는 전도 및 충격을 방지한다.

해설 가스용기를 운반할 때에는 충격을 주거나 전자식을 이용하면 폭발의 위험이 있다.

| 문제 9 | 안전관리의 목적을 올바르게 나타낸 것은?

㉮ 기능 향상을 도모한다.
㉯ 경영의 혁신을 도모한다.
㉰ 기업의 시설투자를 확대한다.
㉱ 근로자의 안전과 능률을 향상시킨다.

해설 ● 안전관리의 목적 : 근로자의 안전과 능률 향상

| 문제 10 | 안전관리의 가장 중요한 목적인 것은?

㉮ 신뢰성 향상   ㉯ 재산보호
㉰ 생산성 향상   ㉱ 인간존중

해설 안전관리의 가장 중요한 목적은 인간존중이다.

| 문제 11 | 다음 중 안전사고의 가장 큰 요인은?

㉮ 불안전한 조건   ㉯ 사회적 결함
㉰ 불안전한 행동   ㉱ 부속장치

해설 ● 안전사고의 가장 주된 요인 : 불안전한 행동

해답 6. ㉰ 7. ㉰ 8. ㉯ 9. ㉱ 10. ㉱ 11. ㉰

문제 12 다음 안전점검 중 구분이 다른 것은?

㉮ 일상점검　　　　㉯ 수시점검　　　　㉰ 정기점검　　　　㉱ 환경점검

해설 ● 안전점검의 종류
① 정기점검 : 주, 월, 분기 등의 정해진 날짜에 당해 분야의 작업책임자가 실시
② 수시점검(일상점검) : 현장 감독자 등이 작업 전, 중, 후에 수시로 실시하는 점검으로 시설과 작업동작 등에 대하여 점검 실시
③ 임시점검 : 고장시 및 이상 발생시에 임시로 실시
④ 특별점검 : 강조기간, 기체, 기구의 시설, 이설시 등에 실시하며, 천재지변 등이 발생한 후에도 실시

문제 13 작업자의 안전태도를 형성하기 위한 가장 유효한 방법은?

㉮ 안전에 관한 훈시　　　　　　　　㉯ 안전한 환경의 조성
㉰ 안전표지판의 부착　　　　　　　　㉱ 안전에 관한 교육실시

해설 작업자의 안전태도 형성을 위해 가장 유효한 방법은 교육이다.

문제 14 전류의 값이 고통의 한계값을 넘어 더욱 증가하게 되면 통전경로의 근육이 수축현상을 일으키며 신경이 마비된다. "신체의 운동을 자유롭게 할 수 없는 마비한계"의 전류는 몇 mA 정도인가?

㉮ 1　　　　　　㉯ 7~8　　　　　　㉰ 10~15　　　　　　㉱ 20~40

해설 ● 전격의 종류와 전류값

종 류	감전의 현상(인체에 대한 전류의 영향)	전 류
최소감지전류	짜릿함을 느끼는 정도	1~2[mA]
고통전류	참을 수는 있으나 고통을 느낀다.	2~8[mA]
이탈가능전류	안전하게 스스로 접촉된 전원으로부터 떨어질 수 있는 최대 한도의 전류, 참을 수 없을 정도로 고통스럽다.	8~15[mA]
이탈불능전류	전격을 받았음을 느끼면서도 스스로 그 전원으로부터 멀어질 수 없는 전류. 근육의 수축이 격렬하다.	15~50[mA]
심실세동전류	심장의 기능을 잃게 되어 전원으로부터 떨어져도 수분 이내에 사망한다.	50~100[mA]

문제 15 용접작업 중 귀마개를 착용하고 작업을 해야 하는 용접작업은?

㉮ 가스 용접작업　　　　　　　　㉯ 이산화탄소 용접작업
㉰ 플럭스 코드 용접작업　　　　　　㉱ 플래시 버튼 용접작업

해설 ● 플래시 버튼 용접 : 용접작업 중 소음이 가장 큰 용접

문제 16 연소의 3요소에 속하지 않는 것은?

㉮ 가연물　　　　　　　　㉯ 산소
㉰ 점화물　　　　　　　　㉱ 상대습도

해설 ● 연소의 3대 요소 : 가연물 + 산소 공급원 + 점화원(가+산+점)

해답 **12.** ㉱　**13.** ㉱　**14.** ㉱　**15.** ㉱　**16.** ㉱

문제 17 렌치 사용 중 적합하지 않은 것은?

⑦ 너트에 맞는 것을 사용

㉯ 해머 대용으로 사용하지 말 것

㉰ 렌치를 몸밖으로 밀어 움직이게 할 것

㉱ 파이프 렌치를 사용할 때에는 정지장치를 확실히 할 것

해설 렌치(wrench)는 몸 안쪽으로 밀어 움직이게 하여야 한다.

문제 18 안전사고 발생의 심리적인 요인에 해당되는 것은?

⑦ 감정   ㉯ 육체적 능력의 초과

㉰ 극도의 피로감   ㉱ 신경계통의 이상

해설 ● 심리적인 요인 : 감정

문제 19 안전화는 발에 무거운 물건을 떨어뜨리거나 튀어나온 못을 밟거나 하는 재해로부터 작업자를 보호하는데 사용되고 있다. 안전화의 구비조건 중 틀린 것은?

⑦ 착용자의 발가락을 보호할 수 있을 것

㉯ 압박 및 충격성에 약할 것

㉰ 착용감이 좋고 작업에 편리할 것

㉱ 견고하게 제작하여 부품 등의 마무리가 확실할 것

해설 ① 발가락 끝부분에 선심을 넣어 압박 또는 충격에 대하여 착용자의 발가락을 보호할 수 있는 구조일 것
② 착용감이 좋으며 작업하기가 편리할 것
③ 견고하게 제작하며 부분품의 마무리가 확실하여야 하고 형상은 균형이 있을 것
④ 선심의 내측은 형겊, 가죽, 고무 또는 플라스틱 등으로 감싸고 특히 후단부의 내측은 보강되어 있을 것

문제 20 산소병 운반 취급상 가장 위험한 것은?

⑦ 기름 묻은 손으로 운반한다.   ㉯ 산소병은 뉘어서 운반한다.

㉰ 캡을 씌워서 운반한다.   ㉱ 손의 보호를 위해 장갑을 낀다.

해설 산소 용기 취급시 기름과 접촉시에는 화재의 우려가 있으므로 가장 위험하며 산소병은 세워서 운반한다.

문제 21 추락이나 붕괴에 의한 재해방지를 위해 착용해야 할 보호구와 가장 거리가 먼 것은?

⑦ 안전대   ㉯ 보안경

㉰ 안전모   ㉱ 안전화

해설 ● 보안경 : 칩이 튀기 쉬운 공작기계 및 먼지가 많은 곳에서는 보안경을 착용하여야 한다.

해답 17. ㉰ 18. ⑦ 19. ㉯ 20. ⑦ 21. ㉯

문제 22 안전모를 착용했을 때 안전모의 상부와 머리 상부 사이의 간격은 몇 〔mm〕 이상인가?

㉮ 10 ㉯ 15 ㉰ 25 ㉱ 35

해설 안전모 착용시에는 모자와 머리 끝부분과의 간격이 25[mm] 이상되도록 조정한다.

문제 23 다음은 호흡용 보호구이다. 이에 해당되지 않는 것은?

㉮ 방진 마스크 ㉯ 방수 마스크

㉰ 방독 마스크 ㉱ 송기 마스크

해설 호흡용 보호구로는 방진 마스크, 방독 마스크, 송기 마스크 등이 있다.

문제 24 감전사고 예방법이 잘못된 것은?

㉮ 전기기기에 위험 표지 ㉯ 설비 필요부분에 보호접지

㉰ 노출된 충전부분에 절연용 보호구 제거 ㉱ 전기설비의 점검 철저

해설 ● 감전사고 방지대책
① 전기설비의 점검을 철저히 할 것
② 전기기기 및 장치의 정비
③ 전기기기의 위험 표시
④ 유자격자 이외는 전기기계 및 기구에 접촉 금지
⑤ 안전관리자는 작업에 대한 안전교육 시행
⑥ 사고 발생시의 처리 순서를 미리 작성하여 둘 것
⑦ 설비의 필요한 부분에는 보호 접지 실시
⑧ 충전부가 노출된 부분에는 절연 방호구 사용
⑨ 고전압 선로 및 충전부에 근접하여 작업하는 작업자에게 보호구 착용

문제 25 사다리 구조의 안전요건 중 틀린 것은?

㉮ 튼튼한 구조로 할 것

㉯ 재료는 현저한 손상, 부식 등이 없는 것으로 할 것

㉰ 폭은 20[cm] 이하로 할 것

㉱ 미끄러움 방지장치를 부착할 것

해설 사다리 폭은 25~35[cm] 이하

문제 26 아세틸렌 발생기 종류가 아닌 것은?

㉮ 주수식 ㉯ 침지식 ㉰ 투입식 ㉱ 주입식

해설 ● 아세틸렌 발생기 : 물과 카바이드(carbide)를 접촉시켜 아세틸렌 가스를 발생시키는 장치로써 투입식, 침지식, 주수식이 있다.

문제 27 안전대용 로프의 구비조건과 관련이 없는 것은?

㉮ 완충성이 높을 것 ㉯ 부드럽고 되도록 매끄러울 것

㉰ 내마멸성이 높을 것 ㉱ 내열성이 높을 것

해답 22. ㉰ 23. ㉯ 24. ㉰ 25. ㉰ 26. ㉱ 27. ㉯

문제 28 안전관리 규정에 포함되어야 할 사항이 아닌 것은?

㉮ 보호구 관리 ㉯ 경제적 손실

㉰ 사고 및 재해에 대한 조치 ㉱ 안전표지

> **해설** ● 안전관리 규정의 작성내용
> ① 안전, 보건관리 조직과 그 직무에 관한 사항
> ② 안전, 보건 교육에 관한 사항
> ③ 작업장 안전관리에 관한 사항
> ④ 작업장 보건관리에 관한 사항
> ⑤ 사고 조사 및 대책수립에 관한 사항
> ⑥ 기타 안전, 보건에 관한 사항

문제 29 다음 작업 중 안전수칙에 적합하지 않는 것은?

㉮ 안전장치는 효과적으로 사용한다.

㉯ 안전장치는 반드시 작업 전에 점검한다.

㉰ 안전장치에 결함이 있을 때에는 즉시 수정한 다음 작업한다.

㉱ 안전장치는 작업 형평상 부득이한 경우에는 일시적으로 제거하여도 좋다.

> **해설** 안전장치는 작업 형편상 부득이한 경우라도 제거하지 않는다.

문제 30 안전표지를 부착하는 이유는?

㉮ 능률적인 작업을 유도하기 위하여 ㉯ 인간심리의 활성화 촉진

㉰ 인간행동의 변화 통제 ㉱ 환경정비 목적

> **해설** ● 안전표지 부착 이유 : 인간행동의 변화를 통제하기 위하여

문제 31 작업복이 갖추어야 할 조건 중 옳지 않은 것은?

㉮ 직종에 따라 여러 색체로 나눈다. ㉯ 작업기간에는 세탁할 필요가 없다.

㉰ 작업 의욕상 외관이 좋아야 한다. ㉱ 화학 약품에 대한 내성이 강해야 한다.

> **해설** 작업복은 작업기간에 자주 세탁하도록 한다.

문제 32 옥내배선 안전대책이 아닌 것은?

㉮ 부하의 종류 및 용량에 따라 분기회로를 설치할 것

㉯ 각 회로마다 개폐기 또는 자동차단기를 설치할 것

㉰ 누전경보기의 작동여부를 정기 점검할 것

㉱ 충전될 우려가 있는 금속재는 접지하지 말 것

> **해설** 충전될 우려가 있는 금속제는 정전기나 전기감전사고 예방을 위하여 접지하여야 한다.

문제 33 사고발생이 많이 일어나는 것부터 순서가 맞는 것은?

　　㉠ 불안전한 상태-불안전한 행위-불가항력
　　㉯ 불안전한 행위-불안전한 상태-불가항력
　　㉰ 불안전한 상태-불가항력-불안전한 행위
　　㉱ 불안전한 행위-불가항력-불안전한 상태

　　해설 ● 사고발생 순서 : 불안전한 행위→불안전한 상태→불가항력→사고

문제 34 중상자가 발생될 우려가 있는 곳에 갖추어야 할 구급장비는?

　　㉠ 핀셋　　　　　　　　　　㉯ 소독약
　　㉰ 화상약　　　　　　　　　　㉱ 들것

　　해설 중상자가 발생될 우려가 있는 곳에서는 환자 이송을 위하여 항상 들것을 갖추어야 한다.

문제 35 추락이나 붕괴에 의한 재해방지를 위해 착용해야 할 보호구와 가장 거리가 먼 것은?

　　㉠ 안전대　　　　　　　　　　㉯ 투시경
　　㉰ 안전모　　　　　　　　　　㉱ 안전화

문제 36 다음 중 소음의 단위는?

　　㉠ cd　　　　　　㉯ Hz　　　　　　㉰ ppm　　　　　　㉱ dB

　　해설 ㉠ 광도
　　　　㉯ 주파수
　　　　㉰ 허용농도
　　　　㉱ 소음

문제 37 〔보기〕의 작업에 알맞은 보호구는?

　　┌─**〔보기〕**──────────────────────────────┐
　　│　1. 점용접 작업
　　│　2. 비산물이 발생하는 철물기계 작업
　　│　3. 연마 광택 철사의 손질, 그라인딩 작업
　　└──────────────────────────────────────┘

　　㉠ 보안면　　　　㉯ 안전모　　　　㉰ 안전대　　　　㉱ 방진 마스크

문제 38 다음 중 보호용구가 잘못 연결된 것은?

　　㉠ 고열물-안전화　　　　　　㉯ 하역작업-안전모
　　㉰ 가스취급-호흡 보호구　　　㉱ 유해광선-보호안경

　　해설 고열물 취급시에는 방열복을 착용하여야 한다.

해답 33. ㉯ 34. ㉱ 35. ㉯ 36. ㉱ 37. ㉠ 38. ㉠

문제 39 다음 중 보호구로서 갖추어야 할 조건이 아닌 것은?

㉮ 착용시 작업에 지장이 없을 것 ㉯ 대상물에 대하여 방호가 충분할 것

㉰ 보호구 재료의 품질이 우수할 것 ㉱ 성능보다는 외관이 좋을 것

해설 • 보호구가 갖추어야 할 구비요건
① 착용이 간편할 것
② 작업에 방해를 주지 않을 것
③ 유해·위험요소에 대한 방호가 완전할 것
④ 재료의 품질이 우수할 것
⑤ 구조 및 표면가공이 우수할 것
⑥ 외관상 보기가 좋을 것

문제 40 스패너 작업시 지켜야 할 사항이 아닌 것은?

㉮ 스패너는 조금씩 돌린다. ㉯ 앞으로 당기는 듯이 사용한다.

㉰ 주위 상황을 고려하여 작업한다. ㉱ 자루에 파이프를 끼워 사용한다.

문제 41 다음 중 점화원이 될 수 없는 것은?

㉮ 전기 불꽃 ㉯ 기화열

㉰ 정전기 ㉱ 못을 박을 때 튀는 불꽃

해설 기화열(증발잠열)은 액체가 기체로 될 때 소요되는 열량으로 연소에 필요한 점화원이 될 수 없다.

문제 42 유류가 인화했을 때 가장 적합한 소화기는?

㉮ 알칼리 소화기 ㉯ 건조사

㉰ 분말 소화기 ㉱ 방화수

해설 • 유류(B급) 화재에 적합한 소화기 : 분말 소화기

문제 43 다음 중 관세척에 염산(HCl)을 사용하는 이유로 맞지 않는 것은?

㉮ 스케일 제거 능력이 우수하다.

㉯ 물에 대한 용해도가 적어 물세척이 용이하다.

㉰ 가격이 싸 경제적이다.

㉱ 부식 방지제의 종류가 많다.

해설 염산은 물에 대한 용해도가 커 물세척이 용이하고 스케일 제거 능력이 좋고 가격이 싸다.

문제 44 작업장에서 전기, 유해 가스 및 위험한 물건이 있는 곳을 식별하기 위해 다른 어느 색으로 표시해야 되는가?

㉮ 황색 ㉯ 녹색 ㉰ 적색 ㉱ 청색

해설 • 전기, 유해 가스 및 위험한 물건이 있는 장소의 식별색 : 적색

해답 39. ㉱ 40. ㉱ 41. ㉯ 42. ㉰ 43. ㉯ 44. ㉰

문제 45 다음 중 정신적인 재해의 원인에 해당되는 것은?

㉮ 불안과 초조　　　　　　　　㉯ 수면부족 및 피로

㉰ 안전의식 및 교육불량　　　　㉱ 난청 및 시각장애

해설 ㉯㉱ 신체적 원인, ㉰ 교육적 원인

● 정신적인 재해 원인
① 안전의식의 부족
② 주의력 부족
③ 방심 및 공상
④ 개성적 결함 요소
⑤ 판단력 부족 또는 그릇된 판단
⑥ 불안과 초조

문제 46 가스 보일러의 점화시 주의사항 중 연소실 내의 용적 몇 배 이상의 공기로 충분한 사전 환기를 행해야 되는가?

㉮ 2　　　　　　㉯ 4　　　　　　㉰ 6　　　　　　㉱ 8

해설 가스 보일러의 프리퍼지는 연소실 내의 용적의 4배 이상의 공기로 충분히 환기한 후 점화한다.

문제 47 전기 스위치 조작시 반드시 오른손으로 해야 하는 이유는?

㉮ 심장에 전류가 직접 흐르지 않도록 하기 위하여

㉯ 작업을 손쉽게 하기 위하여

㉰ 스위치 개폐를 신속히 하기 위하여

㉱ 스위치 조작시 많은 힘이 필요하므로

해설 전기 스위치 조작시 심장에 전류가 흐르지 않도록 하기 위하여 반드시 오른손으로 조작한다.

문제 48 보호구 사용시 주의사항으로 맞지 않는 것은?

㉮ 인화성 물질이 많이 묻어 있는 작업복을 입지 말 것

㉯ 고열물이 튀는 곳에서는 피부의 노출을 적게하고 목부분은 노출할 것

㉰ 화상을 방지하기 위해서는 필요한 보호구를 반드시 착용할 것

㉱ 전기용접 작업시 헬멧을 쓸 것

해설 고열물이 튀는 곳에서는 피부의 노출을 적게 하고 목부분을 보호할 것

문제 49 보호구가 바르게 연결된 것은?

㉮ 아크 용접-실드 헬멧　　　　㉯ 폐수 맨홀 청소-방진 마스크

㉰ 용광로-안전대　　　　　　　㉱ 2[m] 위 작업-고열복

해설 ㉮ 아크(전기) 용접시 유해광선 차단을 위해 실드 헬멧(용접면)을 착용한다.
㉯ 폐수 맨홀 청소 : 송풍 마스크
㉰ 용광로 : 방열복(고열복)
㉱ 2[m]위 작업 : 안전 벨트

해답 45. ㉮　46. ㉯　47. ㉮　48. ㉯　49. ㉮

문제 50 안전모 사용시 주의사항으로 옳지 않은 것은?

㉮ 턱끈을 반드시 조여맨다. ㉯ 되도록 공용으로 사용한다.

㉰ 월 1회 정도 세척한다. ㉱ 올바른 착용 방법으로 사용한다.

해설 안전모는 공용으로 사용하지 않는다.

문제 51 장전시 가장 먼저 조치해야 할 사항은?

㉮ 주전원 스위치를 끊는다. ㉯ 모터 기동 스위치를 끊는다.

㉰ 흡입 밸브를 잠근다. ㉱ 수액기 토출 밸브를 닫는다.

해설 정전시에는 가장 먼저 주전원 스위치를 끊는다.

문제 52 전기화재의 소화에 사용하기에 부적당한 것은?

㉮ 분말 소화기 ㉯ 포말 소화기

㉰ CO_2 소화기 ㉱ 유기성 소화액

해설 • 전기(C급) 화재에 대한 적응 소화약제 : 유기성 소화액, CO_2 소화기, 할론 소화기, 분말
　　소화기 등

문제 53 산소가 결핍되어 있는 장소에서 사용되는 마스크는?

㉮ 송풍 마스크 ㉯ 방진 마스크

㉰ 방독 마스크 ㉱ 특급 방진 마스크

해설 • 송풍 마스크 : 산호가 결핍된 곳이나 유해물질의 농도가 짙은 곳에서 사용한다.

문제 54 보호구 선택시 주의사항으로 적당하지 않는 것은?

㉮ 사용 목적에 적합한 것

㉯ 공업규격에 합격하고 보호성능이 보장되는 것

㉰ 세척이 쉽고 불결해도 괜찮은 것

㉱ 착용이 용이하고 크기가 사용자에게 편리한 것

해설 보호구는 세척이 용이하고 청결한 것을 사용하여야 한다.

문제 55 가연성 가스의 화재, 폭발을 방지하기 위한 대책으로 틀린 것은?

㉮ 가연성 가스를 사용하는 장치를 청소하고자 할 때는 가연성 가스로 한다.

㉯ 가스가 발생하거나 누출될 우려가 있는 실내에서는 환기를 충분히 시킨다.

㉰ 가연성 가스가 존재할 우려가 있는 장소에서는 화기를 엄금한다.

㉱ 가스를 연료로 하는 연소설비에서는 점화하기 전에 누출유무를 반드시 확인한다.

해설 가연성 가스를 사용하는 장치의 청소시 불연성 가스를 사용하여야 한다.

해답 50. ㉯ 51. ㉮ 52. ㉯ 53. ㉮ 54. ㉰ 55. ㉮

문제 56 산소 부족시 신체 중 가장 큰 피해를 입는 곳은?

㉮ 뇌　　　　㉯ 폐　　　　㉰ 간장　　　　㉱ 피부

해설 산소가 18[%] 이하가 되면 산소결핍이 되어 혈액순환이 되지 않고 산소운반이 중지되어 뇌가 가장 큰 피해를 입는다.

문제 57 감전사고와 관계 없는 것은?

㉮ 인체의 저항　　　　　　　　㉯ 인체에 가해지는 전압
㉰ 기기의 전격전류　　　　　　㉱ 인체에 흐르는 전류

해설 ● 전격(감전) : 인체에 전류가 흘렀을 때에 일어나는 생리적 현상

● 전격(감전)에 영향을 주는 요인
① 통전 전류의 세기
② 통전 경로
③ 통전 시간
④ 전원의 종류
⑤ 인체 저항
⑥ 통전 전압의 크기, 주파수, 파형
⑦ 전격시 심장박동 주기의 위상

문제 58 냉동기 운전 중 토출 압력이 높아져 안전장치가 작동하거나 냉매가 유출되는 사고시 점검하지 않아도 되는 것은?

㉮ 계통 내에 공기혼입 유무
㉯ 응축기의 냉각수량, 풍량의 감소 여부
㉰ 응축기와 수액기간 균압관의 이상 여부
㉱ 유분리기의 이상 여부

해설 유분리기의 이상 여부는 냉동기 토출압력 상승과 냉매의 유출사고와는 관계가 없고 압력의 저하 및 오일 유출과 관계가 있다.

문제 59 "가장 양호한 상태에서 작업에 알맞은 공구를 정확한 방법으로 사용할 수 있어야 한다." 고 하는 말은 어떤 재해를 방지하기 위한 조건인가?

㉮ 환경 재해　　　㉯ 공구 재해　　　㉰ 전기 재해　　　㉱ 화학 재해

해설 ● 공구에 따른 재해 방지 : 가장 양호한 상태에서 알맞은 공구를 정확한 방법으로 사용할 수 있어야 한다.

문제 60 안전 보호구의 점검과 관리에서 옳지 않은 것은?

㉮ 보호구는 항상 건조시켜 보관한다.
㉯ 청결하고 습기가 없는 장소에 보관한다.
㉰ 사용목적에 부합되고 품질이 양호한 것만 골라 보관한다.
㉱ 부식성, 유해성, 인화성 등과 혼합하여 보관하지 않는다.

해설 안전보호구는 품질에 관계없이 사용하는 전부를 보관한다.

해답 56. ㉮　57. ㉰　58. ㉱　59. ㉯　60. ㉰

문제 61 다음 보호구 안전관리 사항 중 적합하지 않은 것은?

㉮ 송풍 마스크는 산소가 결핍된 곳이나 유해물의 농도가 짙은 곳에서 사용한다.

㉯ 차광안경은 가시광선을 약하게 하고 고열 발광을 관측할 수 있게 한다.

㉰ 방독 마스크는 가스의 농도가 짙은 곳에서 사용한다.

㉱ 방진 마스크는 안면에 밀착성이 좋아야 한다.

해설 방독 마스크는 독성 가스 누설시 사용하며 가스농도가 짙은 곳에서는 송풍 마스크를 사용한다.

문제 62 다음 안전모의 취급안전관리 사항 중 적합하지 않는 것은?

㉮ 화기를 취급하는 곳에서 모자의 몸체와 차양이 셀룰로이드로 된 것을 사용해야 한다.

㉯ 산이나 알칼리를 취급하는 곳에서는 파이버 모자를 사용한다.

㉰ 안전모는 각 개인별 하나씩 사용한다.

㉱ 모자와 머리 끝부분과의 간격은 25[mm] 이상 되도록 헤모크를 조정한다.

해설 화기를 취급하는 곳에서 모자의 몸체와 차양이 셀룰로이드로 된 것을 사용하여서는 안 된다.

문제 63 상시 500명의 근로자를 두고 있는 사업장에서 1년간 25건의 재해가 발생하였다. 도수율은 얼마인가? (1일 8시간 300일 근무)

㉮ 10.62 ㉯ 15.43

㉰ 20.83 ㉱ 30.25

해설 도수율 $=\dfrac{\text{재해발생건수}}{\text{근로총시간수}}\times10^6=\dfrac{25}{500\times8\times300}\times10^6=20.83$

문제 64 재해통계방식에서 다음 중 강도율을 구하는 공식으로 맞는 것은?

㉮ (근로 총 손실일수/근로 연 시간수)×1,000

㉯ (근로 총 손실일수/근로 연 시간수)×100,000

㉰ (근로 연 시간수/근로 총 손실일수)×1,000

㉱ (내해건수/근로 연 시간수)×100,000

해설 ● 강도율 : 연 근로시간 1,000시간당 재해로 인해 발생한 근로손실일 수

강도율 $=\dfrac{\text{근로손실일수}}{\text{연근로시간수}}\times1,000$

문제 65 산업재해를 맞게 표현한 것은?

㉮ 산업재해는 사고의 일종이다.

㉯ 산업재해란 산업체에서 일어난 사고이다.

㉰ 산업재해는 사업체에서 야기된 인적물적 손실을 말한다.

㉱ 산업재해는 인명 피해만을 수반하는 재해이다.

해설 ● 산업재해 : 근로자가 업무에 관계되는 설비, 원재료, 가스, 증기, 분진 등에 의하거나 작업 기타 업무에 의해 사망 또는 부상하거나 질병에 걸리는 것

해답 61. ㉰ 62. ㉮ 63. ㉰ 64. ㉮ 65. ㉰

문제 66 산업안전보건법에 의한 건강진단의 종류에 해당되지 않는 것은?

- ㉮ 일반건강진단
- ㉯ 특수건강진단
- ㉲ 정규건강진단
- ㉴ 임시건강진단

> **해설** ● 건강진단의 종류
> ① 일반건강진단
> ② 임시건강진단
> ③ 특수건강진단

문제 67 산업안전보건법의 제정 목적과 가장 관계가 적은 것은?

- ㉮ 산업재해 예방
- ㉯ 쾌적한 작업환경 조성
- ㉲ 근로자의 안전과 보건을 유지 증진
- ㉴ 산업안전에 관한 정책 수립

> **해설** ● 산업안전 : 보건에 관한 기준을 확립하고 그 책임소재를 명확하게 하여 산업재해를 예방하고 쾌적한 작업환경을 조성함으로써 근로자의 안전과 보건을 유지, 증진함을 목적으로 제정

문제 68 보호구는 작업자의 신체를 보호하기 위해서 여러 가지 제약조건이 있다. 구비조건 중 틀린 것은?

- ㉮ 착용이 간편할 것
- ㉯ 방호성능이 충분한 것일 것
- ㉲ 정비가 간단하고, 점검, 검사가 용이할 것
- ㉴ 견고하고 값비싼 고급 품질일 것

> **해설** <39번 해설 참고>

문제 69 안전모의 무게는 얼마 이상을 초과하면 안 되는가?

- ㉮ 200[g]
- ㉯ 300[g]
- ㉲ 400[g]
- ㉴ 450[g]

> **해설** 안전모는 부속품을 제외한 무게가 0.44[kg]을 초과하면 안 된다.

> **참고** ● 안전모의 재료 및 구조의 구비요건
> ① 쉽게 부식하지 않을 것
> ② 피부에 해로운 영향을 주지 않을 것
> ③ 사용 목적에 따라 내열성, 내한성 및 내수성을 보유할 것

문제 70 연료 가스의 폭발을 방지하기 위한 안전사항 중 옳은 것은?

- ㉮ 방폭문을 부착한다.
- ㉯ 연료를 가열한다.
- ㉲ 스케일을 제거한다.
- ㉴ 배관을 굵게 한다.

> **해설** 보일러 노내압의 이상 상승, 미연소 가스 등의 폭발에 대비하여 보일러 후부측에 방폭문(폭발구)을 설치하여 폭발 가스를 방출시킨다.

해답 66. ㉲ 67. ㉴ 68. ㉴ 69. ㉴ 70. ㉮

문제 71 산소병 운반 취급상 가장 위험한 것은?

㉮ 인화성 장갑으로 운반한다.　　　㉯ 산소병을 뉘어서 운반한다.

㉰ 캡을 씌어서 운반한다.　　　㉱ 손의 보호를 위해 장갑을 낀다.

해설 산소용기 취급시 기름과 접촉시에는 화재의 우려가 있어 가장 위험하며 산소병은 뉘어서 운반하지 않는다.

문제 72 공조냉동기능사가 해머 작업을 할 때 소음을 방지하기 위해 착용하는 것은?

㉮ 귀마개　　　㉯ 보안경　　　㉰ 안전모　　　㉱ 방독 마스크

해설 ● 방음 보호개(귀마개 또는 귀덮개) : 소음으로부터 청력을 보호하기 위한 것

문제 73 다음 중 공기 중의 유해 가스를 제거하기 위한 흡착제가 아닌 것은?

㉮ 실리카겔　　　㉯ 폴리우레탄폼　　　㉰ 알루미나겔　　　㉱ 활성탄

해설 폴리우레탄폼은 유기질 보온재이다.

문제 74 가스의 연소 형태는?

㉮ 표면 연소　　　㉯ 증발 연소　　　㉰ 분해 연소　　　㉱ 확산 연소

해설 ① 표면연소 : 숯, 코크스, 목탄 등
② 분해연소 : 나무, 석탄 등
③ 증발연소 : 액체 연료
④ 확산연소 : 기체 연료

문제 75 가연성 가스의 화재, 폭발을 방지하기 위한 대책으로 틀린 것은?

㉮ 가연성 가스를 사용하는 장치를 청소하고자 할 때는 지연성 가스로 한다.

㉯ 가스가 발생하거나 누설할 우려가 있는 실내에서는 환기를 충분히 시킨다.

㉰ 가연성 가스가 존재할 우려가 있는 장소에서는 화기를 엄금한다.

㉱ 가스를 연료로 하는 연소설비에서는 점화하기 전에 누설유무를 반드시 확인한다.

해설 가연성 가스를 사용하는 장치를 치환(청소)시 불연성가스를 사용하여야 한다.

문제 76 다음 작업 중 장갑 착용이 허용되는 것은?

㉮ 선반　　　㉯ 용접　　　㉰ 드릴　　　㉱ 해머

해설 장갑을 끼지 않고 하는 작업은 해머 및 목공작업(손이 미끄러질 우려가 있는 작업) 등 고속회전체 작업인 선반, 밀링 등이 있으며 용접작업시에는 반드시 용접장갑을 끼고 작업을 하여야 한다.

문제 77 방독 마스크를 사용해서는 안 되는 산소 농도는 몇 [%] 이하인가?

㉮ 16~18　　　㉯ 18~21　　　㉰ 21~25　　　㉱ 25~30

해설 산소가 결핍(약 16[%]) 되어 있는 곳에서 쓰면 질식한다.

해답 71. ㉮　72. ㉮　73. ㉯　74. ㉱　75. ㉮　76. ㉯　77. ㉮

문제 78 다음 중 방독 마스크의 종류에 해당되지 않는 것은?

㉮ 전면식　　　㉯ 반면식　　　㉰ 반달식　　　㉱ 구명기식

해설 방독 마스크는 연결관의 유무에 따라 직결식과 격리식으로 구분되며 모양에 따라 전면식, 반면식, 구명기식(구편형)이 있다.

문제 79 다음 중 장갑을 끼어도 되는 작업은?

㉮ 전기 용접　　㉯ 해머 작업　　㉰ 선반 작업　　㉱ 줄 작업

해설 용접 작업시에는 장갑을 끼고 작업한다.

문제 80 산업보건 기준에서 산소결핍이라 함은 산소 농도가 몇 〔%〕 미만인 상태를 말하는가?

㉮ 20[%]　　　㉯ 19[%]　　　㉰ 18[%]　　　㉱ 17[%]

해설 • 산소결핍 : 산소 농도 18[%] 미만

문제 81 다음 중 안전보건진단을 실시하는 경우 반드시 포함되어야 하는 사항에 해당하지 않는 것은?

㉮ 재해 또는 사고발생 원인　　　㉯ 재해 피해 보상금액
㉰ 작업조건 및 작업방법　　　㉱ 안전보건장비의 적정성

해설 재해피해 보상금액은 안전보건진단에 해당하지 않는다.

문제 82 산업재해의 직접적인 원인에 해당되지 않는 것은?

㉮ 안전장치의 무효　　　㉯ 안전보건 관리상의 결함
㉰ 보호구 복장 등의 결함　　　㉱ 작업방법의 결함

해설 산업재해의 원인은 불안전 행동(인적 원인)과 불안전한 상태(물적 원인)는 직접적인 원인이 되며 관리적인 원인은 간접적인 원인이 된다.

문제 83 다음 중 산업안전의 관심과 이해증진으로 얻을 수 있는 이점이 아닌 것은?

㉮ 직장의 신뢰도를 높여준다.
㉯ 기업의 투자경비를 증대시킬 수 있다.
㉰ 이직률이 감소된다.
㉱ 고유기술 축적으로 품질이 향상되어 진다.

해설 산업안전의 관심과 이해증진은 기업의 투자경비를 감소시킬 수 있다.

문제 84 다음 중 전기화재에 적당한 소화기는?

㉮ 탄산가스 소화기　　　㉯ 포말 소화기
㉰ 모래　　　㉱ 분말 소화기

해설 <52번 해설 참고>

해답 78. ㉰　79. ㉮　80. ㉰　81. ㉯　82. ㉯　83. ㉯　84. ㉮

문제 85 소화기를 두어야 할 곳으로 적당치 않은 것은?

㉮ 인화물질이 있는 바로 옆 　　㉯ 사람 왕래가 없는 구석

㉰ 눈에 잘 띄는 곳 　　㉱ 방화물을 놔두는 곳

해설 소화기의 배치는 사람의 왕래가 많고 눈에 잘 띄며 화재 발생우려가 있는 곳에 배치한다.

문제 86 장갑을 끼지 않고 하는 작업은 어느 공구를 사용할 때인가?

㉮ 해머 　　㉯ 스크루 드라이버

㉰ 렌치 　　㉱ 스패너

해설 장갑을 끼지 않고 하는 작업은 해머 및 목공작업(손이 미끄러질 우려가 있는 작업) 등 고속 회전체 작업(선반, 밀링 등)이다.

문제 87 안전모와 안전 벨트의 용도는?

㉮ 감독자 용품의 일종이다. 　　㉯ 추락재해 방지용이다.

㉰ 전도 방지용이다. 　　㉱ 작업능률 가속용이다.

해설 ① 안전모 : 물체의 낙하, 비래 또는 추락의 위험과 감전에 의한 위험을 방지
② 안전 벨트 : 추락에 의한 위험을 방지

문제 88 보호구를 선정하여 효과적으로 사용하기 위한 것 중 틀린 것은?

㉮ 작업에 적절한 보호구를 선정한다.

㉯ 작업장에는 필요한 수량의 보호구를 비치한다.

㉰ 보호구는 방호 성능이 없어도 품질이 양호해야 한다.

㉱ 작업자에게 올바른 사용 방법을 빠짐없이 가르친다.

해설 보호구는 충분한 방호성능과 품질이 양호해야 한다.

문제 89 방진 마스크가 갖추어야 할 조건 중 옳지 않은 것은?

㉮ 시야가 넓어야 한다.

㉯ 사용 후 손질이 쉬워야 한다.

㉰ 안면에 밀착되지 않아야 한다.

㉱ 피부와 접촉하는 고무의 질이 좋아야 한다.

해설 ● 방진 마스크의 구비조건
① 여과 효율이 좋아야 한다.
② 사용적(유효공간)이 적어야 한다.
③ 흡기·배기 저항이 적어야 한다.
④ 중량이 가벼워야 한다.(직결식은 120[g] 이하)
⑤ 시야가 넓어야 한다.(아래쪽 시야 50° 이상)
⑥ 안면에 밀착성이 좋아야 한다.
⑦ 피부와 접촉하는 고무의 질이 좋아야 한다.
⑧ 사용 후 손질이 간단해야 한다.

해답 85. ㉯　86. ㉮　87. ㉯　88. ㉰　89. ㉰

문제 90 독성물질 작업 중 독성물이 얼굴에 튀어서 재해 발생이 일어날 때 착용하는 보호구가 아닌 것은?

㉮ 보안경   ㉯ 보호 마스크

㉰ 보호면   ㉱ 헬멧

해설 ● 안전모(헬멧) : 물체의 낙하, 비래 또는 추락에 의한 위험을 방지 또는 경감하거나 감전에 의한 위험을 방지하기 위한 것.

문제 91 장갑을 끼고 할 수 있는 작업은?

㉮ 연삭작업   ㉯ 드릴 작업

㉰ 판금작업   ㉱ 밀링작업

해설 판금작업시 장갑을 착용하여야 한다.

문제 92 다음 중 포말소화기의 용도에 맞지 않는 것은?

㉮ 목재, 종이화재   ㉯ 기름화재   ㉰ 전기화재   ㉱ 도료화재

해설 포말 소화기는 A급화재(일반화재)인 목재, 종이 화재에는 부적당하다.

문제 93 다음 중 방독 마스크를 사용해서는 안되는 때는?

㉮ 암모니아 가스가 존재시   ㉯ 페인트 제조작업을 할 때

㉰ 공기 중의 산소가 결핍되었을 때   ㉱ 소방작업을 할 때

해설 방독 마스크는 산소가 결핍되어 있는 곳에서 사용시 질식할 우려가 있으므로 이때에는 송풍 마스크를 사용한다.

문제 94 특히 위험한 장소의 출입은?

㉮ 근로자만이 출입한다.   ㉯ 사용자만이 출입한다.

㉰ 안전관리자만이 출입한다.   ㉱ 불필요한자만이 출입한다.

해설 위험한 장소의 출입은 안전관리자만이 출입하여야 한다.

문제 95 고온고압의 수소가스를 사용할 수 없는 금속재료는 무엇인가?

㉮ 탄소강   ㉯ 스테인리스강

㉰ 텅스텐강   ㉱ 몰리브덴강

해설 수소는 탄소강과 접촉시 탈탄반응(수소취성)을 일으킨다.

$$Fe_3C + 2H_2 \longrightarrow CH_4 + 3Fe$$

문제 96 차광 안경의 렌즈색으로 적당한 것은?

㉮ 적색   ㉯ 자색   ㉰ 갈색   ㉱ 청색

해설 ● 차광안경의 렌즈색 : 청색

해답 90. ㉱ 91. ㉰ 92. ㉮ 93. ㉰ 94. ㉰ 95. ㉮ 96. ㉱

문제 97 다음 보호구의 취급안전관리 사항 중 적합하지 않은 것은?

　　⑦ 전기공사를 할 때 안전모는 절연성이 있는 것을 선택한다.

　　④ 작업복의 주머니는 가능한 수가 많은 것이 좋다.

　　⑤ 회전하는 기계작업을 할 때에는 보호장갑을 착용하지 않도록 한다.

　　⑥ 부식성 약품을 사용할 때에는 고무제품 장화를 착용한다.

　　해설 작업복의 주머니는 가급적 수가 적은 것이 좋다.

문제 98 보호구 선정 조건에 해당되지 않는 것은?

　　⑦ 종류　　　　　　　　　　④ 형상

　　⑤ 성능　　　　　　　　　　⑥ 외관

　　해설 보호구의 선정을 외관보다 종류, 형상, 성능을 고려한다.

② 공구의 취급안전

문제 1 다음 중 공구별 역할을 바르게 나타낸 것은?

　　⑦ 펀치 : 목재나 금속을 자르거나 다듬는다.

　　④ 니퍼 : 금속편을 물려서 잡고 구부리고 당긴다.

　　⑤ 스패너 : 볼트나 너트를 조이고 푸는데 사용한다.

　　⑥ 소킷렌치 : 금속이나 가스킷류 등에 구멍을 뚫는다.

　　해설 ● 스패너 : 볼트나 너트를 조이고 푸는데 사용한다.

문제 2 정작업을 할 때 강하게 때려서는 안될 경우는 어느 때인가?

　　⑦ 전 작업에 걸쳐　　　　　④ 작업 중간과 끝에

　　⑤ 작업 처음과 끝에　　　　⑥ 작업 처음과 중간에

　　해설 정작업은 작업을 시작할 때와 끝날 때에는 세게 치지 않는다.

문제 3 드릴링 머신에서 얇은 철판이나 동판에 구멍을 뚫을 때는 어떤 방법이 좋은가?

　　⑦ 클램프로 고정한다.

　　④ 테이블에 고정한다.

　　⑤ 드릴 바이스에 고정한다.

　　⑥ 각목을 밑에 깔고 적당한 기구로 고정한다.

　　해설 드릴링 머신을 이용하여 얇은 철판이나 동판에 구멍을 뚫을 때에는 각목을 밑에 깔고 적당한 기구로 고정하여야 휨을 방지할 수 있다.

해답 97. ④ 98. ⑥　 1. ⑤ 2. ⑤ 3. ⑥

문제 4 수공구 사용시의 안전사항으로 옳지 않은 것은?

  ㉮ 공구는 사용전에 반드시 점검한다.

  ㉯ 올바른 사용법을 익힌 다음 사용한다.

  ㉲ 예리한 물건을 다룰 때는 장갑을 낀다.

  ㉴ 사용전 공구에 기름을 바른다.

  해설 수공구 작업시 기름을 바르면 공구가 미끄러져 놓치기 쉽다.

문제 5 연삭기의 사용법에서 안전관리에 적합하지 않은 것은?

  ㉮ 숫돌차의 주면(周面)과 받침대와의 간격은 2~3[mm] 정도로 유지해야 한다.

  ㉯ 숫돌차의 정지와 시운전은 정해진 사람만이 하도록 한다.

  ㉲ 숫돌차의 측면에 서서 연삭해야 한다.

  ㉴ 안전 커버를 떼고 작업한다.

  해설 위험방지를 위해 반드시 덮개(안전 커버)를 설치하여 사용한다.

문제 6 바이스 작업에 대한 설명 중 적합하지 못한 것은?

  ㉮ 바이스는 이가 꼭 맞게 할 것.

  ㉯ 작업 중 바이스를 자주 조일 것.

  ㉲ 무거운 일감을 조정할 때는 나무조각 등을 받칠 것.

  ㉴ 일감을 체결한 다음에는 반드시 핸들을 뒤로 둘 것.

  해설 바이스는 일감을 체결한 후 핸들을 뒤로 돌리지 않는다.

문제 7 해머 작업시 적합하지 못한 것은?

  ㉮ 처음에는 세게 할 것.　　　㉯ 해머를 자루에 꼭 끼울 것.

  ㉲ 장갑을 끼지 말 것.　　　㉴ 자기 체중에 따라 선택할 것.

  해설 해머 작업시에는 처음과 마지막에는 세게하지 않는다.

문제 8 공구의 취급에 관한 설명 중 옳지 않은 것은?

  ㉮ 드라이버에 망치질을 하여 충격을 가할 때에는 관통 드라이버를 사용하여야 한다.

  ㉯ 손망치는 타격의 세기에 따라 적당한 무게의 것을 골라서 사용하여야 한다.

  ㉲ 나사 다이스는 구멍에 암나사를 내는데 쓰고, 핸드 탭은 암나사를 내는데 사용한다.

  ㉴ 파이프 렌치의 입에는 이가 있어 상처를 주기 쉬우므로 연질 배관에는 사용하지 않는다.

  해설 ① 나사 다이스 : 배관의 수나사 가공시 사용

　　② 핸드 탭 : 금속에 암나사 가공시 사용

문제 9 쇠톱의 사용법에서 안전관리에 적합하지 않은 것은?

㉮ 초보자는 잘 부러지지 않는 탄력성이 없는 톱날을 쓰는 것이 좋다.

㉯ 날은 가운데 부분만 사용하지 말고 전체를 고루 사용한다.

㉰ 톱날을 틀에 끼운 후 두 세 번 시험하고 다시 한 번 조정한 다음에 사용한다.

㉱ 톱작업이 끝날 때에는 힘을 알맞게 줄인다.

해설 ● 쇠톱(hack saw) 취급시 주의사항
① 초보자는 잘 부러지지 않는 탄력성 있는 톱날을 쓰는 것이 좋다.
② 톱에 힘을 가할 때는 천천히 고르게 한다.
③ 얇은 금속판을 자를 때는 판 양쪽에 나무를 대어 고정시킨 후 고운 날을 사용한다.
④ 날은 가운데 부분만 사용하지 말고 전체를 고루 사용한다.
⑤ 톱날을 틀에 끼운 후 두 세 번 시험하고 다시 한 번 조정한 다음에 사용한다.
⑥ 톱 작업이 끝날 때에는 힘을 알맞게 줄인다.

문제 10 공구 사용시 물적 안전대책이 아닌 것은?

㉮ 공구상자의 준비　　　　　　㉯ 공구의 정비

㉰ 작업자의 피로경감　　　　　　㉱ 작업장의 정비

해설 ● 작업자의 피로경감 : 인적 안전대책

문제 11 수공구 사용시의 안전사항으로 틀린 것은?

㉮ 해머 끝이 갈라졌을 때는 수리한 후 사용한다.

㉯ 해머와 정을 사용할 때는 장갑을 낀다.

㉰ 해머와 정을 사용할 때는 주위에 인화물이 없도록 한다.

㉱ 해머와 자루를 연결하는 곳에는 쐐기를 박아 사용한다.

해설 해머와 정을 사용하여 작업시에는 장갑을 끼지 않는다.

문제 12 공구 취급방법 중 안전관리면에서 잘못된 것은?

㉮ 날카로운 것은 보호주머니를 꼭 사용한다.

㉯ 측정공구는 부드러운 헝겊 위에 올려 놓는다.

㉰ 손잡이에 묻은 기름은 작업 중에도 닦고 작업한다.

㉱ 숙련공은 신속한 작업을 위해 공구를 던져서 전달해도 좋다.

해설 숙련공이라 하더라도 공구를 던져서 전달하지 않는다.

문제 13 다음은 줄을 사용할 때의 주의점 중 틀린 것은?

㉮ 반드시 자루를 끼워서 사용할 것.

㉯ 해머 대용으로 사용하지 말 것.

㉰ 땜질한 줄은 부러지기 쉬우므로 사용하지 말 것.

㉱ 줄의 눈이 막힌 것은 손으로 털어 사용할 것.

해설 줄의 눈이 막힌 것은 와이어 브러시(쇠솔)로 털어 사용한다.

해답 9. ㉮　10. ㉰　11. ㉯　12. ㉱　13. ㉱

문제 14 정작업시 고려하지 않아도 되는 것은?

㉮ 쪼갬작업시 보안경을 필히 착용한다.

㉯ 열처리된 것은 정작업을 하지 않는다.

㉰ 정작업시 처음과 끝을 고려한다.

㉱ 정작업시 작업 물에 기름이 묻었을 때 계속 작업을 한다.

해설 정의 머리 모양이 버섯모양이나 기름이 묻어 있는 경우에는 작업을 중지한다.

문제 15 드라이버 끝이 나사홈에 맞지 않으면 뜻밖의 상처를 입을 수가 있다. 드라이버 선정시 주의 사항이 아닌 것은?

㉮ 날끝이 홈의 폭과 길이에 맞는 것을 사용한다.

㉯ 날끝이 수직이어야 하며 둥근 것을 사용한다.

㉰ 작은 공작물이라도 한 손으로 잡지 않고 바이스 등으로 고정시킨다.

㉱ 전기 작업시 자루는 절연된 것을 사용한다.

해설 드라이버는 날끝이 구부러졌거나 끝이 둥글게 무딘 것을 사용하면 작업이 어렵다.

문제 16 수공구에 의한 재해를 막는 내용 중 틀린 것은?

㉮ 결함이 없는 공구를 사용할 것.　　㉯ 외관이 좋은 공구만 사용할 것.

㉰ 작업에 올바른 공구만 취급할 것.　　㉱ 공구는 안전한 장소에 둘 것.

해설 외관과 관계없이 품질이 우수한 공구를 사용한다.

문제 17 정의 머리가 버섯모양으로 되면 어떤 현상이 일어나는가?

㉮ 타격면이 넓어져 조준이 쉬워진다.

㉯ 타격면이 커져서 때리기가 좋아진다.

㉰ 타격순간 미끄러져 손을 다치기 쉽다.

㉱ 타격과 조준이 편리해 정확한 작업이 된다.

해설 정의 머리가 버섯모양이 되면 타격 순간 미끄러져 손을 다칠 우려가 있다.

문제 18 수공구를 사용할 때의 안전사항으로 옳지 않은 것은?

㉮ 해머는 사용 중에도 수시로 확인한다.

㉯ 정 작업시에는 보호안경을 써야 한다.

㉰ 공구는 사용 중에도 항상 정리정돈한다.

㉱ 톱날은 틀에 장착 후 완전히 조정하고 작업 중에는 재조정하지 않는다.

해설 톱날을 작업중에도 재조정하여 사용한다.

문제 19 연삭 숫돌바퀴와 부시(bush)에 대한 설명으로 잘못된 것은?

㉮ 부시의 측면과 숫돌의 측면을 일치해야 한다.

㉯ 부시의 구멍은 축지름보다 1[mm] 크게 한다.

㉰ 숫돌바퀴의 균형을 잡기 위하여 부시의 필릿 두께가 고른 것을 사용한다.

㉱ 부시의 구멍과 숫돌바퀴의 바깥둘레는 동심원이어야 한다.

해설 연삭숫돌 바퀴의 크기가 부시의 크기보다 커야 한다.

문제 20 연삭작업은 숫돌이 고속으로 회전하면서 가공물을 연삭하므로 숫돌의 파열에 의하여 발생한 재해는 몹시 강하고 위험도가 높다. 숫돌을 갈아 끼운 후 몇 분 정도 공회전시켜야 하는가?

㉮ 1   ㉯ 3   ㉰ 5   ㉱ 7

해설 연삭작업시 숫돌을 갈아끼운 후 시운전으로 3분 정도 공회전시킨다.

문제 21 줄작업시 설명으로 적당하지 않은 것은?

㉮ 새줄인 경우에는 연질의 재료부터 작업을 한다.

㉯ 줄을 밀 때 안전을 위하여 상체를 고정시키고 손목과 팔을 이용한다.

㉰ 줄눈에 쇳밥이 박히는 것을 방지하기 위해 분필을 사용한다.

㉱ 왼손을 줄 끝에 대고 줄의 균형을 유지한다.

해설 줄 작업시 자세는 허리를 낮추고 몸의 안정을 유지하며 전신을 이용하여 작업한다.

문제 22 정작업시 정의 머리는 어떤 것을 사용하는가?

㉮ 오목한 것   ㉯ 뾰족한 것   ㉰ 둥근 것   ㉱ 편평한 것

해설 ● 정의 머리 : 편평한 것을 사용하여야 안전한다.

문제 23 수공구 작업시 주의사항으로 적당하지 않는 것은?

㉮ 작업중에도 공구를 정리한다.

㉯ 스패너는 한 번에 조이지 않는다.

㉰ 시파스 게이지의 바늘끝은 위쪽으로 향하게 한다.

㉱ 드릴 작업시는 일감을 바이스로 고정시킨다.

해설 수공구 작업 중에는 공구를 정리하지 않고 작업 종료 후에 공구를 정리한다.

문제 24 다음 중 해머(hammer)의 사용법에서 안전관리에 적합하지 않은 것은?

㉮ 쐐기를 박아서 손잡이가 튼튼하게 박힌 것을 사용한다.

㉯ 열간 작업시에는 식히는 작업을 하지 않아도 계속해서 작업할 수 있다.

㉰ 녹슨 부분을 작업할 때에는 보안경을 쓴다.

㉱ 가능한 장갑을 끼지 않고 작업을 진행한다.

해설 해머의 열간작업시에는 작업도중 식힌 후 계속 작업하여야 한다.

해답 19. ㉮ 20. ㉯ 21. ㉯ 22. ㉱ 23. ㉮ 24. ㉯

문제 25 공구취급 안전관리 내용 중 줄 작업시 해야 할 안전수칙에 위배되는 것은?

㉑ 손잡이가 빠졌을 때에는 조심하여 끼운다.

㉯ 절삭칩은 브러시로 제거한다.

㉰ 줄작업의 높이는 작업자의 어깨 높이로 하는 것이 좋다.

㉴ 줄은 경도가 높고 취성이 커서 잘 부러지므로 충격을 주지 않는다.

해설 줄 작업의 높이는 작업자의 팔꿈치 높이로 하는 것이 좋다.

문제 26 줄공구의 사용법 중 틀린 것은?

㉑ 오일류에 담가 놓는다.

㉯ 연한 재료부터 사용한다.

㉰ 줄작업은 처음부터 강하게 하지 않는다.

㉴ 부러진 것은 사용하지 않는다.

해설 줄을 기름에 담궈두면 사용시 미끄러진다.

문제 27 휴대용 전동공구는 작업중의 위험 외에도 감전의 위험이 있다. 다음 중 플러그를 꽂을 때 반드시 고려할 사항은?

㉑ 단선   ㉯ 접지

㉰ 절연   ㉴ 감지

해설 전동공구 사용시 플러그를 꽂을 때에는 반드시 절연을 고려해야 한다.

문제 28 수공구 사용할 때 주의사항으로 틀린 것은?

㉑ 사용전에 이상유무 확인

㉯ 작업에 적합하지 않아도 유사한 것을 사용

㉰ 충분히 사용법을 숙지하고 사용

㉴ 공구를 사용하고 나면 일정 장소에 보관

해설 수공구의 사용시에는 작업에 적합한 공구를 사용한다.

문제 29 다음 드릴 작업 중 유의사항이 아닌 것은?

㉑ 작은 공작물이라도 바이스나 크램을 사용한다.

㉯ 드릴이나 소킷을 척에서 해체시킬 때에는 해머를 사용한다.

㉰ 가공 중 드릴절삭 부분에 이상음이 들리면 드릴을 바꾼다.

㉴ 드릴의 착탈은 회전이 멈춘 후에 한다.

해설 드릴이나 소킷을 드릴척에서 해체시킬 때에는 해머를 사용하지 않고 드릴 소킷을 사용한다.

해답 **25.** ㉰ **26.** ㉑ **27.** ㉰ **28.** ㉯ **29.** ㉯

문제 30 손톱틀과 톱날을 이용하여 각재를 절단할 때의 요령 중 옳지 않은 것은?

㉮ 각재와 톱날 간의 절삭각도는 5~15°로 한다.

㉯ 밀 때에는 힘을 주고 당길 때는 힘을 주지 않는다.

㉰ 적당량 절삭 후 방향을 바꾸어가며 절단한다.

㉱ 톱날의 왕복횟수는 분당 50~60회가 알맞다.

해설 절삭방향은 한 방향으로만 절삭한다.

문제 31 공조실에서 파이프 배관작업시 수동용 나사절삭기를 사용하여 나사작업할 경우 가장 많이 상처입는 신체부분은?

㉮ 손가락 부분   ㉯ 발 부분   ㉰ 팔 부분   ㉱ 허벅지 부분

해설 수동용 나사절삭(오스터) 사용시 파이프 절삭시 발생하는 칩에 의해 손가락 부분에 상처를 입기 쉽다.

③ 용접작업 안전

문제 1 가스용접에서 토치의 안전관리 사항 중 잘못 설명한 것은?

㉮ 사용 후 기름 및 그리스로 닦아서 잘 보관한다.

㉯ 팁의 점화는 용접용 라이터를 사용한다.

㉰ 팁을 청소할 경우에는 반드시 팁 클리너를 사용한다.

㉱ 가스가 분출되지 않는 상태로 토치를 방치하지 않도록 한다.

해설 산소를 사용하는 가스용접 장치에는 기름 또는 그리스 등의 유지류가 접촉되면 화재의 우려가 있어 절대 금지하여야 한다.

문제 2 다음에 열거하는 원인 때문에 생기는 용접결함은?

〔보기〕
- 용접전류가 너무 낮을 때
- 운봉 및 봉의 유지각도 불량
- 용접봉 선택 불량

㉮ 기공   ㉯ 언더 컷   ㉰ 오버 랩   ㉱ 스패터

해설 • 용접결함(오버 랩)의 원인과 방지대책

원 인	방 지 대 책
① 용접전류가 너무 낮을 때 ② 운봉 및 보의 유지각도 불량 ③ 용접봉 선택 불량	① 적정전류를 선택한다. ② 수평 필릿의 경우는 봉의 각도를 선택한다. ③ 적정보를 선택한다.

오버 랩

문제 3 가스용접에서 용제를 사용하는 이유는?

㉮ 모재의 용융 온도를 낮게하기 위하여

㉯ 용접 중 산화물 중의 유해물을 제거하기 위하여

㉰ 침탄이나 질화작용을 돕기 위하여

㉱ 용접봉의 용융속도를 느리게 하기 위하여

해설 ● 용제(flux)의 역할
① 산화물이나 유해물 제거, 용해한다.
② 생성된 슬래그는 용접 금속을 덮어서 보호한다.
③ 모재 표면을 깨끗이 한다.

문제 4 용접 작업시 가스용접 절단 및 전기저항 용접에 사용되는 보호안경의 차광번호는?

㉮ 1.5~3   ㉯ 5~8   ㉰ 9~11   ㉱ 1~14

해설 가스용접 및 절단이나 30[A] 미만의 아크 용접 및 절단시 보호안경의 차광번호는 6~7번이다.

문제 5 아크 용접시 주의사항으로 옳지 않은 것은?

㉮ 습기있는 보호구는 착용하지 않는다.

㉯ 용접한 모재를 잡을 때는 반드시 집게를 사용한다.

㉰ 접속부의 연결은 완전하게 한다.

㉱ 슬래그는 완전히 냉각된 후 떨어낸다.

해설 아크 용접시 슬래그는 완전히 예열된 상태에서 털어낸다.

문제 6 용접작업시 보안경은 매우 중요한 보호용구로 200~400[A] 미만의 아크용 절단시 사용되는 차광번호는?

㉮ 4   ㉯ 6~8   ㉰ 9~10   ㉱ 1.5~3

해설 ● 차광유리의 차광도 번호
① 6번 : 30[A] 이하   ② 7~8번 : 30~75[A] 이하
③ 9~10번 : 75~200[A] 이하   ④ 10~12번 : 100~400[A] 이하
⑤ 13번 : 300~400[A] 이하   ⑥ 14번 : 400[A] 이상

문제 7 용접작업 중 감전시 심장마비를 일으킬 수 있는 전류값은 몇 mA인가?

㉮ 8   ㉯ 15   ㉰ 25   ㉱ 50

해설 ● 전격의 종류와 전류값

종 류	감전의 현상(인체에 대한 전류의 영향)	3전류차
최소감지전류	짜릿함을 느끼는 정도	1~2[mA]
고통전류	참을 수는 있으나 고통을 느낀다.	2~8[mA]
이탈가능전류	안전하게 스스로 접촉된 전원으로부터 떨어질 수 있는 최대 한도의 전류, 참을 수 없을 정도로 고통스럽다.	8~15[mA]
이탈불능전류	전격을 받았음을 느끼면서도 스스로 그 전원으로부터 떨어질 수 없는 전류. 근육의 수축이 격렬하다.	15~50[mA]
심실세동전류	심장의 기능을 잃게 되어 전원으로부터 떨어져도 수분 이내에 사망한다.	50~100[mA]

해답 3. ㉯ 4. ㉯ 5. ㉱ 6. ㉰ 7. ㉱

문제 8 산소 용접시 사용하는 조정기의 취급에 대한 설명 중 틀린 것은?

㉮ 작업 중 저압계의 지시가 자연 증가시 조정기를 바꾸도록 한다.

㉯ 조정기는 정밀하므로 충격이 가해지지 않도록 한다.

㉰ 조정기의 수리는 전문가에게 의뢰해야 한다.

㉱ 조정기의 각부에 작동이 원활하도록 기름을 친다.

해설 산소 취급설비에는 인화성 물질인 유지류(기름)가 접촉되면 화재 또는 폭발의 우려가 있다.

문제 9 다음 전기감전 사고의 예방조치로서 적합하지 못한 것은?

㉮ 전기설비의 점검 철저　　　　　㉯ 전기기기에 위험 표시

㉰ 충전부와 수도관, 가스관 등과 이격　㉱ 설비의 필요 부분에는 보호접지

해설 • 전기감전 사고의 예방 조치
① 전기설비의 점검 철저
② 전기기기에 위험표시 부착
③ 설비의 필요 부분에 보호 접지

문제 10 전기 용접시 생기는 결함과 원인과의 관계에서 잘못 설명된 것은?

㉮ 오버 랩 – 저전류, 용접 속도가 느릴 때

㉯ 스패터 – 고전류, 아크 길이가 길 때

㉰ 용입 불량 – 고전류, 용접 속도가 빠를 때

㉱ 언더컷 – 고전류, 용접 속도가 빠를 때

해설 • 용입불량 : 용접전류가 낮고 용접속도가 너무 빠를 때

참고 • 용접 결함의 종류와 원인
① 용입 불량
㉮ 이음설계의 결함　　　　㉯ 용접 속도가 너무 빠를 때
㉰ 용접 전류가 낮을 때　　㉱ 용접봉 선택 불량
② 언더컷
㉮ 전류가 높을 때　　　　㉯ 아크 길이가 너무 길 때
㉰ 용접봉 취급의 부적당　㉱ 용접 속도가 너무 빠를 때
㉲ 용접봉 선택 불량
③ 오버 랩
㉮ 용접 전류가 너무 낮을 때　㉯ 운봉 및 봉의 각도 불량
㉰ 용접봉 선택 불능
④ 스패터
㉮ 전류가 높을 때　　　　㉯ 용접봉의 흡습
㉰ 아크 길이가 너무 길 때　㉱ 아크 블로우가 클 때

문제 11 용접기 취급상 주의할 사항으로서 잘못된 것은?

㉮ 운반할 때 충격에 주의한다.

㉯ 오랜시간 사용할 경우 수시로 점검한다.

㉰ 통풍이 잘 되도록 한다.

㉱ 용접기는 빛이 쬐는 건조한 곳에 보관한다.

해설 용접기는 직사광선을 받지 않는 장소에 보관한다.

해답 8. ㉱　9. ㉰　10. ㉰　11. ㉱

문제 12 다음 중 전기 용접시 발생하는 유해 광선은?

　㉮ 자외선　　　　　　　　　㉯ 적외선

　㉰ 레이저 광선　　　　　　　㉱ 감마선

해설 ● 전기용접시 발생하는 유해광선 : 자외선

문제 13 다음 중 감전시 조치사항 중 잘못된 것은?

　㉮ 병원에 연락한다.

　㉯ 감전된 사람의 발을 잡아 도전체에서 떼어낸다.

　㉰ 부근에 스위치가 있으면 즉시 끈다.

　㉱ 전원의 식별이 어려울 때는 즉시 전기부서에 연락한다.

해설 ㉮㉰㉱는 감전시 응급조치 사항들이다.

문제 14 아크 용접 작업시 주의사항으로 옳지 않은 것은?

　㉮ 눈과 피부를 노출시키지 말 것.

　㉯ 슬래그 제거시는 보안경을 쓸 것.

　㉰ 습기 있는 보호구는 착용하지 말 것.

　㉱ 가열된 홀더는 물에 넣어 냉각할 것.

해설 전기(아크) 용접시에는 절대로 물기가 묻지 않도록 하여야 한다.

문제 15 다음 중 전기용접 작업의 안전사항에 해당되지 않는 것은?

　㉮ 용접 작업시는 보호장비를 착용토록 한다.

　㉯ 피용접물은 코드로 완전 접지시킨다.

　㉰ 작업전에 소화기 및 방화사를 준비한다.

　㉱ 용접이 끝나면 용접봉은 빼지 않는다.

해설 전기 용접 후 용접봉은 반드시 홀더로부터 빼 놓는다.

문제 16 다음 중 전기용접 작업의 안전사항으로 맞는 것은?

　㉮ 홀더는 파손되어도 사용에는 관계없다.

　㉯ 절대로 물기가 있거나 땀에 젖은 손으로 작업해서는 안 된다.

　㉰ 작업장은 환기를 시키지 않아도 무방하다.

　㉱ 용접봉을 갈아 끼울 때는 홀더의 충전부가 몸에 닿도록 한다.

해설 ● 전기(아크) 용접의 안전대책
　① 홀더는 당시 파손이 없는 것을 사용한다.
　② 의복, 신체 등이 땀이나 습기에 젖지 않아야 하며 보호구를 착용할 것.
　③ 용접 작업장의 통풍을 좋게 하고, 환기장치를 이용하여 환기시켜 줄 것.
　④ 용접봉 교환시는 홀더에 몸이 닿지 않도록 조심스럽게 한다.

문제 17 밀폐된 곳에서 전기용접 작업시 주의할 사항 중 틀린 것은?

㉮ 용접작업 완료 후 냉각될 때까지 확실한 표식을 해둘 필요가 없다.

㉯ 통풍장치를 한다.

㉰ 외부에서 공기공급이 가능한 마스크를 사용한다.

㉱ 보안경을 착용한다.

해설 용접작업 완료 후 냉각될 때까지 확실한 표시를 해두어야 화상을 방지할 수 있다.

문제 18 차광 안경의 렌즈색으로 적당한 것은?

㉮ 적색   ㉯ 자색   ㉰ 갈색   ㉱ 청색

해설 ● 차광안경의 렌즈색 : 청색

문제 19 기름이 잔류한 배관용접 작업시 잘못된 것은?

㉮ 기름을 토치로 태우고 용접한다.

㉯ 용접 착수전에는 소화기, 방화사 등을 준비한다.

㉰ 기름 묻은 옷은 인화의 위험이 있으므로 절대 입지 않도록 한다.

㉱ 역화하였을 때는 산소 밸브를 잠그도록 한다.

해설 기름 잔류시 기름을 완전히 제거하여야 화재의 우려가 없으나 태워서 제거하지는 않는다.

문제 20 아세틸렌 용접장치가 동결되었을 때 이를 녹일 때 사용되는 것은?

㉮ 전기 히터   ㉯ 화염   ㉰ 버너   ㉱ 온수

해설 용기를 녹일 때에는 40[℃] 이하의 온수나 열습포를 사용한다.

문제 21 다음 전기용접 작업할 때에 안전관리 사항 중 적합하지 않은 것은?

㉮ 우천시에는 옥외작업을 하지 않는다.

㉯ 피용접물은 코드로 완전히 접지시킨다.

㉰ 2차측 단자의 한쪽과 기계의 외부상자는 가능한 접지를 하지 않도록 한다.

㉱ 용접봉은 홀더로부터 빠지지 않도록 정확히 끼운다.

해설 전기용접시 2차측 단자의 한쪽과 기계의 외부 상자는 반드시 접지를 확실히 하여야 한다.

문제 22 가스용접시 사용하는 아세틸렌 호스의 색깔은?

㉮ 흑색   ㉯ 적색   ㉰ 녹색   ㉱ 백색

해설 ① 아세틸렌 호스 : 적색
② 산소 호스 : 녹색

문제 23 피복 아크 용접기에 가장 많이 발생하는 보호가스는?

㉮ 수소   ㉯ 일산화탄소   ㉰ 이산화탄소   ㉱ 수증기

해설 피복 아크 용접시 발생하는 가스의 40~50[%]가 일산화탄소이다.

해답 17. ㉮ 18. ㉱ 19. ㉮ 20. ㉱ 21. ㉰ 22. ㉯ 23. ㉯

문제 24 공조실에서 가스 용접을 하던 중 산소 조정기에서 자연발화가 되었다. 그 원인은?

㉮ 불똥이 조정기에 튀었을 때

㉯ 직사광선을 받을 때

㉰ 급격히 용기 밸브를 열었을 때

㉱ 산소가 새는 곳에 기름이 묻어 있을 때

해설 산소 조정기에 유지류 접촉시 화재의 우려가 있다.

문제 25 가스 용접에서 산소 및 아세틸렌 등의 용기 취급에 대한 안전관리사항 중 적합하지 않은 것은?

㉮ 산소용기의 표면 온도가 40[℃] 이상되지 않도록 한다.

㉯ 산소 밸브 개폐시 용기 옆에서 열지 말고 앞에서 열도록 한다.

㉰ 아세틸렌 용기의 조정 핸들은 1½ 회전 이상 돌리지 않는다.

㉱ 아세틸렌 용기의 저장고 온도는 35[℃] 정도로 유지한다.

해설 산소 용기의 밸브를 열 때에는 용기 옆에서 열도록 한다.

문제 26 가스 용접 작업시의 주의사항이 아닌 것은?

㉮ 용기 밸브는 천천히 열고 닫는다.

㉯ 용접 전에 소화기 및 방화사를 준비한다.

㉰ 용접 전에 전격방지기 설치 유무를 확인한다.

㉱ 역화방지를 위하여 안전기를 사용한다.

해설 전격방지기는 전기용접 작업시 설치한다.

문제 27 다음은 가스 용접에 필요한 가스용기의 저장시 주의사항이다. 옳지 않은 것은?

㉮ 충격을 가하지 말 것   ㉯ 용기 온도를 50[℃] 이하로 보존할 것

㉰ 운반할 때에는 캡을 씌울 것   ㉱ 전도의 우려가 없도록 할 것

해설 가스용기는 40[℃] 이하의 온도에서 보관하고 직사광선을 피하여 그늘진 곳에 보관하여야 한다.

문제 28 산소 아세틸렌 용접에 사용하는 호스에 대한 설명 중 잘못된 것은?

㉮ 아세틸렌 호스의 색깔은 적색인 것을 사용한다.

㉯ 호스를 감지 않는다.

㉰ 절단용 산소 호스는 주름이 있는 것을 사용하도록 한다.

㉱ 호스 청소는 압축산소를 사용하여야 한다.

해설 호스 청소시 압축산소를 사용하면 화재 및 폭발의 위험이 있으므로 압축공기를 사용하여 청소한다.

해답 **24.** ㉱ **25.** ㉯ **26.** ㉱ **27.** ㉯ **28.** ㉱

문제 29 산소 아세틸렌 용접시 안전기의 사용상 주의할 점은?

　⑦ 아세틸렌 압력을 수시로 점검한다.　　④ 안전기를 수직으로 설치한다.

　④ 안전기의 수위에 주의한다.　　　　　⑨ 안전기의 물을 수시로 교환한다.

해설 아세틸렌 가스는 분해폭발의 우려가 있으므로 특히 압력을 수시로 점검해야 한다.

문제 30 가스 용접시 저압식 수봉 안전기의 수위는 몇 〔mm〕 이상으로 유지해야 되는가?

　⑦ 10　　　　　　④ 25　　　　　　④ 30　　　　　　⑨ 50

해설 수봉안전기는 토치로부터 발생되는 역류, 역화, 인화시의 불꽃과 가스의 흐름을 차단하는 장치로써 규정된 무의 양이 차 있어야 되며 유효수위는 항상 25〔mm〕 이상이어야 한다.

문제 31 아세틸렌은 공기중에서 몇 ℃ 정도면 폭발하는가?

　⑦ 305〜315　　　④ 405〜415　　　④ 505〜515　　　⑨ 605〜615

해설 아세틸렌은 독성이며 가연성 가스로서 온도가 406〜408〔℃〕에 달하면 자연발화하고 505〜515〔℃〕가 되면 폭발한다. 또한 산소가 없더라도 780〔℃〕 이상이 되면 자연 폭발한다.

문제 32 가스용접 작업에서 일어나는 재해가 아닌 것은?

　⑦ 화재　　　　　④ 전격　　　　　④ 폭발　　　　　⑨ 중독

해설 전격은 전기용접 작업시 발생할 수 있는 재해이다.

④ 관계법규사항

문제 1 냉동제조시설의 안전관리규정 작성 유형에 대한 설명 중에서 잘못된 것은?

　⑦ 안전관리자의 직무, 조직에 관한 사항을 규정할 것

　④ 종업원의 교육 및 훈련에 관한 사항을 규정할 것

　④ 종업원의 후생복지에 관한 사항을 규정할 것

　⑨ 외부 하청업자의 안전관리규정 적용에 관한 사항을 규정할 것

해설 안전관리 규정에는 후생복지에 관한 사항은 규정되어 있지 않다.

문제 2 가연성 고압가스설비에 관계되는 전기설비는 어떤 기능을 갖는 구조이어야 하는가?

　⑦ 방수기능　　　④ 내화기능　　　④ 방폭기능　　　⑨ 일반기능

해설 가연성 고압가스설비의 전기설비는 반드시 방폭(폭발방지) 기능을 갖는 구조이어야 한다.

문제 3 독성가스 저장소의 식별표지의 바탕색과 글씨의 색으로 맞는 것은?

　⑦ 노란색, 흰색　　　　　　　　　　④ 백색, 흑색

　④ 검정색, 노란색　　　　　　　　　⑨ 빨간색, 흰색

해설 가스의 식별표지는 백색바탕에 흑색글씨로 쓰며 가스명칭은 적색으로 기재한다.

해답 29. ⑦　30. ④　31. ④　32. ④　　1. ④　2. ④　3. ④

문제 4 전기설비의 방폭성능 기준 중 용기 내부에 보호구조를 압입하여 내부압력을 유지함으로써 가연성 가스가 용기 내부로 유입되지 않도록 한 구조를 말하는 것은?

    ㉮ 내압방폭구조　　　　　　　㉯ 유입방폭구조

    ㉰ 압력방폭구조　　　　　　　㉱ 안전증방폭구조

> **해설** 전기설비에서의 폭발방지성능(방폭성능) 구조는 다음과 같다.
> ① 내압(耐壓)방폭구조 : 방폭전기 기기의 용기(이하 "용기"라 한다) 내부에서 가연성 가스의 폭발이 발생할 경우 그 용기가 폭발압력에 견디고, 접합면, 개구부 등을 통하여 외부의 가연성 가스에 인화되지 아니하도록 한 구조를 말한다.
> ② 유입(油入)방폭구조 : 용기 내부에 기름을 주입하여 불꽃·아크 또는 고온발생부분이 기름 속에 잠기게 함으로써 기름면 위에 존재하는 가연성 가스에 인화되지 아니하도록 한 구조를 말한다.
> ③ 압력(壓力)방폭구조 : 용기 내부에 보호 가스(신선한 공기 또는 불활성 가스)를 압입하여 내부압력을 유지함으로써 가연성 가스가 용기 내부로 유입되지 아니하도록 한 구조를 말한다.
> ④ 안전증(安全增)방폭구조 : 정상운전 중에 가연성 가스의 점화원이 될 전기불꽃·아크 또는 고온부분 등의 발생을 방지하기 위하여 기계적·전기적 구조상 또는 온도상승에 대하여 특히 안전도를 증가시킨 구조를 말한다.
> ⑤ 본질안전(本質安全)방폭구조 : 정상시 및 사고(단선, 단락, 지락 등)시에 발생하는 전기불꽃·아크 또는 고온부에 의하여 가연성 가스가 점화되지 아니하는 것이 점화시험, 기타 방법에 의하여 확인된 구조를 말한다.
> ⑥ 특수(特殊)방폭구조 : ① 내지 ⑤에서 규정한 구조 이외의 방폭구조로서 가연성 가스에 점화를 방지할 수 있다는 것이 시험, 기타의 방법에 의하여 확인된 구조를 말한다.

문제 5 가연성 가스는 저장능력 및 톤 이상인 경우 방류둑을 설치하는가?

    ㉮ 1,000　　　　㉯ 2,000　　　　㉰ 4,000　　　　㉱ 5,000

> **해설** ● 방류둑의 설치기준
> ① 고압가스 일반제조시설 : 가연성 및 산소의 액화가스 저장능력이 1,000톤 이상일 때(독성가스는 5톤 이상)
> ② 냉동제조시설 : 독성가스를 냉매로하는 수액기의 내용적이 10,000[l] 이상인 것.
> ③ 액화석유가스 저장시설 : LPG의 저장능력이 1,000톤 이상일 때(충전사업에서)
> ④ 도시가스시설 중 LPG 용량이 다음과 같을 때
>   ㉮ 가스도매사업 : 저장능력이 500톤 이상
>   ㉯ 일반 도시가스사업 : 저장능력이 1,000톤 이상

문제 6 특정고압가스 사용시설 중 화기취급 장소와의 사이에 8[m] 이상의 우회거리를 유지하지 않아도 되는 것은?

    ㉮ 방화벽　　　㉯ 저장설비　　　㉰ 기화장치　　　㉱ 배관

> **해설** ● 고압가스 안전관리법에 따른 특정고압가스 사용시설의 시설기준 및 기술기준에 화기와의 거리는
> ① 가연성 가스 사용시설 중 저장설비, 기화장치 및 이들 사이의 배관의 외면으로부터 화기의 취급장소까지 8[m]의 우회거리를 두어야 하며, 그 설비에서 누출된 가스가 화기 취급장소로 유입되지 아니하도록 조치할 것.
> ② 산소의 저장설비 주위 5[m] 이내에서는 화기를 취급하여서는 아니되며, 작업에 필요한 양 이상의 연소하기 쉬운 물질을 두지 아니할 것.

해답 4. ㉰ 5. ㉮ 6. ㉮

문제 7 작업장에 전기유해 가스 및 위험물이 있는 곳을 식별하기 위해 다음 중 어느 색으로 표시해야 하는가?

㉮ 황색 ㉯ 녹색

㉰ 적색 ㉱ 청색

해설 ● 안전표시
① 적색 : 위험표시, 금지표시, 방화표시
② 황색 : 주의, 경고표시
③ 청색 : 지시표시
④ 녹색 : 안내표시

문제 8 독성 가스를 식별조치할 때 표지판의 가스 명칭은 무슨 색으로 하는가?

㉮ 흰색 ㉯ 노란색 ㉰ 적색 ㉱ 흑색

문제 9 가스용기의 밸브가 얼었을 때는 더운물로 적시어 녹인다. 이 때 사용되는 물의 온도는 몇 〔℃〕이하인가?

㉮ 40 ㉯ 50

㉰ 60 ㉱ 80

해설 가스용기 밸브는 40[℃] 이하의 온수나 열습포를 이용하여 녹인다.

문제 10 산소용기는 고압가스법에 어떤 색으로 표시하도록 되어 있는가?(단, 일반용)

㉮ 녹색 ㉯ 갈색

㉰ 청색 ㉱ 황색

해설 ● 산소용기 도색
① 공업용(일반용) : 녹색
② 의료용 : 백색

문제 11 냉동제조 안전시설의 경계표지에서 저장 탱크 외부에 표시되는 가스명칭의 색상은?

㉮ 회색 ㉯ 청색 ㉰ 노란색 ㉱ 붉은색

해설 ● 저장 탱크 외부에 표시되는 가스명칭의 색상 : 적색

문제 12 충전 가스와 충전용기의 도색이 잘못 연결된 것은?

㉮ 산소-녹색 ㉯ 암모니아-백색

㉰ 아세틸렌-황색 ㉱ 프레온-청색

해설 ● 공업용 가스용기의 도색 : 산소-녹색, 암모니아-백색, 아세틸렌-황색, 프레온-회색

문제 13 독성 가스와 제독제가 올바르게 연결된 것은?

㉮ 염소-물 ㉯ 암모니아-물

㉰ 포스겐-물 ㉱ 황화수소-물

해설 암모니아 가스는 물에 대한 용해도가 커 제독제로 사용한다.

해답 7. ㉰ 8. ㉰ 9. ㉮ 10. ㉮ 11. ㉱ 12. ㉱ 13. ㉯

문제 14 독성 가스 위험표지에 대하여 바르게 설명한 것은?

> 독성 가스 누설 (주의) 부분

㉮ 문자는 가로로만 쓸 수 있다.
㉯ 위험표지에는 다른 법령에 의한 지시사항 등을 적을 수 없다.
㉰ 문자는 30[m] 떨어진 위치에서도 알 수 있어야 한다.
㉱ 위험표지의 바탕색은 백색, 글씨는 흑색, 주의는 적색으로 한다.

해설 ● 독성 가스의 식별표지 및 위험표지
① 식별표지

> 독성 가스(염소) 제조시설

> 독성 가스(암모니아) 저장소

㉮ 백색바탕에 흑색글씨(가스의 명칭은 적색)로 기재
㉯ 문자의 크기는 가로 및 세로가 각각 10[cm] 이상으로 하고, 30[m] 이상의 거리에서도 식별할 수 있을 것.
㉰ 문자는 가로 또는 세로로 쓸 수 있다.
㉱ 다른 법령에 관한 지시사항 등을 명기할 수도 있다.
② 위험표지(가스의 누설 우려 부분에 표시)

> 독성 가스 누설(주의) 부분

㉮ 백색바탕에 흑색글씨("주의"는 적색)로 기재
㉯ 문자의 크기는 가로 및 세로각 각각 5[cm] 이상으로 하고, 10[m] 이상의 위치에서도 식별이 가능할 것.
㉰ 문자는 가로 또는 세로로 쓸 수 있다.

문제 15 가연성 가스 냉매설비에 설치하는 방출관의 방출기 위치로 옳은 것은?
㉮ 지상으로부터 2[m] 이상   ㉯ 지상으로부터 4[m] 이상
㉰ 지상으로부터 5[m] 이상   ㉱ 지상으로부터 8[m] 이상

해설 가연성 가스의 냉매설비에 설치하는 경우에는 지상으로부터 5[m] 이상의 높이로 주위에 화기 등이 없는 안전한 위치에 설치할 것.

문제 16 고압가스 안전관리법에서 안전관리자의 구분으로 해당되지 않는 것은?
㉮ 안전관리 총괄자   ㉯ 안전관리 책임자
㉰ 취급 책임자   ㉱ 안전관리원

해설 ● 안전관리자의 구분 : 안전관리 총괄자, 안전관리 책임자, 안전관리원

문제 17 방폭구조로 하지 않아도 되는 것은?
㉮ 암모니아   ㉯ 이소부탄   ㉰ 에탄   ㉱ 염화 에틸

해설 ● 방폭구조 제외 대상 가스 : 암모니아, 브롬화 메탄

해답 14. ㉱ 15. ㉰ 16. ㉰ 17. ㉮

문제 18 고압가스 안전관리법에 의하면 안전관리자를 채용 또는 해임하거나 퇴직할 때에는 지체없이 이를 허가 또는 신고를 받은 관청에 신고하고 해임 복직한 날로부터 며칠 이내에 다른 안전관리자를 선임하여야 하는가?

㉮ 3   ㉯ 7   ㉰ 15   ㉱ 30

> **해설** 안전관리자를 선입 또는 해임하거나 퇴직한 때에는 지체없이 허가관청에 신고하고, 해임 또는 퇴직한 날로부터 30일 이내에 다른 안전관리자를 선임하여야 한다.

문제 19 저장 탱크의 가스 방출관 위치로 옳은 것은?

㉮ 지상에서 2[m]   ㉯ 지상에서 10[m]
㉰ 지상에서 5[m]   ㉱ 지상에서 15[m]

> **해설** 저장 탱크의 가스방출구의 위치는 지상에서 5[m] 이상 또는 그 저장 탱크 정상부에서 2[m] 이상의 높이 중 높은 위치에 설치한다.

문제 20 가스 용접시 사용하는 아세틸렌 호스의 색깔은?

㉮ 흑색   ㉯ 적색   ㉰ 녹색   ㉱ 백색

> **해설** ① 아세틸렌 호스 : 적색
> ② 산소 호스 : 녹색

문제 21 냉동제조 시설에 설치된 밸브 등을 조작하는 장소의 조도는 몇 〔Lux〕 이상인가?

㉮ 50   ㉯ 100
㉰ 150   ㉱ 200

> **해설** 밸브 등을 조작하는 장소의 조도는 150[Lux] 이상이어야 한다.

5 보일러취급 안전

문제 1 보일러 운전 전에 점검해야 할 사항은?

㉮ 공기온도 측정   ㉯ 연료의 발열량 측정
㉰ 연소실내 잔류 가스 측정   ㉱ 연소실내 작업시 전류 측정

> **해설** • 사용중인 보일러의 점화전 준비사항
> ① 보일러의 수위 확인
> ② 분출 및 분출장치의 점검
> ③ 프리퍼지, 포스트 퍼지(연소실내 잔류 가스 확인)
> ④ 연료장치, 연소장치의 점검
> ⑤ 자동제어장치의 점검

문제 2 보일러의 안전수위에 대한 설명 중 올바른 것은?

㉮ 사용 중 유지해야 할 최고 수면   ㉯ 사용 중 유지해야 할 최저 수면
㉰ 사용 중 유지해야 할 중간 수면   ㉱ 최고 부하시 유지해야 할 적정 수위

> **해설** • 안전저수위 : 보일러에서 사용중 유지해야 할 최저수위로 수면계 하단과 일치시킨다.

해답 18. ㉱   19. ㉰   20. ㉯   21. ㉰   1. ㉰   2. ㉯

문제 3 보일러에서 과열되는 원인?

　㉮ 보일러 동체의 부식

　㉯ 안전 밸브의 기능 불량

　㉰ 압력계를 주의 깊게 관찰하지 않았을 때

　㉱ 수관 내의 청소불량

해설 보일러의 과열 원인은 전열면에 부착되어 있는 물때가 원인이므로 수관의 청소 불량시 발생한다.

문제 4 보일러 사고 원인 중 취급상의 원인이 아닌 것은?

　㉮ 저수위　　　㉯ 압력초과　　　㉰ 구조불량　　　㉱ 급수처리불량

해설 ● 보일러 사고의 원인별 구분

① 제작상 원인 : 재료불량, 구조 및 설계불량, 강도불량, 용접불량, 부속장치 미비 등

② 취급상 원인 : 압력초과, 저수위, 과열, 역화, 부식 등

문제 5 보일러가 부식하는 원인으로 부적당한 것은?

　㉮ 보일러수의 pH가 저하　　　㉯ 수중에 함유된 산소의 작용

　㉰ 수중에 함유된 암모니아의 작용　　　㉱ 수중에 함유된 탄산가스의 작용

해설 ● 보일러 내부 부식의 원인

① 보일러수의 수소 이온농도(pH)가 부적당할 때(적정 pH 11~12)

② 보일러수 중에 함유된 가스체(산소, 이산화탄소)에 의하여

문제 6 보일러 취급 부주의로 작업자가 화상을 입었을 때 응급처리 방법으로 틀린 것은?

　㉮ 공기를 쏘이도록 한다.

　㉯ 화상부를 냉수에 담가 화기를 빼도록 한다.

　㉰ 기계유나 변압기유를 바른다.

　㉱ 환자가 갈증을 느낄 때는 소금, 설탕 또는 소다수를 탄 냉수를 조금 마시도록 한다.

해설 ● 화상을 당했을 때 : 찬물을 이용하여 화기(열기)를 뺀 후 아연화연고를 바른다.

문제 7 보일러 운전상의 장해인 역화(back fire)의 방지 대책으로 옳지 않은 것은?

　㉮ 점화방법이 좋아야 하므로 착화를 느리게 한다.

　㉯ 공기를 노내에 먼저 공급하고 다음에 연료를 공급한다.

　㉰ 노 및 연도 내에 미연소 가스가 발생하지 않도록 취급에 유의한다.

　㉱ 점화시 댐퍼를 열고 미연소 가스를 배출시킨 뒤 점화한다.

해설 ● 역화(미연소 가스의 폭발)의 원인

① 프리퍼지 부족

② 점화시 착화가 늦은 경우

③ 과다한 연료 공급시

④ 흡입통풍 부족 및 압입 통풍 과다시

⑤ 공기보다 연료가 먼저 공급되었을 경우

⑥ 연료의 불완전 및 미연소시

해답 3. ㉱　4. ㉰　5. ㉰　6. ㉰　7. ㉮

문제 8 보일러의 점화시에는 노내 가스 폭발과 저수위 사고가 일어나기 쉽기 때문에 점검을 완전하게 해야 한다. 점검사항 중 틀린 것은?

㉮ 통풍장치 점검 ㉯ 연소장치 점검

㉰ 급수계통 점검 ㉱ 보일러 통내 스케일 점검

해설 보일러통내 스케일 점검은 보일러의 과열시 점검하며 노내 가스 폭발은 통풍장치나 연소장치를 점검하여야 하며 저수위사고는 급수계통이나 분출장치를 점검하여야 한다.

문제 9 보일러운전 도중에 소화되는 원인이 아닌 것은?

㉮ 보일러 수위가 높은 경우 ㉯ 정전이 되었을 경우

㉰ 기름 탱크에 기름이 없을 경우 ㉱ 증기압력이 제한 압력을 넘은 경우

해설 보일러 운전 중 고수위가 되면 고저수위 경보장치에 의해 급수가 차단되고 경보를 발생되며 연료를 차단하여 소화시키지는 않는다.

문제 10 보일러 안전에 대하여 유의하여 점검할 사항이 아닌 것은?

㉮ 포화수 ㉯ 임계온도

㉰ 임계압력 ㉱ 수면계

해설 보일러 안전을 위하여 임계온도, 임계압력, 수면계, 압력계 등을 점검하여야 한다.

문제 11 다음 중 보일러 운전 중 수시로 점검해야 할 사항은?

㉮ 공급 탱크 ㉯ 화염상태

㉰ 전기배선 ㉱ 버너 본체

해설 보일러 운전 중 수시 점검사항은 수위, 증기압력, 온도, 화염의 상태이다.

문제 12 보일러가 최고 압력 이하에서 파손되는 이유는?

㉮ 구조상의 결함 ㉯ 불안전한 안전장치

㉰ 불안전한 안전 밸브 ㉱ 안전장치가 작동하지 않는 경우

해설 보일러가 최고사용압력 이하에서 폭발(파손)되는 것은 구조나 재료상 결함 때문이다.

문제 13 보일러의 취급 부주의에 의한 사고 원인이 아닌 것은?

㉮ 이상 감수 ㉯ 압력 초과

㉰ 수처리 불량 ㉱ 용접 불량

해설 <4번 해설 참고>

문제 14 다음 중 연소의 3요소로 엮은 것은?

㉮ 가연물, 산소, 점화원 ㉯ 압력, 온도, 가연물

㉰ 점화원, 온도, 가연물 ㉱ 온도, 가연물, 질소

해설 • 연소의 3대 요소 : 가연물 + 산소공급원 + 점화원(가산점)

해답 8. ㉱ 9. ㉮ 10. ㉮ 11. ㉯ 12. ㉮ 13. ㉱ 14. ㉮

문제 15 보일러 파열사고 원인 중 가장 빈번히 일어나는 것은?

㉮ 강도 부족　　　　　　　　㉯ 압력 초과

㉰ 부식　　　　　　　　　　㉱ 그루빙

해설 보일러 파열사고의 원인 중 가장 빈번히 발생하는 것은 증기의 압력초과에 따른 폭발사고
이다.

문제 16 보일러 취급자의 부주의로 인하여 생기는 사고 원인은?

㉮ 구조상의 결함　　　　　　㉯ 증기발생 압력 과다

㉰ 재료의 부적당　　　　　　㉱ 설계상의 결함

해설 <4번 해설 참고>

문제 17 다음 보일러 내부검사시 지켜야 할 안전관리 사항 중 적합하지 못한 것은?

㉮ 보일러의 내부점검은 2인 이상으로 한다.

㉯ 드럼(drum)을 열기전 압력은 대기압, 온도는 60[℃] 이하이어야 한다.

㉰ 보일러 내에 들어가기 전 환기를 완전히 한다.

㉱ 보일러 내에 들어가기 전에 모든 제어 밸브를 닫는다.

해설 드럼을 열기전 압력은 대기압, 온도는 30[℃] 이하이어야 한다.

문제 18 보일러 점화시 역화와 폭발을 방지하기 위해 제일 먼저 조치해야 할 사항은?

㉮ 댐퍼의 개방과 미연소 가스 배출상태 점검

㉯ 예열상태 점검

㉰ 과열기의 작동점검

㉱ 급수 밸브의 개방상태 점검

해설 보일러에서의 역화나 폭발은 주로 연소실 내에 미연소 가스가 체류하여 발생하므로 댐퍼의
개방과 가스이 분출상태(프리퍼지)를 점검한다.

문제 19 보일러에서 가스 폭발을 방지하는 방법 중 가장 거리가 먼 것은?

㉮ 소화시는 연료의 밸브를 먼저 잠근다.

㉯ 점화시는 연료를 먼저 다량으로 공급한다.

㉰ 점화 전에 댐퍼를 개방하여 노내를 환기시킨다.

㉱ 연소 중 실화하면 노내 환기 후 재점화한다.

해설 보일러 점화시에는 공기를 먼저 투입후 연료를 나중에 공급하여야 한다.

문제 20 보일러 운전 중 역화의 원인이 아닌 것은?

㉮ 흡입 통풍이 부족한 경우　　　㉯ 댐퍼를 지나치게 조인 경우

㉰ 연도내에 미연소가스가 없는 경우　㉱ 점화할 때 착화가 늦은 경우

해설 보일러의 역화는 연소실이나 연도 내에 미연소 가스 체류시 발생한다.

해답 15. ㉯ 16. ㉯ 17. ㉯ 18. ㉮ 19. ㉯ 20. ㉰

문제 21 보일러의 안전 밸브 설치에 관한 설명으로 적당하지 못한 것은?

㉮ 안전 밸브는 2개 이상 설치한다.

㉯ 한 개는 최고사용압력 이하에서 작동하게 한다.

㉰ 과열기용은 보일러용 나중에 작용하게 한다.

㉱ 과열기용은 설계온도 이상이 되지 않게 한다.

해설 ● 보일러 안전 밸브의 법적 기준

① 증기 보일러에는 2개 이상 설치한다.(단, 전열면적 $50[m^2]$ 이하는 1개 이상 설치)

② 안전 밸브 작동압력은 최고사용압력보다 6[%] 정도 높은 범위내에서 조정한다.

③ 안전 밸브 2개 중 한 개는 최고사용압력 이하에서 작동하게 한다.

④ 스프링식 안전 밸브는 어떠한 경우에도 밸브 시트나 몸체에서 누설이 없어야 한다.

⑤ 과열기용은 설계온도 이상이 되지 않도록 한다.

⑥ 재열기 또는 독립 과열기에는 입출구에 각각 1개 이상의 안전 밸브를 설치한다.

문제 22 보일러의 부분 중 저온 부식에 의해 손상되기 쉬운 곳은?

㉮ 과열기   ㉯ 재열기

㉰ 수관   ㉱ 연도

해설 ● 저온부식에 따른 손상 우려 ; 급수예열기, 공기예열기, 연도 등

문제 23 보일러에 사용되는 압력계로 가장 널리 사용되는 것은?

㉮ 진공 압력계   ㉯ 부르동관 압력계

㉰ 공기 압력계   ㉱ 마노미터

해설 보일러에 주로 사용하는 압력계는 탄성식은 부르동관 압력계이다.

문제 24 보일러 사고 원인 중 제작상의 원인이 될 수 없는 것은?

㉮ 재료 불량   ㉯ 설계 불량

㉰ 급수처리 불량   ㉱ 구조 불량

해설 <4번 해설 참고>

문제 25 보일러를 비상정지시키는 경우의 조치에 해당되지 않는 것은?

㉮ 주증기 밸브를 닫는다.   ㉯ 연료의 공급을 정지한다.

㉰ 댐퍼를 닫고 통풍을 막는다.   ㉱ 연소용 공기의 공급을 정지한다.

해설 보일러 정지시에는 연소실내 미연소 가스의 배출을 위하여 댐퍼를 열고 통풍(포스트 퍼지)을 하여야 한다.

문제 26 보일러가 부식하는 원인으로 부적당한 것은?

㉮ 보일러수의 pH의 저하   ㉯ 수중에 함유된 산소의 작용

㉰ 수중에 함유된 질소의 작용   ㉱ 수중에 함유된 탄산가스의 작용

해설 보일러의 내부 부식의 원인은 수중에 함유된 질소와는 관계가 없다.

해답 **21.** ㉰ **22.** ㉱ **23.** ㉯ **24.** ㉰ **25.** ㉰ **26.** ㉰

문제 27 보일러 연소장치에서의 역화 원인이 아닌 것은?

　㉮ 점화시 착화가 늦어진 경우

　㉯ 압입통풍이 지나치게 큰 경우

　㉰ 장치 내에 미연소 가스가 체류할 경우

　㉱ 연료보다 공기를 먼저 공급한 경우

해설 <7번 해설 참고>

문제 28 보일러를 처음 가동시 공기조절 밸브를 언제까지 개방해야 하는가?

　㉮ 보일러 내의 보일러수가 만수위가 될 때까지

　㉯ 보일러 내의 보일러수가 2/3가 될 때까지

　㉰ 보일러 내의 보일러수가 안전 저수위가 될 때까지

　㉱ 보일러 내의 보일러수가 증기가 발생할 때까지

해설 보일러 내에 공기 존재시 부식이나 전열이 방해되므로 보일러수에서 증기가 발생할 때까지 공기를 제거하기 위하여 공기조절(빼기) 밸브를 개방하여야 한다.

문제 29 다음 중 보일러의 과열 원인으로 옳지 않는 것은?

　㉮ 동(胴) 내면에 스케일 생성시

　㉯ 보일러수가 농축되어 있을 때

　㉰ 전열면에 국부적인 열을 받았을 때

　㉱ 보일러수의 순환이 양호할 때

해설 ● 보일러의 과열 원인

　① 보일러 이상 감수시

　② 동내면에 스케일 생성시

　③ 보일러수가 농축되어 있을 때

　④ 보일러수의 순환이 불량할 때

　⑤ 전열면에 국부적인 열을 받았을 때

문제 30 보일러 사용중에 돌연히 비상사태가 발생해서 긴급하게 운전정지를 하지 않으면 안 된다고 판단했을 때의 순서로 맞는 것은?

〔보기〕

　1. 연료의 공급을 중지한다.

　2. 연소용 공기공급을 중지한다.

　3. 댐퍼는 개방한 채로 두고 취출송풍을 가한다.

　4. 급수를 시킬 필요가 있을 때에는 급수를 보내고 수위유지를 도모한다.

　5. 주증기 밸브를 닫는다.

　㉮ 1-2-3-4-5　　　　　　　　㉯ 1-2-4-3-5

　㉰ 1-2-5-4-3　　　　　　　　㉱ 1-2-5-3-4

해답 27. ㉱ 28. ㉱ 29. ㉱ 30. ㉰

문제 31 증기 보일러에는 몇 개 이상의 안전 밸브를 설치해야 되는가?

    ㉮ 1   ㉯ 2

    ㉰ 3   ㉱ 4

해설 증기 보일러에는 2개 이상의 안전 밸브를 설치하여야 한다. (단, 전열면적 50[m^2] 이하는 1개 이상 설치)

문제 32 보일러의 과열사고 중 제작상의 사고가 아닌 것은?

    ㉮ 용수처리 불량   ㉯ 용접 불량

    ㉰ 설계 불량   ㉱ 부속장치 미비

해설 <4번 해설 참고>

해답 **31.** ㉯ **32.** ㉮

공조냉동기계기능사

부록 1

과 년 도
출제문제

합격의 고된 길,
구민사가 여러분과 함께 하겠습니다.

01 냉동장치에서 안전상 운전 중에 점검해야 할 중요 사항에 해당되지 않는 것은?

㉮ 냉매의 각부 압력 및 온도
㉯ 윤활유의 압력과 온도
㉰ 냉각수 온도
㉱ 전동기의 회전방향

02 가스보일러 점화시 주의사항 중 맞지 않는 것은?

㉮ 연소실 내의 용적 4배 이상의 공기로 충분히 환기를 행할 것
㉯ 점화는 3 ~ 4회로 착화될 수 있도록 할 것
㉰ 착화 실패나 갑작스런 실화 시에는 연료공급을 중단하고 환기 후 그 원인을 조사할 것
㉱ 점화버너의 스파크 상태가 정상인가 확인할 것

03 재해의 직접적 원인이 아닌 것은?

㉮ 보호구의 잘못 사용
㉯ 불안전한 조작
㉰ 안전지식 부족
㉱ 안전장치의 기능제거

04 근로자가 보호구를 선택 및 사용하기 위해 알아 두어야 할 사항으로 거리가 먼 것은?

㉮ 올바른 관리 및 보관방법
㉯ 보호구의 가격과 구입방법
㉰ 보호구의 종류와 성능
㉱ 올바른 사용(착용)방법

ANSWER ▶ 01.㉱ 02.㉯ 03.㉰ 04.㉯

05 전기용접기 사용상의 준수사항으로 적합하지 않은 것은?

㉮ 용접기 설치장소는 습기나 먼지 등이 많은 곳은 피하고 환기가 잘 되는 곳을 선택한다.

㉯ 용접기의 1차측에는 용접기 근처에 규정 값보다 1.5배 큰 퓨즈(fuse)를 붙인 안전 스위치를 설치한다.

㉰ 2차측 단자의 한 쪽과 용접기 케이스는 접지(earth)를 확실히 해 둔다.

㉱ 용접 케이블 등의 파손된 부분은 즉시 절연 테이프로 감아야 한다.

06 보안경을 사용하는 이유로 적합하지 않은 것은?

㉮ 중량물의 낙하시 얼굴을 보호하기 위해서

㉯ 유해물약으로부터 눈을 보호하기 위해서

㉰ 칩의 비산으로부터 눈을 보호하기 위해서

㉱ 유해광선으로부터 눈을 보호하기 위해서

07 일반 공구 사용시 주의사항으로 적합하지 않은 것은?

㉮ 공구는 사용전보다 사용 후에 점검한다.

㉯ 본래의 용도 이외에는 절대로 사용하지 않는다.

㉰ 항상 작업주위 환경에 주의를 기울이면서 작업한다.

㉱ 공구는 항상 일정한 장소에 비치하여 놓는다.

08 가연성 가스의 화재, 폭발을 방지하기 위한 대책으로 틀린 것은?

㉮ 가연성 가스를 사용하는 장치를 청소하고자 할 때는 가연성 가스로 한다.

㉯ 가스가 발생하거나 누출될 우려가 있는 실내에서는 환기를 충분히 시킨다.

㉰ 가연성 가스가 존재할 우려가 있는 장소에서는 화기를 엄금한다.

㉱ 가스를 연료로 하는 연소설비에서는 점화하기 전에 누출유무를 반드시 확인한다.

09 고압가스 안전관리법에서 규정한 용어를 바르게 설명한 것은?

㉮ "저장소"라 함은 지식경제부령이 정하는 일정량 이상의 고압가스를 용기나 저장 탱크로 저장하는 일정한 장소를 말한다.

㉯ "용기"라 함은 고압가스를 운반하기 위한 것(부속품을 포함하지 않음)으로서 이 동할 수 있는 것을 말한다.

㉰ "냉동기"라 함은 고압가스를 사용하여 냉동을 하기 위한 모든 기기를 말한다.

㉱ "특정설비"라 함은 저장탱크와 모든 고압가스 관계 설비를 말한다.

10 공기조화용으로 사용되는 교류 3상 220V의 전동기가 있다. 전동기의 외함 및 철대에 제3종 접지 공사를 하는 목적에 해당되지 않는 것은?

㉮ 감전 사고의 방지
㉯ 성능을 좋게 하기 위해서
㉰ 누전 화재의 방지
㉱ 기기, 배관 등의 파괴 방지

11 압축기 토출압력이 정상보다 너무 높게 나타나는 경우 그 원인에 해당하지 않는 것은?

㉮ 냉각수량이 부족한 경우
㉯ 냉매 계통에 공기가 혼합되어 있는 경우
㉰ 냉각수 온도가 낮은 경우
㉱ 응축기 수배관에 물때가 낀 경우

12 보일러에서 폭발구(방폭문)를 설치하는 이유는?

㉮ 연소의 촉진을 도모하기 위하여
㉯ 연료의 절약을 위하여
㉰ 연소실의 화염을 검출하기 위하여
㉱ 폭발가스의 외부 배기를 위하여

13 전기로 인한 화재발생시의 소화제로서 가장 알맞은 것은?

㉮ 모래   ㉯ 포말   ㉰ 물   ㉱ 탄산가스

14 가스 용접에서 토치의 취급상 주의사항으로서 적합하지 않는 것은?

㉮ 토치나 팁은 작업장 바닥이나 흙 속에 방치하지 않는다.
㉯ 팁을 바꿀 때에는 반드시 가스밸브를 잠그고 한다.
㉰ 토치를 망치 등 다른 용도로 사용해서는 안 된다.
㉱ 토치에 기름이나 그리스를 주입하여 관리한다.

15 재해예방의 4가지 기본원칙에 해당되지 않는 것은?

㉮ 대책선정의 원칙   ㉯ 손실우연의 원칙
㉰ 예방가능의 원칙   ㉱ 재해통계의 원칙

16 냉동의 원리에 이용되는 열의 종류가 아닌 것은?

㉮ 증발열   ㉯ 승화열   ㉰ 융해열   ㉱ 전기 저항열

17 압축기에 관한 설명으로 옳은 것은?

㉮ 토출가스 온도는 압축기의 흡입가스 과열도가 클수록 높아진다.

㉯ 프레온 12를 사용하는 압축기에는 토출온도가 낮아 워터자켓(water jacket)을 부착한다.

㉰ 톱 클리어런스(top clearance)가 클수록 체적 효율이 커진다.

㉱ 토출가스 온도가 상승하여도 체적 효율은 변하지 않는다.

18 증발식 응축기의 엘리미네이트에 대한 설명으로 맞는 것은?

㉮ 물의 증발을 양호하게 한다.

㉯ 공기의 흡수하는 장치다.

㉰ 물이 과냉각되는 것을 방지한다.

㉱ 냉각관에 분사되는 냉각수가 대기 중에 비산되는 것을 막아주는 장치다.

19 다음 설명 중 내용이 맞는 것은?

㉮ 1[BTU]는 물 1[lb]를 1[℃] 높이는데 필요한 열량이다.

㉯ 절대압력은 대기압의 상태를 0으로 기준하여 측정한 압력이다.

㉰ 이상기체를 단열팽창 시켰을 때 온도는 내려간다.

㉱ 보일-샬의 법칙이란 기체의 부피는 절대압력에 비례하고 절대온도에 반비례한다.

20 정현파 교류전류에서 크기를 나타내는 실효치를 바르게 나타낸 것은? (단, Im은 전류의 최대치이다.)

㉮ $Im \sin\omega\, t$ ㉯ 0.636 Im   ㉰ $\sqrt{2}$ ㉱ 0.707 Im

21 흡수식 냉동장치의 적용대상이 아닌 것은?

㉮ 백화점 공조용   ㉯ 산업 공조용

㉰ 제빙공장용   ㉱ 냉난방장치용

22 다음 그림의 기호가 나타내는 밸브로 맞는 것은?

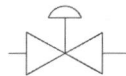

㉮ 슬루스 밸브 　　㉯ 글로브 밸브
㉰ 다이어프램 밸브 　㉱ 감압밸브

23 탄성이 부족하여 석면, 고무, 금속 등과 조합하여 사용되며 내열범위는 -260℃ ~ 260℃ 정도로 기름에 침식되지 않는 패킹은?

㉮ 고무패킹 　　　　㉯ 석면조인트 사이트
㉰ 합성수지 패킹 　　㉱ 오일시트 패킹

24 증발기에 대한 제상방식이 아닌 것은?

㉮ 전열제상 　　　　㉯ 핫 가스 제상
㉰ 살수 제상 　　　　㉱ 피냉제거 제상

25 사용압력이 비교적 낮은 (10kg$_f$/cm^2 이하) 증기, 물, 기름 가스 및 공기 등의 각종 유체를 수송하는 관으로, 일명 가스관이라고도 하는 관은?

㉮ 배관용 탄소 강관 　　㉯ 압력 배관 탄소 강관
㉰ 고압 배관용 탄소 강관 　㉱ 고온 배관용 탄소 강관

26 OR회로를 나타내는 논리기호로 맞는 것은?

㉮ ⊐⊃- 　　㉯ ⊳○- 　　㉰ ⊐⊃- 　　㉱ ⊐⊃-

27 암모니아 냉동기에 사용되는 수냉 응축기의 전열계수(열통과율)가 800kcal/m^2 h℃이며, 응축온도와 냉각수 입출구의 평균 온도차가 8℃일 때 1냉동톤당의 응축기 전열면적은 약 얼마인가?

㉮ 0.52m^2 　　㉯ 0.67m^2 　　㉰ 0.97m^2 　　㉱ 1.7m^2

28 2차 냉매의 열전달 방법은?

㉮ 상태 변화에 의한다. 　　㉯ 온도 변화에 의하지 않는다.
㉰ 잠열로 전달한다. 　　　㉱ 감열로 전달한다.

29 프레온 냉매 중 냉동능력이 가장 좋은 것은?

㉮ R - 113　　　　　　　　　㉯ R - 11

㉰ R - 12　　　　　　　　　㉱ R - 22

30 응축온도 및 증발온도가 냉동기의 성능에 미치는 영향에 관한 사항 중 옳은 것은?

㉮ 응축온도가 일정하고 증발온도가 낮아지면 압축비가 증가한다.

㉯ 증발온도가 일정하고 응축온도가 높아지면 압축비는 감소한다.

㉰ 응축온도가 일정하고 증발온도가 높아지면 토출가스 온도는 상승한다.

㉱ 응축온도가 일정하고 증발온도가 낮아지면 냉동능력은 증가한다.

31 왕복동 압축기의 용량제어 방법으로 적합하지 않은 것은?

㉮ 흡입밸브 조정에 의한 방법

㉯ 회전수 가감법

㉰ 안전스프링의 강도 조정법

㉱ 바이패스 방법

32 냉동 사이클에서 액관 여과기의 규격은 보통 몇 매쉬(mesh) 정도인가?

㉮ 40 ~ 60　　　　　㉯ 80 ~ 100　　　　　㉰ 150 ~ 200　　　　　㉱ 250 ~ 300

33 역률에 대한 설명 중 잘못된 것은?

㉮ 유효전력과 피상전력과의 비이다.

㉯ 저항만이 있는 교류회로에서는 1이다.

㉰ 유효전류와 전전류의 비이다.

㉱ 값이 0인 경우는 없다.

34 압력 표시에서 1atm과 값이 다른 것은?

㉮ 1.01325bar　　　　　　　　㉯ 1.10325MPa

㉰ 760mmHg　　　　　　　　㉱ $1.03227kg_f/cm^2$

35 2단압축 2단팽창 냉동사이클을 모리엘 선도에 표시한 것이다. 옳은 것은?

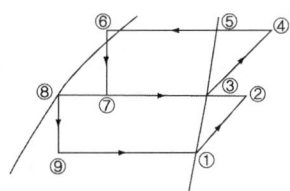

㉮ 중간 냉각기의 냉동효과 : ③ ~ ⑦
㉯ 증발기의 냉동효과 : ② ~ ⑨
㉰ 팽창변 통과직후의 냉매위치 : ④ ~ ⑤
㉱ 응축기의 방출열량 : ⑧ ~ ②

36 터보냉동기의 운전 중에 서징(surging)현상이 발생하였다. 그 원인으로 맞지 않는 것은?

㉮ 흡입가이드 베인을 너무 조일 때
㉯ 가스 유량이 감소될 때
㉰ 냉각수온이 너무 낮을 때
㉱ 어떤 한계치 이하의 가스유량으로 운전할 때

37 회전식 압축기의 피스톤 압출량(V)을 구하는 공식은 어느 것인가?

(단, D = 실린더 내경(m), d = 회전 피스톤의 외경(m), t = 실린더의 두께(m), R = 회전수 (rpm), n = 기통수, L = 실린더 길이이다.)

㉮ $V = 60 \times 0.785 \times (D^2 - d^2) t \times n \times R (\mathrm{m}^3/\mathrm{h})$

㉯ $V = 60 \times 0.785 \times D^2 \times t \times n \times R (\mathrm{m}^3/\mathrm{h})$

㉰ $V = 60 \times \dfrac{\Pi D^2}{4} \times t \times n \times R (\mathrm{m}^3/\mathrm{h})$

㉱ $V = 60 \times \dfrac{\Pi D R}{4} (\mathrm{m}^3/\mathrm{h})$

38 다음 그림에서 습압축 냉동사이클은 어느 것인가?

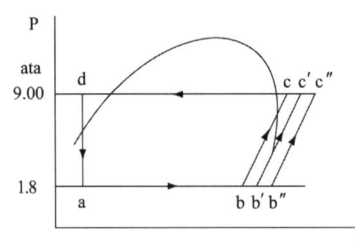

   ㉮ ab'c'da   ㉯ bb"c"cb

   ㉰ ab"c"da   ㉱ abcda

39 어떤 냉동기에서 0℃의 물로 0℃의 얼음 2톤(Ton)을 만드는데 40kWh의 일이 소요된다면 이 냉동기의 성적 계수는 약 얼마인가?

(단, 얼음의 융해 잠열은 80kcal/kg이다.)

   ㉮ 2.27   ㉯ 3.04   ㉰ 4.04   ㉱ 4.65

40 동관 굽힘 가공에 대한 설명으로 옳지 않은 것은?

   ㉮ 열관 굽힘시 큰 직경으로 관 두께가 두꺼운 경우에는 관내에 모래를 넣어 굽힘 한다.

   ㉯ 열간 굽힘시 가열온도는 100℃ 정도로 한다.

   ㉰ 굽힘 가공성이 강관에 비해 좋다.

   ㉱ 연질관은 핸드벤더(hand bender)를 사용하여 쉽게 굽힐 수 있다.

41 어느 제빙공장의 냉동능력은 6RT이다. 응축기 방열량은 얼마인가?

(단, 방열계수는 1.3이다.)

   ㉮ 10948kcal/h   ㉯ 11248kcal/h   ㉰ 15952kcal/h   ㉱ 25896kcal/h

42 2원 냉동장치 냉매로 많이 사용되는 R-290은 어느 것인가?

   ㉮ 프로판   ㉯ 에틸렌   ㉰ 에탄   ㉱ 부탄

43 p-h 선도상의 각 번호에 대한 명칭 중 맞는 것은?

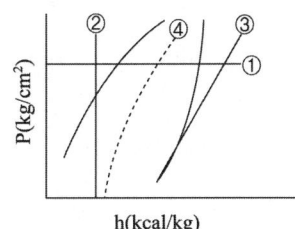

㉮ ① : 등비체적선 　　　　㉯ ② : 등엔트로피선
㉰ ③ : 등엔탈피선 　　　　㉱ ④ : 등건조도선

44 분해조립이 필요한 부분에 사용하는 배관연결 부속은?

㉮ 부싱, 티이 　　　　㉯ 플러그, 캡
㉰ 소켓, 엘보 　　　　㉱ 플랜지, 유니온

45 인버터 구동 가변 용량형 공기조화장치나 증발온도가 낮은 냉동장치에서는 냉매유량조절의 특성 향상과 유량제어 범위의 확대 등이 중요하다. 이러한 목적으로 사용되는 팽창밸브로 적당한 것은?

㉮ 온도식 자동 팽창밸브
㉯ 정압식 자동 팽창밸브
㉰ 열전식 팽창밸브
㉱ 전자식 팽창밸브

46 온수난방방식의 분류로 적당하지 않은 것은?

㉮ 강제순환식 　　　　㉯ 복관식
㉰ 상향공급식 　　　　㉱ 진공환수식

47 공조방식 중 패키지 유닛방식의 특징으로 틀린 것은?

㉮ 공조기로의 외기도입이 용이하다.
㉯ 각 층을 독립적으로 운전할 수 있으므로 에너지 절감 효과가 크다.
㉰ 실내에 설치하는 경우 급기를 위한 덕트 시프트가 필요 없다.
㉱ 송풍기 정압이 낮으므로 제진효율이 떨어진다.

48 가변 풍량 단일 덕트 방식의 특징이 아닌 것은?

㉮ 송풍기의 동력을 절약할 수 있다.

㉯ 실내 공기의 청정도가 떨어진다.

㉰ 일사량 변화가 심한 존(zone)에 적합하다.

㉱ 각 실이나 존(zone)의 온도를 개별 제어하기가 어렵다.

49 송풍기 선정시 고려해야 할 사항 중 옳은 것은?

㉮ 소요 송풍량과 풍량조절 댐퍼 유무

㉯ 필요 유효정압과 전동기 모양

㉰ 송풍기 크기와 공기 분출 방향

㉱ 소요 송풍량과 필요 정압

50 감습장치에 대한 설명이다. 옳은 것은?

㉮ 냉각식 감습장치는 감습만을 목적으로 사용하는 경우 경제적이다.

㉯ 압축식 감습장치는 감습만을 목적으로 하면 소요동력이 커서 비경제적이다.

㉰ 흡착식 감습법은 액체에 의한 감습법보다 효율이 좋으나, 낮은 노점까지 감습이 어려워 주로 큰 용량의 것에 적합하다.

㉱ 흡수식 감습장치는 흡착식에 비해 감습효율이 떨어져 소규모 용량에만 적합하다.

51 실내의 취득열량을 구했더니 현열이 28000kcal/h, 잠열이 12000kcal/h였다. 실내를 21℃, 60%(RH)로 유지하기 위해 추출온도차 10℃로 송풍할 때, 현열비는 얼마인가?

㉮ 0.7   ㉯ 1.8   ㉰ 1.4   ㉱ 0.4

52 공조용 급기 덕트에서 취출된 공기가 어느 일정 거리만큼 진행했을 때의 기류 중심선과 추출구 중심과의 거리를 무엇이라고 하는가?

㉮ 도달거리   ㉯ 1차 공기거리

㉰ 2차 공기거리   ㉱ 강하거리

ANSWER ▷ 48.㉱ 49.㉱ 50.㉯ 51.㉮ 52.㉱

53 다음 공기의 성질에 대한 설명 중 틀린 것은?

㉮ 최대한도의 수증기를 포함한 공기를 포화공기라 한다.

㉯ 습공기의 온도를 낮추면 물방울이 맺히기 시작하는 온도를 그 공기의 노점온도 라고 한다.

㉰ 건공기 1kg은 혼합된 수증기의 질량비를 절대습도라 한다.

㉱ 우리 주변에 있는 공기는 대부분의 경우 건공기이다.

54 공조부하 계산시 잠열과 현열을 동시에 발생시키는 요소는?

㉮ 벽체로부터의 취득열량

㉯ 송풍기에 의한 취득열량

㉰ 극간풍에 의한 취득열량

㉱ 유리로부터의 취득열량

55 다익형 송풍기의 임펠러 직경이 600mm일 때 송풍기 번호는 얼마인가?

㉮ No 2   ㉯ No 3   ㉰ No 4   ㉱ No 6

56 공연장의 건물에서 관람객이 500명이고 1인당 CO_2 발생량이 $0.05m^3/h$일 때 환 기량(m^3/h)은 얼마인가? (단, 실내 허용 CO_2 농도는 600ppm, 외기 CO_2 농도는 100ppm 이다.)

㉮ 30000   ㉯ 35000   ㉰ 40000   ㉱ 50000

57 증기 가열 코일의 설계시 증기코일의 열수가 적은 점을 고려하여 코일의 전면풍속은 어느 정도가 가장 적당한가?

㉮ 0.1m/s   ㉯ 1 ~ 2m/s   ㉰ 3 ~ 5m/s   ㉱ 7 ~ 9m/s

58 난방방식 중 방열체가 필요 없는 것은?

㉮ 온수난방   ㉯ 증기난방   ㉰ 복사난방   ㉱ 온풍난방

59 중앙식 공조기에서 외기측에 설치되는 기기는?

㉮ 공기예열기   ㉯ 일리미네이터   ㉰ 가습기   ㉱ 송풍기

A·N·S·W·E·R ▷ 53.㉱ 54.㉰ 55.㉰ 56.㉱ 57.㉰ 58.㉱ 59.㉮

60 보일러에서의 상용출력이란?

㉮ 난방부하

㉯ 난방부하 + 급탕부하

㉰ 난방부하 + 급탕부하 + 배관부하

㉱ 난방부하 + 급탕부하 + 배관부하 + 예열부하

공조냉동기계기능사

01 재해 조사 시 유의할 사항이 아닌 것은?

㉮ 조사자는 주관적이고 공정한 입장을 취한다.

㉯ 조사목적에 무관한 조사는 피한다.

㉰ 목격자나 현장 책임자의 진술을 듣는다.

㉱ 조사는 현장이 변경되기 전에 실시한다.

02 다음 중 보일러의 부식원인과 가장 관계가 적은 것은?

㉮ 온수에 불순물이 포함될 때

㉯ 부적당한 급수 처리 시

㉰ 더러운 물을 사용 시

㉱ 증기 발생량이 적을 때

03 보일러 취급 부주의로 작업자가 화상을 입었을 때 응급처치 방법으로 적당하지 않은 것은?

㉮ 냉수를 이용하여 화상부의 화기를 빼도록 한다.

㉯ 물집이 생겼으면 터뜨리지 않고 그냥 둔다.

㉰ 기계유나 변압기유를 바른다.

㉱ 상처 부위를 깨끗이 소독한 다음 상처를 보호한다.

04 전기용접 작업 시 주의사항 중 맞지 않는 것은?

㉮ 눈 및 피부를 노출시키지 말 것

㉯ 우천시 옥외 작업을 하지 말 것

㉰ 용접이 끝나고 슬래그 제거작업 시 보안경과 장갑은 벗고 작업할 것

㉱ 홀더가 가열되면 자연적으로 열이 제거될 수 있도록 할 것

ANSWER ▷ 01.㉮ 02.㉱ 03.㉰ 04.㉰

05 연삭작업 시 주의 사항이다. 옳지 않은 것은?

㉮ 숫돌은 장착하기 전에 균열이 없는가를 확인한다.

㉯ 작업 시에는 반드시 보호안경을 착용한다.

㉰ 숫돌은 작업개시 전 1분 이상, 숫돌교환 후 3분 이상 시운전을 한다.

㉱ 소형 숫돌은 측압에 강하므로 측면을 사용하여 연삭한다.

06 안전관리자가 수행하여야 할 직무에 해당되는 내용이 아닌 것은?

㉮ 사업장 생산 활동을 위한 노무 배치 및 관리

㉯ 사업장 순회점검·지도 및 조치의 건의

㉰ 산업재해 발생의 원인조사

㉱ 해당 사업장의 안전교육계획의 수립 및 실시

07 전동공구 작업 시 감전의 위험성을 방지하기 위해 해야 하는 조치는?

㉮ 단전　　　　㉯ 감지　　　　㉰ 단락　　　　㉱ 접지

08 줄 작업 시 안전수칙에 대한 내용으로 잘못된 것은?

㉮ 줄 손잡이가 빠졌을 때에는 조심하여 끼운다.

㉯ 줄의 칩은 브러시로 제거한다.

㉰ 줄 작업 시 공작물의 높이는 작업자의 어깨 높이 이상으로 하는 것이 좋다.

㉱ 줄은 경도가 높고 취성이 커서 잘 부러지므로 충격을 주지 않는다.

09 산소 용접토치 취급법에 대한 설명 중 잘못된 것은?

㉮ 용접 팁을 흙바닥에 놓아서는 안 된다.

㉯ 작업목적에 따라서 팁을 선정한다.

㉰ 토치는 기름으로 닦아 보관해 둔다.

㉱ 점화 전에 토치의 이상 유무를 검사한다.

10 신규검사에 합격된 냉동용 특정설비의 각인 사항과 그 기호의 연결이 올바르게 된 것은?

㉮ 용기의 질량 : TM　　　　㉯ 내용적 : TV

㉰ 최고 사용 압력 : FT　　　　㉱ 내압 시험 압력 : TP

11 방진 마스크가 갖추어야 할 조건으로 적당한 것은?

㉮ 안면에 밀착성이 좋아야 한다. ㉯ 여과효율은 불량해야 한다.

㉰ 흡기·배기저항이 커야 한다. ㉱ 시야는 가능한 한 좁아야 한다.

12 물을 소화재로 사용하는 가장 큰 이유는?

㉮ 연소하지 않는다. ㉯ 산소를 잘 흡수한다.

㉰ 기화잠열이 크다. ㉱ 취급하기가 편리하다.

13 진공시험의 목적을 설명한 것으로 옳지 않은 것은?

㉮ 장치의 누설 여부를 확인

㉯ 장치내 이물질이나 수분 제거

㉰ 냉매를 충전하기 전에 불응축 가스배출

㉱ 장치내 냉매의 온도변화 측정

14 고온액체, 산, 알칼리 화학약품 등의 취급 작업을 할 때 필요 없는 개인 보호 장구는?

㉮ 모자 ㉯ 토시 ㉰ 장갑 ㉱ 귀마개

15 보일러 사고원인 중 취급상의 원인이 아닌 것은?

㉮ 저수위 ㉯ 압력초과 ㉰ 구조불량 ㉱ 역화

16 100000kcal의 열로 0℃의 얼음을 약 몇 kg을 용해시킬 수 있는가?

㉮ 1000kg ㉯ 1050kg ㉰ 1150kg ㉱ 1250kg

17 다음 그림과 같은 회로의 합성저항은 얼마인가?

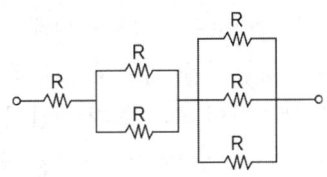

㉮ 6R ㉯ $\dfrac{2}{3}$R ㉰ $\dfrac{8}{5}$R ㉱ $\dfrac{11}{6}$R

ANSWER ▷ 11.㉮ 12.㉰ 13.㉱ 14.㉱ 15.㉰ 16.㉱ 17.㉱

18 공비 혼합 냉매가 아닌 것은?

㉮ 프레온 500   ㉯ 프레온 501   ㉰ 프레온 502   ㉱ 프레온 152a

19 냉동싸이클의 변화에서 증발온도가 일정할 때 응축온도가 상승할 경우의 영향으로 맞는 것은?

㉮ 성적계수 증대   ㉯ 압축일량 감소
㉰ 토출가스 온도 저하   ㉱ 플래쉬(flash)가스 발생량 증가

20 온도가 일정할 때 가스압력과 체적은 어떤 관계가 있는가?

㉮ 체적은 압력에 반비례한다.   ㉯ 체적은 압력에 비례한다.
㉰ 체적은 압력과 무관하다.   ㉱ 체적은 압력과 제곱에 비례한다.

21 모리엘(Mollier) 선도에서 등온선과 등압선이 서로 평행한 구역은?

㉮ 액체 구역   ㉯ 습증기 구역
㉰ 건증기 구역   ㉱ 평행인 구역은 없다.

22 냉동사이클에서 응축온도를 일정하게 하고, 압축기 흡입가스의 상태를 건포화 증기로 할 때 증발온도를 상승시키면 어떤 결과가 나타나는가?

㉮ 압축비 증가   ㉯ 냉동효과 감소
㉰ 성적계수 상승   ㉱ 압축일량 증가

23 자동제어장치의 구성에서 동작신호를 만드는 부분으로 맞는 것은?

㉮ 조절부   ㉯ 조작부   ㉰ 검출부   ㉱ 제어부

24 2단 압축방식을 채용하는 이유로서 맞지 않는 것은?

㉮ 압축기의 체적효율과 압축효율 증가를 위해
㉯ 압축비를 감소시켜 냉동능력을 감소하기 위해
㉰ 압축비를 감소시켜 압축기의 과열을 방지하기 위해
㉱ 냉동기유의 변질과 압축기 수명단축 예방을 위해

ANSWER   18.㉱   19.㉱   20.㉮   21.㉯   22.㉰   23.㉮   24.㉯

25 다음 그림과 같은 강관 이음부(A)에 적합하게 사용될 이음쇠로 맞는 것은?

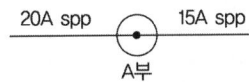

20A spp　　　　15A spp

A부

㉮ 동경 소켓　　　㉯ 이경 소켓　　　㉰ 니플　　　㉱ 유니언

26 드라이아이스(고체 CO_2)는 어떤 열을 이용하여 냉동효과를 얻는가?

㉮ 승화잠열　　　㉯ 응축잠열　　　㉰ 증발잠열　　　㉱ 융해잠열

27 관의 결합방식 표시방법에서 결합방식의 종류와 그림 기호가 틀린 것은?

㉮ 일반 : ──┼──　　　　　㉯ 플랜지식 : ──╫──

㉰ 용접식 : ──●──　　　　　㉱ 소켓식 : ──┤Ð├──

28 냉매에 관한 설명 중 올바른 것은?

㉮ 암모니아 냉매는 증발 잠열이 크고 냉동효과가 좋으나 구리와 그 합금을 부식 시킨다.

㉯ 일반적으로 특정 냉매용으로 설계된 장치에도 다른 냉매를 그대로 사용할 수 있다.

㉰ 프레온 냉매의 누설시 리트머스 시험지가 청색으로 변한다.

㉱ 암모니아 냉매의 누설검사는 헬라이드 토치를 이용하여 검사한다.

29 동관의 분기이음 시 주관에는 지관보다 얼마 정도의 큰 구멍을 뚫고 이음하는가?

㉮ 8 ~ 9mm　　　㉯ 6 ~ 7mm　　　㉰ 3 ~ 5mm　　　㉱ 1 ~ 2mm

30 냉동기의 냉동능력이 24000kcal/h, 압축일 5kcal/kg, 응축열량이 35kcal/kg일 경우 냉매 순환량은 얼마인가?

㉮ 600kg/h　　　㉯ 800kg/h　　　㉰ 700kg/h　　　㉱ 4000kg/h

A·N·S·W·E·R ▷ 25.㉯　26.㉮　27.㉱　28.㉮　29.㉱　30.㉯

31 다음은 모리엘(Mollier) 선도를 참고로 했을 때 3냉동톤(RT)의 냉동기 냉매 순환량은 약 얼마인가?

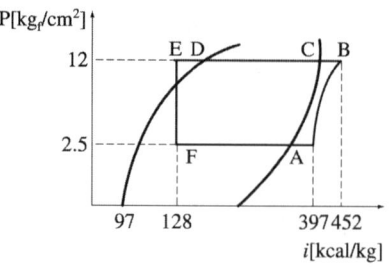

㉮ 37.0kg/h   ㉯ 51.3kg/h   ㉰ 49.4kg/h   ㉱ 67.7kg/h

32 교류 전압계의 일반적인 지시값은?

㉮ 실효값   ㉯ 최대값   ㉰ 평균값   ㉱ 순시값

33 압축기 보호장치에 해당되는 것은?

㉮ 냉각수 조절 밸브   ㉯ 유압 보호 스위치
㉰ 증발 압력 조절 밸브   ㉱ 응축기용 팬 콘트롤

34 냉동장치에 관한 설명 중 올바른 것은?

㉮ 응축기에서 방출하는 열량은 증발기에서 흡수하는 열량과 같다.
㉯ 응축기의 냉각수 출구 온도는 응축 온도보다 낮다.
㉰ 증발기에서 방출하는 열량은 응축기에서 흡수하는 열량보다 크다.
㉱ 증발기의 냉각수 출구 온도는 응축 온도보다 높다.

35 만액식 냉각기에 있어서 냉매측의 열전달률을 좋게 하기 위한 방법이 아닌 것은?

㉮ 냉각관이 액냉매에 접촉하거나 잠겨 있을 것
㉯ 관 간격이 좁을 것
㉰ 유막이 존재하지 않을 것
㉱ 관면이 매끄러울 것

36 다음 그림은 8핀 타이머의 내부회로도이다. ⑤-⑧ 접점을 옳게 표시한 것은?

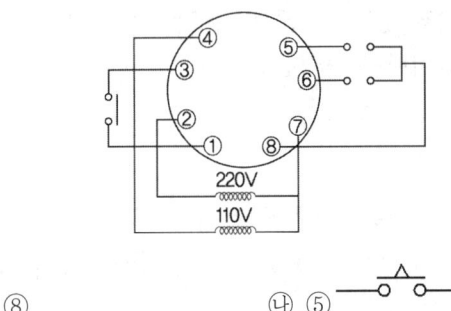

㉮ ⑤ ──o△o── ⑧   ㉯ ⑤ ──o⌃o── ⑧

㉰ ⑤ ──o o── ⑧   ㉱ ⑤ ──o o── ⑧

37 압력계의 지침이 9.80cmHgv였다면 절대압력은 약 몇 kg_f/cm^2인가?

㉮ 0.9   ㉯ 1.3   ㉰ 2.1   ㉱ 3.5

38 물-LiBr계 흡수식냉동기의 순환과정이 옳은 것은?

㉮ 발생기 → 응축기 → 흡수기 → 증발기
㉯ 발생기 → 응축기 → 증발기 → 흡수기
㉰ 흡수기 → 응축기 → 증발기 → 발생기
㉱ 흡수기 → 응축기 → 발생기 → 증발기

39 다음 그림은 냉동용 그림기호(KS B 0063)에서 무엇을 표시하는가?

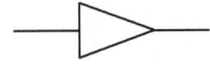

㉮ 리듀셔   ㉯ 디스트리뷰터
㉰ 줄임 플랜지   ㉱ 플러그

40 글랜드 패킹의 종류가 아닌 것은?

㉮ 바운드 패킹   ㉯ 석면 각형 패킹
㉰ 아마존 패킹   ㉱ 몰드 패킹

A·N·S·W·E·R ➤ 36.㉮ 37.㉮ 38.㉯ 39.㉮ 40.㉮

41 프레온 냉동장치에서 오일이 압력과 온도에 상당하는 양의 냉매를 용해하고 있다가 압축기 기동 시 오일과 냉매가 급격히 분리되어 크랭크 케이스 내의 유면이 약동하고 심하게 거품이 일어나는 현상은?

㉮ 오일 해머   ㉯ 동 부착   ㉰ 에멀젼   ㉱ 오일 포밍

42 저압수액기와 액펌프의 설치 위치로 가장 적당한 것은?

㉮ 저압수액기 위치를 액펌프 보다 약 1.2m 정도 높게 한다.
㉯ 응축기 높이와 일정하게 한다.
㉰ 액펌프와 저압 수액기 위치를 같게 한다.
㉱ 저압 수액기를 액펌프보다 최소한 5m 낮게 한다.

43 강관의 전기용접 접합 시의 특징(가스 용접에 비해)으로 맞는 것은?

㉮ 유해 광선의 발생이 적다.
㉯ 용접속도가 빠르고 변형이 적다.
㉰ 박판 용접에 적당하다.
㉱ 열량조절이 비교적 자유롭다.

44 압축기의 과열원인이 아닌 것은?

㉮ 냉매 부족   ㉯ 밸브 누설   ㉰ 윤활불량   ㉱ 냉각수 과냉

45 브라인의 구비 조건으로 틀린 것은?

㉮ 비열이 클 것   ㉯ 점성이 클 것
㉰ 전열작용이 좋을 것   ㉱ 응고점이 낮을 것

46 공조방식을 개별식과 중앙식으로 구분하였을 때 중앙식에 해당되는 것은?

㉮ 패키지 유닛방식   ㉯ 멀티 유닛형 룸쿨러방식
㉰ 팬 코일 유닛방식(덕트병용)   ㉱ 룸쿨러방식

47 환기횟수를 시간당 0.6회로 할 경우에 체적이 2000m³인 실의 환기량은 얼마인가?

㉮ 800m³/h   ㉯ 1000m³/h   ㉰ 1200m³/h   ㉱ 1440m³/h

A·N·S·W·E·R ▷ 41.㉱   42.㉮   43.㉯   44.㉱   45.㉯   46.㉰   47.㉰

48 송풍기의 축동력 산출시 필요한 값이 아닌 것은?

㉮ 송풍량   ㉯ 덕트의 길이   ㉰ 전압효율   ㉱ 전압

49 5℃인 350kg/h의 공기를 65℃가 될 때까지 가열하는 경우 필요한 열량은 몇 kcal/h인가?

㉮ 4464   ㉯ 5040   ㉰ 6564   ㉱ 6590

50 펌프에서 흡입양정이 크거나 회전수가 고속일 경우 흡입관의 마찰저항 증가에 따른 압력강하로 수중에 다수의 기포가 발생되고 소음 및 진동이 일어나는 현상은?

㉮ 플라이밍 현상   ㉯ 캐비테이션 현상
㉰ 수격 현상   ㉱ 포밍 현상

51 설치가 쉽고 설치면적도 적으며 소규모 난방에 많이 사용되는 보일러는?

㉮ 입형 보일러   ㉯ 노통 보일러   ㉰ 연관 보일러   ㉱ 수관 보일러

52 수조 내의 물이 진동자의 진동에 의해 수면에서 작은 물방울이 발생되어 가습되는 가습기의 종류는?

㉮ 초음파식   ㉯ 원심식   ㉰ 전극식   ㉱ 증발식

53 덕트설계 시 고려사항으로 거리가 먼 것은?

㉮ 송풍량   ㉯ 덕트방식과 경로
㉰ 덕트내 공기의 엔탈피   ㉱ 취출구 및 흡입구 수량

54 보건용 공기조화가 적용되는 장소가 아닌 것은?

㉮ 병원   ㉯ 극장   ㉰ 전산실   ㉱ 호텔

55 밀폐식 수열원 히트 펌프 유닛방식의 설명으로 옳지 않은 것은?

㉮ 유닛마다 제어기구가 있어 개별운전이 가능하다.
㉯ 냉·난방부하를 동시에 발생하는 건물에서 열회수가 용이하다.
㉰ 외기냉방이 가능하다.
㉱ 중앙기계실에 냉동기가 필요하지 않아 설치면적상 유리하다.

ANSWER   48.㉯   49.㉯   50.㉯   51.㉮   52.㉮   53.㉰   54.㉰   55.㉰

56 증기난방의 환수관 배관 방식에서 환수주관을 보일러의 수면보다 높은 위치에 배관 하는 것은?

㉮ 진공환수식　　　㉯ 강제 환수식　　　㉰ 습식 환수식　　　㉱ 건식 환수식

57 공기를 냉각하였을 때 증가되는 것은?

㉮ 습구온도　　　㉯ 상대습도　　　㉰ 건구온도　　　㉱ 엔탈피

58 회전식 전열교환기의 특징 설명으로 옳지 않은 것은?

㉮ 로터 상부에 외기공기를 통과하고 하부에 실내 공기가 통과한다.
㉯ 배기공기는 오염물질이 포함되지 않으므로 필터를 설치할 필요가 없다.
㉰ 일반적으로 효율은 로터 회전수가 5rpm 이상에서는 대체로 일정하고 10rpm 전 후 회전수가 사용된다.
㉱ 로터를 회전시키면서 실내 공기의 배기공기와 외기공기를 열교환한다.

59 온풍난방에 대한 설명으로 옳지 않은 것은?

㉮ 예열시간이 짧고 간헐운전이 가능하다.
㉯ 실내 온도분포가 균일하여 쾌적성이 좋다.
㉰ 방열기나 배관 등의 시설이 필요 없어 설비비가 비교적 싸다.
㉱ 송풍기로 인한 소음이 발생할 수 있다.

60 다음 용어 중 환기를 계획할 때 실내 허용 오염도의 한계를 의미하는 것은?

㉮ 불쾌지수　　　㉯ 유효온도　　　㉰ 쾌감온도　　　㉱ 서한도

01 연삭기 숫돌의 파괴 원인에 해당되지 않은 것은?

㉮ 숫돌의 회전속도가 너무 느릴 때
㉯ 숫돌의 측면을 사용하여 작업할 때
㉰ 숫돌의 치수가 부적당할 때
㉱ 숫돌 자체에 균열이 있을 때

02 근로자의 안전을 위해 지급되는 보호구를 설명한 것이다. 이 중 작업조건에 맞는 보호구로 올바른 것은?

㉮ 용접시 불꽃 또는 물체가 날이 흩어질 위험이 있는 작업 : 보안면
㉯ 물체가 떨어지거나 날아올 위험 또는 근로자가 감전되거나 추락할 위험이 있는 작업 : 안전대
㉰ 감전의 위험이 있는 작업 : 보안경
㉱ 고열에 의한 화상 등의 위험이 있는 작업 : 방한복

03 방폭 전기설비를 선정할 경우 중요하지 않은 것은?

㉮ 대상가스의 종류 ㉯ 방호벽의 종류
㉰ 폭발성 가스의 폭발등급 ㉱ 발화도

04 산업안전보건기준에 관한 규칙에서 정한 가스장치실을 설치하는 경우 설치구조에 대한 내용에 해당되지 않는 것은?

㉮ 벽에는 불연성 재료를 사용할 것
㉯ 지붕과 천정에는 가벼운 불연성 재료를 사용할 것
㉰ 가스가 누출된 경우에는 그 가스가 정체되지 않도록 할 것
㉱ 방음장치를 설치할 것

05 산소가 충전되어 있는 용기의 취급상 주의사항으로 틀린 것은?

㉮ 용기밸브는 녹이 생겼을 때 잘 열리지 않으므로 그리스 등 기름을 발라둔다.
㉯ 용기밸브의 개폐는 천천히 하며, 산소누출여부 검사는 비눗물을 사용한다.
㉰ 용기밸브가 얼어서 녹일 경우에는 약 45℃ 정도의 따뜻한 물로 녹여야 한다.
㉱ 산소용기는 눕혀두거나 굴리는 등 충격을 주지 말아야 한다.

06 정 작업 시 안전수칙으로 옳지 않은 것은?

㉮ 작업시 보호구를 착용한다.
㉯ 열처리한 것은 정 작업을 하지 않는다.
㉰ 공구의 사용전 이상 유무를 반드시 확인하다.
㉱ 정의 머리부분에는 기름을 칠해 사용한다.

07 발화온도가 낮아지는 조건을 나열한 것으로 옳은 것은?

㉮ 발열량이 높을수록   ㉯ 압력이 낮을수록
㉰ 산소농도가 낮을수록   ㉱ 열전도도가 낮을수록

08 안전사고 예방을 위한 기술적 대책이 될 수 없는 것은?

㉮ 안전기준의 설정   ㉯ 정신교육의 강화
㉰ 작업공정의 개선   ㉱ 환경설비의 개선

09 사고 발생의 원인 중 정신적 요인에 해당되는 항목으로 맞는 것은?

㉮ 불안과 초조   ㉯ 수면부족 및 피로
㉰ 이해부족 및 훈련미숙   ㉱ 안전수칙의 미제정

10 안전모를 착용하는 목적과 관계가 없는 것은?

㉮ 감전의 위험방지   ㉯ 추락에 의한 위험경감
㉰ 물체의 낙하에 의한 위험방지   ㉱ 분진에 의한 재해방지

11 정전기의 예방 대책으로 적합하지 않은 것은?

㉮ 설비 주변에 적외선을 쪼인다.   ㉯ 적정 습도를 유지해 준다.
㉰ 설비의 금속 부분을 접지한다.   ㉱ 대전 방지제를 사용한다.

A·N·S·W·E·R 05.㉮ 06.㉱ 07.㉮ 08.㉯ 09.㉮ 10.㉱ 11.㉮

12 냉동기의 가동전 유의사항으로 틀린 것은?

㉮ 토출밸브는 완전히 닫고 기동한다.

㉯ 압축기의 유면을 확인한다.

㉰ 액관 중에 있는 전자밸브의 작동을 확인한다.

㉱ 냉각수 펌프의 작동 유무를 확인한다.

13 재해 발생 중 사람이 건축물, 비계, 기계, 사다리, 계단 등에서 떨어지는 것을 무엇이라고 하는가?

㉮ 도괴　　　　㉯ 낙하　　　　㉰ 비래　　　　㉱ 추락

14 보일러 압력계의 최고눈금은 보일러의 최고사용압력의 몇 배 이상 지시할 수 있는 것이어야 하는가?

㉮ 0.5배　　　　㉯ 0.75배　　　　㉰ 1.0배　　　　㉱ 1.5배

15 고압 전선이 단선된 것을 발견하였을 때 어떠한 조치가 가장 안전한 것인가?

㉮ 위험표시를 하고 돌아온다.

㉯ 사고사항을 기록하고 다음 장소의 순찰을 계속한다.

㉰ 발견 즉시 회사로 돌아와 보고한다.

㉱ 통행의 접근을 막는 조치를 한다.

16 프레온 냉매의 일반적인 특성으로 틀린 것은?

㉮ 누설되어 식품 등과 접촉하면 품질을 떨어뜨린다.

㉯ 화학적으로 안정되고 연소되지 않는다.

㉰ 전기절연성이 양호하다.

㉱ 비열비가 작아 압축기를 공냉식으로 할 수 있다.

17 다음 그림과 같은 회로는 무슨 회로인가?

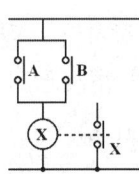

㉮ AND회로　　　　㉯ OR회로　　　　㉰ NOT회로　　　　㉱ NAND회로

ANSWER 12.㉮ 13.㉱ 14.㉱ 15.㉱ 16.㉮ 17.㉯

18 흡입관경이 20mm(7/8") 이하일 때 감온통의 부착 위치로 적당한 것은?

(단, ● 표시가 감온통임)

㉮  ㉯ 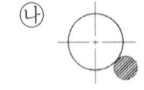 ㉰ 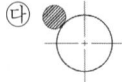 ㉱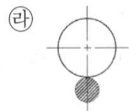

19 다음 그림기호 중 정압식 자동팽창 밸브를 나타내는 것은?

㉮ 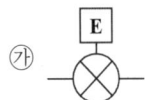 ㉯ 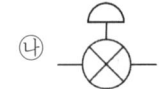 ㉰  ㉱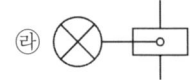

20 프레온 냉동장치에서 오일포밍(oil foaming) 현상과 관계없는 것은?

㉮ 오일해머(oil hammer)의 우려가 있다.

㉯ 응축기, 증발기 등에 오일이 유입되어 전열효과를 증가 시킨다.

㉰ 크랭크케이스 내에 오일부족현상을 초래한다.

㉱ 오일포밍을 방지하기 위해 크랭크케이스 내에 히터를 설치한다.

21 서로 친화력을 가진 두 물질의 용해 및 유리작용을 이용하여 압축효과를 얻는 냉동법은 어느 것인가?

㉮ 증기압축식 냉동법   ㉯ 흡수식 냉동법

㉰ 증기분사식 냉동법   ㉱ 전자냉동법

22 회전식 압축기에서 회전식 베인형의 베인은 어떻게 회전하는가?

㉮ 무게에 의하여 실린더에 밀착되어 회전한다.

㉯ 고압에 의하여 실린더에 밀착되어 회전한다.

㉰ 스프링 힘에 의하여 실린더에 밀착되어 회전한다.

㉱ 원심력에 의하여 실린더에 밀착되어 회전한다.

23 냉동능력이 40냉동톤인 냉동장치의 수직형 쉘 앤드 튜브 응축기에 필요한 냉각수량은 약 얼마인가? (단, 응축기 입구 온도는 23℃이며, 응축기 출구온도는 28℃이다.)

㉮ 51870(L/h)   ㉯ 43200(L/h)   ㉰ 38844(L/h)   ㉱ 34528(L/h)

A·N·S·W·E·R   18.㉮   19.㉯   20.㉯   21.㉯   22.㉱   23.㉱

24 동결점이 최저로 되는 용액의 농도를 공융농도라 하고 이때의 온도를 공융온도라 하는데, 다음 브라인 중에서 공융온도가 가장 낮은 것은?

㉮ 염화칼슘 ㉯ 염화나트륨 ㉰ 염화마그네슘 ㉱ 에틸렌글리콜

25 1대의 압축기를 이용해 저온의 증발 온도를 얻으려 할 경우 여러 문제점이 발생되어 2단 압축 방식을 택한다. 1단 압축으로 발생되는 문제점으로 틀린 것은?

㉮ 압축기의 과열 ㉯ 냉동능력 증가 ㉰ 체적효율 감소 ㉱ 성적계수 저하

26 할로겐화 탄화수소 냉매가 아닌 것은?

㉮ R - 114 ㉯ R - 115 ㉰ R - 134a ㉱ R - 717

27 다음 냉동 사이클에서 이론적 성적계수가 5.0일 때 압축기 토출가스의 엔탈피는 얼마인가?

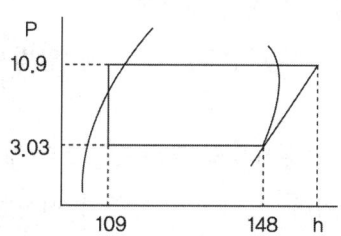

㉮ 17.8 kcal/kg ㉯ 138.9 kcal/kg ㉰ 19.5 kcal/kg ㉱ 155.8 kcal/kg

28 고속다기통 압축기의 장점으로 틀린 것은?

㉮ 동적(動的)평형이 양호하여 진동이 적고 운전이 정숙하다.
㉯ 압축비가 증가하여도 체적효율이 감소하지 않는다.
㉰ 냉동능력에 비해 압축기가 작아져 설치면적이 작아진다.
㉱ 부품의 교환이 간단하고 수리가 용이하다.

29 만액식 증발기의 전열을 좋게 하기 위한 것이 아닌 것은?

㉮ 냉각관이 냉매액에 잠겨있거나 접촉해 있을 것
㉯ 증발기 관에 핀(fin)을 부착할 것
㉰ 평균 온도차가 작고 유속이 빠를 것
㉱ 유막이 없을 것

30 증발기에 대한 설명 중 틀린 것은?

㉮ 건식 증발기는 냉매액의 순환량이 많아 액분리기가 필요하다.

㉯ 프레온을 사용하는 만액식 증발기에서 증발기 내 오일이 체류할 수 있으므로 유회수 장치가 필요하다.

㉰ 반 만액식 증발기는 냉매액이 건식보다 많아 전열이 양호하다.

㉱ 건식 증발기는 주로 공기냉각용으로 많이 사용한다.

31 열펌프에 대한 설명 중 옳은 것은?

㉮ 저온부에서 열을 흡수하여 고온부에서 열을 방출한다.

㉯ 성적계수는 냉동기 성적계수보다 압축소요동력만큼 낮다.

㉰ 제빙용으로 사용이 가능하다.

㉱ 성적계수는 증발온도가 높고, 응축수온도가 낮을수록 작다.

32 무기질 단열재에 해당되지 않은 것은?

㉮ 코르크　　　　㉯ 유리섬유　　　　㉰ 암면　　　　㉱ 규조토

33 냉동장치에 사용하는 냉동기유의 구비조건으로 잘못된 것은?

㉮ 적당한 점도를 가지며, 유막형성 능력이 뛰어날 것

㉯ 인화점이 충분히 높아 고온에서도 변하지 않는다.

㉰ 밀폐형에 사용하는 것은 전기절연도가 크다.

㉱ 냉매와 접촉하여도 화학반응을 하지 않고, 냉매와의 분리가 어려울 것

34 냉동장치의 흡입관 시공 시 흡입관의 입상이 매우 길 때에는 약 m마다 중간에 트랩을 설치하는가?

㉮ 5m　　　　㉯ 10m　　　　㉰ 15m　　　　㉱ 20m

35 압축기 보호장치 중 고압가스 스위치(HPS)의 작동압력은 정상적인 고압에 몇 kg_f/cm^2 정도 높게 설정하는가?

㉮ 1　　　　㉯ 4　　　　㉰ 10　　　　㉱ 25

A·N·S·W·E·R 　30.㉮　31.㉮　32.㉮　33.㉱　34.㉯　35.㉯

36 브라인을 사용할 때 금속의 부식방지법으로 맞지 않는 것은?

㉮ 브라인 pH를 7.5~8.2 정도로 유지한다.

㉯ 방청제를 첨가한다.

㉰ 산성이 강하면 가성소다로 중화시킨다.

㉱ 공기와 접촉시키고, 산소를 용입시킨다.

37 냉동 관련 설명에 대한 내용 중에서 잘못된 것은?

㉮ 1BTU란 물 1lb를 1℉ 높이는 데 필요한 열량이다.

㉯ 1kcal란 물 1kg을 1℃ 높이는 데 필요한 열량이다.

㉰ 1BTU는 3.968kcal에 해당된다.

㉱ 기체에서 정압비열은 정적비열보다 크다.

38 100V 교류 전원에 1kW 배연용 송풍기를 접속하였더니 15A의 전류가 흘렀다. 이 송풍기의 역률은 약 얼마인가?

㉮ 0.57 ㉯ 0.67 ㉰ 0.77 ㉱ 0.87

39 핀 튜브에 관한 설명 중 틀린 것은?

㉮ 관내에 냉각수, 관외부에 프레온 냉매가 흐를 때 관외측에 부착한다.

㉯ 증발기에 핀 튜브를 사용하는 것은 전열 효과를 크게 하기 위함이다.

㉰ 핀은 열전달이 나쁜 유체 쪽에 부착한다.

㉱ 관내에 냉각수, 관외부에 프레온 냉매가 흐를 때 관내측에 부착한다.

40 냉동사이클의 구성 순서가 바른 것은?

㉮ 증발 → 응축 → 팽창 → 압축 ㉯ 압축 → 응축 → 증발 → 팽창

㉰ 압축 → 응축 → 팽창 → 증발 ㉱ 팽창 → 압축 → 증발 → 응축

41 물이 얼음으로 변할 때의 동결잠열은 얼마인가?

㉮ 79.68 kJ/kg ㉯ 632 kJ/kg ㉰ 333.62 kJ/kg ㉱ 0.5 kJ/kg

42 압축기의 축봉장치에서 슬립 링형 축봉장치의 종류에 속하는 것은?

㉮ 소프트 패킹식 ㉯ 메탈릭 패킹식

㉰ 스터핑 박스식 ㉱ 금속 벨로우즈식

ANSWER 36.㉱ 37.㉰ 38.㉯ 39.㉱ 40.㉰ 41.㉰ 42.㉱

43 다음 중 동관작업에 필요하지 않는 공구는?

㉮ 튜브 벤더　　　　　　　　　　㉯ 사이징 툴
㉰ 플레어링 룰　　　　　　　　　　㉱ 클립

44 다음 중 냉동능력의 단위로 옳은 것은?

㉮ kcal/kg · m²　　　㉯ kJ/hr　　　㉰ m³/hr　　　㉱ kcal/kg℃

45 냉동기의 정상적인 운전상태를 파악하기 위하여 운전관리상 검토해야 할 사항으로 틀린 것은?

㉮ 윤활유의 압력, 온도 및 청정도
㉯ 냉각수 온도 또는 냉각공기 온도
㉰ 정지 중의 소음 및 진동
㉱ 압축기용 전동기의 전압 및 전류

46 실내에 있는 사람이 느끼는 더위, 추위의 체감에 영향을 미치는 수정 유효온도의 주요 요소는?

㉮ 기온, 습도, 기류, 복사열
㉯ 기온, 기류, 불쾌지수, 복사열
㉰ 기온, 사람의 체온, 기류, 복사열
㉱ 기온, 주위의 벽면온도, 기류, 복사열

47 송풍기의 법칙에 대한 내용 중 잘못된 것은?

㉮ 동력은 회전속도비의 2제곱에 비례하여 변화한다.
㉯ 풍량은 회전속도비의 비례하여 변화한다.
㉰ 압력은 회전속도비의 2제곱에 비례하여 변화한다.
㉱ 풍량은 송풍기 크기비의 3제곱에 비례하여 변화한다.

48 실내 냉방시 현열부하가 8000kcal/hr인 실내를 26℃로 냉방하는 경우 20℃의 냉풍으로 송풍하면 필요한 송풍량은 약 몇 m³/hr인가? (단, 공기의 비열은 0.24 kcal/kg℃이며, 비중량은 1.2kg/m³)

㉮ 2893　　　　　㉯ 4630　　　　　㉰ 5787　　　　　㉱ 9260

A·N·S·W·E·R ▷ 43.㉱ 44.㉯ 45.㉰ 46.㉮ 47.㉮ 48.㉯

49 유체의 역류방지용으로 가장 적당한 밸브는?

㉮ 게이트 밸브(Gate Valve)   ㉯ 글로브 밸브(Globe Valve)
㉰ 앵글 밸브(Angle Valve)   ㉱ 체크 밸브(Check Valve)

50 냉방부하를 줄이기 위한 방법으로 적당하지 않은 것은?

㉮ 외벽 부분의 단열화   ㉯ 유리창 면적의 증대
㉰ 틈새바람의 차단   ㉱ 조명기구 설치 축소

51 덕트 시공에 대한 내용 중 잘못된 것은?

㉮ 덕트의 단면적비가 75% 이하의 축소부분은 압력손실을 적게 하기 위해 30° 이하
  (고속덕트에서는 15° 이하)로 한다.
㉯ 덕트의 단면변화 시 정해진 각도를 넘을 경우에는 가이드 베인을 설치한다.
㉰ 덕트의 단면적비가 75% 이하의 확대부분은 압력손실을 적게 하기 위해 15° 이하
  (고속덕트에서는 8° 이하)로 한다.
㉱ 덕트의 경로는 될 수 있는 한 최장거리로 한다.

52 공기조화기의 열원장치에 사용되는 온수보일러의 개방형 팽창탱크에 설치되지 않는 부속설비는?

㉮ 통기관   ㉯ 수위계   ㉰ 팽창관   ㉱ 배수관

53 환기방식 중 환기의 효과가 가장 낮은 환기법은?

㉮ 제1종 환기   ㉯ 제2종 환기   ㉰ 제3종 환기   ㉱ 제4종 환기

54 건구온도 20℃, 절대습도 0.008kg/kg(DA)인 공기의 엔탈피는 약 얼마인가?
(단, 공기의 정압비열(C_p)은 0.24kcal/kg℃, 수증기의 정압비열(C_p)은 0.441kcal/kg℃이다.)

㉮ 7 kcal/kg(DA)   ㉯ 8.3 kcal/kg(DA)
㉰ 9.6 kcal/kg(DA)   ㉱ 11 kcal/kg(DA)

55 개별 공조방식의 특징으로 틀린 것은?

㉮ 개별 제어가 가능하다.
㉯ 실내 유닛이 분리되어 있지 않는 경우는 소음과 진동이 크다.
㉰ 취급이 용이하며, 국소운전이 가능하다.
㉱ 외기냉방이 용이하다.

56 역 환수(Reverse Return) 방식을 채택하는 이유로 가장 적합한 것은?

㉮ 환수량을 늘리기 위하여

㉯ 배관으로 인한 마찰저항이 균등해지도록 하기 위하여

㉰ 온수 귀환관을 가장 짧은 거리로 배관하기 위하여

㉱ 열손실을 줄이기 위하여

57 보일러의 종류에 따른 전열면적당 증발량으로 틀린 것은?

㉮ 노통보일러 : $45 \sim 65(kg_f/m^2 \cdot hr)$ 정도

㉯ 연관보일러 : $30 \sim 65(kg_f/m^2 \cdot hr)$ 정도

㉰ 입형보일러 : $15 \sim 20(kg_f/m^2 \cdot hr)$ 정도

㉱ 노통연관보일러 : $30 \sim 60(kg_f/m^2 \cdot hr)$ 정도

58 팬형 가습기(증발식)에 대한 설명으로 틀린 것은?

㉮ 팬 속의 물을 강제적으로 증발시켜 가습한다.

㉯ 가습장치 중 효율이 가장 우수하며, 가습량을 자유로이 변화시킬 수 있다.

㉰ 가습의 응답속도가 느리다.

㉱ 패키지형의 소형 공조기에 많이 사용한다.

59 공기 가열코일의 종류에 해당되지 않은 것은?

㉮ 전열 코일   ㉯ 습코일

㉰ 증기 코일   ㉱ 온수 코일

60 이중 덕트 공기조화 방식의 특징이라고 할 수 없는 것은?

㉮ 열매체가 공기이므로 실온의 응답이 빠르다.

㉯ 혼합으로 인한 에너지 손실이 없으므로 운전비가 적게 든다.

㉰ 실내 습도의 제어가 어렵다.

㉱ 실내 부하에 따라 개별 제어가 가능하다.

ANSWER 56.㉯ 57.㉮ 58.㉯ 59.㉯ 60.㉯

공조냉동기계기능사

01 산업안전보건기준에 관한 규칙에 의거 사다리식 통로 등을 설치하는 경우에 대한 내용으로 잘못된 것은?

㉮ 견고한 구조로 할 것

㉯ 발판과 벽과의 사이는 15cm 이상의 간격을 유지할 것

㉰ 폭은 55cm 이상으로 할 것

㉱ 발판의 간격은 일정하게 할 것

02 산업현장에서 위험이 잠재한 곳이나 현존하는 곳에 안전표지를 부착하는 목적으로 적당한 것은?

㉮ 작업자의 생산능률을 저하시키기 위함

㉯ 예상되는 재해를 방지하기 위함

㉰ 작업장의 환경미화를 위함

㉱ 작업자의 피로를 경감시키기 위함

03 전기설비의 방폭성능 기준 중 용기 내부에 보호구조를 압입하여 내부 압력을 유지함으로써 가연성 가스가 용기 내부로 유입되지 아니하도록 한 구조를 말하는 것은?

㉮ 내압 방폭구조

㉯ 유입 방폭구조

㉰ 압력 방폭구조

㉱ 안전증 방폭구조

04 드라이버 작업 시 유의사항으로 올바른 것은?

㉮ 드라이버를 정이나 지렛대 대용으로 사용한다.

㉯ 작은 공작물은 바이스에 물리지 말고 손으로 잡고 사용한다.

㉰ 드라이버의 날끝이 홈의 폭과 길이가 같은 것을 사용한다.

㉱ 전기작업 시 금속부분이 자루 밖으로 나와 있어 전기가 잘 통하는 드라이버를 사용한다.

A·N·S·W·E·R 01.㉰ 02.㉯ 03.㉰ 04.㉰

05 산업재해 원인분류 중 직접원인에 해당되지 않는 것은?

㉮ 불안전한 행동　　　　　　　㉯ 안전보호장치 결함
㉰ 작업자의 사기의욕 저하　　　 ㉱ 불안전한 환경

06 산업재해의 발생 원인별 순서로 맞는 것은?

㉮ 불안전한 상태 〉 불안전한 행동 〉 불가항력
㉯ 불안전한 행동 〉 불가항력 〉 불안전한 상태
㉰ 불안전한 상태 〉 불가항력 〉 불안전한 행동
㉱ 불안전한 행동 〉 불안전한 상태 〉 불가항력

07 액화가스의 저장탱크에는 그 저장탱크 내용적의 몇 %를 초과하여 충전하면 안되는가?

㉮ 90%　　　　　㉯ 80%　　　　　㉰ 75%　　　　　㉱ 60%

08 냉동장치의 운전관리에서 운전준비사항으로 잘못된 것은?

㉮ 압축기의 유면을 점검한다.
㉯ 응축기의 냉매량을 확인한다.
㉰ 응축기, 압축기의 흡입측 밸브를 닫는다.
㉱ 전기결선, 조작회로를 점검하고, 절연저항을 측정한다.

09 다음 내용의 (　)에 알맞은 것은?

> 보기
>
> 사업주는 아세틸렌 용접장치를 사용하여 금속의 용접·용단 또는 가열작업을 하는 경우에는 게이지 압력이 (　　)킬로파스칼을 초과하는 압력의 아세틸렌을 발생시켜 사용해서는 아니 된다.

㉮ 12.7　　　　　㉯ 20.5　　　　　㉰ 127　　　　　㉱ 205

10 보일러의 사고 원인을 열거하였다. 이 중 취급자의 부주의로 인한 것은?

㉮ 구조의 불량　　　　　　　　㉯ 판 두께의 불량
㉰ 보일러수의 부족　　　　　　 ㉱ 재료의 강도 부족

11 전기의 접지 목적에 해당되지 않는 것은?

㉮ 화재 방지　　　　　　　　　㉯ 설비 증설 방지
㉰ 감전 방지　　　　　　　　　㉱ 기기손상 방지

ANSWER 05.㉰　06.㉱　07.㉮　08.㉰　09.㉰　10.㉰　11.㉯

12 냉동제조의 시설 및 기술기준으로 적당하지 못한 것은?

㉮ 냉매설비에는 긴급상태가 발생하는 것을 방지하기 위하여 자동제어 장치를 설치할 것

㉯ 압축기 최종단에 설치한 안전장치는 3년에 1회 이상 압력 시험을 할 것

㉰ 제조설비는 진동, 충격, 부식 등으로 냉매 가스가 누설되지 않을 것

㉱ 가연성 가스의 냉동설비 부근에는 작업에 필요한 양 이상의 연소하기 쉬운 물질

13 안전모가 내전압성을 가졌다는 말은 최대 몇 볼트의 전압에 견디는 것을 말하는가?

㉮ 800V   ㉯ 720V   ㉰ 1000V   ㉱ 7000V

14 수공구에 의한 재해를 방지하기 위한 내용 중 적당하지 않은 것은?

㉮ 결함이 없는 공구를 사용할 것

㉯ 작업에 꼭 알맞은 공구가 없을 시에는 유사한 것을 대용할 것

㉰ 사용전에 충분한 사용법을 숙지하고 익히도록 할 것

㉱ 공구는 사용 후 일정한 장소에 정비·보관할 것

15 전기화재의 소화에 사용하기에 부적당한 것은?

㉮ 분말 소화기   ㉯ 포말 소화기   ㉰ CO_2 소화기   ㉱ 할로겐 소화기

16 응축기 중 외기습도가 응축기 능력을 좌우하는 것은?

㉮ 횡형 쉘 앤 튜브식 응축기   ㉯ 이중관식 응축기

㉰ 7통로식 응축기   ㉱ 증발식 응축기

17 실린더 내경 20cm, 피스톤 행정 20cm, 기통수 2개, 회전수 300rpm인 압축기의 피스톤 배출량은 약 얼마인가?

㉮ 182m^3/h   ㉯ 201m^3/h   ㉰ 226m^3/h   ㉱ 263m^3/h

18 정상적으로 운전되고 있는 증발기에 있어서, 냉매상태의 변화에 관한 사항 중 옳은 것은? (단, 증발기는 건식 증발기이다.)

㉮ 증기의 건조도가 감소한다.   ㉯ 증기의 건조도가 증대한다.

㉰ 포화액이 과냉각액으로 된다.   ㉱ 과냉각액이 포화액으로 된다.

ANSWER ▷ 12.㉯ 13.㉱ 14.㉯ 15.㉯ 16.㉱ 17.㉰ 18.㉯

19 관 또는 용기 안의 압력을 항상 일정한 수준으로 유지하여주는 밸브는?

㉮ 릴리프 밸브　　　　　　　　　　㉯ 체크 밸브

㉰ 온도조정 밸브　　　　　　　　　㉱ 감압 밸브

20 공정점이 -55℃이고 저온용 브라인으로서 일반적으로 제빙, 냉장 및 공업용으로 많이 사용되고 있는 것은?

㉮ 염화칼슘　　　　　　　　　　　㉯ 염화나트륨

㉰ 염화마그네슘　　　　　　　　　㉱ 프로필렌 글리콜

21 저장품을 동결하기 위한 동결부하 계산에 속하지 않는 것은?

㉮ 동결 전 부하　　　　　　　　　㉯ 동결 후 부하

㉰ 동결 잠열　　　　　　　　　　　㉱ 환기 부하

22 다음 기호 중 콕의 도시기호는?

㉮ 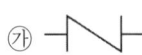　　　㉯ 　　　㉰ 　　　㉱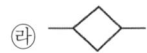

23 용적형 압축기에 대한 설명으로 맞지 않는 것은?

㉮ 압축상태의 체적을 감소시켜 냉매의 압력을 증가시킨다.

㉯ 압축기의 성능은 냉동능력, 소비동력, 소음, 진동값 및 수명 등 종합적인 평가가 요구된다.

㉰ 압축기의 성능을 측정하는데 유용한 두 가지 방법은 성능계수와 단위 냉동능력당 소비동력을 측정하는 것이다.

㉱ 개방형 압축기의 성능계수는 전동기와 압축기의 운전효율을 포함하는 반면 밀폐형 압축기의 성능계수에는 전동기 효율이 포함되지 않는다.

24 "회로 내의 임의의 점에서 들어오는 전류와 나가는 전류의 총합은 0이다"라는 법칙으로 맞는 것은?

㉮ 키르히호프의 제1법칙　　　　　㉯ 키르히호프의 제2법칙

㉰ 줄의 법칙　　　　　　　　　　　㉱ 앙페르의 오른나사법칙

25 고체에서 기체로 상태가 변화할 때 필요로 하는 열을 무엇이라 하는가?

㉮ 증발열 ㉯ 융해열 ㉰ 기화열 ㉱ 승화열

26 냉동기유의 구비 조건으로 맞지 않는 것은?

㉮ 냉매와 접하여도 화학적 작용을 하지 않을 것
㉯ 왁스 성분이 많을 것
㉰ 유성이 좋을 것
㉱ 인화점이 높을 것

27 터보 냉동기의 구조에서 불응축 가스 퍼지, 진공작업, 냉매 재생 등의 기능을 갖추고 있는 장치는?

㉮ 플로트 챔버 장치 ㉯ 추기회수 장치
㉰ 일리미네이터 장치 ㉱ 전동 장치

28 냉동장치의 온도 관계에 대한 사항 중 올바르게 표현한 것은? (단, 표준냉동 사이클을 기준으로 할 것)

㉮ 응축온도는 냉각수 온도보다 낮다.
㉯ 응축온도는 압축기 토출가스 온도와 같다.
㉰ 팽창밸브 직후의 냉매온도는 증발온도보다 낮다.
㉱ 압축기 흡입가스 온도는 증발온도와 같다.

29 냉동장치 내에 냉매가 부족할 때 일어나는 현상으로 옳은 것은?

㉮ 흡입관에 서리가 보다 많이 붙는다.
㉯ 토출압력이 높아진다.
㉰ 냉동능력이 증가한다.
㉱ 흡입압력이 낮아진다.

30 불응축가스의 침입을 방지하기 위해 액순환식 증발기와 액펌프 사이에 부착하는 것은?

㉮ 감압 밸브 ㉯ 여과기 ㉰ 역지 밸브 ㉱ 건조기

ANSWER ▷ 25.㉱ 26.㉯ 27.㉯ 28.㉱ 29.㉱ 30.㉰

31 시트 모양에 따라 삽입형, 홈꼴형, 랩형 등으로 구분되는 배관의 이음방법은?

㉮ 나사 이음　　　　　　　　　㉯ 플레어 이음

㉰ 플랜지 이음　　　　　　　　㉴ 납땜 이음

32 다음 모리엘 선도에서의 성적계수는 약 얼마인가?

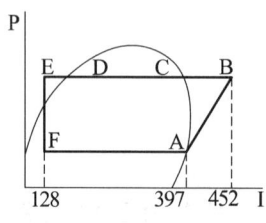

㉮ 2.4　　　　　　㉯ 4.9　　　　　　㉰ 5.4　　　　　　㉴ 6.3

33 프레온 냉동장치에서 오일 포밍 현상이 일어나면 실린더 내로 다량의 오일이 올라가 오일을 압축하여 실린더 헤드부에서 이상 음이 발생하게 되는 현상은?

㉮ 에멀젼 현상　　　　　　　　㉯ 동부착 현상

㉰ 오일 포밍 현상　　　　　　㉴ 오일 해머 현상

34 관을 절단하는데 사용하는 공구는?

㉮ 파이프 리머　　㉯ 파이프 커터　　㉰ 오스터　　㉴ 드레서

35 다음 중 자연적인 냉동 방법이 아닌 것은?

㉮ 증기분사식을 이용하는 방법

㉯ 융해열을 이용하는 방법

㉰ 증발잠열을 이용하는 방법

㉴ 승화열을 이용하는 방법

36 구조에 따라 증발기를 분류하여 그 명칭들과 동시에 그들의 주 용도를 나타내었다. 틀린 것은?

㉮ 핀 튜브형 : 주로 0℃ 이상의 물 냉각용

㉯ 탱크식 : 제빙용 브라인 냉각용

㉰ 판냉각형 : 가정용 냉장고의 냉각용

㉴ 보데로(Baudelot)식 : 우유, 각종 기름류 등의 냉각용

37 옴의 법칙에 대한 설명으로 적절한 것은?

㉮ 도체에 흐르는 전류(I)는 전압(V)에 비례한다.

㉯ 도체에 흐르는 전류(I)는 저항(R)에 비례한다.

㉰ 도체에 흐르는 전압(V)은 저항(R)의 값과는 상관없다.

㉱ 도체에 흐르는 전류 $I = R/V$[A]이다.

38 흡수식 냉동기에서 냉매순환과정을 바르게 나타낸 것은?

㉮ 재생(발생)기 → 응축기 → 냉각(증발)기 → 흡수기

㉯ 재생(발생)기 → 냉각(증발)기 → 흡수기 → 응축기

㉰ 응축기 → 재생(발생)기 → 냉각(증발)기 → 흡수기

㉱ 냉각(증발)기 → 응축기 → 흡수기 → 재생(발생)기

39 다음 중 입력신호가 모두 1일 때만 출력신호가 0인 논리게이트는?

㉮ AND 게이트 ㉯ OR 게이트

㉰ NOR 게이트 ㉱ NAND 게이트

40 압축기에서 보통 안전밸브의 작동압력으로 옳은 것은?

㉮ 저압 차단 스위치 작동 압력과 같게 한다.

㉯ 고압 차단 스위치 작동 압력보다 다소 높게 한다.

㉰ 유압 보호 스위치 작동 압력과 같게 한다.

㉱ 고·저압 차단 스위치 작동 압력보다 낮게 한다.

41 온도 자동팽창 밸브에서 감온통의 부착위치는?

㉮ 팽창밸브 출구 ㉯ 증발기 입구

㉰ 증발기 출구 ㉱ 수액기 출구

42 0℃의 물 1Kg을 0℃의 얼음으로 만드는데 필요한 응고잠열은 대략 얼마 정도인가?

㉮ 80kcal/kg ㉯ 540kcal/kg

㉰ 100kcal/kg ㉱ 50kcal/kg

A·N·S·W·E·R 37.㉮ 38.㉮ 39.㉱ 40.㉯ 41.㉰ 42.㉮

43 스윙(swing)형 체크밸브에 관한 설명으로 틀린 것은?

㉮ 호칭치수가 큰 관에 사용된다.

㉯ 유체의 저항이 리프트(lift)형보다 작다.

㉰ 수평배관에만 사용할 수 있다.

㉱ 핀을 축으로 하여 회전시켜 개폐한다.

44 암모니아 냉동기에서 일반적으로 압축비가 얼마 이상일 때 2단 압축을 하는가?

㉮ 2   ㉯ 3   ㉰ 4   ㉱ 6

45 어떤 물질의 산성, 알칼리성 여부를 측정하는 단위는?

㉮ CHU   ㉯ RT   ㉰ pH   ㉱ BTU

46 유체의 속도가 20m/s일 때 이 유체의 속도수두는 얼마인가?

㉮ 5.1m   ㉯ 10.2m   ㉰ 15.5m   ㉱ 20.4m

47 어떤 보일러에서 발생되는 실제증발량을 1000kg/h, 발생증기의 엔탈피를 614kcal/kg, 급수의 온도를 20℃라 할 때, 상당증발량은 얼마인가?

(단, 증발잠열은 540kcal/kg으로 한다.)

㉮ 847kg/h   ㉯ 1100kg/h

㉰ 1250kg/h   ㉱ 1450kg/h

48 다음 난방방식에 대한 설명으로 틀린 것은?

㉮ 온풍난방은 습도를 가습 또는 감습할 수 있는 장치를 설치할 수 있다.

㉯ 증기난방의 응축수환수관 연결 방식은 습식과 건식이 있다.

㉰ 온수난방의 배관에는 팽창탱크를 설치하여야 하며 밀폐식과 개방식이 있다.

㉱ 복사난방은 천정이 높은 실(室)에는 부적합하다.

49 풍량 조절용으로 사용되지 않는 댐퍼는?

㉮ 방화 댐퍼   ㉯ 버터플라이 댐퍼

㉰ 루버 댐퍼   ㉱ 스플릿 댐퍼

50 실내 필요 환기량을 결정하는 조건과 거리가 먼 것은?

㉮ 실의 종류

㉯ 실의 위치

㉰ 재실자의 수

㉱ 실내에서 발생하는 오염물질 정도

51 공기조화 방식의 중앙식 공조방식에서 수-공기방식에 해당되지 않는 것은?

㉮ 이중 덕트방식

㉯ 팬 코일 유닛방식(덕트병용)

㉰ 유인 유닛방식

㉱ 복사 냉난방 방식(덕트병용)

52 공기상태에 관한 내용 중 틀린 것은?

㉮ 포화습공기의 상대습도는 100%이며 건조공기의 상대습도는 0%가 된다.

㉯ 공기를 가습, 감습하지 않으면 노점온도 이하가 되어도 절대습도는 변함이 없다.

㉰ 습공기 중의 수분 중량과 포화습공기 중의 수분의 비를 상대습도라 한다.

㉱ 공기 중의 수증기가 분리되어 물방울이 되기 시작하는 온도를 노점온도라 한다.

53 송풍기의 특성곡선에 나타나 있지 않는 것은?

㉮ 효율　　　㉯ 축동력　　　㉰ 전압　　　㉱ 풍속

54 수조 내의 물에 초음파를 가하여 작은 물방울을 발생시켜 가습을 행하는 초음파 가습장치는 어떤 방식에 해당하는가?

㉮ 수분무식　　　㉯ 증비 발생식　　　㉰ 증발식　　　㉱ 에어와셔식

55 겨울철 창면을 따라서 존재하는 냉기에 의해 외기와 접한 창면에 접해있는 사람은 더욱 추위를 느끼게 되는 현상을 콜드 드래프트라 한다. 이 콜드 드래프트의 원인으로 볼 수 없는 것은?

㉮ 인체 주위의 온도가 너무 낮을 때

㉯ 주위 벽면의 온도가 너무 낮을 때

㉰ 창문의 틈새가 많을 때

㉱ 인체 주위 기류속도가 너무 느릴 때

A·N·S·W·E·R 50.㉯ 51.㉮ 52.㉯ 53.㉱ 54.㉮ 55.㉱

56 복사난방의 특징이 아닌 것은?

㉮ 외기온도의 급변화에 따른 온도조절이 곤란하다.

㉯ 배관시공이나 수리가 비교적 곤란하고 설비 비용이 비싸다.

㉰ 공기의 대류가 많아 쾌감도가 나쁘다.

㉱ 방열기가 불필요하다.

57 개별식 공기조화방식으로 볼 수 있는 것은?

㉮ 사무실 내에 패키지형 공조기를 설치하고, 여기에서 조화된 공기는 패키지 상부에 있는 취출구로 실내에 송풍한다.

㉯ 사무실 내에 유인유닛형 공조기를 설치하고, 외부의 공기조화기로부터 유인유닛에 공기를 공급한다.

㉰ 사무실 내에 팬코일 유닛형 공조기를 설치하고, 외부의 열원기기로부터 팬코일 유닛에 냉·온수를 공급한다.

㉱ 사무실 내에는 덕트만 설치하고, 외부의 공기조화기로 부터 덕트 내에 공기를 공급한다.

58 온풍난방의 특징을 바르게 설명한 것은?

㉮ 예열시간이 짧다.

㉯ 조작이 복잡하다.

㉰ 설비비가 많이 든다.

㉱ 소음이 생기지 않는다.

59 일반적으로 덕트의 종횡비(aspect ratio)는 얼마를 표준으로 하는가?

㉮ 2 : 1   ㉯ 6 : 1   ㉰ 8 : 1   ㉱ 10 : 1

60 열이 이동되는 3가지 기본현상(형식)이 아닌 것은?

㉮ 전도   ㉯ 관류   ㉰ 대류   ㉱ 복사

공조냉동기계기능사

01 크레인(crane)의 방호장치에 해당되지 않는 것은?

㉮ 권과방지장치 ㉯ 과부하방지장치
㉰ 비상정지장치 ㉱ 과속방지장치

02 용기의 파열사고 원인에 해당되지 않는 것은?

㉮ 용기의 용접불량
㉯ 용기 내부 압력의 상승
㉰ 용기 내에서 폭발성 혼합가스에 의한 발화
㉱ 안전밸브의 작동

03 물체가 떨어지거나 날아올 위험 또는 근로자가 추락할 위험이 있는 작업 시에 착용할 보호구로 적당한 것은?

㉮ 안전모   ㉯ 안전벨트   ㉰ 방열복   ㉱ 보안면

04 안전관리 관리 감독자의 업무가 아닌 것은?

㉮ 안전작업에 관한 교육훈련 ㉯ 작업 전, 후 안전점검 실시
㉰ 작업의 감독 및 지시   ㉱ 재해 보고서 작성

05 드릴작업 시 주의사항으로 틀린 것은?

㉮ 드릴회전 중에는 칩을 입으로 불어서는 안 된다.
㉯ 작업에 임할 때는 복장을 단정히 한다.
㉰ 가공 중 드릴 끝이 마모되어 이상한 소리가 나면 즉시 바꾸어 사용한다.
㉱ 이송레버에 파이프를 끼워 걸고 재빨리 돌린다.

ANSWER ➤ 01.㉱ 02.㉱ 03.㉮ 04.㉯ 05.㉱

06 전기 사고 중 감전의 위험 인자에 대한 설명으로 옳지 않은 것은?

㉮ 전류량이 클수록 위험하다.
㉯ 통전시간이 길수록 위험하다.
㉰ 심장에 가까운 곳에서 통전되면 위험하다.
㉱ 인체에 습기가 없으면 저항이 감소하여 위험하다.

07 냉동시스템에서 액 햄머링의 원인이 아닌 것은?

㉮ 부하가 감소했을 때
㉯ 팽창밸브의 열림이 너무 적을 때
㉰ 만액식 증발기의 경우 부하변동이 심할 때
㉱ 증발기 코일에 유막이나 서리가 끼었을 때

08 산소가 결핍되어 있는 장소에서 사용되는 마스크는?

㉮ 송기 마스크   ㉯ 방진 마스크
㉰ 방독 마스크   ㉱ 전안면 방독 마스크

09 냉동설비의 설치공사 후 기밀시험 시 사용되는 가스로 적합하지 않은 것은?

㉮ 공기   ㉯ 산소   ㉰ 질소   ㉱ 아르곤

10 소화효과의 원리가 아닌 것은?

㉮ 질식 효과   ㉯ 제거 효과   ㉰ 희석 효과   ㉱ 단열 효과

11 해머작업 시 지켜야 할 사항 중 적절하지 못한 것은?

㉮ 녹슨 것을 때릴 때 주의하도록 한다.
㉯ 해머는 처음부터 힘을 주어 때리도록 한다.
㉰ 작업 시에는 타격하려는 곳에 눈을 집중시킨다.
㉱ 열처리된 것은 해머로 때리지 않도록 한다.

12 가스용접 작업 중에 발생되는 재해가 아닌 것은?

㉮ 전격   ㉯ 화재
㉰ 가스폭발   ㉱ 가스중독

A·N·S·W·E·R   06.㉱   07.㉯   08.㉮   09.㉯   10.㉱   11.㉯   12.㉮

13 보일러 점화 직전 운전원이 반드시 제일 먼저 점검해야 할 사항은?

㉮ 공기온도 측정　　　　　　　　㉯ 보일러 수위 측정

㉱ 연료의 발열량 측정　　　　　　㉰ 연소실의 잔류가스 측정

14 교류 용접기의 규격란에 AW 200이라고 표시되어 있을 때 200이 나타내는 값은?

㉮ 정격 1차 전류값　　　　　　　　㉯ 정격 2차 전류값

㉱ 1차 전류 최대값　　　　　　　　㉰ 2차 전류 최대값

15 산소 용기 취급 시 주의사항으로 옳지 않은 것은?

㉮ 용기를 운반시 밸브를 닫고 캡을 씌워서 이동할 것

㉯ 용기는 전도, 충돌, 충격을 주지 말 것

㉱ 용기는 통풍이 안 되고 직사광선이 드는 곳에 보관할 것

㉰ 용기는 기름이 묻은 손으로 취급하지 말 것

16 전력의 단위로 맞는 것은?

㉮ C　　　　　　㉯ A　　　　　　㉱ V　　　　　　㉰ W

17 브롬화 리튬 수용액이 필요한 냉동장치는?

㉮ 증기 압축식 냉동장치　　　　　㉯ 흡수식 냉동장치

㉱ 증기 분사식 냉동장치　　　　　㉰ 전자 냉동장치

18 기체의 비열에 관한 설명 중 옳지 않은 것은?

㉮ 비열은 보통 압력에 따라 다르다.

㉯ 비열이 큰 물질일수록 가열이나 냉각하기가 어렵다.

㉱ 일반적으로 기체의 정적비열은 정압비열보다 크다.

㉰ 비열에 따라 물체를 가열, 냉각하는데 필요한 열량을 계산할 수 있다.

19 지수식 응축기라고도 하며 나선 모양의 관에 냉매를 통과시키고 이 나선관을 구형 또는 원형의 수조에 담그고 순환시켜 냉매를 응축시키는 응축기는?

㉮ 쉘 앤 코일식 응축기　　　　　　㉯ 증발식 응축기

㉱ 공랭식 응축기　　　　　　　　　㉰ 대기식 응축기

A·N·S·W·E·R 　13.㉯　14.㉯　15.㉱　16.㉰　17.㉯　18.㉱　19.㉮

20 동력나사 절삭기의 종류가 아닌 것은?

㉮ 오스터식　　　　㉯ 다이헤드식　　　　㉰ 로터리식　　　　㉱ 호브식

21 암모니아 냉매의 성질에서 압력이 상승할 때 성질변화에 대한 것으로 맞는 것은?

㉮ 증발잠열은 커지고 증기의 비체적은 작아진다.
㉯ 증발잠열은 작아지고 증기의 비체적은 커진다.
㉰ 증발잠열은 작아지고 증기의 비체적도 작아진다.
㉱ 증발잠열은 커지고 증기의 비체적도 커진다.

22 다음 P-h 선도는 NH_3를 냉매로 하는 냉동장치의 운전상태를 냉동 사이클로 표시한 것이다. 이 냉동장치의 부하가 45000kcal/h일 때 NH_3의 냉매 순환량은 약 얼마인가?

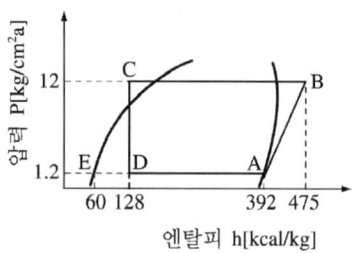

㉮ 189.4h　　　　㉯ 602.4kg/h　　　　㉰ 170.5kg/h　　　　㉱ 120.5kg/h

23 1초 동안에 $76kg_f·m$의 일을 할 경우 시간당 발생하는 열량은 약 몇 kcal/h인가?

㉮ 641kcal/h　　　　㉯ 658kcal/h　　　　㉰ 673kcal/h　　　　㉱ 685kcal/h

24 저온을 얻기 위해 2단 압축을 했을 때의 장점은?

㉮ 성적계수가 향상된다.　　　　㉯ 설비비가 적게 된다.
㉰ 체적효율이 저하된다.　　　　㉱ 증발압력이 높아진다.

25 1분간에 25℃의 순수한 물 100L를 3℃로 냉각하기 위하여 필요한 냉동기의 냉동톤은 약 얼마인가?

㉮ 0.66RT　　　　㉯ 39.76RT
㉰ 37.67RT　　　　㉱ 45.18RT

26 증발 온도가 낮을 때 미치는 영향 중 틀린 것은?

㉮ 냉동능력 감소　　　　　　　　㉯ 소요동력 증대
㉰ 압축비 증대로 인한 실린더 과열　㉱ 성적계수 증가

27 강관의 이음에서 지름이 서로 다른 관을 연결하는데 사용하는 이음쇠는?

㉮ 캡(cap)　　　　　　　　㉯ 유니언(union)
㉰ 리듀서(reducer)　　　　　㉱ 플러그(plug)

28 탄산마그네슘 보온재에 대한 설명 중 옳지 않은 것은?

㉮ 열전도율이 적고 300~320℃ 정도에서 열분해한다.
㉯ 방습 가공한 것은 습기가 많은 옥외 배관에 적합하다.
㉰ 250℃ 이하의 파이프, 탱크의 보냉용으로 사용된다.
㉱ 유기질 보온재의 일종이다.

29 전자밸브에 대한 설명 중 틀린 것은?

㉮ 전자코일에 전류가 흐르면 밸브는 닫힌다.
㉯ 밸브의 전자코일을 상부로 하고 수직으로 설치한다.
㉰ 일반적으로 소용량에는 직동식, 대용량에는 파일롯트 전자밸브를 사용한다.
㉱ 전압과 용량에 맞게 설치한다.

30 증기를 단열 압출할 때 엔트로피의 변화는?

㉮ 감소한다.　　　　　　　　㉯ 증가한다.
㉰ 일정하다.　　　　　　　　㉱ 감소하다가 증가한다.

31 냉동장치의 계통도에서 팽창 밸브에 대한 설명으로 옳은 것은?

㉮ 압축 증대장치로 압력을 높이고 냉각시킨다.
㉯ 액봉이 쉽게 일어나고 있는 곳이다.
㉰ 냉동부하에 따른 냉매액의 유량을 조절한다.
㉱ 플래시 가스가 발생하지 않는 곳이며, 일명 냉각 장치라 부른다.

32 온수난방의 배관 시공 시 적당한 기울기로 맞는 것은?

㉮ 1/100 이상　　㉯ 1/150 이상　　㉰ 1/200 이상　　㉱ 1/250 이상

A·N·S·W·E·R ▶ 26.㉱　27.㉰　28.㉱　29.㉮　30.㉰　31.㉰　32.㉱

33 냉동장치 배관 설치 시 주의사항으로 틀린 것은?

㉮ 냉매의 종류, 온도 등에 따라 배관재료를 선택한다.

㉯ 온도변화에 의한 배관의 신축을 고려한다.

㉰ 기기 조작, 보수, 점검에 지장이 없도록 한다.

㉱ 굴곡부는 가능한 적게 하고 곡률 반경을 작게 한다.

34 유분리기의 종류에 해당되지 않는 것은?

㉮ 배플형   ㉯ 어큐물레이터형

㉰ 원심분리형   ㉱ 철망형

35 냉매와 화학 분자식이 옳게 짝지어진 것은?

㉮ R113 : CCl_3F_3 ㉯ R114 : CCl_2F_4

㉰ R500 : $CCl_2F_2 + CH_2CHF_2$ ㉱ R502 : $CHClF_2 + C_2ClF_5$

36 다음 그림이 나타내는 관의 결합방식으로 맞는 것은?

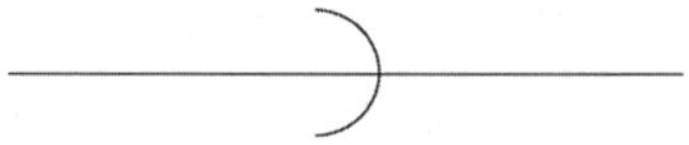

㉮ 용접식   ㉯ 플랜지식   ㉰ 소켓식   ㉱ 유니언식

37 압축기의 흡입 및 토출밸브의 구비조건으로 적당하지 않은 것은?

㉮ 밸브의 작동이 확실하고, 개폐하는데 큰 압력이 필요하지 않을 것

㉯ 밸브의 관성력이 크고, 냉매의 유동에 저항을 많이 주는 구조일 것

㉰ 밸브가 닫혔을 때 냉매의 누설이 없을 것

㉱ 밸브가 마모와 파손에 강할 것

38 압축기 용량제어의 목적이 아닌 것은?

㉮ 경제적 운전을 하기 위하여

㉯ 일정한 증발온도를 유지하기 위하여

㉰ 경부하 운전을 하기 위하여

㉱ 응축압력을 일정하게 유지하기 위하여

A·N·S·W·E·R   33.㉱   34.㉯   35.㉱   36.㉰   37.㉯   38.㉱

39 냉동장치에 사용하는 브라인의 산성도로 가장 적당한 것은?

㉮ 9.2~9.5 ㉯ 7.5~8.2 ㉰ 6.5~7.0 ㉭ 5.5~6.0

40 다음 냉매 중 대기압 하에서 냉동력이 가장 큰 냉매는?

㉮ R-11 ㉯ R-12 ㉰ R-21 ㉭ R-717

41 다음 중 브라인의 구비조건으로 옳지 않은 것은?

㉮ 응고점이 낮을 것 ㉯ 전열이 좋을 것
㉰ 열용량이 작을 것 ㉭ 점성이 작을 것

42 냉매 R-22의 분자식으로 옳은 것은?

㉮ CCl_4 ㉯ CCl_3F ㉰ $CHCl_2F$ ㉭ $CHClF_2$

43 냉동 부속 장치 중 응축기와 팽창 밸브사이의 고압관에 설치하여 증발기의 부하 변동에 대응하여 냉매 공급을 원활하게 하는 것은?

㉮ 유분리기 ㉯ 수액기 ㉰ 액분리기 ㉭ 중간 냉각기

44 표준사이클을 유지하고 암모니아의 순환량을 186kg/h로 운전했을 때의 소요동력 kW은 약 얼마인가? (단, NH_3 1kg을 압축하는데 필요한 열량은 모리엘 선도상에서는 56kcal/kg이라 한다.)

㉮ 12.1 ㉯ 24.2 ㉰ 28.6 ㉭ 36.4

45 가용전(fusible plug)에 대한 설명으로 틀린 것은?

㉮ 불의의 사고(화재 등)시 일정온도에서 녹아 냉동장치의 파손을 방지하는 역할을 한다.
㉯ 용융점은 냉동기에서 68~75℃ 이하로 한다.
㉰ 구성 성분은 주석, 구리, 납으로 되어 있다.
㉭ 토출가스의 영향을 직접 받지 않는 곳에 설치해야 한다.

A·N·S·W·E·R 39.㉯ 40.㉭ 41.㉰ 42.㉭ 43.㉯ 44.㉮ 45.㉰

46 보일러의 부속장치에서 댐퍼의 설치목적으로 틀린 것은?

㉮ 통풍력을 조절한다.

㉯ 연료의 분무를 조절한다.

㉰ 주연도와 부연도가 있을 경우 가스흐름을 차단한다.

㉱ 배기가스의 흐름을 조절한다.

47 송풍기의 풍량을 증가시키기 위해 회전속도를 변화시킬 때 송풍기의 법칙에 대한 설명 중 옳은 것은?

㉮ 축동력은 회전수의 제곱에 반비례하여 변화한다.

㉯ 축동력은 회전수의 3제곱에 비례하여 변화한다.

㉰ 압력은 회전수의 3제곱에 비례하여 변화한다.

㉱ 압력은 회전수의 제곱에 반비례하여 변화한다.

48 난방부하에서 손실열량의 요인으로 볼 수 없는 것은?

㉮ 조명기구의 발열   ㉯ 벽 및 천장의 전도열

㉰ 문틈의 틈새바람   ㉱ 환기용 도입외기

49 덕트 설계시 주의사항으로 올바르지 않은 것은?

㉮ 고속 덕트를 이용하여 소음을 줄인다.

㉯ 덕트 재료는 가능하면 압력손실이 적은 것을 사용한다.

㉰ 덕트 단면은 장병형이 좋으나 그것이 어려울 경우 공기 이동이 원활하고 덕트 재료도 적게 들도록 한다.

㉱ 각 덕트가 분기되는 지점에 댐퍼를 설치하여 압력이 평형을 유지할 수 있도록 한다.

50 공기가 노점온도보다 낮은 냉각코일을 통과하였을 때의 상태를 기술한 것 중 틀린 것은?

㉮ 상대습도 감소   ㉯ 절대습도 감소   ㉰ 비체적 감소   ㉱ 건구온도 저하

51 공기조화설비의 구성요소 중에서 열원장치에 속하지 않는 것은?

㉮ 보일러   ㉯ 냉동기

㉰ 공기 여과기   ㉱ 열펌프

52 방열기의 EDR이란 무엇을 뜻하는가?

㉮ 최대방열면적　㉯ 표준방열면적　㉰ 상당방열면적　㉱ 최소방열면적

53 1보일러마력은 약 몇 kcal/h의 증발량에 상당하는가?

㉮ 7205kcal/h　㉯ 8435kcal/h　㉰ 9600kcal/h　㉱ 10800kcal/h

54 공조방식의 분류에서 2중 덕트 방식은 어느 방식에 속하는가?

㉮ 물 - 공기 방식　㉯ 전수 방식
㉰ 전공기 방식　㉱ 냉매 방식

55 코일의 열수 계산 시 계산항목에 해당되지 않는 것은?

㉮ 코일의 열관류율　㉯ 코일의 정면면적
㉰ 대수평균온도차　㉱ 코일 내를 흐르는 유체의 유속

56 팬코일 유닛 방식의 특징으로 옳지 않은 것은?

㉮ 외기 송풍량을 크게 할 수 없다.
㉯ 수배관으로 인한 누수의 염려가 있다.
㉰ 유닛별로 단독운전이 불가능하므로 개별 제어도 불가능하다.
㉱ 부분적인 팬코일 유닛만의 운전으로 에너지 소비가 적은 운전이 가능하다.

57 겨울철 창문의 창면을 따라서 존재하는 냉기가 토출기류에 의하여 밀려 내려와서 바닥을 따라 거주구역으로 흘러 들어와 인체의 과도한 차가움을 느끼는 현상을 무엇이라 하는가?

㉮ 쇼크 현상　㉯ 콜드 드래프트
㉰ 도달거리　㉱ 확산 반경

58 다음 중 개별 제어 방식이 아닌 것은?

㉮ 유인유닛 방식　㉯ 패키지유닛 방식
㉰ 단일덕트 정풍량 방식　㉱ 단일덕트 변풍량 방식

59 증기배관 설계 시 고려사항으로 잘못된 것은?

㉮ 증기의 압력은 기기에서 요구되는 온도조건에 따라 결정하도록 한다.

㉯ 배관관경, 부속기기는 부분부하나 예열부하시의 과열부하도 고려해야 한다.

㉰ 배관에는 적당한 기울기를 주어 응축수가 고이지 않도록 해야 한다.

㉱ 증기배관은 가동 시나 정지 시 온도차이가 없으므로 온도변화에 따른 열응력을 고려할 필요가 없다.

60 실내 냉방부하 중에서 현열부하가 2500kcal/h, 잠열부하가 500kcal/h일 때 현열비는 약 얼마인가?

㉮ 0.21　　　　㉯ 0.83　　　　㉰ 1.2　　　　㉱ 1.85

부록 1 과년도 출제문제 공조냉동기계기능사

01 와이어로프를 양중기에 사용해서는 아니 되는 기준으로 잘못된 것은?

㉮ 열과 전기충격에 의해 손상된 것
㉯ 지름의 감소가 공칭지름의 7%를 초과하는 것
㉰ 심하게 변형 또는 부식된 것
㉱ 이음매가 없는 것

02 응축압력이 높을 때의 대책이라 볼 수 없는 것은?

㉮ 가스퍼저(gas purger)를 점검하고 불응축가스를 배출시킬 것
㉯ 설계 수량을 검토하고 막힌 곳이 없는가를 조사 후 수리할 것
㉰ 냉매를 과충전하여 부하를 감소시킬 것
㉱ 냉각면적에 대한 설계계산을 검토하여 냉각면적을 추가할 것

03 아세틸렌 용접기에서 가스가 새어 나올 경우 적당한 검사방법은?

㉮ 촛불로 검사한다.
㉯ 기름을 칠해본다.
㉰ 성냥불로 검사한다.
㉱ 비눗물을 칠해 검사한다.

04 전기기계·기구의 퓨즈 사용 목적으로 가장 적합한 것은?

㉮ 기동 전류차단 ㉯ 과전류 차단
㉰ 과전압 차단 ㉱ 누설 전류차단

05 안전표시를 하는 목적이 아닌 것은?

㉮ 작업환경을 통제하여 예상되는 재해를 사전에 예방함
㉯ 시각적 자극으로 주의력을 키움
㉰ 불안전한 행동을 배제하고 재해를 예방함
㉱ 사업장의 경계를 구분하기 위해 실시함

ANSWER ▶ 01.㉱ 02.㉰ 03.㉱ 04.㉯ 05.㉱

06 수공구인 망치(hammer)의 안전 작업수칙으로 올바르지 못한 것은?

㉮ 작업 중 해머 상태를 확인할 것
㉯ 담금질한 것은 처음부터 힘을 주어 두들길 것
㉰ 장갑이나 기름 묻은 손으로 자루를 잡지 않는다.
㉱ 해머의 공동 작업 시에는 서로 호흡을 맞출 것

07 안전사고 발생의 심리적 요인에 해당되는 것은?

㉮ 감정
㉯ 극도의 피로감
㉰ 육체적 능력의 초과
㉱ 신경계통의 이상

08 다음 중 C급 화재에 적합한 소화기는?

㉮ 건조사
㉯ 포말 소화기
㉰ 물 소화기
㉱ 분말 소화기와 CO_2 소화기

09 상용주파수(60Hz)에서 전류의 흐름을 느낄 수 있는 최소전류 값으로 옳은 것은?

㉮ 1mA
㉯ 5mA
㉰ 10mA
㉱ 20mA

10 연삭기의 받침대와 숫돌차의 중심 높이에 대한 내용으로 적합한 것은?

㉮ 서로 같게 한다.
㉯ 받침대를 높게 한다.
㉰ 받침대를 낮게 한다.
㉱ 받침대가 높던 낮던 관계없다.

11 동력에 의해 운전되는 컨베이어 등에 근로자의 신체의 일부가 말려드는 등 근로자에게 위험을 미칠 우려가 있을 때는 설치해야 할 장치는 무엇인가?

㉮ 권과 방지 장치
㉯ 비상정지장치
㉰ 해지장치
㉱ 이탈 및 역주행 방지장치

12 산소의 저장설비 주위 몇 m 이내에는 화기를 취급해서는 안 되는가?

㉮ 5m
㉯ 6m
㉰ 7m
㉱ 8m

ANSWER ➤ 06.㉯ 07.㉮ 08.㉱ 09.㉮ 10.㉮ 11.㉯ 12.㉱

13 안전사고 예방을 위하여 신는 작업용 안전화의 설명으로 틀린 것은?

㉮ 중량물을 취급하는 작업장에서는 앞 발가락 부분이 고무로 된 신발을 착용한다.

㉯ 용접공은 구두창에 쇠붙이가 없는 부도체의 안전화를 신어야 한다.

㉰ 부식성 약품 사용 시에는 고무제품 장화를 착용한다.

㉱ 작거나 헐거운 안전화는 신지 말아야 한다.

14 보일러 휴지 시 보존방법에 관한 내용 중 틀린 것은?

㉮ 휴지기간이 6개월 이상인 경우에는 건조보존법을 택한다.

㉯ 휴지기간이 3개월 이내인 경우에는 만수보존법을 택한다.

㉰ 만수보존 시의 pH 값은 4~5 정도로 유지하는 것이 좋다.

㉱ 건조보존 시에는 보일러를 청소하고 완전히 건조시킨다.

15 보일러에 사용하는 안전밸브의 필요조건이 아닌 것은?

㉮ 분출압력에 대한 작동이 정확할 것

㉯ 안전밸브의 크기는 보일러의 정격용량 이상을 분출할 것

㉰ 밸브의 개폐동작이 완만할 것

㉱ 분출 전·후에 증기가 새지 않을 것

16 절대 압력과 게이지 압력과의 관계식으로 옳은 것은?

㉮ 절대압력 = 대기압력 + 게이지 압력

㉯ 절대압력 = 대기압력 - 게이지 압력

㉰ 절대압력 = 대기압력 × 게이지 압력

㉱ 절대압력 = 대기압력 ÷ 게이지 압력

17 제빙 장치에서 브라인의 온도가 −10℃이고, 결빙소요시간이 48시간일 때 얼음의 두께는 약 몇 mm인가? (단, 결빙계수는 0.56이다.)

㉮ 253mm   ㉯ 273mm   ㉰ 293mm   ㉱ 313mm

18 2단 압축장치의 구성 기기에 속하지 않는 것은?

㉮ 증발기   ㉯ 팽창 밸브

㉰ 고단 압축기   ㉱ 캐스케이드 응축기

19 수평배관을 서로 직선 연결할 때 사용되는 이음쇠는?

㉮ 캡   ㉯ 티   ㉰ 유니온   ㉱ 엘보우

20 냉동기의 보수계획을 세우기 전에 실행하여야 할 사항으로 옳지 않은 것은?

㉮ 인사기록철의 완비

㉯ 설비 운전기록의 완비

㉰ 보수용 부품 명세의 기록 완비

㉱ 설비 인·허가에 관한 서류 및 기록 등의 보존

21 온도식 자동팽창 밸브에 관한 설명으로 옳은 것은?

㉮ 냉매의 유량은 증발기 입구의 냉매가스 과열도에 의해 제어된다.

㉯ R-12에 사용하는 팽창밸브를 R-22 냉동기에 그대로 사용해도 된다.

㉰ 팽창 밸브가 지나치게 적으면 압축기 흡입가스의 과열도는 크게 된다.

㉱ 증발기가 너무 길어 증발기의 출구에서 압력 강하가 커지는 경우에는 내부 균압형을 사용한다.

22 냉매에 관한 설명으로 옳은 것은?

㉮ 비열비가 큰 것이 유리하다.

㉯ 응고온도가 낮을수록 유리하다.

㉰ 임계온도가 낮을수록 유리하다.

㉱ 증발온도에서의 압력은 대기압보다 약간 낮은 것이 유리하다.

23 2원 냉동장치에 사용하는 저온측 냉매로서 옳은 것은?

㉮ R-717   ㉯ R-718   ㉰ R-14   ㉱ R-22

24 회로망 중의 한 점에서의 전류의 흐름이 그림과 같을 때 전류 I는 얼마인가?

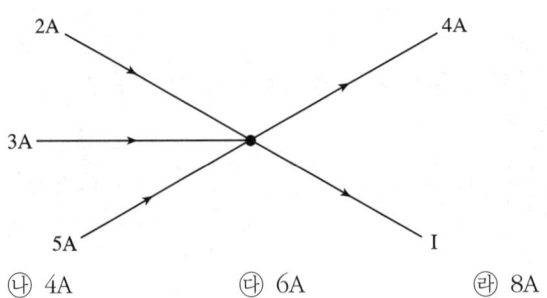

㉮ 2A   ㉯ 4A   ㉰ 6A   ㉱ 8A

A·N·S·W·E·R ▷ 19.㉰ 20.㉮ 21.㉰ 22.㉯ 23.㉰ 24.㉰

25 냉동 효과의 증대 및 플래쉬(flash) 가스 방지에 적당한 싸이클은?

㉮ 건조 압축 싸이클   ㉯ 과열 압축 싸이클

㉰ 습압축 싸이클   ㉭ 과냉각 싸이클

26 수액기 취급 시 주의 사항으로 옳은 것은?

㉮ 직사광선을 받아도 무방하다.

㉯ 안전밸브를 설치할 필요가 없다.

㉰ 균압관은 지름이 작은 것을 사용한다.

㉭ 저장 냉매액을 3/4 이상 채우지 말아야 한다.

27 15℃의 1ton의 물을 0℃의 얼음으로 만드는데 제거해야 할 열량은? (단, 물의 비열 4.2kJ/kg · K, 응고잠열 334kJ/kg이다.)

㉮ 63000 kJ   ㉯ 271600 kJ   ㉰ 334000 kJ   ㉭ 397000 kJ

28 다음 중 브라인의 동파방지책으로 옳지 않은 것은?

㉮ 부동액을 첨가한다.

㉯ 단수릴레이를 설치한다.

㉰ 흡입압력조절밸브를 설치한다.

㉭ 브라인 순환펌프와 압축기 모터를 인터록한다.

29 다음 중 수소, 염소, 불소, 탄소로 구성된 냉매계열은?

㉮ HFC계   ㉯ HCFC계   ㉰ CFC계   ㉭ 할론계

30 15A 강관을 45°로 구부릴 때 곡관부의 길이(mm)는? (단, 굽힘 반지름은 100mm이다.)

㉮ 78.5   ㉯ 90.5

㉰ 157   ㉭ 209

31 유니언 나사이음의 도시기호로 옳은 것은?

㉮ ——╫——   ㉯ ——╂——   ㉰ ——╫╢——   ㉭ ——✕——

A·N·S·W·E·R   25.㉭   26.㉭   27.㉭   28.㉰   29.㉯   30.㉮   31.㉰

32 탱크형 증발기에 관한 설명으로 옳지 않은 것은?

㉮ 만액식에 속한다.

㉯ 주로 암모니아용으로 제빙용에 사용된다.

㉰ 상부에는 가스헤드, 하부에는 액헤드가 존재한다.

㉱ 브라인의 유동속도가 늦어도 능력에는 변화가 없다.

33 증발식 응축기 설계시 1RT당 전열면적은? (단, 응축온도는 43℃로 한다.)

㉮ 1.2㎡/RT ㉯ 3.5㎡/RT ㉰ 6.5㎡/RT ㉱ 7.5㎡/RT

34 회전식과 비교한 왕복동식 압축기의 특징으로 옳지 않은 것은?

㉮ 진동이 크다.

㉯ 압축능력이 적다.

㉰ 압축이 단속적이다.

㉱ 크랭크 케이스 내부압력이 저압이다.

35 증발열을 이용한 냉동법이 아닌 것은?

㉮ 증기분사식 냉동법

㉯ 압축 기체 팽창 냉동법

㉰ 흡수식 냉동법

㉱ 증기 압축식 냉동법

36 다음 그림(p-h 선도)에서 응축부하를 구하는 식으로 맞는 것은?

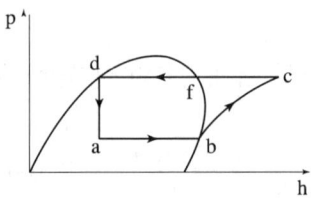

㉮ hc-hd ㉯ hc-hb ㉰ hb-ha ㉱ hd-ha

37 동관을 용접 이음하려고 한다. 다음 중 가장 적당한 것은?

㉮ 가스 용접 ㉯ 스폿 용접

㉰ 테르밋 용접 ㉱ 프라즈마 용접

A·N·S·W·E·R 32.㉱ 33.㉮ 34.㉯ 35.㉯ 36.㉮ 37.㉮

38 최대값이 Im인 사인파 교류전류가 있다. 이 전류의 파고율은?

㉮ 1.11   ㉯ 1.414   ㉰ 1.71   ㉱ 3.14

39 4방 밸브를 이용하여 겨울에는 고온부 방출열로 난방을 행하고 여름에는 저온부로 열을 흡수하여 냉방을 행하는 장치는?

㉮ 열펌프   ㉯ 열전 냉동기
㉰ 증기분사 냉동기   ㉱ 공기사이클 냉동기

40 압축방식에 의한 분류 중 체적 압축식 압축기에 속하지 않는 것은?

㉮ 왕복동식 압축기   ㉯ 회전식 압축기
㉰ 스크류식 압축기   ㉱ 흡수식 압축기

41 다음 중 입력신호가 0이면 출력이 1이 되고 반대로 입력이 1이면 출력이 0이 되는 회로는?

㉮ NAND 회로   ㉯ OR 회로   ㉰ NOR 회로   ㉱ NOT 회로

42 다음의 역 카르노 사이클에서 냉동장치의 각 기기에 해당되는 구간이 바르게 연결된 것은?

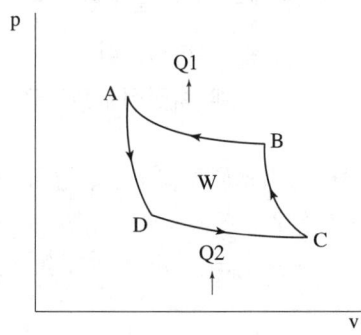

㉮ B→A : 응축기, C→B : 팽창변, D→C : 증발기, A→D : 압축기
㉯ B→A : 증발기, C→B : 압축기, D→C : 응축기, A→D : 팽창변
㉰ B→A : 응축기, C→B : 압축기, D→C : 증발기, A→D : 팽창변
㉱ B→A : 압축기, C→B : 응축기, D→C : 증발기, A→D : 팽창변

A·N·S·W·E·R   38.㉯ 39.㉮ 40.㉱ 41.㉱ 42.㉰

43 냉동기 오일에 관한 설명으로 옳지 않은 것은?

㉮ 윤활 방식에는 비말식과 강제급유식이 있다.

㉯ 사용 오일은 응고점이 높고 인화점이 낮아야 한다.

㉰ 수분의 함유량이 적고 장기간 사용하여도 변질이 적어야 한다.

㉱ 일반적으로 고속다기통 압축기의 경우 윤활유의 온도는 50~60℃ 정도이다.

44 다음 중 냉동장치에서 전자밸브의 사용 목적과 가장 거리가 먼 것은?

㉮ 온도 제어

㉯ 습도 제어

㉰ 냉매, 브라인의 흐름 제어

㉱ 리퀴드 백(Liquid back) 방지

45 수증기를 열원으로 하여 냉방에 적용시킬 수 있는 냉동기는?

㉮ 원심식 냉동기

㉯ 왕복식 냉동기

㉰ 흡수식 냉동기

㉱ 터보식 냉동기

46 터보형 펌프의 종류에 해당되지 않는 것은?

㉮ 볼류트 펌프

㉯ 터빈 펌프

㉰ 축류 펌프

㉱ 수격 펌프

47 벌집모양의 로터를 회전시키면서 윗 부분으로 외기를 아래쪽으로 실내 배기를 통과하면서 외기와 배기의 온도 및 습도를 교환하는 열교환기는?

㉮ 고정식 전열교환기

㉯ 현열교환기

㉰ 히트 파이프

㉱ 회전식 전열교환기

48 공기조화 설비의 구성은 열원장치, 공기조화기, 열 운반장치 등으로 구분하는데, 이 중 공기조화기에 해당되지 않는 것은?

㉮ 여과기

㉯ 제습기

㉰ 가열기

㉱ 송풍기

49 수-공기 방식인 팬 코일 유닛(fan coil unit) 방식의 장점으로 옳지 않은 것은?

㉮ 개별 제어가 가능하다.

㉯ 부하변경에 따른 증설이 비교적 간단하다.

㉰ 전공기 방식에 비해 이송동력이 적다.

㉱ 부분 부하 시 도입 외기량이 많아 실내 공기의 오염이 적다.

ANSWER ▷ 43.㉯ 44.㉯ 45.㉰ 46.㉱ 47.㉱ 48.㉱ 49.㉱

50 습공기 선도에서 표시되어 있지 않은 값은?

㉮ 건구온도   ㉯ 습구온도   ㉰ 엔탈피   ㉱ 엔트로피

51 송풍기의 정압에 대한 내용으로 옳은 것은?

㉮ 정압 = 정압 × 전압   ㉯ 정압 = 동압 ÷ 전압

㉰ 정압 = 전압 - 동압   ㉱ 정압 = 전압 + 동압

52 보일러의 증발량이 20ton/h이고 본체 전열면적이 400m²일 때, 이 보일러의 증발률은 얼마인가?

㉮ 30kg/m²h   ㉯ 40kg/m²h   ㉰ 50kg/m²h   ㉱ 60kg/m²h

53 적당한 위치에서 배기구를 설치하고 송풍기에 의하여 외기를 강제적으로 도입하여 배기는 배기구에서 자연적으로 환기되도록 하는 환기법은?

㉮ 제1종 환기   ㉯ 제2종 환기

㉰ 제3종 환기   ㉱ 제4종 환기

54 냉방부하 계산 시 현열부하에만 속하는 것은?

㉮ 인체에서의 발생열   ㉯ 실내 기구에서의 발생열

㉰ 송풍기의 동력열   ㉱ 틈새바람에 의한 열

55 온풍난방의 특징에 대한 설명으로 옳은 것은?

㉮ 예열시간이 짧아 간헐운전이 가능하다.

㉯ 온·습도 조정을 할 수 없다.

㉰ 실내 상하온도차가 적어 쾌적성이 좋다.

㉱ 공기를 공급하므로 소음발생이 적다.

56 콜드 드래프트(cold draft) 현상의 원인에 해당되지 않는 것은?

㉮ 주위 벽면의 온도가 낮을 때

㉯ 동절기 창문의 극간풍이 없을 때

㉰ 기류의 속도가 클 때

㉱ 주위 공기의 습도가 낮을 때

57 공기조화기용 코일의 배열방식에 따른 분류에 해당되지 않는 것은?

㉮ 풀 서킷 코일　　　　　　　㉯ 더블 서킷 코일

㉰ 슬릿 핀 서킷 코일　　　　　㉱ 하프 서킷 코일

58 온도, 습도, 기류를 1개의 지수로 나타낸 것으로 상대습도 100%, 풍속 0m/s인 경우의 온도는?

㉮ 복사온도　　　㉯ 유효온도　　　㉰ 불쾌온도　　　㉱ 효과온도

59 독립계통으로 운전이 자유롭고 냉수 배관이나 복잡한 덕트 등이 없기 때문에 소규모 상점이나 사무실 등에서 사용되는 경제적인 공조 방식은?

㉮ 중앙식 공조 방식　　　　　　㉯ 복사 냉난방 공조 방식

㉰ 유인유닛 공조 방식　　　　　㉱ 패키지 유닛 공조 방식

60 다익형 송풍기의 임펠러 지름이 450mm인 경우 이 송풍기의 번호는 몇 번인가?

㉮ NO 2　　　　　　　　　　㉯ NO 3

㉰ NO 4　　　　　　　　　　㉱ NO 5

공조냉동기계기능사

01 고압가스 냉동제조 시설에서 압축기의 최종단에 설치한 안전장치의 작동 점검기준으로 옳은 것은? (단, 액체의 열팽창으로 인한 배관의 파열방지용 안전밸브는 제외한다.)

① 3개월에 1회 이상
② 6개월에 1회 이상
③ 1년에 1회 이상
④ 2년에 1회 이상

02 산업재해의 직접적인 원인에 해당되지 않는 것은?

① 안전장치의 기능상실
② 불안전한 자세와 동작
③ 위험물의 취급 부주의
④ 기계장치 등의 설계불량

03 작업조건에 따라 착용하여야 하는 보호구의 연결로 틀린 것은?

① 고열에 의한 화상 등의 위험이 있는 작업 – 안전대
② 근로자가 추락할 위험이 있는 작업 – 안전모
③ 물체가 흩날릴 위험이 있는 작업 – 보안경
④ 감전의 위험이 있는 작업 – 절연용 보호구

04 피로의 원인 중 외부 인자로 볼 수 있는 것은?

① 경험
② 책임감
③ 생활조건
④ 신체적 특성

05 전기용접 작업할 때 안전관리 사항 중 적합하지 않은 것은?

① 피용접물은 완전히 접지시킨다.
② 우천 시에는 옥외작업을 하지 않는다.
③ 용접봉은 홀더로부터 빠지지 않도록 정확히 끼운다.
④ 옥외용접 시에는 헬멧이나 핸드실드를 사용하지 않는다.

A·N·S·W·E·R 01.③ 02.④ 03.① 04.③ 05.④

06 압축기 운전 중 이상음이 발생하는 원인으로 가장 거리가 먼 것은?

① 기초볼트의 이완
② 피스톤 하부에 오일이 고임
③ 토출 밸브, 흡입 밸브의 파손
④ 크랭크샤프트 및 피스톤 핀의 마모

07 보일러 파열사고의 원인으로 가장 거리가 먼 것은?

① 역화의 발생   ② 강도 부족
③ 취급 불량   ④ 계기류의 고장

08 작업장에서 계단을 설치할 때 계단의 폭은 최소 얼마 이상으로 하여야 하는가?
(단, 급유용 · 보수용 · 비상용 계단 및 나선형 계단이 아닌 경우)

① 0.5m   ② 1m
③ 2m   ④ 5m

09 다음의 안전·보건표지가 의미하는 것은?

① 사용금지   ② 보행금지
③ 탑승금지   ④ 출입금지

10 가스용접 작업의 안전사항으로 틀린 것은?

① 기름 묻은 옷은 인화의 위험이 있으므로 입지 않도록 한다.
② 역화하였을 때에는 산소밸브를 조금 더 연다.
③ 역화의 위험을 방지하기 위하여 역화 방지기를 사용하도록 한다.
④ 밸브를 열 때는 용기 앞에서 몸을 피하도록 한다.

11 드릴로 뚫어진 구멍의 내벽이나 절단한 관의 내벽을 다듬어서 구멍의 치수를 정확하게 하고, 구멍 내면을 다듬는 구멍 수정용 공구는?

① 평줄   ② 리머
③ 드릴   ④ 렌치

12 드릴링 머신의 작업 시 일감의 고정 방법에 관한 설명으로 틀린 것은?

① 일감이 작을 때 – 바이스로 고정

② 일감이 클 때 – 볼트와 고정구(클램프) 사용

③ 일감이 복잡할 때 – 볼트와 고정구(클램프) 사용

④ 대량 생산과 정밀도를 요구할 때 – 이동식 바이스 사용

13 목재 화재 시에는 물을 소화제로 이용하는데, 주된 소화 효과는?

① 제거효과   ② 질식효과   ③ 냉각효과   ④ 억제효과

14 냉동장치 내에 공기가 유입되었을 경우 나타나는 현상으로 가장 거리가 먼 것은?

① 응축 압력이 높아진다.

② 압축비가 높게 되어 체적 효율이 증가된다.

③ 냉매와 증발관과의 열전달을 방해하여 냉동능력이 감소된다.

④ 공기흡입시 수분도 혼입되어 프레온 냉동장치에서 부식이 일어난다.

15 보호구 사용 시 유의사항으로 틀린 것은?

① 작업에 적절한 보호구를 선정한다.

② 작업장에는 필요한 수량의 보호구를 비치한다.

③ 보호구는 사용하는데 불편이 없도록 관리를 철저히 한다.

④ 작업을 할 때 개인에 따라 보호구는 사용 안해도 된다.

16 강관의 보온 재료로 가장 거리가 먼 것은?

① 규조토   ② 유리면   ③ 기포성 수지   ④ 광명단

17 이론상의 표준냉동사이클에서 냉매가 팽창밸브를 통과할 때 변하는 것은?

① 엔탈피의 압력   ② 온도와 엔탈피

③ 압력과 온도   ④ 엔탈피와 비체적

18 냉동장치에서 자동제어를 위해 사용되는 전자밸브(Solenoide valve)의 역할로 가장 거리가 먼 것은?

① 액압축 방지   ② 냉매 및 브라인 흐름 제어

③ 용량 및 액면 제어   ④ 고수위 경보

ANSWER ▷ 12.④ 13.③ 14.② 15.④ 16.④ 17.③ 18.④

19 강관의 나사식 이음쇠 중 밴드의 종류에 해당하지 않는 것은?

① 양수 롱 밴드

② 45° 롱 밴드

③ 리턴 밴드

④ 크로스 밴드

20 압축기 종류에 따른 정상적인 유압이 아닌 것은?

① 터보 = 정상저압 + 6kg/cm²

② 입형저속 = 정상저압 + 0.5 ~ 1.5kg/cm²

③ 소형 = 정상저압 + 0.5kg/cm²

④ 고속다기통 = 정상저압 6kg/cm²

21 암모니아 냉동장치에서 실린더 직경 150mm, 행정 90mm, 회전수 1170rpm, 6기통일 때 냉동능력(RT)은? (단, 냉매상수는 8.4이다.)

① 약 98.2

② 약 79.7

③ 약 59.2

④ 약 38.9

22 동결장치 상부에 냉각코일을 집중적으로 설치하고 공기를 유동시켜 피냉각물체를 동결시키는 장치는?

① 송풍 동결장치

② 공기 동결장치

③ 접촉 동결장치

④ 브라인 동결장치

23 건포화증기를 압축기에서 압축시킬 경우 토출되는 증기의 상태는?

① 과열증기

② 포화증기

③ 포화액

④ 습증기

24 냉동기용 전동기의 시동 릴레이는 전동기 정격속도의 얼마에 도달할 때까지 시동전선에 전류를 흐르게 하는가?

① 1/2

② 2/3

③ 1/4

④ 1/5

25 열전달율에 대한 설명 중 옳은 것은?

① 열이 관벽 또는 브라인(Brine) 등의 재질 내에서의 이동을 나타내며 단위는 kcal/m·h·℃이다.

② 액체면과 기체면 사이의 열의 이동을 나타내며 단위는 kcal/m·h·℃이다.

③ 유체와 고체 사이의 열의 이동을 나타내며 단위는 kcal/m²·h·℃이다.

④ 고체와 기체 사이의 열의 이동을 나타내며 단위는 kcal/m³·h·℃이다.

ANSWER 19.④ 20.④ 21.② 22.① 23.① 24.② 25.③

26 표준냉동사이클의 증발 과정 동안 압력과 온도는 어떻게 변화하는가?

① 압력과 온도가 모두 상승한다.
② 압력과 온도가 모두 일정하다.
③ 압력은 상승하고 온도는 일정하다.
④ 압력은 일정하고 온도는 상승한다.

27 흡수식 냉동장치에서 냉매로 암모니아를 사용할 때 흡수제로 가장 적당한 것은?

① LiBr   ② $CaCl_2$ ③ LiCl   ④ H_2O

28 냉동장치에서 다단 압축을 하는 목적으로 옳은 것은?

① 압축비 증가와 체적 효율 감소   ② 압축비와 체적 효율 증가
③ 압축비와 체적 효율 감소   ④ 압축비 감소와 체적 효율 증가

29 동력의 단위 중 값이 큰 순서대로 바르게 나열된 것은?

① $1kW > 1PS > 1kg_f \cdot m/sec > 1kcal/h$
② $1kW > 1kcal/h > 1kg_f \cdot m/sec > 1PS$
③ $1PS > 1kg_f \cdot m/sec > 1kcal/h > 1kW$
④ $1PS > 1kg_f \cdot m/sec > 1kW > 1kcal/h$

30 암모니아 냉동장치에 대한 설명 중 틀린 것은?

① 윤활유에는 잘 용해되나, 수분과의 용해성이 극히 적다.
② 연소성, 폭발성, 독성 및 악취가 있다.
③ 전열 성능이 양호하다.
④ 프레온 냉동장치에 비해 비열비가 크다.

31 온도식 자동팽창 밸브에서 감온통의 부착위치는?

① 응축기 출구   ② 증발기 입구
③ 증발기 출구   ④ 수액기 출구

ANSWER 26.② 27.④ 28.④ 29.① 30.① 31.③

32 냉동장치 운전에 관한 설명으로 옳은 것은?

① 흡입압력이 저하되면 토출가스 온도가 저하된다.

② 냉각수온이 높으면 응축압력이 저하된다.

③ 냉매가 부족하면 증발압력이 상승한다.

④ 응축압력이 상승되면 소요동력이 증가한다.

33 다음 보기 중 브라인의 구비 조건으로 적절한 것은?

보기

| (가) 비열과 열전도율이 클 것 | (나) 끓는점이 높고, 불연성일 것 |
| (다) 동결온도가 높을 것 | (라) 점성이 크고 부식성이 클 것 |

① (가), (나) 　　　　② (가), (다)

③ (나), (다) 　　　　④ (가), (라)

34 냉동능력이 5냉동톤(한국냉동톤)이며, 압축기의 소요동력이 5마력(PS)일 때 응축기에서 제거하여야 할 열량(kcal/h)은?

① 약 18790kcal/h 　　　　② 약 19760kcal/h

③ 약 20900kcal/h 　　　　④ 약 21100kcal/h

35 동일한 증발온도일 경우 간접 팽창식과 비교하여 직접 팽창식 냉동장치에 대한 설명으로 틀린 것은?

① 소요동력이 적다.

② 냉동톤(RT)당 냉매 순환량이 적다.

③ 감열에 의해 냉각시키는 방법이다.

④ 냉매의 증발 온도가 높다.

36 증발기에 대한 설명으로 옳은 것은?

① 증발기 입구 냉매 온도는 출구 냉매 온도보다 높다.

② 탱크형 냉각기는 주로 제빙용에 쓰인다.

③ 1차 냉매는 감열로 열을 운반한다.

④ 브라인은 무기질이 유기질보다 부식성이 작다.

37 냉동기의 스크류 압축기(screw compressor)에 대한 특징으로 틀린 것은?

① 암·나사 2개의 로터나사의 맞물림에 의해 냉매 가스를 압축한다.

② 왕복동식 압축기와 동일하게 흡입, 압축, 토출의 3행정으로 이루어진다.

③ 액격 및 유격이 비교적 크다.

④ 흡입·토출 밸브가 없다.

38 증발식 응축기에 대한 설명 중 옳은 것은?

① 냉각수의 사용량이 많아 증발량도 커진다.

② 응축능력은 냉각관 표면의 온도와 외기 건구온도차에 비례한다.

③ 냉각수량이 부족한 곳에 적합하다.

④ 냉매의 압력강하가 작다.

39 시간적으로 변화하지 않는 일정한 입력신호를 단속 신호로 변환하는 회로로서 경보용 부저 신호에 많이 사용하는 것은?

① 선택 회로

② 플리커 회로

③ 인터로크 회로

④ 자기유지 회로

40 저압 차단 스위치의 작동에 의해 장치가 정지되었을 때, 행하는 점검사항 중 가장 거리가 먼 것은?

① 응축기의 냉각수 단수 여부 확인

② 압축기의 용량제어 장치의 고장 여부 확인

③ 저압측 적상 유무 확인

④ 팽창밸브의 개도 점검

41 왕복동 압축기와 비교하여 원심 압축기의 장점으로 틀린 것은?

① 흡입밸브, 토출밸브 등의 마찰부분이 없으므로 고장이 적다.

② 마찰에 의한 손상이 적어서 성능저하가 적다.

③ 저온장치에는 압축단수를 1단으로 가능하다.

④ 왕복동 압축기에 비해 구조가 간단하다.

42 냉동장치에서 응축기나 수액기 등 고압부에 이상이 생겨 점검 및 수리를 위해 고압측 냉매를 저압측으로 회수하는 작업은?

① 펌프아웃(pump out)　　　　　　② 펌프다운(pump down)

③ 바이패스아웃(bypass out)　　　　④ 바이패스다운(bypass down)

43 응축 온도가 13℃이고, 증발온도가 −13℃인 이론적 냉동 사이클에서 냉동기의 성적 계수는?

① 0.5　　　　　② 2　　　　　③ 5　　　　　④ 10

44 입형 셸 앤 튜브식 응축기의 특징으로 가장 거리가 먼 것은?

① 옥외 설치가 가능하다.　　　　　② 액냉매의 과냉각이 쉽다.

③ 과부하에 잘 견딘다.　　　　　　④ 운전 중 청소가 가능하다.

45 동관을 구부릴 때 사용되는 동관전용 벤더의 최소곡률 반지름은 관지름의 약 몇 배인가?

① 약 1 ~ 2배　　② 약 4 ~ 5배　　③ 약 7 ~ 8배　　④ 약 10 ~ 11배

46 사무실의 공기조화를 행할 경우, 다음 중 전체 열부하에서 가장 큰 비중을 차지하는 항목은?

① 바닥에서 침입하는 열과 재실자로부터의 발생열

② 문을 열 때 들어오는 열과 문 틈으로 들어오는 열

③ 재실자로부터의 발생열과 조명기구로부터의 발생열

④ 벽, 창, 천장 등에서 침입하는 열과 일사에 의해 유리창을 투과하여 침입하는 열

47 실내의 오염된 공기를 신선한 공기로 희석 또는 교환하는 것을 무엇이라고 하는가?

① 환기　　　　　② 배기　　　　　③ 취기　　　　　④ 송기

48 보일러 스케일 방지책으로 적절하지 않은 것은?

① 청정제를 사용한다.

② 보일러 판을 미끄럽게 한다.

③ 급수 중의 불순물을 제거한다.

④ 수질분석을 통한 급수의 한계 값을 유지한다.

ANSWER　42.①　43.④　44.②　45.②　46.④　47.①　48.②

49 냉방부하 계산 시 인체로부터의 취득열량에 대한 설명으로 틀린 것은?

① 인체 발열부하는 작업 상태와는 관계없다.
② 땀의 증발, 호흡 등은 잠열이라 할 수 있다.
③ 인체의 발열량은 재실 인원수와 현열량과 잠열량으로 구한다.
④ 인체 표면에서 대류 및 복사에 의해 방사되는 열은 현열이다.

50 보일러 송기장치의 종류로 가장 거리가 먼 것은?

① 비수방지관　　　　　　　　② 주증기밸브
③ 증기헤더　　　　　　　　　④ 화염검출기

51 건물 내 장소에 따라 부하변동의 상황이 달라질 경우, 구역 구분을 통해 구역마다 공조기를 설치하여 부하처리를 하는 방식은?

① 단일덕트 재열방식
② 단일덕트 변풍량방식
③ 단일덕트 정풍량방식
④ 단일덕트 각층유닛방식

52 복사난방에 대한 설명으로 틀린 것은?

① 설비비가 적게 든다.
② 매립 코일이 고장나면 수리가 어렵다.
③ 외기침입이 있는 곳에도 난방감을 얻을 수 있다.
④ 실내의 벽, 바닥 등을 가열하여 평균복사온도를 상승시키는 방법이다.

53 다음 설명에 알맞은 취출구의 종류는?

보기

| ・취출 기류의 방향조정이 가능하다. | ・댐퍼가 있어 풍량조절이 가능하다. |
| ・공기저항이 크다. | ・공장 주방 등의 국소 냉방에 사용된다. |

① 다공판형　　　　　　　　　② 베인격자형
③ 펑커루버형　　　　　　　　④ 아네모스탯형

54 공기조화용 에어필터의 여과효율을 측정하는 방법으로 가장 거리가 먼 것은?

① 중량법　　② 비색법　　③ 계수법　　④ 용적법

A·N·S·W·E·R ▷ 49.① 50.④ 51.③ 52.① 53.③ 54.④

55 열원이 분산된 개별공조방식에 대한 설명으로 틀린 것은?

① 써모스탯이 내장되어 개별제어가 가능하다.
② 외기냉방이 가능하여 중간기에는 에너지 절약형이다.
③ 유닛에 냉동기를 내장하고 있어 부분운전이 가능하다.
④ 장래의 부하증가, 증축 등에 대해 쉽게 대응할 수 있다.

56 실내에서 폐기되는 공기 중의 열을 이용하여 외기 공기를 예열하는 열 회수방식은?

① 열펌프 방식   ② 팬코일 방식
③ 열파이프 방식   ④ 런 어라운드 방식

57 유체의 속도가 15m/s일 때 이 유체의 속도 수두는?

① 약 5.1m   ② 약 11.5m   ③ 약 15.5m   ④ 약 20.4m

58 흡수식 감습장치에서 주로 사용하는 흡수제는?

① 실리카겔   ② 염화리튬
③ 아드 소울   ④ 활성 알루미나

59 습공기의 엔탈피에 대한 설명으로 틀린 것은?

① 습공기가 가열되면 엔탈피가 증가된다.
② 습공기 중에 수증기가 많아지면 엔탈피는 증가한다.
③ 습공기의 엔탈피는 온도, 압력, 풍속의 함수로 결정된다.
④ 습공기 중의 건공기 엔탈피와 수증기 엔탈피의 합과 같다.

60 공기조화기의 자동제어 시 제어요소가 바르게 나열된 것은?

① 온도제어 - 습도제어 - 환기제어
② 온도제어 - 습도제어 - 압력제어
③ 온도제어 - 차압제어 - 환기제어
④ 온도제어 - 수위제어 - 환기제어

과년도
출제문제

공조냉동기계기능사

01 연삭 숫돌을 교체한 후 시험운전 시 최소 몇 분 이상 공회전을 시켜야 하는가?

① 1분 이상   ② 3분 이상   ③ 5분 이상   ④ 10분 이상

02 전기용접 작업의 안전사항으로 옳은 것은?

① 홀더는 파손되어도 사용에는 관계없다.

② 물기가 있거나 땀에 젖은 손으로 작업해서는 안된다.

③ 작업장은 환기를 시키지 않아도 무방하다.

④ 용접봉을 갈아 끼울 때는 홀더의 충전부가 몸에 닿도록 한다.

03 압축기의 탑 클리어런스(top clearance)가 클 경우에 일어나는 현상으로 틀린 것은?

① 체적효율 감소   ② 토출가스온도 감소

③ 냉동능력 감소   ④ 윤활유의 열화

04 화물을 벨트, 롤러 등을 이용하여 연속적으로 운반하는 컨베이어의 방호장치에 해당되지 않는 것은?

① 이탈 및 역주행 방지장치   ② 비상 정지 장치

③ 덮개 또는 울   ④ 권과 방지 장치

05 냉동설비에 설치된 수액기의 방류둑 용량에 관한 설명으로 옳은 것은?

① 방류둑 용량은 설치된 수액기 내용적의 90% 이상으로 할 것

② 방류둑 용량은 설치된 수액기 내용적의 80% 이상으로 할 것

③ 방류둑 용량은 설치된 수액기 내용적의 70% 이상으로 할 것

④ 방류둑 용량은 설치된 수액기 내용적의 60% 이상으로 할 것

A·N·S·W·E·R   01.② 02.② 03.② 04.④ 05.①

06 공장 설비 계획에 관하여 기계 설비의 배치와 안전의 유의사항으로 틀린 것은?

① 기계설비의 주위에는 충분한 공간을 둔다.
② 공장 내외에는 안전 통로를 설정한다.
③ 원료나 제품의 보관 장소는 충분히 설정한다.
④ 기계 배치는 안전과 운반에 관계없이 가능한 가깝게 설치한다.

07 아세틸렌-산소를 사용하는 가스용접장치를 사용할 때 조정기로 압력 조정 후 점화 순서로 옳은 것은?

① 아세틸렌과 산소 밸브를 동시에 열어 조연성 가스를 많이 혼합 후 점화시킨다.
② 아세틸렌 밸브를 열어 점화시킨 후 불꽃 상태를 보면서 산소밸브를 열어 조정한다.
③ 먼저 산소 밸브를 연 다음 아세틸렌 밸브를 열어 점화시킨다.
④ 먼저 아세틸렌 밸브를 연 다음 산소 밸브를 열어 적정하게 혼합한 후 점화시킨다.

08 보일러 사고원인 중 제작상의 원인이 아닌 것은?

① 재료 불량   ② 설계 불량   ③ 급수처리 불량   ④ 구조 불량

09 보일러 운전상의 장애로 인한 역화(back fire) 방지 대책으로 틀린 것은?

① 점화방법이 좋아야 하므로 착화를 느리게 한다.
② 공기를 노 내에 먼저 공급하고 다음에 연료를 공급한다.
③ 노 및 연도 내에 미연소 가스가 발생하지 않도록 취급에 유의한다.
④ 점화 시 댐퍼를 열고 미연소 가스를 배출시킨 뒤 점화한다.

10 가스용접 또는 가스절단 시 토치 관리의 잘못으로 인한 가스누출 부위로 타당하지 않는 것은?

① 산소밸브, 아세틸렌 밸브의 접속 부분
② 팁과 본체의 접속 부분
③ 절단기의 산소관과 본체의 접속 부분
④ 용접기와 안전홀더 및 어스선 연결 부분

11 유류 화재 시 사용하는 소화기로 가장 적합한 것은?

① 무상수 소화기   ② 봉상수 소화기
③ 분말 소화기   ④ 방화수

ANSWER ▷ 06.④ 07.④ 08.③ 09.① 10.④ 11.③

12 다음 중 감전사고 예방을 위한 방법으로 틀린 것은?

① 전기 설비의 점검을 철저히 한다.
② 전기 기기에 위험 표시를 해둔다.
③ 설비의 필요 부분에는 보호 접지를 한다.
④ 전기 기계 기구의 조작은 필요 시 아무나 할 수 있게 한다.

13 위험을 예방하기 위하여 사업주가 취해야 할 안전상의 조치로 틀린 것은?

① 시설에 대한 안전조치   ② 기계에 대한 안전조치
③ 근로수당에 대한 안전조치   ④ 작업방법에 대한 안전조치

14 다음 산업안전대책 중 기술적인 대책이 아닌 것은?

① 안전설계   ② 근로의욕의 향상
③ 작업행정의 개선   ④ 점검보전의 확립

15 고압 전선이 단선된 것을 발견하였을 때 조치로 가장 적절한 것은?

① 위험하다는 표시를 하고 돌아온다.
② 사고사항을 기록하고 다음 장소의 순찰을 계속 한다.
③ 발견 즉시 회사로 돌아와 보고한다.
④ 일반인의 접근 및 통행을 막고 주변을 감시한다.

16 다음 냉매 중 물에 용해성이 좋아서 흡수식 냉동기의 냉매로 가장 적합한 것은?

① R-50   ② 황   ③ 암모니아   ④ R-22

17 냉동장치의 장기간 정지 시 운전자의 조치사항으로 틀린 것은?

① 냉각수는 그 다음 사용 시 필요하므로 누설되지 않게 밸브 및 플러그의 잠김 상태를 확인하여 잘 잠가 둔다.
② 저압측 냉매를 전부 수액기에 회수하고, 수액기에 전부 회수할 수 없을 때는 냉매통에 회수한다.
③ 냉매 계통 전체의 누설을 검사하여 누설 가스를 발견했을 때는 수리해 둔다.
④ 압축기의 축봉 장치에서 냉매가 누설될 수 있으므로 압력을 걸어둔 상태로 방치해서는 안된다.

ANSWER ▷ 12.④ 13.③ 14.② 15.④ 16.③ 17.①

18 다음과 같은 P-h 선도에서 온도가 가장 높은 곳은?

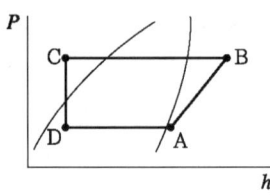

① A   ② B   ③ C   ④ D

19 팽창 밸브를 적게 열었을 때 일어나는 현상으로 옳은 것은?

① 증발 압력 상승   ② 토출 온도 상승
③ 증발 온도 상승   ④ 냉동 능력 상승

20 개방식 냉각탑의 종류로 가장 거리가 먼 것은?

① 대기식 냉각탑   ② 자연 통풍식 냉각탑
③ 강제 통풍식 냉각탑   ④ 증발식 냉각탑

21 프레온 누설 검사 중 헬라이드 토치 시험에서 냉매가 다량으로 누설될 때 변화된 불꽃의 색깔은?

① 청색   ② 녹색   ③ 노랑   ④ 자색

22 냉매배관에 사용되는 저온용 단열재에 요구되는 성질로 틀린 것은?

① 열전도율이 작을 것
② 투습 저항이 크고 흡습성이 작을 것
③ 팽창 계수가 클 것
④ 불연성 또는 난연성일 것

23 다음과 같은 냉동장치의 P-h 선도에서 이론 성적계수는?

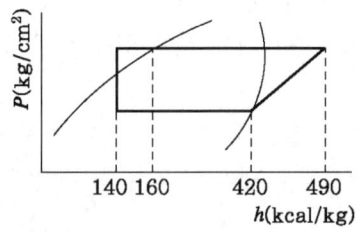

① 3.7   ② 4   ③ 4.7   ④ 5

A·N·S·W·E·R   18.②   19.②   20.④   21.④   22.③   23.②

24 2원 냉동사이클에 대한 설명으로 가장 거리가 먼 것은?

① 각각 독립적으로 작동하는 저온측 냉동사이클과 고온측 냉동사이클로 구성된다.

② 저온측의 응축기 방열량을 고온측의 증발기로 흡수하도록 만든 냉동사이클이다.

③ 보통 저온측 냉매는 임계점이 낮은 냉매, 고온측은 임계점이 높은 냉매를 사용한다.

④ 일반적으로 $-180℃$ 이하의 저온을 얻고자 할 때 이용하는 냉동사이클이다.

25 암모니아 냉매에 대한 설명으로 틀린 것은?

① 가연성, 독성, 자극적인 냄새가 있다.

② 전기 절연도가 떨어져 밀폐식 압축기에는 부적합하다.

③ 냉동효과와 증발잠열이 크다.

④ 철, 강을 부식시키므로 냉매배관은 동관을 사용해야 한다.

26 냉동장치 내에 냉매가 부족할 때 일어나는 현상으로 가장 거리가 먼 것은?

① 냉동능력이 감소한다.

② 고압측 압력이 상승한다.

③ 흡입관에 상이 붙지 않는다.

④ 흡입가스가 과열된다.

27 냉동장치의 냉각기에 적상이 심할 때 미치는 영향이 아닌 것은?

① 냉동능력 감소

② 냉장고 내 온도 저하

③ 냉동능력당 소요동력 증대

④ 리퀴드 백(liquid back) 발생

28 동관의 이음방식이 아닌 것은?

① 플레어 이음　　　　　　　② 빅토리 이음

③ 납땜 이음　　　　　　　　④ 플랜지 이음

29 유기질 브라인으로 부식성이 적고, 독성이 없으므로 주로 식품 냉동의 동결용에 사용되는 브라인은?

① 염화마그네슘　　　　　　② 염화칼슘

③ 에틸렌글리콜　　　　　　④ 프로필렌글리콜

30 다음 그림은 2단압축, 2단팽창 이론 냉동사이클이다. 이론 성적계수를 구하는 공식으로 옳은 것은? (G_L 및 G_H는 각각 저단, 고단 냉매순환량이다.)

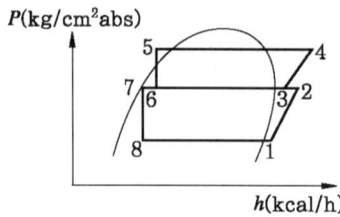

① $\text{COP} = \dfrac{G_L \times (h_1 - h_8)}{(G_L + G_H) \times (h_4 - h_1)}$ ② $\text{COP} = \dfrac{G_L \times (h_1 - h_8)}{(G_L - G_H) \times (h_4 - h_1)}$

③ $\text{COP} = \dfrac{G_H \times (h_1 - h_8)}{G_L \times (h_2 - h_1) + G_H \times (h_4 - h_3)}$ ④ $\text{COP} = \dfrac{G_L \times (h_1 - h_8)}{G_L \times (h_2 - h_1) + G_H \times (h_4 - h_3)}$

31 강관 이음법 중 용접 이음에 대한 설명으로 틀린 것은?

① 유체의 마찰손실이 적다.

② 관의 해체와 교환이 쉽다.

③ 접합부 강도가 강하며, 누수의 염려가 적다.

④ 중량이 가볍고 시설의 보수 유지비가 절감된다.

32 브라인에 대한 설명 중 옳은 것은?

① 브라인은 잠열 형태로 열을 운반한다.

② 에틸렌글리콜, 프로필렌글리콜, 염화칼슘 용액은 유기질 브라인이다.

③ 염화칼슘 브라인은 그 중에 용해되고 있는 산소량이 많을수록 부식성이 적다.

④ 프로필렌글리콜은 부식성이 적고, 독성이 없어 냉동식품의 동결용으로 사용된다.

33 압축기의 토출가스 압력의 상승 원인이 아닌 것은?

① 냉각수온의 상승   ② 냉각수량의 감소

③ 불응축가스의 부족   ④ 냉매의 과충전

34 건포화 증기를 흡입하는 압축기가 있다. 고압이 일정한 상태에서 저압이 내려가면 이 압축기의 냉동 능력은 어떻게 되는가?

① 증대한다.   ② 변하지 않는다.

③ 감소한다.   ④ 감소하다가 점차 증대한다.

35 아래의 기호에 대한 설명으로 적절한 것은?

$$\text{——○ | ○——}$$

① 누르고 있는 동안만 접점이 열린다.
② 누르고 있는 동안만 접점이 닫힌다.
③ 누름/안누름 상관없이 언제나 접점이 열린다.
④ 누름/안누름 상관없이 언제나 접점이 닫힌다.

36 교류 주기가 0.004sec일 때 주파수는?

① 400Hz ② 450Hz ③ 200Hz ④ 250Hz

37 광명단 도료에 대한 설명 중 틀린 것은?

① 밀착력이 강하고 도막도 단단하여 풍화에 강하다.
② 연단에 아마인유를 배합한 것이다.
③ 기계류의 도장 밑칠에 널리 사용된다.
④ 은분이라고도 하며, 방청효과가 매우 좋다.

38 고속 다기통 압축기의 흡입 및 토출밸브에 주로 사용하는 것은?

① 포핏 밸브 ② 플레이트 밸브
③ 리드 밸브 ④ 와셔 밸브

39 압축기의 축봉장치에 대한 설명으로 옳은 것은?

① 냉매나 윤활유가 외부로 새는 것을 방지한다.
② 축의 회전을 원활하게 하는 베어링 역할을 한다.
③ 축이 빠지는 것을 막아주는 역할을 한다.
④ 윤활유를 냉각하는 장치이다.

40 프레온 냉매 액관을 시공할 때 플래시가스 발생 방지 조치로서 틀린 것은?

① 열교환기를 설치한다. ② 지나친 입상을 방지한다.
③ 액관을 방열한다. ④ 응축 설계온도를 낮게 한다.

41 표준 냉동 사이클의 온도조건으로 틀린 것은?

① 증발온도 : −15℃

② 응축온도 : 30℃

③ 팽창밸브 입구에서의 냉매액 온도 : 25℃

④ 압축기 흡입가스 온도 : 0℃

42 열의 이동에 관한 설명으로 틀린 것은?

① 열에너지가 중간 물질과 관계없이 열선의 형태를 갖고 전달되는 전열형식을 복사라 한다.

② 대류는 기체나 액체 운동에 의한 열의 이동현상을 말한다.

③ 온도가 다른 두 물체가 접촉할 때 고온에서 저온으로 열이 이동하는 것을 전도라 한다.

④ 물체 내부를 열이 이동할 때 전열량은 온도차에 반비례하고, 도달거리에 비례한다.

43 프레온 응축기(수냉식)에서 냉각수량이 시간당 18000L, 응축기 냉각관의 전열면적 20m², 냉각수 입구온도 30℃, 출구온도 34℃인 응축기의 열통과율 900kcal/m²·h·℃라고 할 때 응축온도는?

① 32℃   ② 34℃

③ 36℃   ④ 38℃

44 다음의 기호가 표시하는 밸브로 옳은 것은?

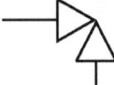

① 볼 밸브   ② 게이트 밸브

③ 수동 밸브   ④ 앵글밸브

45 완전 기체에서 단열압축 과정 동안 나타나는 현상은?

① 비체적이 커진다.   ② 전열량의 변화가 없다.

③ 엔탈피가 증가한다.   ④ 온도가 낮아진다.

46 공기조화기의 가열코일에서 건구온도 3℃의 공기 2500kg/h를 25℃까지 가열하였을 때 가열 열량은? (단, 공기의 비열은 0.24kcal/kg · ℃이다.)

① 7200kcal/h
② 8700kcal/h
③ 9200kcal/h
④ 13200kcal/h

47 복사난방에 대한 설명으로 틀린 것은?

① 실내의 쾌감도가 높다.
② 실내 온도 분포가 균등하다.
③ 외기 온도의 급변에 대한 방열량 조절이 용이하다.
④ 시공, 수리, 개조가 불편하다.

48 덕트 보온 시공 시 주의사항으로 틀린 것은?

① 보온재를 붙이는 면은 깨끗하게 한 후 붙인다.
② 보온재의 두께가 50mm 이상인 경우는 두 층으로 나누어 시공한다.
③ 보의 관통부 등은 반드시 보온 공사를 실시한다.
④ 보온재를 다층으로 시공할 때는 종횡의 이음이 한 곳에 합쳐지도록 한다.

49 온풍난방에 대한 설명으로 틀린 것은?

① 예열시간이 짧다.
② 송풍온도가 고온이므로 덕트가 대형이다.
③ 설치가 간단하며 설비비가 싸다.
④ 별도의 가습기를 부착하여 습도조절이 가능하다.

50 보일러에서 연도로 배출되는 배기열을 이용하여 보일러 급수를 예열하는 부속장치는?

① 과열기
② 연소실
③ 절탄기
④ 공기예열기

51 30℃인 습공기를 80℃ 온수로 가열가습한 경우 상태변화로 틀린 것은?

① 절대습도가 증가한다.
② 건구온도가 감소한다.
③ 엔탈피가 증가한다.
④ 노점온도가 증가한다.

ANSWER ▷ 46.④ 47.③ 48.④ 49.② 50.③ 51.②

52 난방부하를 줄일 수 있는 요인으로 가장 거리가 먼 것은?

① 천장을 통한 전도열
② 태양열에 의한 복사열
③ 사람에서의 발생열
④ 기계의 발생열

53 건물의 바닥, 벽, 천장 등에 온수코일을 매설하고 열원에 의해 패널을 직접 가열하여 실내를 난방하는 방식은?

① 온수 난방
② 열펌프 난방
③ 온풍 난방
④ 복사 난방

54 열의 운반을 위한 방법 중 공기방식이 아닌 것은?

① 단일덕트 방식
② 이중 덕트 방식
③ 멀티존유닛 방식
④ 패키지 유닛 방식

55 원심식 송풍기의 종류에 속하지 않는 것은?

① 터보형 송풍기
② 다익형 송풍기
③ 플레이트형 송풍기
④ 프로펠러형 송풍기

56 다음 공조방식 중 개별 공기조화 방식에 해당되는 것은?

① 팬코일 유닛 방식
② 이중 덕트 방식
③ 복사 냉난방 방식
④ 패키지 유닛 방식

57 캐비테이션(공동현상)의 방지대책으로 틀린 것은?

① 펌프의 흡입양정을 짧게 한다.
② 펌프의 회전수를 적게 한다.
③ 양흡입 펌프를 단흡입 펌프로 바꾼다.
④ 흡입관경은 크게 하며 굽힘을 적게 한다.

58 공기조화에서 시설 내 일산화탄소의 허용되는 오염기준은 시간당 평균 얼마인가?

① 25ppm 이하
② 30ppm 이하
③ 35ppm 이하
④ 40ppm 이하

ANSWER ▷ 52.① 53.④ 54.④ 55.④ 56.④ 57.③ 58.①

59 공기 중의 미세먼지 제거 및 클린룸에 사용되는 필터는?

① 여과식 필터　　　　　　　　② 활성탄 필터

③ 초고성능 필터　　　　　　　④ 자동감기용 필터

60 환기에 대한 설명으로 틀린 것은?

① 환기는 배기에 의해서만 이루어진다.

② 환기는 급기, 배기의 양자를 모두 사용하기도 한다.

③ 공기를 교환해서 실내 공기 중의 오염물 농도를 희석하는 방식을 전체 환기라고
한다.

④ 오염물이 발생하는 곳과 주변의 국부적인 공간에 대해서 처리하는 방식을 국소
환기라고 한다.

부록 1
과년도 출제문제

공조냉동기계기능사

01 개별 공조방식이 아닌 것은?

① 패키지 방식
② 룸쿨러 방식
③ 멀티유닛 방식
④ 팬코일유닛 방식

02 판형 열교환기에 관한 설명 중 틀린 것은?

① 열전달 효율이 높아 온도차가 작은 유체 간의 열교환에 매우 효과적이다.
② 전열판에 요철 형태를 성형시켜 사용하므로 유체의 압력손실이 크다.
③ 셸튜브형에 비해 열관류율이 매우 높으므로 전열면적을 줄일 수 있다.
④ 다수의 전열판을 겹쳐 놓고 볼트로 고정시키므로 전열면의 점검 및 청소가 불편하다.

03 난방 방식의 분류에서 간접 난방에 해당하는 것은?

① 온수난방
② 증기난방
③ 복사난방
④ 히트펌프난방

04 다음의 공기선도에서 (2)에서 (1)로 냉각, 감습을 할 때 현열비(SHF)의 값을 식으로 나타낸 것 중 옳은 것은?

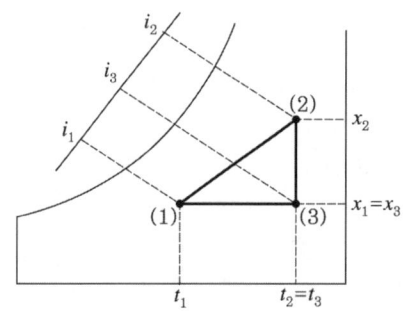

① $\dfrac{i_2 - i_3}{i_2 - i_1}$

② $\dfrac{i_3 - i_1}{i_2 - i_1}$

③ $\dfrac{i_2 - i_1}{i_3 - i_1}$

④ $\dfrac{i_3 + i_2}{i_2 + i_1}$

A·N·S·W·E·R ▷ 01.④ 02.④ 03.④ 04.②

05 덕트 속에 흐르는 공기의 평균 유속 10m/s, 공기의 비중량 $1.2kg_f/m^3$, 중력 가속도가 $9.8m/s^2$일 때 동압(mmAq)은?

① 약 3   ② 약 4   ③ 약 5   ④ 약 6

06 냉동기를 운전하기 전에 준비해야 할 사항으로 틀린 것은?

① 압축기 유면 및 냉매량을 확인한다.
② 응축기, 유냉각기의 냉각수 입·출구밸브를 연다.
③ 냉각수 펌프를 운전하여 응축기 및 실린더 자켓의 통수를 확인한다.
④ 암모니아 냉동기의 경우는 오일 히터를 기동 30~60분 전에 통전한다.

07 냉동기 검사에 합격한 냉동기 용기에 반드시 각인해야 할 사항은?

① 제조업체의 전화번호   ② 용기의 번호
③ 제조업체의 등록번호   ④ 제조업체의 주소

08 가스용접 작업 시 주의사항이 아닌 것은?

① 용기밸브는 서서히 열고 닫는다.
② 용접 전에 소화기 및 방화사를 준비한다.
③ 용접 전에 전격방지기 설치 유무를 확인한다.
④ 역화 방지를 위하여 안전기를 사용한다.

09 전기 기기의 방폭구조의 형태가 아닌 것은?

① 내압 방폭구조   ② 안전증 방폭구조
③ 유입 방폭구조   ④ 차동 방폭구조

10 수공구 사용에 대한 안전사항 중 틀린 것은?

① 공구함에 정리를 하면서 사용한다.
② 결함이 없는 완전한 공구를 사용한다.
③ 작업완료 시 공구의 수량과 훼손 유무를 확인한다.
④ 불량공구는 사용자가 임시 조치하여 사용한다.

ANSWER   05.④   06.④   07.②   08.③   09.④   10.④

11 표준 냉동사이클로 운전될 경우, 다음 왕복동 압축기용 냉매 중 토출가스 온도가 제일 높은 것은?

① 암모니아　　　② R-22　　　③ R-12　　　④ R-500

12 증기압축식 냉동사이클의 압축 과정 동안 냉매의 상태변화로 틀린 것은?

① 압력 상승　　　　　　② 온도 상승
③ 엔탈피 증가　　　　　④ 비체적 증가

13 다음 중 동관작업용 공구가 아닌 것은?

① 익스팬더　　　② 티뽑기　　　③ 플레어링 툴　　　④ 클립

14 유체의 입구와 출구의 각이 직각이며, 주로 방열기의 입구 연결밸브나 보일러 주증기 밸브로 사용되는 밸브는?

① 슬루스 밸브(Sluice valve)　　　② 체크 밸브(Check valve)
③ 앵글 밸브(Angle valve)　　　④ 게이트 밸브(Gate valve)

15 횡형 쉘 앤 튜브(Horizental shell and tube)식 응축기에 부착되지 않는 것은?

① 역지 밸브　　　　　　② 공기배출구
③ 물 드레인 밸브　　　　④ 냉각수 배관 출·입구

16 다음 중 정전기 방전의 종류가 아닌 것은?

① 불꽃 방전　　　② 연면 방전　　　③ 분기 방전　　　④ 코로나 방전

17 보일러 운전 중 과열에 의한 사고를 방지하기 위한 사항으로 틀린 것은?

① 보일러의 수위가 안전저수면 이하가 되지 않도록 한다.
② 보일러수의 순환을 교란시키지 말아야 한다.
③ 보일러 전열면을 국부적으로 과열하여 운전한다.
④ 보일러수가 농축되지 않게 운전한다.

ANSWER ➤ 11.①　12.④　13.④　14.③　15.①　16.③　17.③

18 보일러의 수압시험을 하는 목적으로 가장 거리가 먼 것은?

① 균열의 유무를 조사
② 각종 덮개를 장치한 후의 기밀도 확인
③ 이음부의 누설정도 확인
④ 각종 스테이의 효력을 조사

19 응축압력이 지나치게 내려가는 것을 방지하기 위한 조치방법 중 틀린 것은?

① 송풍기의 풍량을 조절한다.
② 송풍기 출구에 댐퍼를 설치하여 풍량을 조절한다.
③ 수냉식일 경우 냉각수의 공급을 증가시킨다.
④ 수냉식일 경우 냉각수의 온도를 높게 유지한다.

20 작업 시 사용하는 해머의 조건으로 적절한 것은?

① 쐐기가 없는 것
② 타격면에 흠이 있는 것
③ 타격면이 평탄한 것
④ 머리가 깨어진 것

21 팽창밸브가 냉동 용량에 비하여 너무 작을 때 일어나는 현상은?

① 증발압력 상승
② 압축기 소요동력 감소
③ 소요전류 증대
④ 압축기 흡입가스 과열

22 보일러의 운전 중 파열사고의 원인으로 가장 거리가 먼 것은?

① 수위 상승   ② 강도의 부족
③ 취급의 불량   ④ 계기류의 고장

23 전기화재의 원인으로 고압선과 저압선이 나란히 설치된 경우, 변압기의 1, 2차 코일의 절연파괴로 인하여 발생하는 것은?

① 단락   ② 지락   ③ 혼촉   ④ 누전

24 기계 작업 시 일반적인 안전에 대한 설명 중 틀린 것은?

① 취급자나 보조자 이외에는 사용하지 않도록 한다.
② 칩이나 절삭된 물품에 손을 대지 않는다.
③ 사용법을 확실히 모르면 손으로 움직여 본다.
④ 기계는 사용 전에 점검한다.

25 보호구의 적절한 선정 및 사용 방법에 대한 설명 중 틀린 것은?

① 작업에 적절한 보호구를 선정한다.
② 작업장에는 필요한 수량의 보호구를 비치한다.
③ 보호구는 방호 성능이 없어도 품질이 양호해야 한다.
④ 보호구는 착용이 간편해야 한다.

26 냉동장치의 냉매배관에서 흡입관의 시공상 주의점으로 틀린 것은?

① 두 개의 흐름이 합류하는 곳은 T이음으로 연결한다.
② 압축기가 증발기보다 밑에 있는 경우, 흡입관은 증발기 상부보다 높은 위치까지 올린 후 압축기로 가게 한다.
③ 흡입관의 입상이 매우 길 때는 약 10m 마다 중간에 트랩을 설치한다.
④ 각각의 증발기에서 흡인 주관으로 들어가는 관은 주관 위에서 접속한다.

27 압축기의 상부간격(Top Clearance)이 크면 냉동장치에 어떤 영향을 주는가?

① 토출가스 온도가 낮아진다.   ② 체적 효율이 상승한다.
③ 윤활유가 열화되기 쉽다.   ④ 냉동능력이 증가한다.

28 200V, 300W의 전열기를 100V 전압에서 사용할 경우 소비전력은?

① 약 50kW   ② 약 75kW
③ 약 100kW   ④ 약 150kW

29 흡수식 냉동기에 사용되는 흡수제의 구비조건으로 틀린 것은?

① 용액의 증기압이 낮을 것
② 농도변화에 의한 증기압의 변화가 클 것
③ 재생에 많은 열량을 필요로 하지 않을 것
④ 점도가 높지 않을 것

30 냉동장치의 능력을 나타내는 단위로서 냉동톤(RT)이 있다. 1냉동톤에 대한 설명으로 옳은 것은?

① 0℃의 물 1kg을 24시간에 0℃의 얼음으로 만드는데 필요한 열량
② 0℃의 물 1ton을 24시간에 0℃의 얼음으로 만드는데 필요한 열량
③ 0℃의 물 1kg을 1시간에 0℃의 얼음으로 만드는데 필요한 열량
④ 0℃의 물 1ton을 1시간에 0℃의 얼음으로 만드는데 필요한 열량

31 암모니아 냉매의 특성으로 틀린 것은?

① 물에 잘 용해된다.
② 밀폐형 압축기에 적합한 냉매이다.
③ 다른 냉매보다 냉동효과가 크다.
④ 가연성으로 폭발의 위험이 있다.

32 동관에 관한 설명 중 틀린 것은?

① 전기 및 열전도율이 좋다.
② 가볍고 가공이 용이하며 일반적으로 동파에 강하다.
③ 산성에는 내식성이 강하고 알칼리성에는 심하게 침식된다.
④ 전연성이 풍부하고 마찰저항이 적다.

33 회전 날개형 압축기에서 회전 날개의 부착은?

① 스프링 힘에 의하여 실린더에 부착한다.
② 원심력에 의하여 실린더에 부착한다.
③ 고압에 의하여 실린더에 부착한다.
④ 무게에 의하여 실린더에 부착한다.

34 회전식 압축기의 특징에 관한 설명으로 틀린 것은?

① 조립이나 조정에 있어서 고도의 정밀도가 요구된다.
② 대형 압축기와 저온용 압축기에 많이 사용한다.
③ 왕복동식보다 부품 수가 적으며 흡입밸브가 없다.
④ 압축이 연속적으로 이루어져 진공펌프로도 사용된다.

ANSWER 30.② 31.② 32.③ 33.② 34.②

35 액체가 기체로 변할 때의 열은?

① 승화열   ② 응축열

③ 증발열   ④ 융해열

36 다음 그림과 같이 15A 강관을 45° 엘보에 동일부속 나사 연결할 때 관의 실제 소요 길이는?(단, 엘보중심 길이 21mm, 나사물림 길이 11mm이다.)

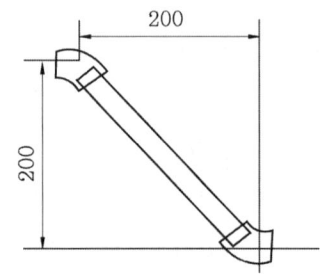

① 약 255.8mm   ② 약 258.8mm

③ 약 274.8mm   ④ 약 262.8mm

37 기준냉동사이클에 의해 작동되는 냉동장치의 운전 상태에 대한 설명 중 옳은 것은?

① 증발기 내의 액냉매는 피냉각 물체로부터 열을 흡수함으로써 증발기 내를 흘러 감에 따라 온도가 상승한다.

② 응축온도는 냉각수 입구온도보다 높다.

③ 팽창과정 동안 냉매는 단열팽창하므로 엔탈피가 증가한다.

④ 압축기 토출 직후의 증기온도는 응축과정 중의 냉매 온도보다 낮다.

38 표준 냉동사이클의 P–h(압력–엔탈피) 선도에 대한 설명으로 틀린 것은?

① 응축과정에서는 압력이 일정하다.

② 압축과정에서는 엔트로피가 일정하다.

③ 증발과정에서는 온도와 압력이 일정하다.

④ 팽창과정에서는 엔탈피와 압력이 일정하다.

39 냉동장치의 압축기에서 가장 이상적인 압축과정은?

① 등온 압축   ② 등엔트로피 압축

③ 등압 압축   ④ 등엔탈피 압축

A·N·S·W·E·R ▷ 35.③ 36.④ 37.② 38.④ 39.②

40 다음은 NH_3 표준냉동사이클의 P-h선도이다. 플래시 가스 열량(kcal/kg)은 얼마인가?

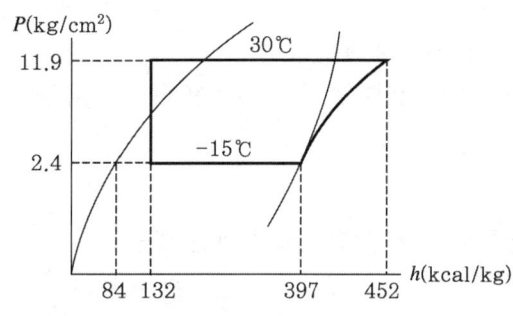

① 48

② 55

③ 313

④ 368

41 15℃의 공기 15kg과 30℃의 공기 5kg을 혼합할 때 혼합 후의 공기온도는?

① 약 22.5℃　　② 약 20℃　　③ 약 19.2℃　　④ 약 18.7℃

42 동절기의 가열코일의 동결방지 방법으로 틀린 것은?

① 온수코일은 야간 운전정지 중 순환펌프를 운전한다.

② 운전 중에는 전열교환기를 사용하여 외기를 예열하여 도입한다.

③ 외기와 환기가 혼합되지 않도록 별도의 통로를 만든다.

④ 증기코일의 경우 $0.5kg/cm^2$ 이상의 증기를 사용하고 코일 내에 응축수가 고이지 않도록 한다.

43 송풍기의 효율을 표시하는데 사용되는 정압효율에 대한 정의로 옳은 것은?

① 팬의 축 동력에 대한 공기의 저항력

② 팬의 축 동력에 대한 공기의 정압 동력

③ 공기의 저항력에 대한 팬의 축 동력

④ 공기의 정압 동력에 대한 팬의 축 동력

44 노통 연관 보일러에 대한 설명으로 틀린 것은?

① 노통 보일러와 연관 보일러의 장점을 혼합한 보일러이다.

② 보유수량에 비해 보일러 열효율이 80~85% 정도로 좋다.

③ 형체에 비해 전열면적이 크다.

④ 구조상 고압, 대용량에 적합하다.

A·N·S·W·E·R　40.① 41.④ 42.③ 43.② 44.④

45 고체 냉각식 동결장치가 아닌 것은?

① 스파이럴식 동결장치
② 배치식 콘택트 프리져 동결장치
③ 연속식 싱글 스틸 벨트 프리져 동결장치
④ 드럼 프리져 동결장치

46 흡수식 냉동장치의 주요구성 요소가 아닌 것은?

① 재생기　　　② 흡수기　　　③ 이젝터　　　④ 용액펌프

47 단단 증기압축식 냉동사이클에서 건조압축과 비교하여 과열압축이 일어날 경우 나타나는 현상으로 틀린 것은?

① 압축기 소비동력이 커진다.　　② 비체적이 커진다.
③ 냉매 순환량이 증가한다.　　④ 토출가스의 온도가 높아진다.

48 다음 P-h선도(Mollier Diagram)에서 등온선을 나타낸 것은?

① 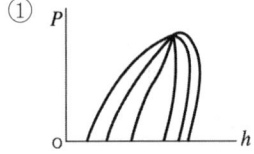　　②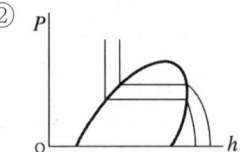

③ 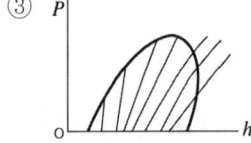　　④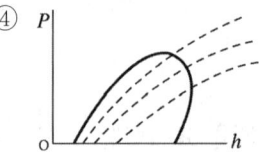

49 냉동기의 2차 냉매인 브레인의 구비조건으로 틀린 것은?

① 낮은 응고점으로 낮은 온도에서도 동결되지 않을 것
② 비중이 적당하고 점도가 낮을 것
③ 비열이 크고 열전달 특성이 좋을 것
④ 증발이 쉽게 되고 잠열이 클 것

50 두 전하 사이에 작용하는 힘의 크기는 두 전하 세기의 곱에 비례하고, 두 전하 사이의 거리의 제곱에 반비례하는 법칙은?

① 옴의 법칙　　　　　　　　　② 쿨롱의 법칙
③ 패러데이의 법칙　　　　　　④ 키르히호프의 법칙

51 2단압축 1단 팽창 사이클에서 중간 냉각기 주위에 연결되는 장치로 적당하지 않은 것은?

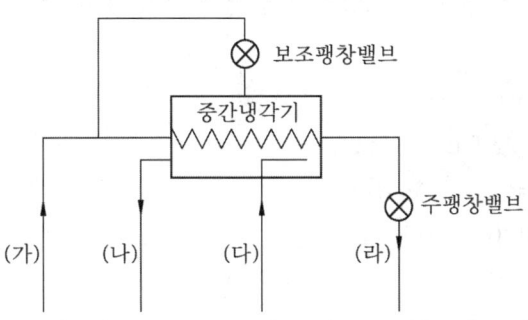

① (가) : 수액기　　　　　　　② (나) : 고단측 압축기
③ (다) : 응축기　　　　　　　④ (라) : 증발기

52 지열을 이용하는 열펌프(Heat Pump)의 종류로 가장 거리가 먼 것은?

① 엔진 구동 열펌프　　　　　② 지하수 이용 열펌프
③ 지표수 이용 열펌프　　　　④ 토양 이용 열펌프

53 냉동사이클에서 응축온도는 일정하게 하고 증발온도를 저하시키면 일어나는 현상으로 틀린 것은?

① 냉동능력이 감소한다.　　　② 성능계수가 저하한다.
③ 압축기의 토출온도가 감소한다.　④ 압축비가 증가한다.

54 점토 또는 탄산마그네슘을 가하여 형틀에 압축 성형한 것으로 다른 보온재에 비해 단열효과가 떨어져 두껍게 시공하며, 500℃ 이하의 파이프, 탱크노벽 등의 보온에 사용하는 것은?

① 규조토　　　　　　　　　　② 합성수지 패킹
③ 석면　　　　　　　　　　　④ 오일시일 패킹

55 공기조화에 사용되는 온도 중 사람이 느끼는 감각에 대한 온도, 습도, 기류의 영향을 하나로 모아 만든 쾌감의 지표는?

① 유효온도(effective temperature : ET)

② 흑구온도(globe temperature : GT)

③ 평균복사온도(mean radiant temperature : MRT)

④ 작용온도(operation temperature : OT)

56 핀(fin)이 붙은 튜브형 코일을 강판형 박스에 넣은 것으로 대류를 이용한 방열기는?

① 콘벡터(convector)

② 팬코일 유닛(fan coil unit)

③ 유닛 히터(unit heater)

④ 라디에이터(radiator)

57 단일 덕트 방식의 특징으로 틀린 것은?

① 단일 덕트 스페이스가 비교적 크게 된다.

② 외기 냉방운전이 가능하다.

③ 고성능 공기정화장치의 설치가 불가능하다.

④ 공조기가 집중되어 있으므로 보수관리가 용이하다.

58 건축물에서 외기와 접하지 않는 내벽, 내창, 천정 등에서의 손실열량을 계산할 때 관계없는 것은?

① 열관류율   ② 면적

③ 인접실과 온도차   ④ 방위계수

59 공기조화방식 중에서 외기도입을 하지 않아 덕트 설비가 필요 없는 방식은?

① 팬코일 유닛방식   ② 유인 유닛방식

③ 각층 유닛방식   ④ 멀티존 방식

ANSWER ▷ 55.① 56.① 57.③ 58.④ 59.①

60 다음 그림에서 설명하고 있는 냉방 부하의 변화 요인은?

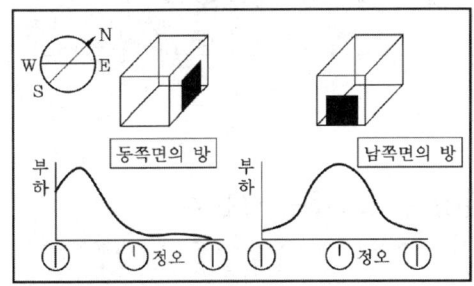 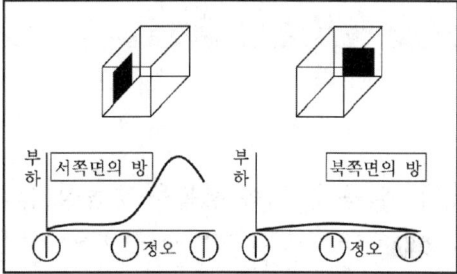

① 방의 크기
② 방의 방위
③ 단열재의 두께
④ 단열재의 종류

부록 1

과년도 출제문제

공조냉동기계기능사

01 다음 중 저속 왕복동 냉동장치의 운전 순서로 옳은 것은?

보기
1. 압축기를 시동한다.
2. 흡입측 스톱밸브를 천천히 연다.
3. 냉각수 펌프를 운전한다.
4. 응축기의 액면계 등으로 냉매량을 확인한다.
5. 압축기의 유면을 확인한다.

① 1-2-3-4-5 ② 5-4-3-2-1
③ 5-4-3-1-2 ④ 1-2-5-3-4

02 전기스위치 조작 시 오른손으로 하기를 권장하는 이유로 가장 적당한 것은?

① 심장에 전류가 직접 흐르지 않도록 하기 위하여
② 작업을 손쉽게 하기 위하여
③ 스위치 개폐를 신속히 하기 위하여
④ 스위치 조작 시 많은 힘이 필요하므로

03 보일러의 과열 원인으로 적절하지 못한 것은?

① 보일러 수의 수위가 높을 때
② 보일러 내 스케일이 생성되었을 때
③ 보일러 수의 순환이 불량할 때
④ 전열면에 국부적인 열을 받았을 때

04 스패너 사용 시 주의 사항으로 틀린 것은?

① 스패너가 벗겨지거나 미끄러짐에 주의한다.
② 스패너의 입이 너트 폭과 잘 맞는 것을 사용한다.
③ 스패너 길이가 짧은 경우에는 파이프를 끼어서 사용한다.
④ 무리하게 힘을 주지 말고 조심스럽게 사용한다.

ANSWER ▷ 01.③ 02.① 03.① 04.③

05 다음 중 위생 보호구에 해당되는 것은?

① 안전모   ② 귀마개   ③ 안전화   ④ 안전대

06 왕복펌프의 보수 관리 시 점검 사항으로 틀린 것은?

① 윤활유 작동 확인
② 축수 온도 확인
③ 스터핑 박스의 누설 확인
④ 다단 펌프에 있어서 프라이밍 누설 확인

07 작업복 선정 시 유의사항으로 틀린 것은?

① 작업복의 스타일은 착용자의 연령, 성별 등은 고려할 필요가 없다.
② 화기사용 작업자는 방염성, 불연성의 작업복을 착용한다.
③ 작업복은 항상 깨끗이 하여야 한다.
④ 작업복은 몸에 맞고 동작이 편하며, 상의 끝이나 바지자락 등이 기계에 말려 들어갈 위험이 없도록 한다.

08 안전보건관리 책임자의 직무에 가장 거리가 먼 것은?

① 산업재해의 원인 조사 및 재발 방지대책 수립에 관한 사항
② 안전에 관한 조직편성 및 예산책정에 관한 사항
③ 안전 보건과 관련된 안전장치 및 보호구 구입 시의 적격품 여부 확인에 관한 사항
④ 근로자의 안전 보건교육에 관한 사항

09 가스집합용접장치의 배관을 하는 경우 주관, 분기관에 안전기를 설치하는데, 이는 하나의 취관에 몇 개 이상의 안전기를 설치해야 하는가?

① 1   ② 2   ③ 3   ④ 4

10 전동공구 사용상의 안전수칙이 아닌 것은?

① 전기 드릴로 아주 작은 물건이나 긴 물건에 작업할 때에는 지그를 사용한다.
② 전기 그라인더나 샌더가 회전하고 있을 때 작업대 위에 공구를 놓아서는 안 된다.
③ 수직 휴대용 연삭기의 숫돌의 노출각도는 90°까지 허용된다.
④ 이동식 전기 드릴 작업 시 장갑을 끼지 말아야 한다.

ANSWER ▷ 05.② 06.④ 07.① 08.② 09.② 10.③

11 전기 용접 시 전격을 방지하는 방법으로 틀린 것은?

① 용접기의 절연 및 접지상태를 확실히 점검할 것
② 가급적 개로 전압이 높은 교류 용접기를 사용할 것
③ 장시간 작업 중지 때는 반드시 스위치를 차단시킬 것
④ 반드시 주어진 보호구와 복장을 착용할 것

12 소화기 보관상의 주의사항으로 틀린 것은?

① 겨울철에는 얼지 않도록 보온에 유의한다.
② 소화기 뚜껑은 조금 열어놓고 봉인하지 않고 보관한다.
③ 습기가 적고 서늘한 곳에 둔다.
④ 가스를 채워 넣는 소화기는 가스를 채울 때 반드시 제조업자에게 의뢰하도록 한다.

13 다음 중 점화원으로 볼 수 없는 것은?

① 전기 불꽃 ② 기화열
③ 정전기 ④ 못을 박을 때 튀는 불꽃

14 교류 아크 용접기 사용 시 안전 유의사항으로 틀린 것은?

① 용접변압기의 1차측 전로는 하나의 용접기에 대해서 2개의 개폐기로 할 것
② 2차측 전로는 용접봉 케이블 또는 캡타이어 케이블을 사용할 것
③ 용접기의 외함은 접지하고 누전차단기를 설치할 것
④ 일정 조건하에서 용접기를 사용할 때는 자동전격방지 장치를 사용할 것

15 근로자가 안전하게 통행할 수 있도록 통로에는 몇 럭스 이상의 조명시설을 해야 하는가?

① 10 ② 30 ③ 45 ④ 75

16 암모니아 냉매 배관을 설치할 때 시공방법으로 틀린 것은?

① 관이음 패킹재료는 천연고무를 사용한다.
② 흡입관에는 U트랩을 설치한다.
③ 토출관의 합류는 Y접속으로 한다.
④ 액관의 트랩부에는 오일 드레인 밸브를 설치한다.

ANSWER ▷ 11.② 12.② 13.② 14.① 15.④ 16.②

17 2원 냉동장치에 대한 설명 중 틀린 것은?

① 냉매는 주로 저온용과 고온용을 1 : 1로 섞어서 사용한다.
② 고온측 냉매로는 비등점이 높은 냉매를 주로 사용한다.
③ 저온측 냉매로는 비등점이 낮은 냉매를 주로 사용한다.
④ $-80 \sim -70$℃ 정도 이하의 초저온 냉동장치에 주로 사용된다.

18 팽창밸브 본체와 온도센서 및 전자제어부를 조립함으로써 과열도 제어를 하는 특징을 가지며, 바이메탈과 전열기가 조립된 부분과 니들밸브 부분으로 구성된 팽창밸브는?

① 온도식 자동 팽창밸브   ② 정압식 자동 팽창밸브
③ 열전식 팽창밸브   ④ 플로트식 팽창밸브

19 다음 중 흡수식 냉동기의 용량제어 방법이 아닌 것은?

① 구동열원 입구제어   ② 증기토출 제어
③ 발생기 공급 용액량 조절   ④ 증발기 압력제어

20 냉매의 특징에 관한 설명으로 옳은 것은?

① NH_3는 물과 기름에 잘 녹는다.
② R-12은 기름과 잘 용해하나 물에는 잘 녹지 않는다.
③ R-12는 NH_3보다 전열이 양호하다.
④ NH_3의 포화증기의 비중은 R-12 보다 작지만 R-22 보다 크다.

21 다음 수냉식 응축기에 관한 설명으로 옳은 것은?

① 수온이 일정한 경우 유막 물때가 두껍게 부착하여도 수량을 증가하면 응축압력에는 영향이 없다.
② 응축부하가 크게 증가하면 응축압력 상승에 영향을 준다.
③ 냉각수량이 풍부한 경우에는 불응축 가스의 혼입 영향이 없다.
④ 냉각수량이 일정한 경우에는 수온에 의한 영향은 없다.

ANSWER ⟩ 17.①   18.③   19.④   20.②   21.②

22 다음 중 등온변화에 대한 설명으로 틀린 것은?

① 압력과 부피의 곱은 항상 일정하다.

② 내부 에너지는 증가한다.

③ 가해진 열량과 한 일이 같다.

④ 변화 전과 후의 내부 에너지의 값이 같아진다.

23 동관 공작용 작업 공구가 아닌 것은?

① 익스팬더 ② 사이징 툴

③ 튜브 벤더 ④ 봄볼

24 주로 저압증기나 온수배관에서 호칭지름이 작은 분기관에 이용되며, 굴곡부에서 압력 강하가 생기는 이음쇠는?

① 슬리브형 ② 스위블형

③ 루프형 ④ 벨로즈형

25 유량이 적거나 고압일 때에 유량조절을 한 층 더 엄밀하게 행할 목적으로 사용되는 것은?

① 콕 ② 안전밸브

③ 글로브밸브 ④ 앵글밸브

26 증발압력 조정밸브를 부착하는 주요 목적은?

① 흡입압력을 저하시켜 전동기의 기동 전류를 적게 한다.

② 증발기 내의 압력이 일정 압력 이하가 되는 것을 방지한다.

③ 냉매의 증발온도를 일정치 이하로 내리게 한다.

④ 응축압력을 항상 일정하게 유지한다.

27 다음 중 압축기 효율과 가장 거리가 먼 것은?

① 체적효율 ② 기계효율 ③ 압축효율 ④ 팽창효율

28 냉방능력 1냉동톤인 응축기에 10L/min의 냉각수가 사용되었다. 냉각수 입구의 온도가 32℃이면 출구 온도는? (단, 방열계수는 1.2로 한다.)

① 12.5℃ ② 22.6℃ ③ 38.6℃ ④ 49.5℃

A·N·S·W·E·R 22.② 23.④ 24.② 25.③ 26.② 27.④ 28.③

29 흡수식 냉동장치의 적용대상으로 가장 거리가 먼 것은?

① 백화점 공조용
② 산업공조용
③ 제빙공장용
④ 냉난방장치용

30 2단 압축냉동장치에서 각각 다른 2대의 압축기를 사용하지 않고 1대의 압축기가 2대의 압축기 역할을 할 수 있는 압축기는?

① 부스터 압축기
② 캐스케이드 압축기
③ 콤파운드 압축기
④ 보조 압축기

31 냉동사이클에서 증발온도가 −15℃이고 과열도가 5℃일 경우 압축기 가스온도는?

① 5℃
② −10℃
③ −15℃
④ −20℃

32 시퀀스 제어에 속하지 않는 것은?

① 자동 전기밥솥
② 전기세탁기
③ 가정용 전기냉장고
④ 네온사인

33 2000W의 전기가 1시간 일한 양을 열량으로 표현하면 얼마인가?

① 172kcal/h
② 860kcal/h
③ 17200kcal/h
④ 1720kcal/h

34 엔탈피의 단위로 옳은 것은?

① kcal/kg
② kcal/h · ℃
③ kcal/kg · ℃
④ kcal/m³ · h · ℃

35 −15℃에서 건조도가 0인 암모니아 가스를 교축 팽창시켰을 때 변화가 없는 것은?

① 비체적
② 압력
③ 엔탈피
④ 온도

36 글랜드 패킹의 종류가 아닌 것은?

① 오일시일 패킹
② 석면 야안 패킹
③ 아마존 패킹
④ 몰드 패킹

ANSWER ▶ 29.③ 30.③ 31.② 32.③ 33.④ 34.① 35.③ 36.①

37 팽창밸브 직후의 냉매 건조도를 0.23, 증발 잠열이 52kcal/kg이라 할 때, 이 냉매의 냉동 효과는?

① 226kcal/kg ② 40kcal/kg ③ 38kcal/kg ④ 12kcal/kg

38 열역학 제1법칙을 설명한 것으로 옳은 것은?

① 밀폐계가 변화할 때 엔트로피의 증가를 나타낸다.
② 밀폐계에 가해준 열량과 내부 에너지의 변화량의 합은 일정하다.
③ 밀폐계에 전달된 열량은 내부 에너지 증가와 계가 한 일의 합과 같다.
④ 밀폐계의 운동에너지와 위치에너지의 합은 일정하다.

39 역 카르노 사이클은 어떤 상태변화 과정으로 이루어져 있는가?

① 1개의 등온과정, 1개의 등압과정
② 2개의 등압과정, 2개의 교축작용
③ 1개의 단열과정, 2개의 교축과정
④ 2개의 단열과정, 2개의 등온과정

40 회전식 압축기의 특징에 관한 설명으로 틀린 것은?

① 용량제어가 없고 분해조립 및 정비에 특수한 기술이 필요하다.
② 대형 압축기와 저온용 압축기로 사용하기 적당하다.
③ 왕복동식처럼 격간이 없어 체적효율, 성능 계수가 양호하다.
④ 소형이고 설치면적이 적다.

41 터보냉동기의 운전 중 서징(surging)현상이 발생하였다. 그 원인으로 틀린 것은?

① 흡입가이드 베인을 너무 조일 때
② 가스 유량이 감소될 때
③ 냉각수온이 너무 낮을 때
④ 너무 낮은 가스유량으로 운전할 때

42 열에 관한 설명으로 틀린 것은?

① 승화열은 고체가 기체로 되면서 주위에서 빼앗는 열량이다.
② 잠열은 물체의 상태를 바꾸는 작용을 하는 열이다.
③ 현열은 상태 변화 없이 온도 변화에 필요한 열이다.
④ 융해열은 현열의 일종이며, 고체를 액체로 바꾸는데 필요한 열이다.

43 왕복동식 압축기와 비교하여 스크류 압축기의 특징이 아닌 것은?

① 흡입·토출밸브가 없으므로 마모 부분이 없어 고장이 적다.
② 냉매의 압력 손실이 크다.
③ 무단계 용량제어가 가능하며 연속적으로 행할 수 있다.
④ 체적 효율이 좋다.

44 컨덕턴스는 무엇을 뜻하는가?

① 전류의 흐름을 방해하는 정도를 나타낸 것이다.
② 전류가 잘 흐르는 정도를 나타낸 것이다.
③ 전위차를 얼마나 적게 나타내느냐의 정도를 나타낸 것이다.
④ 전위차를 얼마나 크게 나타내느냐의 정도를 나타낸 것이다.

45 다음 중 2단압축, 2단팽창 냉동사이클에서 주로 사용되는 중간 냉각기의 형식은?

① 플래시형　　　　　　② 액냉각형
③ 직접팽창식　　　　　④ 저압수액기식

46 복사난방에 관한 설명 중 틀린 것은?

① 바닥면의 이용도가 높고 열손실이 적다.
② 단열층 공사비가 많이 들고 배관의 고장 발견이 어렵다.
③ 대류 난방에 비하여 설비비가 많이 든다.
④ 방열체의 열용량이 적으므로 외기온도에 따라 방열량의 조절이 쉽다.

47 실내의 현열부하를 3200kcal/h, 잠열부하를 600kcal/h일 때, 현열비는?

① 0.16　　　　　　　② 6.25
③ 1.20　　　　　　　④ 0.84

48 온수난방에 대한 설명 중 틀린 것은?

① 일반적으로 고온수식과 저온수식의 기준온도는 100℃이다.
② 개방형은 방열기보다 1m 이상 높게 설치하고, 밀폐형은 가능한 보일러로부터 멀리 설치한다.
③ 중력 순환식 온수난방 방법은 소규모 주택에 사용된다.
④ 온수난방 배관의 주재료는 내열성을 고려해서 선택해야 한다.

49 체감을 나타내는 척도로 사용되는 유효온도와 관계있는 것은?

① 습도와 복사열   ② 온도와 습도

③ 온도와 기압   ④ 온도와 복사열

50 다음의 습공기선도에 대하여 바르게 설명한 것은?

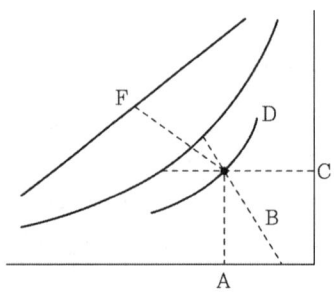

① F점은 습공기의 습구온도를 나타낸다.

② C점은 습공기의 노점온도를 나타낸다.

③ A점은 습공기의 절대습도를 나타낸다.

④ B점은 습공기의 비체적을 나타낸다.

51 흡수식 냉동기의 특징으로 틀린 것은?

① 전력 사용량이 적다.

② 압축식 냉동기보다 소음, 진동이 크다.

③ 용량제어 범위가 넓다.

④ 부분 부하에 대한 대응성이 좋다.

52 환기에 대한 설명으로 틀린 것은?

① 기계환기법에는 풍압과 온도차를 이용하는 방식이 있다.

② 제품이나 기기 등의 성능을 보전하는 것도 환기의 목적이다.

③ 자연환기는 공기의 온도에 따른 비중차를 이용한 환기이다.

④ 실내에서 발생하는 열이나 수증기도 제거한다.

53 냉방부하에서 틈새 바람으로 손실되는 열량을 보호하기 위하여 극간풍을 방지하는 방법으로 틀린 것은?

① 회전문을 설치한다.
② 충분한 간격을 두고 이중문을 설치한다.
③ 실내의 압력을 외부 압력보다 낮게 유지한다.
④ 에어 커튼(air curtain)을 사용한다.

54 개별 공조방식에서 성적계수에 관한 설명으로 옳은 것은?

① 히트펌프의 경우 축열조를 사용하면 성적계수가 낮다.
② 히트펌프 시스템의 경우 성적계수는 1보다 적다.
③ 냉방 시스템은 냉동효과가 동일한 경우에는 압축일이 클수록 성적계수는 낮아진다.
④ 히트펌프의 난방 운전 시 성적계수는 냉방운전 시 성적계수보다 낮다.

55 난방부하에 대한 설명으로 틀린 것은?

① 건물의 난방시에 재실자 또는 기구의 발생열량은 난방 개시 시간을 고려하여 일반적으로 무시해도 좋다.
② 외기부하 계산은 냉방부하 계산과 마찬가지로 현열부하와 잠열부하로 나누어 계산해야 한다.
③ 덕트면의 열통과에 의한 손실 열량은 작으므로 일반적으로 무시해도 좋다.
④ 건물의 벽체는 바람을 통하지 못하게 하므로 건물 벽체에 의한 손실열량은 무시해도 좋다.

56 기계 배기와 적당한 자연급기에 의한 환기 방식으로서, 화장실, 탕비실, 소규모 조리장의 환기 설비에 적당한 환기법은?

① 제1종 환기법   ② 제2종 환기법
③ 제3종 환기법   ④ 제4종 환기법

ANSWER   53.③   54.③   55.④   56.③

57 다음은 덕트 내의 공기압력을 측정하는 방법이다. 그림 중 정압을 측정하는 방법은?

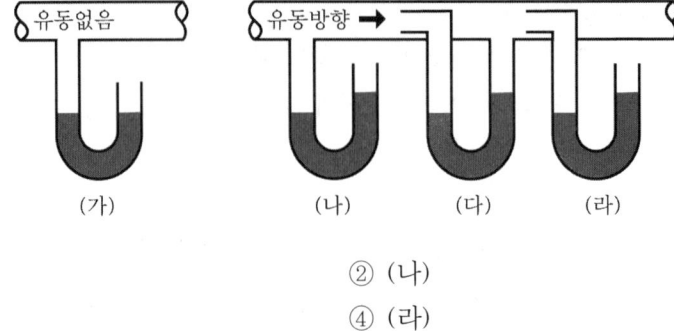

유동없음

(가)

유동방향 ➡

(나)　(다)　(라)

① (가)　　　　　　　② (나)
③ (다)　　　　　　　④ (라)

58 2중 덕트 방식의 특징이 아닌 것은?

① 설비비가 저렴하다.
② 각 실 각 존의 개별 온습도의 제어가 가능하다.
③ 용도가 다른 존 수가 많은 대규모 건물에 적합하다.
④ 다른 방식에 비해 덕트 공간이 크다.

59 공기의 감습방법에 해당되지 않는 것은?

① 흡수식　　　　　　　② 흡착식
③ 냉각식　　　　　　　④ 가열식

60 건구온도 33℃, 상대습도 50%인 습공기 500m³/h를 냉각 코일에 의하여 냉각한다. 코일의 장치노점온도는 9℃이고 바이패스 팩터가 0.1이라면, 냉각된 공기의 온도는?

① 9.5℃　　　　　　　② 10.2℃
③ 11.4℃　　　　　　　④ 12.6℃

부록 1

과년도 출제문제

공조냉동기계기능사

01 수공구 사용방법 중 옳은 것은?

① 스패너에 너트를 깊이 물리고 바깥쪽으로 밀면서 풀고 죈다.

② 정 작업시 끝날 무렵에는 힘을 빼고 천천히 타격한다.

③ 쇠톱 작업 시 톱날을 고정한 후에는 재조정을 하지 않는다.

④ 장갑을 낀 손이나 기름 묻은 손으로 해머를 잡고 작업해도 된다.

02 각 작업조건에 맞는 보호구의 연결로 틀린 것은?

① 물체가 떨어지거나 날아올 위험이 있는 작업 : 안전모

② 고열에 의한 화상 등의 위험이 있는 작업 : 방열복

③ 선창 등에서 분진이 심하게 발생하는 하역작업 : 방한복

④ 높이 또는 깊이 2미터 이상의 추락할 위험이 있는 장소에서 하는 작업 : 안전대

03 화재 시 소화제로 물을 사용하는 이유로 가장 적당한 것은?

① 산소를 잘 흡수하기 때문에 ② 증발잠열이 크기 때문에

③ 연소하지 않기 때문에 ④ 산소공급을 차단하기 때문에

04 보일러의 폭발사고 예방을 위하여 그 기능이 정상적으로 작동할 수 있도록 유지 관리해야 하는 장치로 가장 거리가 먼 것은?

① 압력방출장치 ② 감압밸브 ③ 화염 검출기 ④ 압력제한스위치

05 보일러의 휴지보존법 중 장기보전법에 해당되지 않는 것은?

① 석회밀폐건조법 ② 질소가스봉입법

③ 소다만수보존법 ④ 가열건조법

06 다음 중 불응축 가스가 주로 모이는 곳은?

① 증발기 ② 액분리기 ③ 압축기 ④ 응축기

A·N·S·W·E·R 01.② 02.③ 03.② 04.② 05.④ 06.④

07 어떤 물질의 산성, 알칼리성 여부를 측정하는 단위는?

① CHU   ② USRT   ③ pH   ④ Therm

08 1PS는 1시간당 약 몇 kcal에 해당되는가?

① 860   ② 550   ③ 632   ④ 427

09 강관용 공구가 아닌 것은?

① 파이프 바이스   ② 파이프 커터
③ 드레서   ④ 동력 나사절삭기

10 냉동기에서 압축기의 기능으로 가장 거리가 먼 것은?

① 냉매를 순환시킨다.
② 응축기에 냉각수를 순환시킨다.
③ 냉매의 응축을 돕는다.
④ 저압을 고압으로 상승시킨다.

11 아크 용접의 안전 사항으로 틀린 것은?

① 홀더가 신체에 접촉되지 않도록 한다.
② 절연 부분이 균열이나 파손되었으면 교체한다.
③ 장시간 용접기를 사용하지 않을 때는 반드시 스위치를 차단시킨다.
④ 1차 코드는 벗겨진 것을 사용해도 좋다.

12 연삭작업의 안전수칙으로 틀린 것은?

① 작업 도중 진동이나 마찰면에서의 파열이 심하면 곧 작업을 중지한다.
② 숫돌차에 편심이 생기거나 원주면의 메짐이 심하면 드레싱을 한다.
③ 작업 시 반드시 숫돌의 정면에 서서 작업한다.
④ 축과 구멍에는 틈새가 없어야 한다.

13 전체 산업 재해의 원인 중 가장 큰 비중을 차지하는 것은?

① 설비의 미비   ② 정돈상태의 불량
③ 계측 공구의 미비   ④ 작업자의 실수

ANSWER ▷ 07.③ 08.③ 09.③ 10.② 11.④ 12.③ 13.④

14 가스용접 시 역화를 방지하기 위하여 사용하는 수봉식 안전기에 대한 내용 중 틀린 것은?

① 하루에 1회 이상 수봉식 안전기의 수위를 점검할 것
② 안전기는 확실한 점검을 위하여 수직으로 부착할 것
③ 1개의 안전기에는 3개 이하의 토치만 사용할 것
④ 동결 시 화기를 사용하지 말고 온수를 사용할 것

15 보일러의 역화(back fire)의 원인이 아닌 것은?

① 점화 시 착화를 빨리한 경우
② 점화 시 공기보다 연료를 먼저 노 내에 공급하였을 경우
③ 노 내의 미연소가스가 충만해 있을 때 점화하였을 경우
④ 연료 밸브를 급개하여 과다한 양을 노 내에 공급하였을 경우

16 산업안전보전기준에 따른 작업장의 출입구 설치기준으로 틀린 것은?

① 출입구의 위치, 수 및 크기가 작업장의 용도와 특성에 맞도록 할 것
② 출입구에 문을 설치하는 경우에는 근로자가 쉽게 열고 닫을 수 있도록 할 것
③ 주된 목적이 하역운반기계용인 출입구에는 보행자용 출입구를 따로 설치하지 말 것
④ 계단이 출입구와 바로 연결된 경우에는 작업자의 안전한 통행을 위하여 그 사이에 충분한 거리를 둘 것

17 크레인을 사용하여 작업을 하고자 한다. 작업 시작 전의 점검사항으로 틀린 것은?

① 권과방지장치·브레이크·클러치 및 운전장치의 기능
② 주행로의 상측 및 트롤리가 횡행(橫行)하는 레일의 상태
③ 와이어로프가 통하고 있는 곳의 상태
④ 압력방출장치의 기능

18 냉동장치 안전운전을 위한 주의사항 중 틀린 것은?

① 압축기와 응축기 간에 스톱밸브가 닫혀있는 것을 확인한 후 압축기를 가동할 것
② 주기적으로 유압을 체크할 것
③ 동절기(휴지기)에는 응축기 및 수배관의 물을 완전히 뺄 것
④ 압축기를 처음 가동 시에는 정상으로 가동되는가를 확인할 것

ANSWER 14.③ 15.① 16.③ 17.④ 18.①

19 차량계 하역 운반 기계의 종류로 가장 거리가 먼 것은?

① 지게차   ② 화물 자동차

③ 구내 운반차   ④ 크레인

20 공기압축기를 가동할 때, 시작 전 점검사항에 해당되지 않는 것은?

① 공기저장 압력용기의 외관상태

② 드레인밸브의 조작 및 배수

③ 압력방출장치의 기능

④ 비상정지장치 및 비상하강방지장치 기능의 이상 유무

21 2개 이상의 엘보를 사용하여 배관의 신축을 흡수하는 신축이음은?

① 루프형 이음   ② 벨로즈형 이음

③ 슬리브형 이음   ④ 스위블형 이음

22 냉동장치에서 압축기의 이상적인 압축 과정은?

① 등엔트로피 변화   ② 정압 변화

③ 등온 변화   ④ 정적 변화

23 다음 온도-엔트로피 선도에서 a → b과정은 어떤 과정인가?

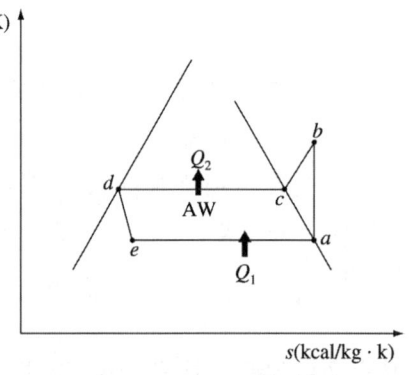

① 압축과정   ② 응축과정   ③ 팽창과정   ④ 증발과정

24 다음에 해당하는 법칙은?

> 회로망 중 임의의 한 점에서 흘러 들어오는 전류와 나가는 전류의 대수합은 0이다.

① 쿨롱의 법칙
② 옴의 법칙
③ 키르히호프의 제1법칙
④ 키르히호프의 제2법칙

25 시퀀스 제어장치의 구성으로 가장 거리가 먼 것은?

① 검출부
② 조절부
③ 피드백부
④ 조작부

26 서로 다른 지름의 관을 이을 때 사용되는 것은?

① 소켓
② 유니온
③ 플러그
④ 부싱

27 NH_3, R-12, R-22 냉매의 기름과 물에 대한 용해도를 설명한 것으로 옳은 것은?

> ㉠ 물에 대한 용해도는 R-12가 가장 크다.
> ㉡ 기름에 대한 용해도는 R-12가 가장 크다.
> ㉢ R-22는 물에 대한 용해도와 기름에 대한 용해도가 모두 암모니아보다 크다.

① ㉠, ㉡, ㉢
② ㉡, ㉢
③ ㉡
④ ㉢

28 식품을 냉각된 부동액에 넣어 직접 접촉시켜서 동결시키는 것으로 살포식과 침지식으로 구분하는 동결장치는?

① 접촉식 동결장치
② 공기 동결장치
③ 브라인 동결장치
④ 송풍식 동결장치

29 -10℃ 얼음 5Kg을 20℃ 물로 만드는데 필요한 열량은? (단, 물의 융해잠열은 80kcal/kg으로 한다.)

① 25kcal
② 125kcal
③ 325kcal
④ 525kcal

ANSWER 24.③ 25.③ 26.④ 27.③ 28.③ 29.④

30 2단 압축 1단 팽창 냉동장치에 대한 설명 중 옳은 것은?

① 단단 압축시스템에서 압축비가 작을 때 사용된다.

② 냉동부하가 감소하면 중간 냉각기는 필요없다.

③ 단단 압축시스템보다 응축능력을 크게 하기 위해 사용된다.

④ -30℃ 이하의 비교적 낮은 증발온도를 요하는 곳에 주로 사용된다.

31 냉동장치 운전 중 유압이 너무 높을 때 원인으로 가장 거리가 먼 것은?

① 유압계가 불량일 때

② 유배관이 막혔을 때

③ 유온이 낮을 때

④ 유압조정밸브 개로가 과다하게 열렸을 때

32 원심식 압축기에 대한 설명으로 옳은 것은?

① 임펠러의 원심력을 이용하여 속도에너지를 압력에너지로 바꾼다.

② 임펠러 속도가 빠르면 유량흐름이 감소한다.

③ 1단으로 압축비를 크게 할 수 있어 단단 압축방식을 주로 채택한다.

④ 압축비는 원주 속도의 3제곱에 비례한다.

33 파이프 내의 압력이 높아지면 고무링은 더욱 파이프 벽에 밀착되어 누설을 방지하는 접합 방법은?

① 기계적 접합　　　　　　　② 플랜지 접합

③ 빅토릭 접합　　　　　　　④ 소켓 접합

34 양측의 표면 열전달율이 $3000\text{kcal/m}^2 \cdot \text{h} \cdot ℃$인 수냉식 응축기의 열관류율은? (단, 냉각관의 두께는 3mm이고, 냉각관 재질의 열전도율은 $40\text{kcal/m}^2 \cdot \text{h} \cdot ℃$이며, 부착 물때의 두께는 0.2mm, 물때의 열전도율은 $0.8\text{kcal/m}^2 \cdot \text{h} \cdot ℃$이다.)

① $978\text{kcal/m}^2 \cdot \text{h} \cdot ℃$　　　　② $988\text{kcal/m}^2 \cdot \text{h} \cdot ℃$

③ $998\text{kcal/m}^2 \cdot \text{h} \cdot ℃$　　　　④ $1008\text{kcal/m}^2 \cdot \text{h} \cdot ℃$

ANSWER ▷ 30.④　31.④　32.①　33.③　34.④

35 온도 작동식 자동팽창 밸브에 대한 성명으로 옳은 것은?

① 실온을 써모스탯에 의하여 감지하고, 밸브의 개도를 조정한다.
② 팽창밸브 직전의 냉매온도에 의하여 자동적으로 개도를 조정한다.
③ 증발기 출구의 냉매온도에 의하여 자동적으로 개도를 조정한다.
④ 압축기의 토출 냉매온도에 의하여 자동적으로 개도를 조정한다.

36 표준 냉동사이클에서 과냉각도는 얼마인가?

① 45℃   ② 30℃   ③ 15℃   ④ 5℃

37 빙점 이하의 온도에 사용하며 냉동기 배관, LPG 탱크용 배관 등에 많이 사용하는
강관은?

① 고압배관용 탄소강관   ② 저온배관용 강관
③ 라이닝강관   ④ 압력배관용 탄소강관

38 소요 냉각수량 120L/min, 냉각수 입·출구 온도차 6℃인 수냉 응축기의 응축부하
는?

① 6400kcal/h   ② 12000kcal/h
③ 14400kcal/h   ④ 43200kcal/h

39 고열원 온도 T_1, 저열원 온도 T_2인 카르노사이클의 열 효율은?

① $\dfrac{T_2 - T_1}{T_1}$ ② $\dfrac{T_1 - T_2}{T_2}$ ③ $\dfrac{T_2}{T_1 - T_2}$ ④ $\dfrac{T_1 - T_2}{T_1}$

40 제빙장치 중 결빙한 얼음을 제빙관에서 떼어낼 때 관내의 얼음 표면을 녹이기 위해
사용하는 기기는?

① 주수조   ② 양빙기   ③ 저빙고   ④ 용빙조

41 다음 중 제2종 환기법으로 송풍기만 설치하여 강제 급기하는 방식은?

① 병용식   ② 압입식   ③ 흡출식   ④ 자연식

ANSWER 35.③ 36.④ 37.② 38.④ 39.④ 40.④ 41.②

42 물과 공기의 접촉면적을 크게 하기 위해 증발포를 사용하여 수분을 자연스럽게 증발시키는 가습방식은?

① 초음파식   ② 가열식   ③ 원심분리식   ④ 기화식

43 다음 장치 중 신축이음 장치의 종류로 가장 거리가 먼 것은?

① 스위블 조인트   ② 볼 조인트   ③ 루프형   ④ 버켓형

44 수분무식 가습장치의 종류가 아닌 것은?

① 모세관식   ② 초음파식
③ 분무식   ④ 원심식

45 온수난방에 이용되는 밀폐형 팽창탱크에 관한 설명으로 틀린 것은?

① 공기층의 용적을 작게 할수록 압력의 변동은 감소한다.
② 개방형에 비해 용적은 크다.
③ 통상 보일러 근처에 설치되므로 동결의 염려가 없다.
④ 개방형에 비해 보수점검이 유리하고 가압실이 필요하다.

46 공기의 냉각, 가열코일의 선정 시 유의사항에 대한 내용 중 가장 거리가 먼 것은?

① 냉각코일 내에 흐르는 물의 속도는 통상 약 1m/s 정도로 하는 것이 좋다.
② 증기코일을 통과하는 풍속은 통상 약 3~5m/s 정도로 하는 것이 좋다.
③ 냉각코일의 입·출구 온도차는 통상 약 5℃ 정도로 하는 것이 좋다.
④ 공기 흐름과 물의 흐름은 평행류로 하여 전열을 증대시킨다.

47 단일 덕트 정풍량 방식에 대한 설명으로 틀린 것은?

① 실내 부하가 감소될 경우에 송풍량을 줄여도 실내 공기가 오염되지 않는다.
② 고성능 필터의 사용이 가능하다.
③ 기계실에 기기류가 집중 설치되므로 운전 보수관리가 용이하다.
④ 각 실이나 존의 부하변동이 서로 다른 건물에서는 온습도에 불균형이 생기기 쉽다.

48 100℃ 물의 증발 잠열은 약 몇 kcal/kg인가?

① 539   ② 600   ③ 627   ④ 700

ANSWER ▷ 42.④ 43.④ 44.① 45.① 46.④ 47.① 48.①

49 난방방식 중 방열체가 필요 없는 것은?

① 온수난방　　　　② 증기난방　　　　③ 복사난방　　　　④ 온풍난방

50 어떤 사무실 동쪽 유리면이 $50m^2$이고 안쪽은 베니션 블라인드가 설치되어 있을 때, 동쪽 유리면에서 실내에 침입하는 냉방부하는? (단, 유리 통과율은 $6.2kcal/m^2 \cdot h \cdot ℃$, 복사량은 $512kcal/m^2 \cdot h$, 차폐계수는 0.56, 실내외 온도차는 $10℃$이다.)

① 3100 kcal/h　　　　　　　　② 14336 kcal/h
③ 17436 kcal/h　　　　　　　　④ 15886 kcal/h

51 단수 릴레이의 종류로 가장 거리가 먼 것은?

① 단압식 릴레이　　　　　　　② 차압식 릴레이
③ 수류식 릴레이　　　　　　　④ 비례식 릴레이

52 냉동에 대한 설명으로 가장 적합한 것은?

① 물질의 온도를 인위적으로 주위의 온도보다 낮게 하는 것을 말한다.
② 열이 높은데서 낮은 곳으로 흐르는 것을 말한다.
③ 물체 자체의 열을 이용하여 일정한 온도를 유지하는 것을 말한다.
④ 기체가 액체로 변화할 때의 기화열에 의한 것을 말한다.

53 회전식(rotary) 압축기에 대한 설명으로 틀린 것은?

① 흡입밸브가 없다.
② 압축이 연속적이다.
③ 회전압축으로 인한 진동이 심하다.
④ 왕복동에 비해 구조가 간단하다.

54 도선에 전류가 흐를 때 발생하는 열량으로 옳은 것은?

① 전류의 세기에 반비례한다.
② 전류의 세기에 제곱에 비례한다.
③ 전류의 세기에 제곱에 반비례한다.
④ 열량은 전류의 세기와 무관하다.

A·N·S·W·E·R　49.④　50.③　51.④　52.①　53.③　54.②

55 운전 중에 있는 냉동기의 압축기 압력계가 고압은 8kg/cm², 저압은 진공도 100mmHg를 나타낼 때 압축기의 압축비는?

① 약 6 ② 약 8 ③ 약 10 ④ 약 12

56 공기에서 수분을 제거하여 습도를 낮추기 위해서는 어떻게 하여야 하는가?

① 공기의 유로 중에 가열코일을 설치한다.
② 공기의 유로 중에 공기의 노점온도보다 높은 온도의 코일을 설치한다.
③ 공기의 유로 중에 공기의 노점온도와 같은 온도의 코일을 설치한다.
④ 공기의 유로 중에 공기의 노점온도보다 낮은 온도의 코일을 설치한다.

57 온수 난방의 장점이 아닌 것은?

① 관 부식은 증기 난방보다 적고 수명이 길다.
② 증기 난방에 비해 배관지름이 작으므로 설비비가 적게 든다.
③ 보일러 취급이 용이하고 안전하며 배관열손실이 적다.
④ 온수 때문에 보일러의 연소를 정지해도 여열이 있어 실온이 급변하지 않는다.

58 송풍기의 상사법칙으로 틀린 것은?

① 송풍기의 날개 직경이 일정할 때 송풍압력은 회전수 변화의 2승에 비례한다.
② 송풍기의 날개 직경이 일정할 때 송풍동력은 회전수 변화의 3승에 비례한다.
③ 송풍기의 회전수가 일정할 때 송풍압력은 날개직경 변화의 2승에 비례한다.
④ 송풍기의 회전수가 일정할 때 송풍동력은 날개직경 변화의 3승에 비례한다.

59 온풍난방에 대한 설명 중 옳은 것은?

① 설비비는 다른 난방에 비하여 고가이다.
② 예열부하가 크므로 예열시간이 길다.
③ 습도조절이 불가능하다.
④ 신선한 외기도입이 가능하여 환기가 가능하다.

60 이중덕트 변풍량 방식의 특징으로 틀린 것은?

① 각 실내의 온도제어가 용이하다.
② 설비비가 높고 에너지 손실이 크다.
③ 냉풍과 온풍을 혼합하여 공급한다.
④ 단일덕트 방식에 비해 덕트 스페이스가 작다.

A·N·S·W·E·R 55.③ 56.④ 57.② 58.④ 59.④ 60.④

부록 1

과년도 출제문제

공조냉동기계기능사

01 가스 용접법의 특징으로 틀린 것은?

① 응용 범위가 넓다.
② 아크용접에 비해 불꽃의 온도가 높다.
③ 아크용접에 비해 유해 광선의 발생이 적다.
④ 온도 조절이 비교적 자유로워 박판용접에 적당하다.

02 전기용접 작업 시 전격에 의한 사고를 예방할 수 있는 사항으로 틀린 것은?

① 절연 홀더의 절연부분이 파손되었으면 바로 보수하거나 교체한다.
② 용접봉의 심선은 손에 접촉되지 않게 한다.
③ 용접용 케이블은 2차 접속단자에 접촉한다.
④ 용접기는 무부하 전압이 필요 이상 높지 않은 것을 사용한다.

03 산소용접 중 역화현상이 일어났을 때 조치방법으로 가장 적합한 것은?

① 아세틸렌 밸브를 즉시 닫는다.
② 토치 속의 공기를 배출한다.
③ 아세틸렌 압력을 높인다.
④ 산소압력을 용접조건에 맞춘다.

04 안전장치의 취급에 관한 사항으로 틀린 것은?

① 안전장치는 반드시 작업 전에 점검한다.
② 안전장치는 구조상의 결함유무를 항상 점검한다.
③ 안전장치가 불량할 때에는 즉시 수정한 다음 작업한다.
④ 안전장치는 작업 형편상 부득이한 경우에는 일시제거해도 좋다.

ANSWER 01.② 02.③ 03.① 04.④

05 줄 작업시 안전관리 사항으로 틀린 것은?

① 칩은 브러시로 제거한다.

② 줄의 균열 유무를 확인한다.

③ 손잡이가 줄에 튼튼하게 고정되어 있는가 확인한 다음에 사용한다.

④ 줄 작업의 높이는 작업자의 어깨 높이로 하는 것이 좋다.

06 2단 압축 2단 팽창 냉동사이클을 모리엘 선도에 표시한 것이다. 각 상태에 대해 옳게 연결한 것은?

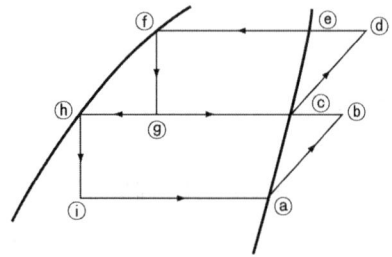

① 중간 냉각기의 냉동효과 : ⓒ - ⑧

② 증발기의 냉동효과 : ⓑ - ①

③ 팽창변 통과직후의 냉매위치 : ⓔ - ⓕ

④ 응축기의 방출열량 : ⓗ - ⓑ

07 다음 중 플랜지 패킹류가 아닌 것은?

① 석면조인트 시트   ② 고무패킹

③ 글랜드 패킹   ④ 합성수지 패킹

08 브라인 부식방지처리에 관한 설명으로 틀린 것은?

① 공기와 접촉하면 부식성이 증대하므로 가능한 공기와 접촉하지 않도록 한다.

② $CaCl_2$ 브라인 1L에는 중크롬산소다 1.6g을 첨가하고 중크롬산소다 100g마다 가성소다 27g의 비율로 혼합한다.

③ 브라인은 산성을 띠게 되면 부식성이 커지므로 pH 7.5~8.2 정도로 유지되도록 한다.

④ NaCl 브라인 1L에 대하여 중크롬산소다 0.9g을 첨가하고 중크롬산소다 100g마다 가성소다 1.3g씩 첨가한다.

09 냉동기유에 대한 설명으로 옳은 것은?

① 암모니아는 냉동기유에 쉽게 용해되어 윤활불량의 원인이 된다.

② 냉동기유는 저온에서 쉽게 응고되지 않고 고온에서 쉽게 탄화되지 않아야 한다.

③ 냉동기유의 탄화현상은 일반적으로 암모니아 보다 프레온 냉동장치에서 자주 발생한다.

④ 냉동기유는 증발하기 쉽고, 열전도율 및 점도가 커야 한다.

10 NH_3 냉매를 사용하는 냉동장치에서 일반적으로 압축기를 수냉식으로 냉각하는 주된 이유는?

① 냉매의 응축압력이 낮기 때문에   ② 냉매의 증발 압력이 낮기 때문에

③ 냉매의 비열비 값이 크기 때문에   ④ 냉매의 임계점이 높기 때문에

11 가스용접 작업 중 일어나기 쉬운 재해로 가장 거리가 먼 것은?

① 화재   ② 누전   ③ 가스중독   ④ 가스폭발

12 냉동 제조의 시설 중 안전유지를 위한 기술기준에 관한 설명으로 틀린 것은?

① 안전밸브에 설치된 스톱밸브는 특별한 수리 등 특별한 경우 외에는 항상 열어둔다.

② 냉동설비의 설치공사가 완공되면 시운전할 때 산소가스를 사용한다.

③ 가연성 가스의 냉동설비 부근에는 작업에 필요한 양 이상의 연소물질을 두지 않는다.

④ 냉동설비의 변경공사가 완공되어 기밀시험시 공기를 사용할 때에는 미리 냉매설비 중의 가연성가스를 방출한 후 실시한다.

13 크레인의 방호장치로서 와이어 로프가 후크에서 이탈하는 것을 방지한 장치는?

① 과부하 방지장치   ② 권과 방지장치

③ 비상정지장치   ④ 해지 장치

14 일반적인 컨베이어의 안전장치로 가장 거리가 먼 것은?

① 역회전 방지장치   ② 비상 정지장치

③ 과속 방지장치   ④ 이탈방지장치

A·N·S·W·E·R   09.② 10 ③ 11.② 12.② 13.④ 14.③

15 위험물 취급 및 저장시의 안전조치 사항 중 틀린 것은?

① 위험물은 작업장과 별도의 장소에 보관하여야 한다.
② 위험물을 취급하는 작업장에는 너비 0.3m 이상 높이 2m 이상의 비상구를 설치하여야 한다.
③ 작업장 내부에는 위험물을 작업에 필요한 양만큼만 두어야 한다.
④ 위험물을 취급하는 작업장의 비상구 문은 피난 방향으로 열리도록 한다.

16 드릴 작업 중 유의할 사항으로 틀린 것은?

① 작은 공작물이라도 바이스나 크램을 사용하여 장착한다.
② 드릴이나 소켓을 척에서 해체시킬 때에는 해머를 사용한다.
③ 가공 중 드릴 절삭부분에 이상음이 들리면 작업을 중지하고 드릴 날을 바꾼다.
④ 드릴의 탈착은 회전이 완전히 멈춘 후에 한다.

17 다음 중 용융온도가 비교적 높아 전기 기구에 사용하는 퓨즈의 재료로 가장 부적당한 것은?

① 납   ② 주석   ③ 아연   ④ 구리

18 암모니아의 누설 검지 방법이 아닌 것은?

① 심한 자극성 냄새를 가지고 있으므로 냄새로 확인이 가능하다.
② 적색 리트머스 시험지에 물을 적셔 누설 부위에 가까이 하면 누설시 청색으로 변한다.
③ 백색 페놀프탈레인 용지에 물을 적셔 누설 부위에 가까이 하면 누설시 적색으로 변한다.
④ 황을 묻힌 심지에 불을 붙여 누설 부위에 가져가면 누설시 홍색으로 변한다.

19 산업안전보건법의 제정 목적과 가장 거리가 먼 것은?

① 산업재해 예방
② 쾌적한 작업환경 조성
③ 산업안전에 관한 정책수립
④ 근로자의 안전과 보건을 유지 · 증진

ANSWER 15.② 16.② 17.④ 18.④ 19.③

20 다음 중 압축기가 시동되지 않는 이유로 가장 거리가 먼 것은?

① 전압이 너무 낮다.

② 오버로드가 작동하였다.

③ 유압보호 스위치가 리셋되어 있지 않다.

④ 온도조절기 감온통의 가스가 빠져 있다.

21 10A의 전류를 5분간 도체에 흘렸을 때 도선단면을 지나는 전기량은?

① 3C　　　　　② 50C　　　　　③ 3000C　　　　　④ 5000C

22 다음 중 압력 자동 급수밸브의 주된 역할은?

① 냉각수온을 제어한다.

② 증발온도를 제어한다.

③ 과열도 유지를 위해 증발압력을 제어한다.

④ 부하변동에 대응하여 냉각수량을 제어한다.

23 실제 증기압축 냉동사이클에 관한 설명으로 틀린 것은?

① 실제 냉동사이클은 이로 냉동사이클보다 열손실이 크다.

② 압축기를 제외한 시스템의 모든 부분에서 냉매배관의 마찰저항 때문에 냉매유동의 압력강하가 존재한다.

③ 실제 냉동사이클의 압축과정에서 소요되는 일량은 이론 냉동사이클보다 감소하게 된다.

④ 사이클의 작동유체는 순수물질이 아니라 냉매와 오일의 혼합물로 구성되어 있다.

24 혼합원료를 일정량씩 동결시키도록 하는 장치인 배치(batch)식 동결장치의 종류로 가장 거리가 먼 것은?

① 수평형　　　　　② 수직형　　　　　③ 연속형　　　　　④ 브라인식

25 유기질 보온재인 코르크에 대한 설명으로 틀린 것은?

① 액체, 기체의 침투를 방지하는 작용을 한다.

② 입상(粒狀), 판상(版狀) 및 원통 등으로 가공되어 있다.

③ 굽힘성이 좋아 곡면시공에 사용해도 균열이 생기지 않는다.

④ 냉수·냉매배관, 냉각기, 펌프 등의 보냉용에 사용된다.

26 가열원이 필요하며 압축기가 필요 없는 냉동기는?

① 터보 냉동기　　　　　　　② 흡수식 냉동기
③ 회전식 냉동기　　　　　　　④ 왕복동식 냉동기

27 1냉동톤(한국 RT)이란?

① 65kcal/min　　　　　　　② 1.92kcal/sec
③ 3320kcal/hr　　　　　　　④ 55680kcal/day

28 다음 그림에서 고압 액관은 어느 부분인가?

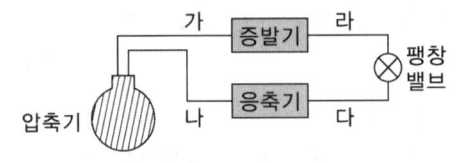

① 가　　　　　② 나　　　　　③ 다　　　　　④ 라

29 열펌프(heat pump)의 구성요소가 아닌 것은?

① 압축기　　　　② 열교환기　　　　③ 4방 밸브　　　　④ 보조 냉방기

30 피스톤링이 과대 마모되었을 때 일어나는 현상으로 옳은 것은?

① 실린더 냉각
② 냉동능력 상승
③ 체적 효율 감소
④ 크랭크 케이스 내 압력 감소

31 다음 냉동장치에 대한 설명 중 옳은 것은?

① 고압차단 스위치는 조정 설정 압력보다 벨로스에 가해진 압력이 낮을 때 접점이 떨어지는 장치이다.
② 온도식 자동 팽창밸브의 감온통은 증발기의 입구측에 붙인다.
③ 가용전은 프레온 냉동장치의 응축기나 수액기 등을 보호하기 위하여 사용된다.
④ 파열판은 암모니아 왕복동 냉동장치에만 사용된다.

32 액백(Liquid back)의 원인으로 가장 거리가 먼 것은?

① 팽창밸브의 개도가 너무 클 때   ② 냉매가 과충전되었을 때

③ 액분리기가 불량일 때   ④ 증발기 용량이 너무 클 때

33 압축비에 대한 설명으로 옳은 것은?

① 압축비는 고압 압력계가 나타내는 압력을 저압 압력계가 나타내는 압력으로 나눈값에 1을 더한 값이다.

② 흡입 압력이 동일할 때 압축비가 클수록 토출가스 온도는 저하된다.

③ 압축비가 적어지면 소요 동력이 증가한다.

④ 응축압력이 동일할 때 압축비가 커지면 냉동능력이 감소한다.

34 다음 표의 ( ) 안에 들어갈 말로 옳은 것은?

> 보기
>
> 압축기의 체적 효율은 적간(Clearnce)의 증대에 의하여 (가)하며, 압축비가 클수록 (나)하게 된다.

① (가) 감소, (나) 감소   ② (가) 증가, (나) 감소

③ (가) 감소, (나) 증가   ④ (가) 증가, (나) 증가

35 프레온 냉매(할로겐화 탄화수소)의 호칭기호 결정과 관계없는 성분은?

① 수소   ② 탄소   ③ 산소   ④ 불소

36 수냉식 응축기의 능력은 냉각수 온도와 냉각수량에 의해 결정되는데 응축기의 응축능력을 증대시키는 방법으로 가장 거리가 먼 것은?

① 냉각수량을 줄인다.

② 냉각수의 온도를 낮춘다.

③ 응축기의 냉각관을 세척한다.

④ 냉각수 유속을 적절히 조절한다.

37 탄성이 부족하여 석면 고무 금속 등과 조합하여 사용되며, 내열 −260~260℃ 정도로 기름에 침식되지 않는 것은?

① 고무패킹   ② 석면조인트 시트

③ 합성수지 패킹   ④ 오일 실 패킹

ANSWER   32.④   33.④   34.①   35.③   36.①   37.③

38 다음 설명 중 옳은 것은?

① 1kW는 760kcal/h이다.

② 증발열 응축열 승화열은 잠열이다.

③ 1kg의 얼음의 용해열은 860kcal이다.

④ 상대습도란 포합증기압을 증기압으로 나눈 것이다.

39 왕복동식 냉동기와 비교하여 터보식 냉동기의 특징은?

① 회전수가 매우 빠르므로 동작 밸런스를 잡기 어렵기 때문에 진동이 크다.

② 일반적으로 고압 냉매를 사용하므로 취급이 어렵다.

③ 소용량의 냉동기에 적용하기에는 경제적이지 못하다.

④ 저온 장치에서도 압축단수가 적어지므로 사용도가 넓다.

40 왕복 압축기에서 이론적 피스톤 압출량(m^3/h)의 산출식으로 옳은 것은?

(단, 기통수 N, 실린더 내경 D[m], 회전수 R[rpm], 피스톤행정 L[m]이다.)

① $V = D \cdot L \cdot R \cdot N \cdot 60$

② $V = \dfrac{\pi}{4} D \cdot L \cdot R \cdot N$

③ $V = \dfrac{\pi}{4} D \cdot L \cdot R \cdot N \cdot 60$

④ $V = \dfrac{\pi}{4} D^2 \cdot L \cdot N \cdot R \cdot 60$

41 공기조화용 덕트 부속기기의 댐퍼 중 주로 소형 덕트의 개폐용으로 사용되며 구조가 간단하고 완전히 닫았을 때 공기의 누설이 적으나 운전 중 개폐 조작에 큰 힘을 필요로 하며 날개가 중간 정도 열렸을 때 와류가 생겨 유량 조절용으로 부적당한 댐퍼는?

① 버터플라이 댐퍼   ② 평행익형 댐퍼

③ 대향익형 댐퍼   ④ 스플릿 댐퍼

42 일정 풍량을 이용한 전공기 방식으로 부하변동의 대응이 어려워 정밀한 온습도를 요구하지 않는 극장, 공장 등의 대규모 공간에 적합한 공기조화 방식은?

① 정풍량 단일덕트 방식   ② 정풍량 2중덕트 방식

③ 변풍량 단일덕트 방식   ④ 변풍량 2중덕트 방식

A·N·S·W·E·R 38.② 39.③ 40.④ 41.① 42.①

43 1차 공조기로부터 보내온 고속공기가 노즐 속을 통과할 때의 유인력에 의하여 2차 공기를 유인하여 냉각 또는 가열하는 방식은?

① 패키지 유닛방식
② 유인유닛방식
③ 팬코일 유닛방식
④ 바이패스방식

44 건축물의 벽이나 지붕을 통하여 실내로 침입하는 열량을 계산할 때의 유인력에 의하여 2차 공기를 유인하여 냉각 또는 가열하는 방식은?

① 구조체의 면적
② 구조체의 열관류율
③ 상당외기 온도차
④ 차폐계수

45 송풍기의 종류 중 전곡형과 후곡형 날개 형태가 있으며 다익 송풍기, 터보 송풍기 등으로 분류되는 송풍기는?

① 원심 송풍기
② 축류 송풍기
③ 사류 송풍기
④ 관류 송풍기

46 실내의 현열부하가 52000kacl/h이고, 잠열부하가 25000kcal/h일 때 현열비(SHF)는?

① 0.72
② 0.68
③ 0.38
④ 0.25

47 개별공조방식의 특징에 관한 설명으로 틀린 것은?

① 설치 및 철거가 간편하다.
② 개별제어가 어렵다.
③ 히트 펌프식은 냉·난방을 겸할 수 있다.
④ 실내 유닛이 분리되어 있지 않는 경우는 소음과 진동이 있다.

48 다음 설명 중 틀린 것은?

① 지구상에 존재하는 모든 공기는 건조공기로 취급한다.
② 공기 중에 수증기가 많이 함유될수록 상대습도는 높아진다.
③ 지구상의 공기는 질소, 산소, 아르곤, 이산화탄소 등으로 이루어졌다.
④ 공기 중에 함유될 수 있는 수증기의 한계는 온도에 따라 달라진다.

A·N·S·W·E·R ▷ 43.② 44.④ 45.① 46.② 47.② 48.①

49 공조용 취출구 종류 중 원형 또는 원추형 팬을 매달아 여기에 토출기류를 부딪치게 하여 천장면을 따라서 수평방향으로 공기를 취출하는 것으로 유인비 및 소음 발생이 적은 것은?

① 팬형 취출구   ② 웨이형 취출구

③ 라인형 취출구   ④ 아네모스탯형 취출구

50 다음 내용의 ( )안에 들어갈 용어로써 모두 옳은 것은?

> 보기
>
> 송풍기 송풍량은 (㉮)이나 기기취득부하에 의해 구해지며 (㉯)는(은) 이들 열 부하 외에 외기부하나 재열부하를 합해서 얻어진다.

① ㉮ 실내 취득열량   ㉯ 냉동기 용량

② ㉮ 냉각탑 방출열량   ㉯ 배관 부하

③ ㉮ 실내 취득열량   ㉯ 냉각코일 용량

④ ㉮ 냉각탑 방출열량   ㉯ 송풍기 부하

51 저항이 50 Ω인 도체에 100V의 전압을 가할 때 그 도체에 흐르는 전류는?

① 0.5A   ② 2A   ③ 5A   ④ 5000A

52 다음 그림과 같은 건조 증기 압축 냉동사이클의 성적 계수는?

(단, 엔탈피 $a = 133.8\text{kcal/kg}$, $b = 397.1\text{kcal/kg}$, $c = 452.2\text{kcal/kg}$이다.)

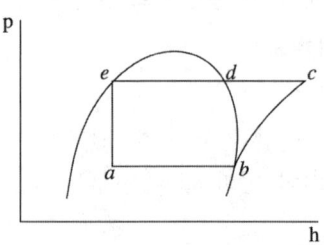

① 5.37   ② 5.11   ③ 4.78   ④ 3.83

53 다음 설명 중 옳은 것은?

① 냉각탑의 입구수온은 출구수온 보다 낮다.

② 응축기 냉각수 출구온도는 입구온도 보다 낮다.

③ 응축기에서의 방출열량은 증발기에서 흡수하는 열량과 같다.

④ 증발기의 흡수열량은 응축열량에서 압축일량을 뺀 값과 같다.

54 동관접합 중 동관의 끝을 넓혀 압축 이음쇠로 접합하는 접합방법을 무엇이라고 표현하는가?

① 플랜지 접합　　　　　　　　　② 플레어 접합
③ 플라스턴 접합　　　　　　　　④ 빅토리 접합

55 다음 중 모세관의 압력 강하가 가장 큰 것은?

① 직경이 작고 길이가 길수록　　　② 직경이 크고 길이가 짧을수록
③ 직경이 작고 길이가 짧을수록　　④ 직경이 크고 길이가 길수록

56 난방 설비에 대한 설명으로 옳은 것은?

① 상향 공급식이란 송수주관보다 방열기가 낮을 때 상향 분기한 배관이다.
② 배관방법 중 복관식은 증기관과 응축수관이 동일관으로 사용되는 것이다.
③ 리프트 이음은 진공펌프에 의해 응축수를 원할히 끌어올리기 위해 펌프 입구쪽에 설치한다.
④ 하트포트 접속은 고압증기 냉방의 증기관과 환수관 사이에 저수위 사고를 방지하기 위한 균형관을 포함한 배관방법이다.

57 온풍난방기 설치 시 유의사항으로 틀린 것은?

① 기기점검, 수리에 필요한 공간을 확보한다.
② 인화성 물질을 취급하는 실내에는 설치하지 않는다.
③ 실내의 공기온도 분포를 좋게 하기 위하여 창의 위치 등을 고려하여 설치한다.
④ 배기통식 온풍난방기를 설치하는 실내에는 바닥 가까이에 환기구, 천장 가까이에는 연소공기 흡입구를 설치한다.

58 드럼 없이 수관만으로 되어 있으면 가동시간이 짧고 과열되어 파손되어도 비교적 안전한 보일러는?

① 주철제 보일러　　　　　　　　② 관류 보일러
③ 원통형 보일러　　　　　　　　④ 노통연관식 보일러

ANSWER ▷　54.②　55.①　56.③　57.④　58.②

59 공조용 전열교환기에 관한 설명으로 옳은 것은?

① 배열회수에 이용하는 배기는 탕비실, 주방 등을 포함한 모든 공간의 배기를 포함한다.

② 회전형 전열교환기의 로터 구동 모터와 급배기 팬은 반드시 연동 운전할 필요가 없다.

③ 중간기 외기냉방을 행하는 공조시스템의 경우에도 별도의 덕트 없이 이용할 수 있다.

④ 외기량과 배기량의 밸런스를 조정할 때 배기량은 외기량의 40% 이상을 확보해야 한다.

60 표준 대기압 상태에서 100℃의 포화수 2kg을 100℃의 건포화증기로 만드는 데 필요한 열량은?

① 3320kcal ② 2435kcal

③ 1078kcal ④ 539kcal

공조냉동기계기능사

01 가연성 가스가 있는 고압가스 저장실은 그 외면으로부터 화기를 취급하는 장소까지 몇 m 이상의 우회거리를 유지해야 하는가?

① 1m
② 2m
③ 7m
④ 8m

02 가연성 냉매가스 중 냉매설비의 전기설비를 방폭구조로 하지 않아도 되는 것은?

① 에탄
② 노말부탄
③ 암모니아
④ 염화메탄

03 일반 공구의 안전한 취급 방법이 아닌 것은?

① 공구는 작업에 적합한 것을 사용한다.
② 공구는 사용 전 점검하여 불안전한 공구는 사용하지 않는다.
③ 공구는 옆 사람에게 넘겨줄 때에는 일의 능률 향상을 위하여 던져 신속하게 전달한다.
④ 손이나 공구에 기름이 묻었을 때에는 완전히 닦은 후 사용한다.

04 사고 발생의 원인 중 정신적 요인에 해당되는 항목으로 맞는 것은?

① 불안과 초조
② 수면부족 및 피로
③ 이해부족 및 훈련미숙
④ 안전수칙의 미 제정

05 프레온 누설 검지에는 할라이드(halide) 토치를 이용한다. 이 때, 프레온 냉매의 누설량에 따른 불꽃의 색깔 변화로 옳은 것은? (단, '정상'-'소량누설'-'다량누설' 순으로 한다.)

① 청색 - 녹색 - 자색
② 자색 - 녹색 - 청색
③ 청색 - 자색 - 녹색
④ 자색 - 청색 - 녹색

A·N·S·W·E·R 01.④ 02.③ 03.③ 04.① 05.①

06 가스용접 장치에서 산소와 아세틸렌 가스를 혼합 분출시켜 연소시키는 장치는?

① 토치
② 안전기
③ 안전 밸브
④ 압력 조정기

07 휘발유 등 화기의 취급을 주의해야 하는 물질이 있는 장소에 설치하는 인화성물질 경고표지의 바탕은 무슨 색으로 표시 하는가?

① 흰색
② 노란색
③ 적색
④ 흑색

08 양중기의 종류 중 동력을 사용하여 중량물을 매달아 상하 및 좌우로 운반하는 기계 장치는?

① 크레인
② 리프트
③ 곤돌라
④ 승강기

09 다음 중 보일러에서 점화 전에 운전원이 점검 확인하여야 할 사항은?

① 증기압력관리
② 집진장치의 매진처리
③ 노내 여열로 인한 압력 상승
④ 연소실 내 잔류가스 측정

10 최신 자동화 설비는 능률적인 만큼 재해를 일으키는 위험성도 그만큼 높아지는 게 사실이다. 자동화 설비를 구입, 사용하고자 할 때 검토해야 할 사항으로 가장 거리 가 먼 것은?

① 단락 또는 스위치나 릴레이 고장 시 오동작
② 밸브 계통의 고장에 따른 오동작
③ 전압 강하 및 정전에 따른 오동작
④ 운전 미숙으로 인한 기계설비의 오동작

11 안전관리의 목적으로 가장 적합한 것은?

① 사회적 안정을 기하기 위하여
② 우수한 물건을 생산하기 위하여
③ 최고 경영자의 경영관리를 위하여
④ 생산성 향상과 생산원가를 낮추기 위하여

ANSWER ▶ 06.① 07.① 08.① 09.④ 10.④ 11.④

12 기계 운전 시 기본적인 안전 수칙에 대한 설명으로 틀린 것은?

① 작업 중에는 작업 범위 외의 어떤 기계도 사용할 수 있다.

② 방호장치는 허가 없이 무단으로 떼어놓지 않는다.

③ 기계 운전 중에는 기계에서 함부로 이탈할 수 없다.

④ 기계 고장 시는 정지, 고장표시를 반드시 기계에 부착해야 한다.

13 산업재해 예방을 위한 필요한 사항을 지켜야 하며, 사업주나 그 밖의 관련 단체에서 실시하는 산업재해 방지에 관한 조치를 따라야 하는 의무자는?

① 근로자   ② 관리감독자

③ 안전관리자   ④ 안전보건관리책임자

14 신규 검사에 합격된 냉동용 특정설비의 각인 사항과 그 기호의 연결이 올바르게 된 것은?

① 내용적 : TV

② 용기의 질량 : TM

③ 최고사용압력 : FT

④ 내압시험압력 : TP

15 다음 기계 작업 중 반드시 운전을 정지하고 해야 할 작업의 종류가 아닌 것은?

① 공작기계 정비 작업   ② 냉동기 누설 검사 작업

③ 기계의 날 부분 청소 작업   ④ 원심기에서 내용물을 꺼내는 작업

16 브라인에 관한 설명으로 틀린 것은?

① 무기질 브라인 중 염화나트륨이 염화칼슘보다 금속에 대한 부식성이 더 크다.

② 염화칼슘 브라인은 공정점이 낮아 제빙, 냉장 등으로 사용된다.

③ 브라인 냉매의 pH값은 7.5~8.2(약 알칼리)로 유지하는 것이 좋다.

④ 브라인은 유기질과 무기질로 구분되며 유기질 브라인의 금속에 대한 부식성이 더 크다.

17 수동나사 절삭 방법으로 틀린 것은?

① 관 끝은 절삭날이 쉽게 들어갈 수 있도록 약간의 모따기를 한다.

② 관을 파이프 바이스에서 약 150mm 정도 나오게 하고 관이 찌그러지지 않게 주의하면서 단단히 물린다.

③ 나사가 완성되면 편심 핸들을 급히 풀고 절삭기를 뺀다.

④ 나사 절삭기를 관에 끼우고 래칫을 조정한 다음 약 30°씩 회전시킨다.

18 냉동장치에서 압력과 온도를 낮추고 동시에 증발기로 유입되는 냉매량을 조절해 주는 장치는?

① 수액기   ② 압축기

③ 응축기   ④ 팽창밸브

19 냉동능력이 29980kcal/h인 냉동장치에서 응축기의 냉각수 온도가 입구온도 32℃, 출구온도 37℃일 때, 냉각수 수량이 120 L/min이라고 하면 이 냉동기의 축동력은? (단, 열손실은 없는 것으로 가정한다.)

① 5kW   ② 6kW

③ 7kW   ④ 8kW

20 2원 냉동장치에 대한 설명으로 틀린 것은?

① 주로 약 −80℃ 정도의 극저온을 얻는데 사용된다.

② 비등점이 높은 냉매는 고온 측 냉동기에 사용된다.

③ 저온부 응축기는 고온부 증발기와 열교환을 한다.

④ 중간 냉각기를 설치하여 고온 측과 저온측을 열교환 시킨다.

21 강관에서 나타내는 스케줄 번호(schedule number)에 대한 설명으로 틀린 것은?

① 관의 두께를 나타내는 호칭이다.

② 유체의 사용 압력에 비례하고 배관의 허용응력에 반비례한다.

③ 번호가 클수록 관 두께가 두꺼워 진다.

④ 호칭지름이 같은 관은 스케줄 번호가 같다.

22 2단압축 냉동사이클에서 중간냉각을 행하는 목적이 아닌 것은?

① 고단 압축기가 과열되는 것을 방지 한다.
② 고압 냉매액을 과냉시켜 냉동효과를 증대시킨다.
③ 고압 측 압축기의 흡입가스 중 액을 분리시킨다.
④ 저단 측 압축기의 토출가스를 과열시켜 체적효율을 증대 시킨다.

23 기체의 용해도에 대한 설명으로 옳은 것은?

① 고온 고압일수록 용해도가 커진다.
② 저온 저압일수록 용해도가 커진다.
③ 저온 고압일수록 용해도가 커진다.
④ 고온 저압일수록 용해도가 커진다.

24 전류계의 측정범위를 넓히는데 사용되는 것은?

① 배율기 ② 분류기
③ 역률기 ④ 용량분압기

25 어떤 회로에 220V의 교류전압으로 10A의 전류를 통과시켜 1.8kW의 전력을 소비하였다면 이 회로의 역률은?

① 0.72 ② 0.81
③ 0.96 ④ 1.35

26 유분리기의 설치 위치로서 적당한 곳은?

① 압축기와 응축기 사이 ② 응축기와 수액기 사이
③ 수액기와 증발기 사이 ④ 증발기와 압축기 사이

27 강관의 전기용접 접합 시의 특징(가스용접에 비해)으로 옳은 것은?

① 유해 광선의 발생이 적다.
② 용접속도가 빠르고 변형이 적다.
③ 박관용접에 적당하다.
④ 열량조절이 비교적 자유롭다.

A·N·S·W·E·R 22.④ 23.③ 24.② 25.② 26.① 27.②

28 다음 중 공비혼합물 냉매는?

① R−11

② R−123

③ R−717

④ R−500

29 관의 지름이 다를 때 사용하는 이음쇠가 아닌 것은?

① 부싱

② 레듀서

③ 리턴 밴드

④ 편심 이경 소켓

30 KS규격에서 SPPW는 무엇을 나타내는가?

① 배관용 탄소강 강관

② 압력배관용 탄소강 강관

③ 수도용 아연도금 강관

④ 일반구조용 탄소강 강관

31 다음 냉동장치의 제어장치 중 온도제어 장치에 해당 되는 것은?

① T.C

② L.P.S

③ E.P.R

④ O.P.S

32 공기 냉각용 증발기로서 주로 벽 코일 동결실의 선반으로 사용되는 증발기의 형식은?

① 만액식 쉘 앤 튜브식 증발기

② 보데로 증발기

③ 탱크식 증발기

④ 캐스케이드식 증발기

33 CA냉장고의 주된 용도는?

① 제빙용

② 청과물보관용

③ 공조용

④ 해산물보관용

34 기장의 세기를 나타내는 것은?

① 유전속 밀도

② 전하 밀도

③ 정전력

④ 전기력선 밀도

35 고속다기통 압축기에 관한 설명으로 틀린 것은?

① 고속이므로 냉동능력에 비하여 소형경량이다.

② 다른 압축기에 비하여 체적효율이 양호하며, 각 부품 교환이 간단하다.

③ 동적 밸런스가 양호하여 진동이 적어 운전 중 소음이 적다.

④ 용량제어가 타기에 비하여 용이하고 자동운전 및 무부하 기동이 가능하다.

36 논리곱 회로라고 하며 입력신호 A, B가 있을 때 A, B 모두가 "1"신호로 됐을 때만 출력 C가 "1"신호로 되는 회로는?(단, 논리식은 A · B = C이다.)

① OR회로   ② NOT회로   ③ AND회로   ④ NOR회로

37 30℃에서 2Ω의 동선이 온도 70℃로 상승하였을 때, 저항은 얼마가 되는가? (단, 동선의 저항온도계수는 0.0042이다.)

① 2.3Ω   ② 3.3Ω   ③ 5.3Ω   ④ 6.3Ω

38 단열압축, 등온압축, 폴리트로픽 압축에 관한 사항 중 틀린 것은?

① 압축일량은 등온압축이 제일 작다.

② 압축일량은 단열압축이 제일 크다.

③ 압축가스 온도는 폴리트로픽 압축이 제일 높다.

④ 실제 냉동기의 압축 방식은 폴리트로픽 압축이다.

39 다음 설명 중 틀린 것은?

① 냉동능력 2kW는 약 0.52 냉동톤(RT)이다.

② 냉동능력 10kW, 압축기 동력 4kW인 냉동장치의 응축부하는 14kW이다.

③ 냉매증기를 단열 압축하면 온도는 높아지지 않는다.

④ 진공계의 지시값이 10cmHg인 경우, 절대압력은 약 0.9kgf/cm^{2}이다.

40 P-h선도의 등건조도선에 대한 설명으로 틀린 것은?

① 습증기 구역 내에서만 존재하는 선이다.

② 건도가 0.2는 습증기 중 20%는 액체, 80%는 건조 포화 증기를 의미한다.

③ 포화액의 건도는 0이고 건조포화증기의 건도는 1이다.

④ 등건조도선을 이용하여 팽창밸브 통과 후 발생한 플래시 가스량을 알 수 있다.

41 펌프의 캐비테이션 방지대책으로 틀린 것은?

① 양흡입 펌프를 사용한다.

② 흡입관경을 크게 하고 길이를 짧게 한다.

③ 펌퍼의 설치 위치를 낮춘다.

④ 펌프 회전수를 빠르게 한다.

42 왕복동식과 비교하여 회전식 압축기에 관한 설명으로 틀린 것은?

① 잔류가스의 재팽창에 의한 체적효율의 감소가 적다.

② 직결구동에 용이하며 왕복동에 비해 부품수가 적고 구조가 간단하다.

③ 회전식 압축기는 조립이나 조정에 있어 정밀도가 요구되지 않는다.

④ 왕복동식에 비해 진동과 소음이 적다.

43 원심식 냉동기의 서징 현상에 대한 설명 중 옳지 않은 것은?

① 흡입가스 유량이 증가되어 냉매가 어느 한계치 이상으로 운전될 때 주로 발생한다.

② 서징현상 발생 시 전류계의 지침이 심하게 움직인다.

③ 운전 중 고·저압의 차가 증가하여 냉매가 임펠러를 통과할 때 역류하는 현상이다.

④ 소음과 진동을 수반하고 베어링 등 운동 부분에서 급격한 마모현상이 발생한다.

44 다음 중 응축기와 관계가 없는 것은?

① 스월(swirl)

② 쉘 앤 튜브(shell and tube)

③ 로핀 튜브(low finned tube)

④ 감온통(thermo sensing bulb)

45 흡수식 냉동장치에 설치되는 안전장치의 설치 목적으로 가장 거리가 먼 것은?

① 냉수 동결 방지   ② 흡수액 결정 방지

③ 압력상승 방지   ④ 압축기 보호

46 다음 중 효율은 그다지 높지 않고 풍량과 동력의 변화가 비교적 많으며 환기·공조 저속덕트용으로 주로 사용되는 송풍기는?

① 시로코 팬   ② 축류 송풍기

③ 에어 포일팬   ④ 프로펠러형 송풍기

A·N·S·W·E·R 41.④   42.③   43.①   44.④   45.④   46.①

47 히트펌프 방식에서 냉·난방 절환을 위해 필요한 밸브는?

① 감압 밸브   ② 2방 밸브

③ 4방 밸브   ④ 전동 밸브

48 실내 취득 감열량이 35000kcal/h이고, 실내로 유입되는 송풍량이 9000m³/h일 때 실내의 온도를 25℃로 유지하려면 실내로 유입되는 공기의 온도를 약 몇 ℃로 해야 되는가? (단, 공기의 비중량은 1.29kg/m3, 공기의 비열은 0.24kcal/kg·℃로 한다.)

① 9.5℃   ② 10.6℃

③ 12.6℃   ④ 14.8℃

49 냉각코일의 종류 중 증발관 내에 냉매를 팽창시켜 그 냉매의 증발잠열을 이용하여 공기를 냉각시키는 것은?

① 건코일   ② 냉수코일

③ 간접팽창코일   ④ 직접팽창코일

50 다음 중 상대습도를 맞게 표시한 것은?

① $\phi = \dfrac{\text{습공기수증기분압}}{\text{포화수증기압}} \times 100$ ② $\phi = \dfrac{\text{포화수증기압}}{\text{습공기수증기분압}} \times 100$

③ $\phi = \dfrac{\text{습공기수증기중량}}{\text{포화수증기압}} \times 100$ ④ $\phi = \dfrac{\text{포화수증기중량}}{\text{습공기수증기중량}} \times 100$

51 팬형가습기에 대한 설명으로 틀린 것은?

① 가습의 응답속도가 느리다.

② 팬 속의 물을 강제적으로 증발시켜 가습한다.

③ 패키지형의 소형 공조기에 많이 사용한다.

④ 가습장치 중 효율이 가장 우수하며, 가습량을 자유로이 변화시킬 수 있다.

52 건물의 바닥, 천정, 벽 등에 온수를 통하는 관을 구조체에 매설하고 아파트, 주택 등에 주로 사용되는 난방방법은?

① 복사난방   ② 증기난방

③ 온풍난방   ④ 전기히터난방

ANSWER 47.③ 48.③ 49.④ 50.① 51.④ 52.①

53 어떤 방의 체적이 2×3×2.5m이고, 실내온도를 21℃로 유지하기 위하여 실외온도 5℃의 공기를 3회/h로 도입할 때 환기에 의한 손실열량은?

(단, 공기의 비열은 0.24kcal/kg·℃, 비중량은 1.2kg/m³이다.)

① 207.4kcal/h   ② 381.2kcal/h

③ 465.7kcal/h   ④ 727.2kcal/h

54 환수주관을 보일러 수면보다 높은 위치에 배관하는 것은?

① 강제순환식   ② 건식환수관식

③ 습식환수관식   ④ 진공환수관식

55 온풍난방에 사용되는 온풍로의 배치에 대한 설명으로 틀린 것은?

① 덕트 배관은 짧게 한다.

② 굴뚝의 위치가 되도록 가까워야 한다.

③ 온풍로의 후면(방문쪽)은 벽에 붙여 고정한다.

④ 습기와 먼지가 적은 장소를 선택한다.

56 공기조화 방식의 중앙식 공조방식에서 수−공기방식에 해당되지 않는 것은?

① 이중 덕트방식

② 유인 유닛방식

③ 팬 코일 유닛방식(덕트병용)

④ 복사 냉난방 방식(덕트병용)

57 다음 중 대기압 이하의 열매증기를 방출하는 구조로 되어 있는 보일러는?

① 무압 온수보일러   ② 콘덴싱 보일러

③ 유동층 연소보일러   ④ 진공식 온수보일러

58 실내오염 공기의 유입을 방지해야 하는 곳에 적합한 환기법은?

① 자연환기법   ② 제1종환기법

③ 제2종환기법   ④ 제3종환기법

A·N·S·W·E·R 53.① 54.② 55.③ 56.① 57.④ 58.③

59 배관 및 덕트에 사용되는 보온 단열재가 갖추어야 할 조건이 아닌 것은?

① 열전도율이 클 것

② 안전 사용 온도 범위에 적합할 것

③ 불연성 재료로서 흡습성이 작을 것

④ 물리·화학적 강도가 크고 시공이 용이할 것

60 냉열원기기에서 열교환기를 설치하는 목적으로 틀린 것은?

① 압축기 흡입가스를 과열시켜 액 압축을 방지시킨다.

② 프레온 냉동장치에서 액을 과냉시켜 냉동효과를 증대시킨다.

③ 플래시 가스 발생을 최소화한다.

④ 증발기에서의 냉매 순환량을 증가시킨다.

공조냉동기계기능사

01 용접기 취급상 주의사항으로 틀린 것은?

① 용접기는 환기가 잘되는 곳에 두어야 한다.

② 2차 측 단자의 한쪽 및 용접기의 외통은 접지를 확실히 해 둔다.

③ 용접기는 지표보다 약간 낮게 두어 습기의 침입을 막아 주어야 한다.

④ 감전의 우려가 있는 곳에서는 반드시 전격방지기를 설치한 용접기를 사용한다.

02 냉동기 검사에 합격한 냉동기에는 다음사항을 명확히 각인한 금속박판을 부착하여야 한다. 각인할 내용에 해당되지 않는 것은?

① 냉매가스의 종류

② 냉동능력(RT)

③ 냉동기 제조자의 명칭 또는 약호

④ 냉동기 운전조건(주위온도)

03 냉동장치를 정상적으로 운전하기 위한 유의 사항이 아닌 것은?

① 이상고압이 되지 않도록 주의한다.

② 냉매부족이 없도록 한다.

③ 습 압축이 되도록 한다.

④ 각 부의 가스 누설이 없도록 유의한다.

04 전동공구 작업 시 감전의 위험성을 방지하기 위해 해야 하는 조치는?

① 단전   ② 감지

③ 단락   ④ 접지

ANSWER 01.③ 02.④ 03.③ 04.④

05 냉동장치를 설비 후 운전할 때 (보기)의 작업순서로 올바르게 나열된 것은?

> **보기**
>
> ㉠ 냉각운전 　　　　　　　　　 ㉡ 냉매충전
> ㉢ 누설시험 　　　　　　　　　 ㉣ 진공시험
> ㉤ 배관의 방열공사

① ㉢ → ㉣ → ㉡ → ㉤ → ㉠　　　　② ㉣ → ㉤ → ㉢ → ㉡ → ㉠

③ ㉢ → ㉤ → ㉣ → ㉡ → ㉠　　　　④ ㉣ → ㉡ → ㉢ → ㉤ → ㉠

06 배관 작업 시 공구 사용에 대한 주의사항으로 틀린 것은?

① 파이프 리머를 사용하여 관 안쪽에 생기는 거스러미 제거 시 손가락에 상처를 입을 수 있으므로 주의해야 한다.

② 스패너 사용 시 볼트에 적합한 것을 사용해야 한다.

③ 쇠톱 절단 시 당기면서 절단한다.

④ 리드형 나사절삭기 사용 시 조(jaw) 부분을 고정시킨 다음 작업에 임한다.

07 다음 중 소화방법으로 건조사를 이용하는 화재는?

① A급　　　　　　② B급　　　　　　③ C급　　　　　　④ D급

08 해머 작업 시 안전수칙으로 틀린 것은?

① 사용 전에 반드시 주위를 살핀다.

② 장갑을 끼고 작업하지 않는다.

③ 담금질된 재료는 강하게 친다.

④ 공동해머 사용 시 호흡을 잘 맞춘다.

09 기계설비의 본질적 안전화를 위해 추구해야 할 사항으로 가장 거리가 먼 것은?

① 풀 프루프(fool proof)의 기능을 가져야 한다.

② 안전 기능이 기계설비에 내장되어 있지 않도록 한다.

③ 조작상 위험이 가능한 없도록 한다.

④ 페일 세이프(fail safe)의 기능을 가져야 한다.

ANSWER ▷ 05.① 06.③ 07.④ 08.③ 09.②

10 산업안전보건기준에 관한 규칙에 의하면 작업장의 계단의 폭은 얼마 이상으로 하여야 하는가?

① 50cm   ② 100cm   ③ 150cm   ④ 200cm

11 안전모와 안전대의 용도로 적당한 것은?

① 물체 비산 방지용이다.   ② 추락재해 방지용이다.
③ 전도 방지용이다.   ④ 용접작업 보호용이다.

12 공구의 취급에 관한 설명으로 틀린 것은?

① 드라이버에 망치질을 하여 충격을 가할 때에는 관통 드라이버를 사용하여야 한다.
② 손 망치는 타격의 세기에 따라 적당한 무게의 것을 골라서 사용하여야 한다.
③ 나사 다이스는 구멍에 암나사를 내는데 쓰고, 핸드 탭은 수나사를 내는데 사용한다.
④ 파이프 렌치의 알에는 이가 있어 상처를 주기 쉬우므로 연질 배관에는 사용하지 않는다.

13 가스보일러의 점화 시 착화가 실패하여 연소실의 환기가 필요한 경우, 연소실 용적의 약 몇 배 이상 공기량을 보내어 환기를 행해야 하는가?

① 2   ② 4   ③ 8   ④ 10

14 컨베이어 등을 사용하여 작업할 때 작업시작 전 점검사항으로 해당되지 않는 것은?

① 원동기 및 풀리 기능의 이상 유무
② 이탈 등의 방지장치 기능의 이상 유무
③ 비상정지장치 기능의 이상 유무
④ 작업면의 기울기 또는 요철 유무

15 산소 압력 조정기의 취급에 대한 설명으로 틀린 것은?

① 조정기를 견고하게 설치한 다음 가스누설 여부를 비눗물로 점검한다.
② 조정기는 정밀하므로 충격이 가해지지 않도록 한다.
③ 조정기는 사용 후에 조정나사를 늦추어서 다시 사용할 때 가스가 한꺼번에 흘러나오는 것을 방지한다.
④ 조정기의 각부에 작동이 원활하도록 기름을 친다.

ANSWER ▷ 10.②   11.②   12.③   13.②   14.④   15.④

16 16.1kg 기체가 압력 200kPa, 체적 $0.5m^3$ 상태로부터 압력 600kPa, 체적 $1.5m^3$ 로 상태변화 하였다. 이 변화에서 기체 내부의 에너지 변화가 없다고 하면 엔탈피의 변화는?

① 500kJ만큼 증가   ② 600kJ만큼 증가

③ 700kJ만큼 증가   ④ 800kJ만큼 증가

17 냉동장치의 냉매배관의 시공상 주의점으로 틀린 것은?

① 흡입관에서 두 개의 흐름이 합류하는 곳은 T이음으로 연결한다.

② 압축기와 응축기가 같은 위치에 있는 경우 토출관은 일단 세워 올려 하향구배로 한다.

③ 흡입관의 입상이 매우 길 때는 약 10m마다 중간에 트랩을 설치한다.

④ 2대 이상의 압축기가 각각 독립된 응축기에 연결된 경우 토출관 내부에 가능한 응축기 입구 가까이에 균압관을 설치한다.

18 냉동장치의 냉매계통 중에 수분이 침입하였을 때 일어나는 현상을 열거한 것으로 틀린 것은?

① 프레온 냉매는 수분에 용해되지 않으므로 팽창밸브를 동결 폐쇄시킨다.

② 침입한 수분이 냉매나 금속과 화학반응을 일으켜 냉매계통의 부식, 윤활유의 열화 등을 일으킨다.

③ 암모니아는 물에 잘 녹으므로 침입한 수분이 동결하는 장애가 적은 편이다.

④ R-12는 R-22보다 많은 수분을 용해하므로, 팽창밸브 등에서의 수분동결의 현상이 적게 일어난다.

19 프레온계 냉매의 특성에 관한 설명으로 틀린 것은?

① 열에 대한 안정성이 좋다.

② 수분의 용해성이 극히 크다.

③ 무색, 무취로 누설 시 발견이 어렵다.

④ 전기 절연성이 우수하므로 밀폐형 압축기에 적합하다.

20 만액식 증발기에서 냉매 측 전열을 좋게 하는 조건으로 틀린 것은?

① 냉각관이 냉매에 잠겨 있거나 접촉해 있을 것

② 열전달 증가를 위해 관 간격이 넓을 것

③ 유막이 존재하지 않을 것

④ 평균 온도차가 클 것

21 냉동장치의 배관 설치 시 주의사항으로 틀린 것은?

① 냉매의 종류, 온도 등에 따라 배관재료를 선택한다.

② 온도변화에 의한 배관의 신축을 고려한다.

③ 기기 조작, 보수, 점검에 지장이 없도록 한다.

④ 굴곡부는 가능한 적게 하고 곡률 반경을 작게 한다.

22 흡입배관에서 압력손실이 발생하면 나타나는 현상이 아닌 것은?

① 흡입압력의 저하   ② 토출가스 온도의 상승

③ 비체적 감소   ④ 체적효율 저하

23 흡수식 냉동사이클에서 흡수기와 재생기는 증기 압축식 냉동사이클의 무엇과 같은 역할을 하는가?

① 증발기   ② 응축기

③ 압축기   ④ 팽창밸브

24 어떤 저항 R에 100V의 전압이 인가해서 10A의 전류가 1분간 흘렀다면 저항 R에 발생한 에너지는?

① 70000J   ② 60000J   ③ 50000J   ④ 40000J

25 임계점에 대한 설명으로 옳은 것은?

① 어느 압력 이상에서 포화액이 증발이 시작됨과 동시에 건포화 증기로 변하게 되는데, 포화액선과 건포화 증기선이 만나는 점

② 포화온도 하에서 증발이 시작되어 모두 증발하기까지의 온도

③ 물이 어느 온도에 도달하면 온도는 더 이상 상승하지 않고 증발이 시작하는 온도

④ 일정한 압력하에서 물체의 온도가 변화하지 않고 상(相)이 변화하는 점

ANSWER   20.② 21.④ 22.③ 23.③ 24.② 25.①

26 관의 직경이 크거나 기계적 강도가 문제될 때 유니온 대용으로 결합하여 쓸 수 있는 것은?

① 이경소켓   ② 플랜지

③ 니플   ④ 부싱

27 동관 작업 시 사용되는 공구와 용도에 관한 설명으로 틀린 것은?

① 플레어링 툴 세트 – 관을 압축 접합할 때 사용

② 튜브벤더 – 관을 구부릴 때 사용

③ 익스팬더 – 관 끝을 오므릴 때 사용

④ 사이징 툴 – 관을 원형으로 정형할 때 사용

28 액 순환식 증발기에 대한 설명으로 옳은 향은?

① 오일이 체류할 우려가 크고 제상 자동화가 어렵다.

② 냉매량이 적게 소요되며 액펌프, 저압수액 등 설비가 간단하다.

③ 증발기 출구에서 액은 80% 정도이고, 기체는 20% 정도 차지한다.

④ 증발기가 하나라도 여러 개의 팽창밸브가 필요하다.

29 팽창밸브에 대한 설명으로 옳은 것은?

① 압축 증대장치로 압력을 높이고 냉각시킨다.

② 액봉이 쉽게 일어나고 있는 곳이다.

③ 냉동부하에 따른 냉매액의 유량을 조절한다.

④ 플래시 가스가 발생하지 않는 곳이며, 일명 냉각 장치라 부른다.

30 증기 압축식 냉동장치의 냉동원리에 관한 설명으로 가장 적합한 것은?

① 냉매의 팽창열을 이용한다.

② 냉매의 증발잠열을 이용한다.

③ 고체의 승화열을 이용한다.

④ 기체의 온도차에 의한 현열변화를 이용한다.

ANSWER   26.②   27.③   28.③   29.③   30.②

31 정현파 교류에서 전압의 실효값(V)을 나타내는 식으로 옳은 것은?

(단, 전압의 최대값을 V_m, 평균값을 V_a라고 한다.)

① $V = \dfrac{V_a}{\sqrt{2}}$ ② $V = \dfrac{V_m}{\sqrt{2}}$

③ $V = \dfrac{\sqrt{2}}{V_m}$ ④ $V = \dfrac{\sqrt{2}}{V_a}$

32 용적형 압축기에 대한 설명으로 틀린 것은?

① 압축실 내의 체적을 감소시켜 냉매의 압력을 증가시킨다.

② 압축기의 성능은 냉동능력, 소비동력, 소음, 진동값 및 수명 등 종합적인 평가가 요구된다.

③ 압축기의 성능을 측정하는 유용한 두 가지 방법은 성능계수와 단위 냉동능력당 소비동력을 측정하는 것이다.

④ 개방형 압축기의 성능계수는 전동기와 압축기의 운전효율을 포함하는 반면, 밀폐형 압축기의 성능계수에는 전동기효율이 포함되지 않는다.

33 냉매 건조기(dryer)에 관한 설명으로 옳은 것은?

① 암모니아 가스관에 설치하여 수분을 제거한다.

② 압축기와 응축기 사이에 설치한다.

③ 프레온은 수분에 잘 용해되지 않으므로 팽창밸브에서의 동결을 방지하기 위하여 설치한다.

④ 건조제로는 황산, 염화칼슘 등의 물질을 사용한다.

34 스윙(swing)형 체크밸브에 관한 설명으로 틀린 것은?

① 호칭치수가 큰 관에 사용된다.

② 유체의 저항이 리프트(lift)형보다 적다.

③ 수평배관에만 사용할 수 있다.

④ 핀을 축으로 하여 회전시켜 개폐한다.

35 냉동사이클 내를 순환하는 동작유체로서 잠열에 의해 열을 운반하는 냉매로 가장 거리가 먼 것은?

① 1차 냉매
② 암모니아(NH₃)
③ 프레온(freon)
④ 브라인(brine)

36 직접 식품에 브라인을 접촉시키는 것이 아니고 얇은 금속판 내에 브라인이나 냉매를 통하게 하여 금속판의 외면과 식품을 접촉시켜 동결하는 장치는?

① 접촉식 동결장치
② 터널식 공기 동결장치
③ 브라인 동결장치
④ 송풍 동결장치

37 냉동 부속 장치 중 응축기와 팽창 밸브 사이의 고압관에 설치하며, 증발기의 부하 변동에 대응하여 냉매 공급을 원활하게 하는 것은?

① 유분리기
② 수액기
③ 액분리기
④ 중간 냉각기

38 냉매의 구비 조건으로 틀린 것은?

① 증발잠열이 클 것
② 표면장력이 작을 것
③ 임계온도가 상온보다 높을 것
④ 증발압력이 대기압보다 낮을 것

39 비열비를 나타내는 공식으로 옳은 것은?

① 정적비열 / 비중
② 정압비열 / 비중
③ 정압비열 / 정적비열
④ 정적비열 / 정압비열

40 LNG 냉열이용 동결장치의 특징으로 틀린 것은?

① 식품과 직접 접촉하여 급속 동결이 가능하다.
② 외기가 흡입되는 것을 방지한다.
③ 공기에 분산되어 있는 먼지를 철저히 제거하여 장치 내부에 눈이 생기는 것을 방지한다.
④ 저온공기의 풍속을 일정하게 확보함으로써 식품과의 열전달계수를 저하시킨다.

ANSWER ▶ 35.④ 36.① 37.② 38.④ 39.③ 40.④

41 열에너지를 효율적으로 이용할 수 있는 방법 중 하나인 축열장치의 특징에 관한 설명으로 틀린 것은?

① 저속 연속운전에 의한 고효율 정격운전이 가능하다.
② 냉동기 및 열원설비의 용량을 감소할 수 있다.
③ 열회수 시스템의 적용이 가능하다.
④ 수질관리 및 소음관리가 필요 없다.

42 암모니아 냉동장치에서 팽창밸브 직전의 온도가 25°C, 흡입가스의 온도가 −10°C인 건조포화 증기인 경우, 냉매 1kg당 냉동효과가 350kcal이고, 냉동능력 15RT가 요구될 때의 냉매순환량은?

① 139kg/h   ② 142kg/h   ③ 188kg/h   ④ 176kg/h

43 흡수식 냉동기에서 냉매순환과정을 바르게 나타낸 것은?

① 재생(발사)기 → 응축기 → 냉각(증발)기 → 흡수기
② 재생(발생)기 → 냉각(증발)기 → 흡수기 → 응축기
③ 응축기 → 재생(발생)기 → 냉각(증발)기 → 흡수기
④ 냉각(증발)기 → 응축기 → 흡수기 → 재생(발생)기

44 증발기 내의 압력에 의해서 작동하는 팽창밸브는?

① 저압측 플로트 밸브   ② 정압식 자동팽창 밸브
③ 온도식 자동팽창 밸브   ④ 수동 팽창 밸브

45 2단 압축 냉동사이클에서 중간냉각기가 하는 역할로 틀린 것은?

① 저단압축기의 토출가스 온도를 낮춘다.
② 냉매가스를 과냉각시켜 압축비를 상승시킨다.
③ 고단압축기로의 냉매액 흡입을 방지한다.
④ 냉매액을 과냉각시켜 냉동효과를 증대시킨다.

46 어떤 상태의 공기가 노점온도보다 낮은 냉각코일을 통과하였을 때 상태변화를 설명한 것으로 틀린 것은?

① 절대습도 저하   ② 상대습도 저하
③ 비체적 저하   ④ 건구온도 저하

A·N·S·W·E·R 41.④ 42.② 43.① 44.② 45.② 46.②

47 팬의 효율을 표시하는데 있어서 사용되는 전압효율에 대한 올바른 정의는?

① $\dfrac{\text{축동력}}{\text{공기동력}}$
② $\dfrac{\text{공기동력}}{\text{축동력}}$
③ $\dfrac{\text{회전속도}}{\text{송풍기의 크기}}$
④ $\dfrac{\text{송풍기의 크기}}{\text{회전속도}}$

48 다음 중 일반적으로 실내공기의 오염정도를 알아보는 지표로 사용하는 것은?

① CO_2 농도
② CO 농도
③ PM 농도
④ H 농도

49 덕트에서 사용되는 댐퍼의 사용 목적에 관한 설명으로 틀린 것은?

① 풍량조절 댐퍼 – 공기량을 조절하는 댐퍼
② 배연 댐퍼 – 배연덕트에서 사용되는 댐퍼
③ 방화 댐퍼 – 화재 시에 연기를 배출하기 위한 댐퍼
④ 모터 댐퍼 – 자동제어 장치에 의해 풍량조절을 위해 모터로 구동되는 댐퍼

50 실내 현열 손실량이 5000kcal/h일 때, 실내온도를 20℃로 유지하기 위해 36℃ 공기 몇 m^3/h를 실내로 송풍해야 하는가? (단, 공기의 비중량은 1.2kgf/m3, 정압비열은 0.24 kcal/kg℃이다.)

① 985m^3/h
② 1085m^3/h
③ 1250m^3/h
④ 1350m^3/h

51 공기세정기에서 유입되는 공기를 정화시키기 위해 설치하는 것은?

① 루버
② 댐퍼
③ 분무노즐
④ 엘리미네이터

52 단일덕트 정풍량 방식의 특징으로 옳은 것은?

① 각 실마다 부하변동에 대응하기가 곤란하다.
② 외기도입을 충분히 할 수 없다.
③ 냉풍과 온풍을 동시에 공급할 수가 있다.
④ 변풍량에 비하여 에너지 소비가 적다.

53 보일러에서 배기가스의 현열을 이용하여 급수를 예열하는 장치는?

① 절탄기　　　　　　　　　　　　② 재열기

③ 증기 과열기　　　　　　　　　　④ 공기 가열기

54 감습장치에 대한 설명으로 옳은 것은?

① 냉각식 감습장치는 감습만을 목적으로 사용하는 경우 경제적이다.

② 압축식 감습장치는 감습만을 목적으로 하면 소요동력이 커서 비경제적이다.

③ 흡착식 감습장치는 액체에 의한 감습보다 효율이 좋으나 낮은 노점까지 감습이
어려워 주로 큰 용량의 것에 적합하다.

④ 흡수식 감습장치는 흡착식에 비해 감습효율이 떨어져 소규모 용량에만 적합하다.

55 실내 상태점을 통과하는 현열비선과 포화곡선과의 교점을 나타내는 온도로서 취출
공기가 실내 잠열부하에 상당하는 수분을 제거하는데 필요한 코일표면온도를 무엇
이라 하는가?

① 혼합온도　　　　　　　　　　　② 바이패스 온도

③ 실내 장치노점온도　　　　　　　④ 설계온도

56 다음 개별식 공조방식에 해당되는 것은?

① 팬코일 유닛 방식(덕트병용)　　　② 유인 유닛 방식

③ 패키지 유닛 방식　　　　　　　　④ 단일 덕트 방식

57 증기난방에 사용되는 부속기기인 감압밸브를 설치하는 데 있어서 주의사항으로 틀린
것은?

① 감압밸브는 가능한 사용개소에 가까운 곳에 설치한다.

② 감압밸브로 응축수를 제거한 증기가 들어오지 않도록 한다.

③ 감압밸브 앞에는 반드시 스트레이너를 설치하도록 한다.

④ 바이패스는 수평 또는 위로 설치하고, 감압밸브의 구경과 동일한 구경으로 하거나
1차 측 배관지름보다 한 치수 적은 것으로 한다.

58 회전식 전열교환기의 특징에 관한 설명으로 틀린 것은?

① 로터의 상부에 외기공기가 통과하고 하부에 실내공기가 통과한다.

② 열교환은 현열뿐 아니라 잠열도 동시에 이루어진다.

③ 로터를 회전시키면서 실내공기의 배기공기와 외기공기를 열교환한다.

④ 배기공기는 오염물질이 포함되지 않으므로 필터를 설치할 필요가 없다.

59 온풍난방에 대한 장점이 아닌 것은?

① 예열시간이 짧다.

② 실내 온습도 조절이 비교적 용이하다.

③ 기기설치 장소의 선정이 자유롭다.

④ 단열 및 기밀성이 좋지 않은 건물에 적합하다.

60 다음 설명 중 틀린 것은?

① 대기압에서 0℃ 물의 증발잠열은 약 597.3kcal/kg이다.

② 대기압에서 0℃ 공기의 정압비열은 약 0.44kcal/kg · ℃이다.

③ 대기압에서 20℃의 공기 비중량은 약 1.2kgf/m^{3}이다.

④ 공기의 평균 분자량은 약 28.96kg/ kmol이다.

01 보일러 운전 중 수위가 저하되었을 때 위해를 방지하기 위한 장치는?

① 화염 검출기　　　　　　② 압력 차단기

③ 방폭문　　　　　　　　④ 저수위 경보장치

02 보호구를 선택 시 유의사항으로 적절하지 않은 것은?

① 용도에 알맞아야 한다.

② 품질이 보증된 것이어야 한다.

③ 쓰기 쉽고 취급이 쉬워야 한다.

④ 겉모양이 호화스러워야 한다.

03 보일러 취급시 주의사항으로 틀린 것은?

① 보일러의 수면계 수위는 중간위치를 기준 수위로 한다.

② 점화 전에 미연소가스를 방출시킨다.

③ 연료계통에 누설 여부를 수시로 확인한다.

④ 보일러 저부의 침전물 배출은 부하가 가장 클 때 하는 것이 좋다.

04 보일러 취급 부주의로 작업자가 화상을 입었을 때 응급처치 방법으로 적당하지 않은 것은?

① 냉수를 이용하여 화상부의 화기를 빼도록 한다.

② 물집이 생겼으면 터뜨리지 않고 상처부위를 보호한다.

③ 기계유나 변압기유를 바른다.

④ 상처부위를 깨끗이 소독한 다음 상처를 보호한다.

ANSWER 01.④　02.④　03.④　04.③

05 가스용접 작업 시 유의사항으로 적절하지 못한 것은?

① 산소병은 60℃ 이하 온도에서 보관하고 직사광선을 피해야 한다.

② 작업자의 눈을 보호하기 위해 차광안경을 착용해야 한다.

③ 가스누설의 점검을 수시로 해야 하며 점검은 비눗물로 한다.

④ 가스용접장치는 화기로부터 일정거리 이상 떨어진 곳에 설치해야 한다.

06 다음 발화온도가 낮아지는 조건 중 옳은 것은?

① 발열량이 높을수록   ② 압력이 낮을수록

③ 산소농도가 낮을수록   ④ 열전도도가 낮을수록

07 산소 – 아세틸렌 용접 시 역화의 원인으로 가장 거리가 먼 것은?

① 토치 팁이 과열 되었을 때

② 토치에 절연장치가 없을 때

③ 사용가스의 압력이 부적당할 때

④ 토치 팁 끝이 이물질로 막혔을 때

08 안전사고의 원인으로 불안전한 행동(인적원인)에 해당하는 것은?

① 불안전한 상태 방치   ② 구조재료의 부적합

③ 작업환경의 결함   ④ 복장 보호구의 결함

09 기계설비에서 일어나는 사고의 위험요소로 가장 거리가 먼 것은?

① 협착점   ② 끼임점

③ 고정점   ④ 절단점

10 줄 작업 시 안전사항으로 틀린 것은?

① 줄의 균열 유무를 확인한다.

② 부러진 줄은 용접하여 사용한다.

③ 줄은 손잡이가 정상인 것만을 사용한다.

④ 줄 작업에서 생긴 가루는 입으로 불지 않는다.

ANSWER 05.① 06.① 07.② 08.① 09.③ 10.②

11 해머(hammer)의 사용에 관한 유의사항으로 가장 거리가 먼 것은?

① 쐐기를 박아서 손잡이가 튼튼하게 박힌 것을 사용한다.

② 열간 작업 시에는 식히는 작업을 하지 않아도 계속해서 작업할 수 있다.

③ 타격면이 닳아 경사진 것은 사용하지 않는다.

④ 장갑을 끼지 않고 작업을 진행한다.

12 재해예방의 4가지 기본원칙에 해당되지 않는 것은?

① 대책선정의 원칙   ② 손실우연의 원칙

③ 예방가능의 원칙   ④ 재해통계의 원칙

13 아크용접작업 기구 중 보호구와 관계없는 것은?

① 용접용 보안면   ② 용접용 앞치마

③ 용접용 홀더   ④ 용접용 장갑

14 안전관리 관리감독자의 업무로 가장 거리가 먼 것은?

① 작업 전·후 안전점검 실시

② 안전작업에 관한 교육훈련

③ 작업의 감독 및 지시

④ 재해 보고서 작성

15 정(chisel)의 사용 시 안전관리에 적합하지 않은 것은?

① 비산 방지판을 세운다.

② 올바른 치수와 형태의 것을 사용한다.

③ 칩이 끊어져 나갈 무렵에는 힘주어서 때린다.

④ 담금질한 재료는 정으로 작업하지 않는다.

16 저항이 250Ω이고 40W인 전구가 있다. 점등 시 전구에 흐르는 전류는?

① 0.1A   ② 0.4A

③ 2.5A   ④ 6.2A

A·N·S·W·E·R   11.②   12.④   13.③   14.①   15.③   16.②

17 바깥지름 54mm, 길이 2.66m, 냉각관수 28개로 된 응축기가 있다. 입구 냉각수온 22℃, 출구 냉각수온 28℃이며 응축온도는 30℃이다. 이 때 응축부하는?

(단, 냉각관의 열통과율은 900kcal/mm^2·h℃이고, 온도차는 산술 평균 온도차를 이용한다.)

① 25300kcal/h   ② 43700kcal/h

③ 56859kcal/h   ④ 79682kcal/h

18 관 절단 후 절단부에 생기는 거스러미를 제거하는 공구로 가장 적절한 것은?

① 클립   ② 사이징 툴

③ 파이프 리머   ④ 쇠 톱

19 암모니아(NH$_3$) 냉매에 대한 설명으로 틀린 것은?

① 수분에 잘 용해된다.

② 윤활유에 잘 용해된다.

③ 독성, 가연성, 폭발성이 있다.

④ 전열 성능이 양호하다.

20 자기유지(self holding)에 관한 설명으로 옳은 것은?

① 계전기 코일에 전류를 흘려서 여자 시키는 것

② 계전기 코일에 전류를 차단하여 자화 성질을 잃게 되는 것

③ 기기의 미소 시간 동작을 위해 동작되는 것

④ 계전기가 여자된 후에도 동작 기능이 계속해서 유지되는 것

21 냉동기에서 열교환기는 고온유체와 저온유체를 직접혼합 또는 원형동관으로 유체를 분리하여 열교환하는데 다음 설명 중 옳은 것은?

① 동관 내부를 흐르는 유체는 전도에 의한 열전달이 된다.

② 동관 내벽에서 외벽으로 통과할 때는 복사에 의한 열전달이 된다.

③ 동관 외벽에서는 대류에 의한 열전달이 된다.

④ 동관 내부에서 동관 외벽까지 복사, 전도, 대류의 열전달이 된다.

22 증발열을 이용한 냉동법이 아닌 것은?

① 압축 기체 팽창 냉동법   ② 증기분사식 냉동법

③ 증기 압축식 냉동법   ④ 흡수식 냉동법

ANSWER 17.③ 18.③ 19.② 20.④ 21.③ 22.①

23 열전 냉동법의 특징에 관한 설명으로 틀린 것은?

① 운전부분으로 인해 소음과 진동이 생긴다.
② 냉매가 필요 없으므로 냉매 누설로 인한 환경오염이 없다.
③ 성적계수가 증기 압축식에 비하여 월등히 떨어진다.
④ 열전소자의 크기가 작고 가벼워 냉동기를 소형, 경량으로 만들 수 있다.

24 왕복식 압축기 크랭크축이 관통하는 부분에 냉매나 오일이 누설되는 것을 방지하는 것은?

① 오일링 　　　　　　　　　② 압축링
③ 축봉장치 　　　　　　　　④ 실린더재킷

25 냉동장치에 사용하는 윤활유인 냉동기유의 구비조건으로 틀린 것은?

① 응고점이 낮아 저온에서도 유동성이 좋을 것
② 인화점이 높을 것
③ 냉매와 분리성이 좋을 것
④ 왁스(wax) 성분이 많을 것

26 불연속 제어에 속하는 것은?

① ON-OFF 제어 　　　　　② 비례 제어
③ 미분 제어 　　　　　　　④ 적분 제어

27 다음의 P-h(모리엘)선도는 현재 어떤 상태를 나타내는 사이클인가?

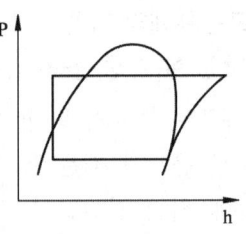

① 습냉각 　　　　　　　　　② 과열압축
③ 습압축 　　　　　　　　　④ 과냉각

28 냉동기에 냉매를 충전하는 방법으로 틀린 것은?

① 액관으로 충전한다.

② 수액기로 충전한다.

③ 유분리기로 충전한다.

④ 압축기 흡입 측에 냉매를 기화시켜 충전한다.

29 브라인을 사용할 때 금속의 부식방지법으로 틀린 것은?

① 브라인 pH를 7.5~8.2 정도로 유지한다.

② 공기와 접촉시키고, 산소를 용입시킨다.

③ 산성이 강하면 가성소다로 중화시킨다.

④ 방청제를 첨가한다.

30 흡수식 냉동기에 관한 설명으로 틀린 것은?

① 압축식에 비해 소음과 진동이 적다.

② 증기, 온수 등 배열을 이용할 수 있다.

③ 압축식에 비해 설치면적 및 중량이 크다.

④ 흡수식은 냉매를 기계적으로 압축하는 방식이며 열적(熱的)으로 압축하는 방식
은 증기 압축식이다.

31 주파수가 60Hz인 상용 교류에서 각 속도는?

① 141rad/s ② 171rad/s ③ 377rad/s ④ 623rad/s

32 흡입압력 조정밸브(SPR)에 대한 설명으로 틀린 것은?

① 흡입압력이 일정압력 이하가 되는 것을 방지한다.

② 저전압에서 높은 압력으로 운전될 때 사용한다.

③ 종류에는 직동식, 내부 파이롯트 작동식, 외부 파이롯트 작동식 등이 있다.

④ 흡입압력의 변동이 많은 경우에 사용한다.

33 다음 중 제빙 장치의 주요 기기에 해당되지 않는 것은?

① 교반기 ② 양빙기

③ 송풍기 ④ 탈빙기

A·N·S·W·E·R ▷ 28.③ 29.② 30.④ 31.③ 32.① 33.③

34 다음 중 프로세스 제어에 속하는 것은?

① 전압   ② 정류   ③ 유량   ④ 속도

35 배관의 신축 이음쇠의 종류로 가장 거리가 먼 것은?

① 스위블형   ② 루프형
③ 트랩형   ④ 벨로즈형

36 증기분사 냉동법에 관한 설명으로 옳은 것은?

① 융해열을 이용하는 방법   ② 승화열을 이용하는 방법
③ 증발열을 이용하는 방법   ④ 펠티어 효과를 이용하는 방법

37 냉동장치에 수분이 침입되었을 때 에멀젼 현상이 일어나는 냉매는?

① 황산   ② R-12
③ R-22   ④ NH_3

38 역카르노 사이클에 대한 설명으로 옳은 것은?

① 2개의 압축과정과 2개의 증발과정으로 이루어져 있다.
② 2개의 압축과정과 2개의 응축과정으로 이루어져 있다.
③ 2개의 단열과정과 2개의 등온과정으로 이루어져 있다.
④ 2개의 증발과정과 2개의 응축과정으로 이루어져 있다.

39 프레온 냉동장치의 배관에 사용되는 재료로 가장 거리가 먼 것은?

① 배관용 탄소강 강관   ② 배관용 스테인리스 강관
③ 이음매 없는 동관   ④ 탈산 동관

40 표준냉동사이클의 모리엘(P-h) 선도에서 압력이 일정하고, 온도가 저하되는 과정은?

① 압축과정   ② 응축과정
③ 팽창과정   ④ 증발과정

A·N·S·W·E·R   34.③   35.③   36.③   37.④   38.③   39.①   40.②

41 냉동 장치에서 가스 퍼져(purger)를 설치할 경우 가스의 인입선은 어디에 설치해야 하는가?

① 응축기와 증발기 사이에 한다.
② 수액기와 팽창 밸브 사이에 한다.
③ 응축기와 수액기의 균압관에 한다.
④ 압축기의 토출관으로부터 응축기의 3/4 되는 곳에 한다.

42 배관의 중간이나 밸브, 각종 기기의 접속 및 보수점검을 위하여 관의 해체 또는 교환 시 필요한 부속품은?

① 플랜지   ② 소켓
③ 밴드   ④ 바이패스관

43 저단 측 토출가스의 온도를 냉각시켜 교단 측 압축기가 과열되는 것을 방지하는 것은?

① 부스터   ② 인터쿨러
③ 팽창탱크   ④ 콤파운드 압축기

44 축봉장치(shaft seal)의 역할로 가장 거리가 먼 것은?

① 냉매 누설 방지   ② 오일 누설 방지
③ 외기 침입 방지   ④ 전동기의 슬립(slip)방지

45 냉동사이클에서 증발온도를 일정하게 하고 응축온도를 상승시켰을 경우의 상태변화로 옳은 것은?

① 소요동력 감소   ② 냉동능력 증대
③ 성적계수 증대   ④ 토출가스 온도 상승

46 개별 공조방식의 특징이 아닌 것은?

① 취급이 간단하다.
② 외기 냉방을 할 수 있다.
③ 국소적인 운전이 자유롭다.
④ 중앙방식에 비해 소음과 진동이 크다.

ANSWER ▷ 41.③ 42.① 43.② 44.④ 45.④ 46.②

47 공조방식 중 각층 유닛방식의 특징으로 틀린 것은?

① 각 층의 공조기 설치로 소음과 진동의 발생이 없다.

② 각 층별로 부분 부하운전이 가능하다.

③ 중앙기계실의 면적을 적게 차지하고 송풍기 동력도 적게 든다.

④ 각층 슬래브의 관통 덕트가 없게 되므로 방재상 유리하다.

48 환기방법 중 제1종 환기법으로 옳은 것은?

① 자연급기와 강제배기   ② 강제급기와 자연배기

③ 강제급기와 강제배기   ④ 자연급기와 자연배기

49 외기온도 −5℃일 때 공급공기를 18℃로 유지하는 열펌프로 난방을 한다. 방의 총 열손실이 50000kcal/h일 때 외기로부터 얻은 열량은?

① 43500   ② 46047   ③ 50000   ④ 53255

50 외기온도가 32.3℃, 실내온도가 26℃이고, 일사를 받은 벽의 상당온도차가 22.5℃, 벽체의 열관류율이 $3kcal/m^2 \cdot h \cdot ℃$일 때, 벽체의 단위면적당 이동하는 열량은?

① $18.9kcal/m^2 \cdot h$ ② $67.5kcal/m^2 \cdot h$

③ $96.9kcal/m^2 \cdot h$ ④ $101.8kcal/m^2 \cdot h$

51 프로펠러의 회전에 의하여 축 방향으로 공기를 흐르게 하는 송풍기는?

① 관류 송풍기   ② 축류 송풍기

③ 터보 송풍기   ④ 크로스 플로우 송풍기

52 (가), (나), (다)와 같은 관로의 국부저항계수(전압기준)가 큰 것부터 작은 순서로 나열한 것은?

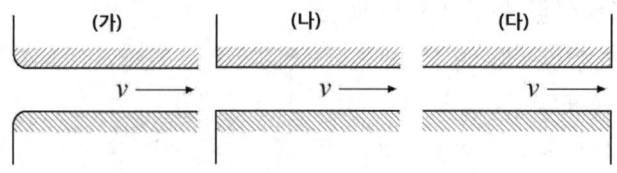

① (가) > (나) > (다)   ② (가) > (다) > (나)

③ (나) > (다) > (가)   ④ (다) > (나) > (가)

53 다음 중 건조 공기의 구성요소가 아닌 것은?

① 산소 　　　　　　　　　② 질소
③ 수증기 　　　　　　　　 ④ 이산화탄소

54 쉘 앤 튜브(shell & tube)형 열교환기에 관한 설명으로 옳은 것은?

① 전열관 내 유속은 내식성이나 내마모성을 고려하여 약 1.8m/s 이하가 되도록 하는 것이 바람직하다.
② 동관을 전열관으로 사용할 경우 유체 온도는 200℃ 이상이 좋다.
③ 증기와 온수의 흐름은 열교환 측면에서 병행류가 바람직하다.
④ 열관류율은 재료와 유체의 종류에 상관없이 거의 일정하다.

55 보일러에서 공기 예열기 사용에 따라 나타나는 현상으로 틀린 것은?

① 열효율 증가 　　　　　　② 연소 효율 증대
③ 저질탄 연소 가능 　　　　④ 노내 연소속도 감소

56 공기조화시스템의 열원장치 중 보일러에 부착되는 안전장치로 가장 거리가 먼 것은?

① 감압밸브 　　　　　　　　② 안전밸브
③ 화염검출기 　　　　　　　④ 저수위 경보장치

57 가습방식에 따른 분류로 수분무식 가습기가 아닌 것은?

① 원심식 　　　　　　　　　② 초음파식
③ 모세관식 　　　　　　　　④ 분무식

58 물질의 상태는 변화하지 않고, 온도만 변화시키는 열을 무엇이라고 하는가?

① 현열 　　　　　　　　　　② 잠열
③ 비열 　　　　　　　　　　④ 융해열

59 축류형 송풍기의 크기는 송풍기의 번호로 나타내는데, 회전날개의 지름(mm)을 얼마로 나눈 것을 번호(NO)로 나타내는가?

① 100 　　　　　　　　　　② 150
③ 175 　　　　　　　　　　④ 200

A·N·S·W·E·R ▶ 53.③ 54.① 55.④ 56.① 57.③ 58.① 59.①

60 송풍기의 풍량 제어 방식에 대한 설명으로 옳은 것은?

① 토출댐퍼 제어 방식에서 토출댐퍼를 조이면 송풍량은 감소하나 출구 압력이 증가한다.

② 흡입 베인 제어 방식에서 흡입 측 베인을 조금씩 닫으면 송풍량 및 출구 압력이 모두 증가한다.

③ 흡입 댐퍼 제어 방식에서 흡입 댐퍼를 조이면 송풍량 및 송풍 압력이 모두 증가한다.

④ 가변피치 제어 방식에서 피치각도를 증가시키면 송풍량은 증가하지만 압력은 감소한다.

공조냉동기계기능사

01 작업자의 신체를 보호하기 위한 보호구의 구비조건으로 가장 거리가 먼 것은?

① 착용이 간편할 것
② 방호성능이 충분한 것일 것
③ 정비가 간단하고 점검, 검사가 용이할 것
④ 견고하고 값비싼 고급 품질일 것

02 보호장구는 필요할 때 언제라도 착용할 수 있도록 청결하고 성능이 유지된 상태에서 보관되어야 한다. 보관방법으로 틀린 것은?

① 광선을 피하고 통풍이 잘되는 장소에 보관할 것
② 부식성, 유해성, 인화성 액체 등과 혼합하여 보관하지 말 것
③ 모래·진흙 등이 묻은 경우는 깨끗이 씻고 햇빛에서 말릴 것
④ 발열성 물질을 보관하는 주변에 가까이 두지 말 것

03 수공구 안전에 대한 일반적인 유의사항으로 잘못된 것은?

① 사용전에 이상유무를 반드시 점검한다.
② 작업에 적합한 공구가 없을 경우 대용으로 유사한 것을 사용한다.
③ 수공구 사용 시에는 필요한 보호구를 착용한다.
④ 수공구 사용전에 충분한 사용법을 숙지하고 익히도록 한다.

04 연소에 관한 설명이 잘못된 것은?

① 온도가 높을수록 연소속도가 빨라진다.
② 입자가 작을수록 연소속도가 빨라진다.
③ 촉매가 작용하면 연소속도가 빨라진다.
④ 산화되기 어려운 물질일수록 연소속도가 빨라진다.

ANSWER ➤ 01.④ 02.③ 03.② 04.④

05 누전 및 지락의 방지대책으로 적절하지 못한 것은?

① 절연 열화의 방지
② 퓨즈, 누전차단기 설치
③ 과열, 습기, 부식의 방지
④ 대전체 사용

06 공구를 취급할 때 지켜야 될 사항에 해당되지 않는 것은?

① 공구는 떨어지기 쉬운 곳에는 놓지 않는다.
② 공구는 손으로 넘겨주거나 때에 따라서 던져서 주어도 무방하다.
③ 공고는 항상 일정한 장소에 놓고 사용한다.
④ 불량공구는 함부로 수리하지 않는다.

07 감전사고 발생 시 위험도에 영향을 주는 것과 관계없는 것은?

① 통전전류의 크기
② 통전시간과 전격의 위상
③ 사용기기의 크기와 모양
④ 전원(직류 또는 교류)의 종류

08 소화효과의 원리가 아닌 것은?

① 질식 효과
② 제거 효과
③ 냉각 효과
④ 단열 효과

09 공조설비에 사용되는 NH_3 냉매가 눈에 들어갈 경우 조치방법으로 적당한 것은?

① 레몬주스 또는 20%의 식초를 바른다.
② 2%의 붕산액으로 세척하고 유동파라핀을 점안한다.
③ 치아황산나트륨 포화용액으로 씻어낸다.
④ 암모니아수로 씻는다.

10 보일러에 스케일 부착으로 인한 영향으로 틀린 것은?

① 전열량 증가
② 연료소비량 증가
③ 과열로 인한 파열사고 위험발생
④ 보일러효율 저하

11 토출 압력이 너무 낮은 경우의 원인으로 적절하지 못한 것은?

① 냉매 충전량 과다 ② 토출밸브에서의 누설
③ 냉각수 수온이 너무 낮아서 ④ 냉각 수량이 너무 많아서

12 전기기계 기구에서 절연상태를 측정하는 계기로 맞는 것은?

① 검류계 ② 전류계
③ 절연 저항계 ④ 접지 저항계

13 가스용접토치가 과열되었을 때 가장 적절한 조치사항은?

① 아세틸렌 가스를 멈추고 산소 가스만을 분출시킨 상태로 물속에서 냉각시킨다.
② 산소 가스를 멈추고 아세틸렌 가스만을 분출시킨 상태로 물속에서 냉각시킨다.
③ 아세틸렌과 산소 가스를 분출시킨 상태로 물속에서 냉각시킨다.
④ 아세틸렌 가스만을 분출시킨 상태로 팁 클리너를 사용하여 팁을 소제하고 공기 중에서 냉각시킨다.

14 작업복에 대한 설명 중 옳지 않은 것은?

① 작업복의 스타일은 착용자의 연령, 성별 등은 고려할 필요가 없다.
② 화기사용 작업자는 방염성, 불연성의 작업복을 착용한다.
③ 작업복은 항상 깨끗이 하여야 한다.
④ 작업복은 몸에 맞고 동작이 편하며, 상의 끝이나 바지자락 등이 기계에 말려 들어갈 위험이 없도록 한다.

15 다음 보기의 설명에 해당되는 것은?

보기
• 실린더에 상이 붙는다. • 토출가스 온도가 낮아진다.
• 냉동능력이 감소한다. • 압축기의 손상이 우려된다.

① 액 햄머 ② 커퍼 플레이팅
③ 냉매과소 충전 ④ 플래쉬 가스 발생

16 냉동설비의 설치공사 완료 후 시운전 또는 기밀시험을 실시할 때 사용할 수 없는 것은?

① 헬륨 ② 산소 ③ 질소 ④ 탄산가스

A·N·S·W·E·R 11.① 12.③ 13.① 14.① 15.① 16.②

17 다음 그림 기호의 밸브 종류는?

① 볼 밸브 ② 게이트 밸브
③ 풋 밸브 ④ 안전 밸브

18 2단 압축 냉동 사이클에 대한 설명으로 틀린 것은?

① 2단 압축이란 증발기에서 증발한 냉매 가스를 저단 압축기와 고단 압축기로 구성되는 2대의 압축기를 사용 하여 압축하는 방식이다.

② NH_3 냉동장치에서 증발온도가 $-35℃$ 정도 이하가 되면 2단 압축을 하는 것이 유리하다.

③ 압축비가 16 이상이 되는 냉동장치인 경우에만 2단 압축을 해야 한다.

④ 최근에는 1대의 압축기가 2대의 압축기의 역할을 할 수 있는 콤파운드 압축기를 사용하기도 한다.

19 내식성이 우수하고 열전도율이 비교적 크며 굽힘성 등이 좋아 냉난방관, 급수관 등에 널리 이용되는 관은?

① 구리관 ② 납관 ③ 합성수지관 ④ 합금강 강관

20 주기가 0.002S일 때 주파수는 몇 Hz인가?

① 400 ② 450 ③ 500 ④ 550

21 액 순환식 증발기에 대한 설명 중 맞는 것은?

① 오일이 체류할 우려가 크고 제상 자동화가 어렵다.

② 냉매량이 적게 소요되며 액펌프, 저압수액기 등 설비가 간단하다.

③ 증발기 출구에서 액은 80% 정도이고 기체는 20% 정도 차지한다.

④ 증발기가 하나라도 여러 개의 팽창밸브가 필요하다.

22 배관시공 시 진동 및 충격을 완화시키기 위하여 설치하는 기기는?

① 행거 ② 서포트
③ 브레이스 ④ 레스트레인트

24 동결장치 상부에 냉각코일을 집중적으로 설치하고 공기를 유동시켜 피냉각물체를 동결시키는 장치는?

① 송풍 동결장치
② 공기 동결장치
③ 접촉 동결장치
④ 브라인 동결장치

25 회전식(Rotary) 압축기의 설명 중 틀린 것은?

① 흡입밸브가 없다.
② 압축이 연속적이다.
③ 회전수가 200rpm 정도로 매우 적다.
④ 왕복동에 비해 구조가 간단하다.

26 압축기 및 응축기에서 심한 온도 상승을 방지하기 위한 대책이 아닌 것은?

① 불응축 가스를 제거한다.
② 규정된 냉매량 보다 적은 냉매를 충전한다.
③ 충분한 냉각수를 보낸다.
④ 냉각수 배관을 청소한다.

27 이상기체의 엔탈피가 변하지 않는 과정은?

① 가역 단열과정
② 등온과정
③ 비가역 압축과정
④ 교축과정

28 다음 중 냉매의 성질로 옳은 것은?

① 암모니아는 강을 부식시키므로 구리나 아연을 사용한다.
② 프레온은 절연내력이 크므로 밀폐형에는 부적합하고 개방형에 사용한다.
③ 암모니아는 인조고무를 부식시키고 프레온은 천연고무를 부식시킨다.
④ 프레온은 수분과 분리가 잘되므로 드라이어를 설치할 필요는 없다.

29 냉동장치에서 압력과 온도를 낮추고 동시에 증발기로 유입되는 냉매량을 조절해 주는 곳은?

① 수액기
② 압축기
③ 응축기
④ 팽창밸브

A·N·S·W·E·R 24.① 25.③ 26.② 27.④ 28.③ 29.④

30 가스 용접에서 용제를 사용하는 이유는?

① 모재의 용융 온도를 낮게 하기 위해여
② 용접 중 산화물 등의 유해물을 제거하기 위하여
③ 침탄이나 질화작용을 돕기 위하여
④ 용접봉의 용용속도를 느리게 하기 위하여

31 0℃의 얼음 3.5Kg을 융해 시 필요한 잠열은 약 몇 kcal인가?

① 245
② 280
③ 326
④ 630

32 옴의 법칙에 대한 설명 중 옳은 것은?

① 전류는 전압에 비례한다.
② 전류는 저항에 비례한다.
③ 전류는 전압의 2승에 비례한다.
④ 전류는 저항의 2승에 비례한다.

33 주철관을 절단할 때 사용하는 공구는?

① 원판 그라인더
② 링크형 파이프커터
③ 오스터
④ 체인블럭

34 윤활유의 사용목적으로 거리가 먼 것은?

① 운동면에 윤활작용으로 마모 방지
② 기계적 효율 향상과 소손방지
③ 패킹재료를 보호하여 냉각작용을 억제
④ 유막형성으로 냉매가스 누설방지

35 제빙용으로 브라인(brine)의 냉각에 적당한 증발기는?

① 관코일 증발기   ② 헤링본 증발기   ③ 원통형 증발기   ④ 평판상 증발기

36 보기의 내용 중 브라인의 구비조건으로 적절한 것을 골라 놓은 것은?

보기	
㉠ 비열과 열전도율이 클 것	㉡ 끓는점이 높고, 불연성일 것
㉢ 동결온도가 높을 것	㉣ 점성이 크고 부식성이 클 것

① ㉠, ㉡   ② ㉠, ㉢   ③ ㉡, ㉢   ④ ㉠, ㉣

ANSWER   30.②   31.②   32.①   33.②   34.③   35.②   36.①

37 열역학 제1법칙을 설명한 것 중 옳은 것은?

① 열평형에 관한 법칙이다.

② 이론적으로 유도 가능하여 엔트로피의 뜻을 잘 설명한다.

③ 이상 기체에만 적용되는 열량 법칙이다.

④ 에너지 보존의 법칙 중 열과 일의 관계를 설명한 것이다.

38 증기 압축식 냉동기와 흡수식 냉동기에 대한 설명 중 잘못된 것은?

① 증기를 값싸게 얻을 수 있는 장소에서는 흡수식이 경제적으로 유리하다.

② 냉매를 압축하기 위해 압축식에서는 기계적 에너지를 흡수식에서는 화학적 에너지를 이용한다.

③ 흡수식에 비해 압축식이 열효율이 높다.

④ 동일한 냉동능력을 갖기 위해서 흡수식은 압축식에 비해 장치가 커진다.

39 자연적인 냉동방법 중 얼음을 이용하는 냉각법과 가장 관계가 많은 것은?

① 융해열　　　　　　　　　　② 증발열

③ 승화열　　　　　　　　　　④ 응고열

40 한쪽에는 구동원으로 바이메탈과 전열기가 조립된 바이메탈 부분과 다른 한쪽은 니들밸브가 조립되어 있는 밸브 본체 부분으로 구성되어 있는 팽창밸브로 맞는 것은?

① 온도식 자동 팽창밸브

② 정압식 자동 팽창밸브

③ 열전식 팽창밸브

④ 플로트식 팽창밸브

41 단열압축, 등온압축, 폴리트로픽 압축에 관한 사항 중 틀린 것은?

① 압축일량은 단열압축이 제일 크다.

② 압축일량은 등온압축이 제일 작다.

③ 실제 냉동기의 압축 방식은 폴리트로픽 압축이다.

④ 압축가스 온도는 폴리트로픽 압축이 제일 높다.

ANSWER ▶ 37.④　38.②　39.①　40.③　41.④

42 냉동장치의 능력을 나타내는 단위로서 냉동톤(RT)이 있다. 1냉동톤을 설명한 것으로 옳은 것은?

① 0℃의 물 1kg을 24시간 안에 0℃의 얼음으로 만드는데 필요한 열량

② 0℃의 물 1ton을 24시간 안에 0℃의 얼음으로 만드는데 필요한 열량

③ 0℃의 물 1kg을 1시간 안에 0℃의 얼음으로 만드는데 필요한 열량

④ 0℃의 물 1ton을 1시간 안에 0℃의 얼음으로 만드는데 필요한 열량

43 공정점이 -55℃로 얼음제조에 사용되는 무기질 브라인으로 가장 일반적으로 쓰이는 것은?

① 염화칼슘 수용액   ② 염화마그네슘 수용액

③ 에틸렌글리콜   ④ 프로필렌글리콜

44 암모니아 냉매의 특성에 대한 것으로 틀린 것은?

① 동 및 동합금, 아연을 부식시킨다.

② 철 및 강을 부식시킨다.

③ 물에 잘 용해되지만 윤활유에는 잘 녹지 않는다.

④ 염산이나 유황의 불꽃과 반응하여 흰 연기를 발생시킨다.

45 2중 효용 흡수식 냉동기에 대한 설명 중 옳지 않은 것은?

① 단중 효용 흡수식 냉동기에 비해 효율이 높다.

② 2개의 재생기가 있다.

③ 2개의 증발기가 있다.

④ 2개의 열교환기를 가지고 있다.

46 원통보일러의 장점에 속하지 않는 것은?

① 부하변동에 따른 압력변동이 적다.

② 구조가 간단하다.

③ 고장이 적으며 수명이 길다.

④ 보유수량이 적어 파열사고 발생 시 위험성이 적다.

47 환기방법 중 제1종 환기법으로 맞는 것은?

① 강제급기와 강제배기
② 강제급기와 자연배기
③ 자연급기와 강제배기
④ 자연급기와 자연배기

48 쉘 튜브(shell & tube)형 열교환기에 관한 설명으로 옳은 것은?

① 전열관 내 유속은 내식성이나 내마모성을 고려하여 1.8m/s 이하가 되도록 하는 것이 바람직하다.
② 동관을 전열관으로 사용할 경우 유체 온도가 200℃ 이상이 좋다.
③ 증기와 온수의 흐름은 열 교환 측면에서 병행류가 바람직하다.
④ 열 관류율은 재료와 유체의 종류에 상관없이 거의 일정하다.

49 다음 중 환기의 목적이 아닌 것은?

① 연소가스의 도입
② 신선한 외기도입
③ 실내의 사람에 대한 건강과 작업 능률을 유지
④ 공기환경의 악화로부터 제품과 주변기기의 손상방지

50 펌프에 관한 설명 중 부적당한 것은?

① 양수량은 회전수에 비례한다.
② 양정은 회전수의 제곱에 비례한다.
③ 축동력은 회전수의 3승에 비례한다.
④ 토출속도는 회전수의 4승에 비례한다.

51 원심 송풍기의 풍량 제어방법으로 적당하지 않은 것은?

① 온·오프제어
② 회전수제어
③ 흡입 베인제어
④ 댐퍼제어

52 케비테이션(공동현상)의 방지대책이 아닌 것은?

① 펌프의 흡입양정을 짧게 한다.
② 펌프의 회전수를 적게 한다.
③ 양흡입 펌프를 단흡입 펌프로 바꾼다.
④ 흡입관경은 크게 하여 굽힘을 적게 한다.

53 다음 중 개별 공기조화 방식은?

① 패키지유닛 방식　　　　　　　② 단일덕트 방식
③ 팬코일유닛 방식　　　　　　　④ 멀티존 방식

54 어느 실내 온도가 25℃이고, 온수방열기의 방열면적이 10m²EDR인 실내의 방열량은 얼마인가?

① 1250kcal/h　　② 2500kcal/h　　③ 4500kcal/h　　④ 6000kcal/h

55 다음 공기조화 방식 중에서 덕트 방식이 아닌 것은?

① 팬코일 유닛 방식　　　　　　　② 유인유닛 방식
③ 각층 유닛 방식　　　　　　　　④ 전공기 방식

56 그림과 같이 공기가 상태변화를 하였을 때 바르게 설명한 것은?

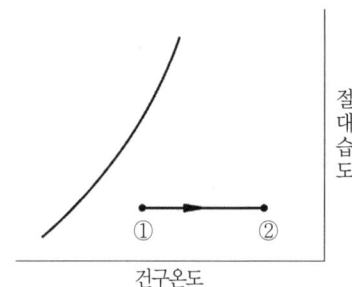

① 절대습도 증가　　　　　　　　② 상대습도 증가
③ 수증기분압 감소　　　　　　　④ 현열량 감소

57 개별 공조방식의 특징이 아닌 것은?

① 국소적인 운전이 자유롭다.　　② 중앙방식에 비해 소음과 진동이 크다.
③ 외기 냉방을 할 수 있다.　　　④ 취급이 간단하다.

58 공기조화기에 있어 바이패스 팩터(bypass factpr)가 작아지는 경우에 해당되는 것이 아닌 것은?

① 전열면적이 클 때　　　　　　② 코일의 열수가 많을 때
③ 송풍량이 클 경우　　　　　　④ 핀 간격이 좁을 때

59 조화된 공기를 덕트에서 실내에 공급하기 위한 개구부는?

① 취출구   ② 흡입구
③ 펀칭메탈   ④ 그릴

60 전 공기방식에 비해 반송동력이 적고, 유닛 1대로서 조운을 구성하므로 조우닝이 용이하며, 개별제어가 가능한 장점이 있어 사무실, 호텔, 병원 등의 고층 건물에 적합한 공기 조화 방식은?

① 단일덕트 방식   ② 유인 유닛 방식
③ 이중 덕트 방식   ④ 재열 방식

공조냉동기계기능사

01 산업재해 원인분류 중 직접원인에 해당되지 않는 것은?

① 불안전한 행동
② 안전보호장치 결함
③ 작업자의 사기의욕 저하
④ 불안전한 환경

02 냉동제조시설이 적합하게 설치 또는 유지·관리되고 있는지 확인하기 위한 검사의 종류가 아닌 것은?

① 중간검사
② 완성검사
③ 불시검사
④ 정기검사

03 안전에 관한 정보를 제공하기 위한 안내표지의 구성 색으로 맞는 것은?

① 녹색과 흰색
② 적색과 흑색
③ 노란색과 흑색
④ 청색과 흰색

04 산업안전 표시 중 다음 그림이 나타내는 의미는?

① 방사성 물질 경고
② 산화성 물질 경고
③ 부식성 물질 경고
④ 급성독성 물질 경고

05 근로자의 안전을 위해 지급되는 보호구를 설명한 것이다. 이 중 작업조건에 맞는 보호구로 올바른 것은?

① 용접시 불꽃 또는 물체가 날아 흩어질 위험이 있는 작업 : 보안면
② 물체가 떨어지거나 날아올 위험 또는 근로자가 감전되거나 추락할 위험이 있는 작업 : 안전대
③ 감전의 위험이 있는 작업 : 보안경
④ 고열에 의한 화상 등의 위험이 있는 작업 : 방한복

06 안전대용 로프의 구비 조건과 관련이 없는 것은?

① 완충성이 높을 것
② 질기고 되도록 매끄러울 것
③ 내마모성이 높을 것
④ 내열성이 높을 것

07 연삭기 숫돌의 파괴 원인에 해당되지 않은 것은?

① 숫돌의 회전속도가 너무 느릴 때
② 숫돌의 측면을 사용하여 작업할 때
③ 숫돌의 치수가 부적당할 때
④ 숫돌 자체에 균열이 있을 때

08 전기용접 작업 시 주의사항 중 맞지 않는 것은?

① 눈 및 피부를 노출시키지 말 것
② 우천 시 옥외 작업을 하지 말 것
③ 용접이 끝나고 슬래그 제거작업 시 보안경과 장갑은 벗고 작업할 것
④ 홀더가 가열되면 자연적으로 열이 제거될 수 있도록 할 것

09 피뢰기가 구비해야 할 성능조건으로 옳지 않은 것은?

① 반복 동작이 가능할 것
② 견고하고 특성변화가 없을 것
③ 충격방전 개시전압이 높을 것
④ 뇌 전류의 방전능력이 클 것

A·N·S·W·E·R 05.① 06.② 07.① 08.③ 09.③

10 다음 중 정전기 방전의 종류가 아닌 것은?

① 불꽃 방전   ② 열면 방전

③ 분기 방전   ④ 코로나 방전

11 전기 기구에 사용하는 퓨즈(fuse)의 재료로 부적당한 것은?

① 납   ② 주석   ③ 아연   ④ 구리

12 고압 전선이 단선된 것을 발견하였을 때 어떠한 조치가 가장 안전한 것인가?

① 위험표시를 하고 돌아온다.

② 사고사항을 기록하고 다음 장소의 순찰을 계속 한다.

③ 발견 즉시 회사로 돌아와 보고한다.

④ 통행의 접근을 막는 조치를 한다.

13 액화가스의 저장탱크에는 그 저장탱크 내용적의 몇 %를 초과하여 충전하면 안 되는가?

① 90%   ② 80%   ③ 75%   ④ 60%

14 소화기 보관상의 주의사항으로 잘못된 것은?

① 겨울철에는 얼지 않도록 보온에 유의한다.

② 소화기 뚜껑은 조금 열어놓고 봉인하지 않고 보관한다.

③ 습기가 적고 서늘한 곳에 둔다.

④ 가스를 채워 넣는 소화기는 가스를 채울 때 반드시 제조업자에게 의뢰 하도록 한다.

15 공정에 존재하는 위험요소들과 공정의 효율을 떨어뜨릴 수 있는 운전상의 문제점을 찾아내어 그 원인을 제거하는 정성적 안전성 평가기법을 의미하는 것은?

① FTA   ② ETA

③ COA   ④ HAZOP

16 압력의 단위로 사용되는 SI 단위는?

① atm   ② Pa   ③ psi   ④ bar

17 비체적과 밀도의 관계식 중 적절한 것은?

① 밀도 = 22.4 / 분자량   ② 비체적 = 분자량 / 22.4

③ 밀도 = 1 / 비체적   ④ 비체적 = 분자량 × 22.4

18 보일러에서 공급되는 증기는 대부분 습증기이다. 증기의 건도 x가 0이라 하면 무엇을 말하는가?

① 포화수   ② 건포화증기

③ 습증기   ④ 과열증기

19 물의 임계점에서 임계온도는 몇 ℃인가?

① 100℃   ② 374.15℃

③ 530℃   ④ 639℃

20 흡수식 냉동장치의 냉매와 흡수제의 조합으로 맞는 것은?

① 물(냉매) − NH_3(흡수제)   ② NH_3(냉매) − 물(흡수제)

③ LiBr(냉매) − 물(흡수제)   ④ 물(냉매) − 에탄올(흡수제)

21 축열장치 중 수축열 장치의 특징으로 틀린 것은?

① 냉수 및 온수 축열이 가능하다.

② 축열조의 설계 및 시공이 용이하다.

③ 열용량이 큰물을 축열재로 이용한다.

④ 빙축열에 비하여 축열 공간이 작아진다.

22 그림(p-h 선도)에서 증발부하를 구하는 식으로 맞는 것은?

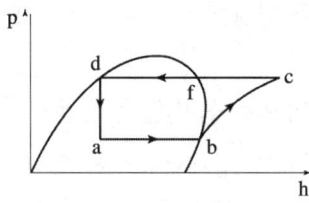

① hc − hd   ② hc − hb

③ hb − ha   ④ hd − ha

A·N·S·W·E·R   17.②   18.①   19.②   20.②   21.④   22.③

23 플래시가스(flash gas)가 냉동장치의 운전에 미치는 영향 중 부적당한 것은?

① 냉동능력이 감소 ② 압축비 저하
③ 소요동력이 증대 ④ 토출가스 온도상승

24 다음 p-h(압력-엔탈피) 선도에서 증발기 입구를 표시하는 점은?

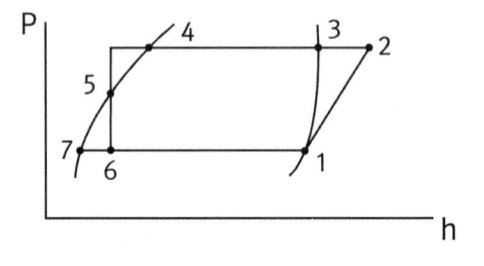

① 1 ② 3 ③ 4 ④ 6

25 2단 압축장치의 구성 기기에 속하지 않는 것은?

① 증발기 ② 팽창 밸브
③ 고단 압축기 ④ 캐스케이드 응축기

26 암모니아 냉매의 성질에서 압력이 상승할 때 성질변화에 대한 것으로 맞는 것은?

① 증발잠열은 커지고 증기의 비체적은 작아진다.
② 증발잠열은 작아지고 증기의 비체적은 커진다.
③ 증발잠열은 작아지고 증기의 비체적도 작아진다.
④ 증발잠열은 커지고 증기의 비체적도 커진다.

27 2원 냉동장치 냉매로 많이 사용되는 R-290은 어느 것인가?

① 프로판 ② 에틸렌 ③ 에탄 ④ 부탄

28 냉동기 오일에 관한 설명으로 옳지 않은 것은?

① 윤활 방식에는 비말식과 강제급유식이 있다.
② 사용 오일은 응고점이 높고 인화점이 낮아야 한다.
③ 수분의 함유량이 적고 장기간 사용하여도 변질이 적어야 한다.
④ 일반적으로 고속다기통 압축기의 경우 윤활유의 온도는 50~60℃ 정도이다.

A·N·S·W·E·R 23.② 24.④ 25.④ 26.③ 27.① 28.②

29 암기어와 숫기어의 치형을 갖는 두 개의 로우터에 의해 서로 맞물려 고속으로 역회전 하면서 축방향으로 가스를 흡입→압축→토출시키는 압축기로 흡입, 토출밸브가 없어 밸브의 마모 및 소음이 적고, 소형으로 대용량의 가스를 처리할 수 있는 압축기는?

① 원심식 압축기   ② 스크류 압축기

③ 회전식 압축기   ④ 왕복동식 압축기

30 압축기 보호장치 중 안전밸브 의 작동압력은 정상적인 고압에 몇 kgf / cm² 정도 높게 설정하는가?

① 2   ② 3   ③ 4   ④ 5

31 다음 중 불응축 가스가 주로 모이는 곳은?

① 증발기   ② 액분리기   ③ 압축기   ④ 응축기

32 다음 중 냉각탑 및 냉각능력에 대한 설명이 맞는 것은?

① 냉각탑 냉각능력은 냉각수 순환량(l / h) × 쿨링어프로치이다.

② 쿨링 레인지는 냉각수 출구온도(℃) − 입구 공기의 습구온도(℃)를 말한다.

③ 쿨링 어프로치는냉각수 입구온도(℃) − 냉각수 출구온도(℃)를 말한다.

④ 쿨링 레인지가 클수록, 쿨링 어프로치가 작을수록 냉각탑능력은 커진다.

33 흡입관경이 20mm(7/8'') 이상일 때 감온통의 부착 위치로 적당한 것은?
(단, ⬤ 표시가 감온통임)

① 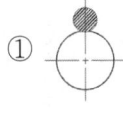   ②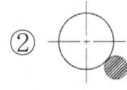

③ 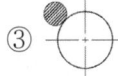   ④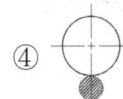

34 다음 그림기호 중 온도식 자동팽창 밸브를 나타내는 것은?

①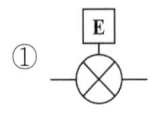

②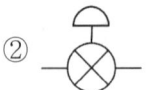

③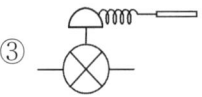

④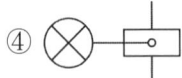

35 다음 증발기 중 액냉매 순환과정이 액헤더 → 가스헤더 → 냉각관 → 액유입관으로 흡입되는 형식으로 공기 냉각용 증발기는?

① 쉘 앤 코일형 증발기   ② 캐스케이드 증발기
③ 보데로 증발기   ④ 탱크형 증발기

36 다음 냉동장치의 안전장치 중 전기적인 접점을 차단하는 것은?

① 안전 밸브   ② 파열판
③ 유압보호 스위치   ④ 가용전

37 다음 냉동 제어장치 중 저압보호 장치에 해당되는 것은?

① E.P.R   ② T.C   ③ L.P.S   ④ O.P.S

38 압축기의 토출가스 압력의 상승 원인이 아닌 것은?

① 냉각수온의 상승   ② 냉각수량의 감소
③ 불응축가스의 부족   ④ 냉매의 과충전

39 자동제어 종류중 연속동작이 아닌 것은?

① 비례동작   ② 적분동작
③ 미분동작   ④ 2위치동작

40 냉동장치 설치 후 먼저하는 시험은?

① 진공시험   ② 내압시험
③ 누설시험   ④ 냉각시험

41 냉동장치의 운전관리에서 운전준비사항으로 잘못된 것은?

① 압축기의 유면을 점검한다.
② 응축기이 냉매량을 확인한다.
③ 응축기, 압축기의 흡입측 밸브를 닫는다.
④ 전기결선, 조작회로를 점검하고, 절연저항을 측정한다.

42 냉동 사이클에서 가스관 여과기의 규격은 보통 몇 메쉬(mesh) 인가?

① 40
② 60 ~ 70
③ 80 ~ 100
④ 150

43 냉동장치에서 저압측(증발기) 등에 이상이 생겼을 때 저압측 냉매를 고압측으로 회수하는 작업은?

① 펌프아웃(pump out)
② 펌프다운(pump down)
③ 바이패스아웃(bypass out)
④ 바이패스다운(bypass down)

44 토출 압력이 너무 낮은 경우의 원인으로 적절하지 못한 것은?

① 냉매 충전량 과다
② 토출밸브에서의 누설
③ 냉각수 수온이 너무 낮아서
④ 냉각 수량이 너무 많아서

45 다음 중 동관작업에 필요하지 않는 공구는?

① 튜브 벤더
② 사이징 툴
③ 플레어링 룰
④ 클립

46 글랜드 패킹의 종류가 아닌 것은?

① 바운드 패킹
② 석면 각형 패킹
③ 아마존 패킹
④ 몰드 패킹

47 공기조화기의 구성요소가 아닌 것은?

① 공기 여과기
② 공기 가열기
③ 공기 세정기
④ 공기 압축기

48 공기조화에 사용되는 온도 중 사람이 느끼는 감각에 대한 온도, 습도, 기류의 영향을 하나로 모아 만든 쾌감의 지표는?

① 유효온도(effective temperature : ET)

② 흑구온도(globe temperature : GT)

③ 평균복사온도(mean radiant temperature : MRT)

④ 작용온도(operation temperature : OT)

49 습공기 선도에서 표시되어 있지 않은 값은?

① 건구온도　　　　　　　　　② 습구온도

③ 엔탈피　　　　　　　　　　④ 엔트로피

50 공조부하 계산 시 잠열과 현열을 동시에 발생 시키는 요소는?

① 벽체로부터의 취득열량

② 송풍기에 의한 취득열량

③ 극간풍에 의한 취득열량

④ 유리로부터의 취득열량

51 공기조화 방식의 중앙식 공조방식에서 수 - 공기방식에 해당되지 않는 것은?

① 이중 덕트방식

② 팬 코일 유닛방식(덕트병용)

③ 유인 유닛방식

④ 복사 냉난방 방식(덕트병용)

52 실내의 바닥, 천정 또는 벽면 등에 파이프 코일(혹은 패널)을 설치하고 그 면을 복사면으로 하여 냉 · 난방의 목적을 달성할 수 있는 방식은 무엇인가?

① 각층 유닛 방식　　　　　　② 유인 유닛 방식

③ 복사 냉난방 방식　　　　　④ 팬코일 유닛 방식

53 공기 중의 미세먼지 제거 및 클린룸에 사용되는 필터는?

① 여과식 필터　　　　　　　② 활성탄 필터

③ 초고성능 필터　　　　　　④ 자동감기용 필터

54 공기 세정기에서 유입되는 공기를 정화시키기 위한 것은?

① 루버

② 댐퍼

③ 분무노즐

④ 엘리미네이터

55 송풍기의 상사법칙으로 틀린 것은?

① 송풍기의 날개 직경이 일정할 때 송풍압력은 회전수 변화의 2승에 비례한다.

② 송풍기의 날개 직경이 일정할 때 송풍동력은 회전수 변화의 3승에 비례한다.

③ 송풍기의 회전수가 일정할 때 송풍압력은 날개직경 변화의 2승에 비례한다.

④ 송풍기의 회전수가 일정할 때 송풍동력은 날개직경 변화의 3승에 비례한다.

56 다음 중 송풍기의 풍량제어 방법이 아닌 것은?

① 댐퍼 제어

② 회전수 제어

③ 베인 제어

④ 자기 제어

57 덕트 내 소음 방지법이 아닌 것은?

① 송풍기 출구 부근에 플리넘 챔버를 장치한다.

② 덕트의 접속에 심 대신 다이어몬드 브레이크를 만든다.

③ 댐퍼와 분출구에 코르크판을 부착한다.

④ 덕트의 도중에 흡음재를 내장한다.

58 멀티테스터기로 측정할 수 없는 사항은?

① 교류전압(AC V)

② 직류전압(DC V)

③ 교류전류(VC A)④ 직류전류(DC A)

59 환기방법 중 제 4종 환기법으로 맞는 것은?

① 강제급기와 강제배기

② 강제급기와 자연배기

③ 자연급기와 강제배기

④ 자연급기와 자연배기

60 다음 그림과 같은 회로는 무슨 회로인가?

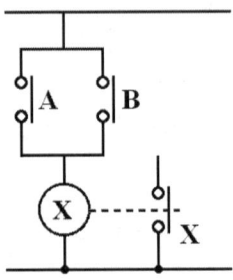

① AND회로

② OR회로

③ NOT회로

④ NAND회로

공조냉동기계기능사

01 냉방부하 계산 시 유리창을 통한 취득열부하를 줄이는 방법으로 가장 적절한 것은?

① 얇은 유리를 사용한다.
② 투명 유리를 사용한다.
③ 흡수율이 큰 재질의 유리를 사용한다.
④ 반사율이 큰 재질의 유리를 사용한다.

해설 반사율이 큰 재질을 사용해야 복사열량을 줄임

02 보일러의 수면계가 파손될 경우 제일 먼저 취해야 할 조치는?

① 먼저 물 콕을 닫는다.
② 먼저 증기 콕을 닫는다.
③ 먼저 기름밸브를 닫는다.
④ 먼저 배수밸브를 연다

해설 **수면계 점검 방법** : 물콕을 닫고, 증기콕을 닫는다. 드레인콕을 열어 물을 배출하고, 물콕을 열어 확인 후 닫고, 증기콕을 열어 확인 후 닫고, 드레인콕을 닫는다. 마지막으로 물콕과 증기콕을 서서히 연다.

03 가스용접 작업 시의 주의사항이 아닌 것은?

① 용기밸브는 서서히 열고 닫는다.
② 용접 전에 소화기 및 방화사를 준비한다.
③ 용전 접에 전격방지기 설치 유무를 확인한다.
④ 역화방지를 위하여 안전기를 사용한다.

해설 전격방지기는 전기용접 작업 시 용접기가 아크 발생을 중단시킬 때로부터 1초 이내에 당해 용접기의 무부하 전압을 안전전압 25V 이하로 내려 전기적 방호 장치.

04 관의 지름이 다를 때 사용하는 이음쇠가 아닌 것은?

① 리듀서   ② 부싱   ③ 리턴 밴드   ④ 편심이경소켓

해설 **배관 방향을 바꿀 때 이음쇠** : 엘보, 리턴 밴드, 이경 엘보등

A·N·S·W·E·R 01.④ 02.① 03.③ 04.③

05 개별공조방식의 특징이 아닌 것은?

① 국소적인 운전이 자유롭다. ② 중앙방식에 의해 소음과 진동이 크다.
③ 외기 냉방을 할 수 있다. ④ 취급이 간단하다.

해설 **개별 공조 방식의 특징** : 국소적 운전 가능, 소음과 진동이 크다. 공조실 불필요, 외기 냉방을 할 수 없다. 운전 취급이 용이, 설비비 및 운전비가 저렴함

06 방폭성능을 가진 전기기기의 구조 분류에 해당되지 않는 것은?

① 내압 방폭구조 ② 유입 방폭구조
③ 압력 방폭구조 ④ 자체 방폭구조

해설 **방폭구조 종류** : 압력(P), 유입(O), 내압(d), 안전증(e), 본질 안전 방폭구조(ia,ib)

07 목재 화재 시에는 물을 소화제로 이용하는데 주된 소화효과는?

① 제거효과 ② 질식효과 ③ 냉각효과 ④ 억제

해설 물에 증발잠열이 커 냉각효과가 가장 큼

08 원심(Turbo)식 압축기의 특징이 아닌 것은?

① 진동이 작다. ② 한 대로 대용량이 가능하다.
③ 전동부가 없다. ④ 용량에 비해 대형이다.

해설 **원심식 압축기 특징** : 임펠러에 의한 원심력을 이용해 압축하는 방식으로, 소형으로 진동 및 설치면적이 작다.

09 브라인에 대한 설명 중 옳지 못한 것은?

① 일반적으로 무기질 브라인은 유기질 브라인에 비해 부식성이 크다.
② 브라인은 용액의 농도에 따라 동결온도가 달라진다.
③ 브라인을 2차 냉매라고도 한다.
④ 브라인의 구비 조건으로는 비중이 적당하고 점도가 커야 한다.

해설 브라인은 점도가 작을 것. 점도가 크면 펌프 소요 동력이 커진다.

ANSWER ▷ 05.③ 06.④ 07.③ 08.④ 09.④

10 다음 수-공기 공기조화방식에 해당하는 것은?

① 2중 덕트방식
② 패키지 유닛방식
③ 복사 냉난방방식
④ 정풍량 단일 덕트방식

해설 **수-공기방식** : 덕트병용 팬코일 유닛, 유인 유닛, 복사냉·난방 방식

11 산소가 결핍되어 있는 장소에서 사용되는 마스크는?

① 송기마스크
② 방진마스크
③ 방독마스크
④ 특급 방진마스크

해설 ㉠ 송기마스크 : 유해물의 농도가 높거나 산소가 결핍된 장소에서 사용
㉡ 방진마스크 : 공기 중에 부유하는 유해한 분진을 흡입함으로써 건강장해의 우려가 있는 경우 사용
㉢ 방독마스크 : 유독성 가스 발생지역이나 밀폐된 장소에서 사용

12 흡수식 냉동장치에서 냉매인 물이 5℃전후의 온도로 증발하고 있다. 이때 증발기 내부의 압력은?

① 약 7mmHg(933Pa)·a 정도
② 약 32mmHg(4,266Pa)·a 정도
③ 약 75mmHg(9,999Pa)·a 정도
④ 약 108mmHg(14,398Pa)·a 정도

해설 흡수식 냉동장치는 응축기에서 만들어진 액냉매(물)를 증발기 상부에서 액냉매를 뿌려주면, 증발기 내부압력이 6.5mmHg의 진공압력 상태에서 액냉매는 쉽게 증발하여-5℃ 정도의 냉매온도를 얻어 냉동작용에 사용한다.

13 유분리기의 설치 위치로서 적당한 곳은?

① 압축기와 응축기 사이
② 응축기와 수액기 사이
③ 수액기와 증발기 사이
④ 증발기와 압축기 사이

해설 **배유분리기 설치위치** : 압축기와 응축기 사이
㉠ NH₃ 냉동장치 : 응축기 가까운 토출관 (압축기와 응축기 사이의 3/4 지점)에 설치
㉡ 프레온 냉동장치 : 압축기 가까운 토출관 (압축기와 응축기 사이의 1/4 지점)에 설치), 응축기나 수액기보다 높게 설치

14 완전 진공 상태를 0으로 기준하여 측정한 압력은?

① 대기압   ② 진공도

③ 계기압력   ④ 절대압력

해설 절대압력 : 완전 진공을 0으로 하여 측정한 압력

15 이중 덕트 변풍량방식의 특징으로 틀린 것은?

① 각 실내의 온도 제어가 용이하다.

② 설비비가 높고 에너지 손실이 크다.

③ 냉풍과 온풍을 혼합하여 공급한다.

④ 단일 덕트방식에 비해 덕트 스페이스가 작다.

해설 단일 덕트방식에 비해 덕트 스페이스가 크다.

16 작업장의 출입문에 대한 설명이다. 옳지 않은 것은?

① 담당자 외에는 쉽게 열고 닫을 수 없게 해야 한다.

② 출입문의 위치 및 크기는 작업장 용도에 적합해야 한다.

③ 운반기계용인 출입구는 보행자용 문을 따로 설치해야 한다.

④ 통로의 출입구는 근로자의 안전을 위해 경보장치를 해야 한다.

해설 ㉠ 작업장 출입문은 근로자가 쉽게 열고 닫을 수 있게 할 것
ⓒ 출입문의 위치와 수, 크기는 작업의 용도와 특성에 적합할 것
ⓒ 하역 운반기계용 출입구는 인접하여 보행자용 출입구를 별도로 설치할 것
㉣ 계단이 출입구와 바로 연결된 경우는 작업자의 안전한 통행을 위해 그 사이에 1.2m 이상 거리를 두거나 안내표지 또는 비상벨 등을 설치할 것.

17 다음 중 공기냉각용 증발기는?

① 셸 앤 코일형 증발기   ② 캐스케이드 증발기

③ 보데로 증발기   ④ 탱크형 증발기

해설 **공기냉각용 증발기** : 관코일, 캐스케이드, 판형 증발기

18 터보냉동기의 주요 부품이 아닌 것은?

① 임펠러 　　　　　　　　　② 피스톤링
③ 추기 회수장치 　　　　　　④ 흡입 가이드 베인

(해설) 피스톤 링은 왕복등 압축기에 사용한다.

19 가습팬에 대한 가습장치의 설명으로 틀린 것은?

① 온수가열용에는 증기 또는 전기가열기가 사용된다.
② 가습장치 중 효율이 가장 우수하다.
③ 응답속도가 느리다.
④ 소형 공조기에 사용된다.

(해설) 가습팬 가습장치는 수증기를 공기 속에 분무하는 방식으로 가습 효율이 좋고, 무균이며, 응답성이 좋아 정밀한 습도 제거가 가능하다.

20 압축기의 설치목적에 대한 설명으로 옳은 것은?

① 엔탈피 감소로 비체적을 증가시키기 위해
② 상온에서 응축액화를 용이하게 하기 위한 목적으로 압력을 상승시키기 위해
③ 수랭식 및 공랭식 응축기의 사용을 위해
④ 압축 시 임계온도 상승으로 상온에서 응축액화를 용이하게 하기 위해

(해설) 증발기에서 증발한 저온·저압의 기체냉매를 흡입하여 응축기에서 응축 액화하기 쉽도록 압력과 온도를 증대시켜 주는 기기

21 전기기계기구에서 절연 상태를 측정하는 계기로 맞는 것은?

① 검류계 　　　　　　　　　② 전류계
③ 절연저항계 　　　　　　　④ 접지저항계

(해설) ㉠ 전압계 : 전압 측정
㉡ 절연저항계 : 절연 상태 및 누전 여부 측정
㉢ 검류계 : 미소전류 측정
㉣ 접지 테스터기 : 접지저항
㉤ 전류계 : 전류측정

22 주기가 0.002S일 때 주파수는 몇 Hz인가?

① 400　　　　　② 450　　　　　③ 500　　　　　④ 550

 주기$(T) = \dfrac{1}{f}$ $f = \dfrac{1}{T}$[Hz] $= \dfrac{1}{0.002} = 500$

23 만액식 증발기에서 사용되는 팽창밸브는?

① 저압식 플로트밸브

② 온도식 자동팽창밸브

③ 정압식 자동팽창밸브

④ 모세관 팽창밸브

저압측 플로트밸브 : 증발기 속에서 일정한 액면을 유지하는 밸브로 만액식 증발기, 액펌프 방식의 저압 수액기에 사용

24 보건용 공기조화에서 쾌적한 상태를 제공해 주는 4가지 주요한 요소에 해당되지 않는 것은?

① 온도　　　　　② 습도]　　　　　③ 기류　　　　　④ 음향

공기조화 4대 구성 요소 : 온도, 습도, 기류, 청정도

25 재해율 중 연천인율을 구하는 식으로 옳은 것은?

① 연천인율=(연간 재해지수/연평균 근로자수)×1,000

② 연천인율=(연평균 근로자수/재해 발생건수)×1,000

③ 연천인율=(재해 발생건수/근로 총시간수)×1,000

④ 연천인율=(근로 총시간수/재해 발생건수)×1,000

연천인율 : 근로자 1,000명 당 1년간 발생하는 재해 발생건수

$\dfrac{\text{연간재해발생건수}}{\text{연평균 근로자수}} \times 1,000 = \text{빈도율} \times 2.4$

26 용어 설명 중 잘못된 것은?

① 냉각(Cooling) : 상온보다 낮은 온도로 열을 제거하는 것
② 동결(Freezing) : 냉각작용에 의해 물질을 응고점 이하까지 열을 제거하여 고체 상태로 만드는 것
③ 냉장(Storage) : 냉각장치를 이용하여, 0℃ 이상의 온도에서 식품이나 공기 등을 상변화 없이 저장하는 것
④ 냉방(Air Conditioning) : 실내공기에 열을 가하여 주위온도보다 높게 하는 방법

해설 **냉방** : 실내공기에 열을 빼앗아 주위 온도보다 낮게 조작하는 것

27 지열을 이용하는 열펌프(Heat Pump)의 종류가 아닌 것은?

① 엔지 구동 열펌프
② 지하수 이용 열펌프
③ 지표수 이용 열펌프
④ 지중열 이용 열펌프

해설 **지열원 열펌프의 열원 종류** : 지중열, 지하수, 지표수 이용 열펌프

28 냉매가 팽창밸브(Expansion Valve)를 통과할 때 변하는 것은?(단, 이론상의 표준 냉동 사이클)

① 엔탈피와 압력
② 온도와 엔탈피
③ 압력과 온도
④ 엔탈피와 비체적

해설 **팽창밸브** : 교축(단열) 팽창 과정으로 엔탈피는 일정하고, 압력과 온도는 저하한다.

29 시간당 5,000m³의 공기가 지름 80cm의 원형 덕트 내를 흐를 때 풍속은 약 몇 m/s인가?

① 1.81
② 2.32
③ 2.76
④ 3.25

해설 $Q=AV$에서 $V=\dfrac{Q}{A}=\dfrac{4Q}{\pi D^2}=\dfrac{4\times5,000}{\pi\times0.8^2\times3,600}=2.76$

30 브라인의 구비조건으로 틀린 것은?

① 비열이 크고 동결온도가 낮을 것   ② 불연성이며 불황성일 것
③ 열전도율이 클 것   ④ 점성이 클 것

해설 **브라인의 구비조건**

① 응고점이 낮고, 비열이 클 것

② 열전도율이 클 것(열용량이 클 것)

③ 점도가 작을 것

④ PH값이 중성일 것(PH 7.5~8.2 정도)

⑤ 냉동점(공정점)이 낮을 것(냉매의 증발온도보다 5~6[℃]낮을 것)

⑥ 금속에 대한 부식성이 없을 것(유기질은 부식이 적고, 무기질은 부식성이 크다.)

31 안전화의 구비조건에 대한 설명으로 틀린 것은?

① 정전화는 인체에 대전된 정전기를 구두 바닥을 통하여 땅으로 누전시킬 수 있는 재료를 사용할 것
② 가죽제 안전화는 가능한 한 무거울 것
③ 착용감이 좋고 작업에 편리할 것
④ 앞발가락 끝부분에 선심을 넣어 압박 및 충격에 대하여 착용자의 발가락을 보호할 수 있을 것

해설 가볍고 견고할 것

32 사업주는 그 작업조건에 적합한 보호구를 동시에 작업하는 근로자의 수 이상으로 지급하고 이를 착용하도록 하여야 한다. 이때 적합한 보호구 지급에 해당되지 않는 것은?

① 보안경 : 물체가 날아 흩어질 위험이 있는 작업
② 보안면 : 용접시 불꽃 또는 물체가 날아 흩어질 위험이 있는 작업
③ 안전대 : 감전의 위험이 있는 작업
④ 방열복 : 고열에 의한 화상 등의 위험이 있는 작업

해설 **안전대** : 추락에 의한 위험을 방지하기 위함

33 프레온 냉동장치에 필요 없는 것은?

① 워터재킷　　　　② 드라이어　　　　③ 액분리기　　　　④ 유분리기

해설 **워터재킷** : 실린더를 냉각시키는 장치로 암모니아 냉동장치에 필요

34 냉매의 성질로 옳은 것은?

① 암모니아는 강을 부식시키므로 구리나 아연을 사용한다.
② 프레온은 절연내력이 커서 밀폐형에는 부적합하고 개방형에 사형된다.
③ 암모니아는 인조고무를 부식시키고, 프레온은 천연 고무를 부식시킨다.
④ 프레온은 수분과 분리가 잘되므로 드라이어를 설치할 필요가 없다.

해설 ㉠ 암모니아는 구리 및 구리 합금을 부식시키므로 강관 사용
　　㉡ 프레온은 개방형, 밀폐형 모두 사용 가능
　　㉢ 프레온은 수분과 분리가 잘 되므로 드라이어 설치

35 냉동장치에서 압력과 온도를 낮추고 동시에 증발기로 유입되는 냉매량을 조절해 주는 곳은?

① 수액기　　　　② 압축기　　　　③ 응축기　　　　④ 팽창밸브

해설 **팽창밸브(expansion valve)** : 수액기 또는 응축기로부터 응축된 고온고압의 액냉매를 교축작용(throttling)에 의해 저온 저압으로 단열팽창시켜 증발기로 보내고, 증발기 부하에 따라 유량 조절 기능

36 틈새바람에 의한 부하를 계산하는 방법에 속하지 않는 것은?

① 창 면적법　　　　　　　　② 크랙(Crack)법
③ 환기 횟수법　　　　　　　④ 바닥 면적법

해설 **극간풍 (틈새바람) 계산법** : 환기횟수법, 면적법, Crack(극간 길이)법

37 공구를 취급할 때 지켜야 될 사항에 해당되지 않는 것은?

① 공구는 떨어지기 쉬운 곳에는 놓지 않는다.
② 공구는 손으로 넘겨주거나 때에 따라서 던져서 주어도 무방하다.
③ 공구는 항상 일정한 장소에 놓고 사용한다.
④ 불량 공구는 함부로 수리하지 않는다.

해설 공구를 던져서 주지 말 것

ANSWER　33.① 34.③ 35.④ 36.④ 37.②

38 펌프의 캐비테이션 방지책으로 잘못된 것은?

① 양흡입펌프를 사용한다.

② 흡입관의 손실을 줄이기 위해 관지름을 굵게, 굽힘을 작게 한다.

③ 펌프의 설치 위치를 낮춘다.

④ 펌프 회전수를 빠르게 한다.

해설 **공동현상**(cavitation : 캐비테이션 현상) : 관로 변화가 있는 배관 내 압력이 포화증기압보다 낮아져 기포가 발생하는 현상으로 소음, 진동, 충격이 일어난다.

캐비테이션 방지 방법

① 펌프 회전수를 낮추어 유속을 느리게 한다.

② 펌프 위치를 수원과 가깝게 하여 흡입양정을 작게 한다.

③ 가급적 만곡부를 줄인다.

④ 펌프를 2단 이상 설치한다.

⑤ 흡입관 손실 수두를 줄인다.

39 금속 패킹의 재료로 적당하지 않은 것은?

① 납　　　　　　② 구리　　　　　　③ 연강　　　　　　④ 탄산마그네슘

해설 탄산마그네슘은 무기질 보온재 중 하나이다.

40 공기조화설비의 구성과 가장 거리가 먼 것은?

① 냉동기 설비　　　　　　　　② 보일러 실내기기 설비

③ 위생기구 설비　　　　　　　④ 송풍기, 공조기 설비

해설 **공기조화 장치**

① 열운반장치 : 열운반 장치로 송풍기, 펌프, 덕트, 배관 등

② 공기조화기 : 외기와 환기의 혼합실, 가열코일, 냉각코일, 가습기, 여과기 등

③ 열원장치 : 보일러, 냉동기 등

④ 자동제어장치 : 실내온·습도조절로 경제적 운전

41 냉동기 계통 내에 스트레이너가 필요 없는 곳은?

① 압축기의 토출구　　　　　　② 압축기의 흡입구

③ 팽창변 입구　　　　　　　　④ 크랭크케이스 내의 저유통

해설 여과기는 장치의 흡입측에 설치하여 이물질 제거한다.

42 공기조화기기에서 송풍기를 배출압력에 따라 분류할 때 블로어(Blower)의 일반적인 압력범위는?

① 0.1kgf/cm^2 미만
② $0.1\sim1\text{kgf/cm}^2$
③ $1\sim2\text{kgf/cm}^2$
④ 2kgf/cm^2 이상

 블로어 : $0.1\sim1\text{kgf/cm}^2$
팬 : 0.1kgf/cm^2 미만
송풍기 : $0.1\text{kgf/cm}^2 \sim 1\text{kgf/cm}^2$미만,
압축기 : 1kgf/cm^2 이상

43 재해의 직접적인 원인이 아닌 것은?

① 보호구의 잘못된 사용
② 불안전한 조작
③ 안전지식 부족
④ 안전장치의 기능 제거

1) 직접원인
① 물적원인(불안전상태) : 물자체결함, 안전 보호장치 결함, 복장 보호구 결함, 작업장소 결함
② 인적원인(불안전행동) : 안전장치기능 제거, 복장·보호구 잘못 사용, 불안전한 자세 및 동작

2) 간접원인
① 기술적 원인 : 건물, 기계·장치의 설계 불량 구조, 재료의 부적합, 생산 방법의 부적합, 점검, 정비, 보존 불량
② 교육적 원인 : 안전 지식의 부족, 안전 수칙의 오해, 경험 훈련의 미숙, 작업 방법의 교육 불충분, 유해, 위험 작업의 교육 불충분
③ 신체의 요인 : 신체적 결함(두통, 현기증, 간질병, 근시, 난청) 및 수면 부족에 의한 피로, 숙취 등
④ 정신적(심리적) 원인 : 감정, 태만, 불만, 반항 등의 태도 불량, 초조, 긴장, 공포, 불화 등의 정신적 동요, 편협 등의 성격적인 결함, 백치 등의 지능적인 결함 등

44 냉동장치에서 안전상 운전 중에 점검해야 할 중요 사항에 해당되지 않는 것은?

① 냉매의 각부 압력 및 온도
② 윤활유의 압력과 온도
③ 냉각수온도
④ 전동기의 회전 방향

전동기의 회전 방향은 운전 전 점검 사항

45 압력 표시에서 1atm과 값이 다른 것은?

① 1.01325bar

② 1.10325Mpa

③ 760mmHg

④ 1.03227kgf/cm²

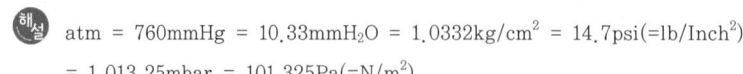 atm = 760mmHg = 10.33mmH₂O = 1.0332kg/cm² = 14.7psi(=lb/Inch²)

= 1,013.25mbar = 101,325Pa(=N/m²)

46 실내의 취득열량을 구했더니 현열이 28,000kcal/h, 잠열이 12,000kcal/h였다. 실내를 21℃, 60%(RH)로 유지하기 위해 취출온도차 10℃로 송풍할 때, 현열비는 얼마인가?

① 0.7

② 1.8

③ 1.4

④ 0.4

해설 **현열비(SHF)** : 전열량에 대한 현열량의 비로 실내로 송출되는 공기의 상태

$$SHF = \frac{q_s}{q_s + q_L} \quad \therefore SHF = \frac{28,000}{28,000 + 12,000} = 0.7$$

47 전동공구작업 시 감전의 위험성을 방지하기 위해 해야 하는 조치는?

① 단전

② 감지

③ 단락

④ 접지

해설 **접지목적** : 보호 계전기의 우수한 동작, 차단기의 오동작 방지, 인체 감전 사고 예방, 이상 전압으로부터 기기 보호

48 공비 혼합냉매가 아닌 것은?

① 프레온 500

② 프레온 501

③ 프레온 502

④ 프레온 152a

해설 **공비혼합냉매** : 서로 다른 2종의 냉매를 혼합하면 단일 냉매와 같이 기상과 액상의 조성이 변하지 않으면서 전혀 다른 성질의 냉매를 말하며, 냉매번호 R-500 번대

① R-500 (R-12+R-152)

② R-501 (R-12 R-22)

③ R-502 (R-115+R-22)

④ R-503 (R-23 +R-13)

49 온풍난방에 대한 설명으로 옳지 않은 것은?

① 예열시간이 짧고 간헐운전이 가능하다.
② 실내온도 분포가 균일하여 쾌적성이 좋다.
③ 방열기나 배관 등의 시설이 필요 없어 설비비가 비교적 싸다.
④ 송풍기로 인한 소음이 발생할 수 있다.

🔵해설 온풍난방은 실내온도 분포가 일정하지 못하고, 쾌감도가 떨어진다.

50 정상편차를 제거하고 응답속도를 빠르게 하여 속응성과 정상 상태 응답 특성을 개선하는 제어 동작은?

① 비례동작
② 비례적분동작
③ 비례미분동작
④ 비례적분미분동작

🔵해설 **비례적분미분동작(PID 동작)** : 적분동작으로 잔류편차(off set)를 제거하고 미분 동작으로 응답을 신속히 안정화한다.

51 안전모를 착용하는 목적과 관계가 없는 것은?

① 감전의 위험 방지
② 추락에 의한 위험 경감
③ 물체의 낙하에 의한 위험 방지
④ 분진에 의한 재해 방지

🔵해설 **안전모** : 물체의 낙하, 비래 또는 추락, 감전에 의한 위험을 방지

52 냉동 관련 설명에 대한 내용 중에서 잘못된 것은?

① 1BTU란 물 1lb를 $1°F$ 높이는데 필요한 열량이다.
② 1kcal란 물 1kg을 $1℃$ 높이는데 필요한 열량이다.
③ 1BTU는 3,968kcal에 해당된다.
④ 기체에서 정압비열은 정적비열보다 크다.

🔵해설 1kcal = 3,968BTU = 2,205CHU

53 보일러의 사고원인 중 취급자의 부주의로 인한 것은?

① 구조의 불량

② 판 두께의 부족

③ 보일러수의 부족

④ 재료의 강도 부족

해설 보일러 사고 원인

㉠ 제작상의 원인 : 재료 불량, 강도 부족, 구조 및 설계 불량, 용접 불량, 부속기기의 설비 미비 등

㉡ 취급상의 원인 : 저수위, 압력 초과, 미연가스에 의한 노내 폭발, 급수처리 불량, 부식, 과열 등

54 흡수식 냉동기에서 냉매 순환과정을 바르게 나타낸 것은?

① 재생(발생)기→응축기→냉각(증발)기→흡수기

② 재생(발생)기→냉각(증발)기→흡수기→응축기

③ 응축기→재생(발생)기→냉각(증발)기→흡수기

④ 냉각(증발)기→응축기→흡수기→재생(발생)기

해설 흡수식 냉동기 5대 구성요소 : 흡수기→ 발생기(고온재생기) → 응축기 → 팽창밸브 → 증발기(저온재생기)

55 냉동기 윤활유의 구비조건으로 틀린 것은?

① 저온에서 응고하지 않고 왁스를 석출하지 않을 것

② 인화점이 낮고 고온에서 열화하지 않을 것

③ 냉매에 의하여 윤활유가 용해되지 않을 것

④ 전기절연도가 클 것

해설 냉동기 윤활유 구비 조건

① 응고점, 유동점이 낮을 것   ② 인화점이 높을 것

③ 점도가 적당할 것   ④ 항 유화성이 있을 것

⑤ 불순물이 적고 절연내력이 클 것   ⑥ 냉매와 잘 분리될 것

⑦ 왁스 성분이 적고 저온에서 왁스 성분이 분리되지 않을 것

56 유체의 속도가 20m/s일 때 이 유체의 속도수두는 얼마인가?

① 5.1m   ② 10.2m   ③ 15.5m   ④ 20.4m

해설 $V= \sqrt{2gH}$, $20 = \sqrt{2 \times 9.8 \times x}$

$\therefore x ≒ 20.4m$

 A·N·S·W·E·R   53.③   54.①   55.②   56.④

57 풍량 조절용으로 사용되지 않는 댐퍼는?

① 방화 댐퍼   ② 버터플라이 댐퍼

③ 루버 댐퍼   ④ 스플릿 댐퍼

해설 풍량조절(볼륨)댐퍼(VD) : 풍량조절, 폐쇄 역할용 댐퍼

㉠ 루버(다익)댐퍼: 2개 이상의 날개를 가진 것으로 다익댐퍼. 대형 덕트용

㉡ 스플릿댐퍼: 분기되는 덕트에사용

㉢ 버터플라이(단익) 댐퍼 : 소형덕트용 (유량 조절용으로 부적당)

㉣ 슬라이드댐퍼 :주로 전체 개폐용

㉤ 클로스댐퍼 :원형덕트용

58 지수식 응축기라고도 하며 나선 모양의 관에 냉매를 통과시키고 이 나선관을 구형 또는 원형의 수조에 담그고 순환시켜 냉매를 응축시키는 응축기는?

① 셸 앤드 코일식 응축기   ② 증발식 응축기

③ 공랭식 응축기   ④ 대기식 응축기

해설 셸 앤 코일식 (지수식 응축기) : 나선 모양의 관에 냉매를 통과시키고 이 나선관을 구형 또는 원형의 수조에 담그고 순환시켜 냉매를 응축시키는 응축기

59 코일의 열수 계산 시 계산항목에 해당되지 않는 것은?

① 코일의 열관류율   ② 코일의 정면면적

③ 대수평균온도차   ④ 코일내를 흐르는 유체의 유속

해설 코일열수 계산은 유체의 유속은 고려치 않는다.

60 온도식 자동팽창밸브에 관한 설명으로 옳은 것은?

① 냉매의 유량은 증발기 입구의 냉매가스 과열도에 의해 제어된다.

② R-12에 사용되는 팽창밸브를 R-22 냉동기에 그대로 사용해도 된다.

③ 팽창밸브가 지나치게 작으면 압축기 흡입가스의 과열도는 커진다.

④ 증발기가 너무 길어 증발기의 출구에서 압력 강하가 커지는 경우에는 내부 균압형을 사용한다.

해설 압축기 흡입가스의 과열도는 작아진다.

공조냉동기계기능사

01 통기관의 종류가 아닌 것은?

① 각개 통기관
② 루프 통기관
③ 신정 통기관
④ 분해 통기관

해설 기관 종류

㉠ 각개 통기관 : 각 위생기구 마다 통기관을 연결하는 방식.

㉡ 루프(환상, 회로) 통기관 : 2개 이상의 트랩을 보호하기 위해 배수 수평 지관 최상류 기구 바로 앞에서 통기관을 연결하는 것으로 신정 통기관에 접속하는 것을 환상 통기관, 통기 수직관에 접속하는 것을 회로 통기관. 이 양자를 합쳐서 루프 통기관.

㉢ 도피 통기관 : 루프 통기관의 통기 능률을 촉진시키기 위해 설치, 최하류 기구 배수관과 배수 수직관 사이에 설치.

㉣ 습윤(식) 통기관 : 배수 수평지관 최상류 위생기구에 접속시켜 환상 통기관에 연결한다. 통기와 배수의 역할을 겸한다.

㉤ 결합 통기관 : 고층 건물의 경우 5개 층마다 설치하며, 배수 수직관과 통기 수직관을 접속하는 통기관. (배수 수직관의 통기를 촉진하기 위함)

㉥ 신정 통기관 : 배수수직관 상부에서 관경을 축소하지 않고 연장하여 옥상 등의 대기 중에 개구시킨다. 관경은 배수 수직관의 관경보다 작게 하지 말 것.

㉦ 공용 통기관 : 기구가 반대 방향(좌우분기) 또는 병렬로 설치된 기구 배수관의 교점에 접속하여 입상하며, 그 양 기구의 트랩 봉수를 보호하기 위한 1개의 통기관을 말함.

02 아세틸렌 용접기에서 가스가 새어 나올 경우 적당한 검사 방법은?

① 촛불로 검사한다.
② 기름을 칠해 본다.
③ 성냥불로 검사한다.
④ 비눗물로 칠해 검사한다.

해설 가스 누설 검사 방법 중 비눗물 검사가 일반적이다.

03 안전사고 발생의 심리적 요인에 해당되는 것은?

① 감정
② 극도의 피로감
③ 육체적 능력의 초과
④ 신경계통의 이상

해설 정신적(심리적) 원인 : 감정·태만·불만·반항 등의 태도 불량, 초조·긴장·공포·불화 등의 정신적 동요, 편협 등의 성격적인 결함, 백치 등의 지능적인 결함 등

A·N·S·W·E·R 01.④ 02.④ 03.①

04 압축기 운전 중 이상음이 발생하는 원인으로 거리가 먼 것은?

① 기초 볼트의 이완
② 피스톤 하부에 오일이 고임
③ 토출밸브, 흡입밸브의 파손
④ 크랭크샤프트 및 피스톤 핀의 미모

⁽해설⁾ 피스톤 하부에 오일이 모여서 윤활 작용을 한다.

05 연삭숫돌을 교체한 후 시험운전 시 최소 몇 분 이상 공회전을 시켜야 하는가?

① 1분 이상
② 3분 이상
③ 5분 이상
④ 10분 이상

⁽해설⁾ 연삭숫돌을 갈아 끼운 후 시운전은 3분 이상 공회전한다.

06 보호구의 적절한 선정 및 사용방법에 대한 설명 중 틀린 것은?

① 작업에 적절한 보호구를 선정한다.
② 작업장에는 필요한 수량의 보호구를 비치한다.
③ 보호구에는 방호 성능이 없어도 품질이 양호해야 한다.
④ 보호구는 착용이 간편해야 한다.

⁽해설⁾ 압축기 흡입가스의 과열도는 작아진다.

07 전기기기 방폭구조의 형태가 아닌 것은?

① 내압방폭구조
② 안전증방폭구조
③ 유입방폭구조
④ 차동방폭구조

⁽해설⁾ **방폭구조 종류** : 압력(P), 유입(O), 내압(d), 안전증(e), 본질안전 방폭구조(ia, ib)

A·N·S·W·E·R 04.② 05.② 06.③ 07.④

08 위험을 예방하기 위하여 사업주가 취해야 할 안전상의 조치로 틀린 것은?

① 시설에 대한 안전조치

② 기계에 대한 안전조치

③ 근로수당에 대한 안전조치

④ 작업방법에 대한 안전조치

(해설) 근로수당은 위험 예방과는 무관하다.

09 냉동장치의 냉매배관에서 흡입관의 시공상 주의점으로 틀린 것은?

① 두 개의 흐름이 합류하는 곳은 T이음으로 연결한다.

② 압축기가 증발기보다 밑에 있는 경우, 흡입관은 증발기 상부보다 높은 위치까지 올린 후 압축기로 가게 한다.

③ 흡입관의 입상이 매우 길 때는 약 10m마다 중간에 트랩을 설치한다.

④ 각각의 증발기에서 흡인 주관으로 들어가는 관은 주관위에서 접속한다.

(해설) 두 개의 흐름이 합류하는 곳은 T 이음 등 연결하지 않는다.

10 도시가스 배관에서 중압은 얼마의 압력을 의미하는가?

① 0.1MPa 이상 1MPa 미

② 1MPa 이상 3MPa 미만

③ 3MPa 이상 10MPa 미만

④ 10MPa 이상 100MPa 미만

(해설) **도시가스 배관 압력** : 저압 : 0.1MPa 미만, 중압 : 0.1MPa ~1MPa , 고압 : 1MPa 이상

11 암모니아 냉매의 특성으로 틀린 것은?

① 물에 잘 용해된다.

② 밀폐형 압축기에 적합한 냉매이다.

③ 다른 냉매보다 냉동효과가 크다.

④ 가연성으로 폭발의 위험이 크다.

(해설) 밀폐형 압축기에 사용할 수 있는 것은 프레온 냉매이다.

12 2단 압축 1단 팽창 사이클에서 중간 냉각기 주위에 연결되는 장치로 적당하지 않은 것은?

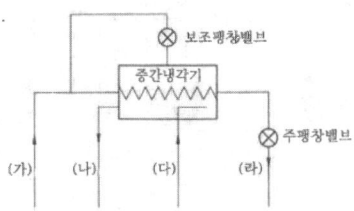

① (가) : 수액기   ② (나) : 고단측압축기

③ (다) : 응축기   ④ (라) : 증발기

해설 (다) : 저단측 압축기

13 덕트 속에 흐르는 공기의 평균 유속 10m/s, 공기의 비중량 1.2kgf/m³, 중력가속도가 9.8m/s² 일 때 동압은?

① 약 3mmAq   ② 약 4mmAq

③ 약 5mmAq   ④ 약 6mmAq

해설 $V = \sqrt{\dfrac{2gh}{\gamma}}$ $10 = \sqrt{\dfrac{2 \times 9.8 \times x}{1.2}}$ $\therefore x \fallingdotseq 6$

14 근로자가 안전하게 통행할 수 있도록 통로에는 몇 lx 이상의 조명시설을 해야 하는가?

① 10   ② 30   ③ 45   ④ 75

해설 근로자 통행로는 75룩스 이상의 조명시설을 할 것

15 흡수식 냉동장치의 적용 대상으로 가장 거리가 먼 것은?

① 백화점 공조용

② 산업 공조용

③ 제빙공장용

④ 냉난방장치용

해설 **흡수식 냉동기 적용 대상** : 백화점 공조용, 산업공조용, 냉·난방 장치용, 제빙용으로는 부적합하다.

16 다음은 덕트 내의 공기압력을 측정하는 방법이다. 그림 중 정압을 측정하는 방법은?

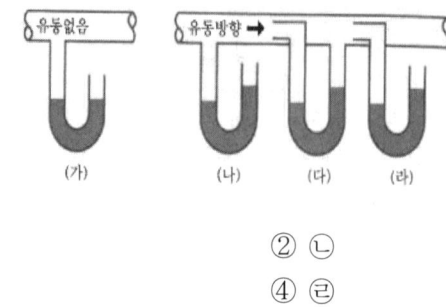

① ㉠   ② ㉡

③ ㉢   ④ ㉣

해설 ㉡ 정압 ㉢ 전압 ㉣ 동압

17 프레온 냉매 액관을 시공할 때 플래시가스 발생 방지 조치로서 틀린 것은?

① 열교환기를 설치한다.
② 지나친 입상을 방지한다.
③ 액관을 방열한다.
④ 응축 설계온도를 낮춘다.

해설 응축 온도를 높게 한다.

18 2개 이상의 엘보를 사용하여 배관의 신축을 흡수하는 신축이음은?

① 루프형 이음   ② 벨로스형 이음
③ 슬리브형 이음   ④ 스위블 이음

해설 **스위블형** : 2-3 개의 엘보를 사용하여 관의 신축조절(방열기 인입관이나 저압 온수관에 사용), 스윙 조인트 또는 지불이음이라고도 한다.

19 표준 냉동사이클의 증발과정 동안 압력과 온도는 어떻게 변화하는가?

① 압력과 온도가 모두 상승한다.
② 압력과 온도가 모두 일정하다.
③ 압력은 상승하고 온도는 일정하다.
④ 압력은 일정하고 온도는 상승한다.

해설 응축 및 증발과정에서 압력, 온도 일정하다.

20 건축물의 출입문으로부터 극간풍의 영향을 방지하는 방법으로 틀린 것은?

① 회전문을 설치한다.
② 이중문을 충분한 간격으로 설치한다.
③ 출입문에 블라인드를 설치한다.
④ 에어커튼을 설치한다.

해설 실내 압력을 외부 압력보다 높게 유지 시 극간풍을 방지할 수 있다. 블라인드만으로는 극간풍 방지가 어렵다.

21 팽창 밸브를 적게 열었을 때 일어나는 현상으로 옳은 것은?

① 증발압력 상승
② 토출온도 상승
③ 증발온도 상승
④ 냉동능력 상승

해설 팽창밸브 적게 열면 토출가스 온도가 상승한다.

22 차량계 하역 운반기계의 종류로 가장 거리가 먼 것은?

① 지게차
② 화물 자동차
③ 구내 운반차
④ 크레인

해설 **양중기 종류** : 크레인, 리프트, 곤돌라, 승강기 등

23 냉동장치에서 압축기의 이상적인 압축과정은?

① 등엔트로피 변화
② 정압 변화
③ 등온 변화
④ 정적 변화

해설 압축기 이상적인 압축 과정은 가역 단열 압축(등엔트로피 변화)으로 취급되나, 실제 압축 과정은 마찰 손실 등에 의한 이론값보다 많은 일을 필요로 한다.

24 양측의 표면 열전달율이 3,000kcal/m²h℃인 수랭식 응축기의 열관류율은? (단, 냉각 관의 두께는 3mm이고, 냉각관 재질의 열전도율은 40kcal/mh℃이며, 부착 물때의 두께는 0.2mm, 물때의 열전도율은 0.80kcal/mh℃이다.)

① 978kcal/m²h℃

② 988kcal/m²h℃

③ 998kcal/m²h℃

④ 1,008kcal/m²h℃

해설

$$K = \cfrac{1}{\cfrac{1}{\alpha_1} + \left(\cfrac{l_1}{\lambda_1} + \cfrac{l_2}{\lambda_2} + \cdots\cdots\right) + \cfrac{1}{\alpha_2}}$$

$$= \cfrac{1}{\cfrac{1}{3,000} + \left(\cfrac{0.003}{40} + \cfrac{0.0002}{0.8}\right) + \cfrac{1}{3,000}}$$

$= 1,008 \ \text{kcal/m}^2\text{h}℃$

25 덕트 계통의 열손실(취득)과 직접적인 관계로 가장 거리가 먼 것은?

① 덕트 주위의 온도

② 덕트 가공의 정도

③ 덕트 주위의 소음

④ 덕트 속 공기압력

해설 덕트 계통의 열손실 또는 취득과 관계가 있는 것 : 주위의 온도, 가공 정도, 덕트내 공기압력 등에 영향을 받는다.

26 1kg 기체가 압력 200kPa, 체적 0.5m³ 상태로부터 압력 600kPa, 체적 1.5m³로 상태 변화하였다. 이 변화에서 기체 내부의 에너지 변화가 없다고 하면 엔탈피의 변화는?

① 500kJ만큼 증가

② 600kJ만큼 증가

③ 700kJ만큼 증가

④ 800kJ만큼 증가

해설 엔탈피(H) = 내부에너지(μ) + 외부에너지($A \cdot P \cdot V$)

$$600KPa \times \frac{1kN/m^2}{1kPa} \times 1.5m^3 - 200KPa \times \frac{1kN/m^2}{1kPa} \times 0.5m^3$$

27 만액식 증발기에서 냉매측 전열을 좋게 하는 조건으로 틀린 것은?

① 냉각관이 냉매에 잠겨 있거나 접촉해 있을 것
② 열전달 증가를 위해 관 간격이 넓을 것
③ 유막이 존재하지 않을 것
④ 평균 온도차가 클 것

해설 열전달 증가를 위해 관 간격이 좁을 것

28 비열비를 나타내는 공식으로 옳은 것은?

① $\dfrac{\text{정적비열}}{\text{비중}}$ ② $\dfrac{\text{정압비열}}{\text{비중}}$

③ $\dfrac{\text{정압비열}}{\text{정적비열}}$ ④ $\dfrac{\text{정적비열}}{\text{정압비열}}$

해설 **비열비(k)** : 기체의 정압비열과 정적비열과의 비, 즉 $\dfrac{C_p}{C_v}$, 비열비는 항상 1보다 크고,

$C_p > C_v$이므로 $\dfrac{C_p}{C_v} > 1$이다.

29 증발기 내의 압력에 의해서 작동하는 팽창밸브는?

① 저압측 플로트밸브
② 정압식 자동팽창밸브
③ 온도식 자동팽창밸브
④ 수동팽창밸브

해설 **정압식 자동팽창 밸브** : 증발기 내 압력으로 밸브를 작동시켜 압력을 유지하여 증발온도를 일정하게 한다.

30 냉동사이클 중 $P-h$선도(압력-엔탈피 선도)로 구할 수 없는 것은?

① 냉동능력
② 성적계수
③ 냉매 순환량
④ 마찰계수

해설 $P-h$ **선도로 알수 있는 것** : 냉동능력, 성적계수, 냉매 순환량, 전동기 크기 결정

31 다음 그림은 2단 압축, 2단 팽창 이론 냉동사이클이다. 이론 성적계수를 구하는 공식으로 옳은 것은?(단, G_L 및 G_H는 각각 저단, 고단 냉매 순환량이다.)

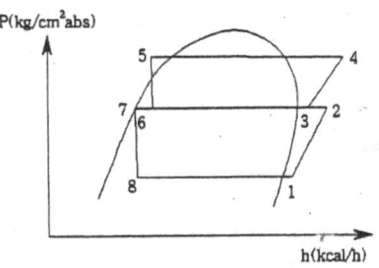

① $COP = \dfrac{G_L \times (h_1 - h_8)}{(G_L + G_H) \times (h_4 - h_1)}$

② $COP = \dfrac{G_L \times (h_1 - h_8)}{(G_L - G_H) \times (h_4 - h_1)}$

③ $COP = \dfrac{G_H \times (h_1 - h_8)}{G_L \times (h_2 - h_1) + G_H \times (h_4 - h_3)}$

④ $COP = \dfrac{G_L \times (h_1 - h_8)}{G_L \times (h_2 - h_1) + G_H \times (h_4 - h_3)}$

해설 2단 압축 2단 팽창 냉동 사이클 이론 성적계수

$$COP = \frac{G_L \times (h_1 - h_8)}{G_L \times (h_2 - h_1) + G_H \times (h_4 - h_3)}$$

32 환기의 효과가 가장 큰 환기법은?

① 제1종 환기
② 제2종 환기
③ 제3종 환기
④ 제4종 환기

해설 강제 환기방식 종류
㉠ 제1종환기(병용식) : 급기팬 + 배기팬 (환기효과 가장큼)
㉡ 제2종환기(압입식): 급기팬 + 자연배기 (실내압은 정압)
㉢ 제3종환기(흡출식): 자연급기 + 배기팬 (실내압은 부압)
㉣ 제4종환기(자연식): 자연급기 + 자연배기(자연중력환기)

33 다음 그림이 나타내는 냉동사이클은?

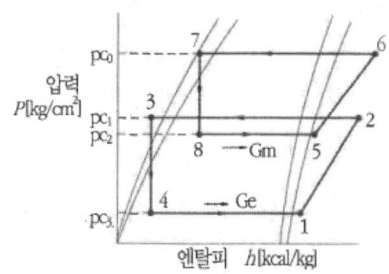

① 2단 압축 1단 팽창 냉동사이클
② 2단 압축 2단 팽창 냉동사이클
③ 2원 냉동사이클
④ 강제순환식 2단 사이클

해설 **2원냉동장치** : 2단 또는 다단 압축냉동 시스템으로 −70℃이하의 저온을 얻기 위해 서로 다른 냉매를 사용하여 각각 독립된 냉동사이클을 온도적으로 2단계 분리한 장치로 초저온을 얻기 위함.

34 압축기 보호장치 중 고압차단 스위치(HPS)의 작동압력은 정상적인 고압에 몇 kgf/cm² 정도 높게 설정하는가?

① 1   ② 4
③ 10   ④ 25

해설 **압축기 안전장치 작동압력**
㉠ 안전두 = 정상고압 + 3[kg/cm²]
㉡ 고압차단스위치 = 정상고압 + 4[kg/cm²]
㉢ 안전밸브 = 정상고압 + 5[kg/cm²]

35 냉매가 구비해야 할 조건으로 틀린 것은?

① 증발잠열이 클 것
② 응고점이 낮을 것
③ 전기저항이 클 것
④ 증기의 비열비가 클 것

해설 비열비가 작을 것

A·N·S·W·E·R ▷ 33.③ 34.② 35.④

36 압축기의 축봉장치에 대한 설명으로 옳은 것은?

① 냉매나 윤활유가 외부로 새는 것을 방지한다.
② 축의 회전을 원활하게 하는 베어링 역할을 한다.
③ 축이 빠지는 것을 막아 주는 역할을 한다.
④ 윤활유를 냉각하는 장치이다.

해설 **축봉장치** : 크랭크케이스를 관통하는 곳에 냉매나 오일의 누설, 공기 침입을 방지하기 위함

37 수정 유효온도는 유효온도에 무엇의 영향을 고려한 것인가?

① 온도　　　　　② 습도　　　　　③ 기류　　　　　④ 복사열

해설 **수정 유효온도(CET : CorrectedEffective Temperature)** : 온도, 습도, 기류 속도의 유효온도에 복사열을 고려한 온도

38 패키지형 공조방식의 특징으로 틀린 것은?

① 자동운전이며 개별 제어 및 유지관리가 쉽다.
② 대량 생산이 가능하며, 품질도 안정되어 있다.
③ 특별한 기계실이 필요 없고 설치면적도 작다.
④ 실내 설치는 가능하지만, 덕트 접속은 불가능하다.

해설 **패키지방식 (냉매방식)** : 냉매를 직접 열매로 사용하는 방식으로 냉동기 및 냉각코일, 송풍기 등이 내장되어 있는 공조기를 실내에 설치하며, 덕트 접속도 가능하다.

39 광명단 도료에 대한 설명 중 틀린 것은?

① 밀착력이 강하고 도막도 단단하여 풍화에 강하다.
② 연단에 아미인유를 배합한 것이다.
③ 기계류의 도장 밑칠에 널리 사용된다.
④ 은분이라고도 하며, 방청효과가 매우 좋다.

해설 은분은 알루미늄 도료로 열반사 특성이 양호하여 방열기 등에 사용, 내열성, 방청 효과가 좋다.

40 고압배관과 저압배관의 사이에 설치하여 고압측 압력을 필요한 압력으로 낮추어 저 압측 압력을 일정하게 유지시키는 밸브는?

① 체크밸브　　　　　　　　　　② 게이트밸브
③ 안전밸브　　　　　　　　　　④ 감압밸브

해설　**감압밸브** : 1차측 높은 압력을 밸브 내 조절 나사 및 디스크로 조절하여 2차측 압력을 원하는 압력을 낮추는 밸브

41 흡입관경이 20mm(7/8˝) 이하일 때 감온통의 부착 위치로 적당한 것은? (단, ● 표시 가 감온통이다.)

① 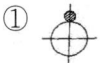　　② 　　③ 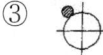　　④

해설　**감온통 설치위치**
㉠ 증발기 출구의 흡입관 수평부에 밀착
㉡ 흡입관 지름 7/8인치(20[mm]) 이하인 경우는 흡입관 상부에, 7/8인치(20[mm]) 이상은 수평에서 45° 아래에 부착
㉢ 감온통 접촉부는 잘 닦고 동선 등으로 접촉
㉣ 트랩이 없는 곳에 설치

42 공정점이 -55℃이고 저온용 브라인으로서 일반적으로 제빙, 냉장 및 공업용으로 많이 사용되는 것은?

① 염화칼슘　　　　　　　　　　② 염화나트륨
③ 염화마그네슘　　　　　　　　④ 프로필렌글리콜

해설　**무기질 브라인 종류 및 특징**
㉠ 염화칼슘($CaCl_2$) : 제빙용·냉장용으로 현재 가장 많이 사용한다. 공정점(공용온도)은 -55[℃]로 저온 용이다.
㉡ 염화나트륨(NaCl) : 식료품과 직접 접촉해도 이상 없는 생선류의 냉동·냉장용, 가격이 저렴하다. 공정 점(공용온도)은 -21[℃]이다.
㉢ 염화마그네슘($MgCl_2$) : $CaCl_2$ 대용으로 사용할 때가 있으나 거의 사용되지 않는다. 공정점은 -33.6[℃] 이다.

43 유류화재 시 사용하는 소화기로 가장 적합한 것은?

① 무상수 소화기   ② 봉상수 소화기

③ 분말 소화기   ④ 방화수

해설 화재의 분류 및 적응소화기

구분 분류	종류	소화기 표시 색	내용	적용소화기
일반 화재	A급	백색	목재, 종이 등 일반화재	산알칼리, 포, 주수(물)
유류 및 가스 화재	B급	황색	유류, 가스, 이화성 물질 화재	CO_2, 론, 분말, 포말
전기 화재	C급	청색	전기합선 화재	CO2, 분말
금속 화재	D급	무색	Mg,Al 분말 화재	마른모래 (건조사)

44 관의 지름이 다를 때 사용하는 이음쇠가 아닌 것은?

① 부싱   ② 리듀서

③ 리턴 밴드   ④ 편심 이경 소켓

해설 리턴 밴드 : 흐름의 방향을 바꿀 때 사용한다.

45 개방식 냉각탑의 종류로 거리가 먼 것은?

① 대기식 냉각탑   ② 자연통풍식 냉각탑

③ 강제통풍식 냉각탑   ④ 증발식 냉각탑

해설 개방형 냉각탑 종류 : 대기식, 자연통풍식, 강제통풍식

46 다음 중 상대습도를 맞게 표시한 것은?

① $\varphi = \dfrac{습공기수증기분압}{포화수증기압} \times 100$ ② $\varphi = \dfrac{포화수증기압}{습공기수증기분압} \times 100$

③ $\varphi = \dfrac{습공기수증기중량}{포화수증기압} \times 100$ ④ $\varphi = \dfrac{포화수증기중량}{습공기수증기중량} \times 100$

해설 상대습도 : 습공기의 수증기 분압과 그 온도와 같은 온도의 포화증기의 수증기압과의 비를 백분율로 표시한 것

$$\frac{습공기중\ 수증기분압(P_w)}{동일온도의\ 포화수증기압(P_s)} = \frac{습공기1[m^3]\ 중\ 수분의\ 중량}{포화습공기1[m^3]\ 중\ 수분의중량}$$

A·N·S·W·E·R   43.③   44.③   45.④   46.①

47 증기배관의 말단이나 방열기 환수구에 설치하여 증기관이나 방열기에서 발생한 응축
수 및 공기를 배출하여 수격작용 및 배관의 부식을 방지하는 장치는?

① 공기빼기밸브(AAV)　　　　　② 신축이음(EXP)

③ 증기트랩(ST)　　　　　　　　④ 팽창탱크(ET)

해설　**증기트랩(ST)** : 응축수를 자동으로 분리하여 배출하는 장치이다.

48 공기선도에 관한 다음 그림에서 구성요소의 연결이 올바르게 된 것은?

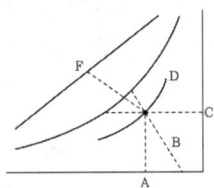

① A : 건구온도, B : 비체적, C : 노점온도

② A : 습구온도, C : 절대습도, D : 엔탈피

③ B : 비체적, C : 절대습도, F : 엔탈피

④ C : 상대습도, D : 절대습도, F : 열수분비

해설　A : 건구온도, B : 비체적, C : 대습도, D : 상대습도, F : 엔탈피

49 외기온도가 32.3℃, 실내온도가 26℃이고, 일사를 받은 벽의 상당 온도차가 22.5℃,
벽체의 열관류율이 3kcal/m² · h · ℃일 때, 벽체의 단위 면적당 이동하는 열량은?

① 18.9kcal/m² · h · ℃　　　　　② 67.5kcal/m² · h · ℃

③ 96.9kcal/m² · h · ℃　　　　　④ 101.8kcal/m² · h · ℃

해설　열량 = 열관류율×상당 온도차 = 3×22.5 = 67.5kcal/m²·h·℃

50 가스배관에서 가스가 누설될 경우 중독 및 폭발사고를 미연에 방지하기 위하여 조금
만 누설되어도 냄새로 충분히 감지할 수 있도록 설치하는 장치는?

① 부스터 설비　　　　　　　　② 정압기

③ 부취설비　　　　　　　　　　④ 가스홀더

해설　**부취설비** : 가스 누설 시 냄새 나는 부취제를 첨가하여 누설을 쉽게 확인할 수 있는 설비

51 역카르노 사이클에 대한 설명으로 옳은 것은?

① 2개의 압축과정과 2개의 증발과정으로 이루어져 있다.
② 2개의 압축과정과 2개의 응축과정으로 이루어져 있다.
③ 2개의 단열과정과 2개의 등온과정으로 이루어져 있다.
④ 2개의 증발과정과 2개의 응축과정으로 이루어져 있다.

해설 **역카르노 사이클** : 2개의 단열과정과 2개의 등온과정

52 실내 상태점을 통과하는 현열비선과 포화곡선과의 교점을 나타내는 온도로서 취출공기가 실내 잠열 부하에 상당하는 수분을 제거하는데 필요한 코일 표면온도를 무엇이라고 하는가?

① 혼합온도   ② 바이패스 온도
③ 실내장치 노점온도   ④ 설계온도

해설 공기가 냉수를 분무하는 공기세정기 또는 냉각코일을 통과하는 경우 충분하게 물방울과 접촉하여 100% 열교환을 하게 되면 어떤 포화상태가 된다. 이 온도를 코일의 장치노점온도(apparatus dewpoint, ADP)라고 한다.

53 열에너지를 효율적으로 이용할 수 있는 방법 중 하나인 축열장치의 특징에 관한 설명으로 틀린 것은?

① 저속 연속운전에 의한 고효율 정격운전이 가능하다.
② 냉동기 및 열원설비의 용량을 감소할 수 있다.
③ 열회수시스템의 적용이 가능하다.
④ 수질관리 및 소음관리가 필요 없다.

해설 수질관리 및 소음관리가 필요하다.

54 환수주관을 보일러 수면보다 높은 위치에 배관하는 것은?

① 강제순환식   ② 건식 환수관식
③ 습식 환수관식   ④ 진공 환수관식

해설 ㉠ **건식환수관** : 환수관이 보일러 수면보다 높은 경우, 응축수가 체류할 곳에 열동식 트랩 설치한다.
㉡ **습식 환수관** : 환수관을 보일러 수면보다 낮게 배관한다.

A·N·S·W·E·R 51.③ 52.③ 53.④ 54.②

55 목표값이 미리 정해진 변화를 할 때의 제어로서, 열처리노의 온도 제어, 무인 운전 열차 등이 속하는 제어는?

① 추종 제어
② 프로그램 제어
③ 비율 제어
④ 정치 제어

해설 제어방법에 따른 분류

㉠ 정치제어 : 목표값이 일정한 제어방식으로 목표값이 시간적으로 변화되지 않는 제어

㉡ 추치제어 : 목표값을 측정하면서 제어량을 목표값에 일치시키는 제어방식으로 목표값이 변화되는 방식

㉮ 추종제어 : 목표값이 시간에 따라 임의로 변화되는 제어로 자기조정제어 (선박, 비행기 등 자동제어)

㉯ 비율제어 : 2개 이상의 제어값이 정해진 비율로 변화되는 제어 유량비율제어, 공기비제어)

㉰ 프로그램제어 : 목표값이 미리 정해진 시간에 따라 일정한 프로그램에 의해 순차적으로 수행되는 제어

㉱ 캐스케이드 제어 : 1차 제어장치가 제어 명령을 발하고 2차 제어장치가 이 명령을 바탕으로 제어량을 조절하는 측정제어

56 공조용 취출구 종류 중 원형 또는 원추형 팬을 매달아 여기에 토출기류를 부딪치게 하여 천장면을 따라서 수평 방향으로 공기를 취출하는 것으로 유인비 및 소음 발생이 작은 것은?

① 팬형 취출구
② 웨이형 취출구
③ 라인형 취출구
④ 아네모스탯형 취출구

해설 **팬형** : 천장 취출구로 천장에 설치하여 수평 방향으로 취출하며, 아네모스탯형의 콘 대신에 중앙에 원판 모양의 팬을 붙인 것으로 유인비, 소음 발생이 적고, 도달거리는 길다.

57 공조용 전열교환기에 관한 설명으로 옳은 것은?

① 배열회수에 이용하는 배기는 탕비실, 주방 등을 포함한 모든 공간의 배기를 포함한다.
② 회전형 전열교환기의 로터구동모터와 급배기 팬은 반드시 연동 운전할 필요가 없다.
③ 중간기 외기 냉방을 행하는 공조시스템의 경우에도 별도의 덕트 없이 이용할 수 있다.
④ 외기량과 배기량의 밸런스를 조정할 때 배기량은 외기량의 40% 이상을 확보해야 한다.

해설 외기량과 배기량의 밸런스를 조정할 때 배기량은 외기량의 40% 이상 확보한다.

58 단일 덕트 정풍량방식에 대한 설명으로 틀린 것은?

① 실내 부하가 감소될 경우 송풍량을 줄여도 실내 공기가 오염되지 않는다.

② 고성능 필터의 사용이 가능하다.

③ 기계실에 기기류가 집중 설치되므로 운전 보수관리가 용이하다.

④ 각 실이나 존의 부하 변동이 서로 다른 건물에서는 온습도에 불균형이 생긴다.

해설 **단일덕트 정풍량 방식** : 공조기에서 조화된 냉풍 또는 온풍을 실내 부하 변동에 따른 온도를 조절하여 하나의 덕트를 통해 풍량을 공급하는 방식

특징 : 개별 제어 및 온·습도 제어가 곤란, 소음 진동이 적고, 에너지 절약, 부하변동에 즉시 대응 곤란, 실내 부하가 감소할 때 송풍량을 줄이면 공기오염이 심하다.

59 물과 공기의 접촉 면적을 크게 하기 위해 증발포를 사용하여 수분을 자연스럽게 증발 시키는 가습방식은?

① 초음파식

② 가열식

③ 원심분리식

④ 기화식

해설 **기화식** : 물과 공기의 접촉 면적을 크게 하기 위해 증발포를 사용하여 수분을 자연스럽게 증발시키는 가습방식

60 도선에 전류가 흐를 때 발생하는 열량으로 옳은 것은?

① 전류의 세기에 반비례한다.

② 전류의 세기의 제곱에 비례한다.

③ 전류의 세기의 제곱에 반비례한다.

④ 열량은 전류의 세기와 무관하다.

해설 $H = I^2 RT$: 열량은 전류 세기 제곱에 비례한다.

과년도 출제문제 부록 1 공조냉동기계기능사

01 컨베이어 등에 근로자의 신체 일부가 말려드는 등 근로자에게 위험을 미칠 우려가 있을 때 설치해야 하는 장치는?

① 권과방지장치　　　　　　　② 비상정지장치
③ 해지장치　　　　　　　　　④ 이탈 및 역주행방지장치

해설 비상정지장치 : 이동중 이상상태 발생시 급정지 시킬수 있는 장치

02 일정 기간마다 정기적으로 점검하는 것으로, 일반적으로 매주 또는 매월 1회씩 담당 분야별로 해당 분야의 작업 책임자가 점검하는 것은?

① 계획점검　　② 수시점검　　③ 임시점검　　④ 특별점검

해설 안전점검 종류

1) 일상점검(수시점검, 일일 점검) : 작업 시작 전이나 사용 전 또는 작업 중에 일상적으로 실시하는 점검
2) 정기점검(계획점검): 일정기간마다 정기적으로 실시하는 점검
3) 특별점검(특수점검): 기계, 기구 또는 설비를 신설 및 변경하거나 고장에 의한 수리 등을 할 경우에 행하는 부정기적 점검. 일정 규모 이상의 강풍, 폭우, 지진 등의 기상이변이 있는 후에 실시 하는 점검(안전강조기간, 방화주간 등)
4) 일시점검(임시점검) : 정기점검을 실시한 후, 차기 점검일 이전에 트러블이나 고장 등의 직후에 임시로 실시하는 점검

03 보호장구는 필요할 때 언제라도 착용할 수 있도록 청결하고 성능이 유지된 상태로 보관해야 한다. 보호장구의 보관 방법으로 틀린 것은?

① 광선을 피하고 통풍이 잘되는 장소에 보관한다.
② 부식성, 유해성, 인화성 액체 등과 혼합하여 보관하지 않는다.
③ 모래·진흙 등이 묻은 경우는 깨끗하게 씻고 햇빛에 말린다.
④ 발열성 물질을 보관하는 주변에 가까이 두지 않는다.

해설 보호장구는 깨끗히 세척 후 그늘에서 건조한다.

04 수공구 중 정 작업 시 안전작업 수칙으로 옳지 않은 것은?

① 정의 머리가 둥글게 된 것은 사용하지 않는다.

② 처음에는 가볍게 때리고 점차 타격을 가한다.

③ 철재를 절단할 때에는 철편이 날아 뛰는 것에 주의한다.

④ 면이 단단한 열처리 부분은 정으로 가공한다.

해설 열처리된 경우는 정 작업 금지한다.

05 냉동설비의 설치공사 완료 후 시운전 또는 기밀 시험을 실시할 때 사용할 수 없는 것은?

① 헬륨   ② 산소   ③ 질소   ④ 탄산가스

해설 **기밀시험 가스** : 불연성 가스(헬륨, 질소, 이산화탄소 등), 조연성 가스인 산소는 금지한다.

06 안전보건표지에서 비상구 및 피난소, 사람 또는 차량의 통행표지 색채는?

① 빨강   ② 녹색   ③ 파랑   ④ 노랑

해설 **바탕** : 흰색, **기본 모형 및 관련 부호** : 녹색

07 산소가 충전되어 있는 용기의 취급상 주의사항으로 틀린 것은?

① 용기밸브는 녹이 생기면 잘 열리지 않으므로 그리스 등 기름을 발라둔다.

② 용기밸브의 개폐는 천천히 하며, 산소 누출 여부 검사는 비눗물을 사용한다.

③ 용기밸브가 얼어서 녹일 경우에는 약 40℃ 정도의 따뜻한 물로 녹여야 한다.

④ 산소용기는 눕혀 두거나 굴리는 등 충격을 주면 안 된다.

해설 산소용기 밸브는 천천히 열고, 기름 및 그리스 등 묻지 않게 한다.

08 산업안전보건기준에 관한 규칙에서 정한 가스 장치실을 설치하는 경우 설치구조에 대한 내용에 해당 되지 않는 것은?

① 벽에는 불연성 재료를 사용한다.

② 지붕과 천장에는 가벼운 불연성 재료를 사용한다.

③ 가스가 누출된 경우에는 그 가스가 정체되지 않도록 한다.

④ 방음장치를 설치한다.

해설 방음장치는 상관없다.

09 프레온 냉동장치에서 오일포밍현상이 일어나면 실린더 내로 다량의 오일이 올라가 오일을 압축하여 실린더 헤드부에서 이상음이 발생하는 현상은?

① 에멀션현상　　　　　　　　② 동부착현상
③ 오일포밍현상　　　　　　　　④ 오일해머현상

해설　오일 해머 (oil hammer)현상 : 오일 포밍 및 피스톤 링의 불량으로 이상음 발생 및 오일이 압축되는 현상이다.

10 냉동 사이클의 구성 순서로 바른 것은?

① 증발 → 응축 → 팽창 → 압축
② 압축 → 응축 → 증발 → 팽창
③ 압축 → 응축 → 팽창 → 증발
④ 팽창 → 압축 → 증발 → 응축

해설　냉동사이클 : 압축 → 응축 → 팽창 → 증발

11 다음 중 LPG의 주성분이 아닌 것은?

① 부탄　　　　② 프로판　　　　③ 프로필렌　　　　④ 메탄

해설　LPG 주성분 : 프로판(C_3H_8), 부탄(C_4H_0), 프로필렌(C_3H_6), 부틸렌(C_4H_8), 부타디엔(C_4H_8)
LNG 주성분 : 메탄(CH_4), 에탄(C_2H_6)

12 보일러의 안전 저수면에 대한 설명으로 적당한 것은?

① 보일러의 보안상 운전 중에 보일러 전열면에 화염에 노출되는 최저 수면의 위치
② 보일러의 보안상 운전 중에 급수하였을 때의 최저 수면의 위치
③ 보일러의 보안상 운전 중에 유지해야 하는 일상적인 가동 시의 표준 수면의 위치
④ 보일러의 보안상 운전 중에 유지해야 하는 보일러 드럼 내 최저 수면의 위치

13 기체연료의 발열량 단위로 옳은 것은?

① kcal/m^2　　　② kcal/cm^2　　　③ kcal/mm^2　　　④ kcal/Nm^3

해설　기체 : kcal/Nm^3, 고체 및 액체 : kcal/kg

14 콘크리트 벽이나 바닥 등 배관이 관통하는 곳에 관의 보호를 위하여 사용하는 것은?

① 슬리브 ② 보온재료

③ 행거 ④ 신축곡관

해설 **슬리브** : 배관이 관통하는 곳에 구멍을 내에 관 보호를 위해 사용한다.

15 압축기 진동과 서징, 관의 수격작용, 지진 등에 서 발생하는 진동을 억제하기 위해 사용하는 지지장치는?

① 벤드밴 ② 플랩밸브

③ 그랜드패킹 ④ 브레이스

해설 **브레이스** : 펌프, 압축기 등에서 발생하는 진동, 충격을 완화하는 완충기(방진기)

16 고온배관용 탄소강 강관의 KS 기호는?

① SPHT ② SPLT ③ SPPS ④ SPA

해설 배관용 탄소 강관(SPP), 압력 배관용 탄소 강관(SPPS), 고압 배관용 탄소 강관(SPPH), 고온 배관용 탄소 강관(SPHT), 저온 배관용 탄소 강관(SPLT)

17 보일러 제어에서 자동연소제어에 해당하는 약호는?

① ACC ② ABC ③ STC ④ FWC

해설 보일러 자동제어(ABC), 자동연소(ACC), 급수제어(FWC), 증기온도제어(STC)

18 보일러의 수위 제어에 영향을 미치는 요인 중에서 보일러 수위 제어 시스템으로 제어할 수 없는 것은?

① 급수온도 ② 급수량

③ 수위 검출 ④ 증기량 검출

해설 **수위 제어 요소** : 수위, 증기량, 급수량

19 연관 최고부보다 노통 윗면이 높은 노통연관보일러의 최저 수위(안전 저수면)의 위치는?

① 노통 최고부 위 100mm
② 노통 최고부 위 75mm
③ 연관 최고부 위 100mm
④ 연관 최고부 위 75mm

해설 **노통연관보일러 안전 저수위**
연관이 높은 경우 : 최상단 부위 75m
노통이 연관보다 높은 경우 : 노통 최상단 부위 100mm

20 증기난방 배관 시공 시 환수관이 문 또는 보와 교차할 때 이용되는 배관형식으로 위로는 공기, 아래로는 응축수를 유통시킬 수 있도록 시공하는 배관은?

① 루프형 배관
② 리프트 피팅 배관
③ 하트포드 배관
④ 냉각 배관

해설 **루프형 배관** : 환수관이 보 또는 문과 교차하거나 증기관과 환수관이 출입구나 보와 같은 장애물에 부딪치는 경우, 상부로는 공기, 하부로는 응축수가 흐르도록 한 배관

21 전기의 접지 목적에 해당되지 않는 것은?

① 화재 방지
② 설비 증설 방지
③ 감전 방지
④ 기기 손상 방지

해설 **접지** : 차단기의 오동작 방지 및 감전 사고 예방, 이상전압으로부터 기기 보호하기 위함.

22 고유저항에 대한 설명으로 맞는 것은?

① 저항(R)은 길이(L)에 비례하고 단면적(A)에 반비례한다.
② 저항(R)은 단면적(A)에 비례하고 길이(L)에 반비례한다.
③ 저항(R)은 길이(L)에 비례하고 단면적(A)에 비례한다.
④ 저항(R)은 단면적(A)에 반비례하고 길이(L)에 반비례한다.

해설 **저항** : 길이에 비례, 단면적에 반비례 $R = \rho \dfrac{L}{A}$

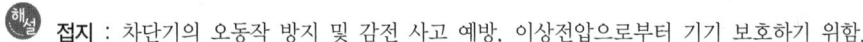

23 절대압력과 게이지압력의 관계식으로 옳은 것은?

① 절대압력=대기압력+게이지압력　　② 절대압력=대기압력-게이지압력

③ 절대압력=대기압력×게이지압력　　④ 절대압력=대기압력÷게이지압력

해설 절대압력 = 대기압력+게이지압력 즉 완전 진공을 0으로 하여 측정한 압력

24 가용전(Fusible Plug)에 대한 설명으로 틀린 것은?

① 프레온 장치의 수액기, 응축기 등에 사용한다.

② 용융점은 냉동기에서 68~75℃ 이하로 한다.

③ 구성 성분은 주석, 구리, 납으로 되어 있다.

④ 토출가스의 영향을 직접 받지 않는 곳에 설치해야 한다.

해설 **가용전 성분** : 주석(Sn), 카드뮴(Cd), 비스무트(Bi), 납(Pb), 안티몬(Sb)

25 냉동 사이클에서 증발온도를 일정하게 하고 응축 온도를 상승시켰을 때 경우의 상태 변화로 옳은 것은?

① 소요동력 감소　　　　　　　　② 냉동능력 증대

③ 성적계수 증대　　　　　　　　④ 토출가스 온도 상승

해설 **증발온도가 일정하고 응축온도가 상승시켰을 경우** : 소요 동력 증대, 냉동능력 감소, 성적계수 감소, 토출 가스 온도 상승

26 냉동장치에 수분이 침입되었을 때 에멀션 현상이 일어나는 냉매는?

① 황산　　　　　② R-12　　　　　③ R-22　　　　　④ NH_3

해설 **에멀존(emulsion)현상(유탁액현상)** : NH_3 냉동장치에서 수분이 혼입되면 수산화 암모늄(NH_4OH)을 생성하여 윤활유를 미립자로 만들어 우유빛으로 변질되어 점도가 저하되는 이상 현상

27 브라인을 사용할 때 금속의 부식방지법으로 틀린 것은?

① 브라인 pH를 7.5~8.2 정도로 유지한다.

② 공기와 접촉시키고, 산소를 용입시킨다.

③ 산성이 강하고 가성소다를 중화시킨다.

④ 방청제를 첨가한다.

해설 브라인은 공기와 접촉 시 부식을 촉진한다.

A·N·S·W·E·R　23.①　24.③　25.④　26.④　27.②

28 온풍난방에 장점이 아닌 것은?

① 예열시간이 짧다.

② 실내 온습도 조절이 비교적 용이하다.

③ 기기 설치 장소의 선정이 자유롭다.

④ 단열 및 기밀성이 좋지 않은 건물에 적합하다.

해설 **온풍난방 특징** : 설치가 쉽고, 보수관리 용이, 예열 부하가 적고 소형, 자동운전 가능.

29 덕트에 사용되는 댐퍼의 사용 목적에 관한 설명으로 틀린 것은?

① 풍량 조절 댐퍼 : 공기량을 조절하는 댐퍼

② 배연 댐퍼 : 배연덕트에서 사용되는 댐퍼

③ 방화댐퍼 : 화재 시에 연기를 배출하기 위한 댐퍼

④ 모터 댐퍼 : 자동제어장치에 의해 풍량 조절을 위해 모터로 구동되는 댐퍼

해설 **방화댐퍼** : 화재시 화염 차단 위한 댐퍼

30 비열비를 나타내는 공식으로 옳은 것은?

① $\dfrac{정적비열}{하중}$ 　　　　② $\dfrac{정압비열}{비중}$

③ $\dfrac{정압비열}{정적비열}$ 　　　　④ $\dfrac{정적비열}{정압비열}$

해설 **비열비** : 정압비율을 정적비열로 나눈 값으로 비열비는 항상 1보다 크다. 즉, $C_p > C_v$ 이므로 $\dfrac{C_p}{C_v} > 1$

31 LNG 냉열 이용 동결장치의 특징으로 틀린 것은?

① 식품과 직접 접촉하여 급속 동결이 가능하다.

② 외기가 흡입되는 것을 방지한다.

③ 공기에 분산되어 있는 먼지를 철저히 제거하여 장치 내부에 눈이 생기는 것을 방지한다.

④ 저온 공기의 풍속을 일정하게 확보함으로써 식품과의 열전달계수를 저하시킨다.

해설 저온 공기의 풍속을 일정하게 유지하고, 열전달계수를 향상시킨다.

A·N·S·W·E·R 28.④　29.③　30.③　31.④

32 열에너지를 효율적으로 이용할 수 있는 방법 중의 하나인 축열장치의 특징에 관한 설명으로 틀린 것은?

① 저속 연속운전에 의한 고효율 정격운전이 가능하다.
② 냉동기 및 열원설비의 용량을 감소할 수 있다.
③ 열회수시스템의 적용이 가능하다.
④ 수질관리 및 소음관리가 필요 없다.

해설 수질관리 및 소음관리가 필요하다.

33 공기조화방식의 중앙식 공조방지에서 수-공기 방식에 해당되지 않는 것은?

① 이중덕트 방식
② 유인유닛 방식
③ 팬코일 유닛 방식(덕트병용)
④ 복사 냉난방 방식(덕트병용)

해설 **전공기방식** : 단일덕트방식(정풍량, 변풍량), 2중 덕트방식

34 어떤 방의 체적이 2×3×2.5m이고, 실내 온도를 21℃로 유지하기 위하여 실외 온도 5℃의 공기를 3회/h로 도입할 때 환기에 의한 손실 열량은? (단, 공기의 비열은 0.24kcal/kg · ℃, 비중량은 1.2kg/m³이다.)

① 207.4kcal/h
② 381.2kcal/h
③ 465.7kcal/h
④ 727.2kcal/h

해설 $Q = G \times C \times \triangle t$

$G = (2 \times 3 \times 2.5)m^3 \times 1.2\frac{kg}{m^3} = 18kg$

$C = 0.24\frac{kcal}{kg℃}, \quad \triangle t = (21-5)℃$

$Q = 18kg \times 0.24\frac{kcal}{kg℃} \times 16℃ \times \frac{3회}{h} = 207.36\frac{kcal}{h}$

35 다음 설명 중 틀린 것은?

① 냉동능력 2kW는 약 0.52냉동톤(RT)이다.

② 냉동능력 10kW, 압축기 동력 4kW인 냉동장치의 응축부하는 14kW이다.

③ 냉매 증기를 단열압축하면 온도는 높아지지 않는다.

④ 진공계의 지시값이 10cmHg인 경우, 절대압력은 약 0.9kgf/cm²이다.

해설 냉매 증기를 단열 압축하면 온도가 상승한다.

36 공기냉각용 증발기로서 주로 벽, 코일, 동결실의 선반으로 사용되는 증발기의 형식은?

① 만액식 셸 앤 튜브식 증발기　　　② 보데로 증발기

③ 탱크식 증발기　　　　　　　　　④ 캐스케이드 증발기

해설 **캐스케이드 증발기** : 액냉매 순환과정이 액헤더 → 가스헤더 → 냉각관 → 액유입관 순의 흡입되는 형식으로 벽, 코일, 동결실의 선반으로 사용하며 공기 냉각용이다.

37 관의 지름이 다를 때 사용하는 이음쇠가 아닌 것은?

① 부싱　　　　② 리듀서　　　　③ 리턴 밴드　　　　④ 편심 이경 소켓

해설 **리턴밴드** : 배관 방향을 바꿀 때 사용한다.

38 공조용 취출구 종류 중 원형 또는 원추형 팬을 매달아 여기에 토출기류를 부딪치게 하여 천장면을 따라서 수평 방향으로 공기를 취출하는 것으로 유인비 및 소음 발생이 작은 것은?

① 팬형 취출구　　　　　　　　　　② 웨이형 취출구

③ 라인형 취출구　　　　　　　　　④ 아네모스탯형 취출구

해설 **팬형** : 천장 취출구로 천장에 설치하여 수평 방향으로 취출하며, 아네모스탯형의 콘 대신에 중앙에 원판 모양의 팬을 붙인 것으로 유인비, 소음 발생이 적다.

39 일정 풍량을 이용한 전공기방식으로 부하변동의 대응이 어려워 정밀한 온습도를 요구하지 않는 극장, 공장 등의 대규모 공간에 적합한 공기조화 방식은?

① 정풍량 단일 덕트방식　　　　　　② 정풍량 이중 덕트방식

③ 변풍량 단일 덕트방식　　　　　　④ 변풍량 이중 덕트방식

해설 **정풍량 단일덕트 방식** : 건물 내 부하 변동이 있을 경우 구역 구분을 통해 구역마다 공조기를 설치하는 방식

ANSWER 35.③　36.④　37.③　38.①　39.①

40 다음 설명 중 옳은 것은?

　① 냉각탑의 입구수온은 출구수온보다 낮다.

　② 응축기 냉각수 출구온도는 입구온도보다 낮다.

　③ 응축기에서의 방출열량은 증발기에서 흡수하는 열량과 같다.

　④ 증발기의 흡수열량은 응축열량에서 압축일량을 뺀 값과 같다.

해설　압축기 일량 = 응축기 발열량 − 증발기 흡수열량

41 다음 중 압력자동급수밸브의 주된 역할은?

　① 냉각수온을 제어한다.

　② 증발온도를 제어한다.

　③ 과열도 유지를 위해 증발압력을 제어한다.

　④ 부하변동에 대응하여 냉각수량을 제어한다.

해설　**압력 자동 급수밸브(water regulating valve), 절수밸브** : 수냉식 응축기의 부하 변동에 따른 냉각수량 제어장치로, 응축압력을 안정시켜 냉각수량을 절약함.

42 수랭식 응축기의 능력은 냉각수 온도와 냉각수량에 의해 결정되는데, 응축기의 응축 능력을 증대시키는 방법으로 가장 거리가 먼 것은?

　① 냉각수량을 줄인다.

　② 냉각수의 온도를 낮춘다.

　③ 응축기의 냉각관을 세척한다.

　④ 냉각수 유속을 적절히 조절한다.

해설　냉각수량을 줄이면 응축기 능력은 떨어진다.

43 NH_3 냉매를 사용하는 냉동장치에서 일반적으로 압축기를 수랭식으로 냉각하는 주된 이유는?

　① 냉매의 응축압력이 낮기 때문에

　② 냉매의 증발압력이 낮기 때문에

　③ 냉매의 비열비값이 크기 때문에

　④ 냉매의 임계점이 높기 때문에

해설　비열비 값(1.31)이 냉매 중에 가장 크고, 압축 후 토출가스 온도가 높아져서 윤활유를 변질시키기 쉽다. 따라서 수냉식으로 워터 재킷을 설치하여 실린더를 냉각 시킨다.

44 공기의 냉각, 가열코일의 선정 시 유의사항에 대한 설명으로 가장 거리가 먼 것은?

① 냉각코일 내에 흐르는 물의 속도는 통상 약 1m/s 정도로 하는 것이 좋다.

② 증기코일을 통과하는 풍속은 통상 약 3~5m/s 정도로 하는 것이 좋다.

③ 냉각코일의 입출구 온도차는 통상 약 5℃ 정도로 하는 것이 좋다.

④ 공기의 흐름과 물의 흐름은 평행류로 하여 전열을 증대시킨다.

해설 공기와 물의 흐름을 대향류 (평행류의 반대)로 하여 전열을 증대시킨다.

45 제2종 환기법으로 송풍기만 설치하여 강제 급기하는 방식은?

① 병용식
② 압입식
③ 흡출식
④ 자연식

해설 강제 환기방식 종류

① 제1종환기(병용식) : 급기팬 + 배기팬

② 제2종환기(압입식) : 급기팬 + 자연배기

③ 제3종환기(흡출식) : 자연급기 + 배기팬

④ 제4종환기(자연식) : 자연급기 + 자연배기

46 단수 릴레이의 종류로 가장 거리가 먼 것은?

① 단압식 릴레이
② 차압식 릴레이
③ 수류식 릴레이
④ 비례식 릴레이

해설 종류 : 수류식, 차압식, 단압식 릴레이

47 식품을 냉각된 부동액에 넣어 직접 접촉시켜서 동결시키는 것으로 살포식과 침지식으로 구분하는 동결장치는?

① 접촉식 동결장치
② 공기 동결장치
③ 브라인 동결장치
④ 송풍식 동결장치

해설 브라인 동결 장치 종류 : 염화나트륨, 염화칼슘, 프로필렌글리콜, 에탄올 브라인 침지 동결 장치 등

A·N·S·W·E·R 44.④ 45.② 46.④ 47.③

48 고열원온도 T_1, 저열원온도 T_2인 카르노사이클의 열효율은?

① $\dfrac{T_2 - T_1}{T_1}$

② $\dfrac{T_1 - T_2}{T_2}$

③ $\dfrac{T_2}{T_1 - T_2}$

④ $\dfrac{T_1 - T_2}{T_1}$

해설 카르노사이클(열펌프)

$$COP = \dfrac{Q_1 - Q_2}{Q_1} = \dfrac{T_1 - T_2}{T_1}$$

49 강관용 공구가 아닌 것은?

① 파이프바이스

② 파이프커터

③ 드레서

④ 동력나사 절삭기

해설 드레서 : 연관 표면의 산화물 제거기

50 NH₃, R-12, R-22 냉매의 기름과 물에 대한 용해도를 설명한 것으로 옳은 것은?

보기
ㄱ 물에 대한 용해도는 R-12가 가장 크다.
ㄴ 기름에 대한 용해도는 R-12가 가장 크다.
ㄷ R-22는 물에 대한 용해도와 기름에 대한 용해도가 모두 암모니아보다 크다.

① ㄱ, ㄴ, ㄷ

② ㄴ, ㄷ

③ ㄴ

④ ㄷ

해설 윤활유에 대한 용해도는 R-12가 크다.

51 다음은 덕트 내의 공기압력을 측정하는 방법이다. 그림 중 정압을 측정하는 방법은?

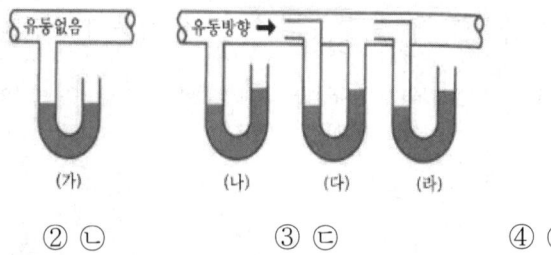

① ㄱ

② ㄴ

③ ㄷ

④ ㄹ

해설 ㄴ 정압 ㄷ 전압 ㄹ 동압

ANSWER ▷ 48.④ 49.③ 50.③ 51.②

52 실내의 현열부하가 3,200kcal/h, 잠열부하가 600kcal/h일 때 현열비는?

① 0.16

② 6.25

③ 1.20

④ 0.84

해설 **현열비(SHF), 감열비** : 전열량에 대한 현열량의 비

$$SHF = \frac{q_s}{q_s + q_L} = \frac{3,200}{3,200 + 600} = 0.84$$

53 체감을 나타내는 척도로 사용되는 유효온도와 관계 있는 것은?

① 습도와 복사열

② 온도와 습도

③ 온도와 기압

④ 온도와 복사열

해설 **유효온도(ET ; Effective Temperature), 실효온도, 감각온도** : 습구온도 이외에 기류의 영향을 더한 온도. 그 기준은 상대습도 100%(포화상태), 즉 온습도의 쾌감과 동일한 쾌감을 얻을 수 있는 기류를 포함한 온도

54 복사난방에 관한 설명으로 틀린 것은?

① 바닥면의 이용도가 높고 열손실이 작다.

② 단열층 공사비가 많이 들고 배관의 고장을 발견하기 어렵다.

③ 대류난방에 비하여 설비비가 많이 든다.

④ 방열체의 열용량이 적으므로 외기온도에 따라 방열량의 조절이 쉽다.

해설 외기 온도 변화에 대한 온도 조절이 어렵다.

55 유량이 적거나 고압일 때에 유량 조절을 한층 더 엄밀하게 행할 목적으로 사용되는 것은?

① 콕

② 안전밸브

③ 글로브밸브

④ 앵글밸브

해설 **글로우브밸브(Glove Valve), 옥형밸브, 구형밸브** : 유량 조절에 적합하고, 밸브의 양정은 작고, 유체 저항을 많이 받는다.

56 열역학 제1법칙을 설명한 것으로 옳은 것은?

① 밀폐계가 변화할 때 엔트로피 증가가 나타낸다.

② 밀폐계에 가해 준 열량과 내부에너지 변화량의 합은 일정하다.

③ 밀폐계에 전달되는 열량은 내부에너지 증가와 계가 한 일의 합과 같다.

④ 밀폐계의 운동에너지와 위치에너지의 합은 일정하다.

해설 **열역학 제1법칙** : 열량은 일량으로, 일량은 열량으로 환산 가능한 법칙, 밀폐계에 전달되는 열량은 내부에너지 증가와 계가 한일의 합과 같다.

57 덕트 속에 흐르는 공기의 평균 유속이 10m/s 공기의 비중량이 1.2kgf/m³, 중력가속도가 9.8m/s²일 때 동압은?

① 약 3mmAq

② 약 4mmAq

③ 약 5mmAq

④ 약 6mmAq

해설 $V = \sqrt{\dfrac{2gh}{\gamma}}$ $10 = \sqrt{\dfrac{2 \times 9.8 \times x}{1.2}}$ $x \fallingdotseq 6$

58 냉동장치의 능력을 나타내는 단위는 냉동톤(RT)이다. 1냉동톤에 대한 설명으로 옳은 것은?

① 0℃의 물 1kg을 24시간 동안에 0℃의 얼음으로 만드는 데 필요한 열량

② 0℃의 물 1ton을 24시간 동안에 0℃의 얼음으로 만드는 데 필요한 열량

③ 0℃의 물 1kg을 1시간 동안에 0℃의 얼음으로 만드는 데 필요한 열량

④ 0℃의 물 1ton을 1시간 동안에 0℃의 얼음으로 만드는 데 필요한 열량

해설 **1냉동톤** : 0℃의 물 1ton을 24시간 동안

59 표준냉동사이클의 $P-h$(압력-엔탈피)선도에 대한 설명으로 틀린 것은?

① 응축과정에서는 압력이 일정하다.

② 압축과정에서는 엔트로피가 일정하다.

③ 증발과정에서는 온도와 압력이 일정하다.

④ 팽창과정에서는 엔탈피와 압력이 일정하다.

해설 팽창과정은 엔탈피는 일정하고, 압력은 내려간다.

60 개방식 냉각탑의 종류로 가장 거리가 먼 것은?

① 대기식 냉각탑

② 자연통풍식 냉각탑

③ 강제통풍식 냉각탑

④ 증발식 냉각탑

해설 **개방식 냉각탑 종류** : 대기식, 자연통풍식, 강제통풍식

공조냉동기계기능사

01 산업안전의 관심과 이해 증진으로 얻을 수 있는 이점이 아닌 것은?

① 기업의 신뢰도를 높여 준다.
② 기업의 투자 경비를 증대시킬 수 있다.
③ 이직률이 감소된다.
④ 고유의 기술이 축적되어 품질이 향상된다.

해설 기업의 투자경비를 줄일 수 있다.

02 구내 운반차를 사용하여 운반작업을 하고자 한다. 사전 점검 사항에 해당되지 않는 것은?

① 제동장치 및 조정장치 기능의 이상 유무
② 바퀴의 이상 유무
③ 와이어로프 등의 이상 유무
④ 충전장치를 포함한 홀더 등의 결합 상태 이상 유무

해설 와이어로프 등의 이상 유무를 확인하는 것은 양중기 작업시 점검사항이다.

03 냉동제조시설이 적합하게 설치 또는 유지ㆍ관리되고 있는지 확인하기 위한 검사 종류가 아닌 것은?

① 중간검사   ② 완성검사   ③ 불시검사   ④ 정기검사

해설 **검사종류** : 완성검사, 중간검사, 정기검사

04 방폭 성능을 가진 전기기기의 구조 분류에 해당되지 않는 것은?

① 내압 방폭구조   ② 유입 방폭구조
③ 압력 방폭구조   ④ 자체 방폭구조

해설 **방폭구조 종류** : 내압, 압력, 유입, 안전증, 본질 안전 방폭구조

A·N·S·W·E·R 01.② 02.③ 03.③ 04.④

05 해머 작업 시 지켜야 할 사항 중 적절하지 못한 것은?

① 녹슨 것을 때릴 때 주의한다.
② 해머는 처음부터 힘을 주어 때린다.
③ 작업 시에는 타격하려는 곳에 눈을 집중시킨다.
④ 열처리된 것은 해머로 때리지 않는다.

해설 처음부터 힘을 주어 작업하지 말고, 서서히 힘을 준다.

06 산소-아세틸렌 용접 시 역화의 원인으로 아닌 것은?

① 토치 팁이 과열되었을 때
② 토치에 절연 장치가 없을 때
③ 사용 가스의 압력이 부적당할 때
④ 토치 팁의 끝이 이물질로 막혀 있을 때

해설 절연장치는 전기용접기 관련 안전 장치이다.
역화원인 : 팁이 과열 시, 팁에 이물질로 막혔을 때, 아세틸렌 공급압력이 낮을 시

07 안전대책의 3원칙에 속하지 않는 것은?

① 기술적 대책
② 자본적 대책
③ 교육적 대책
④ 관리적 대책

해설 **안전대책 3원칙** : 교육적 대책, 기술적 대책, 관리적 대책

08 산소가 결핍되어 있는 장소에서 사용되는 마스크는?

① 송기마스크
② 방진마스크
③ 방독마스크
④ 격리식 방진마스크

해설 **송기마스크** : 산소가 결핍된 장소나, 유해 물질의 농도가 높은 곳에 사용

ANSWER 05.② 06.② 07.② 08.①

09 신축곡관이라고 하며, 관의 구부림을 이용하여 신축을 흡수하는 신축이음장치는?

① 슬리브형 신축이음

② 벨로스형 신축이음

③ 루프형 신축이음

④ 스위블형 신축이음

해설 **루프형(만곡, 곡관형)** : 강관 및 동관을 구부려서 곡관을 만들어 신축을 흡수하는 방식(곡률반경은 관지름의 6배 이상)

10 가스용 보일러 설비 주위에 설치해야 할 계측기 및 안전장치와 무관한 것은?

① 급기 가스온도계

② 가스 사용량 측정 유량계

③ 연료 공급 자동차단장치

④ 가스 누설 자동차단장치

해설 배가스온도계는 필요하지만, 급기 가스온도계는 필요치 않다.

11 온수난방설비의 밀폐식 팽창탱크에 설치되지 않는 것은?

① 수위계

② 압력계

③ 배기관

④ 안전밸브

해설 배기관(통기관)은 개방식 팽창탱크 부속 설비

12 다른 보온재에 비하여 단열효과가 낮으며, 500℃ 이하의 파이프, 탱크, 노벽 등에 사용하는 보온재는?

① 규조토

② 암면

③ 기포성 수지

④ 탄산마그네슘

해설 **규조토** : 진동에 약하고, 500℃ 이하의 파이프, 탱크, 노벽 등에 사용

13 보일러의 강도가 부족하여 증기압 또는 수두압에 견디지 못하고 파열하는 원인과 가장 무관한 것은?

① 사용 중 부식　　　　　② 재료 불량
③ 캐리오버　　　　　　　④ 용접 불량

해설) 캐리오버(기수공발)는 발생증기 중 물방울이 포함되어 송기되는 현상이다.

14 과열증기 사용 시 장점이 아닌 것은?

① 열효율이 증가한다.
② 증기 소비량을 감소시킨다.
③ 보일러 관 내의 물때가 적어진다.
④ 습증기로 인한 부식을 방지한다.

해설) 보일러 관 내의 물때를 줄이기 위해서는 급수처리 및 분출 작업실시.
과열증기 사용시 장점 : 증기의 마찰저항을 줄일수 있다. 부식 및 수격작용 방지, 열효율 증가.

15 화염에서 발생하는 적외선을 이용하여 화염을 검출하는 것은?

① 플레임 로드　　　　　② 스택 스위치
③ 플레임 아이　　　　　④ 아쿠아스태트

해설) **화염검출기의 종류**
플레임 아이 : 화염에서 발생하는 적외선을 이용
플레임 로드 : 화염의 전기전도성을 이용
스택 스위치 : 화염의 발열현상을 이용

16 유류 연소 자동점화보일러의 점화 순서상 화염검출기 작동 후 다음 단계는?

① 공기 댐퍼 열림　　　　② 전자밸브 열림
③ 노 내압 조정　　　　　④ 노 내 환기

해설) **자동점화 순서** : 노 내 환기 → 버너 작동 → 노 내압 조정 → 착화 버너 작동 → 화염 검출 → 전자 밸브 열림 → 주버너 점화 → 공기댐퍼 작동 → 저·고연소

17 관의 접속 상태·결합 방식의 표시 방법에서 납땜이음을 나타내는 도시기호로 맞는 것은?

①   ②   ③   ④

> **해설** 흡입관에는 액 압축을 방지하기 위해 U 트랩이나 굴곡부에 설치하지 않는다.

18 감습장치에 대한 설명으로 옳지 않은 것은?

   ① 압축감습장치는 동력 소비가 적다.
   ② 냉각감습장치는 노점온도 이하로 감습한다.
   ③ 흡수식 감습장치는 흡수성이 큰 용액을 이용한다.
   ④ 흡착식 감습장치는 고체 흡수제를 이용한다.

> **해설** **압축 감습 장치** : 압축기로 공기를 압축하고 냉각기로 냉각 응축시키므로, 소요 동력이 커지고, 냉동기가 없는 소규모의 장치와 공기 액화 등에 활용한다.

19 다음 몰리에르 선도에서의 성적계수는 약 얼마인가?

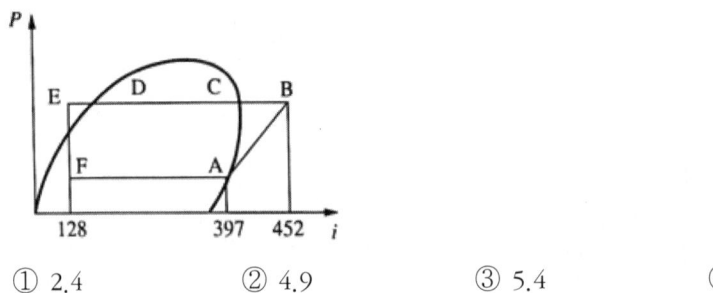

   ① 2.4   ② 4.9   ③ 5.4   ④ 6.3

> **해설** 성적계수(COP)$= \dfrac{q}{A_v} = \dfrac{397-128}{452-397} \fallingdotseq 4.9$

20 냉매 건조기(Dryer)에 관한 설명으로 옳은 것은?

   ① 암모니아 가스관에 설치하여 수분을 제거한다.
   ② 압축기와 응축기 사이에 설치한다.
   ③ 프레온은 수분에 잘 용해되지 않으므로 팽창밸브의 동결을 방지하기 위하여 설치한다.
   ④ 건조제로는 황산, 염화칼슘 등의 물질을 사용한다.

> **해설** 프레온은 수분에 잘 용해되지 않으므로 냉매 건조기를 팽창밸브 직전 액관에 설치하여 동결을 방지한다.

21 프레온 냉동장치에서 필요 없는 것은?

① 워터재킷　　　　　　　　　② 드라이어

③ 액분리기　　　　　　　　　④ 유분리기

> **해설** 워터재킷 : 실린더 냉각 장치로 암모니아 냉동장치에 필요.

22 냉동장치에서 가스퍼저(Gas Purger)를 설치할 경우 가스의 인입선은 어디에 설치해야 하는가?

① 응축기와 수액기의 균압관에 한다.

② 수액기와 팽창밸브 사이에 한다.

③ 압축기의 토출관으로부터 응축기의 3/4되는 곳에 한다.

④ 응축기와 증발기 사이에 한다.

> **해설** 가스퍼지는 응축기와 수액기의 균압관에 설치한다.

23 SI 단위에서 비체적의 설명으로 맞는 것은?

① 단위 엔트로피당 체적이다.

② 단위 체적당 중량이다.

③ 단위 체적당 엔탈피이다.

④ 단위 질량당 체적이다.

> **해설** 단위 질량당 체적$=\dfrac{\text{부피}}{\text{질량}}$, 즉 밀도$\left(\dfrac{\text{질량}}{\text{부피}}\right)$의 역수

24 2차 냉매의 열전달방법은?

① 상태변화에 의한다.

② 온도변화에 의하지 않는다.

③ 잠열로 전달한다.

④ 감열로 전달한다.

> **해설** 2차 냉매(간접 냉매) 즉 $NaCl$, $CaCl_2$, $MgCl_2$ 등 냉수가 공조장치의 감(현)열에 의해 열을 운반한다.

25 압력표시에 1atm과 값이 다른 것은?

① 1.01325bar

② 1.10325Mpa

③ 760mmHg

④ 1.03227kgf/cm²

해설 1atm = 760mmHg = 10.33mmH₂O =1.0332kg/cm² = 14.7psi(lb/in²) =1013.25mbar = 101,325Pa(N/m²)

26 관을 절단하는 데 사용하는 공구는?

① 파이프 리머

② 파이프 커터

③ 오스터

④ 드레서

해설 **관절단용 공구** : 기계톱, 고속숫돌 절단기, 띠톱기계, 가스절단기, 카타기 등

27 압축기에서 보통 안전밸브의 작동압력으로 옳은 것은?

① 저압 차단스위치 작동압력과 같게 한다.

② 고압 차단스위치 작동압력보다 다소 높게 한다.

③ 유압 보호스위치 작동압력과 같게 한다.

④ 고·저압 차단스위치 작동압력보다 낮게 한다.

해설 **압축기 안전장치 작동압력**

(ㄱ) 안전두 = 정상고압 + 3[kg/cm²]

(ㄴ) 고압차단스위치 = 정상고압 + 4[kg/cm²]

(ㄷ) 안전밸브 = 정상고압 + 5[kg/cm²]

28 냉동장치 배관 설치 시 주의사항으로 틀린 것은?

① 냉매의 종류, 온도 등에 따라 배관재료를 선택한다.

② 온도 변화에 의한 배관의 신축을 고려한다.

③ 기기 조작, 보수, 점검에 지장이 없도록 한다.

④ 굴곡부는 가능한 한 작게 하고, 곡률 반경을 작게 한다.

해설 굴곡부는 가능한 작게, 곡률 반경은 크게 한다.

29 1초 동안에 76kgf · m의 일을 할 경우 시간당 발생하는 열량은 약 몇 kcal/h인가?

① 641kcal/h

② 658kcal/h

③ 673kcal/h

④ 685kcal/h

해설 $Q = 76\text{kg} \cdot \text{m/s} \times 1\text{kcal}/427\text{kg}\cdot\text{m} \times 3,600\text{s/h} = 641\text{kcal/h}$

30 증기를 단열압축할 때 엔트로피의 변화는?

① 감소한다.

② 증가한다.

③ 일정하다.

④ 감소하다가 증가한다.

해설 단열압축 하면 압력 상승, 온도 상승, 비체적 감소, 엔트로피 일정, 엔탈피 증가

31 탱크형 증발기에 관한 설명으로 옳지 않은 것은?

① 만액식에 속한다.

② 주로 암모니아용으로 제빙용에 사용된다.

③ 상부에는 가스 헤드, 하부에는 액 헤드가 존재한다.

④ 브라인의 유동속도가 늦어도 능력에는 변화가 없다.

해설 유동속도가 늦으면 냉동 능력이 떨어진다.

32 급수펌프에서 송출량이 10m³/min이고, 전양정이 8m일 때 펌프의 소요마력은?(단, 펌프효율은 75%이다.)

① 15.6PS

② 17.8PS

③ 23.7PS

④ 31.6

해설 $PS = \dfrac{\gamma Qh}{75\eta}$ 에서

$$= \dfrac{1,000\dfrac{kg}{m^3} \times 10\dfrac{m^3}{\min} \times \dfrac{1\min}{60\sec} \times 8m}{75 \times 0.75} = 23.7$$

33 증발식 응축기 설계 시 1RT당 전열면적은? (단, 응축온도는 43℃로 한다.)

① 1.2m²/RT

② 3.5m²/RT

③ 6.5m²/RT

④ 7.5m²/RT

해설 증발식 응축기 전열면적은 1RT 당 1.2~1.5m²정도

34 회전식과 비교한 왕복동식 압축기의 특징으로 옳지 않은 것은?

① 진동이 크다.

② 압축능력이 작다.

③ 압축이 단속적이다.

④ 크랭크 케이스 내부압력이 저압이다.

해설 왕복동 압축기가 회전식 압축기에 비해 압축능력이 크다.

35 냉동장치 내에 냉매가 부족할 때 일어나는 현상으로 가장 거리가 먼 것은?

① 냉동능력이 감소한다.

② 고압측의 압력이 상승한다.

③ 흡입관에 상(霜)이 붙지 않는다.

④ 흡입가스가 과열된다.

해설 냉매가 부족하면 고압측 압력이 감소한다.

36 고속 다기통 압축기의 흡입 및 토출밸브에 주로 사용하는 것은?

① 포핏밸브

② 플레이트밸브

③ 리드밸브

④ 와셔밸브

해설 ㉠ 포핏 밸브 : 버섯모양, 피스톤 상부에 장착, 중량이 무겁고 튼튼하여 파손이 적어 대형 입형 저속 NH_3 용에 사용

㉡ 플레이트 밸브 : 얇은 원판에 스프링으로 눌러 놓은 구조, 고속 다기통 압축기의 흡입 및 토출 밸브에 사용

㉢ 리드 밸브 : 긴 타원형의 밸브로 자체 탄성을 이용하여 개폐, 중량이 가벼워 신속 경쾌하게 작동하며 자체 탄성에 의해 개폐

㉣ 와셔 밸브 : 얇은 원판 중심에 구멍을 뚫고 고정시킨 것으로 카쿨러에 주로 사용

37 표준 냉동사이클의 온도조건으로 틀린 것은?

① 증발온도 : -15℃

② 응축온도 : 30℃

③ 팽창밸브 입구에서의 냉매액 온도 : 25℃

④ 압축기 흡입가스온도 : 0℃

해설 **표준 냉동 사이클**

㉠ 증발온도 : -15

㉡ 응축온도 : 30℃

㉢ 팽창밸브 직전 온도 : 25℃ (과냉각도 5℃)

㉣ 압축기 흡입가스 온도 : 건조포화증기(-15℃)

38 회전식 압축기의 특징에 관한 설명으로 틀린 것은?

① 조립이나 조정에 있어서 고도의 정밀도가 요구된다.

② 대형 압축기와 저온용 압축기에 많이 사용된다.

③ 왕복동식보다 부품수가 적으며 흡입밸브가 없다.

④ 압축이 연속적으로 이루어져 진공펌프로도 사용된다.

해설 대형압축기는 주로 스크류식, 왕복동 압축기를 사용한다.

39 200V, 300W의 전열기를 100V 전압에서 사용할 경우 소비전력은?

① 약 50kW ② 약 75kW

③ 약 100kW ④ 약 150kW

해설 $P = VI$, $I = \dfrac{V}{R}$, $P = \dfrac{V^2}{R}$ 에서 전력은 전압에 비례하므로,

$300 : 200^2 = x : 100^2$, $x = \dfrac{300 \times 100^2}{200^2} = 75$

40 지열을 이용하는 열펌프(Heat Pump)의 종류로 가장 거리가 먼 것은?

① 엔진 구동 열펌프 ② 지하수 이용 열펌프

③ 지표수 이용 열펌프 ④ 토양 이용 열펌프

해설 **지열 이용 열펌프 종류** : 지하수, 지표수, 지중열 열펌프

A·N·S·W·E·R 37.④ 38.② 39.② 40.①

41 -15℃에서 건조도가 0인 암모니아 가스를 교축, 팽창시켰을 때 변화가 없는 것은?

① 비체적

② 압력

③ 엔탈피

④ 온도

해설 팽창밸브의 교축과정은 엔탈피 일정, 압력 강하, 온도 저하, 비체적 상승이다.

42 수랭식 응축기에 관한 설명으로 옳은 것은?

① 수온이 일정한 경우 유막 물때가 두껍게 부착되어도 수량을 증가하면 응축압력에는 영향이 없다.

② 응축부하가 크게 증가하면 응축압력 상승에 영향을 준다.

③ 냉온 수량이 풍부한 경우에는 불응축가스의 혼입 영향이 없다.

④ 냉각 수량이 일정한 경우에는 수온에 의한 영향이 없다.

해설 **수랭식 응축기 응축압력이 높을 때의 원인**

㉠ 냉각 수량 부족 및 수온 상승 시

㉡ 응축기 냉각관에 스케일 생성 시

㉢ 불응축 가스가 장치 내에 혼입 시

㉣ 냉매 과충전이나 응축부하 증대 시

43 증발압력조절밸브를 부착하는 주요 목적은?

① 흡입압력을 저하시켜 전동기의 기동전류를 작게 한다.

② 증발기 내의 압력이 일정 압력 이하가 되는 것을 방지한다.

③ 냉매의 증발온도를 일정치 이하로 내리게 한다.

④ 응축압력을 항상 일정하게 유지한다.

해설 **증발압력 조절밸브** : 증발기 내 압력이 일정 압력 이하가 되는 것 방지

44 제빙장치 중 결빙한 얼음을 제빙관에서 떼어낼 때 관 내의 얼음 표면을 녹이기 위해 사용하는 기기는?

① 주수조

② 양빙기

③ 저빙고

④ 용빙조

해설 **용빙조** : 제빙장치 중 결빙한 얼음을 제빙관에서 떼어낼 때 관내 얼음 표면을 녹이는 기기

45 탄성이 부족하여 석면, 고무, 금속 등과 조합하여 사용되며, 내열 범위는 -260 ~ 260℃ 정도로 기름에 침식되지 않는 패킹은?

① 고무 패킹
② 석면조인트 시트
③ 합성수지 패킹
④ 오일시트 패킹

해설 합성수지 패킹 내열범위 : −260~260℃

46 난방방식 중 방열체가 필요 없는 것은?

① 온수난방
② 증기난방
③ 복사난방
④ 온풍난방

해설 온풍난방 : 가열한 공기를 직접 실내에 난방하는 방식으로 방열체 불필요

47 물과 공기의 접촉면적을 크게 하기 위해 증발포를 사용하여 수분을 자연스럽게 증발시키는 가습방식은?

① 초음파식
② 가열식
③ 원심분리식
④ 기화식

해설 ㉠ 초음파식 : 초음파에 의해 물을 무화 시키는 방식
㉡ 가열식 : 물을 끓여 수증기를 방출하는 방식
㉢ 원심분무식 : 원심력에 의해 물의 표면장력 이상으로 물을 회전시켜 작은 입자로 만드는 방식
㉣ 기화식 : 물과 공기의 접촉면적을 크게 하기 위해 증발포를 사용하여 수분을 증발시키는 방식

48 실내취득감열량이 35,000kcal/h이고, 실내로 유입되는 송풍량이 9,000m³/h일 때 실내의 온도를 25℃로 유지하려면 실내로 유입되는 공기의 온도를 약 몇 ℃로 해야 하는가? (단, 공기의 비중량은 1.29kg/m³, 공기의 비열은 0.24kcal/kg·℃로 한다.)

① 9.5℃
② 10.6℃
③ 12.4℃
④ 148℃

해설 $Q = 0.24 \cdot \gamma \cdot Q(t_2 - t_1)$
$35,000 = 0.24 \times 1.29 \times 9000 \times (25 - x)$
$\therefore x = 12.4$

49 냉각코일의 종류 중 증발관 내에 냉매를 팽창시켜 그 냉매의 증발잠열을 이용하여 공기를 냉각시키는 것은?

① 건코일

② 냉수코일

③ 간접 팽창코일

④ 직접 팽창코일

해설 **직접 팽창코일** : 관 내에 냉매를 통하게 하여 냉동, 냉방에 사용되며 냉동기의 증발기에 해당

50 다음 중 상대습도를 맞게 표시한 것은?

① φ=(습공기수증기분압/포화수증기압)×100

② φ=(포화수증기압/습공기수증기분압)×100

③ φ=(습공기수증기중량/포화수증기압)×100

④ φ=(포화수증기중량/습공기수증기중량)×100

해설 **상대습도(RH ; Relative Humidity)**

수증기의 분압과 동일 온도의 포화 습공기 수증기 분압의 비($1m^3$의 습공기 중에 함유된 수분의 중량과 이와 동일한 $1m^3$ 포화 습공기 중에 함유된 수분의 중량과의 비)

51 공기세정기에서 유입되는 공기를 정화시키기 위해 설치하는 것은?

① 루버

② 댐퍼

③ 분무노즐

④ 일리미네이터

해설 ㉠ **루버(louver)** : 기류나 빛의 투과를 조절하기 위해 만들어진 것으로 공기세정기에서 유입되는 공기를 정화시킴

㉡ **댐퍼** : 덕트 내 풍량을 조절하는 것

㉢ **일리미네이터** : 분무되는 냉각수가 비산하는 것을 방지하기 위한 것

52 단일 덕트 정풍량 방식의 특징으로 옳은 것은?

① 각 실마다 부하변동에 대응하기 곤란하다.

② 외기 도입을 충분히 할 수 없다.

③ 냉풍과 온풍을 동시에 공급할 수 있다.

④ 변풍량에 비하여 에너지 소비가 작다.

해설 **단일덕트 정풍량 방식** : 공조기에서 조화된 냉풍, 온풍을 실내 부하 변동에 따른 온도를 조절하여 하나의 덕트를 통해 풍량을 공급하는 방식.

특징

① 중앙기계실에서 덕트를 통해 일정 풍량을 공급하기에 개별 제어 및 온.습도 제어가 곤란.

② 냉풍과 온풍을 혼합하는 혼합상자가 필요 없어 소음 진동이 적고, 에너지 절약 된다

③ 부하변동에 즉시 대응할 수 없다.

④ 실내부하가 감소할 때 송풍량을 줄이면 공기오염이 심하다.

⑤ 덕트가 1계통으로 덕트 스페이스가 적고, 설비가 저렴하다.

53 보일러에서 배기가스의 현열을 이용하여 급수를 예열하는 장치는?

① 절탄기   ② 재열기

③ 증기과열기   ④ 공기가열기

해설 **절탄기** : 보일러 연도 가스에 의한 여열 로 보일러 급수를 가열하는 장치

54 셸 앤 튜브(Shell & Tube)형 열교환기에 관한 설명으로 옳은 것은?

① 전열관 내 유속은 내식성이나 내마모성을 고려하여 약 1.8m/s 이하가 되도록 하는 것이 바람직하다.

② 동관을 전열관으로 사용할 경우 유체온도는 200℃ 이상이 좋다.

③ 증기와 온수의 흐름은 열교환 측면에서 병행류가 바람직하다.

④ 열관류율은 재료와 유체의 종류에 상관없이 거의 일정하다.

해설 **셸 앤 튜브형 열교환기 특징**

㉠ 전열관 내 유속은 내식성, 내마모성을 고려한 1.8m/s 이하가 되도록 한다.

㉡ 동관을 전열관으로 사용할 경우 유체온도는 150℃ 이하로 할 것

㉢ 증기와 온수의 흐름은 수평 흐름이 바람직하다.

㉣ 열관류율은 재료와 유체 종류에 따라 다르다.

55 보일러에서 공기예열기 사용에 따라 나타나는 현상으로 틀린 것은?

① 열효율 증가

② 연소효율 증대

③ 저질탄 연소 가능

④ 노 내 연소속도 감소

해설 노 내 연소속도가 증가한다.

56 공기조화시스템의 열원장치 중 보일러에 부착되는 안전장치로 가장 거리가 먼 것은?

① 감압밸브   ② 안전밸브

③ 화염검출기   ④ 저수위 경보장치

해설 감압밸브는 송기장치에 속한다.

57 공기냉각코일의 설치에 대한 내용으로 틀린 것은?

① 공기의 풍속은 2~3m/s가 되도록 한다.

② 물의 속도는 일반적으로 1m/s 전후가 되도록 한다.

③ 코일의 설치는 관이 수직으로 놓이게 한다.

④ 공기류와 수류의 방향은 역류가 되도록 한다.

해설 코일 설치위치는 관이 수평이 되게 한다

58 파이프 코일을 바닥이나 천장 등에 설치하고 냉수 또는 온수를 보내 냉난방을 하는 방식은?

① 전 공기방식

② 패키지 유닛방식

③ 유인 유닛방식

④ 복사 냉난방방식

해설 **복사난방** : 바닥, 벽, 천장패널을 설치하여 복사열을 이용한 난방 방식

59 팬의 효율을 표시하는데 있어서 사용되는 전압효율에 대한 올바른 정의는?

① $\dfrac{\text{축동력}}{\text{공기동력}}$　　　　　　　② $\dfrac{\text{공기동력}}{\text{축동력}}$

③ $\dfrac{\text{회전속도}}{\text{송풍기크기}}$　　　　　　　④ $\dfrac{\text{송풍기크기}}{\text{회전속도}}$

해설 압축기 효율

　㉠ 압축효율 : $\dfrac{\text{이론적으로 가스를 압축하는데 소요되는 동력(이론동력)}}{\text{실제로 가스를 압축하는데 소요되는 동력(지시동력)}}$

　㉡ 기계효율 : $\dfrac{\text{지시동력}}{\text{압축기를 운전하는데 필요한 동력(축동력)}}$

　㉢ 압축기 실제 동력 : $\dfrac{\text{이론동력}}{\text{압축효율}\times\text{기계효율}}$ [kW]

　㉣ 압축기 이론 동력 : $\dfrac{(i_b - i_a)\cdot V}{860\cdot v} = \dfrac{(i_b - i_a)\cdot Q}{860\cdot q} = \dfrac{A\,W\,G}{860}$ [kW]

60 공조용 급기덕트에서 취출된 공기가 어느 일정 거리만큼 진행했을 때의 기류 중심선과 취출구 중심의 거리를 무엇이라고 하는가?

① 도달거리　　　　　　　② 1차 공기거리

③ 2차 공기거리　　　　　④ 강하거리

해설 ㉠ **강하거리** : 공조용 급기덕트에서 취출된 공기가 어느 일정 거리만큼 진행했을 때의 기류 중심선과 취출구 중심의 거리

　㉡ **도달거리** : 분출구에서 분출된 공기가 도달한 어떤 점 및 일반적으로 0.25m/s의 일정 풍속이 되는 곳까지의 수평 이동 거리

공조냉동기계기능사

01 재해를 일으키는 원인 중 인적 원인(불안전한 행동)이라 볼수 있는 것은?

① 불충분한 경보시스템

② 작업 장소의 조명 및 환기 불량

③ 안전 수칙 및 지시의 불이행

④ 결함이 있는 기계나 기구의 배치

해설 직접 원인중

① **물적 원인(불안전 상태)** : 물자체 결함, 안전보호 장치 결함, 복장 보호구 결함, 작업 장소 결함

② **인적 원인(불안전 행동)** : 안전장치 기능 제거, 복장·보호구 잘못 사용, 불안전한 자세 및 동작

02 국제단위계(SI)의 기본 단위가 아닌 것은?

① 길이(m) ② 질량(kg)

③ 전류(A) ④ 열량(J)

해설 국제 표준 단위(SI)

① **기본 단위(측정 방법을 정해서 기준을 세워 놓은 값)** : 길이(m), 시간(sec), 질량(kg), 온도(K), 전류(A암페어), 조도(cd칸델라), 몰질량(mol몰)

② **유도 단위(기본 단위로부터 유도하여 얻은 값)** : 힘, 일, 열량, 일률, 진동수, 전하량, 전위, 저항, 전기용량, 자기장, 자속, 인덕턴스 등

03 공구취급 안전관리 일반사항으로 옳지 않은 것은?

① 결함이 없는 완전한 공구를 사용한다.

② 공구는 사용 전에 반드시 점검한다.

③ 불량공구는 일단 수리하여 사용하고 반납한다.

④ 공구는 항상 일정한 장소에 비치한다.

해설 불량공구는 사용하지 말 것.

A·N·S·W·E·R 01.③ 02.④ 03.③

04 가연성 가스 또는 분진 등이 체류하는 장소에 설치해야 하는 것으로 옳은 것은?

① 진동설비   ② 배수설비

③ 소음설비   ④ 환기설비

해설 **환기설비** : 가연성 가스 또는 분진이 체류하기 쉬운 장소에 설치.

05 CA 냉장고의 주된 용도는?

① 제빙용   ② 청과물 보관용

③ 공조용   ④ 해산물 보관용

해설 **CA냉장고** : 냉장고 내 공기를 산소를 농도를 3~5% 감소시키고, CO_2를 3~5% 증가시켜 냉장고 내의 청과물의 호흡작용을 억제하여 저장성을 확보는 냉장고

06 고온부에서 방출하는 열량을 이용하는 난방을 행하는 열펌프의 고온부 온도가 30℃이고, 저온부 온도가 -10℃일 때 이 열펌프의 성적계수는?

① 약 4.5   ② 약 5.5

③ 약 6.5   ④ 약 7.5

해설 **카르노사이클(열펌프) 성적계수**

$$COP = \frac{Q_1}{Q_1 - Q_2} = \frac{T_1}{T_1 - T_2}$$
$$= \frac{\text{고온체에 공급한 열량}}{\text{공급일}} = \frac{(273+30)}{(273+30)-(273-10)} = 7.57$$

07 다음 그림에서 고압 액관은 어느 부분인가?

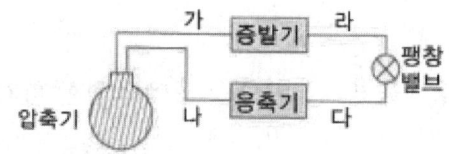

① 가   ② 나   ③ 다   ④ 라

해설 가 : 저압기체
나 : 고압기체
라 : 저압액

 A·N·S·W·E·R 04.④ 05.② 06.④ 07.③

08 연삭숫돌을 교체한 후 시험 운전 시 최소 몇 분 이상 공회전을 시켜야 하는가?

① 1분 이상　　　　　　　　　② 3분 이상

③ 5분 이상　　　　　　　　　④ 10분 이상

해설 연삭숫돌 교체 후 3분 이상 시운전.

09 다음 ( ) 안에 들어갈 말로 옳은 것은?

보기
> 압축기의 체적효율은 격간(Clearance)의 증대에 의하여 (㉠)하며, 압축비가 클수록 (㉡)하게 된다.

① ㉠ : 감소, ㉡ : 감소　　　　② ㉠ : 증가, ㉡ : 감소

③ ㉠ : 감소, ㉡ : 증가　　　　④ ㉠ : 증가, ㉡ : 증가

해설 압축기 체적효율은 격간(Clearance)의 증대에 의하여 감소하며, 압축비가 클수록 감소.

10 열의 이동에 관한 설명으로 틀린 것은?

① 열에너지가 중간물질과 관계없이 열선의 형태를 갖고 전달되는 전열형식을 복사라고 한다.

② 대류는 기체나 액체 운동에 의한 열의 이동현상을 말한다.

③ 온도가 다른 두 물체가 접촉할 때 고온에서 저온으로 열이 이동하는 것을 전도라고 한다.

④ 물체 내부를 열이 이동할 때 전열량은 온도차에 반비례하고 거리에 비례한다.

해설 전열량은 열전도도, 단면적, 온도차에 비례하고, 거리에 반비례한다.

$$Q = \lambda \cdot \frac{A \cdot \Delta t}{l}$$

11 실내오염공기의 유입을 방지해야 하는 곳에 적합한 환기법은?

① 자연 환기법　　　　　　　② 제1종 환기법

③ 제2종 환기법　　　　　　④ 제3종 환기법

해설 **제2종 환기(압입식)** : 급기팬 + 자연배기 (실내압은 정압)

실내 오염공기의 유입을 방지하고, 반도체 무균실, 소규모 변전실, 창고 등에 적용한다.

12 풍량이 500m³/min, 정압은 50mmAq, 회전수 400rpm인 송풍기를 회전수 500rpm
으로 증가 시키면 동력은 몇 KW인가? (단, 정압효율은 50%)

① 8　　　　　　　　② 12　　　　　　　　③ 16　　　　　　　　④ 22

해설

$$L1 = \frac{500 \times 50}{102 \times 60 \times 0.5} = 8.17 KW$$

$$L2 = \left(\frac{500}{400}\right)^3 \times 8.17 = 15.95 KW \qquad \therefore 16kw$$

13 혼합원료를 일정량씩 동결시키도록 하는 장치만 배치(Batch)식 동결장치의 종류로
가장 거리가 먼 것은?

① 수평형　　　　　　② 수직형　　　　　　③ 연속형　　　　　　④ 브라인식

해설 배치(Batch)식 동결장치 종류 : 수평형, 수직형, 브라인식

14 냉각탑(cooling tower)에 대한 설명으로 틀린 것은?

① 일반적으로 쿨링 어프로치는 5℃ 정도로 한다.
② 냉각탑은 응축기에서 냉각수가 얻은 열을 공기 중에 방출하는 장치이다.
③ 쿨링레인지란 냉각탑에서 냉각수 입·출구 수온 차이다.
④ 일반적으로 쿨링 레인지와, 쿨링 어프로치가 클수록 냉각탑능력은 커진다.

해설 쿨링 레인지가 클수록, 쿨링 어프로치가 작을수록 냉각탑 능력은 커진다.

15 다음 중 용어의 설명이 틀린 것은?

① 대기 중에는 습공기가 존재하지 않으므로 공기 조화에서 취급되는 공기는 모두
건공기이다.
② 절대습도는 습공기의 중량을 건조공기의 중량으로 나눈 값이다.
③ 습구온도는 온도계의 감열부를 물에 젖은 헝겊으로 싼 상태에서 가리키는 온도
를 말한다.
④ 노점온도는 공기 중의 수중기가 응축하기 시작할 때의 온도, 즉 공기가 수증기
포화 상태로 될 때의 온도를 말한다.

해설 공기조화에 취급되는 공기는 습공기.

A·N·S·W·E·R 　12.③　13.③　14.④　15.①

16 흡수식 냉동기에서 냉매 순환과정을 바르게 나타낸 것은?

① 재생(발생)기 → 응축기 → 냉각(증발)기 → 흡수기

② 재생(발생)기 → 냉각(증발)기 → 흡수기 → 응축기

③ 응축기 → 재생(발생)기 → 냉각(증발)기 → 흡수기

④ 냉각(증발)기 → 응축기 → 흡수기 → 재생(발생)기

(해설) **흡수식 냉동기 5대 구성요소** : 발생기 (고온재생기) → 응축기 → 팽창밸브 → 증발기(저온재생기) → 흡수기

17 관의 접속 상태·결합방식의 표시방법에서 납땜이음을 나타내는 도시기호로 맞는 것은?

(해설) 흡입관에는 액 압축을 방지하기 위해 U 트랩이나 굴곡부에 설치하지 않는다.

18 원심식 냉동기의 서징현상에 대한 설명 중 옳지 않은 것은?

① 흡입가스 유량이 증가되어 냉매가 어느 한계치 이상으로 운전될 때 주로 발생한다.

② 서징현상이 발생 시 전류계의 지침이 심하게 움직인다.

③ 운전 중 고·저압의 차가 증가하여 냉매가 임펠러를 통과할 때 역류하는 현상이다.

④ 소음과 진동을 수반하고 베어링 등 운동 부분에서 급격한 마모 현상이 발생한다.

(해설) **맥동 현상(서징현상)** : 흡입관로에 공기나 관내 저항 등으로 유량리 감소될 때 펌프 송출압력과 송출유량이 주기적 변동이 일어나는 현상.

19 몰리에르 선도에서의 성적계수가 4.9일 때 iC 값은?

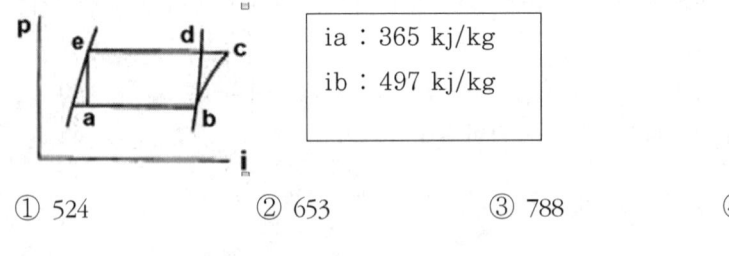

ia : 365 kj/kg

ib : 497 kj/kg

① 524 ② 653 ③ 788 ④ 852

(해설) $\dfrac{497-365}{iC-497} ≒ 4.9$ ∴ $iC = 524$

A·N·S·W·E·R 16.① 17.② 18.① 19.①

20 흡수식 냉동장치의 냉매와 흡수제의 조합으로 맞는 것은?

① 물 (냉매) - NH₃ (흡수제)

② NH₃ (냉매) - 물 (흡수제)

③ LiBr (냉매) - 물 (흡수제)

④ 물 (냉매) - 에탄올 (흡수제)

(해설) LiBr (흡수제) – 물 (냉매)

21 상당외기온도차(ETD, Equivalent Temperature Difference)에 관한 설명으로 옳은 것은?

① 난방부하 계산에 있어, 벽체를 통한 손실열량을 계산할 때 사용한다.

② 냉방부하 계산에 있어, 벽체를 통한 취득열량을 계산할 때 사용한다.

③ 벽체 외부에 흐르는 공기의 속도에 따른 열전달량을 고려한 온도차이다.

④ 주로 외기에 접하고 있지 않은 간막이 벽, 천장, 바닥 등으로부터 열전달량을 구하는데 사용한다.

(해설) **상당외기온도차**(ETD, EquivalentTemperature Difference) : 냉방부하 계산에 있어, 벽체를 통한 취득열량을 계산할 때 사용한다.
상당외기온도 : 실제의 외기온도에 태양복사열에 의해서 외벽면에 생기는 온도 상승분으로 외기와 실내온도의 차이를 더욱 크게 하는 온도.

22 LNG 냉열이용 동결장치의 특징으로 틀린 것은?

① 식품과 직접 접촉하여 급속 동결이 가능하다.

② 외기가 흡입되는 것을 방지한다.

③ 공기에 분산되어 있는 먼지를 철저히 제거하여 장치 내부에 눈이 생기는 것을 방지한다.

④ 저온공기의 풍속을 일정하게 확보함으로써 식품과의 열전달계수를 저하시킨다.

(해설) LNG 냉열 이용 동결장치에서 저온 공기의 풍속을 일정하게 확보함으로써 식품과의 열전달계수를 향상시킨다.

23 다음 중 프로세스 제어에 속하는 것은?

① 전압   ② 전류   ③ 유량   ④ 속도

(해설) 프로세스제어 : 온도, 유량, 농도 등 공업 프로세스의 상태를 표시하는 양의 제어.

24 2차 냉매의 열전달방법은?

① 상태변화에 의한다.

② 온도변화에 의하지 않는다.

③ 잠열로 전달한다.

④ 감열로 전달한다.

(해설) 2차 냉매(간접 냉매) 즉 $NaCl$, $CaCl_2$, $MgCl_2$ 등 냉수가 공조장치의 감(현)열에 의해 열을 운반한다.

25 환수주관을 보일러 수면보다 높은 위치에 배관하는 것은?

① 강제순환식   ② 건식환수관식

③ 습식환수관식   ④ 진공환수관식

(해설) ㉠ **건식환수관** : 환수관이 보일러 수면보다 높은 경우, 응축수 체류할 곳에 열동식 트랩 설치

㉡ **습식 환수관** : 환수관을 보일러 수면보다 낮게 배관

26 흡수식 냉동사이클에서 흡수기와 재생기는 증기 압축식 냉동사이클의 무엇과 같은 역할을 하는가?

① 증발기   ② 응축기

③ 압축기   ④ 팽창밸브

(해설) 흡수식과 증기압축식 비교

흡수식	증기압축식
흡수기 (발생기) 고온재생기	압축기
응축기	응축기
팽창밸브	팽창밸브
증발기(저온재생기)	증발기

ANSWER ▷ 23.③ 24.④ 25.② 26.③

27 어떤 저항 R에 100V의 전압이 인가해서 10A의 전류가 1분간 흘렀다면 저항 R에 발생한 에너지는?

① 70,000J   ② 60,000J   ③ 50,000J   ④ 40,000J

해설 $R = \dfrac{V}{I} = \dfrac{100}{10} = 10\Omega$, $P = I^2 Rt = 10^2 \times 10 \times 60 = 60,000J$

28 냉매 건조기(Dryer)에 관한 설명으로 옳은 것은?

① 암모니아 가스관에 설치하여 수분을 제거한다.
② 압축기와 응축기 사이에 설치한다.
③ 프레온은 수분에 잘 용해되지 않으므로 팽창밸브에서의 동결을 방지하기 위하여 설치한다.
④ 건조제로는 황산, 염화칼슘 등의 물질을 사용한다.

해설 드라이어 (drier: 건조기, 제습기) : 냉매에 혼입된 수분제거 장치로 NH₃ 냉매는 수분과 친화력이 있어 건조기가 필요 없고, 프레온 냉매에 필요하다.

29 스윙(Swing)형 체크밸브에 관한 설명으로 틀린 것은?

① 호칭치수가 큰 관에 사용된다.
② 유체의 저항이 리프트(Lift)형보다 작다.
③ 수평 배관에만 사용할 수 있다.
④ 핀을 축으로 하여 회전시켜 개폐한다.

해설 스윙형 : 수평, 수직 배관에 사용.

30 증기를 단열압축할 때 엔트로피의 변화는?

① 감소한다.   ② 증가한다.
③ 일정하다.   ④ 감소하다가 증가한다.

해설 단열압축 하면 압력 상승, 온도 상승, 비체적 감소, 엔트로피 일정, 엔탈피 증가

A·N·S·W·E·R   27.②   28.③   29.③   30.③

31 코일은 관 내 유속에 따라 배열방식을 구분하는데, 그 배열방식에 해당하지 않는 것은?

① 풀서킷   ② 더블서킷

③ 하프서킷   ④ 탑다운서킷

해설 코일 배열방식에 따른 분류

① 풀서킷코일   ② 더블서킷코일   ③ 하프서킷코일

32 면적이 20[m²]인 벽체의 외부온도가 -5[℃][이고,내부온도가 20[℃] 일때,벽체를 통해 전달되는 열량 [W]는 얼마인가?(단,열관류율은 1.5[W/m². ˚K]이다)

① 230W   ② 560W

③ 750W   ④ 850W

해설 $Q = K \cdot F \cdot \triangle T$에서 $1.5W/m^2 \cdot ˚K \times 20m^2 \times \{(20+273)-(-5+273)\} ˚K$

∴ 750W

33 증발식 응축기 설계 시 1RT당 전열면적은? (단, 응축온도는 43℃로 한다.)

① 1.2m²/RT   ② 3.5m²/RT

③ 6.5m²/RT   ④ 7.5m²/RT

해설 증발식 응축기 전열면적은 1RT 당 $1.2 \sim 1.5m^2$ 정도

34 회전식과 비교한 왕복동식 압축기의 특징으로 옳지 않은 것은?

① 진동이 크다.

② 압축능력이 작다.

③ 압축이 단속적이다.

④ 크랭크 케이스 내부압력이 저압이다.

해설 왕복동 압축기가 회전식 압축기에 비해 압축능력이 크다.

35 냉동장치 내에 냉매가 부족할 때 일어나는 현상으로 가장 거리가 먼 것은?

① 냉동능력이 감소한다.

② 고압측의 압력이 상승한다.

③ 흡입관에 상(霜)이 붙지 않는다.

④ 흡입가스가 과열된다.

해설 냉매가 부족하면 고압측 압력이 감소한다.

36 고속 다기통 압축기의 흡입 및 토출밸브에 주로 사용하는 것은?

① 포핏밸브 ② 플레이트밸브

③ 리드밸브 ④ 와셔밸브

해설 ㉠ **포핏 밸브** : 버섯모양, 피스톤 상부에 장착, 중량이 무겁고 튼튼하여 파손이 적어 대형입형 저속 NH_3 용에 사용한다.

㉡ **플레이트 밸브** : 얇은 원판에 스프링으로 눌러놓은 구조, 고속 다기통 압축기의 흡입 및 토출 밸브에 사용한다.

㉢ **리드 밸브** : 긴 타원형의 밸브로 자체 탄성을 이용하여 개폐, 중량이 가벼워 신속 경쾌하게 작동하며 자체 탄성에 의해 개폐한다.

㉣ **와셔밸브** : 얇은 원판 중심에 구멍을 뚫고 고정시킨 것으로 카쿨러에 주로 사용한다.

37 표준 냉동사이클의 온도조건으로 틀린 것은?

① 증발온도 : -15℃

② 응축온도 : 30℃

③ 팽창밸브 입구에서의 냉매액 온도 : 25℃

④ 압축기 흡입가스온도 : 0℃

해설 **표준 냉동 사이클**

㉠ **증발온도** : -15℃

㉡ **응축온도** : 30℃

㉢ **팽창밸브 직전온도** : 25℃ (과냉각도 5℃)

㉣ **압축기 흡입가스온도** : 건조포화증기(-15℃)

38 펌프의 캐비테이션 방지책으로 잘못된 것은?

① 양흡입펌프를 사용한다.
② 흡입관의 손실을 줄이기 위해 관지름을 굵게, 굽힘을 작게 한다.
③ 펌프의 설치 위치를 낮춘다.
④ 펌프 회전수를 빠르게 한다.

공동현상 (cavitation : 캐비테이션 현상) : 관로 변화 있는 배관 내 압력이 포화증기압보다 낮아져 기포가 발생하는 현상으로 소음, 진동, 충격이 일어남.

캐비테이션 방지방법
① 펌프 회전수를 낮추어 유속을 느리게 한다.
② 펌프 위치를 수원과 가깝게하여 흡입 양정을 작게 한다.
③ 가급적 만곡부를 줄인다.
④ 펌프를 2단 이상 설치한다.
⑤ 흡입관 손실 수두를 줄인다.

39 자동제어 종류중 연속동작이 아닌 것은?

① on-off 동작   ② 비례동작   ③ 적분동작   ④ 미분동작

불연속동작 : ㉮ on-off(2위치) 동작   ㉯ 다위치 동작   ㉰ 불연속 속도 동작
연속동작 : ㉮ 비례동작(P동작)   ㉯ 적분 동작(I동작)   ㉰ 미분동작(D동작)

40 지열을 이용하는 열펌프(Heat Pump)의 종류로 가장 거리가 먼 것은?

① 엔진 구동 열펌프   ② 지하수 이용 열펌프
③ 지표수 이용 열펌프   ④ 토양 이용 열펌프

지열 이용 열펌프 종류 : 지하수, 지표수, 지중열 열펌프

41 증발기 내의 압력에 의해서 작동하는 팽창 밸브는?

① 저압측 플로트 밸브   ② 정압식 자동팽창 밸브
③ 온도식 자동 팽창 밸브   ④ 수동 팽창 밸브

정압식 자동 팽창밸브 : 증발기 내의 압력으로 밸브를 작동시켜 증발기 내 압력을 일정하게 한다.

42 수랭식 응축기에 관한 설명으로 옳은 것은?

① 수온이 일정한 경우 유막 물때가 두껍게 부착되어도 수량을 증가하면 응축압력에는 영향이 없다.

② 응축부하가 크게 증가하면 응축압력 상승에 영향을 준다.

③ 냉온 수량이 풍부한 경우에는 불응축가스의 혼입 영향이 없다.

④ 냉각 수량이 일정한 경우에는 수온에 의한 영향이 없다.

해설 **수랭식 응축기 응축압력이 높을 때의 원인**

㉠ 냉각 수량 부족 및 수온 상승 시

㉡ 응축기 냉각관에 스케일 생성시

㉢ 불응축 가스가 장치 내에 혼입 시

㉣ 냉매 과충전이나 응축부하 증대 시

43 증발압력 조절밸브를 부착하는 주요 목적은?

① 흡입압력을 저하시켜 전동기의 기동전류를 작게 한다.

② 증발기 내의 압력이 일정 압력 이하가 되는 것을 방지한다.

③ 냉매의 증발온도를 일정치 이하로 내리게 한다.

④ 응축압력을 항상 일정하게 유지한다.

해설 **증발압력 조절밸브** : 증발기내 압력이 일정 압력 이하가 되는 것 방지

44 제빙장치 중 결빙한 얼음을 제빙관에서 떼어낼 때 관 내의 얼음 표면을 녹이기 위해 사용하는 기기는?

① 주수조

② 양빙기

③ 저빙고

④ 용빙조

해설 **용빙조** : 제빙장치 중 결빙한 얼음을 제빙관에서 떼어낼 때 관내 얼음 표면을 녹이는 기기

45 20℃물 100kg을 10분간 0℃로 만드는데 필요한 냉동톤(RT)는 얼마인가? (단, 물의 비열 4.2[$kj/kg°k$], 1RT는 3.86 [kw]이다)

① 1.4　　　　② 2.5　　　　③ 3.6　　　　④ 5.3

 $Q = G \cdot C \cdot \triangle T$에서

$$= \frac{100kg}{10\min \times \frac{60s}{\min}} \times \frac{4.2kj°k}{kg°k} \times [(273+20)-(273+0)]°k$$

$$=14[kJ/S] = 14[KW] \quad \therefore \quad \frac{14kw}{3.86kw}=3.626=3.63RT$$

참고 : 1 [kw]= 1[kj/s] =3600[kj/h]

46 난방방식 중 방열체가 필요 없는 것은?

① 온수난방　　　　② 증기난방
③ 복사난방　　　　④ 온풍난방

 온풍난방 : 가열한 공기를 직접 실내에 난방하는 방식으로 방열체 불필요

47 물과 공기의 접촉면적을 크게 하기 위해 증발포를 사용하여 수분을 자연스럽게 증발시키는 가습방식은?

① 초음파식　　　　② 가열식
③ 원심분리식　　　　④ 기화식

 ㉠ **초음파식** : 초음파에 의해 물을 무화시키는 방식
㉡ **가열식** : 물을 끓여 수증기를 방출하는 방식
㉢ **원심분무식** : 원심력에 의해 물의 표면장력 이상으로 물을 회전시켜 작은 입자로 만드는 방식
㉣ **기화식** : 물과 공기의 접촉 면적을 크게 하기 위해 증발포를 사용하여 수분을 증발시키는 방식

48 실내의 현열부하 8.3KW, 잠열부하가 2.8KW일 때 현열비(KW)?

① 0.35　　　　② 0.65　　　　③ 0.75　　　　④ 0.95

$SHF = \dfrac{현열부하}{현열부하+잠열부하}$

$\dfrac{8.3}{8.3+2.8}=0.7477$

49 냉각코일의 종류 중 증발관 내에 냉매를 팽창시켜 그 냉매의 증발잠열을 이용하여 공기를 냉각시키는 것은?

① 건코일
② 냉수코일
③ 간접 팽창코일
④ 직접 팽창코일

해설 **직접 팽창코일** : 관 내에 냉매를 통하게 하여 냉동, 냉방에 사용되며 냉동기의 증발기에 해당

50 유효 온도에 관한 것 중 옳지 않은 것은?

① 감각 온도라고 한다.
② 온도, 습도, 기류의 3가지 요소를 1개의 지수로 나타낸 것이다.
③ 습도 100%, 기류 0m/sec인 경우의 기온값을 말한다.
④ 온습도, 오염도가 적당한 조합을 이룬 상태의 기온값을 말한다.

해설 **유효 온도(ET)** : 어떤 온·습도하에서 방에서 느끼는 쾌감과 동일한 쾌감을 얻을 수 있는 바람이 없고(0m/s), 포화상태(100%)인 실내의 온도를 말한다. 결정 조건은 온도, 습도, 기류의 3가지 요소를 1개의 지수로 나타낸 것이다.

51 보일러 스케일 생성 방지대책으로 가장 잘못된 것은?

① 급수 중의 염류, 불순물을 되도록 제거한다.
② 보일러 동 내부에 페인트를 두껍게 바른다.
③ 보일러 수의 농축을 방지하기 위하여 적절히 분출시킨다.
④ 보일러 수에 약품을 넣어서 스케일 성분이 고착하지 않도록 한다.

해설 **스케일 생성 방지책** : 청정제 사용, 불순물 제거, 수질분석을 통한 급수의 한계값 유지 등

A·N·S·W·E·R 49.④ 50.④ 51.②

52 셸 앤 튜브(Shell & Tube)형 열교환기에 관한 설명으로 옳은 것은?

① 전열관 내 유속은 내식성이나 내마모성을 고려하여 약 1.8m/s 이하가 되도록 하는 것이 바람직하다.

② 동관을 전열관으로 사용할 경우 유체온도는 200℃ 이상이 좋다.

③ 증기와 온수의 흐름은 열교환 측면에서 병행류가 바람직하다.

④ 열관류율은 재료와 유체의 종류에 상관없이 거의 일정하다.

해설 동관을 전열관으로 사용할 경우 유체온도는 150℃ 이하, 증기와 온수의 흐름은 수평 흐름이 되도록, 열관류율은 재질과 유체 종류에 따라 다르다.

특징

① 중앙기계실에서 덕트를 통해 일정풍량을 공급하기에 개별 제어 및 온·습도 제어가 곤란하다.

② 냉풍과 온풍을 혼합하는 혼합상자가 필요없어 소음 진동이 적고, 에너지 절약된다.

③ 부하변동에 즉시 대응할 수 없다.

④ 실내부하가 감소할 때 송풍량을 줄이면 공기오염이 심하다.

⑤ 덕트가 1계통으로 덕트 스페이스가 적고, 설비가 저렴하다.

53 보일러에서 배기가스의 현열을 이용하여 급수를 예열하는 장치는?

① 절탄기　　　　　　　　　② 재열기

③ 증기과열기　　　　　　　④ 공기가열기

해설 **절탄기** : 보일러 연도 가스에 의한 여열로 보일러 급수를 가열하는 장치

54 셸 앤 튜브(Shell & Tube)형 열교환기에 관한 설명으로 옳은 것은?

① 전열관 내 유속은 내식성이나 내마모성을 고려하여 약 1.8m/s 이하가 되도록 하는 것이 바람직하다.

② 동관을 전열관으로 사용할 경우 유체온도는 200℃ 이상이 좋다.

③ 증기와 온수의 흐름은 열교환 측면에서 병행류가 바람직하다.

④ 열관류율은 재료와 유체의 종류에 상관없이 거의 일정하다.

해설 **셸 앤 튜브형 열교환기 특징**

㉠ 전열관 내 유속은 내식성, 내마모성을 고려한 1.8m/s 이하가 되도록 한다.

㉡ 동관을 전열관으로 사용할 경우 유체온도는 150℃ 이하로 할 것.

㉢ 증기와 온수의 흐름은 수평 흐름이 바람직하다.

㉣ 열관류율은 재료와 유체 종류에 따라 다르다.

55 보일러에서 공기예열기 사용에 따라 나타나는 현상으로 틀린 것은?

① 열효율 증가   ② 연소효율 증대

③ 저질탄 연소 가능   ④ 노 내 연소속도 감소

해설 노내 연소속도가 증가한다.

56 공기조화시스템의 열원장치 중 보일러에 부착되는 안전장치로 가장 거리가 먼 것은?

① 감압밸브   ② 안전밸브

③ 화염검출기   ④ 저수위 경보장치

해설 감압밸브는 송기장치에 속한다.

57 건구온도 30℃, 상대습도 50%인 습공기 500m³/h를 냉각 코일에 의하여 냉각한다. 코일의 장치노점온도는 10℃이고 바이패스 팩터가 0.1이라면 냉각된 공기의 온도(℃)는 얼마인가?

① 10   ② 12

③ 24   ④ 28

해설 냉각 공기 온도 $= DT + (f \times \triangle t)$에서 $10 + [\,0.1 \times (30-10)] = 12℃$

58 파이프 코일을 바닥이나 천장 등에 설치하고 냉수 또는 온수를 보내 냉난방을 하는 방식은?

① 전 공기방식

② 패키지 유닛방식

③ 유인 유닛방식

④ 복사 냉난방방식

해설 **복사난방** : 바닥, 벽, 천장패널을 설치하여 복사열을 이용한 난방 방식

A·N·S·W·E·R   55.④   56.①   57.②   58.④

59 팬의 효율을 표시하는 데 있어서 사용되는 전압효율에 대한 올바른 정의는?

① $\dfrac{축동력}{공기동력}$ ② $\dfrac{공기동력}{축동력}$

③ $\dfrac{회전속도}{송풍기크기}$ ④ $\dfrac{송풍기크기}{회전속도}$

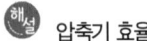 압축기 효율

㉠ 압축효율 : $\dfrac{이론적으로 가스를 압축하는데 소요되는 동력(이론동력)}{실제로 가스를 압축하는데 소요되는 동력(지시동력)}$

㉡ 기계효율 : $\dfrac{지시동력}{압축기를 운전하는데 필요한 동력(축동력)}$

㉢ 압축기 실제 동력 : $\dfrac{이론동력}{압축효율 \times 기계효율}$[kW]

㉣ 압축기 이론 동력 : $\dfrac{(i_b - i_a) \cdot V}{860 \cdot v} = \dfrac{(i_b - i_a) \cdot Q}{860 \cdot q} = \dfrac{A W G}{860}$[kW]

60 저단측 토출가스의 온도를 냉각시켜 고단측 압축기가 과열되는 것을 방지하는 것은?

① 부스터   ② 인터쿨러

③ 팽창탱크   ④ 콤파운드 압축기

중간 냉각기(인터쿨러) : 저단측 토출가스 온도를 냉각시켜 고단측 압축기 과열을 방지하는 열교환기

공조냉동기계기능사

01 흡수식 냉동기에서 열교환기의 설치위치로 옳은 것은?

① 발생기와 응축기 사이

② 응축기와 증발기 사이

③ 증발기와 발생기 사이

④ 흡수기와 발생기 사이

해설 **흡수식냉동기 구성요소** : 발생기(재생기) → 응축기 → 증발기 → 흡수기→
⇔ 열교환기 ⇔ 발생기(재생기)

02 공기조화방식 분류중 정풍량(CAV) 방식의 특징 설명이 틀린 것은?

① 급기량이 일정하여 실내가 쾌적하다.

② 에너지 소비가 많다.

③ 각 실이나 존(Zone)의 온도를 개별제어하기 쉽다.

④ 존(Zone)의 수가 적은 규모에서는 타 방식에 비해 설비비가 싸다.

해설 정풍량(CAV)과 변풍량(VAV) 방식 특징

정풍량(CAV)방식 (풍량을 일정하게 유지하면서 송풍온도를 변화시켜 실내온도를 제어)	변풍량(VAV) 방식 (송풍온도를 일정하게 유지하면서 부하변동에 따라서 풍량을 변화시켜 실내온도를 제어)

① 급기량이 일정하여 실내가 쾌적하다.
② 변풍량에 비해 에너지 소비가 많다.
③ 각 실의 개별제어가 어렵다.
④ 존(Zone)의 수가 적은 규모에서는 타 방식에
   비해 설비비가 싸다.
	① 각 실이나 존의 온도를 개별제어가 용이
	② 타방식에 비해 에너지 소비가 적다.
	③ 공조기 및 덕트 크기가 작아도 된다.
	④ 설비비가 많이 든다.
	⑤ 운전 및 유지관리가 어렵다.
	⑥ 실내부하 감소시 송풍량이 적어 실내 공기 오
	   염도가 높다.

03 다음 그림의 계전기 명칭으로 옳은 것은?

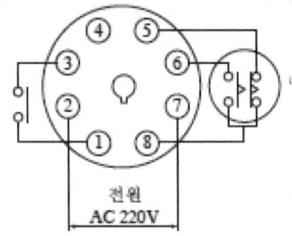

① 릴레이   ② 타이머
③ 후리커 릴레이   ④ 전자접촉기

 1) 타이머 (Timer) : 입력신호가 주어지고 일정 시간 경과후에 접점을 개·폐시키는 것
2) 릴레이(Relay), 전자 계전기 : 전자 코일에 전원을 주어 형성된 자력을 이용하여 접점을 개폐시키는 기능으로 8핀(2a, 2b), 11핀(3a, 3b), 14핀(4a, 4b)이 있다.

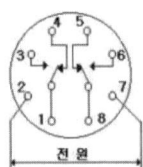

04 냉매 흐름에 따라 액관에 설치되는 부속기기 설치 순서가 옳은 것은?

① 드라이어 → 사이트글라스 → 팽창밸브 → 전자밸브
② 드라이어 → 전자밸브 → 팽창밸브 → 사이트글라스
③ 사이트글라스 → 드라이어 →전자밸브 →팽창밸브
④ 팽창밸브→ 드라이어 → 전자밸브 → 사이트글라스

 응축기와 팽창밸브 사이 액관에 설치되는 순서
  : 응축기 → 수액기 → 사이트글라스 → 드라이어 → 전자밸브 →팽창밸브

05 식품의 급속 냉동에 가장 빠른 냉매 동결법은?

① 질소냉매 동결법   ② 접촉식 동결법
③ 브라인냉매 동결법   ④ 송풍식 동결법

 액체 질소를 사용하여 –196℃의 초저온에서 식품을 급속 냉동하는 방법으로 세포 손상을 최소화하고 품질 저하를 방지한다.

06 안전모를 쓸 때 모자와 머리 끝부분과의 간격은 얼마 이상 헤모크를 조정하는가?

① 10 [mm]　　　　② 15 [mm]　　　　③ 20　　　　④ 25[mm]

 모자를 쓸 때 모자와 머리 끝부분과의 간격은 25[mm] 이상 되도록 헤모크를 조정한다.

07 암모니아 저장능력이 45,000kg인 경우 거주지와의 안전거리는 얼마이상 유지하는가?

① 14m　　　　② 16m　　　　③ 18m　　　　④ 20m

 ※안전거리 ※ 단위: 압축가스(m^3), 액화가스(kg)

처리능력/ 저장능력	가연성/독성가스		산소		기타가스	
	1종보호시설	2종보호시설	1종보호시설	2종보호시설	1종보호시설	2종보호시설
1만이하	17m	12m		8m		5m
2만이하	21m	14m		9m		7m
3만이하	24m	16m		11m		8m
4만이하	27m	18m		13m		9m
4만초과	30m	20m		14m		10m

08 어떤 원심형 송풍기의 회전수가 360rpm을 회전수 560rpm으로 증가시키면 풍량과 동력은 몇 배가 증가하는가?

① 풍량 : 1.5배, 동력 : 2.4배　　　② 풍량 : 1.5배, 동력 : 3.76배

③ 풍량 : 2.4배, 동력 : 4.5배　　　④ 풍량 : 2.4배, 동력 : 6.57배

 • 풍량 : $\left(\dfrac{560}{360}\right) = 1.55$ · 풍압 : $\left(\dfrac{560}{360}\right)^2 = 2.41$ · 동력 : $\left(\dfrac{560}{360}\right)^3 = 3.76$

송풍기 상사법칙

① 풍량은 회전속도에 비례하여 변화한다. $Q_2 = Q_1\left(\dfrac{N_2}{N_1}\right)$

② 풍압은 회전속도의 2제곱에 비례하여 변화한다. $P_2 = P_1\left(\dfrac{N_2}{N_1}\right)^2$

③ 동력은 회전속도의 3제곱에 비례하여 변화한다. $L_2 = L_1\left(\dfrac{N_2}{N_1}\right)^3$

④ 풍량은 송풍기 크기비의 3제곱에 비례하여 변화한다. : $Q_2 = Q_1\left(\dfrac{D_2}{D_1}\right)^3$

⑤ 압력은 송풍기의 크기비의 2제곱에 비례하여 변화한다. : $P_2 = P_1\left(\dfrac{D_2}{D_1}\right)^2$

⑥ 동력은 송풍기 크기비의 5제곱에 비례하여 변화한다. : $L_2 = L_1\left(\dfrac{D_2}{D_1}\right)^5$

A·N·S·W·E·R 06.④　07.④　08.②

09 원심형 송풍기 회전날개 지름이 300[mm]일 때 송풍기 번호는?

① 1   ② 2   ③ 3   ④ 4

해설 원심(시로코) 송풍기의 번호 = $\dfrac{\text{임펠러(깃)의 지름[mm]}}{150}$ $\therefore \dfrac{300}{150} = 2$

10 실내에 석유난로로 거실안을 대류와 복사난방하는 난방 방법은?

① 개별난방법   ② 간접난방법
③ 직접난방법법   ④ 지역난방법

해설 석유 난로는 대류와 복사 난방 방식을 모두 활용한 난방법으로, 난로에서 데워진 공기가 위로 올라가고, 차가운 공기는 아래로 내려오면서 순환하는 대류 난방 방법과 난로에서 나오는 열이 직접 물체에 닿아 따뜻하게 만드는 복사 난방방식으로 개별난방에 해당됨

11 등엔탈피선으로 알 수 있는 것은?

① 압축비   ② 플래쉬가스 발생량
③ 냉매체적   ④ 과열증기

해설 등엔탈피선은 : 냉매 1[kg]에 대한 엔탈피, 냉동효과, 압축열량, 응축열량, 플래시가스(flash gas) 발생량을 알 수 있다.

12 불쾌지수가 커지는 경우의 공기변화 중 직접적인 관계가 없는 것은?

① 건구온도의 상승   ② 습구온도의 상승
③ 절대습도의 상승   ④ 비체적의 상승

해설 불쾌지수는 건구온도, 습구온도, 절대습도가 상승하면 커진다.
불쾌지수식 : 0.72(건구온도+습구온도) + 40.6

13 750mmHg의 대기압하에서 용기속 기체의 진공도가 30KPa이었다. 이 용기속 기체의 절대압력은 약 몇 Kpa인가?

① 30   ② 50   ③ 7   ④ 90

해설 절대압력 = 대기압 - 진공압력
1) 대기압 : $750 mmHg \times \left(\dfrac{101.325 KPa}{760 mmHg} \right) = 99.99 KPa$
2) 절대압력 : 99.99-30 =69.99

14 다음 그림과 같이 중앙 공조실에서 1차공기를 고속으로 덕트를 통해 각 실 유닛으로 보내고 각 실 유닛 노즐을 통해 분출되는 압력으로 실내공기를 유인하여 혼합하여 실내로 공급하는 송풍방식은?

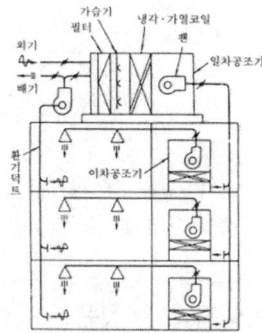

① 각층 유닛
② 팬코일 유닛
③ 패키지 유닛
④ 유인 유닛

해설 유인 유닛방식(Induction Unit System)은 중앙 공조 시스템의 일종으로, 1차 공기를 고속으로 덕트를 통해 각 실 유닛으로 보내고, 이 유닛에서 노즐을 통해 분출되는 압력으로 실내 공기를 유인하여 혼합한 후 실내로 송풍하는 방식

15 열관류율식 $Q = K \cdot A \cdot \Delta t$ 에서 K의 단위가 옳은 것은?

① Kcal/h
② Kcal/m.h.℃
③ Kcal/m².h.℃
④ Kcal/m².h

해설 열관류율 $Q = K \cdot A \cdot \Delta t$ 에서
Q : 시간당 열량(W=J/s=kcal/h), K : 열통과율(W/m²℃ = kcal/m²h℃: 전열계수), A: 전열면 적(m²),
Δt : 온도차(℃)

16 저항 5[Ω]인 고체에 2[A] 전류가 1분간 흘렀을 때 발생하는 열량은 몇 J인가?

① 50
② 100
③ 600
④ 1,200

해설 $H = I^2 RT = 2^2 \times 5 \times 60 = 1,200[J]$

17 1.5[kW] 송풍기 3대를 장치한 냉장실내 에서 5명이 1시간동안 100[W] 형광등 2개를 점등한 상태에서 작업을 했다고 하면 그 시간내에 발생한 총열량(kW)은? (단, 환기 등 기타 손실은 고려치 않고 형광등 발생열량 800W, 인체 현열 300[W/인], 인체 잠열 20[W/인]이다.)

① 1.8   ② 4.2   ③ 7.7   ④ 8.4

 ① 송풍기에 의한 열량 : 1.5×3=4.5KW
② 형광등 발생열량 : 0.8×2=1.6KW
③ 인체의 발생 열량: (현열=5×300=1.5KW, 잠열=5×20=0.1KW)
④ 총발생열량 : 송풍기열량+형광등 발생열량+인체의 발생 열량 ∴ 4.5+1.6+1.6 =7.7KW

18 공기여과기의 효율 측정법에 들지 않는 것은?

① 중량법   ② 집진법   ③ 비색법   ④ 계수법

 공기여과기 효율 측정법 : 중량법, 변색도법(비색법,NBS법),계수법(DOP법)

19 증발기 흡수열량이 2.3[MJ]이고, 압축기 소요동력이 12.3KW일 때 성적계수는?

① 187   ② 230   ③ 654   ④ 860

$$COP = \frac{냉동 효과}{압축일량} = \frac{q}{A_w} = \frac{2,300KJ}{12.3KJ} = 186.99KW$$

※1KW=1kJ/s=3,600KJ/h) [2.3[MJ]=2.3×1,000KJ=2300KJ 12.3KW=12.3KJ/s]

20 덕트 내를 흐르는 풍량을 조절 또는 폐쇄하기 위해 쓰이는 댐퍼로써 설명이 틀린 것은?

① 루버 댐퍼(louver damper) : 다익 댐퍼라고도 하며 2개 이상의 날개를 가진 것으로 대형 덕트에 주로 사용한다.
② 방연 댐퍼(SD ; smoke damper) : 연기감지기와의 연동으로 된 댐퍼이며 실내에 설치된 연기감지기로 화재의 초기에 발생된 연기를 감지하여 덕트를 폐쇄시킨다.
③ 스플릿 댐퍼(split damper) : 주로 소형 덕트에 사용되며 덕트 개·폐용으로 사용하나 분기되는 덕트에는 사용하지 않는다.
④ 방화 댐퍼(fire damper FD) : 방화구역의 관통부분에 설치하여 화재시 화염이 덕트 내를 침입하였을 때 용융 퓨즈가 녹아 자동적으로 댐퍼를 폐쇄시켜 화염이 다른 실로 전달되지 않도록 한 댐퍼이다.

주 덕트에서 분기되는 덕트에 설치하여 분기용으로 풍량조절, 폐쇄용으로 사용한다.

21 다음 논리 기호의 논리식으로 적절한 것은?

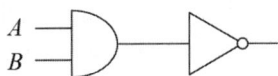

① $A \cdot B$ ② $A + B$ ③ $\overline{A \cdot B}$ ④ $\overline{A + B}$

명　칭	논리 기호	설　　명
AND 회로	$X = A \cdot B$	2개의 입력 A와 B가 모두 1일 때만 출력이 1이 되는 회로
OR 회로	$X = A + B$	입력 A 또는 B의 어느 한 쪽이든가 양자가 1일 때 출력이 1인 회로
NOT 회로	$X = \overline{A}$	입력이 1일 때 출력은 0, 입력이 0일 때 출력이 1인 회로
NAND 회로	$X = \overline{A \cdot B}$	AND 회로에 NOT 회로를 접속한 회로
NOR 회로	$X = \overline{A + B}$	OR 회로에 NOT 회로를 접속한 회로

22 원형덕트에서 사각덕트로 환산시키는 식으로 옳은 것은? (단, a는 사각덕트의 장변길이, b는 단변길이, d는 원형덕트의 직경 또는 상당직경이다.)

① $d = 1.2\left[\dfrac{(a.b)^5}{(a+b)^2}\right]^8$ ② $d = 1.2\left[\dfrac{(a.b)^2}{(a+b)^5}\right]^8$

③ $d = 1.3\left[\dfrac{(a.b)^2}{(a+b)^5}\right]^{\frac{1}{8}}$ ④ $d = 1.3\left[\dfrac{(a.b)^5}{(a+b)^2}\right]^{\frac{1}{8}}$

 $d = 1.3\left[\dfrac{(a.b)^5}{(a+b)^2}\right]^{\frac{1}{8}}$

(a는 사각덕트의 장변길이, b는 단변길이, d는 원형덕트의 직경 또는 상당직경)

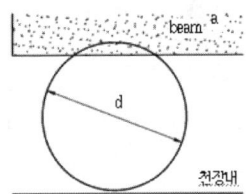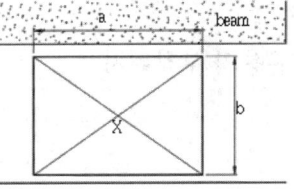

A·N·S·W·E·R > 21.③ 22.④

23 다음중 흡수식 냉동기의 용량제어 방법이 아닌 것은?

① 발생기 공급용액량 조절 　　　② 구동열원 입구 제어
③ 증기토출 제어 　　　　　　　④ 증발기 압력제어

(해설) 증발기 압력제어 방식은 증기압축식 냉동장치 용량제어 방법

24 노즐형 취출구 특징이 아닌 것은?

① 분기 덕트에 접속하여 급기를 토출한다.
② 다른 형식에 비해 소음이 적어 극장, 로비, 공장 등 대공간의 수직·수평 취출에 적합하다.
③ 실내공간이 넓은 경우 벽면에 설치하고, 천장이 높은 경우 천장에 설치한다.
④ 구조가 간단하고, 도달거리가 짧다.

(해설) 구조가 간단하고, 도달거리가 길다.

25 공기조화방식 분류 중 전공기방식이 아닌 것은?

① 멀티존 유닛방식 　　　　　② 변풍량 재열식
③ 패키지방식 　　　　　　　④ 정풍량식

(해설) ① **멀티존 유닛방식**: 중앙공급식 전공기 방식의 일종으로 각 존에 개별적인 온도 조절이 가능하다.
② **변풍량 재열식** : 중앙공급식 전공기 방식의 일종으로 공급되는 공기량 변화를 통해 온도를 조절한다.
③ **패키지방식** : 개별 제어 방식으로 각 공간에 유닛을 설치하며 공급되는 공기량이 일정하다.
④ **정풍량식** : 중앙공급식 전공기 방식의 일종으로 공급되는 공기량이 일정하다.

26 공기조화시스템의 열원장치 중 보일러에 부착되는 안전장치가 아닌 것은?

① 감압 밸브 　　　　　　　② 안전 밸브
③ 저수위 경보장치 　　　　④ 화염검출기

(해설) 감압 밸브는 고압을 사용압력으로 내려주어 안정된 증기 공급을 위한 송기장치이다.

27 온도식 자동팽창밸브에서 감온통의 부착위치?

① 응축기 출구 　　　　　　② 증발기 입구
③ 증발기 출구 　　　　　　④ 수액기 출구

(해설) **감온통 부착위치** : 증발기 출구의 흡입관 수평부분에 설치하고, 트랩이 될 것 같은 곳은 부적당하다.

28 증발기에 대한 제상방식이 아닌 것은?

① 전열제상
② 핫가스제상
③ 살수제상
④ 피냉제거제상

해설 **제상방식** : 압축기 정지제상, 전열제상, 온수살포제상, 핫가스제상 등

29 증발열을 이용한 냉동법이 아닌 것은?

① 증기압축식 냉동법
② 흡수식 냉동법
③ 압축기체 팽창 냉동법
④ 증기분사식 냉동법

해설 **증발열을 이용한 냉동방법** : 증기압축식 냉동법, 흡수식 냉동법, 증기분사식 냉동법, 고체 및 액체의 승화잠열 또는 증발잠열 냉동법

30 흡수식 냉동기에서 흡수기기의 설치위치로 옳은 것은?

① 발생기와 팽창밸브 사이
② 증발기와 발생기 사이
③ 팽창밸브와 증발기 사이
④ 응축기와 증발기 사이

해설 **흡수식냉동기 구성요소** : 발생기(재생기) → 응축기 → 증발기 → 흡수기

31 다음 기호가 표시하는 밸브로 옳은 것은?

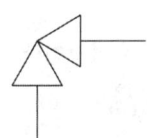

① 게이트 밸브
② 글로브 밸브
③ 체크 밸브
④ 앵글밸브

해설 ① 게이트밸브 : ─▷◁─   ② 글로브밸브 : ─▷●◁─   ③ 체크밸브 : ─▷│─

32 냉동장치의 능력을 나타내는 단위로서 1냉동톤(RT)이란 무엇을 말하는가?

① 0[℃]의 물 1[kg]을 1시간에 0[℃]의 얼음으로 만드는 능력

② 0[℃]의 냉매 1[kg]을 24시간에 −15[℃]까지 내리는 능력

③ 0[℃]의 물 1[ton]을 24시간에 0[℃]의 얼음으로 만드는 능력

④ 0[℃]의 냉매 1[ton]을 1시간에 −15[℃]까지 내리는 능력

해설 1냉동톤(1[RT]) : 0[℃]의 물 1[ton]을 24시간 동안에 0[℃] 얼음으로 만드는데 제거해야 할 열량
(1[RT]=3,320[kcal/h])

33 해머(hammer)의 사용에 관한 유의 사항으로 틀린것은?

① 쐐기를 박아서 손잡이가 튼튼하게 박힌 것을 사용한다.

② 열간 작업시에는 식히는 작업을 하지 않아도 계속해서 작업할 수 있다.

③ 타격면이 닳아 경사진 것은 사용하지 않는다.

④ 장갑을 끼지 않고 작업을 진행한다.

해설 해머의 열간작업시에는 작업도중 식힌 후 계속 작업한다.

34 주파수가 60[Hz]인 상용교류에서 각속도(rad/sec)는?

① 141 　　　　　　　　　　② 271

③ 377 　　　　　　　　　　④ 457

해설 축에 대해 자전이나 공전하는 물체의 시간당 각의 변화량, 혹은 두 물체 사이의 단위시간당 각변위량을 가리
키는 말. $w = 2\pi f = 2 \times 3.14 \times 60 = 376.8[\text{rad/sec}]$

35 가열기에서 증기온수등의 분무가 없고, 냉각기에서 물의 응결이 없을 경우 아래 그림과 같은 상태변화를 할 때 상대습도는 변화하지만 절대습도는 일정하다. 이때의 가열량 또는 냉각을 나타내는 것 중 틀린 것은? (단, h 는 엔탈피, C_v 는 공기의 정적비열, t 는 건구온도, x 는 절대습도, q 는 가열량, C_p 는 공기의 정압비열이다.)

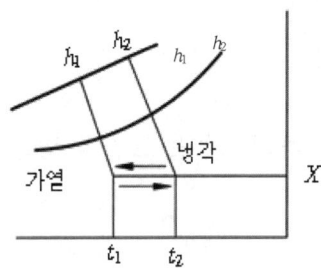

① $q = h_2 - h_1$

② $q = C_v(t_2 - t_1)$

③ $q = C_p(t_2 - t_1)$

④ $q = 0.24(t_2 - t_1)$

해설 $q = G(h_2 - h_1) = GC_p \cdot (t_2 - t_1) = G \times 0.24 \times (t_2 - t_1) = Q_A \times r \times 0.24 \times (t_1 - t_2)$

$= Q_A \times 1.2 \times 0.24 \times (t_2 - t_1) = 0.29 \times Q_A \times (t_2 - t_1)$

G : 송풍량(kg/h)　　Q_A : 송풍량(m³/h)　　r : 공기의 비중량(kg/m³)

36 열원방식에서 특수 열원방식이 아닌 것은?

① 열병합발전 방식

② 태양열 이용 방식

③ 빙축열 방식

④ 히트펌프 방식

해설 열원 방식 분류

일반 열원 방식	특수 열원 방식
전동 냉동기+보일러 방식	열회수방식(전열교환 방식)
흡수식 냉동기+보일러 방식	빙축열 방식
흡수식 냉·온수 방식	태양열 이용 방식
히트펌프 방식	열병합발전 방식(지역 냉·난방식)

37 압축기의 상부간격(Top Clearance)이 크면 냉동 장치에 어떤 영향을 주는가?

① 토출가스 온도가 낮아진다.

② 체적 효율이 상승한다.

③ 윤활유가 열화되기 쉽다.

④ 냉동능력이 증가한다.

해설 톱 클리어런스가 크면 토출가스 온도상승, 실린더과열, 오일의 탄화 및 열화, 체적효율 감소, 냉동능력 감소

A·N·S·W·E·R 35.② 36.④ 37.③

38 냉동장치내에 공기가 유입되었을 때 나타나는 현상으로 거리가 먼 것은?

① 응축 압력이 높아진다.

② 압축비가 높게 되어 체적효율이 증가한다.

③ 냉매와 증발관의 열전달을 방해하여 냉동능력이 감소된다.

④ 공기침입시 수분도 혼입되어 프레온 냉동 장치에서 부식이 일어난다.

해설 냉동장치내에 공기가 유입되면 체적효율이 감소한다.

39 상용주파수(60Hz)에서 전류의 흐름을 느낄 수 있는 최소전류 값으로 옳은 것은?

① 1mA   ② 5mA

③ 10mA   ④ 20mA

해설 감전에 대한 영향

① 1mA – 전기를 자각할 정도(최소의 감지 전류)

② 5mA – 어느 정도의 고통을 느낌

③ 10mA – 참기 어려운 정도의 고통

④ 20mA – 근육이 수축되어 행동이 불가능 함

⑤ 50mA – 위험한 상태

⑥ 100mA – 치사전류

40 브라인의 동파방지책으로 옳지 않은 것은?

① 동결방지용 온도조절기를 사용한다.

② 단수릴레이를 설치한다.

③ 흡입압력조절밸브를 설치한다.

④ 브라인에 부동액을 첨가한다.

해설 E.P.R(증발압력 조정 밸브)를 설치한다.

41 냉동 제조 설비의 안전관리자의 인원에 대한 설명 중 올바른것은?

① 냉동능력 300톤 초과(냉매가 프레온일 경우는 600톤 초과)인 경우 안전 관리 총괄자 1인, 안전관리책임자 2인, 안전관리자 1인 이상이어야 한다.

② 냉동능력이 100톤 초과 300톤 이하(냉매가 프레온일 경우는 200톤초과 600톤이하)인 경우 안전 관리 총괄자 1인, 안전관리책임자 1인, 안전관리원은 2명 이상이어야 한다.

③ 냉동능력 50톤 초과 100톤 이하(냉매가 프레온인 경우 100톤 초과 200톤 이하)인 경우 안전 관리 총괄자 1인, 안전관리책임자 1인, 안전관리자 1인 이상이어야 한다.

④ 냉동능력 50톤 이하(냉매가 프레온인 경우 100톤이하)인 경우 안전 관리 총괄자 1인, 안전 관리 책임자는 없어도 상관없다.

해설 안전관리자의 자격과 선임인원

		안전관리총괄자:1인	
냉동제조시설	냉동능력 300톤 초과 (프레온을 냉매로 사용하는 것은 냉동능력(600톤 초과)	안전관리책임자:1인	공조냉동기계산업기사
		안전관리원:2인이상	공조냉동기계기능사 또는 공사가 산업자원부장관의 승인을얻어 실시하는 냉동시설안전관리자양성교육을 이수한 자(이 하 "냉동시설안전관리자양성교육이수자"라 한다)
	냉동능력 100톤 초과 300톤 이하(프레온을 냉매로 사용하는 것은 냉동능력 200톤 초과 600톤 이하	안전관리총괄자:1인	
		안전관리책임자:1인	공조냉동기계산업기사 또는 공조냉동기계기능사중 현장실무경력이 5년 이상인 자
		안전관리원:1인 이상	공조냉동기계기능사 또는 냉동시설안전관리자양성교육이수자
	냉동능력 50톤 초과 100톤 이하(프레온을 냉매로 사용하는 것은 냉동능력 100톤 초과 200톤 이하)	안전관리총괄자 :1인	
		안전관리책임자 :1인	공조냉동기계기능사
		안전관리원:1인 이상	공조냉동기계기능사 또는 냉동시설안전관리자양성교육이수자
	냉동능력 50톤 이하 (프레온을 냉매로 사용하는 것은 냉동능력 100톤 이하)	안전관리총괄자:1인	
		안전관리책임자:1인	공조냉동기계기능사 또는 냉동시설안전관리자양성교육이수자

42 공기중의 미세먼지 제거 및 클린룸에 사용되는 필터는?

① 활성탄 필터 ② 초고성능필터(HEPA filter)
③ 여과식 필터 ④ 프리 필터

해설 초고성능필터(HEPA 필터)는 고효율 미세먼지 제거 필터로, 0.3μm 크기의 미세먼지를 99.97% 이상 걸러낼 수 있는 필터

43 신축곡관이라고도 하며 관의 구부림을 이용하여 신축을 흡수하는 신축이음장치는?

① 슬리브형 신축이음   ② 벨로우즈형 신축이음

③ 루프형 신축이음   ④ 스위블형 신축이음

> **해설** **루프형(곡관형) 특징** : 옥외 고압배관용, 구부림의 반지름은 관지름의 6배 이상으로 한다. 설치공간이 크다, 응력 발생이 크다.

44 최대값이 1m인 사인파 교류전류가 있다.이전류의 파고율은?

① 1.414   ② 2.11   ③ 3.14   ④ 4.18

> **해설** 교류 파형의 최대값을 실효값으로 나눈 값으로, 각종 파형의 날카로움의 정도를 나타내기 위한 것. 이 값은 정현파에서는 1.414이다.

45 동결장치중 상부에 냉각코일을 집중적으로 설치하고 동결시키는 장치는?

① 송풍 동결장치   ② 접촉 동결장치

③ 브라인 동결장치   ④ 공기 동결장치

> **해설** 1) **공기 동결장치** : 동결실 내부에 냉각코일을 설치하고, 공기를 자연대류시켜 피냉각 물체를 동결시키는 장치
> 2) **접촉 동결장치** : 피냉각물체와 냉각판이 직접 접촉하여 동결시키는 장치
> 3) **브라인 동결장치** : 피냉각물체를 브라인에 담가 동결시키는 장치
> 4) **송풍 동결장치** : 동결장치 상부에 냉각코일을 집중적으로 설치하고 공기를 유동시켜 피냉 각물체를 동결시키는 장치

46 역 카르노 사이클은 어떤 상태변화 과정으로 이루어져 있는가?

① 2개의 등온과정, 1개의 등압과정

② 2개의 등압과정, 2개의 교축작용

③ 2개의 단열과정, 1개의 교축과정

④ 2개의 단열과정, 2개의 등온과정

> **해설** 1) **등온팽창** : 고열원에서 열을 받아 작동유체가 팽창하면서 온도가 일정하게 유지
> 2) **단열팽창** : 열교환 없이 작동유체가 팽창하면서 온도가 떨어짐
> 3) **등온압축** : 저열원에 열을 내보내면서 작동유체가 압축하면서 온도가 일정하게 유지
> 4) **단열압축** : 열교환 없이 작동유체가 압축하면서 온도가 올라감
> 따라서, 역 카르노 사이클은 2개의 단열과정, 2개의 등온과정

A·N·S·W·E·R   43.③   44.①   45.①   46.④

47 건물의 바닥, 벽, 천장 등에 온수 코일을 매설하고 열원에 의해 패널을 직접 가열하여 실내를 난방하는 것은?

① 온풍 난방   ② 온수 난방

③ 열펌프 난방   ④ 복사 난방

해설 **복사 난방**: 건물의 바닥, 벽, 천장 등에 온수코일을 매설하고 열원에 의해 패널을 직접 가열하여 실내를 난방하는 방식
* **장점**: 실내 온도 편차 감소, 쾌적한 난방 환경 제공, 에너지 효율 향상
* **단점**: 설치 비용이 높음, 수리곤란

48 보일러 열효율 산출 공식중에서 매시간당 실제 증발량 구하는 식으로 옳은 것은? (단, G : 시간당 실제 증발량[kg/h], h_2 : 발생 증기 엔탈피[Kcal/kg], h_1 : 급수 엔탈피[kcal/kg]. Ge : 상당 증발량[kg/h])

① $G \times (h_2 - h_1) / 539$ ② $Ge \times 539 / (h_2 - h_1)$

③ $Ge \times (h_2 - h_1) / 539$ ④ $539 \times (h_2 - h_1) / Ge$

해설 ② $Ge \times 539 / (h_2 - h_1) = [G \times (h_2 - h_1) / 539] \times 539 / (h_2 - h_1) = G/h$

49 메탄(CH_4) $1Nm^3$ 을 완전 연소시킬 경우 이론 공기량 (Nm^3/Nm^3)은?

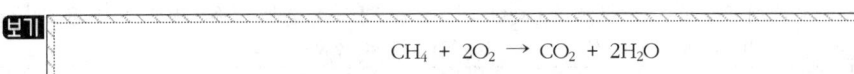

보기

$$CH_4 + 2O_2 \rightarrow CO_2 + 2H_2O$$

① 9.52   ② 11.2   ③ 22.4   ④ 44.8

해설 $CH_4 + 2O_2 \rightarrow CO_2 + 2H_2O$

$22.4 \ (Nm^3) : \dfrac{2 \times 22.4}{0.21}$

$1 \ (Nm^3) : X \quad \therefore \ X = \dfrac{\frac{2 \times 22.4}{0.21}}{22.4} = 9.52$

50 1psi는 약 몇 gf/cm^2 인가?

① 64.5   ② 70.3   ③ 82.5   ④ 98.1

해설 $1.0332 kgf/cm^2 = 14.7 psi$,

$1033.2 gf/cm^2 = 14.7 psi$,

$\chi \ gf/cm^2 = 1 psi$,

$\therefore \ X = \dfrac{1033.2 \times 1}{14.7} = 70.28 \quad \therefore \ 70.28 gf/cm^2$

A·N·S·W·E·R 47.④   48.②   49.①   50.②

51 온수난방에서 역환수 배관방식을 채택하는 주된 이유는?

① 각 방열기에 연결된 배관의 신축을 조정하기 위해서

② 각 방열기에 연결된 배관 길이를 짧게하기 위해서

③ 각 방열기에 공급되는 온수를 식지않게하기 위해서

④ 각 방열기에 공급되는 유량분배를 균등하게 하기 위해서

🔵해설 **리버스리턴[역귀환]방식** : 배관으로 인한 마찰저항 또는 유량분배를 일정하게 위함

52 원심송풍기 임펠러(깃)의 지름이 300[mm]일 때 송풍기 번호(No)는 몇 번인가?

① 1 　　　　　 ② 2 　　　　　 ③ 3 　　　　　 ④ 4

🔵해설 원심(시로코) 송풍기 번호 $= \dfrac{\text{임펠러(깃)의 지름[mm]}}{150}$ ∴송풍기 번호(No) $= \dfrac{300}{150} = 2$

53 수분 변화량(절대습도)에 따른 엔탈피 변화량으로서 맞는 것은?

① 현열비 　　　　 ② 열수분비 　　　　 ③ 포화도 　　　　 ④ 상대습도

🔵해설 1) **열(액)수분비(μ)** : 습공기의 상태변화량 중 수분의 변화량과 엔탈피의 변화량의 비율

2) **현열비(SHF)** $SHF = \dfrac{q_S}{q_S + q_L} = \dfrac{\text{공기에 가해지는 현열량}}{\text{공기에 가해지는 현열량 + 잠열량}}$

3) **포화도** : 어떤 온도에서 포화수증기량(Kg)에 대한 공기중에 포함되어 있는 수증기량(Kg)의 비율

4) 상대습도 $= \dfrac{\text{습공기중 수증기분압}(P_w)}{\text{동일온도의 포화수증기압}(P_s)} = \dfrac{\text{습공기}1[m^3]\text{ 중 수분의 중량}}{\text{포화습공기}1[m^3]\text{ 중 수분의 중량}}$

54 스크류(screw) 압축기의 특징으로 틀린 것은?

① 액격(liquid hammer) 및 유격(oil hammer)이 적다.

② 부품수가 적고 수명이 길다.

③ 오일펌프를 따로 설치하여야 한다.

④ 비교적 소음이 적다.

🔵해설 흡입 및 토출 밸브가 없어 밸브의 마모나 밸브 소음은 적으나, 고속회전으로 전체적 소음이 크다.

55 흡수식 냉동장치의 적용대상으로 가장 거리가 먼 것은?

① 백화점 공조용 　　 ② 산업 공조용 　　 ③ 제빙공장용 　　 ④ 냉난방장치용

🔵해설 흡수식 냉동장치는 백화점 공조용, 산업 공조용, 냉난방장치용으로 공기조화용에 사용하며, 비교적 낮은 온
도를 요구하는 제빙공장용으로 부적합하다.

ANSWER ▷ 51.④ 52.② 53.② 54.④ 55.③

56 열의 일당량 또는 일의 열당량식으로 틀린것은?

① $Q = A.w$ ② $Q = \dfrac{1}{J}.w$ ③ $w = J.Q$ ④ $w = \dfrac{J}{Q}$

 열역학 제1법칙(에너지 보존 법칙)

일을 열로 바꾸고, 열이 일로 즉, 일정 비율로 서로 전환될 수 있는 현상

$$Q = A \cdot w = \frac{1}{J} w \ , w = JQ$$

(여기서, w : 일량(kg·m), J : 열의 일당량(427[kg·m/kcal]) , Q : 열량(kcal), A : 일의 열당량(1/427[kcal/kg·m])

57 기체 연소장치에서 외부혼합형 가스버너 형태가 아닌 것은?

① 링형   ② 스크롤형   ③ 센터파이어형   ④ 다분기관형

 가스버너종류

① **링(ring)형(외부혼합식)** : 버너타일과 비슷한 지름의 링에 다수의 노즐을 설치한 가스 버너
② **멀티스폿(다분기관)형(외부혼합식)** : 링형가스 버너와 비슷하지만 노즐부의 수열면적을 적게 한 것 (LPG용버너)
③ **스크롤형(내부혼합식)** : 가스를 스크롤(소용돌이)내에서 선회 분사시켜 가스와 공기의 혼합이 잘되도록 한 가스버너
④ **건(센타파이어)형(외부혼합식)** : 2중관으로 구성되어 중심부에는 유류가 분사되고 바깥쪽에는 가스가 분사되는 형태로 유류와 가스를 동시에 연소시키는 버너

58 20℃물 100kg을 10분간 0℃로 만드는데 필요한 냉동톤(RT)는 얼마인가? (단,물의 비열 4.2[kJ/kg°K], 1RT는 3.86 [kw]이다)

① 2.6   ② 3.6   ③ 4.2   ④ 6.8

 $Q = G \cdot C \cdot \triangle T$에서

$$= \frac{100kg}{10\min \times \frac{60\,s}{\min}} \times \frac{4.2kJ\,{}^{\circ}k}{kg\,{}^{\circ}k} \times [(273+20)-(273+0)]\,{}^{\circ}k$$

$=14$[kJ/S] $= 14$[KW] $\therefore \dfrac{14kw}{3.86kw} = 3.626 = 3.63RT$

※ 참고 1 $[kw] = 1[kJ/s] = 3600[kJ/h]$

59 공기조화기에 있어 바이패스 팩터(bypass factor)가 작아지는 경우에 해당되는 것이 아닌 것은?

① 전열면적이 클 때   ② 코일의 열수가 많을 때

③ 송풍량이 클 경우   ④ 핀 간격이 좁을 때

해설 바이패스팩터 : 공기가 코일을 통과해도 코일과 접촉하지못하고 지나가는 공기의 비율

$$※ \ BF = \frac{코일 출구온도 - 코일 표면온도}{혼합 공기온도 - 코일 표면온도}$$

※ 바이패스팩터가 작아지는(큰) 경우
① 코일 전열면적이 클(적을) 때
② 코일의 열수가 많(적)을 때
③ 송풍량이 작을(클) 경우
④ 코일(핀) 간격이 좁을(클) 때
⑤ 냉온수 순환량이 증가(감소)할 때
⑥ 송풍량이 감소(증가)할 때

60 관속을 흐르는 유체가 가스관을 나타내는 것은?

① ─ O ─┤●

② ─ G ─┤●

③ ─ S ─┤●

④ ─ A ─┤●

해설 유체의 표시
A : 공기(백색), G : 가스(황색) , O : 유류, S : 수증기(적색), W : 물 (청색)

공조냉동기계기능사

부록 2

실기(100점)
필답형(50점)+
작업형(50점)

- **필답형**
  1. 23년 필답형 복원 문제
  2. 24년 필답형 복원 문제

- **동관작업**
  1. 동관작업 채점 기준표
  2. 수검자 유의사항
  3. 실제 완성 작품
  4. 동관작업 공개도면(1, 2)

합격의 고된 길,
구민사가 여러분과 함께 하겠습니다.

1. 2023년 필답형 문제

01 아래 회로도의 동작 조건을 보고 아래 질문에 알맞은 기구 명칭과 기호를 써넣으시오.

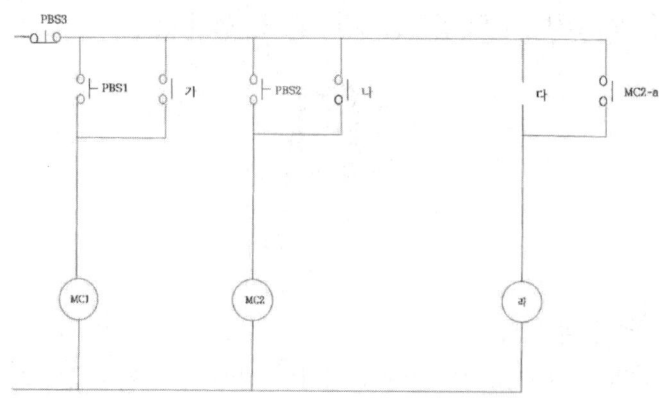

[동작조건]

가. PBS1을 누르면 MC1의 코일 전원이 작동하며 자기 유지된다.(명칭을 쓰시오)

해답 명칭 : MC1-a 접점

나. PBS2를 누르면 MC2의 코일 전원이 작동하며 자기 유지된다.(명칭을 쓰시오)

해답 명칭 : MC2-a 접점

다. PBS1 또는 PBS2 둘 중 하나만 눌러도 RL이 작동한다. (접점기호를 그리고 명칭 을 쓰시오)

해답 MC1-a

라. 라에 알맞은 기구를 쓰시오.

해답 RL

참고

동작상태

① 전원을 투입해도 모든 회로가 작동하지 않는다.

② PBS1을 누르면 MC1의 코일 전원이 작동하며 모든 MC1-a가 유지된다.

③ PBS2을 누르면 MC2의 코일 전원이 작동하며 모든 MC2-a가 자기 유지되며 RL이 점등된다.

④ PBS3을 누르면 초기 ①번 상태로 된다.

02 아래 그림을 보고 감온통의 설치위치와 역할을 쓰시오.

해답 가. 설치역할: 증발기 출구

나. 역할: 증발기 출구의 과열도를 감지하여 냉매 유량을 조절한다.

참고

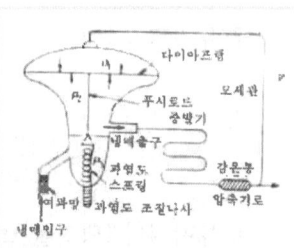

동작설명

① 부하 증가시 → 증발기 출구 냉매가스 온도 상승(과열도 상승) → 감온통내 포화 압력 상승 → 팽창밸브 열림(냉매유량) 증가 → 과열도 상승 방지

② 부하 감소시 → 증발기 출구 냉매가스 온도 저하(과열도 저하) → 감온통내 포화 압력 저하 → 팽창밸브 닫힘(냉매유량) 감소 → 과열도 저하 방지

감온통 : 증발기 출구측에 설치하여 냉매유량을 조절하며, 냉매량이 적으면 온도가 높아지고, 냉매량이 많아지면 온도가 낮아짐.

03 아래 보기의 냉동톤 RT에 대한 설명 중 빈칸에 알맞은 말을 써 넣으시오.

> **[보기]**
> 냉동톤(RT) : (가) 시간 동안 (나)℃의 물 1ton을 (다)℃ 얼음으로 만들 때 제거해
> 야 할 열량을 말한다.

해답 (가) 24   (나) 0   (다) 0

참고   **냉동톤(RT)** : 1,000[kg]×79.68[kcal/kg] = 79680[kcal/24시간] = 3320[kcal/h]
또는 1,000[kg/h]×335[kJ/kg] = 13958.33[kJ/h]×1h/3,600s = 3.88[kw]

04 아래 그림에서 보여주는 장치의 명칭과 역할을 쓰시오.

해답   가. 명칭 : 동관 확관기(동관용 익스펜더)
나. 역할 : 동관 끝을 확관하는 공구

05 아래 그림은 덕트에 설치하는 부속품으로 덕트내부의 와류로 인한 통풍저항을 줄이기 위해 설치하는 부속품이다. 화살표의 명칭을 쓰시오.

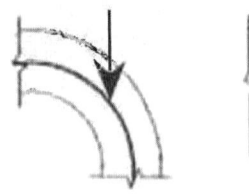  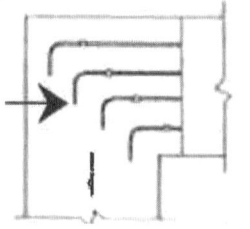 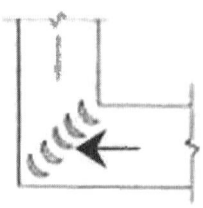

해답 명칭 : 가이드베인(안내날개)

참고 가이드베인 : 기류를 회전시켜 덕트 내 압력을 줄일 수 있고, 싸이클론 효과로 인한 압력강하로 배기효율을 향상시키고, 기류의 역류현상도 줄일 수 있다.

06 1,000kg/h의 공기를 10℃에서 30℃로 가열하려고 한다. 이때 필요한 가열량(kw)은 얼마인가? (단, 습공기의 절대습도는 0.006kg/kg, 비열은 1.01.kJ/kg,℃이다.)

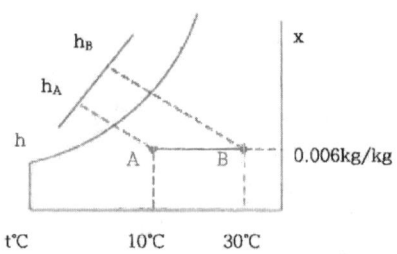

해답 Q=HG.C.△T에서 1,000kg/h×1.01kJ. ℃×(30-10)℃=20,200kJ/h

$$\therefore \frac{20,200kJ/.h}{3600kJ/h} = 5.61Kw$$

참고 1kw=1kJ/s=3,600kJ/h

07 응축기의 열량은 K : 열관류율, F : 전열면적, △T : 온도차를 이용해 구할 수 있다. 여기서 △T는 냉매의 응축온도와 냉각수 입·출구의 온도차로 높은 매체의 온도를 Th 혹은 T1 낮은 매체의 온도를 TL 혹은 T2 로 표시하는데 이때 LMTD를 무엇이라고 하는지 쓰시오. $(LMTD = \dfrac{\triangle T_1 - \triangle T_2}{\ln\dfrac{\triangle T_1}{\triangle T_2}})$

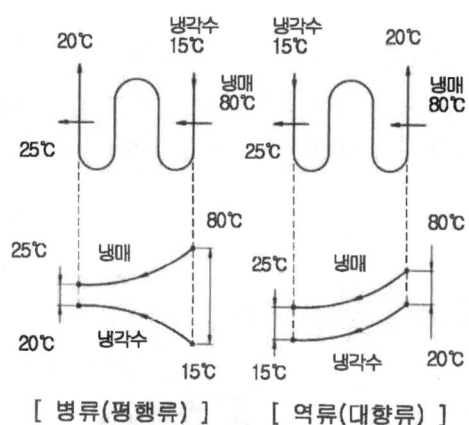

[병류(평행류)]　　[역류(대향류)]

해답　LMTD = 대수평균온도차

참고

대수평균온도차(LMTD) = $\dfrac{\triangle T_1 - \triangle T_2}{\ln\dfrac{\triangle T_1}{\triangle T_2}}$

① 병류(평행류)(LMTD) = $\dfrac{65 - 5}{\ln\dfrac{65}{5}} = 23.39℃$

② 역류(대향류)(LMTD) = $\dfrac{60 - 10}{\ln\dfrac{60}{10}} = 27.91℃$

08 보여주는 장치의 명칭과 설치목적을 쓰시오.

해답 가. 명칭 : 사이트글라스
나. 설치목적 : 응축기와 팽창밸브 사이 액관에 설치하여, 냉매량 확인 및 기포, 수분, 플래쉬가스 등 냉매 상태를 알 수 있다.

09 다음 그림에서 보여주는 장치의 명칭을 쓰시오.

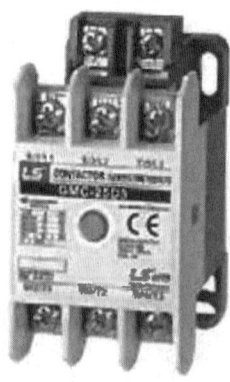

해답 명칭 : 전자접촉기(MC:마그네틱 컨텍터)

10 다음 전열교환기를 이용한 공기 조화장치의 냉방시 ①~⑤의 상태점을 습공기 선도에 알맞게 써 넣으시오.

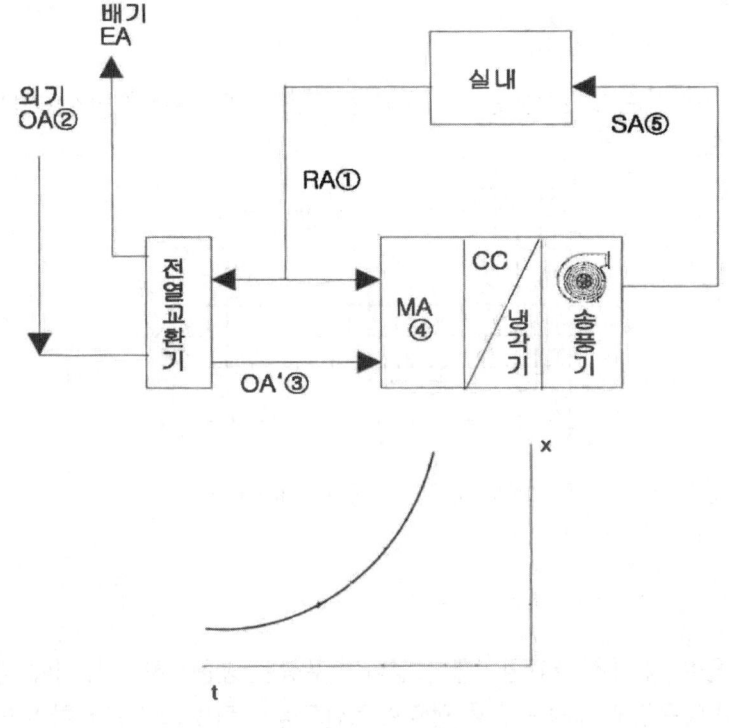

해답

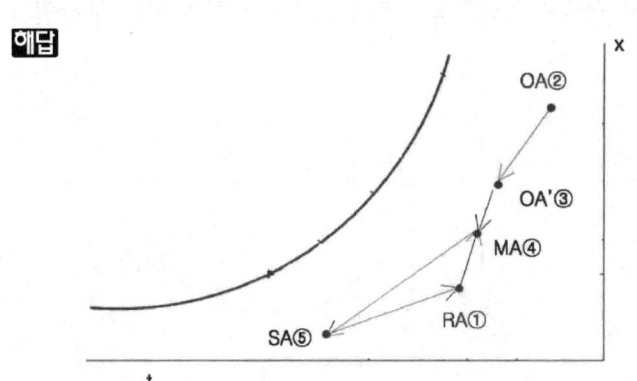

2. 24년 필답형 실기 복원문제

01 아래 그림은 강관의 나사이음시 사용되는 배관도이다. 실제 절단길이 [ℓ]을 구하는 식을 쓰시오.

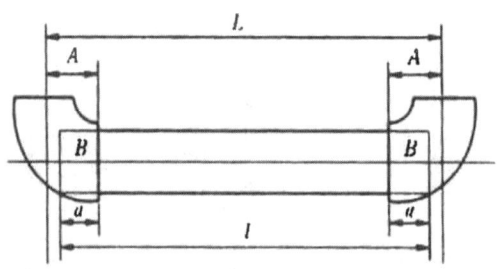

해답 실제 절단길이 [ℓ] = L− 2(A−a) 또는 L−{(A−a)+(A−a)}

02 아래 그림은 액·가스 열교환기를 삽입하여 구성한 냉동장치이다. 이때 냉동장치에 난방시 : ①②구간과 ③④구간을 몰리에르선도상 알파벳으로 표시하면 어느 구간인지 쓰시오.

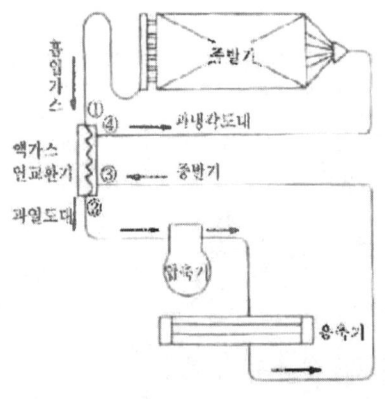 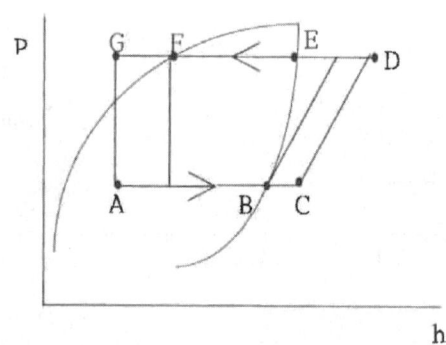

해답 ①② : B, C   ③④ : F,G

03 다음 사진에 나오는 공구의 명칭을 쓰시오.

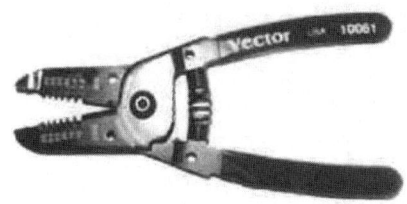

해답 와이어스트리퍼

참고 스트리퍼는 전선의 피복을 제거하고 절단할 때 사용되는 공구

04 다음 냉동선도를 보고 냉매순환량이(G) 0.04kg/s일 때 압축기 일량[Kw]을 구하시오.

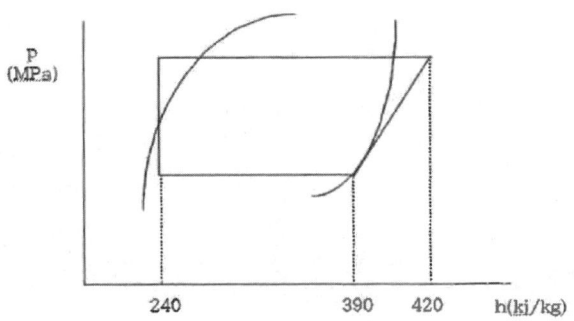

해답 Aw(압축일량) = G(냉매순환량)×△h(압축열량)에서

= 0.04[kg/s] ×(420−390)[kj/h]

참고 1Kw = 1Kj/s=3600 [kj/h]

05 다음 그림을 보고 아래 빈칸 (가), (나)에 알맞은 명칭의 온도계를 써넣으시오.

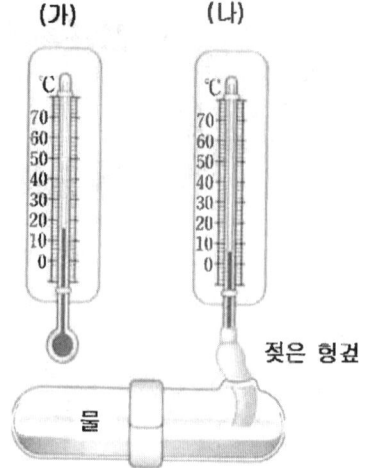

해답 (가) 건구온도
(나) 습구온도

O6 다음 사진을 보고 (가)의 명칭과 역할을 쓰시오.

해답 명칭 : 체크밸브

역할: 유체의 역류를 방지하여 펌프가 반전하는 것을 방지한다.

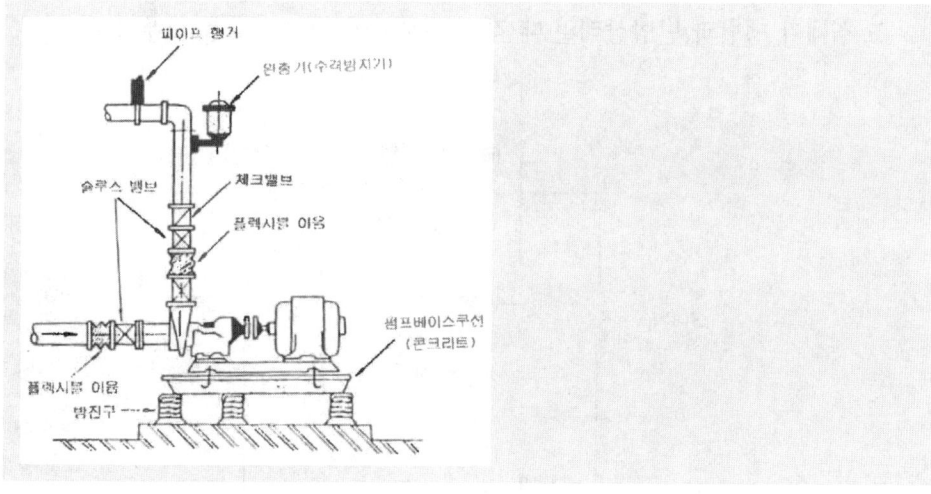

07 다음 사진에서 보여주는 장치의 (가) 명칭과 (나) 역할을 쓰시오.

해답 (가) 명칭 : 수액기
　　　 (나) 역할 : 응축기와 팽창밸브 사이에 설치하여 냉매를 일시 저장하고, 불응축가
　　　　　　　 스를 제거하며 냉동부하에 따라 액냉매를 팽창밸브에 공급하는 역할

08 아래 그림은 사방밸브(4way)를 이용한 히트펌프 냉·난방 방식이다. 해당 그림을 보
고 실내가 냉방과 난방상태일 때 각각 구분하여 해당 번호를 모두 쓰시오.

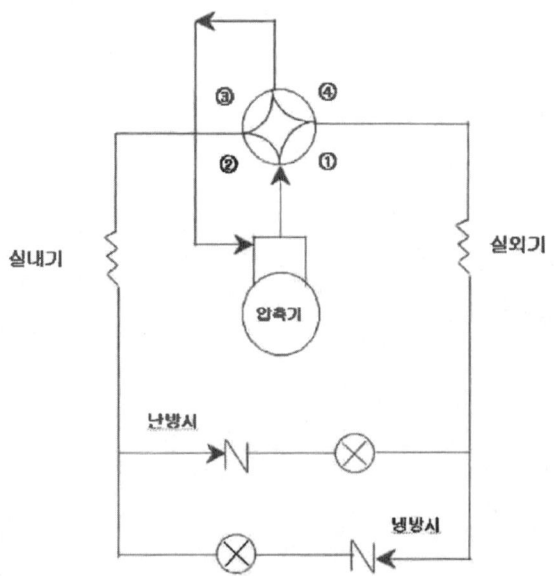

해답 냉방시 : ①③　　 난방시: ②④

09 다음 동작조건에 맞는 회로를 빈칸에 기호로 그려 넣으시오.

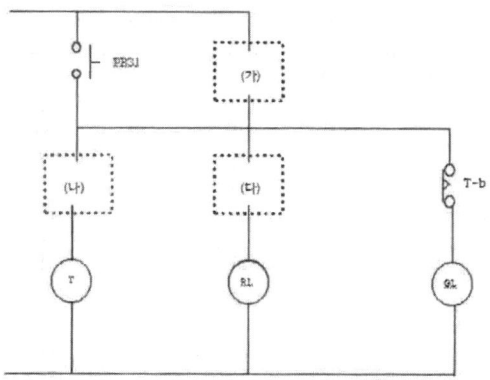

[동작조건]

1. PBS1을 누르면 타이머에 전원이 인가되어 자기유지되고, GL이 점등 후 일정시간이 흐르면 GL이 소등되며 RL 램프가 점등된다.

2. PBS2를 누르면 타이머 전원이 차단되어 처음 상태가 된다.

해답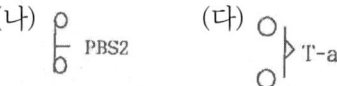

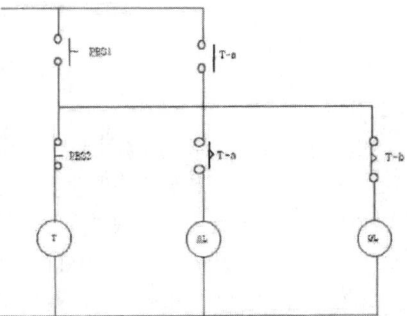

참고 타이머(Timer) : 입력신호가 주어지고 일정 시간 경과 후에 접점을 개폐시키는 것

① **한시 동작 순시 복귀** : 설정 시간 경과 후 접점이 동작하며, 신호 차단 시 순간적으로 복귀되는 동작

② **순시 동작 한시 복귀** : 순간적으로 접점이 동작하며, 입력신호가 소자하면 접점이 설정 시간 후 복귀되는 동작

③ **한시 동작 한시 복귀** : 설정 시간 경과한 후 접점이 동작하며, 설정 시간 경과한 후 접점이 복귀되는 동작

※ 순시 a, b 접점기호 :   ※ 한시 a, b 접점기호 :

10 아래 회로도를 보고 PBS1을 눌렀을 때 전원부 ①, ②, ③, ④, ⑤의 상태를 ON, OFF
로 쓰시오.

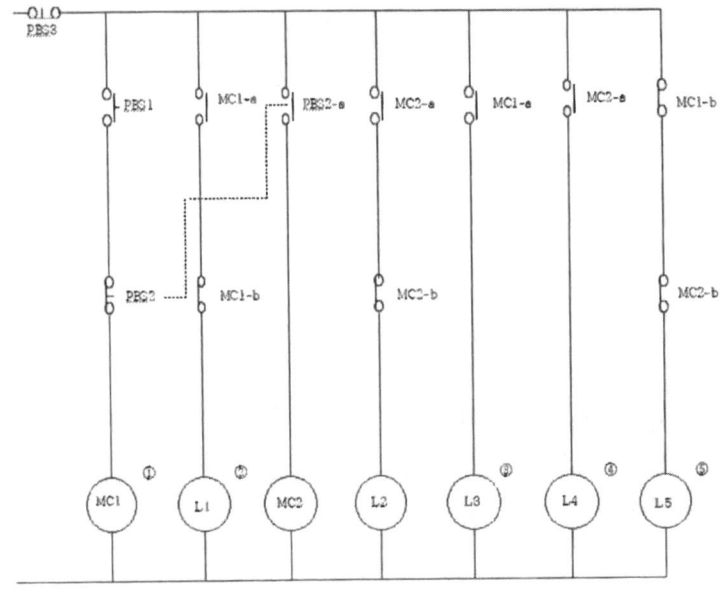

해답 ① : OFF   ② : OFF   ③ : OFF   ④ : ON   ⑤ : OFF

참고 **동작설명**

① 전원을 공급하면 L5만 점등(On)된다.

② PBS1을 누르면 MC1에 전원이 공급되며 MC1-a 접점에 의해 자기 유지 되고, MC1-b 접점은 열
려 L1은 소자(OFF) 된다. 그외 MC1-a 접점이 닫힌 L3도 인가(On)되고, MC1-b 접점인 L5는
소자(OFF)된다. 그때 MC2, L2, L4는 소자(Off) 상태이다.

③ PBS2-a나 PBS2-b를 누르면 MC1은 전원이 소자(Off)되고 MC2-a 접점이 닫혀 MC2에 전원이
인가(On)되며, L2는 MC2-b 접점이 열려 소자(Off) 상태, MC1-a접점이 열려 L1, L3가 소자
(Off)상태. L5는 MC2-b 접점이 열려 소자(Off)된다.

④ L1, L2는 PBS1, PBS2 눌러도 전원이 소자(Off) 상태이다.(전원 비상상태에서만 작동하는 회로
임)

동관 작업 도면

1. 동관작업 채점 기준표(50점)

주요항목	세부항목	항목별채점방법	배점
동관작업 (50점)	치수측정 (1, 2, 3, 4, 5, 6, 7, 8, 9, 10, 11, 12)	치수오차 ±3[mm] 이내는 각 1점, 기타 0점 12개소×1 = 12점	12
	용접상태	용접상태는 은납, 황동, 가스용접으로 구분하여 채점한다. 1) 은납 용접상태 　상 : 용접상태가 양호하고 용접결함이 전혀 없으면 5점 　중 : 용접상태가 보통이고 용접결함이 2개소 이하이면 　　　 3점 　하 : 기타 1점	5
		2) 황동 용접상태 　상 : 비드가 균일 양호하고 용접결함이 없으면 4점 　중 : 비드가 보통이고 용접결함이 없으면 2점 　하 : 기타 1점	4
		3) 가스 용접상태 　상 : 비드가 균일 양호하고 용접결함이 없으면 4점 　중 : 비드 상태가 보통이고 용접결함이 1개소 있으면 2점 　하 : 기타 1점	4
	스웨이징(Ⅰ부분)	스웨이징 상태(10[mm])가 정상이면 4점, 비정상이면 0점	4
		동관의 외관을 보아 상, 중, 하로 구분하여 채점한다. 상 : 동관 벤딩상태가 양호하고 동관의 쭈그러짐 등의 흠 　　 자국이 없으면 4점 중 : 동관 벤팅 불량상태가 2개소 이하이고 동관의 쭈그러 　　 짐 등의 흠자국이 2개소 이하이면 2점 하 : 기타 1점	4
	기밀시험	Z부분의 너트를 풀어 기밀시험(3[kg/cm2])을 하여 용접부 나 프레아 접속부 등에서 기포가 발생하면 오작처리, 이 상이 없으면 12점	10
	모세관 유통시험	Z부분의 너트를 풀어 모세관 유통시험을 하여 공기가 통 과하지 않으면 해당 항목 0점, 이상이 없으면 5점	5
	안전수칙	• 안전보호구를 착용하고, 안전수칙을 준수하면 2점 • 안전보호구 미착용 및 안전수칙 위반시 0점	2

2. 수검자 유의사항

(1) 실기시험은 필답형 실기(50점) 및 동관작업(50점)으로 구분 시행한다.

(2) 수검자는 시험위원의 지시에 따라야 한다.

(3) 시험 중 수험자는 반드시 안전수칙을 준수해야하며, 작업 복장상태, 공구 정리정돈, 안전 보호구 착용 등이 채점 대상이 된다.

(4) 수험자는 시험시작전에 지급된 재료의 이상유무를 확인한다.

(5) 시험종료 후 작품의 기밀여부를 감독위원으로부터 확인받아야 한다.

(6) 다음과 같은 작품은 미완성 또는 오작이므로 채점하지 아니하고 0점 처리된다.

   ① 미완성 작품 : 제한시간 내에 작품을 제출치 못했을 경우

   ② 오작품

      가. 치수 오차가 한 부분이라도 ±10[mm]를 초과한 경우

      나. 각 용접부에 용접 이외의 작업을 했을 경우

      다. 기밀 시험에서 기밀이 유지되지 않은 경우

      라. 지급된 재료 이외의 다른 재료를 사용했을 경우

      마. 도면과 상이한 경우

3. 실제 완성 작품

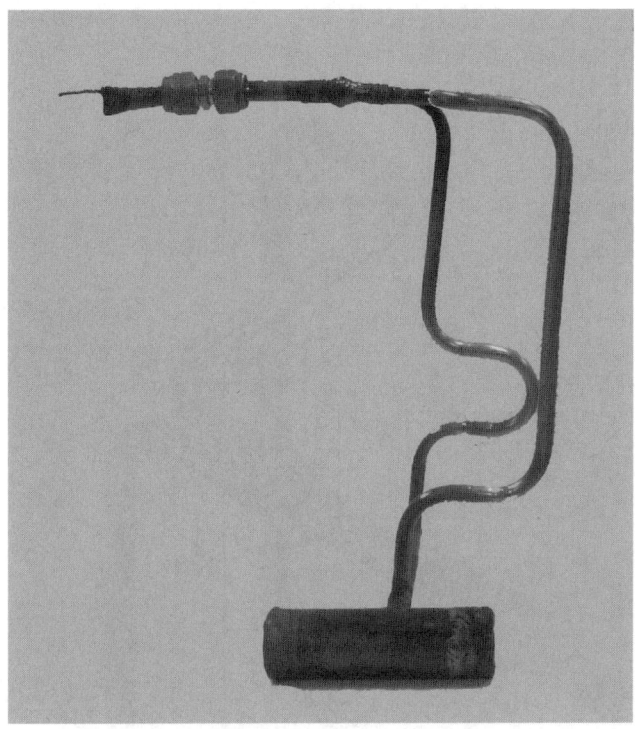

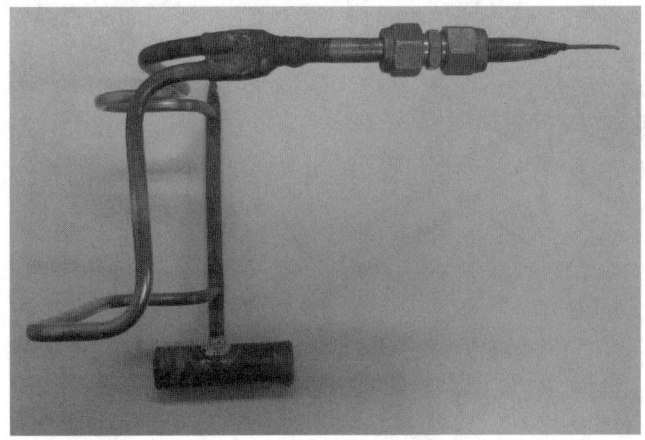

자격종목 및 등급	공조냉동기계기능사(1)	작 품 명	동관작업	척도	N.S

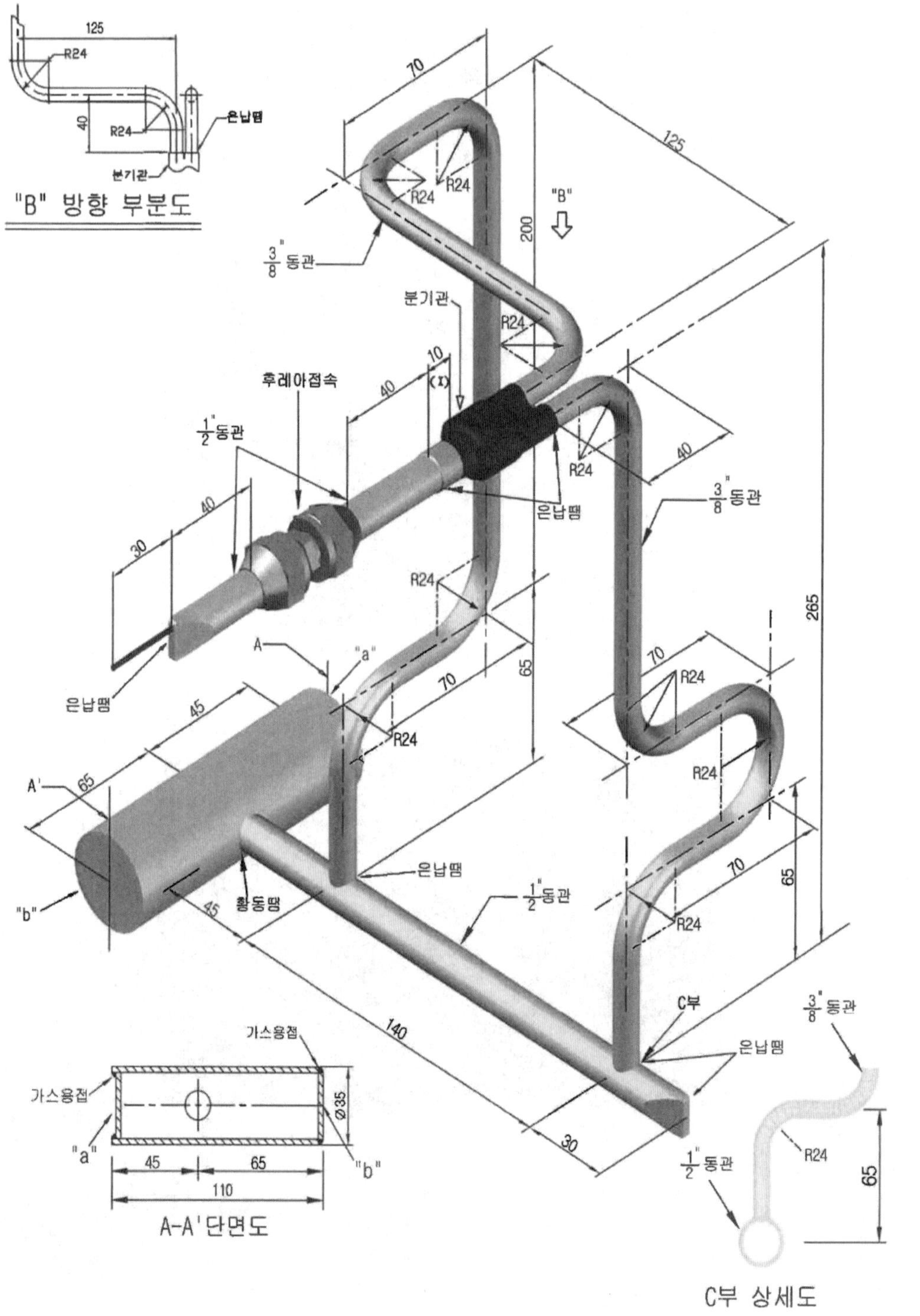

"B" 방향 부분도

125
R24
40
R24
은납땜
분기관

70
R24
R24
125
200
"B"

$\frac{3}{8}$"동관

분기관
10
(1)
40
후레아접속
R24
$\frac{1}{2}$"동관
40
R24
은납땜
$\frac{3}{8}$"동관
30
40
265

은납땜
R24
70
65
70
R24
45
A
"a"
R24

A'
65
R24
65
"b"
황동땜
45
은납땜
$\frac{1}{2}$"동관
70
R24

140
C부
30
은납땜
$\frac{3}{8}$"동관
$\frac{1}{2}$"동관
R24
65

가스용접
가스용접
∅35
"a"
45
65
"b"
110

A-A'단면도

C부 상세도

자격종목 및 등급	공조냉동기계기능사(2)	작품명	동관작업	척도	N.S

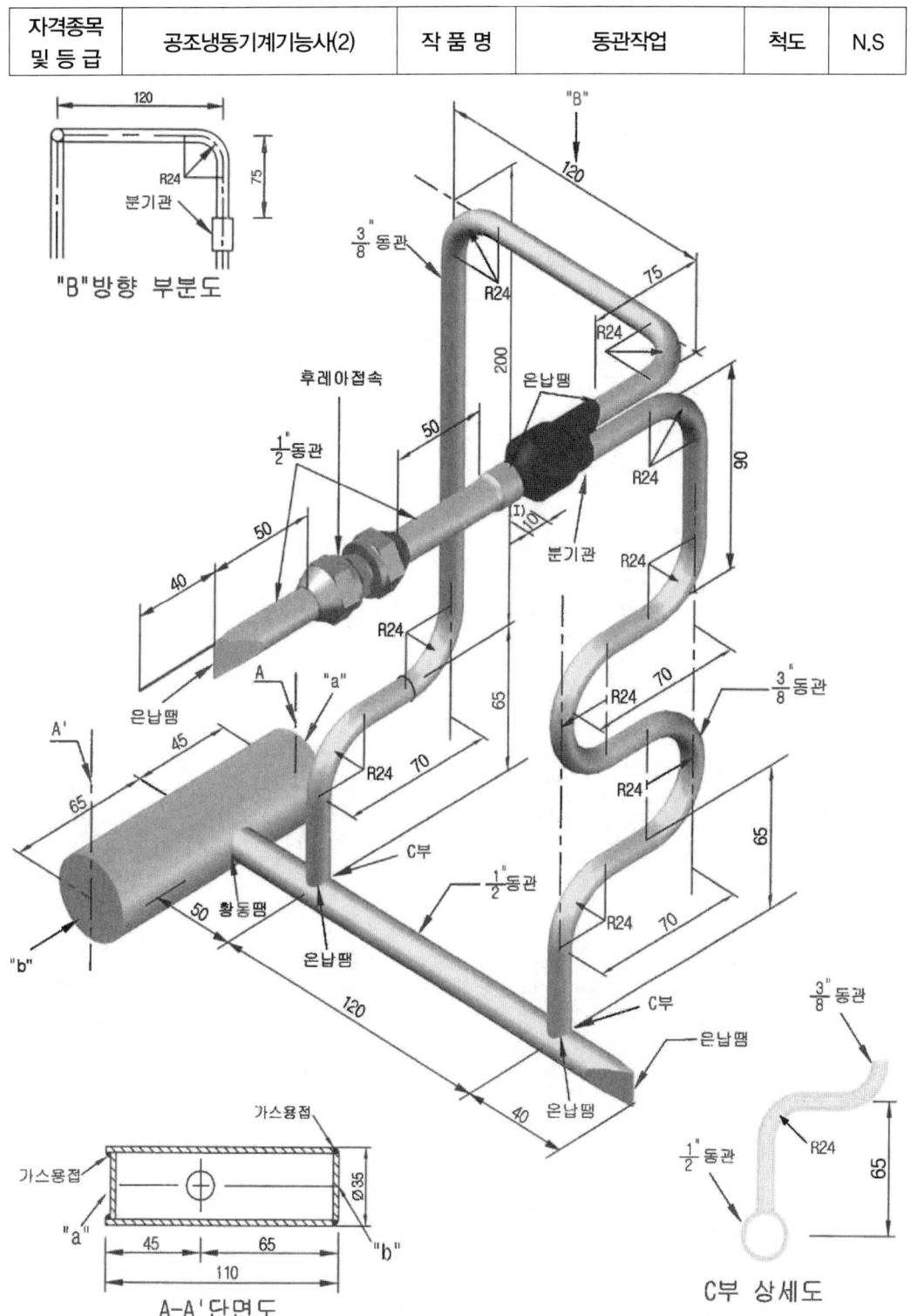

"B"방향 부분도

A-A'단면도

C부 상세도

공조냉동기계기능사 필기

초   판 발행 | 2006년 3월 25일
개정 24판 발행 | 2023년 1월 5일
개정 25판 발행 | 2024년 1월 10일
개정 26판 발행 | 2025년 1월 10일
개정 27판 발행 | 2026년 1월 15일

저   자 | 국가기술자격시험연구회
발 행 인 | 조규백
발 행 처 | 도서출판 구민사
          (07293) 서울특별시 영등포구 문래북로 116, 604호(문래동3가 46, 트리플렉스)
전   화 | (02) 701-7421
팩   스 | (02) 3273-9642
홈페이지 | www.kuhminsa.co.kr

신고번호 | 제2012-000055호 (1980년 2월 4일)
I S B N | 979-11-6875-620-5   13500

값 31,000원